AF523977

Deutsche Gesellschaft für
Eisenbahngeschichte e.V. (Hrsg.)

Ingo Hütter

Die Dampflokomotiven der Baureihen 60–91 der DRG, DRB, DB und DR

Lokomotiven Deutscher Eisenbahnen
Verzeichnis aller deutschen Triebfahrzeuge
Band 4

Abbildungen Umschlagvorderseite:

Die 78 528 war die letzte gebaute Staatsbahn-T18.
Durch den Fotografieranstrich wirken die Zierlinien an Wasserkästen, Führerhaus, Zylinder und Radsätzen bei einer Reichsbahn-Lok recht ungewohnt.

Diese Standardaufnahme der 61 002 entstand im Bw Dresden-Altstadt.

Henschel-Werkfotografie der 66 001 – Lokführerseite. Von der Deutschen Bundesbahn abgenommen wurde die Neubaulokomotive am 6. Oktober 1955.

Seitenaufnahme der 68 010 (ČSD-Reihe 464) im Bw Böhmisch Leipa (= Česká Lípa).

Die 91 1834 wurde 1935 von den Saarbahnen übernommen. Die Aufnahme entstand im Bw Saarbrücken Hbf.

Gerade noch erkennbar ist die aufgemalte Nummer 70 7122. Hermann Maey nahm die Lok auf, die 1931 ausgemustert wurde.

Abbildungen Umschlagrückseite:

Carl Bellingrodt nahm die Loks nicht nur standardmäßig von der Heizer- und Lokführerseite auf, oft fertigte er auch Fotos der Frontpartie an. Hier zu sehen sind die 62 004, 74 504, 78 140, 85 001, 86 005 sowie die 91 1777

Die Deutsche Nationalbibliothek verzeichnet diese Publikation in der Deutschen Nationalbibliografie; detaillierte bibliografische Angaben sind im Internet unter http://dnb.d-nb.de abrufbar.

Herausgegeben von der
Deutschen Gesellschaft für Eisenbahngeschichte e.V.
Widesystr. 32 · 58453 Witten

Monforts Quartier 1 · 41238 Mönchengladbach
www.dgeg.de
www.shop.dgeg-medien.de

ISBN 978-3-946594-21-5

Überarbeitete und aktualisierte Neuauflage 2026

Gestaltung Neuauflage
Dietrich Bothe, Hamburg

Herstellung
DGEG Medien GmbH

Druck & Verarbeitung
Bonifatius GmbH, Paderborn

Inhalt

Vorwort

Es hat etwas gedauert bis zur Fertigstellung dieses Buches, doch insbesondere die große Zahl kleinerer und kleinster Baureihen erforderte umfangreiche und zum Teil auch langwierige Recherchen. Aber nun ist es geschafft – der vierte Band dieser Reihe stellt die Tenderlokomotiven der Baureihen 60 bis 91 vor – die Baureihen 92 bis 99 werden dagegen in einem fünften Band zu finden sein.

Die behandelten Fahrzeuge repräsentieren das gesamte Spektrum an Tenderlokomotiven, das im Laufe der Jahre im Bestand der verschiedenen deutschen Staatsbahnen zu finden war: Alte Länderbahnmaschinen, Einheitslokomotiven der Deutschen Reichsbahn sowie moderne Neubauten von DB und DR sind ebenso vorhanden wir Maschinen österreichischer, ungarischer, polnischer und auch französischer Herkunft.

Ein Buch, das seinen Schwerpunkt auf die Lokomotivstatistik legt, wird nie für sich in Anspruch nehmen können, wirklich alles zum „Lebenslauf" der einzelnen Lokomotiven dokumentiert zu haben: Immer wieder tauchen neue Informationen auf, so dass in einem solchen Werk immer nur der „aktuelle Stand" wiedergegeben werden kann. Wie bei den vorangegangenen Bänden werde ich daher auch bei diesem alle mir im Laufe der Zeit bekannt gewordenen Ergänzungen und Korrekturen auf meiner Homepage und der der DGEG dokumentieren. In diesem Zusammenhang möchte ich alle Leser animieren, mir Fehler und Ergänzungen (unter Angabe der Quelle) mitzuteilen, da nur so eine weitere Vervollständigung der Daten erreicht werden kann. Insbesondere wenn jemand spezielle Lokomotivdokumente (wie z.B. Betriebsbücher) besitzt und in diesen abweichende Angaben findet, ist ein entsprechender Hinweis sehr willkommen.

Der erste Band dieser Reihe ist vor ziemlich genau zehn Jahren erschienen – seitdem konnten erfreulicherweise zahlreiche neue Quellen erschlossen und so der Kenntnisstand zum Verbleib der Lokomotiven deutlich vergrößert werden. Insbesondere die Informationen über die weitere Verwendung ehemals deutscher Lokomotiven in Osteuropa konnten zahlreiche Lücken schließen, so dass die Zahl der „Schwarzen Löcher" inzwischen deutlich geringer geworden ist. Doch es gibt leider auch mehrere Themengebiete, bei denen kaum Fortschritte erzielt worden sind: So z.B. bei der Klärung der Identitäten der zuletzt umgebauten Lokomotiven der Baureihe 56^{2-8}, bei den unbekannten Ausmusterungen der 20er und 30er Jahre, oder den Lokomotivverbleiben in Jugoslawien sowie in der Türkei. Aber vielleicht erleben wir auch bei diesen Themen ja noch die eine oder andere Überraschung ...

Ganz herzlich bedanken möchte ich mich bei all den „Enthusiasten", die mich in den letzten Jahren unterstützt haben – mit Informationen, Dokumenten und Bildern. Mein besonderer Dank geht dabei an Volkmar Kubitzki, Wolfgang Fiegenbaum, Helmut Griebl und Matthias Nieke, ohne deren Unterstützung dieser Band nicht in diesem Detailreichtum hätte erscheinen können.

Als Autor dieses Buches bin ich mir natürlich dessen bewusst, dass dies kein typisches „Lesebuch" ist, dass man von vorne bis hinten durchliest. Gedacht ist es eher als Nachschlagewerk, in dem man Informationen zu bestimmten Baureihen oder Lokomotiven nachlesen kann – oder in dem man einfach ein wenig „schmökert". In diesem Sinne würde ich mich freuen, wenn Sie als Leser beim Blättern auf das eine oder andere Fahrzeug stoßen würden, das Sie bisher noch nicht kannten und bei dem Sie sich dann „festlesen" – und zu dem Sie dann vielleicht auch noch eigene Nachforschungen anstellen werden.

Pattensen, im Januar 2021

Hinweise zur überarbeiteten Neuauflage

Bei einem Buch über die Dampflokomotiven der Baureihen 60 bis 91 könnte man denken, dass in einem solchen ein Thema behandelt wird, dass endgültig abgeschlossen ist. Doch dem ist nicht so – die Forschung zur behandelten Thematik geht ständig weiter und immer wieder tauchen neue Quellen auf, die es ermöglichen, zuvor noch existierende Lücken zu schließen. Daher haben wir bei der Neuauflage dieses Buches die Gelegenheit genutzt und in die Texte und Tabellen alle zwischenzeitlich aufgetauchten neuen Informationen eingearbeitet. Außerdem wurden die Verbleibe der erhalten gebliebenen Maschinen entsprechend fortgeschrieben.

Pattensen, im Oktober 2025

Abkürzungen von Lokomotiv- und Kesselherstellern

AEG	Allgemeine Elektricitäts-Gesellschaft, Berlin (AEG)
BAG	Breslauer Aktiengesellschaft für Eisenbahnwagenbau (ab 1906: Breslauer Aktiengesellschaft für Eisenbahnwagenbau und Maschinenbauanstalt)
BatC	Compagnie Générale de Construction de Locomotives Batignolles-Châtillon, Paris
BMAG	Berliner Maschinenbau-Actien-Gesellschaft BMAG vormals L. Schwartzkopff
BMMF	Erste Böhmisch-Mährische Maschinenfabrik (BMMF), Prag-Lieben
Bors	August Borsig Lokomotiv-Werke, Berlin (ab 1931: Borsig Lokomotiv-Werke GmbH, Berlin)
BrDa	Breitfeld-Danek, Slaný
Buda	Ungarische staatliche Eisen-, Stahl- und Maschinenfabrik, Budapest
Cegi	H. Cegielski, Poznan (Polen)
CKD	Ceskomoravska-Kolben-Danék, Praha-Liben (CKD) (CSSR)
DWM	Deutsche Waffen- und Munitionsfabriken AG, Werk Posen (vormals Cegielski)
Essl	Maschinenfabrik Esslingen
Flor	Lokomotivfabrik Wien-Floridsdorf (Österreich)
FrBe	Société Franco-Belge de Matériel de Chemins de Fer, La Croyère
Freu	Stahlbahnwerke Freudenstein & Co. AG, Berlin
Graf	Elsässische Maschinenbau-Ges., Straßburg-Graffenstaden und Belfort
Güst	Mecklenburgische Waggonbau AG Güstrow
Haga	Eisengießerei und Maschinenfabrik Christian Hagans, Erfurt
Hano	HANOMAG Hannoversche Maschinenbau AG vormals Georg Egestorff
Hart	Richard Hartmann, Chemnitz
Heil	Maschinenbau-Gesellschaft Heilbronn (MGH), Heilbronn
Hen	Henschel und Sohn, Kassel
Hohz	Aktiengesellschaft für Lokomotivbau Hohenzollern
Humb	Maschinenbauanstalt Humboldt A.G.
Jung	Arnold Jung Lokomotivfabrik GmbH, Jungenthal, Kirchen a.d. Sieg
Karl	Maschinenbau-Gesellschaft Karlsruhe
Kren	Oberschlesische Lokomotivwerke AG Kattowitz, Werk Krenau
KrLi	Locomotivfabrik Krauss & Comp., Linz an der Donau
KrMa	Lokomotivfabrik Krauss & Comp. – J.A. Maffei AG, München (ab 1940: Krauss-Maffei AG, München)
Krss	Locomotivfabrik Krauss & Comp., München
Krupp	Lokomotivfabrik Krupp, Essen
LaMe	Société Anonymes des Ateliers de Construction de la Meuse (Belgien)
LEW	VEB Lokomotivbau Elektrotechnische Werke „Hans Beimler“ (LEW)
LHB	Linke-Hofmann-Busch, Breslau
LHL	Linke-Hofmann-Lauchhammer AG, Breslau
LHW	Linke-Hofmann-Werke, Breslau
LKM	LOWA Lokomotivbau Karl Marx, Potsdam-Babelsberg (LKM)
Maff	J.A. Maffei, München
MBA	Maschinenbau und Bahnbedarfs AG MBA
O&K	AG für Feld- & Kleinbahnen-Bedarf, vormals Orenstein & Koppel (ab 1908: Orenstein & Koppel – Arthur Koppel AG)
SAFB	Société Anglo-Franco-Belge des Ateliers de la Croyère, Seneffe et Godarville
Schi	F. Schichau GmbH, Maschinen- und Lokomotivfabrik, Elbing
Skoda	Skoda (CSSR)
Smos	Smoschewer, Bromberg
StEG	Maschinenfabrik der K. und K. priv. österreichischen Staatseisenbahn-Gesellschaft, Wien
Tubi	La Métallurgique, Nivelles, Tubize und La Sambre
Unio	Union-Gießerei, Lokomotivfabrik & Schiffswerft, Königsberg
Vulc	Stettiner Maschinenbau-AG Vulcan (ab 1911: Vulcan-Werke Hamburg und Stettin AG)
WA	Werkstatt Aalen der K.Wü.St.Eb.
WE	Werkstatt Esslingen der K.Wü.St.Eb.
Wolf	R. Wolf AG, Mageburg-Buckau, Abteilung Lokomotivfabrik Hagans, Erfurt
WrN	AG der Lokomotiv-Fabrik, vormals G. Sigl, Wiener Neustadt
(?)	(Hersteller unbekannt)

Abkürzungen von Bahnverwaltungen und sonstige Begriffe

abg	abgestellt
AbZ	Altenburg-Zeitzer Eisenbahn
ADEG	Allgemeine Deutsche Eisenbahn-Betriebs-GmbH
AG	Arbeitsgemeinschaft/Aktiengesellschaft
AIE	Arnstadt-Ichtershausener Eisenbahn
AKN	Eisenbahngesellschaft Altona-Kaltenkirchen-Neumünster
AlCo	Altdamm-Colberger Eisenbahn
ALE	Anhaltische Landes-Eisenbahngemeinschaft
Alt/ALT	KED Altona
AltK	Altlandsberger Kleinbahn
Anl.	Anlage
Antr.	Antrag
ASN	Aschersleben-Schneidlingen-Nienhagener Eisenbahn
ATH	August-Thyssen-Hütte, Duisburg-Hamborn
AVG	Albtal-Verkehrs-Gesellschaft
B	Belgische Staatseisenbahn (französisch: Chemins de fer de l'Etat Belge) – siehe auch „SNCB“ (verwendet ab 1946)
BbLE	Butzbach-Licher Eisenbahn
BBÖ	Österreichische Bundesbahnen (bis 1938)
BDŽ	Bulgarische Staatsbahnen (bulgarisch: Balgarski Darzhavni Železnitsi)
BE	Bentheimer Eisenbahn
BEF	Berliner Eisenbahnfreunde
BEM	Bayerisches Eisenbahn-Museum, Nördlingen
Bf.	Bahnhof
BghK	Bergheimer Kreisbahn
BHE	Buxtehude-Harsefelder Eisenbahn
BHM	Nebenbahn Bruchsal-Hilsbach-Menzingen
BKB	Burgdorfer Kreisbahn
BKK	Braunkohlekombinat
BKW	Braunkohlekraftwerk
BLE	Braunschweigische Landes-Eisenbahn
BLME	Braunschweigische Landes-Museumseisenbahn
Bln/BLN	KED Berlin
BMB	Böhmisch-Mährische Bahn (tschechisch: Českomoravské dráhy = ČMD)
BNB	Böhmische Nordbahn
BOE	Bremervörde-Osterholzer Eisenbahn
Bro/BRO	KED Bromberg
BrWa	Breslau-Warschauer Eisenbahn
BSE	Braunschweig-Schöninger Eisenbahn
BSHb	Boizenburger Stadt- und Hafenbahn
Bsl/BSL	KED Breslau
BStB	Brandenburgische Städtebahn
BSW	Bundesbahn-Sozialwerk
BT	Betriebsteil
Bw	Bahnbetriebswerk
Bww	Betriebswagenwerk
CCCP	Sowjetunion
ČD	Tschechische Bahnen (tschechisch: České dráhy)
CFL	Luxemburgische Eisenbahnen (französisch: Chemins de Fer Luxembourgeois)
CFR	Rumänische Eisenbahnen (rumänisch: Căile Ferate Române)
Clr	KED Cöln linksrheinisch
CPO	Kleinbahn Casekow-Penkum-Oder
Crr	KED Cöln rechtsrheinisch
ČSAD	Tschechoslowakischer staatlicher Automobilverkehr (tschechisch: Československá státní automobilová doprava)
ČSD	Tschechoslowakische Staatsbahnen (tschechisch: Československé státní dráhy)
CSL	KED Cassel
CSM	Kleinbahn Celle-Soltau-Munster
D.Wm.	Deutsche Wehrmacht
DB	Deutsche Bundesbahn (ab 1949)
DBG	Dampfzug-Betriebsgemeinschaft, Hildesheim
DBK	Dampfbahn Kochertal, Sulzbach-Laufen
DDM	Deutsches Dampflok-Museum, Neuenmarkt-Wirsberg
DEA	Deutsche Erdöl-AG
DEBG	Deutsche Eisenbahn-Betriebsgesellschaft
DEG	Deutsche Eisenbahn-Gesellschaft (bis 1952: DEGA)
DEGA	Deutsche Eisenbahn-Gesellschaft (ab 1952: DEG)
DFS	Dampfbahn Fränkische Schweiz, Ebermannstadt
DGE	Dortmund-Gronau-Enscheder Eisenbahn
DGEG	Deutsche Gesellschaft für Eisenbahngeschichte
DK	Dänemark
DKV	Kleinbahn Deutsch-Krone – Virchow
DRB	Deutsche Reichsbahn
DRBv	Betr.Nr. nach dem vorläufigen Umzeichnungsplan der DRB von 1923.
DRE	ED Dresden
DRo	Deutsche Reichsbahn (verwendet für den Verbleib in der Ostzone bis 1949)
DRw	Deutsche Bundesbahn (verwendet für Verbleib in den Westzonen bis 1949)
DS	Kreisbahn Schönermark-Damme
Dsp.	Dampfspender
DSU	VEB Deutsche Schiffahrts- und Umschlagzentrale, Frankfurt/Oder
DUE	Dahme-Uckroer Eisenbahn
DWE	Dessau-Wörlitzer Eisenbahn
Dzg/DZG	KED Danzig
Eaw/EAW	Eisenbahn-Ausbesserungswerk

Eb.	Eisenbahn
EBOE	Elmshorn-Barmstedt-Oldesloer Eisenbahn
EBV	Eschweiler Bergwerks-Verein
ECM	Eisenbahnclub München
ED	Eisenbahn-Direktion
Ef.	Eisenbahnfreunde
Efd/EFD	KED Elberfeld
EFE	Eberswalde-Finowfurter Eisenbahn
EFZ	Eisenbahnfreunde Zollernbahn
EH	Gemeinschaftsbetriebe Eisenbahn & Häfen, Duisburg
EHW	Eisenhüttenwerk
Ek.	Ersatzkessel
EL	Reichseisenbahnen Elsaß-Lothringen (bis 1918, dann AL)
ELE	Eutin-Lübecker Eisenbahn
EOE	Esperstedt-Oldislebener Eisenbahn
EPEG	Emscher Park-Eisenbahn GmbH
Erf/ERF	KED Erfurt
Esn/ESN	KED Essen
ETAT	Französische Staatsbahn (französisch: Chemins de Fer de l'Etat)
Etsp.	Ersatzteilspender
EVG	Eisenbahn-Verkehrsgesellschaft, Aalen
EWA	k. k. priv. Eisenbahn Wien-Aspang
EWW	Eisenwerke West
/F	Fremdlokomotive
Fa.	Firma
Fft/ FFT	KED Frankfurt am Main
FK	Frankfurt-Königssteiner Eisenbahn
FSB	Franzburger Südbahn
FVE	Farge-Vegesacker Eisenbahn
GBAG	Gelsenkirchener Bergwerks-AG
Gebr.	Gebrüder
GEKE	Greußen-Ebeleben-Keulaer Eisenbahn
GES	Gesellschaft zur Erhaltung von Schienenfahrzeugen
GGE	Greifswald-Grimmener Eisenbahn
GHG	Großhandelsgesellschaft (DDR)
GHH	Gutehoffnungshütte Oberhausen
GKB	Graz-Köflacher Bahn
GME	Georgsmarienhütten-Eisenbahn
GNW	Kleinbahn Gardelegen-Neuhaldensleben-Weferlingen
GOE	Großherzoglich OldenburgischeEisenbahn
Grh. Bad. St.-Eb.	Großherzoglich Badische Staatseisenbahn
GySÉV	Raab-Ödenburg-Ebenfurter Eisenbahn (ungarisch: Györ–Sopron–Ébenfurti Vasút)
Hal/HAL	KED Halle
Han/HAN	KED Hannover
HBE	Halberstadt-Blankenburger Eisenbahn
HEF	Hammer Eisenbahnfreunde
HEO	Historische Eisenbahn Oberhausen
HHE	Halle-Hettstedter Eisenbahn
HL	Heizlok
HM	Holsteinische Marschbahn
HO	Handelsorganisation (DDR)
HOAG	Hüttenwerke Oberhausen AG
HPKE	Hildesheim-Peiner-Kreis-Eisenbahn
HSP	Société Anonyme des Forges, Usines et Fonderies, Haine-Saint-Pierre
HU	Hauptuntersuchung
Hw/HW	Hauptwerkstätte
HZL	Hohenzollerische Landesbahn
IBT	Industriebahn Tegel
IG	Interessengemeinschaft
IGE	Interessengemeinschaft Eisenbahn, Hersbruck
ISV	Ilseder Schlackenverwertung
JDŽ	Jugoslawische Staatsbahnen (jugoslawisch: Jugoslovenske državne železnice)
JM	Kleinbahn Jauer-Maltsch
K. Bay. Sts. B.	Königlich Bayerische Staatseisenbahn
K. Sächs. Sts. E. B.	Königlich Sächsische Staatseisenbahn
K.W.St.E.	Königlich Württembergische Staats-Eisenbahn
Kat/KAT	KED Kattowitz
Kat.Nr.	Kataster-Nummer
KAW	Kraftwagen-Ausbesserungswerk
KBAG	Klöckner Bergbau-AG
KBF	Kreisbahn Beeskow-Fürstenwalde
Kbg/KBG	KED Königsberg
KCE	Königsberg-Cranzer Eisenbahn
KED	Königliche Eisenbahn-Direktion
KEF	Kiel-Eckernförde-Flensburger Eisenbahn
KEN	Kleinbahn Erfurt-Nottleben
KFNB	Kaiser-Ferdinands-Nordbahn
KFZ	Kleinbahn Freienwalde-Zehden
KG	Kommanditgesellschaft
KGN	Kleinbahn Gransee-Neuglobsow
kkStB	Kaiserlich-königliche Österreichische Staatsbahnen
Klb	Kleinbahn
KMT	Königswusterhausen-Mittenwalde-Töpchiner Kleinbahn
KN	Kleinbahn Kassel-Naumburg
KNWE	Kremmen-Neuruppin-Wittstocker Eisenbahn

KOE	Kreis Oldenburger Eisenbahn
Köl/KÖL	KED Köln
KPEV	Königlich Preußische Eisenbahn-Verwaltung
KPS	Kleinbahn Putlitz-Suckow
Krb	Kreisbahn
KSch	Kriegsschäden
KSK	Kleinbahn Kreuz – Schloppe – Deutsch-Krone
Ksl/KSL	KED Kassel
Kstf.	Kohlenstaubfeuerung
KV	Kriegsverlust (KV 1: im Ersten Weltkrieg, KV 2: im Zweiten Weltkrieg)
KVG	Kahlgrundbahn
KyK	Kyffhäuser Kleinbahn
KZE	Kleinbahn Bad Zwischenahn-Edewechterdamm
/L	Leihlokomotive
LAG	Lokalbahn AG
LaK	Langensalzaer Kleinbahn
LBE	Lübeck-Büchener Eisenbahn
LeK	Lehniner Kleinbahn
LKM	Leninhütte /Ungarn (ungarisch: Lenin Kohászati Művek)
LLRE	Löwenberg-Lindow-Rheinsberger Eisenbahn
LPG	Landwirtschaftliche Produktionsgenossenschaft
LRE	Liegnitz-Rawitscher Eisenbahn
LS	Kleinbahn Lüneburg-Soltau
LVDB	Landesverkehrsdirektion Brandenburg
MÁV	Ungarische Staatsbahnen (ungarisch: Magyar Államvasutak)
MB	Moselbahn
MED	Militäreisenbahndirektion
MEE	Mühlhausen-Ebelebener Eisenbahn
MEM	Museumseisenbahn Minden
MFFE	Mecklenburgische Friedrich-Franz-Eisenbahngesellschaft
MFWE	Mecklenburgische Friedrich-Wilhelm-Eisenbahn
Mgd/MGD	KED Magdeburg
MKB	Mindener Kreisbahnen
MLB	Mödrath-Liblar-Brühler Eisenbahn
MNE	Main-Neckar Eisenbahn
Mnz/MNZ	KED Mainz
MPS	Ministerstvo Putej Soobschtschenia (= Ministerium für Kommunikation – Eigentümer der sowjetischen Lokomotiven)
MSB	Mecklenburgische Südbahn
Mst/MST	KED Münster
MTEG	Muldental-Eisenbahnverkehrsgesellschaft, Glauchau
MüK	Müncheberger Kleinbahn
MVT	Museum für Verkehr und Technik, Berlin
NbE	Niederbarnimer Eisenbahn
NFE	Neubrandenburg-Friedländer Eisenbahn
NhE	Neuhaldenslebener Eisenbahn
NHKG	Nowej Huty Klementa Gottwalda
NKB	Naugarder Kreisbahn
NKPS	Narodnii Kommisariat Putej Soobschtschenia (Volkskommissariat der Kommunikation = Russische Staatsbahn)
NLE	Niederlausitzer Eisenbahn
NLEA	Niedersächsisches Landeseisenbahnamt
NME	Neukölln-Mittenwalder Eisenbahn
NÖLB	Niederösterreichische Landesbahnen
NS	Niederländische Eisenbahnen (holländisch: Nederlandse Spoorwegen)
NV	Kleinbahn Nauen-Velten
NVR	National Vehicle Register
NW	Kleinbahn Neuhaldensleben-Weferlingen
NWB	Niederweserbahn
O&K	Orenstein & Koppel
o.Nr.	ohne Nummer
OAW	Ostbahn-Ausbesserungswerk
ObB	Oderbruchbahn
ÖBB	Österreichische Bundesbahnen
OBD	Ostbahn-Betriebsdirektion
OEG	Ostdeutsche Eisenbahn-Gesellschaft
OeK	Obereichsfelder Kleinbahn
ÖGEG	Österreichische Gesellschaft für Eisenbahngeschichte
OGS	Obst Gemüse und Speisekartoffeln (DDR)
OHE	Osthannoversche Eisenbahnen
OheE	Oberhessische Eisenbahn
OHKB	Osthavelländische Kreisbahnen
OKH	Oberkommando des Heeres
Ölf.	Ölfeuerung
Opp/OPP	ED Oppeln
OSE	Oberschlesische Eisenbahn
OST	ED Osten
Ostb.	Ostbahn
OSü	Ostpreussische Südbahn
OWE	Osterwieck-Wasserlebener Eisenbahn
PaL	Parchim-Ludwigsluster Eisenbahn
PE	Prignitzer Eisenbahn-Gesellschaft
PH	Prinz-Heinrich-Eisenbahn und Erzgruben-Gesellschaft
PK	Prenzlauer Kreisbahnen
PKB	Pyritzer Kreisbahn
PKKP	Kleinbahn Perleberg-Karstädt-Kleinberge-Perleberg
PKP	Polnische Staatsbahnen (polnisch: Polskie Koleje Państwowe)
PLB	Pommersche Landesbahnen
PLM	Compagnie des chemins de fer de Paris à Lyon et à la Méditerranée
PMP-PW	Przedsiębiorstwo Materiałów Podsadzkowych Przemyłu Węglowego

PPK	Polskie Przedsiebiorstwo Kolejowe
PRESS	Eisenbahn-Bau- und Betriebsgesellschaft Pressnitztalbahn
/R	Russisch besetzt
RAG	Ruhrkohle AG
RaKB	Randower Kleinbahn
Raw/RAW	Reichsbahn-Ausbesserungswerk
RAWG	Raw Görlitz
Rbd/RBD	Reichsbahndirektion
RE	Ruppiner Eisenbahn
RLE	Ruhr-Lippe Eisenbahn
RLGS	Reinickendorf-Liebenwalde-Groß Schönebecker Eisenbahn
RupK	Ruppiner Kreisbahn
SAAR	Saarbahnen (bis 1935)
Saar	Saarbahnen (nach 1945)
SB	Südbahngesellschaft (Österreich)
Sbr/SBR	KED Saarbrücken
SEG	Süddeutsche Eisenbahn-Gesellschaft
SEH	Süddeutsches Eisenbahnmuseum, Heilbronn
SEM	Sächsisches Eisenbahnmuseum, Chemnitz
SHS	Eisenbahnen des Königreichs der Serben, Kroaten und Slowenen (serbokroatisch: Železnice Kraljevina Srba, Hrvata i Slovenaca)
SK	Südstormarnsche Kreisbahn
SKB	Saatziger Kleinbahn
SLB	Salzburger Lokalbahn
SMA	Sowjetische Militär-Administration (in der sowjet. besetzten Zone)
SNCB	Nationale belgische Eisenbahngesellschaft (französisch: Société Nationale des Chemins de fer Belges) – siehe auch „B" (verwendet bis 1946)
SNCF	Französische Staatseisenbahn-Gesellschaft (franz.: Société Nationale des Chemins de fer Francais)
SSN	Stoom-Stichting Nederlands (Niederlande)
StCü	Stargard-Cüstriner Eisenbahn
StEB	Strausberger Eisenbahn
StHe	Strausberg-Herzfelder Kleinbahn
Stn/STN	KED Stettin
StTrE	Stralsund-Tribseeser Eisenbahn
SWDE	Südwestdeutsche Eisenbahnen
/T	Trophäenlokomotive (von sowjetischer Seite annektierte Lokomotive)
T.T.B.	Teuringertalbahn
TA	Technische Anlage
Theag	Thüringische Eisenbahn AG
TltE	Teltower Eisenbahn
TN	Tecklenburger Nordbahn
TRI	ED Trier
TTVM	Train Touristique de la Vallee de la Mossig
TWE	Teutoburger Wald-Eisenbahn
TWS	Technische Werke der Stadt Stuttgart
Ub.	Umbau
UeE	Uetersener Eisenbahn
UEF	Ulmer Eisenbahnfreunde
Ums.	Umsetzung
uz.	umgezeichnet
V.u.	Verbleib unbekannt
VAW	Vereinigte Aluminium-Werke
VBD	Vereinigte Dampf Bahnen, Huttwil /Schweiz
VBV	Verein Braunschweiger Verkehrsfreunde
VDD	Kleinbahn Voldagsen–Duingen–Delligsen
VE	Volkseigener
VEB	Volkseigener Betrieb
VEE	Vorwohle-Emmerthaler Eisenbahn
VEFS	Verein zur Erhaltung und Förderung des Schienenverkehrs (VEFS), Bocholt
VEH	Verein historische Eisenbahn Emmental, Huttwil/ Schweiz
verk.	verkauft
VOEST	Vereinigte Österreichische Eisen- und Stahlwerke
vorh.	vorhanden
vorl.	vorläufig
VSE	Verein Sächsischer Eisenbahnfreunde, Schwarzenberg
VSM	Veluwsche Stoomtrein-Maatschappij
VW	Volkswagen
Vz	Vorheizanlage
w.i.D.	wieder in Dienst
WBBE	Weimar-Berka-Blankenhainer Eisenbahn
WBHE	Werne-Bockum-Höveler Eisenbahn
WHKB	Westhavelländische Kreisbahnen
WKB	Wittlager Kreisbahn
WL	Werklok
WLE	Westfälische Landes-Eisenbahn
WLH	Westfälische Lokfabrik Hattingen
Wn	Wien
WN	Wüttembergische Nebenbahnen
WOeE	Wenigentaft-Oechsener Eisenbahn
WPE	Wittenberge-Perleberger Eisenbahn
WW	Kleinbahn Wallwitz-Wettin
WZTE	Wilstedt-Zeven-Tostedter Eisenbahn
Zf.	Zuckerfabrik
ZFE	Zschipkau-Finsterwalder Eisenbahn
ZNTK	Ausbesserungswerk (polnisch: Zakłady Naprawcze Taboru Kolejowego)
ZTKiGK	Gesellschaft für Eisenbahntransport und Gesteinswirtschaft (polnisch: Zakład Transportu Kolejowego i Gospodarki Kamieniem)

Fotonachweis

Altbergs, Toms, Slg.	426, 538u
Brinker, Helmut, Slg.	255u
DGEG, Archiv	60, 82, 255o, 257o, 258o, 262, 313, 472, 485u, 486, 501u, 504u, 521
Eisenbahnmuseum Bochum, Archiv	231, 416
Eisenbahnstiftung, Slg.	305o, 305u
EK-Verlag, Slg.	140o, 140u, 141, 144, 170u, 201o, 339, 344u, 352u, 358o, 363u, 367, 368o, 375o, 377, 380u, 381o, 385u, 394o, 429u, 430u, 432o, 547u, 549o, 552o, 558u
Freunde der Eisenbahn (FdE), Slg.	50u, 56u, 67, 107, 165, 298, 301, 325, 331, 333, 341u, 401, 402, 405, 407, 412, 434, 438o, 438u, 440, 457o, 460, 541u
Garn, Robin, Slg.	12, 14u, 41o, 47o, 62, 84u, 85, 88, 136u, 137o, 142o, 157o, 157u, 169, 183o, 183u, 190o, 192o, 201u, 203o, 204o, 204u, 207o, 209, 215o, 225, 234, 243o, 243u, 244o, 248, 249, 252, 254, 261o, 264o, 267o, 267u, 316u, 317, 318u, 332, 334, 335, 336o, 337, 338, 342, 345, 347, 348, 354o, 356o, 357o, 366u, 371, 379o, 386o, 386u, 391o, 395u, 398, 408, 441, 458, 485o, 494, 501o, 503, 524, 545o
Griebl, Helmut, Slg.	22u, 25o, 27u, 31u, 32, 46, 48, 54o, 58, 61, 63, 70, 71, 72, 73, 74, 77o, 77u, 79, 81o, 81u, 92, 93, 104, 105, 122, 124, 128, 131o, 131u, 136o, 143, 149, 158u, 161, 162u, 172, 174, 175o, 175u, 176, 177, 178, 179, 181, 185, 187, 188, 189o, 190u, 196, 198, 200, 205, 207u, 208, 214, 215u, 216, 218u, 219, 222, 223, 229, 238u, 239, 244u, 250, 256, 260u, 263, 265, 170o, 270u, 271, 282, 283, 284, 285o, 285u, 293o, 294, 295u, 297, 306, 309, 310, 311, 314, 315, 320, 321, 322o, 323, 343, 351o, 351u, 354u, 358u, 361, 363o, 364u, 369o, 379u, 381u, 387, 388o, 390o, 390u, 391u, 392o, 396, 397, 400, 406, 409, 411, 413, 415, 417, 420o, 422u, 428o, 431o, 435o, 435u, 437, 439, 451o, 451u, 454, 457u, 459, 462, 463o, 463u, 464, 465, 466, 468, 469, 470, 473, 474, 475, 476, 478, 479, 484, 487, 491, 497, 502o, 502u, 504o, 506, 507, 512, 519, 520, 529, 530, 532o, 532u, 533, 535, 537o, 537u, 538o, 540, 541o, 544u, 547o, 550o, 550u, 551, 552u, 553u, 554u, 556o, 559, 560
Griebl, Helmut, Archiv	30, 49, 50o, 146o, 158m, 173, 180, 194, 278, 295o, 302, 352o, 355u, 369u, 370o, 370u, 374o, 375u, 383o, 394u, 428u, 431u, 432u, 442, 461, 467, 481u, 510, 522, 546, 556u
Heinemann, Klaus, Slg.	13o, 13u, 14o, 16o, 16u, 17o, 18, 21, 22o, 27o, 29, 34, 44o, 44u, 45o, 51, 56o, 65, 66o, 66u, 69u, 95, 100, 101, 102, 103, 109, 110, 111, 112, 113, 114, 118, 123, 134, 137u, 247, 329, 448o
Hengst, Matthias, Slg.	170o, 171, 203u, 206, 291, 341o, 344o, 355o, 366o, 374u, 382o, 385o, 395o, 430o, 477, 481o, 482o, 482u, 483, 534, 554o, 557
Hohmann, Manfred, Slg.	33, 264u, 308, 340, 445
Hütter, Ingo, Slg.	25u, 37o, 53, 54u, 55, 59o, 59u, 69o, 78, 80, 84o, 86, 90, 91, 97, 115o, 132, 145, 146u, 151o, 151u, 152, 168, 190m, 211o, 211u, 212, 213, 224o, 224u, 227, 228, 238o, 240, 246, 251, 266, 274, 276, 296, 336u, 419o, 422o, 422m, 444, 489, 496o
Jahr, Hans-Dieter, Slg.	37u, 258u, 273, 275, 289
Kappes, Otto, Slg.	425
Keller, Ludwig, Slg.	115u, 117, 232, 235, 237o, 419u
Kubitzki, Volkmar, Slg.	11, 47u, 167, 195, 245, 253o, 269, 316o, 326, 349, 356u, 357u, 388u, 403, 410, 411
Lentz, Matthias, Slg.	545u
Löckel, Wolfgang, Slg.	154
Maedel, Wolfgang, Slg.	148, 318o, 518
Meyer, Manfred, Slg.	155, 322u, 362, 364o, 365, 368u, 373o, 373u, 380o, 382u, 383u, 392u, 429o, 553o
Moll, Gerhard, Slg.	293u
Nieke, Matthias, Slg.	448u
Pospichal, Josef, Slg.	184, 217, 218o, 220, 303, 420u
Suchorolski, Tadeusz, Slg.	346
Wenzel, Hansjürgen, Slg.	166, 186, 443
Willhaus, Werner, Slg.	328

1'B 1' h2t — DRB 60 — (ex LBE)

	60 001-002	60 003
Treibraddurchmesser (mm):	1 980	1 980
Achsstand (mm):	8 750	8 750
Länge über Puffer (mm):	12 380	12 380
Dienstgewicht (t):	69,0	72,85
Achslast (maximal) (t):	18,4	18,9
Höchstgeschwindigkeit (km/h):	120	120
Zylinderdurchmesser (mm):	400	400
Kolbenhub (mm):	660	660
Rostfläche (m²):	1,40	1,58
Verdampfungsheizfläche (m²):	75,37	87,36
Überhitzerheizfläche (m²):	26,0	30,2
Kesselüberdruck (atm):	16,0	16,0

Die durch ihre innovativen Lösungen auch international bekannte Lübeck-Büchener Eisenbahn entwickelte im Jahr 1935 ein neues Konzept für den Verkehr zwischen Hamburg, Lübeck und Travemünde: Um konkurrenzfähig zum Straßenverkehr zu sein, wurden 1936 zweiteilige Doppelstockwagen (mit gemeinsamem Jakobs-Drehgestell) beschafft, die von einer stromlinienförmig verkleideten leichten 1B1-Tenderlokomotive gezogen wurden. Die Wagen besaßen einen Steuerstand, so dass die Züge auch geschoben mit der Höchstgeschwindigkeit von 120 km/h befördert werden konnten. Beschafft wurden zunächst zwei Lokomotiven, die zwar die gewünschte Leistung erbringen konnten, für die Traktion von zwei Doppelwagen aber nicht über ausreichende Vorräte verfügten. Daher wurde die dritte nachbeschaffte Lokomotive etwas kräftiger ausgeführt.

Nach der Verstaatlichung der Lübeck-Büchener Eisenbahn zum 1. Januar 1938 erhielten die drei Lokomotiven die neuen Reichsbahn-Nummern 60 001 bis 003. Mit diesen waren sie aber nur wenige Jahre im Einsatz, denn bereits 1942 wurden alle drei Maschinen ausgemustert und als Heizlokomotiven weiterverwendet. Nach dem Kriegsende befand sich die 60 001 in der Sowjetunion (abgestellt im litauischen Švenčionėliai). Die beiden anderen Maschinen waren in der DDR verblieben – die DR hatte sie sogar wieder in den Bestand übernommen. Doch während die 60 003 abgestellt blieb und bereits 1954 erneut ausgemustert wurde, wurde die 60 002 wieder in Betrieb genommen und bei den Bahnbetriebswerken Berlin-Ostbahnhof und Berlin-Lichtenberg beheimatet. Nach der z-Stellung im Dezember 1961 war die Maschine noch bis zu ihrer Ausmusterung und Verschrottung im Jahre 1967 abgestellt.

Literatur

WENZEL, HANSJÜRGEN: Die Baureihe 60; Eisenbahn-Kurier 1972, S. 261-267

Hen 1936/ 22814	Lübeck-Büchener Eisenbahn (LBE) 1^4 →01.01.38 **DRB 60 001** +03.11.42 →'45 MPS	+21.08.51
Hen 1936/ 22815	Lübeck-Büchener Eisenbahn (LBE) 2^3 →01.01.38 **DRB 60 002** +03.11.42 →'45 DRo/DR (wiD.)	+12.01.67
Hen 1937/ 23382	Lübeck-Büchener Eisenbahn (LBE) 3^4 →01.01.38 **DRB 60 003** +03.11.42 →'45 DRo/DR (wiD.)	+25.05.54

Bis Mitte 1950 stand die Lok 60 002 im Bw Meiningen auf „z" – rund eineinhalb Jahre später zeigte sich die wieder reaktivierte Maschine am 22. November 1951 auf der Drehscheibe des Bw Lichtenberg.

Obwohl erst zum 12. Januar 1967 offiziell ausgemustert, stand die 60 002 bereits am 11. August 1965 in einer langen Reihe von Schrottlokomotiven in Wustermark abgestellt. Foto: Gerhard Illner

2'C 2' h2t/2'C 3' h3t DRB 61 (Einheitslok)

	61 001	61 002
Bauart	2'C 2' h2t	2'C 3' h3t
Treibraddurchmesser (mm):	2 300	2 300
Achsstand (mm):	14 350	15 025
Länge über Kupplung:	18 475	18 825
Dienstgewicht (t):	129,1	146,3
Achslast (maximal) (t):	19,0	18,8
Höchstgeschwindigkeit (km/h):	175	175
Zylinderdurchmesser (mm):	460	390
Kolbenhub (mm):	750	660
Rostfläche (m²):	2,75	2,79
Verdampfungsheizfläche (m²):	151,65	149,82
Überhitzerheizfläche (m²):	69,2	73,4
Kesselüberdruck (atm):	20,0	20,0
Leistung (PSi):	1 450	1 450

Nach den erfolgreichen Versuchsfahrten des Diesel-Schnelltriebwagens „Fliegender Hamburger" bot die Lokomotivindustrie der Deutschen Reichsbahn als dampfbetriebene Alternative einen von einer leichten stromlinienverkleideten Tenderlok gezogenen Zwei-Wagen-Zug an. Da ein solcher aber nur die gleiche Platzkapazität wie ein Triebwagen haben würde, gab die Reichsbahn einen Zug mit vier Wagen und einer entsprechend leistungsfähigeren Tenderlok bei der Lokomotivfabrik Henschel sowie der Waggonfabrik Wegmann in Auftrag, der daher auch unter der Bezeichnung „Henschel-Wegmann-Zug" bekannt wurde. Die planmäßig mit einer Höchstgeschwindigkeit von 160 km/h eingesetzte Einheit verkehrte nach der Präsentation bei der Ausstellung in Nürnberg anlässlich des 100-jährigen Jubiläums der deutschen Eisenbahnen auf der Strecke zwischen Berlin und Dresden.

Um einen adäquaten Ersatz bei Ausfällen der 61 001 (z.B. an Auswaschtagen) zu haben, gab die Deutsche Reichsbahn eine zweite Stromlinien-Tenderlok für den Henschel-Wegmann-Zug in Auftrag. Die 1939 als 61 002 abgelieferte Maschine hatte größere Vorratsbehälter sowie zur Verbesserung der Laufruhe ein Drillingstriebwerk erhalten. Aufgrund des bei Kriegsbeginn eingestellten Schnellverkehrs dürfte die Lokomotive nur kurzzeitig – wenn überhaupt – vor dem Henschel-Wegmann-Zug zum Einsatz gekommen sein. Um die Lokomotive überhaupt sinnvoll nutzen zu können, wurden schon bald die Scharfenberg-Kupplungen gegen reguläre Zug- und Stoßvorrichtungen ausgetauscht.

Gerade einmal ein Jahr alt war die 61 001, als Carl Bellingrodt von ihr am 2. Juni 1936 im Bw Dresden-Altstadt eine Standardaufnahme anfertigte.

Bei Kriegsende befand sich die 61 001 zur Ausbesserung im AW Braunschweig und gelangte so in den Bestand der Deutschen Bundesbahn. Mit freigelegtem Triebwerk wurde die Maschine noch eine Zeitlang im Raum Bielefeld in untergeordneten Diensten verwendet und 1952 ausgemustert.

Die 1945 in Dresden verbliebene 61 002 wurde 1947 nach Berlin umbeheimatet und dort in unterschiedlichen Diensten verwendet. Nach der Abstellung 1958 wurde sie in die Schlepptenderlokomotive 18 201 umgebaut.

Im Jahr 1951 – also 15 Jahre später – wurde 61 001 erneut von Carl Bellingrodt fotografiert. Auffälligste äußerliche Veränderungen waren – abgesehen von der einfarbigen Lackierung – die im Bereich des Triebwerks aufgeschnittene Verkleidung sowie der Ersatz der Scharfenbergkupplung durch eine reguläre Schraubenkupplung.

Literatur

GOTTWALDT, ALFRED: Die Baureihe 61 und der Henschel-Wegmann-Zug. Freiburg, 2005
HEISE, G.: Der erste Stromlinien-Dampfzug der Deutschen Reichsbahn; Henschel-Hefte 5/1935 S. 7-13
Die Stromlinien-Tenderlok 61 002 der Deutschen Reichsbahn. em 9/1980 S. 38-40

Hen 1935/ 22500	**DRB 61 001** →'45 DRw/DB	+14.11.52
Hen 1938/ 23515	**DRB 61 002** →'45 DRo/DR →31.05.61 Ub. DR 18 201" (RAWM 61/ 89; 29.06.67 Ub. Ölf.) →'70 DR 02 0201-0 →'82 DR-Traditionslok →'92 DR 088 025-2 →01.01.94 DB →'01 Dampf-Plus GmbH /L (28.02.04 verk.) →'03 verk. an privat (Christian Goldschlagg; NVR ab '03: 90 80 1018 201-6 D-DME; NVR ab '15: 90 80 1018 201-6 D-SVC) →'19 Wedler & Franz Logistik GmbH (WFL) 18 201 (NVR: 90 80 1018 201-6 D-WFL)	('25 vorh.)

Für das Deutsche Lokomotivbild-Archiv erstellte Werner Hubert diese Standardaufnahme der 61 002, die im Bw Dresden-Altstadt entstanden ist.

Im Gegensatz zur 61 001, die nach dem Krieg bei der DB mit freigeschnittenem Triebwerk unterwegs war, hatte die bei der DR verbliebene 61 002 ihre Verkleidung behalten. Wie erstere hatte sie jedoch zwischenzeitlich eine Schraubenkupplung erhalten.

2'C 2' h2t DRB 62 (Einheitslok)

Treibraddurchmesser (mm):	1 750
Achsstand (mm):	13 300
Länge über Puffer (mm):	17 140
Dienstgewicht (t):	123,6
Achslast (maximal) (t):	20,3
Höchstgeschwindigkeit (km/h):	100
Zylinderdurchmesser (mm):	600
Kolbenhub (mm):	660
Rostfläche (m²):	3,55
Verdampfungsheizfläche (m²):	195,95
Überhitzerheizfläche (m²):	72,5
Kesselüberdruck (atm):	14,0
Leistung (PSi):	1 680

Die Deutsche Reichsbahn bestellte im März 1927 bei Henschel 15 2C2-Tenderlokomotiven der Baureihe 62, die schwere Schnell- und Personenzüge auf kürzeren Strecken befördern sollten. Gebaut wurden alle Maschinen im Laufe des Jahres 1928, doch von der Reichsbahn abgenommen wurden nur die beiden Lokomotiven 62 001-002 – alle anderen folgten erst vier Jahre später. Als Grund hierfür genannt werden finanzielle Probleme sowie Schwierigkeiten, den Maschinen passende Einsatzstrecken zuzuweisen, da die Verstärkung des Oberbaus auf den Hauptstrecken der Reichsbahn nur schleppend vorankam.

Als Einheitslokomotiven besaßen die 62er zahlreiche Baugruppen, die mit denen anderer Einheitsloks (insbesondere Baureihen 01 und 44) baugleich waren. Die Lokomotiven waren zunächst mit kleinen Wagner-Windleitblechen ausgerüstet, die bei einigen Maschinen später durch große Bleche ersetzt wurden.

Nach dem Kriegsende verblieben sieben 62er in Westdeutschland und acht in Ostdeutschland. Die DB-Maschinen wurden überwiegend im Ruhrgebiet eingesetzt und Mitte der 50er Jahre ausgemustert. Für die 62 003 war allerdings verfügt worden, dass sie als Ausstellungsstück erhalten bleiben sollte. Tatsächlich stand sie noch etliche Jahre vor der Lokführerschule in Troisdorf, bevor sie 1972 im AW Schwerte zerlegt wurde.

Die in den Bestand der Deutschen Reichsbahn der DDR gelangten Maschinen wurden deutlich länger eingesetzt als ihre Schwestern im Westen: Die Ausmusterung erfolgte Ende der 60er-/Anfang der 70er-Jahre und eine Lokomotive erhielt sogar noch eine UIC-Betriebsnummer (62 1007-4). Erhalten blieb die 62 015, die ab 1970 zum DR-Traditionspark gehörte und heute als DB-Leihgabe im Eisenbahnmuseum Dresden steht.

Literatur

ENDISCH, DIRK: Baureihe 62; Stuttgart, 2002

FRISTER, THOMAS; WENZEL, HANSJÜRGEN: Lokporträt Baureihe 62; Freiburg 2009

SCHEINGRABER, DR. GÜNTHER: Die Baureihe 62. EJ 1/1997 S. 18-21

WENZEL, HANSJÜRGEN: Die Baureihe 62. EK 12/2006 S. 52-57

WINKLER, DETLEF: Die Baureihe 62. LM 4/97 S. 51-62

N. N.: Die Dampflokomotiven der Baureihe 62 - Portrait einer Lokomotivgattung; LM 34, S. 7-17

Hen 1928/ 20844	**DRB 62 001** →'45 DRw/DB	+23.11.56
Hen 1928/ 20845	**DRB 62 002** →'45 DRw/DB	+23.11.56
Hen 1929/ 20846	**DRB 62 003** →'45 DRw/DB +23.11.56 →'56 Lehrstück Bundesbahnschule Troisdorf →'67 AW Schwerte	++06.70
Hen 1929/ 20847	**DRB 62 004** →'45 DRw/DB	+12.05.55
Hen 1929/ 20848	**DRB 62 005** →'45 DRw/DB	+23.11.56
Hen 1929/ 20849	**DRB 62 006** →'45 DRo/DR →'70 DR 62 [1006-6]	+30.09.71
Hen 1929/ 20850	**DRB 62 007** →'45 DRo/DR →'70 DR 62 1007-4	+11.05.73
Hen 1929/ 20851	**DRB 62 008** →'45 DRo/DR →'70 DR [62 1008-2]	+30.09.71
Hen 1929/ 20852	**DRB 62 009** →'45 DRo/DR →'70 DR [62 1009-0]	+30.09.70
Hen 1929/ 20853	**DRB 62 010** →'45 DRo/DR →'70 DR [62 1010-8]	+30.09.71
Hen 1929/ 20854	**DRB 62 011** →'45 DRw/DB	+23.11.56
Hen 1929/ 20855	**DRB 62 012** →'45 DRo/DR →'70 DR 62 1012-4	+30.09.71
Hen 1929/ 20856	**DRB 62 013** →'45 DRw/DB	+23.11.56
Hen 1929/ 20857	**DRB 62 014** →'45 DRo/DR →'70 DR [62 1014-0]	+30.09.71
Hen 1929/ 20858	**DRB 62 015** →'45 DRo/DR →'70 DR [62 1015-7] →'70 DR-Traditionslok →'92 DR 088 625-9 →01.01.94 DB (Verkehrsmuseum Nürnberg) →'97 Eisenbahnmuseum Dresden /L	('25 vorh.)

Die 62 001 am 7. Mai 1932 im Bw Düsseldorf Abstellbahnhof. Die am 15. Juni 1928 abgenommene Lokomotive war bis 1932 beim Bw Remscheid-Lennep beheimatet. Foto: Carl Bellingrodt

Obwohl die 62 002 bereits 1956 ausgemustert wurde, hatte sie die Deutsche Bundesbahn noch mit Witte-Windleitblechen ausgerüstet. Ab Mitte 1951 war die Lokomotive in Krefeld beheimatet. Foto: Carl Bellingrodt

Am 19. April 1933 traf Carl Bellingrodt die erst am 20. Januar 1932 offiziell abgenommene 62 005 im Bw Remscheid-Lennep an.

Die bei der DR verbliebene 62 008 am 22. Juli 1969 in der südöstlich von Berlin liegenden Kleinstadt Erkner. Beheimatet war die Lokomotive zu dieser Zeit in Frankfurt (Oder). *Foto: Karl-Friedrich Seitz*

1'C 1' h2t DRB 64 (Einheitslok)

	64 001-367	64 368-510	64 511-520
Treibraddurchmesser (mm):	1 500	1 500	1 500
Achsstand (mm):	9 000	9 000	9 000
Länge über Puffer (mm):	12 400	12 500	12 500
Dienstgewicht (t):	74,9	75,2	75,2
Achslast (maximal) (t):	15,3	15,3	15,4
Höchstgeschwindigkeit (km/h):	90	90	90
Zylinderdurchmesser (mm):	500	500	500
Kolbenhub (mm):	660	660	660
Rostfläche (m²):	2,04	2,04	2,06
Verdampfungsheizfläche (m²):	104,48	104,48	104,48
Überhitzerheizfläche (m²):	37,34	37,34	37,34
Kesselüberdruck (atm):	14,0	14,0	14,0
Leistung (PSi):	950	950	950

Nach Gründung der Deutschen Reichsbahn im Jahr 1920 wurden zunächst noch verschiedene Länderbahnbauarten weitergebaut, mit denen der aktuelle Bedarf an neuen Lokomotiven gedeckt werden konnte. Darunter befanden sich aber nur sehr wenige Nebenbahnlokomotiven, und auch bei den ersten ab 1925 gelieferten Einheitslokomotiven waren Nebenbahnlokomotiven nicht vertreten. Aufgrund der in den 20er-Jahren immer größer werdenden Konkurrenz durch Kraftfahrzeuge begann daher im Jahr 1926 die Entwicklung einer 1C1-Nebenbahnlokomotive, die hauptsächlich im Personenzugdienst auf flachen Strecken aber auch im gemischten Dienst eingesetzt werden sollte. Außerdem war vorgesehen, die als Baureihe 64 bezeichneten Maschinen vor leichten Zügen im Nahverkehr auf Hauptbahnen zu verwenden. Mit der zeitgleich entworfenen Baureihe 24 teilte die 64er zahlreiche Baugruppen – so war z.B. der Kessel identisch und wurde später auch immer wieder zwischen Maschinen der beiden Baureihen getauscht.

Die Lieferung begann im Jahr 1928 und endete im Jahr 1940 mit der 64 520. Weitere 90 Maschinen waren bestellt gewesen, wurden aber zugunsten von Güterzuglokomotiven storniert. Ab 64 368 waren die Maschinen leicht ver-

Die am 30. April 1928 an die Reichsbahn abgelieferte 64 005 präsentierte sich auf einem Borsig-Werksfoto im traditionellen Fotografieranstrich. Die endgültige Abnahme erfolgte wenige Tage später am 2. Mai; anschließend wurde sie im Bw Gronau beheimatet.

längert worden, ab 64 511 wurden sie zur Verbesserung der Kurvenläufigkeit mit einem Krauss-Helmholtz-Lenkgestell ausgerüstet. Die 64 293 war mit einer Ventilsteuerung der Bauart „Maschinenfabrik Esslingen" ausgeliefert worden und die als 64 493 bestellte Maschine wurde fabrikneu an die Elmshorn-Barmstedt-Oldesloer Eisenbahn abgeliefert, so dass nur insgesamt 519 Maschinen im Bestand der Reichsbahn gewesen waren.
Nach dem zweiten Weltkrieg verblieben 58 Lokomotiven in der Tschechoslowakei (z.T. ČSD 365.401-453), 37 in Polen (PKP OK12-2 – 38; OK12-1 war die MÁV 315,816), acht in der Sowjetunion sowie eine in Österreich (ÖBB 64.311). Die übrigen Maschinen kamen in den Bestand der Deutschen Bundesbahn sowie der Deutschen Reichsbahn der DDR. Ein besonderes Schicksal ereilte dort die 64 511: Diese war Ende 1945 an die Brandenburgische Städtebahn abgegeben worden, kam dann 1950 bei der Verstaatlichung der Bahn wieder zurück zur Reichsbahn und erhielt dort die Betriebsnummer 64 6576 – erst 1957 bekam sie ihre ursprüngliche Nummer wieder zurück.
Bei der Einführung der UIC-Betriebsnummer erhielten die DB-Lokomotiven 1968 die neue Baureihenbezeichnung 064. Die Lokomotiven der DR behielten die Baureihenbezeichnung, bekamen aber eine zusätzliche „1" vor die Ordnungsnummer. Die Ausmusterung der Lokomotiven erfolgte bis 1974 (DB) bzw. 1975 (DR).

Literatur

Brandt, Josef: Baureihe 64. Der berühmte 'Bubikopf'. Augsburg, 2008
Braun, Andreas: Baureihe 64 – Portrait einer deutschen Dampflokomotive. München, 1986
Braun, Andreas: Der „Bubikopf", Baureihe 64 : der grosse Erfolg einer kleinen Lokomotive. München, 1994
Brückner, Gernot: Moderne Lok für die Provinz. LM 347, S. 44-51
Holzborn, Klaus-Detlev: Baureihe 64 – Portrait einer Dampflokomotivreihe. Heilbronn, 1976
Melcher, Peter: Die Baureihe 64 – Der legendäre Bubikopf. Freiburg, 1987
Messerschmidt, Wolfgang: Die Reichsbahn-Einheitslokomotive 64 293. LM 156, S. 178-183
Obermayer, Horst J.; Weisbrod, Manfred: Die Baureihe 64. Fürstenfeldbruck, 1998
Vockrodt, Stefan: Baureihe 64: Mit dem Bubikopf übers Land. LM 348, S. 58-63
Vockrodt, Stefan: Baureihe 64: Im Nebenbahndienst. LM 349, S. 50-54

Bors 1928/ 11957	**DRB 64 001** →'45 DRw/DB	+24.02.67
Bors 1928/ 11958	**DRB 64 002** →'45 ČSD →11.06.49 ČSD 365.442 +30.03.63 →05.11.63 CSD-HL K157	++65
Bors 1928/ 11959	**DRB 64 003** →'45 ČSD →02.10.45 ČSD 365.4509 →'48 ČSD 365.415	+22.02.56
Bors 1928/ 11960	**DRB 64 004** →'45 DRw/DB	+04.03.66
Bors 1928/ 11961	**DRB 64 005** →'45 DRo	+22.12.47
Bors 1928/ 11962	**DRB 64 006** →'45 DRw/DB →'68 DB 064 006-0 +20.07.72 →'?? Kranprüfgewicht Aw Offenburg →20.12.77 Denkmal in Elmstein (nähe Bahnhof) →'01 DGEG, Eisenbahmuseum Neustadt-Weinstraße	('22 vorh.)
Bors 1928/ 11963	**DRB 64 007** →'45 DRo/DR →'70 DR 64 1007-0 →'71 DR-Traditionsfahrzeug →'92 DR 088 645-7 →01.01.94 DB →'06 Mecklenburgisches Eisenbahn- und Technikmuseum Schwerin /L	('23 vorh.)
Hano 1928/ 10501	**DRB 64 008** →'45 DRw/DB →'68 DB 064 008-6	+12.03.68
Hano 1928/ 10502	**DRB 64 009** →'45 DRw/DB	+20.06.66
Hano 1928/ 10503	**DRB 64 010** →'45 DRw/DB	+27.09.66
Hano 1928/ 10504	**DRB 64 011** →'45 ČSD/R →21.08.48 ČSD 365.414	+31.05.57
Hano 1928/ 10505	**DRB 64 012** →'45 ČSD →02.10.45 ČSD 365.4510 →'48 ČSD 365.411 +22.02.56 →01.06.56 verk. VÚ letecký Letňany	++
Hano 1928/ 10506	**DRB 64 013** →'45 DRw/DB	+10.03.65
Hano 1928/ 10507	**DRB 64 014** →'45 ČSD/R →19.11.48 ČSD 365.416	+08.04.61
Hano 1928/ 10508	**DRB 64 015** →'45 DRo/DR →'70 DR 64 1015-3	+14.02.74
Hano 1928/ 10509	**DRB 64 016** →'45 DRw/DB	+10.03.65
Hano 1928/ 10510	**DRB 64 017** →'45 DRw/DB →'68 DB 064 017-7	+03.03.69
Hano 1928/ 10511	**DRB 64 018** →'45 DRw/DB →'68 DB 064 018-5	+02.06.71
Hen 1928/ 20731	**DRB 64 019** →'45 DRw/DB →'68 DB 064 019-3 +06.03.74 (vorgesehen als Denkmal für Stadt Weiden) →'79 Modell- und Eisenbahn-Club Selb/Rehau eV. D1 „64 019"	('24 vorh.)
Hen 1928/ 20732	**DRB 64 020** →'45 DRw/DB	+10.03.65
Hen 1928/ 20733	**DRB 64 021** →'45 DRw/DB	+10.03.65
Hen 1928/ 20734	**DRB 64 022** →'45 DRw/DB	+27.09.66
Hen 1928/ 20735	**DRB 64 023** →'45 DRw/DB	+01.09.65
Hen 1928/ 20736	**DRB 64 024** →'45 DRw/DB →'68 DB 064 024-3	+19.09.69
Hen 1928/ 20737	**DRB 64 025** →'45 DRw/DB →'68 DB 064 025-0	+19.09.69
Hen 1928/ 20738	**DRB 64 026** →'45 DRw/DB	+10.03.65
AEG 1928/ 3486	**DRB 64 027** →'45 DRw/DB	+30.11.64
AEG 1928/ 3487	**DRB 64 028** →'45 DRw/DB	+10.03.65
AEG 1928/ 3488	**DRB 64 029** →'45 DRw/DB	+18.06.62
AEG 1928/ 3489	**DRB 64 030** →'45 DRw/DB	+20.06.66

AEG 1928/ 3490	**DRB 64 031** →'45 DRw/DB →'68 DB 064 031-8	+02.06.71
AEG 1928/ 3491	**DRB 64 032** →'45 DRw/DB	+10.03.65
Krupp 1928/ 962	**DRB 64 033** →'45 DRo/DR →'70 DR (64 1033-6)	+18.12.69
Krupp 1928/ 963	**DRB 64 034** →'45 DRo/DR →'70 DR 64 1034-4	+30.07.74
Krupp 1928/ 964	**DRB 64 035** →'45 DRo/DR →'70 DR 64 1035-1	+26.01.72
Krupp 1928/ 965	**DRB 64 036** →'45 DRo/DR	+06.11.68
Krupp 1928/ 966	**DRB 64 037** →'45 DRo/DR →'70 DR (64 1037-7)	+27.04.70
Krupp 1928/ 967	**DRB 64 038** →'45 DRw	+47
Krupp 1928/ 968	**DRB 64 039** →'45 DRw/DB →'68 DB 064 039-1	+02.10.68
Krupp 1928/ 969	**DRB 64 040** →'45 DRw/DB (SWDE)	+04.03.66
Hen 1928/ 20903	**DRB 64 041** →'45 DRw/DB →'68 DB 064 041-7	+12.03.68
Hen 1928/ 20904	**DRB 64 042** →'45 DRw/DB (SWDE)	+20.06.66
Hen 1928/ 20905	**DRB 64 043** →'45 DRw	+24.02.46
Unio 1928/ 2803	**DRB 64 044** →'45 MPS →'47 CCCP-WL	+
Unio 1928/ 2804	**DRB 64 045** →'45 PKP OKl2-23	+21.06.67
Unio 1928/ 2805	**DRB 64 046** →'45 DRw/DB	+01.09.65
Unio 1928/ 2806	**DRB 64 047** →'45 MPS →'47 CCCP-WL	+
Unio 1928/ 2807	**DRB 64 048** →'45 MPS →'48 CCCP-WL	+
Unio 1928/ 2808	**DRB 64 049** →'45 DRw/DB →'68 DB 064 049-0	+19.09.69
Unio 1928/ 2809	**DRB 64 050** →'45 MPS →'47 CCCP-WL	+
Unio 1928/ 2810	**DRB 64 051** →'45 MPS →'47 CCCP-WL	+
Unio 1928/ 2811	**DRB 64 052** →'45 DRo/DR →'70 DR 64 1052-6	+08.08.74
Unio 1928/ 2812	**DRB 64 053** →'45 DRw/DB	+10.03.65
Unio 1928/ 2813	**DRB 64 054** →'45 MPS →'48 CCCP-WL	+
Unio 1928/ 2814	**DRB 64 055** →'45 DRo/DR →'70 DR 64 1055-9	+07.09.73
Unio 1928/ 2815	**DRB 64 056** →'45 ČSD →30.12.49 ČSD 365.443 +29.04.55 →01.05.55 verk. TATRA Trenčianska Teplá	++
Unio 1928/ 2816	**DRB 64 057** →'45 PKP OKl2-21	+03.03.68
Unio 1928/ 2817	**DRB 64 058** →'45 PKP OKl2-5	+21.10.72
Unio 1928/ 2818	**DRB 64 059** →'45 ČSD →10.05.49 ČSD 365.444 +23.11.56 →27.12.57 verk. Prefa Krásná n. Horn.	++
Unio 1928/ 2819	**DRB 64 060** →'45 ČSD/R →11.11.48 ČSD 365.418	+04.01.64
Unio 1928/ 2820	**DRB 64 061** →'45 PKP OKl2-6 +03.11.72 →'72 Eisenbahnmuseum Warschau (Denkmal in Nysa (=Neiße)) →'94 Industrie- und Eisenbahnmuseum Schlesien, Jaworzyna Śląska (=Königszelt)	('19 vorh.)
Unio 1928/ 2821	**DRB 64 062** →'45 PKP OKl2-24	+12.06.68
Unio 1928/ 2822	**DRB 64 063** →'45 DRw/DB	+10.03.65
Vulc 1928/ 3995	**DRB 64 064** →'45 PKP OKl2-7	+25.04.66
Vulc 1928/ 3996	**DRB 64 065** →'45 PKP OKl2-8	+29.12.71
Vulc 1928/ 3997	**DRB 64 066** →'45 PKP OKl2-2	+18.10.71
Vulc 1928/ 3998	**DRB 64 067** →'45 PKP OKl2-9	+23.10.69
Vulc 1928/ 3999	**DRB 64 068** →'45 PKP OKl2-3	+08.06.68
Vulc 1928/ 4000	**DRB 64 069** →'45 PKP OKl2-10	+29.04.70
Vulc 1928/ 4001	**DRB 64 070** →'45 PKP OKl2-11	+08.10.71
Vulc 1928/ 4002	**DRB 64 071** →'45 DRo/DR →'70 DR 64 1071-6	+14.10.71
Vulc 1928/ 4003	**DRB 64 072** →'45 PKP OKl2-4	+07.03.52
Vulc 1928/ 4004	**DRB 64 073** →'45 ČSD →02.10.45 ČSD 365.4503	+5x
Vulc 1928/ 4005	**DRB 64 074** →'45 DRw/DB →'68 DB 064 074-8	+24.06.70
Vulc 1928/ 4006	**DRB 64 075** →'45 PKP OKl2-12	+15.04.71
Vulc 1928/ 4007	**DRB 64 076** →'45 DRo/DR →'70 DR 64 1076-5	+25.10.74
Vulc 1928/ 4008	**DRB 64 077** →'45 PKP OKl2-33	+20.02.69
Vulc 1928/ 4009	**DRB 64 078** →'45 PKP OKl2-13	+19.02.69
Wolf 1928/ 1235	**DRB 64 079** →'45 DRw/DB →'68 DB 064 079-7	+23.02.71
Wolf 1928/ 1236	**DRB 64 080** →'45 DRw/DB →'68 DB (064 080-5)	+05.07.67
Wolf 1928/ 1237	**DRB 64 081** →'45 DRw/DB	+27.09.66
Wolf 1928/ 1238	**DRB 64 082** →'45 DRw/DB →'68 DB (064 082-1)	+05.07.67
Wolf 1928/ 1239	**DRB 64 083** →'45 DRw/DB	+01.09.65
Wolf 1928/ 1240	**DRB 64 084** →'45 DRw/DB	+10.03.65
Wolf 1928/ 1241	**DRB 64 085** →'45 DRo/DR	+20.12.51
Wolf 1928/ 1242	**DRB 64 086** →'45 DRw/DB	+04.03.66
Wolf 1928/ 1243	**DRB 64 087** →'45 DRw/DB	+30.11.64
Wolf 1928/ 1244	**DRB 64 088** →'45 ČSD/R →31.12.49 ČSD 365.445 +24.05.56 →01.07.56 verk. Farmakon Olomouc	+
Humb 1928/ 1816	**DRB 64 089** →'45 DRw/DB	+01.09.65
Humb 1928/ 1817	**DRB 64 090** →'45 DRw/DB	+30.11.64

Die 64 024 um 1930 auf einer Aufnahme von Hermann Maey: Nach der Beschilderung am Führerhaus gehörte die Lokomotive zum Bw Aschaffenburg, wo sie vom 1. Oktober 1928 bis zum 21. Mai 1930 beheimatet war.

Humb 1928/ 1818	**DRB 64 091** →'45 DRw/DB	+01.07.64
Humb 1928/ 1819	**DRB 64 092** →'45 DRw/DB	+01.07.64
Humb 1928/ 1820	**DRB 64 093** →'45 DRw/DB	+01.09.65
Humb 1928/ 1821	**DRB 64 094** →'45 DRw/DB →'68 DB 064 094-6 +08.11.72 →15.03.73 Denkmal Einkaufzent. Breuningerland, Tamm →04.99 Gesellschaft zur Erhaltung von Schienenfahrzeugen (GES) 64 094, Förderverein K.W.St.E. für Eisenbahnmuseum Kornwestheim /L →'18 Bayernbahn GmbH (NVR: 90 80 0064 094-0 D-BYB) →'18 Bayerisches Eisenbahnmuseum (BEM) /L	('25 vorh.)
Humb 1928/ 1822	**DRB 64 095** →'45 DRw/DB	+10.03.65
Humb 1928/ 1823	**DRB 64 096** →'45 DRw/DB	+30.11.64
Humb 1928/ 1824	**DRB 64 097** →'45 DRw/DB →'68 DB 064 097-9	+24.08.73
Humb 1928/ 1825	**DRB 64 098** →'45 DRw/DB (SWDE)	+24.02.67
Humb 1928/ 1826	**DRB 64 099** →'45 ČSD →02.10.45 ČSD 365.4504 →16.11.48 ČSD 365.421 +21.06.58 →01.12.58 verk. Masoprůmysl Trnava	++
Humb 1928/ 1827	**DRB 64 100** →'45 DRw/DB	+03.06.65
Jung 1928/ 4056	**DRB 64 101** →'45 DRw/DB	+10.03.65
Jung 1928/ 4057	**DRB 64 102** →'45 DRw/DB	+20.06.66
Jung 1928/ 4058	**DRB 64 103** →'45 DRw/DB	+10.03.65
Jung 1928/ 4059	**DRB 64 104** →'45 DRw/DB →'68 DB 064 104-3	+24.06.70
Jung 1928/ 4060	**DRB 64 105** →'45 DRw/DB →'68 DB 064 105-0	+21.06.68
Jung 1928/ 4061	**DRB 64 106** →'45 DRw/DB →'68 DB 064 106-8	+12.04.73
Jung 1928/ 4062	**DRB 64 107** →'45 DRw/DB	+01.09.65
Jung 1928/ 4063	**DRB 64 108** →'45 DRw/DB	+10.03.65
Jung 1928/ 4064	**DRB 64 109** →'45 DRw/DB →'68 DB 064 109-2	+02.06.71
Jung 1928/ 4065	**DRB 64 110** →'45 DRw/DB	+30.11.64
Jung 1928/ 4066	**DRB 64 111** →'45 DRo/DR →'70 DR [64 1111-0] →31.08.71 HL LPG Kromsdorf	+
Jung 1928/ 4067	**DRB 64 112** →'45 ČSD/R →10.48 ČSD 365.419 +13.02.57 →13.07.57 verk. Moravolak Uh. Hradiště	++
Schi 1928/ 3160	**DRB 64 113** →'45 DRw/DB →'68 DB 064 113-4	+12.03.68
Schi 1928/ 3161	**DRB 64 114** →'45 ČSD +06.01.49 →'49 ČSD 365.453 +31.05.57 →01.04.59 verk. Plynárny Košice	++
Schi 1928/ 3162	**DRB 64 115** →'45 ČSD/R →01.01.48 ČSD 365.402	+16.06.59
Schi 1928/ 3163	**DRB 64 116** →'45 PKP OKl2-17	+10.03.66
Schi 1928/ 3164	**DRB 64 117** →'45 PKP OKl2-18	+29.08.67
Schi 1928/ 3165	**DRB 64 118** →'45 PKP OKl2-19 +07.06.71 →07.06.71 WL Zuckerfabrik Chybie	+
LHB 1928/ 3086	**DRB 64 119** →'45 DRo/DR →'70 DR [64 1119-3]	+14.10.71

64 099 am 21. März 1933 im Bahnbetriebswerk Holzwickede (in der Nähe von Unna). *Foto: Carl Bellingrodt*

Hinter der ČSD 365.427 verbirgt sich die Reichsbahn 64 120, deren Reichsbahn-Lokschilder noch an der Führerhaus-Seitenwand zu erkennen sind. Dort sieht man auch neben der neuen ČSD-Betriebsnummer die oberhalb von Hammer und Sichel aufgemalte Aufschrift „CCCP". Die Aufnahme entstand 1946 in Ostrava (=Mährisch Ostrau). *Foto: V. Polivka*

LHB 1928/ 3087	**DRB 64 120** →'45 ČSD/R →12.48 ČSD 365.427	+19.07.57
LHB 1928/ 3088	**DRB 64 121** →'45 DRo/DR →'70 DR 64 1121-9	+07.09.73
LHB 1928/ 3089	**DRB 64 122** →'45 ČSD/R →10.11.48 ČSD 365.417 +28.02.55 →28.02.55 verk. ČSAD Žilina	++
LHB 1928/ 3090	**DRB 64 123** →'45 DRo/DR →'70 DR (64 1123-5)	+03.07.69
LHB 1928/ 3091	**DRB 64 124** →'45 ČSD/R →25.11.48 ČSD 365.403	+30.07.60
LHB 1928/ 3092	**DRB 64 125** →'45 DRo/DR	+30.04.51
LHB 1928/ 3093	**DRB 64 126** →'45 DRo/DR →'70 DR (64 1126-8)	+20.04.70
LHB 1928/ 3094	**DRB 64 127** →'45 ČSD →31.12.49 ČSD 365.446	+04.02.55
LHB 1928/ 3095	**DRB 64 128** →'45 ČSD/R →01.01.49 ČSD 365.428	+25.05.57
LHB 1928/ 3096	**DRB 64 129** →'45 ČSD/R →01.01.49 ČSD 365.429	+23.02.56
LHB 1928/ 3097	**DRB 64 130** →'45 DRw/DB →'68 DB (064 130-8)	+05.07.67
LHB 1928/ 3098	**DRB 64 131** →'45 DRw/DB	+03.06.65
O&K 1928/ 11421	**DRB 64 132** →'45 DRw/DB	+10.03.65
O&K 1928/ 11422	**DRB 64 133** →'45 DRo	+22.12.47
O&K 1928/ 11423	**DRB 64 134** →'45 DRw/DB	+10.03.65
O&K 1928/ 11424	**DRB 64 135** →'45 DRw/DB	+30.11.64
O&K 1928/ 11425	**DRB 64 136** →'45 DRw/DB →'68 DB 064 136-5	+24.08.73
O&K 1928/ 11426	**DRB 64 137** →'45 DRo/DR	+06.11.68
O&K 1928/ 11427	**DRB 64 138** →'45 ČSD/R	+06.01.49
O&K 1928/ 11428	**DRB 64 139** →'45 DRw/DB	+05.07.67
O&K 1928/ 11429	**DRB 64 140** →'45 ČSD →30.07.45 ČSD 365.4500 →04.48 ČSD 365.409 +06.06.56 →06.06.56 verk. Železárny Pobrezová	++
O&K 1928/ 11430	**DRB 64 141** →'45 DRw/DB (SWDE) →'68 DB 064 141-5	+12.03.68
Krupp 1928/ 991	**DRB 64 142** →'45 DRw/DB	+10.03.65
Krupp 1928/ 992	**DRB 64 143** →'45 DRw/DB (SWDE) →'68 DB 064 143-1	+21.06.68
Krupp 1928/ 993	**DRB 64 144** →'45 DRw/DB (SWDE)	+01.09.65
Krupp 1928/ 994	**DRB 64 145** →'45 DRw/DB (SWDE)	+24.02.67
Krupp 1928/ 995	**DRB 64 146** →'45 DRo/DR →'70 DR 64 1146-6 (+12.10.70 →wiD)	+15.10.74
Krupp 1928/ 996	**DRB 64 147** →'45 DRw/DB (SWDE) →'68 DB (064 147-2)	+05.07.67
Krupp 1928/ 997	**DRB 64 148** →'45 DRw/DB (SWDE)	+24.02.67
Krupp 1928/ 998	**DRB 64 149** →'45 DRw/DB (SWDE)	+01.09.65
Krupp 1928/ 999	**DRB 64 150** →'45 DRw/DB (SWDE)	+30.11.64
Krupp 1928/ 1000	**DRB 64 151** →'45 DRw/DB	+27.09.66
Essl 1928/ 4193	**DRB 64 152** →'45 DRw/DB	+10.03.65
Essl 1928/ 4194	**DRB 64 153** →'45 DRw/DB →'68 DB 064 153-0	+12.03.68
Essl 1928/ 4195	**DRB 64 154** →'45 DRw	+12.07.48
Essl 1928/ 4196	**DRB 64 155** →'45 DRw/DB →'68 DB (064 155-5)	+05.07.67
Essl 1928/ 4197	**DRB 64 156** →'45 DRw/DB →'68 DB (064 156-3)	+05.07.67
Essl 1928/ 4198	**DRB 64 157** →'45 DRw/DB	+01.07.64
Essl 1928/ 4199	**DRB 64 158** →'45 DRw/DB	+01.09.65
Essl 1928/ 4200	**DRB 64 159** →'45 DRw/DB	+24.02.67
O&K 1928/ 11583	**DRB 64 160** →'45 DRw/DB	+30.11.64
O&K 1928/ 11584	**DRB 64 161** →'45 DRw/DB	+27.09.66
Humb 1928/ 1828	**DRB 64 162** →'45 ČSD →02.10.45 ČSD 365.4505 →16.11.48 ČSD 365.422	+23.02.56
Humb 1928/ 1829	**DRB 64 163** →'45 ČSD/R →26.03.49 ČSD 365.447	+19.01.57
Humb 1928/ 1830	**DRB 64 164** →'45 DRo/DR	+27.11.68
Humb 1928/ 1831	**DRB 64 165** →'45 DRo/DR	+06.11.68
Jung 1928/ 4086	**DRB 64 166** →'45 DRo/DR →'70 DR 64 1166-4	+20.09.72
Jung 1928/ 4087	**DRB 64 167** →'45 ČSD/R →23.03.48 ČSD 365.406 +14.10.59 →01.03.60 verk. Palma Bratislava	+
Jung 1928/ 4088	**DRB 64 168** →'45 DRo/DR →'70 DR 64 1168-0	+13.05.71
Krupp 1928/ 1041	**DRB 64 169** →'45 DRo/DR →'70 DR 64 1169-8	+23.10.72
Krupp 1928/ 1042	**DRB 64 170** →'45 DRo/DR	+15.12.50
Schi 1928/ 3166	**DRB 64 171** →'45 DRo/DR	+03.12.68
Schi 1928/ 3167	**DRB 64 172** →'45 ČSD →24.10.49 ČSD 365.448 +17.07.63 →'?? verk. LD Košice (topí)	+
Schi 1928/ 3168	**DRB 64 173** →'45 DRo/DR →'70 DR 64 1173-0	+30.07.73
Schi 1928/ 3169	**DRB 64 174** →'45 ČSD →26.01.49 ČSD 365.441	+06.01.62
Schi 1928/ 3170	**DRB 64 175** →'45 DRo/DR →'70 DR 64 1175-5	+13.05.71
Schi 1928/ 3171	**DRB 64 176** →'45 DRo/DR	+20.12.51
Unio 1928/ 2823	**DRB 64 177** →'45 ČSD →02.10.45 ČSD 365.4508 →06.48 ČSD 365.412	+14.06.56
Unio 1928/ 2824	**DRB 64 178** →'45 DRo/DR	+15.12.50
Unio 1928/ 2825	**DRB 64 179** →'45 DRo/DR →'70 DR 64 1179-7	+20.09.72
Unio 1928/ 2826	**DRB 64 180** →'45 DRo/DR →'70 DR [64 1180-5]	+13.05.71

Unio 1928/ 2827	**DRB 64 181** →'45 ČSD/R →'49 ČSD 365.430	+28.11.56
Vulc 1928/ 4010	**DRB 64 182** →'45 DRo/DR →'70 DR 64 1182-1	+15.10.74
Vulc 1928/ 4011	**DRB 64 183** →'45 DRo/DR →'70 DR 64 1183-9	+29.12.72
Vulc 1928/ 4012	**DRB 64 184** →'45 DRo/DR →'70 DR (64 1184-7)	+24.02.70
Vulc 1928/ 4013	**DRB 64 185** →'45 DRo/DR →'70 DR 64 1185-4	+11.05.73
Vulc 1928/ 4014	**DRB 64 186** →'45 DRo/DR →'70 DR 64 1186-2	+06.09.74
Wolf 1928/ 1245	**DRB 64 187** →'45 DRo/DR →'70 DR (64 1187-0)	+10.06.69
Wolf 1928/ 1246	**DRB 64 188** →'45 DRo/DR →'70 DR 64 1188-8	+23.10.72
Essl 1928/ 4216	**DRB 64 189** →'45 DRo/DR →'70 DR 64 1189-6	+03.05.74
Essl 1928/ 4217	**DRB 64 190** →'45 ČSD	+5x
Essl 1928/ 4223	**DRB 64 191** →'45 ČSD →10.08.49 ČSD 365.449	+01.02.62
Bors 1928/ 12078	**DRB 64 192** →'45 ČSD →31.12.49 ČSD 365.450	+19.01.57
Bors 1928/ 12079	**DRB 64 193** →'45 DRo/DR →'70 DR [64 1193-8]	+22.02.71
Bors 1928/ 12080	**DRB 64 194** →'45 DRw/DB →'68 DB 064 194-4	+19.09.69
Bors 1928/ 12081	**DRB 64 195** →'45 ČSD/R →'49 ČSD 365.431 +07.05.62 →01.04.65 verk. (an ?)	+
Bors 1928/ 12082	**DRB 64 196** →'45 ČSD →26.10.49 ČSD 365.451 +18.10.62 →10.62 CSD-HL K138	+04.05.69
Bors 1928/ 12083	**DRB 64 197** →'45 DRo/DR →'70 DR 64 1197-9	+13.05.71
Humb 1928/ 1832	**DRB 64 198** →'45 ČSD/R →15.02.49 ČSD 365.432	+03.07.61
Humb 1928/ 1833	**DRB 64 199** →'45 DRo/DR →'70 DR 64 1199-5	+18.08.72
Humb 1928/ 1834	**DRB 64 200** →'45 DRo/DR →'70 DR 64 1200-1	+30.07.73
Humb 1928/ 1835	**DRB 64 201** →'45 DRo/DR →'70 DR 64 1201-9	+26.02.74
Humb 1928/ 1836	**DRB 64 202** →'45 DRw/DB	+04.03.66
Jung 1928/ 4130	**DRB 64 203** →'45 DRw/DB	+10.03.65
Jung 1928/ 4131	**DRB 64 204** →'45 DRw/DB	+30.11.64
Unio 1928/ 2828	**DRB 64 205** →'45 DRw/DB	+30.11.64
Unio 1928/ 2829	**DRB 64 206** →'45 DRw/DB →'68 DB 064 206-6	+24.06.70
Unio 1928/ 2830	**DRB 64 207** →'45 DRo →15.09.45 MPS →'48 CCCP-WL	+
Unio 1928/ 2831	**DRB 64 208** →'45 DRo/DR →'70 DR 64 1208-4	+14.10.71
Unio 1928/ 2832	**DRB 64 209** →'45 DRo/DR →'70 DR [64 1209-2]	+26.11.70
Vulc 1928/ 4015	**DRB 64 210** →'45 DRo/DR →'70 DR (64 1210-0)	+27.04.70
Vulc 1928/ 4016	**DRB 64 211** →'45 DRo/DR →'70 DR 64 1211-8	+07.09.73
Vulc 1928/ 4017	**DRB 64 212** →'45 DRo/DR →'70 DR 64 1212-6	+24.10.75
Wolf 1928/ 1250	**DRB 64 213** →'45 PKP OKl2-14	+04.08.52
Wolf 1928/ 1251	**DRB 64 214** →'45 DRw/DB	+24.02.67
Unio 1929/ 2833	**DRB 64 215** →'45 DRw/DB (SWDE)	+19.08.66
Unio 1929/ 2834	**DRB 64 216** →'45 DRw/DB	+10.03.65
Unio 1929/ 2835	**DRB 64 217** →'45 DRw/DB (SWDE)	+30.11.64
Unio 1929/ 2836	**DRB 64 218** →'45 DRw/DB (SWDE)	+30.11.64
Unio 1929/ 2837	**DRB 64 219** →'45 DRw/DB →'68 DB (064 219-9)	+05.07.67
Unio 1929/ 2838	**DRB 64 220** →'45 DRw/DB	+04.03.66
Unio 1929/ 2839	**DRB 64 221** →'45 ČSD →02.10.45 ČSD 365.4511 →16.11.48 ČSD 365.425 +25.04.56 →01.12.56 verk. AVIA Letňany	+
Unio 1929/ 2840	**DRB 64 222** →'45 ČSD/R →06.01.49 ČSD 365.433	+28.06.55
Unio 1929/ 2841	**DRB 64 223** →'45 DRw/DB	+24.02.67
Unio 1929/ 2842	**DRB 64 224** →'45 PKP OKl2-15	+01.01.57
Hano 1930/ 10618	**DRB 64 225** →'45 DRo/DR →'70 DR 64 1225-8	+29.12.72
Hano 1930/ 10619	**DRB 64 226** →'45 DRw/DB	+22.11.66
Hano 1930/ 10620	**DRB 64 227** →'45 DRw/DB →'68 DB 064 227-2	+12.03.68
Hano 1930/ 10621	**DRB 64 228** →'45 DRw/DB	+01.09.65
Hano 1930/ 10622	**DRB 64 229** →'45 DRw/DB	+27.09.66
Hano 1930/ 10623	**DRB 64 230** →'45 DRw/DB	+10.03.65
Hano 1930/ 10624	**DRB 64 231** →'45 DRw/DB →'68 DB 064 231-4	+22.09.70
Hano 1930/ 10625	**DRB 64 232** →'45 DRw/DB →'68 DB 064 232-2	+12.03.68
Hano 1931/ 10704	**DRB 64 233** →'45 DRw/DB	+01.09.65
Hano 1931/ 10705	**DRB 64 234** →'45 DRw/DB (SWDE) →'68 DB (064 234-8)	+05.07.67
O&K 1932/ 12381	**DRB 64 235** →'45 DRw/DB →'68 DB 064 235-5	+02.06.71
O&K 1932/ 12382	**DRB 64 236** →'45 DRw/DB →'68 DB (064 236-3)	+05.07.67
O&K 1932/ 12383	**DRB 64 237** →'45 DRw/DB	+04.03.66
O&K 1932/ 12384	**DRB 64 238** →'45 DRw/DB	+19.08.66
Jung 1932/ 5086	**DRB 64 239** →'45 DRw/DB →'68 DB 064 239-7	+12.03.68
Jung 1932/ 5087	**DRB 64 240** →'45 DRw/DB	+04.03.66
Jung 1932/ 5088	**DRB 64 241** →'45 DRw/DB →'68 DB 064 241-3	+20.07.72

Diese Standardaufnahme der 64 180 wurde von Werner Hubert angefertigt. Über Aufnahmedatum und Aufnahmeort sind leider keine Informationen verfügbar, doch zumindest kann man am Führerhaus die Beheimatung „Leipzig Bayerischer Bahnhof" lesen. Dort war sie seit ihrer Ablieferung bis zum Oktober 1934 stationiert.

Von dieser schönen Aufnahme der 64 203 sind keine Informationen zu Ort und Zeit verfügbar – beheimatet war die Lokomotive in Aschaffenburg.

Jung 1932/ 5089	**DRB 64 242** →'45 DRw/DB	+27.09.66
Hen 1933/ 22171	**DRB 64 243** →'45 DRw/DB	+01.07.64
Hen 1933/ 22172	**DRB 64 244** →'45 DRw/DB	+01.09.65
Hen 1933/ 22173	**DRB 64 245** →'45 DRw/DB	+10.03.65
Hen 1933/ 22174	**DRB 64 246** →'45 DRw/DB +16.02.63 →03.63 Ilmebahn 8	+73
Hen 1933/ 22175	**DRB 64 247** →'45 DRw/DB →'68 DB 064 247-0	+12.04.73
Hen 1933/ 22176	**DRB 64 248** →'45 DRw/DB (SWDE) →'68 DB 064 248-8	+19.09.69
Hen 1933/ 22177	**DRB 64 249** →'45 DRw/DB	+19.08.66
Hen 1933/ 22178	**DRB 64 250** →'45 DRw/DB (SWDE) →'68 DB 064 250-4 +22.09.70 →01.71 verk. Fa. Rohstoffverwertung Günter Berg, Konstanz →12.03.87 Museumsbahn „Chemin de Fe a Vapeur de Trois Valées"/Belgien	('23 i.E.)
Hen 1933/ 22179	**DRB 64 251** →'45 DRw/DB (SWDE)	+30.11.64
Hen 1933/ 22180	**DRB 64 252** →'45 DRw/DB	+10.03.65
Hen 1933/ 22181	**DRB 64 253** →'45 DRw/DB	+27.09.66
Hen 1933/ 22182	**DRB 64 254** →'45 DRw/DB	+10.03.65
Hen 1933/ 22183	**DRB 64 255** →'45 DRw/DB (SWDE)	+10.03.65
Hen 1933/ 22184	**DRB 64 256** →'45 DRo/DR →'70 DR 64 1256-3	+23.10.72
Hen 1933/ 22185	**DRB 64 257** →'45 DRo/DR →'70 DR 64 1257-1	+14.10.71
Hen 1933/ 22186	**DRB 64 258** →'45 DRw/DB	+27.09.66
Hen 1933/ 22187	**DRB 64 259** →'45 DRw/DB	+10.03.65
Hen 1933/ 22188	**DRB 64 260** →'45 ČSD/R →'49 ČSD 365.434	+12.11.55
Hen 1933/ 22189	**DRB 64 261** →'45 DRo/DR →'70 DR 64 1261-3	+14.10.71
Hen 1933/ 22190	**DRB 64 262** →'45 PKP OKl2-22	+20.08.68
Krupp 1933/ 1279	**DRB 64 263** →'45 DRo/DR →'70 DR 64 1263-9	+20.09.72
Krupp 1933/ 1280	**DRB 64 264** →'45 DRo/DR	+05.12.68
Krupp 1933/ 1281	**DRB 64 265** →'45 DRo/DR	+30.04.51
Krupp 1933/ 1282	**DRB 64 266** →'45 DRo/DR →'70 DR 64 1266-2	+29.12.72
Krupp 1933/ 1283	**DRB 64 267** →'45 DRo/DR →'70 DR 64 1267-0 +29.12.72 →16.08.73 verk. HL VEB Lackfabrik Köthen ++78	
Krupp 1933/ 1284	**DRB 64 268** →'45 DRw/DB	+24.02.67
Krupp 1933/ 1285	**DRB 64 269** →'45 DRw/DB →'68 DB (064 269-4)	+14.11.67
Krupp 1933/ 1286	**DRB 64 270** →'45 DRw/DB →'68 DB 064 270-2	+21.12.72
Krupp 1933/ 1287	**DRB 64 271** →'45 DRw/DB →'68 DB 064 271-0	+22.09.70
Krupp 1933/ 1288	**DRB 64 272** →'45 PKP OKl2-20	+20.11.73
O&K 1933/ 12410	**DRB 64 273** →'45 DRo/DR	+06.11.68
O&K 1933/ 12411	**DRB 64 274** →'45 DRo/DR →'70 DR 64 1274-6	+01.08.72
O&K 1933/ 12412	**DRB 64 275** →'45 DRo/DR	+06.11.68
O&K 1933/ 12413	**DRB 64 276** →'45 DRw/DB	+01.09.65
O&K 1933/ 12414	**DRB 64 277** →'45 MPS →'47 CCCP-WL	+
Jung 1933/ 5095	**DRB 64 278** →'45 DRo/DR →'70 DR 64 1278-7	+01.08.72
Jung 1933/ 5096	**DRB 64 279** →'45 DRo/DR	+15.12.50
Jung 1933/ 5097	**DRB 64 280** →'45 DRo/DR →'70 DR (64 1280-3)	+27.04.70
Jung 1933/ 5098	**DRB 64 281** →'45 DRo/DR	+25.05.54
Jung 1933/ 5099	**DRB 64 282** →'45 DRo/DR →'70 DR 64 1282-9	+19.08.75
Krupp 1933/ 1292	**DRB 64 283** →'45 DRw/DB	+27.09.66
Krupp 1933/ 1293	**DRB 64 284** →'45 DRw/DB	+27.09.66
Krupp 1934/ 1294	**DRB 64 285** →'45 ČSD →30.07.45 ČSD 365.4501 →16.11.48 ČSD 365.420	+28.06.55
Krupp 1934/ 1295	**DRB 64 286** →'45 DRw/DB →'68 DB 064 286-8	+10.07.69
Krupp 1934/ 1296	**DRB 64 287** →'45 DRw/DB →'68 DB 064 287-6	+10.07.69
Krupp 1934/ 1297	**DRB 64 288** →'45 DRw/DB	+15.11.63
Krupp 1934/ 1298	**DRB 64 289** →'45 DRw/DB →'68 DB 064 289-2 +06.03.74 →05.74 verk. (an privat) →22.07.74 Eisenbahn-Kurier (EK) /L →15.03.75 Eisenbahnfreunde Zollernbahn (EFZ) /L →12.10.05 Süddeutsches Eisenbahnmuseum Heilbronn (SEH) /L (ab '08 NVR: 90 80 0064 289-6 D-NESA) →10.13 Eisenbahnfreunde Zollernbahn (EFZ) /L →'18 verk. Eisenbahnfreunde Zollernbahn (EFZ)	('23 vorh.)
Krupp 1934/ 1299	**DRB 64 290** →'45 DRw/DB	+01.09.65
Krupp 1934/ 1300	**DRB 64 291** →'45 DRw/DB	+01.09.65
Krupp 1934/ 1301	**DRB 64 292** →'45 DRw/DB	+15.11.63
Essl 1934/ 4248	**DRB 64 293** →'45 DRw/DB →'68 DB 064 293-4	+08.11.72
Essl 1934/ 4247	**DRB 64 294** →'45 DRw/DB	+10.03.65
Essl 1934/ 4249	**DRB 64 295** →'45 DRw/DB →'68 DB 064 295-9 +09.06.74 →14.06.75 Deutsches Dampflok-Museum (DDM), Neuenmarkt-Wirsberg	('25 vorh.)
Essl 1934/ 4250	**DRB 64 296** →'45 DRw/DB	+01.09.65
Essl 1934/ 4251	**DRB 64 297** →'45 DRw/DB →'68 DB 064 297-5	+24.06.70
Essl 1934/ 4252	**DRB 64 298** →'45 DRw/DB	+27.09.66

Die mit Friedmann-Abdampf-Injektor ausgerüstete 64 234, von Carl Bellingrodt am 21. März 1933 in ihrem Heimat-Bw Holzwickede im Bild festgehalten.

Krupp 1934/ 1302	**DRB 64 299** →'45 DRw/DB →'68 DB 064 299-1	+19.09.69
Krupp 1934/ 1303	**DRB 64 300** →'45 ČSD/R →02.03.48 ČSD 365.407	+19.07.57
Krupp 1934/ 1304	**DRB 64 301** →'45 DRw/DB	+10.03.65
Krupp 1934/ 1305	**DRB 64 302** →'45 ČSD/R →20.12.48 ČSD 365.435 +29.04.55 →01.05.55 verk. TATRA Trenčianska Teplá +	
Krupp 1934/ 1306	**DRB 64 303** →'45 DRw/DB	+24.02.67
Krupp 1934/ 1307	**DRB 64 304** →'45 DRw/DB	+04.03.66
Krupp 1934/ 1308	**DRB 64 305** →'45 DRw/DB →'68 DB 064 305-6 +09.06.74 →05.74 verk. an Mr. Roger Scanlon, London für Severn Valley Railway, Bridgnorth →'77 Nene Valley Railway, Peterborough /L →'85 verk. Nene Valley Railway, Peterborough →'23 verk. (an privat, Sonneberg) →07.23 Bayernbahn GmbH →'23 Eisenbahnmuseum Nördlingen (BEM) /L	('24 vorh.)
Krupp 1934/ 1309	**DRB 64 306** →'45 DRw/DB →'68 DB 064 306-4	+12.03.68
Krupp 1934/ 1310	**DRB 64 307** →'45 DRw/DB	+10.03.65

Im Jahr 1933 fotografierte Rudolf Kreutzer die 64 243 bei einer Probefahrt. Auch diese Lok hatte statt des Oberflächenvorwärmers einen Friedmann-Abdampf-Injektor. Die Lokomotive gehörte bis 1952 zum Bw Nürnberg Hbf.

Die 1934 von Krupp in Essen gebaute 64 286 verblieb nach dem Zweiten Weltkrieg bei der Deutschen Bundesbahn und wurde am 15. April 1966 von Karl-Friedrich Seitz in ihrem Heimat-Bw Nürnberg Hbf. angetroffen.

Krupp 1934/ 1311	**DRB 64 308** →'45 DRo/DR →'70 DR 64 1308-2	+05.05.75
Krupp 1934/ 1312	**DRB 64 309** →'45 PKP OKl2-25	+13.07.72
Krupp 1934/ 1313	**DRB 64 310** →'45 PKP OKl2-26	+04.07.73
Krupp 1934/ 1314	**DRB 64 311** →'45 ÖBB →'53 ÖBB 64.311	+28.11.57
Krupp 1934/ 1315	**DRB 64 312** →'45 ČSD/R →01.03.48 ČSD 365.408	+06.01.62
Krupp 1934/ 1316	**DRB 64 313** →'45 DRo/DR →'70 DR 64 1313-2	+29.12.72
Krupp 1934/ 1317	**DRB 64 314** →'45 PKP OKl2-27	+30.12.65
Krupp 1934/ 1318	**DRB 64 315** →'45 DRo/DR →'70 DR 64 1315-7	+20.09.72
Krupp 1934/ 1319	**DRB 64 316** →'45 DRo/DR →'70 DR [64 1316-5]	+01.07.70
Krupp 1934/ 1320	**DRB 64 317** →'45 DRo/DR →'70 DR 64 1317-3 +29.07.76 (am 09.02.77 zurückgenommen) →08.06.78 Denkmal vor „Kulturhaus der Eisenbahner", Frankfurt/Oder →'95 Denkmal im Personenbf. Frankfurt/Oder	('23 vorh.)

Die später als Museumslokomotive erhalten gebliebene 64 289 am 30. März 1969 im Bw Tübingen. *Foto: Ulrich Budde*

Die 64 293 war vom Hersteller mit einer „Ventilsteuerung Bauart Esslingen" ausgerüstet worden. Diese wurde am 18. November 1943 durch eine Kolbenschieber-Steuerung der Regelbauart ersetzt.

Krupp 1934/ 1321	**DRB 64 318** →'45 DRo/DR →'70 DR 64 1318-1	+09.12.74
Krupp 1934/ 1322	**DRB 64 319** →'45 DRo/DR →'70 DR 64 1319-9	+07.09.73
Krupp 1934/ 1323	**DRB 64 320** →'45 DRo/DR	+15.12.50
Krupp 1934/ 1324	**DRB 64 321** →'45 DRo/DR →'70 DR 64 1321-5	+29.11.73
Krupp 1934/ 1325	**DRB 64 322** →'45 DRo/DR →'70 DR 64 1322-3	+07.09.73
Krupp 1934/ 1326	**DRB 64 323** →'45 DRo/DR →'70 DR 64 1323-1	+11.05.73
Jung 1934/ 5511	**DRB 64 324** →'45 PKP OKl2-28	+10.03.66
Jung 1934/ 5512	**DRB 64 325** →'45 ČSD/R →01.03.48 ČSD 365.404	+08.07.54
Jung 1934/ 5513	**DRB 64 326** →'45 PKP OKl2-29	+30.09.66
Jung 1934/ 5514	**DRB 64 327** →'45 ČSD/R →'48 ČSD 365.401	+18.10.57
Jung 1934/ 5515	**DRB 64 328** →'45 ČSD	+06.01.49
O&K 1934/ 12460	**DRB 64 329** →'45 PKP OKl2-30	+28.01.67
O&K 1934/ 12461	**DRB 64 330** →'45 DRo/DR →'70 DR 64 1330-6	+26.11.74
O&K 1934/ 12462	**DRB 64 331** →'45 DRo/DR	+06.11.68
O&K 1934/ 12463	**DRB 64 332** →'45 PKP OKl2-31	+24.05.66
O&K 1934/ 12464	**DRB 64 333** →'45 PKP OKl2-32	+14.02.68
KrMa 1934/ 15486	**DRB 64 334** →'45 DRw/DB	+30.11.64
KrMa 1934/ 15487	**DRB 64 335** →'45 DRw/DB →'68 DB 064 335-3	+19.09.69
KrMa 1934/ 15488	**DRB 64 336** →'45 DRw/DB	+10.03.65
KrMa 1934/ 15489	**DRB 64 337** →'45 DRw/DB →'68 DB 064 337-9	+08.11.72
KrMa 1934/ 15490	**DRB 64 338** →'45 DRw/DB	+30.11.64
KrMa 1934/ 15491	**DRB 64 339** →'45 DRw/DB	+01.07.64
KrMa 1934/ 15492	**DRB 64 340** →'45 DRw/DB	+27.09.66
KrMa 1934/ 15493	**DRB 64 341** →'45 DRw/DB	+30.11.64
KrMa 1934/ 15494	**DRB 64 342** →'45 DRw/DB	+01.07.64
KrMa 1934/ 15495	**DRB 64 343** →'45 DRw/DB	+01.09.65
KrMa 1935/ 15501	**DRB 64 344** →'45 DRw/DB →'68 DB 064 344-5 +02.10.68 →25.05.70 Denkmal am Bf. Waldkirchen (DB-Eigentum) →'86 Historische Eisenbahn Plattling /L (Museum; '96/97 am Bahnhof Plattling als Denkmal aufgestellt) →11.09 Passauer Eisenbahnfreunde /L	('23 vorh.)
KrMa 1935/ 15502	**DRB 64 345** →'45 DRw/DB	+10.03.65
KrMa 1935/ 15503	**DRB 64 346** →'45 DRw/DB	+24.02.67
Essl 1934/ 4253	**DRB 64 347** →'45 ČSD →30.07.45 ČSD 365.4502 →01.02.48 ČSD 365.405	+18.10.62
Essl 1934/ 4254	**DRB 64 348** →'45 DRw/DB →'68 DB (064 348-6)	+22.05.67
Essl 1934/ 4255	**DRB 64 349** →'45 DRw/DB	+01.07.64
Jung 1934/ 5564	**DRB 64 350** →'45 DRw/DB	+30.11.64

Nur eine 64er befand sich nach Kriegsende in Österreich – im Jahr 1951 hielt Otto Zell diese Maschine – beschriftet als „BB Österreich 64 311“ – in Hütteldorf fotografisch fest.

Jung 1934/ 5565	**DRB 64 351** →'45 ČSD/R →11.05.48 ČSD 365.410 +06.03.56 →01.08.56 verk. Slovakofarma Hlohovec	+
Jung 1934/ 5566	**DRB 64 352** →'45 PKP OKl2-16	+10.06.67
Jung 1934/ 5567	**DRB 64 353** →'45 DRo/DR →'70 DR 64 1353-8	+01.08.72
Jung 1934/ 5568	**DRB 64 354** →'45 DRo/DR →'70 DR 64 1354-6	+08.08.74
KrMa 1934/ 15504	**DRB 64 355** →'45 DRw/DB →'68 DB 064 355-1 +08.11.72 →07.08.73 Denkmal Freilichtmuseum Hillstett/Oberpfalz /L (DB-Eigentum)	('18 vorh.)
KrMa 1934/ 15505	**DRB 64 356** →'45 DRw/DB (SWDE) →'68 DB 064 356-9	+21.06.68
KrMa 1935/ 15520	**DRB 64 357** →'45 DRw/DB (SWDE)	+27.09.66
KrMa 1935/ 15521	**DRB 64 358** →'45 DRw/DB (SWDE)	+10.03.65
KrMa 1935/ 15522	**DRB 64 359** →'45 DRw/DB →'68 DB (064 359-3)	+05.07.67
KrMa 1935/ 15523	**DRB 64 360** →'45 DRw/DB	+10.03.65
KrMa 1935/ 15524	**DRB 64 361** →'45 DRw/DB	+01.09.65
KrMa 1935/ 15525	**DRB 64 362** →'45 DRw/DB	+30.11.64
KrMa 1935/ 15526	**DRB 64 363** →'45 DRw/DB	+01.09.65
Jung 1935/ 5586	**DRB 64 364** →'45 DRo/DR →'70 DR 64 1364-5	+18.08.72
Jung 1935/ 5587	**DRB 64 365** →'45 DRw/DB	+01.07.64
Jung 1935/ 5588	**DRB 64 366** →'45 DRw/DB	+01.09.65
Jung 1935/ 5589	**DRB 64 367** →'45 DRw/DB →'68 DB 064 367-6	+02.06.71
Jung 1936/ 6031	**DRB 64 368** →'45 ČSD/R →'49 ČSD 365.436	+06.09.56
Jung 1936/ 6032	**DRB 64 369** →'45 DRo/DR →'70 DR 64 1369-4	+02.03.73
Jung 1936/ 6033	**DRB 64 370** →'45 ČSD/R →'?? ČSD 365.437	+04.02.49
Jung 1936/ 6034	**DRB 64 371** →'45 DRw/DB	+10.03.65
Jung 1936/ 6035	**DRB 64 372** →'45 DRo/DR	+06.11.68
KrMa 1936/ 15532	**DRB 64 373** →'45 DRo/DR →'70 DR 64 1373-6	+19.08.75
KrMa 1936/ 15533	**DRB 64 374** →'45 DRo/DR →'70 DR 64 1374-4	+07.09.73
KrMa 1936/ 15534	**DRB 64 375** →'45 ČSD →16.11.48 ČSD 365.426 +25.11.51 →03.10.51 verk. NSSS	+
KrMa 1936/ 15535	**DRB 64 376** →'45 ČSD →02.10.45 ČSD 365.4506 →16.11.48 ČSD 365.423	+30.07.60
KrMa 1936/ 15536	**DRB 64 377** →'45 ČSD →02.10.45 ČSD 365.4507 →16.11.48 ČSD 365.424	+27.05.58
KrMa 1936/ 15537	**DRB 64 378** →'45 DRw	+01.10.46
KrMa 1936/ 15538	**DRB 64 379** →'45 ČSD/R →11.08.48 ČSD 365.413	+12.11.55
KrMa 1936/ 15539	**DRB 64 380** →'45 DRo/DR →'70 DR 64 1380-1	+29.11.73
KrMa 1936/ 15540	**DRB 64 381** →'45 DRo/DR	+28.02.51
KrMa 1936/ 15541	**DRB 64 382** →'45 DRw/DB (SWDE)	+10.03.65
KrMa 1936/ 15542	**DRB 64 383** →'45 DRw/DB →'68 DB (064 383-3)	+05.07.67
KrMa 1936/ 15574	**DRB 64 384** →'45 DRw/DB	+04.03.66
KrMa 1936/ 15575	**DRB 64 385** →'45 DRw/DB	+04.03.66
KrMa 1937/ 15576	**DRB 64 386** →'45 DRw/DB →'68 DB 064 386-6	+12.03.68

Die DB 64 355 am 25. September 1968 in Mühldorf. Die Lokomotive gehörte zu diesem Zeitpunkt zum Bw Plattling.
Foto: Helmut Griebl

KrMa 1937/ 15577	**DRB 64 387** →'45 DRw/DB	+10.03.65
KrMa 1937/ 15578	**DRB 64 388** →'45 DRw/DB	+30.11.64
KrMa 1937/ 15579	**DRB 64 389** →'45 DRw/DB (SWDE) →'68 DB 064 389-0	+24.08.73
KrMa 1937/ 15580	**DRB 64 390** →'45 DRw/DB →'68 DB (064 390-8)	+05.07.67
KrMa 1937/ 15581	**DRB 64 391** →'45 DRw/DB (SWDE) →'68 DB 064 391-6	+11.12.68
Essl 1935/ 4305	**DRB 64 392** →'45 DRw/DB (SWDE)	+04.03.66
Essl 1935/ 4306	**DRB 64 393** →'45 DRw/DB →'68 DB 064 393-2 +15.04.74 →13.04.74 verk. Stadt Konz (Denkmal bei Bf. Konz)	('22 vorh.)
Essl 1935/ 4307	**DRB 64 394** →'45 DRw/DB	+01.09.65
Essl 1935/ 4308	**DRB 64 395** →'45 DRw/DB	+01.09.65
Essl 1935/ 4309	**DRB 64 396** →'45 DRw/DB (SWDE)	+10.03.65
O&K 1935/ 12732	**DRB 64 397** →'45 DRo/DR →'70 DR [64 1397-5]	+22.02.71
O&K 1935/ 12733	**DRB 64 398** →'45 DRo/DR →'70 DR 64 1398-3 →28.12.70 verk. HL VEB Wohnungsbaukombinat Potsdam für Plattenwerk Velten	++
O&K 1935/ 12734	**DRB 64 399** →'45 DRo/DR →'70 DR [64 1399-1]	+01.07.70

Vom 18. März 1970 bis zu ihrer z-Stellung am 30. Juni 1972 war die 64 340 – nun mit neuer UIC-Nummer 64 1430-4 – beim Bw Halberstadt beheimatet.
Foto: Helmut Constabel

O&K 1935/ 12735	**DRB 64 400** →'45 DRo/DR →'70 DR 64 1400-7	+03.05.74
O&K 1935/ 12736	**DRB 64 401** →'45 DRo/DR →'70 DR 64 1401-5	+03.05.74
Jung 1936/ 6254	**DRB 64 402** →'45 DRw/DB	+04.03.66
Jung 1936/ 6255	**DRB 64 403** →'45 DRo/DR →'70 DR 64 1403-1	+29.11.73
Jung 1936/ 6256	**DRB 64 404** →'45 DRo/DR →'70 DR [64 1404-9]	+17.12.70
Jung 1936/ 6257	**DRB 64 405** →'45 DRo/DR →'70 DR 64 1405-6	+30.07.74
Jung 1936/ 6258	**DRB 64 406** →'45 DRo/DR →'70 DR 64 1406-4	+20.09.72
Jung 1936/ 6259	**DRB 64 407** →'45 DRo/DR	+30.04.51
Jung 1936/ 6260	**DRB 64 408** →'45 ČSD/R →01.01.49 ČSD 365.438 +19.02.64 →01.06.64 CSD-HL K174	+64
Jung 1936/ 6261	**DRB 64 409** →'45 DRo/DR →'70 DR 64 1409-8	+26.01.72
Jung 1937/ 7001	**DRB 64 410** →'45 DRw/DB	+12.11.62
Jung 1937/ 7002	**DRB 64 411** →'45 DRo/DR →'70 DR [64 1411-4]	+30.09.70
Jung 1937/ 7003	**DRB 64 412** →'45 DRo/DR →'70 DR [64 1412-2]	+20.09.71
Jung 1937/ 7004	**DRB 64 413** →'45 DRo/DR →'70 DR 64 1413-0	+29.12.72
Jung 1937/ 7005	**DRB 64 414** →'45 DRw/DB →'68 DB 064 414-6	+12.03.68
Jung 1937/ 7006	**DRB 64 415** →'45 DRw/DB →'68 DB 064 415-3 +05.12.74 →'75 Eisenbahn-Kurier (EK) →'78 Veluwsche Stoomtrein Maatschappiji (VSM) Nr. 5 /Niederlande (Ek RAWG 97/ ?)	('24 i.E.)
O&K 1935/ 12811	**DRB 64 416** →'45 DRo/DR	+31.01.51
O&K 1935/ 12812	**DRB 64 417** →'45 DRw/DB	+10.03.65
O&K 1935/ 12813	**DRB 64 418** →'45 DRw/DB →'68 DB 064 418-7	+03.12.69
Essl 1937/ 4312	**DRB 64 419** →'45 DRw/DB (SWDE) →'68 DB 064 419-5 +05.12.74 →05.12.74 verk. (an privat; abg. Crailsheim; vorges. Denkmal in Crailsheim) →10.85 Bayerisches Eisenbahn-Museum (BEM) /L →'94 IG 64 419, Crailsheim /L →'96 Dampfbahn Kochertal (DBK), Sulzbach-Laufen (NVR: 90 80 0064 419-9 D-GfE)	('25 i.E.)
Essl 1937/ 4313	**DRB 64 420** →'45 DRw/DB (SWDE)	+24.02.67
Essl 1937/ 4314	**DRB 64 421** →'45 DRw/DB	+01.09.65
KrMa 1937/ 15594	**DRB 64 422** →'45 DRw/DB	+20.06.66
KrMa 1937/ 15595	**DRB 64 423** →'45 DRw/DB	+27.09.66
KrMa 1937/ 15596	**DRB 64 424** →'45 DRw/DB →'68 DB 064 424-5	+20.07.72
KrMa 1937/ 15597	**DRB 64 425** →'45 DRw/DB	+27.09.66
KrMa 1937/ 15598	**DRB 64 426** →'45 DRw/DB	+10.03.65
KrMa 1937/ 15599	**DRB 64 427** →'45 DRw/DB	+10.03.65
KrMa 1937/ 15600	**DRB 64 428** →'45 DRw/DB	+11.01.62
KrMa 1937/ 15612	**DRB 64 429** →'45 ČSD	+20.11.45
KrMa 1937/ 15613	**DRB 64 430** →'45 DRo/DR →'70 DR 64 1430-4	+11.05.73
KrMa 1937/ 15614	**DRB 64 431** →'45 DRw/DB	+01.09.65
KrMa 1937/ 15615	**DRB 64 432** →'45 DRw/DB →'68 DB (064 432-8)	+14.11.67
KrMa 1938/ 15616	**DRB 64 433** →'45 DRw/DB	+27.09.66
KrMa 1938/ 15617	**DRB 64 434** →'45 DRw/DB	+10.03.65

DR 64 478 im Jahr 1963 im Bahnhof von Obercunewalde. *Foto: Walter Herschmann*

KrMa 1938/ 15618	**DRB 64 435** →'45 DRw/DB →'68 DB (064 435-1)	+05.07.67
KrMa 1938/ 15619	**DRB 64 436** →'45 DRw/DB	+30.11.64
KrMa 1938/ 15620	**DRB 64 437** →'45 DRw/DB	+10.03.65
Jung 1937/ 7023	**DRB 64 438** →'45 DRw/DB →'68 DB 064 438-5	+20.07.72
Jung 1937/ 7024	**DRB 64 439** →'45 DRw/DB	+15.11.63
Jung 1937/ 7025	**DRB 64 440** →'45 DRw/DB	+10.03.65
Jung 1937/ 7026	**DRB 64 441** →'45 DRw/DB →'68 DB 064 441-9	+02.10.68
Jung 1937/ 7027	**DRB 64 442** →'45 DRw/DB	+20.06.66
Jung 1937/ 7028	**DRB 64 443** →'45 DRo/DR →'70 DR 64 1443-7	+26.01.72
Jung 1937/ 7029	**DRB 64 444** →'45 DRo/DR →'70 DR 64 1444-5	+06.09.74
KrMa 1938/ 15624	**DRB 64 445** →'45 DRw/DB →'68 DB 064 445-0	+03.12.69
KrMa 1938/ 15625	**DRB 64 446** →'45 DRw/DB →'68 DB 064 446-8 +20.07.72 →'72 DB-Museumslok (→'73 Denkmal AW Glückstadt →'03 DB-Museum Neumünster →'10 Bahnpark Augsburg /L)	('21 vorh.)
KrMa 1938/ 15626	**DRB 64 447** →'45 DRw/DB	+10.03.65
KrMa 1938/ 15627	**DRB 64 448** →'45 DRw/DB (SWDE) →'68 DB 064 448-4	+21.12.72
KrMa 1938/ 15628	**DRB 64 449** →'45 DRw/DB →'68 DB 064 449-2	+11.12.68
KrMa 1938/ 15629	**DRB 64 450** →'45 DRw/DB (SWDE) →'68 DB 064 450-0	+12.03.68
KrMa 1938/ 15630	**DRB 64 451** →'45 DRw/DB	+27.09.66
KrMa 1938/ 15631	**DRB 64 452** →'45 DRw/DB (SWDE)	+30.11.64
KrMa 1938/ 15632	**DRB 64 453** →'45 DRw/DB →'68 DB 064 453-4	+20.07.72
Jung 1937/ 7241	**DRB 64 454** →'45 DRo/DR →'70 DR 64 1454-4	+19.06.75
Jung 1937/ 7242	**DRB 64 455** →'45 DRo/DR →'70 DR 64 1455-1	+19.08.75
Jung 1937/ 7243	**DRB 64 456** →'45 DRo/DR	+27.11.68
Jung 1938/ 7244	**DRB 64 457** →'45 DRw/DB →'68 DB 064 457-5	+02.01.74
Jung 1938/ 7245	**DRB 64 458** →'45 DRw/DB →'68 DB 064 458-3	+21.06.68
Jung 1938/ 7246	**DRB 64 459** →'45 DRw/DB →'68 DB 064 459-1	+12.03.68
Jung 1940/ 8661	**DRB 64 460** →'45 DRw/DB	+20.06.66
Jung 1940/ 8662	**DRB 64 461** →'45 DRw/DB →'68 DB 064 461-7	+12.03.68
Jung 1940/ 8663	**DRB 64 462** →'45 DRo/DR	+06.11.68
Jung 1940/ 8664	**DRB 64 463** →'45 DRo →03.06.45 ČSD →31.12.49 ČSD 365.452 +12.09.58 →05.02.59 verk. Železárny Třinec	+
Jung 1940/ 8665	**DRB 64 464** →'45 DRo/DR →'70 DR [64 1464-3]	+12.10.70
Jung 1940/ 8666	**DRB 64 465** →'45 DRo/DR →'70 DR 64 1465-0 +26.01.72 →15.10.71 verk. HL Kfz-Instandsetzung Nord, Rostock	++
Jung 1940/ 8667	**DRB 64 466** →'45 DRo/DR →'70 DR [64 1466-8]	+26.11.70
Jung 1940/ 8668	**DRB 64 467** →'45 DRw/DB (SWDE)	+10.03.65
Jung 1940/ 8669	**DRB 64 468** →'45 DRw/DB	+01.09.65
Jung 1940/ 8670	**DRB 64 469** →'45 DRw/DB (SWDE)	+01.07.64

Noch 1940 wurde mit 64 499 eine Lokomotive mit Fotografieranstrich fertig gestellt – gebaut wurde die am 28. Oktober 1940 abgelieferte 64er von der Maschinenfabrik Esslingen.

Am Führerstand der 64 513 war „ED München" und „Bw Mühldorf" angeschrieben – und während darüber der Schriftzug „Deutsche Bundesbahn" prangte, war der Güterwagen im Hintergrund noch mit „DR" und „Brit.-US-Zone" beschriftet.
Foto: Günther Scheingraber

Jung 1940/ 8671	**DRB 64 470** →'45 DRw	+29.01.46
Jung 1940/ 8672	**DRB 64 471** →'45 DRw/DB (SWDE) →'68 DB (064 471-6)	+22.05.67
Jung 1940/ 8673	**DRB 64 472** →'45 DRw/DB (SWDE)	+10.03.65
Jung 1940/ 8674	**DRB 64 473** →'45 DRo/DR →'70 DR [64 1473-4]	+20.09.71
Jung 1940/ 8675	**DRB 64 474** →'45 DRo/DR →'70 DR [64 1474-2]	+12.04.71
Jung 1940/ 8676	**DRB 64 475** →'45 DRo/DR →'70 DR 64 1475-9	+13.05.71
Jung 1940/ 8677	**DRB 64 476** →'45 DRo/DR →'70 DR 64 1476-7	+14.10.71
MBA 1940/ 13284	**DRB 64 477** →'45 DRo/DR →'70 DR [64 1477-5]	+12.10.70
MBA 1940/ 13285	**DRB 64 478** →'45 DRo/DR →'70 DR 64 1478-3	+26.01.72
MBA 1940/ 13286	**DRB 64 479** →'45 DRo/DR	+27.04.70
MBA 1940/ 13287	**DRB 64 480** →'45 DRo/DR →'70 DR (64 1480-9)	+06.04.70
MBA 1940/ 13288	**DRB 64 481** →'45 DRo →13.09.45 CCCP-WL	+
MBA 1940/ 13289	**DRB 64 482** →'45 DRo/DR	+27.11.68
MBA 1940/ 13290	**DRB 64 483** →'45 DRo/DR →'70 DR 64 1483-3	+06.09.74
MBA 1940/ 13291	**DRB 64 484** →'45 DRo/DR	+25.05.54
MBA 1940/ 13292	**DRB 64 485** →'45 DRo/DR →'70 DR 64 1485-8 →01.07.72 verk. HL ZHEB Jugendbekleidung Neuruppin	++75
MBA 1940/ 13293	**DRB 64 486** →'45 ČSD/R →01.01.49 ČSD 365.439	+18.07.55
MBA 1940/ 13294	**DRB 64 487** →'45 PKP OKl2-34	+26.05.71
MBA 1940/ 13295	**DRB 64 488** →'45 PKP OKl2-35	+19.02.69
MBA 1940/ 13296	**DRB 64 489** →'45 PKP OKl2-38	+30.09.49
MBA 1940/ 13297	**DRB 64 490** →'45 DRo/DR →'70 DR [64 1490-8]	+13.05.71
MBA 1940/ 13298	**DRB 64 491** →'45 DRw/DB →'68 DB 064 491-4 +18.09.74 →'74 Schrotthandlung Berg, Konstanz →04.87 Museumsbahn Paderborn →'89 Verein zur Erhaltung und Förderung des Schienenverkehrs (VEFS), Bocholt →13.09.93 DR/L 088 646-5 →01.01.94 DB/L →06.12.94 zurück →'95 Dampfbahn Fränkische Schweiz (DFS), Ebermannstadt (NVR: 90 80 0064 491-8 D-DFS)	('23 i.E.)
MBA 1940/ 13299	**DRB 64 492** →'45 PKP OKl2-37	+08.10.71
MBA 1940/ 13300	(**DRB 64 493)** →'40 Elmshorn-Barmstedt-Oldesloer Eisenbahn (EBOE) 11 →'55 Norddeutscher Erzkontor Lübeck	+57
Essl 1940/ 4382	**DRB 64 494** →'45 DRw/DB	+10.03.65
Essl 1940/ 4383	**DRB 64 495** →'45 DRw/DB	+22.11.66
Essl 1940/ 4384	**DRB 64 496** →'45 DRw/DB →'68 DB 064 496-3	+18.04.72
Essl 1940/ 4385	**DRB 64 497** →'45 DRw/DB →'68 DB 064 497-1	+20.07.72
Essl 1940/ 4386	**DRB 64 498** →'45 DRw/DB	+19.08.66
Essl 1940/ 4387	**DRB 64 499** →'45 DRw/DB →'68 DB 064 499-7	+04.03.70
Essl 1940/ 4388	**DRB 64 500** →'45 DRw/DB	+04.03.66
Essl 1940/ 4389	**DRB 64 501** →'45 DRw	+09.02.48

Essl 1940/ 4390	**DRB 64 502** →'45 DRw/DB	+04.03.66
Essl 1940/ 4391	**DRB 64 503** →'45 DRw/DB →'68 DB (064 503-6)	+22.05.67
Essl 1940/ 4392	**DRB 64 504** →'45 DRw/DB →'68 DB 064 504-4	+10.07.69
Essl 1940/ 4393	**DRB 64 505** →'45 DRw/DB	+01.09.65
Essl 1940/ 4394	**DRB 64 506** →'45 DRw/DB	+01.09.65
Essl 1940/ 4395	**DRB 64 507** →'45 DRw/DB	+27.09.66
Essl 1940/ 4396	**DRB 64 508** →'45 DRw/DB	+30.11.64
Essl 1940/ 4397	**DRB 64 509** →'45 DRw/DB →'68 DB (064 509-3)	+14.11.67
Essl 1940/ 4398	**DRB 64 510** →'45 DRw/DB	+27.09.66
Jung 1940/ 9261	**DRB 64 511** →'45 DRo →11.45 Brandenburgische Städtebahn (BStB) 1-100" (LVDB) →01.50 DR 64 6576 →28.02.57 DR 64 511 →'70 DR 64 1511-1	+28.07.72
Jung 1940/ 9262	**DRB 64 512** →'45 DRw/DB	+29.05.61
Jung 1940/ 9263	**DRB 64 513** →'45 DRw/DB →'68 DB 064 513-5	+09.09.71
Jung 1940/ 9264	**DRB 64 514** →'45 DRo/DR →'70 DR 64 1514-5	+08.06.72
Jung 1940/ 9265	**DRB 64 515** →'45 DRo/DR →'70 DR (64 1515-2)	+24.02.70
Jung 1940/ 9266	**DRB 64 516** →'45 PKP OKl2-36	+29.12.71
Jung 1940/ 9267	**DRB 64 517** →'45 ČSD/R →06.05.49 ČSD 365.440 +18.07.55 →29.11.55 verk. Družba Bratislava	+
Jung 1940/ 9268	**DRB 64 518** →'45 DRw/DB →'68 DB 064 518-4 +21.12.72 →'72 Eurovapor (abg. Tübingen u. Stuttgart →12.80 Huttwil/CH) →'97 Vereinigte Dampf Bahnen (VBD), Huttwil /Schweiz (EK RAWM 98/ 1513) ⇒'05 Verein historische Eisenbahn Emmental (VEH), Huttwil /Schweiz →'23 EUROVAPOR Würzburg	('25 i.E.)
Jung 1940/ 9269	**DRB 64 519** →'45 DRw/DB (SWDE) →'68 DB 064 519-2	+24.08.73
Jung 1940/ 9270	**DRB 64 520** →'45 DRw/DB (SWDE) →'68 DB 064 520-0 +02.10.68 →'76 Denkmal in Engen →'05 Bayerisches Eisenbahnmuseum (BEM), Nördlingen →'12 Bayerisches Eisenbahnmuseum (BEM), Nördlingen (NVR: 90 80 0064 520-4 D-BYB)	('19 zerlegt vorh.)

1'C 1' h2t — DR 64[65] — (ex BStB)

Treibraddurchmesser (mm):	1 500
Achsstand (mm):	9 000
Länge über Puffer (mm):	12 500
Dienstgewicht (t):	75,2
Achslast (maximal) (t):	15,4
Höchstgeschwindigkeit (km/h):	90
Zylinderdurchmesser (mm):	500
Kolbenhub (mm):	660
Rostfläche (m²):	2,06
Verdampfungsheizfläche (m²):	104,48
Überhitzerheizfläche (m²):	37,34
Kesselüberdruck (atm):	14,0
Leistung (PSi):	950

Die Brandenburgische Städtebahn hatte in ihrem Bestand vier 1935/36 von Borsig gebaute 1C1 h2-Tenderlokomotiven, welche die Betriebsnummern 1-100 bis 1-103 trugen (siehe DR 75 6679 bis 6681). Eine dieser Maschinen, die 1-100, ging im November 1945 verloren – die Quellen zu den damaligen Vorgängen sind allerdings widersprüchlich: In zwei alternativen Darstellungen heißt es, dass die Lok entweder nach einem leichten Bombenschaden zur Reparatur ins Bw Berlin-Lichtenberg gebracht und dort von der Lokleitung „versehentlich verkauft" wurde, oder dass bei der Städtebahn die Meldung eintraf, dass die Lokomotive im Bw Berlin-Rummelsburg stände, doch bei Eintreffen des Lokpersonals nicht mehr vorhanden war. Die Vermutung liegt nahe, dass sie – wie viele andere Lokomotiven zu der Zeit auch – von der Sowjetischen Miltär-Administration (SMA) beschlagnahmt und abgefahren worden war. Auf alle Fälle war die Maschine „weg" und die Brandenburgische Städtebahn erhielt im November 1945 von der Deutschen Reichsbahn als Ersatz die 64 511, welche daraufhin die Betriebsnummer 1-100 in zweiter Besetzung bekam. Nach der Verstaatlichung der Brandenburgischen Städtebahn wurde der Maschine – der Systematik des Umzeichnungsplans für die Lokomotiven der Privatbahnen folgend – die neue Betriebsnummer 64 6576 zugewiesen. Erst im Februar 1957 erhielt die Maschine ihre ursprüngliche Betriebsnummer 64 511 zurück.

Literatur

MENZEL, WALTER: Die Brandenburgische Städtebahn. Düsseldorf, 1984

PREUSS, ERICH: Archiv deutscher Klein- und Privatbahnen: Brandenburg, Mecklenburg-Vorpommern. Berlin, 1994

Jung 1940/ 9261	DRB 64 511 →'45 DRo →11.45 Brandenburgische Städtebahn (BStB) 1-100" (LVDB) →01.50 **DR 64 6576** →28.02.57 DR 64 511 →'70 DR 64 1511-1	+28.07.72

1'D 2' h2t DB 65⁰ (DB-Neubaulok)

Treibraddurchmesser (mm):	1 500
Achsstand (mm):	11 975
Länge über Puffer (mm):	15 475
Dienstgewicht (t):	107,6
Achslast (maximal) (t):	16,9
Höchstgeschwindigkeit (km/h):	85
Zylinderdurchmesser (mm):	570
Kolbenhub (mm):	660
Rostfläche (m²):	2,67
Verdampfungsheizfläche (m²):	139,93
Überhitzerheizfläche (m²):	62,9
Kesselüberdruck (atm):	14,0
Leistung (PSi):	1 480

Als die junge Deutsche Bundesbahn ihr Programm zum Neubau von Dampflokomotiven erarbeitete, wurde in dieses auch eine Personenzug-Tenderlokomotive mit aufgenommen, welche Personenzüge sowohl auf Neben- als auch auf Hauptbahnen ziehen sollte, die aber auch Güterzüge im Hügelland befördern sowie im Vorortverkehr in Ballungsgebieten eingesetzt werden konnte. Ersetzt werden sollte insbesondere die in die Jahre gekommenen 1D1-Lokomotiven der Baureihe 93⁵ – um die gewünschte Leistungssteigerung erzielen zu können, wurde die neue Baureihe als 1D2-Bauart konstruiert.

Die erste Serie von 13 1951 in Dienst gestellten Maschinen war noch mit einem Oberflächenvorwärmer ausgerüstet, während die fünf Lokomotiven von 1955/56 bereits einen Mischvorwärmer besaßen. Eingesetzt wurden die Maschinen überwiegend im Raum Darmstadt sowie im Düsseldorfer Vorortverkehr. Die Ausmusterung der 65er begann bereits 1966 und war 1973 abgeschlossen. Die „letzte" Maschine – als letzte gebaut und auch als letzte ausgemustert – überlebte als einzige, zunächst im Deutschen Dampflok-Museum in Neuenmarkt-Wirsberg und später dann beim niederländischen Verein Stoom-Stichting Nederland.

Literatur

ASMUS, CARL; WEISBROD, MANFRED: Die Baureihen 65, 66 und 65¹⁰. Fürstenfeldbruck, 1989

EBEL, JÜRGEN-ULRICH: 50 Jahre Baureihe 65. EK 3/2001, S.52-57

WELTNER, MARTIN: 511 Kilometer pro Tag!: die Baureihe 65. LM 361, S. 32-44

KrMa 1951/ 17661	**DB 65 001** →'68 DB 065 001-0	+15.12.71
KrMa 1951/ 17662	**DB 65 002** →'68 DB 065 002-8	+23.02.71
KrMa 1951/ 17663	**DB 65 003** →'68 DB 065 003-6	+04.03.70
KrMa 1951/ 17664	**DB 65 004** →'68 DB 065 004-4	+02.06.71
KrMa 1951/ 17665	**DB 65 005** →'68 DB 065 005-1	+19.09.69
KrMa 1951/ 17666	**DB 65 006** →'68 DB 065 006-9	+11.12.68
KrMa 1951/ 17667	**DB 65 007**	+22.11.66
KrMa 1951/ 17668	**DB 65 008** →'68 DB 065 008-5	+20.07.72
KrMa 1951/ 17669	**DB 65 009** →'68 DB 065 009-3	+12.03.68
KrMa 1951/ 17670	**DB 65 010** →'68 DB 065 010-1	+11.12.68
KrMa 1951/ 17671	**DB 65 011** →'68 DB 065 011-9	+02.10.68
KrMa 1951/ 17672	**DB 65 012** →'68 DB 065 012-7	+02.10.68
KrMa 1951/ 17673	**DB 65 013** →'68 DB 065 013-5	+18.04.72
KrMa 1955/ 17893	**DB 65 014** →'68 DB 065 014-3	+20.07.72
KrMa 1956/ 17894	**DB 65 015** →'68 DB 065 015-0	+03.03.69
KrMa 1956/ 17895	**DB 65 016** →'68 DB 065 016-8	+02.06.71
KrMa 1956/ 17896	**DB 65 017** →'68 DB 065 017-6	+12.03.68
KrMa 1956/ 17897	**DB 65 018** →'68 DB 065 018-4 +12.04.73 →'75 verk. Knauss für Deutsches Dampflok-Museum (DDM), Neuenmarkt-Wirsberg →15.10.81 Stoom-Stichting Nederland (SSN), Rotterdam /Holland (zunächst /L; '91 gekauft; NVR: 90 84 0065 018-4 NL-SSN) →'19 Veluwsche Stoomtrain Maatschappij (VSM) /L	('25 i.E.)

Werkfoto der DB 65 001, die am 28. Februar 1951 von Krauss-Maffei an die DB abgeliefert wurde.

Das Aufnahmedatum ist nicht bekannt – dafür aber die Uhrzeit: 11.20h zeigt die schöne große Uhr des Bahnbetriebswerkes. Auf der Drehscheibe zu sehen ist die 65 008 des Bw Darmstadt.

Am 12. Mai 1967 traf Karl-Friedrich Seitz die DB 65 012 im Bw Gießen an. Bereits ein Jahr später – im Oktober 1968 – wurde sie ausgemustert.

Am 9. Juli 1968, nur wenige Monate vor ihrem Ende, fotografierte Ulrich Budde die 65 015 im Bw Giessen: Am 4. Dezember wurde die Lokomotive z-gestellt und am 3. März 1969 ausgemustert.

1'D 2' h2t **DR 65^{10}** (DR-Neubaulok)

Treibraddurchmesser (mm):	1 600
Achsstand (mm):	13 300
Länge über Puffer (mm):	17 440
Dienstgewicht (t):	121,7
Achslast (maximal) (t):	17,9
Höchstgeschwindigkeit (km/h):	90
Zylinderdurchmesser (mm):	600
Kolbenhub (mm):	660
Rostfläche (m²):	3,45
Verdampfungsheizfläche (m²):	147,44
Überhitzerheizfläche (m²):	47,39
Kesselüberdruck (atm):	16,0
Leistung (PSi):	1 340

Wie die Deutsche Bundesbahn sah auch die Deutsche Reichsbahn in der DDR in ihrem Neubaulokprogramm die Beschaffung von Personenzugtenderlokomotiven vor, die insbesondere im schweren Berufsverkehr aber auch im Güterzugverkehr eingesetzt werden sollten. Und wie die DB wählte man die Achsfolge 1D2, entschied sich aber für einen etwas größeren Treib- und Kuppelraddurchmesser und legte die Maschinen auf die Verfeuerung von Braunkohlebriketts aus. Die vordere Laufachse war Bestandteil eines Krauss-Helmholtz-Gestells und das hintere Drehgestell besaß einen Außenrahmen.
Die beiden ersten Baumusterlokomotiven wurden 1954 an die Deutsche Reichsbahn abgeliefert; die 86 Serienlokomotiven folgten von 1955 bis 1957. Alle Lokomotiven verfügten über Heißdampf-Regler und Mischvorwärmer. Weitere fünf baugleiche Maschinen gingen als Werkloks an die Leuna-Werke. Von 1965 bis 1967 wurden alle Lokomotiven der Baureihe 65^{10} mit Giesl-Flachejektoren ausgerüstet.
Im Jahr 1970 waren noch alle 88 Lokomotiven im Bestand und erhielten daher eine UIC-Betriebsnummer zugewiesen. Die Ausmusterung der meisten Maschinen erfolgte in der zweiten Hälfte der 70er Jahre; die letzten schieden erst Anfang der 80er-Jahre aus. Einzige Ausnahme war die 65 1008, die als Heizlok im Bestand der DR blieb und daher 1992 die neue offizielle Betriebsnummer 065 008-5 zugewiesen bekam.

Literatur

ASMUS, CARL; WEISBROD, MANFRED: Die Baureihen 65, 66 und 65^{10}. Fürstenfeldbruck, 1989
ENDISCH, DIRK: BAUREIHE 65^{10}: die schweren Neubau-Tenderloks der Deutschen Reichsbahn. Stendal, 2012
MÜLLER, HANS; STANGE, ANDREAS; WENKEL, JÖRG: Die ersten Neubaudampflokomotiven der Deutschen Reichsbahn: die Baureihen 25, 65^{10} und 83^{10}. Freiburg, 2007

LEW 1954/ 16351	**DR 65 1001** →'70 DR 65 1001-0	+07.05.76
LEW 1954/ 16352	**DR 65 1002** →'70 DR 65 1002-8 →15.11.77 verk. HL VEB Betonwerke Giersleben (bis '88)	++09.95
LKM 1955/ 121001	**DR 65 1003** →'70 DR 65 1003-6	+16.05.77
LKM 1955/ 121002	**DR 65 1004** (gel. mit Kstf. Bauart „Wendler"; 19.10.61 Ub. Rostf.) →'70 DR 65 1004-4	+30.05.75
LKM 1955/ 121003	**DR 65 1005** →'70 DR 65 1005-1 →03.03.77 verk. HL VEB Wohnungsbaukombinat Erfurt, Betonwerk IV	++05.85
LKM 1955/ 121004	**DR 65 1006** →'70 DR 65 1006-9	+16.06.78
LKM 1955/ 121005	**DR 65 1007** →'70 DR 65 1007-7	+14.04.76
LKM 1955/ 121006	**DR 65 1008** →'70 DR 65 1008-5 →'92 DR 065 008-5" →01.01.94 DB →'?? DB-Museumslok (Verkehrsmuseum Nürnberg) →15.06.98 Verein „Lokschuppen Pomerania e.V." 065 008-5 /L	('24 vorh.)
LKM 1955/ 121007	**DR 65 1009** →'70 DR 65 1009-3	+04.01.77
LKM 1955/ 121008	**DR 65 1010** →'70 DR 65 1010-1	+20.07.78
LKM 1955/ 121009	**DR 65 1011** →'70 DR 65 1011-9	+11.10.76
LKM 1955/ 121010	**DR 65 1012** →'70 DR 65 1012-7	+16.06.78
LKM 1955/ 121011	**DR 65 1013** →'70 DR 65 1013-5	+16.05.77
LKM 1955/ 121012	**DR 65 1014** →'70 DR 65 1014-3 →09.12.76 verk. HL VEB Silikatrohstoffkombinat Salzmünde	++
LKM 1955/ 121013	**DR 65 1015** (Ek. RAWH 64/294) →'70 DR 65 1015-0	+02.05.79
LKM 1955/ 121014	**DR 65 1016** →'70 DR 65 1016-8	+06.06.77
LKM 1955/ 121015	**DR 65 1017** →'70 DR 65 1017-6	+09.01.76
LKM 1955/ 121016	**DR 65 1018** →'70 DR 65 1018-4 →01.07.76 verk. HL VEB Plauener Spitze, Betriebsteil Nerchau	++
LKM 1955/ 121017	**DR 65 1019** →'70 DR 65 1019-2	+06.06.77
LKM 1955/ 121018	**DR 65 1020** →'70 DR 65 1020-0	+24.03.77
LKM 1955/ 121019	**DR 65 1021** →'70 DR 65 1021-8	+22.06.76
LKM 1955/ 121020	**DR 65 1022** →'70 DR 65 1022-6	+21.02.77
LKM 1955/ 121021	**DR 65 1023** (Ek. RAWH 64/285) →'70 DR 65 1023-4	+15.11.77
LKM 1955/ 121022	**DR 65 1024** →'70 DR 65 1024-2	+19.06.81

LKM 1955/ 121023	**DR 65 1025** →'70 DR 65 1025-9	+16.05.77
LKM 1955/ 121024	**DR 65 1026** (Ek. RAWH 64/301) →'70 DR 65 1026-7	+24.03.77
LKM 1955/ 121025	**DR 65 1027** →'70 DR 65 1027-5	+30.05.75
LKM 1956/ 121028	**DR 65 1028** →'70 DR 65 1028-3 →24.11.77 verk. HL Kelterei Leipzig	++
LKM 1956/ 121029	**DR 65 1029** →'70 DR 65 1029-1	+19.08.77
LKM 1956/ 121030	**DR 65 1030** →'70 DR 65 1030-9	+19.06.81
LKM 1956/ 121031	**DR 65 1031** →'70 DR 65 1031-7 →16.08.78 verk. HL VEB Wohnungsbaukombinat Erfurt, Betonwerk	++
LKM 1956/ 121032	**DR 65 1032** →'70 DR 65 1032-5	+31.03.81
LKM 1956/ 121033	**DR 65 1033** →'70 DR 65 1033-3	+16.06.78
LKM 1956/ 121034	**DR 65 1034** →'70 DR 65 1034-1	+03.11.75
LKM 1956/ 121035	**DR 65 1035** →'70 DR 65 1035-8	+22.06.76
LKM 1956/ 121036	**DR 65 1036** →'70 DR 65 1036-6	+07.05.76
LKM 1956/ 121037	**DR 65 1037** →'70 DR 65 1037-4	+06.06.77
LKM 1956/ 121038	**DR 65 1038** →'70 DR 65 1038-2	+01.03.76
LKM 1956/ 121039	**DR 65 1039** →'70 DR 65 1039-0	+24.03.77
LKM 1956/ 121040	**DR 65 1040** →'70 DR 65 1040-8	+12.07.76
LKM 1956/ 121041	**DR 65 1041** →'70 DR 65 1041-6	+11.10.76
LKM 1956/ 121042	**DR 65 1042** →'70 DR 65 1042-4	+05.02.81
LKM 1956/ 121043	**DR 65 1043** →'70 DR 65 1043-2	+22.06.76
LKM 1956/ 121044	**DR 65 1044** →'70 DR 65 1044-0	+16.05.77
LKM 1956/ 121045	**DR 65 1045** →'70 DR 65 1045-7	+22.06.76
LKM 1956/ 121046	**DR 65 1046** (Ek. RAWH 64/292) →'70 DR 65 1046-5	+16.05.77
LKM 1956/ 121047	**DR 65 1047** →'70 DR 65 1047-3	+01.02.77
LKM 1956/ 121048	**DR 65 1048** →'70 DR 65 1048-1	+05.05.75
LKM 1956/ 121049	**DR 65 1049** →'70 DR 65 1049-9 →01.01.80 DR-Traditionsslok →'92 DR 088 655-6 →01.01.94 DB →'00 "IG 65 1049" /L (NVR: 95 80 6510 049-9 D-LEG)	('24 vorh. Eisenbahnmuseum Arnstadt)
LKM 1956/ 121050	**DR 65 1050** →'70 DR 65 1050-7	+05.05.75
LKM 1956/ 121051	**DR 65 1051** →'70 DR 65 1051-5	+03.04.78
LKM 1956/ 121052	**DR 65 1052** →'70 DR 65 1052-3	+03.11.75
LKM 1956/ 121053	**DR 65 1053** →'70 DR 65 1053-1	+31.03.81
LKM 1956/ 121054	**DR 65 1054** →'70 DR 65 1054-9	+09.01.76
LKM 1956/ 121055	**DR 65 1055** →'70 DR 65 1055-6	+03.11.75
LKM 1956/ 121056	**DR 65 1056** →'70 DR 65 1056-4	+22.06.76
LKM 1956/ 121057	**DR 65 1057** →'70 DR 65 1057-2 →16.09.91 Berliner Eisenbahnfreunde (BEF)	('22 vorh.)
LKM 1956/ 121058	**DR 65 1058** →'70 DR 65 1058-0	+31.01.79
LKM 1956/ 121059	**DR 65 1059** →'70 DR 65 1059-8	+03.04.78
LKM 1956/ 121060	**DR 65 1060** →'70 DR 65 1060-6	+30.08.72
LKM 1956/ 121061	**DR 65 1061** →'70 DR 65 1061-4	+05.02.81
LKM 1956/ 121062	**DR 65 1062** →'70 DR 65 1062-2	+24.03.77
LKM 1956/ 121063	**DR 65 1063** →'70 DR 65 1063-0	+03.11.75
LKM 1956/ 121064	**DR 65 1064** →'70 DR 65 1064-8	+26.08.76
LKM 1956/ 121065	**DR 65 1065** →'70 DR 65 1065-5	+16.05.77
LKM 1956/ 121066	**DR 65 1066** →'70 DR 65 1066-3	+21.02.77
LKM 1956/ 121067	**DR 65 1067** →'70 DR 65 1067-1	+24.10.78
LKM 1956/ 121068	**DR 65 1068** →'70 DR 65 1068-9	+30.07.73
LKM 1956/ 121069	**DR 65 1069** →'70 DR 65 1069-7	+06.06.77
LKM 1956/ 121070	**DR 65 1070** →'70 DR 65 1070-5 →13.11.74 verk. HL VEB Dachpappenfabrik Staßfurt (später mit Betr.Nr. „65 1027") ⇒'86 VEB Beschläge und Scharniere	++11.93
LKM 1956/ 121071	**DR 65 1071** →'70 DR 65 1071-3	+20.08.76
LKM 1956/ 121072	**DR 65 1072** →'70 DR 65 1072-1	+03.04.78
LKM 1957/ 121078	**DR 65 1073** →'70 DR 65 1073-9	+31.03.81
LKM 1957/ 121079	**DR 65 1074** →'70 DR 65 1074-7	+17.10.75
LKM 1957/ 121080	**DR 65 1075** →'70 DR 65 1075-4	+20.08.76
LKM 1957/ 121081	**DR 65 1076** →'70 DR 65 1076-2	+23.01.79
LKM 1957/ 121082	**DR 65 1077** →'70 DR [65 1077-0]	+09.08.71
LKM 1957/ 121083	**DR 65 1078** →'70 DR 65 1078-8	+26.08.76
LKM 1957/ 121084	**DR 65 1079** →'70 DR 65 1079-6	+21.02.77
LKM 1957/ 121085	**DR 65 1080** →'70 DR 65 1080-4	+04.11.77
LKM 1957/ 121086	**DR 65 1081** →'70 DR 65 1081-2	+14.04.76
LKM 1957/ 121087	**DR 65 1082** →'70 DR 65 1082-0	+24.03.77
LKM 1957/ 121088	**DR 65 1083** →'70 DR 65 1083-8	+28.06.77
LKM 1957/ 121089	**DR 65 1084** →'70 DR 65 1084-6	+21.02.77

Am Silvestertag des Jahres 1955 erfolgte die Endabnahme der 65 1012, nachdem sie 10 Tage zuvor am 21. Dezember 1955 an die Deutsche Reichsbahn abgeliefert worden war. Ein halbes Jahr später im Mai 1956 wurde sie von Gerhard Illner im Bw Leipzig Hbf. Süd angetroffen.

LKM 1957/ 121090	**DR 65 1085** →'70 DR 65 1085-3	+21.02.77
LKM 1957/ 121091	**DR 65 1086** →'70 DR 65 1086-1	+01.03.76
LKM 1957/ 121092	**DR 65 1087** →'70 DR 65 1087-9	+06.02.78
LKM 1957/ 121093	**DR 65 1088** →'70 DR 65 1088-7	+02.05.79

In Rudolstadt fotografierte Karl-Friedrich Seitz am 29. Oktober 1971 die DR 65 1020 aus dem durchfahrenden Schnellzug heraus. Zu diesem Zeitpunkt gehörte die Lokomotive zum Bw Saalfeld.

Rückansicht der 65 1044-0 am 12. Juni 1976 in Saalfeld. Die Lok war zu diesem Zeitpunkt knapp 20 Jahre alt – abgeliefert worden war sie am 24. August 1956. *Foto: Karl-Friedrich Seitz*

DR 65 1055 im November 1967 in Berlin-Lichtenberg. *Foto: Karl-Friedrich Seitz.*

Vor dem Lokschuppen des Bw Gera präsentierte das Personal ihre Maschine 65 1088-7 am 30. August 1977 dem Fotografen Hans-Jürgen Trunk.

1'C 2' h2t — DB 66 — (DB-Neubaulok)

Treibraddurchmesser (mm):	1 600
Achsstand (mm):	11 050
Länge über Puffer (mm):	14 798
Dienstgewicht (t):	93,4
Achslast (maximal) (t):	15,8
Höchstgeschwindigkeit (km/h):	100
Zylinderdurchmesser (mm):	470
Kolbenhub (mm):	660
Rostfläche (m²):	1,96
Verdampfungsheizfläche (m²):	87,46
Überhitzerheizfläche (m²):	45,13
Kesselüberdruck (atm):	16,0
Leistung (PSi):	1 170

Die ersten Exemplare der DB-Neubaulokomotiven der Baureihe 23, 65 und 82 wurden im Jahr 1950 an die Deutsche Bundesbahn abgeliefert – zwei weitere Baureihen (10 und 66), die zusätzliche Einsatzgebiete abdeckten, entstanden Mitte der 50er Jahre. So sollte die Baureihe 66 als flinke Personenzuglokomotive die Lokomotiven der Baureihe 64 ersetzen, aber auch in Aufgabenbereiche der 78 und 38^{1}□ vordringen. Die beiden 1955 gelieferten Maschinen waren nach den neuen Baugrundsätzen der DB entworfen worden (u.a. Schweißtechnik, Mischvorwärmer, Rollenlager) und sollen sich auch bestens bewährt haben. Eingesetzt wurden sie im Personenzugverkehr im Raum Frankfurt.

Aufgrund des Traktionswandels wurde bereits 1961 die Unterhaltung reduziert und als die 66 001 im Jahr 1966 einen Schaden erlitt, erfolgte sogleich die z-Stellung der gerade einmal elf Jahre alten Maschine. Doch auch die 66 002 wurde danach fast nur noch in Reservediensten eingesetzt und 1968 ausgemustert – ihre neue Betriebsnummer hat sie aufgrund der z-Stellung am 15. September 1967 äußerlich nicht mehr getragen. Ein Jahr nach der Ausmusterung wurde die 66 002 an die Deutsche Gesellschaft für Eisenbahngeschichte verkauft – seit Ende 1976 steht sie im Eisenbahnmuseum Bochum-Dahlhausen.

Literatur

Asmus, Carl; Weisbrod, Manfred: Die Baureihen 65, 66 und 65^{10}. Fürstenfeldbruck, 1989

Ebel, Jürgen-Ulrich: 40 Jahre Baureihe 66. EK 10/95 S. 22-26

Klee, Wolfgang: Das Projekt Sechsundsechzig. EG 7, S. 24-26

Weltener, Martin: Die kleine Universallok: Baureihe 66. LM 353, S. 50-57

Witte, Friedrich: Neue Dampflokomotive Baureihe 66 der DB. ETR 4/1956 S. 169-174; EG 7, S. 27-32

Henschel-Werkfotografie der 66 001 - Heizerseite. Von der Deutschen Bundesbahn abgenommen wurde die Neubaulokomotive am 6. Oktober 1955.

Hen 1955/ 28923	**DB 66 001**	+24.02.67
Hen 1955/ 28924	**DB 66 002** →'68 DB [066 002-7] +12.03.68 →21.03.69 DGEG (ab 11.73 Eisenbahnmuseum Bochum-Dahlhausen) →14.07.11 Stiftung Eisenbahnmuseum Bochum	('25 vorh.)

Eine weitere Henschel-Werksaufnahme zeigt die Lokführerseite der 66 001.

Diese Standardaufnahme der 66 002 von Carl Bellingrodt entstand bei der Lokausstellung anläßlich der Gründung des BdEF am 28. Juni 1958 im Bw Frankfurt-Griesheim.

Als Karl-Friedrich Seitz die DB 66 002 am 12. Mai 1967 im Bw Gießen antraf, war sie zumindest auf der Lokführerseite bereits ihres Lokschildes beraubt worden, so dass die Betriebsnummer nur noch klein und mit Schablone geschrieben vorhanden war.

2'D 2' h2t **DRB 68** (ex ČSD 464.0)

Treibraddurchmesser (mm):	1 624
Achsstand (mm):	12 560
Länge über Puffer (mm):	15 330
Dienstgewicht (t):	113,7
Achslast (maximal) (t):	14,5
Höchstgeschwindigkeit (km/h):	90
Zylinderdurchmesser (mm):	600
Kolbenhub (mm):	720
Rostfläche (m²):	4,38
Verdampfungsheizfläche (m²):	177,18
Überhitzerheizfläche (m²):	75,4
Kesselüberdruck (atm):	13,0

Im Jahr 1933 wurden die ersten Lokomotiven der ČSD-Reihe 464 an die Tschechoslowakischen Staatsbahnen abgeliefert – diese schweren 2D2-Lokomotiven waren eine Weiterentwicklung der Reihe 456.0 (Achsfolge 1D2). Bis 1939 wurden insgesamt 76 Lokomotiven an ihre Bestellerin ausgeliefert (ČSD 464.001 bis 076) – von diesen kamen bei der Abtretung der Sudetengebiete an das Deutsche Reich 15 Lokomotiven in den Bestand der Deutschen Reichsbahn, welche ihnen die die Betriebsnummern 68 001 bis 015 zuwies. Damit waren diese Maschinen die einzigen, die in Deutschland die Baureihenbezeichnung 68 trugen – hatte doch die Deutsche Reichsbahn in der DDR für die bei ihr verbliebene AL 8602, welche ebenfalls die Achsfolge 2D2 besaß, die neue Betriebsnummer 79 001 (in dritter Besetzung) gewählt.

Die übrigen 61 464er wurden zwischen den Böhmisch-Mährischen Bahnen (BMB) und den Slowakischen Staatsbahnen aufgeteilt (53 bzw. acht Maschinen). Sechs der 53 BMB-Lokomotiven, welche im Olsa-Gebiet im Einsatz standen, sollten 1941 in 68 016 bis 021 umgezeichnet werden, doch da diese Maschinen zunächst an die BMB verliehen und später auch verkauft wurden, unterblieb die Umzeichnung.

CKD 1934/ 1653	ČSD 464.004 →'39 **DRB 68 001** →'45 ČSD 464.004 +10.12.76 →01.12.76 verk. Droždárny Ústí n. L.	+
CKD 1934/ 1654	ČSD 464.005 →'39 **DRB 68 002** →'45 ČSD 464.005 +08.11.73 →01.02.74 ČSD-HL K607	+30.04.76
CKD 1935/ 1666	ČSD 464.007 →'39 **DRB 68 003** →'45 ČSD 464.007	+15.05.73
CKD 1935/ 1667	ČSD 464.008 →'39 **DRB 68 004** →'45 ČSD 464.008 +11.09.79 →'92 ČSD-Museumslok ⇒01.01.93 ČD-Museumslok	('22 i.E.)
CKD 1935/ 1668	ČSD 464.009 →'39 **DRB 68 005** →'45 ČSD 464.009	+05.12.77
CKD 1936/ 1669	ČSD 464.010 →'39 **DRB 68 006** →'45 ČSD 464.010	+15.08.78

Als Werner Hubert die 68 008 für das Deutsche Lokomotivbild-Archiv (DLA) fotografisch festhielt, besaß sie zwar einen erhabenen Reichsadler als Eigentumsmerkmal, doch die Betriebsnummer war nur mit Farbe und Schablone angeschrieben.

CKD 1936/ 1670	ČSD 464.011 →'39 **DRB 68 007** →'45 ČSD 464.011	+27.08.74
CKD 1936/ 1671	ČSD 464.012 →'39 **DRB 68 008** →'45 ČSD 464.012	+05.12.77
CKD 1936/ 1686	ČSD 464.013 →'39 **DRB 68 009** →'45 ČSD 464.013	+22.05.78
CKD 1936/ 1687	ČSD 464.014 →'39 **DRB 68 010** →'45 ČSD 464.014	+13.06.79
CKD 1936/ 1688	ČSD 464.015 →'39 **DRB 68 011** →'45 ČSD 464.015	+27.08.74
CKD 1936/ 1689	ČSD 464.016 →'39 **DRB 68 012** →'45 ČSD 464.016	+18.03.75
CKD 1936/ 1690	ČSD 464.017 →'39 **DRB 68 013** →'45 ČSD 464.017	+19.03.79
Skoda 1936/ 816	ČSD 464.018 →'39 **DRB 68 014** →'45 ČSD 464.018	+27.12.74
Skoda 1936/ 817	ČSD 464.019 →'39 **DRB 68 015** →'45 ČSD 464.019	+19.03.79
CKD 1933/ 1618	ČSD 464.001 →'39 BMB →'41 **DRB [68 016]** →'41 BMB/L →'43 BMB →'45 ČSD 464.001 +19.03.79 →11.81 ČSD-Museumslok in Žilina ⇒'93 ŽSR-Museumslok	('13 i.E.)
CKD 1933/ 1619	ČSD 464.002 →'39 BMB →'41 **DRB [68 017]** →'41 BMB/L →'43 BMB →'45 ČSD 464.002	+18.03.75
CKD 1933/ 1620	ČSD 464.003 →'39 BMB →'41 **DRB [68 018]** →'41 BMB/L →'43 BMB →'45 ČSD 464.003	+13.06.74
Skoda 1936/ 818	ČSD 464.020 →'39 BMB →'41 **DRB [68 019]** →'41 BMB/L →'43 BMB →'45 ČSD 464.020	+12.12.78
Skoda 1936/ 819	ČSD 464.021 →'39 BMB →'41 **DRB [68 020]** →'41 BMB/L →'43 BMB →'45 ČSD 464.021	+26.06.80
Skoda 1936/ 820	ČSD 464.022 →'39 BMB →'41 **DRB [68 021]** →'41 BMB/L →'43 BMB →'45 ČSD 464.022	+15.06.77

Diese Seitenaufnahme der 68 010, auf der die kräftige, aber gleichzeitig recht gedrungene Bauart der ČSD-Reihe 464 gut zur Geltung kommt, entstand im Bw Böhmisch Leipa (=Česká Lípa).

In der Umzeichnungsphase für die ČSD-Lokomotiven im Sudentengebiet wurden die Reichsbahnnummern zunächst nur mit Schablone unterhalb der ČSD-Betriebsnummer angeschrieben – hier die 68 015 unter der 464.019. Die Aufnahme entstand in Komotau (=Chomutov).

1A1 n2t DRB 69^0 (ex BBÖ 12)

Treibraddurchmesser (mm):	1 450
Achsstand (mm):	3 300
Länge über Puffer (mm):	7 927
Dienstgewicht (t):	32,0
Achslast (maximal) (t):	13,0
Höchstgeschwindigkeit (km/h):	80
Zylinderdurchmesser (mm):	345
Kolbenhub (mm):	480
Rostfläche (m²):	1,04
Verdampfungsheizfläche (m²):	53,55
Kesselüberdruck (atm):	11,0

Auch wenn die Lokomotiven der kkStB-Reihe 112 (siehe DRB 69 011) nicht in dem ursprünglich geplanten Einsatzgebiet verwendet wurden, bewährten sich die äußerst sparsamen Maschinen doch sehr gut. Daher entschlossen sich die Österreichischen Bundesbahnen in der ersten Hälfte der 30er Jahre, erneut Experimente mit vergleichbaren Lokomotiven durchzuführen. Zu diesem Zweck wurde 1934 eine C n2t-Lokomotive der Reihe 97 (siehe DRB-Baureihe 98^{70}) in eine 1A1-Lokomotive umgebaut: Der Kessel wurde angehoben, der Rahmen entsprechend angepasst, die neuen Laufachsen fest im Rahmen gelagert sowie eine Rohölfeuerung mit Ölbehälter auf dem Kesselscheitel eingebaut. Wie auch bei der 112.01 wurden die klassischen Speichen-Laufräder später durch solche aus Grauguss ersetzt. Bei Probefahrten bewährte sich die Maschine recht gut, so dass 1935 eine zweite Umbaulokomotive folgte. Da aber ab Mitte der 30er Jahre auch genügend leistungsfähige 1B1-Dampftriebwagen mit Gepäckabteil (siehe DRB-Baureihe 71^5) für den angedachten Zweck zur Verfügung standen, wurden diese Versuche nicht mehr weiterverfolgt.

Beide Lokomotiven wurden 1938 von der Deutschen Reichsbahn als 69 001 und 002 übernommen, schieden aber nach wenigen Jahren aus dem Betriebsdienst aus und wurden als Bahndienstfahrzeuge weiterverwendet. Bemerkenswert ist dabei insbesondere der Umbau der 69 002 in eine „Brückenprobelokomotive“: Die Gewichtsverteilung wurde so „ausgependelt“, dass fast die gesamte Masse auf der Treibachse lastete, so dass man ein Fahrzeug mit hoher punktueller Belastung der zu prüfenden Brücke besaß. Aufgrund dieser besonderen Aufgaben wurde die zwischenzeitlich von der ÖBB als 69.02 bezeichnete Lokomotive erst 1973 ausgemustert und später in das Eisenbahnmuseum Strasshof überstellt.

KrLi 1898/ 3823	kkStB 19753 →’05 kkStB 97.153 →18.06.34 Ub. BBÖ 12.01“ →’38 **DRB 69 001** →16.03.42 Anl. Vz 22 Wn →’45 ÖBB →’49 Anl. Vz 44 →’54 Anl. 900721	+14.04.56
KrLi 1898/ 3822	kkStB 19752 →’05 kkStB 97.152 →’35 Ub. BBÖ 12.02“ →’38 **DRB 69 002** →’41 Ub. zu Brückenprobelok 069 002 Bw Wien Süd →’45 ÖBB/T →20.04.49 ÖBB 69.02 +15.03.73 →15.03.73 Anl. 01087 +11.02.76 →21.12.78 Eisenbahnmuseum Strasshof	(’21 vorh.)

Im Jahr 1942 fotografierte Hermann Maey für das DLA die 69 002. Unter dem Fabrikschild war ein weiteres Schild mit der Aufschrift „Umgebaut in der Bundesbahnwerkstätte Floridsdorf 1935“ angebracht.

Vermutlich ebenfalls im Jahr 1942 fertigte Otto Zell Aufnahmen der 69 002 in ihrem Heimat-Bw Hütteldorf an. Die Lokomotive hatte übrigens die Gattungsbezeichnung Pt13.13.

1A1 n2vt **DRB 69⁰** (ex BBÖ 112)

Treibraddurchmesser (mm):	1 450
Achsstand (mm):	5 050
Länge über Puffer (mm):	7 550
Dienstgewicht (t):	31,6
Achslast (maximal) (t):	14,3
Höchstgeschwindigkeit (km/h):	75
Zylinderdurchmesser (mm):	260/400
Kolbenhub (mm):	550
Rostfläche (m²):	1,03
Verdampfungsheizfläche (m²):	44,8
Kesselüberdruck (atm):	15,0

Zu Beginn des 20. Jahrhunderts kam bei den kkStB die Idee auf, sogenannte „Lokalschnellzüge“ einzuführen: Dabei sollte es sich um leichte schnelle Zugeinheiten handeln, die als Zubringer zu bestimmten Schnellzugstation fungierten. Von Karl Gölsdorf wurde daraufhin eine leichte 1A1-Tenderlokomotive entworfen, die auf genau diesen Einsatzzweck zugeschnitten war und somit äußerst wirtschaftlich betrieben werden konnte. Gebaut wurden zwei Lokomotiven (kkStB 112.01 und 02), die entgegen den ursprünglichen Planungen zunächst zum schnellen Transport von Zeitungen zwischen Wien und Linz verwendet wurden, und später bei Hütteldorf Anschlusszüge zur Wiener Stadtbahn zogen. Beide Lokomotiven besaßen zunächst auch einen kleinen Rauchkammer-Überhitzer, der jedoch mit 3,3 m² Heizfläche so gut wie wirkungslos war und mit der Zeit entfernt wurde.

Eine der beiden Maschinen wurde bereits 1929 ausgemustert; die zweite blieb im BBÖ-Bestand und erhielt Mitte der 30er-Jahre noch Vollscheiben-Laufräder aus Grauguss. Im Jahr 1938 kam sie in den Bestand der Deutschen Reichsbahn und wurde von dieser in 69 011 umgezeichnet. Nach der Ausmusterung 1942 wurde die Lokomotive in ein Bahndienstfahrzeug („Anlage“) umgewidmet – ihr endgültiger Verbleib ist leider unbekannt.

Literatur

GRIEBL, HELMUT: Kleine Lokomotivgeschichte. LM 16, S. 58-61

KrLi 1907/ 5655	kkStB 112.01 →’18 BBÖ →’38 **DRB 69 011** +16.03.42 →’42 Anl. Vz 23 Wn (’44 Bww Heiligenstadt)	V.u.

Als 1938 diese Aufnahme der 69 011 im Bw Hütteldorf entstand, trug sie noch das Betriebsnummernschild 112.01 der Österreichischen Bundesbahnen, während die neue Reichsbahn-Betriebsnummern nur provisorisch mit Farbe angeschrieben war. Foto: Otto Zell

Drei Jahre später wurde die gleiche Maschine – inzwischen mit regulärer Beschriftung – von Hermann Maey ebenfalls im Bw Hütteldorf angetroffen.

B1 n2t DR 69⁶¹ (ex Osthavel. Krb.)

Treibraddurchmesser (mm):	1 542
Achsstand (mm):	4 080
Länge über Puffer (mm):	9 580
Dienstgewicht (t):	40,16
Achslast (maximal) (t):	13,9
Höchstgeschwindigkeit (km/h):	75
Zylinderdurchmesser (mm):	400
Kolbenhub (mm):	575
Rostfläche (m^2):	1,18
Verdampfungsheizfläche (m^2):	84,5
Kesselüberdruck (atm):	10,0

Zwischen 1889 und 1897 bauten Henschel und Schichau 63 B1 n2-Tenderlokomotiven nach Musterblatt III-4h für die Preußischen Staatsbahnen. Als im Jahr 1906 alle preußischen Lokomotiven neue Betriebsnummern sowie Gattungsbezeichnungen erhielten, waren sich die Königlichen Eisenbahn-Direktionen uneinig, welcher Gattung sie die Maschinen nach MIII-4h zuordnen sollten: Die meisten wählten die Gattung T4, doch einige wiesen sie der Gattung T2 zu.

Eine dieser B1-Lokomotiven war sogar noch im vorläufigen DRB-Umzeichnungsplan von 1923 als 69 7003 enthalten, doch aufgrund der baldigen Ausmusterung schaffte sie es nicht mehr in den endgültigen Umzeichnungsplan. Deutlich länger überlebte eine andere Maschine: Die BRO 6052 T2 wurde 1912 an die Königsberg-Cranzer Eisenbahn verkauft, welche sie 1939 an die Kleinbahn Bötzow-Spandau weiter veräußerte – einer Bahn, die zur Osthavelländischen Kreisbahnen AG gehörte. Nach Verstaatlichung der Kreisbahnen im Jahr 1949 fand die Lok als 69 6101 noch Eingang in den DR-Umzeichnungsplan für die Privatbahnlokomotiven, doch da die Maschine bereits 1951 ausgemustert wurde und sie auch bereits 1950 abgestellt war, dürfte eine Umzeichnung unterblieben sein.

Hen 1894/ 4082	Clr 1516 →'95 Sbr 1516 →'97 Sbr 1508 →'06 SBR 6045 T2 →'07 BRO 6052 →'12 Königsberg-Cranzer Eb. (KCE) 11 →'39 Klb. Bötzow-Spandau (BSp) 7 →'50 **DR 69 6101**	+30.04.51

Da von der 69 6101 keine erhalten gebliebenen Bilddokumente bekannt sind, soll diese Maschine durch ihre Schwesterlokomotive „HALLE 6501" vertreten werden. Beides waren preußische T 4² nach Musterblatt III-4h.

B1 n2t DRB 69^{70} (ex KPEV T 4^2)

Im vorläufigen DRB-Umzeichnungsplan von 1923 bildeten die Lokomotiven 69 7001 bis 7003 die Baureihe 69^{70} – laut diesem Plan alles Lokomotiven der preußischen Gattung T 4^2 mit der Achsfolge B1. Von den „normalen" B1-Tenderlokomotiven nach Musterblatt III-4h, auch als „Elberfelder Bauart" bezeichnet, wurden insgesamt 63 Exemplare an die Preußische Staatsbahn abgeliefert. Bei dieser Bauart handelte es sich um eine Weiterentwicklung der B1-Tenderlokbauart der Bergisch-Märkischen Eisenbahn. Die Majorität dieser „Normal"-Lokomotiven wurden ab 1906 in die Gruppe T4 (ab 1910: T 4^2) eingereiht (42 Maschinen), doch einige Eisenbahndirektionen wiesen den Lokomotiven dieser Bauart abweichend die Gattung T2 zu. Genau ein Drittel der als T2 eingereihten Maschinen wurde später noch in T4 umgezeichnet.
Von den im Umzeichnungsplan aufgeführten Maschinen war allerdings nur die 69 7003 eine T 4^2 – die beiden anderen waren T 4^1 und besaßen somit die Achsfolge 1B (siehe auch Baureihe 70^{70}). Eine Korrektur dieses Fehlers war allerdings nicht mehr erforderlich, da alle drei Maschinen bis zur Aufstellung des endgültigen Umzeichnungsplanes ausgemustert waren.

1B h2t/1'B h2t DRB 70^0 (ex K. Bay. Sts. B. Pt 2/3)

	70 001-091	70 092-097
Treibraddurchmesser (mm):	1 250	1 250
Achsstand (mm):	5 450	5 500
Länge über Puffer (mm):	9 165	9 265
Dienstgewicht (t):	39,6	39,9
Achslast (maximal) (t):	13,9	14,3
Höchstgeschwindigkeit (km/h):	65	65
Zylinderdurchmesser (mm):	375	375
Kolbenhub (mm):	500	500
Rostfläche (m^2):	1,22	1,22
Verdampfungsheizfläche (m^2):	57,94	57,94
Überhitzerheizfläche (m^2):	18,4	18,4
Kesselüberdruck (atm):	12,0	12,0
Leistung (PSi):	420	420

Zu Beginn des 20. Jahrhunderts war bei den Eisenbahnen die Einführung von leichten Personenzügen auf Hauptstrecken ein großes Thema. Von den Königlich Bayerischen Staatseisenbahnen wurden dazu zeitgleich zwei Bauarten beschafft – zum einen eine 2'B n2t (Gattung Pt 2/4 N – siehe Baureihe 72^1) sowie eine 1B h2t (Gattung Pt 2/3). Die Lokomotiven der beiden Gattungen waren sich technisch und äußerlich sehr ähnlich – und unterschieden sich im Wesentlichen durch die Verwendung eines Vorlaufdrehgestells bei der Pt 2/4 N und der Ausrüstung mit Überhitzer bei der Pt 2/3. Insbesondere die durch den Überhitzer erzielte höhere Leistung der Pt 2/3 dürfte der Grund gewesen sein, dass sich diese Bauart gegenüber ihrer Konkurrentin durchsetzen konnte.
Der große Abstand zwischen führender Laufachse und erster Kuppelachse wirkt auf den Betrachter zunächst etwas befremdlich, doch sind die Gründe für diese Konstruktion leicht nachvollziehbar: Durch das enge Aneinanderrücken der Kuppelachsen konnte eine gute Kurvenläufigkeit allein schon durch das Schwächen des Spurkranzes bei der Treibachse erzielt werden – und dabei konnte die Laufachse sogar fest im Rahmen gelagert werden.
Gebaut wurden für die Königlich Bayerischen Staatseisenbahnen insgesamt 97 Lokomotiven, von denen während des Krieges keine einzige verloren ging und auch keine an die Entente abgegeben werden musste, so dass alle Maschinen von der Deutschen Reichsbahn, die sie 1925 in 70 001-097 umzeichnete, übernommen werden konnten. Zwischenzeitlich hatte sich auch das Einsatzgebiet der Lokomotiven hin zur Beförderung von Personenzügen auf Nebenbahnen verschoben. Zur Verbesserung der Kurvenläufigkeit auf diesen Strecken wurden zwischen 1934 und 1937 bei rund 50 Lokomotiven der Baureihe 70^0 die fest im Rahmen gelagerte Vorlaufachse durch eine bewegliche Bisselachse ersetzt – die Achsfolge änderte sich somit von 1B auf 1'B.
In der Mitte der 30er Jahre schied eine Maschine aus dem Bestand aus und nach dem Zweiten Weltkrieg verblieben vier Loks in Österreich (Reihe 770) – alle anderen verblieben in den Westzonen bzw. kamen in den Bestand der Deutschen Bundesbahn, welche die Lokomotiven bis 1963 ausmusterte.
Zwei Pt 2/3 sind erhalten geblieben – zum einen die 70 083, die lange Jahre als Denkmal vor dem Mühldorfer Bahnhof stand, sowie die ÖBB 770.86, die nach ihrer Ausmusterung dem Technischen Museum in Wien übereignet wurde.

Literatur

KNIPPING, ANDREAS: Die Baureihe 70. Freiburg, 1998
LAUBER, WOLFGANG; HEINRICH, PETER: Die bayerische Pt 2/3 (DRB-Baureihe 70.0). EK 12/1979, S. 5-19

Krss 1909/ 6204	K. Bay. Sts. B. 6001 (Pt2/3) →'25 **DRB 70 001** →'45 DRw/DB	+25.04.60
Krss 1909/ 6205	K. Bay. Sts. B. 6002 (Pt2/3) →'25 **DRB 70 002** →'45 DRw/DB	+08.01.59
Krss 1910/ 6268	K. Bay. Sts. B. 6003 (Pt2/3) →'25 **DRB 70 003** →'45 DRw/DB	+12.05.55
Krss 1910/ 6269	K. Bay. Sts. B. 6004 (Pt2/3) →'25 **DRB 70 004** →'45 DRw/DB	+28.04.60
Krss 1910/ 6270	K. Bay. Sts. B. 6005 (Pt2/3) →'25 **DRB 70 005** →'45 DRw/DB	+14.03.57
Krss 1910/ 6271	K. Bay. Sts. B. 6006 (Pt2/3) →'25 **DRB 70 006** →'45 DRw/DB	+02.05.62
Krss 1910/ 6272	K. Bay. Sts. B. 6007 (Pt2/3) →'25 **DRB 70 007** →'45 DRw/DB	+01.02.63
Krss 1910/ 6273	K. Bay. Sts. B. 6008 (Pt2/3) →'25 **DRB 70 008** →'45 DRw/DB	+30.04.59
Krss 1910/ 6274	K. Bay. Sts. B. 6009 (Pt2/3) →'25 **DRB 70 009** →'45 DRw/DB	+28.05.54
Krss 1910/ 6275	K. Bay. Sts. B. 6010 (Pt2/3) →'25 **DRB 70 010** →'45 DRw/DB	+19.01.61
Krss 1910/ 6276	K. Bay. Sts. B. 6011 (Pt2/3) →'25 **DRB 70 011** (20.04.45 Kriegsschaden Nördlingen) →'45 DRw	+20.08.45
Krss 1910/ 6277	K. Bay. Sts. B. 6012 (Pt2/3) →'25 **DRB 70 012** →'45 DRw/DB	+21.10.60
Krss 1910/ 6278	K. Bay. Sts. B. 6013 (Pt2/3) →'25 **DRB 70 013** →'45 DRw/DB	+25.04.58
Krss 1910/ 6279	K. Bay. Sts. B. 6014 (Pt2/3) →'25 **DRB 70 014** →'45 DRw/DB	+25.04.58
Krss 1910/ 6280	K. Bay. Sts. B. 6015 (Pt2/3) →'25 **DRB 70 015** →'45 DRw/DB	+18.10.54
Krss 1910/ 6281	K. Bay. Sts. B. 6016 (Pt2/3) →'25 **DRB 70 016** →'45 DRw/DB	+02.11.55
Krss 1910/ 6282	K. Bay. Sts. B. 6017 (Pt2/3) →'25 **DRB 70 017** →'45 DRw/DB	+25.04.58
Krss 1910/ 6283	K. Bay. Sts. B. 6018 (Pt2/3) →'25 **DRB 70 018** →'45 DRw/DB	+15.08.55
Krss 1910/ 6284	K. Bay. Sts. B. 6019 (Pt2/3) →'25 **DRB 70 019** →'45 DRw/DB	+18.10.54
Krss 1910/ 6285	K. Bay. Sts. B. 6020 (Pt2/3) →'25 **DRB 70 020** →'45 DRw/DB	+20.02.60
Krss 1910/ 6286	K. Bay. Sts. B. 6021 (Pt2/3) →'25 **DRB 70 021** →'45 DRw/DB	+10.08.57
Krss 1910/ 6287	K. Bay. Sts. B. 6022 (Pt2/3) →'25 **DRB 70 022** →'45 DRw/DB	+02.11.55
Krss 1910/ 6288	K. Bay. Sts. B. 6023 (Pt2/3) →'25 **DRB 70 023** →'45 DRw/DB	+01.08.62
Krss 1910/ 6289	K. Bay. Sts. B. 6024 (Pt2/3) →'25 **DRB 70 024** →'45 DRw/DB	+25.04.58
Krss 1910/ 6290	K. Bay. Sts. B. 6025 (Pt2/3) →'25 **DRB 70 025** →'45 DRw/DB	+01.11.62
Krss 1910/ 6291	K. Bay. Sts. B. 6026 (Pt2/3) →'25 **DRB 70 026** →'45 DRw/DB	+20.11.58
Krss 1910/ 6292	K. Bay. Sts. B. 6027 (Pt2/3) →'25 **DRB 70 027** →'45 DRw/DB	+19.01.61
Krss 1910/ 6293	K. Bay. Sts. B. 6028 (Pt2/3) →'25 **DRB 70 028** →'45 DRw/DB	+01.08.62
Krss 1910/ 6294	K. Bay. Sts. B. 6029 (Pt2/3) →'25 **DRB 70 029** →'45 DRw/DB	+25.04.58
Krss 1910/ 6295	K. Bay. Sts. B. 6030 (Pt2/3) →'25 **DRB 70 030** →'45 DRw/DB	+25.04.58
Krss 1910/ 6296	K. Bay. Sts. B. 6031 (Pt2/3) →'25 **DRB 70 031** →'45 DRw/DB	+21.10.60
Krss 1910/ 6297	K. Bay. Sts. B. 6032 (Pt2/3) →'25 **DRB 70 032** →'45 DRw/DB	+07.10.52
Krss 1910/ 6298	K. Bay. Sts. B. 6033 (Pt2/3) →'25 **DRB 70 033** →'45 DRw/DB	+14.03.57
Krss 1910/ 6299	K. Bay. Sts. B. 6034 (Pt2/3) →'25 **DRB 70 034** →'45 DRw/DB	+01.11.62

Die 70 007 im Jahr 1930 im Bw Nürnberg Hbf. Die Lok war 20 Jahre zuvor am 24. Februar 1910 abgenommen worden.
Foto: Carl Bellingrodt

Mit einem Personenzug war die 70 025 im Februar 1962 bei Eggmühl-Langquaid unterwegs. Die Lokomotive wurde noch im Laufe des gleichen Jahres ausgemustert. Foto: Wilhelm Tausche

Die Abdeckung auf dem Schornstein ist ein Hinweis darauf, dass die 70 027 nicht mehr im Betrieb war, als Eberhard Schüler sie am 29. Mai 1958 in Treuchtlingen antraf. Offiziell ausgemustert wurde die Maschine, die seit dem 16. März 1956 zum Bw Treuchtlingen gehörte, erst am 19. Januar 1961, nachdem sie zum 13. Oktober 1960 „z-gestellt" worden war.

Krss 1910/ 6300	K. Bay. Sts. B. 6035 (Pt2/3) →'25 **DRB 70 035** →'45 DRw/DB [1]	+14.03.57
Krss 1910/ 6301	K. Bay. Sts. B. 6036 (Pt2/3) →'25 **DRB 70 036** →'45 DRw/DB	+25.04.58
Krss 1910/ 6302	K. Bay. Sts. B. 6037 (Pt2/3) →'25 **DRB 70 037** →'45 DRw	+15.01.46
Krss 1910/ 6303	K. Bay. Sts. B. 6038 (Pt2/3) →'25 **DRB 70 038** →'45 DRw/DB	+02.11.55
Krss 1910/ 6304	K. Bay. Sts. B. 6039 (Pt2/3) →'25 **DRB 70 039** →'45 DRw/DB	+29.07.61
Krss 1910/ 6305	K. Bay. Sts. B. 6040 (Pt2/3) →'25 **DRB 70 040** →'45 DRw/DB	+18.10.54
Krss 1910/ 6306	K. Bay. Sts. B. 6041 (Pt2/3) →'25 **DRB 70 041** →'45 DRw/DB	+02.11.55
Krss 1910/ 6307	K. Bay. Sts. B. 6042 (Pt2/3) →'25 **DRB 70 042** →'45 DRw/DB	+19.01.61
Krss 1910/ 6308	K. Bay. Sts. B. 6043 (Pt2/3) →'25 **DRB 70 043** →'45 DRw/DB	+18.10.54
Krss 1910/ 6309	K. Bay. Sts. B. 6044 (Pt2/3) →'25 **DRB 70 044** →'45 DRw/DB	+17.03.54

1) eine 70.035 wurde auch 1946 beim MPS nachgewiesen

Diese Aufnahme der 70 032 gelang Carl Bellingrodt am 1. August 1940 im Bw München Ost. Von den bei der DB verbliebenen Pt 2/3 wurde diese Lokomotive als allererste bereits 1952 ausgemustert. *Foto: Carl Bellingrodt*

Krss 1910/ 6310	K. Bay. Sts. B. 6045 (Pt2/3) →'25 **DRB 70 045** →'45 DRw/DB	+01.02.63
Krss 1910/ 6311	K. Bay. Sts. B. 6046 (Pt2/3) →'25 **DRB 70 046** →'45 DRw/DB	+10.08.57
Krss 1910/ 6312	K. Bay. Sts. B. 6047 (Pt2/3) →'25 **DRB 70 047** →'45 DRw/DB	+19.01.61
Krss 1912/ 6559	K. Bay. Sts. B. 6048 (Pt2/3) →'25 **DRB 70 048** →'45 DRw/DB	+28.04.59
Krss 1912/ 6560	K. Bay. Sts. B. 6049 (Pt2/3) →'25 **DRB 70 049** →'45 DRw/DB	+11.01.60
Krss 1912/ 6561	K. Bay. Sts. B. 6050 (Pt2/3) →'25 **DRB 70 050** →'45 DRw/DB	+08.01.59
Krss 1912/ 6562	K. Bay. Sts. B. 6051 (Pt2/3) →'25 **DRB 70 051** →'45 DRw/DB	+06.05.59
Krss 1912/ 6563	K. Bay. Sts. B. 6052 (Pt2/3) →'25 **DRB 70 052** →'45 DRw/DB	+29.07.61
Krss 1912/ 6564	K. Bay. Sts. B. 6053 (Pt2/3) →'25 **DRB 70 053** →'45 DRw/DB	+25.04.58
Krss 1912/ 6565	K. Bay. Sts. B. 6054 (Pt2/3) →'25 **DRB 70 054** →'45 DRw/DB	+01.11.62
Krss 1912/ 6566	K. Bay. Sts. B. 6055 (Pt2/3) →'25 **DRB 70 055** →'45 DRw/DB	+08.01.59
Krss 1912/ 6567	K. Bay. Sts. B. 6056 (Pt2/3) →'25 **DRB 70 056** →'45 DRw/DB	+08.01.59
Krss 1912/ 6568	K. Bay. Sts. B. 6057 (Pt2/3) →'25 **DRB 70 057** →'45 DRw/DB	+14.08.50
Krss 1912/ 6569	K. Bay. Sts. B. 6058 (Pt2/3) →'25 **DRB 70 058** →'45 DRw/DB	+27.07.54
Krss 1912/ 6570	K. Bay. Sts. B. 6059 (Pt2/3) →'25 **DRB 70 059** →'45 DRw/DB	+14.07.60
Krss 1912/ 6571	K. Bay. Sts. B. 6060 (Pt2/3) →'25 **DRB 70 060** →'45 DRw/DB	+13.11.61
Krss 1912/ 6572	K. Bay. Sts. B. 6061 (Pt2/3) →'25 **DRB 70 061** →'45 DRw/DB	+06.05.59
Krss 1912/ 6573	K. Bay. Sts. B. 6062 (Pt2/3) →'25 **DRB 70 062** →'45 DRw/DB	+11.01.60
Krss 1912/ 6574	K. Bay. Sts. B. 6063 (Pt2/3) →'25 **DRB 70 063** →'45 DRw/DB	+01.11.62
Krss 1912/ 6575	K. Bay. Sts. B. 6064 (Pt2/3) →'25 **DRB 70 064** →'45 DRw/DB	+09.11.53
Krss 1912/ 6576	K. Bay. Sts. B. 6065 (Pt2/3) →'25 **DRB 70 065** →'45 DRw/DB	+29.10.59
Krss 1912/ 6635	K. Bay. Sts. B. 6066 (Pt2/3) →'25 **DRB 70 066** →'45 DRw/DB	+14.03.57
Krss 1912/ 6636	K. Bay. Sts. B. 6067 (Pt2/3) →'25 **DRB 70 067** →'45 DRw/DB	+14.03.57
Krss 1912/ 6637	K. Bay. Sts. B. 6068 (Pt2/3) →'25 **DRB 70 068** →'45 DRw/DB	+10.08.57
Krss 1912/ 6638	K. Bay. Sts. B. 6069 (Pt2/3) →'25 **DRB 70 069** →'45 DRw/DB	+07.08.56
Krss 1912/ 6639	K. Bay. Sts. B. 6070 (Pt2/3) →'25 **DRB 70 070** →'45 DRw/DB	+18.10.54
Krss 1912/ 6640	K. Bay. Sts. B. 6071 (Pt2/3) →'25 **DRB 70 071** →'45 DRw/DB	+23.04.60
Krss 1912/ 6641	K. Bay. Sts. B. 6072 (Pt2/3) →'25 **DRB 70 072**	+22.12.35
Krss 1912/ 6642	K. Bay. Sts. B. 6073 (Pt2/3) →'25 **DRB 70 073** →'45 DRw/DB	+28.04.59
Krss 1912/ 6643	K. Bay. Sts. B. 6074 (Pt2/3) →'25 **DRB 70 074** →'45 DRw/DB	+15.08.55
Krss 1913/ 6644	K. Bay. Sts. B. 6075 (Pt2/3) →'25 **DRB 70 075** →'45 DRw/DB	+10.08.57
Krss 1913/ 6690	K. Bay. Sts. B. 6076 (Pt2/3) →'25 **DRB 70 076** →'45 DRw/DB	+01.02.63
Krss 1913/ 6691	K. Bay. Sts. B. 6077 (Pt2/3) →'25 **DRB 70 077** →'45 DRw/DB	+07.08.56
Krss 1913/ 6692	K. Bay. Sts. B. 6078 (Pt2/3) →'25 **DRB 70 078** →'45 DRw/DB	+14.03.57

Um 1929/30 präsentierte sich die 70 049 in Würzburg vor dem auch auf zahlreichen anderen Fotografien zu sehenden Haus mit der Marienstatue. Am Führerhaus trägt die Maschine ein Schild „Rbd Würzburg" – diese Rbd wurde zum 31. März 1930 aufgelöst.

Vom Deutschen Lokomotivbild-Archiv (DLA) wurde diese Standardaufnahme der 70 096 in Umlauf gebracht – allerdings ohne Angabe des Fotografens. Die Lok gehört zur letzten Serie, die auf 1 000 mm Durchmesser vergrößerte Vorlaufräder hatte. Die Aufnahme entstand um 1932/33.

Krss 1913/ 6693	K. Bay. Sts. B. 6079 (Pt2/3) →'25 **DRB 70 079** →'45 DRw/DB	+09.01.62
Krss 1913/ 6694	K. Bay. Sts. B. 6080 (Pt2/3) →'25 **DRB 70 080** →'45 DRw/DB	+08.01.59
Krss 1913/ 6695	K. Bay. Sts. B. 6081 (Pt2/3) →'25 **DRB 70 081** →'45 DRw/DB	+01.11.62
Krss 1913/ 6732	K. Bay. Sts. B. 6082 (Pt2/3) →'25 **DRB 70 082** →'45 DRw/DB	+02.11.55
Krss 1913/ 6733	K. Bay. Sts. B. 6083 (Pt2/3) →'25 **DRB 70 083** →'45 DRw/DB +01.07.63 →30.07.69 Denkmal vor Bf. Mühldorf →'94 Bayerischer Lokalbahnverein (BLV) (NVR: 90 80 0070 083-5 D-BLV)	('25 i.E.)
Krss 1913/ 6734	K. Bay. Sts. B. 6084 (Pt2/3) →'25 **DRB 70 084** →'45 DRw/DB	+13.11.61
Krss 1913/ 6735	K. Bay. Sts. B. 6085 (Pt2/3) →'25 **DRB 70 085** →'45 DRw/DB	+06.11.61
Krss 1913/ 6736	K. Bay. Sts. B. 6086 (Pt2/3) →'25 **DRB 70 086** →'45 ÖBB →'53 ÖBB 770.86 +30.11.68 →'?? Technisches Museum Wien →05.06.71 Denkmal bei Bf. Pöchlarn /L →10.90 Fa. Brenner & Brenner /L ('94-10.97 HU in České Velenice; '99 i.D.) →'02 Salzburger Lokalbahn (SLB) /L →10.10 ÖGEG/L (abg. Eisenbahn- und Bergbaumuseum Ampflwang; '20 vorh.)	
Krss 1913/ 6737	K. Bay. Sts. B. 6087 (Pt2/3) →'25 **DRB 70 087** →'45 DRw (Ksch.)	+09.04.46
Krss 1913/ 6738	K. Bay. Sts. B. 6088 (Pt2/3) →'25 **DRB 70 088** →'45 DRw/DB	+29.07.61
Krss 1913/ 6739	K. Bay. Sts. B. 6089 (Pt2/3) →'25 **DRB 70 089** →'45 DRw/DB	+12.05.55
Krss 1913/ 6740	K. Bay. Sts. B. 6090 (Pt2/3) →'25 **DRB 70 090** →'45 DRw/DB	+25.04.58
Krss 1913/ 6741	K. Bay. Sts. B. 6091 (Pt2/3) →'25 **DRB 70 091** →'45 DRw/DB [2]	+01.11.62
Krss 1915/ 7020	K. Bay. Sts. B. 6092 (Pt2/3) →'25 **DRB 70 092** →'45 ÖBB →'53 ÖBB 770.92	+05.01.68
Krss 1915/ 7021	K. Bay. Sts. B. 6093 (Pt2/3) →'25 **DRB 70 093** →'45 DRw/DB	+28.04.60
Krss 1916/ 7022	K. Bay. Sts. B. 6094 (Pt2/3) →'25 **DRB 70 094** →'45 DRw/DB (buchmäßig: →'45 ÖBB →12.45 DRw, aber bereits 4.4.45 zur L3 nach Weiden)	+01.06.53
Krss 1916/ 7023	K. Bay. Sts. B. 6095 (Pt2/3) →'25 **DRB 70 095** →'45 ÖBB →'53 ÖBB 770.95	+05.01.68
Krss 1916/ 7024	K. Bay. Sts. B. 6096 (Pt2/3) →'25 **DRB 70 096** →'45 ÖBB →'53 ÖBB 770.96	+05.01.68
Krss 1916/ 7025	K. Bay. Sts. B. 6097 (Pt2/3) →'25 **DRB 70 097** →'45 DRw/DB	+28.05.54

2) eine 70.091 wurde auch 1946 beim MPS nachgewiesen

1B h2t **DRB 70^1** (ex Grh. Bad. St.-Eb. Ig)

	70 101-105, 111-125	70 126-133
Treibraddurchmesser (mm):	1 260	1 250
Achsstand (mm):	5 450	5 450
Länge über Puffer (mm):	9 225	9 640
Dienstgewicht (t):	42,0	45,1
Achslast (maximal) (t):	14,5	15,2
Höchstgeschwindigkeit (km/h):	65	70
Zylinderdurchmesser (mm):	375	375
Kolbenhub (mm):	500	500
Rostfläche (m²):	1,22	1,22
Verdampfungsheizfläche (m²):	58,06	58,46
Überhitzerheizfläche (m²):	18,40	20,80
Kesselüberdruck (atm):	12,0	14,0
Leistung (PSi):	420	460

Um den Bedarf an leichten Personenzug-Tenderlokomotiven zu decken, bestellten die Großherzoglich Badischen Staatseisenbahnen bei der Maschinenfabrik Karlsruhe fünf 1B-Tenderlokomotiven, bei denen es sich um fast identische Nachbauten der bayerischen Pt 2/3 (siehe Baureihe 70^0) handelte: Die 1914 als Gattung Ig^1 abgelieferten Maschinen unterschieden sich von ihren Vorbildern eigentlich nur in der Ausführung von Führerhaus und Kohlekasten. Eine zweite Serie von 15 Maschinen (Gattung Ig^2) wurde zwei Jahre später in Dienst gestellt. Die Deutsche Reichsbahn konnte alle 20 Maschinen übernehmen und reihte sie unter Beachtung der Untergattungen – wie bei den badischen Loks üblich – als 70 101-105 und 70 111-125 in ihren Bestand ein.

Über zehn Jahre später gab die Deutsche Reichsbahn noch einmal acht Nachbauten bei der MBG Karlsruhe in Auftrag – die mit den Betriebsnummern 70 126-133 abgelieferten Maschinen, welche im Raum Trier sowie im Münsterland eingesetzt werden sollten, waren allerdings weitgehende Neukonstruktionen, die sich deutlich von den badischen Serienloks unterschieden. Zwei 70^1 wurden bereits 1938 ausgemustert und an die Westfälische Landes-Eisenbahn verkauft – alle anderen überlebten den Krieg und fanden sich mit Ausnahme der 70 125, die in Sachsen stehen geblieben war, in den Westzonen wieder. Dort setzte schon bald die Ausmusterung ein, die bis 1955 abgeschlossen wurde.

Literatur

Knipping, Andreas: Die Baureihe 70. Freiburg, 1998

Wenzel, Hansjürgen: Die Baureihe 70^1 EK 47 (1974), S. 49-56

Um 1930 entstand dieses Bild der 70 113, die ab 1950 in Gerolstein, Kreuzberg/Ahr und Mayen Ost beheimatet gewesen war – weit entfernt also von ihrem ursprünglichen badischen Einsatzgebiet. *Foto: Karl-Julius Harder*

Karl 1914/ 1893	Grh. Bad. St.-Eb. 69^{3} (lg) →'25 **DRB 70 101** →'45 DRw	+18.01.47
Karl 1914/ 1894	Grh. Bad. St.-Eb. 71^{3} (lg) →'25 **DRB 70 102** →'45 DRw	+18.01.47
Karl 1914/ 1895	Grh. Bad. St.-Eb. 207" (lg) →'25 **DRB 70 103** →'45 DRw/DB	+11.01.52
Karl 1914/ 1896	Grh. Bad. St.-Eb. 212" (lg) →'25 **DRB 70 104** →'45 DRw	+13.07.48
Karl 1914/ 1897	Grh. Bad. St.-Eb. 214" (lg) →'25 **DRB 70 105** +38 →'38 Westfälische Landes-Eb. (WLE) 21 →'50/51 Westfälische Landes-Eb. (WLE) 0021	+60
Karl 1916/ 1961	Grh. Bad. St.-Eb. 1^{4} (lg) →'25 **DRB 70 111** →'45 DRw/DB (SWDE)	+14.11.52
Karl 1916/ 1962	Grh. Bad. St.-Eb. 2^{4} (lg) →'25 **DRB 70 112** →'45 DRw	+15.05.46
Karl 1916/ 1963	Grh. Bad. St.-Eb. 39^{4} (lg) →'25 **DRB 70 113** →'45 DRw/DB (SWDE)	+12.05.55
Karl 1916/ 1964	Grh. Bad. St.-Eb. 86^{3} (lg) →'25 **DRB 70 114** →'45 DRw	+21.09.48
Karl 1916/ 1965	Grh. Bad. St.-Eb. 87^{3} (lg) →'25 **DRB 70 115** →'45 DRw/DB (SWDE)	+17.03.54
Karl 1916/ 1966	Grh. Bad. St.-Eb. 248" (lg) →'25 **DRB 70 116** +36 →'38 Westfälische Landes-Eb. (WLE) 22 →'50/51 Westfälische Landes-Eb. (WLE) 0022	+60
Karl 1916/ 1967	Grh. Bad. St.-Eb. 286" (lg) →'25 **DRB 70 117** →'45 DRw/DB	+14.08.50
Karl 1916/ 1968	Grh. Bad. St.-Eb. 373" (lg) →'25 **DRB 70 118** →'45 DRw/DB (SWDE)	+09.11.53
Karl 1916/ 1969	Grh. Bad. St.-Eb. 423" (lg) →'25 **DRB 70 119** →'45 DRw/DB (SWDE)	+01.06.53
Karl 1916/ 1970	Grh. Bad. St.-Eb. 485" (lg) →'25 **DRB 70 120** →'45 DRw/DB (SWDE)	+27.07.54
Karl 1916/ 1971	Grh. Bad. St.-Eb. 895 (lg) →'25 **DRB 70 121** →'45 DRw/DB (SWDE)	+01.06.53
Karl 1916/ 1972	Grh. Bad. St.-Eb. 896 (lg) →'25 **DRB 70 122** →'45 DRw/DB (SWDE) +15.08.55 →'?? WL AW Konz	+
Karl 1916/ 1973	Grh. Bad. St.-Eb. 897 (lg) →'25 **DRB 70 123** →'45 DRw/DB (SWDE)	+17.03.54
Karl 1916/ 1974	Grh. Bad. St.-Eb. 898 (lg) →'25 **DRB 70 124** →'45 DRw/DB (SWDE)	+12.05.55
Karl 1916/ 1975	Grh. Bad. St.-Eb. 899 (lg) →'25 **DRB 70 125** →'45 DRo/DR	+04.10.55
Karl 1927/ 2347	**DRB 70 126** →'45 DRw +28.03.47 →'52 DB (wiD)	+27.07.54
Karl 1927/ 2348	**DRB 70 127** →'45 DRw/DB +14.08.50 →27.06.51 wiD.	+27.07.54
Karl 1927/ 2349	**DRB 70 128** →'45 DRw/DB +14.08.50 →27.06.51 wiD.	+12.05.55
Karl 1927/ 2350	**DRB 70 129** →'45 DRw/DB +14.08.50 →27.06.51 wiD.	+27.07.54
Karl 1927/ 2351	**DRB 70 130** →'45 DRw/DB (SWDE)	+18.10.54
Karl 1928/ 2352	**DRB 70 131** →'45 DRw +19.01.47 →27.06.51 DB (wiD)	+27.07.54
Karl 1928/ 2353	**DRB 70 132** →'45 DRw/DB (SWDE)	+18.10.54
Karl 1928/ 2354	**DRB 70 133** →'45 DRw +28.03.47 →27.06.51 DB (wiD)	+18.10.54

Als diese Aufnahme der 70 118 entstand, gehörte sie zum Bw Mannheim Pbf.; im Jahr 1950 wurde sie zur ED Trier umgesetzt und vom Oktober 1952 bis zur ein Jahr später erfolgten Ausmusterung gehörte sie zum Bw Jünkerath. Unklar ist, wer diese Fotografie angefertigt hat – auf der Rückseite der Karte steht ein großes „M" – evtl. das Signet von Hermann Maey?

Die 70 126 war die erste Nachbaulokomotive für die Deutsche Reichsbahn, die sich auch äußerlich deutlich von den Maschinen der Badischen Staatseisenbahnen unterschied. Die Aufnahme von Carl Bellingrodt entstand am 19. September 1931 im Bw Trier Hbf.

1B h2t DRB 70^2 (ex ELE T 4)

Treibraddurchmesser (mm):	1 594
Achsstand (mm):	4 200
Länge über Puffer (mm):	10 013
Dienstgewicht (t):	42,0
Achslast (maximal) (t):	
Höchstgeschwindigkeit (km/h):	90
Zylinderdurchmesser (mm):	420
Kolbenhub (mm):	610
Rostfläche (m^2):	1,37
Verdampfungsheizfläche (m^2):	
Überhitzerheizfläche (m^2):	24,0
Kesselüberdruck (atm):	12,0

In den knapp ersten 20 Jahren ihres Bestehens wurde der Gesamtbetrieb der Eutin-Lübecker Eisenbahn (ELE) mit relativ großrädrigen B-Tenderlokomotiven, die in ihrer Bauart den frühen Maschinen der Großherzoglich Oldenburgischen Eisenbahn glichen, abgewickelt. Doch zu Beginn der 90er Jahre des 19. Jahrhunderts machte das wachsende Verkehrsaufkommen die Beschaffung leistungsfähigerer Lokomotiven notwendig: Als geeignet sah man dabei eine 1B-Bauart an, die 1882 in sechs Exemplaren von Henschel an die Berlin-Hamburger Eisenbahn geliefert worden war und von der die Preußische Staatsbahn zwischen 1888 und 1893 noch weitere 78 Lokomotiven nachbauen ließ. Bezeichnet wurden diese Lokomotiven als „Moabit-Type" (nach dem Namen MOABIT der letzten der für die Berlin-Hamburger Eisenbahn gebauten Maschine dieses Typs) bzw. als „2. Berliner Form". Bei der Eutin Lübecker Eisenbahn wurde die erste Maschine des Typs im Jahr 1892 beschafft – weitere sieben baugleiche Lokomotiven folgten bis 1909. Im Jahre 1924 wurde die zu diesem Zeitpunkt immerhin schon 15 Jahre alte letztgebaute Lokomotive der Serie von Henschel auf Heißdampf umgebaut. Tatsächlich überlebte die umgebaute Lokomotive alle ihre Nassdampf-Schwestern, die überwiegend bereits in den 20er Jahren ausgemustert wurden. Nach Heraufsetzen der Höchstgeschwindigkeit von 75 km/h auf 90 km/h wurde die Lokomotive sogar als Ersatz für den Dieseltriebwagen der Bahn verwendet.

Nach der Übernahme der Eutin-Lübecker Eisenbahn durch die Deutsche Reichsbahn wurde die Lokomotive in 70 201 umgezeichnet und zum Bw Heiligenhafen umbeheimatet, wo sie allerdings nicht zum Einsatz kam und daher bald wieder nach Lübeck überstellt wurde. Dort war sie noch eine Zeitlang im Rangierdienst tätig, bevor sie 1944 als Werklok verkauft wurde.

Literatur

Kloth, Hans-Harald: Die Privatbahn Eutin-Lübeck. Hamburg, 1983

Kloth, Hans-Harald: Die preußische T4 bei der Eutin-Lübecker Eisenbahn; EJ 9/91 S. 20-24

Hen 1909/ 9225	Eutin-Lübecker Eb. (ELE) 4" ('30 Ub. in 1'B h2t) →'41 DRB →'42 **DRB 70 201** →23.08.44 Vereinigte Aluminium-Werke (VAW), Schwandorf	+um 59

Nur zwei Jahre lang war die Lok 4 der Eutin-Lübecker Eisenbahn mit ihrer Reichsbahnnummer 70 201 im Einsatz – daher verwundert es nicht, dass keine Aufnahmen der Maschine mit dieser Betriebsnummer bekannt sind. Dafür hat Werner Hubert aber dieses wunderschöne Portrait der Lokomotive noch zu ELE-Zeiten fotografiert, welches auf einer Drehscheibe der Bahn entstanden ist.

1'B h2t — DR $70^{61, 63}$ — (ex Ruppiner Eb.)

	70 6176-6179	70 6376
Treibraddurchmesser (mm):	1 350	1 350
Achsstand (mm):	4 000	4 000
Länge über Puffer (mm):	8 502	9 222
Dienstgewicht (t):	33,45	39,9
Achslast (maximal) (t):	11,15	13,3
Höchstgeschwindigkeit (km/h):	50	50
Zylinderdurchmesser (mm):	350	350
Kolbenhub (mm):	550	550
Rostfläche (m^2):	1,3	1,35
Verdampfungsheizfläche (m^2):	66,7	48,0
Überhitzerheizfläche (m^2):		
Kesselüberdruck (atm):	12,0	13,0

Die 1913 durch Fusion entstandene Ruppiner Eisenbahn besaß fünf 1B-Tenderlokomotiven für den Personenzugverkehr - von diesen waren drei von der Kremmen-Neuruppin-Wittstocker Eisenbahn und zwei von der Ruppiner Kreisbahn beschafft worden. Die jüngste der fünf Maschinen war 1913 mit einem Stroomann-Wasserrohrkessel abgeliefert worden. Dieser wurde 1924 durch einen regulären Heißdampf-Kessel Stephenson'scher Bauart ersetzt. Ebenfalls im gleichen Jahr wurde die erste im Jahr 1908 gebaute Maschine beim Hersteller Orenstein & Koppel in Berlin-Drewitz in Heißdampfausführung umgebaut – alle anderen Lokomotiven waren gleich als Heißdampfmaschinen abgeliefert worden. Aufgrund unterschiedlicher Achsdrücke – bei der jüngsten 13 t (Gattung Pt23.13) und 11 t (Gattung Pt23.11) bei den übrigen Maschinen – reihte die Deutsche Reichsbahn die Maschinen in den Unterbaureihen 70^{61} und 70^{63} ein. Bis auf eine Maschine, die 1959 regulär ausgemustert wurde, wurden alle anderen Lokomotiven in den 50er Jahren als Werklokomotiven an die Industrie verkauft.

Die 70 6177 wurde 1955 als Werklok 4 an den VEB Stahlwerk Gröditz verkauft, bei dem sie auch zehn Jahre später noch mit dem Slogan »„DDR" Garant des Friedens!« im Einsatz stand. Dabei fällt auf, dass man „DDR" in Anführungsstriche gesetzt hatte – wie das damals insbesondere im Westen üblich war, um den Wiederspruch zwischen dem „Demokratisch" im Namen des Staates und der Realität aufzuzeigen.

O&K 1908/ 2959	Ruppiner Krb. (RupK) 14 →'13 Ruppiner Eb. (RE) 10 ('24 Ub. 1'B h2t) →'50 **DR 70 6176** →28.12.55 verk. WL 4 Stahlwerk Gröditz (01.65 vorh.)	+
O&K 1910/ 3910	Kremmen-Neuruppin-Wittstocker Eb. (KNWE) 7 ⇒'13 Ruppiner Eb. (RE) 7 →'50 **DR 70 6177** →28.12.55 verk. WL 5 Stahlwerk Gröditz	+um 64
O&K 1911/ 4400	Kremmen-Neuruppin-Wittstocker Eb. (KNWE) 8 ⇒'13 Ruppiner Eb. (RE) 8 →'50 **DR 70 6178**	+19.03.60
O&K 1911/ 5000	Kremmen-Neuruppin-Wittstocker Eb. (KNWE) 9 ⇒'13 Ruppiner Eb. (RE) 9 →'50 **DR 70 6179** →06.10.54 verk. WL VEB Zuckerfabrik Wismar	++
O&K 1914/ 6717	Ruppiner Krb. (RupK) 15 →'13 Ruppiner Eb. (RE) 20 ('24 Ub. 1'B h2t; Ek. O&K 24/ 10895) →'50 **DR 70 6376** +23.02.60 →06.01.59 verk. HL Zementwerk Möllenhagen (06.64 abg.)	+

Auch die 70 6179 stammte wie ihre Schwesterlokomotiven 70 6177-6178 von der Kremmen-Neuruppin-Wittstocker Eisenbahn, einer Privatbahn im Nordwesten Brandenburgs. Das Aufnahmejahr wird mit 1963 angegeben, doch da die Lokomotive noch eine Reichsbahnnummer trägt, liegt die Vermutung nahe, dass die Aufnahme vor dem Verkauf der Maschine an den VEB Zuckerfabrik Wismar entstand – also vielleicht 1953 oder 1954.

1'B n2t **DR 70^{64}** (ex Oderbruchbahn)

Treibraddurchmesser (mm):	1 300
Achsstand (mm):	4 500
Länge über Puffer (mm):	
Dienstgewicht (t):	36,0
Achslast (maximal) (t):	14,0
Höchstgeschwindigkeit (km/h):	50
Zylinderdurchmesser (mm):	350
Kolbenhub (mm):	550
Rostfläche (m^2):	1,285
Verdampfungsheizfläche (m^2):	62,8
Kesselüberdruck (atm):	14,0

Die einzige Lokomotive der Baureihe 70^{64} war eine ursprünglich für die Moselbahn gebaute Maschine. Sie gehörte zu einer Serie von vier 1'B-Lokomotiven, die 1902/03 von der Lokomotivfabrik Humboldt an die von der Westdeutschen Eisenbahn-Gesellschaft (W.E.G.) betriebene Moselbahn ausgeliefert wurde. Die genannte Maschine war die dritte der Serie – zu ihrer Betriebsnummer gibt es in der Literatur allerdings unterschiedliche Angaben: Genannt werden 11a und 5^{A}. Nach rund 30 Jahren bei der Moselbahn kam die Lokomotive zur Teutoburger Wald-Eisenbahn als Betriebsnummer 36. In Sachen Übernahmezeitpunkt gibt es erneut unterschiedliche Angaben: Genannt werden die zunächst leihweise Abgabe im Jahr 1928 und der anschließende Verkauf 1932, doch laut TWE-Geschäftsbericht soll der Ankauf erst 1938 stattgefunden haben. Im Jahr 1944 wurde die Lokomotive in Richtung Osten in Marsch gesetzt – doch auch hier gibt es wieder unterschiedliche Angaben: Einerseits heißt es, dass sie zur Lenz-Hauptwerkstatt Jauer zwecks Vornahme einer Hauptuntersuchung überwiesen wurde und später bei der Strausberg-Herzfelder Eisenbahn auftauchte, andererseits wird die Überweisung an die Oderbruchbahn genannt. Bei Kriegsende stand die Maschine jedenfalls bei der Oderbruchbahn abgestellt – ob sie bei der Bahn je im Betrieb gewesen war, ist unbekannt. Aufgrund ungeklärter Eigentumsverhältnisse wurde die TWE-Maschine 1949 noch nicht umgezeichnet – erst im August 1953 wurde sie mit Verfügung MA5 der Hauptverwaltung Maschinenwesen als 70 6401 dem Bestand – und dort dem Schadlokpark – zugesetzt. Da die Lokomotive bereits zwei Jahre später ausgemustert wurde, ist die Maschine vermutlich nie mit ihrer Reichsbahnnummer im Betrieb gewesen, obwohl die Umzeichnung tatsächlich durchgeführt worden war.

Die fehlenden Stangen sind ein deutlicher Hinweis darauf, dass die Lokomotive 70 6401 nicht mehr einsatzfähig war, als im Jahr 1954 diese Aufnahme entstand. An der Rauchkammer trug sie zu diesem Zeitpunkt noch das Betriebsnummernschild „36" der Oderbruchbahn.

Literatur

HÖGEMANN, JOSEF: Die Teutoburger Wald-Eisenbahn. Nordhorn, 1997

KENNING, LUDGER; SIMON, MANFRED: Die Moselbahn Trier-Bullay. Nordhorn, 2003

QUILL, KLAUS-PETER: Moselbahn. München, 1994

Humb 1902/ 168	Moselbahn (MB) 11a →'38 Teutoburger Wald-Eb. 36 (bei TWE nicht im Einsatz) →'45 Oderbruchbahn (ObB) 36 (stehen geblieben) →16.01.46 Strausberg-Herzfelder Eb. /L →24.08.53 **DR 70 6401**	+04.10.55

1B n2t **DRB 70^{70}** (ex KPEV T 4^1)

Im vorläufigen DRB-Umzeichnungsplan von 1923 war auch die Baureihe 70^{70} enthalten, in welcher die preußischen 1B-Tenderlokomotiven der preußischen Gattung T 4^1 zusammengefasst worden waren. Die meisten 70^{70} waren pr. T 4^1 nach Musterblatt III-4a (70 7005–7014, 7017–7033, 7036–7038), die von der Preußischen Staatsbahn in einer Stückzahl von 177 Exemplaren für den Einsatz auf der Wannseebahn beschafft worden waren. Daneben gab es noch einzelne Exemplare von drei weiteren Bauarten:

- 70 7001 war eine „nicht normale" T 4^1 der sogenannten „Ersten Magdeburger Form". Von dieser Bauart waren 1884 zehn Exemplare an die KED Magdeburg abgeliefert worden.
- 70 7002–7004, 7015–7016 waren vom Typ „Zweite Berliner Form", die auch als „Moabit-Type" bezeichnet wurde. Die Bauart umfasste sechs Lokomotiven der Berlin-Hamburger Eisenbahn sowie 78 „nicht normale" Nachbauten. Zwei weitere Maschinen dieser Bauart erhielten die vorläufigen Betriebsnummer 69 7001–7002.
- Unter den Betriebsnummern 70 7034–7035 zwei „normale" T 4^1 nach Musterblatt III-m – und damit genau zwei Drittel aller je nach diesem Musterblatt gebauten Lokomotiven.

Alle 38 Maschinen wurden bereits vor der Aufstellung des endgültigen Umzeichnungsplanes im Jahre 1925 ausgemustert.

1B n2t DRB 70^{71} (ex K. Bay. Sts. B. D IX)

Treibraddurchmesser (mm):	70 7101-7118	70 7119-7154
Treibraddurchmesser (mm):	1 340	1 340
Achsstand (mm):	4 000	4 000
Länge über Puffer (mm):	8 440	8 440
Dienstgewicht (t):	34,0	35,8
Achslast (maximal) (t):	11,9	12,4
Höchstgeschwindigkeit (km/h):	65	65
Zylinderdurchmesser (mm):	330	330
Kolbenhub (mm):	500	500
Rostfläche (m²):	1,2	1,2
Verdampfungsheizfläche (m²):	61,9	60,2
Kesselüberdruck (atm):	12,0	12,0

Insbesondere auf den bayerischen Nebenbahnlinien wurden in den 80er Jahren des 19. Jahrhunderts noch gerne ältere Maschinen eingesetzt, die aufgrund der zwischenzeitlich stark gestiegenen Anforderungen nicht mehr in ihren ursprünglichen Einsatzgebieten verwendet werden konnten. Doch mit dem stetigen Ausbau des Neben- und Lokalbahnnetzes wuchs auch der Bedarf an leichten Nebenbahnlokomotiven, die besser für das Einsatzprofil auf diesen Bahnen geeignet waren als die häufig verwendeten „Uralt-Maschinen".
Um den Verkehr auf der Strecke Salzburg – Freilassing – Reichenhall zu verbessern, wurde die Lokomotivfabrik J. A. Maffei mit der Entwicklung einer geeigneten Tenderlokomotive beauftragt. Es entstand eine 1B-Bauart mit Stephenson-Steuerung, deren erste Serie 1888 als Gattung D IX an die Königlich Bayerischen Staatseisenbahnen abgeliefert wurde. Da sich die Maschinen auf der genannten Strecke bewährten, wurden bis 1898 insgesamt 55 Exemplare der Gattung D IX beschafft; eingesetzt wurden die Lokomotiven im Personenzugdienst in den Ballungsräumen von München, Nürnberg und Augsburg.
Die Deutsche Reichsbahn wies der Gattung D IX die neue Baureihe 70^{71} zu – doch obwohl die Ordnungsnummern oberhalb von 7000 auf eine vorgesehene baldige Ausmusterung der Maschinen hindeuteten, waren im vorläufigen Umzeichnungsplan von 1923 noch alle Lokomotiven enthalten (70 7101-7155). Nachdem eine erste Lokomotive vermutlich zu Beginn des Jahres 1925 ausgeschieden war, enthielt der endgültige Umzeichnungsplan noch 54 D IX, doch bereits im gleichen Jahr setzte die verstärkte Ausmusterung der Lokomotiven ein. Als letzte D IX schied im Dezember 1933 die zum Schluss noch im Bw Augsburg verwendete 70 7153 aus.

Maff 1888/ 1484	K. Bay. Sts. B. 172" ROTH^II (DIX)	→'25 **DRB 70 7101**	+27
Maff 1888/ 1485	K. Bay. Sts. B. 116" AISCH^II (DIX)	→'25 **DRB 70 7102**	+27
Maff 1888/ 1486	K. Bay. Sts. B. 96" MINDEL^II (DIX)	→'25 **DRB 70 7103**	+22.05.26
Maff 1888/ 1487	K. Bay. Sts. B. 46" WÖRNITZ^II (DIX)	→'25 **DRB 70 7104**	+27
Maff 1888/ 1488	K. Bay. Sts. B. 144" LEIPZIG^II (DIX)	→'25 **DRB 70 7105**	+14.10.25
Maff 1890/ 1578	K. Bay. Sts. B. 969 WACHSENSTEIN (DIX)	→'25 **DRB 70 7106**	+22.05.26
Maff 1890/ 1579	K. Bay. Sts. B. 970 RIGI (DIX)	→'25 **DRB 70 7107**	+27
Maff 1890/ 1580	K. Bay. Sts. B. 971 PILATUS (DIX)	→'25 **DRB 70 7108**	+25
Maff 1890/ 1581	K. Bay. Sts. B. 972 PFÄNDER (DIX)	→'25 **DRB 70 7109**	+27
Maff 1890/ 1582	K. Bay. Sts. B. 973 GAISBERG (DIX)	→'25 **DRB 70 7110**	+12.11.30
Maff 1892/ 1674	K. Bay. Sts. B. 1931 (DIX) →'25 **DRB 70 7111**		+31
Maff 1892/ 1675	K. Bay. Sts. B. 1932 (DIX) →'25 **DRB 70 7112**		+32
Maff 1892/ 1676	K. Bay. Sts. B. 1933 (DIX) →'25 **DRB 70 7113**		+25
Maff 1893/ 1677	K. Bay. Sts. B. 1934 (DIX) →'25 **DRB 70 7114**		+19.11.25
Maff 1893/ 1678	K. Bay. Sts. B. 1935 (DIX) →'25 **DRB 70 7115**		+27
Maff 1893/ 1679	K. Bay. Sts. B. 1936 (DIX) →'25 **DRB 70 7116**		+28
Maff 1893/ 1680	K. Bay. Sts. B. 1937 (DIX) →'25 **DRB 70 7117**		+22.05.26
Maff 1893/ 1681	K. Bay. Sts. B. 1938 (DIX) →'25 **DRB 70 7118**		+11.06.27
Maff 1896/ 1824	K. Bay. Sts. B. 1939 (DIX) →'25 **DRB 70 7119**		+08.32
Maff 1896/ 1825	K. Bay. Sts. B. 1940 (DIX) →'25 **DRB 70 7120**		+22.05.26
Maff 1896/ 1826	K. Bay. Sts. B. 1941 (DIX) →'25 **DRB 70 7121**		+31
Maff 1896/ 1827	K. Bay. Sts. B. 1942 (DIX) →'25 **DRB 70 7122**		+22.01.31
Maff 1896/ 1829	K. Bay. Sts. B. 1944 (DIX) →'25 **DRB 70 7123**		+12.12.31
Maff 1896/ 1830	K. Bay. Sts. B. 1945 (DIX) →'25 **DRB 70 7124**		+12.11.30
Maff 1896/ 1831	K. Bay. Sts. B. 1946 (DIX) →'25 **DRB 70 7125**		+05.12.27
Maff 1896/ 1832	K. Bay. Sts. B. 1947 (DIX) →'25 **DRB 70 7126**		+22.01.31
Maff 1896/ 1833	K. Bay. Sts. B. 1948 (DIX) →'25 **DRB 70 7127**		+27
Maff 1896/ 1834	K. Bay. Sts. B. 1949 (DIX) →'25 **DRB 70 7128**		+05.12.27

Maff 1896/ 1835	K. Bay. Sts. B. 1950 (DIX) →'25 **DRB 70 7129**	+05.12.27
Maff 1896/ 1836	K. Bay. Sts. B. 1951 (DIX) →'25 **DRB 70 7130**	+22.01.31
Maff 1896/ 1837	K. Bay. Sts. B. 1952 (DIX) →'25 **DRB 70 7131**	+30.10.29
Maff 1896/ 1838	K. Bay. Sts. B. 1953 (DIX) →'25 **DRB 70 7132**	+05.12.27
Maff 1897/ 1839	K. Bay. Sts. B. 1954 (DIX) →'25 **DRB 70 7133**	+27
Maff 1897/ 1840	K. Bay. Sts. B. 1955 (DIX) →'25 **DRB 70 7134**	+31
Maff 1897/ 1841	K. Bay. Sts. B. 1956 (DIX) →'25 **DRB 70 7135**	+30.10.29
Maff 1897/ 1842	K. Bay. Sts. B. 1957 (DIX) →'25 **DRB 70 7136**	+12.11.30
Maff 1897/ 1843	K. Bay. Sts. B. 1958 (DIX) →'25 **DRB 70 7137**	+12.12.31
Maff 1897/ 1844	K. Bay. Sts. B. 1959 (DIX) →'25 **DRB 70 7138**	+02.11.31
Maff 1897/ 1845	K. Bay. Sts. B. 1960 (DIX) →'25 **DRB 70 7139**	+16.08.32
Maff 1897/ 1846	K. Bay. Sts. B. 2101 (DIX) →'25 **DRB 70 7140**	+22.05.26
Maff 1897/ 1847	K. Bay. Sts. B. 2102 (DIX) →'25 **DRB 70 7141**	+27
Maff 1897/ 1848	K. Bay. Sts. B. 2103 (DIX) →'25 **DRB 70 7142**	+05.12.27
Maff 1898/ 1958	K. Bay. Sts. B. 2104 (DIX) →'25 **DRB 70 7143**	+05.12.27
Maff 1898/ 1959	K. Bay. Sts. B. 2105 (DIX) →'25 **DRB 70 7144**	+05.12.27
Maff 1898/ 1960	K. Bay. Sts. B. 2106 (DIX) →'25 **DRB 70 7145**	+22.05.26
Maff 1898/ 1961	K. Bay. Sts. B. 2107 (DIX) →'25 **DRB 70 7146**	+22.05.26
Maff 1898/ 1962	K. Bay. Sts. B. 2108 (DIX) →'25 **DRB 70 7147**	+25
Maff 1898/ 1963	K. Bay. Sts. B. 2109 (DIX) →'25 **DRB 70 7148**	+25
Maff 1898/ 1964	K. Bay. Sts. B. 2110 (DIX) →'25 **DRB 70 7149**	+29
Maff 1898/ 1965	K. Bay. Sts. B. 2111 (DIX) →'25 **DRB 70 7150**	+22.05.26
Maff 1898/ 1966	K. Bay. Sts. B. 2112 (DIX) →'25 **DRB 70 7151**	+14.10.25
Maff 1898/ 1967	K. Bay. Sts. B. 2113 (DIX) →'25 **DRB 70 7152**	+25
Maff 1898/ 1968	K. Bay. Sts. B. 2114 (DIX) →'25 **DRB 70 7153**	+12.33
Maff 1898/ 1969	K. Bay. Sts. B. 2115 (DIX) →'25 **DRB 70 7154**	+27

Von Werner Hubert stammt diese Aufnahme der 70 7121, die im Jahre 1931 von der Deutschen Reichsbahn ausgemustert wurde.

Obwohl die aufgemalte Betriebsnummer 70 7122 zum Aufnahmezeitpunkt maximal fünf Jahre alt gewesen sein dürfte, ist sie auf dieser vor Hermann Maey angefertigten Fotografie kaum noch lesbar. Ausgemustert wurde die Lokomotive am 22. Januar 1931 mit Verfügung 17/Fuvl.

Auf der Rückseite dieses Bildes befindet sich der Stempelaufdruck „Aus der Sammlung 'Die Dampflok der Deutschen Reichsbahn im Bild'. Verkehrszentralamt der Deutschen Studentenschaft, Darmstadt" – doch leider wird uns nicht verraten, welchem Fotografen wir diese schöne Aufnahme der 70 7126 verdanken.

1'B 1' n2t DRB 71^0 (ex KPEV T 5^1)

Treibraddurchmesser (mm):	1 600
Achsstand (mm):	6 800
Länge über Puffer (mm):	11 685
Dienstgewicht (t):	53,2
Achslast (maximal) (t):	15,7
Höchstgeschwindigkeit (km/h):	75
Zylinderdurchmesser (mm):	430
Kolbenhub (mm):	600
Rostfläche (m²):	1,57
Verdampfungsheizfläche (m²):	95,05
Kesselüberdruck (atm):	12,0

Als die auf der Berliner Stadtbahn eingesetzten B1- und 1B-Lokomotiven den zwischenzeitlich gestiegenen Anforderungen nicht mehr genügten, entschloss man sich bei der Preußischen Staatsbahn, auf eine 1B1-Bauart überzugehen, für die das Musterblatt III-4i aufgestellt wurde. Die ab 1895 gebauten Maschinen, die später die Gattung T 5^1 bildeten, sollen sich gut bewährt haben – nur auf langen geraden Strecken neigten sie aufgrund des kurzen festen Achstandes in Verbindung mit den als Adamsachsen ausgeführten Vor- bzw. Nachlaufachsen manchmal zu etwas unruhigem Lauf. Die bis 1905 ausschließlich von Henschel gebauten 309 Exemplare waren aber nicht nur auf der Berliner Stadtbahn zu Hause, sondern wurden auch von zahlreichen anderen Königlichen Eisenbahndirektionen beschafft.

Nach dem Ende des Ersten Weltkriegs verblieben fünf Lokomotiven in Polen (PKP OKe 1-1 bis 5) und drei in der Tschechoslowakei, der weit überwiegende Anteil befand sich aber noch in Deutschland. Der vorläufige DRB-Umzeichnungsplan von 1923 umfasste 116 Maschinen (71 001–116) – allerdings waren darunter auch fünf falsch eingereihte T 5^2 (siehe Baureihe 72^0), und außerdem wurde im Gegenzug auch noch eine T 5^1 fälschlich als T 5^2 eingereiht. Bei der Aufstellung des endgültigen Umzeichnungsplanes war der Bestand bereits auf 26 Maschinen geschrumpft (71 001–026), die allesamt bis 1928 ausgemustert wurden. Am längsten von allen T 5^1 dürfte die 71 003 überlebt haben, die 1928 an die Bergedorf-Geesthachter Eisenbahn verkauft worden war und dort noch bis 1946 im Dienst stand.

Erwähnt werden soll an dieser Stelle noch, dass laut Schadow 1942 vier der fünf PKP OKe 1 von der Deutschen Reichsbahn in 71 7001–7004 umgezeichnet wurden, doch in offiziellen Unterlagen gibt es keinerlei Hinweise auf diese Umzeichnung bzw. die Existenz dieser Maschinen. Dagegen spricht auch, dass nach polnischen Quellen die Mehrheit der OKe1 bereits in den 30er Jahren ausgemustert worden war.

Literatur:

Hubert, Werner: Die Berliner Stadtbahn-Lokomotiven im Bild. Geschichte der Dampflokomotiven der Berliner Stadt-, Ring- und Vorortbahnen. Berlin, 1933

Die Lokomotiven der Baureihe 71^0 wurden alle bis 1928 ausgemustert – somit müsste eigentlich noch die eine oder andere preußische T5¹ die neue Reichsbahnnummer getragen haben, doch leider ist kein fotografischer Beleg für diese Umzeichnungen bekannt. Daher muss die Baureihe 71^0 durch eine Aufnahme der T5¹ mit preußischer Beschriftung (hier „Hannover 6601" = DRB 71 064 im vorläufigen Umzeichnungsplan von 1923) repräsentiert werden. Da auf dem Bild der preußische Adler am Führerhaus bereits fehlt, kann angenommen werden, dass diese Fotografie bereits in der „Reichsbahn-Zeit" entstanden ist.

Hen 1896/ 4219	Bln 2017 →'06 BLN 6607 T5^1 →'13 HAN 6618	→'25 **DRB 71 001**	+27
Hen 1896/ 4228	Bln 2026 →'06 BLN 6616 T5^1 →'13 BRO 6616 →'20 OST 6616	→'25 **DRB 71 002**	+
Hen 1897/ 4769	Fft 1950 →'06 FFT 6601 T5^1 →'28 Bergedorf-Geesthachter Eb. 22	→'25 **DRB 71 003** +28	+46
Hen 1898/ 4881	Fft 1955 →'04 Mnz 1594 →'06 MNZ 6601 T5^1	→'25 **DRB 71 004**	+28
Hen 1900/ 5330	Mst 1654 →'06 MST 6605 T5^1	→'25 **DRB 71 005**	+
Hen 1901/ 5717	Bln 2092 →'06 BLN 6644 T5^1 →'13 ALT 6623	→'25 **DRB 71 006**	+27
Hen 1901/ 5724	Bsl 1646 →'04 Bsl 1706" →'06 BSL 6606 T5^1 →'08 HAN 6616	→'25 **DRB 71 007**	+
Hen 1902/ 5922	Mst 1662 →'06 MST 6613 T5^1	→'25 **DRB 71 008**	+
Hen 1902/ 6048	Mnz 1616 →'06 MNZ 6624 T5^1 →'?? DRE 6624	→'25 **DRB 71 009**	+
Hen 1902/ 6049	Mnz 1617 →'06 MNZ 6625 T5^1	→'25 **DRB 71 010**	+
Hen 1903/ 6067	Han 1552" →'06 HAN 6603 T5^1	→'25 **DRB 71 011**	+
Hen 1903/ 6354	Stn 1552 →'06 STN 6603 T5^1	→'25 **DRB 71 012**	+
Hen 1903/ 6355	Stn 1553 →'06 STN 6604 T5^1	→'25 **DRB 71 013**	+
Hen 1903/ 6410	Mnz 1620 →'06 MNZ 6628 T5^1	→'25 **DRB 71 014**	+28
Hen 1903/ 6411	Mnz 1621 →'06 MNZ 6629 T5^1	→'25 **DRB 71 015**	+
Hen 1904/ 6767	Fft 1969 →'04 Mnz 1632 →'06 MNZ 6639 T5^1	→'25 **DRB 71 016**	+
Hen 1904/ 6783	Stn 1558 →'06 STN 6609 T5^1	→'25 **DRB 71 017**	+
Hen 1904/ 6784	Stn 1559 →'06 STN 6610 T5^1	→'25 **DRB 71 018**	+
Hen 1905/ 6906	Stn 1560 →'06 STN 6611 T5^1 →'17 HAN 6623	→'25 **DRB 71 019**	+
Hen 1905/ 6907	Stn 1561 →'06 STN 6612 T5^1 →'17 HAN 6624	→'25 **DRB 71 020**	+27
Hen 1905/ 7092	Esn 1446" →'06 ESN 6646 T5^1	→'25 **DRB 71 021**	+27
Hen 1905/ 7098	Han 1559 →'06 HAN 6610 T5^1	→'25 **DRB 71 022**	+
Hen 1905/ 7101	Han 1562 →'06 HAN 6613 T5^1	→'25 **DRB 71 023**	+
Hen 1905/ 7103	Han 1564 →'06 HAN 6615 T5^1	→'25 **DRB 71 024**	+
Hen 1905/ 7105	Mgd 1402" →'06 MGD 6602 T5^1	→'25 **DRB 71 025**	+
Hen 1905/ 7106	Mgd 1403" →'06 MGD 6603 T5^1	→'25 **DRB 71 026**	+

1'B 1' h2t **DRB 71^0** (Einheitslok)

Treibraddurchmesser (mm):	**71 001-002**	**71 003-006**
Treibraddurchmesser (mm):	1 500	1 600
Achsstand (mm):	8 400	8 400
Länge über Puffer (mm):	11 800	11 800
Dienstgewicht (t):	58,61	58,60
Achslast (maximal) (t):	15,0	15,1
Höchstgeschwindigkeit (km/h):	90	100
Zylinderdurchmesser (mm):	310	330
Kolbenhub (mm):	660	660
Rostfläche (m^2):	1,37	1,38
Verdampfungsheizfläche (m^2):	67,43	67,43
Überhitzerheizfläche (m^2):	28,6	28,6
Kesselüberdruck (atm):	20,0/16,0	20,0/16,0
Leistung (PSi):	570	560

Nur wenige Jahre nach dem Ausscheiden der letzten T5^1 wurde die Baureihe 71^0 erneut vergeben – diesmal für eine 1B1-Einheitslokomotive. Die Bauart entstammte dem erweiterten Typenprogramm der Deutschen Reichsbahn-Gesellschaft und sollte Personenzüge auf Nebenbahnen befördern sowie in triebwagenähnlichen Verkehren auf Hauptbahnen eingesetzt werden. Die Einreihung als Baureihe 71 verwundert, waren die Baureihen ab 70 doch für die Länderbahn-Bauarten vorgesehen gewesen, während für die Einheitslokomotiven die Baureihen ab 60 reserviert gewesem waren.

Im Jahr 1935 wurden von der Berliner Maschinenbau-AG zwei Baumusterlokomotiven abgeliefert, denen später noch vier weitere Maschinen (71 003–006) folgten – signifikante Unterschiede waren der etwas größere Kuppelraddurchmesser sowie eine etwas größere Höchstgeschwindigkeit. Bemerkenswert war außerdem, dass zwischen Anlieferung und Indienststellung der vier Lokomotiven zum Teil mehrere Jahre lagen: So wurden die 71 003 und 004 im November 1936 abgeliefert, doch in den Bestand aufgenommen wurden sie erst 1939/40. Für die 71 005 und 006 wird im Krupp-Lieferbuch die Ablieferung mit März 1940 angegeben – und das, obwohl die Fabriknummern der beiden Loks zum Baujahr 1936 gehörten. In Dienst gestellt wurden diese zwei Maschinen dann im März 1941. Leider sind die Gründe für diese Verzögerungen nicht bekannt.

Die Kessel der Lokomotiven waren aus dem problematischen (weil spröden) Stahl St47K hergestellt worden – wie auch bei den anderen Einheitslokomotiven, die Kessel aus diesem Baustoff besaßen, musste bei den Loks der Baureihe 71 schon bald der zulässige Kesseldruck von 20 atm. auf 16 atm. reduziert werden.

Nach dem Ende des Zweiten Weltkriegs waren alle sechs 71er in den Westzonen verblieben, wo die fast neuen Maschinen allerdings alle nach und nach abgestellt wurden. Erst 1952 zeigte die ED Mainz erneut Interesse an den bei anderen Direktionen stehenden Maschinen und ließ sie 1952/53 wieder aufarbeiten – vermutlich erhielten die Lokomotiven bei dieser Gelegenheit auch ein Geländer am Umlauf. Der Einsatz dauerte allerdings nur wenige Jahre – bereits 1955/56 wurden die Lokomotiven ausgemustert und anschließend verschrottet.

Literatur:

WENZEL, HANSJÜRGEN: Reihe 71^0. EK 4/2009 S. 48-52

BMAG 1935/ 10261	**DRB 71 001”** →'45 DRw/DB	+18.03.55
BMAG 1935/ 10262	**DRB 71 002“** →'45 DRw/DB	+07.08.56
Bors 1936/ 14581	**DRB 71 003“** →'45 DRw/DB	+12.05.55
Bors 1936/ 14582	**DRB 71 004”** →'45 DRw/DB	+07.08.56
Krupp 1936/ 1489	**DRB 71 005”** →'45 DRw/DB	+07.08.56
Krupp 1936/ 1490	**DRB 71 006“** →'45 DRw/DB	+07.08.56

Auf dieser Aufnahme präsentierte sich die am 26. November 1934 von der Berliner Maschinenbau-AG abgelieferte 71 001 im Fotografieranstrich. Anschließend war die Lokomotive bis zum 16. Mai 1935 der LVA Grunewald zur Erprobung zugewiesen.

Damit der Heizer beim Dienst auf Nebenbahnen auch die Funktion eines Zugbegleiters übernehmen konnte, besaßen die 71 003-006 Türen auf der Rückseite der Lokomotiven (die allerdings später zugeschweißt worden sein sollen) sowie nach vorne eine Tür auf der Heizerseite und ein Geländer auf dem Umlauf. Die so ausgerüstete 71 004 des Bw Kaiserslautern wurde 1952/53 von Carl Bellingrodt fotografiert.

2'B h2t DR 71⁰ (ex Werklok)

Treibraddurchmesser (mm):	1 600
Achsstand (mm):	6 900
Länge über Puffer (mm):	10 860
Dienstgewicht (t):	
Achslast (maximal) (t):	
Höchstgeschwindigkeit (km/h):	80
Zylinderdurchmesser (mm):	440
Kolbenhub (mm):	600
Rostfläche (m²):	1,66
Verdampfungsheizfläche (m²):	
Überhitzerheizfläche (m²):	
Kesselüberdruck (atm):	12,0
Leistung (PSi):	

Die hier aufgeführte Betriebsnummer „71 007" wird diese Lokomotive wohl nie getragen haben, zumal auch die offiziell angeordnete Umzeichnung wohl nur versehentlich erfolgt sein dürfte, doch der Vollständigkeit halber muss diese Nummer hier natürlich aufgeführt werden.

Die 72 001" der ehemaligen Eutin-Lübecker Eisenbahn wurde 1943 an die Firma Rheinmetall Borsig AG verkauft, welche sie in Berlin-Marienfelde als Werklok einsetzte. Irgendwie kam sie dann im Verlaufe der Kriegswirren in den Bestand der Deutschen Reichsbahn, welche sie als Werklok im Bw Berlin Anhalter Bf. verwendete. Im Mai 1946 wurde schließlich mit Verfügung „ZBA 2001 Fkld" die Umzeichnung der Lokomotive „25 027" in „71 007" angeordnet. Wo die Nummer „25 027" her kam, gibt uns noch immer Rätsel auf, aber die Nummer 71 007 lässt sich leicht erklären: Als 2/4-gekuppelte Lokomotive erhielt sie eine Betriebsnummer im Anschluss an die sechs Einheitslokomotiven der Baureihe 71. Offensichtlich hatte man den Fehler aber schnell bemerkt und bereits im Juli 1946 die Umzeichnung in die ursprüngliche Reichsbahn-Betriebsnummer der Maschine, 72 001, angeordnet. Mit dieser Nummer stand die ehemalige ELE-Lokomotive noch einige Jahre im Einsatz, bevor sie 1952 z-gestellt und 1955 ausgemustert wurde.

Hen 1911/ 10446	Eutin-Lübecker Eb. (ELE) 5³ ('24 Ub. h2t) →'41 DRB →'42 DRB 72 001" →'43 verk. Fa. Rheinmetall Borsig AG, Berlin-Marienfelde Nr. 25 027 →ca.'45 WL Bw Berlin Anhalter Bf. →05.46 **DRo 71 007"** →07.46 DRo/DR 72 001"	+06.08.55

Rudolf Kallmünzer fotografierte 1927 in München die 71 202, welche im Jahr 1907 an die Königlich Bayerischen Staatseisenbahnen abgeliefert worden war und mit RBD-Verfügung 65 W4 Fuvl vom 9. März 1935 durch die Deutsche Reichsbahn ausgemustert wurde.

1'B 1' h2t DRB 71^2 (ex K. Bay. Sts. B. Pt 2/4 H)

	71 201	71 202-205	71 206-209	71 210-212
Treibraddurchmesser (mm):	1 546	1 546	1 546	1 546
Achsstand (mm):	7 300	7 300	7 300	7 300
Länge über Puffer (mm):	10 700	10 735	10 735	10 735
Dienstgewicht (t):	60,0	60,0	60,0	58,5
Achslast (maximal) (t):	16,0	16,0	16,0	15,7
Höchstgeschwindigkeit (km/h):	75	75	75	75
Zylinderdurchmesser (mm):	440	440	490	490
Kolbenhub (mm):	540	540	540	540
Rostfläche (m²):	1,0-1,69	1,0-1,69	1,0-1,69	1,23
Verdampfungsheizfläche (m²):	77,16	77,16	77,16	67,9
Überhitzerheizfläche (m²):	19,2	19,2	19,2	19,6
Kesselüberdruck (atm):	12,0	12,0	12,0	12,0
Leistung (PSi):	550	550	550	550

Für den Personenzugdienst auf Hauptbahnen hatten die Königlich Bayerischen Staatseisenbahnen ab 1896 zahlreiche Lokomotiven der Gattung D XII (später Pt 2/5 N; siehe Baureihe 73^{0-1}) beschafft. Diese Lokomotiven hatten sich auch sehr gut bewährt, waren für leichtere Personenzüge aber ein wenig überdimensioniert. Um diese Lücke im Portfolio der vorhandenen Tenderlokomotiven zu schließen, gab man 1906 eine neue Bauart in Auftrag, die von der D XII abgeleitet, aber etwas verkürzt worden war. Durch die Ausrüstung mit einem Überhitzer waren die neuen Loks allerdings sogar ein wenig leistungsfähiger als die Nassdampf-Maschinen der Gattung D XII.

Um die Lokomotiven der neuen Gattung Pt 2/4 H möglichst wirtschaftlich einsetzen zu können, sollten sie einmännig bedient werden – daher erhielten die Führerhäuser vorne und hinten Türen (sowie der Umlauf ein Geländer auf der Lokführerseite), so dass der Zugführer dem Lokführer bei der Streckenbeobachtung behilflich sein konnte, während letzterer sich um die Bedienung des Kessels kümmerte. In diesem Zusammenhang wurden die letzten drei Maschinen auch mit einer halbautomatischen Feuerung ausgeliefert. Dagegen konnte bei den ersten neun Lokomotiven die Rostfläche durch einen drehbaren Trommelsektor verkleinert werden – dies war insbesondere dann nützlich, wenn beim Einsatz auf Nebenstrecken die Leistung reduziert werden sollte.

Als 71 201–212 übernahm die Deutsche Reichsbahn die 12 Maschinen, die allerdings schon bald in untergeordnete Dienste abwanderten. In der ersten Hälfte der 30er Jahre wurden die meisten Maschinen ausgemustert – nur zwei Lokomotiven überlebten noch bis 1937 bzw. 1943.

Eine weitere erhalten gebliebene Aufnahme einer bayerischen Pt 2/4 H, der am 3. Dezember 1934 ausgemusterten 71 208, stammt von Hermann Maey, der diese für das Deutsche Lokomotivbild-Archiv anfertigte.

Krss 1906/ 5501	K. Bay. Sts. B. 5001 (Pt2/4H) →'25 **DRB 71 201**	+31
Krss 1907/ 5637	K. Bay. Sts. B. 5002 (Pt2/4H) →'25 **DRB 71 202**	+09.03.35
Krss 1907/ 5638	K. Bay. Sts. B. 5003 (Pt2/4H) →'25 **DRB 71 203**	+10.07.37
Krss 1907/ 5639	K. Bay. Sts. B. 5004 (Pt2/4H) →'25 **DRB 71 204**	+01.12.33
Krss 1907/ 5640	K. Bay. Sts. B. 5005 (Pt2/4H) →'25 **DRB 71 205**	+18.10.33
Krss 1907/ 5641	K. Bay. Sts. B. 5006 (Pt2/4H) →'25 **DRB 71 206** +29.06.43 →29.06.43 verk. Hoesch Dortmund	+
Krss 1907/ 5642	K. Bay. Sts. B. 5007 (Pt2/4H) →'25 **DRB 71 207**	+09.03.35
Krss 1907/ 5643	K. Bay. Sts. B. 5008 (Pt2/4H) →'25 **DRB 71 208**	+03.12.34
Krss 1907/ 5644	K. Bay. Sts. B. 5009 (Pt2/4H) →'25 **DRB 71 209**	+18.10.33
Krss 1908/ 5918	K. Bay. Sts. B. 5010 (Pt2/4H) →'25 **DRB 71 210** +03.33 →'?? WL RAW Freimann	+43
Krss 1908/ 5919	K. Bay. Sts. B. 5011 (Pt2/4H) →'25 **DRB 71 211**	+12.35
Krss 1909/ 5941	K. Bay. Sts. B. 5012 (Pt2/4H) →'25 **DRB 71 212**	+31

Die 71 211 gehörte zur Serie der drei letztgebauten Pt 2/4 H – und unterschied sich deutlich von den zuvor gelieferten Maschinen: Dem nun tiefer liegende Kessel wurde die Kohle über eine halbautomatische Rostbeschickung zugeführt, welche aus einem über der Stehkesselrückwand angebrachtem Kohlenbunker gespeist wurde. Dieser endete oben in einem großen Dachaufbau, der mit Klappen geschlossen werden konnte. Durch den Wegfall des Kohlenkastens an der Lokrückseite konnte diese gerade ausgeführt werden. Außerdem waren die Fronttüren nun schräg eingebaut und zwischen den Türen gab es große zusätzliche Fenster. Die Aufnahme aus dem Jahr 1927 stammt von Rudolf Kallmünzer.

1'B 1' n2t — DRB 71^3 (ex K. Sächs. Sts. E. B. IV T)

Treibraddurchmesser (mm):	1590
Achsstand (mm):	6800
Länge über Puffer (mm):	11770
Dienstgewicht (t):	60,1
Achslast (maximal) (t):	15,4
Höchstgeschwindigkeit (km/h):	75
Zylinderdurchmesser (mm):	430
Kolbenhub (mm):	600
Rostfläche (m²):	1,56
Verdampfungsheizfläche (m²):	94,01
Kesselüberdruck (atm):	12,0
Leistung (PSi):	480

Inspiriert von der preußischen $T5^1$ (siehe Baureihe 71^0) gaben die Königlich Sächsischen Staatseisenbahn bei Hartmann ebenfalls eine 1B1-Tenderlokomotive in Auftrag, die insbesondere im stark angestiegenen Vorortverkehr der großen Städte eingesetzt werden konnte. Die als Gattung VIIIbbT und später IV T bezeichneten Lokomotiven ähnelten ihren preußischen Vorbildern nicht nur in den Hauptabmessungen – insbesondere durch den Verzicht auf seitliche Wasserkästen waren sie auch äußerlich den preußischen Maschinen sehr ähnlich. Zwischen 1897 und 1909 wurden insgesamt 91 Lokomotiven in sechs Lieferserien an die Staatsbahn übergeben. Wie üblich, gab es zwischen den Serien immer wieder verschiedene Änderungen – die auch äußerlich gravierendste war die Auslieferung mit seitlichen Wasserkästen (ab 1906) zur Erhöhung des mitgeführten Wasservolumens. Später wurden auch die zuvor gebauten Lokomotiven mit zusätzlichen Wasserkästen ausgerüstet.

Bei Gründung der Deutschen Reichsbahn im April 1920 waren noch alle 91 Lokomotiven vorhanden. Nachdem sechs Maschinen zu Beginn der 20er Jahre ausgemustert worden waren, wurden die verbliebenen 85 IV T 1925 von der DRB in 71 301–385 umgezeichnet. Die meisten 71^3 wurden in den 30er Jahren ausgemustert – damit überlebten sie ein paar Jahre länger als ihre preußischen Schwestern der Baureihe 71^0. Einige wenige Maschinen überdauerten noch den Zweiten Weltkrieg und wurden dann von der Deutschen Reichsbahn in den 50er Jahren ausgemustert. Von der 71 369 ist bekannt, dass sie vor ihrem offiziellen Ausscheiden noch leihweise beim VEB Stahl- und Walzwerk Riesa im Einsatz stand.

Die 71 318 war 1898 noch ohne seitliche Wasserkästen an die Königlich Sächsischen Staatseisenbahnen abgeliefert worden, wurden jedoch später zwecks Erhöhung der Reichweite nachgerüstet. Die wunderschöne Aufnahme der Lokomotive wurde 1932 von Werner Hubert angefertigt.

Hart 1897/ 2213	K. Sächs. Sts. E. B. 1701 SEBNITZ (VIIbb T →'00 IV T)	→'25 **DRB 71 301**	+30
Hart 1897/ 2214	K. Sächs. Sts. E. B. 1702 KLINGENTHAL (VIIbb T →'00 IV T)	→'25 **DRB 71 302**	+29
Hart 1897/ 2215	K. Sächs. Sts. E. B. 1703 ZWÖNITZ (VIIbb T →'00 IV T)	→'25 **DRB 71 303**	+30
Hart 1897/ 2216	K. Sächs. Sts. E. B. 1704 STOLLBERG (VIIbb T →'00 IV T)	→'25 **DRB 71 304**	+vor 33
Hart 1897/ 2217	K. Sächs. Sts. E. B. 1705 WALDHEIM[II] (VIIbb T →'00 IV T)	→'25 **DRB 71 305**	+04.30
Hart 1897/ 2218	K. Sächs. Sts. E. B. 1706 MORITZBURG (VIIbb T →'00 IV T)	→'25 **DRB 71 306**	+09.30
Hart 1897/ 2220	K. Sächs. Sts. E. B. 1708 MÜGELN (VIIbb T →'00 IV T)	→'25 **DRB 71 307**	+12.30
Hart 1897/ 2221	K. Sächs. Sts. E. B. 1709 RADEBURG (VIIbb T →'00 IV T)	→'25 **DRB 71 308**	+05.28
Hart 1897/ 2222	K. Sächs. Sts. E. B. 1710 WILSDRUFF (VIIbb T →'00 IV T)	→'25 **DRB 71 309**	+02.32
Hart 1898/ 2281	K. Sächs. Sts. E. B. 1713 JÖHSTADT (VIIbb T →'00 IV T)	→'25 **DRB 71 310**	+vor 33
Hart 1898/ 2282	K. Sächs. Sts. E. B. 1714 THUM (VIIbb T →'00 IV T)	→'25 **DRB 71 311**	+04.30
Hart 1898/ 2284	K. Sächs. Sts. E. B. 1716 BERNSTADT (VIIbb T →'00 IV T)	→'25 **DRB 71 312**	+06.30
Hart 1898/ 2285	K. Sächs. Sts. E. B. 1717 LOMMATZSCH (VIIbb T →'00 IV T)	→'25 **DRB 71 313**	+30
Hart 1898/ 2286	K. Sächs. Sts. E. B. 1718 SCHÖNHEIDE (VIIbb T →'00 IV T)	→'25 **DRB 71 314**	+vor 33
Hart 1898/ 2287	K. Sächs. Sts. E. B. 1719 ALTENBERG (VIIbb T →'00 IV T)	→'25 **DRB 71 315**	+03.32
Hart 1898/ 2288	K. Sächs. Sts. E. B. 1720 WERMSDORF (VIIbb T →'00 IV T)	→'25 **DRB 71 316**	+31
Hart 1898/ 2289	K. Sächs. Sts. E. B. 1721 REITZENHAIN (VIIbb T →'00 IV T)	→'25 **DRB 71 317**	+02.32
Hart 1898/ 2290	K. Sächs. Sts. E. B. 1722 LAUSIGK (VIIbb T →'00 IV T)	→'25 **DRB 71 318**	+02.34
Hart 1898/ 2291	K. Sächs. Sts. E. B. 1723 OSTRITZ (VIIbb T →'00 IV T)	→'25 **DRB 71 319**	+34
Hart 1898/ 2292	K. Sächs. Sts. E. B. 1724 REICHENAU (VIIbb T →'00 IV T)	→'25 **DRB 71 320**	+06.30
Hart 1900/ 2537	K. Sächs. Sts. E. B. 1726 (BIENENMÜHLE) (VIIbb T →'00 IV T)	→'25 **DRB 71 321**	+31
Hart 1900/ 2538	K. Sächs. Sts. E. B. 1727 (BURKHARDTSDORF) (VIIbb T →'00 IV T)	→'25 **DRB 71 322**	+33
Hart 1900/ 2539	K. Sächs. Sts. E. B. 1728 (COSSEN) (VIIbb T →'00 IV T) →'45 DRo/DR	→'25 **DRB 71 323**	+06.08.55
Hart 1900/ 2540	K. Sächs. Sts. E. B. 1729 (EINSIEDEL) (VIIbb T →'00 IV T)	→'25 **DRB 71 324**	+06.30
Hart 1900/ 2541	K. Sächs. Sts. E. B. 1730 (ERDMANNSDORF) (VIIbb T →'00 IV T) →'45 DRo/DR	→'25 **DRB 71 325**	+06.08.55
Hart 1900/ 2542	K. Sächs. Sts. E. B. 1731 (GOLZERN) (VIIbb T →'00 IV T)	→'25 **DRB 71 326**	+06.32
Hart 1900/ 2543	K. Sächs. Sts. E. B. 1732 (GRÖDITZ)[II] (VIIbb T →'00 IV T)	→'25 **DRB 71 327**	+08.32
Hart 1900/ 2544	K. Sächs. Sts. E. B. 1733 (GROSSBAUCHLITZ) (VIIbb T →'00 IV T)	→'25 **DRB 71 328**	+
Hart 1900/ 2545	K. Sächs. Sts. E. B. 1734 (GROSSRÖHRSDORF) (VIIbb T →'00 IV T)	→'25 **DRB 71 329**	+08.32
Hart 1900/ 2546	K. Sächs. Sts. E. B. 1735 (GROSSSCHÖNAU) (VIIbb T →'00 IV T)	→'25 **DRB 71 330**	+05.30

Nur noch drei Jahre trennten die bestens gepflegte 71 342 im Jahre 1930 von ihrer Ausmusterung. Die im Jahr 1902 geliefert Lokomotive wurde somit nur 31 Jahre alt. *Foto: Werner Hubert*

Hart 1900/ 2547	K. Sächs. Sts. E. B. 1736 (GRÜNHAINICHEN) (VIIIbb T →'00 IV T) →'25 **DRB 71 331** →'45 DRo/DR	+20.12.51
Hart 1900/ 2548	K. Sächs. Sts. E. B. 1737 (HIRSCHFELDE) (VIIIbb T →'00 IV T) →'25 **DRB 71 332**	+
Hart 1900/ 2549	K. Sächs. Sts. E. B. 1738 (KAPPEL) (VIIIbb T →'00 IV T) →'25 **DRB 71 333**	+
Hart 1900/ 2550	K. Sächs. Sts. E. B. 1739 (KIERITZSCH)[II] (VIIIbb T →'00 IV T) →'25 **DRB 71 334**	+09.30
Hart 1900/ 2551	K. Sächs. Sts. E. B. 1740 (LUGAU)[II] (VIIIbb T →'00 IV T) →'25 **DRB 71 335**	+
Hart 1900/ 2552	K. Sächs. Sts. E. B. 1741 (NIEDERWIESA) (VIIIbb T →'00 IV T) →'25 **DRB 71 336**	+
Hart 1900/ 2553	K. Sächs. Sts. E. B. 1742 (SCHÖNFELD) (VIIIbb T →'00 IV T) →'25 **DRB 71 337**	+
Hart 1900/ 2554	K. Sächs. Sts. E. B. 1743 (SIEGMAR) (VIIIbb T →'00 IV T) →'25 **DRB 71 338**	+08.33
Hart 1900/ 2555	K. Sächs. Sts. E. B. 1744 (STRAUCHLITZ) (VIIIbb T →'00 IV T) →'25 **DRB 71 339**	+
Hart 1900/ 2556	K. Sächs. Sts. E. B. 1745 (VIIIbb T →'00 IV T) →'25 **DRB 71 340** →'45 ČSD	+28.12.49
Hart 1902/ 2713	K. Sächs. Sts. E. B. 1747 (VIIIbb T →'00 IV T) →'25 **DRB 71 341**	+09.33
Hart 1902/ 2714	K. Sächs. Sts. E. B. 1748 (VIIIbb T →'00 IV T) →'25 **DRB 71 342**	+03.33
Hart 1902/ 2715	K. Sächs. Sts. E. B. 1749 (VIIIbb T →'00 IV T) →'25 **DRB 71 343**	+02.33
Hart 1902/ 2760	K. Sächs. Sts. E. B. 1750 (VIIIbb T →'00 IV T) →'25 **DRB 71 344**	+12.33
Hart 1902/ 2761	K. Sächs. Sts. E. B. 1751 (VIIIbb T →'00 IV T) →'25 **DRB 71 345**	+06.30
Hart 1902/ 2762	K. Sächs. Sts. E. B. 1752 (VIIIbb T →'00 IV T) →'25 **DRB 71 346**	+06.30
Hart 1902/ 2763	K. Sächs. Sts. E. B. 1753 (VIIIbb T →'00 IV T) →'25 **DRB 71 347**	+
Hart 1902/ 2764	K. Sächs. Sts. E. B. 1754 (VIIIbb T →'00 IV T) →'25 **DRB 71 348**	+32
Hart 1902/ 2765	K. Sächs. Sts. E. B. 1755 (VIIIbb T →'00 IV T) →'25 **DRB 71 349**	+02.32
Hart 1902/ 2779	K. Sächs. Sts. E. B. 1756 (VIIIbb T →'00 IV T) →'25 **DRB 71 350** →'45 ČSD	+28.12.49
Hart 1902/ 2780	K. Sächs. Sts. E. B. 1757 (VIIIbb T →'00 IV T) →'25 **DRB 71 351**	+
Hart 1902/ 2781	K. Sächs. Sts. E. B. 1758 (VIIIbb T →'00 IV T) →'25 **DRB 71 352**	+
Hart 1902/ 2782	K. Sächs. Sts. E. B. 1759 (VIIIbb T →'00 IV T) →'25 **DRB 71 353** →'45 DRo/DR	+20.12.51
Hart 1902/ 2783	K. Sächs. Sts. E. B. 1760 (VIIIbb T →'00 IV T) →'25 **DRB 71 354**	+
Hart 1902/ 2784	K. Sächs. Sts. E. B. 1761 (VIIIbb T →'00 IV T) →'25 **DRB 71 355**	+03.33
Hart 1902/ 2785	K. Sächs. Sts. E. B. 1762 (VIIIbb T →'00 IV T) →'25 **DRB 71 356**	+11.32
Hart 1902/ 2786	K. Sächs. Sts. E. B. 1763 (VIIIbb T →'00 IV T) →'25 **DRB 71 357**	+01.33
Hart 1902/ 2787	K. Sächs. Sts. E. B. 1764 (VIIIbb T →'00 IV T) →'25 **DRB 71 358**	+12.33
Hart 1902/ 2788	K. Sächs. Sts. E. B. 1765 (VIIIbb T →'00 IV T) →'25 **DRB 71 359** →'45 DRo/DR	+17.10.55
Hart 1906/ 3023	K. Sächs. Sts. E. B. 1766 (VIIIbb T →'00 IV T) →'25 **DRB 71 360**	+31
Hart 1906/ 3024	K. Sächs. Sts. E. B. 1767 (VIIIbb T →'00 IV T) →'25 **DRB 71 361**	+01.36
Hart 1906/ 3025	K. Sächs. Sts. E. B. 1768 (VIIIbb T →'00 IV T) →'25 **DRB 71 362**	+06.33
Hart 1906/ 3026	K. Sächs. Sts. E. B. 1769 (VIIIbb T →'00 IV T) →'25 **DRB 71 363**	+10.34
Hart 1907/ 3027	K. Sächs. Sts. E. B. 1770 (VIIIbb T →'00 IV T) →'25 **DRB 71 364**	+06.34
Hart 1907/ 3028	K. Sächs. Sts. E. B. 1771 (VIIIbb T →'00 IV T) →'25 **DRB 71 365**	+02.34
Hart 1907/ 3029	K. Sächs. Sts. E. B. 1772 (VIIIbb T →'00 IV T) →'25 **DRB 71 366**	+
Hart 1907/ 3030	K. Sächs. Sts. E. B. 1773 (VIIIbb T →'00 IV T) →'25 **DRB 71 367**	+11.32
Hart 1907/ 3031	K. Sächs. Sts. E. B. 1774 (VIIIbb T →'00 IV T) →'25 **DRB 71 368**	+35
Hart 1907/ 3032	K. Sächs. Sts. E. B. 1775 (VIIIbb T →'00 IV T) →'25 **DRB 71 369** →'45 DRo/DR	+04.10.55
Hart 1907/ 3033	K. Sächs. Sts. E. B. 1776 (VIIIbb T →'00 IV T) →'25 **DRB 71 370**	+09.34
Hart 1907/ 3034	K. Sächs. Sts. E. B. 1777 (VIIIbb T →'00 IV T) →'25 **DRB 71 371**	+
Hart 1907/ 3119	K. Sächs. Sts. E. B. 1778 (VIIIbb T →'00 IV T) →'25 **DRB 71 372**	+31
Hart 1907/ 3120	K. Sächs. Sts. E. B. 1779 (VIIIbb T →'00 IV T) →'25 **DRB 71 373**	+08.32
Hart 1907/ 3121	K. Sächs. Sts. E. B. 1780 (VIIIbb T →'00 IV T) →'25 **DRB 71 374**	+30
Hart 1907/ 3122	K. Sächs. Sts. E. B. 1781 (VIIIbb T →'00 IV T) →'25 **DRB 71 375**	+31
Hart 1907/ 3123	K. Sächs. Sts. E. B. 1782 (VIIIbb T →'00 IV T) →'25 **DRB 71 376**	+31
Hart 1908/ 3203	K. Sächs. Sts. E. B. 1783 (VIIIbb T →'00 IV T) →'25 **DRB 71 377**	+
Hart 1909/ 3286	K. Sächs. Sts. E. B. 1784 (VIIIbb T →'00 IV T) →'25 **DRB 71 378**	+
Hart 1909/ 3287	K. Sächs. Sts. E. B. 1785 (VIIIbb T →'00 IV T) →'25 **DRB 71 379** →'45 DRo/DR	+21.12.53
Hart 1909/ 3288	K. Sächs. Sts. E. B. 1786 (VIIIbb T →'00 IV T) →'25 **DRB 71 380**	+
Hart 1909/ 3289	K. Sächs. Sts. E. B. 1787 (VIIIbb T →'00 IV T) →'25 **DRB 71 381** →'45 DRo/DR	+18.05.55
Hart 1909/ 3290	K. Sächs. Sts. E. B. 1788 (VIIIbb T →'00 IV T) →'25 **DRB 71 382**	+31
Hart 1909/ 3291	K. Sächs. Sts. E. B. 1789 (VIIIbb T →'00 IV T) →'25 **DRB 71 383**	+12.32
Hart 1909/ 3292	K. Sächs. Sts. E. B. 1790 (VIIIbb T →'00 IV T) →'25 **DRB 71 384**	+03.33
Hart 1909/ 3318	K. Sächs. Sts. E. B. 1791 (VIIIbb T →'00 IV T) →'25 **DRB 71 385**	+12.34

1'B 1' n2t — DRB 71^4 — (ex GOE T 5^1)

	71 401-405	71 406-420
Treibraddurchmesser (mm):	1 600	1 600
Achsstand (mm):	6 800	7 000
Länge über Puffer (mm):	11 685	11 685
Dienstgewicht (t):	53,6	54,8
Achslast (maximal) (t):	15,0	15,3
Höchstgeschwindigkeit (km/h):	75	75
Zylinderdurchmesser (mm):	430	430
Kolbenhub (mm):	600	600
Rostfläche (m^2):	1,56	1,56
Verdampfungsheizfläche (m^2):	100,68	100,68
Kesselüberdruck (atm):	12,0	12,0

Zu Beginn des 20. Jahrhunderts standen der Großherzoglich Oldenburgischen Eisenbahn (GOE) für den Personenzugdienst auf Nebenbahnstrecken nur relativ langsame C-gekuppelte Tenderlokomotiven zur Verfügung. Da zur Beschleunigung des Verkehrs ein Einsatz von Schlepptenderlokomotiven aufgrund fehlender Drehscheiben nicht möglich war, beschaffte man im Jahr 1907 drei Tenderlokomotiven nach Vorbild der preußischen Gattung T 5^1 (siehe Baureihe 71^0), welche zu diesem Zeitpunkt von der Konstruktion her allerdings schon über 10 Jahre alt war und deren Laufeigenschaften sich auf geraden Strecken wegen des nur kurzen festen Achsstandes in Verbindung mit den verwendeten Adamsachsen als problematisch herausgestellt hatten. Daher wurde bereits nach der Ablieferung der ersten fünf Maschinen die Konstruktion überarbeitet – die Rückstellfedern der Adamsachsen wurden verstärkt und der Achsstand vergrößert. Über einen Zeitraum von 15 Jahren – von 1907 bis 1921 – bezog die GOE bzw. die ED Oldenburg insgesamt 20 Lokomotiven, die von der Reichsbahn als Baureihe 71^4 übernommen wurden. Die Ausmusterung der zum Teil nicht einmal zehn Jahre alten Maschinen erfolgte bis 1930.

Hano 1907/ 5001	GOE 185 JEVER (T5^1)	→'25 **DRB 71 401**	+
Hano 1907/ 5002	GOE 186 VAREL (T5^1)	→'25 **DRB 71 402**	+27
Hano 1907/ 5003	GOE 187 DELMENHORST (T5^1)	→'25 **DRB 71 403**	+28
Hano 1909/ 5611	GOE 207 BRAKE (T5^1)	→'25 **DRB 71 404**	+30
Hano 1909/ 5612	GOE 208 ELSFLETH (T5^1)	→'25 **DRB 71 405**	+30
Hano 1911/ 6218	GOE 216 NORDENHAM (T5^1)	→'25 **DRB 71 406**	+30
Hano 1911/ 6219	GOE 217 VECHTA (T5^1)	→'25 **DRB 71 407**	+30
Hano 1911/ 6220	GOE 218 CLOPPENBURG (T5^1)	→'25 **DRB 71 408**	+31
Hano 1912/ 6517	GOE 226 RÜSTRINGEN[II] (T5^1)	→'25 **DRB 71 409**	+30
Hano 1912/ 6518	GOE 227 WESTERSTEDE (T5^1)	→'25 **DRB 71 410**	+30
Hano 1912/ 6519	GOE 228 WILDESHAUSEN (T5^1)	→'25 **DRB 71 411**	+31
Hano 1912/ 6636	GOE 236 FRIESOYTHE (T5^1)	→'25 **DRB 71 412**	+30
Hano 1914/ 7315	GOE 256 HEPPENS (T5^1)	→'25 **DRB 71 413**	+30
Hano 1914/ 7316	GOE 257 BANT (T5^1)	→'25 **DRB 71 414**	+30
Hano 1914/ 7317	GOE 258 NEUENDE (T5^1)	→'25 **DRB 71 415**	+30
Hano 1918/ 8533	GOE 269 EVERSTEN (T5^1)	→'25 **DRB 71 416**	+30
Hano 1918/ 8534	GOE 270 BÜRGERFELD (T5^1)	→'25 **DRB 71 417**	+31
Hano 1918/ 8535	GOE 271 OHMSTEDE (T5^1)	→'25 **DRB 71 418**	+30
Hano 1921/ 9562	GOE 279 DONNERSCHWEE (T5^1)	→'25 **DRB 71 419**	+30
Hano 1921/ 9563	GOE 280 NADORST (T5^1)	→'25 **DRB 71 420**	+31

Zwar wurde die 71 419 noch mit einer Betriebsnummer nach dem GOE-Nummernplan in Dienst gestellt, doch als die Maschine 1921 von der Hanomag fertiggestellt wurde, musste sie bereits an die ein Jahr zuvor gegründete Reichsbahn abgeliefert werden. Die oldenburgischen T5^{1} entsprachen weitgehend den preußischen T5^{1}, die bis 1905 gefertigt worden waren. Die Aufnahme von Werner Hubert entstand um 1929 – beheimatet war die Lokomotive zu diesem Zeitpunkt im Bw Oldenburg.

Die 71 420 war die zweite im Jahr 1921 gebaute oldenburgische T5^{1}. Am Führerhaus sind die Anschriften „Rbd Oldenburg“ und [Bw] „Oldenburg“ zu erkennen. Aufgenommen wurde die Maschine, die nur zehn Jahre alt wurde, 1929 von Werner Hubert.

1'B 1' h2t — DRB 71^5 — (ex BBÖ DT 1)

	71 501-502	71 503-510	71 511-520
Treibraddurchmesser (mm):	1450	1450	1450
Achsstand (mm):	7660	7660	7660
Länge über Puffer (mm):	11 200	11 200	11 200
Dienstgewicht (t):	44,8	46,55	47,2
Achslast (maximal) (t):	13,0	13,0	13,0
Höchstgeschwindigkeit (km/h):	100	100	100
Zylinderdurchmesser (mm):	290	290	290
Kolbenhub (mm):	570	570	570
Rostfläche (m^2):	0,83	0,83	0,83
Verdampfungsheizfläche (m^2):	42,13	42,13	42,13
Überhitzerheizfläche (m^2):	20,6	20,6	20,6
Kesselüberdruck (atm):	16,0	16,0	16,0

Überlegungen zur Kostenersparnis bei leichten Zügen gab es bei den europäischen Bahnen immer wieder – und diese führten meist auch zu ähnlichen Lösungsansätzen. In Österreich entwickelte man Mitte der 30er Jahre eine 1B1-Lokomotive, die sowohl leichte Schnellzüge als auch Nebenbahnzüge im Einmannbetrieb befördern sollte. Um dabei einen zusätzlichen Gepäckwagen zu sparen, erhielt die Lokomotive ein spezielles relativ kleines Gepäckabteil sowie eine Ölfeuerung, um die Einmannbedienung zu ermöglichen. Und ähnlich wie bei der rund 30 Jahre zuvor entstandenen bayerischen Pt 2/4 H (siehe Baureihe 71^2) schuf man eine Übergangsmöglichkeit für den Zugführer zum Führerhaus, damit dieser dem Lokführer bei der Streckenbeobachtung behilflich sein konnte.
Nachdem sich die ersten beiden Fahrzeuge recht gut bewährt hatten, folgte eine Nachbestellung von acht weiteren Lokomotiven, die über leicht vergrößerte Vorräte verfügten.
Eingesetzt wurden die Fahrzeuge fast ausschließlich auf Nebenbahnen – und dort hatte der Zugführer wohl so viel zu tun, dass er für den Lokführer keine entscheidende Hilfe war. Daher rüstete man die Lokomotiven auf Kohlefeuerung und zweimännigen Betrieb um – und beschaffte in dieser Konfiguration zehn weitere Fahrzeuge.
Wegen des Gepäckraums wurden die Fahrzeuge nicht als Lokomotiven, sondern als Dampftriebwagen eingereiht – die entsprechende Abkürzung „DT 1" soll dann auch zu dem Spitznamen „Dorftrottel" für die Fahrzeuge geführt haben.
Nach der Übernahme durch die Deutsche Reichsbahn wurden die Lokomotiven als 71 501-520 bezeichnet – also als „normale" Lokomotiven. Zahlreiche 71^5 wurden nachfolgend in Bayern eingesetzt, sollen dort aber nicht sonderlich beliebt gewesen sein. Nach dem Ende des Zweiten Weltkrieges reihte die ÖBB die Fahrzeuge erneut als Dampftriebwagen einmal – diesmal als Reihe 3071. Ausgemustert wurden die ungewöhnlichen Triebfahrzeuge bis 1968; überlebt hat als einziger der 3071.07 im Eisenbahnmuseum Strasshof.
Erwähnt werden muss an dieser Stelle noch, dass im Oktober 1939 die 71 506 in der Slowakei erprobt wurde und die guten Ergebnisse zur Beschaffung von sechs weiterentwickelten Fahrzeugen durch die Slowakischen Staatsbahnen führten, welche sie als M273.1 – also ebenfalls als Triebwagen – in ihren Bestand einreihten.

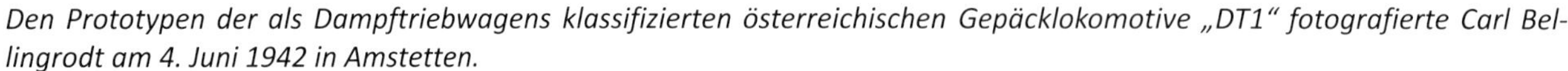
Den Prototypen der als Dampftriebwagens klassifizierten österreichischen Gepäcklokomotive „DT1" fotografierte Carl Bellingrodt am 4. Juni 1942 in Amstetten.

Literatur:

Strüber, Oliver: Der »Dorftrottel«. EG 39, S. 42-48

Strüber, Oliver: Nirgendwo wirklich heimisch. EG 40, S. 50-58

Flor 1935/ 3075	BBÖ DT1.01 →'38 **DRB 71 501** →'45 ÖBB →'53 ÖBB 3071.01	+11.05.68
Flor 1935/ 3076	BBÖ DT1.02 →'38 **DRB 71 502** →'45 ÖBB →'53 ÖBB 3071.02	+11.05.68
Flor 1935/ 3077	BBÖ DT1.03 →'38 **DRB 71 503** →'45 ÖBB →'53 ÖBB 3071.03	+11.05.68
Flor 1935/ 3078	BBÖ DT1.04 →'38 **DRB 71 504** ('45 beim Nibelungenwerk St. Valentin /Niederösterreich)	V.u.
Flor 1935/ 3079	BBÖ DT1.05 →'38 **DRB 71 505** →'45 DRw →22.11.48 ÖBB →'53 ÖBB 3071.05	+11.05.68
Flor 1935/ 3080	BBÖ DT1.06 →'38 **DRB 71 506** →'45 ÖBB →'53 ÖBB 3071.06	+11.05.68
Flor 1935/ 3081	BBÖ DT1.07 →'38 **DRB 71 507** →'45 ÖBB →'53 ÖBB 3071.07 +30.11.68 →'68 Österreichisches Eisenbahnmuseum (abg. Sigmundsherberg) →'78 Eisenbahnmuseum Strasshof (als DT1.07)	('24 vorh.)
Flor 1935/ 3082	BBÖ DT1.08 →'38 **DRB 71 508** →'45 ÖBB →'53 ÖBB 3071.08	+11.05.68
Flor 1935/ 3083	BBÖ DT1.09 →'38 **DRB 71 509** →'45 ÖBB →'53 ÖBB 3071.09	+16.02.59
Flor 1935/ 3084	BBÖ DT1.10 →'38 **DRB 71 510** →'45 DRw →22.11.48 ÖBB →'53 ÖBB 3071.10	+14.05.68
Flor 1937/ 3133	BBÖ DT1.11 →'38 **DRB 71 511** →'45 DRw →22.11.48 ÖBB →'53 ÖBB 3071.11	+14.05.68
Flor 1937/ 3134	BBÖ DT1.12 →'38 **DRB 71 512** →'45 ÖBB →'53 ÖBB 3071.12	+25.09.67
Flor 1937/ 3135	BBÖ DT1.13 →'38 **DRB 71 513** →'45 ÖBB	+09.03.46
Flor 1937/ 3136	BBÖ DT1.14 →'38 **DRB 71 514** →'45 ÖBB →'53 ÖBB 3071.14	+14.05.68
Flor 1937/ 3137	BBÖ DT1.15 →'38 **DRB 71 515** →'45 DRw →22.11.48 ÖBB →'53 ÖBB 3071.15	+11.05.68
Flor 1937/ 3138	BBÖ DT1.16 →'38 **DRB 71 516** →'45 ÖBB →13.11.46 ÖBB/T →'55 ÖBB 3071.16	+11.05.68
Flor 1937/ 3139	BBÖ DT1.17 →'38 **DRB 71 517** →'45 DRw →22.11.48 ÖBB →'53 ÖBB 3071.17	+11.05.68
Flor 1937/ 3140	BBÖ DT1.18 →'38 **DRB 71 518** →'45 DRw →22.11.48 ÖBB →'53 ÖBB 3071.18	+11.05.68
Flor 1937/ 3141	BBÖ DT1.19 →'38 **DRB 71 519** →'45 ÖBB →'53 ÖBB 3071.19	+14.05.68
Flor 1937/ 3142	BBÖ DT1.20 →'38 **DRB 71 520** →'45 ÖBB →'53 ÖBB 3071.20	+14.05.68

Mit der angeschriebenen Betriebsnummer „71 003" sowie dem Eigentumsmerkmal „Allied Forces" stand die 71 505 im Jahr 1946 in Ingolstadt zwischen Hauptbahnhof und Nordbahnhof abgestellt. Die Lokomotive war zuletzt als „Heizwagen" in Lazarettzügen eingesetzt worden. *Foto: Ernst Schörner*

Die Aufnahme der 71 509 zeigt deutlich den hinter dem Kohlenkasten sitzenden Gepäckraum der Lokomotive, die am 6. September 1940 von Carl Bellingrodt in Amstetten fotografiert wurde. Per Schablone angeschrieben war die Zugehörigkeit zur „RBD Linz Donau" sowie zum Bw Amstetten.

1'B 1' h2t — DRB 71^6 — (ex PH E)

Treibraddurchmesser (mm):	1 590
Achsstand (mm):	6 800
Länge über Puffer (mm):	10 565
Dienstgewicht (t):	62,5
Achslast (maximal) (t):	16,5
Höchstgeschwindigkeit (km/h):	84
Zylinderdurchmesser (mm):	430
Kolbenhub (mm):	600
Rostfläche (m²):	1,57
Verdampfungsheizfläche (m²):	79,35
Überhitzerheizfläche (m²):	37,50
Kesselüberdruck (atm):	12,0
Leistung (PSi):	

Auch die luxemburgische Prinz Heinrich-Eisenbahn (PH) beschaffte einige 1B1-Tenderlokomotiven nach dem Vorbild der preußischen $T5^1$ (siehe Baureihe 71^0). Eine erste Serie von fünf Lokomotiven lieferte Henschel in den Jahren 1900 und 1902 als Reihe „E" – die Maschinen waren weitgehend mit ihren preußischen Schwestern identisch, besaßen aber ab Werk noch einen zusätzlichen kleinen Wasserkasten direkt am Führerhaus. Bemerkenswert ist auch die deutlich höhere Höchstgeschwindigkeit von 84 km/h (im Vergleich zu den 75 km/h bei der pr. $T5^1$), wobei die „Fahrgeschwindigkeit" mit 80 km/h angegeben wurde. Weitere zwei Lokomotiven folgten 1904 – gebaut vom belgischen Hersteller Tubize – die sich von den zuvor gelieferten nur in Details unterschieden. Später wurden zumindest bei den beiden Tubize-Lokomotiven die Wasserkästen noch verlängert – ob dies bei den Henschel-Loks auch erfolgte, ist leider nicht bekannt. Außerdem wurden die als Nassdampflokomotiven gelieferten Maschinen in den 20er Jahren (zwischen 1922 und 1928) in Heißdampflokomotiven umgebaut; bei dieser Gelegenheit erhielten einige Maschinen auch gleich einen neuen Kessel.

Nach der Übernahme durch die Deutsche Reichsbahn wurden die sieben PH-Lokomotiven in 71 601-607 umgezeichnet und z.T. außerhalb Luxemburgs eingesetzt – so befand sich z.B. die 71 605 nach Kriegsende bei der RBD Regensburg. Bis 1950 wurden alle Loks der Reihe E an die neu gegründeten Luxemburgischen Staatsbahnen (CFL) abgegeben und dort in 2001-2007 umgezeichnet. Die Ausmusterung erfolgte bis 1958 – damit waren diese Maschinen die wohl langlebigsten aller je gebauten $T5^1$.

Hen 1900/ 5352	Prinz-Heinrich Eb. (PH) 31 (E) (Ub. h2t) →'42 DRB →'43 **DRB 71 601** →'45 DRw/DB →11.07.50 CFL 2001	+02.12.50
Hen 1900/ 5353	Prinz-Heinrich Eb. (PH) 32 (E) (Ub. h2t; EK La Meuse 28/ 3331) →'42 DRB →'43 **DRB 71 602** →'45 DRw →20.12.45 CFL 2002	+26.10.53
Hen 1900/ 5354	Prinz-Heinrich Eb. (PH) 33 (E) (Ub. h2t; EK HSP 26/ 1550) →'42 DRB →'43 **DRB 71 603** →'45 DRw →08.06.46 CFL 2003	+26.10.53
Hen 1902/ 6000	Prinz-Heinrich Eb. (PH) 34 (E) (Ub. h2t; EK La Meuse 28/ 3332) →'42 DRB →'43 **DRB 71 604** →10.09.44 CFL 2004	+26.10.53
Hen 1902/ 6231	Prinz-Heinrich Eb. (PH) 35 (E) (Ub. h2t) →'42 DRB →'43 **DRB 71 605** →'45 DRw →'47 CFL 2005	+02.12.50
Tubi 1904/ 1462	Prinz-Heinrich Eb. (PH) 36 (E) (Ub. h2t) →'42 DRB →'43 **DRB 71 606** →10.09.44 CFL 2006	+24.02.58
Tubi 1904/ 1463	Prinz-Heinrich Eb. (PH) 37 (E) (Ub. h2t; EK Couillet 23/ 5307) →'42 DRB →'43 **DRB 71 607** →10.09.44 CFL 2007	+26.10.53

Ausgesprochen selten sind Aufnahmen, die luxemburgische Lokomotiven mit den ihnen während des Zweiten Weltkriegs zugeteilten Reichsbahnnummern zeigen. Von der 71 605 sind gleich zwei solche Aufnahmen erhalten geblieben, die allerdings nur den Zustand als abgestellte Maschine nach Kriegsende zeigen. Die erste Aufnahme der 71 605 stammt von Dr. Vial und entstand im Oktober 1946.

Die zweite Aufnahme der 71 605 – diesmal von der Heizerseite – stammt von Ernst Schörner und soll um 1947 entstanden sein. Deutlich erkennbar bei beiden Aufnahmen ist die Verwandtschaft zur preußischen T5[1].

1'B1' n2t **DRB 71^{70}** (ex Grh. Bad. St.-Eb. IVd)

Für die Beförderung leichter Schnellzüge sowohl auf der steigungsreichen Schwarzwaldbahn als auch auf eher ebenen Strecken beschafften die Großherzoglich Badischen Staatseisenbahnen im Jahre 1891 insgesamt 14 1B1-Tenderlokomotiven bei der Lokomotivfabrik Maffei in München. Doch die Maschinen bewährten sich nicht – die Laufeigenschaften bei höheren Geschwindigkeiten erwiesen sich als unbefriedigend, so dass die Lokomotiven schon bald in untergeordnete Dienste abwanderten. In den vorläufigen Umzeichnungsplan der Deutschen Reichsbahn von 1923 waren noch fünf IVd als 71 7001-7005 aufgenommen worden, doch die Aufstellung des endgültigen Plans „erlebte" keine der Maschinen mehr.

2'B n2t **DRB 72^0** (ex KPEV T 5^2)

Treibraddurchmesser (mm):	1 600
Achsstand (mm):	6 950
Länge über Puffer (mm):	10 856
Dienstgewicht (t):	56,4
Achslast (maximal) (t):	16,7
Höchstgeschwindigkeit (km/h):	75
Zylinderdurchmesser (mm):	440
Kolbenhub (mm):	600
Rostfläche (m²):	1,68
Verdampfungsheizfläche (m²):	121,1
Kesselüberdruck (atm):	12,0

Die auf der Berliner Stadtbahn eingesetzten 1B1-Lokomotiven der späteren Gattung T 5^1 (siehe Baureihe 71^0) fielen insbesondere auf den langen geraden Abschnitten der Strecken nach Potsdam und Wannsee durch einen unruhigen Lauf auf. Daher wurde für den Einsatz speziell auf diesen Strecken eine alternative Bauart mit der Achsfolge 2B entworfen, die die Musterblattnummer III-4m zugewiesen bekam. Gebaut wurden in den Jahren 1899 und 1900 insgesamt 36 Maschinen; hinzu kamen noch zwei nahezu baugleiche Lokomotiven, die mit einem Überhitzer ausgerüstet waren.

Von den als Gattung T 5^2 bezeichneten Lokomotiven waren im vorläufigen DRB-Umzeichnungsplan noch 20 enthalten – 15 als 72 001-015 und fünf fälschlich als Baureihe 71^0 (pr. T 5^1). Der endgültige Umzeichnungsplan verzeichnete nur noch zwei Maschinen, die aber auch beide bis 1927 ausgemustert wurden.

Da die beiden einzigen im DRB-Umzeichnungsplan von 1925 enthaltenen preußischen T5^2 bereits 1926 und 1927 ausgemustert wurden, dürften die ihnen zugewiesenen Reichsbahn-Betriebsnummern an den Maschinen vermutlich nicht mehr angebracht worden sein. Daher soll die Baureihe 72^0 hier von der Lokomotive „BERLIN 6672", die im vorläufigen DRB-Umzeichnungsplan von 1923 als 72 013 enthalten war, repräsentiert werden.

An dieser Stelle erwähnt werden soll eine T 5^2, die über 30 Jahre länger als alle anderen Maschinen der gleichen Bauart „überlebt" hat – auch wenn sie nie eine Reichsbahnnummer getragen hat: Im Jahr 1924 wurde die SBR 6667 an die Ilseder Hütte bei Peine verkauft, wo die Maschine bis 1959 als Werklok Dienst getan hat.
Zwei weitgehend baugleiche Lokomotiven wurden übrigens rund zehn Jahre nach der Indienststellung der preußischen Maschinen an die private Eutin-Lübecker-Eisenbahn geliefert – siehe hierzu den nächsten Abschnitt (72 001"-002").

Literatur:

SCHADOW, FRIEDRICH: Die T 5^2-Tenderlokomotive der Preußischen Staatsbahn. LM 21, S. 49-51

Hen 1899/ 5269	Bln 2061 →'06 BLN 6662 T5^2 →'14 MST 6615 →'25 **DRB 72 001**	+27
Hen 1900/ 5501	Bln 2077 →'06 BLN 6676 T5^2 →'14 HAN 6655 →'25 **DRB 72 002**	+26

2'B h2t **DRB 72⁰** (ex ELE T 5)

Treibraddurchmesser (mm):	1 600
Achsstand (mm):	6 900
Länge über Puffer (mm):	10 860
Dienstgewicht (t):	
Achslast (maximal) (t):	
Höchstgeschwindigkeit (km/h):	80
Zylinderdurchmesser (mm):	440
Kolbenhub (mm):	600
Rostfläche (m²):	1,66
Verdampfungsheizfläche (m²):	
Überhitzerheizfläche (m²):	
Kesselüberdruck (atm):	12,0

Von der Eutin-Lübecker Eisenbahn wurden zunächst Bt, dann ab 1892 1Bt nach preußischem Vorbild in Dienst gestellt (siehe Baureihe 70^2). In den Jahren vor dem Ersten Weltkrieg kam es jedoch – insbesondere auch durch den Ausflugsverkehr in die Holsteinische Schweiz – zu einem deutlichen Anstieg des Verkehrsaufkommens. Im Jahr 1910 begann man mit den Planungen zur Beschaffung von zwei Lokomotiven, die der preußischen Gattung T 5^2 (siehe Baureihe 72^0) entsprachen. Eine entsprechende Einsatzgenehmigung erhielt die Bahn aufgrund der höheren Achslast dieser Maschinen allerdings erst, nachdem der Oberbau zwischen Eutin und Lübeck verstärkt und das Gewicht der Lokomotiven durch verschiedene Maßnahmen (z.B. etwas kleinere Wasserkästen) reduziert worden war. Gebaut wurden die beiden T 5^2 als Nassdampflokomotiven, doch wurden beide später in Heißdampfausführung umgebaut.
Nach der Verstaatlichung der Eutin-Lübecker Eisenbahn wurden die Lokomotiven – wie zuvor auch die zwischenzeitlich längst ausgemusterten preußischen T 5^2 – in die Baureihe 72^0 eingereiht. Als veraltete Einzelstücke wurden sie aber schon bald als Werklokomotiven verkauft: Die 72 001" an Rheinmetall Borsig und die 72 002" an die Fa. Hoesch. Dabei hatte die 72 001" noch eine „kleine Odyssee" vor sich, auf die im Kapitel zur 71 007" näher eingegangen wird. Erwähnt werden soll an dieser Stelle auch noch, dass die 72 002" nach den Angaben in der Literatur an die Fa. Goertz in Berlin verkauft wurde; da sie zufolge der offiziellen Nachweise zur Bestandsänderung (St11a) aber an die Fa. Hoesch verkauft wurde, muss angenommen werden, dass die Lokomotive nur leihweise bei der Fa. Goertz im Einsatz war.

Literatur:

KLOTH, HANS-HARALD; KLOTH, DIETER: Die Geschichte der Eutin-Lübecker Eisenbahngesellschaft. Augsburg, 1976
KLOTH, HANS-HARALD: Die Privatbahn Eutin-Lübeck. Hamburg, 1983
KLOTH, HANS-HARALD: Die preußische T 5^2 bei der Eutin-Lübecker Eisenbahn. EJ 9/1992 S. 18-23

Im Jahr 1946 kehrte die 1943 als Werklok verkaufte und von der der Eutin-Lübecker Eisenbahn beschaffte Lokomotive mit der Betriebsnummer 72 001 (in zweiter Besetzung) wieder in den Bestand der Staatsbahn (in der Ostzone) zurück. Die laut Anschrift dem Bahnbetriebswerk „Anhalter Bahnhof" (Ahb) zugewiesenen Lokomotive dürfte bald nach der am 19. Mai 1947 erfolgten Bremsuntersuchung fotografiert worden sein.

Hen 1911/ 10446	Eutin-Lübecker Eb. (ELE) 5³ ('24 Ub. h2t) →'41 DRB →'42 **DRB 72 001"** →'43 verk. Fa. Rheinmetall Borsig AG, Berlin-Marienfelde Nr. 25 027 →ca.'45 WL Bw Berlin Anhalter Bf. →05.46 DRo 71 007" →07.46 DRo/DR 72 001"	+06.08.55
Hen 1912/ 10958	Eutin-Lübecker Eb. (ELE) 6" ('30 Ub. h2t) →'41 DRB →'42 **DRB 72 002"** →'42/43 WL Fa. Goerz, Berlin /L →'43 Hoesch Westfalenhütte, Dortmund 31	++55

Offiziell ausgemustert wurde die 72 001" im Jahre 1955, doch entstanden sein soll diese Aufnahme der Zentralen Bildstelle der DR erst 1963. Angesichts des relativ guten Zustandes der Maschine muss dies zumindest als zweifelhaft angesehen werden, zumal die auf diesem Bild auch sichtbaren Lokomotiven 71 325 und 71 369 ebenfalls beide 1955 ausgemustert wurden.

2'B n2t DRB 72[1] (ex K. Bay. Sts. B. Pt 2/4 N)

Treibraddurchmesser (mm):	1 250
Achsstand (mm):	4 900
Länge über Puffer (mm):	9 065
Dienstgewicht (t):	39,0
Achslast (maximal) (t):	13,2
Höchstgeschwindigkeit (km/h):	65
Zylinderdurchmesser (mm):	350
Kolbenhub (mm):	500
Rostfläche (m²):	1,22
Verdampfungsheizfläche (m²):	73,58
Kesselüberdruck (atm):	12,0
Leistung (PSi):	

Zeitgleich mit den ersten Lokomotiven der bayerischen Gattung Pt 2/3 (siehe Baureihe 70[0]) wurden auch zwei weitgehend identische Maschinen mit der Achsfolge 2'B (statt 1B) sowie ohne Überhitzer beschafft. Ziel war es zu untersuchen, ob die Laufeigenschaften durch das relativ teure führende Drehgestell besser würden und wie sich der Überhitzer auf Leistungsfähigkeit und Verbrauch auswirkte. Die Ergebnisse dieser Versuche waren eindeutig – sowohl das einfachere und damit günstigere 1B-Fahrwerk war in Sachen Kurvenlauf vollkommen ausreichend, und auch die Erhöhung der Leistungsfähigkeit durch die Überhitzung des Dampfes war signifikant. So blieb es bei diesen zwei Maschinen, die in Bayern die Gattungsbezeichnung Pt 2/4 N trugen und von der Reichsbahn als 72 101-102 übernommen wurden. Die Umzeichnung dürfte aber unterblieben sein, da beide Einzelstücke bereits 1926 ausgemustert wurden.

Krss 1909/ 6202	K. Bay. Sts. B. 6501 (Pt2/4N) →'25 **DRB [72 101]**	+31.12.26
Krss 1909/ 6203	K. Bay. Sts. B. 6502 (Pt2/4N) →'25 **DRB [72 102]**	+31.12.26

Die bayerische Pt 2/4 mit der Betriebsnummer 6501 sollte die neue Reichsbahn-Betriebsnummer 72 101 erhalten, doch zu einer Umzeichnung kam es – wie bei ihrer Schwesterlokomotive 6502 – nicht mehr. *Foto: Rudolf Kreutzer*

1'B 2' n2t **DRB 73⁰** (ex Pfalzbahn P2[II])

Treibraddurchmesser (mm):	1 640
Achsstand (mm):	8 800
Länge über Puffer (mm):	11 928
Dienstgewicht (t):	68,5
Achslast (maximal) (t):	15,4
Höchstgeschwindigkeit (km/h):	90
Zylinderdurchmesser (mm):	450
Kolbenhub (mm):	560
Rostfläche (m²):	1,96
Verdampfungsheizfläche (m²):	104,63
Kesselüberdruck (atm):	12,0
Leistung (PSi):	530

Da sich die bayerischen D XII (siehe 73 031 ff) sehr gut bewährt hatten, beschaffte die Pfalzbahn für ihre krümmungsreichen Strecken in den Jahren 1900 und 1901 21 weitgehend baugleiche Lokomotiven bei der Lokomotivfabrik Krauss in München. Auffälligste Unterschiede waren das an den Seiten deutlich offener gestaltete Führerhaus sowie der weiter vorne auf der Rauchkammer sitzende Schornstein, der dadurch die Unterbringung eines Sturmschen Funkenfängers ermöglichte. Weitere zehn Lokomotiven wurden in den beiden nachfolgenden Jahren von J. A. Maffei geliefert, da die Pfalzbahn bei den Lokomotivlieferungen mehrere Hersteller berücksichtigen wollte. Damit waren dies die einzigen D XII – bzw. Gattung P2", wie diese Maschinen in der Pfalz hießen – die nicht von Krauss gebaut worden waren.

Nach dem Ersten Weltkrieg mussten drei pfälzische P2 an die Saar-Eisenbahnen abgegeben werden (SAAR 6601-6603) – alle übrigen wurden von der Reichsbahn als 73 001-028 übernommen. Die Ausmusterung der meisten Lokomotiven erfolgte in den 30er Jahren – nur einige wenige Maschinen überlebten bis 1941 und waren damit deutlich länger im Einsatz als ihre bayerischen Schwestern.

Krss 1900/ 4349	Pfalzbahn 89" SPANGENBERG[II] (P2[II])	→'25 **DRB 73 001**	+30
Krss 1900/ 4350	Pfalzbahn 91" STAHLBERG[II] (P2[II])	→'25 **DRB 73 002**	+30
Krss 1900/ 4370	Pfalzbahn 260 WALDMOHR (P2[II])	→'25 **DRB 73 003**	+31
Krss 1900/ 4371	Pfalzbahn 261 SAND (P2[II])	→'25 **DRB 73 004**	+31
Krss 1900/ 4372	Pfalzbahn 262 ST. JULIAN (P2[II])	→'25 **DRB 73 005**	+28
Krss 1901/ 4606	Pfalzbahn 88" KIRKEL[II] (P2[II])	→'25 **DRB 73 006**	+12.34
Krss 1901/ 4607	Pfalzbahn 95" MONTFORT[II] (P2[II])	→'25 **DRB 73 007**	+31
Krss 1901/ 4608	Pfalzbahn 264 BERGHAUSEN (P2[II])	→'25 **DRB 73 008**	+07.11.34

Die Lokomotiven der pfälzischen Gattung P2" unterschieden sich von ihren bayerischen Schwestern der Gattung D XII unter anderem durch das recht „luftige" Führerhaus. Die abgebildete 73 009 gehörte zu den langlebigsten Maschinen ihrer Gattung: Während die meisten ihrer Schwestermaschinen bereits in den 30er Jahren ausschieden, gehörte sie zu einer Gruppe von Lokomotiven, die noch bis 1941 durchhielten. Beheimatet war die Maschine im Bw Landau (Pfalz).

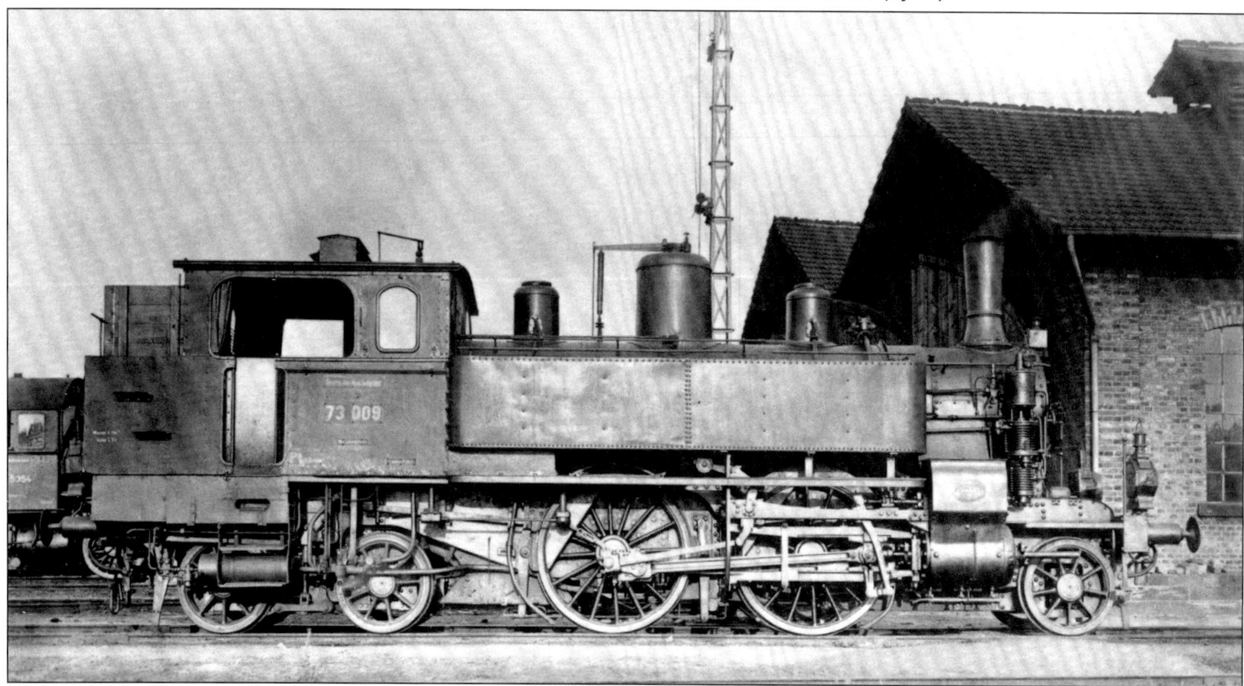

Krss 1901/ 4609	Pfalzbahn 265 FOLPERSWEILER (P2^{II})	→'25 **DRB 73 009**	+23.08.41
Krss 1901/ 4610	Pfalzbahn 266 MEDARD (P2^{II})	→'25 **DRB 73 010**	+23.08.41
Krss 1901/ 4611	Pfalzbahn 267 REINHEIM (P2^{II})	→'25 **DRB 73 011**	+07.35
Krss 1901/ 4612	Pfalzbahn 268 RINNTHAL (P2^{II})	→'25 **DRB 73 012**	+28
Krss 1901/ 4613	Pfalzbahn 269 SIEBELDINGEN (P2^{II})	→'25 **DRB 73 013**	+23.08.41
Krss 1901/ 4615	Pfalzbahn 271 WESTHEIM (P2^{II})	→'25 **DRB 73 014**	+30
Krss 1901/ 4616	Pfalzbahn 272 BARBELROTH (P2^{II})	→'25 **DRB 73 015**	+12.32
Krss 1901/ 4617	Pfalzbahn 273 SAMBACH (P2^{II})	→'25 **DRB 73 016**	+31
Krss 1901/ 4618	Pfalzbahn 274 ROSSBACH (P2^{II})	→'25 **DRB 73 017**	+23.08.41
Krss 1901/ 4619	Pfalzbahn 275 TSCHIFFLICK (P2^{II})	→'25 **DRB 73 018**	+31
Krss 1901/ 4620	Pfalzbahn 276 SCHWARZENACKER (P2^{II})	→'25 **DRB 73 019**	+28
Maff 1902/ 2256	Pfalzbahn 277 ALBISHEIM (P2^{II})	→'25 **DRB 73 020**	+23.08.41
Maff 1902/ 2257	Pfalzbahn 278 BEDESBACH (P2^{II})	→'25 **DRB 73 021**	+12.35
Maff 1902/ 2258	Pfalzbahn 279 EISENBACH (P2^{II})	→'25 **DRB 73 022**	+08.35
Maff 1902/ 2259	Pfalzbahn 280 HETTENLEIDELHEIM (P2^{II})	→'25 **DRB 73 023**	+31
Maff 1902/ 2260	Pfalzbahn 281 KATZWEILER (P2^{II})	→'25 **DRB 73 024**	+05.35
Maff 1902/ 2261	Pfalzbahn 282 LAUTZKIRCHEN (P2^{II})	→'25 **DRB 73 025**	+23.08.41
Maff 1902/ 2263	Pfalzbahn 284 STAUDERNHEIM (P2^{II})	→'25 **DRB 73 026**	+31
Maff 1902/ 2288	Pfalzbahn 90“ ERFENSTEIN^{II} (P2^{II})	→'25 **DRB 73 027**	+12.32
Maff 1902/ 2289	Pfalzbahn 92“ WEINBIET^{II} (P2^{II})	→'25 **DRB 73 028**	+06.33

1'B 2' n2t **DRB 73^{0}** (ex K. Bay. Sts. B. D XII)

	73 031-041	**73 042-067**	**73 068-124**
Treibraddurchmesser (mm):	1 640	1 640	1 640
Achsstand (mm):	8 800	8 800	8 800
Länge über Puffer (mm):	11 844	11 844	11 844
Dienstgewicht (t):	68,8	67,8	68,8
Achslast (maximal) (t):	14,6	15,1	15,4
Höchstgeschwindigkeit (km/h):	90	90	90
Zylinderdurchmesser (mm):	450	450	450
Kolbenhub (mm):	560	560	560
Rostfläche (m²):	1,96	1,96	1,96
Verdampfungsheizfläche (m²):	104,63	104,63	104,63
Kesselüberdruck (atm):	13,0	12,0	12,0
Leistung (PSi):	530	530	530

Speziell für den Personenzugdienst auf Hauptstrecken ließen die Königlich Bayerischen Staatseisenbahnen im Jahr 1896 eine leistungsfähige Tenderlokomotive bei der Lokomotivfabrik Krauss entwickeln. Es entstand eine 1B2-Tenderlokomotive, die durch das führende Krauss-Helmholtz-Lenkgestell und das nachlaufende Drehgestell deutlich bessere Laufeigenschaften aufwies als z.B. ihre preußischen Schwestern der Gattung T 5^{1} (siehe Baureihe 71^{0}), die ungefähr zur gleichen Zeit entstanden waren. Die ersten elf Maschinen wurden noch mit einem Kesselüberdruck von 13 atm ausgeliefert, während die späteren Serienmaschinen nur noch 12 atm hatten – Hintergrund dieser Änderung soll gewesen sein, dass die Lokomotiven zunächst als 1C1-Verbundmaschinen nach Bauart Sondermann mit entsprechendem Kesseldruck geplant waren und erst spät die Entscheidung fiel, die Maschinen doch als Zwillings-1B2-Lokomotiven auf die Gleise zu stellen.

Nach den ersten elf Lokomotiven, welche die Gattungsbezeichnung D XII erhalten hatten, wurden bis 1904 weitere 85 Maschinen an die Kgl. Bayerischen Staatseisenbahnen abgeliefert; zusätzliche neun Lokomotiven folgten 1907, nun aber mit der Gattungsbezeichnung Pt 2/5 N (siehe 73 131-139). Weitere Lokomotiven gleicher Bauart erhielten auch die Pfalzbahn (siehe 73 001-028), die Reichseisenbahnen in Elsaß-Lothringen (siehe 73 125) und die Schantung-Eisenbahn in China. Außerdem wurde noch eine weitgehend baugleiche Heißdampflokomotive als Gattung Pt 2/5 H an die Kgl. Bayerischen Staatseisenbahnen abgeliefert (siehe 73 201), die jedoch ein Einzelstück blieb.

Im Jahr 1916 waren zwei D XII an das pfälzische Netz der Bayerischen Staatseisenbahnen abgegeben worden – diese kamen nach dem Ersten Weltkrieg zu den Saareisenbahnen (T 5 6604-6605). Alle anderen wurden von der Deutschen Reichsbahn übernommen und als 73 031-124 eingereiht, während die an die Pfalzbahn gelieferten Maschinen die Betriebsnummern 73 001-028 erhielten. Da die Lokomotiven mit ihren nur zwei angetriebenen Achsen von der Zugkraft her nicht mehr mit den moderneren Bauarten konkurrenzfähig waren, wurden sie schon bald auf die Nebenstrecken zurückgedrängt. Die Ausmusterungen setzten zu Beginn der 30er Jahre vermehrt ein und waren 1937 abgeschlossen.

Literatur:

LÜBSEN, WOLFGANG: Die bayerische D XII und ihre Abkömmlinge. LM 25, S. 38-41

Krss 1897/ 3500	K. Bay. Sts. B. 2201 (DXII) →'25 **DRB 73 031**	+12.32
Krss 1897/ 3501	K. Bay. Sts. B. 2202 (DXII) →'25 **DRB 73 032**	+12.33
Krss 1897/ 3502	K. Bay. Sts. B. 2203 (DXII) (auf Weltausstellung Paris 1900) →'25 **DRB 73 033**	+31
Krss 1897/ 3503	K. Bay. Sts. B. 2204 (DXII) →'25 **DRB 73 034**	+22.01.31
Krss 1897/ 3504	K. Bay. Sts. B. 2205 (DXII) →'25 **DRB 73 035**	+08.33
Krss 1897/ 3505	K. Bay. Sts. B. 2206 (DXII) →'25 **DRB 73 036**	+02.34
Krss 1897/ 3506	K. Bay. Sts. B. 2207 (DXII) →'25 **DRB 73 037**	+31
Krss 1897/ 3507	K. Bay. Sts. B. 2208 (DXII) →'25 **DRB 73 038**	+22.05.26
Krss 1897/ 3508	K. Bay. Sts. B. 2209 (DXII) →'25 **DRB 73 039**	+28.03.34
Krss 1897/ 3509	K. Bay. Sts. B. 2210 (DXII) →'25 **DRB 73 040**	+22.01.31
Krss 1897/ 3510	K. Bay. Sts. B. 2211 (DXII) →'25 **DRB 73 041**	+22.01.31
Krss 1898/ 3846	K. Bay. Sts. B. 2212 (DXII) →'25 **DRB 73 042**	+12.12.31
Krss 1898/ 3847	K. Bay. Sts. B. 2213 (DXII) →'25 **DRB 73 043**	+12.12.31
Krss 1898/ 3848	K. Bay. Sts. B. 2214 (DXII) →'25 **DRB 73 044**	+25.03.33
Krss 1898/ 3849	K. Bay. Sts. B. 2215 (DXII) →'25 **DRB 73 045**	+12.12.31
Krss 1898/ 3850	K. Bay. Sts. B. 2216 (DXII) →'25 **DRB 73 046**	+12.12.31
Krss 1898/ 3851	K. Bay. Sts. B. 2217 (DXII) →'25 **DRB 73 047**	+29.09.31
Krss 1898/ 3852	K. Bay. Sts. B. 2218 (DXII) →'25 **DRB 73 048**	+08.33
Krss 1898/ 3853	K. Bay. Sts. B. 2219 (DXII) →'25 **DRB 73 049**	+03.02.34
Krss 1898/ 3854	K. Bay. Sts. B. 2220 (DXII) →'25 **DRB 73 050** [3]	+02.34
Krss 1898/ 3855	K. Bay. Sts. B. 2221 (DXII) →'25 **DRB 73 051**	+18.02.30
Krss 1898/ 3856	K. Bay. Sts. B. 2222 (DXII) →'25 **DRB 73 052**	+12.32
Krss 1898/ 3857	K. Bay. Sts. B. 2223 (DXII) →'25 **DRB 73 053**	+12.33

3) eine 73.050 wurde auch 1947 beim MPS nachgewiesen

Die 73 085 war eine Vertreterin der der bayerischen Gattung D XII – und gehörte zu den Lokomotiven, die mit als erste (1931) ausgemustert wurden. Die Aufnahme aus dem Jahr 1930 entstand im Bahnbetriebswerk Nürnberg Hbf.

Foto: Carl Bellingrodt

Krss 1898/ 3858	K. Bay. Sts. B. 2224 (DXII) →'25 **DRB 73 054**	+16.08.32
Krss 1898/ 3859	K. Bay. Sts. B. 2225 (DXII) →'25 **DRB 73 055**	+16.08.32
Krss 1899/ 3860	K. Bay. Sts. B. 2226 (DXII) →'25 **DRB 73 056**	+21.12.34
Krss 1899/ 3861	K. Bay. Sts. B. 2227 (DXII) →'25 **DRB 73 057**	+14.12.32
Krss 1899/ 3862	K. Bay. Sts. B. 2228 (DXII) →'25 **DRB 73 058**	+22.01.31
Krss 1899/ 3863	K. Bay. Sts. B. 2229 (DXII) →'25 **DRB 73 059**	+22.01.31
Krss 1899/ 3864	K. Bay. Sts. B. 2230 (DXII) →'25 **DRB 73 060**	+31
Krss 1899/ 3865	K. Bay. Sts. B. 2231 (DXII) →'25 **DRB 73 061**	+07.33
Krss 1899/ 3910	K. Bay. Sts. B. 2232 (DXII) →'25 **DRB 73 062**	+09.07.34
Krss 1899/ 3911	K. Bay. Sts. B. 2233 (DXII) →'25 **DRB 73 063**	+15.04.34
Krss 1899/ 3912	K. Bay. Sts. B. 2234 (DXII) →'25 **DRB 73 064**	+05.09.34
Krss 1899/ 3913	K. Bay. Sts. B. 2235 (DXII) →'25 **DRB 73 065**	+12.32
Krss 1899/ 3914	K. Bay. Sts. B. 2236 (DXII) →'25 **DRB 73 066**	+08.32
Krss 1899/ 3915	K. Bay. Sts. B. 2237 (DXII) →'25 **DRB 73 067**	+19.12.36
Krss 1900/ 4315	K. Bay. Sts. B. 2238 (DXII) →'12 Pfalz →'25 **DRB 73 068**	+07.11.34
Krss 1900/ 4316	K. Bay. Sts. B. 2239 (DXII) →'25 **DRB 73 069** [4)]	+16.06.34
Krss 1900/ 4318	K. Bay. Sts. B. 2241 (DXII) →'25 **DRB 73 070**	+02.07.30
Krss 1900/ 4319	K. Bay. Sts. B. 2242 (DXII) →'25 **DRB 73 071**	+22.01.31
Krss 1900/ 4320	K. Bay. Sts. B. 2243 (DXII) →'25 **DRB 73 072**	+07.33
Krss 1900/ 4321	K. Bay. Sts. B. 2244 (DXII) →'25 **DRB 73 073**	+06.33
Krss 1900/ 4322	K. Bay. Sts. B. 2245 (DXII) →'25 **DRB 73 074**	+21.01.31
Krss 1900/ 4323	K. Bay. Sts. B. 2246 (DXII) →'25 **DRB 73 075**	+06.32
Krss 1900/ 4324	K. Bay. Sts. B. 2247 (DXII) →'25 **DRB 73 076** +01.38 →'?? HL Nürnberg Nr. 701.002 (naQ: Waschlok Bw Ansbach ++48)	+
Krss 1900/ 4325	K. Bay. Sts. B. 2248 (DXII) →'25 **DRB 73 077**	+09.07.34
Krss 1900/ 4326	K. Bay. Sts. B. 2249 (DXII) →'25 **DRB 73 078**	+16.06.32
Krss 1900/ 4327	K. Bay. Sts. B. 2250 (DXII) →'25 **DRB 73 079**	+07.33
Krss 1900/ 4328	K. Bay. Sts. B. 2251 (DXII) →'25 **DRB 73 080**	+07.33
Krss 1900/ 4330	K. Bay. Sts. B. 2253 (DXII) →'25 **DRB 73 081**	+31
Krss 1900/ 4331	K. Bay. Sts. B. 2254 (DXII) →'25 **DRB 73 082**	+12.12.31
Krss 1900/ 4332	K. Bay. Sts. B. 2255 (DXII) →'25 **DRB 73 083**	+12.12.31
Krss 1900/ 4333	K. Bay. Sts. B. 2256 (DXII) →'25 **DRB 73 084**	+19.01.37
Krss 1900/ 4334	K. Bay. Sts. B. 2257 (DXII) →'25 **DRB 73 085**	+12.12.31
Krss 1900/ 4335	K. Bay. Sts. B. 2258 (DXII) →'25 **DRB 73 086**	+12.33
Krss 1900/ 4336	K. Bay. Sts. B. 2259 (DXII) →'25 **DRB 73 087**	+03.33
Krss 1900/ 4337	K. Bay. Sts. B. 2260 (DXII) →'25 **DRB 73 088**	+31
Krss 1900/ 4338	K. Bay. Sts. B. 2261 (DXII) ('12 Pfalz) →'25 **DRB 73 089**	+16.08.32
Krss 1900/ 4339	K. Bay. Sts. B. 2262 (DXII) →'25 **DRB 73 090**	+31
Krss 1900/ 4340	K. Bay. Sts. B. 2263 (DXII) →'25 **DRB 73 091**	+31
Krss 1901/ 4465	K. Bay. Sts. B. 2264 (DXII) →'25 **DRB 73 092**	+12.33
Krss 1901/ 4466	K. Bay. Sts. B. 2265 (DXII) →'25 **DRB 73 093**	+12.32
Krss 1901/ 4467	K. Bay. Sts. B. 2266 (DXII) →'25 **DRB 73 094**	+31
Krss 1901/ 4468	K. Bay. Sts. B. 2267 (DXII) →'25 **DRB 73 095**	+16.08.32
Krss 1901/ 4469	K. Bay. Sts. B. 2268 (DXII) →'25 **DRB 73 096**	+03.33
Krss 1901/ 4470	K. Bay. Sts. B. 2269 (DXII) →'25 **DRB 73 097**	+12.12.31
Krss 1901/ 4471	K. Bay. Sts. B. 2270 (DXII) →'25 **DRB 73 098**	+07.33
Krss 1901/ 4472	K. Bay. Sts. B. 2271 (DXII) →'25 **DRB 73 099**	+07.33
Krss 1901/ 4473	K. Bay. Sts. B. 2272 (DXII) →'25 **DRB 73 100**	+13.12.35
Krss 1901/ 4474	K. Bay. Sts. B. 2273 (DXII) →'25 **DRB 73 101**	+25.03.33
Krss 1901/ 4475	K. Bay. Sts. B. 2274 (DXII) →'25 **DRB 73 102**	+31
Krss 1901/ 4476	K. Bay. Sts. B. 2275 (DXII) →'25 **DRB 73 103**	+31
Krss 1901/ 4477	K. Bay. Sts. B. 2276 (DXII) →'25 **DRB 73 104**	+22.01.31
Krss 1901/ 4478	K. Bay. Sts. B. 2277 (DXII) →'25 **DRB 73 105**	+06.33
Krss 1901/ 4479	K. Bay. Sts. B. 2278 (DXII) →'25 **DRB 73 106**	+19.12.36
Krss 1901/ 4480	K. Bay. Sts. B. 2279 (DXII) →'25 **DRB 73 107**	+03.33
Krss 1901/ 4481	K. Bay. Sts. B. 2280 (DXII) →'25 **DRB 73 108**	+22.01.31
Krss 1901/ 4482	K. Bay. Sts. B. 2281 (DXII) →'25 **DRB 73 109**	+31
Krss 1901/ 4401	K. Bay. Sts. B. 2282 (DXII) →'25 **DRB 73 110**	+07.11.34
Krss 1903/ 4957	K. Bay. Sts. B. 2283 (DXII) →'25 **DRB 73 111** +11.37 →01.01.38 HL Nürnberg →01.12.38 HL Nürnberg Nr. 701.003 (HL für Gleisbauzüge)	+
Krss 1903/ 4958	K. Bay. Sts. B. 2284 (DXII) →'25 **DRB 73 112**	+22.01.31

4) eine 73.069 wurde auch 10.52 beim MPS ausgemustert

Krss 1904/ 4959	K. Bay. Sts. B. 2285 (DXII) →'25 **DRB 73 113**	+19.05.37
Krss 1904/ 4960	K. Bay. Sts. B. 2286 (DXII) →'25 **DRB 73 114**	+29.09.31
Krss 1904/ 4961	K. Bay. Sts. B. 2287 (DXII) →'25 **DRB 73 115**	+19.05.37
Krss 1904/ 4962	K. Bay. Sts. B. 2288 (DXII) →'25 **DRB 73 116**	+25.03.33
Krss 1904/ 4963	K. Bay. Sts. B. 2289 (DXII) →'25 **DRB 73 117**	+10.06.32
Krss 1904/ 4964	K. Bay. Sts. B. 2290 (DXII) →'25 **DRB 73 118**	+12.12.31
Krss 1904/ 4965	K. Bay. Sts. B. 2291 (DXII) →'25 **DRB 73 119**	+22.03.34
Krss 1904/ 4966	K. Bay. Sts. B. 2292 (DXII) →'25 **DRB 73 120**	+13.07.35
Krss 1904/ 4967	K. Bay. Sts. B. 2293 (DXII) →'25 **DRB 73 121**	+03.02.34
Krss 1904/ 4968	K. Bay. Sts. B. 2294 (DXII) →'25 **DRB 73 122**	+01.06.33
Krss 1904/ 4969	K. Bay. Sts. B. 2295 (DXII) →'25 **DRB 73 123**	+07.33
Krss 1904/ 4970	K. Bay. Sts. B. 2296 (DXII) →'25 **DRB 73 124**	+12.12.31

1'B 2' n2t — **DRB 73^1** — (ex EL T 5)

Treibraddurchmesser (mm):	1 640
Achsstand (mm):	8 800
Länge über Puffer (mm):	12 088
Dienstgewicht (t):	70,0
Achslast (maximal) (t):	15,2
Höchstgeschwindigkeit (km/h):	90
Zylinderdurchmesser (mm):	450
Kolbenhub (mm):	560
Rostfläche (m²):	1,96
Verdampfungsheizfläche (m²):	104,66
Kesselüberdruck (atm):	12,0

Die pfälzischen P2" (siehe 73 001-028), welche wiederum Nachbauten der bayerischen D XII (siehe 73 031 ff.) waren, kamen mit den von ihnen gezogenen Zügen auch in verschiedene Bahnhöfe der Reichseisenbahnen Elsaß-Lothringen (EL) – möglicherweise lernte man dadurch diese Maschinen bei den Reichseisenbahnen erstmals kennen. Tatsächlich stellte sich diese Bauart auch als sehr gut geeignet für die Bewältigung der zu Beginn des 20. Jahrhunderts bei den EL bestehenden Aufgaben heraus, so dass man eine erste Serie von 10 Maschinen bei Krauss bestellte, welche allesamt 1903 geliefert wurden. Offensichtlich war man mit den Maschinen, die zunächst die Reihenbezeichnung D32 erhielten, recht zufrieden, denn bis 1906 lieferte Krauss 13 weitere und 1911 folgten noch einmal 14 Maschinen – die diesmal aber in Grafenstaden gebaut wurden. Somit hatten die Reichseisenbahnen insgesamt 37 Lokomotiven dieser Bauart, die ab 1906 als Gattung T 7 und ab 1912 als T 5 bezeichnet wurden, im Be-

Am 6. August 1918 war die Elsass-Lothringische T5 mit der Nummer 6615 an das EAW Cassel zur Ausbesserung überwiesen worden. Dort blieb sie auch bei Kriegsende stehen und kam so in den Bestand der Deutschen Reichsbahn, die ihr die Betriebsnummer 73 125 zuwies. Auf diesem Bild, das vermutlich von Ernst Schörner aufgenommen wurde, ist zu erkennen, dass die Lokomotive zum Aufnahmezeitpunkt zum Bw München Hbf. gehörte.

stand. Die Maschinen glichen eher den pfälzischen P2" als den bayerischen D XII, besaßen sie doch ebenfalls einen weit vorne auf der Rauchkammer sitzenden Schlot. Bei den ersten D32 war das Führerhaus noch geschlossen (wie bei den bayerischen Maschinen), doch später ging man zu der eher offenen Bauweise ähnlich den pfälzischen P2" über.

Zwei EL-T5 (6615 und 6625) waren noch in der Endphase des Ersten Weltkriegs im August bzw. September 1918 zur Reparatur ins EAW Cassel gebracht worden, wo sie bei Kriegsende stehen blieben. Während über den späteren Verbleib der 6625 nichts bekannt ist – sie wurde zuletzt im Februar 1922 bei der ED Mainz nachgewiesen, blieb die 6615 bei der ED Cassel und wurde 1925 von der Reichsbahn als 73 125 – also im Anschluss an die bayerischen D XII – in den Bestand eingereiht. Im vorläufigen Umzeichnungsplan von 1923 hatte diese Maschine übrigens noch gefehlt.

Krss 1906/ 5545	Reichseisenbahnen Elsaß-Lothringen (EL) 2215 ERIKA (T7) →'12 Reichseisenbahnen Elsaß-Lothringen (EL) 6615 (T5) →'18 Deutschland (06.08.18 an EAW Cassel zur Ausbesserung; 02.22 ED Cassel) →'25 **DRB 73 125**	16.06.32

1'B 2' n2t **DRB 73[1]** (ex K. Bay. Sts. B. Pt 2/5 N)

Treibraddurchmesser (mm):	1 640
Achsstand (mm):	8 800
Länge über Puffer (mm):	11844
Dienstgewicht (t):	68,8
Achslast (maximal) (t):	15,4
Höchstgeschwindigkeit (km/h):	90
Zylinderdurchmesser (mm):	450
Kolbenhub (mm):	560
Rostfläche (m²):	1,96
Verdampfungsheizfläche (m²):	104,63
Kesselüberdruck (atm):	12,0
Leistung (PSi):	530

Mitte des ersten Jahrzehnts des 20. Jahrhunderts entschieden sich die Kgl. Bayerischen Staatseisenbahnen, auf ein neues Bezeichnungsschema bei den Lokomotiven überzugehen: Während bei dem alten Schema eine Gattungsbezeichnung aus einem Großbuchstaben und einer römischen Zahl bestand, wurden bei dem neuen Schema verschiedene Buchstaben und Angaben zur Achsanzahl kombiniert. Mit Einführung des neuen Schemas erhielten alle neu gebauten Maschinen entsprechende Gattungsbezeichnungen, während die vorhandenen Lokomotiven ihre alte Bezeichnung behalten durften.

Mit Vertrag vom 28./30. August 1906 bestellten die Bayerischen Staatsbahnen bei der Lokomotivfabrik Krauss weitere zehn D XII (siehe 73 031-124), doch da inzwischen das neue Bezeichnungsschema eingeführt worden war, wurden

Die 73 131 war die erstgebaute bayerische Pt 2/5 N, die am 11. April 1907 mit der Betriebsnummer 5202 an die Königlich Bayerischen Staatseisenbahnen abgeliefert worden war. Beheimatet war die auf dem Bild zu sehende Maschine beim Bw München Hbf.

sie als Gattung „Pt 2/5 N“ abgeliefert. Obwohl mit den zuvor gelieferten D XII-Lokomotiven baugleich, wurden sie von der Deutschen Reichsbahn bei der Übernahme nicht im direkten Anschluss an die D XII eingereiht: Wie auch beim Übergang von den pfälzischen P2” auf die bayerische D XII wurden hinter der letzten D XII (bzw. EL T 5) einige Nummern Platz gelassen und die neuen Betriebsnummern erst zu Beginn einer neuen Zehnergruppe vergeben.

Ebenfalls in ihrem Heimat-Bahnbetriebswerk München Hbf. entstand 1932 diese Aufnahme der 73 139 – rund ein Jahr, bevor sie nach 25-jähriger Dienstzeit ausgemustert wurde. Im Hintergrund zu sehen ist übrigens die bayerische D II mit der Reichsbahn-Nummer 89 666. *Foto: Hermann Maey*

Krss 1907/ 5628	K. Bay. Sts. B. 5202 (Pt2/5N) →'25 **DRB 73 131**	+12.12.31
Krss 1907/ 5629	K. Bay. Sts. B. 5203 (Pt2/5N) →'25 **DRB 73 132**	+18.04.34
Krss 1907/ 5630	K. Bay. Sts. B. 5204 (Pt2/5N) →'25 **DRB 73 133**	+12.12.31
Krss 1907/ 5631	K. Bay. Sts. B. 5205 (Pt2/5N) →'25 **DRB 73 134**	+16.08.32
Krss 1907/ 5632	K. Bay. Sts. B. 5206 (Pt2/5N) →'25 **DRB 73 135**	+01.08.34
Krss 1907/ 5633	K. Bay. Sts. B. 5207 (Pt2/5N) →'25 **DRB 73 136**	+25.03.33
Krss 1907/ 5634	K. Bay. Sts. B. 5208 (Pt2/5N) →'25 **DRB 73 137**	+25.03.33
Krss 1907/ 5635	K. Bay. Sts. B. 5209 (Pt2/5N) →'25 **DRB 73 138**	+01.08.34
Krss 1907/ 5636	K. Bay. Sts. B. 5210 (Pt2/5N) →'25 **DRB 73 139**	+01.06.33

1'B 2' h2t DRB 73² (ex K. Bay. Sts. B. Pt 2/5 H)

Treibraddurchmesser (mm):	1640
Achsstand (mm):	8800
Länge über Puffer (mm):	11938
Dienstgewicht (t):	70,7
Achslast (maximal) (t):	16,0
Höchstgeschwindigkeit (km/h):	90
Zylinderdurchmesser (mm):	500
Kolbenhub (mm):	560
Rostfläche (m²):	1,96
Verdampfungsheizfläche (m²):	89,07
Überhitzerheizfläche (m²):	20,19
Kesselüberdruck (atm):	12,0

Im Januar 1906 bestellten die Königlich Bayerischen Staatseisenbahnen eine aus der Gattung D XII abgeleitete Lokomotive in Heißdampfausführung: Nach nur wenigen Monaten Bauzeit wurde die Maschine ab dem 26. April 1906 auf der Gewerbeausstellung in Nürnberg gezeigt und Ende November dann offiziell vom Hersteller an die Staatsbahn abgeliefert. Die als Gattung Pt 2/5 H bezeichnete Maschine soll sich gut bewährt haben, doch ein Weiterbau in Serie unterblieb. In diesem Zusammenhang ist interessant, dass noch, während die Pt 2/5 H auf der Gewerbeausstellung stand, die Bayerischen Staatsbahnen eine letzte Serie der Nassdampf-D XII bestellten, die ab April 1907 als Gattung Pt 2/5 N (siehe 73 131-139) abgeliefert wurden. Vermutlich erfolgte diese Bestellung aufgrund des vorhandenen Bedarfs relativ kurzfristig – und da noch keine Erfahrungswerte mit der noch nicht offiziell abgelieferten Heißdampflok vorlagen, wählte man die bewährte Nassdampfbauart. Später dürfte dann kein Bedarf mehr an einer nur zweifach gekuppelten Hauptbahn-Personenzuglokomotive bestanden haben, so dass ein Weiterbau der Pt 2/5 H unterblieb.
Die Deutsche Reichsbahn reihte die Lokomotive als 73 201 in den Bestand ein und musterte sie zeitgleich mit ihren Nassdampfschwestern aus.

Krss 1906/ 5500	K. Bay. Sts. B. 5201 (Pt2/5H) →'25 **DRB 73 201**	+03.33

Die 73 201 war ein Einzelgänger – versuchsweise als Heißdampfvariante der D XII bzw. Pt 2/5 N gebaut, wurde sie zu einem Zeitpunkt auf die Schienen gestellt, als die Zeit der Lokomotiven mit nur zwei gekuppelten Antriebsachsen so gut wie abgelaufen war. *Foto: Hermann Maey*

1'C n2t DRB 74^{0-3} (ex KPEV T 11)

	n2t	h2t
Treibraddurchmesser (mm):	1 500	1 500
Achsstand (mm):	6 350	6 350
Länge über Puffer (mm):	11 190	11 190
Dienstgewicht (t):	62,6	62,7
Achslast (maximal) (t):	16,0	15,9
Höchstgeschwindigkeit (km/h):	80	80
Zylinderdurchmesser (mm):	480	480
Kolbenhub (mm):	630	630
Rostfläche (m²):	1,73	1,73
Verdampfungsheizfläche (m²):	113,17	88,0
Überhitzerheizfläche (m²):		29,21
Kesselüberdruck (atm):	12,0	12,0
Leistung (PSi):	520	520

Zu Beginn des 20. Jahrhunderts reichte in vielen preußischen Direktionen die Zugkraft der zweifach gekuppelten Personenzug-Tenderlokomotiven (z.B. spätere $T5^1$ und $T5^2$ – siehe Baureihen 71^0 und 72^0) nicht mehr aus – der Übergang zu einer dreifach gekuppelten Bauart wurde notwendig. In Form der späteren Gattungen $T9^1$, $T9^2$ und $T9^3$ (erste Baujahre 1892, 1893 und 1900) gab es zwar schon leistungsstärkere dreifach gekuppelte Tenderlokomotiven in Preußen, doch die Höchstgeschwindigkeit reichte nicht für die Bespannung schneller Personenzüge insbesondere in Ballungsgebieten aus. Die Union-Gießerei in Königsberg erhielt daher den Auftrag, eine neue Bauart zu entwerfen, die sich zwar an die gut bewährte $T9^3$ anlehnte, im Vergleich zu dieser aber eine höhere Geschwindigkeit besaß. Da zu dieser Zeit auch die Heißdampftechnik ihren Siegeszug begann, wurde die neue Bauart zu Vergleichszwecken sowohl in Nassdampf- als auch in Heißdampfausführung beschafft: Interessanterweise wurden die ersten Heißdampflokomotiven nach Musterblatt IV-4a (später Gattung T 12; siehe Baureihe 74^{4-13}) sogar früher als die Nassdampfmaschinen nach Musterblatt III-4o (später Gattung T 11) geliefert: Während die ersten Exemplare der Heißdampfloks (mit Rauchkammerüberhitzer) bereits im dritten Quartal 1902 ausgeliefert wurden, folgten die ersten Nassdampfmaschinen erst im ersten Quartal 1903. Doch bei den T 12 gab es – wie dies bei neuen Technologien immer wieder vorkommt – noch diverse „Kinderkrankheiten" zu beheben; um dem vorhandenen Bedarf zu genügen, wurden daher zunächst ausschließlich die ab 1906 als T 11 bezeichneten Nassdampflokomotiven beschafft. Bis 1910 wurden immerhin 470 Lokomotiven dieser Gattung an die Preußische Staatsbahn abgeliefert. Weitere neun von der T 11 abgeleitete Maschinen wurden auch von der Lübeck-Büchener Eisenbahn beschafft, bei der die Lokomotiven allerdings schon in den 20er Jahren wieder ausschieden.

Nach dem Ersten Weltkrieg mussten zahlreiche T 11 aufgrund des Waffenstillstandsvertrages an den „Feindbund" – wie es in den preußischen Bestandsbüchern hieß – abgegeben werden: An Belgien gingen 23 Lokomotiven und an Frankreich 25 (AL 7300-7301, PLM 5751-5773). Weitere 56 T 11 waren bei Kriegsende in Polen verblieben bzw. mussten an Polen übergeben werden (PKP OKi 1-1 – 52, 1Dz – 4Dz).

Im vorläufigen Umzeichnungsplan der Deutschen Reichsbahn von 1923 waren für die T 11 die Betriebsnummern 74 001-369 vorgesehen – wobei die 74 369 allerdings eine falsch eingereihte $T9^3$ war, so dass tatsächlich nur 368 T 11 in diesem Plan enthalten waren. Davon waren jedoch sieben zum Zeitpunkt der Aufstellung des Planes gar nicht mehr vorhanden gewesen – diese Kattowitzer Maschinen waren Ende 1922 an die PKP übergeben worden. Weitere drei Maschinen schieden bis 1925 aus, so dass der endgültige Umzeichnungsplan der Deutschen Reichsbahn nur die Lokomotiven 74 001-358 umfasste.

Bereits 1923 begann die Deutsche Reichsbahn, erste T 11 in Heißdampflokomotiven umzubauen, um so dem Mangel an T 12 abzuhelfen. Umgebaut wurden insgesamt 35 Lokomotiven, wobei sich diese Maßnahme bis 1929 hinzog. Der Bestand an nicht umgebauten T 11 nahm dagegen rasch ab: Bis zum 1. Januar 1931 hatte sich dieser auf 206 Maschinen fast halbiert und fünf Jahre später waren nur noch 123 T 11 vorhanden.

Aufgrund des Zweiten Weltkriegs verschlug es einige Maschinen nach Polen (Gattung OKi 1) sowie in die Sowjetunion. Die T 11, die im Westen Deutschlands das Kriegsende erlebt hatten, wurden von der DB allesamt bis 1950 verkauft oder ausgemustert, wohingegen die T 11 in der DDR erst Mitte der 60er Jahre bei der DR ausschied und danach noch bei verschiedenen Werkbahnen anzutreffen war. Mit 74 231 ist eine preußische T 11 als Museumslokomotive erhalten geblieben; eine weitere noch existierende T 11 ist die PKP OKi 1-28 (siehe bei 74 104").

Literatur:

Ebel, Jürgen U.; Wenzel, Hansjürgen: Die Baureihe 74. Freiburg, 1995
Wenzel, Hansjürgen: Die Baureihe 74. EK 30 S. 97-104, EK 31 S. 141-147

Unio 1903/ 1259	Bln 2107 →'06 BLN 7504 T11 →'16 KAT 7520 →'22 OPP 7520 →'25 **DRB 74 001** →'45 DRw/DB	+14.08.50
Unio 1903/ 1265	Bln 2109 →'06 BLN 7506 T11 →'16 KAT 7522 →'22 OPP 7522 →'25 **DRB 74 002** →'45 DRw +12.11.48 →'48 Moerser Kreisbahn (MKB) 64 ('51 abg.)	+67
Unio 1903/ 1270	Bln 2114 →'06 BLN 7511 T11 →'16 BSL 7508 →'25 **DRB 74 003** →'45 DRw +12.11.47 →'?? WL AW Bremen	+
Unio 1903/ 1271	Bln 2115 →'06 BLN 7512 T11 →'16 BSL 7509 →'25 **DRB 74 004** →'45 DRw/DB	+14.08.50
Unio 1903/ 1272	Bln 2116 →'06 BLN 7513 T11 →'16 BSL 7510 →'25 **DRB 74 005** →'45 DRw/DB	+14.08.50
Unio 1903/ 1274	Bln 2118 →'06 BLN 7515 T11 →'25 **DRB 74 006** →'45 DRw/DB	+14.08.50
Unio 1903/ 1275	Alt 1520 →'06 ALT 7501 T11 →'25 **DRB 74 007** →'45 DRw/DB	+14.08.50
Unio 1903/ 1280	Bln 2120 →'06 BLN 7517 T11 →'17 HAL 7512 →'?? MNZ 7538 →'25 **DRB 74 008**	+27
Unio 1903/ 1282	Bln 2122 →'06 BLN 7519 T11 →'25 **DRB 74 009**	+31
Unio 1903/ 1285	Bln 2125 →'06 BLN 7522 T11 →'25 **DRB 74 010**	+10.28
Unio 1903/ 1287	Bln 2127 →'06 BLN 7524 T11 →'25 **DRB 74 011**	+
Unio 1903/ 1288	Bln 2128 →'06 BLN 7525 T11 →'25 **DRB 74 012** [5)]	+09.29
Unio 1903/ 1289	Bln 2129 →'06 BLN 7526 T11 →'25 **DRB 74 013**	+05.29
Unio 1903/ 1294	Fft 1500 →'06 FFT 7501 T11 →'25 **DRB 74 014**	+27
Unio 1903/ 1295	Fft 1501 →'06 FFT 7502 T11 →'25 **DRB 74 015**	+27
Unio 1903/ 1296	Fft 1502 →'06 FFT 7503 T11 →'25 **DRB 74 016**	+29
Unio 1903/ 1297	Fft 1503 →'06 FFT 7504 T11 →'25 **DRB 74 017**	+29
Unio 1903/ 1298	Fft 1504 →'06 FFT 7505 T11 →'25 **DRB 74 018** [6)]	+28
Unio 1903/ 1299	Fft 1505 →'06 FFT 7506 T11 →'25 **DRB 74 019**	+29
Unio 1903/ 1300	Alt 1522 →'06 ALT 7503 T11 →'25 **DRB 74 020**	+14.06.45
Unio 1903/ 1301	Alt 1523 →'06 ALT 7504 T11 →'25 **DRB 74 021**	+07.31
Unio 1903/ 1302	Alt 1524 →'06 ALT 7505 T11 →'25 **DRB 74 022**	+31
Vulc 1903/ 2031	Bln 2131 →'06 BLN 7528 T11 →'25 **DRB 74 023**	+31
Vulc 1903/ 2032	Bln 2132 →'06 BLN 7529 T11 →'25 **DRB 74 024**	+10.28
Vulc 1903/ 2033	Bln 2133 →'06 BLN 7530 T11 →'25 **DRB 74 025** +06.35 →'35 Samlandbahn (SLB) 18	+
Bors 1904/ 5421	Bln 2160 →'06 BLN 7557 T11 →'25 **DRB 74 026** →'45 PKP OKi1-42" +56 →'56 WL Kop Milowice OKi1-42	+

5) Eine 74 012 wurde auch 1949 beim MPS nachgewiesen (abgegeben an Industrie; 09.50 als „74 12" beim Waggondepot No. 2 in Kaunas; evtl. handelte es sich um die Lok 12 der Samlandbahn

6) Eine 74-18 wurde auch am 18.10.56 beim MPS ausgemustert; evtl. handelte es sich um die Lok 18 der Samlandbahn oder der Königsberg-Cranzer Eisenbahn.

Zu den ersten an die KPEV abgelieferten T11 gehörte die „Altona 1520", ab 1906 „ALTONA 7501" und ab 1925 DRB 74 007. Sie war einer der 35 T11, die auf Heißdampf umgebaut worden waren – deutlich zu erkennen an den neuen Zylindern mit Kolbenschiebern. *Foto: Werner Hubert*

Bors 1904/ 5425	Bln 2164 →'06 BLN 7561 T11 →'25 **DRB 74 027**	+11.29
Bors 1904/ 5426	Bln 2165 →'06 BLN 7562 T11 →'25 **DRB 74 028**	+10.28
Bors 1904/ 5427	Bln 2166 →'06 BLN 7563 T11 →'25 **DRB 74 029**	+31
Bors 1904/ 5429	Alt 1525 →'06 ALT 7506 T11 →'25 **DRB 74 030** →'45 DRw/DB	+02.11.49
Bors 1904/ 5430	Alt 1526 →'06 ALT 7507 T11 →'25 **DRB 74 031** →'45 DRo/DR	+05.02.51
Bors 1904/ 5431	Alt 1527 →'06 ALT 7508 T11 →'25 **DRB 74 032** →'45 DRw/DB	+14.08.50
Bors 1904/ 5433	Alt 1529 →'06 ALT 7510 T11 →'25 **DRB 74 033**	+12.31
Bors 1904/ 5434	Kat 1499 →'06 KAT 7501 T11 →'22 OPP 7501 →'25 **DRB 74 034**	+29
Unio 1904/ 1317	Bln 2134 →'06 BLN 7531 T11 →'25 **DRB 74 035**	+
Unio 1904/ 1318	Bln 2135 →'06 BLN 7532 T11 →'25 **DRB 74 036** →'45 PKP OKi1-1" +56 →'56 WL KWK Czeladź	+
Unio 1904/ 1319	Bln 2136 →'06 BLN 7533 T11 →'25 **DRB 74 037**	+06.32
Unio 1904/ 1320	Bln 2137 →'06 BLN 7534 T11 →'25 **DRB 74 038**	+01.32
Unio 1904/ 1321	Bln 2138 →'06 BLN 7535 T11 →'25 **DRB 74 039** →'45 DRw/DB	+14.08.50
Unio 1904/ 1322	Bln 2139 →'06 BLN 7536 T11 →'25 **DRB 74 040**	+31
Unio 1904/ 1323	Bln 2140 →'06 BLN 7537 T11 →'25 **DRB 74 041**	+
Unio 1904/ 1324	Bln 2141 →'06 BLN 7538 T11 →'25 **DRB 74 042** →'45 DRw/DB	+14.08.50
Unio 1904/ 1325	Bln 2142 →'06 BLN 7539 T11 →'25 **DRB 74 043** →'45 DRw/DB	+14.08.50
Unio 1904/ 1347	Bln 2147 →'06 BLN 7544 T11 →'25 **DRB 74 044**	+08.29
Unio 1904/ 1348	Bln 2148 →'06 BLN 7545 T11 →'25 **DRB 74 045**	+10.29
Unio 1904/ 1350	Bln 2150 →'06 BLN 7547 T11 →'25 **DRB 74 046**	+31
Unio 1904/ 1351	Bln 2151 →'06 BLN 7548 T11 →'25 **DRB 74 047**	+10.28
Unio 1904/ 1352	Bln 2152 →'06 BLN 7549 T11 →'25 **DRB 74 048** →'45 DRo/DR →04.01.63 verk. VEB Industriebahn Erfurt 4"	++70
Unio 1904/ 1353	Bln 2153 →'06 BLN 7550 T11 →'25 **DRB 74 049** →'45 DRw/DB	+14.08.50
Unio 1904/ 1354	Bln 2154 →'06 BLN 7551 T11 →'25 **DRB 74 050**	+10.29
Unio 1904/ 1355	Bln 2155 →'06 BLN 7552 T11 →'25 **DRB 74 051**	+11.29
Unio 1904/ 1356	Bln 2156 →'06 BLN 7553 T11 →'25 **DRB 74 052** +10.35 →'35 Samlandbahn (SLB) 19	+
Unio 1904/ 1357	Bln 2157 →'06 BLN 7554 T11 →'25 **DRB 74 053** →'45 PKP OKi1-7"	+10.11.47
Unio 1904/ 1358	Bln 2158 →'06 BLN 7555 T11 →'25 **DRB 74 054**	+10.28
Unio 1904/ 1359	Bln 2159 →'06 BLN 7556 T11 →'25 **DRB 74 055** →'45 DRo/DR →01.12.61 verk. WL 16 Eisenhüttenwerk Thale	+67
Vulc 1904/ 2075	Bln 2144 →'06 BLN 7541 T11 →'25 **DRB 74 056**	+11.29
Vulc 1904/ 2076	Bln 2145 →'06 BLN 7542 T11 →'25 **DRB 74 057** →'45 DRw/DB	+14.08.50
Vulc 1904/ 2079	Fft 1507 →'06 FFT 7508 T11 →'25 **DRB 74 058**	+28
Vulc 1904/ 2080	Fft 1508 →'06 FFT 7509 T11 →'25 **DRB 74 059**	+31
Vulc 1904/ 2081	Fft 1509 →'06 FFT 7510 T11 →'25 **DRB 74 060**	+28
Vulc 1904/ 2082	Fft 1510 →'06 FFT 7511 T11 →'25 **DRB 74 061**	+28
Vulc 1904/ 2084	Mnz 1650 →'06 MNZ 7501 T11 →'25 **DRB 74 062**	+
Vulc 1904/ 2085	Mnz 1651 →'06 MNZ 7502 T11 →'25 **DRB 74 063**	+31
Vulc 1904/ 2086	Mnz 1652 →'06 MNZ 7503 T11 →'25 **DRB 74 064**	+11.32
Vulc 1904/ 2087	Mnz 1653 →'06 MNZ 7504 T11 →'25 **DRB 74 065**	+26
Vulc 1904/ 2088	Mnz 1654 →'06 MNZ 7505 T11 →'25 **DRB 74 066**	+29
Vulc 1904/ 2089	Mnz 1655 →'06 MNZ 7506 T11 →'25 **DRB 74 067**	+28
Hohz 1905/ 1863	Han 3000 →'06 HAN 7501 T11 →'25 **DRB 74 068**	+10.29
Hohz 1905/ 1864	Han 3001 →'06 HAN 7502 T11 →'25 **DRB 74 069**	+08.29
Hohz 1905/ 1865	Han 3002 →'06 HAN 7503 T11 →'25 **DRB 74 070**	+01.12.32
Hohz 1905/ 1866	Han 3003 →'06 HAN 7504 T11 →'25 **DRB 74 071**	+06.31
Hohz 1905/ 1867	Han 3004 →'06 HAN 7505 T11 →'25 **DRB 74 072**	+10.28
Hohz 1905/ 1868	Han 3005 →'06 HAN 7506 T11 →'25 **DRB 74 073**	+31
Hohz 1905/ 1869	Han 3006 →'06 HAN 7507 T11 →'25 **DRB 74 074** →'45 DRo (11.45 RBD Berlin)	V.u.
Hohz 1905/ 1870	Han 3007 →'06 HAN 7508 T11 →'25 **DRB 74 075** ('43 Bw Berlin Anhalter Bhf.)	V.u.
Hohz 1905/ 1871	Mnz 1656 →'06 MNZ 7507 T11 →'25 **DRB 74 076**	+27
Hohz 1905/ 1872	Mnz 1657 →'06 MNZ 7508 T11 →'25 **DRB 74 077**	+27
Hohz 1905/ 1873	Mnz 1658 →'06 MNZ 7509 T11 →'25 **DRB 74 078**	+26
Hohz 1905/ 1874	Mnz 1659 →'06 MNZ 7510 T11 →'25 **DRB 74 079**	+26
Hohz 1905/ 1875	Mst 1750 →'06 MST 7501 T11 →'10 KSL 7501 →'25 **DRB 74 080** →'45 DRw/DB	+14.08.50
Hohz 1905/ 1876	Mst 1751 →'06 MST 7502 T11 →'10 KSL 7502 →'25 **DRB 74 081**	+
Hohz 1905/ 1877	Köl 1700 →'06 KÖL 7501 T11 →'25 **DRB 74 082**	+28
Hohz 1905/ 1878	Köl 1701 →'06 KÖL 7502 T11 →'25 **DRB 74 083**	+31
Hohz 1905/ 1879	Efd 1961 →'06 EFD 7501 T11 →'25 **DRB 74 084**	+31
Hohz 1905/ 1880	Efd 1962 →'06 EFD 7502 T11 →'25 **DRB 74 085**	+31
Hohz 1905/ 1881	Alt 1538 →'06 ALT 7511 T11 →'25 **DRB 74 086**	+

Am 15. Juni 1932 fotografierte Carl Bellingrodt die 74 101 in ihrem Heimat-Bw Berlin Lehrter Bf. – genau ein Jahr später, im Juni 1933, wurde die Lokomotive ausgemustert.

Hohz 1905/ 1882	Bln 2213 →'06 BLN 7592 T11 →'25 **DRB 74 087** →'45 DRo (11.45 Rbd Berlin) →'45/46 SMA →'?? CCCP-WL (11.48-03.57 in Perwouralsk)	+
Unio 1905/ 1380	Bln 2186 →'06 BLN 7565 T11 →'25 **DRB 74 088** →'45 DRo (11.45 RBD Berlin)	V.u.
Unio 1905/ 1381	Bln 2187 →'06 BLN 7566 T11 →'25 **DRB 74 089** →'45 DRo/DR	+05.02.51
Unio 1905/ 1382	Bln 2188 →'06 BLN 7567 T11 →'25 **DRB 74 090** →'45 PKP OKi1-52" +56 →'56 WL KWK „Kleofas“	+
Unio 1905/ 1383	Bln 2189 →'06 BLN 7568 T11 →'25 **DRB 74 091** →'45 PKP	+01.02.46
Unio 1905/ 1384	Bln 2190 →'06 BLN 7569 T11 →'25 **DRB 74 092** →'45 DRw/DB	+14.08.50
Unio 1905/ 1386	Bln 2192 →'06 BLN 7571 T11 →'25 **DRB 74 093**	+05.29
Unio 1905/ 1388	Bln 2194 →'06 BLN 7573 T11 →'25 **DRB 74 094**	+06.31
Unio 1905/ 1389	Bln 2195 →'06 BLN 7574 T11 →'25 **DRB 74 095**	+11.29
Unio 1905/ 1391	Bln 2197 →'06 BLN 7576 T11 →'25 **DRB 74 096** →'45 DRo/DR	+25.01.51
Unio 1905/ 1394	Bln 2200“ →'06 BLN 7579 T11 →'25 **DRB 74 097**	+02.33
Unio 1905/ 1396	Bln 2202“ →'06 BLN 7581 T11 →'25 **DRB 74 098** +04.35 →'35 Samlandbahn (SLB) 12	+
Unio 1905/ 1397	Bln 2203“ →'06 BLN 7582 T11 →'25 **DRB 74 099**	+30
Unio 1905/ 1398	Bln 2204“ →'06 BLN 7583 T11 →'25 **DRB 74 100** →'45 DRo (11.45 Rbd Berlin) →'45/46 SMA →'?? CCCP-WL (Kessel +23.08.57)	+
Unio 1905/ 1399	Bln 2205“ →'06 BLN 7584 T11 →'25 **DRB 74 101**	+06.33
Unio 1905/ 1402	Bln 2208“ →'06 BLN 7587 T11 →'25 **DRB 74 102** +02.35 →'35 Königsberg-Cranzer Eb. (KCE) 15	+
Unio 1905/ 1403	Bln 2209“ →'06 BLN 7588 T11 →'25 **DRB 74 103** →'45 DRo/DR →01.06.57 verk. EHW Calbe	+
Unio 1905/ 1404	Bln 2210 →'06 BLN 7589 T11 →'25 **DRB 74 104**	+10.33
Unio 1905/ 1405	Bln 2211 →'06 BLN 7590 T11 →'25 **DRB 74 105** →'45 DRo (11.45 RBD Berlin)	V.u.
Unio 1905/ 1406	Bln 2212 →'06 BLN 7591 T11 →'25 **DRB 74 106**	+03.36
Unio 1905/ 1409	Pos 1950 →'06 POS 7501 T11 →'20 OST 7501 →'25 **DRB 74 107** →'45 DRw/DB	+14.08.50
Unio 1905/ 1410	Pos 1951 →'06 POS 7502 T11 →'20 OST 7502 →'25 **DRB 74 108**	+01.34
Unio 1905/ 1411	Pos 1952 →'06 POS 7503 T11 →'20 OST 7503 →'25 **DRB 74 109** →'45 DRw/DB	+14.08.50
Unio 1905/ 1415	Bsl 1721[3] →'06 BSL 7501 T11 →'25 **DRB 74 110**	+31
Unio 1905/ 1417	Kat 1498 →'06 KAT 7506 T11 →'22 OPP 7506 →'25 **DRB 74 111**	+
Vulc 1905/ 2151	Stn 1851 →'06 STN 7501 T11 →'25 **DRB 74 112** →'45 PKP OKi1-36“ +16.03.59 →'?? WL LTV Zakłady Płyt Pilśniowych w Czarnkowie	+
Vulc 1905/ 2152	Stn 1852 →'06 STN 7502 T11 →'25 **DRB 74 113**	+
Vulc 1905/ 2153	Stn 1853 →'06 STN 7503 T11 →'25 **DRB 74 114**	+06.31
Hohz 1906/ 1926	Efd 1963 →'06 EFD 7503 T11 →'25 **DRB 74 115** →'45 DRw/DB	+28.10.48
Hohz 1906/ 1927	Efd 1964 →'06 EFD 7504 T11 →'25 **DRB 74 116**	+06.33
Hohz 1906/ 1928	Efd 1965 →'06 EFD 7505 T11 →'25 **DRB 74 117**	+03.34
Hohz 1906/ 1929	Efd 1966 →'06 EFD 7506 T11 →'25 **DRB 74 118**	+31
Hohz 1906/ 1930	Efd 1967 →'06 EFD 7507 T11 →'25 **DRB 74 119** →'45 DRw/DB	+14.08.50

Hohz 1906/ 1931	Efd 1968 →'06 EFD 7508 T11 →'25 **DRB 74 120**	+02.32
Hohz 1906/ 1932	Mnz 1660 →'06 MNZ 7511 T11 →'25 **DRB 74 121**	+28
Hohz 1906/ 1933	Mnz 1661 →'06 MNZ 7512 T11 →'25 **DRB 74 122**	+28
Hohz 1906/ 1934	Mnz 1662 →'06 MNZ 7513 T11 →'25 **DRB 74 123**	+28
Hohz 1906/ 1935	Mnz 1663 →'06 MNZ 7514 T11 →'25 **DRB 74 124**	+28
Hohz 1906/ 1936	Köl 1702 →'06 KÖL 7503 T11 →'25 **DRB 74 125** →'45 PKP OKi1-14“ +18.06.55 →'55 WL Huta im. Bol. Bieruta	+
Hohz 1906/ 1937	Köl 1703 →'06 KÖL 7504 T11 →'25 **DRB 74 126**	+
Hohz 1906/ 1938	Fft 1512 →'06 FFT 7513 T11 →'25 **DRB 74 127**	+
Hohz 1906/ 1939	Fft 1513 →'06 FFT 7514 T11 →'25 **DRB 74 128**	+29
Hohz 1906/ 1940	Han 3008 →'06 HAN 7509 T11 →'25 **DRB 74 129**	+28
Hohz 1906/ 1942	Esn 1550[3] →'06 ESN 7501 T11 →'?? MNZ 7524 →'?? MNZ 7529“ →'25 **DRB 74 130**	+28
Hohz 1906/ 1944	Fft 1514 →'06 FFT 7515 T11 →'25 **DRB 74 131**	+29
Hohz 1906/ 1945	Fft 1515 →'06 FFT 7516 T11 →'25 **DRB 74 132**	+30
Hohz 1906/ 1946	Mst 1752 →'06 MST 7503 T11 →'10 ERF 7501“ →'25 **DRB 74 133**	+
Hohz 1906/ 1947	(Bln 2230) →'06 BLN 7597 T11 →'25 **DRB 74 134** +03.36 →'36 WL 9 Stahlwerk Riesa ('67 vorh.)	+
Hohz 1906/ 1948	(Bln 2231) →'06 BLN 7598 T11 →'25 **DRB 74 135**	+10.34
Hohz 1906/ 1949	(Bln 2232) →'06 BLN 7599 T11 →'25 **DRB 74 136**	+01.30
Hohz 1906/ 1950	(Bln 2233) →'06 BLN 7600 T11 →'25 **DRB 74 137** →'45 PKP OKi1-43” +56 →'56 WL KWK Wujek OKi1-43	+72
Hohz 1906/ 1972	Esn 1555 →'06 ESN 7506 T11 →'25 **DRB 74 138**	+29
Hohz 1906/ 1975	MGD 7501 T11 →'25 **DRB 74 139**	+31
Hohz 1906/ 1976	MGD 7502 T11 →'25 **DRB 74 140** →'45 DRo/DR →01.10.56 verk. WL 8 Kaliwerk Bischofferode	+
Hohz 1906/ 1977	MGD 7503 T11 →05.07 ESN 7511 →03.08 MGD 7503 →'25 **DRB 74 141**	+31
Hohz 1906/ 1978	Mnz 1664 →'06 MNZ 7515 T11 →'25 **DRB 74 142**	+29
Hohz 1906/ 1979	Mnz 1665 →'06 MNZ 7516 T11 →'25 **DRB 74 143**	+29
Hohz 1906/ 1980	Sbr 1550 →'06 SBR 7501 T11 →'20 TRI 7501 →'25 **DRB 74 144**	+06.04.27
Unio 1906/ 1434	Bln 2214 →'06 BLN 7593 T11 →'25 **DRB 74 145**	+11.07.44
Unio 1906/ 1435	Bln 2215 →'06 BLN 7594 T11 →'25 **DRB 74 146** →'45 DRo/DR	+05.03.65
Unio 1906/ 1436	Bln 2216 →'06 BLN 7595 T11 →'25 **DRB 74 147** →'45 DRw/DB	+14.08.50
Unio 1906/ 1437	Bln 2217 →'06 BLN 7596 T11 →'25 **DRB 74 148** →'45 DRo →10.08.47 MPS	+10.02.53
Unio 1906/ 1438	Hal 1676 →'06 HAL 7501 T11 →'10 KSL 7503 →'25 **DRB 74 149** →'45 DRw/DB	+14.08.50
Unio 1906/ 1440	Bsl 1722“ →'06 BSL 7502 T11 →'25 **DRB 74 150**	+28
Unio 1906/ 1452	POS 7236 T11 →'?? POS 7509 →'20 OST 7504 →'25 **DRB 74 151** →'45 DRo/DR →01.05.57 verk. WL Stahlwerk Brandenburg	++67/68
Unio 1906/ 1458	POS 7242 T11 →'?? POS 7515 →'09 ALT 7527 →'10 ERF 7527 →'25 **DRB 74 152**	+27
Unio 1906/ 1459	POS 7243 T11 →'?? POS 7516 →'09 ALT 7528 →'10 ERF 7528 →'25 **DRB 74 153** →'45 DRo/DR →01.10.57 verk. an Soda Bernburg	+
Unio 1906/ 1460	POS 7244 T11 →'?? POS 7517 →'10 ERF 7502“ →'25 **DRB 74 154** →'45 DRo/DR →01.08.57 verk. WL EHW Calbe	+
Unio 1906/ 1462	POS 7246 T11 →'?? POS 7519 →'10 ERF 7504“ →'25 **DRB 74 155**	+01.08.33
Unio 1906/ 1463	POS 7247 T11 →'?? POS 7520 →'10 ERF 7505“ →'25 **DRB 74 156**	+12.35
Unio 1906/ 1464	POS 7248 T11 →'?? POS 7521 →'10 ERF 7506“ →'25 **DRB 74 157** →'45 DRo/DR →01.11.56 verk. Kaliwerk Bischofferode	+
Unio 1906/ 1465	POS 7249 T11 →'?? POS 7522 →'10 ERF 7507“ →'25 **DRB 74 158** →'45 DRo/DR →01.07.58 verk. Zementwerk Karsdorf	+
Unio 1906/ 1466	POS 7250 T11 →'?? POS 7523 →'10 ERF 7508“ →'25 **DRB 74 159**	+31
Unio 1906/ 1467	POS 7251 T11 →'?? POS 7524 →'10 ERF 7509“ →'25 **DRB 74 160**	+01.08.33
Unio 1906/ 1468	Bsl 1724“ →'06 BSL 7504 T11 →'25 **DRB 74 161**	+28
Unio 1906/ 1469	Bsl 1725“ →'06 BSL 7505 T11 →'25 **DRB 74 162**	+28
Unio 1906/ 1470	Bsl 1726“ →'06 BSL 7506 T11 →'25 **DRB 74 163** →'45 DRo (11.45 RBD Berlin)	V.u.
Unio 1906/ 1471	Bsl 1727“ →'06 BSL 7507 T11 →'25 **DRB 74 164**	+10.33
Unio 1906/ 1472	Hal 1678 →'06 HAL 7503 T11 →'10 KSL 7505 →'25 **DRB 74 165** →'45 DRw/DB	+14.08.50
Unio 1906/ 1473	Hal 1679 →'06 HAL 7504 T11 →'10 KSL 7506 →'25 **DRB 74 166** →'45 DRw/DB	+14.08.50
Unio 1906/ 1474	Hal 1680 →'06 HAL 7505 T11 →'10 MNZ 7532 →'?? MNZ 7539 →'25 **DRB 74 167**	+26
Unio 1906/ 1477	Stn 1856 →'06 STN 7506 T11 →'25 **DRB 74 168**	+31
Unio 1906/ 1478	Stn 1857 →'06 STN 7507 T11 →'25 **DRB 74 169**	+09.32
Unio 1906/ 1491	ESN 7509 T11 →'25 **DRB 74 170**	+27
Unio 1906/ 1492	ESN 7510 T11 →'25 **DRB 74 171**	+26.02.31
Unio 1906/ 1493	HAL 7506 T11 →'10 MNZ 7533 →'?? MNZ 7525“ →'25 **DRB 74 172**	+29
Unio 1906/ 1494	MNZ 7517 T11 →'25 **DRB 74 173**	+27
Unio 1906/ 1495	MNZ 7518 T11 →'25 **DRB 74 174**	+28
Unio 1906/ 1496	MNZ 7519 T11 →'25 **DRB 74 175**	+28
Unio 1906/ 1497	MNZ 7520 T11 →'25 **DRB 74 176**	+28

Unio 1906/ 1498	SBR 7503 T11 →'20 TRI 7503 →'25 **DRB 74 177**	+26.02.31
Unio 1906/ 1499	SBR 7504 T11 →'20 TRI 7504 →'25 **DRB 74 178** →'45 DRo →'?? SMA	+
Vulc 1906/ 2186	Stn 1854 →'06 STN 7504 T11 →'25 **DRB 74 179**	+31
Vulc 1906/ 2187	Stn 1855 →'06 STN 7505 T11 →'25 **DRB 74 180**	+01.32
Vulc 1906/ 2188	Bsl 1723" →'06 BSL 7503 T11 →'25 **DRB 74 181**	+32
Unio 1906/ 1501	Stn 1859 →'06 STN 7509 T11 →'25 **DRB 74 182** [7)]	+32
Unio 1907/ 1517	KAT 7509 T11 →'22 OPP 7509 →'25 **DRB 74 183**	+09.32
Unio 1907/ 1519	MNZ 7521 T11 →'25 **DRB 74 184**	+
Unio 1907/ 1521	STN 7511 T11 →'25 **DRB 74 185** →'45 DRo/DR →01.06.57 verk. WL EHW Thale	+
Unio 1907/ 1522	ALT 7513 T11 →'25 **DRB 74 186**	+04.34
Unio 1907/ 1523	ALT 7514 T11 →'25 **DRB 74 187** →'45 DRw/DB	+14.08.50
Unio 1907/ 1524	ALT 7515 T11 →'25 **DRB 74 188** →'45 DRw/DB	+14.08.50
Unio 1907/ 1527	BLN 7603 T11 →'25 **DRB 74 189**	+11.33
Unio 1907/ 1528	BLN 7604 T11 →'25 **DRB 74 190** →'45 DRo/DR →01.12.56 verk. VEB Kombinat Schwarze Pumpe WL 5	+
Unio 1907/ 1529	BLN 7605 T11 →'25 **DRB 74 191** →'45 DRo (11.45 RBD Berlin)	V.u.
Unio 1907/ 1530	BLN 7606 T11 →'25 **DRB 74 192** →'45 DRo (11.45 RBD Berlin)	V.u.
Unio 1907/ 1531	BLN 7607 T11 →'25 **DRB 74 193**	+29
Unio 1907/ 1532	BLN 7608 T11 →'25 **DRB 74 194** →'45 DRo/DR →01.04.63 verk. WL 8" EHW Thale	+
Unio 1907/ 1533	BLN 7609 T11 →'25 **DRB 74 195** +14.06.44 →'44 Vering & Waechter /L →'45 Neukölln-Mittenwalder Eisenbahn (NME) 7[3]	++02.55
Unio 1907/ 1534	BLN 7610 T11 →'25 **DRB 74 196** →'45 DRo	+03.12.47
Unio 1907/ 1535	BLN 7611 T11 →'25 **DRB 74 197** →'45 PKP	+15.02.46
Unio 1907/ 1565	KAT 7516 T11 →'22 OPP 7516 →'25 **DRB 74 198**	+02.34
Unio 1907/ 1566	ALT 7516 T11 →'25 **DRB 74 199** +10.33 →'?? WL Mitteldeutsche Stahlwerke, Riesa (02.34 vorh.)	+
Unio 1907/ 1567	ALT 7517 T11 →'25 **DRB 74 200**	+06.32
Unio 1907/ 1568	ALT 7518 T11 →'25 **DRB 74 201**	+32
Unio 1907/ 1569	ALT 7519 T11 →'25 **DRB 74 202** →'45 DRo/DR →01.05.57 verk. WL 6 Stahlwerk Brandenburg	++67/68
Unio 1907/ 1570	ALT 7520 T11 →'25 **DRB 74 203** →'45 DRw/DB	+14.08.50
Unio 1907/ 1572	ALT 7522 T11 →'25 **DRB 74 204**	+31
Unio 1907/ 1576	KBG 7501 T11 →'25 **DRB 74 205**	+31
Unio 1907/ 1577	KBG 7502 T11 →'25 **DRB 74 206**	+01.12.32
Unio 1907/ 1578	KBG 7503 T11 →'25 **DRB 74 207** +27 →'33 Haffuferbahn 7 [8)]	+
Hohz 1908/ 2306	EFD 7509 T11 →'25 **DRB 74 208** →'45 DRw/DB	+14.08.50
Hohz 1908/ 2307	EFD 7510 T11 →'25 **DRB 74 209** →'45 DRw/DB	+14.08.50
Hohz 1908/ 2308	EFD 7511 T11 →'25 **DRB 74 210** →'45 DRw/DB	+14.08.50
Hohz 1908/ 2309	EFD 7512 T11 →'08 ESN 7512 →'25 **DRB 74 211**	+29
Hohz 1908/ 2310	EFD 7513 T11 →'08 ESN 7513 →'25 **DRB 74 212**	+27
Hohz 1908/ 2311	EFD 7514 T11 →'08 ESN 7514 →'25 **DRB 74 213**	+29
Hohz 1908/ 2312	MNZ 7522 T11 →'25 **DRB 74 214**	+28
Hohz 1908/ 2313	MNZ 7523 T11 →'25 **DRB 74 215**	+26
Unio 1907/ 1579	STN 7512 T11 →'25 **DRB 74 216** →'45 DRo/DR →'61 verk. (als WL)	++04.65
Unio 1907/ 1580	STN 7513 T11 →'25 **DRB 74 217** →'45 DRo/DR →20.03.61 verk. WL Stahlwerk Brandenburg	++67/68
Unio 1907/ 1581	STN 7514 T11 →'25 **DRB 74 218** →'45 DRw/DB	+14.08.50
Unio 1908/ 1582	MGD 7503" T 11 →'07/08 MGD 7506 →'25 **DRB 74 219** →'45 DRo (11.45 RBD Berlin)	V.u.
Unio 1908/ 1583	MGD 7504 T11 →'25 **DRB 74 220**	+32
Unio 1908/ 1584	MGD 7505 T11 →'25 **DRB 74 221**	+31
Unio 1908/ 1585	BLN 7612 T11 →'25 **DRB 74 222** →'45 DRw/DB	+14.08.50
Unio 1908/ 1588	BLN 7615 T11 →'25 **DRB 74 223** →'45 DRo/DR	+05.02.51
Unio 1908/ 1589	BLN 7616 T11 →'25 **DRB 74 224** →'45 PKP OKi1-49"	+27.06.64
Unio 1908/ 1590	BLN 7617 T11 →'25 **DRB 74 225** →'45 DRo/DR	+05.03.65
Unio 1908/ 1597	FFT 7517 T11 →'25 **DRB 74 226**	+28
Unio 1908/ 1598	FFT 7518 T11 →'25 **DRB 74 227**	+28
Unio 1908/ 1599	FFT 7519 T11 →'25 **DRB 74 228**	+
Unio 1908/ 1600	HAN 7510 T11 →'25 **DRB 74 229**	+03.32
Unio 1908/ 1601	HAN 7511 T11 →'25 **DRB 74 230**	+
Unio 1908/ 1602	HAN 7512 T11 →'25 **DRB 74 231** →'45 DRo/DR →22.01.65 verk. Industriebahn Erfurt-Ost Nr. 6 →'68 Industriebahn Erfurt-Ost Nr. 2" →'74 aufgestellt vor DR-Betriebsschule Erfurt (Denkmal als „CSL 7778") →08.92 DR-Museumslok (Bw Arnstadt) →'99 verk. Museumseisenbahn Minden (MEM) HAN 7512 T11	('19 vorh.)
Unio 1908/ 1603	HAN 7513 T11 →'25 **DRB 74 232** →'45 DRo/DR	+05.07.56
Unio 1908/ 1604	KÖL 7505 T11 →'25 **DRB 74 233**	+31

7) Eine 74 182 wurde 1948 auch beim MPS nachgewiesen.
8) Eine „HB 7" wurde 1951 beim MPS nachgewiesen.

Im Bw Tempelhof war die 74 223 stationiert – dort fotografierte Carl Bellingrodt sie am 17. Juni 1932. Die 74 223 war eine der wenigen Naßdampf-T11, die den Zweiten Weltkrieg überstanden – sie wurde erst im Februar 1951 beim Bw Magdeburg Hbf. ausgemustert.

Unio 1908/ 1605	KÖL 7506 T11 →'25 **DRB 74 234** →'45 DRo/DR →01.04.58 verk. WL VEB Eisenwerke West, Calbe-Saale	+
Unio 1908/ 1608	BRO 7505 T11 →'20 OST 7505 →'25 **DRB 74 235** →'45 DRo/DR	+05.03.65
Unio 1908/ 1609	BRO 7506 T11 →'20 OST 7506 →'25 **DRB 74 236**	+29
Unio 1908/ 1610	BRO 7507 T11 →'20 OST 7507 →'25 **DRB 74 237** →'45 DRw/DB	+14.08.50
Unio 1908/ 1611	BRO 7508 T11 →'20 OST 7508 →'25 **DRB 74 238** →'45 DRw/DB	+14.08.50
Unio 1908/ 1612	BRO 7509 T11 →'20 OST 7509 →'25 **DRB 74 239** →'45 DRo/DR →19.12.60 verk. HL VEB Bauunion Erfurt, Betonwerk Salzstraße	++
Unio 1908/ 1613	BLN 7620 T11 →'25 **DRB 74 240** →'45 DRo/DR →06.12.63 verk. Industriebahn Erfurt-Ost 1[3]	+73
Unio 1908/ 1614	BLN 7621 T11 →'25 **DRB 74 241**	+31
Unio 1908/ 1615	BLN 7622 T11 →'25 **DRB 74 242** →'45 DRo	+11.46
Unio 1908/ 1616	BLN 7623 T11 →'25 **DRB 74 243** →'45 DRo/DR →06.09.51 verk. Energiebezirk Süd	+
Unio 1908/ 1617	BLN 7624 T11 →'25 **DRB 74 244** →'45 DRo (11.45 RBD Berlin)	V.u.
Unio 1908/ 1618	BLN 7625 T11 →'25 **DRB 74 245** →'45 DRo/DR	+08.02.65
Unio 1908/ 1619	BLN 7626 T11 →'25 **DRB 74 246** →'45 DRw/DB	+14.08.50
Unio 1908/ 1621	BLN 7628 T11 →'25 **DRB 74 247**	+05.28
Unio 1908/ 1622	MGD 7507 T11 →'25 **DRB 74 248** →'45 DRo (11.45 Rbd Berlin) →'45/46 SMA →'?? CCCP-WL (04.49-10.59 in Pervouralsk)	+
Unio 1908/ 1623	MGD 7508 T11 →'25 **DRB 74 249** →'45 DRw/DB	+14.08.50
Unio 1908/ 1624	STN 7515 T11 →'25 **DRB 74 250** →'45 DRw/DB	+14.08.50
Unio 1908/ 1628	POS 7526 T11 →'10 ERF 7511" →'25 **DRB 74 251** →'45 DRw/DB	+14.08.50
Unio 1908/ 1629	ESN 7515 T11 →'25 **DRB 74 252** →'45 DRw/DB	+14.08.50
Unio 1908/ 1633	ESN 7519 T11 →'25 **DRB 74 253** →'45 DRw	+23.07.46
Unio 1908/ 1634	ESN 7520 T11 →'25 **DRB 74 254** →'45 DRw/DB	+14.08.50
Unio 1908/ 1635	KBG 7504 T11 →'25 **DRB 74 255** ('23-25 im litauisch besetzten Memelgebiet) →'45 DRw/DB	+14.08.50
Unio 1908/ 1636	KBG 7505 T11 →'25 **DRB 74 256** →'45 DRw/DB	+14.08.50
Unio 1908/ 1637	KBG 7506 T11 →'25 **DRB 74 257** →'45 DRw/DB	+14.08.50
Unio 1908/ 1638	KBG 7507 T11 →'25 **DRB 74 258** →'45 DRw/DB	+14.08.50
Unio 1908/ 1654	POS 7529 T11 →'10 ERF 7512 →'25 **DRB 74 259** →'45 PKP OKi1-39"	+20.02.62
Unio 1908/ 1655	POS 7530 T11 →'10 ERF 7513 →'25 **DRB 74 260** →'45 DRo/DR	+05.03.65
Unio 1908/ 1656	STN 7521 T11 →'25 **DRB 74 261**	+29
Unio 1908/ 1657	STN 7522 T11 →09.09 ALT 7523 →'25 **DRB 74 262** →'45 DRw/DB	+14.08.50
Unio 1908/ 1658	STN 7523 T11 →05.09 ALT 7524 →'25 **DRB 74 263** +08.33 →'33 WL 1 RAW Wittenberge →'35 Königsberg-Cranzer Eb. (KCE) 18	+
Unio 1908/ 1660	STN 7525 T11 →05.09 ALT 7526 →'25 **DRB 74 264**	+32
Unio 1908/ 1661	STN 7518 T11 →'25 **DRB 74 265** →'45 PKP OKi1-25" +56 →'56 WL Kopalnia „Wanda-Lech"	+

Als letzte Bremsuntersuchung war bei der 74 242 der 17. Februar 1929 angeschrieben – somit dürfte dieser Aufnahme von Werner Hubert vermutlich noch in jenem Jahr entstanden sein. Beheimatet war die Lokomotive beim Bw Berlin Schlesischer Bf.

Unio 1908/ 1662	STN 7519 T11 →'25 **DRB 74 266** →'45 DRo/DR	+05.03.65
Unio 1908/ 1663	STN 7520 T11 →'25 **DRB 74 267** →'45 DRw/DB	+14.08.50
Unio 1908/ 1664	MGD 7509 T11 →'25 **DRB 74 268**	+31
Unio 1908/ 1665	MGD 7510 T11 →'25 **DRB 74 269**	+31
Unio 1908/ 1666	POS 7527 T11 →'10 ERF 7514 →'25 **DRB 74 270**	+31
Unio 1908/ 1667	POS 7528 T11 →'10 ERF 7515 →'25 **DRB 74 271** →'45 DRo/DR	+25.01.53
Unio 1908/ 1668	KBG 7508 T11 →'25 **DRB 74 272**	+29
Unio 1908/ 1669	KBG 7509 T11 →'25 **DRB 74 273**	+02.32
Unio 1908/ 1670	KBG 7510 T11 →'25 **DRB 74 274** →'45 DRo/DR	+05.02.51
Unio 1908/ 1671	KBG 7511 T11 →'25 **DRB 74 275**	+29
Unio 1908/ 1672	ESN 7521 T11 →'?? MNZ 7525 →'?? MNZ 7530" →'25 **DRB 74 276** →'35 Königsberg-Cranzer Eb. (KCE) 13	+
Unio 1908/ 1673	ESN 7522 T11 →'25 **DRB 74 277**	+26
Unio 1908/ 1674	ESN 7523 T11 →'25 **DRB 74 278**	+26
Unio 1908/ 1676	ESN 7525 T11 →'25 **DRB 74 279**	+26
Unio 1908/ 1678	ESN 7527 T11 →'?? MNZ 7526 →'?? MNZ 7531" →'25 **DRB 74 280**	+28
Unio 1908/ 1680	BLN 7630 T11 →'25 **DRB 74 281** →'45 DRo/DR →16.03.56 verk. Industriebahn Erfurt 4	+01.63
Unio 1908/ 1681	BLN 7631 T11 →'25 **DRB 74 282** →'45 DRo/DR	+25.01.51
Unio 1908/ 1682	BLN 7632 T11 →'25 **DRB 74 283**	+02.28
Unio 1908/ 1683	BLN 7633 T11 →'25 **DRB 74 284** →'45 DRo/DR	+30.07.64
Unio 1908/ 1684	BLN 7634 T11 →'25 **DRB 74 285** →'45 DRo (11.45 RBD Berlin)	V.u.
Unio 1908/ 1685	BLN 7635 T11 →'25 **DRB 74 286** →'45 DRo (11.45 RBD Berlin	V.u.
Unio 1908/ 1686	BLN 7636 T11 →'25 **DRB 74 287** →'45 DRo/DR →01.05.57 verk. WL Stahlwerk Brandenburg	++67/68
Unio 1908/ 1687	BLN 7637 T11 →'25 **DRB 74 288** →'45 DRo (11.45 RBD Berlin)	V.u.
Unio 1908/ 1698	KÖL 7507 T11 →'25 **DRB 74 289** →'45 DRw/DB	+14.08.50
Unio 1908/ 1699	KÖL 7508 T11 →'25 **DRB 74 290** →'45 DRw/DB	+14.08.50
Unio 1908/ 1700	KÖL 7509 T11 →'25 **DRB 74 291** →'45 DRw +19.11.48 →'48 Moerser Kreisbahn (MKB) 63 (nicht in Betrieb genommen)	+51
Unio 1908/ 1701	KÖL 7510 T11 →'25 **DRB 74 292** →'45 DRw/DB	+14.08.50
Unio 1908/ 1702	ESN 7528 T11 →'25 **DRB 74 293**	+
Unio 1908/ 1703	BLN 7638 T11 →'25 **DRB 74 294**	+31
Unio 1908/ 1704	BLN 7639 T11 →'16 KSL 7510 →'25 **DRB 74 295**	+02.10.31
Unio 1908/ 1705	BLN 7640 T11 →'16 KSL 7511 →'25 **DRB 74 296**	+24.12.27
Unio 1908/ 1706	BLN 7641 T11 →'16 KSL 7512 →'25 **DRB 74 297**	+11.01.27
Unio 1908/ 1707	KBG 7512 T11 →'25 **DRB 74 298**	+28

Zum Bw Eberswalde der Rbd Stettin gehört die 74 259, als sie am 16. Juni 1932 von Carl Bellingrodt abgelichtet wurde. Die Maschine wurde noch im April 1945 als „Räumlok“ an die Rbd Hamburg überwiesen, kam dort aber nicht an und verblieb stattdessen bei den Polnischen Staatsbahnen.

Unio 1909/ 1714	FFT 7520 T11 →'25 **DRB 74 299**	+29
Unio 1909/ 1715	FFT 7521 T11 →'25 **DRB 74 300**	+28
Unio 1909/ 1716	FFT 7522 T11 →'25 **DRB 74 301**	+
Unio 1909/ 1717	FFT 7523 T11 →'25 **DRB 74 302**	+26
Unio 1909/ 1718	FFT 7524 T11 →'?? MNZ 7524“ →'25 **DRB 74 303**	+29
Unio 1909/ 1720	ESN 7530 T11 →'25 **DRB 74 304**	+
Unio 1909/ 1721	ESN 7531 T11 →'25 **DRB 74 305**	+29
Unio 1909/ 1722	ESN 7532 T11 →'?? MNZ 7527 →'?? MNZ 7532“ →'25 **DRB 74 306**	+29
Unio 1909/ 1723	ESN 7533 T11 →'?? MNZ 7528 →'?? MNZ 7533“ →'25 **DRB 74 307**	+28
Unio 1909/ 1724	KÖL 7511 T11 →'11 KSL 7507 →'25 **DRB 74 308** →'45 DRw/DB	+14.08.50
Unio 1909/ 1725	KÖL 7512 T11 →'11 KSL 7508 →'25 **DRB 74 309** →'45 DRw/DB	+14.08.50
Unio 1909/ 1726	HAL 7507 T11 →'10 MNZ 7535 →'?? MNZ 7526“ →'25 **DRB 74 310**	+26
Unio 1909/ 1727	HAL 7508 T11 →'25 **DRB 74 311** →'45 DRo/DR →01.07.61 verk. (nach Bernburg)	+
Unio 1909/ 1728	ERF 7501 T11 →'10 ERF 7516 →'25 **DRB 74 312** →'45 DRw/DB	+14.08.50
Unio 1909/ 1729	ERF 7502 T11 →'10 ERF 7517 →'25 **DRB 74 313** →'45 DRw/DB	+14.08.50
Unio 1909/ 1730	ERF 7503 T11 →'10 ERF 7518 →'25 **DRB 74 314** →'45 PKP	+15.02.46
Unio 1909/ 1732	ERF 7505 T11 →'10 ERF 7520 →'25 **DRB 74 315** →'45 DRw/DB	+14.08.50
Unio 1909/ 1733	MGD 7511 T11 →'25 **DRB 74 316**	+31
Unio 1909/ 1734	MGD 7512 T11 →'25 **DRB 74 317**	+31
Unio 1909/ 1735	STN 7522“ T11 →'25 **DRB 74 318** →'45 DRw/DB	+14.08.50
Unio 1909/ 1736	STN 7523“ T11 →'25 **DRB 74 319** →'45 DRo/DR →01.07.57 verk. EWW Calbe	+
Unio 1909/ 1737	KBG 7513 T11 →'25 **DRB 74 320** →'45 PKP OKi1-50" +56 →'56 WL Zakłady Mechaniczne Elbląg	+
Unio 1909/ 1738	KBG 7514 T11 →'25 **DRB 74 321** →'45 PKP	+15.02.46
Unio 1909/ 1739	KBG 7515 T11 →'25 **DRB 74 322**	+07.32
Unio 1910/ 1781	KBG 7516 T11 →'25 **DRB 74 323** →'45 PKP	+15.02.46
Unio 1910/ 1782	KBG 7517 T11 →'25 **DRB 74 324**	+29
Unio 1910/ 1783	KBG 7518 T11 →'25 **DRB 74 325** →'45 DRw/DB	+14.08.50
Unio 1910/ 1784	STN 7524“ T11 →'25 **DRB 74 326** →'45 DRw/DB	+14.08.50
Unio 1910/ 1785	STN 7525“ T11 →'25 **DRB 74 327** →'45 DRo/DR →01.11.56 verk. VEB Kombinat Schwarze Pumpe WL 4	+
Unio 1910/ 1786	MGD 7513 T11 →'25 **DRB 74 328** →'45 PKP OKi1-27“	+09.01.65
Unio 1910/ 1787	HAL 7509 T11 →'10 MNZ 7536 →'?? MNZ 7527“ →'25 **DRB 74 329**	+28
Unio 1910/ 1788	HAL 7510 T11 →'10 MNZ 7537 →'?? MNZ 7528“ →'25 **DRB 74 330**	+30
Unio 1910/ 1789	ERF 7506 T11 →'10 ERF 7521 →'25 **DRB 74 331** →'45 PKP OKi1-51“	+16.10.53
Unio 1910/ 1790	ERF 7507 T11 →'10 ERF 7522 →'25 **DRB 74 332**	+07.32

Die Zylinder mit Kolbenschieber und der größere Durchmesser der Rauchkammer verraten, dass die 74 289 zur Gruppe der in Heißdampf-Ausführung umgebauten T11 gehörte. Werner Hubert fotografierte die Lokomotive im Jahr 1933 im Bahnbetriebswerk Oldenburg Hbf.

Unio 1910/ 1791	ERF 7508 T11 →'10 ERF 7523 →'25 **DRB 74 333** →'45 DRw/DB	+14.08.50
Unio 1910/ 1793	ESN 7535 T11 →'10 MNZ 7529 →'?? MNZ 7535" →'25 **DRB 74 334**	+28
Unio 1910/ 1794	ESN 7536 T11 →'10 MNZ 7530 →'?? MNZ 7536" →'25 **DRB 74 335**	+28
Unio 1910/ 1795	ESN 7537 T11 →'10 MNZ 7531 →'?? MNZ 7537" →'25 **DRB 74 336**	+26
Unio 1910/ 1796	KÖL 7513 T11 →'13 KSL 7509 →'25 **DRB 74 337** →'45 DRw/DB	+14.08.50
Unio 1910/ 1797	FFT 7525 T11 →'25 **DRB 74 338**	+28
Unio 1910/ 1798	FFT 7526 T11 →'25 **DRB 74 339**	+28
Unio 1910/ 1799	FFT 7527 T11 →'25 **DRB 74 340**	+29
Unio 1910/ 1811	STN 7526 T11 →'25 **DRB 74 341** →'45 DRo/DR	+05.02.51
Unio 1910/ 1812	STN 7527 T11 →'25 **DRB 74 342** →'45 DRw/DB	+14.08.50
Unio 1910/ 1813	STN 7528 T11 →'25 **DRB 74 343** →'45 PKP OKi1-44"	+01.03.55
Unio 1910/ 1814	STN 7529 T11 →'25 **DRB 74 344** →'45 DRo/DR →'45 PKP OKi1-32"	+04.11.63
Unio 1910/ 1815	ERF 7509 T11 →'10 ERF 7524 →'25 **DRB 74 345** →'45 DRo/DR	+05.03.65
Unio 1910/ 1816	ERF 7510 T11 →'10 ERF 7525 →'25 **DRB 74 346** →'45 DRo/DR →01.06.57 verk. EHW Calbe	+
Unio 1910/ 1817	ERF 7511 T11 →'10 ERF 7526 →'25 **DRB 74 347**	+31
Unio 1910/ 1818	ALT 7529 T11 →'25 **DRB 74 348** →'45 DRw/DB	+14.08.50
Unio 1910/ 1819	ALT 7530 T11 →'25 **DRB 74 349**	+01.08.33
Unio 1910/ 1820	ALT 7531 T11 →'25 **DRB 74 350** →'45 DRw	+15.11.47
Unio 1910/ 1821	ALT 7532 T11 →'25 **DRB 74 351**	+06.31
Unio 1910/ 1822	ALT 7533 T11 →'25 **DRB 74 352**	+12.32
Unio 1910/ 1823	ALT 7534 T11 →'25 **DRB 74 353**	+30
Unio 1910/ 1824	ALT 7535 T11 →'25 **DRB 74 354**	+12.31
Unio 1910/ 1828	MGD 7514 T11 →'25 **DRB 74 355**	+
Unio 1910/ 1852	ALT 7539 T11 →'25 **DRB 74 356** →'45 DRw/DB	+14.08.50
Unio 1910/ 1854	ALT 7541 T11 →'25 **DRB 74 357** +05.32 →'32 Ostdeutsche Eisenbahn-Gesellschaft (OEG) →'45 MPS	+02.51
Unio 1910/ 1855	ALT 7542 T11 →'25 **DRB 74 358**	+32

1'C n2t DRB 74^{0-3} (ex PKP OKi 1)

Treibraddurchmesser (mm):	1 500
Achsstand (mm):	6 350
Länge über Puffer (mm):	11 190
Dienstgewicht (t):	62,6
Achslast (maximal) (t):	16,0
Höchstgeschwindigkeit (km/h):	80
Zylinderdurchmesser (mm):	480
Kolbenhub (mm):	630
Rostfläche (m²):	1,73
Verdampfungsheizfläche (m²):	113,17
Kesselüberdruck (atm):	12,0
Leistung (PSi):	520

Nach dem Ersten Weltkrieg waren 30 T 11 im neu entstandenen Polen verblieben – weitere Maschinen kamen 1922 hinzu: Mit der Auflösung der „Eisenbahnen des Freistaates Danzig" vergrößerte sich der Bestand um weitere acht Maschinen und mit der Aufteilung Oberschlesiens kamen noch einmal 18 T 11 hinzu. Die Polnischen Staatsbahnen (PKP) reihten die insgesamt 56 Maschinen als OKi 1-1 bis 52 und OKi 1-1Dz bis 4 Dz ein – durch die vier „Dz"-Nummern wurde dokumentiert, dass diese Lokomotiven offiziell dem Hafen Danzig gehörten und von den PKP nur betrieben wurden.

Zwei OKi 1 wurden bereits in den 30er Jahren ausgemustert (OKi 1-5 und OKi1-24) – alle anderen waren zu Beginn des Zweiten Weltkrieges noch vorhanden und wurden zwischen der Deutschen Reichsbahn (48 Loks) und dem sowjetischen NKPS (sechs Loks) aufgeteilt. Im Jahr 1941 erhielten die zur Reichsbahn gekommenen OKi 1 Betriebsnummern aus der Reihe 74^{0-3} in zweiter Besetzung – die niedrigste belegte Nummer war 74 011", während 74 269" die höchste war. Nach welchen Gesichtspunkten die erneut zu belegenden Betriebsnummern ausgewählt wurden, ist leider nicht bekannt: Man könnte annehmen, dass die bei der T 11 durch Ausmusterungen entstandenen Lücken gefüllt werden sollten, doch da z.B. auch die 74 008, 74 009 und 74 010 schon früher ausgeschieden waren, fragt man sich, warum zahlreiche Lücken nicht neu belegt wurden.

Weitere vier Betriebsnummern (74 273" ... 74 332") wurden 1944 OKi 1 zugewiesen, die während des Russlandfeldzuges erbeutet worden waren, so dass insgesamt 52 OKi1 eine Reichsbahnnummer erhielten.

Nach dem Zweiten Weltkrieg befand sich der größte Teil der Maschinen in Polen, wo sie zusammen mit den in Polen verbliebenen 74^{0-3} (in Erstbesetzung) wieder in die Gattung OKi 1 eingereiht wurden – belegt wurden dabei erneut die Betriebsnummern OKi 1-1 bis 52. Weitere ehemalige PKP-Lokomotiven verblieben nach dem Krieg in Deutschland, wo sie von der DB schon recht früh als Fremdlokomotiven ausgemustert wurden, während die DR sie – genauso wie die übrigen T 11 – teilweise noch bis in die Mitte der 60er Jahre einsetzte.

Die preußische T11 „BROMBERG 7503" war nach dem Ersten Weltkrieg in Polen verblieben und von den Polnischen Staatsbahnen als OKi1-30 eingereiht worden. Die Aufnahme dieser Maschine soll 1940 in Lodz entstanden sein – also bereits nach der offiziellen Übernahme durch die Deutsche Reichsbahn aber noch vor der Umzeichnung in 74 156".

Foto: Karl Friedrich Heck

Unio 1907/ 1574	DZG 7502 T11 →'22 PKP OKi1-1Dz →'39 DRB →'41 **DRB 74 011"** →'45 PKP OKi1-22" +18.06.55 →'55 WL Huta Częstochowa →'?? WL Huta im. Bol. Bieruta +
Unio 1907/ 1575	DZG 7503 T11 →'22 PKP OKi1-2Dz →'39 DRB →'41 **DRB 74 025"** →'45 DRo/DR +05.03.65
Unio 1908/ 1607	DZG 7505 T11 →'22 PKP OKi1-3Dz →'39 DRB →'41 **DRB 74 033"** →'45 PKP +19.04.50
Unio 1908/ 1697	DZG 7508 T11 →'22 PKP OKi1-4Dz →'39 DRB →'41 **DRB 74 035"** →'45 PKP OKi1-34" +30.11.53
Unio 1903/ 1256	Bln 2104 →'06 BLN 7501 T11 →'16 KAT 7517 →'22 OPP 7517 →30.11.22 PKP OKi1-1 →'39 DRB →'41 **DRB 74 037"** →'45 DRo/DR →01.05.57 verk. WL Stahlwerk Brandenburg ++67/68
Unio 1903/ 1281	Bln 2121 →'06 BLN 7518 T11 →'18 PKP OKi1-2 →'39 DRB →'41 **DRB 74 038"** →'45 PKP OKi1-2" +23.03.57
Unio 1903/ 1257	Bln 2105 →'06 BLN 7502 T11 →'16 KAT 7518 →'22 OPP 7518 →30.11.22 PKP OKi1-3 →'39 DRB →'41 **DRB 74 052"** →'45 DRw/DB +13.12.51
Unio 1903/ 1258	Bln 2106 →'06 BLN 7503 T11 →'16 KAT 7519 →16.06.22 PKP OKi1-4 →'39 DRB →'41 **DRB 74 064"** →'45 PKP OKi1-3" +54 →'54 WL ZNTK Piła +
Unio 1903/ 1260	Bln 2108 →'06 BLN 7505 T11 →'16 KAT 7521 →14.06.22 PKP OKi1-6 →'39 DRB →'41 **DRB 74 070"** →'45 DRo +11.46 →'46 WL RAW Tempelhof +60
Unio 1903/ 1266	Bln 2110 →'06 BLN 7507 T11 →'16 KAT 7523 →17.06.22 PKP OKi1-7 →'39 DRB →'41 **DRB 74 081"** →'45 DRo/DR +21.12.53
Unio 1903/ 1267	Bln 2111 →'06 BLN 7508 T11 →'16 KAT 7524 →14.06.22 PKP OKi1-8 →'39 DRB →'41 **DRB 74 084"** →'45 PKP OKi1-4" +26.11.63
Unio 1903/ 1268	Bln 2112 →'06 BLN 7509 T11 →'16 KAT 7525 →17.06.22 PKP OKi1-9 →'39 DRB →'41 **DRB 74 086"** →'45 PKP OKi1-5" +06.49
Unio 1903/ 1269	Bln 2113 →'06 BLN 7510 T11 →'16 KAT 7526 →14.06.22 PKP OKi1-10 →'39 DRB →'41 **DRB 74 097"** →'45 PKP OKi1-35" +28.04.51
Bors 1904/ 5435	Kat 1500 →'06 KAT 7502 T11 →20.09.22 PKP OKi1-11 →'39 DRB →'41 **DRB 74 098"** →'45 PKP OKi1-8" +15.03.57
Unio 1904/ 1349	Bln 2149 →'06 BLN 7546 T11 →'18 PKP OKi1-12 →'39 DRB →'41 **DRB 74 101"** →'45 PKP OKi1-9" +13.02.66
Bors 1904/ 5423	Bln 2162 →'06 BLN 7559 T11 →'18 PKP OKi1-13 →'39 DRB →'41 **DRB 74 102"** →'45 PKP OKi1-10" +57
Bors 1904/ 5424	Bln 2163 →'06 BLN 7560 T11 →'18 PKP OKi1-14 →'39 DRB →'41 **DRB 74 104"** →'45 PKP OKi1-28" +19.12.66 (vorgesehen für Museum; abgestellt in Tczewie und Miasteczku Śląskim) →'86 PKP-Museumslok (Eb.-Museum Warschau; '23 vorh.)
Unio 1905/ 1412	Pos 1953 →'06 POS 7504 T11 →'18/20 PKP OKi1-15 →'39 DRB →'41 **DRB 74 106"** →'45 PKP OKi1-11" +58
Unio 1905/ 1413	Pos 1954 →'06 POS 7505 T11 →'18/20 PKP OKi1-16 →'39 DRB →'41 **DRB 74 108"** →'45 DRo (11.45 RBD Berlin) V.u.
Unio 1905/ 1416	Kat 1497 →'06 KAT 7505 T11 →20.09.22 PKP OKi1-17 →'39 DRB →'41 **DRB 74 113"** (31.12.44 OBD Warschau) V.u.
Unio 1905/ 1407	Pos 1956 →'06 POS 7507 T11 →'18/20 PKP OKi1-19 →'39 DRB →'41 **DRB 74 116"** →'45 PKP OKi1-12" +54 →'54 WL Zellulosefabrik Szczecin +
Unio 1905/ 1390	Bln 2196 →'06 BLN 7575 T11 →'18 PKP OKi1-20 →'39 DRB →'41 **DRB 74 117"** →'45 PKP OKi1-13" +30.11.66
Unio 1905/ 1395	Bln 2201" →'06 BLN 7580 T11 →'18 PKP OKi1-21 →'39 DRB →'41 **DRB 74 118"** →'45 DRo/DR +17.06.61
Unio 1906/ 1441	Kat 1495 →'06 KAT 7503 T11 →'22 OPP 7503 →30.11.22 PKP OKi1-22 →'39 DRB →'41 **DRB 74 120"** →'45 PKP OKi1-6" +09.06.54

Die Anschrift „Ostbahn" ist ein deutlicher Hinweis darauf, dass es sich bei der 74 264 um eine ehemalige PKP-Maschine handelte. Die vormalige OKi1-50 wurde 1942 von Ernst Schörner in Zamość aufgenommen.

Unio 1906/ 1442	Kat 1496 →'06 KAT 7504 T11 (→'22 OPP 7504) →11.11.22 PKP OKi1-23 →'39 DRB →'41 **DRB 74 133"** →'45 PKP OKi1-19"	+10.06.64
Unio 1906/ 1475	KAT 7507 T11 →'22 OPP 7507 →30.11.22 PKP OKi1-25 →'39 DRB →'41 **DRB 74 134"** →'45 DRo/DR →05.07.56 WL 8 Stahlwerk Riesa ('70 vorh.)	+
Unio 1906/ 1476	KAT 7508 T11 →16.06.22 PKP OKi1-26 →'39 DRB →'41 **DRB 74 135"**	V.u.
Unio 1906/ 1453	POS 7237 T11 →'?? POS 7510 →'18/20 PKP OKi1-27 →'39 DRB →'41 **DRB 74 139"** →'45 PKP OKi1-20" +12.07.56 →'56 KWK Wieczorek, Katowice	+
Unio 1906/ 1455	POS 7239 T11 →'?? POS 7512 →'18/20 PKP OKi1-28 →'39 DRB →'41 **DRB 74 141"** →'45 PKP OKi1-16"	+01.03.55
Unio 1907/ 1573	DZG 7501 T11 →'22 PKP OKi1-29 →'39 DRB →'41 **DRB 74 155"** (12.44 RBD Danzig)	V.u.
Unio 1908/ 1595	BRO 7503 T11 →'18/20 PKP OKi1-30 →'39 DRB →'41 **DRB 74 156"** (09.44 OBD Warschau)	V.u.
Unio 1907/ 1518	KAT 7510 T11 →13.10.22 PKP OKi1-31 →'39 DRB →'41 **DRB 74 160"** →'45 PKP OKi1-46"	+57
Unio 1907/ 1561	KAT 7512 T11 →11.11.22 PKP OKi1-32 →'39 DRB →'41 **DRB 74 164"** →'45 PKP OKi1-29"	+28.10.63
Unio 1907/ 1563	KAT 7514 T11 →13.10.22 PKP OKi1-33 →'39 DRB →'41 **DRB 74 169"** →'45 DRo/DR →01.05.57 verk. WL Stahlwerk Brandenburg	++67/68
Unio 1907/ 1564	KAT 7515 T11 →'22 OPP 7515 →11.11.22 PKP OKi1-34 →'39 DRB →'41 **DRB 74 180"** →'45 DRo/DR →31.05.57 verk. WL 12 VEB Stahl- und Walzwerk Riesa	+
Unio 1907/ 1525	BLN 7601 T11 →'18 PKP OKi1-35 →'39 DRB →'41 **DRB 74 182"** →'45 PKP OKi1-23"	+07.49
Unio 1907/ 1526	BLN 7602 T11 →'18 PKP OKi1-36 →'39 DRB →'41 **DRB 74 183"** →'45 PKP OKi1-24"	+10.08.66
Unio 1908/ 1593	BRO 7501 T11 →'18/20 PKP OKi1-37 →'39 DRB →'41 **DRB 74 186"** →'45 PKP OKi1-30"	+28.04.51
Unio 1908/ 1606	DZG 7504 T11 →'22 PKP OKi1-40 →'39 DRB →'41 **DRB 74 189"** →'45 PKP OKi1-31"	+21.12.50
Unio 1908/ 1688	BRO 7510 T11 →'18/20 PKP OKi1-41 →'39 DRB →'41 **DRB 74 198"** →'45 DRw/DB	+13.12.51
Unio 1908/ 1691	BRO 7513 T11 →'18/20 PKP OKi1-42 →'39 DRB →'41 **DRB 74 200"** →'45 PKP OKi1-33"	+57
Unio 1908/ 1591	BLN 7618 T11 →'18 PKP OKi1-43 →'39 DRB →'41 **DRB 74 206"** →'45 PKP OKi1-45"	+21.12.50
Unio 1908/ 1696	DZG 7507 T11 →'22 PKP OKi1-44 →'39 DRB →'41 **DRB 74 220"** →'45 PKP OKi1-37" +56 →'56 WL KWK Walenty Wawel OKi1-37	+
Unio 1908/ 1690	BRO 7512 T11 →'18/20 PKP OKi1-46 →'39 DRB →'41 **DRB 74 221"** →'45 PKP OKi1-38"	+03.09.52
Unio 1906/ 1457	POS 7241 T11 →'?? POS 7514 →'18/20 PKP OKi1-48 →'39 DRB →'41 **DRB 74 229"** →'45 PKP OKi1-21"	+01.06.56
Unio 1908/ 1692	BRO 7514 T11 →'18/20 PKP OKi1-49 →'39 DRB →'41 **DRB 74 263"** →'45 PKP OKi1-40"	+21.12.50
Unio 1908/ 1693	BRO 7515 T11 →'18/20 PKP OKi1-50 →'39 DRB →'41 **DRB 74 264"** →'45 PKP OKi1-41"	+15.09.64
Unio 1906/ 1454	POS 7238 T11 →'?? POS 7511 →'18/20 PKP OKi1-52 →'39 DRB →'41 **DRB 74 269"** →'45 PKP OKi1-18"	+08.05.57
Unio 1905/ 1414	Pos 1955 →'06 POS 7506 T11 →'18/20 PKP OKi1-18 →'39 NKPS →ca.'41/42 DRB →'44 **DRB 74 273"** →'45 PKP OKi1-15" +55 →'54 WL ZNTK Piła	+
Unio 1908/ 1596	BRO 7504 T11 →'18/20 PKP OKi1-39 →'39 NKPS →ca.'41/42 DRB →'44 **DRB 74 317"** →'45 PKP OKi1-26" +54 →'54 WL Elektrownia Szombierki	+
Unio 1908/ 1689	BRO 7511 T11 →'18/20 PKP OKi1-45 →'39 NKPS →ca.'41/42 DRB →'44 **DRB 74 322"** →'45 DRo/DR	+14.07.51
Unio 1906/ 1456	POS 7240 T11 →'?? POS 7513 →'18/20 PKP OKi1-47 →'39 NKPS →ca.'41/42 DRB →'44 **DRB 74 332"** →'45 PKP OKi1-17" +06.10.52 →'?? WL ZNTK Piła →'?? WL ZNTK Łapy (03.75 i.E.)	+

rechte Seite: Unter der Betriebsnummer „LÜBECK-BÜCHEN 120" war ein Schild mit der Gattungsbezeichnung „T10" angebracht – tatsächlich unterschieden sich diese Maschinen signifikant von der preußischen T11, auch wenn sie äußerlich gewisse Ähnlichkeiten aufwiesen. Die Lokomotive 120 wurde nach der Übernahme durch die Deutsche Reichsbahn in 74 362 umgezeichnet.

1'C n2t DRB 74^3 (ex LBE T 10)

	74 361-362	74 363	74 364
Treibraddurchmesser (mm):	1 400	1 400	1 400
Achsstand (mm):	6 190	6 190	6 190
Länge über Puffer (mm):	10 415	10 415	10 415
Dienstgewicht (t):	60,5	58,85	58,9
Achslast (maximal) (t):	15,6	15,0	15,0
Höchstgeschwindigkeit (km/h):	70	70	70
Zylinderdurchmesser (mm):	450	450	450
Kolbenhub (mm):	630	630	630
Rostfläche (m²):	1,53	1,53	1,53
Verdampfungsheizfläche (m²):	103,6	103,6	103,6
Kesselüberdruck (atm):	12,0	12,0	12,0

Die Lübeck-Büchener Eisenbahn beschaffte zwei Bauarten von Nassdampf-1C-Tenderlokomotiven – zunächst neun Personenzuglokomotiven Gattung T 11 (LBE 127-135; Baujahre 1905-1908) und sodann noch fünf Güterzugmaschinen Gattung T 10 (LBE 122-126; Baujahr 1911/12). Die LBE-T 11 waren nahezu identisch mit den preußischen T 11 (siehe Baureihe 74^{0-3}) und unterschieden sich von diesen nur in Details – wie z.B. der Platzierung des Dampfdoms. Die fünf T 10 wiederum sahen ihren Schwestern der Gattung T 11 sehr ähnlich, besaßen aber einen um 100 mm kleineren Kuppelraddurchmesser. Laut Werner Hubert waren die T 10 von der preußischen $T 9^3$ (siehe Baureihe 91^{3-18}) abgeleitet, doch aufgrund der großen Ähnlichkeit dieser Maschinen zur preußischen T 11 seien diesbezüglich gewisse Zweifel erlaubt. Das Aufgabengebiet der T 10 bestand im Verschiebedienst auf den Hamburger Güterbahnhöfen sowie der aushilfsweise Einsatz im Personenzugdienst an Wochenenden.

Während die LBE-T 11 bereits allesamt in den 20er Jahren ausschieden, waren von der T 10 bei der Verstaatlichung der Lübeck-Büchener Eisenbahn im Jahre 1938 bis auf eine noch alle vorhanden. Die Deutsche Reichsbahn reihte die Maschinen als 74 361-364 ein, also im Anschluss an die preußischen T 11. Alle vier Lokomotiven überlebten den Zweiten Weltkrieg und wurden von der Deutschen Bundesbahn zu Beginn der 50er Jahre ausgemustert.

Literatur:

HUBERT, WERNER: Die Lokomotiven der Lübeck-Büchener Eisenbahn. Hamburg, 1926

BAG 1911/ 844	Lübeck-Büchener Eisenbahn (LBE) HASSELBROOK T10 →'17 Lübeck-Büchener Eisenbahn (LBE) 119 T10 →01.01.38 **DRB 74 361** →'45 DRw/DB	+14.08.50
BAG 1911/ 845	Lübeck-Büchener Eisenbahn (LBE) SCHLUTUP T10 →'17 Lübeck-Büchener Eisenbahn (LBE) 120 T10 →01.01.38 **DRB 74 362** →'45 DRw/DB	+14.08.50
LHW 1912/ 966	Lübeck-Büchener Eisenbahn (LBE) 121 MOISLING T10 → '17 Lübeck-Büchener Eisenbahn (LBE) 121 T10 →01.01.38 **DRB 74 363** →'45 DRw/DB	+14.08.50
LHW 1912/ 967	Lübeck-Büchener Eisenbahn (LBE) DÄNISCHBURG T10 →'17 Lübeck-Büchener Eisenbahn (LBE) 122 T10 →01.01.38 **DRB 74 364** →'45 DRw/DB	+07.03.51

1'C n2t DR 74^3 (ex SNCF 130-TB)

Treibraddurchmesser (mm):	1 500
Achsstand (mm):	6 350
Länge über Puffer (mm):	11 190
Dienstgewicht (t):	62,6
Achslast (maximal) (t):	16,0
Höchstgeschwindigkeit (km/h):	80
Zylinderdurchmesser (mm):	480
Kolbenhub (mm):	630
Rostfläche (m²):	1,73
Verdampfungsheizfläche (m²):	113,17
Kesselüberdruck (atm):	12,0
Leistung (PSi):	520

Als Waffenstillstandslokomotiven gelangten 1918/19 insgesamt 23 preußische T 11 in den Bestand der französischen „Compagnie des chemins de fer de Paris à Lyon et à la Méditerranée" (PLM), welche sie als PLM 5751-5773 in den Bestand übernahm (siehe auch Baureihe 74^{0-3}). Bei Gründung der SNCF im Jahre 1938 waren noch sieben PLM-T 11 vorhanden – sie alle mussten zu Beginn der 40er Jahre als „Leihlokomotiven" an die Deutsche Reichsbahn abgegeben werden. Nach Kriegsende befanden sich sechs dieser Maschinen in der Ostzone und eine in Polen. Von den in der DDR verbliebenen Lokomotiven erhielt eine sogar noch eine DR-Betriebsnummer: Die PLM 130BT23 bzw. SNCF 130-TB-23 wechselte im März 1953 bei der Rbd Berlin vom Ausbesserungspark in den Betriebspark und war anschließend mit ihrer SNCF-Betriebsnummer „130 TB 23" im Einsatz. Erst im Jahr 1957 erfolgte – wie auch bei zahlreichen anderen Fremdlokomotiven – die Umzeichnung auf eine Reichsbahnnummer: Hierfür wählte die DR die Betriebsnummer 74 365, reihte sie also im Anschluss an die allerdings im Westen verbliebenen und schon längst ausgemusterten LBE-T 10 ein. Doch nach nur einem halben Jahr mit Reichsbahnnummer wurde die Lokomotive an das RAW Berlin in der Warschauer Straße abgegeben, wo sie noch bis 1963 vorhanden war.

Unio 1908/ 1620	BLN 7627 T11 →'18/19 PLM 5773" →'24 PLM 130BT23 →'38 SNCF 5-130-TB-23 →'?? DRB/L →'45 DRo/DR →25.05.57 **DR 74 365** →05.01.58 WL RAW Berlin (Warschauer Str.)	+63

1'C h2t DRB 74^{4-13} (ex KPEV T 12)

Treibraddurchmesser (mm):	1 500
Achsstand (mm):	6 350
Länge über Puffer (mm):	11 800
Dienstgewicht (t):	67,1
Achslast (maximal) (t):	17,7
Höchstgeschwindigkeit (km/h):	80
Zylinderdurchmesser (mm):	540
Kolbenhub (mm):	630
Rostfläche (m²):	1,73
Verdampfungsheizfläche (m²):	106,0
Überhitzerheizfläche (m²):	33,4
Kesselüberdruck (atm):	12,0
Leistung (PSi):	870

Wie bereits bei der preußischen T 11 (Baureihe 74^{0-3}) erwähnt, wurden die preußischen Gattungen T 11 und T 12, die für die gleichen Einsatzzwecke konzipiert waren und sich auch äußerlich sehr ähnlich sahen, nahezu zeitgleich von der Union Gießerei in Königsberg fertig gestellt – wobei die ersten Heißdampflokomotiven der späteren Gattung T 12 sogar etwas früher abgeliefert wurden als die ersten T 11. Die vier T 12-Prototypen von 1902 waren mit einem Rauchkammerüberhitzer ausgerüstet – aufgrund verschiedener „Kinderkrankheiten" unterblieb vorerst die Bestellung weiterer Heißdampflokomotiven; stattdessen wurde zunächst mit der Serienbeschaffung der T 11 begonnen.
Erst im Jahr 1905 lief auch bei der T 12 die Serienfertigung an – diesmal bei Borsig und weiterhin mit Rauchkammerüberhitzer, jedoch mit verlängerter Rauchkammer und schmalerem Schornstein. Im Jahr 1907 ging man auf den Rauchröhrenüberhitzer über, mit dem höhere Heißdampftemperaturen erzielt werden konnten – gleichzeitig konnte die Rauchkammer deutlich verkürzt werden. Nach weiteren fünf Jahren führte man 1912 ein „Redesign" durch – der doppelt geknickte Umlauf wurde durch einen durchgehenden ersetzt und auch der Schornstein wurde im Durchmesser deutlich größer und konischer.
Für die KPEV gebaut wurden von der T 12 nach Musterblatt XIV-4a zwischen 1905 und 1921 insgesamt 974 Lokomotiven, so dass man zusammen mit den 25 an die Reichseisenbahnen in Elsaß-Lothringen gelieferten T 12 auf zusammen 999 gebaute Lokomotiven für deutsche Staatsbahnen kommt – von denen der überwiegende Anteil durch die RBD Berlin auf der Berliner Stadtbahn eingesetzt wurde. Aber auch einige Privatbahnen hatten T 12 bei der Lokomotivindustrie geordert, so die Halberstadt-Blankenburger Eisenbahn (HBE 51-54; siehe DR 74 6776-6779) und die Lübeck-Büchener Eisenbahn (LBE 132-142; siehe DRB 74 1311-1321).

Nach dem Ersten Weltkrieg mussten 46 T 12 als Waffenstillstandslokomotiven an die Entente abgegeben werden – es gelangten: 27 an Belgien (B 9600 ... 9679), zwölf an die Französische Nordbahn (NORD 3.888-3.889), vier an Elsaß-Lothringen (AL 7726-7729) und drei an Nord Belge (NB 91-93). Weitere 18 Lokomotiven kamen an die neu gegründeten Polnischen Staatsbahnen (PKP OKi 2-1 bis 12 und OKi 2-1Dz – 6Dz) und zehn Maschinen mussten an die Saareisenbahnen abgetreten werden (SAAR 7701-7710). Im vorläufigen Umzeichnungsplan der Deutschen Reichsbahn fanden sich noch 896 bzw. eigentlich nur 895 Lokomotiven wieder (74 401-1296): Die BLN 7705 war zweimal enthalten – zunächst als 74 405 und außerdem (mit einer falschen, nicht zu einer T 12 gehörenden Fabriknummer) als 74 555. Tatsächlich hatte man aber 14 T 12 übersehen gehabt und außerdem waren in dem Plan noch mehrere Maschinen enthalten, die an Elsaß-Lothringen sowie an Belgien abgegeben worden waren. Dadurch umfasste der endgültige Umzeichnungsplan die Betriebsnummern 74 401-1300 – wobei diesmal die Nummer 74 544 unbelegt blieb: Unter dieser Nummer war die „TRIER 7716“ fälschlich ein zweites Mal als „Borsig 6216“ statt „Grafenstaden 6216“ erfasst worden.
Während der 20er und 30er Jahre schieden nur relativ wenige T 12 aus dem Bestand aus, so dass zum Beginn des Zweiten Weltkrieges noch über 850 Exemplare vorhanden waren. Bereits 1935 waren die SAAR-Lokomotiven zum Bestand der Reichsbahn hinzugekommen (DRB 74 1301-1310) – und weitere Lokomotiven folgten während des Zweiten Weltkrieges (siehe ab 74 1322). Nach Kriegsende verblieb die weit überwiegende Zahl an T 12 in Deutschland – und zwar rund 400 bei der DB und etwa 350 bei der DR. Weitere Lokomotiven waren bei den Polnischen Staatsbahnen (dort PKP OKi 2-1 bis 84), in Luxemburg (CFL 3111-3115), in den Niederlanden (NS 5904-5909), in Belgien (SNCB 96.001 ... 030), in Österreich (ÖBB 674.798) sowie in der Sowjetunion zu finden. Bei der DB wurden die T 12 bis zu Beginn der 60er Jahre, bei der DR bis zur Mitte der 60er Jahre ausgemustert. Erhalten geblieben ist die 74 1192, welche 1964 als Werklok an die Erfurter Industriebahn gekommen war und 1977 an die Deutsche Gesellschaft für Eisenbahngeschichte verkauft wurde, die 74 1230 als DR-Traditions- bzw. DB-Museumslokomotive sowie die 74 1234, die als PKP OKi2-27 Museumslok in Jaworzyna Śląska (=Königszelt) ist.

Literatur:

Ebel, Jürgen U.; Wenzel, Hansjürgen: Die Baureihe 74. Freiburg, 1995
Scheingraber, Dr. Günther: Die preußische T 12 im Ausland. EJ 3/1988 S.39-43
Wenzel, Hansjürgen: Die Baureihe 74. EK 30 S. 97-104, EK 31 S. 141-147

Zum Bw Leipzig Hbf Süd gehörte die 74 408, als sie 1933 von Werner Hubert für das Deutsche Lokomotivbild-Archiv abgelichtet wurde. Bereits zu Beginn des nachfolgenden Jahres wurde die Maschine ausgemustert.

Unio 1902/ 1222	Bln 1984 →'02 Bln 2100 →'06 BLN 7701 T12 →'17 HAL 7728 →'25 **DRB 74 401**	+05.12.26
Unio 1902/ 1223	Bln 1985 →'02 Bln 2101 →'06 BLN 7702 T12 →'17 HAL 7729 →'25 **DRB 74 402**	V.u.
Unio 1902/ 1224	Bln 1986 →'02 Bln 2102 →'06 BLN 7703 T12 →'25 **DRB 74 403**	+05.28
Unio 1902/ 1225	Bln 1987 →'02 Bln 2103 →'06 BLN 7704 T12 →'25 **DRB 74 404**	+29
Bors 1905/ 5481	Bln 2168 →'06 BLN 7705 T12 →'25 **DRB 74 405** →'45 DRw/DB	+15.11.57
Bors 1905/ 5483	Bln 2170 →'06 BLN 7707 T12 →'25 **DRB 74 406**	+30
Bors 1905/ 5484	Bln 2171 →'06 BLN 7708 T12 →'25 **DRB 74 407**	+11.35
Bors 1905/ 5485	Bln 2172 →'06 BLN 7709 T12 →'25 **DRB 74 408**	+01.34
Bors 1905/ 5486	Bln 2173 →'06 BLN 7710 T12 →'25 **DRB 74 409**	+07.35
Bors 1905/ 5487	Bln 2174 →'06 BLN 7711 T12 →'25 **DRB 74 410** →'45 DRo/DR →01.11.61 verk. HL VEB Kraftverkehrs Eilsleben	+
Bors 1905/ 5490	Bln 2177 →'06 BLN 7714 T12 →'25 **DRB 74 411** →'45 DRw	+11.03.47
Bors 1905/ 5492	Alt 1531 →'06 ALT 7702 T12 →'25 **DRB 74 412** →'45 DRw/DB (SWDE)	+20.11.58
Bors 1905/ 5494	Alt 1533 →'06 ALT 7704 T12 →'25 **DRB 74 413** →'45 DRw/DB	+07.08.56
Bors 1905/ 5495	Alt 1534 →'06 ALT 7705 T12 →'25 **DRB 74 414** →'45 DRw/DB	+15.11.57
Bors 1905/ 5496	Alt 1535 →'06 ALT 7706 T12 →'25 **DRB 74 415** →'45 DRw/DB	+07.08.56
Bors 1905/ 5497	Alt 1536 →'06 ALT 7707 T12 →'25 **DRB 74 416**	+03.32
Bors 1905/ 5498	Alt 1537 →'06 ALT 7708 T12 →'25 **DRB 74 417**	+28
Bors 1905/ 5499	Bln 2178 →'06 BLN 7715 T12 →'25 **DRB 74 418** →'45 DRw/DB	+14.03.57
Bors 1905/ 5500	Bln 2179 →'06 BLN 7716 T12 →'25 **DRB 74 419** →'45 DRw/DB	+22.02.55
Bors 1905/ 5501	Bln 2180 →'06 BLN 7717 T12 →'25 **DRB 74 420** →'45 DRw/DB	+27.10.59
Bors 1905/ 5502	Bln 2181 →'06 BLN 7718 T12 →'25 **DRB 74 421** →'45 DRw/DB	+14.03.57
Bors 1905/ 5503	Bln 2182 →'06 BLN 7719 T12 →'25 **DRB 74 422** →'45 DRo/DR →08.08.59 verk. WL 7 BKW „Einheit“ Bitterfeld →01.04.64 WL BKW Edderitz (für Brikettfabrik) (06.66 vorh.)+	
Bors 1905/ 5504	Bln 2183 →'06 BLN 7720 T12 →'25 **DRB 74 423** →'45 DRw/DB	+15.11.57
Bors 1905/ 5505	Bln 2184 →'06 BLN 7721 T12 →'25 **DRB 74 424**	+08.32
Bors 1905/ 5506	Bln 2185 →'06 BLN 7722 T12 →'25 **DRB 74 425**	+01.08.33
Bors 1905/ 5594	Bsl 1731“ →'06 BSL 7701 T12 →'25 **DRB 74 426** →'45 DRw	+22.02.46
Bors 1905/ 5595	Bsl 1732“ →'06 BSL 7702 T12 →'25 **DRB 74 427** →'45 DRw/DB	+15.11.57
Bors 1905/ 5596	Bsl 1733“ →'06 BSL 7703 T12 →'25 **DRB 74 428** →'45 DRw/DB	+20.11.58
Bors 1905/ 5597	Efd 1981 →'06 EFD 7701 T12 →'25 **DRB 74 429** →'45 DRw	+05.03.47
Bors 1905/ 5599	Efd 1983 →'06 EFD 7703 T12 →'25 **DRB 74 430** →'45 DRw/DB +21.01.58 →01.58 WL AW Darmstadt	+
Bors 1905/ 5600	Efd 1984 →'06 EFD 7704 T12 →'25 **DRB 74 431** →'45 DRw/DB	+10.08.57

Ihre Schilder hatte die 74 414 bereits eingebüßt, als sie 1949/50 von Carl Bellingrodt abgelichtet wurde. Die Maschine gehörte damals zum Bw Hanau.

Bors 1905/ 5601	Efd 1985 →'06 EFD 7705 T12 →'25 **DRB 74 432** →'45 DRw/DB	+10.06.55
Bors 1905/ 5602	Efd 1986 →'06 EFD 7706 T12 →'25 **DRB 74 433** →'45 DRw/DB	+15.11.57
Bors 1905/ 5603	Efd 1987 →'06 EFD 7707 T12 →'25 **DRB 74 434**	+05.34
Bors 1905/ 5604	Efd 1988 →'06 EFD 7708 T12 →'25 **DRB 74 435**	+33
Bors 1905/ 5605	Esn 1500 →'06 ESN 7701 T12 →'25 **DRB 74 436** →'45 DRw/DB	+07.08.56
Bors 1905/ 5606	Esn 1501 →'06 ESN 7702 T12 →'25 **DRB 74 437** →'45 DRw/DB	+30.09.60
Bors 1905/ 5607	Esn 1502 →'06 ESN 7703 T12 →'25 **DRB 74 438** →'45 DRw/DB	+23.11.56
Bors 1905/ 5608	Esn 1503 →'06 ESN 7704 T12 →'25 **DRB 74 439** →'45 DRw/DB	+18.04.56
Bors 1906/ 5823	Bln 2218 →'06 BLN 7723 T12 →'25 **DRB 74 440** →'45 DRo/DR	+28.11.53
Bors 1906/ 5824	Bln 2219 →'06 BLN 7724 T12 →'25 **DRB 74 441** →'45 DRw/DB	+30.09.60
Bors 1906/ 5825	Bln 2220 →'06 BLN 7725 T12 →'25 **DRB 74 442** →'45 DRw/DB	+20.11.58
Bors 1906/ 5826	Bln 2221 →'06 BLN 7726 T12 →'25 **DRB 74 443**	+01.12.32
Bors 1906/ 5827	Bln 2222 →'06 BLN 7727 T12 →'25 **DRB 74 444** →'45 DRw/DB	+30.09.60
Bors 1906/ 5828	(Bln 2223) →'06 BLN 7728 T12 →'25 **DRB 74 445** →'45 DRw/DB	+14.07.60
Bors 1906/ 5829	(Bln 2224) →'06 BLN 7729 T12 →'25 **DRB 74 446** →'45 DRw/DB	+15.11.57
Bors 1906/ 5830	(Bln 2225) →'06 BLN 7730 T12 →'25 **DRB 74 447** →'45 DRo/DR →01.09.58 WL 10 Stahl- und Walzwerk Hennigsdorf	++11.65
Bors 1906/ 5831	(Bln 2226) →'06 BLN 7731 T12 →'25 **DRB 74 448** →'45 DRw/DB	+23.11.56
Bors 1906/ 5832	(Bln 2227) →'06 BLN 7732 T12 →'25 **DRB 74 449** →'45 DRo/DR	+10.11.55
Bors 1906/ 5833	(Bln 2228) →'06 BLN 7733 T12 →'25 **DRB 74 450** →'45 DRo/DR	+10.02.65
Bors 1906/ 5834	(Bln 2229) →'06 BLN 7734 T12 →'25 **DRB 74 451** →'45 DRo →10.08.47 MPS	+
Bors 1906/ 5840	(Bln 2234) →'06 BLN 7735 T12 →'25 **DRB 74 452** →'45 DRw/DB	+07.08.56
Bors 1906/ 5841	(Bln 2235) →'06 BLN 7736 T12 →'25 **DRB 74 453**	+01.08.33
Bors 1906/ 5842	(Bln 2236) →'06 BLN 7737 T12 →'25 **DRB 74 454**	+31
Bors 1906/ 5843	(Bln 2237) →'06 BLN 7738 T12 →'25 **DRB 74 455** →'45 DRo/DR →26.01.62 verk. HL VEB Wohnungsbaukombinat Berlin, Betonwerk Berlin-Rummelsburg	++
Bors 1906/ 5844	(Bln 2238) →'06 BLN 7739 T12 →'25 **DRB 74 456** →'45 DRo →04.11.45 SMA	V.u.
Bors 1906/ 5845	(Bln 2239) →'06 BLN 7740 T12 →'25 **DRB 74 457** →'45 DRo/DR	+20.11.67
Bors 1906/ 5846	(Bln 2240) →'06 BLN 7741 T12 →'25 **DRB 74 458** →'45 DRw/DB	+07.08.56
Bors 1906/ 5847	(Bln 2241) →'06 BLN 7742 T12 →'25 **DRB 74 459** →'45 DRw/DB	+15.11.57
Bors 1906/ 5848	Efd 1989 →'06 EFD 7709 T12 →'25 **DRB 74 460** →'45 DRw/DB	+15.11.57
Bors 1906/ 5849	Efd 1990 →'06 EFD 7710 T12 →'25 **DRB 74 461**	+27
Bors 1906/ 5965	(Bln 2242) →'06 BLN 7743 T12 →'25 **DRB 74 462** →'45 DRw/DB	+20.11.58

Am 10. Mai 1933 fotografierte Carl Bellingrodt die zum Bw Altenhundem gehörende 74 435. Die gut gepflegte Maschine wurde noch im gleichen Jahr ausgemustert.

Bors 1906/ 5966	(Bln 2243) →'06 BLN 7744 T12 →'25 **DRB 74 463** →'45 DRw/DB	+11.01.52
Bors 1906/ 5967	(Bln 2244) →'06 BLN 7745 T12 →'25 **DRB 74 464** [9)]	+02.32
Bors 1906/ 5968	(Bln 2245) →'06 BLN 7746 T12 →'25 **DRB 74 465** →'45 DRw/DB	+15.11.57
Bors 1906/ 5969	(Bln 2246) →'06 BLN 7747 T12 →'25 **DRB 74 466** →'45 DRw/DB	+07.08.56
Bors 1906/ 5970	(Bln 2247) →'06 BLN 7748 T12 →'25 **DRB 74 467** →'45 DRw/DB	+14.07.60
Bors 1906/ 5971	(Bln 2248) →'06 BLN 7749 T12 →'25 **DRB 74 468** →'45 DRw	+05.10.48
Bors 1906/ 5972	(Bln 2249) →'06 BLN 7750 T12 →'25 **DRB 74 469** →'45 DRo	+28.08.47
Bors 1906/ 5973	(Bln 2250) →'06 BLN 7751 T12 →'25 **DRB 74 470** →10.09.44 CFL 3111	+22.09.58
Bors 1906/ 5974	(Bln 2251) →'06 BLN 7752 T12 →'25 **DRB 74 471**	+01.30
Bors 1906/ 5975	(Bln 2252) →'06 BLN 7753 T12 →'25 **DRB 74 472** →'45 DRo/DR	+11.11.63
Bors 1906/ 5976	(Bln 2253) →'06 BLN 7754 T12 →'25 **DRB 74 473** →'45 DRw/DB	+15.08.55
Bors 1906/ 5977	(Bln 2254) →'06 BLN 7755 T12 →'25 **DRB 74 474** →'45 DRw/DB (SWDE)	+14.07.60
Bors 1906/ 5978	(Bln 2255) →'06 BLN 7756 T12 →'25 **DRB 74 475** →'45 DRw/DB	+14.03.57
Bors 1906/ 5979	(Bln 2256) →'06 BLN 7757 T12 →'25 **DRB 74 476** →'45 DRw/DB	+01.11.62
Bors 1906/ 5980	(Bln 2257) →'06 BLN 7758 T12 →'25 **DRB 74 477** →'45 DRo →'46 SMA	V.u.
Bors 1906/ 5981	(Bln 2258) →'06 BLN 7759 T12 →'25 **DRB 74 478** →'45 DRw/DB	+10.08.57
Bors 1906/ 5982	(Bln 2259) →'06 BLN 7760 T12 →'25 **DRB 74 479**	+01.34
Bors 1906/ 5984	(Bln 2261) →'06 BLN 7762 T12 →'25 **DRB 74 480** →'45 DRo/DR	+14.09.65
Bors 1906/ 5985	Bsl 1734" →'06 BSL 7704 T12 →'25 **DRB 74 481** →'45 DRo →11.45 SMA	V.u.
Bors 1906/ 5986	Bsl 1735" →'06 BSL 7705 T12 →'25 **DRB 74 482** →'45 DRo/DR →29.12.65 verk. WL 12 Stahl- und Walzwerk Hennigsdorf	+
Bors 1906/ 5987	Bsl 1736" →'06 BSL 7706 T12 →'25 **DRB 74 483** →'45 DRo/DR →15.01.62 verk. HL VEB Wohnungsbaukombinat Berlin, Betonwerk Berlin-Grünau	++
Bors 1906/ 5988	Bsl 1737" →'06 BSL 7707 T12 →'25 **DRB 74 484** →'45 DRo/DR	+26.02.65
Bors 1906/ 5989	Bsl 1738" →'06 BSL 7708 T12 →'25 **DRB 74 485** →'45 PKP OKi2-28	+10.07.63
Bors 1906/ 5990	Bsl 1739" →'06 BSL 7709 T12 →'25 **DRB 74 486**	+07.37
Bors 1906/ 5991	Bsl 1740" →'06 BSL 7710 T12 →'25 **DRB 74 487** →'45 DRw/DB	+30.09.60
Bors 1906/ 5992	EFD 7711 T12 →'25 **DRB 74 488** →'45 DRw/DB	+30.09.60
Bors 1906/ 5993	EFD 7712 T12 →'25 **DRB 74 489** →'45 PKP	+01.01.47
Bors 1906/ 5994	EFD 7713 T12 →'25 **DRB 74 490** →'45 DRw/DB	+15.11.57
Bors 1906/ 5995	EFD 7714 T12 →'25 **DRB 74 491** →'45 DRw/DB	+14.03.57
Bors 1906/ 5996	FFT 7701 T12 →'25 **DRB 74 492** →'45 DRw/DB	+20.11.58
Bors 1906/ 5997	FFT 7702 T12 →'25 **DRB 74 493** →'45 DRw/DB	+25.04.58

9) 11.45 im Bestand RBD Magdeburg. Schreibfehler?

In ihrem Heimat-Bw Wuppertal-Vohwinkel wurde die 74 489 am 5. September 1932 von Carl Bellingrodt abgelichtet. Später erfolgte die Umbeheimatung zum Bw Kreuz; das Ende des Zweiten Weltkrieges erlebte die Maschine in Polen.

Bors 1906/ 5998	FFT 7703 T12 →'25 **DRB 74 494** →'45 DRw/DB	+21.04.56
Bors 1906/ 5999	MST 7701 T12 →'25 **DRB 74 495** →'45 DRw/DB	+14.03.57
Bors 1907/ 6093	BLN 7763 T12 →'25 **DRB 74 496**	+06.33
Bors 1907/ 6094	BLN 7764 T12 →'25 **DRB 74 497** →'45 DRo/DR	+17.01.56
Bors 1907/ 6095	BLN 7765 T12 →'25 **DRB 74 498** →'45 ÖBB →'53 ÖBB 674.498	+23.05.55
Bors 1907/ 6096	BLN 7766 T12 →'25 **DRB 74 499** →'45 DRw/DB	+07.08.56
Bors 1907/ 6097	BLN 7767 T12 →'25 **DRB 74 500** →'45 DRo →10.08.47 SMA	V.u.
Bors 1907/ 6098	BLN 7768 T12 →'25 **DRB 74 501** →'45 DRw/DB	+30.09.60
Bors 1907/ 6100	BLN 7770 T12 →'25 **DRB 74 502** →'45 DRw/DB (SWDE)	+15.11.57
Bors 1907/ 6101	BLN 7771 T12 →'25 **DRB 74 503** →'45 DRw/DB	+19.04.60
Bors 1907/ 6102	BLN 7772 T12 →'25 **DRB 74 504** →'45 DRw/DB	+30.09.60
Bors 1907/ 6103	BSL 7711 T12 →'25 **DRB 74 505** →'45 DRo/DR	+30.06.65
Bors 1907/ 6104	BSL 7712 T12 →'25 **DRB 74 506** →'45 DRw/DB	+15.11.57
Bors 1907/ 6105	BSL 7713 T12 →'25 **DRB 74 507** →'45 DRw/DB	+14.07.60
Bors 1907/ 6106	BSL 7714 T12 →'25 **DRB 74 508** →'45 DRw/DB	+30.09.60
Bors 1907/ 6107	BSL 7715 T12 →'25 **DRB 74 509**	+02.32
Bors 1907/ 6111	MST 7702 T12 →'25 **DRB 74 510** →'45 DRw/DB	+19.04.60
Bors 1907/ 6112	MST 7703 T12 →'25 **DRB 74 511** →'45 DRw/DB	+09.01.61
Bors 1907/ 6113	MST 7704 T12 →'25 **DRB 74 512** →'45 DRw/DB	+14.03.57
Bors 1907/ 6115	MST 7706 T12 →'25 **DRB 74 513** →'45 DRw/DB	+30.09.60
Bors 1907/ 6116	MST 7707 T12 →'25 **DRB 74 514** →'45 DRw/DB	+10.05.60
Bors 1907/ 6117	BLN 7773 T12 →'25 **DRB 74 515** →'45 DRw/DB	+30.09.60
Bors 1907/ 6118	BLN 7774 T12 →'25 **DRB 74 516** →'45 DRw/DB	+10.08.57
Bors 1907/ 6119	BLN 7775 T12 →'25 **DRB 74 517** →'45 DRw/DB (SWDE)	+07.08.56
Bors 1907/ 6120	BLN 7776 T12 →'25 **DRB 74 518** →'45 DRo (11.45 RBD Berlin) →ca. '46 MPS	+59
Bors 1907/ 6121	BLN 7777 T12 →'25 **DRB 74 519** →'45 DRw/DB	+07.08.56
Bors 1907/ 6122	BLN 7778 T12 →'25 **DRB 74 520** →'45 DRw/DB	+18.10.54
Bors 1907/ 6123	EFD 7715 T12 →'25 **DRB 74 521** →'45 DRw/DB	+14.07.60
Bors 1907/ 6125	EFD 7717 T12 →'25 **DRB 74 522** →'45 DRw/DB	+10.08.57
Bors 1907/ 6126	EFD 7718 T12 →'25 **DRB 74 523** →'45 DRw/DB	+20.11.58
Bors 1907/ 6127	EFD 7719 T12 →'25 **DRB 74 524** →'45 DRw/DB	+14.03.57
Bors 1907/ 6128	EFD 7720 T12 →'25 **DRB 74 525** →'45 DRw/DB	+07.08.56
Bors 1907/ 6129	BLN 7779 T12 →'25 **DRB 74 526** →'45 DRw/DB	+15.11.57

Nur eine T12 verblieb nach dem Zweiten Weltkrieg in Österreich (beheimatet bei den Zf. Landeck, Bregenz, Hütteldorf und Wien-West) – 1953 erhielt sie sogar noch die neue ÖBB-Betriebsnummer 674.498, bevor sie im Mai 1955 ausgemustert wurde. *Foto: Elfried Schmidt*

Bors 1907/ 6130	BLN 7780 T12 →'25 **DRB 74 527**	+10.32
Bors 1907/ 6131	BLN 7781 T12 →'25 **DRB 74 528**	+03.32
Bors 1907/ 6132	BLN 7782 T12 →'25 **DRB 74 529** →'45 DRw/DB	+20.11.58
Bors 1907/ 6133	EFD 7721 T12 →'25 **DRB 74 530** →'45 DRw/DB	+30.09.60
Bors 1907/ 6134	EFD 7722 T12 →'25 **DRB 74 531** →'45 DRw/DB	+30.09.60
Bors 1907/ 6135	EFD 7723 T12 →'25 **DRB 74 532** →'45 DRw/DB	+30.09.60
Bors 1907/ 6136	EFD 7724 T12 →'25 **DRB 74 533** →'45 DRw/DB	+25.04.58
Bors 1907/ 6137	BLN 7783 T12 →'25 **DRB 74 534** →'45 DRo	+19.09.46
Bors 1907/ 6138	BLN 7784 T12 →'25 **DRB 74 535** →'45 PKP OKi2-29	+30.04.66
Bors 1907/ 6139	BSL 7716 T12 →'25 **DRB 74 536** →'45 DRw/DB	+15.11.57
Bors 1907/ 6140	BSL 7717 T12 →'25 **DRB 74 537** →'45 DRo/DR →01.01.63 verk. HL VEB Elektroprojekt und Anlagenbau Berlin, Berlin-Lichtenberg	++
Bors 1907/ 6141	BSL 7718 T12 →'25 **DRB 74 538** →'45 DRw/DB	+15.11.57
Bors 1907/ 6142	BSL 7719 T12 →'25 **DRB 74 539** →'45 DRw/DB	+10.05.60
Bors 1907/ 6143	FFT 7704 T12 ('19 AL/L) →'25 **DRB 74 540** →'45 DRw/DB	+14.07.60
Bors 1907/ 6212	BLN 7785 T12 →'25 **DRB 74 541** →'45 DRw	+10.09.47
Bors 1907/ 6213	BLN 7786 T12 →'25 **DRB 74 542** →10.09.44 CFL 3112	+27.07.57
Bors 1907/ 6214	BLN 7787 T12 →'25 **DRB 74 543** →'45 DRo/DR	+25.04.51
Bors 1907/ 6217	ESN 7705 T12 →'25 **DRB 74 545** →'45 DRw/DB	+15.08.55
Bors 1907/ 6218	ESN 7706 T12 →'25 **DRB 74 546** →'45 DRw/DB (SWDE)	+15.11.57
Bors 1907/ 6219	MST 7708 T12 →'25 **DRB 74 547** →'45 DRw/DB	+14.03.57
Bors 1907/ 6220	MST 7709 T12 →'25 **DRB 74 548** →'45 NS 5901 →02.05.47 DRw/DB 74 548	+15.11.57
Bors 1907/ 6221	BLN 7788 T12 →'25 **DRB 74 549** →'45 DRw/DB (SWDE)	+14.03.57
Bors 1907/ 6222	BLN 7789 T12 →'25 **DRB 74 550** →'45 DRo/DR	+02.03.65
Bors 1907/ 6223	BLN 7790 T12 →'25 **DRB 74 551** →'45 DRo/DR	+07.02.65
Bors 1907/ 6346	BLN 7791 T12 →'25 **DRB 74 552** →'45 DRw/DB	+09.01.62
Bors 1907/ 6347	BLN 7792 T12 →'25 **DRB 74 553** →'45 DRo/DR	+09.11.63
Bors 1907/ 6348	BLN 7793 T12 →'25 **DRB 74 554** →'45 DRw/DB	+25.04.58
Bors 1907/ 6349	BLN 7794 T12 →'25 **DRB 74 555** →'45 DRw/DB	+10.08.57
Bors 1907/ 6350	BLN 7795 T12 →'25 **DRB 74 556** →'45 DRw/DB	+10.08.57
Bors 1907/ 6351	BLN 7796 T12 →'25 **DRB 74 557**	+11.32
Bors 1907/ 6352	BLN 7797 T12 →'25 **DRB 74 558** →'45 DRw/DB	+15.11.57
Bors 1907/ 6353	EFD 7725 T12 →'25 **DRB 74 559** →'45 DRw/DB	+10.05.60
Bors 1907/ 6354	EFD 7726 T12 →'25 **DRB 74 560** →'45 DRw/DB	+17.01.64
Bors 1907/ 6355	MST 7710 T12 →'25 **DRB 74 561** →'45 DRw/DB	+14.03.57
Bors 1907/ 6356	MST 7711 T12 →'25 **DRB 74 562** →'45 DRw/DB	+15.11.57
Bors 1907/ 6357	BLN 7798 T12 →'25 **DRB 74 563** →'45 DRw/DB	+28.07.64

Für den Einsatz auf der Nebenbahn Delmenhorst-Vechta-Osnabrück kuppelte die BD Münster mehrere T12 mit einem umgebauten pr. 3T12 als Zusatztender – so auch die hier abgebildete 74 520. *Foto: Rudolf Klitscher*

Am 8. November 1931 entstand diese Aufnahme der 74 530 im Heimat-Bw der Maschine, Remscheid-Lennep. Dort war sie bis 1939 beheimatet, ging dann auf Wanderschaft zu den Bahnbetriebswerken Wuppertal-Vohwinkel, Düsseldorf-Derendorf, Opladen und Düsseldorf-Abstellbahnhof, bevor sie 1946 nach Lennep zurückkehrte. *Foto: Carl Bellingrodt*

In der Nachkriegszeit traf man vielfach T12 an, bei denen die Betriebsnummer nur per Schablone aufgemalt worden war – so wie bei der 74 554 am 26. März 1953 in Offenbach.

Bors 1907/ 6358	BLN 7799 T12 →'25 **DRB 74 564** →'45 DRw →25.01.46 NS 5902 →02.05.47 DRw/DB 74 564	+07.08.56
Bors 1907/ 6359	BLN 7800 T12 →'25 **DRB 74 565**	+03.33
Bors 1907/ 6360	BLN 7801 T12 →'25 **DRB 74 566** (09.28 RBD Berlin)	V.u.
Bors 1907/ 6361	BLN 7802 T12 →'25 **DRB 74 567** →'45 DRw/DB	+14.03.57
Bors 1907/ 6362	BLN 7803 T12 →'25 **DRB 74 568** →'45 DRw/DB (SWDE)	+30.09.60
Bors 1908/ 6363	BSL 7720 T12 →'25 **DRB 74 569** →'45 DRw/DB	+10.08.57
Bors 1908/ 6364	BSL 7721 T12 →'25 **DRB 74 570** →'45 DRw/DB	+15.11.57
Bors 1908/ 6365	BSL 7722 T12 →'25 **DRB 74 571** →'45 DRo/DR +23.08.60 →09.07.61 verk. BKW Bitterfeld	+
Bors 1908/ 6366	BSL 7723 T12 →'25 **DRB 74 572** →'45 DRw/DB	+07.08.56
Bors 1908/ 6367	EFD 7727 T12 →'25 **DRB 74 573** →'45 DRw/DB	+14.03.57
Bors 1908/ 6369	KÖL 7705 T12 →'25 **DRB 74 574** →'45 DRw/DB	+12.07.62
Bors 1908/ 6372	EFD 7728 T12 →'25 **DRB 74 575** →'45 DRw/DB	+30.09.60
Bors 1908/ 6373	EFD 7729 T12 →'25 **DRB 74 576** →'45 DRw/DB	+15.11.57
Bors 1908/ 6374	EFD 7730 T12 →'25 **DRB 74 577** →'45 DRw/DB	+11.01.52
Bors 1908/ 6375	EFD 7731 T12 →'25 **DRB 74 578** →'45 DRw/DB	+14.03.57
Bors 1908/ 6376	EFD 7732 T12 →'25 **DRB 74 579** →'45 DRw/DB	+15.11.57
Bors 1908/ 6377	ESN 7707 T12 →'25 **DRB 74 580** →'45 DRw/DB	+20.11.58
Bors 1908/ 6378	ESN 7708 T12 →'25 **DRB 74 581** →'45 DRw/DB	+14.03.57
Bors 1908/ 6379	BLN 7804 T12 →'25 **DRB 74 582** →'45 DRw/DB	+20.06.60
Bors 1908/ 6380	BLN 7805 T12 →'25 **DRB 74 583** →'45 DRw/DB	+15.11.57
Bors 1908/ 6381	BLN 7806 T12 →'25 **DRB 74 584** →'45 DRo/DR →01.07.61 verk. HL Molkereigenossenschaft Delitzsch	+
Bors 1908/ 6382	BLN 7807 T12 →'25 **DRB 74 585** →'45 DRw/DB	+30.09.60
Bors 1908/ 6383	BLN 7808 T12 →'25 **DRB 74 586** →'45 DRo/DR	+27.05.67
Bors 1908/ 6384	BLN 7809 T12 →'25 **DRB 74 587** →'45 DRw/DB	+14.07.60
Bors 1908/ 6385	MST 7712 T12 →'25 **DRB 74 588** →'45 DRw/DB	+30.09.60
Bors 1908/ 6386	MST 7713 T12 →'25 **DRB 74 589** →'45 DRw/DB	+20.11.58
Bors 1908/ 6387	MST 7714 T12 →'25 **DRB 74 590** →'45 DRw/DB	+15.11.57
Bors 1908/ 6390	BLN 7810 T12 →'25 **DRB 74 591** (07.33 Ohligs) [10]	V.u.
Bors 1908/ 6391	BLN 7811 T12 →'25 **DRB 74 592** →'45 DRo/DR	+27.05.67
Bors 1908/ 6392	BLN 7812 T12 →'25 **DRB 74 593** →10.09.44 CFL 3113	+25.06.56
Bors 1908/ 6393	BLN 7813 T12 →'25 **DRB 74 594** →'45 DRw/DB (SWDE)	+14.03.57
Bors 1908/ 6394	BLN 7814 T12 →'25 **DRB 74 595** →'45 DRw/DB	+25.04.58
Bors 1908/ 6395	BLN 7815 T12 →'25 **DRB 74 596** →'45 DRw/DB	+09.01.62
Bors 1908/ 6693	EFD 7733 T12 →'25 **DRB 74 597**	+29
Bors 1908/ 6694	EFD 7734 T12 →'25 **DRB 74 598** →'45 DRw/DB	+10.08.57
Bors 1908/ 6695	EFD 7735 T12 →'25 **DRB 74 599** →'45 DRw/DB	+18.04.56
Bors 1908/ 6696	EFD 7736 T12 →'25 **DRB 74 600** →'45 DRw/DB	+25.04.58
Bors 1908/ 6697	KAT 7701 T12 →'22 OPP 7701 →'25 **DRB 74 601** →'45 DRw/DB	+14.07.60
Bors 1908/ 6699	BLN 7816 T12 →'25 **DRB 74 602** →'45 DRw/DB	+26.04.61
Bors 1908/ 6700	BLN 7817 T12 →'25 **DRB 74 603** →'45 DRo (11.45 RBD Berlin)	V.u.
Bors 1908/ 6701	BLN 7818 T12 →'25 **DRB 74 604** →'45 PKP OKi2-3"	+26.08.65
Bors 1908/ 6702	BLN 7819 T12 →'25 **DRB 74 605** →'45 DRw/DB	+15.11.57
Bors 1908/ 6703	BLN 7820 T12 →'25 **DRB 74 606** →'45 DRo/DR	+07.05.65
Bors 1908/ 6704	BLN 7821 T12 →'25 **DRB 74 607** →10.09.44 CFL 3114	+22.12.51
Bors 1908/ 6705	BLN 7822 T12 →'25 **DRB 74 608** →'45 DRw/DB	+10.05.60
Bors 1908/ 6706	BLN 7823 T12 →'25 **DRB 74 609** →'45 DRo (12.45 RBD Halle) →'45 SMA	V.u.
Bors 1908/ 6707	BLN 7824 T12 →'25 **DRB 74 610** →'45 DRw	+03.04.47
Bors 1908/ 6708	BLN 7825 T12 →'25 **DRB 74 611** →'45 DRw/DB (SWDE)	+30.09.60
Bors 1908/ 6709	BLN 7826 T12 →'25 **DRB 74 612** →'45 DRo/DR	+09.03.65
Bors 1908/ 6710	BLN 7827 T12 →'25 **DRB 74 613** →'45 DRw/DB	+15.08.55
Bors 1908/ 6711	ALT 7709 T12 →06.09 STN 7701 →'25 **DRB 74 614** →'45 PKP OKi2-9"	+25.02.65
Bors 1908/ 6712	ALT 7710 T12 →'25 **DRB 74 615** →'45 DRw/DB	+02.05.62
Bors 1908/ 6713	ALT 7711 T12 →'25 **DRB 74 616** →'45 DRw/DB	+14.03.57
Bors 1908/ 6714	ALT 7712 T12 →06.09 STN 7702 →'25 **DRB 74 617** →'45 DRo/DR	+08.03.65
Bors 1908/ 6715	ALT 7713 T12 →06.09 STN 7703 →'25 **DRB 74 618** →'45 DRo/DR	+24.04.67
Bors 1908/ 6716	ALT 7714 T12 →06.09 STN 7704 →'25 **DRB 74 619** →'45 DRo/DR	+29.07.66
Bors 1908/ 6717	ESN 7709 T12 →'25 **DRB 74 620** →'45 PKP OKi2-5"	+29.08.67
Bors 1908/ 6718	FFT 7708 T12 →'25 **DRB 74 621** →'45 DRw/DB	+07.08.56
Bors 1908/ 6719	FFT 7709 T12 →'25 **DRB 74 622** →'45 DRw/DB	+15.11.57
Bors 1908/ 6720	MST 7715 T12 →'25 **DRB 74 623** →'45 DRw/DB	+15.11.57

10) Lt. Kesselwerkkarte war der Kessel „Borsig 8689" bis zum 28.03.47 in 74 591 eingebaut.

Bors 1908/ 6721	MST 7716 T12 →'25 **DRB 74 624** →'45 DRw/DB	+23.11.56
Bors 1909/ 6923	BLN 7828 T12 →'25 **DRB 74 625** →'45 DRw/DB	+14.07.60
Bors 1909/ 6924	BLN 7829 T12 →'25 **DRB 74 626** →'45 DRw/DB	+14.03.57
Bors 1909/ 6925	BLN 7830 T12 →'25 **DRB 74 627** →'45 DRw/DB	+30.09.60
Bors 1909/ 6926	BLN 7831 T12 →'25 **DRB 74 628** →'45 DRo/DR	+11.10.66
Bors 1909/ 6927	BLN 7832 T12 →'25 **DRB 74 629** →'45 DRw/DB	+11.01.52
Bors 1909/ 6928	BLN 7833 T12 →'25 **DRB 74 630** (07.33 Ohligs)	V.u.
Bors 1909/ 6929	BSL 7724 T12 →'25 **DRB 74 631** →'45 DRo/DR	+18.07.67
Bors 1909/ 6930	EFD 7737 T12 →'25 **DRB 74 632** →'45 DRw/DB	+25.04.58
Bors 1909/ 6931	EFD 7738 T12 →'25 **DRB 74 633** →'45 DRw	+10.05.46
Bors 1909/ 6932	EFD 7739 T12 →'25 **DRB 74 634** →'45 DRw/DB	+10.08.57
Bors 1909/ 6933	EFD 7740 T12 →'25 **DRB 74 635** →'45 DRw/DB	+11.01.52
Bors 1909/ 7004	BLN 7834 T12 →'25 **DRB 74 636** →'45 DRw/DB	+15.11.57
Bors 1909/ 7005	BLN 7835 T12 →'25 **DRB 74 637** →'45 DRw/DB	+12.07.62
Bors 1909/ 7006	BLN 7836 T12 →'25 **DRB 74 638** →'45 DRw/DB	+09.11.53
Bors 1909/ 7007	BLN 7837 T12 →'25 **DRB 74 639** →'45 DRw/DB (SWDE)	+30.09.60
Bors 1909/ 7008	BLN 7838 T12 →'25 **DRB 74 640** →'45 DRw/DB	+15.11.57
Bors 1909/ 7009	BLN 7839 T12 →'25 **DRB 74 641** →'45 DRw →25.01.46 NS 5903 →06.05.47 DRw/DB 74 641	+18.04.56
Bors 1909/ 7010	BLN 7840 T12 →'25 **DRB 74 642** →'45 DRw/DB	+10.08.57
Bors 1909/ 7011	BLN 7841 T12 →'25 **DRB 74 643** →'45 DRw/DB	+26.04.61
Bors 1909/ 7012	BLN 7842 T12 →'25 **DRB 74 644** →'45 DRw/DB	+26.04.61
Bors 1909/ 7013	BLN 7843 T12 →'25 **DRB 74 645** →10.09.44 CFL 3115	+18.07.55
Bors 1909/ 7014	BLN 7844 T12 →'25 **DRB 74 646** →'45 DRw/DB	+07.08.56
Bors 1909/ 7015	ALT 7715 T12 →'25 **DRB 74 647**	+05.32
Bors 1909/ 7016	ALT 7716 T12 (Ek. Bors 15/01461) →'25 **DRB 74 648** →'45 DRo/DR	+14.09.65
Bors 1909/ 7017	ALT 7717 T12 →'25 **DRB 74 649** →'45 DRo/DR	+08.11.63
Bors 1909/ 7018	ALT 7718 T12 →'25 **DRB 74 650** →'45 DRw/DB	+09.01.62
Bors 1909/ 7019	ALT 7719 T12 →'25 **DRB 74 651** →'45 DRw/DB	+14.07.60
Bors 1909/ 7020	ALT 7720 T12 →'25 **DRB 74 652** →'45 DRo/DR	+05.01.65
Bors 1909/ 7021	ALT 7721 T12 →'25 **DRB 74 653** →'45 DRo/DR	+26.02.65
Bors 1909/ 7022	EFD 7741 T12 →'25 **DRB 74 654** →'45 DRw/DB	+02.11.61
Bors 1909/ 7023	EFD 7742 T12 →'25 **DRB 74 655**	+28
Bors 1909/ 7024	EFD 7743 T12 →'25 **DRB 74 656** →'45 DRw/DB	+15.08.58
Bors 1909/ 7025	EFD 7744 T12 →'25 **DRB 74 657** →'45 DRw/DB	+15.11.57
Bors 1909/ 7026	EFD 7745 T12 →'25 **DRB 74 658** →'45 DRw/DB	+25.04.58
Bors 1909/ 7027	ESN 7710 T12 →'25 **DRB 74 659** →'45 DRw/DB	+18.04.56
Bors 1909/ 7028	ESN 7711 T12 →'25 **DRB 74 660** →'45 DRw/DB	+30.09.60

Zum Bw Frankfurt (Main)-Ost gehörte die 74 672, als sie am 3. Mai 1957 im Raum Frankfurt fotografiert wurde. Drei Jahre später wurde sie mit der Verfügung M62 Fau von der OBL Süd ausgemustert.

Bors 1909/ 7029	FFT 7706 T12	→'25 **DRB 74 661** →'45 DRw/DB	+20.11.58
Bors 1909/ 7030	FFT 7707 T12	→'25 **DRB 74 662** →'45 DRw/DB	+02.05.62
Bors 1909/ 7032	KAT 7703 T12	→'22 OPP 7703 →'25 **DRB 74 663** →'45 DRw/DB	+11.01.52
Bors 1909/ 7033	KAT 7704 T12	→'22 OPP 7704 →'25 **DRB 74 664** →'45 DRo (12.45 RBD Halle)	V.u.
Bors 1909/ 7034	KAT 7705 T12	→'22 OPP 7705 →'25 **DRB 74 665** →'45 DRo/DR	+07.05.65
Bors 1909/ 7035	MST 7717 T12	→'25 **DRB 74 666** →'45 DRw/DB	+15.08.55
Bors 1909/ 7037	SBR 7705 T12	→'20 TRI 7705 →'25 **DRB 74 667**	+28
Bors 1909/ 7038	SBR 7706 T12	→'20 TRI 7706 →'25 **DRB 74 668** →'45 DRw/DB	+23.11.56
Bors 1909/ 7138	ALT 7722 T12	→'25 **DRB 74 669** →'45 DRw/DB	+20.11.58
Bors 1909/ 7139	ALT 7723 T12	→'25 **DRB 74 670** →'45 DRw/DB	+18.01.62
Bors 1909/ 7140	BLN 7845 T12	→'25 **DRB 74 671**	+29
Bors 1909/ 7031	FFT 7710 T12	→'25 **DRB 74 672** →'45 DRw/DB	+14.07.60
Bors 1909/ 7141	FFT 7711 T12	→'25 **DRB 74 673** →'45 DRw/DB	+25.04.58
Bors 1909/ 7142	MST 7719 T12	→'13 BLN 8309 →'25 **DRB 74 674** →'45 DRo/DR	+23.11.61
Bors 1909/ 7175	ALT 7724 T12	→'25 **DRB 74 675** →'45 PKP OKi2-30	+08.02.67
Bors 1909/ 7176	ALT 7725 T12	→'25 **DRB 74 676** →'45 DRw/DB	+18.04.56
Bors 1909/ 7177	ALT 7726 T12	→'25 **DRB 74 677** →'45 DRw/DB	+25.04.58
Bors 1909/ 7178	ALT 7727 T12	→'25 **DRB 74 678** →'45 DRw/DB	+15.11.57
Bors 1909/ 7179	ALT 7728 T12	→'25 **DRB 74 679** →'45 DRw/DB	+24.01.64
Bors 1909/ 7180	ALT 7729 T12	→'25 **DRB 74 680** →'45 DRw/DB	+10.03.65
Bors 1909/ 7181	ALT 7730 T12	→'25 **DRB 74 681** →'45 DRw/DB	+15.08.58
Bors 1909/ 7182	ALT 7731 T12	→'25 **DRB 74 682** →'45 DRw/DB	+15.11.57
Bors 1909/ 7183	ALT 7732 T12	→'25 **DRB 74 683** →'45 DRw/DB	+26.04.61
Bors 1909/ 7184	ALT 7733 T12	→'25 **DRB 74 684** →'45 DRo/DR	+14.06.67
Bors 1909/ 7185	BLN 7846 T12	→'25 **DRB 74 685** →'45 DRo/DR	+29.07.66
Bors 1909/ 7186	BLN 7847 T12	→'25 **DRB 74 686** →'45 DRw/DB	+25.04.58
Bors 1909/ 7187	BLN 7848 T12	→'25 **DRB 74 687** →'45 PKP OKi2-10“	+25.11.51
Bors 1909/ 7188	BLN 7849 T12	→'25 **DRB 74 688** →'45 DRw/DB	+14.03.57
Bors 1909/ 7189	BLN 7850 T12	→'25 **DRB 74 689** →'45 DRw/DB	+14.03.57
Bors 1909/ 7190	BLN 7851 T12	→'25 **DRB 74 690**	+31
Bors 1909/ 7192	BLN 7853 T12	→'25 **DRB 74 691** →'45 DRw/DB	+17.08.50
Bors 1909/ 7193	BLN 7854 T12	→'25 **DRB 74 692** →'45 DRo/DR	+12.05.67
Bors 1909/ 7195	BLN 7856 T12	→'25 **DRB 74 693** →'45 DRw/DB	+02.05.62
Bors 1909/ 7196	BLN 7857 T12	→'25 **DRB 74 694** →'45 DRw/DB	+15.11.57
Bors 1909/ 7197	BLN 7858 T12	→'25 **DRB 74 695** →'45 DRo/DR	+27.07.66

Als Carl Bellingrodt die 74 693 fotografierte, gehörte sie zum Bw Darmstadt – dort war sie von 1949 bis zum 27. Mai 1960 beheimatet. Anschließend tat sie noch beim Bw Wiesbaden Dienst, wurde dort aber bereits am 12. Juni 1961 z-gestellt und im darauffolgenden Jahr ausgemustert.

Bors 1909/ 7198	BSL 7725 T12 →'25 **DRB 74 696** →'45 DRw/DB	+01.02.63
Bors 1909/ 7199	BSL 7726 T12 →'25 **DRB 74 697** →'45 DRw/DB	+19.04.60
Bors 1909/ 7200	BSL 7727 T12 →'25 **DRB 74 698** →'45 DRo/DR	+25.07.57
Bors 1909/ 7201	KÖL 7708 T12 →'25 **DRB 74 699** →'45 DRw/DB	+14.03.57
Bors 1909/ 7202	KAT 7706 T12 →'22 OPP 7706 →'25 **DRB 74 700** →'45 DRw/DB	+25.04.58
Bors 1909/ 7204	KAT 7708 T12 →'22 OPP 7708 →'25 **DRB 74 701** →'45 DRw/DB	+17.01.64
Bors 1909/ 7205	MST 7720 T12 →'13 BLN 8310 →'25 **DRB 74 702** →'45 DRw/DB	+15.08.58
Bors 1909/ 7309	ALT 7734 T12 →'25 **DRB 74 703** →'45 DRw/DB	+15.11.57
Bors 1909/ 7310	ALT 7735 T12 →'25 **DRB 74 704** →'45 DRw/DB	+30.09.60
Bors 1909/ 7311	ALT 7736 T12 →'25 **DRB 74 705** →'45 DRw/DB	+15.11.57
Bors 1909/ 7312	ALT 7737 T12 →'25 **DRB 74 706** →'45 DRw/DB	+28.10.59
Bors 1909/ 7313	ALT 7738 T12 →'25 **DRB 74 707** →'45 DRw/DB	+10.08.57
Bors 1909/ 7314	ALT 7739 T12 →'25 **DRB 74 708** →'45 DRw/DB	+02.05.62
Bors 1909/ 7315	ALT 7740 T12 →'25 **DRB 74 709** →'45 DRw/DB	+30.09.60
Bors 1909/ 7316	ALT 7741 T12 →'25 **DRB 74 710** →'45 DRw/DB	+15.11.57
Bors 1909/ 7317	ALT 7742 T12 →'25 **DRB 74 711** →'45 DRw/DB	+30.09.60
Bors 1909/ 7318	ALT 7743 T12 →'25 **DRB 74 712** →'45 DRw/DB	+20.11.58
Bors 1909/ 7319	BLN 7859 T12 →'25 **DRB 74 713** →'45 DRw/DB	+14.07.60
Bors 1909/ 7320	BLN 7860 T12 →'25 **DRB 74 714** →'45 DRo/DR	+08.08.55
Bors 1909/ 7321	BLN 7861 T12 →'25 **DRB 74 715**	+28
Bors 1909/ 7322	BLN 7862 T12 →'25 **DRB 74 716** →'45 DRw/DB (SWDE)	+14.03.57
Bors 1909/ 7323	BLN 7863 T12 →'25 **DRB 74 717** →'45 DRw	+22.10.46
Bors 1909/ 7324	BLN 7864 T12 →'25 **DRB 74 718** →'45 DRw/DB	+02.05.62
Bors 1910/ 7325	BLN 7865 T12 →'25 **DRB 74 719** →'45 DRw/DB	+01.08.62
Bors 1910/ 7326	BLN 7866 T12 →'25 **DRB 74 720** →'45 PKP OKi2-22 +21.02.57 →'?? WL Zielonogórskie Zaklady Exploatacij Kruszywa Nowogród	+
Bors 1910/ 7327	BLN 7867 T12 →'25 **DRB 74 721** →'45 DRw/DB (SWDE)	+50
Bors 1910/ 7329	BLN 7869 T12 →'25 **DRB 74 722** →'45 DRw/DB	+28.10.59
Bors 1910/ 7330	BLN 7870 T12 →'25 **DRB 74 723** →'45 DRo/DR →19.09.62 verk. WL VEB Waggonbau Dessau	+
Bors 1910/ 7331	BSL 7728 T12 →02.11 BLN 7898 →'25 **DRB 74 724** →'45 DRo/DR	+02.07.65
Bors 1910/ 7332	BSL 7729 T12 →02.11 BLN 7899 →'25 **DRB 74 725** →'45 DRw/DB	+15.11.57
Bors 1910/ 7333	BSL 7730 T12 →02.11 BLN 7900 →'25 **DRB 74 726** →'45 DRo/DR	+14.09.65
Bors 1910/ 7334	KÖL 7709 T12 →'25 **DRB 74 727** →'45 DRw/DB	+10.08.57
Bors 1910/ 7336	KAT 7710 T12 →'20 OPP 7710 →'25 **DRB 74 728** →'45 DRw/DB	+01.08.62
Bors 1910/ 7337	MST 7721 T12 →'13 BLN 8311 →'25 **DRB 74 729** →'45 DRw/DB	+15.11.57
Bors 1910/ 7484	BLN 7871 T12 →'25 **DRB 74 730** →'45 DRo/DR	+20.10.55
Bors 1910/ 7485	BLN 7872 T12 →'25 **DRB 74 731** →'45 DRo/DR +06.02.65 →16.05.65 WL RAW Halle	+
Bors 1910/ 7486	BLN 7873 T12 →'25 **DRB 74 732** →'45 DRo/DR	+31.01.63
Bors 1910/ 7487	BLN 7874 T12 →'25 **DRB 74 733** →'45 DRo/DR	+27.07.66
Bors 1910/ 7488	BLN 7875 T12 →'25 **DRB 74 734** →'45 DRw/DB	+14.03.57
Bors 1910/ 7489	BLN 7876 T12 →'25 **DRB 74 735** →'45 DRw/DB	+10.08.57
Bors 1910/ 7490	BLN 7877 T12 →'25 **DRB 74 736** →'45 DRo/DR →30.12.65 verk. WL 13 Stahl- und Walzwerk Hennigsdorf	+
Bors 1910/ 7491	BLN 7878 T12 →'25 **DRB 74 737** →'45 DRo/DR	+06.03.65
Bors 1910/ 7492	BLN 7879 T12 →'25 **DRB 74 738** →'45 DRo/DR →01.04.58 verk. WL LEW Hennigsdorf →'61 verk. WL 11 Stahl- und Walzwerk Hennigsdorf	++08.68
Bors 1910/ 7493	BLN 7880 T12 →'25 **DRB 74 739** →'45 DRo (11.45 RBD Berlin) →'45/46 CCCP-WL (08.48-03.58 Metallfabrik Nischni Tagil)	+03.58
Bors 1910/ 7496	EFD 7746 T12 →'25 **DRB 74 740** →'45 DRw/DB	+20.11.58
Bors 1910/ 7497	EFD 7747 T12 →'25 **DRB 74 741** →'45 DRw/DB	+14.03.57
Bors 1910/ 7498	ESN 7712 T12 →'25 **DRB 74 742** →'45 DRw/DB	+14.03.57
Bors 1910/ 7499	ESN 7713 T12 →'25 **DRB 74 743** →'45 DRw/DB (SWDE)	+30.09.60
Bors 1910/ 7500	FFT 7712 T12 →'25 **DRB 74 744** →'45 DRo/DR	+04.12.63
Bors 1910/ 7501	FFT 7713 T12 →'25 **DRB 74 745** →'45 DRo/DR →14.12.65 verk. Dsp. KAW Greifswald [11]	++74/75
Bors 1910/ 7502	FFT 7714 T12 →'25 **DRB 74 746**	+
Bors 1910/ 7503	HAL 7701 T12 →'25 **DRB 74 747** →'45 DRo/DR	+17.11.62
Bors 1910/ 7504	HAL 7702 T12 →'25 **DRB 74 748** →'45 DRo/DR	+10.03.65
Bors 1910/ 7505	SBR 7711 T12 →'20 TRI 7711 →'25 **DRB 74 749** →'45 DRw/DB	+10.05.60
Bors 1910/ 7506	SBR 7712 T12 →'20 TRI 7712 →'25 **DRB 74 750** →'45 DRw/DB	+30.09.60
Bors 1910/ 7507	STN 7705 T12 →'25 **DRB 74 751** →'45 DRo/DR	+16.06.66

11) Nach einem Dokument des RAW Tempelhof wurde der Kessel der Lok 74 949 verschrottet und das Fahrgestell mit dem Kessel der Lok 74 745 zu einem beweglichen Heizkessel umgebaut. Am 23.12.63 zum KAW Greifswald überführt. Möglicherweise ist die Abgabe der 74 745 zum 14.12.65 nur eine nachträgliche Angabe für die nicht mehr existierende 74 745.

Bors 1910/ 7510	STN 7708 T12 →'25 **DRB 74 752**	+32
Bors 1910/ 7511	STN 7709 T12 →'25 **DRB 74 753** →'45 DRo/DR	+20.01.54
Bors 1910/ 7662	STN 7712 T12 →'25 **DRB 74 754** →'45 DRo/DR →09.11.59 verk. HL VEB Bauunion Cottbus	++
Bors 1910/ 7627	BLN 7881 T12 →'25 **DRB 74 755**	V.u.
Bors 1910/ 7628	BLN 7882 T12 →'25 **DRB 74 756** →'45 DRw/DB	+18.01.62
Bors 1910/ 7629	BLN 7883 T12 →'25 **DRB 74 757** →'45 PKP OKi2-31	+10.10.66
Bors 1910/ 7630	BLN 7884 T12 →'25 **DRB 74 758** →'45 DRo →10.08.47 SMA	V.u.
Bors 1910/ 7631	BLN 7885 T12 →'25 **DRB 74 759** →'45 DRw/DB	+20.11.58
Bors 1910/ 7633	BLN 7887 T12 →'25 **DRB 74 760** →'45 DRo/DR →01.07.59 verk. WL 13 VEB Stahl- und Walzwerk Riesa ('67 vorh.)	+
Bors 1910/ 7634	BLN 7888 T12 →'25 **DRB 74 761** →'45 DRw	+29.10.45
Bors 1910/ 7635	BLN 7889 T12 →'25 **DRB 74 762**	+27.12.33
Bors 1910/ 7636	BLN 7890 T12 →'25 **DRB 74 763** →'45 DRo/DR	+16.06.66
Bors 1911/ 7637	BLN 7891 T12 →'25 **DRB 74 764** →'45 DRw	+46
Bors 1911/ 7638	BLN 7892 T12 →'25 **DRB 74 765** →'45 DRw/DB	+14.03.57
Bors 1911/ 7639	BLN 7893 T12 →'25 **DRB 74 766** →'45 DRo →10.08.47 SMA	V.u.
Bors 1911/ 7640	BLN 7894 T12 →'25 **DRB 74 767** →'45 DRw/DB	+15.11.57
Bors 1911/ 7641	BLN 7895 T12 →'25 **DRB 74 768** →'45 DRw/DB	+25.04.58
Bors 1911/ 7642	BLN 7896 T12 →'25 **DRB 74 769** →'45 DRw/DB	+10.05.63
Bors 1911/ 7643	BLN 7897 T12 →'25 **DRB 74 770** →'45 DRw	+45
Bors 1910/ 7647	EFD 7751 T12 →'25 **DRB 74 771** →'45 DRw/DB	+25.04.58
Bors 1911/ 7648	ESN 7714 T12 →'25 **DRB 74 772** →'45 DRw/DB	+02.05.62
Bors 1911/ 7649	ESN 7715 T12 →'25 **DRB 74 773** →'45 DRw/DB	+02.05.62
Bors 1911/ 7650	ESN 7716 T12 →'25 **DRB 74 774** →'45 DRw/DB	+10.08.57
Bors 1910/ 7651	FFT 7715 T12 →'25 **DRB 74 775** →'45 DRo/DR →11.02.59 verk. WL 8 Gaskombinat Schwarze Pumpe	+
Bors 1910/ 7652	FFT 7716 T12 →'25 **DRB 74 776** →'45 DRw/DB	+23.11.56
Bors 1910/ 7653	FFT 7717 T12 →'25 **DRB 74 777** →'45 DRw/DB	+15.11.57
Bors 1910/ 7654	HAL 7706 T12 →'25 **DRB 74 778** →'45 DRo/DR	+06.03.65
Bors 1910/ 7655	HAL 7707 T12 →'25 **DRB 74 779** →'45 DRo →22.08.47 SMA	V.u.
Bors 1910/ 7656	HAL 7708 T12 →'25 **DRB 74 780** →'45 DRo	+22.12.47
Bors 1910/ 7657	HAL 7709 T12 →'25 **DRB 74 781** →'45 DRo/DR →28.12.59 verk. WL Binnenhäfen Mittelelbe, Magdeburg	+
Bors 1910/ 7658	HAL 7710 T12 →'25 **DRB 74 782** →'45 PKP OKi2-32 +22.02.57 →'?? WL Zakłady Przemysłu Wapienniczego „Sitkówka" w. Sitkówce	+
Bors 1910/ 7659	HAL 7711 T12 →'25 **DRB 74 783** →'45 DRw/DB (SWDE)	+14.07.60
Graf 1910/ 6034	Reichseisenbahnen Elsaß-Lothringen (EL) 2601 MEDUSA (T10) →'12 Reichseisenbahnen Elsaß-Lothringen (EL) 7701 (T12) (01.10.18 an Eaw Eberswalde zur Ausbesserung; 02.22 ED Halle) →ca.'22/23 HAL 7730 T12 →'25 **DRB 74 784** →'45 PKP OKi2-80	+23.02.66
Graf 1910/ 6035	Reichseisenbahnen Elsaß-Lothringen (EL) 2602 ELEKTRA (T10) →'12 Reichseisenbahnen Elsaß-Lothringen (EL) 7702 (T12) (05.09.18 an Eaw Halle zur Ausbesserung; 02.22 ED Altona) →ca.'22/23 ALT 7782 T12 →'25 **DRB 74 785** →'45 DRw →25.01.46 NS 5904 →01.08.47 DRw/DB 74 785	+15.08.58
Graf 1910/ 6040	Reichseisenbahnen Elsaß-Lothringen (EL) 2607 HERA (T10) →'12 Reichseisenbahnen Elsaß-Lothringen (EL) 7707 (T12) (05.11.18 an Eaw Eberswalde zur Ausbesserung; 02.22 ED Altona) →ca.'22/23 ALT 7783 T12 →'25 **DRB 74 786** →'45 DRw/DB	+15.11.57
Graf 1910/ 6084	EFD 7748 T12 →'25 **DRB 74 787** →'45 DRw/DB	+25.04.58
Graf 1910/ 6085	EFD 7749 T12 →'25 **DRB 74 788** →'45 DRw/DB	+15.11.57
Graf 1910/ 6086	EFD 7750 T12 →'25 **DRB 74 789**	+29
Graf 1910/ 6087	HAL 7703 T12 →'25 **DRB 74 790** →'45 DRo/DR	+28.11.53
Graf 1910/ 6088	HAL 7704 T12 →'25 **DRB 74 791** →'45 DRo/DR	+04.12.63
Graf 1910/ 6089	HAL 7705 T12 →'25 **DRB 74 792** →'45 DRo/DR	+23.10.65
Graf 1910/ 6090	STN 7710 T12 →'25 **DRB 74 793** →'45 DRo/DR	+08.02.67
Graf 1910/ 6091	STN 7711 T12 →'25 **DRB 74 794** →'45 DRw/DB	+23.10.63
Bors 1911/ 7663	STN 7713 T12 →'25 **DRB 74 795** →'45 DRo/DR	+20.04.51
Bors 1911/ 7664	STN 7714 T12 →'25 **DRB 74 796** →'45 DRo/DR	+16.06.66
Bors 1911/ 7909	BLN 8201 T12 →'25 **DRB 74 797** →'45 DRw/DB	+14.11.52
Bors 1911/ 7910	BLN 8202 T12 →'25 **DRB 74 798** →'45 PKP OKi2-52	+30.11.53
Bors 1911/ 7911	BLN 8203 T12 →'25 **DRB 74 799** →'45 DRw/DB	+10.08.57
Bors 1911/ 7912	BLN 8204 T12 →'25 **DRB 74 800** →'45 PKP OKi2-16	+16.06.56
Bors 1911/ 7913	BLN 8205 T12 →'25 **DRB 74 801**	+10.33
Bors 1911/ 7914	BLN 8206 T12 →'25 **DRB 74 802** →'45 DRo/DR	+15.04.67
Bors 1911/ 7915	BLN 8207 T12 →'25 **DRB 74 803** →'45 DRw/DB	+10.08.57
Bors 1911/ 7917	BLN 8209 T12 →'25 **DRB 74 804** →'45 DRo/DR	+05.03.65
Bors 1911/ 7918	HAL 7712 T12 →'25 **DRB 74 805** →'45 DRw/DB	+19.04.60
Bors 1911/ 7919	HAL 7713 T12 →'25 **DRB 74 806** →'45 DRw/DB	+20.04.63

Bors 1911/ 7920	HAL 7714 T12 →'25 **DRB 74 807** →'45 DRw/DB	+26.04.61
Bors 1911/ 7921	HAL 7715 T12 →'25 **DRB 74 808** →'45 DRo/DR	+19.02.66
Bors 1911/ 7922	HAL 7716 T12 →'25 **DRB 74 809** →'45 DRo/DR →15.04.61 verk. HL VEB Glasseidenwerk Oschatz	++
Bors 1911/ 7923	HAL 7717 T12 →'25 **DRB 74 810** →'45 DRo/DR →23.11.62 verk. HL VEB Hochbau Berlin	++
Bors 1911/ 7924	KAT 7711 T12 →'22 OPP 7711 →'25 **DRB 74 811**	+02.32
Bors 1911/ 7927	STN 7715 T12 →'25 **DRB 74 812** →'45 DRo/DR	+08.02.67
Bors 1911/ 7928	STN 7716 T12 →'25 **DRB 74 813** →'45 DRo/DR	+19.10.67
Bors 1911/ 7929	STN 7717 T12 →'25 **DRB 74 814** →'45 DRo/DR	+27.07.66
Graf 1910/ 6213	EFD 7752 T12 →'25 **DRB 74 815** →'45 DRw/DB	+07.08.56
Graf 1910/ 6214	EFD 7753 T12 →'25 **DRB 74 816** →'45 DRw/DB +02.11.54 →um '54 WL 80580/1 „Arbeitsgerät“ Aw Opladen (bis '68)	+um 68
Graf 1910/ 6216	SBR 7716 T12 →'20 TRI 7716 →'25 **DRB 74 817** →'45 DRw/DB (SWDE)	+30.09.60
Graf 1910/ 6217	FFT 7718 T12 →'25 **DRB 74 818** →'45 DRo/DR	+05.03.64
Graf 1910/ 6218	FFT 7719 T12 →'25 **DRB 74 819** →'45 DRw/DB	+25.04.58
Graf 1911/ 6242	HAN 7701 T12 →'25 **DRB 74 820** →'45 DRw/DB	+26.04.60
Graf 1911/ 6244	ESN 7718 T12 →'25 **DRB 74 821** →'45 DRw/DB	+10.08.57
Graf 1911/ 6245	ESN 7719 T12 →'25 **DRB 74 822** →'45 DRo/DR →08.06.60 verk. Zementwerk Karsdorf	+
Graf 1911/ 6247	ERF 7701 T12 →'25 **DRB 74 823** →'45 DRo/DR →01.09.59 verk. WL 4 Kaliwerk Staßfurt (05.63 L4 RAW Leipzig)	+
Graf 1911/ 6248	ERF 7702 T12 →'25 **DRB 74 824** →'45 DRo/DR	+14.06.67
Graf 1911/ 6249	ERF 7703 T12 →'25 **DRB 74 825** →'45 DRo/DR	+15.04.67
Graf 1911/ 6250	ERF 7704 T12 →'25 **DRB 74 826** →'45 DRo/DR	+08.02.67
Graf 1911/ 6251	EFD 7754 T12 →'25 **DRB 74 827** →'45 DRw/DB	+30.09.60
Graf 1911/ 6252	EFD 7755 T12 →'25 **DRB 74 828** →'45 DRo/DR →05.11.65 verk. Betonwerk Rethwisch	+
Graf 1911/ 6254	KÖL 7711 T12 →'25 **DRB 74 829**	V.u.
Graf 1911/ 6255	KÖL 7712 T12 →'25 **DRB 74 830** →'45 DRw	+08.03.48
Bors 1912/ 8299	STN 7719 T12 →'25 **DRB 74 831** →'45 DRo/DR	+05.03.64
Bors 1912/ 8300	STN 7720 T12 →'25 **DRB 74 832** →'45 DRo/DR	+19.10.67
Bors 1912/ 8301	STN 7721 T12 →'25 **DRB 74 833** →'45 DRw/DB	+30.09.60
Bors 1912/ 8302	STN 7722 T12 →'25 **DRB 74 834** →'45 DRo/DR	+29.07.66
Bors 1912/ 8303	ALT 7744 T12 →'25 **DRB 74 835** →'45 DRw/DB	+14.07.60
Bors 1912/ 8304	ALT 7745 T12 →'25 **DRB 74 836** →'45 DRw/DB	+30.09.60
Bors 1912/ 8305	ALT 7746 T12 →'25 **DRB 74 837** →'45 DRw/DB	+28.10.59
Bors 1912/ 8306	ALT 7747 T12 →'25 **DRB 74 838** →'45 DRw/DB	+01.08.62
Bors 1912/ 8307	ALT 7748 T12 →'25 **DRB 74 839** →'45 DRw/DB	+19.01.61
Bors 1912/ 8308	ALT 7749 T12 →'25 **DRB 74 840** →'45 DRw →25.01.46 NS 5905 →01.08.47 DRw/DB 74 840	+14.03.57
Bors 1912/ 8309	ERF 7713 T12 →'25 **DRB 74 841** →'45 DRw/DB	+26.04.61
Bors 1912/ 8311	ERF 7715 T12 →'25 **DRB 74 842** →'45 DRw/DB	+19.04.60
Bors 1912/ 8312	ERF 7716 T12 →'25 **DRB 74 843** →'45 DRw/DB (SWDE)	+30.09.60
Bors 1912/ 8313	ERF 7717 T12 →'25 **DRB 74 844** →'45 DRw/DB	+09.01.62
Bors 1912/ 8314	ERF 7718 T12 →'25 **DRB 74 845** →'45 DRo/DR	+06.03.65
Hohz 1912/ 2935	BLN 8210 T12 →'25 **DRB 74 846** →'45 DRo (09.45 RBD Schwerin)	V.u.
Hohz 1912/ 2936	BLN 8211 T12 →'25 **DRB 74 847** →'45 DRo →10.08.47 MPS	+
Hohz 1912/ 2937	BLN 8212 T12 →'25 **DRB 74 848**	+24.01.44
Hohz 1912/ 2938	BLN 8213 T12 →'25 **DRB 74 849** →'45 DRw/DB	+01.09.65
Hohz 1912/ 2939	BLN 8214 T12 →'25 **DRB 74 850** →'45 DRw/DB (SWDE)	+30.09.60
Hohz 1912/ 2940	BLN 8215 T12 →'25 **DRB 74 851** →'45 DRo/DR	+16.06.66
Hohz 1912/ 2941	BLN 8216 T12 →'25 **DRB 74 852** →'45 DRo/DR →04.05.65 verk. Zementwerk Glöthe	+
Hohz 1912/ 2942	BLN 8217 T12 →'25 **DRB 74 853** →'45 DRo/DR	+19.10.67
Hohz 1912/ 2943	BLN 8218 T12 →'25 **DRB 74 854** →'45 DRw/DB	+02.05.62
Hohz 1912/ 2944	BLN 8219 T12 →'25 **DRB 74 855** →'45 DRw/DB	+30.09.60
Hohz 1912/ 2945	EFD 7756 T12 →'25 **DRB 74 856** →'45 DRw/DB	+25.04.58
Hohz 1912/ 2946	EFD 7757 T12 →'25 **DRB 74 857** →'45 DRw/DB	+28.10.59
Hohz 1912/ 2947	HAN 7702 T12 →'25 **DRB 74 858** →'45 DRo/DR →01.05.59 verk. Zementwerk Karsdorf	+
Hohz 1912/ 2948	HAN 7703 T12 →'25 **DRB 74 859** →'45 DRo/DR	+27.07.66
Bors 1913/ 8315	ESN 7727 T12 →'25 **DRB 74 860** →'45 DRw/DB	+10.08.57
Bors 1913/ 8316	ESN 7728 T12 →'25 **DRB 74 861** →'45 DRo →10.08.47 MPS	+
Bors 1913/ 8317	ESN 7729 T12 →'25 **DRB 74 862** →'45 DRw/DB	+15.11.57
Bors 1913/ 8318	ESN 7730 T12 →'25 **DRB 74 863** →'45 DRw/DB	+27.04.59
Bors 1913/ 8319	ESN 7731 T12 →'25 **DRB 74 864** →'45 DRw/DB	+07.08.59
Bors 1913/ 8320	ESN 7732 T12 →'25 **DRB 74 865** →'45 DRw/DB (SWDE)	+30.09.60
Bors 1913/ 8321	ESN 7733 T12 →'25 **DRB 74 866** →'45 DRw/DB	+10.08.57

Mit einem klassischen Nebenbahnzug traf Hans Schneeberger am 12. September 1958 die 74 863 im Bahnhof Cloppenburg an. Nur ein halbes Jahr später wurde die Maschine aufgrund einer Verfügung der OBL West ausgemustert.

Bors 1913/ 8322	ESN 7734 T12 →'25 **DRB 74 867** →'45 DRw/DB	+18.01.62
Bors 1913/ 8323	HAL 7718 T12 →'25 **DRB 74 868** →'45 DRo/DR	+24.04.67
Bors 1913/ 8324	HAL 7719 T12 →'25 **DRB 74 869** →'45 DRw/DB	+11.01.60
Bors 1913/ 8325	HAL 7720 T12 →'25 **DRB 74 870** →'45 DRo/DR	+26.02.65
Bors 1913/ 8326	HAL 7721 T12 →'25 **DRB 74 871** →'45 DRo/DR →16.11.64 verk. WL 9 Stahlwerke Gröditz	+
Bors 1913/ 8327	HAL 7722 T12 →'25 **DRB 74 872** →'45 DRo/DR	+17.01.56
Bors 1913/ 8328	HAL 7723 T12 →'25 **DRB 74 873** →'45 DRo/DR	+26.08.60
Bors 1913/ 8329	HAL 7724 T12 →'25 **DRB 74 874** →'45 DRo/DR	+19.02.66
Bors 1913/ 8330	HAL 7725 T12 →'25 **DRB 74 875** →'45 DRo/DR	+09.05.66
Bors 1913/ 8400	ALT 7750 T12 →'25 **DRB 74 876** →'45 DRw/DB	+10.08.57
Bors 1913/ 8401	ALT 7751 T12 →'25 **DRB 74 877** →'45 DRw/DB	+20.11.58
Bors 1913/ 8403	BLN 8221 T12 →'25 **DRB 74 878** →'45 DRo/DR	+04.12.65
Bors 1913/ 8404	BLN 8222 T12 →'25 **DRB 74 879** →'45 DRw/DB	+07.08.59
Bors 1913/ 8405	BLN 8223 T12 →'25 **DRB 74 880** →'45 DRo/DR →12.11.59 verk. WL Kaliwerk Bernburg	+
Bors 1913/ 8406	BSL 7731 T12 →'25 **DRB 74 881** →'45 DRw/DB	+26.04.62
Bors 1913/ 8407	BSL 7732 T12 →'25 **DRB 74 882** →'45 DRo/DR	+29.07.66
Bors 1913/ 8408	BSL 7733 T12 →'25 **DRB 74 883** →'45 DRo →14.12.45 SMA	V.u.
Bors 1913/ 8409	HAL 7726 T12 →'25 **DRB 74 884** →'45 DRo/DR	+16.04.64
Bors 1913/ 8513	BLN 8224 T12 →'25 **DRB 74 885** →'45 DRo/DR →18.11.60 verk. VEB Einheit, Bitterfeld	+
Bors 1913/ 8514	BLN 8225 T12 →'25 **DRB 74 886** →'45 DRw	+12.07.48
Bors 1913/ 8516	BLN 8227 T12 →'25 **DRB 74 887** →'45 DRo/DR	+06.03.65
Bors 1913/ 8517	BLN 8228 T12 →'25 **DRB 74 888** →'45 DRo/DR	+10.02.65
Bors 1913/ 8518	BLN 8229 T12 →'25 **DRB 74 889** →'45 DRo	+22.12.47
Bors 1913/ 8519	BLN 8230 T12 →'25 **DRB 74 890** →'45 DRo/DR	+14.09.65
Bors 1913/ 8520	BLN 8231 T12 →'25 **DRB 74 891** →'45 PKP +28.12.45 →28.11.46 WL Pafawag, Wrocław (=Breslau)	+
Bors 1913/ 8521	BLN 8232 T12 →'25 **DRB 74 892** →'45 DRo/DR	+06.03.65
Bors 1913/ 8522	BLN 8233 T12 →'25 **DRB 74 893** →'45 DRo/DR	+22.12.66
Bors 1913/ 8523	BLN 8234 T12 →'25 **DRB 74 894** →'45 DRo/DR	+18.01.67 und 08.02.67
Bors 1913/ 8524	BLN 8235 T12 →'25 **DRB 74 895** →'45 DRo/DR	+04.12.63
Bors 1913/ 8525	BLN 8236 T12 →'25 **DRB 74 896** →'45 DRw/DB	+30.09.60
Bors 1913/ 8526	BLN 8237 T12 →'25 **DRB 74 897** →'45 DRw/DB	+10.08.57
Bors 1913/ 8527	BLN 8238 T12 →'25 **DRB 74 898**	+01.08.33
Bors 1913/ 8528	BLN 8239 T12 →'25 **DRB 74 899** →'45 DRw	+06.12.45
Bors 1913/ 8529	BLN 8240 T12 →'25 **DRB 74 900** →'45 DRo/DR	+12.10.67
Bors 1913/ 8530	BLN 8241 T12 →'25 **DRB 74 901** →'45 DRw/DB	+25.04.58
Hohz 1913/ 3017	ERF 7705 T12 →'25 **DRB 74 902** →'45 DRo/DR →18.11.60 verk. Braunkohlenwerk Bitterfeld	+

Hohz 1913/ 3018	ERF 7706 T12 →'25 **DRB 74 903** →'45 DRo/DR	+25.08.66
Hohz 1913/ 3019	ERF 7707 T12 →'25 **DRB 74 904** →'45 DRw/DB	+10.03.65
Hohz 1913/ 3020	ERF 7708 T12 →'25 **DRB 74 905** (28.07.44 Schadlok RAW Lpzg.)	V.u.
Hohz 1913/ 3021	ERF 7709 T12 →'25 **DRB 74 906** →'45 DRw/DB	+10.08.57
Hohz 1913/ 3022	ERF 7710 T12 →'25 **DRB 74 907** →'45 DRw/DB	+23.12.65
Hohz 1913/ 3023	ERF 7711 T12 →'25 **DRB 74 908** →'45 DRo/DR	+05.03.65
Hohz 1913/ 3024	ERF 7712 T12 →'25 **DRB 74 909** →'45 DRo/DR	+05.03.65
Hohz 1913/ 3025	ESN 7721 T12 →'25 **DRB 74 910** →'45 DRw/DB	+04.05.64
Hohz 1913/ 3026	ESN 7722 T12 →'25 **DRB 74 911** →'45 DRw/DB	+02.05.62
Hohz 1913/ 3027	ESN 7723 T12 →'25 **DRB 74 912** →'45 DRw/DB	+14.07.60
Hohz 1913/ 3028	ESN 7724 T12 →'25 **DRB 74 913** →'45 DRw/DB	+14.03.57
Hohz 1913/ 3029	ESN 7725 T12 →'25 **DRB 74 914**	+24.08.44
Hohz 1913/ 3030	ESN 7726 T12 →'25 **DRB 74 915** →'45 DRw/DB	+07.08.59
Hohz 1913/ 3031	ESN 7735 T12 →'25 **DRB 74 916** →'45 DRw/DB	+01.11.62
Hohz 1913/ 3032	ESN 7736 T12 →'25 **DRB 74 917** →'45 DRw/DB	+09.01.62
Hohz 1913/ 3033	HAL 7727 T12 →'25 **DRB 74 918** →'45 DRo/DR	+14.06.67
Hohz 1913/ 3072	EFD 7761 T12 →'25 **DRB 74 919** →'45 DRw/DB	+09.01.62
Hohz 1913/ 3073	EFD 7762 T12 →'25 **DRB 74 920** →'45 DRw/DB	+01.08.62
Hohz 1913/ 3074	EFD 7758 T12 →'25 **DRB 74 921** →'45 DRw/DB	+10.08.57
Hohz 1913/ 3075	EFD 7759 T12 →'25 **DRB 74 922** →'45 DRw/DB	+14.03.57
Hohz 1913/ 3076	EFD 7760 T12 →'25 **DRB 74 923** →'45 DRw/DB	+14.03.57
Hohz 1913/ 3077	ERF 7723 T12 →'25 **DRB 74 924** →'45 DRw →25.01.46 NS 5906 →06.05.47 DRw/DB 74 924	+07.08.59
Hohz 1913/ 3078	ERF 7724 T12 →'25 **DRB 74 925** →'45 DRo/DR	+08.03.65
Hohz 1913/ 3079	ERF 7725 T12 →'25 **DRB 74 926** →'45 DRw/DB	+09.01.62
Hohz 1913/ 3080	ERF 7726 T12 →'25 **DRB 74 927** →'45 DRw/DB	+06.08.64
Hohz 1913/ 3081	ERF 7719 T12 →'25 **DRB 74 928** →'45 DRo/DR	+05.01.65
Hohz 1913/ 3082	ERF 7720 T12 →'25 **DRB 74 929** →'45 DRo/DR	+14.09.65
Hohz 1913/ 3083	ERF 7721 T12 →'25 **DRB 74 930** →'45 DRo/DR	+16.06.66
Hohz 1913/ 3084	ERF 7722 T12 →'25 **DRB 74 931** →'45 DRo/DR	+22.12.66
Hohz 1913/ 3085	HAN 7705 T12 →'25 **DRB 74 932** →'45 DRw/DB	+14.03.57
Hohz 1913/ 3086	MGD 7701 T12 →'25 **DRB 74 933** →'45 DRw/DB	+15.08.58
Hohz 1913/ 3087	ALT 7752 T12 →'25 **DRB 74 934** →'45 DRw →25.01.46 NS 5907 →05.47 DRw/DB 74 934	+14.07.60

Im Bw Köln Betriebsbahnhof entstand am 21. September 1932 dieses von Carl Bellingrodt erstellte klassische Lokomotivportrait der 74 932.

Hohz 1913/ 3088	ALT 7753 T12 →'25 **DRB 74 935** →'45 DRw/DB	+17.01.64
Hohz 1913/ 3089	ALT 7754 T12 →'25 **DRB 74 936** →'45 DRw/DB	+12.01.63
Hohz 1913/ 3090	ALT 7755 T12 →'25 **DRB 74 937**	+09.33
Hohz 1913/ 3091	ALT 7756 T12 →'25 **DRB 74 938** →'45 DRw/DB	+14.10.63
Hohz 1913/ 3092	ALT 7757 T12 →'25 **DRB 74 939** →'45 DRw/DB	+02.11.61
Hohz 1913/ 3093	BLN 8242 T12 →'25 **DRB 74 940** →'45 PKP OKi2-33	+13.12.56
Hohz 1913/ 3094	BLN 8243 T12 →'25 **DRB 74 941** →'45 DRw/DB	+30.04.59
Hohz 1913/ 3095	BLN 8244 T12 →'25 **DRB 74 942**	+12.28
Hohz 1913/ 3096	BLN 8245 T12 →'25 **DRB 74 943** →'45 DRo/DR	+10.11.55
Hohz 1913/ 3097	BLN 8246 T12 →'25 **DRB 74 944** →'45 DRo/DR	+23.08.60
Hohz 1913/ 3098	BLN 8247 T12 →'25 **DRB 74 945** →'45 DRw/DB	+19.04.60
Hohz 1913/ 3099	BLN 8248 T12 →'25 **DRB 74 946** →'45 DRw/DB	+14.07.60
Hohz 1913/ 3100	BLN 8249 T12 →'25 **DRB 74 947** →'45 PKP OKi2-69	+10.07.66
Hohz 1913/ 3101	BLN 8250 T12 →'25 **DRB 74 948** →'45 DRw/DB	+18.01.62
Hohz 1913/ 3102	BLN 8251 T12 →'25 **DRB 74 949** →'45 DRo/DR	+28.02.63[12)]
Hohz 1913/ 3103	BLN 8252 T12 →'25 **DRB 74 950** →'45 DRo/DR	+06.02.65
Hohz 1913/ 3104	BLN 8253 T12 →'25 **DRB 74 951** →'45 DRw/DB	+09.01.62
Hohz 1913/ 3105	BLN 8254 T12 →'25 **DRB 74 952** →'45 PKP OKi2-23	+21.06.65
Hohz 1913/ 3106	BLN 8255 T12 →'25 **DRB 74 953** →'45 DRw/DB (SWDE)	+14.07.60
Hohz 1913/ 3107	BLN 8256 T12 →'25 **DRB 74 954** →'45 DRo/DR →07.03.60 verk. HL VEB Bauunion Cottbus	++
Hohz 1913/ 3108	BLN 8257 T12 →'25 **DRB 74 955** →'45 DRo/DR →29.01.62 verk. HL Maschinen- und Traktoren-Station Neuhagen	++
Hohz 1913/ 3109	BLN 8258 T12 →'25 **DRB 74 956** →'45 DRo/DR	+09.02.65
Hohz 1913/ 3110	BLN 8259 T12 →'25 **DRB 74 957** →'45 DRw/DB	+02.05.62
Hohz 1913/ 3157	BLN 8282 T12 →'25 **DRB 74 958** →'45 DRo/DR	+08.02.65
Hohz 1913/ 3158	BLN 8283 T12 →'25 **DRB 74 959** →'45 DRw/DB	+01.07.63
Hohz 1913/ 3159	BLN 8284 T12 →'25 **DRB 74 960** →'45 DRo/DR →01.10.60 verk. WL 1 VEB BKW „Einheit" Bitterfeld (ab 01.12.64 Betriebsteil Edderitz)	+um 67
Hohz 1913/ 3160	BLN 8285 T12 →'25 **DRB 74 961** →'45 DRw/DB	+04.05.64
Hohz 1913/ 3161	BLN 8286 T12 →'25 **DRB 74 962** →'45 DRo/DR	+06.02.65
Hohz 1913/ 3162	BLN 8287 T12 →'25 **DRB 74 963** →'45 DRw/DB	+30.09.60
Hohz 1913/ 3163	BLN 8288 T12 →'25 **DRB 74 964** →'45 DRo/DR	+14.09.65
Hohz 1913/ 3164	BLN 8289 T12 →'25 **DRB 74 965** →'45 DRo/DR →22.02.60 verk. WL 11 VEB Binnenhäfen Mittelelbe Magdeburg (31.08.63 HU)	+

12) Nach einem Dokument des RAW Tempelhof wurde der Kessel der Lok verschrottet und das Fahrgestell mit dem Kessel der Lok 74 745 zu einem beweglichen Heizkessel umgebaut. Am 23.12.63 zum KAW Greifswald überführt.

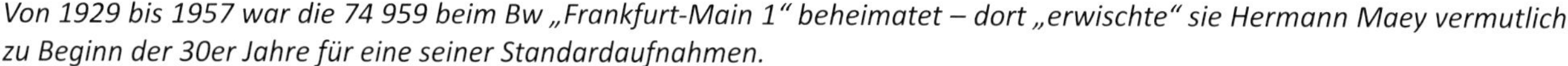

Von 1929 bis 1957 war die 74 959 beim Bw „Frankfurt-Main 1" beheimatet – dort „erwischte" sie Hermann Maey vermutlich zu Beginn der 30er Jahre für eine seiner Standardaufnahmen.

Hohz 1913/ 3165	BLN 8290 T12 →'25 **DRB 74 966** →'45 DRo/DR →07.02.62 verk. WL 15 VEB Stahl- und Walzwerk Riesa	++75
Hohz 1913/ 3166	BLN 8291 T12 →'25 **DRB 74 967** →'45 DRw/DB	+26.04.61
Hohz 1913/ 3167	BLN 8292 T12 →'25 **DRB 74 968**	+01.08.33
Hohz 1913/ 3168	BLN 8293 T12 →'25 **DRB 74 969** →'45 PKP OKi2-6"	+30.04.66
Hohz 1913/ 3169	BLN 8294 T12 →'25 **DRB 74 970** →'45 DRw/DB (SWDE)	+01.02.63
Hohz 1913/ 3170	BLN 8295 T12 →'25 **DRB 74 971** →'45 ČSD/R	+5x
Hohz 1913/ 3171	BLN 8296 T12 →'25 **DRB 74 972** →'45 DRo/DR	+04.12.63
Hohz 1913/ 3172	BLN 8297 T12 →'25 **DRB 74 973** →'45 DRo/DR →'58 verk. WL 11 VEB Kalikombinat „Ernst Thälmann", Merkers	+
Bors 1914/ 8661	BLN 8260 T12 →'25 **DRB 74 974** →'45 DRo/DR	+02.03.65
Bors 1914/ 8662	BLN 8261 T12 →'25 **DRB 74 975** →'45 DRw/DB	+02.05.62
Bors 1914/ 8663	BLN 8262 T12 →'25 **DRB 74 976** →'45 DRo/DR	+04.12.63
Bors 1914/ 8664	BLN 8263 T12 →'25 **DRB 74 977** →'45 DRw/DB	+20.11.58
Bors 1914/ 8665	BLN 8264 T12 →'25 **DRB 74 978** →'45 DRo/DR	+29.03.65
Bors 1914/ 8666	BLN 8265 T12 →'25 **DRB 74 979** →'45 DRo →01.11.45 SMA	V.u.
Bors 1914/ 8667	BLN 8266 T12 →'25 **DRB 74 980** →'45 PKP OKi2-34	+20.06.50
Bors 1914/ 8668	BLN 8267 T12 →'25 **DRB 74 981** →'45 DRw/DB	+28.10.59
Bors 1914/ 8669	BLN 8268 T12 →'25 **DRB 74 982** →'45 DRo/DR	+20.11.67
Bors 1914/ 8670	BLN 8269 T12 →'25 **DRB 74 983** →'45 DRw/DB	+15.08.58
Bors 1914/ 8671	BLN 8270 T12 →'25 **DRB 74 984** →'45 DRw/DB	+01.08.62
Bors 1914/ 8672	BLN 8271 T12 →'25 **DRB 74 985** →'45 DRo/DR	+10.03.65
Bors 1914/ 8673	BLN 8272 T12 →'25 **DRB 74 986** →'45 DRo/DR →29.09.66 verk. HL VEB Baustoffversorgung Berlin, Betonwerk Potsdam-Rehbrücke	+
Bors 1914/ 8674	BLN 8273 T12 →'25 **DRB 74 987** →'45 DRo/DR	+28.01.66
Bors 1914/ 8675	BLN 8274 T12 →'25 **DRB 74 988** →'45 DRo/DR	+07.05.65
Bors 1914/ 8676	BLN 8275 T12 →'25 **DRB 74 989** →'45 DRo/DR	+09.03.65
Bors 1914/ 8677	BLN 8276 T12 →'25 **DRB 74 990** →'45 DRw/DB (SWDE)	+30.09.60
Bors 1914/ 8678	BLN 8277 T12 →'25 **DRB 74 991** →'45 DRo	+06.04.46
Bors 1914/ 8679	BLN 8278 T12 →'25 **DRB 74 992** →'45 DRw/DB	+20.11.58
Bors 1914/ 8681	BLN 8280 T12 →'25 **DRB 74 993** →'45 DRw/DB	+14.07.60
Bors 1914/ 8682	BLN 8281 T12 →'25 **DRB 74 994** →'45 DRo/DR →02.06.61 verk. HL Glasseidenwerk Oschatz	++
Bors 1914/ 8683	ALT 7758 T12 →'25 **DRB 74 995** →'45 DRw/DB	+27.07.54
Bors 1914/ 8684	ALT 7759 T12 →'25 **DRB 74 996** →'45 DRw/DB	+15.11.57
Bors 1914/ 8685	ALT 7760 T12 →'25 **DRB 74 997** →'45 DRw/DB	+15.11.57
Bors 1914/ 8686	ALT 7761 T12 →'25 **DRB 74 998** →'45 DRw/DB	+18.01.62
Bors 1914/ 8687	ALT 7762 T12 →'25 **DRB 74 999** →'45 DRw/DB	+30.09.60
Bors 1914/ 8688	ALT 7763 T12 →'25 **DRB 74 1000** →'45 DRw/DB	+12.07.62
Bors 1914/ 8689	ALT 7764 T12 →'25 **DRB 74 1001** →'45 DRw/DB	+01.11.62
Bors 1914/ 8690	ALT 7765 T12 →'25 **DRB 74 1002** →'45 DRw/DB	+30.09.60
Bors 1914/ 8840	BLN 8325 T12 →'25 **DRB 74 1003** →'45 DRo/DR	+08.02.65
Bors 1914/ 8841	BLN 8326 T12 →'25 **DRB 74 1004** →'45 DRw/DB	+15.08.58
Bors 1914/ 8842	BLN 8327 T12 →'25 **DRB 74 1005** →'45 DRo/DR	+27.07.66
Bors 1914/ 8843	BLN 8328 T12 →'25 **DRB 74 1006** →'45 DRw/DB	+02.05.62
Bors 1914/ 8844	BLN 8329 T12 →'25 **DRB 74 1007** →'45 DRw/DB	+07.07.59
Bors 1914/ 8845	BLN 8330 T12 →'25 **DRB 74 1008** →'45 DRo	+25.12.47
Bors 1914/ 8848	BLN 8333 T12 →'25 **DRB 74 1009** →'45 DRo/DR	+28.02.63
Bors 1914/ 8849	BLN 8334 T12 →'25 **DRB 74 1010** →'45 DRo/DR	+27.07.66
Bors 1914/ 8850	BLN 8335 T12 →'25 **DRB 74 1011** →'45 DRo/DR	+24.10.66
Bors 1914/ 8851	BLN 8336 T12 →'25 **DRB 74 1012** →'45 DRw	+07.08.46
Bors 1914/ 8852	BLN 8337 T12 →'25 **DRB 74 1013** →'45 DRo/DR	+27.07.66
Bors 1914/ 8853	BLN 8338 T12 →'25 **DRB 74 1014** →'45 DRw →25.01.46 NS 5908 →08.47 DRw/DB 74 1014	+25.04.58
Bors 1914/ 8854	BLN 8339 T12 →'25 **DRB 74 1015** →'45 DRw	+16.09.46
Bors 1914/ 8855	BLN 8340 T12 →'25 **DRB 74 1016** →'45 PKP OKi2-24	+31.07.49
Bors 1914/ 8856	BLN 8341 T12 →'25 **DRB 74 1017** →'45 DRo (11.45 RBD Berlin)	V.u.
Bors 1914/ 8857	BLN 8342 T12 →'25 **DRB 74 1018** →'45 DRo/DR	+14.06.67
Bors 1914/ 8859	BLN 8344 T12 →'25 **DRB 74 1019** →'45 DRw/DB (SWDE)	+26.04.60
Bors 1914/ 8860	BLN 8345 T12 →'25 **DRB 74 1020** →'45 DRo (11.45 RBD Berlin)	V.u.
Bors 1914/ 8861	BLN 8346 T12 →'25 **DRB 74 1021** →'45 DRw/DB	+25.04.58
Bors 1914/ 8862	BLN 8347 T12 →'25 **DRB 74 1022** →'45 PKP +01.05.46 →01.10.48 PKP OKi2-59 +54 →'54 WL KWK Kazimierz, Sosnowiec	+
Bors 1914/ 8863	BLN 8348 T12 →'25 **DRB 74 1023** →'45 DRw/DB	+09.01.62
Bors 1914/ 8864	BLN 8349 T12 →'25 **DRB 74 1024** →'45 DRo/DR	+15.03.67

Bors 1914/ 8865	BLN 8350 T12 →'25 **DRB 74 1025** →'45 DRo/DR	+26.02.65
Bors 1914/ 8866	BLN 8351 T12 →'25 **DRB 74 1026** (04.30 RBD Berlin)	+
Bors 1914/ 8867	BLN 8352 T12 →'25 **DRB 74 1027** →'45 PKP OKi2-81	+06.11.59
Bors 1914/ 8868	BLN 8353 T12 →'25 **DRB 74 1028** →'45 DRw/DB	+01.09.65
Bors 1914/ 8869	BLN 8354 T12 →'25 **DRB 74 1029** →'45 PKP OKi2 35	+09.03.59
Bors 1914/ 8870	BLN 8355 T12 →'25 **DRB 74 1030** →'45 DRw/DB	+07.08.59
Bors 1914/ 8871	BLN 8356 T12 →'25 **DRB 74 1031** →'45 DRo/DR	+29.07.66
Bors 1914/ 8872	BLN 8357 T12 →'25 **DRB 74 1032** →'45 DRw/DB	+15.08.58
Bors 1914/ 8873	BLN 8358 T12 →'25 **DRB 74 1033** →'45 DRo/DR →26.06.64 WL RAW Halle	+
Bors 1914/ 8874	BLN 8359 T12 →'25 **DRB 74 1034** →'45 DRw/DB	+02.07.62
Bors 1914/ 8875	BLN 8360 T12 →'25 **DRB 74 1035** →'45 PKP OKi2-17 +23.03.57 →'?? WL Cukrownia Opalenica	+
Bors 1914/ 8876	BLN 8361 T12 →'25 **DRB 74 1036** →'45 DRo (12.45 RBD Halle)	V.u.
Bors 1914/ 8878	BLN 8363 T12 →'25 **DRB 74 1037** →'45 DRo	+06.04.46
Bors 1914/ 8879	BLN 8364 T12 →'25 **DRB 74 1038** (04.30 RBD Berlin)	+
Bors 1914/ 8880	BLN 8365 T12 →'25 **DRB 74 1039** (05.44 Kriegsschäden RBD Berlin)	+
Bors 1914/ 8881	BLN 8366 T12 →'25 **DRB 74 1040** →'45 DRo/DR →22.12.60 verk. WL Stickstoffwerke Piesteritz	+
Bors 1914/ 8882	BLN 8367 T12 →'25 **DRB 74 1041** →'45 DRw/DB	+26.04.61
Bors 1914/ 8883	BLN 8368 T12 →'25 **DRB 74 1042** →'45 DRw/DB	+15.12.65
Bors 1914/ 8884	BLN 8369 T12 →'25 **DRB 74 1043** →'45 PKP OKi2-36	+15.06.68
Bors 1914/ 8885	BLN 8370 T12 →'25 **DRB 74 1044** →'45 DRw/DB	+02.05.62
Bors 1914/ 8886	BLN 8371 T12 →'25 **DRB 74 1045** →'45 DRw/DB	+07.08.59
Bors 1914/ 8887	BLN 8372 T12 →'25 **DRB 74 1046** →'45 DRo/DR	+20.11.67
Bors 1914/ 8888	BLN 8373 T12 →'25 **DRB 74 1047** →'45 DRo/DR	+10.02.65
Bors 1914/ 8889	BLN 8374 T12 →'25 **DRB 74 1048** →'45 DRo/DR →08.07.60 verk. WL Zementfabrik Karsdorf	+
Hohz 1913/ 3173	BLN 8298 T12 →'25 **DRB 74 1049** →'45 DRo →10.08.47 MPS	+
Hohz 1913/ 3174	BLN 8299 T12 →'25 **DRB 74 1050** →'45 PKP OKi2-53	+22.02.57
Hohz 1913/ 3175	BLN 8300 T12 →'25 **DRB 74 1051** →'45 DRo/DR	+08.02.67
Hohz 1913/ 3176	BLN 8301 T12 →'25 **DRB 74 1052** →'45 DRw/DB	+14.08.50
Hohz 1913/ 3177	BLN 8302 T12 →'25 **DRB 74 1053** →'45 DRo/DR	+06.03.65
Hohz 1913/ 3178	BLN 8303 T12 →'25 **DRB 74 1054** →'45 ČSD/R	+5x
Hohz 1913/ 3179	BLN 8304 T12 →'25 **DRB 74 1055** →'45 DRo/DR	+28.07.64
Hohz 1913/ 3180	BLN 8305 T12 →'25 **DRB 74 1056** →'45 PKP OKi2-37	+10.07.63
Hohz 1913/ 3181	BLN 8306 T12 →'25 **DRB 74 1057** →'45 DRo/DR →21.10.60 verk. HL Werkzeugmaschinenfabrik „Vogtland" Plauen →'?? verk. HL Drehmaschinenbau Köthen (06.65 vorh.)	++
Hohz 1913/ 3182	BLN 8307 T12 →'25 **DRB 74 1058** →'45 PKP OKi2-25	+10.07.66
Hohz 1914/ 3183	ERF 7727 T12 →'25 **DRB 74 1059** →'45 DRo/DR	+20.11.67
Hohz 1914/ 3184	ERF 7728 T12 →'25 **DRB 74 1060** →'45 DRo/DR	+23.10.65
Hohz 1914/ 3185	ERF 7729 T12 →'25 **DRB 74 1061** →'45 DRw/DB	+26.04.61
Hohz 1914/ 3186	ERF 7730 T12 →'25 **DRB 74 1062** →'45 DRo/DR	+25.03.65
Hohz 1914/ 3187	ERF 7731 T12 →'25 **DRB 74 1063** →'45 DRo/DR	+13.05.64
Hohz 1914/ 3188	ERF 7732 T12 →'25 **DRB 74 1064** →'45 DRo/DR	+27.07.66
Hohz 1914/ 3189	ERF 7733 T12 →'25 **DRB 74 1065** →'45 DRo/DR	+05.01.65
Hohz 1914/ 3190	ERF 7734 T12 →'25 **DRB 74 1066** →'45 DRo/DR →04.07.62 verk. Zementwerk Glöthe	+
Hohz 1914/ 3191	EFD 7763 T12 →'25 **DRB 74 1067** →'45 DRw/DB	+30.09.60
Hohz 1914/ 3192	EFD 7764 T12 →'25 **DRB 74 1068** →'45 DRw/DB	+10.08.57
Hohz 1914/ 3193	EFD 7765 T12 →'25 **DRB 74 1069** →'45 DRw/DB	+30.09.60
Hohz 1914/ 3194	EFD 7766 T12 →'25 **DRB 74 1070** →'45 DRw/DB	+11.05.66
Hohz 1914/ 3195	HAN 7706 T12 →'25 **DRB 74 1071** →'45 DRw/DB	+20.11.58
Hohz 1914/ 3196	HAN 7707 T12 →'25 **DRB 74 1072** →'45 DRw/DB	+15.08.58
Hohz 1914/ 3197	HAN 7708 T12 →'25 **DRB 74 1073** →'45 DRw/DB	+09.03.64
Hohz 1914/ 3207	MGD 7702 T12 →'25 **DRB 74 1074** →'45 DRo/DR	+23.10.65
Hohz 1914/ 3208	MGD 7703 T12 →'25 **DRB 74 1075** →'45 PKP OKi2-54	+10.07.63
Hohz 1914/ 3231	BLN 8375 T12 →'25 **DRB 74 1076** →'45 PKP OKi2-70	+27.11.52
Hohz 1914/ 3232	BLN 8376 T12 →'25 **DRB 74 1077** →'45 PKP OKi2-55	+08.11.58
Hohz 1914/ 3233	BLN 8377 T12 →'25 **DRB 74 1078** (04.30 RBD Berlin)	+
Hohz 1914/ 3234	BLN 8378 T12 →'25 **DRB 74 1079** →'45 DRo/DR	+13.05.64
Hohz 1914/ 3235	BLN 8379 T12 →'25 **DRB 74 1080** →'45 DRo/DR	+06.02.65
Hohz 1914/ 3236	BLN 8380 T12 →'25 **DRB 74 1081** →'45 DRw/DB	+07.08.59
Hohz 1914/ 3237	BLN 8381 T12 →'25 **DRB 74 1082** →'45 PKP OKi2-20	+05.08.53
Hohz 1914/ 3238	BLN 8382 T12 →'25 **DRB 74 1083** →'45 DRo/DR	+28.01.66
Hohz 1914/ 3239	BLN 8383 T12 →'25 **DRB 74 1084** →'45 DRo/DR	+26.02.65

Hohz 1914/ 3240	BLN 8384 T12 →'25 **DRB 74 1085** →'45 PKP OKi2-56	+25.02.65
Hohz 1914/ 3241	BLN 8385 T12 →'25 **DRB 74 1086** →'45 DRo/DR	+07.05.65
Hohz 1914/ 3242	BLN 8386 T12 →'25 **DRB 74 1087** →'45 DRo/DR →01.05.59 verk. Zementwerk Karsdorf	+
Hohz 1914/ 3243	BLN 8387 T12 →'25 **DRB 74 1088** →'45 DRo/DR	+25.08.66
Hohz 1914/ 3244	BLN 8388 T12 →'25 **DRB 74 1089** →'45 DRw/DB	+25.04.58
Hohz 1914/ 3245	BLN 8389 T12 →'25 **DRB 74 1090** →'45 DRw/DB	+26.04.61
Hohz 1914/ 3246	BLN 8390 T12 →'25 **DRB 74 1091** →'45 PKP +01.02.46 →01.10.48 PKP OKi2-83	+20.09.68
Hohz 1914/ 3247	BLN 8391 T12 →'25 **DRB 74 1092** →'45 DRo/DR	+06.03.65
Hohz 1914/ 3248	BLN 8392 T12 →'25 **DRB 74 1093** →'45 DRo/DR	+25.01.63
Hohz 1914/ 3249	BLN 8393 T12 →'25 **DRB 74 1094** →'45 DRo (11.45 Rbd Berlin) →'45/46 SMA →'?? CCCP-WL (09.64 in Oblast Rostow)	+
Hohz 1914/ 3250	BLN 8394 T12 →'25 **DRB 74 1095** →'45 DRw/DB	+07.08.59
Hohz 1914/ 3251	BLN 8395 T12 →'25 **DRB 74 1096** →'45 DRo/DR	+06.02.65
Hohz 1914/ 3252	BLN 8396 T12 →'25 **DRB 74 1097** →'45 DRo/DR →10.08.47 SMA	+
Hohz 1914/ 3253	BLN 8312 T12 →'25 **DRB 74 1098** →'45 DRo/DR →01.11.60 verk. Braunkohlewerk Profen	+
Hohz 1914/ 3255	BLN 8314 T12 →'25 **DRB 74 1099** →'45 DRo/DR	+11.11.63
Hohz 1914/ 3256	BLN 8315 T12 →'25 **DRB 74 1100** →'45 PKP OKi2-38	+30.11.53
Hohz 1914/ 3257	BLN 8316 T12 →'25 **DRB 74 1101** →'45 DRo	+22.12.47
Hohz 1914/ 3258	BLN 8317 T12 →'25 **DRB 74 1102** →'45 DRo (11.45 RBD Berlin)	V.u.
Hohz 1914/ 3259	BLN 8318 T12 →'25 **DRB 74 1103** →'45 PKP OKi2-2"	+08.11.56
Hohz 1914/ 3260	BLN 8319 T12 →'25 **DRB 74 1104** →'45 DRo/DR	+23.10.65
Hohz 1914/ 3261	BLN 8320 T12 →'25 **DRB 74 1105** →'45 DRo/DR	+28.10.68
Hohz 1914/ 3262	BLN 8321 T12 →'25 **DRB 74 1106** →'45 DRo/DR	+11.09.65
Hohz 1914/ 3263	BLN 8322 T12 →'25 **DRB 74 1107** →'45 DRo/DR	+26.02.65
Hohz 1914/ 3264	BLN 8323 T12 →'25 **DRB 74 1108** →'45 DRo/DR	+26.02.65
Hohz 1914/ 3265	ALT 7766 T12 →'25 **DRB 74 1109** →'45 DRw/DB	+02.05.62
Hohz 1914/ 3266	ALT 7767 T12 →'25 **DRB 74 1110** →'45 DRo/DR	+20.05.50
Hohz 1914/ 3267	ALT 7768 T12 →'25 **DRB 74 1111** →'45 DRw/DB	+07.08.59
Hohz 1914/ 3268	ALT 7769 T12 →'25 **DRB 74 1112** →'45 DRw/DB	+11.01.60
Hohz 1914/ 3269	ALT 7770 T12 →'25 **DRB 74 1113** →'45 DRw/DB	+25.04.58
Hohz 1914/ 3270	ALT 7771 T12 →'25 **DRB 74 1114** →'45 DRw/DB	+01.08.62
Hohz 1914/ 3271	ERF 7735 T12 →'25 **DRB 74 1115** →'45 DRo/DR	+08.02.67
Hohz 1914/ 3272	ERF 7736 T12 →'25 **DRB 74 1116** →'45 DRo/DR	+09.01.65
Hohz 1914/ 3274	ERF 7738 T12 →'25 **DRB 74 1117** →'45 DRw/DB	+23.11.56
Hohz 1914/ 3276	ESN 7738 T12 →'25 **DRB 74 1118** (01.40 RBD Mainz)	V.u.
Hohz 1914/ 3344	BLN 8438 T12 →'25 **DRB 74 1119** →'45 DRo/DR	+14.06.67
Hohz 1914/ 3345	BLN 8439 T12 →'25 **DRB 74 1120** →'45 DRo/DR	+22.03.64
Hohz 1914/ 3346	BLN 8440 T12 →'25 **DRB 74 1121** →'45 DRo/DR	+23.05.64
Hohz 1914/ 3347	BLN 8441 T12 →'25 **DRB 74 1122** →'45 PKP	+01.02.46
Hohz 1914/ 3349	BLN 8443 T12 →'25 **DRB 74 1123** →'45 DRo	+11.46
Hohz 1914/ 3350	BLN 8444 T12 →'25 **DRB 74 1124** →'45 PKP OKi2-64	+31.10.57
Hohz 1914/ 3352	BLN 8446 T12 →'25 **DRB 74 1125** →'45 DRo (11.45 RBD Berlin)	V.u.
Hohz 1914/ 3353	BLN 8447 T12 →'25 **DRB 74 1126** →'45 DRo (11.45 RBD Berlin)	V.u.
Hohz 1914/ 3354	BLN 8448 T12 →'25 **DRB 74 1127** →'45 DRo (11.45 RBD Berlin)	V.u.
Hohz 1914/ 3355	BLN 8449 T12 →'25 **DRB 74 1128** →'45 DRo/DR	+23.10.65
Hohz 1914/ 3357	BLN 8451 T12 →'25 **DRB 74 1129** →'45 DRo (11.45 RBD Berlin)	V.u.
Hohz 1914/ 3358	BLN 8452 T12 →'25 **DRB 74 1130** (04.30 RBD Berlin)	+
Hohz 1914/ 3359	BLN 8453 T12 →'25 **DRB 74 1131** →'45 PKP OKi2-39	+31.12.50
Hohz 1914/ 3360	BLN 8454 T12 →'25 **DRB 74 1132** →'45 PKP OKi2-65	+19.11.57
Hohz 1914/ 3361	BLN 8455 T12 →'25 **DRB 74 1133** →'45 DRo/DR	+07.05.65
Bors 1915/ 9091	BLN 8397 T12 →'25 **DRB 74 1134** →'45 PKP OKi2-71 +13.07.54 →'54 WL Elektrownia Czechnica	+
Bors 1915/ 9092	BLN 8398 T12 →'25 **DRB 74 1135** →'45 DRo/DR	+16.03.65
Bors 1915/ 9093	BLN 8399 T12 →'25 **DRB 74 1136** →'45 DRo	+25.12.47
Bors 1915/ 9094	BLN 8400 T12 →'25 **DRB 74 1137** →'45 DRo/DR →06.10.60 verk. WL Edelstahlwerk Freital	+
Bors 1915/ 9095	BLN 8401 T12 →'25 **DRB 74 1138** →'45 DRo/DR	+27.07.66
Bors 1915/ 9096	BLN 8402 T12 →'25 **DRB 74 1139** →'45 DRo	+22.12.47
Bors 1915/ 9097	BLN 8403 T12 →'25 **DRB 74 1140** →'45 DRo →04.11.45 SMA	V.u.
Bors 1915/ 9098	BLN 8404 T12 →'25 **DRB 74 1141** →'45 PKP OKi2-21	+11.02.53
Bors 1915/ 9099	BLN 8405 T12 →'25 **DRB 74 1142** →'45 DRo/DR	+23.11.66
Bors 1915/ 9100	BLN 8406 T12 →'25 **DRB 74 1143** →'45 MPS →'?? CCCP-WL/L (03.49-06.61 Stahlwerk Nishnaja Saldchenskij)	+06.61
Bors 1915/ 9101	BLN 8407 T12 →'25 **DRB 74 1144** →'45 PKP OKi2-40	+10.06.64

Bors 1915/ 9102	BLN 8408 T12 →'25 **DRB 74 1145** →'45 DRo/DR	+01.07.66
Bors 1915/ 9103	BLN 8409 T12 →'25 **DRB 74 1146** →'45 DRo →04.11.45 SMA	V.u.
Bors 1915/ 9104	BLN 8410 T12 →'25 **DRB 74 1147** →'45 DRo/DR →31.01.57 verk. WL RAW Zwickau	+
Bors 1915/ 9105	BLN 8411 T12 →'25 **DRB 74 1148** →'45 DRo/DR	+27.02.65
Bors 1915/ 9106	BLN 8412 T12 →'25 **DRB 74 1149** →'45 DRo →04.11.45 SMA	V.u.
Bors 1915/ 9107	BLN 8413 T12 →'25 **DRB 74 1150** →'45 DRo →04.11.45 SMA	V.u.
Bors 1915/ 9108	BLN 8414 T12 →'25 **DRB 74 1151** →'45 DRo →04.11.45 SMA	V.u.
Bors 1915/ 9109	BLN 8415 T12 →'25 **DRB 74 1152** →'45 DRo/DR	+14.09.65
Bors 1915/ 9110	BLN 8416 T12 →'25 **DRB 74 1153** →'45 DRo/DR	+20.11.67
Bors 1915/ 9111	BLN 8417 T12 →'25 **DRB 74 1154** →'45 DRo →04.11.45 SMA	V.u.
Bors 1915/ 9112	BLN 8418 T12 →'25 **DRB 74 1155** →'45 DRo/DR	+06.05.65
Bors 1915/ 9113	BLN 8419 T12 →'25 **DRB 74 1156** →'45 PKP OKi2-75	+12.04.55
Bors 1915/ 9114	BLN 8420 T12 →'25 **DRB 74 1157** →'45 DRo/DR	+26.02.65
Bors 1915/ 9115	BLN 8421 T12 →'25 **DRB 74 1158** →'45 PKP OKi2-41 +08.07.64 →08.07.64 verk. WL MD Pleszew	+
Bors 1915/ 9116	BLN 8422 T12 →'25 **DRB 74 1159** →'45 PKP	+01.02.46
Bors 1915/ 9117	BLN 8423 T12 →'25 **DRB 74 1160** →'45 PKP	+01.02.46
Bors 1915/ 9118	BLN 8424 T12 →'25 **DRB 74 1161** →'45 DRo	+25.12.47
Bors 1915/ 9119	BLN 8425 T12 →'25 **DRB 74 1162** →'45 PKP OKi2-26	+10.07.63
Bors 1915/ 9120	BLN 8426 T12 →'25 **DRB 74 1163** →'45 PKP OKi2-76	+05.02.65
Bors 1915/ 9121	BLN 8427 T12 →'25 **DRB 74 1164** →'45 DRo/DR →07.01.65 verk. Dsp. RAW Görlitz	++08.82
Bors 1915/ 9122	BLN 8428 T12 →'25 **DRB 74 1165** →'45 DRo/DR	+06.05.65
Bors 1915/ 9123	BLN 8429 T12 →'25 **DRB 74 1166** →'45 DRo/DR	+26.02.65
Bors 1915/ 9124	BLN 8430 T12 →'25 **DRB 74 1167** →'45 DRo/DR	+24.10.66
Bors 1915/ 9125	BLN 8431 T12 →'25 **DRB 74 1168** →'45 DRo →04.11.45 SMA	V.u.
Bors 1915/ 9126	BLN 8432 T12 →'25 **DRB 74 1169** →'45 DRo/DR	+20.04.51
Bors 1915/ 9127	BLN 8433 T12 →'25 **DRB 74 1170** →'45 PKP OKi2-57	+08.04.60
Bors 1915/ 9128	BLN 8434 T12 →'25 **DRB 74 1171** →'45 PKP OKi2-78	+26.07.71
Bors 1915/ 9129	BLN 8435 T12 →'25 **DRB 74 1172** →'45 PKP	+01.02.46
Bors 1915/ 9130	BLN 8436 T12 →'25 **DRB 74 1173** →'45 DRo/DR	+12.12.67
Bors 1915/ 9131	BLN 8437 T12 →'25 **DRB 74 1174** (04.30 RBD Berlin)	+
Bors 1915/ 9132	ERF 7739 T12 →'25 **DRB 74 1175** →'45 DRo/DR	+14.06.67
Bors 1915/ 9134	ERF 7741 T12 →'25 **DRB 74 1176** →'45 DRo/DR	+28.01.66
Bors 1915/ 9135	ERF 7742 T12 →'25 **DRB 74 1177** →'45 DRo/DR	+05.03.65

Die Reichsbahn-Betriebsnummer „74 1214“ war korrekt durchgestrichen und darüber die neue NS-Betriebsnummer 5909 angeschrieben worden – doch warum diese Maschine erst im Januar 1946 von der Rbd Hamburg an die Niederlande abgegeben worden war, bleibt ein Rätsel. Aufgenommen wurde die NS 5909 im April 1946 in Arnheim – ein Jahr später, im Mai 1947, wurde sie an die Reichsbahn zurückgegeben.

Hohz 1915/ 3362	BLN 8456 T12 →'25 **DRB 74 1178** →'45 DRo	+22.12.47
Hohz 1915/ 3363	BLN 8457 T12 →'25 **DRB 74 1179** →'45 DRo (11.45 RBD Berlin)	V.u.
Hohz 1915/ 3364	BLN 8458 T12 →'25 **DRB 74 1180** →'45 DRo/DR	+25.01.63
Hohz 1915/ 3365	BLN 8459 T12 →'25 **DRB 74 1181** →'45 DRo/DR	+20.12.51
Hohz 1915/ 3366	BLN 8460 T12 →'25 **DRB 74 1182** →'45 PKP OKi2-66	+10.12.66
Hohz 1915/ 3367	BLN 8461 T12 →'25 **DRB 74 1183** →'45 DRo/DR	+05.01.65
Hohz 1915/ 3368	BLN 8462 T12 →'25 **DRB 74 1184** →'45 DRo/DR →06.02.61 verk. Braunkohlenwerk Profen	+
Hohz 1915/ 3369	BLN 8463 T12 →'25 **DRB 74 1185** →'45 DRo/DR	+05.01.65
Hohz 1915/ 3370	BLN 8464 T12 →'25 **DRB 74 1186** →'45 DRo/DR	+07.05.65
Hohz 1915/ 3371	BLN 8465 T12 →'25 **DRB 74 1187** →'45 DRo/DR →22.12.60 verk. Stickstoffwerke Piesteritz	+
Hohz 1915/ 3372	BLN 8466 T12 →'25 **DRB 74 1188** →'45 DRo (12.45 RBD Halle)	V.u.
Hohz 1915/ 3373	BLN 8467 T12 →'25 **DRB 74 1189** →'45 PKP OKi2-42	+13.12.56
Hohz 1915/ 3374	BLN 8468 T12 →'25 **DRB 74 1190** →'45 PKP OKi2-72	+03.02.70
Hohz 1915/ 3375	BLN 8469 T12 →'25 **DRB 74 1191** →'45 PKP OKi2-58 +23.01.57 →'?? WL Zielonogórskie Zakłady Eksploatacji Kruszywa Nowogród	+
Hohz 1915/ 3376	BLN 8470 T12 →'25 **DRB 74 1192** →'45 DRo/DR →21.11.64 verk. WL Weichenwerk Gotha →23.11.66 verk. WL 3" Industriebahn Erfurt →06.11.77 verk. DGEG (Eisenbahnmuseum Bochum-Dahlhausen) →14.07.11 Stiftung Eisenbahnmuseum Bochum	('25 vorh.)
Hohz 1915/ 3377	BLN 8471 T12 →'25 **DRB 74 1193** →'45 PKP OKi2-43	+10.06.64
Hohz 1915/ 3378	BLN 8472 T12 →'25 **DRB 74 1194** →'45 PKP OKi2-44 +14.06.63 →14.06.63 WL Rybnickie Zjednoczenia Przemysłu Węglowego →'?? ZTKiGK Boguszowice OKi2-44	+
Hohz 1915/ 3379	BLN 8473 T12 →'25 **DRB 74 1195** →'45 DRo/DR →'59 verk. VEB Binnenhäfen Oder, Hafen Eisenhüttenstadt Nr. 5	+
Hohz 1915/ 3380	BLN 8474 T12 →'25 **DRB 74 1196** →'45 DRo (12.45 RBD Halle)	V.u.
Hohz 1915/ 3381	BLN 8475 T12 →'25 **DRB 74 1197** →'45 DRo/DR	+23.10.65
Hohz 1915/ 3382	BLN 8476 T12 →'25 **DRB 74 1198** →'45 DRo (11.45 RBD Berlin)	V.u.
Hohz 1915/ 3383	BLN 8477 T12 →'25 **DRB 74 1199** →'45 DRo/DR	+25.03.65
Hohz 1915/ 3384	BLN 8478 T12 →'25 **DRB 74 1200** (04.30 RBD Berlin)	+
Hohz 1915/ 3385	BLN 8479 T12 →'25 **DRB 74 1201** →'45 DRo/DR →01.01.65 verk. HL VEB Hochbau Berlin, Betonwerk Berlin-Rummelsburg	+
Bors 1916/ 9431	BLN 8480 T12 →'25 **DRB 74 1202** →'45 DRo →04.11.45 SMA →'?? CCCP-WL (11.47-04.60 in Perwouralsk)	+
Bors 1916/ 9432	BLN 8481 T12 →'25 **DRB 74 1203** →'45 DRo/DR →01.10.65 verk. HL VEB Baumechanik Neubrandenburg	++
Bors 1916/ 9433	BLN 8482 T12 →'25 **DRB 74 1204** →'45 DRo/DR	+08.02.67
Bors 1916/ 9434	BLN 8483 T12 →'25 **DRB 74 1205** →'45 DRo →04.11.45 MPS	+59
Bors 1916/ 9435	BLN 8484 T12 →'25 **DRB 74 1206** →'45 DRo/DR	+18.07.67
Bors 1916/ 9436	BLN 8485 T12 →'25 **DRB 74 1207** →'45 PKP OKi2-11"	+11.04.59
Bors 1916/ 9437	BLN 8486 T12 →'25 **DRB 74 1208** →'45 DRo/DR	+16.04.64
Bors 1916/ 9438	BLN 8487 T12 →'25 **DRB 74 1209** →'45 DRo/DR	+06.03.65
Bors 1916/ 9439	BLN 8488 T12 →'25 **DRB 74 1210** →'45 PKP OKi2-12"	+23.02.66
Bors 1916/ 9440	BLN 8489 T12 →'25 **DRB 74 1211** →'45 PKP OKi2-45	+16.04.56
Bors 1916/ 9505	HAN 7709 T12 →'25 **DRB 74 1212** →'45 DRw/DB	+01.09.65
Bors 1916/ 9506	HAN 7710 T12 →'25 **DRB 74 1213** →'45 DRw/DB	+07.08.59
Bors 1916/ 9507	HAN 7711 T12 →'25 **DRB 74 1214** →'45 DRw →25.01.46 NS 5909 →02.05.47 DRw/DB 74 1214	+27.04.59
Bors 1916/ 9508	HAN 7712 T12 →'25 **DRB 74 1215** →'45 DRo →04.11.45 SMA	V.u.
Bors 1916/ 9509	DZG 7721 T12 →'?? HAN 7713 →'25 **DRB 74 1216** →'45 DRo/DR	+15.02.51
Bors 1916/ 9510	BLN 8490 T12 →'25 **DRB 74 1217** →'45 DRw	+18.04.47
Bors 1916/ 9511	BLN 8491 T12 →'25 **DRB 74 1218** →'45 DRo →04.11.45 SMA	V.u.
Bors 1916/ 9512	BLN 8492 T12 →'25 **DRB 74 1219** →'45 DRo →04.11.45 SMA	V.u.
Bors 1916/ 9513	BLN 8493 T12 →'25 **DRB 74 1220** →'45 DRo/DR	+06.05.65
Bors 1916/ 9514	BLN 8494 T12 →'25 **DRB 74 1221** →'45 DRo/DR	+13.05.64
Bors 1916/ 9515	BLN 8495 T12 →'25 **DRB 74 1222** →'45 DRo	+25.12.47
Bors 1916/ 9516	BLN 8496 T12 →'25 **DRB 74 1223** →'45 DRo/DR	+05.03.65
Bors 1916/ 9517	BLN 8497 T12 →'25 **DRB 74 1224** →'45 DRo →04.11.45 SMA	V.u.
Bors 1916/ 9518	BLN 8498 T12 →'25 **DRB 74 1225** →'45 DRo	+22.12.47
Bors 1916/ 9519	BLN 8499 T12 →'25 **DRB 74 1226** →'45 DRo/DR	+11.10.66
Bors 1916/ 9520	BLN 8500 T12 →'25 **DRB 74 1227** →'45 DRo/DR	+24.04.67
Bors 1916/ 9521	BLN 8701 T12 →'25 **DRB 74 1228** →'45 DRo/DR	+24.04.67
Bors 1916/ 9522	BLN 8702 T12 →'25 **DRB 74 1229** →'45 DRo/DR →06.01.65 HL RAW Görlitz ('80 vorh.)	+
Bors 1916/ 9523	BLN 8703 T12 →'25 **DRB 74 1230** →'45 DRo/DR →'69 DR-Traditionslok →'92 DR 088 745-5 →01.01.94 DB	('24 abg. Bw Berlin-Schöneweide)
Bors 1916/ 9524	BLN 8704 T12 →'25 **DRB 74 1231** →'45 PKP OKi2-46 +19.11.57 →'?? WL Energomontaż Katowice	+
Bors 1916/ 9525	BLN 8705 T12 →'25 **DRB 74 1232** →'45 DRo/DR	+06.05.65

Bors 1916/ 9526	BLN 8706 T12 →’25 **DRB 74 1233** →’45 DRo/DR	+22.12.66
Bors 1916/ 9527	BLN 8707 T12 →’25 **DRB 74 1234** →’45 PKP OKi2-27 +04.06.55 →10.06.55 WL ZNTK Łapy →’85 an Eisenbahn-Museum Warschau →01.93 Museumslok in Jaworzyna Śląska (=Königszelt)	(’20 vorh.)
Bors 1916/ 9528	BLN 8708 T12 →’25 **DRB 74 1235** →’45 DRo →04.11.45 SMA	V.u.
Bors 1916/ 9529	BLN 8709 T12 →’25 **DRB 74 1236** →’45 DRo/DR	+18.01.67
Bors 1916/ 9530	BLN 8710 T12 →’25 **DRB 74 1237** →’45 PKP OKi2-67	+10.02.71
Bors 1916/ 9531	BLN 8711 T12 →’25 **DRB 74 1238** →’45 DRo/DR	+01.12.53
Bors 1916/ 9532	BLN 8712 T12 →’25 **DRB 74 1239** →’45 DRo/DR →06.10.60 verk. WL Edelstahlwerk Freital	+
Bors 1916/ 9533	BLN 8713 T12 →’25 **DRB 74 1240** →’45 DRo/DR	+07.05.65
Bors 1916/ 9534	BLN 8714 T12 →’25 **DRB 74 1241** →’45 DRo	+04.01.49
Bors 1916/ 9535	ALT 7777 T12 →’25 **DRB 74 1242** →’45 DRw/DB	+18.01.62
Bors 1916/ 9536	ALT 7778 T12 →’25 **DRB 74 1243** →’45 DRw/DB	+27.04.59
Bors 1916/ 9537	ALT 7779 T12 →’25 **DRB 74 1244** →’45 DRw/DB	+12.01.63
Bors 1916/ 9538	ALT 7780 T12 →’25 **DRB 74 1245** →’45 DRw/DB	+27.04.59
Bors 1916/ 9539	ALT 7781 T12 →’25 **DRB 74 1246** →’45 DRw	+06.03.48
Bors 1916/ 9540	KAT 7714 T12 →’22 OPP 7714 →’25 **DRB 74 1247** →’45 DRo/DR →09.09.63 verk. (nach Piesteritz)	+
Bors 1916/ 9541	KAT 7715 T12 →’22 OPP 7715 →’25 **DRB 74 1248** →’45 PKP OKi2-60	+29.03.55
Bors 1916/ 9542	KAT 7716 T12 →’22 OPP 7716 →’25 **DRB 74 1249** →’45 DRo/DR	+23.03.64
Bors 1916/ 9544	KAT 7718 T12 →’22 OPP 7718 →’25 **DRB 74 1250** →’45 DRo/DR	+14.09.64
Bors 1916/ 9545	KAT 7719 T12 →’22 OPP 7719 →’25 **DRB 74 1251** →’45 DRo →04.11.45 SMA	V.u.
Bors 1916/ 9546	KAT 7720 T12 →’22 OPP 7720 →’25 **DRB 74 1252** →’45 DRo/DR →14.12.60 verk. WL 14 Stahlwerk Hennigsdorf	+31.03.64
Bors 1916/ 9547	KAT 7721 T12 →’22 OPP 7721 →’25 **DRB 74 1253** →’45 DRo/DR →16.11.64 verk. WL 10 Stahl- und Walzwerk Gröditz (’72 vorh.)	+
Graf 1915/ 6849	Reichseisenbahnen Elsaß-Lothringen (EL) 7723 (T12) (05.08.18 an Eaw Darmstadt zur Ausbesserung; 02.22 ED Berlin) →ca.’22/23 BLN 8755 T12 →’25 **DRB 74 1254** →’45 DRo/DR	+06.05.65
Graf 1915/ 6852	ALT 7772 T12 →’25 **DRB 74 1255** →’45 DRw/DB	+30.09.60
Graf 1915/ 6853	ALT 7773 T12 →’25 **DRB 74 1256** →’45 DRw/DB	+18.01.62
Graf 1915/ 6854	ALT 7774 T12 →’25 **DRB 74 1257** →’45 DRw/DB	+28.10.61
Graf 1915/ 6855	ALT 7775 T12 →’25 **DRB 74 1258** →’45 DRw/DB	+30.09.60
Graf 1915/ 6856	ALT 7776 T12 →’25 **DRB 74 1259** →’45 DRw/DB	+18.01.62
Graf 1915/ 6859	ESN 7739 T12 →’25 **DRB 74 1260** →’45 DRw/DB	+01.08.62
Bors 1921/ 11031	BLN 8715 T12 →’25 **DRB 74 1261** →’45 DRo (11.45 RBD Berlin)	V.u.
Bors 1921/ 11032	BLN 8716 T12 →’25 **DRB 74 1262** →’45 DRo/DR	+05.01.65
Bors 1921/ 11033	BLN 8717 T12 →’25 **DRB 74 1263** →’45 PKP OKi2-47	+12.06.70
Bors 1921/ 11034	BLN 8718 T12 →’25 **DRB 74 1264** →’45 DRo →04.11.45 SMA	V.u.
Bors 1921/ 11035	BLN 8719 T12 →’25 **DRB 74 1265** →’45 DRo/DR →21.11.64 verk. Weichenwerk Gotha	+
Bors 1921/ 11036	BLN 8720 T12 →’25 **DRB 74 1266** →’45 DRo/DR	+06.03.67
Bors 1921/ 11037	BLN 8721 T12 →’25 **DRB 74 1267** (07.42 RBD Berlin)	V.u.
Bors 1921/ 11038	BLN 8722 T12 →’25 **DRB 74 1268** →’45 DRo →04.11.45 SMA	V.u.
Bors 1921/ 11039	BLN 8723 T12 →’25 **DRB 74 1269** →’45 DRo/DR	+19.07.67
Bors 1921/ 11040	BLN 8724 T12 →’25 **DRB 74 1270** →’45 DRo/DR	+08.02.67
Bors 1921/ 11041	BLN 8725 T12 →’25 **DRB 74 1271** →’45 DRo →04.11.45 SMA	V.u.
Bors 1921/ 11042	BLN 8726 T12 →’25 **DRB 74 1272** →’45 PKP OKi2-77 +08.11.55 →’55 WL Huta im. Bieruta, Częstochowa	+
Bors 1921/ 11043	BLN 8727 T12 →’25 **DRB 74 1273** →’45 PKP +01.05.46 →01.10.48 PKP OKi2-61 +14.06.63 →14.06.63 WL Rybnickie Zjednoczenia Przemysłu Węglowego	+
Bors 1921/ 11044	BLN 8728 T12 →’25 **DRB 74 1274** →’45 DRo/DR	+06.02.65
Bors 1921/ 11045	BLN 8729 T12 →’25 **DRB 74 1275** →’45 PKP OKi2-73	+02.11.57
Bors 1921/ 11046	BLN 8730 T12 →’25 **DRB 74 1276** →’45 DRo/DR →01.01.65 verk. HL VEB Hochbau Berlin, Betonwerk Berlin-Rummelsburg	++
Bors 1921/ 11047	BLN 8731 T12 →’25 **DRB 74 1277** →’45 DRo/DR →01.01.67 verk. WL VEB Asphalt- und Teerprodukte Teltow	++
Bors 1921/ 11048	BLN 8732 T12 →’25 **DRB 74 1278** →’45 DRo/DR →01.10.64 verk. RAW Malchin	+
Bors 1921/ 11049	BLN 8733 T12 →’25 **DRB 74 1279** →’45 PKP OKi2-68 +10.07.64 →10.07.64 WL MD Pleszew →’?? WL LTV Zasz, Kolej Doj., Poznań	+
Bors 1921/ 11050	BLN 8734 T12 →’25 **DRB 74 1280** →’45 DRo/DR	+28.02.51
Bors 1921/ 11051	BLN 8735 T12 →’25 **DRB 74 1281** →’45 DRo/DR	+23.08.60
Bors 1921/ 11052	BLN 8736 T12 →’25 **DRB 74 1282** →’45 DRo/DR	+23.10.65
Bors 1921/ 11053	BLN 8737 T12 →’25 **DRB 74 1283** →’45 DRo/DR	+22.07.66
Bors 1921/ 11054	BLN 8738 T12 →’25 **DRB 74 1284** →’45 PKP OKi2-74	+23.02.66
Bors 1921/ 11055	BLN 8739 T12 →’25 **DRB 74 1285** →’45 DRo/DR	+15.02.51
Bors 1921/ 11056	BLN 8740 T12 →’25 **DRB 74 1286** →’45 DRo	+06.04.46
Bors 1921/ 11057	BLN 8741 T12 →’25 **DRB 74 1287** →’45 DRo/DR	+07.12.66
Bors 1921/ 11058	BLN 8742 T12 →’25 **DRB 74 1288** →’45 DRo →04.11.45 SMA →12.47 CCCP-WL (in Nischni Tagil)	+04.57

Das klassische Einsatzgebiet der preußischen T12 war der Vorortverkehr im Großraum Berlin: Mit einer entsprechenden Garnitur wurde die 74 1243 im Jahr 1934 von Werner Hubert in Berlin-Lichterfelde fotografiert.

Dank der Veröffentlichung als Leonhardt-Postkarte ist dieses 1931 entstandene Bild der 74 1256 mit Speisedom erhalten geblieben – als Bildautor genannt wird Johann Leonhardt, doch da die Postkarte auch das Signet Werner Huberts „WH“ trägt, gibt es gewisse Zweifel an der angegebenen Urheberschaft.

Am 11. Juni 1957 entstand diese Aufnahme der 74 1260 im Bahnhof Karlsruhe. Beachtenswert sind die unter dem Bahnsteigdach positionierten Wasserkräne sowie das Verbotsschild, welches angesichts der dort stationierten US-Truppen zweisprachig ausgeführt war. *Foto: Eberhard Schüler*

Bors 1921/ 11059	BLN 8743 T12 →'25 **DRB 74 1289** →'45 MPS →'?? CCCP-WL (04.49-10.56 Stahlwerk Kushvinsk)	+
Bors 1921/ 11060	BLN 8744 T12 →'25 **DRB 74 1290** →'45 DRo/DR	+14.09.65
Bors 1921/ 11061	BLN 8745 T12 →'25 **DRB 74 1291** →'45 DRo →04.11.45 SMA	V.u.
Bors 1921/ 11062	BLN 8746 T12 →'25 **DRB 74 1292** →'45 DRo/DR	+23.10.65
Bors 1921/ 11063	BLN 8747 T12 →'25 **DRB 74 1293** →'45 DRo →04.11.45 SMA	V.u.
Bors 1921/ 11064	BLN 8748 T12 →'25 **DRB 74 1294** →'45 PKP OKi2-48	+10.06.64
Bors 1921/ 11065	BLN 8749 T12 →'25 **DRB 74 1295** →'45 DRo/DR	+02.03.65
Bors 1921/ 11066	BLN 8750 T12 →'25 **DRB 74 1296** →'45 DRo/DR →01.06.66 WL 6 RAW Potsdam	+
Bors 1921/ 11067	BLN 8751 T12 →'25 **DRB 74 1297** →'45 DRo →04.11.45 MPS	+01.62
Bors 1921/ 11068	BLN 8752 T12 →'25 **DRB 74 1298** →'45 PKP OKi2-49	+28.02.51
Bors 1921/ 11069	BLN 8753 T12 →'25 **DRB 74 1299** →'45 DRo →04.11.45 SMA	V.u.
Bors 1921/ 11070	BLN 8754 T12 →'25 **DRB 74 1300** →'45 PKP OKi2-79	+14.03.57

1'C h2t DB 74^7 (ex EL T 12)

Treibraddurchmesser (mm):	1 500
Achsstand (mm):	6 350
Länge über Puffer (mm):	11 800
Dienstgewicht (t):	67,1
Achslast (maximal) (t):	17,7
Höchstgeschwindigkeit (km/h):	80
Zylinderdurchmesser (mm):	540
Kolbenhub (mm):	630
Rostfläche (m^2):	1,73
Verdampfungsheizfläche (m^2):	106,0
Überhitzerheizfläche (m^2):	33,4
Kesselüberdruck (atm):	12,0
Leistung (PSi):	870

Im Jahr 1910 beschafften die Reichseisenbahnen in Elsaß-Lothringen (EL) 14 Lokomotiven nach Musterblatt XIV-4a (preußische Gattung T 12), welche Namen aus der Sagenwelt des Altertums erhielten und als Gattung T 10 eingereiht wurden. Doch bereits zwei Jahre später änderte sich das Bezeichnungssystem bei den Reichseisenbahnen – die Namen fielen weg, die Betriebsnummern wurden geändert und neue Gattungsbezeichnung war nun – wie in Preußen – die T 12. Weitere elf Maschinen – nun direkt als T 12 – wurden 1914/15 beschafft.
Nach dem Ersten Weltkrieg verblieben vier elsässische T 12 in Deutschland und wurden 1925 in 74 784-786 und 74 1254 umgezeichnet (siehe Baureihe 74^{4-13}). Während des Zweiten Weltkrieges wurden zahlreiche T 12, die offiziell zum Bestand der Reichsbahn gehörten – allerdings ohne umgezeichnet worden zu sein – in andere Reichsbahndirektionen umbeheimatet. Nach Kriegsende wurden die meisten dieser Maschinen an Frankreich zurückgegeben – nicht zurückgekehrt waren dagegen die Lokomotiven 7705 und 7718, die von den SNCF erst 1953 als Kriegsverlust ausgemustert wurden.
Die Lok 7705 soll 1945 bei der RBD Frankfurt/Main vorhanden gewesen und dort „wild" in 74 705 umgezeichnet worden sein. Da es die „echte" 74 705 aber auch noch gab – sie befand sich damals im Bestand der Rbd Hamburg – erfolgte 1950 die Umzeichnung der 74 705" in 74 761" – diese Betriebsnummer war frei geworden, da die 74 761' im Jahre 1945 bei der RBD Köln ausgemustert worden war.
Offizielle Angaben zu den „wilden" Umzeichnungen nach dem Zweiten Weltkrieg sind verständlicherweise nicht vorhanden, so dass der hier wiedergegebene Lebenslauf mit einer gewissen Vorsicht betrachtet werden muss und die Angaben zum Teil widersprüchlich sind. So wird z. B. auf der Werkkarte der 74 761 der Hersteller mit „Borsig 1909" angegeben, doch das Datum der endgültigen Abnahme fehlt mit der Bemerkung: „Angaben fehlen, da in Zweitausfertigung des Betr.-Buches nicht eingetr." Es könnte also sein, dass man sich beim Hersteller am damals eingebauten Kessel (Borsig 6212) oder am Hersteller der 74 761' orientiert hatte.

Graf 1910/ 6038	Reichseisenbahnen Elsaß-Lothringen (EL) 2605 FORTUNA (T10) →'12 Reichseisenbahnen Elsaß-Lothringen (EL) 7705 (T12) →'18 AL →'38 SNCF [1-130-TB-705] →'40 DRB →'45 **DRw/DB 74 705"** →31.08.50 **DB 74 761"** +14.07.60

1'C h2t DRB 74^{13} (ex SAAR T 12)

Treibraddurchmesser (mm):	1 500
Achsstand (mm):	6 350
Länge über Puffer (mm):	11 800
Dienstgewicht (t):	67,1
Achslast (maximal) (t):	17,7
Höchstgeschwindigkeit (km/h):	80
Zylinderdurchmesser (mm):	540
Kolbenhub (mm):	630
Rostfläche (m^2):	1,73
Verdampfungsheizfläche (m^2):	106,0
Überhitzerheizfläche (m^2):	33,4
Kesselüberdruck (atm):	12,0
Leistung (PSi):	870

Als im Jahr 1920 die Eisenbahndirektion Saarbrücken aufgrund der Abtrennung des Saargebietes vom Deutschen Reich aufgeteilt wurde, kamen zehn preußische T 12 in den Bestand der „Saarbahnen" (SAAR), bei denen sie die Betriebsnummern 7701-7710 erhielten.
Im Versailler Vertrag war festgelegt worden, dass 15 Jahre nach der Abtrennung ein Volksentscheid zur weiteren Zukunft des Saargebietes zu erfolgen habe – bei der 1935 durchgeführten Abstimmung, entschied sich der überwiegende Teil der Bevölkerung für eine Rückangliederung an das Deutsche Reich, so dass auch die Fahrzeuge der Saarbahnen in den Bestand der Reichsbahn kamen. Diese reihten die zehn T 12 als 74 1301-1310 im Anschluss an die preußischen T 12 in ihren Fahrzeugpark ein.

Die 74 1309 war eine der zehn T12, welche die Deutsche Reichsbahn 1935 von den Saarbahnen übernommen hatte. Beheimatet war die Maschine im Bw Völklingen. *Foto: Hermann Maey*

Bors 1908/ 6388	SBR 7701 T12 →'20 SAAR 7701 →'35 **DRB 74 1301** →'45 PKP OKi2-7" +30.09.48 →'50 wiD	+03.01.57
Bors 1908/ 6389	SBR 7702 T12 →'20 SAAR 7702 →'35 **DRB 74 1302** →'45 DRw/DB (SWDE)	+01.08.62
Bors 1908/ 6396	SBR 7703 T12 →'20 SAAR 7703 →'35 **DRB 74 1303** →'45 DRo/DR	+25.04.51
Bors 1908/ 6722	SBR 7704 T12 →'20 SAAR 7704 →'35 **DRB 74 1304** →'45 DRo/DR	+22.12.66
Bors 1909/ 7207	SBR 7708 T12 →'20 SAAR 7705 →'35 **DRB 74 1305** →'45 DRw/DB (SWDE)	+25.04.58
Bors 1909/ 7208	SBR 7709 T12 →'20 SAAR 7706 →'35 **DRB 74 1306** →'45 DRw/DB (SWDE)	+25.04.58
Bors 1910/ 7338	SBR 7710 T12 →'20 SAAR 7707 →'35 **DRB 74 1307** →'45 DRw/DB	+23.11.56
Bors 1910/ 7660	SBR 7713 T12 →'20 SAAR 7708 →'35 **DRB 74 1308** →'45 DRo/DR →22.12.62 verk. WL 1 Transformatoren- und Röntgenwerk, Dresden	+
Bors 1910/ 7661	SBR 7714 T12 →'20 SAAR 7709 →'35 **DRB 74 1309** →'45 DRw/DB (SWDE)	+30.09.60
Graf 1910/ 6215	SBR 7715 T12 →'20 SAAR 7710 →'35 **DRB 74 1310**	V.u.

1'C h2t **DRB 74^{13}** (ex LBE T 12)

	74 1311	74 1312-1315	74 1316-1318	74 1319-1321
Treibraddurchmesser (mm):	1 500	1 500	1 500	1 500
Achsstand (mm):	6 350	6 350	6 500	6 500
Länge über Puffer (mm):	11 800	11 800	12 100	12 100
Dienstgewicht (t):	65,1	64,8	69,0	69,6
Achslast (maximal) (t):	16,6	16,5	17,5	17,8
Höchstgeschwindigkeit (km/h):	80	80	80	80
Zylinderdurchmesser (mm):	540	540	540	540
Kolbenhub (mm):	630	630	630	630
Rostfläche (m²):	1,733	1,733	2,18	2,18
Verdampfungsheizfläche (m²):	104,91	104,91	110,54	110,54
Überhitzerheizfläche (m²):	33,40	33,40	34,70	34,70
Kesselüberdruck (atm):	12,0	12,0	12,0	12,0

Für den Personenzugdienst auf ihrem Streckennetz beschaffte die Lübeck-Büchener Eisenbahn (LBE) zwischen 1914 und 1923 insgesamt elf Tenderlokomotiven der Gattung T 12, die mit den preußischen T 12 weitgehend identisch waren und sich von diesen nur in Details unterschieden. Geliefert wurden alle Lokomotiven von Linke-Hofmann in Breslau – was durchaus erstaunlich ist, war diese Firma doch nicht an den T 12-Lieferungen für die Preußische Staatsbahn beteiligt.

Nachdem der LBE-Schnellverkehr mit Doppelstockwagen und stromlinienverkleideten Schnellzuglokomotiven (siehe Baureihe 60) erfolgreich angelaufen war, wurden 1936/37 auch die sechs modernsten T 12 mit einer Stromlinienverkleidung ausgerüstet: Diese konnten zwar nicht die Geschwindigkeit der „Mickey-Mäuse" erreichen und unterschieden sich auch äußerlich von diesen insbesondere durch das frei sichtbare Triebwerk, doch diese Differenzen dürften den „normalen" Reisenden nicht gestört haben, dem es halt wichtig war, mit einem modernen „Stromlinienzug" zu fahren.

Bei der Übernahme der LBE durch die Deutsche Reichsbahn erhielten die Maschinen die neuen Betriebsnummern 74 1311-1321 – den Zweiten Weltkrieg überstanden alle Maschinen ohne größere Schäden. Die elf T 12 kamen allesamt in den Bestand der Deutschen Bundesbahn, die bei den Stromlinien-Lokomotiven im Verlauf der 40er Jahre die Verkleidung entfernte.

LHW 1914/ 1137	Lübeck-Büchener Eisenbahn (LBE) BLÜCHER T12 →'17 Lübeck-Büchener Eisenbahn (LBE) 132 T12 →01.01.38 **DRB 74 1311** →'45 DRw/DB	+23.12.65
LHW 1914/ 1138	Lübeck-Büchener Eisenbahn (LBE) YORCK T12 →'17 Lübeck-Büchener Eisenbahn (LBE) 133 T12 →01.01.38 **DRB 74 1312** →'45 DRw/DB	+02.05.62
LHW 1914/ 1139	Lübeck-Büchener Eisenbahn (LBE) GNEISENAU T12 →'17 Lübeck-Büchener Eisenbahn (LBE) 134 T12 →01.01.38 **DRB 74 1313** →'45 DRw/DB	+30.09.60
LHW 1914/ 1140	Lübeck-Büchener Eisenbahn (LBE) LÜTZOW T12 →'17 Lübeck-Büchener Eisenbahn (LBE) 135 T12 →01.01.38 **DRB 74 1314** →'45 DRo/DR	+20.04.51
LHW 1914/ 1141	Lübeck-Büchener Eisenbahn (LBE) SCHARNHORST T12 →'17 Lübeck-Büchener Eisenbahn (LBE) 136 T12 →01.01.38 **DRB 74 1315** →'45 DRw →25.01.46 NS 5910 →23.05.47 DRw/DB 74 1315	+15.08.58
LHW 1920/ 2151	Lübeck-Büchener Eisenbahn (LBE) 137 T12 →01.01.38 **DRB 74 1316** →'45 DRw →25.01.46 NS 5951 →01.08.47 DRw/DB 74 1316	+15.08.58
LHW 1920/ 2152	Lübeck-Büchener Eisenbahn (LBE) 138 T12 →01.01.38 **DRB 74 1317** →'45 DRw/DB	+20.11.58
LHW 1920/ 2153	Lübeck-Büchener Eisenbahn (LBE) 139 T12 →01.01.38 **DRB 74 1318** →'45 DRw/DB	+20.11.58
LHL 1923/ 2771	Lübeck-Büchener Eisenbahn (LBE) 140 T12 →01.01.38 **DRB 74 1319** →'45 DRw/DB	+20.11.58
LHL 1923/ 2772	Lübeck-Büchener Eisenbahn (LBE) 141 T12 →01.01.38 **DRB 74 1320** →'45 DRw/DB	+20.11.58
LHL 1923/ 2773	Lübeck-Büchener Eisenbahn (LBE) 142 T12 →01.01.38 **DRB 74 1321** →'45 DRw/DB	+20.11.58

Die 74 1311 war die erste von der Lübeck-Büchener Eisenbahn (LBE) beschaffte T12 – sie verblieb nach dem Zweiten Weltkrieg bei der Deutschen Bundesbahn, wo sie am 5. August 1964 von Herbert Stemmler im Bw Hanau abgelichtet wurde.

Mit der 74 1315 war eine LBE-T12 auch eine Zeitlang in den Niederlanden tätig: Am 25. Januar 1946 von der Rbd Hamburg an die Niederländischen Staatsbahnen abgegeben, tat sie dort als NS 5910 Dienst, bevor sie im Mai 1947 nach Deutschland zurückkehrte.

Die 74 1316-1321 wurden 1936/37 von der Lübeck-Büchener Eisenbahn mit Stromlinienverkleidung ausgerüstet, so dass sie für den normalen Reisenden kaum von den Schnellfahr-Tenderlokomotiven der späteren Baureihe 60 unterscheidbar waren.

Am 5. Mai 1938 war die 74 1320 – eine der sechs stromlinienverkleideten LBE-T12 – mit einem Doppelstock-Pärchen als P606 beim Bahnhof Hamburg-Berliner Tor unterwegs. *Foto: Carl Bellingrodt*

Die nach dem Zweiten Weltkrieg in Westdeutschland verbliebene 74 1321 wurde bald wieder ihrer Stromlinienverkleidung beraubt – so gut es ging: Ein Rückbau der Führerhauspartie wäre zu aufwändig gewesen, weshalb man an jener auch noch nach Jahren erkennen konnte, dass es sich bei dieser T12 um eine ganz besondere Maschine handelte. Foto: Carl Bellingrodt

1'C h2t DRB 74^{13} (ex PKP OKi 2)

Treibraddurchmesser (mm):	1 500
Achsstand (mm):	6 350
Länge über Puffer (mm):	11 800
Dienstgewicht (t):	67,2
Achslast (maximal) (t):	17,7
Höchstgeschwindigkeit (km/h):	80
Zylinderdurchmesser (mm):	540
Kolbenhub (mm):	630
Rostfläche (m²):	1,73
Verdampfungsheizfläche (m²):	106,0
Überhitzerheizfläche (m²):	33,4
Kesselüberdruck (atm):	12,0
Leistung (PSi):	870

Nach dem Ersten Weltkrieg kamen 18 Lokomotiven der preußischen Gattung T 12 in den Bestand der Polnischen Staatsbahnen (PKP) – elf mit der Auflösung der „Eisenbahnen des Freistaates Danzig“ und sieben von der KED Kattowitz durch die Abtretung Oberschlesiens an Polen. Alle 18 Maschinen wurden 1939 nach der Annexion Polens von der Deutschen Reichsbahn übernommen. Ungeklärt ist der Verbleib der OKi 2-1 – sie wurde im April 1940 sowohl bei der Gedob als auch bei der RBD Posen nachgewiesen, doch danach verliert sich ihre Spur. Alle anderen OKi 2 wurden von der Deutschen Reichsbahn 1941 in 74 1322-1338 umgezeichnet.

Bors 1910/ 7494	DZG 7703 T12 →'22 PKP OKi2-1Dz →'39 DRB →'41 **DRB 74 1322** →'45 DRo (11.45 RBD Berlin) →ca.'45/46 MPS →'?? CCCP-WL (03.49-10.60 Stahlwerk Nishnaja Saldchenskij)		+10.60
Bors 1910/ 7495	DZG 7704 T12 →'22 PKP OKi2-2Dz →'39 DRB	→'41 **DRB 74 1323** →'45 PKP OKi2-13	+10.12.66
Bors 1914/ 8890	DZG 7708 T12 →'22 PKP OKi2-3Dz →'39 DRB	→'41 **DRB 74 1324** →'45 PKP OKi2-50	+22.10.67
Bors 1914/ 8891	DZG 7709 T12 →'22 PKP OKi2-4Dz →'39 DRB	→'41 **DRB 74 1325** →'45 PKP OKi2-51	+19.05.70
Graf 1915/ 6858	DZG 7712 T12 →'22 PKP OKi2-5Dz →'39 DRB →'?? WL Huta Zabrze	→'41 **DRB 74 1326** →'45 PKP OKi2-62 +10.11.53	+
Bors 1916/ 9502	DZG 7714 T12 →'22 PKP OKi2-6Dz →'39 DRB	→'41 **DRB 74 1327** (12.44 RBD Danzig)	V.u.
Bors 1907/ 6110	DZG 7702 T12 →'22 PKP OKi2-2 →'39 DRB	→'41 **DRB 74 1328** →'45 PKP OKi2-4“	+23.02.66
Bors 1910/ 7645	DZG 7706 T12 →'22 PKP OKi2-3 →'39 DRB	→'41 **DRB 74 1329** (12.44 RBD Danzig)	V.u.
Bors 1908/ 6698	KAT 7702 T12 →14.06.22 PKP OKi2-4 →'39 DRB	→'41 **DRB 74 1330** →'45 PKP OKi2-8“	+02.08.63
Bors 1909/ 7203	KAT 7707 T12 →14.06.22 PKP OKi2-5 →'39 DRB	→'41 **DRB 74 1331** →'45 PKP OKi2-1“	+26.10.60
Bors 1910/ 7646	DZG 7707 T12 →'22 PKP OKi2-6 →'39 DRB	→'41 **DRB 74 1332** →'45 PKP OKi2-14	+31.12.50
Bors 1910/ 7644	DZG 7705 T12 →'22 PKP OKi2-7 →'39 DRB	→'41 **DRB 74 1333** →'45 PKP	+01.02.46
Bors 1910/ 7335	KAT 7709 T12 →14.06.22 PKP OKi2-8 →'39 DRB	→'41 **DRB 74 1334** →'45 PKP OKi2-15	+16.06.56
Bors 1911/ 7925	KAT 7712 T12 →14.06.22 PKP OKi2-9 →'39 DRB	→'41 **DRB 74 1335** →'45 PKP OKi2-18	+13.04.55
Bors 1911/ 7926	KAT 7713 T12 →14.06.22 PKP OKi2-10 →'39 DRB	→'41 **DRB 74 1336** →'45 PKP OKi2-19	+31.12.50
Graf 1915/ 6857	DZG 7711 T12 →'22 PKP OKi2-11 →'39 DRB	→'41 **DRB 74 1337** (12.44 RBD Danzig)	V.u.
Bors 1916/ 9543	KAT 7717 T12 →14.06.22 PKP OKi2-12 →'39 DRB →'?? WL Huta Warszawa w Budowie	→'41 **DRB 74 1338** →'45 PKP OKi2-63 +23.01.57	+

1'C h2t DRB 74^{13} (ex B 96xx)

Treibraddurchmesser (mm):	1 500
Achsstand (mm):	6 350
Länge über Puffer (mm):	11 800
Dienstgewicht (t):	67,1
Achslast (maximal) (t):	17,7
Höchstgeschwindigkeit (km/h):	80
Zylinderdurchmesser (mm):	540
Kolbenhub (mm):	630
Rostfläche (m²):	1,73
Verdampfungsheizfläche (m²):	106,0
Überhitzerheizfläche (m²):	33,4
Kesselüberdruck (atm):	12,0
Leistung (PSi):	870

Nach Ausbruch des Zweiten Weltkrieges wurde das zunächst neutrale Belgien 1940 im Rahmen des Angriffs auf Frankreich von deutschen Truppen besetzt und die Eisenbahnen unter deutsche Verwaltung gestellt. Noch vor der belgischen Kapitulation am 28. Mai 1940 wurde am 10. Mai 1940 das Gebiet „Eupen-Malmedy“, welches nach dem Ersten Weltkrieg aufgrund des Versailler Vertrags von Deutschland an Belgien abgetreten worden war, wieder in das Deutsche Reich integriert und die Strecken der RBD Köln unterstellt. Die in Eupen-Malmedy eingesetzten Maschinen wurden von der Reichsbahn in ihren Bestand übernommen und 1942 umgezeichnet. Den ehemals preußischen T 12, die 1918/19 aufgrund des Waffenstillstandsvertrages nach Belgien gekommen waren, wurden die Betriebsnummern 74 1339-1344 zugewiesen – im Anschluss an die 1941 übernommenen PKP-OKi 2.

Bors 1907/ 6114	MST 7705 T12 →'18/19 B 9605 →'42 **DRB 74 1339** →'45 DRw/DB →24.06.50 SNCB 96.005	+30.03.55
Bors 1905/ 5598	Efd 1982 →'06 EFD 7702 T12 →'18/19 B 9606 →'42 **DRB 74 1340** →'45 DRw/DB →10.06.50 SNCB 96.006	+30.05.55
Bors 1907/ 6216	KÖL 7703 T12 →'18/19 B 9607 →'42 **DRB 74 1341** →'45 DRw/DB →24.06.50 SNCB 96.007	+18.05.55
Bors 1911/ 7916	BLN 8208 T12 →'18 B 9609 →'42 **DRB 74 1342** →'45 DRw/DB →27.11.45 B →'46 SNCB 96.009	+12.06.53
Bors 1914/ 8877	BLN 8362 T12 →'18/19 B 9662 →'42 **DRB 74 1343** →'45 DRw/DB →26.02.46 SNCB 96.028	+07.06.56
Bors 1914/ 8680	BLN 8279 T12 →'18/19 B 9679 →'42 **DRB 74 1344** →'45 DRw/DB →09.06.50 SNCB 96.030	+18.05.55

1'C h2t **DR 74[13]** (ex SNCB 96xx/ SNCF 2-130-TC)

Treibraddurchmesser (mm):	1 500
Achsstand (mm):	6 350
Länge über Puffer (mm):	11 800
Dienstgewicht (t):	67,1
Achslast (maximal) (t):	17,7
Höchstgeschwindigkeit (km/h):	80
Zylinderdurchmesser (mm):	540
Kolbenhub (mm):	630
Rostfläche (m^2):	1,73
Verdampfungsheizfläche (m^2):	106,0
Überhitzerheizfläche (m^2):	33,4
Kesselüberdruck (atm):	12,0
Leistung (PSi):	870

Nach dem Zweiten Weltkrieg waren zahlreiche belgische und französische Lokomotiven, die zuvor als „Leihlokomotiven" an die Reichsbahn abgegeben worden waren, in der Ostzone stehen geblieben. Die Maschinen fremder Bauart wurden meist schon bald nach Kriegsende abgestellt, während die Maschinen deutscher Bauart bei gutem Zustand noch länger im Betrieb waren – zunächst mit ihrer ursprünglichen Nummer, später mit Reichsbahnnummer.

Von der preußischen Gattung T 12 waren vier belgische Maschinen (9610, 9613, 9620 und 9655) sowie sieben französische (SNCF 130-TC-2, 3-7, 11) in der DDR verblieben. Die 1957 noch vorhandenen Lokomotiven wurden in 74 1345-1346 bzw. 74 1351-1355 umgezeichnet.

Graf 1911/ 6253	KÖL 7710 T12 →'18/19 B 9610 →28.11.40 DRB/L (Sbr.) →'45 DRo/DR →01.03.57 **DR 74 1345**	+24.04.67
Bors 1909/ 7194	BLN 7855 T12 →'18/19 B 9655 →31.12.41 DRB/L (Bln.) →'45 DRo/DR →01.03.57 **DR 74 1346**	+27.07.66
Bors 1910/ 7509	STN 7707 T12 →'18/19 NORD 3.890 →'38 SNCF 2-130-TC-3 →'?? DRB/L →'45 DRo/DR →01.03.57 **DR 74 1351**	+16.06.66
Bors 1914/ 8892	DZG 7710 T12 →'18/19 NORD 3.891 →'38 SNCF 2-130-TC-4 →'?? DRB/L →'45 DRo/DR →01.03.57 **DR 74 1352**	+05.01.65
Bors 1916/ 9501	DZG 7713 T12 →'18/19 NORD 3.892 →'38 SNCF 2-130-TC-5 →'?? DRB/L →'45 DRo/DR →01.03.57 **DR 74 1353** →21.10.60 verk. WL VEB Asphalt- und Teerprodukte Teltow	++68
Bors 1912/ 8310	ERF 7714 T12 →'18/19 NORD 3.893 →'38 SNCF 2-130-TC-6 →'?? DRB/L →'45 DRo/DR →01.03.57 **DR 74 1354**	+18.03.64
Bors 1907/ 6099	BLN 7769 T12 →'19 NORD 3.898 →'38 SNCF 2-130-TC-11 →'?? DRB/L →'45 DRo/DR →01.03.57 **DR 74 1355**	+15.04.67

Von den nach dem Ersten Weltkrieg als Armistice-Abgaben nach Belgien gekommenen und 1940/41 als Leihlokomotiven wieder ins Deutsche Reich gebrachten preußischen T12 verblieben nach 1945 vier Exemplare bei der Deutschen Reichsbahn in der DDR. Die beiden 1957 noch vorhandenen Maschinen wurden in 74 1345–1346 umgezeichnet – hier die 74 1346 im Jahr 1966 in Berlin-Lichtenberg. *Foto: Georg Otte*

Sieben SNCF-Lokomotiven der ehemaligen Gattung T12 befanden sich 1945 im Bereich der Ostzone – von diesen wurden 1957 fünf in 74 1351-1355 umgezeichnet. Diese Aufnahme der 74 1351 entstand 1958 in Neubrandenburg. Foto: Georg Otte

1'C h2t **DR 74^{66}** (ex Niederbarnimer Eb.)

Treibraddurchmesser (mm):	1 350
Achsstand (mm):	6 000
Länge über Puffer (mm):	10 400
Dienstgewicht (t):	58,0
Achslast (maximal) (t):	
Höchstgeschwindigkeit (km/h):	60
Zylinderdurchmesser (mm):	480
Kolbenhub (mm):	630
Rostfläche (m²):	1,86
Verdampfungsheizfläche (m²):	117,95
Überhitzerheizfläche (m²):	31,7
Kesselüberdruck (atm):	12,0

Da nach dem Ersten Weltkrieg der Fahrzeugpark der Reinickendorf-Liebenwalde-Groß Schönebecker Eisenbahn, die 1925 in Niederbarnimer Eisenbahn umbenannt wurde, überaltert sowie in einem schlechten Allgemeinzustand war, beschaffte die Bahn 1925 bei der AEG zwei moderne 1C-Heißdampflokomotiven. Die Maschinen entstammten dem AEG-Typenprogramm für Kleinbahnlokomotiven, welches als Alternative zum ELNA-Programm entwickelt worden war. Weitere Lokomotiven gleicher Bauart gingen im gleichen Jahr an die Mecklenburgische Friedrich-Wilhelm-Eisenbahn (MFWE; siehe DRB 91 231-232) und 1929 mit geringfügigen Änderungen an die Brandenburgische Städtebahn und die Kleinbahn Freienwalde-Zehden (siehe DR 91 6484-6485).

Von der Deutschen Reichsbahn wurden die Niederbarnimer Lokomotiven 1950 als 74 6611-6612 übernommen – dabei reihte man sie fälschlich als Nassdampflokomotiven ein: Korrekt wären die Betriebsnummern 74 6676-6677 gewesen. Beide Lokomotiven wurden erst Mitte der 60er Jahre ausgemustert – beheimatet waren sie in den Bw Basdorf und Pankow Rbf., die 74 6612 zeitweise auch im Bw Berlin-Lichtenberg.

AEG 1925/ 2941	Reinickendorf-Liebenwalde-Groß Schönebecker Eb. (RLGS) 12 →'27 Niederbarnimer Eisenbahn (NbE) 01" →'50 **DR 74 6611**	+18.05.65
AEG 1925/ 2942	Reinickendorf-Liebenwalde-Groß Schönebecker Eb. (RLGS) 13 →'27 Niederbarnimer Eisenbahn (NbE) 02" →'50 **DR 74 6612**	+27.07.66

Von der AEG wurden 1925 zwei 1'C-Tenderlokomotiven für die Niederbarnimer Eisenbahn gebaut – und 1950 von der DR in 74 6611-6612 umgezeichnet. Die Aufnahme der 74 6611 stammt von Georg Otte.

Im Bw Berlin-Pankow konnte die zweite Maschine der Serie festgehalten werden – diesmal von der Heizerseite. Die Aufnahme von Joachim Claus entstand im August 1965.

1'C n2t DR 74^{66} (ex Niederbarnimer Eb.)

Treibraddurchmesser (mm):	1 500
Achsstand (mm):	6 600
Länge über Puffer (mm):	10 650
Dienstgewicht (t):	54,8
Achslast (maximal) (t):	
Höchstgeschwindigkeit (km/h):	60
Zylinderdurchmesser (mm):	430
Kolbenhub (mm):	630
Rostfläche (m²):	1,75
Verdampfungsheizfläche (m²):	106,82
Kesselüberdruck (atm):	12,0

Nahezu zeitgleich mit den beiden zuvor genannten Lokomotiven (74 6611-6612) erwarb die Niederbarnimer Eisenbahn auch drei gebrauchte preußische $T9^2$ von der Deutschen Reichsbahn-Gesellschaft – Weisbrod/Wiegard nennen als Beschaffungsjahr 1923 und 1925. Rein vom Baujahr her haben die Maschinen, die zumindest deutlich leistungsfähiger als die vorhandenen B- und C-Kuppler der Bahn waren, nicht wirklich zur Verjüngung des Fahrzeugparks der Bahn beigetragen. Tatsächlich hat man die Lokomotiven aber erst nach einem umfangreichen Umbau 1925 in den Bestand übernommen: So wurden neue Kuppelradsätze mit 1500 mm Durchmesser (statt 1 350 mm) eingebaut und auch die Kessel wurden durch neue ersetzt.

Nach der Verstaatlichung der Niederbarnimer Eisenbahn, die allerdings erst zum 1. Juli 1950 und nicht wie bei den anderen Bahnen zum 1. April 1949 erfolgte, übernahm die Deutsche Reichsbahn die drei Lokomotiven als 74 6621-6623. Sie wurden also nicht wie die übrigen $T9^2$ als Güterzug-Tenderlokomotiven betrachtet, sondern aufgrund des größeren Treibraddurchmessers als Personenzug-Tenderlokomotiven und daher nicht der Baureihe 91 sondern der Baureihe 74 zugeordnet. Während die 74 6621 bereits kurz nach der Übernahme ausgemustert wurde, waren die beiden anderen Maschinen noch bis Mitte der 60er Jahre bei den Bw Basdorf, Pankow Rbf. und Jerichow im Einsatz.

Unterschiedliche Angaben gibt es zur Identität der drei Maschinen: Die nachfolgend wiedergegebenen Herstellerdaten für 74 6622-6623 wurden den amtlichen DR-Ausmusterungsprotokollen (bzw. bei 74 6622 auch dem Betriebsbuch) entnommen, welche mit den Angaben in der Literatur – außer bei Valtin – nicht übereinstimmen. Für die 74 6621 wurden daher auch die von Valtin angegebenen Daten übernommen.

Literatur:

Valtin, Wolfgang: Verzeichnis aller Lokomotiven und Triebwagen, Band 2. Berlin, 1992.
Weisbrod, Manfred; Wiegard, Hans: Regelspurige Privatbahnlokomotiven bei der DR (Dampflokomotiven Band 6). Stuttgart, 1998

Die Niederbarnimer Eisenbahn hatte drei preußische T 9^2 gebraucht erworben – und aufwändig umgebaut. Insbesondere der größer gewordene Kuppelraddurchmesser dürfte dazu geführt haben, dass die Maschinen 1950 in die Baureihe 74 und nicht in die Baureihe 91 eingeordnet wurden. Die Aufnahme der 74 6622 entstand 1968 in Jerichow.

Unio 1898/ 936	Kat 1569 →'06 KAT 7221 T 9^2 →'22 OPP 7221 →'25 DRB 91 060 →'?? Niederbarnimer Eisenbahn (NbE) 07 →'50 **DR 74 6621**	+20.12.51
Hano 1898/ 3123	Efd 1952 →'06 EFD 7233 T 9^2 →'26 Niederbarnimer Eisenbahn (NbE) 5" →ca.'36 Niederbarnimer Eisenbahn (NbE) 08 →'50 **DR 74 6622**	+05.03.65
Unio 1898/ 991	Esn 1880 →'00 Esn 1825 →'06 ESN 7226 T 9^2 →'?? Niederbarnimer Eisenbahn (NbE) 09 →'50 **DR 74 6623**	+14.09.65

1'C h2t DR 74^{67} (ex HBE)

Treibraddurchmesser (mm):	1 500
Achsstand (mm):	6 350
Länge über Puffer (mm):	11 800
Dienstgewicht (t):	67,1
Achslast (maximal) (t):	
Höchstgeschwindigkeit (km/h):	80
Zylinderdurchmesser (mm):	540
Kolbenhub (mm):	630
Rostfläche (m²):	1,73
Verdampfungsheizfläche (m²):	108,0
Überhitzerheizfläche (m²):	33,4
Kesselüberdruck (atm):	12,0

Die Halberstadt-Blankenburger Eisenbahn (HBE) besaß sowohl Strecken im flachen Harzvorland als auch eine in den Harz hineinführende Steilstrecke (Rübelandbahn), die als Zahnradbahn betrieben wurde. Für die Flachlandstrecken wurden 1911 und 1913 insgesamt vier 1C-Heißdampf-Tenderlokomotiven beschafft, die mit der preußischen T 12 (siehe Baureihe 74^{4-13}) weitgehend identisch waren.
Im Jahre 1918 führte die HBE Versuche zwecks Übergang vom Zahnrad- zum Reibungsbetrieb durch, anlässlich derer die Lok 51 mit einer Riggenbach-Gegendruckbremse ausgerüstet wurde. Da die Versuche erfolgreich waren, wurden später auch die übrigen T 12 mit dieser Bremse ausgerüstet, um sie auf der Steilstrecke im leichten Personenzugverkehr einsetzen zu können.
Nach der Übernahme durch die Deutsche Reichsbahn wurden die HBE-T 12 zunächst als 91 6776-6779 und somit als Güterzug-Tenderlokomotiven eingereiht – erst zwei Jahre später korrigierte man den Irrtum und änderte die Betriebsnummern in 74 6776-6779.

Bors 1911/ 7864	Halberstadt-Blankenburger Eb. (HBE) HERRMANN WOLF →'14 Halberstadt-Blankenburger Eb. (HBE) 51 →'50 DR 91 6776 →'52 **DR 74 6776**	+28.01.66
Bors 1911/ 7865	Halberstadt-Blankenburger Eb. (HBE) BERNHARD CASPAR →'14 Halberstadt-Blankenburger Eb. (HBE) 52 →'50 DR 91 6777 →'52 **DR 74 6777**	+14.09.65
Bors 1911/ 8164	Halberstadt-Blankenburger Eb. (HBE) STAATSMINISTER HARTWIG →'14 Halberstadt-Blankenburger Eb. (HBE) 53 →'50 DR 91 6778 →'52 **DR 74 6778** →20.05.66 WL Röntgen- und Transformatorenwerk Dresden	+
Bors 1913/ 8705	Halberstadt-Blankenburger Eb. (HBE) PRAESIDENT SOMMER →'14 Halberstadt-Blankenburger Eb. (HBE) 54 →'50 DR 91 6779 →'52 **DR 74 6779**	+17.03.64

Die 74 6776 war eine von vier für die Halberstadt-Blankenburger Eisenbahn (HBE) gebauten 1C-Personenzugtenderlokomotiven nach Vorbild der preußischen T12. Deutlichstes Unterscheidungsmerkmal war der Kohlenkasten, der bei den HBE-Maschinen deutlich höher ausgeführt war. Georg Otte fotografierte die Lokomotive in Berlin-Rummelsburg.

1'C 1' h2t DRB 75^0 (ex K. W. St. E. T 5)

	75 001-015	75 016-035	75 036-093
Treibraddurchmesser (mm):	1 450	1 450	1 450
Achsstand (mm):	8 700	8 700	8 700
Länge über Puffer (mm):	12 200	12 200	12 200
Dienstgewicht (t):	69,5	71,2	74,1
Achslast (maximal) (t):	14,7	15,0	15,6
Höchstgeschwindigkeit (km/h):	80	80	80
Zylinderdurchmesser (mm):	500	500	500
Kolbenhub (mm):	612	612	612
Rostfläche (m^2):	1,93	1,93	1,93
Verdampfungsheizfläche (m^2):	109,5	112,3	110,0
Überhitzerheizfläche (m^2):	38,6	33,7	38,5
Kesselüberdruck (atm):	12,0	12,0	12,0
Leistung (PSi):	880	890	880

Da die im Königreich Württemberg vorhandenen Personenzuglokomotiven den gestiegenen Anforderungen nicht mehr genügten, begannen zum Ende des ersten Jahrzehnts des 20. Jahrhunderts die Planungen zur Beschaffung neuer Maschinen für die Beförderung von Personenzügen auf Haupt- und Nebenbahnen – und auch im leichten Schnell- und Güterzugdienst sollten die Maschinen eingesetzt werden können. Man entschied sich für eine Tenderlokomotive der Achsfolge 1C1 – einer Bauart, die schon seit 1900 im benachbarten Baden und seit 1905 in der ebenfalls benachbarten Schweiz heimisch war. Die als Gattung T5 bezeichnete Bauart wurde von der Maschinenfabrik Esslingen entworfen und zwischen 1910 und 1920 in 96 Exemplaren gebaut. Im Laufe des Beschaffungszeitraumes kam es immer wieder zu kleineren Konstruktionsänderungen – so wurden zwischenzeitlich die Überhitzerheizfläche und die Vorräte vergrößert sowie die Anordnung der Dome geändert.

Nach dem Ersten Weltkrieg mussten drei Maschinen als Waffenstillstandsabgabe an Frankreich übergeben werden (NORD 3.1495-1497) – alle übrigen T5 kamen 1920 zur Deutschen Reichsbahn, die sie als 75 001-093 einreihte. Bis auf zwei Lokomotiven waren nach Ende des Zweiten Weltkrieges noch alle bei ihren angestammten Einsatzorten vorhanden. Die Deutsche Bundesbahn musterte die Baureihe 75^0 bis 1963 aus. Die für museale Zwecke hinterstellte 75 042 wurde schließlich 1967 im AW Offenburg zerlegt.

Literatur:

Stemmler, Herbert: Die Baureihe 75.0. LM 1/2000, S. 66-75

Willhaus, Werner: Die Baureihe 75.0. Freiburg, 2005

Im Jahr 1958 entstand diese Aufnahme der 75 005 des Bw Aulendorf – der Fotograf war Carl Bellingrodt.

Vor einem Bauzug fotografierte Hellmuth Fröhlich die 75 019 am 8. Mai 1961 in Schussenried.

75 029 in einer Standardaufnahme von Carl Bellingrodt, entstanden am 20. Juni 1931 in Ulm.

Essl 1910/ 3548	K. W. St. E. 1201 (T5) →'25 **DRB 75 001** →'45 DRw/DB	+19.01.61
Essl 1910/ 3549	K. W. St. E. 1202 (T5) →'25 **DRB 75 002** →'45 DRw/DB	+21.10.60
Essl 1910/ 3550	K. W. St. E. 1203 (T5) →'25 **DRB 75 003** →'45 DRw/DB (SWDE)	+06.05.59
Essl 1910/ 3551	K. W. St. E. 1204 (T5) →'25 **DRB 75 004** →'45 DRw/DB (SWDE)	+01.02.63
Essl 1910/ 3553	K. W. St. E. 1206 (T5) →'25 **DRB 75 005** →'45 DRw/DB (SWDE)	+26.04.61
Essl 1910/ 3554	K. W. St. E. 1207 (T5) →'25 **DRB 75 006** →'45 DRw/DB (SWDE)	+14.07.60
Essl 1910/ 3555	K. W. St. E. 1208 (T5) →'25 **DRB 75 007** →'45 DRw/DB (SWDE)	+26.04.61
Essl 1910/ 3556	K. W. St. E. 1209 (T5) →'25 **DRB 75 008** →'45 DRw/DB (SWDE)	+01.02.63
Essl 1911/ 3599	K. W. St. E. 1210 (T5) →'25 **DRB 75 009** →'45 DRw/DB (SWDE)	+29.07.61
Essl 1911/ 3600	K. W. St. E. 1211 (T5) →'25 **DRB 75 010** →'45 DRw/DB (SWDE)	+26.04.61
Essl 1911/ 3601	K. W. St. E. 1212 (T5) →'25 **DRB 75 011** →'45 DRw/DB (SWDE)	+01.08.62
Essl 1911/ 3602	K. W. St. E. 1213 (T5) →'25 **DRB 75 012** →'45 DRw/DB (SWDE)	+17.01.62
Essl 1911/ 3603	K. W. St. E. 1214 (T5) →'25 **DRB 75 013** →'45 DRw/DB (SWDE)	+21.07.59
Essl 1911/ 3604	K. W. St. E. 1215 (T5) →'25 **DRB 75 014** →'45 DRw/DB (SWDE)	+21.07.59
Essl 1911/ 3605	K. W. St. E. 1216 (T5) →'25 **DRB 75 015** →'45 DRw/DB	+19.01.61
Essl 1912/ 3642	K. W. St. E. 1218 (T5) →'25 **DRB 75 016** →'45 DRw/DB	+19.01.61
Essl 1912/ 3643	K. W. St. E. 1219 (T5) →'25 **DRB 75 017** →'45 DRw/DB	+07.07.59
Essl 1912/ 3644	K. W. St. E. 1220 (T5) →'25 **DRB 75 018** →'45 DRw/DB	+26.04.61
Essl 1912/ 3645	K. W. St. E. 1221 (T5) →'25 **DRB 75 019** →'45 DRw/DB	+02.05.62
Essl 1912/ 3646	K. W. St. E. 1222 (T5) →'25 **DRB 75 020** →'45 DRw	+17.07.47
Essl 1912/ 3647	K. W. St. E. 1223 (T5) →'25 **DRB 75 021** →'45 DRw/DB (SWDE)	+07.07.59
Essl 1912/ 3648	K. W. St. E. 1224 (T5) →'25 **DRB 75 022** →'45 DRw/DB	+21.10.60
Essl 1912/ 3649	K. W. St. E. 1225 (T5) →'25 **DRB 75 023** →'45 DRw/DB	+21.10.60
Essl 1912/ 3650	K. W. St. E. 1226 (T5) →'25 **DRB 75 024** →'45 DRw/DB	+29.07.61
Essl 1912/ 3651	K. W. St. E. 1227 (T5) →'25 **DRB 75 025** →'45 DRw/DB	+29.07.61
Essl 1912/ 3652	K. W. St. E. 1228 (T5) →'25 **DRB 75 026** →'45 DRw/DB	+26.04.61
Essl 1912/ 3653	K. W. St. E. 1229 (T5) →'25 **DRB 75 027** →'45 DRw/DB	+11.01.60
Essl 1913/ 3658	K. W. St. E. 1230 (T5) →'25 **DRB 75 028** →'45 DRw/DB	+19.01.61
Essl 1913/ 3659	K. W. St. E. 1231 (T5) →'25 **DRB 75 029** →'45 DRw/DB	+07.07.59
Essl 1914/ 3703	K. W. St. E. 1232 (T5) →'25 **DRB 75 030** (01.45 RBD Stuttgart)	V.u.
Essl 1914/ 3704	K. W. St. E. 1233 (T5) →'25 **DRB 75 031** →'45 DRw/DB	+17.01.62
Essl 1914/ 3705	K. W. St. E. 1234 (T5) →'25 **DRB 75 032** →'45 DRw/DB	+21.10.60
Essl 1914/ 3706	K. W. St. E. 1235 (T5) →'25 **DRB 75 033** →'45 DRw/DB (SWDE)	+07.07.59
Heil 1914/ 607	K. W. St. E. 1236 (T5) →'25 **DRB 75 034** →'45 DRw/DB (SWDE)	+14.07.60
Heil 1914/ 608	K. W. St. E. 1237 (T5) →'25 **DRB 75 035** →'45 DRw/DB (SWDE)	+29.07.61
Essl 1914/ 3718	K. W. St. E. 1238 (T5) →'25 **DRB 75 036** →'45 DRw/DB	+02.05.62
Essl 1914/ 3719	K. W. St. E. 1239 (T5) →'25 **DRB 75 037** →'45 DRw/DB (SWDE)	+01.02.63
Essl 1914/ 3720	K. W. St. E. 1240 (T5) →'25 **DRB 75 038** →'45 DRw/DB (SWDE)	+06.05.59
Essl 1914/ 3721	K. W. St. E. 1241 (T5) →'25 **DRB 75 039** →'45 DRw/DB	+29.07.61
Essl 1914/ 3722	K. W. St. E. 1242 (T5) →'25 **DRB 75 040** →'45 DRw/DB (SWDE)	+17.01.62
Essl 1914/ 3723	K. W. St. E. 1243 (T5) →'25 **DRB 75 041** →'45 DRw/DB (SWDE)	+17.01.62
Essl 1914/ 3724	K. W. St. E. 1244 (T5) →'25 **DRB 75 042** →'45 DRw/DB (SWDE)	+23.10.63
Essl 1914/ 3725	K. W. St. E. 1245 (T5) →'25 **DRB 75 043** →'45 DRw/DB (SWDE)	+14.07.60
Essl 1915/ 3740	K. W. St. E. 1246 (T5) →'25 **DRB 75 044** →'45 DRw/DB (SWDE)	+17.01.62
Essl 1915/ 3741	K. W. St. E. 1247 (T5) →'25 **DRB 75 045** →'45 DRw/DB (SWDE)	+23.11.56
Essl 1915/ 3743	K. W. St. E. 1249 (T5) →'25 **DRB 75 046** →'45 DRw/DB (SWDE)	+21.07.59
Heil 1917/ 612	K. W. St. E. 1250 (T5) →'25 **DRB 75 047** →'45 DRw/DB	+17.01.62
Heil 1917/ 613	K. W. St. E. 1251 (T5) →'25 **DRB 75 048** →'45 DRw/DB (SWDE)	+11.01.60
Essl 1916/ 3754	K. W. St. E. 1252 (T5) →'25 **DRB 75 049** →'45 DRw/DB (SWDE)	+21.10.60
Essl 1916/ 3755	K. W. St. E. 1253 (T5) →'25 **DRB 75 050** →'45 DRw/DB (SWDE)	+26.04.61
Essl 1916/ 3756	K. W. St. E. 1254 (T5) →'25 **DRB 75 051** →'45 DRw/DB (SWDE)	+07.07.59
Essl 1916/ 3757	K. W. St. E. 1255 (T5) →'25 **DRB 75 052** →'45 DRw/DB	+17.01.62
Essl 1916/ 3758	K. W. St. E. 1256 (T5) →'25 **DRB 75 053** →'45 DRw/DB	+26.04.61
Essl 1916/ 3759	K. W. St. E. 1257 (T5) →'25 **DRB 75 054** →'45 DRw/DB	+19.01.62
Essl 1916/ 3760	K. W. St. E. 1258 (T5) →'25 **DRB 75 055** →'45 DRw/DB	+10.05.63
Essl 1916/ 3761	K. W. St. E. 1259 (T5) →'25 **DRB 75 056** →'45 DRw	+06.11.45
Essl 1916/ 3762	K. W. St. E. 1260 (T5) →'25 **DRB 75 057** →'45 DRw/DB	+29.07.61
Essl 1916/ 3763	K. W. St. E. 1261 (T5) →'25 **DRB 75 058** →'45 DRw/DB	+07.07.59
Essl 1916/ 3764	K. W. St. E. 1262 (T5) →'25 **DRB 75 059** →'45 DRw/DB	+14.07.60
Essl 1917/ 3792	K. W. St. E. 1263 (T5) →'25 **DRB 75 060** →'45 DRw/DB	+02.05.62
Essl 1917/ 3793	K. W. St. E. 1264 (T5) →'25 **DRB 75 061** →'45 DRw/DB	+29.07.61

Essl 1917/ 3794	K. W. St. E. 1265 (T5)	→'25 **DRB 75 062**	+19.02.45
Essl 1917/ 3795	K. W. St. E. 1266 (T5)	→'25 **DRB 75 063** →'45 DRw/DB	+01.02.63
Essl 1920/ 3919	W. St. E. 1267 (T5)	→'25 **DRB 75 064** →'45 DRw/DB (SWDE)	+26.04.61
Essl 1920/ 3920	W. St. E. 1268 (T5)	→'25 **DRB 75 065** →'45 DRw/DB (SWDE)	+17.01.62
Essl 1920/ 3921	W. St. E. 1269 (T5)	→'25 **DRB 75 066** →'45 DRw/DB	+14.07.60
Essl 1920/ 3922	W. St. E. 1270 (T5)	→'25 **DRB 75 067** →'45 DRw/DB	+07.06.62
Essl 1920/ 3923	W. St. E. 1271 (T5)	→'25 **DRB 75 068** →'45 DRw	+12.03.46
Essl 1920/ 3924	W. St. E. 1272 (T5)	→'25 **DRB 75 069** →'45 DRw/DB	+21.10.60
Essl 1920/ 3925	W. St. E. 1273 (T5)	→'25 **DRB 75 070** →'45 DRw/DB	+07.07.59
Essl 1920/ 3926	W. St. E. 1274 (T5)	→'25 **DRB 75 071** →'45 DRw/DB	+02.05.62
Essl 1920/ 3927	W. St. E. 1275 (T5)	→'25 **DRB 75 072**	+19.02.45
Essl 1920/ 3928	W. St. E. 1276 (T5)	→'25 **DRB 75 073** →'45 DRw/DB	+19.01.61
Essl 1920/ 3929	W. St. E. 1277 (T5)	→'25 **DRB 75 074** →'45 DRw/DB	+21.10.60
Essl 1920/ 3930	W. St. E. 1278 (T5)	→'25 **DRB 75 075** →'45 DRw/DB	+10.05.63
Essl 1920/ 3931	W. St. E. 1279 (T5)	→'25 **DRB 75 076** →'45 DRw/DB	+26.04.61
Essl 1920/ 3932	W. St. E. 1280 (T5)	→'25 **DRB 75 077** →'45 DRw (03.46 abg. Bw Aulendorf)	+
Essl 1920/ 3933	W. St. E. 1281 (T5)	→'25 **DRB 75 078** →'45 DRw/DB	+17.01.62
Essl 1920/ 3934	W. St. E. 1282 (T5)	→'25 **DRB 75 079** →'45 DRw/DB	+16.01.59
Essl 1920/ 3935	W. St. E. 1283 (T5)	→'25 **DRB 75 080** →'45 DRw/DB	+01.02.63
Essl 1920/ 3936	W. St. E. 1284 (T5)	→'25 **DRB 75 081** →'45 DRw/DB (SWDE)	+06.05.59
Essl 1920/ 3937	W. St. E. 1285 (T5)	→'25 **DRB 75 082** →'45 DRw/DB	+10.05.63
Essl 1920/ 3938	W. St. E. 1286 (T5)	→'25 **DRB 75 083** →'45 DRw	+12.03.46
Essl 1920/ 3939	W. St. E. 1287 (T5)	→'25 **DRB 75 084** →'45 DRw/DB	+17.01.62
Essl 1920/ 3940	W. St. E. 1288 (T5)	→'25 **DRB 75 085** →'45 DRw/DB	+10.05.60
Essl 1920/ 3941	W. St. E. 1289 (T5)	→'25 **DRB 75 086** →'45 DRw/DB	+02.05.62
Essl 1920/ 3942	W. St. E. 1290 (T5)	→'25 **DRB 75 087** →'45 DRw/DB (SWDE)	+10.05.60
Essl 1920/ 3943	W. St. E. 1291 (T5)	→'25 **DRB 75 088** →'45 DRw/DB	+19.01.62
Essl 1920/ 3944	W. St. E. 1292 (T5)	→'25 **DRB 75 089** →'45 DRw/DB	+02.05.62
Essl 1920/ 3945	W. St. E. 1293 (T5)	→'25 **DRB 75 090** →'45 DRw/DB	+26.04.61
Essl 1920/ 3946	W. St. E. 1294 (T5)	→'25 **DRB 75 091** →'45 DRw/DB (SWDE)	+19.01.61
Essl 1920/ 3947	W. St. E. 1295 (T5)	→'25 **DRB 75 092** →'45 DRw/DB	+02.05.62
Essl 1920/ 3948	W. St. E. 1296 (T5)	→'25 **DRB 75 093** →'45 DRw/DB	+19.01.62

Die vorletzte württembergische T5, die 75 092, am 10. Juli 1959 in Aulendorf – stationiert war sie im ortsansässigen Bahnbetriebswerk. *Foto: Karl-Ernst Maedel*

Lokführerseite der 75 065 des Bw Tübingen im Jahr 1954. *Foto: Dr. Günther Scheingraber*

1'C 1' n2t **DRB 75^{1-3}** (ex Grh. Bad. St.-Eb. VIb)

	75 101-190	75 191-216	75 221-258	75 261-302
Treibraddurchmesser (mm):	1 480	1 480	1 480	1 480
Achsstand (mm):	8400	8400	8400	8400
Länge über Puffer (mm):	11764	11764	11764	11764
Dienstgewicht (t):	65,3	64,2	64,3	67,3
Achslast (maximal) (t):	14,4	14,5	14,5	14,5
Höchstgeschwindigkeit (km/h):	80	80	80	80
Zylinderdurchmesser (mm):	435	435	435	435
Kolbenhub (mm):	630	630	630	630
Rostfläche (m²):	1,83	1,83	1,83	1,83
Verdampfungsheizfläche (m²):	116,2	113,9	114,1	116,9
Kesselüberdruck (atm):	13,0	13,0	13,0	13,0
Leistung (PSi):	540	540	540	540

Zum Ende des 19. Jahrhunderts standen die Großherzoglich Badischen Staatseisenbahnen vor dem Problem, nicht genügend leistungsfähige Personenzug-Tenderlokomotiven in ihrem Bestand zu haben – die 14 vorhandenen 1B1-Tenderlokomotiven der Gattung IVd waren weder entsprechend leistungsfähig noch ausreichend zugkräftig. Aufgrund der positiven Erfahrungen mit 1C1-Tenderlokomotiven auf der Wiener Stadtbahn entschied man sich, ebenfalls auf diese Bauart überzugehen und beauftragte die Firma J. A. Maffei in München mit der Entwicklung. Dass man mit dieser Aufgabe eine „ausländische“ Firma und nicht den „Haus- und Hoflieferanten“, die Maschinenbaugesellschaft Karlsruhe, betraut hatte, ist schon bemerkenswert, zumal auch Maffei zuvor noch nie eine 1C1-Tenderlokomotive gebaut hatte.

Die ersten 15 Lokomotiven wurden von Maffei im Laufe des Jahres 1900 fertiggestellt und an die Großherzoglich Badischen Staatseisenbahnen als Gattung VIb abgeliefert – alle späteren Nachbauten für Baden, die zwischen 1901 und 1908 ausgeliefert wurden, stammten dagegen von der MBG Karlsruhe. Die Maschinen bewährten sich sehr gut – einzelne wurden nach Ausrüstung mit einer Riggenbach-Gegendruckbremse sogar auf der steigungsreichen Höllentalbahn eingesetzt.

Aufgrund der rasanten Fortschritte in der Entwicklung der Heißdampf-Technologie ging man in Baden von der Nassdampf-1C1 der Gattung VIb auf eine Heißdampf-1C1-Tenderlokomotive über, welche die Gattungsbezeichnung VIc erhielt (siehe Baureihe 75[4,10-11]) und sich ebenfalls gut bewährte. Unter diesen Randbedingungen verwundert es, dass die Deutsche Reichsbahn in den Jahren 1921 und 1923, also nach einer Pause von 13 Jahren, noch einmal 42 Nassdampf-Lokomotiven der Gattung VIb nachbauen ließ – vermutlich war die geringere Achslast ausschlaggebend, welche eine Verwendung auch auf zahlreichen Nebenbahnen erlaubte.
Wie in Baden üblich, wurden die einzelnen Bauserien durch Indices bei der Gattungsbezeichnung unterschieden – und auch die Reichsbahn beachtete diese Bauserien bei der Aufstellung des Umzeichnungsplanes im Jahre 1925:

Gattung	Stückzahl	Baujahr	DRB-Nummer
VIb[1]	15	1900	75 101-114
VIb[2]	16	1901	75 121-136
VIb[3]	22	1901/02	75 141-161
VIb[4]	10	1903	75 171-179
VIb[5]	11	1903/04	75 181-190
VIb[6]	5	1904	75 191-195
VIb[7]	18	1906	75 201-216
VIb[8]	14	1907	75 221-233
VIb[9]	20	1908	75 241-258
VIb[10]	20	1921	75 261-280
VIb[11]	22	1923	75 281-302

Nach dem Ende des Ersten Weltkriegs mussten einzelne VIb als Waffenstillstandslokomotiven an den „Feindbund" abgegeben werden – daher wurden zwar 173 Lokomotiven gebaut, aber nur 164 Reichsbahn-Betriebsnummern belegt. Von den neun abgegebenen Maschinen kamen fünf an die Nord Belge (NB 81-85), drei an die AL (welche sie bald weiterverkaufte) und von einer ist der Verbleib unbekannt.
Bei der Deutschen Reichsbahn setzte die Ausmusterung der VIb bereits in den 30er Jahren ein – fünf aus dem Bestand ausgeschiedene Maschinen wurden auch an die private Kreis Oldenburger Eisenbahn verkauft. Nach der Verstaatlichung dieser Bahn im Jahre 1941 erhielten diese VIb ihre alten Reichsbahnnummern wieder zurück. Die meisten bei Kriegsende noch vorhandenen VIb kamen in den Bestand der Deutschen Bundesbahn, doch auch in jenem der Deutschen Reichsbahn in der DDR fanden sich sieben Maschinen wieder. Ausgemustert wurden die letzten Lokomotiven bis 1961 (DB) bzw. 1965 (DR).

Literatur:

OBERMAYER, HORST J.: Die badische VIb. EJ 4/2000 S. 20-23

RÜHMANN, J.; WENZEL, HANSJÜRGEN: Die badischen Lok VIb und VIc. EK 34 S. 5-11, EK 35 S. 53-62, EK 36 S. 105-111

WILLHAUS, WERNER: Die Baureihe 75.1-3 – Die Badische VIb. Freiburg, 2013

Maff 1900/ 2097	Grh. Bad. St.-Eb. 15[4] (VIb) →'25 **DRB 75 101**	+33-36
Maff 1900/ 2098	Grh. Bad. St.-Eb. 16[3] (VIb) →'25 **DRB 75 102** →'45 DRw/DB	+07.08.56
Maff 1900/ 2099	Grh. Bad. St.-Eb. 17[3] (VIb) →'25 **DRB 75 103**	+08.33
Maff 1900/ 2100	Grh. Bad. St.-Eb. 23[4] (VIb) →'25 **DRB 75 104**	+37/38
Maff 1900/ 2101	Grh. Bad. St.-Eb. 29[3] (VIb) →'25 **DRB 75 105** →'45 DRw/DB (SWDE)	+09.11.53
Maff 1900/ 2102	Grh. Bad. St.-Eb. 32[4] (VIb) →'25 **DRB 75 106** →'45 DRw/DB (SWDE)	+09.11.53
Maff 1900/ 2104	Grh. Bad. St.-Eb. 34[3] (VIb) →'25 **DRB 75 107**	+12.33
Maff 1900/ 2105	Grh. Bad. St.-Eb. 40[4] (VIb) →'25 **DRB 75 108** →'45 DRw/DB (SWDE)	+28.05.54
Maff 1900/ 2106	Grh. Bad. St.-Eb. 59[3] (VIb) →'25 **DRB 75 109** →03.36 Kreis Oldenburger Eb. (KOE) 1" →'41 DRB →'42 DRB 75 109 (05.44 Luftzeugamt Schwerin /L) →'45 DRo/DR →17.10.55 verk. WL LEW Hennigsdorf	+65
Maff 1900/ 2107	Grh. Bad. St.-Eb. 141" (VIb) →'25 **DRB 75 110**	+05.34
Maff 1900/ 2108	Grh. Bad. St.-Eb. 176" (VIb) →'25 **DRB 75 111** →'45 DRw (SWDE)	+11.03.48
Maff 1900/ 2109	Grh. Bad. St.-Eb. 185" (VIb) →'25 **DRB 75 112** →03.36 Kreis Oldenburger Eb. (KOE) 2" →'41 DRB →'42 DRB 75 112 →'45 DRo/DR →10.01.56 verk. WL LEW Hennigsdorf	+65
Maff 1900/ 2110	Grh. Bad. St.-Eb. 220" (VIb) →'25 **DRB 75 113** →'45 DRw/DB (SWDE)	+10.08.57
Maff 1900/ 2111	Grh. Bad. St.-Eb. 233" (VIb) →'25 **DRB 75 114** →'45 DRw/DB (SWDE)	+28.05.54

Die 75 104 am 22. Juni 1934 im Bahnbetriebswerk Freiburg (Breisgau) – als Bw an der Lok angeschrieben war „Freiburg Pbf."
Foto: Carl Bellingrodt

Gleiche Gelegenheit und gleicher Ort wie beim Bild der 75 104: Beim Besuch in Freiburg entstand auch diese Bellingrodt'sche Standardaufnahme der 75 105. Die Loks dieser ersten Serie besitzen für den EInsatz auf der Höllentalbahn eine Gegendruckbremse.

Bei einem späteren Besuch im Bahnbetriebswerk Freiburg Pbf. wurde am 20. Juli 1937 auch die 75 182 von Carl Bellingrodt portraitiert.

Karl 1901/ 1594	Grh. Bad. St.-Eb. 35^{3} (VIb) →'25 **DRB 75 121** →'45 DRw/DB (SWDE)	+09.11.53
Karl 1901/ 1595	Grh. Bad. St.-Eb. 44^{4} (VIb) →'25 **DRB 75 122**	+33-36
Karl 1901/ 1596	Grh. Bad. St.-Eb. 67^{3} (VIb) →'25 **DRB 75 123**	+12.35
Karl 1901/ 1597	Grh. Bad. St.-Eb. 74^{3} (VIb) →'25 **DRB 75 124** →'45 DRw/DB	+10.08.57
Karl 1901/ 1598	Grh. Bad. St.-Eb. 100" (VIb) →'25 **DRB 75 125**	+12.35
Karl 1901/ 1599	Grh. Bad. St.-Eb. 103" (VIb) →'25 **DRB 75 126**	+05.34
Karl 1901/ 1600	Grh. Bad. St.-Eb. 104" (VIb) →'25 **DRB 75 127**	+05.33
Karl 1902/ 1601	Grh. Bad. St.-Eb. 231" (VIb) →'25 **DRB 75 128**	+12.33
Karl 1902/ 1602	Grh. Bad. St.-Eb. 234" (VIb) →'25 **DRB 75 129** →'45 DRw/DB	+09.11.53
Karl 1902/ 1603	Grh. Bad. St.-Eb. 236" (VIb) →'25 **DRB 75 130** →'45 DRo/DR →'47 WL 3 LEW Hennigsdorf	+65
Karl 1902/ 1604	Grh. Bad. St.-Eb. 271" (VIb) →'25 **DRB 75 131** →'45 DRw/DB (SWDE)	+15.08.55
Karl 1902/ 1605	Grh. Bad. St.-Eb. 276" (VIb) →'25 **DRB 75 132**	+37/38
Karl 1902/ 1606	Grh. Bad. St.-Eb. 277" (VIb) →'25 **DRB 75 133**	+37/38
Karl 1902/ 1607	Grh. Bad. St.-Eb. 278" (VIb) →'25 **DRB 75 134** →'45 DRw/DB (SWDE)	+28.05.54
Karl 1902/ 1608	Grh. Bad. St.-Eb. 279" (VIb) →'25 **DRB 75 135**	+05.34
Karl 1902/ 1609	Grh. Bad. St.-Eb. 280" (VIb) →'25 **DRB 75 136**	+37/38
Karl 1901/ 1613	Grh. Bad. St.-Eb. 4^{4} (VIb) →'25 **DRB 75 141** →'45 DRw/DB (SWDE)	+18.10.54
Karl 1901/ 1614	Grh. Bad. St.-Eb. 5^{3} (VIb) →'25 **DRB 75 142** →'45 DRw/DB	+09.11.53
Karl 1901/ 1615	Grh. Bad. St.-Eb. 6^{3} (VIb) →'25 **DRB 75 143**	+12.35
Karl 1901/ 1616	Grh. Bad. St.-Eb. 19^{3} (VIb) →'25 **DRB 75 144**	+06.35
Karl 1901/ 1617	Grh. Bad. St.-Eb. 20^{3} (VIb) →'25 **DRB 75 145**	+07.33
Karl 1901/ 1618	Grh. Bad. St.-Eb. 21^{3} (VIb) →'25 **DRB 75 146** →'45 DRw/DB (SWDE)	+15.08.55
Karl 1901/ 1619	Grh. Bad. St.-Eb. 22^{3} (VIb) →'25 **DRB 75 147**	+12.33
Karl 1901/ 1621	Grh. Bad. St.-Eb. 27^{3} (VIb) →'25 **DRB 75 148** →'45 DRw/DB	+28.05.54
Karl 1901/ 1622	Grh. Bad. St.-Eb. 30^{4} (VIb) →'25 **DRB 75 149**	+37/38
Karl 1901/ 1623	Grh. Bad. St.-Eb. 31^{3} (VIb) →'25 **DRB 75 150** →'45 DRw/DB (SWDE)	+28.05.54
Karl 1901/ 1624	Grh. Bad. St.-Eb. 42^{4} (VIb) →'25 **DRB 75 151** →'45 DRw/DB (SWDE)	+28.05.54
Karl 1901/ 1625	Grh. Bad. St.-Eb. 43^{3} (VIb) →'25 **DRB 75 152** →'45 DRw/DB	+07.08.56
Karl 1901/ 1626	Grh. Bad. St.-Eb. 70^{3} (VIb) →'25 **DRB 75 153** →'45 DRw/DB	+02.11.55
Karl 1901/ 1627	Grh. Bad. St.-Eb. 106" (VIb) →'25 **DRB 75 154** →'?? Klöckner-Werke →'38 Hohenzollerische Landesbahn (HZL) 142	+58
Karl 1901/ 1628	Grh. Bad. St.-Eb. 109" (VIb) →'25 **DRB 75 155**	+33-36
Karl 1901/ 1629	Grh. Bad. St.-Eb. 127" (VIb) →'25 **DRB 75 156** →'45 DRw/DB (SWDE)	+02.11.55
Karl 1902/ 1630	Grh. Bad. St.-Eb. 129" (VIb) →'25 **DRB 75 157**	+02.36

Karl 1902/ 1631	Grh. Bad. St.-Eb. 130” (VIb) →’25 **DRB 75 158** →’45 DRw/DB (SWDE)	+28.05.54
Karl 1902/ 1632	Grh. Bad. St.-Eb. 132” (VIb) →’25 **DRB 75 159** →’45 DRw/DB (SWDE)	+28.05.54
Karl 1902/ 1633	Grh. Bad. St.-Eb. 142” (VIb) →’25 **DRB 75 160** →’45 DRw/DB (SWDE)	+18.10.54
Karl 1902/ 1634	Grh. Bad. St.-Eb. 143” (VIb) →’25 **DRB 75 161** →’45 DRw/DB (SWDE)	+02.11.55
Karl 1903/ 1639	Grh. Bad. St.-Eb. 145” (VIb) →’25 **DRB 75 171** →’45 DRw/DB	+28.05.54
Karl 1903/ 1640	Grh. Bad. St.-Eb. 146” (VIb) →’25 **DRB 75 172** →’45 DRw/DB	+01.06.53
Karl 1903/ 1641	Grh. Bad. St.-Eb. 148” (VIb) →’25 **DRB 75 173**	+33-36
Karl 1903/ 1642	Grh. Bad. St.-Eb. 170” (VIb) →’25 **DRB 75 174**	+12.34
Karl 1903/ 1643	Grh. Bad. St.-Eb. 281” (VIb) →’25 **DRB 75 175**	+08.33
Karl 1903/ 1644	Grh. Bad. St.-Eb. 282” (VIb) →’25 **DRB 75 176**	+12.33
Karl 1903/ 1645	Grh. Bad. St.-Eb. 283” (VIb) →’25 **DRB 75 177**	+37/38
Karl 1903/ 1646	Grh. Bad. St.-Eb. 284” (VIb) →’25 **DRB 75 178** →’45 DRw/DB	+01.06.53
Karl 1903/ 1647	Grh. Bad. St.-Eb. 285” (VIb) →’25 **DRB 75 179** →’45 DRw/DB	+09.11.53
Karl 1903/ 1650	Grh. Bad. St.-Eb. 203” (VIb) →’25 **DRB 75 181** →’45 DRw/DB (SWDE)	+18.10.54
Karl 1903/ 1651	Grh. Bad. St.-Eb. 204” (VIb) →’25 **DRB 75 182** →’45 DRw/DB (SWDE)	+28.05.54
Karl 1903/ 1652	Grh. Bad. St.-Eb. 219” (VIb) →’25 **DRB 75 183** →’45 DRw/DB (SWDE)	+15.08.55
Karl 1903/ 1653	Grh. Bad. St.-Eb. 232” (VIb) →’25 **DRB 75 184** →’45 DRw/DB (SWDE)	+28.05.54
Karl 1904/ 1654	Grh. Bad. St.-Eb. 235” (VIb) →’25 **DRB 75 185** →’45 DRw/DB	+15.08.55
Karl 1904/ 1655	Grh. Bad. St.-Eb. 237” (VIb) →’25 **DRB 75 186**	+09.35
Karl 1904/ 1656	Grh. Bad. St.-Eb. 272” (VIb) →’25 **DRB 75 187**	+33-36
Karl 1904/ 1657	Grh. Bad. St.-Eb. 290” (VIb) →’25 **DRB 75 188** →’45 DRw/DB	+18.10.54
Karl 1904/ 1658	Grh. Bad. St.-Eb. 325” (VIb) →’25 **DRB 75 189** →’45 DRw/DB (SWDE)	+28.05.54
Karl 1904/ 1659	Grh. Bad. St.-Eb. 360” (VIb) →’25 **DRB 75 190**	+37/38
Karl 1904/ 1664	Grh. Bad. St.-Eb. 45^3 (VIb) →’25 **DRB 75 191** →’45 DRw/DB	+07.08.56
Karl 1904/ 1665	Grh. Bad. St.-Eb. 174” (VIb) →’25 **DRB 75 192** →’45 DRw/DB (SWDE)	+27.10.59
Karl 1904/ 1666	Grh. Bad. St.-Eb. 201” (VIb) →’25 **DRB 75 193** →’45 DRw/DB (SWDE)	+17.03.54
Karl 1904/ 1667	Grh. Bad. St.-Eb. 224” (VIb) →’25 **DRB 75 194**	+37/38
Karl 1904/ 1668	Grh. Bad. St.-Eb. 254” (VIb) →’25 **DRB 75 195** →’45 DRw/DB	+17.03.54
Karl 1906/ 1680	Grh. Bad. St.-Eb. 157” (VIb) →’25 **DRB 75 201** →’45 DRw/DB (SWDE)	+18.10.54
Karl 1906/ 1682	Grh. Bad. St.-Eb. 208” (VIb) →’25 **DRB 75 202** →’45 DRw/DB (SWDE)	+09.11.53
Karl 1906/ 1683	Grh. Bad. St.-Eb. 225” (VIb) →’25 **DRB 75 203** →’45 DRw/DB	+18.10.54
Karl 1906/ 1684	Grh. Bad. St.-Eb. 252” (VIb) →’25 **DRB 75 204**	+10.35
Karl 1906/ 1685	Grh. Bad. St.-Eb. 256” (VIb) →’25 **DRB 75 205** →’45 DRw/DB	+17.03.54
Karl 1906/ 1686	Grh. Bad. St.-Eb. 259” (VIb) →’25 **DRB 75 206** →’45 DRo/DR	+19.09.55
Karl 1906/ 1687	Grh. Bad. St.-Eb. 301” (VIb) →’25 **DRB 75 207** →’45 DRw/DB (SWDE)	+28.05.54
Karl 1906/ 1688	Grh. Bad. St.-Eb. 328” (VIb) →’25 **DRB 75 208** →’45 DRw/DB (SWDE)	+01.06.53
Karl 1906/ 1689	Grh. Bad. St.-Eb. 334” (VIb) →’25 **DRB 75 209** →’45 DRw/DB (SWDE)	+29.07.61
Karl 1906/ 1690	Grh. Bad. St.-Eb. 336” (VIb) →’25 **DRB 75 210** →’45 DRw/DB	+09.11.53
Karl 1906/ 1691	Grh. Bad. St.-Eb. 341” (VIb) →’25 **DRB 75 211** →’45 DRw/DB	+15.08.55
Karl 1906/ 1693	Grh. Bad. St.-Eb. 349“ (VIb) →’25 **DRB 75 212** +06.34 →06.34 Kreis Oldenburger Eb. (KOE) 6“ →’41 DRB →’42 DRB 75 212 →’45 DRo/DR	+25.01.51
Karl 1906/ 1694	Grh. Bad. St.-Eb. 361” (VIb) →’25 **DRB 75 213** →’45 DRw/DB	+12.05.55
Karl 1906/ 1695	Grh. Bad. St.-Eb. 365” (VIb) →’25 **DRB 75 214** →’45 DRw/DB	+28.05.54
Karl 1906/ 1696	Grh. Bad. St.-Eb. 374” (VIb) →’25 **DRB 75 215** →’45 DRw/DB	+02.11.55
Karl 1906/ 1697	Grh. Bad. St.-Eb. 379” (VIb) →’25 **DRB 75 216** →’45 DRw/DB (SWDE)	+28.05.54
Karl 1907/ 1706	Grh. Bad. St.-Eb. 51^3 (VIb) →’25 **DRB 75 221** →’45 DRw/DB	+14.07.60
Karl 1907/ 1707	Grh. Bad. St.-Eb. 73^3 (VIb) →’25 **DRB 75 222** →’45 DRw/DB	+10.08.57
Karl 1907/ 1708	Grh. Bad. St.-Eb. 160” (VIb) →’25 **DRB 75 223** →’45 DRw/DB	+14.03.57
Karl 1907/ 1709	Grh. Bad. St.-Eb. 164” (VIb) →’25 **DRB 75 224** →’45 DRw/DB	+24.04.60
Karl 1907/ 1711	Grh. Bad. St.-Eb. 223” (VIb) →’25 **DRB 75 225** →’45 DRw/DB (SWDE)	+24.04.60
Karl 1907/ 1712	Grh. Bad. St.-Eb. 298” (VIb) →’25 **DRB 75 226**	+07.35
Karl 1907/ 1713	Grh. Bad. St.-Eb. 337“ (VIb) →’25 **DRB 75 227** +04.35 →’35 Kreis Oldenburger Eb. (KOE) 3“ →’41 DRB →’42 DRB 75 227 →’45 DRo/DR	+29.01.65
Karl 1907/ 1714	Grh. Bad. St.-Eb. 346” (VIb) →’25 **DRB 75 228** →’45 DRw/DB	+09.11.53
Karl 1907/ 1715	Grh. Bad. St.-Eb. 347” (VIb) →’25 **DRB 75 229** →’45 DRw/DB (SWDE)	+01.06.53
Karl 1907/ 1716	Grh. Bad. St.-Eb. 375” (VIb) →’25 **DRB 75 230**	+11.33
Karl 1907/ 1717	Grh. Bad. St.-Eb. 376” (VIb) →’25 **DRB 75 231** →’45 DRw/DB	+15.08.55
Karl 1907/ 1718	Grh. Bad. St.-Eb. 388” (VIb) →’25 **DRB 75 232** →’45 DRw/DB	+07.08.56
Karl 1907/ 1719	Grh. Bad. St.-Eb. 389” (VIb) →’25 **DRB 75 233** →’45 DRw/DB	+28.05.54
Karl 1908/ 1753	Grh. Bad. St.-Eb. 793 (VIb) →’25 **DRB 75 241** →’45 DRw/DB (SWDE)	+28.05.54
Karl 1908/ 1754	Grh. Bad. St.-Eb. 794 (VIb) →’25 **DRB 75 242** →’45 DRw/DB (SWDE)	+02.11.55
Karl 1908/ 1755	Grh. Bad. St.-Eb. 795 (VIb) →’25 **DRB 75 243** →’45 DRw/DB (SWDE)	+20.04.60

Drei Jahre vor ihrer Ausmusterung wartete die 75 225 am 17. August 1957 in Lörrach auf ihren nächsten Einsatz.
Foto: Helmut Röth

Karl 1908/ 1756	Grh. Bad. St.-Eb. 796 (VIb)	→'25 **DRB 75 244** →'45 DRw/DB	+02.11.55
Karl 1908/ 1757	Grh. Bad. St.-Eb. 797 (VIb)	→'25 **DRB 75 245** →'45 DRw/DB (SWDE)	+15.08.55
Karl 1908/ 1758	Grh. Bad. St.-Eb. 798 (VIb)	→'25 **DRB 75 246** →'45 DRw/DB (SWDE)	+09.11.53
Karl 1908/ 1759	Grh. Bad. St.-Eb. 799 (VIb)	→'25 **DRB 75 247** →'35 Kreis Oldenburger Eb. (KOE) 12 →'41 DRB →'42 DRB 75 247 →'45 DRw/DB	+07.08.56
Karl 1908/ 1760	Grh. Bad. St.-Eb. 800 (VIb)	→'25 **DRB 75 248** →'45 DRw/DB	+01.06.53
Karl 1908/ 1761	Grh. Bad. St.-Eb. 801 (VIb)	→'25 **DRB 75 249**	+12.33
Karl 1908/ 1762	Grh. Bad. St.-Eb. 802 (VIb)	→'25 **DRB 75 250** →'45 DRw/DB	+21.10.60
Karl 1908/ 1763	Grh. Bad. St.-Eb. 803 (VIb)	→'25 **DRB 75 251**	+05.34
Karl 1908/ 1777	Grh. Bad. St.-Eb. 805 (VIb)	→'25 **DRB 75 252** →'45 DRw/DB	+09.11.53
Karl 1908/ 1778	Grh. Bad. St.-Eb. 806 (VIb)	→'25 **DRB 75 253** →'45 DRw/DB	+09.11.53
Karl 1908/ 1779	Grh. Bad. St.-Eb. 807 (VIb)	→'25 **DRB 75 254** →'45 DRw/DB	+15.08.55
Karl 1908/ 1780	Grh. Bad. St.-Eb. 808 (VIb)	→'25 **DRB 75 255**	+05.34
Karl 1908/ 1782	Grh. Bad. St.-Eb. 810 (VIb)	→'25 **DRB 75 256** →'45 DRw/DB (SWDE)	+15.08.55
Karl 1908/ 1783	Grh. Bad. St.-Eb. 811 (VIb)	→'25 **DRB 75 257** →'45 DRw/DB	+18.10.54
Karl 1908/ 1784	Grh. Bad. St.-Eb. 812 (VIb)	→'25 **DRB 75 258** →'45 DRw/DB (SWDE)	+25.04.58
Karl 1921/ 2165	Bad. St.-Eb. 1133 (VIb)	→'25 **DRB 75 261** →'45 DRw	+26.02.48
Karl 1921/ 2166	Bad. St.-Eb. 1134 (VIb)	→'25 **DRB 75 262** →'45 DRw/DB	+14.03.57
Karl 1921/ 2167	Bad. St.-Eb. 1135" (VIb)	→'25 **DRB 75 263** →'45 DRw/DB	+14.03.57
Karl 1921/ 2168	Bad. St.-Eb. 1136" (VIb)	→'25 **DRB 75 264** →'45 DRo/DR	+29.01.65
Karl 1921/ 2169	Bad. St.-Eb. 1137" (VIb)	→'25 **DRB 75 265** →'45 DRw/DB (SWDE)	+14.03.57
Karl 1921/ 2170	Bad. St.-Eb. 1138 (VIb)	→'25 **DRB 75 266** →'45 DRw/DB	+10.08.57
Karl 1921/ 2171	Bad. St.-Eb. 1139" (VIb)	→'25 **DRB 75 267** →'45 DRw/DB (SWDE)	+14.03.57
Karl 1921/ 2172	Bad. St.-Eb. 1140 (VIb)	→'25 **DRB 75 268** →'45 DRw/DB	+14.03.57
Karl 1921/ 2173	Bad. St.-Eb. 1141 (VIb)	→'25 **DRB 75 269** →'45 DRw/DB (SWDE)	+15.09.59
Karl 1921/ 2174	Bad. St.-Eb. 1142 (VIb)	→'25 **DRB 75 270** →'45 DRw/DB (SWDE)	+20.11.58
Karl 1921/ 2175	Bad. St.-Eb. 1143 (VIb)	→'25 **DRB 75 271** →'45 DRw/DB	+15.05.59
Karl 1921/ 2176	Bad. St.-Eb. 1144 (VIb)	→'25 **DRB 75 272** →'45 DRw/DB (SWDE)	+15.05.59
Karl 1921/ 2177	Bad. St.-Eb. 1145 (VIb)	→'25 **DRB 75 273** →'45 DRw/DB (SWDE)	+14.03.57
Karl 1921/ 2178	Bad. St.-Eb. 1146 (VIb)	→'25 **DRB 75 274** →'45 DRw/DB (SWDE)	+15.05.59
Karl 1921/ 2179	Bad. St.-Eb. 1147 (VIb)	→'25 **DRB 75 275** →'45 DRw/DB	+21.10.60
Karl 1921/ 2180	Bad. St.-Eb. 1148 (VIb)	→'25 **DRB 75 276** →'45 DRw/DB	+26.04.61
Karl 1921/ 2181	Bad. St.-Eb. 1149 (VIb)	→'25 **DRB 75 277** →'45 DRw	+07.03.46
Karl 1921/ 2182	Bad. St.-Eb. 1150" (VIb)	→'25 **DRB 75 278**	V.u.

Aufnahmen der wenigen in der DDR verbliebenen badischen VIb sind selten – Günter Meyer verdanken wir dieses Bilddokument der 75 264 vor einer LEIG-Einheit von Karl-Marx-Stadt Süd nach Aue, welches Ostern 1955 in „Lößnitz Oberer Bf." entstand.

Karl 1921/ 2183	Bad. St.-Eb. 1151" (VIb)	→'25 **DRB 75 279** →'45 DRw/DB	+14.03.57
Karl 1921/ 2184	Bad. St.-Eb. 1152" (VIb)	→'25 **DRB 75 280** →'45 DRw/DB	+14.03.57
Karl 1923/ 2263	Bad. St.-Eb. 1193 (VIb)	→'25 **DRB 75 281** →'45 DRw/DB (SWDE)	+14.03.57
Karl 1923/ 2264	Bad. St.-Eb. 1194 (VIb)	→'25 **DRB 75 282** →'45 DRw/DB (SWDE)	+14.03.57
Karl 1923/ 2265	Bad. St.-Eb. 1195 (VIb)	→'25 **DRB 75 283** →'45 DRw/DB (SWDE)	+10.08.57
Karl 1923/ 2266	Bad. St.-Eb. 1196 (VIb)	→'25 **DRB 75 284** →'45 DRw/DB	+14.03.57
Karl 1923/ 2267	Bad. St.-Eb. 1197 (VIb)	→'25 **DRB 75 285** →'45 DRw/DB	+14.03.57
Karl 1923/ 2268	Bad. St.-Eb. 1198 (VIb)	→'25 **DRB 75 286** →'45 DRw/DB (SWDE)	+14.03.57
Karl 1923/ 2269	Bad. St.-Eb. 1199 (VIb)	→'25 **DRB 75 287** →'45 DRw/DB (SWDE)	+18.04.56
Karl 1923/ 2270	Bad. St.-Eb. 1200 (VIb)	→'25 **DRB 75 288** →'45 DRw/DB	+10.08.57
Karl 1923/ 2271	Bad. St.-Eb. 1201 (VIb)	→'25 **DRB 75 289** →'45 DRw/DB	+14.03.57
Karl 1923/ 2272	Bad. St.-Eb. 1202 (VIb)	→'25 **DRB 75 290** →'45 DRw/DB (SWDE)	+19.01.61
Karl 1923/ 2273	Bad. St.-Eb. 1203 (VIb)	→'25 **DRB 75 291** →'45 DRw/DB	+10.08.57
Karl 1923/ 2274	Bad. St.-Eb. 1204 (VIb)	→'25 **DRB 75 292** →'45 DRw/DB	+10.08.57
Karl 1923/ 2275	Bad. St.-Eb. 1205 (VIb)	→'25 **DRB 75 293** →'45 DRw/DB	+14.03.57
Karl 1923/ 2276	Bad. St.-Eb. 1206 (VIb)	→'25 **DRB 75 294** →'45 DRw/DB	+15.11.57
Karl 1923/ 2277	Bad. St.-Eb. 1207 (VIb)	→'25 **DRB 75 295** →'45 DRw/DB	+15.11.57
Karl 1923/ 2278	Bad. St.-Eb. 1208 (VIb)	→'25 **DRB 75 296**	+39
Karl 1923/ 2279	Bad. St.-Eb. 1209 (VIb)	→'25 **DRB 75 297** →'45 DRw/DB (SWDE)	+10.08.57
Karl 1923/ 2280	Bad. St.-Eb. 1210 (VIb)	→'25 **DRB 75 298** →'45 DRw/DB (SWDE)	+14.03.57
Karl 1923/ 2281	Bad. St.-Eb. 1211 (VIb)	→'25 **DRB 75 299** →'45 DRw/DB (SWDE)	+02.05.62
Karl 1923/ 2282	Bad. St.-Eb. 1212 (VIb)	→'25 **DRB 75 300** →'45 DRw/DB (SWDE)	+15.05.59
Karl 1923/ 2283	Bad. St.-Eb. 1213 (VIb)	→'25 **DRB 75 301** →'45 DRw/DB	+14.03.57
Karl 1923/ 2284	Bad. St.-Eb. 1214 (VIb)	→'25 **DRB 75 302** →'45 DRw/DB (SWDE)	+15.11.57

1'C 1' h2t DRB 75⁴ (ex Grh. Bad. St.-Eb. VIc)

	75 401-441	75 451-494
Treibraddurchmesser (mm):	1 600	1 600
Achsstand (mm):	8 900	8 900
Länge über Puffer (mm):	12 700	12 700
Dienstgewicht (t):	76,2	79,5
Achslast (maximal) (t):	16,4	17,0
Höchstgeschwindigkeit (km/h):	90	90
Zylinderdurchmesser (mm):	540	540
Kolbenhub (mm):	640	640
Rostfläche (m²):	2,06	2,06
Verdampfungsheizfläche (m²):	103,52	103,52
Überhitzerheizfläche (m²):	40,75	40,75
Kesselüberdruck (atm):	12,0	12,0
Leistung (PSi):	740	790

Die Großherzoglich Badischen Staatseisenbahnen waren zwar die erste deutsche Staatsbahn, die mit der Gattung VIb (siehe Baureihe 75^{1-3}) Personenzug-Tenderlokomotiven mit der Achsfolge 1C1 beschafft hatte, doch dies waren „nur" Nassdampf-Lokomotiven gewesen. Die Nachbarn im Königreich Württemberg hatten im Jahr 1910 dagegen ihre ersten 1C1-Tenderloks (Gattung T5; siehe Baureihe 75^{0}) gleich als Heißdampflokomotiven geordert. Dass die badische VIb in eine Heißdampflokomotive weiter entwickelt werden sollte, war auch angesichts des allgemeinen Siegeszuges der Heißdampflokomotiven nur konsequent. Die als Gattung VIc in Auftrag gegebene neue Bauart sollte außerdem über eine größere Höchstgeschwindigkeit verfügen, und auch das Dienstgewicht durfte kräftig wachsen, um die gewünschte Leistung auf die Schienen bringen zu können. Entwickelt worden war die neue Bauart 1913 von der Maschinenbaugesellschaft Karlsruhe, welche auch fast alle Maschinen an die Staatsbahn lieferte – nur insgesamt 23 VIc des Baujahres 1917 wurden aufgrund der starken Auslastung des heimischen Herstellers an die Lokomotivfabrik Jung vergeben. Gefertigt wurden insgesamt sieben Serien für die Badischen Staatseisenbahnen; zwei weitere Serien wurden 1920/21 von der jungen Reichsbahn noch nachbestellt:

Gattung	Stückzahl	Baujahr	DRB-Nummer
VIc^{1}	10	1913/14	75 401-409
VIc^{2}	20	1915/16	75 411-430
VIc^{3}	14	1916/17	75 431-441
VIc^{4}	15	1917	75 451-464
VIc^{5}	10	1917	75 471-473
VIc^{6}	10	1917	75 481-483
VIc^{7}	13	1918	75 491-494
VIc^{8}	23	1920	75 1001-1023
VIc^{9}	20	1921	75 1101-1120

Die Lokomotiven der beiden Nachbauserien hatten angeblich ein etwas höheres Dienstgewicht als ihre zuvor gebauten Schwestern – dies soll der Grund gewesen sein, warum sie eine eigene Nummernreihe erhalten haben (siehe auch bei der Baureihe 75^{10-11}).
Nach dem Ersten Weltkrieg wurden 28 VIc als Armistice-Lokomotiven an Frankreich und Belgien abgegeben: Die 15 französischen Maschinen kamen zur staatlichen ÉTAT (32-901 – 915), während die 13 belgischen 1923 an die Luxemburgische Prinz-Heinrich-Eisenbahn verkauft wurden (PH 251-263; siehe auch bei DRB 75 1121-1133).
Bei der Reichsbahn sollen die VIc recht beliebt gewesen sein – insbesondere da sie leistungsfähiger als die Einheitsloks der Baureihe 64 waren und zudem auch noch über größere Vorräte verfügten. So wundert es nicht, dass zahlreiche VIc auch in andere Direktionen umbeheimatet wurde – so z.B. an die RBD Berlin für den Verkehr auf der Berliner S-Bahn.
Während des Zweiten Weltkrieges wurde eine 75^{4} aufgrund „schwerer Unfallschäden" ausgemustert und fünf gingen verloren: Vier waren nach Frankreich und eine in die Sowjetunion gelangt. Die meisten VIc verblieben bei der DB – sowie die in Mitteldeutschland eingesetzten bei der DR. Letztere hatte für drei Maschinen sogar noch UIC-Betriebsnummern vorgesehen, doch aufgrund der Ausmusterung 1969 kam es nicht mehr zur Umzeichnung. Bei der DB wurde die letzten 75^{4} im Jahr 1965 ausgemustert.

Literatur:

RÜHMANN, J.; WENZEL, HANSJÜRGEN: Die badischen Lok VIb und VIc. EK 34 S. 5-11, EK 35 S. 53-62, EK 36 S. 105-111

WILLHAUS, WERNER: Die badische VIc - Baureihe $75^{4,10-11}$. EK 7/2005 S. 68-74

WILLHAUS, WERNER: Die Baureihe $75^{4,10-11}$. Freiburg, 2015

Die erstgebaute badische IVc – spätere 75 401 – wurde am 14. April 1962 von Joachim Claus in Freiburg fotografiert.

Im lothringischen Réding fotografierte L. Hermann am 18. September 1951 die nach dem Zweiten Weltkrieg in Frankreich verbliebene 75 402, die zumindest offiziell die SNCF-Betriebsnummer „131-TX-402" trug, an der Maschine jedoch nie angeschrieben war.

Mit einem aus Abteilwagen bestehendem Personenzug war die DR 75 411 am 22. Juni 1968 bei Mittelherwigsdorf unterwegs. Foto: Alfred Luft

Bis zu ihrer z-Stellung am 13. Oktober 1967 tat die 75 415 bei der Deutschen Reichsbahn der DDR Dienst – ein Jahr zuvor war sie noch von Walter Herschmann im Bahnbetriebswerk Bautzen angetroffen worden.

Aus dem Jahr 1928 stammt diese Aufnahme der 75 431, die von Werner Hubert angefertigt worden war. Die zum Aufnahmezeitpunkt bereits zum Bw Schwerin gehörende Maschine verblieb dort auch nach 1945 und somit in der DDR.

Karl 1914/ 1883	Grh. Bad. St.-Eb. 900 (VIc) →'25 **DRB 75 401** →'45 DRw/DB (SWDE)	+30.10.64
Karl 1914/ 1884	Grh. Bad. St.-Eb. 901 (VIc) →'25 **DRB 75 402** →'45 SNCF 1-131-TX-402	+25.09.52
Karl 1914/ 1885	Grh. Bad. St.-Eb. 902 (VIc) →'25 **DRB 75 403** →'45 DRw/DB (SWDE)	+20.07.59
Karl 1914/ 1886	Grh. Bad. St.-Eb. 903 (VIc) →'25 **DRB 75 404** →'45 SNCF 1-131-TX-404	+25.09.52
Karl 1914/ 1887	Grh. Bad. St.-Eb. 904 (VIc) →'25 **DRB 75 405** →'45 DRw/DB (SWDE)	+10.09.59
Karl 1914/ 1888	Grh. Bad. St.-Eb. 905 (VIc) →'25 **DRB 75 406** →'45 DRw/DB (SWDE) +23.04.63 →30.04.63 verk. Bahngesellschaft Waldhof Nr. 5 (fraglich)	+
Karl 1914/ 1889	Grh. Bad. St.-Eb. 906 (VIc) →'25 **DRB 75 407** →'45 DRw/DB (SWDE)	+30.10.64
Karl 1914/ 1890	Grh. Bad. St.-Eb. 907 (VIc) →'25 **DRB 75 408** →'45 DRw/DB (SWDE)	+30.04.63
Karl 1914/ 1891	Grh. Bad. St.-Eb. 908 (VIc) →'25 **DRB 75 409** →'45 DRw/DB	+30.04.63
Karl 1915/ 1941	Grh. Bad. St.-Eb. 875 (VIc) →'25 **DRB 75 411** →'45 DRo/DR →'70 DR [75 1411-0]	+26.09.69
Karl 1915/ 1942	Grh. Bad. St.-Eb. 876 (VIc) →'25 **DRB 75 412** →'45 DRw/DB (SWDE)	+21.10.60
Karl 1915/ 1943	Grh. Bad. St.-Eb. 877 (VIc) →'25 **DRB 75 413** →'45 DRw/DB (SWDE)	+21.10.60
Karl 1915/ 1944	Grh. Bad. St.-Eb. 878 (VIc) →'25 **DRB 75 414** →'45 DRo/DR	+01.12.53
Karl 1915/ 1945	Grh. Bad. St.-Eb. 879 (VIc) →'25 **DRB 75 415** →'45 DRo/DR	+05.12.67
Karl 1915/ 1946	Grh. Bad. St.-Eb. 880 (VIc) →'25 **DRB 75 416** →'45 DRw/DB (SWDE)	+30.04.63
Karl 1915/ 1947	Grh. Bad. St.-Eb. 881 (VIc) →'25 **DRB 75 417** →'45 DRw/DB (SWDE)	+28.07.64
Karl 1915/ 1948	Grh. Bad. St.-Eb. 882 (VIc) →'25 **DRB 75 418** →'45 DRo +08.47 →09.02.48 DRo/DR (wiD)	+17.10.55
Karl 1915/ 1949	Grh. Bad. St.-Eb. 883 (VIc) →'25 **DRB 75 419** →'45 DRw/DB (SWDE)	+02.05.62
Karl 1915/ 1950	Grh. Bad. St.-Eb. 884 (VIc) →'25 **DRB 75 420** →'45 DRw/DB (SWDE)	+09.01.62
Karl 1915/ 1951	Grh. Bad. St.-Eb. 885 (VIc) →'25 **DRB 75 421** →'45 DRw/DB (SWDE)	+21.10.60
Karl 1915/ 1952	Grh. Bad. St.-Eb. 886 (VIc) →'25 **DRB 75 422** →'45 DRw/DB (SWDE)	+30.10.64
Karl 1915/ 1953	Grh. Bad. St.-Eb. 887 (VIc) →'25 **DRB 75 423** →'45 DRw/DB (SWDE)	+21.10.60
Karl 1915/ 1954	Grh. Bad. St.-Eb. 888 (VIc) →'25 **DRB 75 424** →'45 DRw/DB (SWDE)	+11.01.60
Karl 1915/ 1955	Grh. Bad. St.-Eb. 889 (VIc) →'25 **DRB 75 425** →'45 DRo/DR	+05.06.61
Karl 1916/ 1956	Grh. Bad. St.-Eb. 890 (VIc) →'25 **DRB 75 426** →'45 DRo/DR	+25.01.51
Karl 1916/ 1957	Grh. Bad. St.-Eb. 891 (VIc) →'25 **DRB 75 427**	+15.11.44
Karl 1916/ 1958	Grh. Bad. St.-Eb. 892 (VIc) →'25 **DRB 75 428** →'45 DRo/DR	+25.01.51
Karl 1916/ 1959	Grh. Bad. St.-Eb. 893 (VIc) →'25 **DRB 75 429** →'45 DRw/DB (SWDE)	+04.05.64
Karl 1916/ 1960	Grh. Bad. St.-Eb. 894 (VIc) →'25 **DRB 75 430** →'45 DRw	+10.05.46
Karl 1916/ 1976	Grh. Bad. St.-Eb. 910 (VIc) →'25 **DRB 75 431** →'45 DRo/DR →'70 DR (75 1431-8)	+14.08.69
Karl 1916/ 1977	Grh. Bad. St.-Eb. 911 (VIc) →'25 **DRB 75 432** →'45 DRw/DB	+28.07.64
Karl 1917/ 1979	Grh. Bad. St.-Eb. 913 (VIc) →'25 **DRB 75 433** →'45 MPS ('47 CCCP-WL)	+
Karl 1917/ 1980	Grh. Bad. St.-Eb. 914 (VIc) →'25 **DRB 75 434** →'45 DRw/DB (SWDE)	+28.07.64

Nur wenige Wochen vor ihrer Ausmusterung „erwischte" Karl-Friedrich Seitz die DB 75 435 im Juni 1965 in Radolfzell.

Karl 1917/ 1981	Grh. Bad. St.-Eb. 915 (VIc) →'25 **DRB 75 435** →'45 DRw/DB (SWDE)	+01.09.65
Karl 1917/ 1983	Grh. Bad. St.-Eb. 917 (VIc) →'25 **DRB 75 436** →'45 DRw/DB (SWDE)	+01.11.62
Karl 1917/ 1984	Grh. Bad. St.-Eb. 918 (VIc) →'25 **DRB 75 437** →'45 DRw/DB (SWDE)	+30.09.60
Karl 1917/ 1985	Grh. Bad. St.-Eb. 919 (VIc) →'25 **DRB 75 438** →'45 DRw/DB (SWDE)	+29.07.61
Karl 1917/ 1987	Grh. Bad. St.-Eb. 921 (VIc) →'25 **DRB 75 439** →'45 DRw/DB (SWDE)	+30.09.60
Karl 1917/ 1988	Grh. Bad. St.-Eb. 922 (VIc) →'25 **DRB 75 440** →'45 DRo/DR →'70 DR (75 1440-9)	+14.08.69
Karl 1917/ 1989	Grh. Bad. St.-Eb. 923 (VIc) →'25 **DRB 75 441** →'45 DRw/DB (SWDE)	+30.10.64
Karl 1917/ 1991	Grh. Bad. St.-Eb. 924 (VIc) →'25 **DRB 75 451** →'45 DRw/DB (SWDE)	+07.07.59
Karl 1917/ 1992	Grh. Bad. St.-Eb. 925 (VIc) →'25 **DRB 75 452** →'45 DRw/DB (SWDE)	+30.10.64
Karl 1917/ 1993	Grh. Bad. St.-Eb. 926 (VIc) →'25 **DRB 75 453** →'45 DRw/DB (SWDE)	+20.02.59
Karl 1917/ 1994	Grh. Bad. St.-Eb. 927 (VIc) →'25 **DRB 75 454** →'45 DRo/DR	+16.01.68
Karl 1917/ 1995	Grh. Bad. St.-Eb. 928 (VIc) →'25 **DRB 75 455** →'45 DRo	+28.08.47
Karl 1917/ 1996	Grh. Bad. St.-Eb. 929 (VIc) →'25 **DRB 75 456** →'45 DRw/DB (SWDE)	+07.01.59
Karl 1917/ 1997	Grh. Bad. St.-Eb. 930 (VIc) →'25 **DRB 75 457** →'45 DRo/DR	+04.10.55
Karl 1917/ 1998	Grh. Bad. St.-Eb. 931 (VIc) →'25 **DRB 75 458** →'45 DRw/DB (SWDE)	+27.10.59
Karl 1917/ 1999	Grh. Bad. St.-Eb. 932 (VIc) →'25 **DRB 75 459** →'45 DRo/DR	+22.10.68
Karl 1917/ 2000	Grh. Bad. St.-Eb. 933 (VIc) →'25 **DRB 75 460** →'45 SNCF 1-131-TX-460	+25.09.52
Karl 1917/ 2001	Grh. Bad. St.-Eb. 934 (VIc) →'25 **DRB 75 461** →'45 DRo/DR [13)]	+09.08.62
Karl 1917/ 2003	Grh. Bad. St.-Eb. 936 (VIc) →'25 **DRB 75 462** →'45 DRw/DB (SWDE)	+21.10.60
Karl 1917/ 2004	Grh. Bad. St.-Eb. 937 (VIc) →'25 **DRB 75 463** →'45 DRw/DB (SWDE)	+20.02.59
Karl 1917/ 2005	Grh. Bad. St.-Eb. 938 (VIc) →'25 **DRB 75 464** →'45 DRo/DR	+27.11.53
Jung 1917/ 2523	Grh. Bad. St.-Eb. 940 (VIc) →'25 **DRB 75 471** →'45 DRw/DB (SWDE)	+01.09.65
Jung 1917/ 2529	Grh. Bad. St.-Eb. 946 (VIc) →'25 **DRB 75 472** →'45 DRw/DB (SWDE)	+30.10.64
Jung 1917/ 2530	Grh. Bad. St.-Eb. 947 (VIc) →'25 **DRB 75 473** →'45 DRw/DB (SWDE)	+29.07.61
Karl 1917/ 2009	Grh. Bad. St.-Eb. 952 (VIc) →'25 **DRB 75 481** →'45 DRw/DB (SWDE)	+24.01.64
Karl 1918/ 2013	Grh. Bad. St.-Eb. 956 (VIc) →'25 **DRB 75 482** →'45 DRw/DB (SWDE)	+03.05.65
Karl 1918/ 2015	Grh. Bad. St.-Eb. 958 (VIc) →'25 **DRB 75 483** →'45 DRw/DB (SWDE)	+01.02.63
Jung 1918/ 2751	Grh. Bad. St.-Eb. 960 (VIc) →'25 **DRB 75 491** →'45 MPS	+08.51
Jung 1918/ 2758	Grh. Bad. St.-Eb. 967 (VIc) →'25 **DRB 75 492** →'45 DRw/DB (SWDE)	+28.07.64
Jung 1918/ 2759	Grh. Bad. St.-Eb. 968 (VIc) →'25 **DRB 75 493** →'45 SNCF (1-131-TX-493)	+25.09.52
Jung 1918/ 2761	Grh. Bad. St.-Eb. 970 (VIc) →'25 **DRB 75 494** →'45 DRw/DB (SWDE)	+24.01.64

13) Eine 75 461 wurde 1947 auch beim MPS nachgewiesen.

1'C 1' h2t **DRB 75^5** (ex K. Sächs. Sts. E. B. XIV HT)

	75 501-505	75 506-550, 589-591	75 551-588
Treibraddurchmesser (mm):	1 590	1 590	1590
Achsstand (mm):	8 700	8 700	8700
Länge über Puffer (mm):	12 415	12 415	12415
Dienstgewicht (t):	79,4	76,7	82,2
Achslast (maximal) (t):	16,6	16,0	16,5
Höchstgeschwindigkeit (km/h):	75	75	75
Zylinderdurchmesser (mm):	550	550	550
Kolbenhub (mm):	600	600	600
Rostfläche (m²):	2,3	2,3	2,3
Verdampfungsheizfläche (m²):	123,92	123,92	123,92
Überhitzerheizfläche (m²):	35,1	35,1	35,1
Kesselüberdruck (atm):	12,0	12,0	12,0
Leistung (PSi):	890	990	990

Als die 1B1-Lokomotiven der sächsischen Gattung IV T (siehe Baureihe 71^3) für den schweren Personen- und Berufsverkehr in den Ballungsgebieten nicht mehr leistungsfähig genug waren, ging man bei den Königlich Sächsischen Staatseisenbahnen auf die 1C1-Bauart über: Im Jahr 1911 wurden von der sächsischen Lokomotivfabrik Hartmann in Chemnitz die ersten Maschinen der Gattung XIV HT an ihre Bestellerin abgeliefert. Bis 1921 wurden insgesamt 106 Lokomotiven gebaut – während die ersten noch über Caledonian-Schornstein, eine spitze Rauchkammertür und gerade durchlaufende Wasserkästen verfügten, ging man bei späteren Serien auf vorne abgeschrägte Wasserkästen über und wählte bei Schornstein und Rauchkammertür die Regelausführung.

Während des Ersten Weltkrieges waren zahlreiche XI HT an die Heeresbahnen vermietet – von diesen blieben bei Kriegsende elf in Polen stehen. Von den neu gegründeten Polnischen Staatsbahnen wurden diese Maschinen als OKl 101-1 bis 11 übernommen (siehe auch bei 75 506-510, 589-590). Weitere XIV HT – überwiegend aus den jüngsten Lieferungen – mussten in Rahmen des Waffenstillstandsabkommens an die Entente abgegeben werden: So gelangten acht Maschinen zur französischen ÉTAT (32-916 bis 32-923; siehe auch DR 75 591) und vier an die Belgischen Staatsbahnen.

Die verbliebenen 93 Maschinen reihte die Deutsche Reichsbahn 1925 als Baureihe 75^5 ein – dabei wurden die fünf Lokomotiven mit Kleinrohrüberhitzer als 75 501-505, alle übrigen (mit regulärem Überhitzer) als 75 511-588 bezeichnet. Während ihrer Dienstzeit änderte sich das äußere Erscheinungsbild der Lokomotiven noch drastisch: Insbesondere durch die Nachrüstung eines Knorr-Vorwärmers neben dem Schornstein – die letzten Maschinen waren allerdings schon in dieser Ausführung geliefert worden – wirkten sie deutlich weniger elegant als die ersten XIV HT. Mit Ausnahme einer Lokomotive, die nach dem Zweiten Weltkrieg in der Tschechoslowakei verblieben war (ČSD 355.1500), kamen alle anderen in den Bestand der Deutschen Reichsbahn der DDR. Ausgemustert wurden die Lokomotiven bis 1970 – die für die Maschinen vorgesehen UIC-Betriebsnummern wurden nicht mehr angebracht, nur für 75 515 alias 75 1515-8 ist nachgewiesen, dass sie kurzzeitig noch die neue Nummer getragen hat. Erhalten geblieben sind zwei 75^5 – eine beim Deutschen Dampflokmuseum in Neuenmarkt-Wirsberg und eine beim Sächsischen Eisenbahnmuseum in Chemnitz-Hilbersdorf.

Literatur:

Horstmann, Heinrich: Die sächsische XIV HT – Baureihe 75^5. EK 9/2005 S. 50-56

Lauber, Wolfgang: Die Baureihe 75^5 (Sächs. StB. XIV HT). EK 2/1976 S. 65-71

Melcher, Peter: Wie die 75 501 ins Museum kam. LRS 205, S. 67-71

Schlegel, Dietmar; Horstmann, Heinrich: Die Baureihe 75^5. Freiburg, 2016

Hart 1916/ 3836	K. Sächs. Sts. E. B. 1851 (XIV HT) →'25 **DRB 75 501** →'45 DRo/DR →30.12.77 Deutsches Dampflokmuseum Neuenmarkt-Wirsberg (DDM) →02.02 Eisenbahnmuseum Schwarzenberg /L (bis 07.14)	('24 vorh.)
Hart 1916/ 3837	K. Sächs. Sts. E. B. 1852 (XIV HT) →'25 **DRB 75 502** →'45 DRo/DR	+19.01.66
Hart 1916/ 3838	K. Sächs. Sts. E. B. 1853 (XIV HT) →'25 **DRB 75 503** →'45 DRo/DR	+29.02.68
Hart 1916/ 3839	K. Sächs. Sts. E. B. 1854 (XIV HT) →'25 **DRB 75 504** →'45 DRo/DR	+27.11.53
Hart 1916/ 3840	K. Sächs. Sts. E. B. 1855 (XIV HT) →'25 **DRB 75 505** →'45 DRo/DR	+12.06.68
Hart 1911/ 3472	K. Sächs. Sts. E. B. 1343 (XIV HT) →'12 K. Sächs. Sts. E. B. 1801 →'25 **DRB 75 511** →'45 DRo	+11.46
Hart 1911/ 3474	K. Sächs. Sts. E. B. 1345 (XIV HT) →'12 K. Sächs. Sts. E. B. 1803 →'25 **DRB 75 512** →'45 DRo/DR	+27.11.53
Hart 1911/ 3475	K. Sächs. Sts. E. B. 1346 (XIV HT) →'12 K. Sächs. Sts. E. B. 1804 →'25 **DRB 75 513** →'45 DRo/DR	+18.05.67
Hart 1911/ 3476	K. Sächs. Sts. E. B. 1347 (XIV HT) →'12 K. Sächs. Sts. E. B. 1805 →'25 **DRB 75 514** →'45 DRo/DR	+12.12.63

Die 75 504 in einer Standardaufnahme von Werner Hubert. Der Abzug des Bildes stammte nach dem Stempel auf der Rückseite bereits aus der Zeit, als das Deutsches Lokomotivbild-Archiv zur RVM-Filmstelle in Berlin gehörte.

Wie auch bei 75 435 (siehe die Aufnahme zuvor) traf Karl-Friedrich Seitz die 75 561 nur wenige Wochen vor ihrer Ausmusterung an: Fotografiert am 7. September 1967 im Bw Karl-Marx-Stadt Hilbersdorf, wurde die Maschine am 16. November des gleichen Jahres z-gestellt und am 15. Dezember ausgemustert.

Hart 1911/ 3477	K. Sächs. Sts. E. B. 1348 (XIV HT) →'12 K. Sächs. Sts. E. B. 1806 →'25 **DRB 75 515** →'45 DRo/DR →'70 DR 75 1515-8 +20.09.71 →'71 Verkehrsmuseum Dresden ('80 aufgestellt als Denkmal Karl-Marx-Stadt Hbf.; 14.06.83 Unfall; 1989 wieder aufgearbeitet) →'89 Verein Sächsisches Eisenbahnmuseum (SEM), Chemnitz-Hilbersdorf e.V. /L	('25 vorh.)
Hart 1911/ 3478	K. Sächs. Sts. E. B. 1349 (XIV HT) →'12 K. Sächs. Sts. E. B. 1807 →'25 **DRB 75 516** →'45 DRo/DR →'70 DR (75 1516-6)	+14.08.69
Hart 1912/ 3579	K. Sächs. Sts. E. B. 1809 (XIV HT) →'25 **DRB 75 517** →'45 DRo/DR	+02.51
Hart 1912/ 3580	K. Sächs. Sts. E. B. 1810 (XIV HT) →'25 **DRB 75 518** →'45 DRo/DR +14.06.67 →21.06.65 verk. HL Gummiwerk Zeulenroda	++26.10.67
Hart 1912/ 3582	K. Sächs. Sts. E. B. 1812 (XIV HT) →'25 **DRB 75 519** →'45 DRo/DR	+13.12.63
Hart 1912/ 3584	K. Sächs. Sts. E. B. 1814 (XIV HT) →'25 **DRB 75 520** →'45 DRo/DR →'70 DR (75 1520-8)	+18.04.69
Hart 1912/ 3585	K. Sächs. Sts. E. B. 1815 (XIV HT) →'25 **DRB 75 521** →'45 DRo/DR	+05.12.68
Hart 1912/ 3617	K. Sächs. Sts. E. B. 1816 (XIV HT) →'25 **DRB 75 522** →'45 DRo/DR	+14.06.67
Hart 1912/ 3618	K. Sächs. Sts. E. B. 1817 (XIV HT) →'25 **DRB 75 523** →'45 DRo/DR	+29.02.68
Hart 1912/ 3619	K. Sächs. Sts. E. B. 1818 (XIV HT) →'25 **DRB 75 524** →'45 DRo/DR →'70 DR (75 1524-0)	+14.08.69
Hart 1912/ 3620	K. Sächs. Sts. E. B. 1819 (XIV HT) →'25 **DRB 75 525** →'45 DRo/DR	+01.51

Leider unbekannt ist der Bildautor dieser schönen Aufnahme der 75 567 – entstanden vermutlich um 1930 im Bw Leipzig Süd.

Hart 1912/ 3621	K. Sächs. Sts. E. B. 1820 (XIV HT) →'25 **DRB 75 526** →'45 DRo/DR	+18.01.67
Hart 1912/ 3622	K. Sächs. Sts. E. B. 1821 (XIV HT) →'25 **DRB 75 527** →'45 DRo/DR	+05.12.68
Hart 1912/ 3624	K. Sächs. Sts. E. B. 1823 (XIV HT) →'25 **DRB 75 528** →'45 DRo/DR	+23.05.67 und +05.07.67
Hart 1912/ 3625	K. Sächs. Sts. E. B. 1824 (XIV HT) →'25 **DRB 75 529** →'45 DRo/DR	+06.51
Hart 1912/ 3626	K. Sächs. Sts. E. B. 1825 (XIV HT) →'25 **DRB 75 530** →'45 DRo/DR	+25.06.68
Hart 1912/ 3627	K. Sächs. Sts. E. B. 1826 (XIV HT) →'25 **DRB 75 531** →'45 DRo/DR	+18.05.67
Hart 1912/ 3628	K. Sächs. Sts. E. B. 1827 (XIV HT) →'25 **DRB 75 532** →'45 DRo/DR +27.11.53 →07.02.59 wiD. (mit Rahmen von 75 567)	+05.04.65
Hart 1913/ 3629	K. Sächs. Sts. E. B. 1828 (XIV HT) →'25 **DRB 75 533** →'45 DRo/DR	+01.07.67
Hart 1913/ 3630	K. Sächs. Sts. E. B. 1829 (XIV HT) →'25 **DRB 75 534** →'45 DRo/DR →'70 DR (75 1534-9)	+18.04.69
Hart 1913/ 3631	K. Sächs. Sts. E. B. 1830 (XIV HT) →'25 **DRB 75 535** →'45 DRo/DR →'70 DR (75 1535-6)	+13.06.69
Hart 1913/ 3632	K. Sächs. Sts. E. B. 1831 (XIV HT) →'25 **DRB 75 536** →'45 DRo/DR	+30.01.68
Hart 1913/ 3633	K. Sächs. Sts. E. B. 1832 (XIV HT) →'25 **DRB 75 537** →'45 DRo/DR	+14.01.66
Hart 1913/ 3634	K. Sächs. Sts. E. B. 1833 (XIV HT) →'25 **DRB 75 538** →'45 DRo/DR	+01.07.67
Hart 1913/ 3635	K. Sächs. Sts. E. B. 1834 (XIV HT) →'25 **DRB 75 539** →'45 DRo/DR	+21.02.69
Hart 1913/ 3636	K. Sächs. Sts. E. B. 1835 (XIV HT) →'25 **DRB 75 540** →'45 DRo/DR	+12.01.66
Hart 1913/ 3637	K. Sächs. Sts. E. B. 1836 (XIV HT) →'25 **DRB 75 541** →'45 DRo/DR	+14.06.67
Hart 1913/ 3638	K. Sächs. Sts. E. B. 1837 (XIV HT) →'25 **DRB 75 542** →'45 DRo/DR	+11.06.60
Hart 1913/ 3639	K. Sächs. Sts. E. B. 1838 (XIV HT) →'25 **DRB 75 543** →'45 DRo/DR	+16.04.68
Hart 1913/ 3641	K. Sächs. Sts. E. B. 1840 (XIV HT) →'25 **DRB 75 544** →'45 DRo/DR	+02.01.68
Hart 1915/ 3829	K. Sächs. Sts. E. B. 1844 (XIV HT) →'25 **DRB 75 545** →'45 ČSD 355.1500	+25.10.50
Hart 1915/ 3830	K. Sächs. Sts. E. B. 1845 (XIV HT) →'25 **DRB 75 546** →'45 DRo/DR	+13.11.68
Hart 1915/ 3831	K. Sächs. Sts. E. B. 1846 (XIV HT) →'25 **DRB 75 547** →'45 DRo/DR	+18.05.67
Hart 1915/ 3832	K. Sächs. Sts. E. B. 1847 (XIV HT) →'25 **DRB 75 548** →'45 DRo/DR →30.10.68 verk. HL VEB Technische Gebäudeausrüstung Gera	++
Hart 1915/ 3833	K. Sächs. Sts. E. B. 1848 (XIV HT) →'25 **DRB 75 549** →'45 DRo/DR →'70 DR (75 1549-7)	+13.06.69
Hart 1915/ 3834	K. Sächs. Sts. E. B. 1849 (XIV HT) →'25 **DRB 75 550** →'45 DRo/DR →'70 DR [75 1550-5]	+12.11.70
Hart 1917/ 3925	K. Sächs. Sts. E. B. 1856 (XIV HT) →'25 **DRB 75 551** →'45 DRo/DR	+30.05.68
Hart 1917/ 3926	K. Sächs. Sts. E. B. 1857 (XIV HT) →'25 **DRB 75 552** →'45 DRo/DR	+14.05.68
Hart 1917/ 3927	K. Sächs. Sts. E. B. 1858 (XIV HT) →'25 **DRB 75 553** →'45 DRo/DR →'70 DR (75 1553-9)	+13.06.69
Hart 1917/ 3928	K. Sächs. Sts. E. B. 1859 (XIV HT) →'25 **DRB 75 554** →'45 DRo/DR	+13.12.63
Hart 1917/ 3929	K. Sächs. Sts. E. B. 1860 (XIV HT) →'25 **DRB 75 555** →'45 DRo/DR →'70 DR (75 1555-4)	+13.06.69
Hart 1917/ 3930	K. Sächs. Sts. E. B. 1861 (XIV HT) →'25 **DRB 75 556** →'45 DRo/DR	+16.04.68
Hart 1917/ 3931	K. Sächs. Sts. E. B. 1862 (XIV HT) →'25 **DRB 75 557** →'45 DRo/DR	+14.06.67

Ebenfalls im Raum Leipzig hielt am 31. August 1968 Karl-Friedrich Seitz die DR 75 570 fotografisch fest – die z-Stellung der Maschine erfolgte zwei Monate später am 26. Oktober 1968.

Für die 75 574, hier aufgenommen am 7. September 1967 in Grossbothen, war sogar noch die neue UIC-Nummer 75 1574-5 vorgesehen gewesen, doch da die Maschine vier Monate vor dem Inkrafttreten des neuen Nummernplans ausgemustert wurde, kam es nicht mehr zu einer Umzeichnung. *Foto: Karl-Friedrich Seitz*

Hart 1917/ 3932	K. Sächs. Sts. E. B. 1863 (XIV HT) →'25 **DRB 75 558** →'45 DRo/DR	+19.04.67
Hart 1917/ 3934	K. Sächs. Sts. E. B. 1865 (XIV HT) →'25 **DRB 75 559** →'45 DRo/DR	+29.02.68
Hart 1917/ 3935	K. Sächs. Sts. E. B. 1866 (XIV HT) →'25 **DRB 75 560** →'45 DRo/DR →'70 DR (75 1560-4) +13.06.69 →15.07.69 verk. HL Küchenmöbelwerk Eppendorf (Bezirk Karl-Marx-Stadt)	+
Hart 1917/ 3936	K. Sächs. Sts. E. B. 1867 (XIV HT) →'25 **DRB 75 561** →'45 DRo/DR	+15.12.67
Hart 1917/ 3938	K. Sächs. Sts. E. B. 1869 (XIV HT) →'25 **DRB 75 562** →'45 DRo/DR →'70 DR (75 1562-0)	+21.02.69
Hart 1917/ 3939	K. Sächs. Sts. E. B. 1870 (XIV HT) →'25 **DRB 75 563** →'45 DRo/DR →'70 DR (75 1563-8)	+13.06.69
Hart 1917/ 3940	K. Sächs. Sts. E. B. 1871 (XIV HT) →'25 **DRB 75 564** →'45 DRo/DR	+19.09.55
Hart 1917/ 3942	K. Sächs. Sts. E. B. 1873 (XIV HT) →'25 **DRB 75 565** →'45 DRo/DR	+23.05.67
Hart 1917/ 3944	K. Sächs. Sts. E. B. 1875 (XIV HT) →'25 **DRB 75 566** →'45 DRo/DR	+02.01.68 und +16.02.68
Hart 1917/ 3796	K. Sächs. Sts. E. B. 1877 (XIV HT) →'25 **DRB 75 567** →'45 DRo/DR	+06.02.59
Hart 1917/ 3799	K. Sächs. Sts. E. B. 1880 (XIV HT) →'25 **DRB 75 568** →'45 DRo/DR	+23.05.67
Hart 1917/ 3800	K. Sächs. Sts. E. B. 1881 (XIV HT) →'25 **DRB 75 569** →'45 DRo/DR +18.05.67 →09.03.67 verk. HL Betonwerk Karl-Marx-Stadt-Glösa	++09.79
Hart 1917/ 3801	K. Sächs. Sts. E. B. 1882 (XIV HT) →'25 **DRB 75 570** →'45 DRo/DR	+05.12.68
Hart 1917/ 3803	K. Sächs. Sts. E. B. 1884 (XIV HT) →'25 **DRB 75 571** →'45 DRo/DR	+07.08.67
Hart 1917/ 3982	K. Sächs. Sts. E. B. 1885 (XIV HT) →'25 **DRB 75 572** →'45 DRo/DR	+15.12.67
Hart 1917/ 4047	K. Sächs. Sts. E. B. 1888 (XIV HT) →'25 **DRB 75 573** →'45 DRo/DR →'70 DR (75 1573-7)	+24.02.70
Hart 1917/ 4050	K. Sächs. Sts. E. B. 1891 (XIV HT) →'25 **DRB 75 574** →'45 DRo/DR →'70 DR (75 1574-5)	+24.02.70
Hart 1917/ 4052	K. Sächs. Sts. E. B. 1893 (XIV HT) →'25 **DRB 75 575** →'45 DRo/DR	+07.08.67
Hart 1917/ 4053	K. Sächs. Sts. E. B. 1894 (XIV HT) →'25 **DRB 75 576** →'45 DRo/DR →'70 DR (75 1576-0)	+21.02.69
Hart 1917/ 4054	K. Sächs. Sts. E. B. 1895 (XIV HT) →'25 **DRB 75 577** →'45 DRo/DR →01.06.67 verk. HL Fa. Richter & Co., Dresden-Reick ⇒VEB Elaskonwerk Dresden (04.78 i.E.)	++
Hart 1921/ 4316	Sächs. Sts. E. B. 1896 (XIV HT) →'25 **DRB 75 578** →'45 DRo/DR	+11.10.68
Hart 1921/ 4317	Sächs. Sts. E. B. 1897 (XIV HT) →'25 **DRB 75 579** →'45 DRo/DR	+02.01.68
Hart 1921/ 4318	Sächs. Sts. E. B. 1898 (XIV HT) →'25 **DRB 75 580** →'45 DRo/DR	+19.01.66
Hart 1921/ 4319	Sächs. Sts. E. B. 1899 (XIV HT) →'25 **DRB 75 581** →'45 DRo/DR	+29.02.68
Hart 1921/ 4320	Sächs. Sts. E. B. 1900 (XIV HT) →'25 **DRB 75 582** →'45 DRo/DR	+12.05.67
Hart 1921/ 4321	Sächs. Sts. E. B. 1901 (XIV HT) →'25 **DRB 75 583** →'45 DRo/DR	+01.51
Hart 1921/ 4322	Sächs. Sts. E. B. 1902 (XIV HT) →'25 **DRB 75 584** →'45 DRo/DR	+01.07.67
Hart 1921/ 4323	Sächs. Sts. E. B. 1903 (XIV HT) →'25 **DRB 75 585** →'45 DRo/DR →'70 DR (75 1585-1)	+18.04.69
Hart 1921/ 4324	Sächs. Sts. E. B. 1904 (XIV HT) →'25 **DRB 75 586** →'45 DRo/DR	+13.08.68
Hart 1921/ 4325	Sächs. Sts. E. B. 1905 (XIV HT) →'25 **DRB 75 587** →'45 DRo/DR →'70 DR (75 1587-7)	+13.06.69
Hart 1921/ 4326	Sächs. Sts. E. B. 1906 (XIV HT) →'25 **DRB 75 588** →'45 DRo/DR	+12.51

1'C 1' h2t DRB 75^5 (ex PKP OKl 101)

Treibraddurchmesser (mm):	1 590
Achsstand (mm):	8 700
Länge über Puffer (mm):	12 415
Dienstgewicht (t):	76,7
Achslast (maximal) (t):	16,0
Höchstgeschwindigkeit (km/h):	75
Zylinderdurchmesser (mm):	550
Kolbenhub (mm):	600
Rostfläche (m²):	2,3
Verdampfungsheizfläche (m²):	123,92
Überhitzerheizfläche (m²):	35,1
Kesselüberdruck (atm):	12,0

Von den während des Ersten Weltkrieges an die deutschen Heereseisenbahnen verliehenen und im Osten eingesetzten sächsischen XIV HT verblieben bei Kriegsende elf Maschinen in Polen. Dort zunächst als Gattung „T 12S“ erfasst – das „S“ stand dabei für „Sachsen“ – wurden die Lokomotiven um 1925 von den PKP in OKl 101-1 bis 11 umgezeichnet. Bei der Aufteilung des PKP-Fahrzeugparks im Jahr 1939 kamen zwei OKl 101 in den Bestand der Reichsbahn, acht in jenen der sowjetischen NKPS und von einer Maschine ist der Verbleib unbekannt. Während eine der beiden Reichsbahnloks 1939/40 bereits ausschied, wurde die zweite 1941 in 75 506 umgezeichnet – man nutzte also die Lücke zwischen 75 505 und 75 511, die man 1925 gelassen hatte (siehe Baureihe 75^5/sä. XIV HT). Weitere OKl 101, die 1939 in sowjetischen Besitz gelangt waren, kamen während des Russlandfeldzuges als Beuteloks zur Reichsbahn und wurden ab 1943 in das Reichsbahn-Nummernschema eingegliedert: Zunächst wurde die erwähnte Lücke aufgefüllt (75 507-510) und schließlich die letzten beiden Maschinen im Anschluss an die letztgebaute XIV HT als 75 589-590 bezeichnet.

Die 75 510 war eine polnische OKl101, die nach der Übernahme durch die Deutsche Reichsbahn 1944 in der Lücke bei den sächsischen XIV HT zwischen 75 505 und 75 511 platziert wurde. Bei der Maschine, die mit der geraden Oberkante des Wasserkastens als Lok der ersten Bauart erkennbar ist, ist außerdem die flache Rauchkammertür auffällig.

Zwei weitere PKP OKl101, die nicht mehr in die genannte Lücke passten, wurden als 75 589 und 590 in den Reichsbahn-Bestand übernommen. Die 75 590 verblieb nach dem Krieg in der DDR, wurde dort aber nicht mehr in Betrieb genommen und stand bis zu ihrer Ausmusterung 1953 als Schrott herum.

Hart 1912/ 3581	K. Sächs. Sts. E. B. 1811 (XIV HT) →'18 PKP OKl101-3 →'39 DRB →'41 **DRB 75 506** →'45 DRo/DR →'70 DR (75 1506-7)	+13.06.69
Hart 1917/ 3941	K. Sächs. Sts. E. B. 1872 (XIV HT) →'18 PKP OKl101-11 →'39 NKPS →ca.'41/42 DRB →'43 **DRB 75 507** →'45 DRo/DR	+27.11.53
Hart 1915/ 3826	K. Sächs. Sts. E. B. 1841 (XIV HT) →'18 PKP OKl101-7 →'39 NKPS →ca.'41/42 DRB →'44 **DRB 75 508** →'45 DRo/DR	+21.02.69
Hart 1913/ 3640	K. Sächs. Sts. E. B. 1839 (XIV HT) →'18 PKP OKl101-6 →'39 NKPS →ca.'41/42 DRB →'44 **DRB 75 509** →'45 DRo/DR →05.45 ČSD/R 355.1501	+28.12.49
Hart 1911/ 3479	K. Sächs. Sts. E. B. 1350 (XIV HT) →'12 K. Sächs. Sts. E. B. 1808 →'18 PKP OKl101-2 →'39 NKPS →ca.'41/42 DRB →'44 **DRB 75 510** →'45 DRo/DR	+05.03.68
Hart 1912/ 3583	K. Sächs. Sts. E. B. 1813 (XIV HT) →'18 PKP OKl101-4 →'39 NKPS →ca.'41/42 DRB →'45 **DRB [75 589]** →'45 DRo/DR →15.02.56 PKP	+
Hart 1912/ 3623	K. Sächs. Sts. E. B. 1822 (XIV HT) →'18 PKP OKl101-5 →'39 NKPS →ca.'41/42 DRB →'45 **DRB 75 590** →'45 DRo/DR	+27.11.53

1'C 1' h2t **DR 75⁵** (ex SNCF 3-131-TB)

Treibraddurchmesser (mm):	1 590
Achsstand (mm):	8 700
Länge über Puffer (mm):	12 415
Dienstgewicht (t):	82,2
Achslast (maximal) (t):	16,5
Höchstgeschwindigkeit (km/h):	75
Zylinderdurchmesser (mm):	550
Kolbenhub (mm):	600
Rostfläche (m^2):	2,3
Verdampfungsheizfläche (m^2):	123,92
Überhitzerheizfläche (m^2):	35,1
Kesselüberdruck (atm):	12,0
Leistung (PSi):	990

Von den acht 1918/19 als Waffenstillstandslokomotiven an Frankreich abgegebenen XIV HT (ÉTAT 32-916 bis 923) waren die meisten bereits in den 30er Jahren ausgemustert worden. Nur zwei Maschinen (ÉTAT 32-916/917) waren zu Beginn des Zweiten Weltkrieges noch vorhanden und mussten daher von den SNCF als Leihlokomotiven nach Deutschland abgegeben werden, wo sie in ihrer alten Heimat Sachsen auch noch bei Kriegsende eingesetzt wurden. Während die 32-917 am 15. März 1948 abgestellt wurde und bis zu ihrer Ausmusterung am 8. Juni 1961 auf bessere Zeiten wartete, blieb die 32-916 mit ihrer ÉTAT-Betriebsnummer bei der DR im Einsatz und wurde 1957 – im Anschluss an die bisher höchste an eine XIV HT vergebene Betriebsnummer – als 75 591 in den Bestand übernommen.

Hart 1917/ 3937	K. Sächs. Sts. E. B. 1868 (XIV HT) →'18/19 ETAT 32-916 →'38 SNCF [3-131-TB-916] →'41 DRB/L →'45 DRo/DR →23.02.57 **DR 75 591**	+07.08.67

Bei der 75 591 der Deutschen Reichsbahn handelte es sich um eine sächsische XI HT, die nach dem Ersten Weltkrieg als Armistice-Lokomotive nach Frankreich und 1941 als Leihlok wieder nach Deutschland gekommen war. Die Aufnahme entstand am 5. Juli 1963 im Raw Leipzig.

1'C 1' h2t — DRB 75^6 (ex BLE)

Treibraddurchmesser (mm):	1 350
Achsstand (mm):	9 000
Länge über Puffer (mm):	12 370
Dienstgewicht (t):	77,2
Achslast (maximal) (t):	16,3
Höchstgeschwindigkeit (km/h):	75
Zylinderdurchmesser (mm):	500
Kolbenhub (mm):	660
Rostfläche (m²):	2,06
Verdampfungsheizfläche (m²):	104,3
Überhitzerheizfläche (m²):	40,0
Kesselüberdruck (atm):	14,0

Nachdem die Braunschweigische Landes-Eisenbahn (BLE) bereits 1934 bei der Lokomotivfabrik Krupp eine neue 1D1-Heißdampf-Tenderlokomotive für den Güterverkehr beschafft hatte (siehe DRB 79 001"), folgten ab 1935 fünf 1C1-Heißdampf-Tenderlokomotiven für den Personenzugdienst, welche von Krupp nach den gleichen Baugrundsätzen entworfen worden waren. Markantestes Kennzeichen der Lokomotiven waren die großen Windleitbleche, welche damals bei Tenderlokomotiven äußerst selten zur Anwendung kamen und die zudem noch ohne Lücke an die Wasserkästen anschlossen. Die mit 75 km/h Höchstgeschwindigkeit schnellsten BLE-Lokomotiven wurden 1938 nach der Verstaatlichung der Braunschweigische Landes-Eisenbahn von der Reichsbahn als 75 601-605 in den Fahrzeugpark eingegliedert und zunächst weiterhin auf ihren Stammstrecken eingesetzt. Nach Kriegsende wurden die Maschinen an Privatbahnen verkauft – eine an die Osthannoverschen Eisenbahnen (OHE 75 099) und alle übrigen an die Deutsche Eisenbahn-Gesellschaft (DEG 224-227), welche sie noch bis 1970 einsetzte.

Literatur:

WULFGRAMM, CHRISTOPHER: Die Braunschweigische Landes-Eisenbahn. Freiburg, 2017

Krupp 1935/ 1458	Braunschweigische Landes-Eb. (BLE) 45 →01.01.38 **DRB 75 601** →'45 DRw →27.11.46 Osthannoversche Eisenbahnen (OHE) 75 099	+07/08.64
Krupp 1935/ 1500	Braunschweigische Landes-Eb. (BLE) 46 →01.01.38 **DRB 75 602** →'45 DRw →'47 DEG 226 (Braunschweig-Schöninger Eb. (BSE) →'59 Moselbahn (MB) →'63 Hildesheim-Peiner-Kreis-Eb. (HPKE) →'64 Braunschweig-Schöninger Eb. (BSE))	+02.70
Krupp 1937/ 1712	Braunschweigische Landes-Eb. (BLE) 47 →01.01.38 **DRB 75 603** →'45 DRw →'47 DEG 227 (Braunschweig-Schöninger Eb. (BSE) →'54 Moselbahn (MB) →'63 Frankfurt-Königssteiner Eb. (FK) →'65 Braunschweig-Schöninger Eb. (BSE))	+70
Krupp 1937/ 1713	Braunschweigische Landes-Eb. (BLE) 48 →01.01.38 **DRB 75 604** →'45 DRw →'46 DEG 224 (Braunschweig-Schöninger Eb. (BSE))	+70
Krupp 1937/ 1714	Braunschweigische Landes-Eb. (BLE) 49 →01.01.38 **DRB 75 605** →'45 DRw →'47 DEG 225 (Braunschweig-Schöninger Eb. (BSE) →'64 Hildesheim-Peiner-Kreis-Eb. (HPKE) →'65 Braunschweig-Schöninger Eb. (BSE))	+70

Die 75 605 kam 1947 als Lok 225 zur Deutschen Eisenbahn-Gesellschaft, die sie auf der Braunschweig-Schöninger Eb. und der Hildesheim-Peiner-Kreis-Eisenbahn einsetzte. Anlässlich einer Abschiedsfahrt am 19. Oktober 1968 entstand diese Aufnahme der BSE 225 von Eberhard Schüler.

Nur wenige Jahre waren die 1938 durch die Deutsche Reichsbahn von der Braunschweigischen Landes-Eisenbahn übernommenen 1C1-Tenderlokomotiven mit den Betriebsnummern 75 601-605 unterwegs – und das in einer Zeit, in der nicht sonderlich viele Fotografien von Lokomotiven entstanden sind. Daher soll die Baureihe 75⁶ durch Aufnahmen aus der Zeit nach ihrem Verkauf an Privatbahnen repräsentiert werden: Die 75 601 wurde 1946 von den Osthannoverschen Eisenbahnen erworben und als 75 099 bezeichnet. *Foto (von 1951): Hermann Ott*

1'C 1' h2t **DRB 75^6** (ex Prignitzer Eb.)

Treibraddurchmesser (mm):	1 500
Achsstand (mm):	8 800
Länge über Puffer (mm):	12 250
Dienstgewicht (t):	74,5
Achslast (maximal) (t):	16,1
Höchstgeschwindigkeit (km/h):	80
Zylinderdurchmesser (mm):	500
Kolbenhub (mm):	660
Rostfläche (m^2):	2,17
Verdampfungsheizfläche (m^2):	102,15
Überhitzerheizfläche (m^2):	39,7
Kesselüberdruck (atm):	14,0

Die Strecke von Wittenberge nach Neustrelitz war von drei Eisenbahngesellschaften erbaut worden: Das kurze Stück zwischen Wittenberge und Perleberg von der Wittenberge-Perleberger Eisenbahn (WPE), die Weiterführung über Pritzwalk bis nach Buschhof von der Prignitzer Eisenbahn-Gesellschaft (PE) und das letzte Stück bis nach Neustrelitz schließlich von der Mecklenburgischen Friedrich-Wilhelm-Eisenbahn (MFWE). Die beiden erstgenannten Gesellschaften führten ab 1932 ihren Betrieb zwar gemeinsam durch, blieben aber als separate Gesellschaften bestehen. Alle drei Bahngesellschaften wurden 1941 verstaatlicht und in die Deutsche Reichsbahn integriert.

Zur Beschleunigung des Personenverkehrs hatte die Prignitzer Eisenbahn-Gesellschaft 1936 zwei 1C1-Heißdampf-Personenzuglokomotiven erhalten, die sich konstruktiv an die in den 20er Jahren an die Eutin-Lübecker Eisenbahn gelieferten Maschinen anlehnten (siehe 75 631-634). Nach der ersten Bewährung wurde noch eine dritte Maschine gleichen Typs von der Wittenberge-Perleberger Eisenbahn nachbestellt und 1937 ausgeliefert. Infolge der Verstaatlichung der Bahnen wurden die Maschinen von der Reichsbahn als 75 611-613 übernommen. Nach Kriegsende waren die Lokomotiven noch kurzzeitig bei der Rbd Schwerin im Einsatz und wurden dann an die Rbd Dresden umgesetzt.

Hen 1936/ 23072	Prignitzer Eisenbahn (PE) 8"	→'41 DRB →'42 **DRB 75 611** →'45 DRo/DR	+25.01.51
Hen 1936/ 23073	Prignitzer Eisenbahn (PE) 9"	→'41 DRB →'42 **DRB 75 612** →'45 DRo/DR	+12.06.68
Hen 1937/ 23635	Wittenberge-Perleberger Eb. (WPE) 111	→'41 DRB →'42 **DRB 75 613** →'45 DRo/DR	+23.08.60

Die 75 612 war eine der beiden 1C1-Tenderlokomotiven, die Henschel 1936 an die Prignitzer Eisenbahn-Gesellschaft geliefert hatte und die konstruktiv von Lokomotiven für die Eutin-Lübecker Eisenbahn abgeleitet gewesen waren.

Eine dritte Maschine gleichen Typs wurde 1937 an die Wittenberge-Perleberger Eisenbahn geliefert, welche 1942 bei der Verstaatlichung als 75 613 übernommen wurde. Bereits drei Jahre vor ihrer Ausmusterung fotografierte Georg Otte im Oktober 1957 die abgestellte Maschine in Karl-Marx-Stadt-Hilbersdorf – offensichtlich war sie Opfer eines Auffahrunfalls geworden.

1'C 1' h2t DRB 75^6 (ex MFWE)

Treibraddurchmesser (mm):	1 480
Achsstand (mm):	9 050
Länge über Puffer (mm):	12 580
Dienstgewicht (t):	75,2
Achslast (maximal) (t):	15,8
Höchstgeschwindigkeit (km/h):	80
Zylinderdurchmesser (mm):	520
Kolbenhub (mm):	630
Rostfläche (m²):	1,89
Verdampfungsheizfläche (m²):	103,4
Überhitzerheizfläche (m²):	42,7
Kesselüberdruck (atm):	14,0

Wie die Wittenberge-Perleberger Eisenbahn (WPE) und die Prignitzer Eisenbahn-Gesellschaft (PE) (siehe 75 611-613) beschaffte auch die Mecklenburgische Friedrich-Wilhelm-Eisenbahn (MFWE) im Jahr 1936 zwei 1C1-Heißdampf-Personenzugtenderlokomotiven, die von der Bauart der Maschinen der Eutin-Lübecker Eisenbahn (siehe 75 631-634) abgeleitet waren, sich aber von den nahezu zeitgleich beschafften WPE – und PE-Maschinen erstaunlicherweise in verschiedenen Details (Achsstand, Wasserkästen, Domanordnung etc.) unterschieden – insbesondere der abweichende Achsstand ist ein Hinweis darauf, dass trotz des ähnlichen Aussehens eine weitgehende Neukonstruktion erforderlich gewesen sein dürfte. Noch erstaunlicher ist jedoch, dass noch im gleichen Jahr zwei weitere Maschinen gleichen Typs an die MFWE abgeliefert wurden – allerdings von der Berliner Maschinenbau-AG: Aufgrund des identischen Aussehens der Henschel- und BMAG-Maschinen muss vermutet werden, dass auch diese beiden Loks nach den Henschel-Zeichnungen entstanden sind, zumal von der BMAG auch keine weiteren Lokomotiven dieses Typs gefertigt wurden.

Nach der Verstaatlichung der MFWE wurden die vier Maschinen als 75 621-624 von der Deutschen Reichsbahn übernommen – für eine der Lokomotiven war 1970 sogar noch die Umzeichnung auf eine UIC-Betriebsnummer vorgesehen, die dann aufgrund der Ausmusterung im Jahr 1969 nicht mehr durchgeführt werden konnte.

Hen 1936/ 22911	Mecklenburgische Friedrich-Wilhelm-Eb. (MFWE) 29" →'41 DRB →'42 **DRB 75 621** →'45 DRo/DR	+27.11.53
Hen 1936/ 22912	Mecklenburgische Friedrich-Wilhelm-Eb. (MFWE) 30" →'41 DRB →'42 **DRB 75 622** →'45 DRo/DR →'70 DR (75 1622-2)	+14.08.69
BMAG 1936/ 10495	Mecklenburgische Friedrich-Wilhelm-Eb. (MFWE) 31³ →'41 DRB →'42 **DRB 75 623** →'45 DRo/DR	+28.02.51
BMAG 1936/ 10496	Mecklenburgische Friedrich-Wilhelm-Eb. (MFWE) 32³ →'41 DRB →'42 **DRB 75 624** →'45 DRo →07.11.45 SMA	V.u.

Um 1963 entstand diese Aufnahme der von der Mecklenburgischen Friedrich-Wilhelm-Eisenbahn stammenden 75 622 – sie war zu diesem Zeitpunkt beim Bahnbetriebswerk Haldensleben beheimatet.

1'C 1' h2t **DRB 75⁶** (ex ELE)

Treibraddurchmesser (mm):	1 500
Achsstand (mm):	9 000
Länge über Puffer (mm):	12 530
Dienstgewicht (t):	
Achslast (maximal) (t):	
Höchstgeschwindigkeit (km/h):	80
Zylinderdurchmesser (mm):	520
Kolbenhub (mm):	630
Rostfläche (m²):	1,88
Verdampfungsheizfläche (m²):	97,76
Überhitzerheizfläche (m²):	39,96
Kesselüberdruck (atm):	13,0

Nach der Neubeschaffung von zwei 2B-Tenderlokomotiven nach preußischem Vorbild (siehe 72 001"-002") dauerte es weitere zwölf Jahre, bis von der Eutin-Lübecker Eisenbahn erneut neue Lokomotiven beschafft wurden: Bei den zwischen 1924 und 1928 gelieferten 1C1-Heißdampf-Tenderlokomotiven handelte es sich um eine Henschel-Neuentwicklung, mit der die ELE die Fahrzeiten zwischen Eutin und Lübeck deutlich reduzieren und die Zugfolge erhöhen konnte.
Nach der Übernahme der Eutin-Lübecker Eisenbahn durch die Deutsche Reichsbahn im Jahr 1941 wurden die Lokomotiven in 75 631-634 umgezeichnet. Bei Kriegsende waren noch drei Lokomotiven beim Bw Lübeck stationiert – sie alle wurden 1946 an die Teutoburger Wald-Eisenbahn verkauft. Die vierte Maschine (75 633) befand sich bei Kriegsende in der Ostzone und wurde von der Deutschen Reichsbahn der DDR noch bis 1968 eingesetzt. Eine der an die TWE verkauften Lokomotiven ist erhalten geblieben – sie gehört dem Hamburger Verein Verkehrsamateure und Museumsbahner (VVM).
Die 1C1-Lokomotiven der ELE waren Vorbild für mehrere später gebaute Privatbahnlokomotiven gleicher Bauart (siehe 75 611-613, 75 621-624).

Literatur:

KLOTH, HANS-HARALD: Die 1C1-Tenderlokomotiven der Eutin-Lübecker Eisenbahn. EJ 1/1995 S. 36-39

Hen 1924/ 20325	Eutin-Lübecker Eb. (ELE) 14³ →'41 Eutin-Lübecker Eb. (ELE) 11" →'41 DRB →'42 **DRB 75 631** →'45 DRw →01.11.46 Deutsche Eisenbahn-Ges. (DEG) 221 (TWE) →25.09.50 Teutoburger Wald-Eb. (TWE) 221 (DEG) →'66 Frankfurt-Königssteiner Eb. (Mietlok)	+67
Hen 1926/ 20657	Eutin-Lübecker Eb. (ELE) 12" →'41 DRB →'42 **DRB 75 632** →'45 DRw →01.11.46 Deutsche Eisenbahn-Ges. (DEG) 222 (TWE) →01.12.54 Teutoburger Wald-Eb. 222 (DEG)	+72

Die 75 633 war die einzige der von der Eutin-Lübecker Eisenbahn stammenden vier Lokomotiven 75 631-634, die nach dem Zweiten Weltkrieg in der DDR verblieben war. Die Aufnahme zeigt die Maschine 1962 in Haldensleben.

Zusammen mit ihren Schwesterlokomotiven 75 631 und 75 632 wurde die 75 634 im November 1946 an die Teutoburger Wald-Eisenbahn verkauft. Kurz zuvor wurde die mit „Allied Forces“ gekennzeichnete Maschine in Lübeck noch mit ihrer Reichsbahnnummer, die sie nur vier Jahre getragen hat, fotografiert.

Hen 1927/ 21012	Eutin-Lübecker Eb. (ELE) 13“ →'41 DRB →'42 **DRB 75 633** →'45 DRo/DR	+03.01.69
Hen 1928/ 21341	Eutin-Lübecker Eb. (ELE) 14[4] →'41 DRB →'42 **DRB 75 634** →'45 DRw →01.11.46 Deutsche Eisenbahn-Ges. (DEG) 223 (TWE) →01.12.54 Teutoburger Wald-Eb. (TWE) 223 (DEG) →02.11.70 Farge-Vegesacker Eb. (FVE) 223 (DEG) +17.12.71 →'73 Verein-Verkehrsamateure und Museumsbahner, Hamburg „75 634“	('24 vorh.)

1'C 1' h2t — DRB 75^6 — (ex PH H)

Treibraddurchmesser (mm):	1 500
Achsstand (mm):	8 050
Länge über Puffer (mm):	11 700
Dienstgewicht (t):	72,4
Achslast (maximal) (t):	16,3
Höchstgeschwindigkeit (km/h):	80
Zylinderdurchmesser (mm):	450
Kolbenhub (mm):	630
Rostfläche (m²):	2,0
Verdampfungsheizfläche (m²):	94,15
Überhitzerheizfläche (m²):	41,3
Kesselüberdruck (atm):	12,0
Leistung (PSi):	545

Über die Entstehungsgeschichte der 1C1-Personenzug-Tenderlokomotiven der privaten luxemburgischen Prinz-Heinrich-Eisenbahn- und Erzgrubengesellschaft (PH) ist leider nur sehr wenig bekannt. Die fünf Lokomotiven wurden 1908 von der Lokomotivfabrik Borsig als Nassdampf-Lokomotiven an die PH geliefert – das ein wenig „englisch“ anmutende Design der Maschinen war in der damaligen Zeit auch für verschiedene andere Borsig-Werksbauarten verwendet worden. Alle Lokomotiven wurden zwischen 1922 und 1932 in Heißdampfmaschinen umgebaut. Nach der Übernahme der Prinz-Heinrich-Eisenbahn durch die Deutsche Reichsbahn erhielten die fünf Lokomotiven die Betriebsnummern 75 641-645 sowie schon bald den „Marschbefehl“, der sie in andere Reichsbahndirektionen verschlug. Nur zwei Maschinen kehrten nach Kriegsende nach Luxemburg zurück – die drei anderen verblieben in der Ostzone bzw. der späteren DDR, wo sie bereits früh ausgemustert wurden.

Bors 1908/ 6774	Prinz-Heinrich Eb. (PH) 201 →'42 DRB →'43 **DRB 75 641** →'45 DRo/DR (vorges. CFL 3301)	+19.09.55
Bors 1908/ 6775	Prinz-Heinrich Eb. (PH) 202 →'42 DRB →'43 **DRB 75 642** →'45 DRw →27.12.45 CFL 3302	+29.11.54
Bors 1908/ 6776	Prinz-Heinrich Eb. (PH) 203 →'42 DRB →'43 **DRB 75 643** →10.09.44 CFL 3303	+29.11.54
Bors 1908/ 6861	Prinz-Heinrich Eb. (PH) 204 →'42 DRB →'43 **DRB 75 644** →'45 DRo (vorges. CFL 3304)	+02.11.46
Bors 1908/ 6862	Prinz-Heinrich Eb. (PH) 205 →'42 DRB →'43 **DRB 75 645** →'45 DRo/DR (vorges. CFL 3305)	+28.02.51

Nur zwei Jahre trugen die von der der privaten luxemburgischen Prinz-Heinrich-Eisenbahn- und Erzgrubengesellschaft (PH) stammenden Lokomotiven der PH-Klasse H die Reichsbahnnummern 75 641-645 – daher wundert es nicht, dass Fotografien, die diesen Zustand dokumentieren, bisher nicht bekannt geworden sind. Die als Alternative hier wiedergegebene Aufnahme der PH 201 (später 75 641) wurde von Hermann Maey angefertigt.

1'C 1' h2t — DRB 75^6 — (ex PH H')

Treibraddurchmesser (mm):	1 500
Achsstand (mm):	8 050
Länge über Puffer (mm):	11 830
Dienstgewicht (t):	78,9
Achslast (maximal) (t):	16,7
Höchstgeschwindigkeit (km/h):	80
Zylinderdurchmesser (mm):	500
Kolbenhub (mm):	630
Rostfläche (m^2):	2,54
Verdampfungsheizfläche (m^2):	122,21
Überhitzerheizfläche (m^2):	23,75
Kesselüberdruck (atm):	12,0
Leistung (PSi):	710

Wie schon die Klassenbezeichnung H' vermuten lässt, waren die luxemburgischen Maschinen dieser Klasse weitgehend identisch mit jenen der Klasse H (siehe 75 641-645), jedoch gleich als Heißdampflokomotiven an die Prinz-Heinrich-Eisenbahn- und Erzgrubengesellschaft geliefert worden. Gebaut wurden diese Maschinen im Gegensatz zur Klasse H nicht von der Lokomotivfabrik Borsig, sondern von der belgischen Société Anonyme des Ateliers de Construction de la Meuse in Lüttich.

Nach der Übernahme durch die Deutsche Reichsbahn wurden die Lokomotiven als 75 651-660 bezeichnet und – wie ihr Schwestermaschinen der Klasse H – an andere Dienststellen außerhalb Luxemburgs abgegeben. Im Gegensatz zu ersteren kamen aber nach dem Ende des Zweiten Weltkrieges bis auf eine verschollene Maschine alle nach Luxemburg zurück und wurden dort noch bis zum Ende der 50er Jahre eingesetzt.

LaMe 1912/ 2578	Prinz-Heinrich Eb. (PH) 206 →'42 DRB →'43 **DRB 75 651** →'45 DRw/DB →11.07.50 CFL 3401	+26.01.59
LaMe 1912/ 2579	Prinz-Heinrich Eb. (PH) 207 →'42 DRB →'43 **DRB 75 652** (vorges. CFL 3402)	V.u.
LaMe 1912/ 2580	Prinz-Heinrich Eb. (PH) 208 →'42 DRB →'43 **DRB 75 653** →'45 DRw →20.12.45 CFL 3403	+27.07.57
LaMe 1912/ 2581	Prinz-Heinrich Eb. (PH) 209 →'42 DRB →'43 **DRB 75 654** →'45 DRw →'46 CFL 3404	+26.01.59
LaMe 1912/ 2582	Prinz-Heinrich Eb. (PH) 210 →'42 DRB →'43 **DRB 75 655** →'45 DRw →20.12.45 CFL 3405	+24.02.58
LaMe 1912/ 2583	Prinz-Heinrich Eb. (PH) 211 →'42 DRB →'43 **DRB 75 656** →'45 DRw/DB →11.07.50 CFL 3406	+26.01.59
LaMe 1912/ 2584	Prinz-Heinrich Eb. (PH) 212 →'42 DRB →'43 **DRB 75 657** →'45 DRw/DB →19.07.50 CFL 3407	+18.07.59
LaMe 1912/ 2585	Prinz-Heinrich Eb. (PH) 213 →'42 DRB →'43 **DRB 75 658** →'45 DRw →17.12.45 CFL 3408	+22.09.58
LaMe 1912/ 2586	Prinz-Heinrich Eb. (PH) 214 →'42 DRB →'43 **DRB 75 659** →10.09.44 CFL 3409	+26.01.59
LaMe 1912/ 2587	Prinz-Heinrich Eb. (PH) 215 →'42 DRB →'43 **DRB 75 660** →10.09.44 CFL 3410	+26.01.59

Sehr selten sind Fotografien von luxemburgischen Lokomotiven mit Reichsbahnnummer – doch von der PH-Klasse H' existieren erfreulicherweise gleich zwei Aufnahmen – beide angefertigt von J. B. Kronawitter. Die erste zeigt die in einem Bahnhof abgestellte Lokomotive 75 651 ...

... während auf der zweiten die in einem Lokomotivzug auf einer Strecke stehende 75 657 zu sehen ist. Die Maschine war nach dem Krieg bei der Rbd Nürnberg verblieben und trug die Anschrift „Allied Forces". Beide Lokomotiven wurden erst 1950 nach Luxemburg zurückgegeben.

1'C 1' n2vt DRB 75^7 (ex BBÖ 229)

	75 701-782	75 783-790
Treibraddurchmesser (mm):	1 614	1 614
Achsstand (mm):	8 000	8 000
Länge über Puffer (mm):	11 766	12 066
Dienstgewicht (t):	67,1	67,1
Achslast (maximal) (t):	14,0	14,0
Höchstgeschwindigkeit (km/h):	80	80
Zylinderdurchmesser (mm):	420/650	420/650
Kolbenhub (mm):	720	720
Rostfläche (m²):	2,0	2,0
Verdampfungsheizfläche (m²):	96,4	96,4
Kesselüberdruck (atm):	14,0	14,0

Zur Beschleunigung des leichten Personenzugverkehrs beschaffte die kkStB im Jahr 1902 insgesamt 17 1C-Tenderlokomotiven mit 80 km/h Höchstgeschwindigkeit, welche die Reihenbezeichnung 129 erhielten. Da sich die Maschinen gut bewährten, zeigte auch die Südbahn-Gesellschaft Interesse an dieser Type, forderte aber die Unterbringung größerer Vorräte. Daraufhin wurde die Konstruktion überarbeitet und eine hintere Laufachse hinzugefügt. So entstand eine Lokomotivbauart, die mit ihren bis zum Rauchkammerende reichenden Wasserkästen sowie dem niedrigen hinteren Kohlenkasten, der ein wenig an den Kofferraum eines Autos erinnert, recht ungewohnt aussah. Nichtsdestotrotz bewährten sich die Maschinen recht gut, so dass von der Südbahn elf (SB 1201-1211) und von den kkStB 239 Lokomotiven (kkStB 229.01-239) beschafft wurden. Auch die 17 Lokomotiven der Reihe 129 wurden entsprechend umgebaut und erhielten nach Einbau einer hinteren Achse die neuen Betriebsnummern 229.401-417.

Nach dem Ersten Weltkrieg wurde der kkStB-Fahrzeugpark unter den Nachfolgestaaten der Donaumonarchie aufgeteilt: In Österreich verblieben nur 69 229er, während die Tschechoslowakei mit 145 Maschinen den größten Anteil abbekam (ČSD 354.001-0145). Weitere Maschinen kamen an Polen (PKP OKl12-1 – 22), 15 an das spätere Jugoslawien (z.T. JDŽ 116-001 – 013) und an Italien (FS 912.001-005). Der österreichische Bestand erfuhr 1923 Zuwachs in Form der 11 Südbahn-Lokomotiven (BBÖ 229.501-511); außerdem kamen 1937 zehn baugleiche Maschinen der Eisenbahn Wien-Aspang dazu, die als BBÖ 229.801-810 eingereiht wurden. Alle insgesamt 90 Maschinen wurden 1938 von der Deutschen Reichsbahn übernommen und als 75 701-790 bezeichnet.

Nach dem Zweiten Weltkrieg verblieben die meisten Lokomotiven in Österreich, wo sie noch bis Anfang der 60er Jahre eingesetzt wurden.

Als Hermann Maey 1939 in Salzburg-Gnigl diese DLA-Standardaufnahme der 75 702 anfertigte, trug die Maschine – wie in der Übergangszeit nach der Umzeichnung üblich – neben der mit Farbe angeschriebenen neuen Reichsbahnnummer auch noch das BBÖ-Gussschild mit der Nummer 229.06.

WrN 1904/ 4552	kkStB 229.04 →'18 BBÖ	→'38 **DRB 75 701** →'45 ÖBB/T →'55 ÖBB 75.701	+05.10.61
WrN 1904/ 4554	kkStB 229.06 →'18 BBÖ	→'38 **DRB 75 702** →'45 ÖBB →'53 ÖBB 75.702	+10.09.62
Flor 1904/ 1564	kkStB 229.08 →'18 BBÖ	→'38 **DRB 75 703** →'45 ÖBB →09.05.45 ČSD/R	+28.12.49
Flor 1904/ 1565	kkStB 229.09 →'18 BBÖ	→'38 **DRB 75 704** →'45 ÖBB →15.06.45 ČSD/R →10.46 ČSD 354.0500[s]	+28.12.49
Flor 1904/ 1566	kkStB 229.10 →'18 BBÖ	→'38 **DRB 75 705** →'45 ÖBB/T →09.12.47 JDŽ 116-029	+
Flor 1904/ 1567	kkStB 229.11 →'18 BBÖ →'53 ÖBB 75.706	→'38 **DRB 75 706** →'45 ÖBB/T →15.04.45 MÁV/R →25.05.50 ÖBB	+06.10.58
WrN 1906/ 4651	kkStB 229.35 →'18 BBÖ	→'38 **DRB 75 707** →'45 ÖBB →'53 ÖBB 75.707	+18.08.58
StEG 1906/ 3312	kkStB 229.43 →'18 BBÖ	→'38 **DRB 75 708** →'45 ÖBB/T	+31.12.48
Flor 1907/ 1686	kkStB 229.50 →'18 BBÖ	→'38 **DRB 75 709** →'45 ÖBB →29.05.45 ČSD/R	+10.07.56
Flor 1907/ 1688	kkStB 229.52 →'18 BBÖ	→'38 **DRB 75 710** →'45 ÖBB →'53 ÖBB 75.710	+25.03.61
Flor 1907/ 1691	kkStB 229.55 →'18 BBÖ →'53 ÖBB 75.711	→'38 **DRB 75 711** →'45 ÖBB →15.04.45 MÁV/R →26.05.50 ÖBB	+05.04.55
Flor 1907/ 1692	kkStB 229.56 →'18 BBÖ	→'38 **DRB 75 712** →'45 ÖBB →'53 ÖBB 75.712	+10.07.62
BMMF 1907/ 205	kkStB 229.58 →'18 BBÖ	→'38 **DRB 75 713** →'45 ÖBB	+31.12.47
BMMF 1907/ 208	kkStB 229.61 →'18 BBÖ	→'38 **DRB 75 714** →'45 ÖBB →28.05.45 ČSD/R	+28.12.49
BMMF 1907/ 218	kkStB 229.71 →'18 BBÖ	→'38 **DRB 75 715** →'45 ÖBB/T →'55 ÖBB 75.715	+15.02.58
BMMF 1908/ 265	kkStB 229.82 →'18 BBÖ	→'38 **DRB 75 716** →'45 ÖBB →'53 ÖBB 75.716	+15.02.58
StEG 1908/ 3506	kkStB 229.83 →'18 BBÖ	→'38 **DRB 75 717** →'45 ÖBB/T →'55 ÖBB 75.717	+15.02.58
StEG 1910/ 3725	kkStB 229.86 →'18 BBÖ	→'38 **DRB 75 718** →'45 ÖBB →'53 ÖBB 75.718	+15.02.58
StEG 1910/ 3726	kkStB 229.87 →'18 BBÖ	→'38 **DRB 75 719** →'45 ÖBB/T →09.12.47 JDŽ 116-030	+
StEG 1910/ 3727	kkStB 229.88 →'18 BBÖ	→'38 **DRB 75 720** →'45 ÖBB →'53 ÖBB 75.720	+25.02.61
StEG 1910/ 3734	kkStB 229.95 →'18 BBÖ	→'38 **DRB 75 721** →'45 ÖBB/T →'55 ÖBB 75.721	+18.08.58
StEG 1910/ 3735	kkStB 229.96 →'18 BBÖ	→'38 **DRB 75 722** →'45 ÖBB/T →'55 ÖBB 75.722	+03.01.57
StEG 1910/ 3736	kkStB 229.97 →'18 BBÖ →'53 ÖBB 75.723	→'38 **DRB 75 723** →'45 ÖBB →04.45 MÁV/R →26.05.50 ÖBB	+25.06.59
StEG 1910/ 3737	kkStB 229.98 →'18 BBÖ	→'38 **DRB 75 724** →'45 ÖBB/T →'55 ÖBB 75.724	+15.03.56
StEG 1910/ 3739	kkStB 229.100 →'18 BBÖ →'53 ÖBB 75.725	→'38 **DRB 75 725** →'45 ÖBB →14.04.45 MÁV/R →09.06.50 ÖBB	+03.01.57
Flor 1910/ 1978	kkStB 229.106 →'18 BBÖ	→'38 **DRB 75 726** →'45 ÖBB/T →'55 ÖBB 75.726	+15.02.58
Flor 1911/ 1986	kkStB 229.113 →'18 BBÖ	→'38 **DRB 75 727** →'45 ÖBB →'53 ÖBB 75.727	+03.01.57
Flor 1911/ 1987	kkStB 229.114 →'18 BBÖ	→'38 **DRB 75 728** →'45 ÖBB →'53 ÖBB 75.728	+18.12.58

Bei der 1939 in Grusbach-Schöngrafenau (heute: Hrušovany nad Jevišovkou) einfahrenden ehemaligen BBÖ 229.43 hatte man die neue Reichsbahnnummer im Stil der ČSD-Betriebsnummern angeschrieben. Zwecks Anbringung der Lufdtpumpe für die Druckluftbremse wurde bei den österreichischen 229ern der linke Wasserkasten gekürzt.

Flor 1911/ 1988	kkStB 229.115 →'18 BBÖ →'38 **DRB 75 729** →'45 ÖBB →28.05.45 ČSD/R →'46 ČSD [illegible]	+09.12.49
BMMF 1913/ 452	kkStB 229.119 →'18 BBÖ →'38 **DRB 75 730** →'45 ÖBB/T →'55 ÖBB 75.730	+18.08.58
BMMF 1913/ 455	kkStB 229.122 →'18 BBÖ →'38 **DRB 75 731** →'45 ÖBB →14.04.45 MÁV/R →26.05.50 ÖBB →'53 ÖBB 75.731	+18.12.58
BMMF 1913/ 457	kkStB 229.124 →'18 BBÖ →'38 **DRB 75 732** →'45 ÖBB/T →09.12.47 JDŽ 116-036	+
BMMF 1913/ 458	kkStB 229.125 →'18 BBÖ →'38 **DRB 75 733** →'45 ÖBB/T →'55 ÖBB 75.733	+03.11.58
WrN 1913/ 5128	kkStB 229.132 →'18 BBÖ →'38 **DRB 75 734** →'45 ÖBB/T →'55 ÖBB 75.734	+26.08.57
WrN 1913/ 5129	kkStB 229.133 →'18 BBÖ →'38 **DRB 75 735** →'45 ÖBB →05.45 ČSD/R →28.07.45 ÖBB/T →'55 ÖBB 75.735	+05.11.59
WrN 1913/ 5131	kkStB 229.135 →'18 BBÖ →'38 **DRB 75 736** →'45 ÖBB/T →'55 ÖBB 75.736	+15.02.58
KrLi 1913/ 6721	kkStB 229.136 →'18 BBÖ →'38 **DRB 75 737** →'45 ÖBB →'53 ÖBB 75.737	+18.12.58
KrLi 1913/ 6722	kkStB 229.137 →'18 BBÖ →'38 **DRB 75 738** →'45 ÖBB →09.06.45 ČSD →10.46 ČSD 354.0501	+13.09.50
StEG 1914/ 3951	kkStB 229.139 →'18 BBÖ →'38 **DRB 75 739** →'45 ÖBB/T →'55 ÖBB 75.739	+18.08.58
KrLi 1914/ 6860	kkStB 229.144 →'18 BBÖ →'38 **DRB 75 740** →'45 ÖBB →15.04.45 MÁV/R →25.05.50 ÖBB →'53 ÖBB 75.740	+25.06.59
KrLi 1914/ 6861	kkStB 229.145 →'18 BBÖ →'38 **DRB 75 741** →'45 ÖBB/T →09.12.47 JDŽ 116-031	+
BMMF 1914/ 535	kkStB 229.153 →'18 BBÖ →'38 **DRB 75 742** →'45 ÖBB/T →'55 ÖBB 75.742	+15.01.60
KrLi 1916/ 7112	kkStB 229.170 →'18 BBÖ →'38 **DRB 75 743** →'45 ÖBB/T →09.12.47 JDŽ 116-032 →'?? Eisenbahnmuseum Triest /Italien	('15 vorh.)
KrLi 1916/ 7113	kkStB 229.171 →'18 BBÖ →'38 **DRB 75 744** →'45 ÖBB/T →'55 ÖBB 75.744	+28.11.57
Flor 1915/ 2289	kkStB 229.177 →'18 BBÖ →'38 **DRB 75 745** →'45 ÖBB/T →'55 ÖBB 75.745	+15.02.58
Flor 1915/ 2290	kkStB 229.178 →'18 BBÖ →'38 **DRB 75 746** →'45 ÖBB →29.05.45 ČSD/R →10.46 ČSD 354.0502	+28.03.51
StEG 1915/ 4049	kkStB 229.183 →'18 BBÖ →'38 **DRB 75 747** →'45 ÖBB/T →'55 ÖBB 75.747	+18.08.58
StEG 1915/ 4050	kkStB 229.184 →'18 BBÖ →'38 **DRB 75 748** →'45 GySEV →12.11.45 ÖBB/T →'55 ÖBB 75.748	+05.12.59
StEG 1915/ 4051	kkStB 229.185 →'18 BBÖ →'38 **DRB 75 749** →'45 ÖBB/T →'55 ÖBB 75.749	+15.02.58
StEG 1915/ 4052	kkStB 229.186 →'18 BBÖ →'38 **DRB 75 750** →'45 ÖBB/T →'55 ÖBB 75.750	+26.08.57
WrN 1916/ 5304	kkStB 229.187 →'18 BBÖ →'38 **DRB 75 751** →'45 ÖBB →27.05.45 ČSD/R →10.46 ČSD 354.0503	+28.03.51
WrN 1916/ 5305	kkStB 229.188 →'18 BBÖ →'38 **DRB 75 752** →'45 ÖBB →05.45 ČSD	+28.12.49
Flor 1916/ 2292	kkStB 229.209 →'18 BBÖ →'38 **DRB 75 753** →'45 ÖBB/T →'55 ÖBB 75.753	+03.01.57

Im Bahnbetriebswerk Simbach entstand 1939 diese Aufnahme der „75.754" – in österreichischer Tradition fälschlich mit einem „Punkt" zwischen Baureihen- und Ordnungsnummer. Die BBÖ-Nummer 229.210 war durchgestrichen. Foto: Hermann Maey

Flor 1916/ 2293	kkStB 229.210 →'18 BBÖ →'38 **DRB 75 754** →'45 ÖBB →'53 ÖBB 75.754	+03.01.57
Flor 1916/ 2299	kkStB 229.216 →'18 BBÖ →'38 **DRB 75 755** →'45 ÖBB/T →'55 ÖBB 75.755	+18.08.58
Flor 1916/ 2302	kkStB 229.219 →'18 BBÖ →'38 **DRB 75 756** →'45 ÖBB →'53 ÖBB 75.756	+25.04.61
WrN 1918/ 5442	kkStB 229.220 →'18 BBÖ →'38 **DRB 75 757** →'45 ÖBB/T →'55 ÖBB 75.757	+15.02.58
WrN 1918/ 5443	kkStB 229.221 →'18 BBÖ →'38 **DRB 75 758** →'45 ÖBB/T →'55 ÖBB 75.758	+25.06.58
WrN 1918/ 5447	kkStB 229.225 →'18 BBÖ →'38 **DRB 75 759** →'45 ÖBB/T →'55 ÖBB 75.759	+18.12.58
WrN 1918/ 5448	kkStB 229.226 →'18 BBÖ →'38 **DRB 75 760** →'45 ÖBB →28.05.45 ČSD/R +28.03.51 →'52 JDŽ 116-038 +	
WrN 1918/ 5451	kkStB 229.229 →'18 BBÖ →'38 **DRB 75 761** +19.02.45 →'45 ÖBB/T	+31.12.48
KrLi 1917/ 7132	kkStB 229.231 →'18 BBÖ →'38 **DRB 75 762** →'45 ÖBB/T →'55 ÖBB 75.762	+15.02.58
KrLi 1917/ 7212	kkStB 229.236 →'18 BBÖ →'38 **DRB 75 763** →'45 ÖBB →'53 ÖBB 75.763	+06.10.58
KrLi 1917/ 7215	kkStB 229.239 →'18 BBÖ →'38 **DRB 75 764** →'45 ÖBB →14.04.45 MÁV/R →01.06.50 ÖBB →'53 ÖBB 75.764	+18.08.58
Flor 1902/ 1485	kkStB 12903 →'05 kkStB 129.03 →22.05.12 Ub. kkStB 229.403 →'18 BBÖ →'38 **DRB 75 765** →'45 ÖBB →'53 ÖBB 75.765	+15.02.58
Flor 1902/ 1486	kkStB 12904 →'05 kkStB 129.04 →10.05.12 Ub. kkStB 229.404 →'18 BBÖ →'38 **DRB 75 766** →'45 ÖBB →'53 ÖBB 75.766	+08.02.62
Flor 1902/ 1487	kkStB 12905 →'05 kkStB 129.05 →11.07.12 Ub. kkStB 229.405 →'18 BBÖ →'38 **DRB 75 767** →'45 ÖBB →20.06.45 ČSD/R →10.46 ČSD 354.0504	+28.03.51
WrN 1902/ 4496	kkStB 12911 →'05 kkStB 129.11 →'09 Ub. kkStB 229.411 →'18 BBÖ →'38 **DRB 75 768** →'45 ÖBB →20.06.45 ČSD/R	+28.12.49
WrN 1902/ 4498	kkStB 12913 →'05 kkStB 129.13 →16.01.13 Ub. kkStB 229.413 →'18 BBÖ →'38 **DRB 75 769** →'45 ÖBB/T →'55 ÖBB 75.769	+26.08.57
Flor 1903/ 1544	Südbahn (SB) 1201 (Serie 229) →'24 BBÖ 229.501 →'38 **DRB 75 770** →'45 ÖBB →15.04.45 MÁV →26.05.50 ÖBB →'53 ÖBB 75.770	+18.12.58
Flor 1903/ 1545	Südbahn (SB) 1202 (Serie 229) →'24 BBÖ 229.502 →'38 **DRB 75 771** →'45 ÖBB/T →'55 ÖBB 75.771	+25.06.59
Flor 1903/ 1546	Südbahn (SB) 1203 (Serie 229) →'24 BBÖ 229.503 →'38 **DRB 75 772** →'45 ÖBB/T →'55 ÖBB 75.772	+10.07.62
Flor 1903/ 1547	Südbahn (SB) 1204 (Serie 229) →'24 BBÖ 229.504 →'38 **DRB 75 773** →'45 ÖBB →16.04.45 MÁV/R →15.06.50 ÖBB →'53 ÖBB 75.773	+05.04.55
Flor 1905/ 1617	Südbahn (SB) 1205 (Serie 229) →'24 BBÖ 229.505 →'38 **DRB 75 774** →'45 ÖBB/T →09.12.47 JDŽ 116-033	+
Flor 1906/ 1593	Südbahn (SB) 1206 (Serie 229) →'24 BBÖ 229.506 →'38 **DRB 75 775** →'45 ÖBB/T →09.12.47 JDŽ 116-024	+

Bei einer seiner Reisen in die „Ostmark" entstand am 23. Juli 1940 diese von Carl Bellingrodt angefertigte Fotografie der 75 757 in Selzthal.

Flor 1906/ 1594	Südbahn (SB) 1207 (Serie 229) →'24 BBÖ 229.507 →'38 **DRB 75 776** →'45 ÖBB/T →'55 ÖBB 75.776	+18.12.58
Flor 1907/ 1645	Südbahn (SB) 1208 (Serie 229) →'24 BBÖ 229.508 →'38 **DRB 75 777** →'45 ÖBB →14.04.45 MÁV/R →01.06.50 ÖBB →'53 ÖBB 75.777	+05.04.55
Flor 1907/ 1646	Südbahn (SB) 1209 (Serie 229) →'24 BBÖ 229.509 →'38 **DRB 75 778** →'45 ÖBB/T	+10.08.52
Flor 1907/ 1675	Südbahn (SB) 1210 (Serie 229) →'24 BBÖ 229.510 →'38 **DRB 75 779** →'45 ÖBB →14.04.45 MÁV/R →06.45 JDŽ 116-010	+21.02.49
Flor 1907/ 1676	Südbahn (SB) 1211 (Serie 229) →'24 BBÖ 229.511 →'38 **DRB 75 780** →'45 ÖBB/T →09.12.47 JDŽ 116-025	+
WrN 1909/ 4955	EWA 41 IIIa →'37 BBÖ 229.801 →'38 **DRB 75 781** →'45 ÖBB →15.04.45 MÁV/R →01.06.50 ÖBB →'53 ÖBB 75.781	+05.04.55
WrN 1909/ 4956	EWA 42 IIIa →'37 BBÖ 229.802 →'38 **DRB 75 782** →'45 ÖBB/T →'55 ÖBB 75.782	+18.08.58
WrN 1911/ 5072	EWA 43 IIIa →'37 BBÖ 229.803 →'38 **DRB 75 783** →'45 ÖBB/T →'55 ÖBB 75.783	+05.11.59
WrN 1911/ 5073	EWA 44 IIIa →'37 BBÖ 229.804 →'38 **DRB 75 784** →'45 ÖBB/T →'55 ÖBB 75.784	+18.12.58
WrN 1912/ 5118	EWA 45 IIIa →'37 BBÖ 229.805 →'38 **DRB 75 785** →'45 ÖBB →'53 ÖBB 75.785	+05.11.59
WrN 1914/ 5217	EWA 46 IIIa →'37 BBÖ 229.806 →'38 **DRB 75 786** →'45 ÖBB/T →'55 ÖBB 75.786	+15.01.60
WrN 1917/ 5461	EWA 47 IIIa →'37 BBÖ 229.807 →'38 **DRB 75 787** →'45 ÖBB/T →'55 ÖBB 75.787	+26.08.57
WrN 1917/ 5462	Eb. Wien-Aspang (EWA) 48 (IIIa) →'37 BBÖ 229.808 →'38 **DRB 75 788** →'45 ÖBB/T →09.12.47 JDŽ 116-026	+
WrN 1920/ 5611	Eb. Wien-Aspang (EWA) 49 (IIIa) →'37 BBÖ 229.809 →'38 **DRB 75 789** →'45 ÖBB/T →09.12.47 JDŽ 116-034	+
WrN 1920/ 5612	Eb. Wien-Aspang (EWA) 50 (IIIa) →'37 BBÖ 229.810 →'38 **DRB 75 790** →'45 ÖBB/T →'55 ÖBB 75.790	+05.11.59

Noch 1938, im Jahr des Inkrafttretens des Umzeichnungsplans, fotografierte Ing. Otto Zell die 75 787, welche auch noch die nicht durchgestrichene Betriebsnummer „229.807" trug. Als Eigentumsbezeichnung war am Führerhaus noch immer „B. B. Österreich" angeschrieben.

1'C 1' n2vt	DRB 75⁷	(ex JDŽ 116)

Treibraddurchmesser (mm):	1 614
Achsstand (mm):	8 000
Länge über Puffer (mm):	11 766
Dienstgewicht (t):	67,1
Achslast (maximal) (t):	14,0
Höchstgeschwindigkeit (km/h):	80
Zylinderdurchmesser (mm):	420/650
Kolbenhub (mm):	720
Rostfläche (m²):	2,0
Verdampfungsheizfläche (m²):	96,4
Kesselüberdruck (atm):	14,0

Nach dem Ersten Weltkrieg kamen im Rahmen der Aufteilung des Fahrzeugparks der ehemaligen Donaumonarchie insgesamt 15 Lokomotiven der kkStB-Reihe 229 (siehe DRB 75 701-790) in den Besitz des „Staates der Slowenen, Kroaten und Serben" (SHS). Zwei 229er, die aus Lokomotiven der Reihe 129 umgebaut worden waren, schieden 1935 aus – alle anderen erhielten in den 30er Jahren die neuen JDŽ-Betriebsnummern 116-001 – 013. In dem im April 1941 besetzten Slowenien übernahm die Deutsche Reichsbahn 9 der 13 jugoslawische Maschinen und reihte sie 1943 als 75 791-799 ihren Bestand ein.

StEG 1910/ 3729	kkStB 229.90 →'18 SHS →'33 JDŽ 116-001 →'43 **DRB 75 791** →'45 JDŽ 116-001	+21.02.49
StEG 1910/ 3730	kkStB 229.91 →'18 SHS →'33 JDŽ 116-002 →'43 **DRB 75 792** →'45 JDŽ 116-002 →'?? verk. WL Sulfat Maglaj →'78 Eisenbahnmuseum Ljubljana	('19 vorh.)
StEG 1910/ 3738	kkStB 229.99 →'18 SHS →'33 JDŽ 116-003 →'43 **DRB 75 793**	V.u.
StEG 1910/ 3740	kkStB 229.101 →'18 SHS →'33 JDŽ 116-004 →'43 **DRB 75 794** →'45 JDŽ 116-004	+21.02.49
BMMF 1907/ 215	kkStB 229.68 →'18 SHS →'33 JDŽ 116-005 →'43 **DRB 75 795**	V.u.
WrN 1906/ 4653	kkStB 229.37 →'18 SHS →'33 JDŽ 116-008 →'43 **DRB 75 796** →'45 ÖBB →10.06.45 ČSD/R	+28.03.51
Flor 1907/ 1690	kkStB 229.54 →'18 SHS →'33 JDŽ 116-010 →'43 **DRB 75 797**	V.u.
Flor 1902/ 1484	kkStB 12902 →'05 kkStB 129.02 →03.12.09 Ub. kkStB 229.402 →'18 SHS →'33 JDŽ 116-011 →'43 **DRB 75 798** →'45 JDŽ 116-011	+21.02.49
WrN 1902/ 4497	kkStB 12912 →'05 kkStB 129.12 →04.01.10 Ub. kkStB 229.412 →'18 SHS →'33 JDŽ 116-012 →'43 **DRB 75 799** →'45 ÖBB →12.03.47 JDŽ 116-012	+21.02.49

In Laibach entstand im April 1944 die Aufnahme dieser Szenerie, in deren Mittelpunkt die 75 794 (ehemals JDŽ 116-004 – 1910 als kkStB 229.101 gebaut) zu sehen ist. Die Maschine verblieb nach dem Krieg in Jugoslawien, wurde aber bereits 1949 ausgemustert. *Foto: Heinz Finzel*

1'C 1' h2vt DRB 75⁸ (ex BBÖ 29)

Treibraddurchmesser (mm):	1 614
Achsstand (mm):	8 000
Länge über Puffer (mm):	12 016
Dienstgewicht (t):	68,3
Achslast (maximal) (t):	14,4
Höchstgeschwindigkeit (km/h):	80
Zylinderdurchmesser (mm):	420/650
Kolbenhub (mm):	720
Rostfläche (m²):	2,0
Verdampfungsheizfläche (m²):	87,3
Überhitzerheuizfläche (m²):	23,7
Kesselüberdruck (atm):	14,0

Zu Beginn des 20. Jahrhunderts wiederholte sich ein gewisses Muster im Lokomotivbau immer wieder: Hatte sich eine bestimmte Nassdampf-Bauart bewährt, so wurde sie überarbeitet und mit einem Überhitzer ausgerüstet: Anschließend ging man dann bei der Beschaffung auf die „neue", leistungsfähigere und sparsamere Heißdampfvariante über. So sollte es bei der kkStB-Reihe 229 (siehe Baureihe 75⁷) eigentlich auch laufen: Im Jahr 1912 wurden 36 Exemplare der Heißdampf-Reihe 29 abgeliefert, bei der zum Ausgleich des höheren Rauchkammer-Gewichtes die Wasserkästen verkürzt worden waren. Doch die Abstimmung der einzelnen Komponenten war bei dieser Bauart offensichtlich nicht so richtig gelungen, weshalb es bei den 36 Exemplaren blieb und stattdessen die Nassdampf-Reihe 229 weiter beschafft wurde.

Nach dem Ersten Weltkrieg blieben 26 Lokomotiven in Österreich, neun in Polen (PKP OKl 11-1 – 9) und eine im späteren Jugoslawien (JDŽ 116-017). Die österreichischen Lokomotiven wurden 1938 alle von der Deutschen Reichsbahn als 75 801-826 übernommen. Das Kriegsende erlebten die Lokomotiven in verschiedenen Ländern – die in Österreich verbliebenen erhielten 1953 die neue Baureihenbezeichnung 175.

BMMF 1912/ 415	kkStB 29.05" →'18 BBÖ →'38 **DRB 75 801** →'45 ÖBB →'53 ÖBB 175.801	+08.01.62
BMMF 1912/ 416	kkStB 29.06" →'18 BBÖ →'38 **DRB 75 802** →'45 ÖBB →21.06.45 ČSD/R →10.46 ČSD 354.0505	+28.03.51
BMMF 1912/ 417	kkStB 29.07 →'18 BBÖ →'38 **DRB 75 803** →'45 ÖBB/T →'55 ÖBB 175.803 →25.04.57 Anl. 01082	+15.01.62
BMMF 1912/ 418	kkStB 29.08" →'18 BBÖ →'38 **DRB 75 804** →'45 ÖBB →'53 ÖBB 175.804	+28.11.57
BMMF 1912/ 419	kkStB 29.09" →'18 BBÖ →'38 **DRB 75 805** →'45 ČSD/R	+28.12.49
BMMF 1912/ 420	kkStB 29.10" →'18 BBÖ →'38 **DRB 75 806** →'45 JDŽ 116-019	+
BMMF 1912/ 421	kkStB 29.11" →'18 BBÖ →'38 **DRB 75 807** →'45 JDŽ 116-020	+
BMMF 1912/ 422	kkStB 29.12" →'18 BBÖ →'38 **DRB 75 808** →'45 ÖBB →'53 ÖBB 175.808	+25.06.59
BMMF 1912/ 423	kkStB 29.13" →'18 BBÖ →'38 **DRB 75 809** →'45 JDŽ 116-021	+
BMMF 1912/ 424	kkStB 29.14" →'18 BBÖ →'38 **DRB 75 810** →24.04.45 GySEV 151 →15.05.51 ÖBB →'53 ÖBB 175.810	+25.02.57
BMMF 1912/ 425	kkStB 29.15" →'18 BBÖ →'38 **DRB 75 811** →'45 ČSD/R	+5x
BMMF 1912/ 426	kkStB 29.16 →'18 BBÖ →'38 **DRB 75 812** →'45 ÖBB	+08.10.45
BMMF 1912/ 427	kkStB 29.17 →'18 BBÖ →'38 **DRB 75 813** →'45 ÖBB →'53 ÖBB 175.813	+25.06.59
BMMF 1912/ 429	kkStB 29.19 →'18 BBÖ →'38 **DRB 75 814** →'45 ÖBB →'53 ÖBB 175.814	+28.06.57
BMMF 1912/ 430	kkStB 29.20 →'18 BBÖ →'38 **DRB 75 815** →'45 ÖBB →'53 ÖBB 175.815	+28.06.57
BMMF 1912/ 431	kkStB 29.21 →'18 BBÖ →'38 **DRB 75 816** →'45 ÖBB/T →'55 ÖBB 175.816 →15.03.57 Anl. 01081	+09.11.62
BMMF 1912/ 432	kkStB 29.22 →'18 BBÖ →'38 **DRB 75 817** →'45 ÖBB/T →'55 ÖBB 175.817 →18.06.56 Anl. 900739 →'57 Anl. 01080 +01.06.73 →'?? Eisenbahnmuseum Strasshof	('19 vorh.)
BMMF 1912/ 433	kkStB 29.23 →'18 BBÖ →'38 **DRB 75 818** →'45 ÖBB →'53 ÖBB 175.818	+25.02.57
BMMF 1912/ 434	kkStB 29.24 →'18 BBÖ →'38 **DRB 75 819** →'45 ČSD/R	+28.12.49
BMMF 1912/ 435	kkStB 29.25 →'18 BBÖ →'38 **DRB 75 820** →'45 ÖBB →'53 ÖBB 175.820	+03.03.62
BMMF 1912/ 436	kkStB 29.26 →'18 BBÖ →'38 **DRB 75 821** →'45 ÖBB →'53 ÖBB 175.821	+28.11.57
BMMF 1912/ 438	kkStB 29.28 →'18 BBÖ →'38 **DRB 75 822** →'45 ČSD/R	+5x
BMMF 1912/ 439	kkStB 29.29 →'18 BBÖ →'38 **DRB 75 823** →'45 JDŽ 116-022 →'56 WL Bergwerk Kreka	+
BMMF 1912/ 440	kkStB 29.30 →'18 BBÖ →'38 **DRB 75 824** →'45 ÖBB/T →'55 ÖBB 175.824	+10.09.62
BMMF 1912/ 441	kkStB 29.31 →'18 BBÖ →'38 **DRB 75 825** →'?? GySEV/L →31.05.45 GySEV →12.11.45 ÖBB/T →'55 ÖBB 175.825	+06.10.58
Flor 1912/ 2089	kkStB 29.36 →'18 BBÖ →'38 **DRB 75 826** →'45 ÖBB/T →'55 ÖBB 175.826	+06.10.58

Von Hermann Maey stammt diese sehr schöne Aufnahme der 75 801, die zum Aufnahmezeitpunkt zum Bw Wien-West gehörte. Später erhielt die Lokomotive von den ÖBB übrigens die Betriebsnummer „175.801", mit der sie 1962 ausgemustert wurde.

Die 75 810 erwartete nach Kriegsende ein ungewöhnliches Schicksal: Zunächst als Trophäenlokomotive von der Besatzungsmacht in Wiener Neustadt erfasst, wurde sie noch im April 1945 an die Raab-Oedenburg-Ebenfurter Eisenbahn AG (bzw. ungarisch Győr-Sopron-Ebenfurti Vasút Zrt./GySEV) abgegeben, kam aber 1951 im Rahmen eines Loktauschs nach Österreich zurück. Foto: Hermann Maey

1'C 1' h2vt DRB 75⁸ (ex PKP OKl 11)

Treibraddurchmesser (mm):	1 614
Achsstand (mm):	8 000
Länge über Puffer (mm):	12 016
Dienstgewicht (t):	68,3
Achslast (maximal) (t):	14,4
Höchstgeschwindigkeit (km/h):	80
Zylinderdurchmesser (mm):	450/650
Kolbenhub (mm):	720
Rostfläche (m²):	2,0
Verdampfungsheizfläche (m²):	87,3
Überhitzerheizfläche (m²):	23,7
Kesselüberdruck (atm):	14,0

Ab 1912 wurden 36 Lokomotiven der kkStB-Reihe 229 als Heißdampf-Variante Reihe 29 (mit einigen Veränderungen wie Kolbenschieber, kleinerem Dampfdom, kürzeren Wasserkästen) gebaut. Die PKP erhielten neun Maschinen zugesprochen und bezeichnete sie als OKl11. Im Jahre 1939 kamen alle in den Bestand der DRB bzw. Gedob, wurden aber im Zuge eines Loktausches schon Ende 1940 an die Rbd Wien abgegeben. Dort erhielten sie, wie im Umzeichnungsplan für die Lokomotiven der PKP festgelegt, die Betriebsnummern 75 827-835, wurden also im Anschluss an die BBÖ-Lokomotiven der Reihe 29 (75 801-826) eingereiht. Bei Kriegsende befanden sich fast alle Maschinen in Österreich, wurden aber schon bald an Polen und Jugoslawien abgegeben.

BMMF 1912/ 411	kkStB 29.01" →'18 PKP OKl11-1 →'39 DRB →'41 **DRB 75 827** →'45 ČSD	+5x
BMMF 1912/ 412	kkStB 29.02" →'18 PKP OKl11-2 →'39 DRB →'41 **DRB 75 828** →'45 ÖBB →30.05.45 MÁV →02.02.53 PKP [OKl11-4"] +53 →'53 Zabrzańskiego Zjednoczenia Przemysłu Węglowego	+
BMMF 1912/ 413	kkStB 29.03" →'18 PKP OKl11-3 →'39 DRB →'41 **DRB 75 829** →'45 ÖBB/T →23.11.48 CCCP →25.11.48 PKP OKl11-3"	+18.05.53
BMMF 1912/ 414	kkStB 29.04" →'18 PKP OKl11-4 →'39 DRB →'41 **DRB 75 830** →'45 ÖBB/T →09.12.47 JDŽ 116-027 →'?? WL Bergwerk Kreka	+
BMMF 1912/ 437	kkStB 29.27 →'18 PKP OKl11-5 →'39 DRB →'41 **DRB 75 831** →'45 ÖBB/T →09.12.47 JDŽ 116-035	+
BMMF 1912/ 442	kkStB 29.32 →'18 PKP OKl11-6 →'39 DRB →'41 **DRB 75 832** →'45 ÖBB/T →19.11.48 CCCP →25.11.48 PKP OKl11-1"	+18.05.53
BMMF 1912/ 443	kkStB 29.33 →'18 PKP OKl11-7 →'39 DRB →'41 **DRB 75 833** →'45 ÖBB/T →09.12.47 JDŽ 116-028	+
Flor 1912/ 2078	kkStB 29.34 →'18 PKP OKl11-8 →'39 DRB →'41 **DRB 75 834** →'45 ÖBB →01.05.45 GySEV 152 →'53 MÁV →21.02.53 PKP [OKl11-5"] +53 →'53 Zabrzańskiego Zjednoczenia Przemysłu Węglowego	+
Flor 1912/ 2079	kkStB 29.35 →'18 PKP OKl11-9 →'39 DRB →'41 **DRB 75 835** →'45 ÖBB →15.05.45 ČSD →01.08.45 ÖBB/T →23.11.48 CCCP →25.11.48 PKP OKl11-2"	+03.12.50

Als „T75 № 829" – so an der Führerhausseitenwand unter dem sowjetischen Hoheitskennzeichen mit Hammer und Sichel angeschrieben – war die 75 829 (ex PKP OKl11-3) mit einem langen Personenzug unterwegs. Noch 1948 wurde die Maschine von der Besatzungsmacht wieder nach Polen überführt, wo sie erneut die PKP-Betriebsnummer OKl11-3 erhielt. Dass PKP-Lokomotiven die gleiche Betriebsnummer sowohl im Vorkriegs- als auch im Nachkriegs-Nummernschema erhielten, kam nur äußerst selten vor. *Foto: Franz Kraus*

Nach der Übernahme durch die Deutsche Reichsbahn aber noch vor Inkrafttreten des Umzeichnungsplans wurde 1939 von Hermann Maey die ehemalige PKP OKl11-5 im Bw Oppeln fotografiert. Zwei Jahre später wurde sie zur 75 831.

1'C 1' h2vt **DRB 75⁸** (ex JDŽ 116)

Treibraddurchmesser (mm):	1 614
Achsstand (mm):	8 000
Länge über Puffer (mm):	12 016
Dienstgewicht (t):	68,3
Achslast (maximal) (t):	14,4
Höchstgeschwindigkeit (km/h):	80
Zylinderdurchmesser (mm):	450/650
Kolbenhub (mm):	720
Rostfläche (m^2):	2,0
Verdampfungsheizfläche (m^2):	87,3
Überhitzerheizfläche (m^2):	23,7
Kesselüberdruck (atm):	14,0

Von der kkStB-Reihe 29 (siehe DRB 75 801-826) war nach dem Ersten Weltkrieg nur eine Lokomotive im späteren Jugoslawien verblieben. Diese kam bei der im April 1941 erfolgten Besetzung Sloweniens in den Bestand der Deutschen Reichsbahn, welche sie im Anschluss an die in Polen übernommenen Maschinen gleicher Bauart als 75 836 in den Bestand einreihte.

BMMF 1912/ 428	kkStB 29.18 →'18 SHS →'33 JDŽ 116-017 →'43 **DRB 75 836** →'45 ÖBB	+08.10.45

1'C 1' n2vt DRB 75^8 (ex PKP OKl 12)

Treibraddurchmesser (mm):	1 614
Achsstand (mm):	8 000
Länge über Puffer (mm):	11 766
Dienstgewicht (t):	67,1
Achslast (maximal) (t):	14,0
Höchstgeschwindigkeit (km/h):	80
Zylinderdurchmesser (mm):	420/650
Kolbenhub (mm):	720
Rostfläche (m²):	2,0
Verdampfungsheizfläche (m²):	96,4
Kesselüberdruck (atm):	14,0

Im Jahre 1902 entwickelte Karl Gölsdorf die Verbund-Tenderlokomotiven der kkStB-Reihe 129 (Achsfolge 1'C) als Ersatz für die im lokalen Personenverkehr eingesetzten veralteten 1B-Schlepptenderlokomotiven. Bereits ein Jahr später wurden, zunächst nur für die private Südbahngesellschaft, doch später auch für die kkStB, die ersten Exemplare der aus der Reihe 129 abgeleiteten Reihe 229 gebaut, welche aufgrund des vergrößerten Kohlen- und Wasservorrates eine zusätzliche hintere Laufachse erhalten hatte (siehe Baureihe 75^7). Nach dem Ersten Weltkrieg bekamen die Polnischen Staatsbahnen 22 der 239 gebauten Maschinen dieses Typs von der Aufteilungskommission für die Fahrzeuge der vormaligen kkStB zugesprochen (PKP OKl 12-1 – 22). Mindestens die Hälfte der polnischen Lokomotiven wurde zwischen 1918 und 1920 von einer Firma in Krakau sowie vom Ausbesserungswerk in Neu Sandez in Panzerzuglokomotiven umgebaut, jedoch bis zur Mitte der 20er Jahre wieder in die Regelausführung zurückgebaut. Bei der Aufteilung des PKP-Fahrzeugparks im Jahr 1939 waren noch alle Maschinen vorhanden – 18 kamen in den Bestand der Deutschen Reichsbahn (1941 eingereiht als 75 851-868) und vier in jenen der sowjetischen Eisenbahnen (NKPS). Während des Russland-Feldzuges wurden alle vier sowjetischen Maschinen von der Wehrmacht erbeutet – und drei von ihnen 1944 in 75 869-871 umgezeichnet.

Ein Exot im Bestand der Deutschen Reichsbahn der DDR war die 75 857, die ihren österreichischen Ursprung nicht leugnen konnte. Die auf der Aufnahme von 1952 in Gera Süd abgestellte Maschine wurde 1955 an Polen zurückgegeben, dort aber nicht wieder in Betrieb genommen.

Die PKP OKl12-3 war 1939 bei der Aufteilung Polens in den sowjetischen Fahrzeugbestand gekommen – dort behielt sie ihre Betriebsnummer, doch wurde diese in kyrillischen Buchstaben angeschrieben. Die Aufnahme entstand 1941 im RAW Gmünd – nach der Erbeutung während des Rußlandfeldzuges. Drei Jahre später wurde sie noch in 75 869 umgezeichnet.

Foto: Friedrich Kollmann

WrN 1904/ 4549	kkStB 229.01 →'18 PKP OKl12-1 →'39 DRB →'41 **DRB 75 851**	V.u.
WrN 1904/ 4550	kkStB 229.02 →'18 PKP OKl12-2 →'39 DRB →'41 **DRB 75 852** →'45 PKP OKl12-1" +54 →'54 Cukr. Klemensów	+
StEG 1906/ 3230	kkStB 229.31 →'18 PKP OKl12-6 →'39 DRB →'41 **DRB 75 853** →'45 ČSD/R →10.05.49 PKP OKl12-12" +04.09.54 →'54 Zakłady Ceramiczne Ziebiec	+
StEG 1906/ 3311	kkStB 229.42 →'18 PKP OKl12-7 →'39 DRB →'41 **DRB 75 854** →'45 PKP OKl12-2"	+11.11.50
Flor 1907/ 1682	kkStB 229.46 →'18 PKP OKl12-8 →'39 DRB →'41 **DRB 75 855** →'45 PKP OKl12-5" +14.08.54 →'54 Zakłady Tłuszczowe, Brzeg	+
Flor 1907/ 1683	kkStB 229.47 →'18 PKP OKl12-9 →'39 DRB →'41 **DRB 75 856**	V.u.
Flor 1907/ 1685	kkStB 229.49 →'18 PKP OKl12-10 →'39 DRB →'41 **DRB 75 857** →'45 ÖBB →06.07.45 MÁV →'45 DRo/DR →12.09.55 PKP	+
BMMF 1908/ 264	kkStB 229.81 →'18 PKP OKl12-11 →'39 DRB →'41 **DRB 75 858** →'45 ÖBB →09.05.47 CCCP →13.05.47 PKP OKl12-7" +06.03.53 →'?? Zuckerfabrik Nakło	+
StEG 1908/ 3508	kkStB 229.85 →'18 PKP OKl12-12 →'39 DRB →'41 **DRB 75 859** →'45 DRo/DR →10.11.55 PKP	+
WrN 1902/ 4499	kkStB 12914 →'05 kkStB 129.14 →14.01.13 Ub. kkStB 229.414 →'18 PKP OKl12-13 →'39 DRB →'41 **DRB 75 860** →'45 ÖBB →30.04.45 GySEV →12.11.45 ÖBB/T →09.12.47 JDŽ 116-023	+
BMMF 1913/ 450	kkStB 229.117 →'18 PKP OKl12-14 →'39 DRB →'41 **DRB 75 861** →'45 ČSD →06.45 ČSD 354.0500[c] →17.01.50 PKP	+
BMMF 1913/ 451	kkStB 229.118 →'18 PKP OKl12-15 →'39 DRB →'41 **DRB 75 862** (16.05.45 von sowjetischer Besatzungsmacht in Chabin erfasst)	V.u.
WrN 1913/ 5126	kkStB 229.130 →'18 PKP OKl12-16 →'39 DRB →'41 **DRB 75 863** →'45 ÖBB/T →11.11.48 CCCP →18.11.48 PKP OKl12-11" +14.08.54 →09.54 Parowózy Cukrowni Gosławice (Zuckerfabrik Gosławice) →'59 Zuckerfabrik Unisław →'66 Zuckerfabrik Nakło	+
WrN 1913/ 5127	kkStB 229.131 →'18 PKP OKl12-17 →'39 DRB →'41 **DRB 75 864** →'45 PKP OKl12-3"	+11.11.50
WrN 1913/ 5130	kkStB 229.134 →'18 PKP OKl12-18 →'39 DRB →'41 **DRB 75 865** →'45 ÖBB →22.04.47 CCCP →26.04.47 PKP OKl12-8"	+07.11.52
BMMF 1914/ 536	kkStB 229.154 →'18 PKP OKl12-20 →'39 DRB →'41 **DRB 75 866** →'45 PKP OKl12-4"	+26.10.50
KrLi 1917/ 7131	kkStB 229.230 →'18 PKP OKl12-21 →'39 DRB →'41 **DRB 75 867** →'45 PKP OKl12-6" +04.02.55 →'54 KWK Porąbka	+
KrLi 1917/ 7211	kkStB 229.235 →'18 PKP OKl12-22 →'39 DRB →'41 **DRB 75 868** →'45 ÖBB →09.05.47 CCCP →13.05.47 PKP OKl12-9"	+11.11.50
WrN 1904/ 4551	kkStB 229.03 →'18 PKP OKl12-3 →'39 NKPS →ca.'41/42 DRB →'44 **DRB 75 869** →'45 ÖBB/T →09.12.47 JDŽ 116-037 →'?? Eisenbahnmuseum Zagreb	('16 vorh.)
StEG 1906/ 3228	kkStB 229.29 →'18 PKP OKl12-4 →'39 NKPS →ca.'41/42 DRB →'44 **DRB 75 870** →'45 DRo/DR →27.07.55 PKP	+
StEG 1906/ 3229	kkStB 229.30 →'18 PKP OKl12-5 →'39 NKPS →ca.'41/42 DRB →'44 **DRB 75 871** →'45 ČSD/R	+5x

1'C 1' h2t DRB 75⁹ (ex ČSD 355)

Treibraddurchmesser (mm):	1 614
Achsstand (mm):	8 000
Länge über Puffer (mm):	11 766
Dienstgewicht (t):	72,9
Achslast (maximal) (t):	15,1
Höchstgeschwindigkeit (km/h):	80
Zylinderdurchmesser (mm):	420
Kolbenhub (mm):	720
Rostfläche (m²):	2,0
Verdampfungsheizfläche (m²):	78,82
Überhitzerheizfläche (m²):	43,4
Kesselüberdruck (atm):	14,0

Von der kkStB-Reihe 229 (siehe Baureihe 75⁷) waren nach dem Ersten Weltkrieg 145 Exemplare in der Tschechoslowakei verblieben und von den ČSD in der Gattung 354.0 zusammengefasst worden. Zwischen 1929 und 1934 wurden fünf dieser Lokomotiven in Heißdampf-Zwillingslokomotiven umgebaut. Markantestes Kennzeichen der nun als Reihe 355.0 bezeichneten Maschinen war das Verbindungsrohr zwischen dem ursprünglichen und dem neu hinzugekommenen Dampfdom.

Bei der Abtretung der Sudentengebiete kamen alle fünf Maschinen in den Bestand der Deutschen Reichsbahn, welche ihnen die Betriebsnummern 75 901-905 zuwies. Über den späteren Verbleib der 75 902 ist nichts bekannt; alle übrigen Maschinen befanden sich nach Kriegsende noch in der Tschechoslowakei und erhielten ihre Vorkriegs-Betriebsnummern zurück.

StEG 1906/ 3231	kkStB 229.32 →'18 ČSD 354.020 →'29 Ub. ČSD 355.001 →'39 **DRB 75 901** →'45 ČSD 355.001	+15.01.52
BMMF 1908/ 263	kkStB 229.80 →'18 ČSD 354.048 →'29 Ub. ČSD 355.002 →'39 **DRB 75 902** (09.43 Bw Troppau)	V.u.
StEG 1906/ 3303	kkStB 229.40 →'18 ČSD 354.025 →'29 Ub. ČSD 355.003 →'39 **DRB 75 903** →'45 ČSD 355.003	+30.05.49
StEG 1906/ 3314	kkStB 229.45 →'18 ČSD 354.028 →'33 Ub. ČSD 355.004 →'39 **DRB 75 904** →'45 ČSD 355.004	+28.02.51
BMMF 1907/ 206	kkStB 229.59 →'18 ČSD 354.031 →'34 Ub. ČSD 355.005 →'39 **DRB 75 905** →'45 ČSD 355.005	+20.05.50

Bei der 75 901 handelte es sich um die ehemalige ČSD 355.001, ursprünglich eine kkStB 229, die 1929 in eine Heißdampf-Zwillingslokomotive umgebaut worden war. Aufgenommen wurde die Maschine 1941 von Hermann Maey im Bw Zauchtel (heute: Suchdol nad Odrou).

Auch die zweite Aufnahme der 75 901, nun von der Lokführerseite, wurde 1941 von Hermann Maey angefertigt. Die Maschine befand sich 1945 zunächst noch in Österreich und kam dann über Ungarn in die DDR, wo sie bis 1955 – dem Jahr der Rückgabe an die Polnischen Staatsbahnen – abgestellt stand.

1'C 1' h2t **DRB 75^{10}** (Nachbau bad VIc)

Im Bw Villingen traf Karl-Friedrich Seitz im August 1965 die zum Bw Radolfzell gehörende DB 75 1002 an. Die zwei Monate später am 16. Oktober 1965 z-gestellte Maschine wurde im April 1966 ausgemustert.

Bereits in den 20er-Jahren trat diese badische Maschine ihre Reise in den Nordosten Deutschlands an und fand zunächst bei der Rbd Schwerin eine neue Heimat. Das Kriegsende erlebt sie beim Bw Rostock, um bald danach in den Süden der DDR abzuwandern. Diese Aufnahme entstand am 21. Mai 1959 im Bw Zittau. *Foto: Gerhard Illner*

Carl Bellingrodt erstellte diese Standardaufnahme der 75 1022 am 7. Juli 1934 im Bw Rostock.

Als Beheimatung am Führerhaus der 75 1106 angeschrieben war „Waldshut" – zu diesem Bahnbetriebswerk gehörte diese Lokomotive vom 20. Juli 1929 bis zum 22. Dezember 1933. *Foto: Hermann Maey*

Treibraddurchmesser (mm):	**1 600**
Achsstand (mm):	8 900
Länge über Puffer (mm):	**12 700**
Dienstgewicht (t):	79,5
Achslast (maximal) (t):	**17,0**
Höchstgeschwindigkeit (km/h):	90
Zylinderdurchmesser (mm):	**540**
Kolbenhub (mm):	640
Rostfläche (m²):	**2,06**
Verdampfungsheizfläche (m²):	103,52
Überhitzerheizfläche (m²):	**40,75**
Kesselüberdruck (atm):	12,0
Leistung (PSi):	**790**

Zwischen 1913 und 1918 wurden insgesamt 92 Lokomotiven mit der Gattungsbezeichnung VIc an die Großherzoglich Badischen Staatseisenbahnen geliefert. Diese Maschinen – sofern nicht zuvor an die Entente abgegeben – wurden 1925 in der Reichsbahn-Baureihe 75^4 zusammengefasst. Weitere 43 VIc gleicher Bauart hatte die Deutsche Reichsbahn 1920/21 bei der Maschinenbaugesellschaft Karlsruhe nachbestellt – diese erhielten jedoch 1925 nicht Betriebsnummern im Anschluss an die übrigen VIc, sondern bildeten die Baureihen 75^{10} und 75^{11}. Als Grund hierfür genannt wird eine etwas größere Masse der Nachbauten, welche die Vergabe einer separaten Unterbaureihe gerechtfertigt haben soll, doch lt. Merkbuch und DRB-Umzeichnungsplan hatten die Lokomotiven ab 75 451 sowie die Nachbauten ein identisches Dienst- und Reibungsgewicht. Abgesehen davon: Wenn man tatsächlich vorhatte, eine leicht abweichende Bauart durch eine andere Unterbauart zu kennzeichnen, wäre es zumindest logischer gewesen, die Maschinen als Baureihe 75^5 (und die sächsischen XIV HT dann als 75^6) einzureihen – und nicht rund 400 Betriebsnummern zwischen der letzten 75^5 und der ersten 75^{10} Platz zu lassen. Die Vermutung liegt somit nahe, dass man möglicherweise die Maschinen dadurch von den Länderbahnmaschinen distanzieren wollte – schließlich waren sie ja bereits von der Reichsbahn beschafft worden. Dagegen spricht allerdings, dass eine solche Distanzierung bei den anderen von der DRG beschafften Nachbauten nicht üblich war.
Die Nachbau-VIc wurden in zwei Serien an die Deutsche Reichsbahn geliefert (VIc[8] und VIc[9]) und von dieser 1925 in 75 1001-1023 sowie 75 1101-1120 umgezeichnet. Zwei der 43 Maschinen schieden schon 1933 aus dem Bestand aus – alle übrigen überstanden den Zweiten Weltkrieg und fanden sich schließlich im Bestand der Reichsbahn in der Ostzone bzw. den Westzonen wieder. Bei der DB wurden die Lokomotiven bis 1965, bei der DR bis 1969 ausgemustert. Erhalten geblieben ist die viele Jahre von der DGEG betreute 75 1118, die 1986 an die Ulmer Eisenbahnfreunde überging.

Karl 1920/ 2087	Bad. St.-Eb. 1082 (VIc)	→'25 **DRB 75 1001**	+07.05.33
Karl 1920/ 2088	Bad. St.-Eb. 1083 (VIc)	→'25 **DRB 75 1002** →'45 DRw/DB (SWDE)	+25.04.66
Karl 1920/ 2089	Bad. St.-Eb. 1084 (VIc)	→'25 **DRB 75 1003** →'45 DRw/DB	+01.09.65
Karl 1920/ 2090	Bad. St.-Eb. 1085 (VIc)	→'25 **DRB 75 1004** →'45 DRw/DB (SWDE)	+01.11.62
Karl 1920/ 2091	Bad. St.-Eb. 1086 (VIc)	→'25 **DRB 75 1005** →'45 DRo/DR	+03.01.69
Karl 1920/ 2092	Bad. St.-Eb. 1087 (VIc)	→'25 **DRB 75 1006** →'45 DRw/DB (SWDE)	+02.11.55
Karl 1920/ 2093	Bad. St.-Eb. 1088 (VIc)	→'25 **DRB 75 1007** →'45 DRo/DR	+06.08.65
Karl 1920/ 2094	Bad. St.-Eb. 1089 (VIc)	→'25 **DRB 75 1008** →'45 DRw/DB (SWDE)	+23.10.63
Karl 1920/ 2095	Bad. St.-Eb. 1090 (VIc)	→'25 **DRB 75 1009** →'45 DRw/DB (SWDE)	+28.07.64
Karl 1920/ 2096	Bad. St.-Eb. 1091 (VIc)	→'25 **DRB 75 1010** →'45 DRo/DR	+19.01.54
Karl 1920/ 2097	Bad. St.-Eb. 1092" (VIc)	→'25 **DRB 75 1011** →'45 DRo/DR	+12.12.67
Karl 1920/ 2098	Bad. St.-Eb. 1093 (VIc)	→'25 **DRB 75 1012** →'45 DRw/DB (SWDE)	+30.10.64
Karl 1920/ 2099	Bad. St.-Eb. 1094" (VIc)	→'25 **DRB 75 1013** →'45 DRo/DR	+30.09.64
Karl 1920/ 2100	Bad. St.-Eb. 1095" (VIc)	→'25 **DRB 75 1014** →'45 MPS	+08.51
Karl 1920/ 2101	Bad. St.-Eb. 1096 (VIc)	→'25 **DRB 75 1015** →'45 DRo/DR	+27.10.67
Karl 1920/ 2102	Bad. St.-Eb. 1097" (VIc)	→'25 **DRB 75 1016** →'45 DRw/DB (SWDE)	+14.03.57
Karl 1920/ 2103	Bad. St.-Eb. 1098" (VIc)	→'25 **DRB 75 1017** →'45 DRw/DB (SWDE)	+25.04.66
Karl 1920/ 2104	Bad. St.-Eb. 1099" (VIc)	→'25 **DRB 75 1018** →'45 DRw/DB (SWDE)	+11.01.60
Karl 1920/ 2105	Bad. St.-Eb. 1100 (VIc)	→'25 **DRB 75 1019** →'45 DRw/DB (SWDE)	+02.11.55
Karl 1920/ 2106	Bad. St.-Eb. 1101" (VIc)	→'25 **DRB 75 1020** →'45 DRo/DR	+25.01.51
Karl 1920/ 2107	Bad. St.-Eb. 1102 (VIc)	→'25 **DRB 75 1021** →'45 DRw/DB (SWDE)	+04.05.64
Karl 1920/ 2108	Bad. St.-Eb. 1103 (VIc)	→'25 **DRB 75 1022** →'45 DRo/DR	+23.05.67
Karl 1920/ 2109	Bad. St.-Eb. 1104 (VIc)	→'25 **DRB 75 1023** →'45 DRw/DB (SWDE)	+30.10.64
Karl 1921/ 2133	Bad. St.-Eb. 1105 (VIc)	→'25 **DRB 75 1101** →'45 DRw/DB (SWDE)	+20.02.59
Karl 1921/ 2134	Bad. St.-Eb. 1106 (VIc)	→'25 **DRB 75 1102** →'45 DRw/DB (SWDE)	+29.07.61
Karl 1921/ 2135	Bad. St.-Eb. 1107 (VIc)	→'25 **DRB 75 1103** →'45 DRw (SWDE)	+11.03.48
Karl 1921/ 2136	Bad. St.-Eb. 1108 (VIc)	→'25 **DRB 75 1104**	+08.12.33
Karl 1921/ 2137	Bad. St.-Eb. 1109 (VIc)	→'25 **DRB 75 1105** →'45 DRo/DR	+12.12.67
Karl 1921/ 2138	Bad. St.-Eb. 1110 (VIc)	→'25 **DRB 75 1106** →'45 DRw/DB (SWDE)	+30.09.60
Karl 1921/ 2139	Bad. St.-Eb. 1111 (VIc)	→'25 **DRB 75 1107** →'45 DRw/DB (SWDE)	+29.07.61
Karl 1921/ 2140	Bad. St.-Eb. 1112 (VIc)	→'25 **DRB 75 1108** →'45 DRw/DB (SWDE)	+30.10.64

Karl 1921/ 2141	Bad. St.-Eb. 1113" (VIc) →'25 **DRB 75 1109** →'45 DRo	+14.01.46
Karl 1921/ 2142	Bad. St.-Eb. 1114" (VIc) →'25 **DRB 75 1110** →'45 DRo/DR	+27.11.68
Karl 1921/ 2143	Bad. St.-Eb. 1115" (VIc) →'25 **DRB 75 1111** →'45 DRw/DB (SWDE)	+18.04.56
Karl 1921/ 2144	Bad. St.-Eb. 1116 (VIc) →'25 **DRB 75 1112** →'45 DRo/DR	+12.12.67
Karl 1921/ 2145	Bad. St.-Eb. 1117" (VIc) →'25 **DRB 75 1113** →'45 DRw/DB (SWDE)	+23.01.63
Karl 1921/ 2146	Bad. St.-Eb. 1118" (VIc) →'25 **DRB 75 1114** →'45 DRw/DB (SWDE)	+04.05.64
Karl 1921/ 2147	Bad. St.-Eb. 1119" (VIc) →'25 **DRB 75 1115** →'45 DRw/DB (SWDE)	+23.11.56
Karl 1921/ 2148	Bad. St.-Eb. 1120" (VIc) →'25 **DRB 75 1116** →'45 DRo/DR →'70 DR (75 1116-5)	+14.08.69
Karl 1921/ 2149	Bad. St.-Eb. 1121" (VIc) →'25 **DRB 75 1117** →'45 DRw/DB (SWDE)	+30.10.64
Karl 1921/ 2150	Bad. St.-Eb. 1122" (VIc) →'25 **DRB 75 1118** →'45 DRw/DB (SWDE) +20.04.67 →'67 verk. Technische H ochschule Karlsruhe ('70 in Singen als 75 435) →02.73 DGEG/L →'86 Ulmer Eisenbahnfreunde (UEF) (NVR: 90 80 0075 118-4 D-UEF)	('24 vorh.)
Karl 1921/ 2151	Bad. St.-Eb. 1123" (VIc) →'25 **DRB 75 1119** →'45 DRo/DR	+25.06.68
Karl 1921/ 2152	Bad. St.-Eb. 1124" (VIc) →'25 **DRB 75 1120** →'45 DRw/DB (SWDE)	+23.10.63

Im Februar 1925 war die badische 1114, die wenig später in 75 1110 umgezeichnet wurde, vom Bw Erkner zum Bw Rostock versetzt worden. Dort blieb sie auch bis zum Kriegsende, bevor dann die DDR-Reichsbahn die Maschine in den Süden der Republik schickte. *Foto: Gerhard Illner*

Bekannteste Vertreterin der badischen IVc dürfte die 75 1118 sein, die nach ihrer Ausmusterung erhalten blieb und seit 1986 für die Ulmer Eisenbahnfreunde unterwegs ist. Noch in DB-Diensten stehend traf Karl-Friedrich Seitz die Lokomotive im August 1965 im Bw Villingen an.

1'C 1' h2t DRB 75^{11} (ex PH L)

Treibraddurchmesser (mm):	1 600
Achsstand (mm):	8 900
Länge über Puffer (mm):	12 700
Dienstgewicht (t):	82,1
Achslast (maximal) (t):	17,6
Höchstgeschwindigkeit (km/h):	84
Zylinderdurchmesser (mm):	540
Kolbenhub (mm):	640
Rostfläche (m²):	2,06
Verdampfungsheizfläche (m²):	106,1
Überhitzerheizfläche (m²):	40,75
Kesselüberdruck (atm):	12,0

Bei der luxemburgischen Prinz-Heinrich-Eisenbahn (PH) hatten die ersten 1C1-Personenzug-Tenderlokomotiven mit der von Borsig gelieferten Reihe H bereits im Jahr 1908 Einzug gehalten (siehe DRB 75 641-645). Man schien mit dieser Bauart recht zufrieden zu sein, denn fünf Jahre später folgten zehn nahezu baugleiche, allerdings als Heißdampflokomotiven ausgeführte Maschinen von La Meuse als Reihe H'. So verwundert es auch nicht, dass die Prinz-Heinrich Eisenbahn im Jahr 1923 von Belgien 13 Waffenstillstandslokomotiven der badischen Reihe VIc erwarb, die als Reihe L mit den Betriebsnummern 251-263 in Betrieb genommen wurden. Die Maschinen hatten einen Caledonian-Schornstein erhalten, waren aber ansonsten weitgehend unverändert geblieben. Erst später wurde bei allen Lokomotiven der vor der Rauchkammer platzierte Vorwärmer ersatzlos entfernt.

Nachdem die Deutsche Reichsbahn während des Zweiten Weltkriegs die Strecken der Prinz-Heinrich-Eisenbahn übernommen hatte, zeichnete sie 1943 die Lokomotiven der Gattung „L" in 75 1121-1133 um und reihte sie somit im Anschluss an die Nachbau-VIc ein. Nach dem Kriegsende wurden alle Maschinen bis auf zwei, die nicht nach Luxemburg zurückgekehrt waren, von der neugegründeten „Eisenbahngesellschaft Luxemburgs" (CFL) übernommen und mit den Betriebsnummern 3501-3513 versehen. Die Ausmusterung der Lokomotiven erfolgte bis zum Jahre 1961.

Karl 1914/ 1892	Grh. Bad. St.-Eb. 909 (VIc) →'18/19 B (6909) →'23 Prinz-Heinrich Eb. (PH) 251 →'42 DRB →'43 **DRB 75 1121** →'45 DRw →27.12.45 CFL 3501	+28.12.59
Karl 1917/ 1986	Grh. Bad. St.-Eb. 920 (VIc) →'18/19 B (6920) →'23 Prinz-Heinrich Eb. (PH) 252 →'42 DRB →'43 **DRB 75 1122** →10.09.44 CFL 3502	+24.02.58
Karl 1917/ 1982	Grh. Bad. St.-Eb. 916 (VIc) →'18/19 B (6916) →'23 Prinz-Heinrich Eb. (PH) 253 →'42 DRB →'43 **DRB 75 1123** →'45 DRw →24.06.46 CFL 3503	+30.01.61
Karl 1917/ 2007	Grh. Bad. St.-Eb. 950 (VIc) →'18/19 B (6950) →'23 Prinz-Heinrich Eb. (PH) 254 →'42 DRB →'43 **DRB 75 1124** →10.09.44 CFL 3504	+29.06.59
Karl 1917/ 2008	Grh. Bad. St.-Eb. 951 (VIc) →'18/19 B (6951) →'23 Prinz-Heinrich Eb. (PH) 255 →'42 DRB →'43 **DRB 75 1125** →10.09.44 CFL 3505	+30.01.61
Karl 1917/ 2010	Grh. Bad. St.-Eb. 953 (VIc) →'18/19 B (6953) →'23 Prinz-Heinrich Eb. (PH) 256 →'42 DRB →'43 **DRB 75 1126** →'45 ÖBB (vorgesehen CFL 3506)	+18.02.46
Jung 1917/ 2524	Grh. Bad. St.-Eb. 941 (VIc) →'18/19 B (6941) →'23 Prinz-Heinrich Eb. (PH) 257 →'42 DRB →'43 **DRB 75 1127** →10.09.44 CFL 3507	+30.01.61
Jung 1917/ 2531	Grh. Bad. St.-Eb. 948 (VIc) →'18/19 B (6948) →'23 Prinz-Heinrich Eb. (PH) 258 →'42 DRB →'43 **DRB 75 1128** →10.09.44 CFL 3508	+22.09.58
Jung 1918/ 2750	Grh. Bad. St.-Eb. 959 (VIc) →'18/19 B (6959) →'23 Prinz-Heinrich Eb. (PH) 259 →'42 DRB →'43 **DRB 75 1129** →'45 DRo (vorges. CFL 3509)	+05.02.49
Jung 1918/ 2754	Grh. Bad. St.-Eb. 963 (VIc) →'18/19 B (6963) →'23 Prinz-Heinrich Eb. (PH) 260 →'42 DRB →'43 **DRB 75 1130** →'45 DRw →'46 CFL 3510	+27.07.57
Jung 1918/ 2755	Grh. Bad. St.-Eb. 964 (VIc) →'18/19 B (6964) →'23 Prinz-Heinrich Eb. (PH) 261 →'42 DRB →'43 **DRB 75 1131** →'45 DRw/DB →08.01.52 CFL 3511	+30.01.61
Jung 1918/ 2756	Grh. Bad. St.-Eb. 965 (VIc) →'18/19 B (6965) →'23 Prinz-Heinrich Eb. (PH) 262 →'42 DRB →'43 **DRB 75 1132** →10.09.44 CFL 3512	+28.12.59
Jung 1918/ 2757	Grh. Bad. St.-Eb. 966 (VIc) →'18/19 B (6966) →'23 Prinz-Heinrich Eb. (PH) 263 →'42 DRB →'43 **DRB 75 1133** →10.09.44 CFL 3513	+21.12.63

Da die Lokomotiven der PH-Reihe L nur für kurze Zeit eine Reichsbahnnummer getragen haben, sind bisher keine Aufnahmen der Baureihe 75^{11} mit einer solchen Nummer bekannt geworden. Die Baureihe soll daher durch diese am 1. Juni 1960 entstandenen Fotografie der CFL 35.11 (ex DRB 75 1131) repräsentiert werden. *Foto: Hellmuth Fröhlich*

1'C 1' h2t DRB 75^{12-13} (ex PKP OKl 27)

Treibraddurchmesser (mm):	1 500
Achsstand (mm):	9 000
Länge über Puffer (mm):	12 863
Dienstgewicht (t):	85,1
Achslast (maximal) (t):	18,2
Höchstgeschwindigkeit (km/h):	80
Zylinderdurchmesser (mm):	540
Kolbenhub (mm):	630
Rostfläche (m²):	2,6
Verdampfungsheizfläche (m²):	124,15
Überhitzerheizfläche (m²):	42,2
Kesselüberdruck (atm):	14,0
Leistung (PSi):	930

Von der Lokomotivfabrik Cegielski in Posen wurden zwischen 1928 und 1933 insgesamt 122 als Gattung OKl27 bezeichnete 1C1-Personenzug-Lokomotiven an die Polnischen Staatsbahnen geliefert. Nachdem in den 30er Jahren acht OKl27 an die Französisch-Polnische Kohlenbahngesellschaft (FKP) verkauft worden waren, betrug der offizielle Bestand im September 1939 nur noch 114 Lokomotiven. Mit 107 Maschinen kam der überwiegende Teil aller OKl27 nach der Aufteilung des Fahrzeugparks in den Bestand der Reichsbahn, welche sie ab 1941 als Baureihe 75^{12-13} führte; die übrigen 15 OKl27 waren im sowjetischen Bereich verblieben und wurden von den NKPS in ihrem Bestand nachgewiesen. Bis auf zwei Maschinen kamen auch die sowjetischen OKl27 als Kriegsbeute zur Reichsbahn, welche ihnen die Betriebsnummern 75 1308-1320 zuwies.

Literatur:

TERCZYŃSKI, PAWEŁ: Parowóz serii OKl27. Świat kolei 1/1998, S. 18-22

Cegi 1928/ 93	PKP OKl27-1	→'39 DRB →'41 **DRB 75 1201** →'45 DRw/DB	+13.12.51
Cegi 1928/ 94	PKP OKl27-2	→'39 DRB →'41 **DRB 75 1202** →'45 PKP OKl27-1"	+14.05.76
Cegi 1928/ 95	PKP OKl27-3	→'39 DRB →'41 **DRB 75 1203** →'45 DRo/DR →19.05.49 PKP OKl27-80"	+23.01.76
Cegi 1928/ 96	PKP OKl27-4	→'39 DRB →'41 **DRB 75 1204** →'45 ČSD/R →24.05.49 PKP OKl27-81"	+25.03.75
Cegi 1928/ 97	PKP OKl27-5	→'39 DRB →'41 **DRB 75 1205** →'45 DRo/DR →15.07.49 PKP OKl27-83"	+13.11.75
Cegi 1929/ 98	PKP OKl27-6	→'39 DRB →'41 **DRB 75 1206** →'45 DRo/DR →19.05.49 PKP OKl27-76"	+24.09.77
Cegi 1929/ 99	PKP OKl27-7	→'39 DRB →'41 **DRB 75 1207** →'45 DRo/DR →27.07.55 PKP OKl27-91"	+21.06.77
Cegi 1929/ 100	PKP OKl27-8	→'39 DRB →'41 **DRB 75 1208** →'45 PKP OKl27-2"	+13.04.76
Cegi 1929/ 101	PKP OKl27-9	→'39 DRB →'41 **DRB 75 1209** →'45 PKP OKl27-3"	+29.07.72
Cegi 1929/ 102	PKP OKl27-10	→'39 DRB →'41 **DRB 75 1210** →'45 DRw/DB	+13.12.51
Cegi 1929/ 103	PKP OKl27-11	→'39 DRB →'41 **DRB 75 1211** →'45 DRo/DR →18.09.50 PKP OKl27-88"	+30.03.77
Cegi 1929/ 104	PKP OKl27-12	→'39 DRB →'41 **DRB 75 1212** →'45 DRo/DR →19.05.49 PKP OKl27-75"	+19.09.77
Cegi 1929/ 105	PKP OKl27-13	→'39 DRB →'41 **DRB 75 1213** →'45 DRo/DR →15.07.49 PKP OKl27-82"	+04.12.72
Cegi 1929/ 106	PKP OKl27-14	→'39 DRB →'41 **DRB 75 1214** →'45 PKP OKl27-4"	+19.08.72
Cegi 1929/ 107	PKP OKl27-15	→'39 DRB →'41 **DRB 75 1215** →'45 DRo/DR →19.05.49 PKP OKl27-70"	+15.02.78
Cegi 1929/ 108	PKP OKl27-16	→'39 DRB →'41 **DRB 75 1216** →'45 DRw/DB	+13.12.51
Cegi 1929/ 109	PKP OKl27-17	→'39 DRB →'41 **DRB 75 1217** →'45 PKP OKl27-5"	+26.03.75
Cegi 1929/ 110	PKP OKl27-18	→'39 DRB →'41 **DRB 75 1218** (12.44 RBD Danzig)	V.u.
Cegi 1929/ 111	PKP OKl27-19	→'39 DRB →'41 **DRB 75 1219** →'45 DRw/DB	+13.12.51
Cegi 1929/ 112	PKP OKl27-20	→'39 DRB →'41 **DRB 75 1220** →'45 PKP OKl27-6"	+07.03.78
Cegi 1930/ 168	PKP OKl27-21	→'39 DRB →'41 **DRB 75 1221** →'45 PKP OKl27-7"	+17.05.76
Cegi 1930/ 169	PKP OKl27-22	→'39 DRB →'41 **DRB 75 1222** →'45 PKP OKl27-8"	+10.02.73
Cegi 1930/ 170	PKP OKl27-23	→'39 DRB →'41 **DRB 75 1223** →'45 PKP OKl27-9"	+15.05.78
Cegi 1930/ 171	PKP OKl27-24	→'39 DRB →'41 **DRB 75 1224** →'45 ÖBB →09.05.47 CCCP →13.05.47 PKP OKl27-59"	+30.03.77
Cegi 1930/ 172	PKP OKl27-25	→'39 DRB →'41 **DRB 75 1225** →'45 PKP OKl27-10" +22.12.79 →'89 Denkmal in Skierniewice	('15 vorh.)
Cegi 1930/ 173	PKP OKl27-26	→'39 DRB →'41 **DRB 75 1226** →'45 DRo/DR →19.05.49 PKP OKl27-69"	+14.04.77
Cegi 1930/ 174	PKP OKl27-27	→'39 DRB →'41 **DRB 75 1227** →'45 PKP OKl27-11"	+07.11.75
Cegi 1930/ 179	PKP OKl27-32	→'39 DRB →'41 **DRB 75 1228** →'45 ČSD →15.11.45 ČSD 358.0501 →24.12.47 PKP OKl27-63"	+24.09.77
Cegi 1930/ 180	PKP OKl27-33	→'39 DRB →'41 **DRB 75 1229** →'45 DRw/DB	+13.12.51
Cegi 1930/ 181	PKP OKl27-34	→'39 DRB →'41 **DRB 75 1230** →'45 DRw/DB (SWDE)	+13.12.51
Cegi 1930/ 182	PKP OKl27-35	→'39 DRB →'41 **DRB 75 1231** →'45 DRo/DR →19.05.49 PKP OKl27-77"	+29.08.77

Bei der 75 1230 handelte es sich um die ehemalige PKP OKl27-34, die im März 1945 von der RBD Posen als „Räumlokomotive" zur RBD Hamburg gekommen war. Sie ging dann weiter an die RBDen Hannover und Karlsruhe und wurde bei letzterer 1951 als Fremdlok ausgemustert. Hermann Maey fotografierte die Lok am 22.10.1944 im Bw Lissa

Cegi 1930/ 183	PKP OKl27-36 →'39 DRB →'41 **DRB 75 1232** →'45 MPS	+
Cegi 1930/ 184	PKP OKl27-37 →'39 DRB →'41 **DRB 75 1233** →'45 DRw/DB	+13.12.51
Cegi 1930/ 185	PKP OKl27-38 →'39 DRB →'41 **DRB 75 1234** →'45 PKP OKl27-12“	+26.09.69
Cegi 1930/ 186	PKP OKl27-39 →'39 DRB →'41 **DRB 75 1235** →'45 PKP OKl27-13“	+22.05.75
Cegi 1930/ 187	PKP OKl27-40 →'39 DRB →'41 **DRB 75 1236** →'45 PKP OKl27-14“	+04.09.78
Cegi 1930/ 193	PKP OKl27-41 →'39 DRB →'41 **DRB 75 1237** →'45 DRo/DR →19.05.49 PKP OKl27-74“	+20.09.75
Cegi 1930/ 189	PKP OKl27-42 →'39 DRB →'41 **DRB 75 1238** →'45 DRo/DR →19.05.49 PKP OKl27-71“	+28.08.74
Cegi 1930/ 188	PKP OKl27-43 →'39 DRB →'41 **DRB 75 1239** →'45 PKP OKl27-15“	+18.03.76
Cegi 1930/ 190	PKP OKl27-44 →'39 DRB →'41 **DRB 75 1240**	V.u.
Cegi 1930/ 191	PKP OKl27-45 →'39 DRB →'41 **DRB 75 1241** →'45 PKP OKl27-16“	+14.10.75
Cegi 1930/ 192	PKP OKl27-46 →'39 DRB →'41 **DRB 75 1242** →'45 PKP OKl27-17“	+08.04.76
Cegi 1930/ 194	PKP OKl27-47 →'39 DRB →'41 **DRB 75 1243** →'45 PKP OKl27-18“	+20.02.76
Cegi 1930/ 195	PKP OKl27-48 →'39 DRB →'41 **DRB 75 1244** →'45 PKP OKl27-19“	+12.04.78
Cegi 1930/ 196	PKP OKl27-49 →'39 DRB →'41 **DRB 75 1245** →'45 PKP OKl27-20“	+54
Cegi 1930/ 197	PKP OKl27-50 →'39 DRB →'41 **DRB 75 1246** →'45 ÖBB →17.05.47 CCCP →21.05.47 PKP OKl27-61“	+19.08.78
Cegi 1931/ 213	PKP OKl27-51 →'39 DRB →'41 **DRB 75 1247** →'45 PKP OKl27-25“	+16.09.76
Cegi 1931/ 214	PKP OKl27-52 →'39 DRB →'41 **DRB 75 1248** →'45 DRo/DR →19.05.49 PKP OKl27-78“	+17.06.72
Cegi 1931/ 215	PKP OKl27-53 →'39 DRB →'41 **DRB 75 1249** →'45 ČSD →15.11.45 ČSD 358.0502 →18.12.47 PKP OKl27-64“	+30.03.77
Cegi 1931/ 220	PKP OKl27-58 →'39 DRB →'41 **DRB 75 1250** →'45 ÖBB →08.08.47 CCCP →12.08.47 PKP OKl27-62“	+19.07.78
Cegi 1931/ 221	PKP OKl27-59 →'39 DRB →'41 **DRB 75 1251** →'45 PKP OKl27-23“	+14.10.75
Cegi 1931/ 222	PKP OKl27-60 →'39 DRB →'41 **DRB 75 1252** →'45 ÖBB →14.06.48 CCCP →03.07.48 PKP OKl27-67“	+21.06.77
Cegi 1931/ 223	PKP OKl27-61 →'39 DRB →'41 **DRB 75 1253** →'45 PKP OKl27-26“ +22.11.78 →'79 Denkmal Bw Warschau-Praga →'97 Eisenbahnmuseum Warschau	('23 vorh.)
Cegi 1931/ 227	PKP OKl27-65 →'39 DRB →'41 **DRB 75 1254** →'45 PKP OKl27-27” +04.09.78 →'80 Denkmal Bw Gdynia Grabówek	('23 vorh.)
Cegi 1931/ 229	PKP OKl27-67 →'39 DRB →'41 **DRB 75 1255** →'45 PKP OKl27-28“	+15.06.78
Cegi 1931/ 230	PKP OKl27-68 →'39 DRB →'41 **DRB 75 1256** →'45 PKP OKl27-29“	+09.10.75
Cegi 1931/ 231	PKP OKl27-69 →'39 DRB →'41 **DRB 75 1257** →'45 ÖBB →22.04.47 CCCP →26.04.47 PKP OKl27-57“	+02.11.77
Cegi 1931/ 232	PKP OKl27-70 →'39 DRB →'41 **DRB 75 1258** →'45 DRw/DB	+13.12.51
Cegi 1932/ 250	PKP OKl27-71 →'39 DRB →'41 **DRB 75 1259** →'45 DRo/DR →15.07.49 PKP OKl27-85“	+14.04.77
Cegi 1932/ 251	PKP OKl27-72 →'39 DRB →'41 **DRB 75 1260** →'45 DRo/DR →15.07.49 PKP OKl27-84“	+25.08.76
Cegi 1932/ 252	PKP OKl27-73 →'39 DRB →'41 **DRB 75 1261** →'45 PKP OKl27-32“	+16.09.72
Cegi 1932/ 253	PKP OKl27-74 →'39 DRB →'41 **DRB 75 1262** →'45 PKP OKl27-33“	+18.03.76

Im Jahr 1946 hat Karl-Ernst Maedel die 75 1279 in Halle (Saale) noch im Einsatz fotografieren können – drei Jahre später wurde sie von der DDR an Polen zurückgegeben.

Cegi 1932/ 254	PKP OKl27-75 →'39 DRB →'41 **DRB 75 1263** →'45 PKP OKl27-34"	+30.04.76
Cegi 1932/ 255	PKP OKl27-76 →'39 DRB →'41 **DRB 75 1264** →'45 DRo/DR →12.09.55 PKP OKl27-95"	+13.04.76
Cegi 1932/ 256	PKP OKl27-77 →'39 DRB →'41 **DRB 75 1265** →'45 DRw/DB (SWDE)	+13.12.51
Cegi 1932/ 257	PKP OKl27-78 →'39 DRB →'41 **DRB 75 1266** →'45 PKP OKl27-35"	+30.12.75
Cegi 1932/ 258	PKP OKl27-79 →'39 DRB →'41 **DRB 75 1267** →'45 PKP OKl27-36"	+12.04.72
Cegi 1932/ 259	PKP OKl27-80 →'39 DRB →'41 **DRB 75 1268** →'45 DRo/DR →23.07.55 PKP OKl27-93"	+22.08.75
Cegi 1932/ 260	PKP OKl27-81 →'39 DRB →'41 **DRB 75 1269** →'45 PKP OKl27-37"	+02.11.77
Cegi 1932/ 261	PKP OKl27-82 →'39 DRB →'41 **DRB 75 1270** (01.45 RBD Erfurt)	V.u.
Cegi 1932/ 262	PKP OKl27-83 →'39 DRB →'41 **DRB 75 1271** →'45 DRo/DR →19.05.49 PKP OKl27-79"	+23.01.76
Cegi 1932/ 263	PKP OKl27-84 →'39 DRB →'41 **DRB 75 1272** →'45 DRo/DR →12.09.55 PKP OKl27-94"	+06.06.75
Cegi 1932/ 264	PKP OKl27-85 →'39 DRB →'41 **DRB 75 1273** →'45 PKP OKl27-38"	+17.07.72
Cegi 1932/ 265	PKP OKl27-86 →'39 DRB →'41 **DRB 75 1274** →'45 PKP OKl27-31"	+02.01.75
Cegi 1932/ 266	PKP OKl27-87 →'39 DRB →'41 **DRB 75 1275** →'45 DRw/DB	+13.12.51
Cegi 1932/ 267	PKP OKl27-88 →'39 DRB →'41 **DRB 75 1276** →'45 PKP OKl27-39"	+20.10.78
Cegi 1932/ 268	PKP OKl27-89 →'39 DRB →'41 **DRB 75 1277** →'45 PKP OKl27-40"	+18.03.76
Cegi 1932/ 270	PKP OKl27-91 →'39 DRB →'41 **DRB 75 1278** →'45 PKP OKl27-41" +02.03.74 →'93 Museumslok in Chabówka	('18 vorh.)
Cegi 1932/ 272	PKP OKl27-93 →'39 DRB →'41 **DRB 75 1279** →'45 DRo/DR →07.12.49 PKP OKl27-86"	+11.01.74
Cegi 1932/ 274	PKP OKl27-95 →'39 DRB →'41 **DRB 75 1280** →'45 PKP OKl27-42"	+12.09.77
Cegi 1932/ 275	PKP OKl27-96 →'39 DRB →'41 **DRB 75 1281** →'45 PKP OKl27-43"	+28.10.77
Cegi 1932/ 276	PKP OKl27-97 →'39 DRB →'41 **DRB 75 1282** →'45 DRo/DR →25.10.55 PKP OKl27-90"	+02.11.77
Cegi 1932/ 277	PKP OKl27-98 →'39 DRB →'41 **DRB 75 1283** →'45 PKP OKl27-44"	+15.05.75
Cegi 1932/ 278	PKP OKl27-99 →'39 DRB →'41 **DRB 75 1284** →'45 DRo/DR →19.05.49 PKP OKl27-73"	+11.04.75
Cegi 1932/ 279	PKP OKl27-100 →'39 DRB →'41 **DRB 75 1285** (08.44 OBD Krakau)	V.u.
Cegi 1933/ 280	PKP OKl27-101 →'39 DRB →'41 **DRB 75 1286** →'45 PKP OKl27-45"	+24.02.73
Cegi 1933/ 281	PKP OKl27-102 →'39 DRB →'41 **DRB 75 1287** →'45 PKP OKl27-46"	+09.08.78
Cegi 1933/ 282	PKP OKl27-103 →'39 DRB →'41 **DRB 75 1288** →'45 PKP OKl27-47"	+03.02.70
Cegi 1933/ 283	PKP OKl27-104 →'39 DRB →'41 **DRB 75 1289** →'45 PKP OKl27-48"	+04.02.77
Cegi 1933/ 284	PKP OKl27-105 →'39 DRB →'41 **DRB 75 1290** →'45 PKP OKl27-49"	+10.12.71
Cegi 1933/ 285	PKP OKl27-106 →'39 DRB →'41 **DRB 75 1291** →'45 PKP OKl27-50"	+19.04.78
Cegi 1933/ 286	PKP OKl27-107 →'39 DRB →'41 **DRB 75 1292** →'45 PKP OKl27-51"	+02.05.74
Cegi 1933/ 287	PKP OKl27-108 →'39 DRB →'41 **DRB 75 1293** →'45 PKP OKl27-52"	+30.05.73
Cegi 1933/ 288	PKP OKl27-109 →'39 DRB →'41 **DRB 75 1294** →'45 ÖBB +09.02.47 →09.05.47 CCCP →13.05.47 PKP OKl27-60"	+28.10.77
Cegi 1933/ 289	PKP OKl27-110 →'39 DRB →'41 **DRB 75 1295** →'45 PKP OKl27-53"	+30.03.77
Cegi 1933/ 290	PKP OKl27-111 →'39 DRB →'41 **DRB 75 1296** →'45 DRo/DR →19.05.49 PKP OKl27-72"	+08.02.78
Cegi 1933/ 291	PKP OKl27-112 →'39 DRB →'41 **DRB 75 1297** →'45 PKP OKl27-54"	+20.05.75
Cegi 1933/ 292	PKP OKl27-113 →'39 DRB →'41 **DRB 75 1298** →'45 PKP OKl27-55"	+03.11.78
Cegi 1933/ 293	PKP OKl27-114 →'39 DRB →'41 **DRB 75 1299** →'45 DRw/DB	+13.12.51
Cegi 1933/ 294	PKP OKl27-115 →'39 DRB →'41 **DRB 75 1300** →'45 ÖBB →22.04.47 CCCP →26.04.47 PKP OKl27-58"	+15.06.76
Cegi 1933/ 295	PKP OKl27-116 →'39 DRB →'41 **DRB 75 1301** →'45 DRo/DR →19.05.49 PKP OKl27-68"	+01.03.73
Cegi 1933/ 296	PKP OKl27-117 →'39 DRB →'41 **DRB 75 1302** →'45 ČSD →17.10.45 ČSD 358.0500 →30.12.47 PKP OKl27-65"	+17.05.76
Cegi 1933/ 297	PKP OKl27-118 →'39 DRB →'41 **DRB 75 1303** →'45 DRw/DB	+13.12.51
Cegi 1933/ 298	PKP OKl27-119 →'39 DRB →'41 **DRB 75 1304** →'45 PKP OKl27-21"	+24.01.77
Cegi 1933/ 299	PKP OKl27-120 →'39 DRB →'41 **DRB 75 1305** →'45 PKP OKl27-56"	+16.05.77
Cegi 1933/ 300	PKP OKl27-121 →'39 DRB →'41 **DRB 75 1306** →'45 DRo/DR →12.09.55 PKP OKl27-92"	+23.10.78
Cegi 1933/ 301	PKP OKl27-122 →'39 DRB →'41 **DRB 75 1307** →'45 DRo/DR →07.12.49 PKP OKl27-87"	+15.03.75
Cegi 1931/ 228	PKP OKl27-66 →'39 NKPS →ca.'41/42 DRB →'44 **DRB 75 1308** →'45 DRw/DB	+13.12.51
Cegi 1930/ 175	PKP OKl27-28 →'39 NKPS →ca.'41/42 DRB →'44 **DRB 75 1309** →'45 MPS	+
Cegi 1930/ 176	PKP OKl27-29 →'39 NKPS →ca.'41/42 DRB →'44 **DRB 75 1310** →'45 MPS →'47 CCCP-WL/L	+31.12.58
Cegi 1931/ 216	PKP OKl27-54 →'39 NKPS →ca.'41/42 DRB →'44 **DRB 75 1311** →'45 MPS →'47 CCCP-WL	+
Cegi 1931/ 224	PKP OKl27-62 →'39 NKPS →ca.'41/42 DRB →'44 **DRB 75 1312** →'45 MPS	+05.05.52
Cegi 1932/ 271	PKP OKl27-92 →'39 NKPS →ca.'41/42 DRB →'44 **DRB 75 1313** →'45 MPS	+02.51
Cegi 1932/ 273	PKP OKl27-94 →'39 NKPS →ca.'41/42 DRB →'44 **DRB 75 1314** →'45 MPS	+08.51
Cegi 1930/ 177	PKP OKl27-30 →'39 NKPS →ca.'41/42 DRB →'44 **DRB 75 1315** →'45 PKP OKl27-22"	+15.02.78
Cegi 1930/ 218	PKP OKl27-56 →'39 NKPS →ca.'41/42 DRB →'44 **DRB 75 1316** →'45 PKP OKl27-30"	+13.04.76
Cegi 1930/ 225	PKP OKl27-63 →'39 NKPS →ca.'41/42 DRB →'45 **DRB 75 1317** →'45 DRo/DR →18.09.50 PKP OKl27-89"	+17.09.69
Cegi 1930/ 178	PKP OKl27-31 →'39 NKPS →ca.'41/42 DRB →'45 **DRB [75 1318]** →'45 DRw/DB	+13.12.51
Cegi 1931/ 219	PKP OKl27-57 →'39 NKPS →ca.'41/42 DRB →'45 **DRB 75 1319** →'45 PKP OKl27-66"	+25.05.76
Cegi 1931/ 226	PKP OKl27-64 →'39 NKPS →ca.'41/42 DRB →'45 **DRB 75 1320** →'45 PKP OKl27-24"	+13.01.74

1'C 1' h2t DRB 75^{14} (ex JDŽ 17)

Treibraddurchmesser (mm):	1 606
Achsstand (mm):	9 100
Länge über Puffer (mm):	12 944
Dienstgewicht (t):	70,0
Achslast (maximal) (t):	
Höchstgeschwindigkeit (km/h):	90
Zylinderdurchmesser (mm):	500
Kolbenhub (mm):	650
Rostfläche (m²):	2,34
Verdampfungsheizfläche (m²):	119,0
Überhitzerheizfläche (m²):	51,0
Kesselüberdruck (atm):	13,0
Leistung (PSi):	950

Speziell für den Budapester Vorortverkehr entwickelten die Ungarischen Staatsbahnen (MÁV) eine 1C1-Tenderlokomotive, welche die bisher dort eingesetzten älteren Bauarten ersetzen und den Verkehr beschleunigen sollte. Nach zwei im Jahr 1915 gelieferten Baumusterlokomotiven (342,001-002) mit klassischem Kessel und Kupferfeuerbüchse setzte 1916 der Serienbau ein, bei dem man allerdings aufgrund kriegsbedingter Materialknappheit auf die Verwendung des Brotankessels überging. Von den insgesamt gebauten 296 Maschinen wurden immerhin 145 bei Henschel im Kassel gefertigt, da die MAVAG den großen Bedarf nicht decken konnte. Die Betriebsnummern der Serienmaschinen waren 342,003-252 und 342,901-944 – letztere waren auf Bestellung des Militärs gebaut worden und besaßen neben einer Druckluftbremse eine zusätzliche Saugluftbremse („Vakuumbremse"), um den freizügigen Einsatz der Maschinen auch in Österreich zu ermöglichen.

Offensichtlich hatte man sich bei der Staatsbahn aber bezüglich der erforderlichen Leistung der Maschinen verkalkuliert, denn bereits ab 1917 wurde eine verstärkte Bauart (Achsfolge 1D1; MÁV-Reihe 442) für den Vorortverkehr beschafft.

Nach dem Ersten Weltkrieg kam der Großteil der Maschinen (109) in den Bestand der Rumänischen Staatsbahn (CFR), in Jugoslawien befanden sich 86 (JDŽ 17-001 bis 086) und in der Tschechoslowakei fünf (CSD 364.101-105). Nach der Besetzung Jugoslawiens im Zweiten Weltkrieg kamen im April 1941 bei der Aufteilung Sloweniens zwischen Deutschland, Italien und Ungarn 24 Maschinen der JDŽ-Reihe 17 in den Bestand der Deutschen Reichsbahn, welche ihnen die Betriebsnummern 75 1401-1424 gab.

Fotografien der jugoslawischen Reihe 17 als Reichsbahn-Baureihe 75^{14} sind sehr selten: Am 10. Juli 1943 war die 75 1412 nach einem Anschlag auf einen italienischen Wehrmachtszug bei Littai (heute: Litija) entgleist.

Da auf dem Bild mit der 75 1412 nur die Front der Maschine zu sehen ist, soll die JDŽ-Reihe 17 zusätzlich durch dieses Lokportrait repräsentiert werden. Die Aufnahme der 17-004, welche allerdings nie eine Reichsbahnnummer getragen hatte, entstand am 14. Juli 1957 in Tezno. Foto: Alfred Luft

Hen 1917/ 14751	MÁV 342,085 →'18 SHS →'33 JDŽ 17-002 →'43 **DRB 75 1401** →'45 JDŽ 17-002	+
Hen 1917/ 14775	MÁV 342,109 →'18 SHS →'33 JDŽ 17-003 →'43 **DRB 75 1402** →'45 ÖBB →12.03.47 JDŽ 17-003	+
Hen 1918/ 14830	MÁV 342,164 →'18 SHS →'33 JDŽ 17-006 →'43 **DRB 75 1403** →'45 JDŽ 17-006 →'72 Eisenbahnmuseum Ljubljana	('19 vorh.)
Buda 1916/ 4177	MÁV 342,901 →'18 SHS →'33 JDŽ 17-007 →'43 **DRB 75 1404** →'45 ÖBB →12.03.47 JDŽ 17-007	+
Buda 1917/ 4239	MÁV 342,929 →'18 SHS →'33 JDŽ 17-009 →'43 **DRB 75 1405** →'45 ÖBB →05.45 JDŽ 17-009	+
Hen 1917/ 14753	MÁV 342,087 →'18 SHS →'33 JDŽ 17-013 →'43 **DRB 75 1406** →'45 ÖBB →28.04.47 JDŽ 17-013	+
Hen 1917/ 14768	MÁV 342,102 →'18 SHS →'33 JDŽ 17-016 →'43 **DRB 75 1407** →'45 JDŽ 17-016	+
Hen 1917/ 14770	MÁV 342,104 →'18 SHS →'33 JDŽ 17-018 →'43 **DRB 75 1408** →'45 JDŽ 17-018	+
Buda 1917/ 4426	MÁV 342,223 →'18 SHS →'33 JDŽ 17-029 →'43 **DRB 75 1409** →'45 JDŽ 17-029	+
Buda 1916/ 4175	MÁV 342,007 →'18 SHS →'33 JDŽ 17-040 →'43 **DRB 75 1410** →'45 JDŽ 17-040	+
Hen 1917/ 14789	MÁV 342,123 →'18 SHS →'33 JDŽ 17-051 →'43 **DRB 75 1411** →'45 ÖBB →21.05.45 JDŽ 17-051	+
Hen 1917/ 14799	MÁV 342,133 →'18 SHS →'33 JDŽ 17-053 →'43 **DRB 75 1412** →'45 ÖBB →05.45 JDŽ 17-053	+
Hen 1918/ 14833	MÁV 342,167 →'18 SHS →'33 JDŽ 17-055 →'43 **DRB 75 1413** →'45 JDŽ →17.05.45 ÖBB →21.05.45 JDŽ 17-055	+
Hen 1918/ 14859	MÁV 342,193 →'18 SHS →'33 JDŽ 17-058 →'43 **DRB 75 1414** →'45 ÖBB →05.45 JDŽ 17-058	+
Hen 1918/ 14870	MÁV 342,204 →'18 SHS →'33 JDŽ 17-062 →'43 **DRB 75 1415** →'45 JDŽ →17.05.45 ÖBB →21.05.45 JDŽ 17-062	+
Hen 1918/ 14871	MÁV 342,205 →'18 SHS →'33 JDŽ 17-063 →'43 **DRB 75 1416** →'45 ÖBB →05.45 JDŽ 17-063	+
Hen 1918/ 14878	MÁV 342,212 →'18 SHS →'33 JDŽ 17-065 →'43 **DRB 75 1417** →'45 JDŽ 17-065	+
Hen 1918/ 14882	MÁV 342,216 →'18 SHS →'33 JDŽ 17-069 →'43 **DRB 75 1418** →'45 JDŽ 17-069	+
Hen 1918/ 14887	MÁV 342,221 →'18 SHS →'33 JDŽ 17-072 →'43 **DRB 75 1419** →'45 JDŽ 17-072	+
Buda 1917/ 4246	MÁV 342,932 →'18 SHS →'33 JDŽ 17-078 →'43 **DRB 75 1420** →'45 JDŽ 17-078	+
Buda 1917/ 4258	MÁV 342,940 →'18 SHS →'33 JDŽ 17-080 →'43 **DRB 75 1421** →'45 ÖBB →05.45 JDŽ 17-080	+
Buda 1917/ 4265	MÁV 342,053 →'18 SHS →'33 JDŽ 17-082 →'43 **DRB 75 1422** →'45 ÖBB →25.04.47 JDŽ 17-082	+
Buda 1917/ 4270	MÁV 342,058 →'18 SHS →'33 JDŽ 17-085 →'43 **DRB 75 1423** →'45 ÖBB →05.45 JDŽ 17-085	+
Buda 1917/ 4332	MÁV 342,059 →'18 SHS →'33 JDŽ 17-086 →'43 **DRB 75 1424** →'45 ÖBB →28.04.47 JDŽ 17-086 →'73 Museumslok	('06 im Museum Ljubljana; '23 Denkmal Bf. Logatec)

1'C 1' h2t DR $75^{62, 64}$ (ex Ruppiner Eb.)

	75 6276-6277, 6279	75 6278	75 6476
Treibraddurchmesser (mm):	1 600	1 600	1 600
Achsstand (mm):	8 500	8 500	8 500
Länge über Puffer (mm):	12 000	12 000	11 984
Dienstgewicht (t):	60,5	60,5	64,4
Achslast (maximal) (t):	12,5	12,5	
Höchstgeschwindigkeit (km/h):	70	70	70
Zylinderdurchmesser (mm):	500	500	500
Kolbenhub (mm):	600	600	600
Rostfläche (m²):	1,8	1,8	1,8
Verdampfungsheizfläche (m²):	86,1	81,9	81,9
Überhitzerheizfläche (m²):	23,0	34,6	34,6
Kesselüberdruck (atm):	12,0	13,0	13,0

Zu Beginn der 20er Jahre bestand der Fahrzeugpark der Ruppiner Eisenbahn fast ausschließlich aus leichten Bt-, 1Bt- und Ct-Lokomotiven, die den inzwischen gestiegenen Ansprüchen nicht mehr genügten. Daher beschaffte die Bahn 1925/27 fünf moderne 1C1-Heißdampf-Tenderlokomotiven bei Orenstein & Koppel in Berlin-Drewitz, welche in ihrer Konstruktion auf einer rund zehn Jahre zuvor an die Samlandbahn gelieferten Nassdampf-Bauart basierten. Ein allerdings deutlich schwererer sechster Nachzügler folgte noch 1936. Vermutlich aufgrund von Kriegsschäden schied eine der Maschinen 1945 aus dem Bestand aus – alle anderen wurden bei der Verstaatlichung der Ruppiner Eisenbahn übernommen und in den Fahrzeugpark der Deutschen Reichsbahn eingegliedert. Da die 1936 gebaute Lokomotive einen um 2 t höheren Achsdruck als ihre Schwestern aus den 20er-Jahren besaß und sich die beiden ersten Ziffern der Ordnungsnummer am Achsdruck orientierten, wurden die leichteren Lokomotiven als 75 6276-6279 (Gattung Pt 35.12) eingereiht, während die schwerere die Betriebsnummer 75 6476 (Gattung Pt 35.14) erhielt. Alle Lokomotiven wurden erst Ende der 60er/Anfang der 70er Jahre ausgemustert – daher war bei mehreren Maschinen auch noch die Umzeichnung auf UIC-konforme Betriebsnummern mit Kontrollziffer vorgesehen, doch angebracht wurden diese neuen Nummern nicht mehr.

O&K 1925/ 10934	Ruppiner Eb. (RE) 27 →'50 **DR 75 6276** →'70 DR [75 6276-2]	+22.02.71
O&K 1925/ 10935	Ruppiner Eb. (RE) 28 →'50 **DR 75 6277**	+02.01.68
O&K 1925/ 10936	Ruppiner Eb. (RE) 29 →'50 **DR 75 6278** →'70 DR (75 6278-8)	+27.10.69
O&K 1927/ 11432	Ruppiner Eb. (RE) 31 →'50 **DR 75 6279** →'70 DR [75 6279-6]	+09.08.71
O&K 1936/ 12730	Ruppiner Eb. (RE) 32 →'50 **DR 75 6476**	+16.01.68

Von Orenstein & Koppel war diese 1C1-Tenderlokomotive für die Ruppiner Eisenbahn gebaut worden. Die Aufnahme der 75 6278 entstand am 10. April 1969 (wenige Monate vor ihrer z-Stellung am 8. August des Jahres) in Roskow.

Foto: Wilfried König

Zwei Jahre nach den drei 1925 gelieferten Maschinen (später DR 75 6276-6278) entstand als Nachbau die spätere 75 6279, hier um 1960 von Georg Otte fotografiert.

Ein weiterer Nachbau wurde im Jahr 1936 an die Ruppiner Eisenbahn abgeliefert – diese Maschine war deutlich schwerer als ihre jüngeren Schwesterlokomotiven, weshalb sie von der DR als 75 6476 eingereiht wurde. Besonders auffällig ist bei dieser Maschine der neben dem Schlot platzierte Vorwärmer.

1'C 1' h2t DR 75[66] (ex Privatbahnen)

	75 6676-6678	75 6679-6681	75 6682-6687
Treibraddurchmesser (mm):	1 400	1 300	1 200
Achsstand (mm):	9 000	7 900	7 600
Länge über Puffer (mm):	12 700	10 700	11 000
Dienstgewicht (t):	79,1	75,0	64,6
Achslast (maximal) (t):	17,4		14,1
Höchstgeschwindigkeit (km/h):	75	80	70
Zylinderdurchmesser (mm):	530	450	480
Kolbenhub (mm):	660	550	550
Rostfläche (m²):	2,55	2,0	2,08
Verdampfungsheizfläche (m²):	118,61	97,5	98,4
Überhitzerheizfläche (m²):	46,31	36,0	42,6
Kesselüberdruck (atm):	16,0	16,0	16,0

In der Baureihe 75[66] fasste die Deutsche Reichsbahn verschiedene 1C1-Privatbahnlokomotiven mit 16 t Achsdruck (Gattung Pt 35.16) zusammen.
Die Lokomotiven der Halberstadt-Blankenburger Eisenbahn (DR 75 6676-6678) waren für die Beförderung von schweren Personenzügen auf den Strecken am Fuße des Harzes sowie von leichten Zügen auf den Steilstrecken beschafft worden. Bei der Konstruktion hatte man sich an den 1D1-Lokomotiven der HBE (siehe DR 93 6776-6778) sowie der Reichsbahn-Baureihe 64 orientiert.
Die Brandenburgische Städtebahn hatte 1935/36 bei Borsig vier neue 1C1-Tenderlokomotiven beschafft, die sowohl im Personenzug- als auch im Güterzugdienst eingesetzt wurden. Die Maschinen hatten eine gewisse Ähnlichkeit mit der Reichsbahn-Baureihe 64, waren jedoch deutlich kürzer als diese. Eine der sechs Lokomotiven ging 1945 verloren – siehe hierzu auch 64 6576 – die übrigen erhielten nach der Verstaatlichung der Bahn die DR-Nummern 75 6679-6681.
Von den provinzialsächsischen Kleinbahnen stammten weitere sechs Lokomotiven: Der Provinzialverband Merseburg, welcher zahlreiche Kleinbahnen in der preußischen Provinz Sachsen betrieb, beschaffte über seine zentrale Werkstätte „Sächsische Eisenbahnbedarfs- und Maschinenfabrik Sachsenwerk G.m.b.H." 1940 zunächst zwei 1C1-Versuchslokomotiven (mit den Betriebsnummern 1 und 2) und bis 1942 weitere vier Serienlokomotiven, die bei verschiedenen Bahnen des Provinzialverbandes eingesetzt wurden. Es handelte sich dabei um Lokomotiven einer inoffiziell als „ELNA 7" bezeichnete Type – einer zusätzlichen Elna-Variante, welche bereits zuvor von Henschel als Ergänzung zu den sechs Standard-Typen entwickelt worden war. Bei der Reichsbahn erhielten die sechs Loks die Nummern 75 6682-6687.

Literatur:

Hanomag-Lokomotiven für die Halberstadt-Blankenburger Eisenbahn-Gesellschaft. Hannover-Linden, ca. 1929

Hano 1929/ 10640	Halberstadt-Blankenburger Eb. (HBE) 1"	→'50 **DR 75 6676**	+27.05.67
Hano 1929/ 10641	Halberstadt-Blankenburger Eb. (HBE) 2"	→'50 **DR 75 6677**	+06.11.68
Hano 1929/ 10642	Halberstadt-Blankenburger Eb. (HBE) 3"	→'50 **DR 75 6678**	+16.01.68
Bors 1935/ 14607	Brandenburgische Städtebahn (BStB) 3" →'37 Brandenburgische Städtebahn (BStB) 22 →'40 Brandenburgische Städtebahn (BStB) 1-101 (LVDB)	→'50 **DR 75 6679**	+10.02.65
Bors 1936/ 14625	Brandenburgische Städtebahn (BStB) 4" →'37 Brandenburgische Städtebahn (BStB) 23 →'40 Brandenburgische Städtebahn (BStB) 1-102 (LVDB)	→'50 **DR 75 6680**	+18.02.66
Bors 1936/ 14626	Brandenburgische Städtebahn (BStB) 1" →'37 Brandenburgische Städtebahn (BStB) 24 →'40 Brandenburgische Städtebahn (BStB) 1-103 (LVDB)	→'50 **DR 75 6681**	+18.04.67
Hen 1940/ 24751	Sachsenwerk Merseburg 1 →'40 PVS 401 (Klb. AG Genthin)	→'50 **DR 75 6682**	+06.11.68
Hen 1940/ 24752	Sachsenwerk Merseburg 2 →'41 PVS 404 (Klb. AG Heudeber-Mattierzoll)	→'50 **DR 75 6683**	+16.01.68
Hen 1940/ 25928	Sachsenwerk Merseburg →'41 PVS 403 (Salzwedeler Klb. GmbH)	→'50 **DR 75 6684**	+16.01.68
Hen 1941/ 25991	Sachsenwerk Merseburg →'41 PVS 402 (Klb. AG Genthin)	→'50 **DR 75 6685**	+19.07.67
Hen 1942/ 26459	Sachsenwerk Merseburg →'42 PVS 405 (Gardelegen-Neuhaldensleb.-Wef.)	→'50 **DR 75 6686**	+16.01.68
Hen 1942/ 26499	Sachsenwerk Merseburg →'42 PVS 406 (Altmärkische Klb.)	→'49 **DR 75 6687**	+06.11.68

Von der Halberstadt-Blankenburger Eisenbahn stammte die sehr kräftige auf der steigungsreichen Rübelandbahn eingesetzte 75 6676. Fotografiert wurde die Lokomotive am 16. Oktober 1964 von Gerhard Illner in Rübeland.

Auch die 75 6678 stammte von der Halberstadt-Blankenburger Eisenbahn und wurde als Werbeträger für die SED „instrumentalisiert" – wie man heute sagen würde ... *Foto: Georg Otte, nach anderer Quelle Walter Herschmann*

Im Bw Dessau konnte Gerhard Illner die 75 6684 am 16. Februar 1963 ablichten – diesmal war nicht die Lokomotive, sondern der Lokschuppen Träger einer indoktrinativen Losung.

Für die Gardelegen-Neuhaldensleben-Weferlinger Eisenbahn war die spätere 75 6686 beschafft worden, die zum Aufnahmezeitpunkt (vermtl. Anfang 1963) laut Anschrift noch zum Bw Haldensleben gehörte. *Foto: Gerhard Illner*

1'C 1' h2t DR 75^{67} (ex HBE)

Treibraddurchmesser (mm):	1 200
Achsstand (mm):	9 000
Länge über Puffer (mm):	12 400
Dienstgewicht (t):	73,5
Achslast (maximal) (t):	16,8
Höchstgeschwindigkeit (km/h):	65
Zylinderdurchmesser (mm):	540
Kolbenhub (mm):	600
Rostfläche (m²):	2,15
Verdampfungsheizfläche (m²):	108,28
Überhitzerheizfläche (m²):	41,6
Kesselüberdruck (atm):	16,0

Im Jahr 1942, also mitten im Zweiten Weltkrieg und somit zu einer Zeit, als fast ausschließlich Lokomotiven der Baureihen 44, 50 und 86 die großen Lokomotivfabriken verließen, lieferte Borsig zwei 1C1-Tenderlokomotiven an die Halberstadt-Blankenburger Eisenbahn, so dass der Bestand an Lokomotiven dieser Bauart von drei (siehe DR 75 6676-6678) auf fünf stieg. Zwar hatten die beiden Maschinen eine gewisse Ähnlichkeit mit der Reichsbahn-Baureihe 64, doch schon alleine der deutlich kleinere Kuppelraddurchmesser lässt erahnen, dass es sich um eine vollständige Neukonstruktion handeln musste.

Da die beiden Neubau-Maschinen etwas schwerer waren als die drei Hanomag-Lokomotiven von 1929, wurden sie bei der Übernahme durch die Deutsche Reichsbahn in der Baureihe 75^{67} eingereiht.

Bors 1942/ 14980	Halberstadt-Blankenburger Eb. (HBE) 6 →'50 **DR 75 6776**	+27.05.67
Bors 1942/ 14981	Halberstadt-Blankenburger Eb. (HBE) 7 →'50 **DR 75 6777**	+18.01.67

Von der Seite betrachtet, erinnert die 75 6776 in ihrem Aussehen doch sehr an eine Lokomotive der Baureihe 64 – wenn da nicht die viel kleineren Kuppelräder wären ... Entstanden ist die Aufnahme der von der Halberstadt-Blankenburger Eisenbahn stammenden Maschine 1963 in Halle (Saale).

Schwesterlokomotive der 75 6776 war die 75 6777 – beide Lokomotiven beheimatete die DR während ihrer gesamten Dienstzeit in ihrem noch aus Privatbahnzeiten stammenden Bahnbetriebswerk in Blankenburg. *Foto: Georg Otte*

2'C h2t **DRB 76⁰** (ex KPEV T 10)

Treibraddurchmesser (mm):	1 750
Achsstand (mm):	8 000
Länge über Puffer (mm):	11 800
Dienstgewicht (t):	76,1
Achslast (maximal) (t):	16,3
Höchstgeschwindigkeit (km/h):	100
Zylinderdurchmesser (mm):	575
Kolbenhub (mm):	630
Rostfläche (m²):	1,85
Verdampfungsheizfläche (m²):	125,55
Überhitzerheizfläche (m²):	39,2
Kesselüberdruck (atm):	12,0
Leistung (PSi):	880

Die preußische Gattung T 10 war für den Einsatz auf einer ganz bestimmten Strecke bestimmt gewesen: Zwischen den beiden Kopfbahnhöfen von Wiesbaden und Frankfurt/ Main konnten die dort für die Schnellzugbeförderung eingesetzten Bauarten (pr. T 11 und pfälzische P2''') nicht mehr die benötigte Leistung erbringen, so dass als Ersatz die Gattung T 10 entworfen wurde. Sie besaß den Kessel der P6 sowie das Fahrwerk der P8 und wurde trotz des sehr eingeschränkten Einsatzgebietes als MXIV-4b in die preußischen Normalien aufgenommen.

Leistungsmäßig erfüllte die Bauart die in sie gesetzten Erwartungen, doch die Laufeigenschaften waren bei Rückwärtsfahrt nicht überzeugend – was aber angesichts der großen ungeführten Kuppelradsätze nicht wirklich überrascht. So verwundert es auch nicht, dass die Maschinen schon bald in andere Einsatzgebiete abwanderten.

Von den zwölf gebauten Lokomotiven musste nach dem Ersten Weltkrieg eine als Waffenstillstandsabgabe an Frankreich übergeben werden (NORD 3.887). Die übrigen Maschinen kamen zur Deutschen Reichsbahn, die ihnen die Betriebsnummer 76 001-011 zuwies. Bis zum Ende des Zweiten Weltkrieges schieden drei Maschinen aus dem Bestand aus – die verbliebenen acht Lokomotiven wurden Ende der 40er Jahre nach Norddeutschland verkauft: Eine an die Ilmebahn und die übrigen sieben an die Osthannoverschen Eisenbahnen, wo sie die Betriebsnummern 76 090-096 erhielten.

Literatur:

WENZEL, HANSJÜRGEN: Reihe 76 – die preußische T 10. EK 10/2008 S. 58-63

Bors 1909/ 6941	MNZ 7401 T10 →'25 **DRB 76 001** →'45 DRw/DB +28.12.49 →28.12.49 Osthannoversche Eisenbahnen (OHE) 76 091	+05.08.59
Bors 1909/ 6942	MNZ 7402 T10 →'25 **DRB 76 002** →'45 DRw →04.02.48 Ilmebahn 7	+63
Bors 1909/ 6943	MNZ 7403 T10 →'25 **DRB 76 003** →'45 DRw/DB +28.12.49 →28.12.49 Osthannoversche Eisenbahnen (OHE) 76 093	+07/08.64
Bors 1909/ 6945	MNZ 7405 T10 →'25 **DRB 76 004** →'45 DRw/DB +28.12.49 →28.12.49 Osthannoversche Eisenbahnen (OHE) 76 096	+63
Bors 1910/ 7288	MNZ 7406 T10 →'25 **DRB 76 005**	+44/45
Bors 1912/ 8151	MNZ 7407 T10 →'25 **DRB 76 006** →'45 DRw/DB +28.12.49 →30.12.49 Osthannoversche Eisenbahnen (OHE) 76 094	+08.63
Bors 1912/ 8152	MNZ 7408 T10 →'25 **DRB 76 007**	+04.35
Bors 1912/ 8153	MNZ 7409 T10 →'25 **DRB 76 008** →'45 DRw/DB +28.12.49 →30.12.49 Osthannoversche Eisenbahnen (OHE) 76 095	+55
Bors 1912/ 8154	MNZ 7410 T10 →'25 **DRB 76 009** (24.12.39 Unfall)	+40
Bors 1912/ 8155	MNZ 7411 T10 →'25 **DRB 76 010** →'45 DRw/DB +28.12.49 →30.12.49 Osthannoversche Eisenbahnen (OHE) 76 092	+30.01.61
Bors 1912/ 8156	MNZ 7412 T10 →'25 **DRB 76 011** →'45 DRw/DB +28.12.49 →'47 Fa. Tramo, Frankfurt/Main →08.09.48 Osthannoversche Eisenbahnen (OHE) 76 090	+11.65

Im Bw Darmstadt fertigte Carl Bellingrodt am 7. April 1937 diese „Standardaufnahme" der 76 001 an. Rund 12 Jahre später wurde die Lokomotive an die Osthannoverschen Eisenbahnen verkauft, welche ihr die neue Betriebsnummer 76 091 gaben.

Eine weitere Standard-Portraitaufnahme stammt aus der Kamera von Hermann Maey: Zum Zeitpunkt der Aufnahme war die 76 006 laut Anschrift am Führerhaus beim Bw Alzey beheimatet. Auf dem Kesselscheitel trägt sie im Gegensatz zur 76 001 einen Oberflächenvorwärmer.

1'C 2' h2t DRB 77^0 (ex Pfalzbahn P 5)

Treibraddurchmesser (mm):	1 500
Achsstand (mm):	9 150
Länge über Puffer (mm):	13 140
Dienstgewicht (t):	92,9
Achslast (maximal) (t):	16,7
Höchstgeschwindigkeit (km/h):	90
Zylinderdurchmesser (mm):	530
Kolbenhub (mm):	560
Rostfläche (m²):	2,34
Verdampfungsheizfläche (m²):	109,23
Überhitzerheizfläche (m²):	35,0
Kesselüberdruck (atm):	13,0
Leistung (PSi):	870

Für den Personenzugdienst bevorzugte die Pfalzbahn den Einsatz von Tenderlokomotiven, da so ein häufiges Wenden der Maschinen vermieden werden konnte. Gut bewährt hatten sich die 1B2-Tenderlokomotioven der Gattung P2" (siehe Baureihe 73^0), doch die Zugkraft war schon bald nicht mehr ausreichend, so dass man auf eine 1C2-Bauart überging. Im Jahr 1908 lieferte die Lokomotivfabrik Krauss zwölf neue mit Pielock-Überhitzer ausgerüstete Maschinen, die als Gattung P5 bezeichnet wurden und zahlreiche Innovationen aufwiesen: Um einen möglichst kurzen Gesamtachsstand zu erzielen, war die Vorlaufachse sehr nah an die erste Kuppelachse herangerückt, was zum einen zur Anwendung eines Krauss-Helmholtz-Lenkgestell für Lauf- und zweite Kuppelachse führte, zum anderen eine hohe geneigte Platzierung der Zylinder erforderte. Dies wiederum hatte zur Folge, dass der hintere und nicht wie üblich der mittlere Kuppelradsatz als Treibradsatz fungierte. Ein weiteres Alleinstellungsmerkmal der Maschinen waren ihre großvolumigen Vorratsbehälter, deren Größe von keiner anderen Maschine der damaligen Zeit erreicht wurde.

Nach der Übernahme des Pfalzbahnnetzes durch die Königlich Bayerische Staatsbahnen wurde der Pielock-Überhitzer durch einen Überhitzer der Bauart Schmidt ersetzt. Die Reichsbahn übernahm alle Maschinen und reihe sie als 77 001-012 in den Bestand ein. Während des Zweiten Weltkrieges wurden zwei Maschinen 1944 an die RBD Danzig abgegeben und verblieben bei Kriegsende in Polen. Die übrigen P5 befanden sich 1945 in Westdeutschland, wurden jedoch alle schnell ausgemustert oder an Privatbahnen verkauft.

Die 77 001 war im Jahr 1908 die erste von der Lokomotivfabrik Krauss in München an die Pfälzischen Eisenbahnen gelieferte Lokomotive der Gattung P5. Nach den Anschriften am Führerhaus gehörte die Lokomotive zum Bw Ludwigshafen der 1937 aufgelösten RBD Ludwigshafen. *Foto: Hermann Maey*

Krss 1908/ 5823	Pfalzbahn 310 (P5) →'25 **DRB 77 001** →'45 DRw →15.02.47 DEGA 241 (für Klb. Frankfurt-Königsstein, nicht zum Einsatz gekommen)	++19.08.53
Krss 1908/ 5824	Pfalzbahn 311 (P5) →'25 **DRB 77 002** →'45 PKP	+
Krss 1908/ 5825	Pfalzbahn 312 (P5) →'25 **DRB 77 003** →'45 DRw/DB (SWDE)	+14.11.51
Krss 1908/ 5826	Pfalzbahn 313 (P5) →'25 **DRB 77 004** →'45 DRw →13.01.47 Moselbahn (MB) 15 →08.47 Deutsche Eisenbahn-Ges. (DEG) 242 (MB)	+52
Krss 1908/ 5827	Pfalzbahn 314 (P5) →'25 **DRB 77 005** →'45 DRw →19.10.46 Frankfurt-Königssteiner Eb. (FK) 5 →'58 Frankfurt-Königssteiner Eb. (FK) 231	+20.04.59
Krss 1908/ 5828	Pfalzbahn 315 (P5) →'25 **DRB 77 006** →'45 PKP	+15.02.46
Krss 1908/ 5829	Pfalzbahn 316 (P5) →'25 **DRB 77 007** →'45 DRw →19.10.46 Frankfurt-Königssteiner Eb. (FK) 6 →'58 Frankfurt-Königssteiner Eb. (FK) 232	+05.12.58
Krss 1908/ 5830	Pfalzbahn 317 (P5) →'25 **DRB 77 008** →'45 DRw →24.10.46 Moselbahn (MB) 243	++06.11.53
Krss 1908/ 5831	Pfalzbahn 318 (P5) →'25 **DRB 77 009** →'45 DRw/DB (SWDE) +07.08.50 →'?? WL EAW Kaiserslautern	+
Krss 1908/ 5832	Pfalzbahn 319 (P5) →'25 **DRB 77 010** →'45 DRw	+08.06.46
Krss 1908/ 5833	Pfalzbahn 320 (P5) →'25 **DRB 77 011** →'45 DRw (SWDE)	+01.03.48
Krss 1908/ 5834	Pfalzbahn 321 (P5) →'25 **DRB 77 012** →'45 DRw →24.10.46 Moselbahn (MB) 16 →08.47 Deutsche Eisenbahn-Ges. (DEG) 244 (MB)	++02.09.53

Ebenfalls von Hermann Maey stammt diese 1928 entstandene Betriebsaufnahme, welche die 77 005 vor einem Personenzug im Bahnhof Ludwigshafen zeigt. Die Lokomotive wurde 1946 an die Frankfurt-Königssteiner Eisenbahn verkauft, bei der sie noch bis 1959 im Einsatz stand.

1'C 2' h2t **DRB 77¹** (ex K. Bay. Sts. B. Pt 3/6)

	77 101-109	77 110-119	77 120-129
Treibraddurchmesser (mm):	1 500	1 500	1 500
Achsstand (mm):	9 150	9 150	9 150
Länge über Puffer (mm):	13 460	13 460	13 460
Dienstgewicht (t):	91,1	94,4	94,8
Achslast (maximal) (t):	16,2	16,4	16,4
Höchstgeschwindigkeit (km/h):	90	90	90
Zylinderdurchmesser (mm):	530	530	530
Kolbenhub (mm):	560	560	560
Rostfläche (m²):	2,34	2,34	2,34
Verdampfungsheizfläche (m²):	110,32	110,32	110,32
Überhitzerheizfläche (m²):	35,0	35,0	35,0
Kesselüberdruck (atm):	13,0	13,0	13,0
Leistung (PSi):	880	880	880

Nach der Übernahme des pfälzischen Netzes durch die Königlich Bayerischen Staatseisenbahnen bestellte die neue Verwaltung neun neue 1C2-Personenzuglokomotiven bei der Lokomotivfabrik Krauss & Co. in München, welche im Wesentlichen der pfälzischen P5 (siehe Baureihe 77⁰) entsprachen, aber mit einem Überhitzer Bauart Schmidt ausgerüstet waren und die bayerische Gattungsbezeichnung Pt3/6 trugen. Weitere Lokomotiven gleicher Bauart folgten 1923 als von der Deutschen Reichsbahn (Gruppenverwaltung Bayern) in Auftrag gegebene Nachbauten – jeweils zehn Maschinen für den Verkehr im Raum München sowie weitere zehn für das pfälzische Netz. Die Nachbauten unterschieden sich von der ersten Serie nur in Details (geschlossenes Führerhaus, Armaturen etc.). Die Betriebsnummern entstammten – entsprechend dem vorgesehenen Einsatzgebiet – entweder dem Nummernbereich der Pfalzbahnen oder jenem der Bayerischen Staatsbahnen. Bei der Umzeichnung der Lokomotiven durch die Deutsche Reichsbahn wurden den Pt3/6 die Betriebsnummer 77 101-129 zugewiesen. Während des Zweiten Weltkriegs ging eine Maschine bei einem Luftangriff verloren und eine verblieb nach Kriegsende in der DDR, nachdem sie 1944 zum Bw Seddin umbeheimatet worden war. Alle anderen 77¹ blieben im Bestand der Deutschen Reichsbahn (West) bzw. der Deutschen Bundesbahn und wurden bis Anfang der 50er Jahre ausgemustert.

Krss 1911/ 6233	Pfalzbahn 330 (Pt3/6)	→'25 **DRB 77 101** →'45 DRw/DB (SWDE)	+14.11.51
Krss 1911/ 6234	Pfalzbahn 331 (Pt3/6)	→'25 **DRB 77 102** →'45 DRw/DB (SWDE)	+11.01.52
Krss 1911/ 6235	Pfalzbahn 332 (Pt3/6)	→'25 **DRB 77 103** →'45 DRw/DB (SWDE)	+13.08.52
Krss 1911/ 6500	Pfalzbahn 333 (Pt3/6) ('11 Weltaustellung Turin)	→'25 **DRB 77 104** →'45 DRw/DB (SWDE)	+14.11.51
Krss 1913/ 6826	Pfalzbahn 334 (Pt3/6)	→'25 **DRB 77 105** →'45 DRw/DB	+14.08.50
Krss 1913/ 6827	Pfalzbahn 335 (Pt3/6)	→'25 **DRB 77 106** →'45 DRw/DB (SWDE)	+14.11.51
Krss 1913/ 6828	Pfalzbahn 336 (Pt3/6)	→'25 **DRB 77 107** →'45 DRo/DR	+04.10.55
Krss 1913/ 6829	Pfalzbahn 337 (Pt3/6)	→'25 **DRB 77 108** →'45 DRw/DB (SWDE)	+11.01.52
Krss 1913/ 6830	Pfalzbahn 338 (Pt3/6)	→'25 **DRB 77 109** →'45 DRw/DB (SWDE)	+14.11.51
Krss 1923/ 7991	Bay. Sts. B. 6101 (Pt3/6)	→'25 **DRB 77 110** →'45 DRw/DB	+14.08.50
Krss 1923/ 7992	Bay. Sts. B. 6102 (Pt3/6)	→'25 **DRB 77 111** →'45 DRw	+01.07.46
Krss 1923/ 7993	Bay. Sts. B. 6103 (Pt3/6)	→'25 **DRB 77 112** →'45 DRw	+01.07.46
Krss 1923/ 7994	Bay. Sts. B. 6104 (Pt3/6)	→'25 **DRB 77 113** →'45 DRw/DB	+14.08.50
Krss 1923/ 7995	Bay. Sts. B. 6105 (Pt3/6)	→'25 **DRB 77 114** →'45 DRw/DB	+14.08.50
Krss 1923/ 7996	Bay. Sts. B. 6106 (Pt3/6)	→'25 **DRB 77 115** →'45 DRw/DB	+14.08.50
Krss 1923/ 7997	Bay. Sts. B. 6107 (Pt3/6)	→'25 **DRB 77 116** →'45 DRw	+17.04.47
Krss 1923/ 7998	Bay. Sts. B. 6108 (Pt3/6)	→'25 **DRB 77 117** →'45 DRw/DB	+14.08.50
Krss 1923/ 7999	Bay. Sts. B. 6109 (Pt3/6)	→'25 **DRB 77 118** →'45 DRw	+01.07.46
Krss 1923/ 8000	Bay. Sts. B. 6110 (Pt3/6)	→'25 **DRB 77 119** →'45 DRw/DB	+14.08.50
Krss 1923/ 8021	Pfalzbahn 401 (Pt3/6)	→'25 **DRB 77 120** →'45 DRw/DB (SWDE)	+14.11.51
Krss 1923/ 8022	Pfalzbahn 402 (Pt3/6)	→'25 **DRB 77 121** →'45 DRw	+17.04.47
Krss 1923/ 8023	Pfalzbahn 403 (Pt3/6)	→'25 **DRB 77 122** →'45 DRw/DB (SWDE)	+28.05.54
Krss 1923/ 8024	Pfalzbahn 404 (Pt3/6)	→'25 **DRB 77 123** →'45 DRw/DB (SWDE)	+14.11.51
Krss 1923/ 8025	Pfalzbahn 405 (Pt3/6)	→'25 **DRB 77 124** →'45 DRw/DB (SWDE)	+14.11.51
Krss 1923/ 8026	Pfalzbahn 406 (Pt3/6)	→'25 **DRB 77 125** →'45 DRw/DB (SWDE)	+13.08.52
Krss 1923/ 8027	Pfalzbahn 407 (Pt3/6)	→'25 **DRB 77 126** (05.44 Fliegerschaden)	V.u.
Krss 1923/ 8028	Pfalzbahn 408 (Pt3/6)	→'25 **DRB 77 127** →'45 DRw/DB	+14.08.50
Krss 1923/ 8029	Pfalzbahn 409 (Pt3/6)	→'25 **DRB 77 128** →'45 DRw/DB	+14.08.50
Krss 1923/ 8030	Pfalzbahn 410 (Pt3/6)	→'25 **DRB 77 129** →'45 DRw/DB (SWDE)	+14.11.51

Am 17. September 1932 fotografierte Carl Bellingrodt die 77 101 im Bw Bingerbrück – ihr Heimat-Bw war zu diesem Zeitpunkt Kaiserslautern.

Von einem unbekannten Fotografen stammt diese Aufnahme der 77 110. Der außergewöhnlich gute Zustand der Lokomotive lässt vermuten, dass das Bild kurz nach einem RAW-Aufenthalt – als Untersuchungsdatum angeschrieben ist der 27.10.31 – entstanden ist.

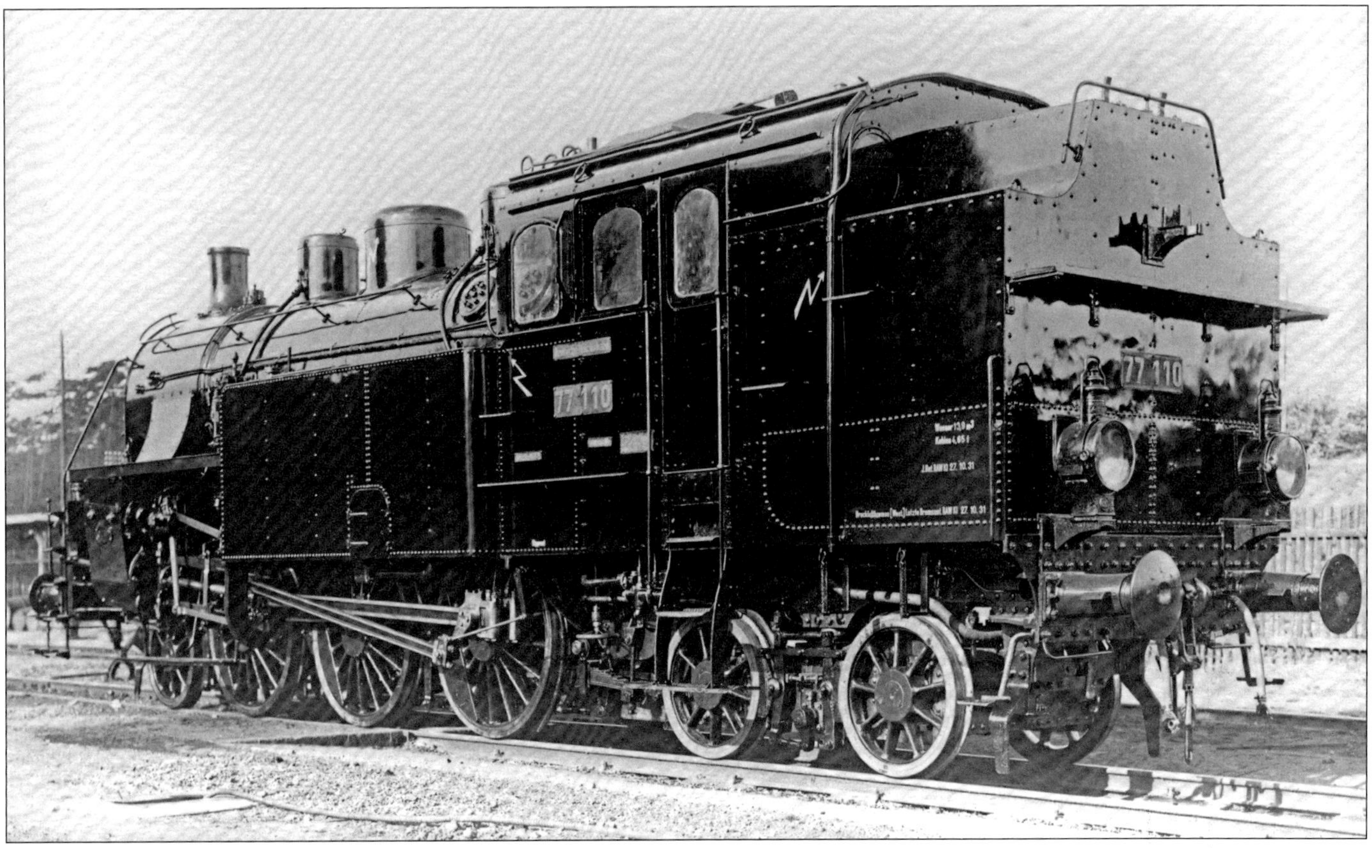

Einzig das Lokschild mit der Nummer „77 117" prangte am Führerhaus – ansonsten fehlten sämtliche weiteren Schilder (wie Beheimatung und Direktions-Zugehörigkeit) und Beschriftungen. *Foto: Dr. Günther Scheingraber*

2'C 1' h2t DRB 77^2 (ex BBÖ 629)

	77 201-240	77 241-265	77 266-280
Treibraddurchmesser (mm):	1 614	1 614	1 614
Achsstand (mm):	9 590	9 590	9 590
Länge über Puffer (mm):	13 315	13 315	13 268
Dienstgewicht (t):	80,2	83,8	83,8
Achslast (maximal) (t):	14,4	15,0	15,0
Höchstgeschwindigkeit (km/h):	90	90	90
Zylinderdurchmesser (mm):	475	475	475
Kolbenhub (mm):	720	720	720
Rostfläche (m^2):	2,7	2,7	2,7
Verdampfungsheizfläche (m^2):	129,65	129,65	129,65
Überhitzerheizfläche (m^2):	36,7	36,7	36,7
Kesselüberdruck (atm):	13,0	13,0	13,0

Aufgrund der guten Bewährung der Reihe 229 (siehe Baureihe 75^7) beauftragte die österreichische Südbahn-Gesellschaft die Lokomotivfabrik der Staats-Eisenbahn-Gesellschaft (StEG), eine noch deutlich leistungsfähigere Personenzug-Tenderlokomotive zu entwickeln. Auf den Reißbrettern entstand eine kompakte 2C1-Heißdampf-Tenderlokomotive, von der 15 Exemplare in den Jahren 1913 bis 1915 an die Südbahn geliefert wurden (SB 629.01-15).

Nachdem sich die Maschinen bei der Südbahn gut bewährt hatten, beschaffte auch die kkStB 25 weitgehend identische Maschinen (kkStB 629.01-25), die sich nur in Details (Armaturen, Sicherheitsventil, Schornstein etc.) von ihren Vorbildern unterscheiden.

Nach dem Ersten Weltkrieg kamen 15 kkStB-Maschinen in den Bestand der Tschechoslowakischen Staatsbahnen (ČSD 354.121-135) – alle übrigen verblieben in Österreich. Von 1921 bis 1927 wurden weitere 55 Maschinen nachgebaut und an die Österreichischen Bundesbahnen geliefert (BBÖ 629.26-80 – ab 629.56 mit Lentz-Ventilsteuerung). Außerdem übernahm die BBÖ 1923 die Südbahn-629er, die aufgrund der Nummernüberschneidung in 629.101-115 umgezeichnet wurden. Weitere fünf Maschinen wurden mit Caprotti-Ventilsteuerung in Dienst gestellt (BBÖ 629.500-504) – siehe hierzu bei DRB 77 281-285.

Alle 80 österreichischen 629er wurden 1938 von der Deutschen Reichsbahn übernommen und in 77 201-280 umgezeichnet. Nach dem Zweiten Weltkrieg verblieben die meisten 77^2 in Österreich und waren dort teilweise noch bis in die 70er Jahre im Einsatz.

Literatur:

Sassmann, Eduard: ÖBB-Reihe 77. LM 3/2016, S. 76-81

Schröpfer, Heribert: Die Reihe 77 der ÖBB. EK 5/99 S. 52-57

StEG 1917/ 4205	kkStB 629.02 →'18 BBÖ →'38 **DRB 77 201** →'45 ÖBB/T →'55 ÖBB 77.01	+25.09.67
StEG 1917/ 4207	kkStB 629.04 →'18 BBÖ →'38 **DRB 77 202** →'45 ÖBB →'53 ÖBB 77.02	+20.11.68
StEG 1917/ 4208	kkStB 629.05 →'18 BBÖ →'38 **DRB 77 203** →'45 ÖBB/T →'55 ÖBB 77.03	+22.05.73
StEG 1918/ 4277	kkStB 629.16 →'18 BBÖ →'38 **DRB 77 204** →'45 ÖBB →'53 ÖBB 77.04	+22.05.73
StEG 1918/ 4279	kkStB 629.18 →'18 BBÖ →'38 **DRB 77 205** →'45 ÖBB/T →'55 ÖBB 77.05	+22.01.68
StEG 1918/ 4282	kkStB 629.21 →'18 BBÖ →'38 **DRB 77 206** →'45 JDŽ 18-001	+
StEG 1918/ 4283	kkStB 629.22 →'18 BBÖ →'38 **DRB 77 207** →'45 ÖBB →16.06.45 ČSD 354.1222" →04.07.46 ČSD 354.1500 →17.01.49 ČSD 354.1235 +29.03.68 →28.12.68 verk. Banská Bystrica	+
StEG 1918/ 4284	kkStB 629.23 →'18 BBÖ →'38 **DRB 77 208** →'45 ÖBB/T →'55 ÖBB 77.08	+15.05.71
StEG 1918/ 4285	kkStB 629.24 →'18 BBÖ →'38 **DRB 77 209** →'45 ÖBB →16.04.45 MÁV/R →26.05.50 ÖBB →'53 ÖBB 77.09	+15.04.75
StEG 1918/ 4286	kkStB 629.25 →'18 BBÖ →'38 **DRB 77 210** →'45 ÖBB/T →'55 ÖBB 77.10	+22.09.68
StEG 1921/ 4376	BBÖ 629.26 →'38 **DRB 77 211** →'45 ÖBB/T →'55 ÖBB 77.11	+22.05.73
StEG 1921/ 4377	BBÖ 629.27 →'38 **DRB 77 212** →'45 ÖBB →'53 ÖBB 77.12	+20.11.68
StEG 1921/ 4378	BBÖ 629.28 →'38 **DRB 77 213** →'45 ÖBB →04.45 MÁV/R →26.05.50 ÖBB →'53 ÖBB 77.13	+15.04.75
StEG 1921/ 4379	BBÖ 629.29 →'38 **DRB 77 214** →'45 ÖBB →'53 ÖBB 77.14	+22.11.72
StEG 1921/ 4380	BBÖ 629.30 →'38 **DRB 77 215** →'45 ÖBB/T →'55 ÖBB 77.15	+20.10.72
StEG 1921/ 4381	BBÖ 629.31 →'38 **DRB 77 216** →'45 ÖBB →'53 ÖBB 77.16	+01.08.70
StEG 1921/ 4382	BBÖ 629.32 →'38 **DRB 77 217** →'45 ÖBB →'53 ÖBB 77.17	+15.04.75
StEG 1921/ 4383	BBÖ 629.33 →'38 **DRB 77 218** →'45 ÖBB/T →'55 ÖBB 77.18	+01.08.70
StEG 1921/ 4384	BBÖ 629.34 →'38 **DRB 77 219** →'45 ÖBB/T →'55 ÖBB 77.19	+27.02.75
StEG 1921/ 4385	BBÖ 629.35 →'38 **DRB 77 220** →'45 ÖBB →09.05.45 ČSD 354.1223" →04.07.46 ČSD 354.1501 →17.01.49 ČSD 354.1236 +26.08.67 →01.12.68 verk. ŽSS Rožňava	+
StEG 1921/ 4386	BBÖ 629.36 →'38 **DRB 77 221** →'45 ÖBB/T →'55 ÖBB 77.21	+09.02.68
StEG 1921/ 4387	BBÖ 629.37 →'38 **DRB 77 222** →'45 ÖBB →16.04.45 MÁV/R →01.06.50 ÖBB →'53 ÖBB 77.22	+26.07.73
StEG 1921/ 4388	BBÖ 629.38 →'38 **DRB 77 223** →'45 ÖBB/T →'55 ÖBB 77.23	+20.10.72
StEG 1921/ 4389	BBÖ 629.39 →'38 **DRB 77 224** →'45 ÖBB/T →'55 ÖBB 77.24	+20.11.68
StEG 1921/ 4390	BBÖ 629.40 →'38 **DRB 77 225** →'45 ÖBB/T →'55 ÖBB 77.25	+27.02.75
KrLi 1921/ 1181	BBÖ 629.41 →'38 **DRB 77 226** →'45 ÖBB →'53 ÖBB 77.26	+22.11.72
KrLi 1921/ 1182	BBÖ 629.42 →'38 **DRB 77 227** →'45 ÖBB →15.04.45 MÁV/R →25.05.50 ÖBB →'53 ÖBB 77.27	+20.01.68
KrLi 1921/ 1183	BBÖ 629.43 →'38 **DRB 77 228** →'45 ÖBB/T →'55 ÖBB 77.28 +12.11.75 →ca. '79 Denkmal in Linz →'95 ÖGEG	('25 i.E.)
KrLi 1921/ 1184	BBÖ 629.44 →'38 **DRB 77 229** →'45 ÖBB/T →'55 ÖBB 77.29	+22.11.72
KrLi 1921/ 1185	BBÖ 629.45 →'38 **DRB 77 230** →'45 ÖBB/T →'55 ÖBB 77.30	+28.09.73

Gleich doppelt stand die Betriebsnummer „77 235" am Führerhaus dieser Maschine: Zunächst hatte man ihre BBÖ-Nummer 629.50 stehen gelassen und mit Farbe die Reichsbahnnummer ergänzt, später das Schild mit der BBÖ-Nummer durch ein Schild mit Reichsbahnnummer ersetzt, die temporär „angemalte" Nummer aber nicht entfernt. Die Aufnahme entstand am 10. September 1940 im Bw Linz/Donau. Foto: Carl Bellingrodt

Ein Schild im „BBÖ-Stil“ mit einem Punkt zwischen Baureihen- und Ordnungsnummer trug die 77 237, als sie von Hermann Maey in Bregenz fotografiert wurde. Und auch das winzige „Deutsche Reichsbahn“-Schild oberhalb des Lokschildes entsprach sicherlich nicht den offiziellen Vorgaben – die Vermutung liegt somit nahe, dass diese Schilder im „Eigenregie“ der Zugförderungsstelle (nun Bw) hergestellt worden waren.

KrLi 1921/ 1186	BBÖ 629.46 →’38 **DRB 77 231** →’45 ÖBB/T →’55 ÖBB 77.31	+20.09.72
KrLi 1921/ 1187	BBÖ 629.47 →’38 **DRB 77 232** →’45 ÖBB/T →’55 ÖBB 77.32	+01.08.70
KrLi 1922/ 1209	BBÖ 629.48 →’38 **DRB 77 233** →’45 ÖBB →’53 ÖBB 77.33	+21.09.68
KrLi 1922/ 1210	BBÖ 629.49 →’38 **DRB 77 234** →’45 ÖBB/T →’55 ÖBB 77.34	+22.05.73
KrLi 1922/ 1211	BBÖ 629.50 →’38 **DRB 77 235** →’45 ÖBB →’53 ÖBB 77.35	+10.10.69
KrLi 1922/ 1212	BBÖ 629.51 →’38 **DRB 77 236** →’45 ÖBB/T →’55 ÖBB 77.36	+20.11.68
KrLi 1922/ 1213	BBÖ 629.52 →’38 **DRB 77 237** →’45 ÖBB →’53 ÖBB 77.37	+27.04.68
KrLi 1922/ 1214	BBÖ 629.53 →’38 **DRB 77 238** →’45 JDŽ 18-002	+
KrLi 1922/ 1215	BBÖ 629.54 →’38 **DRB 77 239** →’45 ÖBB →29.05.45 MÁV/R →25.05.50 ÖBB →’53 ÖBB 77.39	+15.07.70
KrLi 1922/ 1216	BBÖ 629.55 →’38 **DRB 77 240** →’45 ÖBB →’53 ÖBB 77.40	+15.07.70
KrLi 1926/ 1421	BBÖ 629.56 →’38 **DRB 77 241** →’45 JDŽ 18-003	+
KrLi 1926/ 1422	BBÖ 629.57 →’38 **DRB 77 242** →’45 ÖBB →’53 ÖBB 77.242	+20.09.72
KrLi 1927/ 1423	BBÖ 629.58 →’38 **DRB 77 243** →’45 ÖBB →’53 ÖBB 77.243	+22.09.68
KrLi 1927/ 1424	BBÖ 629.59 →’38 **DRB 77 244** →’45 ÖBB →’53 ÖBB 77.244 +22.05.73 →’74 verk. Brenner & Brenner (beschriftet als 77.250) →10.12 Eisenbahnfreunde Lienz 77.244	(’24 vorh.)
KrLi 1927/ 1425	BBÖ 629.60 →’38 **DRB 77 245** →’45 ÖBB/T →’55 ÖBB 77.245	+28.09.68
KrLi 1927/ 1426	BBÖ 629.61 →’38 **DRB 77 246** →’45 ÖBB →’53 ÖBB 77.246	+22.09.68
KrLi 1927/ 1427	BBÖ 629.62 →’38 **DRB 77 247** →’45 ÖBB →’53 ÖBB 77.247	+20.09.72
KrLi 1927/ 1428	BBÖ 629.63 →’38 **DRB 77 248** →’45 ÖBB/T →’55 ÖBB 77.248	+27.04.68
KrLi 1927/ 1429	BBÖ 629.64 →’38 **DRB 77 249** →’45 ÖBB →’53 ÖBB 77.249	+01.08.70
KrLi 1927/ 1430	BBÖ 629.65 →’38 **DRB 77 250** →’45 ÖBB (+01.09.47 →08.03.49 wiD.) →’53 ÖBB 77.250 +22.05.73 →12.06.74 Denkmal in in Schaan/Vaduz als 77.244 →ca.’99 Fürstlich Liechtensteinische Eisenbahn-Romantik-Stiftung 77.250 → ’22 Eurovapor (’23 nach Würzburg)	(’25 i.E.)
KrLi 1927/ 1431	BBÖ 629.66 →’38 **DRB 77 251** →’45 ÖBB →’53 ÖBB 77.251	+22.09.68
KrLi 1927/ 1432	BBÖ 629.67 →’38 **DRB 77 252** →’45 ÖBB →’53 ÖBB 77.252	+27.04.68
KrLi 1927/ 1433	BBÖ 629.68 →’38 **DRB 77 253** →’45 ÖBB/T →’55 ÖBB 77.253	+27.02.75
KrLi 1927/ 1434	BBÖ 629.69 →’38 **DRB 77 254** →’45 ÖBB →’53 ÖBB 77.254	+01.08.70
KrLi 1927/ 1435	BBÖ 629.70 →’38 **DRB 77 255** →’45 ÖBB →14.04.45 MÁV/R →09.06.50 ÖBB →’53 ÖBB 77.255 →05.05.70 Anl. 01084	+18.05.71
KrLi 1927/ 1436	BBÖ 629.71 →’38 **DRB 77 256** →’45 ÖBB/T	+11.10.46
KrLi 1927/ 1437	BBÖ 629.72 →’38 **DRB 77 257** →’45 ÖBB/T →’55 ÖBB 77.257	+28.09.68
KrLi 1927/ 1438	BBÖ 629.73 →’38 **DRB 77 258** →’45 ÖBB/T	+31.12.48
KrLi 1927/ 1439	BBÖ 629.74 →’38 **DRB 77 259** →’45 ÖBB/T →’55 ÖBB 77.259	+26.07.73
KrLi 1927/ 1440	BBÖ 629.75 →’38 **DRB 77 260** →’45 ÖBB/T →’55 ÖBB 77.260	+20.10.72
KrLi 1927/ 1441	BBÖ 629.76 →’38 **DRB 77 261** →’45 ÖBB →’53 ÖBB 77.261	+15.04.75
KrLi 1927/ 1442	BBÖ 629.77 →’38 **DRB 77 262** →’45 JDŽ 18-004	+
KrLi 1927/ 1443	BBÖ 629.78 →’38 **DRB 77 263** →’45 ÖBB →’53 ÖBB 77.263	+22.05.73

Neben der 77 235 portraitierte Carl Bellingrodt am 10. September 1940 im Bw Linz/Donau auch die 77 240, die immerhin fast 50 Jahre alt wurde und erst im Jahr 1970 als ÖBB „77.40" ausgemustert wurde.

KrLi 1927/ 1444	BBÖ 629.79 →'38 **DRB 77 264** →'45 ÖBB/T →'55 ÖBB 77.264	+28.09.68
KrLi 1927/ 1445	BBÖ 629.80 →'38 **DRB 77 265** →'45 JDŽ 18-005 →'75 Denkmal Dravograd (Eigentum Eisenbahnmuseum Ljubljana)	('10 vorh.)
StEG 1913/ 3883	Südbahn (SB) 629.01 →'24 BBÖ 629.101 →'38 **DRB 77 266** →'45 ÖBB →'53 ÖBB 77.66 +16.06.75 →16.06.75 Anl. 01089 +31.12.80 →'78 Eisenbahnmuseum Strasshof 629.01	('16 i.E.)
StEG 1913/ 3884	Südbahn (SB) 629.02 →'24 BBÖ 629.102 →'38 **DRB 77 267** →'45 ÖBB →'53 ÖBB 77.67	+01.08.70
StEG 1913/ 3885	Südbahn (SB) 629.03 →'24 BBÖ 629.103 →'38 **DRB 77 268** →'45 ÖBB →17.04.45 MÁV/R →26.05.50 ÖBB →'53 ÖBB 77.68	+01.08.70
StEG 1913/ 3886	Südbahn (SB) 629.04 →'24 BBÖ 629.104 →'38 **DRB 77 269** →'45 ÖBB →15.04.45 MÁV/R →15.06.50 ÖBB →'53 ÖBB 77.69	+27.02.75
StEG 1913/ 3887	Südbahn (SB) 629.05 →'24 BBÖ 629.105 →'38 **DRB 77 270** →'45 ÖBB →'53 ÖBB 77.70	+21.09.68

Die als „77-253" beschriftete 77 253 gehörte zur zweiten Beschaffungsserie der österreichischen Reihe 629 – deutlich erkennbar sind die Verlängerung und Erhöhung der Wasserkästen sowie die Änderung der Zylinderbauart aufgrund der verwendeten Ventilsteuerung „Bauart Lentz". Hermann Maey fotografierte im Jahr 1940 die im Bw Wien Nord beheimatete Lokomotive im Bw Wien West.

StEG 1913/ 3888	Südbahn (SB) 629.06 →'24 BBÖ 629.106 →'38 **DRB 77 271** →'45 ÖBB →'53 ÖBB 77.71	+20.01.68
StEG 1914/ 3943	Südbahn (SB) 629.07 →'24 BBÖ 629.107 →'38 **DRB 77 272** →'45 ÖBB/T →'55 ÖBB 77.72	+15.07.70
StEG 1914/ 3944	Südbahn (SB) 629.08 →'24 BBÖ 629.108 →'38 **DRB 77 273** →'45 ÖBB →14.04.45 MÁV/R →26.05.50 ÖBB →'53 ÖBB 77.73	+22.05.73
StEG 1914/ 3945	Südbahn (SB) 629.09 →'24 BBÖ 629.109 →'38 **DRB 77 274** →'45 ÖBB →'53 ÖBB 77.74	+01.08.70
WrN 1915/ 5261	Südbahn (SB) 629.10 →'24 BBÖ 629.110 →'38 **DRB 77 275** →'45 ÖBB/T →'55 ÖBB 77.75	+15.05.71
WrN 1915/ 5262	Südbahn (SB) 629.11 →'24 BBÖ 629.111 →'38 **DRB 77 276** →'45 ÖBB →15.04.45 MÁV/R →15.06.50 ÖBB →'53 ÖBB 77.76	+27.04.68
WrN 1915/ 5263	Südbahn (SB) 629.12 →'24 BBÖ 629.112 →'38 **DRB 77 277** →'45 ÖBB/T →'55 ÖBB 77.77	+22.09.68
WrN 1915/ 5264	Südbahn (SB) 629.13 →'24 BBÖ 629.113 →'38 **DRB 77 278** →'45 ÖBB/T →'55 ÖBB 77.78	+01.08.70
WrN 1915/ 5265	Südbahn (SB) 629.14 →'24 BBÖ 629.114 →'38 **DRB 77 279** →'45 ÖBB/T →'55 ÖBB 77.79	+27.04.68
WrN 1915/ 5266	Südbahn (SB) 629.15 →'24 BBÖ 629.115 →'38 **DRB 77 280** →'45 ÖBB →'53 ÖBB 77.80	+01.08.70

2'C 1' h2t **DRB 77^2** (ex BBÖ 629.5)

Treibraddurchmesser (mm):	1 614
Achsstand (mm):	9 590
Länge über Puffer (mm):	13 268
Dienstgewicht (t):	83,8
Achslast (maximal) (t):	15,0
Höchstgeschwindigkeit (km/h):	90
Zylinderdurchmesser (mm):	475
Kolbenhub (mm):	720
Rostfläche (m^2):	2,7
Verdampfungsheizfläche (m^2):	129,65
Überhitzerheizfläche (m^2):	36,7
Kesselüberdruck (atm):	13,0

Während der Serienbeschaffung der BBÖ-Reihe 629 (Baureihe 77^2) ging man ab 629.56 vom Kolbenschieber auf die Lentz-Ventilsteuerung über. Zu Vergleichszwecken wurden beim Hersteller Krauss (Linz) außerdem noch fünf Lokomotiven mit Caprotti-Ventilsteuerung geordert und als 629.500-504 in Dienst gestellt. Die Deutsche Reichsbahn übernahm diese Lokomotiven als 77 281-285, reihte sie also im Anschluss an die ehemaligen Südbahn-629er in den Bestand ein. Obwohl sich die Caprotti-Ventilsteuerung durchaus bewährt haben soll, wurden die Lokomotiven aus Gründen der Vereinheitlichung in den 40er Jahren auf Lentz-Ventilsteuerung umgebaut.

Die 77 282 war eine der fünf Lokomotiven, die zu Versuchszwecken mit Caprotti-Steuerung ausgeliefert worden waren, sich aber ansonsten nur wenig von ihren Schwesterlokomotiven mit Lentz-Ventilsteuerung unterschieden. Carl Bellingrodt fotografierte die Maschine am 27. Mai 1942 in Graz.

In den 40er-Jahren wurden die 77 281-285 auf Lentz-Ventilsteuerung umgebaut – so präsentierte sich auch die ÖBB 77.284, als sie von Franz Kraus fotografisch festgehalten wurde. Da die Maschine zum Aufnahmezeitpunkt zur Zfst. Wien Süd gehörte, muss die Aufnahme zwischen dem 25. April 1950 und dem 1. Oktober 1956 entstanden sein.

KrLi 1927/ 1446	BBÖ 629.500 →'38 **DRB 77 281** →'45 ÖBB →'53 ÖBB 77.281	+20.11.68
KrLi 1927/ 1447	BBÖ 629.501 →'38 **DRB 77 282** →'45 ÖBB →'53 ÖBB 77.282	+01.08.70
KrLi 1927/ 1448	BBÖ 629.502 →'38 **DRB 77 283** →'45 ÖBB →'53 ÖBB 77.283	+27.04.68
KrLi 1927/ 1449	BBÖ 629.503 →'38 **DRB 77 284** →'45 ÖBB →'53 ÖBB 77.284	+01.08.70
KrLi 1927/ 1450	BBÖ 629.504 →'38 **DRB 77 285** →'45 ÖBB +25.01.48 →27.04.49 wiD. →'53 ÖBB 77.285	+01.08.70

2'C 1' h2t **DRB 77²** (ex PKP OKm 11)

Treibraddurchmesser (mm):	1 614
Achsstand (mm):	9 590
Länge über Puffer (mm):	13 315
Dienstgewicht (t):	80,2
Achslast (maximal) (t):	14,4
Höchstgeschwindigkeit (km/h):	85
Zylinderdurchmesser (mm):	475
Kolbenhub (mm):	720
Rostfläche (m²):	2,7
Verdampfungsheizfläche (m²):	129,65
Überhitzerheizfläche (m²):	36,7
Kesselüberdruck (atm):	13,0

Aufgrund der guten Bewährung der kkStB/BBÖ-Reihe 629 (DRB-Baureihe 77²) beschafften 1922 auch die Polnischen Staatsbahnen zehn Lokomotiven dieser Bauart bei der Lokomotivfabrik Krauss in Linz. Die in Galizien eingesetzten Maschinen erhielten möglicherweise zunächst provisorische Betriebsnummern nach dem preußischen Schema (PKP 7001-7010) und wurden erst später in OKm 11-1 – 10 umgezeichnet, doch gesicherte Informationen zur Klärung dieser Frage liegen leider nicht vor. Bei der Aufteilung des PKP-Fahrzeugparks im Jahr 1939 kamen drei OKm 11 in den Bestand der Deutschen Reichsbahn und die übrigen sieben in jenen der sowjetischen Eisenbahnen. Im Jahr 1941 wurden die drei Reichsbahn-Maschinen in 77 286-288 umgezeichnet, denen 1944 noch zwei während des Russlandfeldzuges erbeutete Lokomotiven als 77 289-290 folgten.

Die 77 286 war eine der zehn kkStB-629, die 1922 von der Lokomotivfabrik Krauss in Linz direkt an die Polnischen Staatseisenbahnen geliefert worden waren. Während des Zweiten Weltkrieges wurden alle fünf von der Reichsbahn übernommenen Maschinen nach Österreich umbeheimatet. Die Aufnahme der „ÖStB 77 286" entstand in der unmittelbaren Nachkriegszeit vermutlich im Raum Wien. *Foto: Franz Kraus*

KrLi 1922/ 1283	PKP OKm 11-4 →'39 DRB →'41 **DRB 77 286** →'45 ÖBB/T →23.11.48 CCCP →30.11.48 PKP OKm 11-3"	+08.08.51
KrLi 1922/ 1285	PKP OKm 11-6 →'39 DRB →'41 **DRB 77 287** →'45 ÖBB →15.04.45 MÁV →02.02.53 PKP OKm 11-5"	+
KrLi 1922/ 1286	PKP OKm 11-7 →'39 DRB →'41 **DRB 77 288** →'45 ÖBB/T →11.11.48 CCCP →17.11.48 PKP OKm 11-1"	+28.04.51
KrLi 1922/ 1282	PKP OKm 11-3 →'39 NKPS →ca.'41/42 DRB →'44 **DRB 77 289** →'45 ÖBB/T →23.11.48 CCCP →30.11.48 PKP OKm 11-4" +30.06.53 →'53 Huta im. Bieruta	+
KrLi 1922/ 1287	PKP OKm 11-8 →'39 NKPS →ca. '41/42 DRB →'44 **DRB 77 290** →'45 ÖBB/T →23.11.48 CCCP →27.11.48 PKP OKm 11-2"	+04.11.54

Als Werner Hubert im Jahr 1940 im Bw Komotau (heute: Chomutov) die 77 301 fotografierte, trug sie neben der neuen Reichsbahnnummer auch noch ihre ČSD-Betriebsnummer 354.102. Heimatdirektion war übrigens die Rbd Dresden.

2'C 1' h2t DRB 77^3 (ex ČSD 354.1)

Die größte Verbreitung fand die österreichische Reihe 629 (siehe Baureihe 77^2) in der Tschechoslowakei: Nachdem im Rahmen der Aufteilung des kkStB-Fahrzeugparks 15 kkStB-629er in den ČSD-Fahrzeugpark gekommen waren, begann man 1921 mit der Fertigung weiterer Fahrzeuge: Belegt wurden insgesamt die ČSD-Betriebsnummern 354.101-199 und 354.1100-1229, wobei die Nummern 354.121-135 für die ehemaligen kkStB-Lokomotiven verwendet wurden. Im Laufe der Jahre wurde die ČSD-Reihe 354.1 immer weiterentwickelt und abgewandelt – so wurden z.B. die Führerhäuser und der Kohlenkasten vergrößert.
Mit der Annexion des Sudetengebietes kamen zunächst 49 Lokomotiven der ČSD-Reihe 354.1 in den Bestand der Deutschen Reichsbahn, bei der sie die Betriebsnummern 77 301-349 erhielten. Weitere fünf Lokomotiven der Reihe 354.1, welche im Olsa-Gebiet im Einsatz waren, sollten 1941 in 77 350-354 umgezeichnet werden, doch da diese Maschinen zunächst an die ČSD-Nachfolgegesellschaft „Böhmisch-Mährische Bahnen" (BMB) verliehen und später auch verkauft wurden, unterblieb die Umzeichnung.

	77 301-307	77 308-312	77 313-320	77 321-345	77 346-349
Treibraddurchmesser (mm):	1 625	1 625	1 625	1 625	1 625
Achsstand (mm):	9 590	9 590	9 590	9 590	9 590
Länge über Puffer (mm):	13 315	13 355	13 355	13 355	13 355
Dienstgewicht (t):	81,4	80,2	82,4	84,8	86,0
Achslast (maximal) (t):	14,5	14,4	14,5	14,4	14,9
Höchstgeschwindigkeit (vorw./rückw.):	90/80	90/80	90/80	90/80	90/80
Zylinderdurchmesser (mm):	475	475	475	475	475
Kolbenhub (mm):	720	720	720	720	720
Rostfläche (m²):	2,70	2,70	2,70	2,70	2,70
Verdampfungsheizfläche (m²):	131,3	131,3	122,8	120,65	112,7
Überhitzerheizfläche (m²):	36,6	36,6	58,8	59,7	44,0
Kesselüberdruck (atm):	13,0	13,0	13,0	13,0	13,0

Bei der 77 306 mit Kobelschornstein war die Betriebsnummer zwar am Führerhaus angeschrieben, doch auf eine entsprechende Beschriftung der Rauchkammertür hatte man verzichtet. *Foto: Werner Hubert*

Ganz schwach kann man vor der Betriebsnummer „77 344" am Führerhaus ein „T" erkennen, welches die Maschine als „Trophäenlokomotive" der sowjetischen Besatzungsmacht auswies. Die Aufnahme von Franz Kraus entstand vermutlich in der Zugförderungsstelle Franz-Josefs-Bahnhof.

Skoda 1922/ 222	ČSD 354.102 →'39 **DRB 77 301** →'45 ČSD 354.102	+30.12.71
Skoda 1922/ 225	ČSD 354.105 →'39 **DRB 77 302** →'45 ČSD 354.105	+29.06.65
Skoda 1922/ 227	ČSD 354.107 →'39 **DRB 77 303** →'45 ČSD 354.107	+09.06.59
Skoda 1922/ 229	ČSD 354.109 →'39 **DRB 77 304** →'45 ČSD 354.109	+29.09.58
Skoda 1922/ 230	ČSD 354.110 →'39 **DRB 77 305** →'45 ČSD 354.110	+30.07.68
Skoda 1922/ 232	ČSD 354.112 →'39 **DRB 77 306** →'45 ČSD 354.112	+03.04.70
Skoda 1922/ 240	ČSD 354.120 →'39 **DRB 77 307** →10.08.44 BMB →'45 ČSD 354.120	+29.03.68
StEG 1917/ 4211	kkStB 629.08 →'18 ČSD 354.125 →'39 **DRB 77 308** →'45 ČSD 354.125	+06.10.71
StEG 1917/ 4212	kkStB 629.09 →'18 ČSD 354.126 →'39 **DRB 77 309** →'45 ČSD 354.126 +03.12.70 →'7x verk. Mrazírny Kunovice	+
StEG 1917/ 4213	kkStB 629.10 →'18 ČSD 354.127 →'39 **DRB 77 310** →'45 ČSD 354.128	+05.09.47
StEG 1917/ 4216	kkStB 629.13 →'18 ČSD 354.130 →'39 **DRB 77 311** →'45 ČSD 354.130	+08.03.67
Skoda 1921/ 34	ČSD 354.139 →'39 **DRB 77 312** →'45 ČSD 354.139	+26.10.67
Skoda 1924/ 286	ČSD 354.151 →'39 **DRB 77 313** →'45 ČSD 354.151	+07.05.71
Skoda 1924/ 287	ČSD 354.152 →'39 **DRB 77 314** →'43 BMB →'45 ČSD 354.152	+11.06.71
Skoda 1924/ 288	ČSD 354.153 →'39 **DRB 77 315** →'43 BMB →'45 ČSD 354.153	+07.07.70
Skoda 1924/ 291	ČSD 354.156 →'39 **DRB 77 316** →'45 ČSD 354.156	+23.06.72
Skoda 1924/ 292	ČSD 354.157 →'39 **DRB 77 317** →08.10.43 BMB →'45 ČSD 354.157	+15.08.78
Skoda 1924/ 300	ČSD 354.165 →'39 **DRB 77 318** →'45 ČSD 354.165	+11.06.71
Skoda 1924/ 301	ČSD 354.166 →'39 **DRB 77 319** →'45 PKP →30.03.48 ČSD 354.166	+15.11.48
Skoda 1924/ 303	ČSD 354.168 →'39 **DRB 77 320** →'45 ČSD 354.168	+07.11.66
Skoda 1925/ 341	ČSD 354.176 →'39 **DRB 77 321** →'45 ČSD 354.176	+05.03.73
Skoda 1925/ 344	ČSD 354.179 →'39 **DRB 77 322** →'45 ČSD 354.179	+30.06.67
Skoda 1925/ 345	ČSD 354.180 →'39 **DRB 77 323** →'45 ČSD 354.180 +29.01.68 →01.04.68 CSD-HL K351	+01.09.72
Skoda 1925/ 347	ČSD 354.182 →'39 **DRB 77 324** →'45 ČSD 354.182	+04.12.68
BMMF 1925/ 1048	ČSD 354.188 →'39 **DRB 77 325** →'45 ČSD 354.188	+05.03.73
BMMF 1925/ 1058	ČSD 354.198 →'39 **DRB 77 326** →'45 ČSD 354.198	+07.09.70
BMMF 1925/ 1060	ČSD 354.1100 →'39 **DRB 77 327** →'45 ČSD 354.1100	+24.02.72
Skoda 1926/ 372	ČSD 354.1106 →'39 **DRB 77 328** →'43 BMB →'45 ČSD 354.1106	+23.06.72
Skoda 1926/ 373	ČSD 354.1107 →'39 **DRB 77 329** →'43 BMB →'45 ČSD 354.1107	+06.10.71
Skoda 1926/ 374	ČSD 354.1108 →'39 **DRB 77 330** →'45 ČSD 354.1108	+04.03.71
Skoda 1926/ 375	ČSD 354.1109 →'39 **DRB 77 331** →'45 ČSD 354.1109	+16.08.72
BrDa 1926/ 305	ČSD 354.1115 →'39 **DRB 77 332** →'45 ČSD 354.1115	+27.12.72

Skoda 1927/ 422	ČSD 354.1119 →'39 **DRB 77 333** →'45 ČSD 354.1119	+01.12.69
Skoda 1927/ 424	ČSD 354.1121 →'39 **DRB 77 334** →'45 ČSD 354.1121 +04.03.71 →26.05.71 CSD-HL K476	++75
BrDa 1927/ 311	ČSD 354.1128 →'39 **DRB 77 335** →'45 ČSD 354.1128 +04.03.71 →26.05.71 CSD-HL K477	+21.10.71
BrDa 1927/ 313	ČSD 354.1130 →'39 **DRB 77 336** →'45 ČSD 354.1130	+08.02.74
Skoda 1928/ 471	ČSD 354.1132 →'39 **DRB 77 337** →'45 ČSD 354.1132	+30.01.69
Skoda 1929/ 537	ČSD 354.1140 →'39 **DRB 77 338** →'45 ČSD 354.1140	+27.12.72
Skoda 1930/ 624	ČSD 354.1156 →'39 **DRB 77 339** →'45 ČSD 354.1156	+03.12.70
Skoda 1930/ 678	ČSD 354.1176 →'39 **DRB 77 340** →'45 ČSD 354.1176	+27.12.74
Skoda 1930/ 679	ČSD 354.1177 →'39 **DRB 77 341** →'45 ČSD 354.1177	+01.06.70
Skoda 1930/ 684	ČSD 354.1182 →'39 **DRB 77 342** →'45 ČSD 354.1182	+10.08.73
Skoda 1930/ 686	ČSD 354.1184 →'39 **DRB 77 343** →'45 DRw →20.09.48 ČSD 354.1184	+22.05.78
Skoda 1930/ 691	ČSD 354.1189 →'39 **DRB 77 344** →'45 ÖBB/T →13.11.48 ČSD 354.1189	+24.06.69
Skoda 1930/ 692	ČSD 354.1190 →'39 **DRB 77 345** →'45 ÖBB/T →13.11.48 ČSD 354.1190	+08.11.73
Skoda 1937/ 856	ČSD 354.1205 →'39 **DRB 77 346** →'45 ČSD 354.1205	+24.02.72
Skoda 1937/ 857	ČSD 354.1206 →'39 **DRB 77 347** →'45 ČSD 354.1206	+05.03.73
Skoda 1937/ 858	ČSD 354.1207 →'39 **DRB 77 348** →'45 ČSD 354.1207	+27.12.72
Skoda 1937/ 860	ČSD 354.1209 →'39 **DRB 77 349** →'45 ČSD 354.1209	+16.08.72
Skoda 1922/ 233	ČSD 354.113 →'39 BMB →'41 **DRB [77 350]** →'41 BMB/L →'43 BMB →'45 ČSD 354.113	+06.10.69
Skoda 1922/ 234	ČSD 354.114 →'39 BMB →'41 **DRB [77 351]** →'41 BMB/L →'43 BMB →'45 ČSD 354.114	+05.03.73
Skoda 1922/ 235	ČSD 354.115 →'39 BMB →'41 **DRB [77 352]** →'41 BMB/L →'43 BMB →'45 ČSD 354.115	+08.03.67
Skoda 1922/ 236	ČSD 354.116 →'39 BMB →'41 **DRB [77 353]** →'41 BMB/L →'43 BMB →'45 ČSD 354.116 +04.03.71 →26.05.71 CSD-HL K475	+31.07.72
Skoda 1922/ 239	ČSD 354.119 →'39 BMB →'41 **DRB [77 354]** →'41 BMB/L →'43 BMB →'45 ČSD 354.119 +12.10.72 →21.03.73 CSD-HL K560	+19.09.75

1'Co 2' h6 **DRB 77^{10}** (Ub. ex DRB 37^2)

Treibraddurchmesser (mm):	1 250
Achsstand (mm):	10 650
Länge über Puffer (mm):	14 500
Dienstgewicht (t):	
Achslast (maximal) (t):	
Höchstgeschwindigkeit (km/h):	120
Zylinderdurchmesser (mm):	
Kolbenhub (mm):	
Rostfläche (m²):	
Verdampfungsheizfläche (m²):	
Überhitzerheizfläche (m²):	
Kesselüberdruck (atm):	

Die gegenüber Innovationen im Eisenbahnbetrieb aufgeschlossene Lübeck-Büchener Eisenbahn begann in den 30er Jahren, eine ihrer Dampflokomotiven der Gattung G 6 (ähnlich der der preußischen P6; siehe Baureihe 37^2) in eine Dampfmotor-Tenderlokomotive mit der Achsfolge 1Co2 umzubauen. Der Neubau der Treibachsen sollte durch die Herstellerfirma Linke-Hofmann, die auch den Kessel überholt hatte, erfolgen; das rückwärtige Drehgestell kam von der Wumag aus Görlitz und die Dampfmotoren von Henschel. Der Zusammenbau aller Komponenten erfolgt in der Bahn-Werkstatt in Lübeck. Als die Lübeck-Büchener Eisenbahn zum 1. Januar 1938 verstaatlicht wurde, war der Umbau bereits weit gediehen und die Reichsbahn beabsichtigte auch, diesen weiter durchzuführen. Entsprechend war die Lokomotive auch im „Merkbuch für die Fahrzeuge der Reichsbahn; Lokomotiven und Tender der Lübeck-Büchener Eisenbahn; Nachtrag 2 gültig vom 1.1.1940 an" nicht mehr als 37 202, sondern als 77 1001 enthalten. Leider wurde – vermutlich aufgrund der Kriegsereignisse und sich des daraus ergebenden Desinteresses an einer Dampfmotorlokomotive – die 77 1001 nicht mehr fertiggestellt und der unvollendete Torso um 1945 verschrottet.

Literatur:

WEISBROD, MANFRED: Die Dampfmotorlok 77 1001. EJ 4/2000 S. 28-29

LHW 1913/ 975	Lübeck-Büchener Eisenbahn (LBE) 84 BAYERN G6 →'17 Lübeck-Büchener Eisenbahn (LBE) 71" G6 →'37 Ub. im Dampfmotorlok (Umbau begonnen, 1940 eingestellt) →'38 DRB [37 202] →'38 **DRB [77 1001]**	++um 45

Schon relativ weit fortgeschritten waren die Umbauarbeiten an der LBE-Lokomotive 71, welche bei der Reichsbahn die neue Betriebsnummer 77 1001 erhalten sollte. Im Jahr 1940 wurden die Arbeiten an dieser Lokomotive eingestellt und die Maschine 1945 verschrottet.

2'C 2' h2t **DRB 78^{0-2}** (ex KPEV T 18, K.W.St.E. T 18)

Treibraddurchmesser (mm):	1 650
Achsstand (mm):	11 700
Länge über Puffer (mm):	14 800
Dienstgewicht (t):	105,0
Achslast (maximal) (t):	17,1
Höchstgeschwindigkeit (km/h):	100
Zylinderdurchmesser (mm):	560
Kolbenhub (mm):	630
Rostfläche (m²):	2,44
Verdampfungsheizfläche (m²):	135,92
Überhitzerheizfläche (m²):	49,2
Kesselüberdruck (atm):	12,0
Leistung (PSi):	1140

Die von der KED Mainz für den Schnellzugdienst beschafften Lokomotiven der Gattung T 10 (siehe Baureihe 76) hatten nicht überzeugen können – durch die unsymmetrische Achsanordnung waren die Laufeigenschaften bei Rückwärtsfahrt deutlich schlechter als bei Vorwärtsfahrt gewesen. Ein Bedarf an schnellfahrenden Personenzug-Tenderlokomotiven bestand auch bei der KED Stettin für die Bespannung der Züge von und zu den Fähren auf der Insel Rügen. Die dort eingesetzte T 12 (siehe Baureihe 74^{4-13}) war nicht leistungsfähig genug und auch die versuchsweise eingesetzte T 10 verfügte nicht über genügend Reserven. Das Eisenbahn-Zentralamt ließ daher von den Vulcan-Werken in Stettin eine 2C2-Tenderlokomotive entwerfen, welche die Gattungsbezeichnung T 18 erhielt. Die ersten zehn Lokomotiven wurden im Jahr 1912 geliefert – da bei ihnen der Massenausgleich noch nicht ganz korrekt war, wurde die Höchstgeschwindigkeit zunächst auf 90 km/h begrenzt und erst später auf 100 km/h erhöht. Der Serienbau setzte 1914 ein, und bis Ende des Ersten Weltkrieges wurden 131 Maschinen abgeliefert, von denen nur zwei als Armistice-Lokomotiven an Belgien abgegeben werden mussten. Bis 1924 wurde die Beschaffung fortgesetzt – zunächst von der Preußischen Staatsbahn, später von der Deutschen Reichsbahn. Mit Betriebsnummern nach dem KPEV-Schema wurden insgesamt 333 Maschinen abgeliefert, mit Reichsbahnnummern als Baureihe 78 weitere 127.

Nachdem 1920 insgesamt 19 T 18 an die Saareisenbahnen abgegeben worden waren (SAAR 8401-8419), beschafften jene von 1922 bis 1925 weitere 27 Lokomotiven (SAAR 8420-8446). Lokomotiven gleicher Bauart wurden auch von den Württembergischen Staatsbahnen (1121-1140), von den Reichseisenbahnen in Elsaß-Lothringen (EL 8401-8427), der Eutin-Lübecker Eisenbahn (ELE Nr. 1''' und 2''') sowie der Türkischen Staatsbahn („Anadolu-Bagdad Demiryollaru" Nr. 3701-3708) geordert.

Der vorläufige Umzeichnungsplan der Deutschen Reichsbahn von 1923 führte für die vorhandenen T 18 die Betriebsnummern 78 001-281 auf – mit enthalten als 78 145-164 waren die württembergischen T 18. In den endgültigen Umzeichnungsplan von 1925 war noch eine weitere Maschine „eingepflegt" worden – die im EAW Darmstadt

in Deutschland stehen gebliebene EL 8419 erhielt die Nummer 78 093, so dass der Plan nun die Betriebsnummern 78 001-282 umfasste. Die nach Aufstellung des vorläufigen Umzeichnungsplanes gelieferten T 18 waren im endgültigen Umzeichnungsplan auf einem Ergänzungsblatt als 78 351-528 aufgeführt – warum man damals nicht die Nummern ab 78 283 vergeben und stattdessen ein Lücke gelassen hat, ist nicht bekannt.
Die zwischen 78 282 und 78 351 entstandene Lücke wurde später zumindest teilweise gefüllt: 1935 wurden die vom Saargebiet übernommenen Maschinen als 78 283-328 und die 1941 von der Eutin-Lübecker Eisenbahn dazugekommenen zwei T 18 als 78 329-330 eingereiht.
Während des Zweiten Weltkrieges schieden einige wenige 78er als Kriegsschäden aus – die meisten verblieben in West- und Ostdeutschland, wo die 1968 bzw. 1970 noch vorhandenen Maschinen von DB bzw. DR neue UIC-Betriebsnummern zugewiesen bekamen. In Polen waren nach dem Krieg 29 T 18 verblieben – sie erhielten die neue Gattungsbezeichnung OKo 1.

Literatur:

Ebel, Jürgen U.; Knipping, Andreas; Wenzel, Hansjürgen: Die Baureihe 78. Freiburg, 1990
Holzborn, Klaus D.: Baureihe 78. Neustadt, 1991

Mit einer Probefahrt von Grunewald nach Wannsee begann am 17. Juni 1912 die „Karriere" der ersten preußischen T18, die 21 Jahre später am 17. April 1933 von Carl Bellingrodt als 78 001 im Bw Koblenz-Mosel portraitiert wurde. Bei der Deutschen Bundesbahn wurde die Lokomotive 1966 ausgemustert und erreichte somit ein Alter von 54 Jahren.

Vulc 1912/ 2753	STN 8401 T18 →'25 **DRB 78 001** →'45 DRw/DB	+20.06.66
Vulc 1912/ 2754	STN 8402 T18 →'25 **DRB 78 002** →'45 DRw/DB	+01.07.64
Vulc 1912/ 2755	STN 8403 T18 →'18 BLN 8403 →'25 **DRB 78 003** →'45 DRw/DB	+10.03.65
Vulc 1912/ 2756	STN 8404 T18 →'25 **DRB 78 004** →'45 DRw/DB	+30.11.64
Vulc 1912/ 2757	STN 8405 T18 →'25 **DRB 78 005** →'45 DRw/DB →'68 DB (078 005-6)	+14.11.67
Vulc 1912/ 2758	STN 8406 T18 →'25 **DRB 78 006** →'45 DRo	+16.11.48
Vulc 1912/ 2759	STN 8407 T18 →'25 **DRB 78 007** →'45 DRw/DB	+19.08.66
Vulc 1912/ 2760	STN 8408 T18 →'25 **DRB 78 008** →'45 DRw/DB	+03.06.65
Vulc 1912/ 2761	STN 8409 T18 →'25 **DRB 78 009** →'45 DRo/DR →'70 DR 78 1009-6 →24.05.68 DR-Traditionslok →01.01.94 DB → '15 IG Bw Dresden-Altstadt /L	('25 abg. Bw Dresden-Altstadt)
Vulc 1912/ 2762	STN 8410 T18 →'25 **DRB 78 010** →'45 DRo/DR →'70 DR (78 1010-4)	+10.02.69
Vulc 1914/ 2867	MNZ 8401 T18 →'25 **DRB 78 011** →'45 DRw/DB	+04.03.66
Vulc 1914/ 2868	MNZ 8402 T18 →'25 **DRB 78 012** →'45 DRw/DB	+04.12.61
Vulc 1914/ 2869	MNZ 8403 T18 →'25 **DRB 78 013** →'45 DRw/DB →'68 DB 078 013-0	+12.03.68
Vulc 1914/ 2870	MNZ 8404 T18 →'25 **DRB 78 014** →'45 DRw/DB	+30.11.64
Vulc 1914/ 2871	MNZ 8405 T18 →'25 **DRB 78 015** →'45 DRw/DB	+10.03.65
Vulc 1914/ 2872	MNZ 8406 T18 →'25 **DRB 78 016** →'45 DRw/DB	+01.09.65
Vulc 1914/ 2873	MNZ 8407 T18 →'25 **DRB 78 017** →'45 DRw/DB (SWDE)	+15.12.65
Vulc 1914/ 2874	MNZ 8408 T18 →'25 **DRB 78 018** →'45 DRw/DB	+30.11.64

Portrait im besten Fotolicht: Am 20. Mai 1932 präsentierte sich die 78 003 in ihrem Heimat-Bw Düsseldorf-Abstellbahnhof dem Fotografen. *Foto: Carl Bellingrodt*

Vulc 1914/ 2875	MNZ 8409 T18 →'25 **DRB 78 019** →'45 DRw/DB (SWDE)	+10.03.65
Vulc 1914/ 2884	SBR 8409 T18 →'17 BSL 8409 (bereits '14 leihweise von KED Saarbrücken übernommen) →'25 **DRB 78 020** →'45 DRw/DB	+22.11.66
Vulc 1914/ 2885	SBR 8410 T18 →'17 BSL 8410 (bereits '14 leihweise von KED Saarbrücken übernommen) →'25 **DRB 78 021** →'45 DRw/DB →'68 DB 078 021-3	+04.03.70
Vulc 1914/ 2919	FFT 8401 T18 →'25 **DRB 78 022** →'45 DRw/DB	+30.11.64
Vulc 1914/ 2920	FFT 8402 T18 →'25 **DRB 78 023** →'45 DRw/DB →'68 DB (078 023-9)	+22.05.67
Vulc 1914/ 2922	ERF 8401 T18 →'25 **DRB 78 024** →'45 DRw/DB	+01.09.65
Vulc 1914/ 2923	ERF 8402 T18 →'25 **DRB 78 025** →'45 DRw/DB	+22.11.66
Vulc 1914/ 2924	ERF 8403 T18 →'25 **DRB 78 026** →'45 DRw/DB	+04.03.66
Vulc 1914/ 2925	SBR 8412 T18 →'20 TRI 8412 →'25 **DRB 78 027** →'45 DRw/DB	+22.11.66
Vulc 1914/ 2928	SBR 8411 T18 →'20 TRI 8411 →'25 **DRB 78 028** →'45 DRw/DB	+30.11.64
Vulc 1915/ 2968	FFT 8404 T18 →'25 **DRB 78 029** →'45 DRw/DB	+27.09.66
Vulc 1915/ 2969	FFT 8405 T18 →'25 **DRB 78 030** →'45 DRo/DR →'70 DR 78 1030-2	+12.04.71
Vulc 1915/ 2970	FFT 8406 T18 →'25 **DRB 78 031** →'45 DRw/DB	+30.11.64

Im Bahnbetriebswerk von Sassnitz entstand an 21. Juni 1932 diese Standardaufnahme von Carl Bellingrodt – in diesem Bw war die Lokomotive 78 008 vom 14. April 1927 bis zum 20. Oktober 1932 beheimatet – anschließend tat sie beim Bw Kolberg Dienst.

Vulc 1915/ 2971	FFT 8407 T18 →'25 **DRB 78 032** →'45 DRo/DR	+06.09.68
Vulc 1915/ 2972	FFT 8408 T18 →'25 **DRB 78 033** →'45 DRo/DR →'70 DR [78 1033-6]	+30.09.70
Vulc 1915/ 2973	FFT 8409 T18 →'25 **DRB 78 034** →'45 DRo/DR →'70 DR [78 1034-4]	+18.08.70
Vulc 1915/ 2977	ERF 8404 T18 →'25 **DRB 78 035** →'45 DRw/DB →'68 DB (078 035-3)	+22.05.67
Vulc 1915/ 2978	ERF 8405 T18 →'25 **DRB 78 036** →'45 DRw/DB	+10.03.65
Vulc 1915/ 2979	ERF 8406 T18 →'25 **DRB 78 037** →'45 DRw/DB →'68 DB (078 037-9)	+22.05.67
Vulc 1915/ 2980	ERF 8407 T18 →'25 **DRB 78 038** →'45 DRw/DB	+01.07.64
Vulc 1916/ 3086	BSL 8401 T18 →'25 **DRB 78 039** →'45 MPS	+08.51
Vulc 1916/ 3087	BSL 8402 T18 →'25 **DRB 78 040** →'45 DRw/DB	+27.09.66
Vulc 1916/ 3088	BSL 8403 T18 →'25 **DRB 78 041** →'45 PKP OKo 1-16	+19.02.75
Vulc 1916/ 3089	BSL 8404 T18 →'25 **DRB 78 042** →'45 DRw/DB	+10.03.65
Vulc 1916/ 3090	FFT 8410 T18 →'25 **DRB 78 043** →'45 DRo/DR →'70 DR [78 1043-5]	+18.11.70
Vulc 1916/ 3091	FFT 8411 T18 →'25 **DRB 78 044** →'45 DRw/DB	+01.09.65
Vulc 1916/ 3092	FFT 8412 T18 →'25 **DRB 78 045** →'45 DRw/DB	+24.02.67
Vulc 1916/ 3093	FFT 8413 T18 →'25 **DRB 78 046** →'45 PKP OKo 1-25	+66
Vulc 1916/ 3094	MNZ 8410 T18 →'25 **DRB 78 047** →'45 DRw/DB →'68 DB 078 047-8	+12.03.68
Vulc 1916/ 3095	MNZ 8411 T18 →'25 **DRB 78 048** →'45 DRw/DB (SWDE)	+10.03.65
Vulc 1916/ 3096	MNZ 8412 T18 →'25 **DRB 78 049** →'45 DRw/DB	+01.09.65
Vulc 1916/ 3097	MNZ 8413 T18 →'25 **DRB 78 050** →'45 DRw/DB	+15.12.65
Vulc 1916/ 3098	ERF 8408 T18 →'25 **DRB 78 051** →'45 DRw/DB	+27.09.66
Vulc 1916/ 3099	ERF 8409 T18 →'25 **DRB 78 052** →'45 DRw/DB	+10.01.63
Vulc 1916/ 3100	ERF 8410 T18 →'25 **DRB 78 053** →'45 DRo/DR	+16.06.66
Vulc 1916/ 3101	ERF 8411 T18 →'25 **DRB 78 054** →'45 DRw/DB	+01.07.64
Vulc 1916/ 3102	ESN 8401 T18 →'25 **DRB 78 055** →'45 DRw/DB	+06.01.66
Vulc 1916/ 3103	ESN 8402 T18 →'25 **DRB 78 056** →'45 DRw/DB	+06.02.62
Vulc 1916/ 3104	ESN 8403 T18 →'25 **DRB 78 057** →'45 DRw	+19.11.45
Vulc 1916/ 3105	ESN 8404 T18 →'25 **DRB 78 058** →'45 DRw/DB	+10.03.65
Vulc 1916/ 3106	ESN 8405 T18 →'25 **DRB 78 059** →'45 DRw/DB	+03.06.65
Vulc 1916/ 3107	ESN 8406 T18 →'25 **DRB 78 060** →'45 DRw/DB	+03.06.65
Vulc 1916/ 3108	ESN 8407 T18 →'25 **DRB 78 061** →'45 DRw/DB	+10.03.65
Vulc 1916/ 3109	ESN 8408 T18 →'25 **DRB 78 062** →'45 DRw/DB →'68 DB 078 062-7	+02.06.71
Vulc 1916/ 3110	STN 8411 T18 →'25 **DRB 78 063** →'45 DRw/DB	+15.11.63
Vulc 1916/ 3111	STN 8412 T18 →'25 **DRB 78 064** →'45 DRw/DB →'68 DB 078 064-3	+21.06.68
Vulc 1916/ 3112	BSL 8405 T18 →'25 **DRB 78 065** →'45 DRw/DB	+27.09.66

Mit einem Zug aus rekonstruierten Dreiachsern war die DR 78 009 im Jahr 1963 unterwegs. Fünf Jahre später endete ihr Betriebseinsatz, da sie den Status einer DR-Traditionslokomotive erhielt.

Am 5. Mai 1967 wartete die 78 021 im Bw Köln-Deutzerfeld auf neue Aufgaben – beheimatet war die Lokomotive im Bw Köln-Eifeltor.
Foto: Karl-Friedrich Seitz

Vulc 1916/ 3113	BSL 8406 T18 →'25 **DRB 78 066** →'45 PKP OKo 1-1	+13.12.51
Vulc 1916/ 3114	MNZ 8414 T18 →'25 **DRB 78 067** →'45 DRw/DB	+19.08.66
Vulc 1916/ 3115	MNZ 8415 T18 →'25 **DRB 78 068** →'45 DRw/DB	+19.08.66
Vulc 1916/ 3116	FFT 8414 T18 →'25 **DRB 78 069** →'45 DRw/DB	+19.08.66
Vulc 1916/ 3117	FFT 8415 T18 →'25 **DRB 78 070** →'45 DRw/DB	+10.03.65
Vulc 1916/ 3118	FFT 8416 T18 →'25 **DRB 78 071** →'45 DRw/DB →'68 DB 078 071-8	+02.10.68
Vulc 1916/ 3119	FFT 8417 T18 →'25 **DRB 78 072** →'45 DRw/DB	+30.11.64
Vulc 1916/ 3120	ERF 8412 T18 →'25 **DRB 78 073** →'45 DRw/DB	+12.11.62
Vulc 1916/ 3121	ERF 8413 T18 →'25 **DRB 78 074** →'45 DRw/DB	+18.06.62
Vulc 1916/ 3122	ERF 8414 T18 →'25 **DRB 78 075** →'45 DRw/DB	+30.11.64
Vulc 1916/ 3123	ERF 8415 T18 →'25 **DRB 78 076** →'45 DRo/DR →'70 DR (78 1076-5)	+14.08.69
Vulc 1916/ 3124	ERF 8416 T18 →'25 **DRB 78 077** →'45 DRw/DB	+22.11.66
Vulc 1916/ 3175	BSL 8407 T18 →'25 **DRB 78 078** →'45 DRw/DB	+15.11.63
Vulc 1916/ 3176	ERF 8417 T18 →'25 **DRB 78 079** →'45 DRo/DR →'70 DR (78 1079-9)	+24.02.70
Vulc 1916/ 3177	ERF 8418 T18 →'25 **DRB 78 080** →'45 DRw/DB	+11.07.62
Vulc 1916/ 3178	ERF 8419 T18 →'25 **DRB 78 081** →'45 DRw/DB	+20.06.66
Vulc 1916/ 3179	ERF 8420 T18 →'25 **DRB 78 082** →'45 DRo/DR →'70 DR [78 1082-3]	+26.11.70
Vulc 1916/ 3180	FFT 8418 T18 →'25 **DRB 78 083** →'45 DRw/DB	+30.11.64
Vulc 1916/ 3181	FFT 8419 T18 →'25 **DRB 78 084** →'45 DRw/DB	+27.09.66
Vulc 1916/ 3182	MNZ 8416 T18 →'25 **DRB 78 085** →'45 DRw/DB (SWDE)	+27.09.66
Vulc 1916/ 3183	MNZ 8417 T18 →'25 **DRB 78 086** →'45 DRw/DB →'68 DB (078 086-6)	+14.11.67
Vulc 1916/ 3184	ESN 8409 T18 →'25 **DRB 78 087** →'45 DRw/DB →'68 DB (078 087-4)	+22.05.67
Vulc 1916/ 3185	ESN 8410 T18 →'25 **DRB 78 088** →'45 DRw/DB	+01.09.65
Vulc 1916/ 3186	ESN 8411 T18 →'25 **DRB 78 089** →'45 DRw/DB	+28.05.63
Vulc 1916/ 3187	ESN 8412 T18 →'25 **DRB 78 090** →'45 DRw/DB →'68 DB 078 090-8	+02.10.68
Vulc 1916/ 3188	STN 8413 T18 →'25 **DRB 78 091** →'45 PKP OKo 1-17	+19.09.74
Vulc 1916/ 3189	STN 8414 T18 →'25 **DRB 78 092** →'45 PKP OKo 1-24	+66
Vulc 1917/ 3262	Reichseisenbahnen Elsaß-Lothringen (EL) 8419 (T18) →ca. '22/23 MNZ 8419³ T18 →'25 **DRB 78 093** →'45 DRw/DB	+27.09.66
Vulc 1917/ 3265	SBR 8418 T18 →'20 TRI 8418 →'25 **DRB 78 094** →'45 DRw/DB →'68 DB 078 094-0	+12.03.68
Vulc 1917/ 3266	SBR 8419 T18 →'20 TRI 8419 →'25 **DRB 78 095** →'45 DRw/DB	+30.11.64
Vulc 1917/ 3267	ERF 8421 T18 →'25 **DRB 78 096** →'45 DRo/DR	+30.09.68
Vulc 1917/ 3268	ERF 8422 T18 →'25 **DRB 78 097** →'45 DRw/DB	+06.01.66
Vulc 1917/ 3269	ERF 8423 T18 →'25 **DRB 78 098** →'45 DRw/DB	+27.09.66

Vulc 1917/ 3270	FFT 8420 T18 →'25 **DRB 78 099** →'45 DRw/DB	+01.09.65
Vulc 1917/ 3271	FFT 8421 T18 →'25 **DRB 78 100** →'45 DRw/DB →'68 DB (078 100-5)	+14.11.67
Vulc 1917/ 3272	MNZ 8418 T18 →'25 **DRB 78 101** →'45 DRw/DB →'68 DB (078 101-3)	+14.11.67
Vulc 1917/ 3273	MNZ 8419 T18 →'25 **DRB 78 102** →'45 DRw/DB (SWDE)	+01.09.65
Vulc 1917/ 3274	KÖL 8401 T18 →'25 **DRB 78 103** →'45 DRw/DB	+20.06.66
Vulc 1917/ 3275	KÖL 8402 T18 →'25 **DRB 78 104** →'45 DRw/DB →'68 DB 078 104-7	+11.12.68
Vulc 1917/ 3276	KÖL 8403 T18 →'25 **DRB 78 105** →'45 DRw/DB	+27.09.66
Vulc 1917/ 3277	KÖL 8404 T18 →'25 **DRB 78 106** →'45 DRw/DB	+01.09.65
Vulc 1917/ 3278	ESN 8413 T18 →'25 **DRB 78 107** →'45 DRw/DB →'68 DB (078 107-0)	+22.05.67
Vulc 1917/ 3279	ESN 8414 T18 →'25 **DRB 78 108** →'45 DRw/DB	+19.08.66
Vulc 1918/ 3362	STN 8415 T18 →'25 **DRB 78 109** →'45 DRo/DR →'70 DR 78 1109-4	+12.04.71
Vulc 1918/ 3363	STN 8416 T18 →'25 **DRB 78 110** →'45 DRo/DR →'70 DR [78 1110-2]	+19.04.72
Vulc 1918/ 3365	BSL 8411 T18 →'25 **DRB 78 111** →'45 PKP OKo 1-6	+15.11.71
Vulc 1918/ 3366	KÖL 8405 T18 →'25 **DRB 78 112** →'45 DRw/DB →'68 DB (078 112-0)	+05.07.67
Vulc 1918/ 3367	KÖL 8406 T18 →'25 **DRB 78 113** →'45 DRw/DB →'68 DB 078 113-8	+12.03.68
Vulc 1918/ 3368	KÖL 8407 T18 →'25 **DRB 78 114** →'45 DRw/DB →'68 DB 078 114-6	+03.03.69
Vulc 1918/ 3369	FFT 8422 T18 →'25 **DRB 78 115** →'45 DRw/DB	+10.03.65
Vulc 1918/ 3370	FFT 8423 T18 →'25 **DRB 78 116** →'45 DRw/DB →'68 DB (078 116-1)	+05.07.67
Vulc 1918/ 3371	FFT 8424 T18 →'25 **DRB 78 117** →'45 DRo/DR	+06.08.68
Vulc 1918/ 3372	MNZ 8420 T18 →'25 **DRB 78 118** →'45 DRw/DB	+10.03.65
Vulc 1918/ 3373	MNZ 8421 T18 →'25 **DRB 78 119** →'45 DRw/DB (SWDE)	+01.09.65
Vulc 1918/ 3374	MNZ 8422 T18 →'25 **DRB 78 120** →'45 DRw/DB	+04.03.66
Vulc 1918/ 3375	ERF 8424 T18 →'25 **DRB 78 121** →'45 DRw/DB	+10.03.65
Vulc 1918/ 3376	ERF 8425 T18 →'25 **DRB 78 122** →'45 DRo/DR →'70 DR [78 1122-7]	+12.10.70
Vulc 1918/ 3377	ERF 8426 T18 →'25 **DRB 78 123** →'45 DRw/DB	+01.09.65
Vulc 1918/ 3378	ESN 8415 T18 →'25 **DRB 78 124** →'45 DRw/DB	+27.09.66
Vulc 1918/ 3379	ESN 8416 T18 →'25 **DRB 78 125** →'45 DRw/DB	+27.09.66
Vulc 1918/ 3380	ESN 8417 T18 →'25 **DRB 78 126** →'45 DRw/DB	+22.11.66
Vulc 1918/ 3381	ESN 8418 T18 →'25 **DRB 78 127** →'45 DRw/DB	+30.11.64
Vulc 1919/ 3491	STN 8417 T18 →'25 **DRB 78 128** →'45 DRw/DB →'68 DB (078 128-6)	+22.05.67
Vulc 1919/ 3492	STN 8418 T18 →'25 **DRB 78 129** →'45 DRw/DB	+22.11.66
Vulc 1919/ 3494	SBR 8421 T18 →'20 TRI 8421 →'25 **DRB 78 130** →'45 DRw/DB	+27.09.66

Nur selten waren Lokomotiven der Baureihe 78 mit Vollscheiben-Rädern in den Drehgestellen anzutreffen – so wie die hier abgebildete 78 069 des Bw Wuppertal-Langerfeld. Ungewöhnlich auch die selektive Lackierung im Bereich der Anschriften – so erinnert sie an eine schlecht beschriftete Modellbahn-Lokomotive. Die Aufnahme von Carl Bellingrodt entstand 1950.

Zum Ende des Ersten Weltkriegs befand sich die T18 Nr. 8419 der Reichseisenbahnen Elsaß-Lothringen zur Ausbesserung im Eaw Nied – wo sie auch die nächsten Jahre stehen blieb. Erst etwa 1922/23 wurde sie in den Bestand der Rbd Mainz übernommen – unter Beibehaltung der EL-Nummer als „MNZ 8419". Im vorläufigen DRB-Umzeichnungsplan von 1923 war die Lokomotive noch nicht enthalten – aber im endgültigen von 1925 als 78 093.

Vulc 1919/ 3495	BSL 8412 T18 →'25 **DRB 78 131** →'45 ČSD →13.08.45 PKP OKo 1-2	+07.11.73
Vulc 1919/ 3496	BSL 8413 T18 →'25 **DRB 78 132** →'45 DRw/DB	+03.06.65
Vulc 1919/ 3498	KÖL 8409 T18 →'25 **DRB 78 133** →'45 DRw/DB →'68 DB 078 133-6	+02.10.68
Vulc 1919/ 3499	KÖL 8410 T18 →'25 **DRB 78 134** →'45 DRw/DB	+24.02.67
Vulc 1919/ 3500	DZG 8401 T18 →'20 STN 8422 →'25 **DRB 78 135** →'45 DRo/DR →'70 DR [78 1135-9]	+26.11.70
Vulc 1919/ 3501	DZG 8402 T18 →'20 STN 8423 →'25 **DRB 78 136** →'45 PKP OKo 1-19	+30.08.75
Vulc 1919/ 3502	DZG 8403 T18 →'20 STN 8424 →'25 **DRB 78 137** →'45 DRw/DB	+10.03.65
Vulc 1919/ 3503	ERF 8427 T18 →'25 **DRB 78 138** →'45 PKP OKo 1-5	+66
Vulc 1919/ 3504	ERF 8428 T18 →'25 **DRB 78 139** →'45 DRw/DB	+10.03.65
Vulc 1919/ 3505	ESN 8419 T18 →'25 **DRB 78 140** →'45 DRw/DB	+01.09.65
Vulc 1919/ 3506	ESN 8420 T18 →'25 **DRB 78 141** →'45 DRw/DB	+30.11.64
Vulc 1919/ 3507	MNZ 8423 T18 →'25 **DRB 78 142** →'45 DRw/DB	+10.03.65
Vulc 1919/ 3508	MNZ 8424 T18 →'25 **DRB 78 143** →'45 DRo/DR →'70 DR [78 1143-3]	+12.10.70
Vulc 1919/ 3509	MNZ 8425 T18 →'25 **DRB 78 144** →'45 DRo/DR	+16.09.68
Vulc 1919/ 3510	MNZ 8426 T18 →'25 **DRB 78 145** →'45 DRw/DB	+03.06.65
Vulc 1919/ 3513	W. St. E. 1121 (T18) →'25 **DRB 78 146** →'45 DRw/DB →'68 DB 078 146-8	+12.03.68
Vulc 1919/ 3514	W. St. E. 1122 (T18) →'25 **DRB 78 147** →'45 DRw/DB →'68 DB 078 147-6	+12.03.68
Vulc 1919/ 3515	W. St. E. 1123 (T18) →'25 **DRB 78 148**	+04.11.44
Vulc 1919/ 3516	W. St. E. 1124 (T18) →'25 **DRB 78 149** →'45 DRw/DB	+10.01.63
Vulc 1919/ 3517	W. St. E. 1125 (T18) →'25 **DRB 78 150** →'45 DRw	+12.12.45
Vulc 1919/ 3518	W. St. E. 1126 (T18) →'25 **DRB 78 151** →'45 DRw/DB	+01.09.65
Vulc 1919/ 3519	W. St. E. 1127 (T18) →'25 **DRB 78 152** →'45 DRw/DB	+01.07.64
Vulc 1919/ 3520	W. St. E. 1128 (T18) →'25 **DRB 78 153** →'45 DRw/DB	+24.02.67
Vulc 1919/ 3521	W. St. E. 1129 (T18) →'25 **DRB 78 154** →'45 DRw/DB →'68 DB 078 154-2	+24.06.70
Vulc 1919/ 3522	W. St. E. 1130 (T18) →'25 **DRB 78 155** →'45 DRw/DB	+10.03.65
Vulc 1919/ 3523	W. St. E. 1131 (T18) →'25 **DRB 78 156** →'45 DRw/DB	+01.09.65
Vulc 1919/ 3524	W. St. E. 1132 (T18) →'25 **DRB 78 157** →'45 DRw/DB	+10.03.65
Vulc 1919/ 3525	W. St. E. 1133 (T18) →'25 **DRB 78 158** →'45 DRw/DB →'68 DB 078 158-3	+27.11.70
Vulc 1919/ 3526	W. St. E. 1134 (T18) →'25 **DRB 78 159** →'45 DRw/DB →'68 DB (078 159-1)	+14.11.67
Vulc 1919/ 3527	W. St. E. 1135 (T18) →'25 **DRB 78 160** →'45 DRw/DB	+01.09.65
Vulc 1919/ 3528	W. St. E. 1136 (T18) →'25 **DRB 78 161** →'45 DRw/DB	+19.08.66

Vulc 1919/ 3529	W. St. E. 1137 (T18) →'25 **DRB 78 162** →'45 DRw/DB	+27.09.66
Vulc 1919/ 3530	W. St. E. 1138 (T18) →'25 **DRB 78 163** →'45 DRw/DB	+10.03.65
Vulc 1919/ 3531	W. St. E. 1139 (T18) →'25 **DRB 78 164** →'45 DRw/DB →'68 DB 078 164-1	+15.12.71
Vulc 1919/ 3532	W. St. E. 1140 (T18) →'25 **DRB 78 165** →'45 DRw/DB	+22.11.66
Vulc 1919/ 3533	STN 8419 T18 →'25 **DRB 78 166** →'45 PKP OKo 1-26	+02.07.71
Vulc 1919/ 3534	STN 8420 T18 →'25 **DRB 78 167** →'45 DRo/DR	+06.09.68
Vulc 1919/ 3535	BSL 8414 T18 →'25 **DRB 78 168** →'45 ČSD →04.09.45 PKP OKo 1-20	+19.09.74
Vulc 1919/ 3536	BSL 8415 T18 →'25 **DRB 78 169** →'45 PKP OKo 1-7	+21.01.72
Vulc 1919/ 3537	FFT 8425 T18 →'25 **DRB 78 170** →'45 DRw/DB	+10.03.65
Vulc 1919/ 3538	FFT 8426 T18 →'25 **DRB 78 171** →'45 DRw/DB	+01.09.65
Vulc 1919/ 3539	FFT 8427 T18 →'25 **DRB 78 172** →'45 DRo/DR	+27.11.68
Vulc 1919/ 3541	KÖL 8412 T18 →'25 **DRB 78 173** →'45 DRw/DB	+28.05.63
Vulc 1919/ 3542	KÖL 8413 T18 →'25 **DRB 78 174** →'45 DRw/DB	+15.11.63
Vulc 1919/ 3543	ESN 8421 T18 →'25 **DRB 78 175** →'45 DRw/DB →'68 DB (078 175-7)	+22.05.67
Vulc 1919/ 3544	ESN 8422 T18 →'25 **DRB 78 176** →'45 DRw/DB	+10.03.65
Vulc 1919/ 3545	ESN 8423 T18 →'25 **DRB 78 177** →'45 DRw/DB	+10.03.65
Vulc 1919/ 3546	ESN 8424 T18 →'25 **DRB 78 178** →'45 DRo/DR	+02.01.69
Vulc 1919/ 3547	ESN 8425 T18 →'25 **DRB 78 179** →'45 DRo/DR	+30.06.51
Vulc 1919/ 3548	MNZ 8427 T18 →'25 **DRB 78 180** →'45 DRw/DB	+01.09.65
Vulc 1919/ 3549	MNZ 8428 T18 →'25 **DRB 78 181** →'45 DRw/DB	+10.03.65
Vulc 1919/ 3550	SBR 8422 T18 →'20 TRI 8422 →'25 **DRB 78 182** →'45 DRw/DB →'68 DB (078 182-3)	+14.11.67
Vulc 1919/ 3552	SBR 8424 T18 →'20 TRI 8424 →'25 **DRB 78 183** →'45 DRw/DB	+30.11.64
Vulc 1920/ 3603	BSL 8416 T18 →'25 **DRB 78 184** +01.09.44 →'45 PKP OKo 1-4	+24.02.72
Vulc 1920/ 3604	BSL 8417 T18 →'25 **DRB 78 185** →'45 DRw/DB →'68 DB 078 185-6	+22.09.70
Vulc 1920/ 3605	KÖL 8414 T18 →'25 **DRB 78 186** →'45 DRw/DB (SWDE)	+15.12.65
Vulc 1920/ 3608	ESN 8426 T18 →'25 **DRB 78 187** →'45 DRw/DB	+10.03.65
Vulc 1920/ 3609	ESN 8427 T18 →'25 **DRB 78 188** →'45 DRo/DR	+27.11.68
Vulc 1920/ 3610	ESN 8428 T18 →'25 **DRB 78 189** →'45 PKP OKo 1-3 +29.09.72 →09.73 Museumslok Eisenbahnmuseum Warschau	('17 vorh.)
Vulc 1920/ 3611	ESN 8429 T18 →'25 **DRB 78 190** →'45 DRw/DB →'68 DB 078 190-6	+19.09.69
Vulc 1920/ 3612	ESN 8430 T18 →'25 **DRB 78 191** +05.11.44 →'45 PKP OKo 1-23	+30.08.75
Vulc 1920/ 3613	FFT 8428 T18 →'25 **DRB 78 192** →'45 DRw/DB (SWDE) →'68 DB 078 192-2 +24.08.73 →'74 verk. an privat (abg. Bw Rottweil, ab '77 Bw Crailsheim; ab 17.2.83 Bf. Wilferdingen) →'94 Eisenbahnmuseum Tuttlingen	('24 vorh.)
Vulc 1920/ 3614	FFT 8429 T18 →'25 **DRB 78 193** →'45 DRw/DB	+27.09.66

Recht ungewohnt ist das Erscheinungsbild der Baureihe 78 mit Windleitblechen: Am 24. Juni 1966 stand die DR 78 122 mit einem Personenzug aus alten Zweiachsern im Bahnhof Berlin-Wannsee.

Vulc 1920/ 3615	FFT 8430 T18 →'25 **DRB 78 194** →'45 DRw/DB	+27.09.66
Vulc 1920/ 3616	MNZ 8429 T18 →'25 **DRB 78 195** →'45 DRw/DB (SWDE) →'68 DB 078 195-5	+04.03.70
Vulc 1920/ 3617	MNZ 8430 T18 →'25 **DRB 78 196** →'45 DRw/DB (SWDE)	+10.03.65
Vulc 1920/ 3618	MNZ 8431 T18 →'25 **DRB 78 197** →'45 DRw/DB	+27.09.66
Vulc 1920/ 3619	SBR 8425 T18 →'20 TRI 8425 →'25 **DRB 78 198** →'45 DRo/DR →'70 DR (78 1198-7)	+14.08.69
Vulc 1920/ 3620	SBR 8426 T18 →'20 TRI 8426 →'25 **DRB 78 199** →'45 DRw/DB →'68 DB (078 199-7)	+05.07.67
Vulc 1920/ 3621	SBR 8427 T18 →'20 TRI 8427 →'25 **DRB 78 200** →'45 DRw/DB	+22.11.66
Vulc 1920/ 3622	STN 8421 T18 →'25 **DRB 78 201** →'45 DRw/DB	+19.08.66
Vulc 1921/ 3685	EFD 8401 T18 →'25 **DRB 78 202** →'45 DRw/DB →'68 DB (078 202-9)	+22.05.67
Vulc 1921/ 3686	EFD 8402 T18 →'25 **DRB 78 203** →'45 DRw/DB →'68 DB 078 203-7	+12.03.68
Vulc 1921/ 3687	ESN 8431 T18 →'25 **DRB 78 204** →'45 DRw/DB →'68 DB 078 204-5	+10.07.69
Vulc 1921/ 3688	ESN 8432 T18 →'25 **DRB 78 205** →'45 DRw/DB	+01.09.65
Vulc 1921/ 3689	ESN 8433 T18 →'25 **DRB 78 206** →'45 DRw/DB	+10.03.65
Vulc 1921/ 3690	ESN 8434 T18 →'25 **DRB 78 207** →'45 DRw/DB	+10.01.63
Vulc 1921/ 3691	ESN 8435 T18 →'25 **DRB 78 208** →'45 DRw/DB	+27.09.66
Vulc 1921/ 3692	ESN 8436 T18 →'25 **DRB 78 209** →'45 DRw/DB →'68 DB 078 209-4	+12.03.68
Vulc 1921/ 3693	ESN 8437 T18 →'25 **DRB 78 210** →'45 DRw/DB	+10.03.65
Vulc 1921/ 3694	ESN 8438 T18 →'25 **DRB 78 211** →'45 DRw/DB →'68 DB 078 211-0	+22.09.70
Vulc 1921/ 3695	ESN 8439 T18 →'25 **DRB 78 212** →'45 DRw/DB	+01.09.65
Vulc 1921/ 3696	ESN 8440 T18 →'25 **DRB 78 213** →'45 DRw/DB	+22.11.66
Vulc 1921/ 3697	ESN 8441 T18 →'25 **DRB 78 214** →'45 DRw/DB	+10.03.65
Vulc 1921/ 3698	ESN 8442 T18 →'25 **DRB 78 215** →'45 DRw/DB	+03.06.65
Vulc 1921/ 3699	ESN 8443 T18 →'25 **DRB 78 216** →'45 DRw/DB	+10.03.65
Vulc 1921/ 3700	ESN 8444 T18 →'25 **DRB 78 217** →'45 DRw/DB	+30.11.64
Vulc 1921/ 3701	ESN 8445 T18 →'25 **DRB 78 218** →'45 DRo/DR	+12.05.69
Vulc 1921/ 3702	ESN 8446 T18 →'25 **DRB 78 219** →'45 DRw/DB	+12.07.63
Vulc 1921/ 3703	ESN 8447 T18 →'25 **DRB 78 220** →'45 PKP OKo 1-28	+22.09.71
Vulc 1921/ 3704	ESN 8448 T18 →'25 **DRB 78 221** →'45 PKP OKo 1-27	+66
Vulc 1921/ 3706	ESN 8449 T18 →'25 **DRB 78 222** →'45 DRw/DB →'68 DB (078 222-7)	+14.11.67
Vulc 1921/ 3707	ESN 8450 T18 →'25 **DRB 78 223** →'45 DRo/DR →'70 DR [78 1223-3]	+06.04.70
Vulc 1921/ 3708	ESN 8451 T18 →'25 **DRB 78 224** →'45 DRw/DB (SWDE)	+30.11.64
Vulc 1921/ 3709	ESN 8452 T18 →'25 **DRB 78 225** →'45 PKP OKo 1-18	+19.09.74
Vulc 1921/ 3710	ESN 8453 T18 →'25 **DRB 78 226** →'45 DRw/DB	+15.12.65
Vulc 1921/ 3711	ESN 8454 T18 →'25 **DRB 78 227** →'45 DRw/DB	+01.07.64
Vulc 1921/ 3712	ESN 8455 T18 →'25 **DRB 78 228** →'45 DRw/DB (SWDE)	+01.09.65
Vulc 1921/ 3713	ESN 8456 T18 →'25 **DRB 78 229** →'45 DRw/DB	+06.01.66
Vulc 1921/ 3714	ESN 8457 T18 →'25 **DRB 78 230** →'45 DRw/DB	+15.11.63
Vulc 1921/ 3715	ESN 8458 T18 →'25 **DRB 78 231** →'45 DRw/DB	+20.06.66
Vulc 1921/ 3720	ESN 8459 T18 →'25 **DRB 78 232** →'45 DRw/DB	+19.08.66
Vulc 1921/ 3721	ESN 8460 T18 →'25 **DRB 78 233** →'45 DRw/DB	+30.11.64
Vulc 1921/ 3722	ESN 8461 T18 →'25 **DRB 78 234** →'45 DRw/DB →'68 DB 078 234-2	+04.03.70
Vulc 1921/ 3723	ESN 8462 T18 →'25 **DRB 78 235** →'45 DRw/DB →'68 DB 078 235-9	+02.06.71
Vulc 1921/ 3724	ESN 8463 T18 →'25 **DRB 78 236** →'45 DRw/DB	+10.03.65
Vulc 1921/ 3725	ESN 8464 T18 →'25 **DRB 78 237** →'45 DRw/DB	+20.06.66
Vulc 1921/ 3726	ESN 8465 T18 →'25 **DRB 78 238** →'45 DRw/DB	+06.01.66
Vulc 1922/ 3765	ESN 8466 T18 →'25 **DRB 78 239** →'45 DRw/DB	+24.02.67
Vulc 1922/ 3766	ESN 8467 T18 →'25 **DRB 78 240** →'45 DRo/DR →'70 DR 78 1240-7	+26.11.70
Vulc 1922/ 3767	ESN 8468 T18 →'25 **DRB 78 241** →'45 DRw/DB	+19.08.66
Vulc 1922/ 3768	ESN 8469 T18 →'25 **DRB 78 242** →'45 DRw/DB →'68 DB 078 242-5	+02.10.68
Vulc 1922/ 3769	ESN 8470 T18 →'25 **DRB 78 243** →'45 DRw/DB	+10.03.65
Vulc 1922/ 3770	ESN 8471 T18 →'25 **DRB 78 244** →'45 DRw/DB	+10.03.65
Vulc 1922/ 3771	ESN 8472 T18 →'25 **DRB 78 245** →'45 DRw/DB	+22.11.66
Vulc 1922/ 3772	ESN 8473 T18 →'25 **DRB 78 246** →'45 DRw/DB →'68 DB 078 246-6 +05.12.74 →'75 Deutsches Dampflokmuseum (DDM), Neuenmarkt-Wirsberg →'17 Eisenbahnfreunde Zollernbahn (EFZ) /L	('25 zerlegt vorh., Rottweil)
Vulc 1922/ 3773	ESN 8474 T18 →'25 **DRB 78 247** →'45 DRw/DB	+12.11.62
Vulc 1922/ 3774	ESN 8475 T18 →'25 **DRB 78 248** →'45 DRw/DB →'68 DB 078 248-2	+19.09.69
Vulc 1922/ 3775	ESN 8476 T18 →'25 **DRB 78 249** →'45 DRw/DB	+20.06.66
Vulc 1922/ 3776	ESN 8477 T18 →'25 **DRB 78 250** →'45 DRw/DB	+19.08.66
Vulc 1922/ 3777	ESN 8478 T18 →'25 **DRB 78 251** →'45 DRw/DB	+10.03.65
Vulc 1922/ 3778	ESN 8479 T18 →'25 **DRB 78 252** →'45 DRw/DB →'68 DB 078 252-4	+11.12.68
Vulc 1922/ 3779	ESN 8480 T18 →'25 **DRB 78 253** →'45 DRw/DB	+28.05.63

Die spätere 78 206 wurde im Jahr 1921 zwar noch mit preußischer Nummer („ESSEN 8433") aber bereits an die Deutsche Reichsbahn abgeliefert. 41 Jahre später verließ sie gerade die Drehscheibe ihres Heimat-Bahnbetriebswerkes Köln-Deutzerfeld. Foto: BD Köln

Vulc 1922/ 3780	ESN 8481 T18 →'25 **DRB 78 254** →'45 DRw/DB	+10.03.65
Vulc 1922/ 3781	ESN 8482 T18 →'25 **DRB 78 255** →'45 DRw/DB	+30.11.64
Vulc 1922/ 3782	ESN 8483 T18 →'25 **DRB 78 256** →'45 DRw/DB →'68 DB 078 256-5	+18.04.72
Vulc 1922/ 3783	ESN 8484 T18 →'25 **DRB 78 257** →'45 DRw/DB →'68 DB 078 257-3	+02.10.68
Vulc 1922/ 3784	ESN 8485 T18 →'25 **DRB 78 258** →'45 DRw/DB →'68 DB (078 258-1)	+22.05.67
Vulc 1922/ 3785	ESN 8486 T18 →'25 **DRB 78 259** →'45 DRw/DB	+19.08.66
Vulc 1922/ 3786	ESN 8487 T18 →'25 **DRB 78 260** →'45 DRw/DB	+10.03.65
Vulc 1922/ 3787	ESN 8488 T18 →'25 **DRB 78 261** →'45 DRw/DB	+01.09.65
Vulc 1922/ 3788	ESN 8489 T18 →'25 **DRB 78 262** →'45 DRw/DB	+20.06.66
Vulc 1922/ 3789	ESN 8490 T18 →'25 **DRB 78 263** →'45 DRw/DB	+20.06.66
Vulc 1922/ 3790	ESN 8491 T18 →'25 **DRB 78 264** →'45 DRw/DB	+30.11.64
Vulc 1922/ 3791	ESN 8492 T18 →'25 **DRB 78 265** →'45 DRw/DB	+30.11.64
Vulc 1922/ 3792	ESN 8493 T18 →'25 **DRB 78 266** →'45 DRw/DB	+01.09.65
Vulc 1922/ 3793	ESN 8494 T18 →'25 **DRB 78 267** →'45 DRw/DB	+10.03.65
Vulc 1922/ 3794	ESN 8495 T18 →'25 **DRB 78 268** →'45 DRw/DB →'68 DB (078 268-0)	+22.05.67
Vulc 1922/ 3868	ESN 8496 T18 →'25 **DRB 78 269** →'45 DRw/DB	+10.03.65
Vulc 1922/ 3869	ESN 8497 T18 →'25 **DRB 78 270** →'45 DRw/DB	+01.09.65
Vulc 1922/ 3870	ESN 8498 T18 →'25 **DRB 78 271** →'45 DRw/DB →'68 DB 078 271-4	+02.10.68
Vulc 1922/ 3871	ESN 8499 T18 →'25 **DRB 78 272** →'45 DRw/DB	+06.01.66
Vulc 1922/ 3872	ESN 8500 T18 →'25 **DRB 78 273** →'45 DRw/DB	+10.03.65
Vulc 1922/ 3873	ESN 8901 T18 →'25 **DRB 78 274** →'45 PKP OKo 1-8	+14.09.71
Vulc 1922/ 3874	ESN 8902 T18 →'25 **DRB 78 275** →'45 DRw/DB	+19.08.66
Vulc 1922/ 3875	ESN 8903 T18 →'25 **DRB 78 276** →'45 DRw/DB →'68 DB (078 276-3)	+05.07.67
Vulc 1922/ 3876	ESN 8904 T18 →'25 **DRB 78 277** →'45 DRw/DB →'68 DB 078 277-1	+12.03.68
Vulc 1922/ 3877	ESN 8905 T18 →'25 **DRB 78 278** →'45 DRw/DB	+10.03.65
Vulc 1922/ 3879	ESN 8906 T18 →'25 **DRB 78 279** →'45 PKP OKo 1-21	+15.09.70
Vulc 1922/ 3880	ESN 8907 T18 →'25 **DRB 78 280** →'45 ČSD	+25.10.50
Vulc 1922/ 3881	ESN 8908 T18 →'25 **DRB 78 281** →'45 DRo/DR →'70 DR 78 1281-1	+12.04.71
Vulc 1922/ 3882	ESN 8909 T18 →'25 **DRB 78 282** →'45 PKP OKo 1-9	+19.09.74

2'C 2' h2t DRB 78^{2-3} (ex SAAR T 18)

Treibraddurchmesser (mm):	1 650
Achsstand (mm):	11 700
Länge über Puffer (mm):	14 800
Dienstgewicht (t):	105,0
Achslast (maximal) (t):	17,1
Höchstgeschwindigkeit (km/h):	100
Zylinderdurchmesser (mm):	560
Kolbenhub (mm):	630
Rostfläche (m²):	2,44
Verdampfungsheizfläche (m²):	135,92
Überhitzerheizfläche (m²):	49,2
Kesselüberdruck (atm):	12,0
Leistung (PSi):	1140

Als im Jahr 1920 die Eisenbahndirektion Saarbrücken aufgrund der Abtrennung des Saargebietes vom Deutschen Reich aufgeteilt wurde, kamen 19 preußische T18 in den Bestand der „Saarbahnen" (SAAR), bei denen sie die Betriebsnummern 8401-8419 erhielten. Weitere 27 Maschinen wurden von den Saareisenbahnen im Zeitraum 1922 bis 1925 direkt neu beschafft – und zwar sowohl bei den „klassischen" Produzenten der T18, aber auch bei der Firma „Société Franco-Belge de Matériel de Chemins de Fer".

Im Versailler Vertrag war festgelegt worden, dass 15 Jahre nach der Abtrennung ein Volksentscheid zur weiteren Zukunft des Saargebietes zu erfolgen habe – bei der 1935 durchgeführten Abstimmung entschied sich der überwiegende Teil der Bevölkerung für eine Rückangliederung an das Deutsche Reich, so dass auch die Fahrzeuge der Saarbahnen in den Bestand der Reichsbahn kamen. Diese reihte die 46 T18 als 78 283-328 im Anschluss an die preußischen T18 in ihren Fahrzeugpark ein – und füllte dadurch z.T. die Lücke, die bei der Erstellung des endgültigen Umzeichnungsplanes im Jahr 1925 gelassen worden war.

Vulc 1914/ 2876	SBR 8401 T18 →'20 SAAR 8401 →'35 **DRB 78 283** →'45 DRw/DB	+01.09.65
Vulc 1914/ 2877	SBR 8402 T18 →'20 SAAR 8402 →'35 **DRB 78 284** →'45 DRw/DB (Saar)	+01.09.65
Vulc 1914/ 2878	SBR 8403 T18 →'20 SAAR 8403 →'35 **DRB 78 285** →'45 DRw/DB (Saar) →'68 DB (078 285-4)	+22.05.67
Vulc 1914/ 2879	SBR 8404 T18 →'20 SAAR 8404 →'35 **DRB 78 286** →'45 DRw/DB (Saar)	+10.03.65
Vulc 1914/ 2880	SBR 8405 T18 →'20 SAAR 8405 →'35 **DRB 78 287** →'45 DRw/DB (Saar) →'68 DB (078 287-0)	+22.05.67
Vulc 1914/ 2881	SBR 8406 T18 →'20 SAAR 8406 →'35 **DRB 78 288** →'45 DRw/DB	+19.08.66
Vulc 1914/ 2882	SBR 8407 T18 →'20 SAAR 8407 →'35 **DRB 78 289** →'45 DRw/DB (Saar)	+10.03.65

Die 78 327 war eine der wenigen T18, die im Jahr 1925 direkt an die Saar-Eisenbahnen geliefert und von der „ur-französischen" Lokomotivbaufirma „Société Franco-Belge" gefertigt worden war. Wie man an der Aufschrift „SAAR" am Führerhaus der Maschine sehen kann, befand sich die Lokomotive auch nach dem Zweiten Weltkrieg im von Deutschland abgetrennten Saarland und kam erst 1957 mit der Angliederung an die Bundesrepublik Deutschland zur Deutschen Bundesbahn. Die Aufnahme entstand 1956.

Vulc 1914/ 2883	SBR 8408 T18	→'20 SAAR 8408 →'35 **DRB 78 290** →'45 DRw	+08.01.46
Vulc 1914/ 2926	SBR 8413 T18	→'20 SAAR 8409 →'35 **DRB 78 291** →'45 DRw/DB (Saar)	+10.03.65
Vulc 1914/ 2927	SBR 8414 T18	→'20 SAAR 8410 →'35 **DRB 78 292** (06.08.44 Bombentreffer)	+
Vulc 1915/ 2974	SBR 8415 T18	→'20 SAAR 8411 →'35 **DRB 78 293** →'45 DRw/DB (Saar) →'68 DB 078 293-8	+22.09.70
Vulc 1920/ 3606	KÖL 8415 T18	→'20 SAAR 8412 →'35 **DRB 78 294**	V.u.
Vulc 1915/ 2975	SBR 8416 T18	→'20 SAAR 8413 →'35 **DRB 78 295**	+23.03.43
Vulc 1915/ 2976	SBR 8417 T18	→'20 SAAR 8414 →'35 **DRB 78 296** →'45 DRw/DB (Saar)	+01.09.65
Vulc 1919/ 3493	SBR 8420 T18	→'20 SAAR 8415 →'35 **DRB 78 297** →'45 DRw/DB (Saar) →'68 DB 078 297-9	+18.04.72
Vulc 1919/ 3551	SBR 8423 T18	→'20 SAAR 8416 →'35 **DRB 78 298** →'45 DRw/DB (Saar) →'68 DB 078 298-7	+03.12.69
Vulc 1920/ 3607	KÖL 8416 T18	→'20 SAAR 8417 →'35 **DRB 78 299** →'45 DRw/DB	+22.11.66
Vulc 1919/ 3497	KÖL 8408 T18	→'20 SAAR 8418 →'35 **DRB 78 300** →'45 DRw/DB (Saar) →'68 DB 078 300-1	+04.03.70
Vulc 1919/ 3540	KÖL 8411 T18	→'20 SAAR 8419 →'35 **DRB 78 301** →'45 DRw/DB →'68 DB (078 301-9)	+14.11.67
Vulc 1922/ 3815	SAAR 8420 T18	→'35 **DRB 78 302** →'45 DRw/DB (Saar) →'68 DB 078 302-7	+12.03.68
Vulc 1922/ 3816	SAAR 8421 T18	→'35 **DRB 78 303** →'45 DRw/DB →'68 DB 078 303-5	+24.06.70
Vulc 1922/ 3817	SAAR 8422 T18	→'35 **DRB 78 304** →'45 DRw/DB (Saar)	+10.03.65
Vulc 1922/ 3818	SAAR 8423 T18	→'35 **DRB 78 305**	+01.02.45
Vulc 1922/ 3819	SAAR 8424 T18	→'35 **DRB 78 306** →'45 DRw/DB (Saar) →'68 DB 078 306-8	+19.09.69
Vulc 1922/ 3820	SAAR 8425 T18	→'35 **DRB 78 307** →'45 DRw/DB (Saar) →'68 DB 078 307-6	+11.12.68
Vulc 1922/ 3821	SAAR 8426 T18	→'35 **DRB 78 308** →'45 DRw/DB (Saar) →'68 DB (078 308-4)	+14.11.67
Vulc 1922/ 3822	SAAR 8427 T18	→'35 **DRB 78 309** →'45 DRw/DB (Saar)	+10.03.65
Vulc 1922/ 3823	SAAR 8428 T18	→'35 **DRB 78 310** →'45 DRw/DB (Saar)	+30.11.64
Vulc 1922/ 3824	SAAR 8429 T18	→'35 **DRB 78 311** →'45 DRw/DB (Saar)	+01.09.65
Vulc 1922/ 3825	SAAR 8430 T18	→'35 **DRB 78 312** →'45 DRw/DB (Saar) →'68 DB 078 312-6	+02.10.68
Vulc 1922/ 3826	SAAR 8431 T18	→'35 **DRB 78 313** →'45 DRw/DB (Saar)	+10.03.65
Vulc 1922/ 3827	SAAR 8432 T18	→'35 **DRB 78 314** →'45 DRo/DR	+30.11.50
Vulc 1922/ 3899	SAAR 8433 T18	→'35 **DRB 78 315** →'45 DRw/DB (Saar) →'68 DB 078 315-9	+21.06.68
Vulc 1922/ 3900	SAAR 8434 T18	→'35 **DRB 78 316** →'45 DRw/DB (Saar)	+10.03.65
Vulc 1924/ 3991	SAAR 8435 T18	→'35 **DRB 78 317** →'45 DRw/DB (Saar) →'68 DB 078 317-5	+12.03.68
Vulc 1924/ 3992	SAAR 8436 T18	→'35 **DRB 78 318** →'45 DRw/DB →'68 DB (078 318-3)	+14.11.67
Vulc 1924/ 3993	SAAR 8437 T18	→'35 **DRB 78 319** →'45 DRw/DB (Saar)	+01.09.65
Hano 1924/ 10399	SAAR 8438 T18	→'35 **DRB 78 320** →'45 DRw/DB (Saar)	+10.03.65
Hano 1924/ 10400	SAAR 8439 T18	→'35 **DRB 78 321** →'45 DRw/DB (SWDE) →'68 DB 078 321-7	+12.03.68
Hano 1924/ 10401	SAAR 8440 T18	→'35 **DRB 78 322** →'45 DRw/DB (Saar)	+10.03.65
Hen 1924/ 20417	SAAR 8441 T18	→'35 **DRB 78 323** →'45 DRw/DB (Saar) →'68 DB 078 323-3	+27.11.70
Hen 1924/ 20418	SAAR 8442 T18	→'35 **DRB 78 324** →'45 DRw/DB (Saar) →'68 DB 078 324-1	+21.06.68
Hen 1924/ 20419	SAAR 8443 T18	→'35 **DRB 78 325** →'45 DRw/DB (Saar) →'68 DB (078 325-8)	+05.07.67
FrBe 1925/ 2385	SAAR 8444 T18	→'35 **DRB 78 326** →'45 PKP OKo 1-22	+26.07.71
FrBe 1925/ 2386	SAAR 8445 T18	→'35 **DRB 78 327** →'45 DRw/DB (Saar)	+10.03.65
FrBe 1925/ 2387	SAAR 8446 T18	→'35 **DRB 78 328** →'45 DRw/DB (Saar)	+10.03.65

2'C 2' h2t — DRB 78^3 — (ex ELE)

Treibraddurchmesser (mm):	1 650
Achsstand (mm):	11 700
Länge über Puffer (mm):	14 800
Dienstgewicht (t):	105,0
Achslast (maximal) (t):	17,1
Höchstgeschwindigkeit (km/h):	100
Zylinderdurchmesser (mm):	560
Kolbenhub (mm):	630
Rostfläche (m²):	2,44
Verdampfungsheizfläche (m²):	135,92
Überhitzerheizfläche (m²):	49,2
Kesselüberdruck (atm):	12,0
Leistung (PSi):	1140

Um das beachtliche Verkehrsaufkommen auf ihrer Hauptstrecke bewältigen zu können, hatte die Eutin-Lübecker Eisenbahn (ELE) in den 20er Jahren vier 1C1-Tenderlokomotiven beschafft (siehe DRB 75 631-634), bei denen es sich um eine Henschel-Neukonstruktion gehandelt hatte und die Vorbild für weitere von Privatbahnen beschaffte 1C1-Lokomotiven gewesen waren. Als sich in den 30er Jahren erneut Bedarf für noch leistungsfähigere Tenderlokomotiven abzeichnete, griff man jedoch um Entwicklungskosten zu sparen auf eine bewährte Staatsbahn-Gattung zurück und beschaffte 1936 und 1939 je eine T18 – eine Bauart also, die zu diesem Zeitpunkt schon seit über zehn Jahren nicht mehr gebaut worden war. Die Maschinen waren prinzipiell baugleich mit der KPEV-T18, doch hatte man die technischen Entwicklungen der letzten Jahre (wie z.B. Vorwärmer, Speisepumpe, Speisewasser-Reiniger etc.) berücksichtigt. Deut-

Mit einem langen Personenzug stand die 78 329 vermutlich zu Beginn der 50er Jahre am Bahnsteig in Elmshorn. Sie war eine der beiden T18, die von der Eutin-Lübecker Eisenbahn beschafft und 1941 von der Deutschen Reichsbahn übernommen worden war.

liches äußeres Unterscheidungsmerkmal zu ihren preußischen Schwestern waren die Einpolterungen an Wasser- und Kohlenkasten zum einfacheren Besteigen der Lokomotive.
Nach der Verstaatlichung der ELE erhielten die beiden Maschinen die Betriebsnummern 78 329-330 – im Anschluss an die 1935 vom Saargebiet übernommenen Maschinen. Beide Lokomotiven blieben nach dem Krieg bei der Deutschen Bundesbahn, die sie weiterhin in Norddeutschland einsetzte und 1966 bei den Bahnbetriebswerken Hamburg Hbf. bzw. Hamburg Altona ausmusterte.

Hen 1936/ 23241	Eutin-Lübecker Eb. (ELE) 1[3] →'41 DRB →'42 **DRB 78 329** →'45 DRw/DB	+27.09.66
Hen 1939/ 24563	Eutin-Lübecker Eb. (ELE) 2[3] →'41 DRB →'42 **DRB 78 330** →'45 DRw/DB	+20.06.66

2'C 2' h2t — DRB 78^{3-5} — (ex KPEV T 18)

Treibraddurchmesser (mm):	1 650
Achsstand (mm):	11 700
Länge über Puffer (mm):	14 800
Dienstgewicht (t):	105,0
Achslast (maximal) (t):	17,1
Höchstgeschwindigkeit (km/h):	100
Zylinderdurchmesser (mm):	560
Kolbenhub (mm):	630
Rostfläche (m²):	2,44
Verdampfungsheizfläche (m²):	135,92
Überhitzerheizfläche (m²):	49,2
Kesselüberdruck (atm):	12,0
Leistung (PSi):	1140

Im endgültigen Umzeichnungsplan der Deutschen Reichsbahn von 1925 waren die T 18 in zwei Gruppen aufgeführt – zum einen als 78 001-282 diejenigen Maschinen, die bereits im vorläufigen Umzeichnungsplan von 1923 enthalten waren, zum anderen als 78 351-523 jene, die erst nach Aufstellung des vorläufigen Planes an die Reichsbahn abgeliefert worden waren. Warum man damals nicht die Nummern ab 78 283 vergeben und stattdessen ein Lücke gelassen hat, ist nicht bekannt. Möglicherweise hatte man für die Maschinen zunächst ganz andere Betriebsnummern vorgesehen gehabt, denn auf den die Lokomotiven 78 351-523 enthaltenen Ergänzungsblättern im Umzeichnungsplan war bei den Lokomotiven 78 402-431 als „Alte Betriebsnummer" 56 372-401 angegeben worden (obwohl mit preußischer Nummer geliefert), und laut einer Fußnote im Umzeichnungsplan waren die 78 351-401, die nach aktuellem Kenntnisstand alle als 78er abgeliefert wurden, als 56 321-371 vorgesehen gewesen. Nachzügler waren die Lokomotiven 78 524-528 – diese waren 1924 von Vulcan „auf Vorrat" gebaut worden und wurden erst 1927 von der Deutschen Reichsbahn übernommen.

Hen 1923/ 19692	ESN 8926 T18 →'25 **DRB 78 351** →'45 DRw/DB	+27.09.66
Hen 1923/ 19693	ESN 8927 T18 →'25 **DRB 78 352** →'45 DRw/DB	+27.09.66
Hen 1923/ 19694	ESN 8928 T18 →'25 **DRB 78 353** →'45 DRw/DB	+15.12.65
Hen 1923/ 19695	ESN 8929 T18 →'25 **DRB 78 354** →'45 DRw/DB	+27.09.66
Hen 1923/ 19696	ESN 8930 T18 →'25 **DRB 78 355** →'45 DRw/DB →'68 DB 078 355-5	+11.12.68
Hen 1923/ 19697	ESN 8931 T18 →'25 **DRB 78 356** →'45 DRw/DB →'68 DB (078 356-3)	+14.11.67
Hen 1923/ 19698	ESN 8932 T18 →'25 **DRB 78 357** →'45 DRw/DB →'68 DB (078 357-1)	+05.07.67
Hen 1923/ 19699	ESN 8933 T18 →'25 **DRB 78 358** →'45 DRw/DB →'68 DB (078 358-9)	+14.11.67
Hen 1923/ 19700	ESN 8934 T18 →'25 **DRB 78 359** →'45 DRw/DB	+27.09.66
Hen 1923/ 19701	ESN 8935 T18 →'25 **DRB 78 360** →'45 DRw/DB →'68 DB 078 360-5	+12.03.68
Hen 1923/ 19702	ESN 8936 T18 →'25 **DRB 78 361** →'45 DRw/DB →'68 DB 078 361-3	+12.03.68
Hen 1923/ 19703	ESN 8937 T18 →'25 **DRB 78 362** →'45 DRw/DB	+22.11.66
Hen 1923/ 19704	ESN 8938 T18 →'25 **DRB 78 363** →'45 DRw/DB	+30.11.64
Hen 1923/ 19705	ESN 8939 T18 →'25 **DRB 78 364** →'45 DRw/DB	+30.11.64
Hen 1923/ 19706	ESN 8940 T18 →'25 **DRB 78 365** →'45 DRw/DB	+01.09.65
Hen 1923/ 19707	ESN 8941 T18 →'25 **DRB 78 366** →'45 DRw/DB	+01.09.65
Hen 1923/ 19708	ESN 8942 T18 →'25 **DRB 78 367** →'45 DRw/DB →'68 DB 078 367-0	+12.03.68
Hen 1923/ 19709	ESN 8943 T18 →'25 **DRB 78 368** →'45 DRw/DB	+22.11.66
Hen 1923/ 19710	ESN 8944 T18 →'25 **DRB 78 369** →'45 DRw/DB	+30.11.64
Vulc 1922/ 3883	ESN 8910 T18 →'25 **DRB 78 370** →'45 DRw/DB →'68 DB (078 370-4)	+22.05.67
Vulc 1922/ 3884	ESN 8911 T18 →'25 **DRB 78 371** →'45 DRw/DB →'68 DB 078 371-2	+19.09.69 u. 03.12.69
Vulc 1922/ 3885	ESN 8912 T18 →'25 **DRB 78 372** →'45 PKP OKo 1-29	+28.11.66
Vulc 1922/ 3886	ESN 8913 T18 →'25 **DRB 78 373** →'45 DRw/DB	+24.02.67
Vulc 1922/ 3887	ESN 8914 T18 →'25 **DRB 78 374** →'45 DRw/DB	+20.06.66
Vulc 1922/ 3888	ESN 8915 T18 →'25 **DRB 78 375** →'45 PKP OKo 1-10	+06.12.71
Vulc 1922/ 3889	ESN 8916 T18 →'25 **DRB 78 376** →'45 ČSD	+5x
Vulc 1922/ 3890	ESN 8917 T18 →'25 **DRB 78 377** →'45 DRw/DB	+22.11.66
Vulc 1922/ 3891	ESN 8918 T18 →'25 **DRB 78 378** →'45 DRw	+19.11.45
Vulc 1922/ 3892	ESN 8919 T18 →'25 **DRB 78 379** →'45 PKP OKo 1-11	+24.09.75
Vulc 1922/ 3893	ESN 8920 T18 →'25 **DRB 78 380** →'45 DRw/DB	+20.06.66
Vulc 1922/ 3894	ESN 8921 T18 →'25 **DRB 78 381** →'45 DRw/DB	+01.09.65
Vulc 1922/ 3895	ESN 8922 T18 →'25 **DRB 78 382** →'45 DRw/DB	+20.06.66
Vulc 1922/ 3896	ESN 8923 T18 →'25 **DRB 78 383** →'45 DRw/DB	+27.09.66
Vulc 1922/ 3897	ESN 8924 T18 →'25 **DRB 78 384** →'45 DRw/DB	+10.03.65
Vulc 1922/ 3898	ESN 8925 T18 →'25 **DRB 78 385** →'45 DRw/DB	+27.09.66

Am 17. Juli 1958 leuchtete die tiefstehende Sonne das Triebwerk der 78 352 perfekt aus: Aufgenommen wurde die Maschine des Bw Hanau in Hanau-Nord.

Vulc 1923/ 3901	ESN 8945 T18 →'25 **DRB 78 386** →'45 DRw/DB	+15.11.63
Vulc 1923/ 3902	ESN 8946 T18 →'25 **DRB 78 387** →'45 DRw/DB	+27.09.66
Vulc 1923/ 3903	ESN 8947 T18 →'25 **DRB 78 388** →'45 DRw/DB	+01.09.65
Vulc 1923/ 3904	ESN 8948 T18 →'25 **DRB 78 389** →'45 DRw	+28.03.48
Vulc 1923/ 3905	ESN 8949 T18 →'25 **DRB 78 390** →'45 DRw/DB →'68 DB (078 390-2)	+05.07.67
Vulc 1923/ 3906	ESN 8950 T18 →'25 **DRB 78 391** →'45 DRw/DB →'68 DB (078 391-0)	+22.05.67
Vulc 1923/ 3907	ESN 8951 T18 →'25 **DRB 78 392** →'45 DRw/DB	+27.09.66
Vulc 1923/ 3908	ESN 8952 T18 →'25 **DRB 78 393** →'45 DRw/DB	+01.09.65
Vulc 1923/ 3909	ESN 8953 T18 →'25 **DRB 78 394** →'45 DRo/DR →'70 DR 78 1394-2 +12.01.71 →HL in Wustermark	+14.06.73
Vulc 1923/ 3910	ESN 8954 T18 →'25 **DRB 78 395** →'45 DRo/DR →'70 DR (78 1395-9)	+23.04.69
Vulc 1923/ 3911	ESN 8955 T18 →'25 **DRB 78 396** →'45 PKP OKo 1-12	+05.03.74
Vulc 1923/ 3912	ESN 8956 T18 →'25 **DRB 78 397** →'45 DRw/DB →'68 DB (078 397-7)	+20.06.66
Vulc 1923/ 3913	ESN 8957 T18 →'25 **DRB 78 398** →'45 DRo/DR →'70 DR (78 1398-3)	+14.07.69
Vulc 1923/ 3914	ESN 8958 T18 →'25 **DRB 78 399** →'45 DRw/DB	+01.09.65
Vulc 1923/ 3915	ESN 8959 T18 →'25 **DRB 78 400** →'45 DRw	+06.09.45
Vulc 1923/ 3916	ESN 8960 T18 →'25 **DRB 78 401** →'45 DRo/DR →'70 DR [78 1401-5]	+12.10.70
Hen 1923/ 19782	**DRB 78 402** →'45 DRw/DB	+30.11.64
Hen 1923/ 19783	**DRB 78 403** →'45 DRw/DB	+01.09.65
Hen 1923/ 19784	**DRB 78 404** →'45 DRw/DB	+01.09.65
Hen 1923/ 19785	**DRB 78 405** →'45 DRw/DB	+10.03.65
Hen 1923/ 19786	**DRB 78 406** →'45 DRw/DB	+10.03.65
Hen 1923/ 19787	**DRB 78 407** →'45 DRw/DB	+10.03.65
Hen 1923/ 19788	**DRB 78 408** →'45 DRw (Kriegsschäden) +04.11.46 →27.06.47 wiD. (mit Kessel der AL 8406) →'68 DB (078 408-2)	+05.07.67
Hen 1923/ 19789	**DRB 78 409** →'45 DRw/DB	+01.09.65
Hen 1923/ 19790	**DRB 78 410** →'45 DRw/DB →'68 DB 078 410-8	+08.11.72
Hen 1923/ 19791	**DRB 78 411** →'45 DRw/DB →'68 DB (078 411-6)	+22.05.67
Hen 1923/ 19792	**DRB 78 412** →'45 DRw/DB	+03.06.65
Hen 1923/ 19793	**DRB 78 413** →'45 DRw/DB	+27.09.66
Hen 1923/ 19794	**DRB 78 414** →'45 DRw/DB	+15.12.65
Hen 1923/ 19795	**DRB 78 415** →'45 DRw/DB →'68 DB (078 415-7)	+22.05.67
Hen 1923/ 19796	**DRB 78 416** →'45 DRw/DB	+27.09.66
Hen 1923/ 19797	**DRB 78 417** →'45 DRw/DB →'68 DB (078 417-3)	+14.11.67
Hen 1923/ 19798	**DRB 78 418** →'45 DRw/DB	+15.11.63
Hen 1923/ 19799	**DRB 78 419** →'45 DRw/DB	+10.03.65
Hen 1923/ 19800	**DRB 78 420** →'45 DRw/DB →'68 DB 078 420-7	+12.03.68
Hen 1923/ 19801	**DRB 78 421** →'45 DRw/DB	+22.11.66
Vulc 1923/ 3917	**DRB 78 422** →'45 DRw/DB	+24.02.67
Vulc 1923/ 3918	**DRB 78 423** →'45 DRw/DB	+01.09.65
Vulc 1923/ 3919	**DRB 78 424** →'45 DRo/DR →'70 DR (78 1424-7)	+06.04.70
Vulc 1923/ 3920	**DRB 78 425** →'45 DRo/DR →'70 DR 78 1425-4	+27.12.70
Vulc 1923/ 3921	**DRB 78 426** →'45 DRw/DB →'68 DB 078 426-4	+11.12.68
Vulc 1923/ 3922	**DRB 78 427** →'45 DRo/DR →'70 DR 78 1427-0	+09.08.71
Vulc 1923/ 3923	**DRB 78 428** →'45 DRw/DB	+01.09.65
Vulc 1923/ 3924	**DRB 78 429** →'45 DRw/DB	+19.08.66
Vulc 1923/ 3925	**DRB 78 430** →'45 DRw/DB	+10.03.65
Vulc 1923/ 3926	**DRB 78 431** →'45 DRw/DB	+10.03.65
Hen 1923/ 19991	**DRB 78 432** →'45 DRw/DB	+01.09.65
Hen 1923/ 19992	**DRB 78 433** →'45 DRw/DB →'68 DB (078 433-0)	+22.05.67
Hen 1923/ 19993	**DRB 78 434** →'45 DRw/DB →'68 DB (078 434-8)	+22.05.67
Vulc 1923/ 3927	**DRB 78 435** →'45 DRw/DB	+27.09.66
Vulc 1923/ 3928	**DRB 78 436** →'45 DRw/DB	+06.01.66
Vulc 1923/ 3929	**DRB 78 437** →'45 DRw/DB	+01.09.65
Vulc 1923/ 3930	**DRB 78 438** →'45 DRw/DB	+03.06.65
Vulc 1923/ 3931	**DRB 78 439** →'45 DRw/DB	+20.06.66
Vulc 1923/ 3932	**DRB 78 440** →'45 DRw/DB →'68 DB 078 440-5	+12.03.68
Vulc 1923/ 3933	**DRB 78 441** →'45 DRw/DB	+10.03.65
Vulc 1923/ 3934	**DRB 78 442** →'45 DRw/DB	+10.03.65
Vulc 1923/ 3935	**DRB 78 443** →'45 DRw/DB	+10.03.65
Vulc 1923/ 3936	**DRB 78 444** →'45 DRw/DB	+19.08.66
Vulc 1923/ 3937	**DRB 78 445** →'45 DRw/DB	+03.06.65

Bei Rangierarbeiten wurde die DB 78 355 vermutlich in den 50er Jahren von einem unbekannten Fotografen beobachtet – ausgemustert wurde die Maschine im Dezember 1968.

Vulc 1923/ 3938	**DRB 78 446** →'45 DRo/DR	+26.07.68
Vulc 1923/ 3939	**DRB 78 447** →'45 DRo/DR →'70 DR [78 1447-8]	+18.08.70
Vulc 1923/ 3940	**DRB 78 448** →'45 DRo/DR	+26.07.68
Vulc 1923/ 3941	**DRB 78 449** →'45 DRo/DR	+15.07.68
Vulc 1923/ 3942	**DRB 78 450** →'45 DRw/DB	+10.03.65
Vulc 1923/ 3943	**DRB 78 451** →'45 DRw	+24.08.48
Hen 1923/ 20150	**DRB 78 452** →'45 DRw/DB	+15.12.65
Hen 1923/ 20151	**DRB 78 453** →'45 DRw/DB →'68 DB 078 453-8	+21.12.72
Hen 1923/ 20152	**DRB 78 454** →'45 DRw/DB	+01.09.65
Hen 1923/ 20153	**DRB 78 455** →'45 DRw/DB	+10.03.65
Hen 1923/ 20154	**DRB 78 456** →'45 DRw/DB	+01.09.65
Hen 1923/ 20155	**DRB 78 457** →'45 DRo/DR	+21.12.53
Hen 1923/ 20156	**DRB 78 458** →'45 DRw	+08.06.46

Als Karl-Friedrich Seitz am 3. September 1966 das Bw Schweinfurt besuchte, traf er auch die seit dem 3. Juni 1965 dort beheimatete 78 357 an. Z-gestellt wurde die Lokomotive am 10. April 1967.

Dieses Lokportrait der 78 384 entstand am 29. März 1933 im Bahnbetriebswerk Remscheid-Lennep. In diesem Bw war die Maschine immerhin 13 Jahre lang ununterbrochen beheimatet – von 1928 bis 1941. *Foto: Carl Bellingrodt*

In perfekt glänzendem Outfit zeigte sich die 78 509 bei der „Internationalen Eisenbahntechnischen Ausstellung Seddin", die 1924 im dortigen Rangierbahnhof stattfand.

Auch die 78 398 war von der Deutschen Reichsbahn mit Windleitblechen ausgerüstet worden – so fotografisch festgehalten von Wilfried König im Jahr 1968 in Ueckermünde.

Hen 1923/ 20157	**DRB 78 459** →'45 DRw/DB (SWDE) →'68 DB 078 459-5	+04.03.70
Hen 1923/ 20158	**DRB 78 460** →'45 DRw/DB	+20.06.66
Hen 1923/ 20159	**DRB 78 461** →'45 DRw/DB →'68 DB (078 461-1)	+05.07.67
Hen 1923/ 20160	**DRB 78 462** →'45 DRw/DB →'68 DB (078 462-9)	+14.11.67
Hen 1923/ 20161	**DRB 78 463** →'45 DRw/DB	+10.03.65
Hen 1923/ 20162	**DRB 78 464** →'45 DRw/DB	+27.09.66
Hen 1923/ 20163	**DRB 78 465** →'45 DRw/DB	+10.03.65
Hen 1923/ 20164	**DRB 78 466** →'45 DRw/DB	+20.06.66
Hen 1923/ 20165	**DRB 78 467** →'45 DRo/DR →'70 DR [78 1467-6]	+12.10.70
Hen 1923/ 20166	**DRB 78 468** →'45 DRw/DB →'68 DB 078 468-6 +10.07.69 →'70 DB-Museumslok →'?? Museum für Hamburgische Geschichte /L (Eisenbahnmuseum Hamburg-Wilhelmsburg) →'98 Stadt Oberhausen →'98 Historische Eisenbahn Oberhausen (HEO) /L für Emscher Park-Eb. GmbH (EPEG) →'08 Eisenbahn-Tradition, Lengerich (ET) /L (NVR: 90 80 0078 468-0 D-ETL) →'16 Eisenbahn-Tradition, Lengerich (ET)	('25 vorh.)
Hen 1923/ 20167	**DRB 78 469** →'45 DRo/DR →'70 DR (78 1469-2)	+11.03.69
Hen 1923/ 20168	**DRB 78 470** →'45 DRw/DB	+27.09.66
Hen 1923/ 20169	**DRB 78 471**	+31.12.44
Hen 1923/ 20170	**DRB 78 472** →'45 DRw/DB	+10.03.65
Hen 1923/ 20171	**DRB 78 473** →'45 DRw/DB	+12.07.63
Hen 1924/ 20172	**DRB 78 474** →'45 DRw/DB →'68 DB 078 474-4	+18.04.72
Hen 1924/ 20173	**DRB 78 475** →'45 DRw/DB →'68 DB (078 475-1)	+22.05.67
Hen 1924/ 20174	**DRB 78 476** →'45 DRw/DB	+01.09.65
Hen 1924/ 20175	**DRB 78 477** →'45 DRw/DB	+01.09.65
Hen 1924/ 20176	**DRB 78 478** →'45 DRw/DB	+15.12.65
Hen 1924/ 20177	**DRB 78 479** →'45 DRw/DB	+22.11.66
Hen 1924/ 20178	**DRB 78 480** →'45 DRw/DB →'68 DB (078 480-1)	+05.07.67
Hen 1924/ 20179	**DRB 78 481** →'45 DRw/DB	+01.09.65
Hen 1924/ 20180	**DRB 78 482** →'45 DRw/DB →'68 DB 078 482-7	+23.02.71
Hen 1924/ 20181	**DRB 78 483** →'45 DRw/DB →'68 DB (078 483-5)	+22.05.67
Hen 1924/ 20182	**DRB 78 484** →'45 DRw/DB	+01.09.65
Vulc 1924/ 3947	**DRB 78 485** →'45 DRw/DB	+01.09.65
Vulc 1924/ 3948	**DRB 78 486** →'45 DRw/DB	+19.08.66
Vulc 1924/ 3949	**DRB 78 487** →'45 DRw/DB	+06.01.66
Vulc 1924/ 3950	**DRB 78 488** →'45 DRw/DB	+10.03.65

Die 78 528 war die letzte gebaute Staatsbahn-T18 – ob man dies dadurch würdigen wollte, dass man ihr noch einmal einen Fotografieranstrich „verpasste“? Auf alle Fälle wirken die Zierlinien an Wasserkästen, Führerhaus, Zylinder und Radsätzen bei einer Reichsbahn-Lok recht ungewohnt ...

Vulc 1924/ 3951	**DRB 78 489** →'45 DRw/DB	+22.11.66
Vulc 1924/ 3952	**DRB 78 490** →'45 DRw/DB	+01.09.65
Vulc 1924/ 3953	**DRB 78 491** →'45 DRw/DB →'68 DB (078 491-8)	+22.05.67
Vulc 1924/ 3954	**DRB 78 492** →'45 DRw/DB	+01.09.65
Vulc 1924/ 3955	**DRB 78 493** →'45 DRw/DB	+10.03.65
Vulc 1924/ 3956	**DRB 78 494** →'45 DRo/DR	+06.09.68
Vulc 1924/ 3957	**DRB 78 495** →'45 ČSD →04.09.45 PKP OKo 1-13	+17.06.72
Vulc 1924/ 3958	**DRB 78 496** →'45 DRw/DB	+30.11.64
Vulc 1924/ 3959	**DRB 78 497** →'45 DRo/DR →'70 DR [78 1497-3]	+12.04.71
Vulc 1924/ 3960	**DRB 78 498** →'45 DRo/DR →'70 DR 78 1498-1	+09.08.71
Vulc 1924/ 3961	**DRB 78 499** →'45 PKP OKo 1-14	+15.06.66
Vulc 1924/ 3962	**DRB 78 500** →'45 DRw/DB	+20.06.66
Vulc 1924/ 3963	**DRB 78 501** →'45 DRo/DR →'70 DR 78 1501-2	+12.10.70
Vulc 1924/ 3964	**DRB 78 502** →'45 DRw/DB	+04.03.66
Vulc 1924/ 3965	**DRB 78 503** →'45 DRo/DR →'70 DR 78 1503-8	+12.10.70
Vulc 1924/ 3966	**DRB 78 504** →'45 DRo/DR →'70 DR (78 1504-6)	+19.02.69
Vulc 1924/ 3967	**DRB 78 505** →'45 DRw/DB	+01.09.65
Vulc 1924/ 3968	**DRB 78 506** →'45 DRw/DB →'68 DB (078 506-3)	+05.07.67
Vulc 1924/ 3969	**DRB 78 507** →'45 DRw/DB	+24.02.67
Vulc 1924/ 3970	**DRB 78 508** →'45 DRw/DB	+10.03.65
Vulc 1924/ 3971	**DRB 78 509** →'45 DRw/DB →'68 DB 078 509-7	+03.03.69
Vulc 1924/ 3972	**DRB 78 510** →'45 DRw/DB →'68 DB 078 510-5 +12.03.68 →15.03.69 Denkmal AW Witten →'84 DB-Museumslok	('25 vorh; DB-Museum Nürnberg)
Vulc 1924/ 3973	**DRB 78 511** →'45 DRw/DB →'68 DB (078 511-3)	+22.05.67
Vulc 1924/ 3974	**DRB 78 512** →'45 DRw/DB	+10.03.65
Vulc 1924/ 3975	**DRB 78 513** →'45 PKP OKo 1-15	+30.08.75
Vulc 1924/ 3976	**DRB 78 514** →'45 DRw/DB	+27.09.66
Vulc 1924/ 3977	**DRB 78 515** →'45 DRw/DB	+10.03.65
Vulc 1924/ 3978	**DRB 78 516** →'45 DRw/DB →'68 DB (078 516-2)	+22.05.67
Vulc 1924/ 3979	**DRB 78 517** →'45 DRw	+11.06.46
Vulc 1924/ 3980	**DRB 78 518** →'45 DRo/DR	+27.09.68
Vulc 1924/ 3981	**DRB 78 519** →'45 DRo/DR	+06.09.68
Vulc 1924/ 3982	**DRB 78 520** →'45 DRw/DB	+15.11.63
Vulc 1924/ 3983	**DRB 78 521** →'45 DRw/DB →'68 DB 078 521-2	+11.12.68
Vulc 1924/ 3984	**DRB 78 522** →'45 DRw/DB	+01.07.64
Vulc 1924/ 3985	**DRB 78 523** →'45 DRw/DB	+01.09.65
Vulc 1924/ 3860	(Vulcan Vorratsbau) →'27 **DRB 78 524** →'45 DRw/DB	+24.02.67
Vulc 1924/ 3861	(Vulcan Vorratsbau) →'27 **DRB 78 525** →'45 DRw/DB	+30.11.64
Vulc 1924/ 3862	(Vulcan Vorratsbau) →'27 **DRB 78 526** →'45 DRw/DB	+04.03.66
Vulc 1924/ 3863	(Vulcan Vorratsbau) →'27 **DRB 78 527** →'45 DRw/DB	+22.11.66
Vulc 1924/ 3864	(Vulcan Vorratsbau) →'27 **DRB 78 528** →'45 DRw/DB	+06.01.66

2'C 2' h2t DB 78⁴ (ex SNCF/AL 8406)

Treibraddurchmesser (mm):	1 650
Achsstand (mm):	11 700
Länge über Puffer (mm):	14 800
Dienstgewicht (t):	105,0
Achslast (maximal) (t):	17,1
Höchstgeschwindigkeit (km/h):	100
Zylinderdurchmesser (mm):	560
Kolbenhub (mm):	630
Rostfläche (m²):	2,44
Verdampfungsheizfläche (m²):	135,92
Überhitzerheizfläche (m²):	49,2
Kesselüberdruck (atm):	12,0
Leistung (PSi):	1140

Die Reichseisenbahnen in Elsaß-Lothringen bezogen während des Ersten Weltkrieges von Vulcan 27 Lokomotiven der preußischen Gattung T 18 (siehe Baureihe 78^{0-5}), welche die Betriebsnummern 8401-8427 erhielten. Bei Kriegsende befand sich eine EL-T 18 zur Ausbesserung im RAW Darmstadt – sie wurde später zur DRB 78 093. Alle anderen EL-Lokomotiven gingen in den Bestand der Chemins de fer d'Alsace-Lorraine (AL) über. Mit Gründung der Französischen Staatsbahnen SNCF im Jahr 1938 waren für die Lokomotiven die neuen Betriebsnummern 232-TC-401 – 418 und 232-TC-420 – 427 vorgesehen, doch behielten die Lokomotiven zunächst noch die alten AL-Betriebsnummern. Während des Zweiten Weltkrieges wurde die AL den Reichsbahndirektionen Karlsruhe und Saarbrücken unterstellt – die T 18 blieben jedoch zunächst in ihren angestammten Einsatzgebieten. Erst kurz vor Kriegsende wurden einige Maschinen in Richtung Osten abgefahren (AL 8406, 8409, 8413, 8416). Während AL 8409 und 8413 nach Frankreich zurückkehrten und AL 8416 als verschollen gilt, gibt das weitere Schicksal der AL 8406 noch immer Rätsel auf: Die Lokomotive war bei der RBD Nürnberg stehen geblieben und wurde 1946 beim Bw Zabern nachgewiesen. Hansjürgen Wenzel vermutet, dass die AL 8406 zunächst „wild" in 78 406" und dann nach einer Ausbesserung im Aw Nied in 78 408" umgezeichnet wurde, da die 78 406' noch vorhanden war. Hierfür spricht, dass die 78 408' am 4.11.1946 bei der RBD Frankfurt ausgemustert worden und anschließend als „zerlegt" nachgewiesen worden war. Laut Klaus D. Holzborn soll die 78 408 dagegen nach der Ausmusterung mit dem Kessel der AL 8416 wieder in Betrieb genommen und die AL 8406 statt in 78 408" tatsächlich in 78 471" umgezeichnet worden sein. Hierfür spricht, dass die 78 471' am 31.12.1944 wegen schwerer Kriegsschäden ausgemustert wurde und im Kesselbuch der späteren DB 78 471 nur Kessel von AL-T 18 nachgewiesen wurden. In diesem Zusammenhang ist auch noch erwähnenswert, dass im Betriebsbuch der 78 408 als Fabriknummer „516" angegeben wird – mit folgender Bemerkung: „Die Nr. wurde nachträglich bekanntgegeben mit Vfg vom EZA Minden 2312 Fldnu 14/199 vom 27. März 1952 und ED Nür Vfg 21 M5 Fkl v. 19.5.52". Dies ist zumindest ein Hinweis darauf, dass auch mit dieser Lokomotive irgendetwas „nicht stimmt".

Vulc 1915/ 3011	Reichseisenbahnen Elsaß-Lothringen (EL) 8406 (T18) →'18 AL →'38 SNCF [1-232-TC-406] →'40 DRB →'45 DRw [14] →'48 **DRw/DB 78 471"**	+10.03.65

14) bei DRw Etsp. (u.a. Kessel für 78 408); Fahrgestell (mit Kessel der EL 8414) wurde zu 78 471"

2'C 2' h2t **DRB 78⁶** (ex BBÖ 729)

	78 601-610	78 611-626
Treibraddurchmesser (mm):	1 614	1 614
Achsstand (mm):	11 880	11 880
Länge über Puffer (mm):	14 990	14 990
Dienstgewicht (t):	108,4	113,1
Achslast (maximal) (t):	16,1	16,8
Höchstgeschwindigkeit (km/h):	95	105
Zylinderdurchmesser (mm):	500	500
Kolbenhub (mm):	720	720
Rostfläche (m^2):	3,55	3,55
Verdampfungsheizfläche (m^2):	171,8	172,3
Überhitzerheizfläche (m^2):	36,7	52,0
Kesselüberdruck (atm):	13,0	13,0

Die ab 1913 zunächst von der Südbahn und später auch von der kkStB beschafften 2C1-Personenzug-Tenderlokomotiven der Reihe 629 (siehe Baureihe 77^2) hatten sich gut bewährt, waren aber zu Beginn der 30er Jahre schon etwas „in die Jahre gekommen" und hatten bei der Beförderung von Schnellzügen ihre Leistungsgrenze erreicht. Um im grenzüberschreitenden Verkehr nicht auf Schlepptenderlokomotiven umsteigen zu müssen, für die in den Wendebahnhöfen Drehscheiben-Benutzungsgebühren angefallen wären, wurde eine schwere 2C2-Tenderlokomotive entwickelt, deren ersten zehn Exemplare 1931/32 als Reihe 729 ausgeliefert wurden. Bei der Konstruktion hatte man auf bewährte Bauteile zurückgegriffen – so wurde z.B. der Kessel von der Reihe 209 (siehe Baureihe 38^{41}) und Triebwerk weitgehend von der Reihe 629 übernommen.

Da inzwischen aufgrund der Weltwirtschaftskrise der Bedarf an schweren Personenzuglokomotiven deutlich zurückgegangen war, erfolgte keine Serienfertigung der Reihe 729: Erst 1936 wurden sechs weitere Maschinen beschafft.

Bereits drei Wochen vor der Annexion Österreichs bestellte die Deutsche Reichsbahn im Rahmen einer Arbeitsbeschaffungsmaßnahme 50 weitere Lokomotiven der Reihe 629, die mit den letztgenannten nahezu identisch waren, aber aus Gründen des Lichtraumprofiles eine geringere Höhe besaßen. Weitere Modifikationen – so z.B. eine Erhöhung des relativ niedrigen Dampfdruckes – wurden aufgrund der dafür erforderlichen umfangreichen Konstruktionsänderung nicht vorgenommen. Für die bestellten Maschinen waren die Betriebsnummern 78 617-666 vorgesehen gewesen, doch nachdem die Bestellung auf zehn Maschinen reduziert worden war, wurden nur die „letzten" zehn mit den Nummern 78 657-666 ausgeliefert und kurz darauf in 78 617-626 umgezeichnet.

Alle 26 Lokomotiven verblieben nach dem Zweiten Weltkrieg in Österreich und wurden dort nach Ausrüstung mit einem Giesl-Ejektor z.T. noch bis Anfang der 70er Jahre eingesetzt. Zwei Maschine blieben als Denkmal bzw. als Museumsloks erhalten.

Literatur:

SEIDL, OSKAR: Die ersten Lokomotiven der DR. aus der Ostmark. Die Lokomotive 3/1939, S. 85-86

Flor 1931/ 3045	BBÖ 729.01 →'38 **DRB 78 601** →'45 ÖBB →'53 ÖBB 78.601	+20.11.68
Flor 1931/ 3046	BBÖ 729.02 →'38 **DRB 78 602** →'45 DRw →10.04.46 ÖBB →'53 ÖBB 78.602	+13.01.68
Flor 1931/ 3047	BBÖ 729.03 →'38 **DRB 78 603** →'45 ÖBB →'53 ÖBB 78.603	+11.11.68
Flor 1931/ 3048	BBÖ 729.04 →'38 **DRB 78 604** →'45 ÖBB →'53 ÖBB 78.604	+20.09.72
Flor 1931/ 3049	BBÖ 729.05 →'38 **DRB 78 605** →'45 ÖBB →'53 ÖBB 78.605	+20.11.68
Flor 1931/ 3050	BBÖ 729.06 →'38 **DRB 78 606** →'45 ÖBB →'53 ÖBB 78.606 +20.09.72 →'72 Österreichisches Eisenbahnmuseum →'?? Denkmal in Amstetten /L →'12 Eisenbahnmuseum Strasshof /L	('21 vorh.)
Flor 1932/ 3051	BBÖ 729.07 →'38 **DRB 78 607** →'45 ÖBB →'53 ÖBB 78.607	+20.11.68
Flor 1932/ 3052	BBÖ 729.08 →'38 **DRB 78 608** →'45 ÖBB →'53 ÖBB 78.608	+20.11.68
Flor 1932/ 3053	BBÖ 729.09 →'38 **DRB 78 609** →'45 ÖBB →'53 ÖBB 78.609	+25.10.73
Flor 1932/ 3054	BBÖ 729.10 →'38 **DRB 78 610** →'45 ÖBB →'53 ÖBB 78.610	+05.08.68
Flor 1936/ 3093	BBÖ 729.11 →'38 **DRB 78 611** →'45 ÖBB/T →'55 ÖBB 78.611	+13.01.68
Flor 1936/ 3094	BBÖ 729.12 →'38 **DRB 78 612** →'45 ÖBB/T →'55 ÖBB 78.612	+13.01.68
Flor 1936/ 3095	BBÖ 729.13 →'38 **DRB 78 613** →'45 ÖBB/T →'55 ÖBB 78.613	+26.07.73
Flor 1936/ 3096	BBÖ 729.14 →'38 **DRB 78 614** →'45 ÖBB/T →'55 ÖBB 78.614	+08.09.69
Flor 1936/ 3097	BBÖ 729.15 →'38 **DRB 78 615** →'45 ÖBB/T →'55 ÖBB 78.615	+13.01.68
Flor 1936/ 3098	BBÖ 729.16 →'38 **DRB 78 616** →'45 ÖBB →'53 ÖBB 78.616	+26.07.73

Zwar war das an der Rauchkammer angebrachte Lokschild relativ klein, doch dafür hatte man die Betriebsnummer auch auf den Verdunklungsscheiben der Laternen angeschrieben: Carl Bellingrodt fotografierte die 78 601 am 17. Juli 1940 im Bw Linz/ Donau.

Im Bahnbetriebswerk Linz/Donau entstand am 10. September 1940 diese Aufnahme der 78 613, welche zusammen mit 77 240 und 35 274 vermutlich auf die nächsten Einsätze wartete. *Foto: Carl Bellingrodt*

Zum Bw Wien West gehörte die 78 618, als sie von Hermann Maey für das Deutsche Lokomotivbild-Archiv portraitiert wurde. Nach ihrer aktiven Dienstzeit war die Maschine noch einige Jahre als „Anlage" verwendet worden und ist dadurch erhalten geblieben.

Flor 1938/ 3151	DRB 78 657 →10.38 **DRB 78 617** →'45 ÖBB/T →'55 ÖBB 78.617 +01.08.70
Flor 1938/ 3152	DRB 78 658 →10.38 **DRB 78 618** →'45 ÖBB/T →'55 ÖBB 78.618 +01.07.72 →01.07.72 Anl. 01085 +05.03.76 →'76 ÖGEG ('21 vorh.; Museum Ampflwang)
Flor 1938/ 3153	DRB 78 659 →10.38 **DRB 78 619** →'45 ÖBB/T →'55 ÖBB 78.619 +01.08.70
Flor 1938/ 3154	DRB 78 660 →10.38 **DRB 78 620** →'45 ÖBB →'53 ÖBB 78.620 +08.09.69 →08.09.69 Anl. 01054 +25.09.78
Flor 1938/ 3155	DRB 78 661 →10.38 **DRB 78 621** →'45 ÖBB/T →'55 ÖBB 78.621 +01.08.70
Flor 1938/ 3156	DRB 78 662 →10.38 **DRB 78 622** →'45 ÖBB →'53 ÖBB 78.622 +01.08.70
Flor 1938/ 3157	DRB 78 663 →10.38 **DRB 78 623** →'45 ÖBB/T →'55 ÖBB 78.623 +13.01.68
Flor 1938/ 3158	DRB 78 664 →10.38 **DRB 78 624** →'45 ÖBB/T →'55 ÖBB 78.624 +01.08.70
Flor 1938/ 3159	DRB 78 665 →10.38 **DRB 78 625** →'45 ÖBB/T →'55 ÖBB 78.625 +20.11.68 →08.09.69 Anl. 01053 +25.09.78 →'?? ÖGEG (Etsp.) ('16 in Teilen vorh.)
Flor 1938/ 3160	DRB 78 666 →10.38 **DRB 78 626** →'45 ÖBB/T →'55 ÖBB 78.626 +13.01.68

Diese WLF-Werksaufnahme zeigt die zwar schon glänzend lackierte aber noch nicht mit Eigentumsmerkmalen beschriftete 78 665. Diese Betriebsnummer hat die Maschine nur kurzzeitig getragen – bereits im Oktober 1938 wurde sie in 78 625 umgezeichnet.

2'C + 2 h2t DB 78^{10} (Ub. ex DB 38^{10-40})

Treibraddurchmesser (mm):	1 750
Achsstand (mm):	14 070
Länge über Puffer (mm):	17 237
Dienstgewicht (t):	109,7
Achslast (maximal) (t):	17,3
Höchstgeschwindigkeit (km/h):	100
Zylinderdurchmesser (mm):	575
Kolbenhub (mm):	630
Rostfläche (m²):	2,58
Verdampfungsheizfläche (m²):	146,0
Überhitzerheizfläche (m²):	58,9
Kesselüberdruck (atm):	12,0
Leistung (PSi):	1180

Zu Beginn der 50er Jahre hatte die Deutsche Bundesbahn einen Mangel an Personenzug-Tenderlokomotiven diagnostiziert – entsprechende Schlepptenderlokomotiven waren wohl in ausreichender Stückzahl vorhanden, doch durch die im Vergleich zur Vorwärtsfahrt deutlich reduzierte zulässige Geschwindigkeit bei Rückwärtsfahrt war immer – wenn überhaupt möglich – ein Wenden der Lokomotive erforderlich. So folgte man der am Institut für Eisenbahnmaschinenwesen der Technischen Hochschule Hannover entwickelten Idee, Schlepptenderlokomotiven mit Hilfe eines Kurztenders in „unechte" Tenderlokomotiven umzubauen. Übernommen wurde diese Aufgabe von der Firma Krauss-Maffei, die zwei preußische P8 (siehe Baureihe 38^{10-40}) mit neu entwickelten zweiachsigen Kurztendern versah, welche bei Rückwärtsfahrt durch entsprechende Kupplung mit der Lokomotive auch die Führung im Gleis übernahmen. Neben verschiedenen weiteren Anpassungen erhielt das Führerhaus zum Tender hin einen Gummifaltenbalg, so dass es – wie bei einer „echten" Tenderlok – vollständig geschlossen war.

Die beiden Maschinen bekamen nach dem Umbau die neuen Betriebsnummern 78 1001-1002 zugewiesen und sollen sich durchaus bewährt haben, doch eine Umrüstung weiterer Lokomotiven unterblieb, nachdem sich alternative Konzepte durchgesetzt hatten: So wurde zum einen der Wendezugbetrieb forciert, bei dem die Lokomotive am gleichen Zugende bleiben konnte, und zum anderen wurden zahlreiche P8 mit Wannentendern der ausgemusterten Baureihen 52 und 42 gekuppelt: Dabei erhielten auch diese Lokomotiven ein geschlossenes Führerhaus und konnten nun rückwärts eine Höchstgeschwindigkeit von 85 km/h erreichen.

Literatur:

N.N.: Sonderlinge im deutschen Lokomotivbestand. LM 1, S. 72-77

Vulc 1921/ 3676	MGD 2528 P8 →'25 DRB 38 2919 +09.09.44 →'?? wiD. →'45 DRw/DB +24.05.50 →22.03.51 Ub. **DB 78 1001** (KrMa 51/17677)	+04.08.61
Vulc 1921/ 3647	HAL 2569 P8 →'25 DRB 38 2890 →'45 DRw/DB +05.06.50 →28.03.51 Ub. **DB 78 1002** (KrMa 51/17678)	+19.01.61

Krauss-Maffei-Werksaufnahme der frisch umgebauten 78 1001, die am 22. März 1951 an die DB abgeliefert und sechs Tage später von dieser endgültig abgenommen wurde.

Als Dr. Günther Scheingraber die 78 1002 fotografierte, gehörte sie zum Bw München Hbf – somit muss die Aufnahme zwischen September 1951 und Februar 1954 entstanden sein, war die Maschine doch in diesem Zeitraum bei diesem Bahnbetriebswerk beheimatet – allerdings unterbrochen von einem Aufenthalt bei BZA Minden vom März bis zum Dezember 1953.

CC h4vt **DRB 79⁰** (ex K. Sächs. Sts. E. B. XV HTV)

Treibraddurchmesser (mm):	1 400
Achsstand (mm):	11 100
Länge über Puffer (mm):	14 660
Dienstgewicht (t):	92,2
Achslast (maximal) (t):	15,5
Höchstgeschwindigkeit (km/h):	70
Zylinderdurchmesser (mm):	440/680
Kolbenhub (mm):	630
Rostfläche (m²):	2,5
Verdampfungsheizfläche (m²):	127,2
Überhitzerheizfläche (m²):	40,9
Kesselüberdruck (atm):	15,0

Gelenk-Lokomotiven hatten ihre große Zeit zur Jahrhundertwende: Vor der Entwicklung der seitenverschiebbaren Achsen (nach System Gölsdorf) war man im Lokomotivbau gezwungen, insbesondere Güterzuglokomotiven mit vielen angetriebenen Achsen in Gelenkbauart auszuführen. Doch mit der Bewährung der „Gölsdorf-Achsen" – in Sachsen z.B. ab 1908 bei der Gattung XI HT (Baureihe 94²□) verwendet – endete der Bau von Gelenk-Lokomotiven recht schnell, hatten doch insbesondere die beweglichen Dampfkupplungen immer wieder zu Problemen geführt. Einen neuen Weg ging man schließlich bei der sächsischen Gattung XV HTV, deren zwei Exemplare erst 1916 an die Königlich Sächsischen Staatseisenbahnen abgeliefert wurden. Die Achsfolge dieser Bauart war CC – die radial einstellbaren Endachsen waren sogenannten „Klien-Lindner-Achsen", während die übrigen Achsen fest im Rahmen gelagert waren – die mittleren allerdings seitenverschieblich. Bemerkenswert war auch, dass bei dieser Vierzylinder-Verbundmaschine jeweils ein Hoch- und ein Niederdruckzylinder in einem mittig liegendem Zylinderblock zusammengefasst worden waren. Die mit 70 km/h recht hohe Höchstgeschwindigkeit dieser Lokomotiven lässt vermuten, dass man diese spezielle Bauart gewählt hatte, da die Laufeigenschaften der bis dahin beschafften E-Tenderlokomotiven mit Gölsdorf-Achsen bei höheren Geschwindigkeiten nicht überzeugen konnten. Bewährt haben sich die beiden Maschinen aber nicht – konstruktive Mängel beim Triebwerk sollen zu einer ungleichmäßigen Leistungsverteilung geführt haben. Ebenfalls negativ bemerkbar machten sich die knapp bemessene Kesselleistung sowie der fehlende Vorwärmer. Die Deutsche Reichsbahn teilte den beiden Lokomotiven zwar noch die neuen Betriebsnummer 79 001-002 zu, doch angesichts der Ausmusterung 1926 dürfte eine Umzeichnung nicht mehr stattgefunden haben. Eine der beiden Loks soll noch mehrere Jahre im RAW Leipzig-Engelsdorf als Heizlok Dienst getan haben. Für beiden Maschinen wird 1932 als das Jahr ihrer Verschrottung angegeben.

Literatur:

OSTENDORF, ROLF: Personenzug-Tenderlokomotive Baureihe 79. em 12/1978, S. 28-29

Angesichts der bereits 1926 erfolgten Ausmusterung der beiden sächsischen XV HTV dürfte eine Umzeichnung in 79 001-002 nicht mehr erfolgt sein – daher soll diese Baureihe hier durch eine Betriebsaufnahme der sächsischen 1352 repräsentiert werden.

Hart 1916/ 3843	K. Sächs. Sts. E. B. 1351 (XV HTV) →'25 **DRB 79 001**	+26
Hart 1916/ 3844	K. Sächs. Sts. E. B. 1352 (XV HTV) →'25 **DRB 79 002**	+26

1'D 1' h2t **DRB 79⁰** (ex BLE)

Treibraddurchmesser (mm):	1 350
Achsstand (mm):	10 250
Länge über Puffer (mm):	13 525
Dienstgewicht (t):	88,3
Achslast (maximal) (t):	15,5
Höchstgeschwindigkeit (km/h):	75
Zylinderdurchmesser (mm):	570
Kolbenhub (mm):	660
Rostfläche (m²):	2,375
Verdampfungsheizfläche (m²):	114,9
Überhitzerheizfläche (m²):	49,5
Kesselüberdruck (atm):	14,0

In der Mitte der 30er Jahre begann die Braunschweigische Landes-Eisenbahn (BLE) damit, ihren Lokomotivpark zu modernisieren. Zunächst wurde 1934 eine 1D1-Maschine sowie 1935 und 1937 fünf 1C1-Lokomotiven (siehe DRB 75 601-605) beschafft. Die von Krupp gebauten Lokomotiven waren alle nach den gleichen Baugrundsätzen konstruiert worden und sahen sich auch äußerlich sehr ähnlich. Besonders auffallend waren die großen Windleitbleche, die direkt an die Wasserkästen anschlossen.

Nach der am 1. Januar 1938 erfolgten Übernahme der BLE durch die Deutsche Reichsbahn erhielt die 1D1-Lokomotive mit der Betriebsnummer 44 die neue Reichsbahnnummer 79 001 – in zweiter Besetzung, denn 1925 war die Baureihe 79 der sächsischen Gattung XV HTV zugewiesen worden. Da die beiden sächsischen Lokomotiven die Nummern aber nie getragen haben dürften, wird die BLE-Lok wohl doch die erste umgezeichnete Lok der Baureihe 79 gewesen sein. Als Einzelstück wurde die 79 001 nach dem Ende des Zweiten Weltkrieges von der RBD Hannover an die Deutsche Eisenbahn-Gesellschaft (DEG) verkauft, welche die Lokomotive noch bis in die 70er Jahre hinein bei verschiedenen Privatbahnen einsetzte.

Krupp 1934/ 1423	Braunschweigische Landes-Eb. (BLE) 44 →01.01.38 **DRB 79 001“** →'45 DRw →10.02.47 DEG 261 (Braunschweig-Schöninger Eb. (BSE) →01.04.49 Frankfurt-Königssteiner Eb. (FK) →05.04.60 Teutoburger Wald-Eb. (TWE) →04.09.66 Frankfurt-Königssteiner Eb. (FK))	+03.73

Rund neun Jahre lang trug die ehemalige Lok 44 der Braunschweigischen Landes-Eisenbahn die Reichsbahn-Betriebsnummer 79 001 – doch dies ausschließlich in einer Zeit, in der nur relativ wenige Lokomotivfotografien angefertigt wurden. Abgebildet ist die Maschine daher hier als Lok 261 der Deutschen Eisenbahn-Gesellschaft – für diese Gesellschaft war sie auf verschiedenen Bahnen von 1947 bis 1973 im Einsatz. Beschriftet ist die Lokomotive übrigens als „261 DEGA" – dies wurde später in „261 DEG" geändert. *Foto: Hermann Ott*

2'D 2' h4vt DR 79⁰ (ex SNCF 1-242-TA-6xx)

Treibraddurchmesser (mm):	1 650
Achsstand (mm):	14 360
Länge über Puffer (mm):	17 745
Dienstgewicht (t):	ca. 124
Achslast (maximal) (t):	
Höchstgeschwindigkeit (km/h):	100
Zylinderdurchmesser (mm):	420/630
Kolbenhub (mm):	650
Rostfläche (m²):	3,09
Verdampfungsheizfläche (m²):	156,7
Überhitzerheizfläche (m²):	44,8
Kesselüberdruck (atm):	16,0

Insbesondere für den Vorortverkehr im Raum Straßburg wurden von den staatlichen Eisenbahnen in Elsaß-Lothringen (AL) schwere 2D2-Vierzylinderverbund-Tenderlokomotiven als Gattung T20 beschafft, die 1924 (AL 8601-8620) und 1930 (AL 8621-8630) von den Lokomotivfabriken Batignolles und Graffenstaden gebaut wurden. Schon bald beschränkte sich der Einsatz nicht nur auf den Straßburger Raum, wurden die kräftigen Maschinen doch auch in anderen Ballungsgebieten für den schweren Personenverkehr benötigt.

Nach der Gründung der Französischen Staatsbahnen (SNCF) im Jahre 1938 erhielten die Lokomotiven die neuen Betriebsnummern 242-TA-601 – 630 zugewiesen, doch eine Umzeichnung erfolgte bis zum Kriegsbeginn noch nicht, so dass die T20 alle noch ihre AL-Nummern trugen, als die Verwaltung der Bahn auf die Deutsche Reichsbahn (RBD Karlsruhe) überging.

Während des Krieges wurden zahlreiche Maschinen dieser Gattung in Richtung Osten zum Dienst bei anderen Direktionen abgefahren; zwei dieser Maschinen (AL 8602 und 8620) blieben bei Kriegsende in der Ostzone stehen.

Die Deutsche Reichsbahn in der DDR baute zu Beginn der 50er Jahre in Halle eine neue „Lokomotiv-Versuchsanstalt" (LVA) auf, da die Anlagen des alten Versuchsamtes in Berlin-Grunewald während des Krieges weitgehend zerstört worden waren und außerdem in den Westsektoren lagen. Für die messtechnische Untersuchung von Lokomotiven benötigte das LVA mit Riggenbach-Gegendruckbremse ausgerüstete sogenannte Bremslokomotiven – zur Verfügung standen zunächst neben der Güterzuglokomotive 44 012 die Schnellzuglokomotiven 18 314, 19 017, 03 1010 und 03 1074. Da der Anteil an Schnellzuglokomotiven überwog, man zur Untersuchung von Güterzuglokomotiven aber eher kleinrädrige Maschinen mit hohem Reibungsgewicht benötigte, entschied man sich, eine der

beiden T20 zur Bremslokomotive umzubauen, zumal diese als ehemalige AL-Maschine im Gegensatz zu anderen französischen Lokomotiven für den Rechtsverkehr konstruiert worden war. Die im Bw Zeitz abgestellte AL 8602 erhielt 1951/52 im Raw Zwickau eine Hauptuntersuchung, bei der auch zahlreiche Umbauten vorgenommen wurden – so z.B. das Ersetzen der Armaturen, Sicherheitsventile und Pumpen durch Einheitsbauarten sowie der Einbau einer Riggenbach-Gegendruckbremse. In Betrieb genommen wurde die Lokomotive im Juli 1952 – mit der neuen Betriebsnummer 79 001, die somit ein drittes Mal vergeben wurde. Über die Gründe, warum man gerade diese Baureihenbezeichnung gewählt hatte (nach einer CC- und einer 1D1-Bauart nun also eine 2D2), lässt sich nur spekulieren – aber offensichtlich schien man diese Baureihe den Exoten vorbehalten zu haben.
Die Lokomotive soll nur vom Oktober 1952 bis zum Februar 1953 tatsächlich als Bremslokomotive zum Einsatz gekommen sein – da sie aufgrund verschiedener technischer Probleme nicht überzeugt hatte, wurde sie danach nur noch sporadisch eingesetzt, 1963 abgestellt und 1966 offiziell ausgemustert.

Literatur:

Schnabel, Heinz: Der „Gurkenhobel“ 79 001. EK 4/2001 S. 48-50

BatC 1924/ 442 | AL 8602 →'38 SNCF [1-242-TA-602] →'40 DRB →'45 DRo/DR →07.52 **DR 79 001**[3] | +04.11.66

Im Bw Halle (Saale) traf Gerhard Illner am 21. Juni 1957 die DR 79 001 an – auffällig waren der Ring um den Schornstein sowie die weit geöffnete Lüftungsklappe über dem Führerhaus.

Erst auf dieser Seitenaufnahme wird deutlich, wie „gewaltig" die DR 79 001 war: Verglichen mit der auch nicht gerade kurzen Baureihe 85 war die 79 001 immerhin 1,5 Meter länger. Die Aufnahme entstand 1959.

C h2t **DRB 80** (Einheitslok)

Treibraddurchmesser (mm):	1 100
Achsstand (mm):	3 200
Länge über Puffer (mm):	9 670
Dienstgewicht (t):	54,4
Achslast (maximal) (t):	18,2
Höchstgeschwindigkeit (km/h):	45
Zylinderdurchmesser (mm):	450
Kolbenhub (mm):	550
Rostfläche (m²):	1,5
Verdampfungsheizfläche (m²):	69,6
Überhitzerheizfläche (m²):	25,5
Kesselüberdruck (atm):	14,0
Leistung (PSi):	575

Das erste Einheitslokomotiven-Typenprogramm der Deutschen Reichsbahn enthielt Rangierlokomotiven der Bauarten C h2t, D h2t und E h2t – und diese jeweils mit Achslasten von 15 t, 17,5 t und 20 t. Nur ein Teil dieser Bauarten ist überhaupt realisiert worden – so sah man bei den Rangierlokomotiven ausschließlich die Beschaffung von relativ schweren Maschinen mit 17,5 t Achslast als vordringlich an, waren doch noch genügend leichtere Maschinen aus dem Bestand der Länderbahnen vorhanden. So wurden in den Jahren 1928 und 1929 insgesamt 39 C h2t-Tender-Rangierlokomotiven als 80 001-039 an die Deutsche Reichsbahn abgeliefert.

Den Zweiten Weltkrieg überstanden alle Maschinen ohne größere Schäden: Mit 22 Lokomotiven befand sich der Großteil in der Ostzone, während 17 Lokomotiven in den Westzonen vorhanden waren. Und obwohl sich die Maschinen durchaus bewährt hatten, schieden sie bei beiden deutschen Staatsbahnen schon relativ früh aus dem Bestand aus. Grund dafür war der Traktionswandel, waren doch Diesel-Rangierlokomotiven ihren Dampfschwestern bei der Vorhaltung, bei der Unterhaltung und bei den Personalkosten deutlich überlegen. Die überflüssig gewordenen Maschinen wurden aber nicht sofort verschrottet, sondern „umgesetzt" bzw. verkauft: So waren die ehemaligen DR-Maschinen nach dem Ausscheiden aus dem Betriebsbestand bei verschiedenen Ausbesserungswerken als Werklokomotiven zu finden, während die DB-Maschinen bei mehreren Zechen im Ruhrgebiet eine neue Heimat fanden.

Am 29. Mai 1958 konnte Eberhard Schüler die 80 005 in Ansbach bei Rangierarbeiten beobachten. Diese Maschine war eine der wenigen 80er, die nach der Ausmusterung nicht weiterverkauft wurden.

Literatur:

Ebel, Jürgen-Ulrich; Bauchwitz, Peter: Einheitsloks für den Rangierdienst. Freiburg 1999
Hollenbach, Klaus: Die 80 009 - mehr als nur ein Denkmal. me 8/89 S. 11-13
N.N.: 80 009 – Sieg der Beharrlichkeit. EK 11/2001 S. 58-61
Wenzel, Hansjürgen: Teckel der Baureihen 80, 81, 82, 87, 89^0. EK 22, S. 45-48
Weisbrod, Manfred: Die Baureihe 80. EJ 1/94 S. 14-18

Hohz 1928/ 4561	**DRB 80 001** →'45 DRo/DR →01.01.66 WL 4 RAW Dresden-Friedrichstadt	+80
Hohz 1928/ 4562	**DRB 80 002** →'45 DRo/DR →30.07.54 WL 80 002 RAW Meiningen (WL1/WL6/Gerät 805-80-2)	++80
Hohz 1928/ 4563	**DRB 80 003** →'45 DRo/DR →19.02.64 WL 1 RAW Berlin (Revaler Str.)	++70
Hohz 1928/ 4564	**DRB 80 004** →'45 DRo/DR →23.09.63 WL 805-80-6 RAW Brandenburg-West	+
Hohz 1928/ 4565	**DRB 80 005** →'45 DRw/DB	+30.10.64
Unio 1928/ 2796	**DRB 80 006** →'45 DRo/DR →04.08.64 WL 2 RAW Dresden-Friedrichstadt	+20.08.78
Unio 1928/ 2797	**DRB 80 007** →'45 DRo/DR →16.03.55 WL 805-80-2 RAW Brandenburg-West	+um 70
Unio 1928/ 2798	**DRB 80 008** →'45 DRo/DR →09.09.63 WL 4 RAW Jena →'68/69 verk. HL Großbaustelle Jena	++
Unio 1928/ 2799	**DRB 80 009** →'45 DRo/DR →18.09.63 WL 2 RAW Halle →08.69 WL 5" RAW Leipzig-Engelsdorf →06.03.81 verk. an privat (Klaus Hollenbach, Berlin-Bohnsdorf; abg. im Garten) 80 009	('21 vorh.)
Unio 1928/ 2800	**DRB 80 010** →'45 DRo/DR →10.01.64 WL 2" RAW Engelsdorf	++80
Unio 1928/ 2801	**DRB 80 011** →'45 DRo/DR →16.03.55 WL 805-80-3 RAW Brandenburg-West	++10.11.69
Unio 1928/ 2802	**DRB 80 012** →'45 DRo/DR →11.06.64 WL 1 RAW Dresden-Friedrichstadt	+77
Wolf 1928/ 1227	**DRB 80 013** →'45 DRw/DB +14.05.59 →16.11.59 Klöckner Bergbau-AG (KBAG) (Zeche Königsborn 2/5 WL 2'"/1227 →01.01.67 Zeche Königsborn 2/5 WL 7) →01.04.71 RAG D-722 +74 →14.07.75 Spielplatz in Kamen-Heeren →'86 Historische Eisenbahn Paderborn →21.03.89 Freunde des Deutschen Dampflok-Museums (DDM)	('25 vorh.)
Wolf 1928/ 1228	**DRB 80 014** →'45 DRw/DB +28.07.59 →10.12.59 Klöckner Bergbau-AG (KBAG) (Zeche Königsborn 2/5 WL 5"/1228) →01.04.71 RAG D-721 +74 →02.07.74 verk. an privat (Ulrich Kroll, Essen) →'74 verk. an privat (P. L. Beet) für Steamtown-Museum, Carnforth /England 80 014 →'80 Nene Valley Railway (NVR) /L /England →'98 Süddeutsches Eisenbahnmuseum Heilbronn (SEH) /L →'21 BayernBahn, Nördlingen →'21 Bayerisches Eisenbahn-Museum (BEM), Nördlingen /L	('21 vorh.)
Wolf 1928/ 1229	**DRB 80 015** →'45 DRw/DB	+19.04.60
Wolf 1928/ 1230	**DRB 80 016** →'45 DRw/DB +01.08.62 →09.10.62 Georgsmarienhütten-Eb. (GME) 3^3	+65
Wolf 1928/ 1231	**DRB 80 017** →'45 DRo/DR →16.10.63 WL 80 017/WL 2" RAW Meiningen (Gerät 805-80-3)	++01.81
Hohz 1928/ 4570	**DRB 80 018** →'45 DRo/DR	+31.01.51
Hohz 1928/ 4571	**DRB 80 019** →'45 DRo/DR →27.01.65 WL 3" RAW Engelsdorf	++05.87
Hohz 1928/ 4572	**DRB 80 020** →'45 DRo/DR →16.03.55 WL 805-80-4 RAW Brandenburg-West	+um 72

Eine 80er vor einem „Inter-City“ – und was für ein Wagentyp ist das überhaupt? Aufgrund der Seltenheit des Motivs ist hier ausnahmsweise einmal ein Museumsbahneinsatz fotografisch dokumentiert: Nach ihrer aktiven Zeit in Deutschland kam die RAG D-721 zum englischen Steamtown-Museum in Carnforth, wo sie wieder in scharz/rot lackiert und mit ihrer alten Nummer 80 014 versehen wurde. Die Aufnahme entstand am 20. März 1976.

Hohz 1928/ 4573	**DRB 80 021** →'45 DRo/DR →27.10.63 WL RAW Niedersachswerfen	++um 65
Hohz 1928/ 4574	**DRB 80 022** →'45 DRo/DR →09.09.63 WL 5 RAW Jena	++um 68
Jung 1928/ 3862	**DRB 80 023** →'45 DRo/DR →'66 WL RAW Dresden-Friedrichstadt →01.08.72 DR-Traditionslok →01.01.94 DB (abg. Dresden-Altstadt, ab 08.09 Chemnitz-Hilbersdorf)	('25 vorh.)
Jung 1928/ 3863	**DRB 80 024** →'45 DRo/DR →21.01.65 WL 3 RAW Dresden-Friedrichstadt	+78
Jung 1928/ 3864	**DRB 80 025** →'45 DRo/DR	+01.51
Jung 1928/ 3865	**DRB 80 026** →'45 DRo/DR →16.03.55 WL 805-80-5 RAW Brandenburg-West	+um 70
Jung 1928/ 3866	**DRB 80 027** →'45 DRo/DR →01.11.63 WL 805-80-5 RAW Wittenberge	++um 67
Hohz 1929/ 4627	**DRB 80 028** →'45 DRw/DB	+24.06.63
Hohz 1929/ 4628	**DRB 80 029** →'45 DRw/DB +27.10.59 →01.02.60 Klöckner Bergbau-AG (KBAG) (Zeche Victor-Ickern WL III'" →'64 Zeche Königsborn 2/5 (Etsp.))	++
Hohz 1929/ 4629	**DRB 80 030** →'45 DRw/DB +31.08.61 →19.10.61 Klöckner Bergbau-AG (KBAG) (Zeche Königsborn 3/4 WL 4"/4629 →01.01.67 Zeche Königsborn 3/4 WL 9/4629) →01.04.71 RAG D-724 +74 →21.05.74 DGEG für Eisenbahnmuseum Bochum 80 030 →14.07.11 Stiftung Eisenbahnmuseum Bochum 80 030 →'18 Stiftung Eisenbahnmuseum Bochum „RAG D-724"	('25 vorh.)
Hohz 1929/ 4630	**DRB 80 031** →'45 DRw/DB +10.03.65 →'?? WL Klöckner Bergbau AG (KBAG)	+
Hohz 1929/ 4631	**DRB 80 032** →'45 DRw/DB +18.02.58 →24.03.58 Ilseder Schlackenverwertung ISV 2	++05.68
Hohz 1929/ 4632	**DRB 80 033** →'45 DRw/DB	+30.10.64
Hohz 1929/ 4645	**DRB 80 034** →'45 DRw/DB	+01.08.62
Hohz 1929/ 4646	**DRB 80 035** →'45 DRw/DB	+28.04.59
Hohz 1929/ 4647	**DRB 80 036** →'45 DRw/DB +24.12.59 →13.01.60 Klöckner Bergbau-AG (KBAG) (Zeche Werne 1/2 WL 1" →01.01.69 Zeche Werne 1/2 WL 11) →01.04.71 RAG D-725 +76 →01.11.76 Veluwsche Stoomtrein Maatschappij (VSM) /Holland Nr. 4	('24 vorh.)
Hohz 1929/ 4648	**DRB 80 037** →'45 DRw/DB +30.09.60 →14.10.60 Klöckner Bergbau-AG (KBAG) (Zeche Werne WL 7 →'62 Werne-Bockum-Höveler Eb. (WBHE) 7 →'64 Zeche Werne WL 3'" →01.01.69 Zeche Werne WL 13) →01.04.71 RAG D-726	+73
Hohz 1929/ 4649	**DRB 80 038** →'45 DRw/DB +12.03.60 →'60 Klöckner Bergbau-AG (KBAG) (Zeche Königsborn 3/4 WL 3/4649 →01.01.67 Zeche Königsborn 3/4 WL 8) →01.04.71 RAG D-723	+76
Hohz 1929/ 4650	**DRB 80 039** →'45 DRw/DB +31.08.61 →19.10.61 Klöckner Bergbau-AG (KBAG) (Zeche Königsborn-Werne 1/2 WL 8 →'62 Werne-Bockum-Höveler Eb. 8 →'64 Zeche Königsborn-Werne 1/2 WL 4'" →01.01.69 Zeche Königsborn-Werne 1/2 WL 14) →01.04.71 RAG D-727 +78 →04.78 Hammer Eisenbahnfreunde (HEF) 80 039 →06.23 Deutsche Privatbahn GmbH (DP), Hameln	('23 vorh.)

Am 10. März 1964 war die 80 019 zwar noch im Bw „Leipzig Hbf. West“ beheimatet, war jedoch im Raw Leipzig-Engelsdorf anzutreffen. Ein knappes Jahr später wurde sie auch offiziell Werklok in diesem Ausbesserungswerk.

Seit dem im Jahre 1974 erfolgten Verkauf der RAG D-724 an die Deutsche Gesellschaft für Eisenbahngeschichte steht die Lokomotive im Eisenbahnmuseum Bochum-Dahlhausen. Bis 2018 zeigte sie sich als 80 030 im Fotografieranstrich – inzwischen ist sie allerdings wieder als RAG D-724 lackiert und beschriftet. *Foto: Ingo Hütter*

Hermann Maey fotografierte die am 12. August 1929 von der Deutschen Reichsbahn abgenommene und von da an bis 1954 im Bw Schweinfurt beheimatete 80 038; ausgemustert wurde sie 1976 nach 47 Dienstjahren bei der Ruhrkohle-AG.

D h2t DRB 81 (Einheitslok)

Treibraddurchmesser (mm):	1 100
Achsstand (mm):	4 200
Länge über Puffer (mm):	11 080
Dienstgewicht (t):	67,5
Achslast (maximal) (t):	17,0
Höchstgeschwindigkeit (km/h):	45
Zylinderdurchmesser (mm):	500
Kolbenhub (mm):	550
Rostfläche (m²):	1,78
Verdampfungsheizfläche (m²):	95,9
Überhitzerheizfläche (m²):	34,0
Kesselüberdruck (atm):	14,0
Leistung (PSi):	860

Wie bereits bei der Beschreibung der Baureihe 80 erwähnt, wurden von den neun möglichen Rangierloktypen zunächst diejenigen mit 17,5 t Achslast beschafft: Als erstes wurden die C h2t-Lokomotiven der Baureihe 80 fertiggestellt, zwei Jahre später folgten die D h2t-Maschinen der Baureihe 81. Dem Grundgedanken der Normung und Austauschbarkeit von Komponenten folgend, waren beide Baureihen nach den gleichen Bauartgrundsätzen entworfen worden und besaßen zahlreiche baugleiche Teile.

Gefertigt wurden im Jahr 1928 nur zehn Lokomotiven – weitere 60 wurden zwar über zehn Jahre später bei der Lokomotivfabrik Krupp nachbestellt, doch aufgrund der Kriegsereignisse im Jahr 1941 wieder storniert.

Nach dem Zweiten Weltkrieg befanden sich alle zehn Lokomotiven bei der Deutschen Bundesbahn, welche sie zu Beginn der 60er Jahre ausmusterte. Im Gegensatz zu ihren Schwesterlokomotiven der Baureihe 80 fanden diese Maschinen keine interessierten Käufer in der Montanindustrie – nur eine Maschine war nach ihrer Ausmusterung noch kurzzeitig als Werklok in einem Ausbesserungswerk tätig. Trotzdem ist erfreulicherweise eine 81er erhalten geblieben: Die 81 004 war zunächst für ein Eisenbahnmuseum in den USA vorgesehen, blieb dann aber doch in Deutschland und wurde zeitweise auch von der DGEG betreut. Erst Ende der 70er Jahre wurde sie nahe Emden als Denkmal aufgestellt, doch auch dieser Zustand währte erfreulicherweise nicht allzu lange, wurde sie doch Mitte der 90er Jahre nach Kassel weiterverkauft.

Literatur:

Ebel, Jürgen-Ulrich; Bauchwitz, Peter: Einheitsloks für den Rangierdienst. Freiburg 1999

Obermayer, Horst: Die Baureihe 81 der DRG. EJ 2/94 S. 18-23

Hano 1928/ 10555	**DRB 81 001** →'45 DRw/DB	+20.10.62
Hano 1928/ 10556	**DRB 81 002** →'45 DRw/DB	+02.11.61
Hano 1928/ 10557	**DRB 81 003** →'45 DRw/DB	+26.04.62
Hano 1928/ 10558	**DRB 81 004** →'45 DRw/DB +14.10.63 →18.09.78 verk. Baumarkt R. Siegel, Marienhafe bei Emden (Denkmal) (Eigentum der Fa. Siebels; Lok war zuvor lange im Bw Oldenburg abgestellt (vorgesehen für Steam-Town Museum /USA) und wurde 04.71 an DGEG verliehen, bevor sie um 1978 verkauft wurde) →'95 Dampfbahnfreunde Kahlgrund (DK), Aschaffenburg →'96 Arbeitsgemeinschaft Historischer Zug „Hessencourrier“, Kassel ('08 NVR: 90 80 0081 004-8 D-HC)	('21 vorh.)
Hano 1928/ 10559	**DRB 81 005** →'45 DRw/DB +02.02.62 →02.62 WL AW Nied →23.10.64 verk. (als Schrott)	++
Hano 1928/ 10560	**DRB 81 006** →'45 DRw/DB	+02.11.61
Hano 1928/ 10561	**DRB 81 007** →'45 DRw/DB	+20.10.62
Hano 1928/ 10562	**DRB 81 008** →'45 DRw/DB	+02.11.61
Hano 1928/ 10563	**DRB 81 009** →'45 DRw/DB	+26.04.62
Hano 1928/ 10564	**DRB 81 010** →'45 DRw/DB	+20.04.63

Im Bahnhof Vienenburg entstand am 2. Juli 1932 diese Standardaufnahme der 81 001 – beheimatet war die Maschine im Bw Goslar. *Foto: Carl Bellingrodt*

In ihrem Heimat-Bw stand 81 002 am 16. November 1959 auf der Schlackengrube. *Foto: Hans Schmidt*

In glänzender Lackierung und noch ohne angeschriebene letzte Bremsuntersuchung präsentierte sich die 1928 abgelieferte 81 010 dem unbekannten Fotografen.

E h2t **DB 82** (DB-Neubau)

Treibraddurchmesser (mm):	1 400
Achsstand (mm):	6 600
Länge über Puffer (mm):	14 060
Dienstgewicht (t):	91,8
Achslast (maximal) (t):	18,9
Höchstgeschwindigkeit (km/h):	70
Zylinderdurchmesser (mm):	600
Kolbenhub (mm):	660
Rostfläche (m²):	2,39
Verdampfungsheizfläche (m²):	122,21
Überhitzerheizfläche (m²):	51,9
Kesselüberdruck (atm):	14,0
Leistung (PSi):	1 200

Zu Beginn des Jahres 1950 bestellte die Deutsche Bundesbahn bei der Industrie 75 sogenannte Neubau-Lokomotiven der Baureihen 23, 65 und 82 – als erstes fertiggestellt wurde eine Lokomotive der Baureihe 82: Bereits am 13. September 1950 konnte die 80 023 von Henschel an die Bundesbahn übergeben werden.

Die Lokomotiven der Baureihe 82 sollten die in die Jahre gekommenen preußischen T 16^1 (siehe Baureihe 94□) ersetzen – was aber nicht wirklich gelang, wurden doch die letzten 82er noch vor den letzten 94ern ausgemustert.

Bei der Konstruktion der Baureihe 82 hatte man konsequent die Schweißtechnik angewendet und verschiedene Neuerungen wie z.B. den Heißdampfregler eingeführt. Besonderes Augenmerk hatte man auch auf gute Laufeigenschaften gelegt: Nur die mittlere Treibachse war fest im Rahmen gelagert, während die Kuppelachsen jeweils zu einem Beugniot-Gestell zusammengefasst worden waren. Dadurch konnten sie einerseits problemlos enge Radien durchfahren und auch die Baureihe 87 im Hamburger Hafen ersetzen, andererseits aber mit einer Höchstgeschwindigkeit von 70 km/h – so schnell durfte keine andere deutsche laufachslose Lokomotive fahren – auch im Personenzugdienst eingesetzt werden.

Gebaut wurden 1950/51 insgesamt 37 Lokomotiven, denen 1955 noch einmal vier Nachbauten folgten. Die beiden letztgebauten Lokomotiven 82 040-041 waren für den Steilstreckeneinsatz mit einer Riggenbach-Gegendruckbremse abgeliefert worden. Die noch ohne Vorwärmer angelieferten 82 001-037 besaßen ab Werk vor dem Schornstein eine Nische zur Aufnahme eines Oberflächenvorwärmers, doch mit solchen ausgerüstet wurden nur die 82 013-022. Alle anderen 82er erhielten dagegen einen Mischvorwärmer.

Zwei 82er schieden bereits Ende 1966 sowie Anfang 1967 durch Ausmusterung aus dem DB-Bestand aus – für alle anderen war noch eine UIC-konforme Betriebsnummer als Baureihe 082 vorgesehen. Tatsächlich angebracht wurde die neue Betriebsnummer aber nur noch bei 27 Lokomotiven. Die letzten drei Maschinen wurden 1972 ausgemustert – von denen eine erfreulicherweise erhalten blieb.

Literatur:

EBEL, JÜRGEN.: Die Neubau-Dampflokomotiven der Deutschen Bundesbahn, Band 2: Tenderloks BR 65, 82 und 66. Stuttgart, 1984

FIEGENBAUM, WOLFGANG; HÜTTER, INGO: Schwere Brocken, Band 1-3. Gernrode, 2012-2018

GLÖCKNER, JOHANNES: Die Baureihe 82. LM 1/1998 S. 49-63

MOLL, GERHARD: Die ersten Neubaudampfloks der Baureihe 82. EK 5/2002, S. 66-69

TRAUBE, MANFRED: Die Baureihe 82. EK 11/1994 S. 46-47

WEISBROD, MANFRED; OBERMAYER, HORST J.: Die Baureihe 82 und 83[10]. Fürstenfeldbruck, 1995.

WILLHAUS, WERNER: Lokporträt Baureihe 82. Freiburg 2010

WITTE, FRIEDRICH: E h2 Güterzuglokomotiven Baureihe 82. Glasers Annalen 7/1951 S. 144-154

Krupp-Werkfoto der 82 001. Deutlich erkennbar ist die mit einem Blech abgedeckte Nische vor dem Schornstein, in der ein Oberflächenvorwärmer Platz gefunden hätte – bei der 82 001 aber nicht eingebaut wurde.

Am 20. September 1969 stand die 082 004-3 vor dem Lokschuppen des Bw Koblenz-Mosel – in diesem Bahnbetriebswerk verbrachte sie ihre vier letzten Einsatzjahre, nachdem sie zuvor immer im Norden Deutschlands eingesetzt gewesen war.

Foto: Ulrich Budde

Auf der Schiebebühne vor der Richthalle der Maschinenfabrik Esslingen präsentierte sich die 82 035 wenige Tage vor der am 27. September 1951 erfolgten Ablieferung an die Deutsche Bundesbahn - noch ohne Vorwärmer.

Die auf „alt gemachte" Betriebsnummer der 082 040-7 lässt vermuten, dass diese auf den 18. April 1970 datierte Aufnahme im Rahmen einer Sonderfahrt entstanden sein dürfte. Ein Jahr später wurde die Maschine ausgemustert, nachdem sie in Engers entgleist war. Zusammen mit ihrer Schwester 82 041 war sie mit einer Gegendruckbremse ausgerüstet.

Krupp 1950/ 2877	**DB 82 001** →'68 DB [082 001-9]	+12.03.68
Krupp 1950/ 2878	**DB 82 002** →'68 DB 082 002-7	+21.06.68
Krupp 1950/ 2879	**DB 82 003** →'68 DB 082 003-5	+27.11.70
Krupp 1950/ 2880	**DB 82 004** →'68 DB 082 004-3	+02.06.71
Krupp 1950/ 2881	**DB 82 005** →'68 DB 082 005-0	+11.12.68
Krupp 1950/ 2882	**DB 82 006** →'68 DB [082 006-8]	+12.03.68
Krupp 1950/ 2883	**DB 82 007** →'68 DB 082 007-6	+11.12.68
Krupp 1950/ 2884	**DB 82 008** →'68 DB 082 008-4 +18.04.72 →27.03.73 Denkmal Bf. Lingen (erst südlich, dann nördlich des EG) →'94 abg. Aw Lingen →03.02.03 Rendsburger Eisenbahnfreunde /L (abg. Bw Neumünster) →14.07.10 Eisenbahnfreunde Betzdorf /L (abg. Südwestfälisches Eisenbahnmuseum Siegen) →10.04.14 DB-Museum Koblenz-Lützel	('25 vorh.)
Krupp 1951/ 2895	**DB 82 009** →'68 DB [082 009-2]	+21.06.68
Krupp 1951/ 2896	**DB 82 010** →'68 DB 082 010-0	+27.11.70

Krupp 1951/ 2897	**DB 82 011** →'68 DB (082 011-8)	+05.07.67
Krupp 1951/ 2898	**DB 82 012** →'68 DB [082 012-6]	+12.03.68
Krupp 1951/ 2885	**DB 82 013** →'68 DB 082 013-4	+11.12.68
Krupp 1951/ 2886	**DB 82 014** →'68 DB 082 014-2	+02.10.68
Krupp 1951/ 2887	**DB 82 015** →'68 DB 082 015-9	+11.12.68
Krupp 1951/ 2888	**DB 82 016** →'68 DB [082 016-7]	+02.10.68
Krupp 1951/ 2889	**DB 82 017** →'68 DB 082 017-5	+27.11.70
Krupp 1951/ 2890	**DB 82 018**	+22.11.66
Krupp 1951/ 2891	**DB 82 019** →'68 DB 082 019-1	+03.03.69
Krupp 1951/ 2892	**DB 82 020** →'68 DB 082 020-9	+02.06.71
Krupp 1951/ 2893	**DB 82 021** →'68 DB 082 021-7	+18.04.72
Krupp 1951/ 2894	**DB 82 022** →'68 DB [082 022-5]	+21.06.68
Hen 1950/ 28601	**DB 82 023** →'68 DB 082 023-3	+21.06.68
Hen 1950/ 28602	**DB 82 024** →'68 DB 082 024-1	+23.02.71
Hen 1950/ 28603	**DB 82 025** →'68 DB 082 025-8	+22.09.70
Hen 1950/ 28604	**DB 82 026** →'68 DB [082 026-6]	+12.03.68
Hen 1950/ 28605	**DB 82 027** →'68 DB 082 027-4	+21.06.68
Hen 1950/ 28606	**DB 82 028** →'68 DB 082 028-2	+03.12.69
Hen 1950/ 28607	**DB 82 029** →'68 DB [082 029-0]	+12.03.68
Hen 1950/ 28608	**DB 82 030** →'68 DB 082 030-8	+02.10.68
Hen 1950/ 28609	**DB 82 031** →'68 DB 082 031-6	+02.10.68
Hen 1950/ 28610	**DB 82 032** →'68 DB [082 032-4]	+02.10.68
Essl 1951/ 4969	**DB 82 033** →'68 DB 082 033-2	+23.02.71
Essl 1951/ 4970	**DB 82 034** →'68 DB (082 034-0)	+05.07.67
Essl 1951/ 4971	**DB 82 035** →'68 DB 082 035-7	+20.07.72
Essl 1951/ 4972	**DB 82 036** →'68 DB 082 036-5	+24.06.70
Essl 1951/ 4973	**DB 82 037**	+24.02.67
Essl 1955/ 5125	**DB 82 038** →'68 DB 082 038-1	+15.12.71
Essl 1955/ 5126	**DB 82 039** →'68 DB 082 039-9	+23.02.71
Essl 1955/ 5127	**DB 82 040** →'68 DB 082 040-7	+15.12.71
Essl 1955/ 5128	**DB 82 041** →'68 DB [082 041-5]	+12.03.68

1'D 2' h2t **DR 83^{10}** (DR-Neubau)

Treibraddurchmesser (mm):	1 250
Achsstand (mm):	11 100
Länge über Puffer (mm):	15 000
Dienstgewicht (t):	99,7
Achslast (maximal) (t):	14,9
Höchstgeschwindigkeit (km/h):	60
Zylinderdurchmesser (mm):	500
Kolbenhub (mm):	660
Rostfläche (m²):	2,5
Verdampfungsheizfläche (m²):	106,16
Überhitzerheizfläche (m²):	39,25
Kesselüberdruck (atm):	14,0
Leistung (PSi):	1 080

Fast zeitgleich mit der Baureihe 65^{10} erschien auch die Baureihe 83^{10} auf den Gleisen der Deutschen Reichsbahn in der DDR: Die 65 1001 wurde im Januar 1955 abgeliefert, die 83 1001 folgte im April – nachdem aber die 83 1002 bereits im Februar auf der Leipziger Frühjahrsmesse ausgestellt worden war. Beiden Bauarten gemein war die Achsfolge und die Konstruktion nach den neuen Baugrundsätzen, doch während die 65^{10} als Personenzuglokomotive über relativ große Räder und eine höhere Achslast verfügte, war die 83^{10} mit ihrer niedrigen Achslast und dem kleinen Kuppelraddurchmesser für den Einsatz auf Nebenbahnen vorgesehen.

Noch während die 83 1001 im Versuchsamt VES (M) in Halle intensiv erprobt wurde, begann bereits die Serienfertigung der Bauart: Ergänzend zu den beiden Vorauslokomotiven 83 1001-1002 wurden innerhalb von drei Monaten (August bis Oktober 1955) die 25 Serienlokomotiven als 83 1003-1027 an die DR abgeliefert. Da die Ergebnisse der Erprobung nicht in den Serienbau eingeflossen waren, mussten im Laufe der Jahre noch verschiedene Bauartänderungen an den Maschinen vorgenommen werden – insbesondere wurde der immer wieder Probleme bereitende Heißdampfregler durch einen Nassdampfregler ersetzt. Bei der Einführung der UIC-Betriebsnummern im Jahr 1970 erhielten alle Lokomotive noch eine „neue" Betriebsnummer – die sich von der alten nur durch die zusätzliche Kontrollziffer unterschied. Bereits im folgenden Jahr wurden der Großteil der 83^{10} ausgemustert – als letzte schieden die 83 1024 und 83 1025 im September 1974 aus. Erhalten geblieben ist kein Exemplar dieser Baureihe.

Am 7. September 1968 traf Karl-Friedrich Seitz die 83 1003 im Bw Altenburg an – dort war die Maschine vom August 1955 bis zum August 1969 beheimatet.

Literatur:
Frister, Thomas: Die Baureihe 83^{10}. EK 7/93 S. 8-16
Löwe, Hans-Georg: Anmerkungen zur Baureihe 83^{10}. LR 12/2011, S. 6-15
Räntzsch, Andreas; Rittig, Franz: Die Baureihe 83^{10}. Quedlinburg, 1999

LKM 1955/ 122001	**DR 83 1001** →'70 DR 83 1001-3	+14.10.71
LKM 1955/ 122002	**DR 83 1002** →'70 DR 83 1002-1 (→01.72 HL Roßlau)	+13.03.73
LKM 1955/ 122003	**DR 83 1003** →'70 DR 83 1003-9	+29.12.72
LKM 1955/ 122004	**DR 83 1004** →'70 DR 83 1004-7 →30.12.71 verk. Dsp. (Wohnungsbaukombinat in ?; 10.75 abg. bei Erfurter Industriebahn)	++11.77
LKM 1955/ 122005	**DR 83 1005** →'70 DR 83 1005-4	+14.10.71
LKM 1955/ 122006	**DR 83 1006** →'70 DR 83 1006-2	+14.10.71
LKM 1955/ 122007	**DR 83 1007** →'70 DR 83 1007-0 (→10.72 HL Güsten)	+18.06.73
LKM 1955/ 122008	**DR 83 1008** →'70 DR 83 1008-8	+05.08.74

Mit einem Zug aus alten preußischen Abteilwagen war die 83 1006 im Mai 1968 in Langenleuba-Oberhain unterwegs. Erst wenige Monate zuvor hatte sie im November 1967 in Halle einen Nassdampfregler erhalten. *Foto: Herbert Böhme*

Diese schöne Portraitaufnahme der 83 1014 stammt von Gerhard Illner, der sie in Altenburg (Thüringen) fotografierte. Als Aufnahmedatum ist der 11. Mai 1955 überliefert, doch Zweifel an der Korrektheit dieses Datums sind angebracht, wurde die Lok doch erst am 17. September 1955 vom Hersteller angeliefert und am 3. Oktober des gleichen Jahres durch die DR abgenommen.

LKM 1955/ 122009	**DR 83 1009** →'70 DR 83 1009-6	+14.10.71
LKM 1955/ 122010	**DR 83 1010** →'70 DR 83 1010-4	+11.05.73
LKM 1955/ 122011	**DR 83 1011** →'70 DR 83 1011-2	+14.10.71
LKM 1955/ 122012	**DR 83 1012** →'70 DR 83 1012-0	+05.08.74
LKM 1955/ 122013	**DR 83 1013** →'70 DR 83 1013-8	+14.10.71
LKM 1955/ 122014	**DR 83 1014** →'70 DR 83 1014-6	+20.09.71
LKM 1955/ 122015	**DR 83 1015** →'70 DR 83 1015-3	+20.09.71
LKM 1955/ 122016	**DR 83 1016** →'70 DR 83 1016-1	+14.10.71
LKM 1955/ 122017	**DR 83 1017** →'70 DR 83 1017-9	+14.10.71
LKM 1955/ 122018	**DR 83 1018** →'70 DR 83 1018-7	+06.11.72
LKM 1955/ 122019	**DR 83 1019** →'70 DR 83 1019-5	+23.03.72
LKM 1955/ 122020	**DR 83 1020** →'70 DR 83 1020-3	+14.10.71
LKM 1955/ 122021	**DR 83 1021** →'70 DR 83 1021-1	+06.11.72
LKM 1955/ 122022	**DR 83 1022** →'70 DR 83 1022-9	+06.11.72
LKM 1955/ 122023	**DR 83 1023** →'70 DR 83 1023-7	+06.11.72
LKM 1955/ 122024	**DR 83 1024** →'70 DR 83 1024-5	+26.09.74
LKM 1955/ 122025	**DR 83 1025** →'70 DR 83 1025-2 (→09.72 HL Eilsleben)	+26.09.74
LKM 1955/ 122026	**DR 83 1026** →'70 DR 83 1026-0	+06.11.72
LKM 1955/ 122027	**DR 83 1027** →'70 DR 83 1027-8 (→10.72 HL Magdeburg-Buckau)	+18.06.73

Im Einsatz vor einem Doppelstockzug „erwischte" Karl-Friedrich Seitz die DR 83 1015 am 9. April 1969 in Saalfeld. Nur zweieinhalb Jahre später wurde die Lokomotive ausgemustert und im November 1971 verschrottet.

1'E 1' h3t/1'E 1' h2t **DRB 84** (Einheitslok)

	84 001-002	84 003-004	84 005-012
Bauart	1'E 1' h3t	1'E 1' h2t	1'E 1' h3t
Treibraddurchmesser (mm):	1 400	1 400	1 400
Achsstand (mm):	11 700	12 200	11 700
Länge über Puffer (mm):	15 550	15 950	15 550
Dienstgewicht (t):	125,5	125,2	125,5
Achslast (maximal) (t):	18,3	18,9	18,3
Höchstgeschwindigkeit (km/h):	70	70	80
Zylinderdurchmesser (mm):	480	600	500
Kolbenhub (mm):	660	660	660
Rostfläche (m²):	3,76	3,76	3,76
Verdampfungsheizfläche (m²):	210,0	210,0	210,0
Überhitzerheizfläche (m²):	85,0	85,0	85,0
Kesselüberdruck (atm):	20,0/16,0	20,0/16,0	16,0
Leistung (PSi):	1940	1760	1940

Zu Beginn der 30er Jahre hatte die Deutsche Reichsbahn große Schwierigkeiten, den stark angestiegenen Ausflugsverkehr auf der schmalspurigen Müglitztalbahn (Dresden –) Heidenau – Altenberg zu bewältigen, weshalb man mit Planungen zum Umbau dieser Strecke auf Normalspur begann. Da die engen Radien der Bahn den Einsatz besonders kurvengängiger und leistungsfähiger Lokomotiven erfordern würde, führte man erste Versuchsfahrten mit der im Hamburger Hafen eingesetzten 87 015 auf der ähnlich wie die Müglitztalbahn trassierten Windbergbahn durch. Die Lokomotiven der Baureihe 87 besaßen über Zahnräder angetriebene seitenverschiebliche Endachsen (Luttermöller-Antrieb), so dass die Maschinen auch enge Radien ohne Schwierigkeiten befahren konnten. In Sachen Laufeigenschaften verliefen die Versuche erfolgreich, doch war die Maschine für den angedachten Einsatzzweck zu schwach und zu langsam. So beauftragte die Reichsbahn die Herstellerfirma der Baureihe 87 (Orenstein & Koppel), eine entsprechend verbesserte E-gekuppelte Tenderlokomotive zu entwerfen. Aufgrund zwischenzeitlich weiter gestiegener Leistungsanforderungen, änderte die DRB schließlich erneut ihre Vorgaben und bat um Entwürfe für eine 1E1-Tenderlokomotive – und zwar nicht nur von O&K, sondern auch von mehreren anderen Lokomotivbaufirmen.

Bestellt wurden schließlich jeweils zwei Prototypen bei der BMAG (84 001-002) und bei O&K (84 003-004). Die BMAG-Lokomotiven waren Drillingsmaschinen mit sogenannten Schwartzkopff-Eckhardt-Lenkgestellen, bei denen die Vorlaufachsen und die beiden benachbarten Kuppelachsen mit Hebeln zu einem Gestell verbunden waren, so dass nur die mittlere Treibachse fest im Rahmen gelagert war. Bei den Zwillings-O&K-Lokomotiven waren die Endachsen dagegen – wie bei der Baureihe 87 – über Zahnräder angetrieben.

Die 84 001 war eine der beiden von der BMAG gebauten Prototypen, die mit den sogenannten Schwartzkopff-Eckhardt-Lenkgestellen ausgerüstet waren. Beheimatet war die Lokomotive bis 1945 in Dresden-Friedrichstadt.

Als die ersten Lokomotiven geliefert wurden – von der BMAG Ende 1935 sowie von O&K im März 1936 – war der Umbau der Müglitztalbahn noch nicht abgeschlossen, weshalb die Maschinen zunächst in die Erprobung gingen sowie in G12-Plänen im regulären Zugdienst eingesetzt wurden. Es stellte sich heraus, dass die Laufruhe der Drillings-Lokomotiven deutlich besser war, so dass man sich dazu entschloss, die Serienlokomotiven (84 005-012) bei der BMAG in Auftrag zu geben – zumal diese auch noch günstiger waren als die O&K-Maschinen. Allerdings hatte man aufgrund von Problemen mit dem hohen Kesseldruck von 20 atm. diesen bei den Nachbestellungen auf 16 atm. reduziert. Außerdem wurde 1941 der Kesseldruck auch bei den Prototypen aufgrund zahlreicher Kesselschäden ebenfalls auf 16 atm. verringert.
Aufgrund von Schwierigkeiten bei der Ersatzteilversorgung mussten die Luttermöller-Lokomotiven während des Krieges abgestellt werden, wurden aber aufgrund des Lokmangels z.T. ohne angetriebene Endachsen wieder in Betrieb genommen.
Nach dem Ende des Zweiten Weltkriegs wurden die 84er auf der Müglitztalbahn insbesondere durch Lokomotiven der Baureihen 86 und 93 ersetzt – während die 84er zur Traktion schwerer Abraumzüge im Uranerzabbau eingesetzt wurden. Aus dem Bestand ausgeschieden sind die 84er Mitte der 60er Jahre.

Literatur:

Frister, Thomas: Sie war die letzte: 84 005. Ek 2/2009 S. 60-61
Ostendorf, Rolf: Die Baureihe 84 und ihre Schwesterbauarten. em 11/79
Peters, Dr. Jan-Henrik: Die Quadratur des Kreises. EG18 S. 10-24
Wenzel, Hansjürgen. Seit 30 Jahren vergessen: Reihe 84. EK 1/91 S. 30-35

BMAG 1936/ 10452	**DRB 84 001** →'45 DRo/DR		+13.08.65
BMAG 1936/ 10453	**DRB 84 002** →'45 DRo/DR		+13.07.65
O&K 1936/ 12660	**DRB 84 003** →'45 DRo/DR		+16.03.62
O&K 1936/ 12661	**DRB 84 004** →'45 DRo/DR		+19.08.57
BMAG 1937/ 10656	**DRB 84 005** →'45 DRo/DR +13.07.65		(03.65-11.68 Kranprüfgewicht RAW Karl-Marx-Stadt)
BMAG 1937/ 10657	**DRB 84 006** →'45 DRo/DR		+13.08.65
BMAG 1937/ 10658	**DRB 84 007** →'45 DRo/DR		+13.07.65
BMAG 1937/ 10659	**DRB 84 008** →'45 DRo/DR		+20.06.66
BMAG 1937/ 10660	**DRB 84 009** →'45 DRo/DR		+16.02.65
BMAG 1937/ 10661	**DRB 84 010** →'45 DRo/DR		+13.07.65
BMAG 1937/ 10662	**DRB 84 011** →'45 DRo/DR		+16.02.65
BMAG 1937/ 10663	**DRB 84 012** →'45 DRo/DR		+13.07.65

Ungewohnt sah der O&K-Prototyp aus: Die fehlenden Kuppelstangen der ersten und fünften Achse, die über Zahnräder angetrieben wurden, fallen dem geschulten Betrachter sofort auf. Gegenüber den BMAG-Loks haben die O&K-Loks nur einen Sandkasten. Aufgenommen wurde die Lokomotive 84 003 von Werner Hubert.

Von der zweiten O&K-Prototyplokomotive, der 84 004, gibt es eine Werksaufnahme im Fotografieranstrich. Die Anlieferung der Maschine erfolgte am 3. November 1936, die Endabnahme genau zwei Wochen später.

Werner Hubert verdanken wir diese Aufnahme der 84 007 aus der Nachbauserie von BMAG. Äußerlich sieht man der Lok nicht an, dass sie einen niedrigeren Kesseldruck als die Prototypen hatte.

Auch die Aufnahme der 84 011 stammt von Werner Hubert. Im Rahmen ihrer Endabnahme hatte die Lokomotive am 5. Juli 1937 eine Probefahrt zwischen Meiningen und Salzungen absolviert. Gegenüber den Prototyploks 84 001 und 002 fällt der Ausschnitt im Wasserkasten oberhalb des Zylinders auf, durch den die Wartung des Innenzylinders erleichtert wurde.

1'E 1' h2t — **DRB 85** — (Einheitslok)

Treibraddurchmesser (mm):	1 400
Achsstand (mm):	12 500
Länge über Puffer (mm):	16 200
Dienstgewicht (t):	133,6
Achslast (maximal) (t):	20,1
Höchstgeschwindigkeit (km/h):	80
Zylinderdurchmesser (mm):	600
Kolbenhub (mm):	660
Rostfläche (m²):	3,5
Verdampfungsheizfläche (m²):	195,85
Überhitzerheizfläche (m²):	72,50
Kesselüberdruck (atm):	14,0
Leistung (PSi):	1 500

Auf der „Höllentalbahn" genannten Strecke von Freiburg in den Hochschwarzwald musste ein Höhenunterschied von 625 m überwunden werden – daher wurde auf dem sieben Kilometer langen steilsten Abschnitt, welcher über maximale Steigungen von 55 ‰ verfügte, Zahnstangen verlegt. Die Großherzoglich Badischen Staatseisenbahn setzten zunächst Zahnradlokomotiven der Gattung IXa (siehe Baureihe 89^{83}) sowie später solche der Gattung IXb (siehe Baureihe 97^{2}) ein. Nachdem zwischenzeitlich bereits ein Teilstück der Zahnstangenstrecke auf Reibungsbetrieb umgestellt worden war, entschloss man sich zu Beginn der 30er Jahre im Rahmen der Aufwertung der Höllentalbahn zur Hauptstrecke, den Zahnstangenbetrieb ersatzlos aufzugeben und auf Reibungsbetrieb umzustellen. Dazu wurden bei Henschel insgesamt zehn schwere 1E1-Drillingslokomotiven bestellt, die ausschließlich für den Dienst auf dieser Strecke vorgesehen waren.

Bei der Konstruktion dieser als Baureihe 85 bezeichneten Bauart hatte man insbesondere bei der Ausführung des Fahrwerk auf die bewährte Konstruktion der Baureihe 44 zurückgegriffen, dabei allerdings sowohl Vorder- als auch Nachlaufachse mit der jeweils benachbarten Kuppelachse in einem Krauss-Helmholtz-Lenkgestell zusammengefasst. Außerdem besaßen die Lokomotiven – wie bei Steilstreckenmaschinen üblich – eine Riggenbach-Gegendruckbremse. Die Maschinen wurden vom Bw Freiburg aus auf ihrer Hausstrecke eingesetzt – während des Zweiten Weltkriegs waren einige Maschinen allerdings zeitweise auch bei der RBD Stuttgart zu finden, welche sie auf der Geislinger Steige verwendete.

Eine Lokomotive schied bereits 1944 durch einen Bombentreffer aus – alle anderen wurden auch weiterhin auf der zwischenzeitlich versuchsweise mit 50Hz Wechselspannung elektrifizierten Höllentalbahn eingesetzt. Erst nach der Umstellung des elektrischen Betriebes auf das DB-Regelstromsystem mit 16 ⅔ Hz zum Mai 1960 wurden die in den 50er Jahren noch mit Witte-Windleitblechen ausgerüsteten Lokomotiven im Jahr 1961 ausgemustert. Als einzige 85er wurde die 85 007 noch eine Zeit lang deutlich weiter nördlich eingesetzt: Im Juni 1960 wurde sie dem Bw Wuppertal-Vohwinkel zugewiesen und war noch ein Jahr lang auf der Steilstrecke Erkrath-Hochdahl als Schublokomotive tätig. Nach der Ausmusterung wurde sie in der Bw-Außenstelle Warburg (Westfalen) abgestellt, bevor 1965 im Aw Offenburg die Aufarbeitung für die Aufstellung als Denkmal begann.

Literatur:

Koschinski, Konrad; Bloem, Hendrik; Wolff, Fritz: Baureihe 44 und 85. EJ Extra 2/2015
Obermayer, Horst J.: Baureihe 85 – Giganten des Höllentals. EJ 4/1999 S. 14-17
Weisbrod, Manfred: Die Baureihe 85: Kletter-Künstler. EJ 8/2002 S. 20-23

Hen 1932/ 22110	**DRB 85 001** →'45 DRw/DB (SWDE)	+29.05.61
Hen 1932/ 22111	**DRB 85 002** →'45 DRw/DB (SWDE) +29.05.61 →'?? HL Aw Karlsruhe	+64
Hen 1932/ 22112	**DRB 85 003** →'45 DRw/DB (SWDE)	+29.05.61
Hen 1932/ 22113	**DRB 85 004** (KV 2)	+44
Hen 1932/ 22114	**DRB 85 005** →'45 DRw/DB (SWDE)	+29.05.61
Hen 1932/ 22115	**DRB 85 006** →'45 DRw/DB (SWDE)	+29.05.61
Hen 1932/ 22116	**DRB 85 007** →'45 DRw/DB (SWDE) +04.12.61 →06.10.66 Denkmal in Konstanz (vor der Ingenierschule) /L →'79 DB-Museumslok (rollfähig; ab '83 abg. Bw Freiburg) →'93 Denkmal Bw Freiburg	('21 vorh.)
Hen 1932/ 22142	**DRB 85 008** →'45 DRw/DB (SWDE)	+29.05.61
Hen 1932/ 22143	**DRB 85 009** →'45 DRw/DB (SWDE) +29.05.61 →'?? HL Aw Karlsruhe	+64
Hen 1932/ 22144	**DRB 85 010** →'45 DRw/DB (SWDE)	+29.05.61

Auf diesem „Nachschuss" von Carl Bellingrodt, aufgenommen am 22. Juni 1934 im Bw Freiburg (Breisgau), fällt dem Betrachter sogleich der große Kohlenkasten der 85 001 auf, welcher für die anstrengenden Bergfahrten immerhin 4,5 t Kohle aufnehmen konnte.

Diese Seitenansicht von 85 004 zeigt noch einmal deutlich die kräftige Ausbildung der Baureihe 85: So war sie zwar nur 35 cm länger als die Baureihe 84, doch immerhin 8,4 t schwerer als diese. Die Aufnahme der 85 004 entstand einen Tag nach jener der 85 001 – am 23. Juni 1934 im Bw Freiburg (Breisgau). *Foto: Carl Bellingrodt*

Auch die dritte Aufnahme der Baureihe 85 stammt von Carl Bellingrodt – sie zeigt die 85 006 in der „DB-Ausführung" mit Witte-Windleitblechen.

1'D 1' h2t DRB 86^{0-9} (Einheitslok)

	86 001-233	86 234-292, 297-335	86 293-296, 336-966
Treibraddurchmesser (mm):	1 400	1 400	1 400
Achsstand (mm):	10 300	10 300	10 300
Länge über Puffer (mm):	13 820	13 820	13 920
Dienstgewicht (t):	88,5	88,5	87,3
Achslast (maximal) (t):	15,6	15,6	14,9
Höchstgeschwindigkeit (km/h):	70	80	80
Zylinderdurchmesser (mm):	570	570	570
Kolbenhub (mm):	660	660	660
Rostfläche (m²):	2,34	2,34	2,32
Verdampfungsheizfläche (m²):	117,3	117,3	117,3
Überhitzerheizfläche (m²):	47,0	47,0	47,0
Kesselüberdruck (atm):	14,0	14,0	14,0
Leistung (PSi):	1030	1030	1030

Nachdem von der Deutschen Reichsbahn zunächst die Entwicklung von Einheitslokomotiven mit 20 t und 17 t Achslast betrieben worden war, wandte man sich in der zweiten Hälfte der 20er Jahre auch Maschinen mit 15 t Achslast zu. So entstanden die Lokomotiven der Baureihen 24, 64 und 86, von denen nur die Baureihe 86 mit ihrer Höchstgeschwindigkeit von 70 km/h als reine Nebenbahnlokomotive vorgesehen gewesen war, welche die veralteten Länderbahnbauarten ersetzen sollte. Zu Friedenszeiten – von 1928 bis 1939 – wurden insgesamt 377 86er an die Deutsche Reichsbahn abgeliefert. Wie bei längeren Beschaffungszeiträumen üblich, gab es dabei immer wieder Bauartänderungen – beispielsweise wurden die Lokomotiven ab 86 234 mit einer zusätzlichen Laufradbremse sowie mit verstärkten Bremsen für die Treib- und Kuppelräder ausgerüstet, so dass die Höchstgeschwindigkeit auf 80 km/h heraufgesetzt werden konnte. Um die Laufeigenschaften zu verbessern, ging man 1938 von den Bissel-Laufachsen auf Krauss-Helmholtz-Lenkgestelle über – entsprechend ausgerüstet wurden die Lokomotiven 86 293-296 sowie alle Maschinen ab 86 336. Erwähnt werden soll auch noch, dass die ersten 16 Lokomotiven mit einer (später wieder ausgebauten) Riggenbach-Gegendruckbremse abgeliefert worden waren und somit für den Steilstreckeneinsatz geeignet waren.

Im Jahr 1941 setzte der Serienbau von Lokomotiven der Baureihe 86 erneut ein, wobei die erste Charge (86 378-455) noch zu Friedenszeiten bestellt worden sein soll. Weitere Lokomotiven wurden ab Mai 1942 abgeliefert – bestellt waren die Lokomotiven bis zur Betriebsnummer 86 999 – sowohl bei den deutschen Lokomotivfabriken als auch jenen in den besetzten Gebieten. Doch noch bevor die erste Maschine abgeliefert war, wurde im April 1942 wieder ein Großteil storniert: 86 592-605, 628-697, 876-965, 967-999. Von den abgelieferten Maschinen wurden aufgrund der vorgenommenen Vereinfachungen die folgenden Maschinen als „Übergangs-Kriegslokomotiven"

Ab dem 1. Januar 1968 war die 86 005 im Bw Hannover Hgbf. beheimatet – dort wurde sie am 5. Juni des gleichen Jahres von Wolfgang Fiegenbaum angetroffen. Die Lokomotive besaß zu diesem Zeitpunkt eine Vorlaufachse mit Vollscheibenrädern.

(ÜK) bezeichnet: 86 465 ÜK - 487 ÜK, 86 528 ÜK - 543 ÜK, 86 606 ÜK - 627 ÜK, 86 698 ÜK - 725 ÜK, 86 754 ÜK - 780 ÜK, 86 835 ÜK - 875 ÜK.
Insgesamt gebaut wurden für die Deutsche Reichsbahn 775 Lokomotiven – wobei allerdings die 86 817 eigentlich nicht mitgezählt werden darf: Diese Lokomotive war 1940 von der Prignitzer Eisenbahn bei der Lokomotivfabrik Floridsdorf bestellt worden, doch da diese Bahn schon im Folgejahr verstaatlicht wurde und die Reichsbahn nicht von dem Vertrag zurücktrat, wurde sie zur Ablieferung als 86 817 vorgesehen. Doch diese Betriebsnummer hat die Maschine nicht getragen – stattdessen wurde sie an die Bentheimer Eisenbahn verkauft: Diese Bahn benötigte für den „kriegswichtigen" schweren Ölverkehr dringend eine leistungsfähige Lokomotive. Nachdem die Privatbahn diesbezüglich bei der Reichsbahn vorstellig geworden war, hatte jene die von der Prignitzer Eisenbahn bestellte 86er an die Bentheimer Eisenbahn abgetreten.
Nach dem Zweiten Weltkrieg verblieben die meisten 86er in den Westzonen bzw. bei der Deutschen Bundesbahn, gefolgt von der Ostzone bzw. der Deutschen Reichsbahn der DDR. Bei beiden Bahnen erfolgte 1968 bzw. 1970 die Umzeichnung der noch vorhandenen Maschinen auf UIC-Betriebsnummern mit Kontrollziffer (DB: 086, DR: 86.1); die Ausmusterung erfolgte im Westen bis 1974 und im Osten bis 1978. Relativ viele Maschinen verblieben auch in der Sowjetunion (überwiegend aus der Ostzone abgefahren), in der Tschechoslowakei (ČSD 455.201-226) und in Polen (PKP TKt3-1 – 46). Weitere 29 Lokomotiven kamen in den Bestand der Österreichischen Bundesbahnen, welche einige Exemplare bis 1972 einsetzte.

Literatur:

Knipping, Andreas: Die Baureihe 86. Freiburg, 1987

Karl 1928/ 2356	**DRB 86 001** →'45 DRo/DR →'70 DR 86 1001-6 →'83 DR-Traditionslok →'92 DR 088 865-1 →01.01.94 DB →'98 Verein Sächsisches Eisenbahnmuseum (SEM), Chemnitz-Hilbersdorf e.V. /L	('25 vorh.)
Karl 1928/ 2357	**DRB 86 002** →'45 ČSD/R	+28.12.49
Karl 1928/ 2358	**DRB 86 003** →'45 DRw/DB (Saar)	+19.08.66
Karl 1928/ 2359	**DRB 86 004** →'45 DRw/DB (Saar)	+15.11.63
Karl 1928/ 2360	**DRB 86 005** →'45 DRw/DB →'68 DB 086 005-6	+03.03.69
Karl 1928/ 2361	**DRB 86 006** →'45 DRw	+12.04.47
Karl 1928/ 2362	**DRB 86 007** →'45 ÖBB →'53 ÖBB 86.007	+12.04.68
LHB 1928/ 3099	**DRB 86 008** →'45 PKP TKt3-2	+28.06.68
LHB 1928/ 3100	**DRB 86 009**	V.u.
LHB 1928/ 3101	**DRB 86 010** →'45 DRo (11.45 RBD Cottbus)	V.u.
LHB 1928/ 3102	**DRB 86 011** →'45 DRw/DB →'68 DB 086 011-4	+03.03.69
LHB 1928/ 3103	**DRB 86 012** →'45 DRo/DR →'70 DR 86 1012-3 →15.11.74 verk. HL VEB Purotex Wäscherei, Dresden	++09.79

Am 30. Juli 1927 wurde die 86 012 von den Linke-Hofmann-Werken in Breslau an die Reichsbahn abgeliefert – Tags darauf erfolgte die Endabnahme mit einer Probefahrt von Breslau nach Oels. Kurz zuvor dürfte diese Aufnahme der Lokomotive im Fotografieranstrich entstanden sein.

Die in Österreich verbliebenen 86er wurden häufig auf der Erzbergbahn eingesetzt: Am 16. Mai 1959 beförderten die ÖBB 86.014 und 38.4102 den P2422 – hier beim Zwischenhalt in Hieflau. *Foto: Othmar Bamer*

Karl 1929/ 2363	**DRB 86 013** →'45 DRo/DR →'70 DR 86 1013-1	+15.11.73
Karl 1929/ 2364	**DRB 86 014** →'45 ČSD →11.09.45 MÁV →29.09.50 ÖBB →'53 ÖBB 86.014	+05.12.66
Karl 1929/ 2365	**DRB 86 015** →'45 ČSD	+10.07.56
Karl 1929/ 2369	**DRB 86 016** ('42 Bw Troppau-Ost)	V.u.
Schi 1930/ 3182	**DRB 86 017** →'45 DRo →'46 MPS →'?? CCCP-WL (Stahlwerk Makejevka)	+
Schi 1930/ 3183	**DRB 86 018** →'45 DRo/DR →'70 DR 86 1018-0	+02.02.75
Schi 1930/ 3184	**DRB 86 019** →'45 DRo →'46 MPS	+
Schi 1930/ 3185	**DRB 86 020** →'45 DRo →'46 MPS	+
Schi 1930/ 3186	**DRB 86 021** →'45 DRo (11.45 RBD Dresden)	V.u.
Schi 1930/ 3187	**DRB 86 022** →'45 DRo/DR →'70 DR 86 1022-2	+26.09.73
Schi 1930/ 3188	**DRB 86 023** →'45 PKP TKt3-3	+24.08.68
Schi 1930/ 3189	**DRB 86 024** →'45 ČSD/R	+10.07.56

Während bei der Werksaufnahme der 86 012 „alle Register gezogen wurden" – zahlreiche Zierlinien, abgesetzte Rauchkammer, aufwändige Lackierung von Radsätzen und Steuerung etc. – wirkt die 86 026 von Schichau auf diesem Werkfoto fast so, alles wäre sie in einen Farbtopf gefallen. Nur die Beschriftung unterbricht das eintönige grau.

Schi 1930/ 3190	**DRB 86 025** →'45 DRo/DR	+07.04.49
Schi 1930/ 3191	**DRB 86 026** →'45 PKP TKt3-4	+28.05.67
Krupp 1931/ 1230	**DRB 86 027** →'45 DRo/DR →'70 DR 86 1027-1 +02.02.75 →'75 HL VE Großhandel, Meiningen	+
Krupp 1931/ 1231	**DRB 86 028** →'45 DRo/DR →'70 DR 86 1028-9	+02.08.72
Krupp 1931/ 1232	**DRB 86 029** →'45 DRo/DR →'70 DR 86 1029-7	+21.01.75
Krupp 1931/ 1233	**DRB 86 030** →'45 DRo/DR →'70 DR 86 1030-5 →01.10.74 verk. HL VEB Holzindustrie Schorfheide	++
Krupp 1931/ 1234	**DRB 86 031** →'45 ČSD	+10.07.56
Krupp 1931/ 1235	**DRB 86 032** →'45 DRo/DR →'70 DR 86 1032-1	+14.07.75
Krupp 1931/ 1236	**DRB 86 033** →'45 DRo (11.45 RBD Dresden)	V.u.
Schi 1931/ 3211	**DRB 86 034** →'45 DRw/DB	+01.09.65
Schi 1931/ 3212	**DRB 86 035** →'45 DRo/DR →'70 DR 86 1035-4 →31.10.72 verk. HL VEB OGS Magdeburg, Verarbeitungskombinat Klosterkamp	++
Schi 1931/ 3213	**DRB 86 036** →'45 DRo →'46 MPS	+
Schi 1931/ 3214	**DRB 86 037** →'45 DRo/DR →'70 DR 86 1037-0	+19.11.73
Schi 1931/ 3215	**DRB 86 038** →'45 DRo/DR →'70 DR 86 1038-8	+17.10.75
Schi 1931/ 3216	**DRB 86 039** →'45 DRo/DR →'70 DR 86 1039-6	+23.11.76
Schi 1931/ 3217	**DRB 86 040** →'45 DRo/DR →'70 DR 86 1040-4 +29.03.76 →'76 verk. Kraftwerk Peenemünde	+
Schi 1931/ 3218	**DRB 86 041** →'45 DRo/DR →'70 DR 86 1041-2	+25.10.74
Schi 1931/ 3219	**DRB 86 042** →'45 DRo (11.45 RBD Dresden)	V.u.
Schi 1931/ 3220	**DRB 86 043** →'45 ČSD/R	+10.07.56
Schi 1931/ 3221	**DRB 86 044** →'45 DRo/DR →'70 DR 86 1044-6	+11.05.73
Schi 1931/ 3222	**DRB 86 045** →'45 DRw/DB	+20.06.66
Essl 1931/ 4236	**DRB 86 046** →'45 ČSD/R	+10.07.56
Essl 1931/ 4237	**DRB 86 047** →'45 PKP TKt3-5	+10.05.67
Bors 1932/ 14420	**DRB 86 048** →'45 DRo/DR →'70 DR 86 1048-7	+19.12.74
Bors 1932/ 14421	**DRB 86 049** →'45 DRo/DR →'70 DR 86 1049-5 →'92 DR 086 049-4 →'92 Verein Sächsischer Ef. (VSE) 86 1049-5 (Eisenbahnmuseum Schwarzenberg)	('24 vorh.)
Bors 1932/ 14422	**DRB 86 050** →'45 DRo/DR →'70 DR 86 1050-3	+26.03.75
Bors 1932/ 14423	**DRB 86 051** →'45 DRo →'46 MPS	+
Bors 1932/ 14424	**DRB 86 052** →'45 DRo →'46 MPS	+
Bors 1932/ 14425	**DRB 86 053** →'45 DRo/DR →'70 DR 86 1053-7	+17.10.75
Bors 1932/ 14426	**DRB 86 054** →'45 DRo →11.45 MPS	+
Bors 1932/ 14427	**DRB 86 055** →'45 DRo →11.45 SMA	V.u.
Bors 1932/ 14428	**DRB 86 056** →'45 DRo/DR →'70 DR 86 1056-0 →'91 ÖGEG /Österreich →'22 Eisenbahnbau- und Betriebsgesellschaft Pressnitztalbahn mbH (Press)	('24 vorh.)
Bors 1932/ 14429	**DRB 86 057** →'45 DRo →'46 MPS	+
Bors 1932/ 14430	**DRB 86 058** →'45 DRo →'46 MPS	+

Die dritte Werksaufnahme stammt von der Lokomotivfabrik Borsig, welche sich bei der Erstellung des Fotografieranstrichs ebenfalls sehr viel Mühe gegeben hatte. An die Reichsbahn abgeliefert wurde die Maschine am 10. September 1932.

Bors 1932/ 14431	**DRB 86 059** →'45 DRo/DR →'70 DR 86 1059-4	+02.02.75
Bors 1932/ 14432	**DRB 86 060** →'45 ČSD/R	+28.12.49
Hen 1932/ 22095	**DRB 86 061** →'45 DRo/DR →'70 DR 86 1061-0 →01.07.78 verk. I IL VEB Getränkekombinat Cottbus	++
Hen 1932/ 22096	**DRB 86 062** →'45 DRo/DR	+25.04.51
Hen 1932/ 22097	**DRB 86 063** →'45 DRo/DR →'70 DR 86 1063-6	+04.01.77
Hen 1932/ 22098	**DRB 86 064** →'45 ČSD →02.10.45 ČSD 455.2502 →'5x CCCP	+
Hen 1932/ 22099	**DRB 86 065** →'45 PKP TKt3-6	+19.10.70
Krupp 1932/ 1251	**DRB 86 066** →'45 DRw/DB	+01.09.65
Krupp 1932/ 1252	**DRB 86 067** →'45 DRw/DB	+01.09.65
Krupp 1932/ 1253	**DRB 86 068** →'45 PKP TKt3-7	+29.10.70
Krupp 1932/ 1254	**DRB 86 069** →'45 DRw/DB →'68 DB 086 069-2	+21.06.68
Krupp 1932/ 1255	**DRB 86 070** →'45 DRw/DB	+10.03.65
Krupp 1932/ 1256	**DRB 86 071** →'45 ČSD/R	+28.12.49
Krupp 1932/ 1257	**DRB 86 072** →'45 DRw/DB	+20.06.66
Krupp 1932/ 1258	**DRB 86 073** →'45 ČSD	+10.07.56
Krupp 1932/ 1259	**DRB 86 074** →'45 DRw/DB	+27.09.66
Krupp 1932/ 1260	**DRB 86 075** →'45 ČSD	+10.07.56
Schi 1932/ 3223	**DRB 86 076** →'45 DRo/DR →'70 DR 86 1076-8	+21.01.75
Schi 1932/ 3224	**DRB 86 077** →'45 DRo/DR →'70 DR 86 1077-6	+14.04.76
Schi 1932/ 3225	**DRB 86 078** →'45 DRo →14.01.46 SMA	V.u.
Schi 1932/ 3226	**DRB 86 079** →'45 DRo/DR →'70 DR 86 1079-2	+19.12.74
Schi 1932/ 3227	**DRB 86 080** →'45 MPS →'?? CCCP-WL (Stahlwerk Asha; Kessel +26.12.57)	+
Schi 1932/ 3228	**DRB 86 081** →'45 ČSD/R	+10.07.56
Schi 1932/ 3229	**DRB 86 082** →'45 ČSD/R →'5x CCCP	+
Schi 1932/ 3230	**DRB 86 083** →'45 ČSD/R +08.02.55 →30.12.54 verk. Železárny Třinec	+
Schi 1932/ 3231	**DRB 86 084** →'45 DRo/DR	+07.04.49
Schi 1932/ 3232	**DRB 86 085** →'45 ČSD/R	+46
Schi 1932/ 3233	**DRB 86 086** →'45 DRo/DR →'70 DR 86 1086-7 →15.09.76 verk. HL Kreisbaubetrieb, Baustelle Krankenhaus Werdau	++
Schi 1932/ 3234	**DRB 86 087** →'45 DRw/DB	+03.06.65
BMAG 1932/ 10110	**DRB 86 088** →'45 DRo/DR →'70 DR 86 1088-3	+25.10.74
BMAG 1932/ 10111	**DRB 86 089** →'45 DRo/DR →'70 DR 86 1089-1	+16.01.75
BMAG 1932/ 10112	**DRB 86 090** →'45 ČSD/R	+14.10.57
BMAG 1932/ 10113	**DRB 86 091** →'45 ČSD/R	+51
BMAG 1932/ 10114	**DRB 86 092** →'45 ČSD/R	+30.03.63
BMAG 1932/ 10115	**DRB 86 093** →'45 ČSD/R	+10.07.56

In Hannover-Herrenhausen entstand diese Aufnahme der 86 112, bei der zwischenzeitlich die genieteten Wasserkästen durch geschweißte ersetzt worden waren. Die Lokomotive war vom 1. Januar bis zum 1. Mai 1968 im Bw Hannover Hgbf beheimatet. *Foto: Wolfgang Fiegenbaum*

BMAG 1932/ 10116	**DRB 86 094** →'45 DRw/DB →'68 DB 086 094-0	+10.07.69
BMAG 1932/ 10117	**DRB 86 095** →'45 DRw/DB →'68 DB 086 095-7	+15.12.71
BMAG 1932/ 10118	**DRB 86 096** →'45 DRw/DB →'68 DB (086 096-5)	+14.11.67
Essl 1932/ 4241	**DRB 86 097** →'45 DRw/DB	+24.02.67
Essl 1932/ 4242	**DRB 86 098** →'45 DRw/DB →'68 DB (086 098-1)	+05.07.67
BMAG 1933/ 10135	**DRB 86 099** →'45 DRw/DB →'68 DB (086 099-9)	+14.11.67
BMAG 1933/ 10136	**DRB 86 100** →'45 DRw/DB	+01.09.65
BMAG 1933/ 10137	**DRB 86 101** →'45 DRw/DB	+24.02.67
BMAG 1933/ 10138	**DRB 86 102** →'45 DRw/DB	+01.09.65
BMAG 1933/ 10139	**DRB 86 103** →'45 DRw/DB	+01.09.65
BMAG 1933/ 10140	**DRB 86 104** →'45 ČSD/R	+08.02.57
BMAG 1933/ 10141	**DRB 86 105** →'45 ČSD/R	+27.11.56
Schi 1933/ 3235	**DRB 86 106** →'45 ÖBB →'53 ÖBB 86.106	+05.12.66
Schi 1933/ 3236	**DRB 86 107** →'45 DRw/DB →'68 DB 086 107-0	+15.12.71
Schi 1933/ 3237	**DRB 86 108** →'45 DRo/DR →'70 DR 86 1108-9	+13.05.74
Schi 1933/ 3238	**DRB 86 109** →'45 ČSD/R	+10.07.56
Schi 1933/ 3239	**DRB 86 110** →'45 ČSD/R	+10.07.56
Schi 1933/ 3240	**DRB 86 111** →'45 DRw/DB	+01.09.65
Schi 1933/ 3241	**DRB 86 112** →'45 DRw/DB →'68 DB 086 112-0	+19.09.69
Schi 1933/ 3242	**DRB 86 113** →'45 DRo/DR →'70 DR 86 1113-9	+16.01.75
Schi 1933/ 3243	**DRB 86 114** →'45 DRo/DR →'70 DR 86 1114-7	+26.03.75
Schi 1933/ 3244	**DRB 86 115** →'45 PKP TKt3-8	+14.03.70
Schi 1933/ 3245	**DRB 86 116** →'45 PKP TKt3-9	+26.08.68
Schi 1933/ 3246	**DRB 86 117** →'45 DRw/DB	+27.09.66
Bors 1933/ 14436	**DRB 86 118** →'45 DRo →'46 MPS	+
Bors 1933/ 14437	**DRB 86 119** →'45 DRo/DR →'70 DR 86 1119-6	+29.03.76
Bors 1933/ 14438	**DRB 86 120** →'45 DRo/DR →'45 ČSD/R	+10.07.56
Bors 1933/ 14439	**DRB 86 121** →'45 DRo/DR →'70 DR 86 1121-2	+16.01.75
Bors 1933/ 14440	**DRB 86 122** →'45 DRo/DR →'70 DR 86 1122-0	+16.01.75
Bors 1933/ 14441	**DRB 86 123** →'45 DRo/DR →'70 DR 86 1123-8	+20.09.72
Bors 1933/ 14442	**DRB 86 124** →'45 DRo/DR →'45/46 SMA	V.u.
Bors 1933/ 14443	**DRB 86 125** →'45 DRo →11.45 SMA	V.u.

Recht ungewohnt sahen die mit Windleitblechen ausgerüsteten DR-86er aus: Bereit für die Weiterfahrt stand im Februar 1973 die 86 1119-6 in Heringsdorf am Bahnsteig.

Bors 1933/ 14444	**DRB 86 126** →'45 DRo/DR →'70 DR 86 1126-1 →15.09.77 verk. HL VEB Wasserversorgung und Abwasserbehandlung Frankfurt/Oder, Betriebsteil Eberswalde →26.11.81 verk. (nach Vetschau)	++09.85
Essl 1933/ 4243	**DRB 86 127** →'45 DRw/DB	+10.03.65
Essl 1933/ 4244	**DRB 86 128** →'45 DRw/DB →'68 DB (086 128-6)	+22.05.67
Essl 1933/ 4245	**DRB 86 129** →'45 DRw/DB →'68 DB 086 129-4	+03.03.69
Essl 1933/ 4246	**DRB 86 130** →'45 DRw/DB →'68 DB 086 130-2	+04.03.70
BMAG 1933/ 10087	**DRB 86 131** →'45 DRw/DB	+20.06.66
Schi 1933/ 3247	**DRB 86 132** →'45 DRw/DB →'68 DB 086 132-8	+24.08.73
Schi 1934/ 3248	**DRB 86 133** →'45 DRo/DR →'70 DR 86 1133-7	+06.06.77
Schi 1934/ 3249	**DRB 86 134** →'45 DRo →'46 MPS (Kessel +23.01.57)	+
Schi 1934/ 3250	**DRB 86 135** →'45 DRo →'46 MPS	+
Schi 1934/ 3251	**DRB 86 136** →'45 DRo/DR →'70 DR 86 1136-0	+13.05.74
Schi 1934/ 3252	**DRB 86 137** →'45 DRo/DR →'70 DR 86 1137-8	+18.06.74
Schi 1933/ 3253	**DRB 86 138** →'45 DRo/DR →'70 DR 86 1138-6	+08.05.78
Schi 1933/ 3254	**DRB 86 139** →'45 DRo →11.45 SMA	V.u.
Schi 1933/ 3255	**DRB 86 140** →'45 ČSD/R →'5x CCCP	+
Schi 1933/ 3256	**DRB 86 141** →'45 DRo/DR →'70 DR 86 1141-0	+04.01.77
Schi 1933/ 3257	**DRB 86 142** →'45 DRo →11.45 SMA (Kessel +29.09.60 in Magnitogorsk)	+
Schi 1933/ 3258	**DRB 86 143** →'45 DRo/DR →'70 DR 86 1143-6	+02.02.75
Schi 1933/ 3259	**DRB 86 144** →'45 DRo →'45/46 SMA	V.u.
Schi 1933/ 3260	**DRB 86 145** →'45 DRo/DR	+30.11.53
Schi 1933/ 3261	**DRB 86 146** →'45 DRo/DR →'70 DR 86 1146-9 →31.10.74 verk. HL VEB Chemiewerk Coswig, BT Steudnitz	+
Schi 1933/ 3262	**DRB 86 147** →'45 DRo/DR →'70 DR 86 1147-7	+21.01.75
Schi 1933/ 3263	**DRB 86 148** →'45 DRo/DR →'70 DR 86 1148-5	+29.03.76
Bors 1934/ 14477	**DRB 86 149** →'45 DRo/DR →'70 DR 86 1149-3 →07.11.73 verk. WL RAW Zwickau (bis 12.74)	++1977
Bors 1934/ 14478	**DRB 86 150** →'45 DRo/DR →'70 DR 86 1150-1	+22.07.77
Bors 1934/ 14479	**DRB 86 151** →'45 DRo/DR →'70 DR 86 1151-9	+26.09.74
Bors 1934/ 14480	**DRB 86 152** →'45 DRo/DR	+06.50
Bors 1934/ 14481	**DRB 86 153** →'45 DRo →'46 MPS (Kessel +25.05.58)	+
Bors 1934/ 14482	**DRB 86 154** →'45 ČSD/R	+10.07.56
Bors 1934/ 14483	**DRB 86 155** →'45 ČSD +27.11.56 →30.11.56 verk. Výstavba OKD	+
Bors 1934/ 14484	**DRB 86 156** →'45 ČSD +27.11.56 →30.11.56 verk.Výstavba OKD	+
Bors 1934/ 14485	**DRB 86 157** →'45 PKP TKt3-10	+25.05.72
Bors 1934/ 14486	**DRB 86 158** →'45 PKP TKt3-11	+29.03.74
Hen 1934/ 22238	**DRB 86 159** →'45 DRw/DB	+04.03.66

Werner Hubert fertigte diese schöne Standardaufnahme der 86 138 an. Die Lokomotive war von Beginn an in Sachsen beheimatet – erst 1974 wurde sie nach Cottbus umbeheimatet und kam so nach Brandenburg.

Die im August 1972 in Werdau aufgenommene Lok 86 1147-7 war damals dem Bw Aue zugeteilt gewesen. Auffällig sind die horizontalen Schweißnähte beim Wasserkasten – offensichtlich waren hier Teile der durchgerosteten Verblechung ausgetauscht worden.

Hen 1934/ 22239	**DRB 86 160** →'45 DRw/DB →'68 DB 086 160-9	+24.08.73
Hen 1934/ 22240	**DRB 86 161** →'45 DRw/DB →'68 DB (086 161-7)	+22.05.67
Hen 1934/ 22241	**DRB 86 162** →'45 DRw/DB →'68 DB 086 162-5	+10.07.69
Hen 1934/ 22242	**DRB 86 163** →'45 DRw/DB →'68 DB 086 163-3	+03.03.69
Hen 1934/ 22243	**DRB 86 164** →'45 DRw/DB →'68 DB 086 164-1	+22.09.70
Hen 1934/ 22244	**DRB 86 165** →'45 DRw/DB →'68 DB 086 165-8	+12.03.68
Hen 1934/ 22245	**DRB 86 166** →'45 DRw/DB	+10.03.65
Hen 1934/ 22246	**DRB 86 167** →'45 DRw/DB	+22.11.66
Hen 1934/ 22247	**DRB 86 168** →'45 DRw/DB	+10.03.65
Hen 1934/ 22248	**DRB 86 169** →'45 DRw/DB →'68 DB 086 169-0	+02.10.68
Hen 1934/ 22249	**DRB 86 170** →'45 DRw/DB →'68 DB 086 170-8	+19.09.69
Hen 1934/ 22250	**DRB 86 171** →'45 DRw/DB →'68 DB 086 171-6	+24.08.73
Hen 1934/ 22251	**DRB 86 172** →'45 DRw/DB	+27.09.66
Hen 1934/ 22252	**DRB 86 173** →'45 DRw/DB	+27.09.66
Hen 1934/ 22253	**DRB 86 174** →'45 DRw/DB →'68 DB 086 174-0	+18.04.72
Hen 1934/ 22254	**DRB 86 175** →'45 DRw/DB	+10.03.65
Hen 1934/ 22255	**DRB 86 176** →'45 DRw/DB	+04.03.66
Hen 1934/ 22256	**DRB 86 177** →'45 DRw/DB →'68 DB (086 177-3)	+22.05.67
Hen 1934/ 22257	**DRB 86 178** →'45 DRw/DB →'68 DB 086 178-1	+02.06.71
Hen 1934/ 22258	**DRB 86 179** →'45 DRw/DB →'68 DB 086 179-9	+02.06.71
Hen 1934/ 22259	**DRB 86 180** →'45 DRw/DB	+27.09.66
Hen 1934/ 22260	**DRB 86 181** →'45 DRw/DB	+06.01.66
Hen 1934/ 22261	**DRB 86 182** →'45 DRw/DB →'68 DB 086 182-3	+20.07.72
Hen 1934/ 22449	**DRB 86 183** →'45 ČSD/R	+5x
Hen 1934/ 22450	**DRB 86 184** →'45 DRo/DR →'70 DR 86 1184-0	+25.10.74
Hen 1934/ 22451	**DRB 86 185** →'45 DRo/DR →'70 DR 86 1185-7	+02.06.75
Hen 1934/ 22452	**DRB 86 186** →'45 ČSD/R	+03.06.56
Hen 1934/ 22453	**DRB 86 187** →'45 DRo/DR →'70 DR 86 1187-3	+13.05.74
Hen 1934/ 22454	**DRB 86 188** →'45 ČSD/R +29.06.57 →08.08.57 verk. Důl „Zárubek" Ostrava	+
Hen 1934/ 22455	**DRB 86 189** →'45 DRo/DR →'70 DR 86 1189-9	+21.01.75
Hen 1934/ 22456	**DRB 86 190** →'45 DRw/DB	+04.03.66
Hen 1934/ 22457	**DRB 86 191** →'45 DRw/DB →'68 DB 086 191-4	+23.02.71
Hen 1934/ 22458	**DRB 86 192** →'45 DRw/DB	+20.06.66
Schi 1934/ 3264	**DRB 86 193** →'45 DRo/DR →'70 DR 86 1193-1	+25.10.76
Schi 1934/ 3265	**DRB 86 194** →'45 ČSD/R	+10.07.56
Schi 1934/ 3266	**DRB 86 195** →'45 DRw/DB	+03.06.65

Am zweiten Weihnachtstag des Jahres 1934 fotografierte Carl Bellingrodt im Bw Brügge die 86 200, bei der mit einer speziellen Anschrift auf den Kipprost hingewiesen wurde. Die Lokomotive war erst kurz zuvor am 1. Dezember von der Deutschen Reichsbahn abgenommen worden.

O&K 1934/ 12500	**DRB 86 196** →'45 DRw/DB	+10.03.65
O&K 1934/ 12501	**DRB 86 197** →'45 DRw/DB	+06.01.66
O&K 1934/ 12502	**DRB 86 198** →'45 DRw/DB →'68 DB 086 198-9	+24.08.73
Hen 1934/ 22476	**DRB 86 199** →'45 DRw/DB	+20.06.66
Hen 1934/ 22477	**DRB 86 200** →'45 DRw/DB →'68 DB 086 200-3	+02.06.71
Hen 1934/ 22478	**DRB 86 201** →'45 DRw/DB →'68 DB 086 201-1	+09.06.74
Hen 1934/ 22479	**DRB 86 202** →'45 DRw/DB	+01.09.65
Hen 1934/ 22480	**DRB 86 203** →'45 PKP TKt3-12	+05.04.68
Hen 1934/ 22481	**DRB 86 204** →'45 DRw	+16.10.46
Bors 1934/ 14536	**DRB 86 205** →'45 DRo/DR →'70 DR 86 1205-3	+26.09.73
Bors 1934/ 14537	**DRB 86 206** →'45 PKP TKt3-13	+04.06.71
Bors 1934/ 14538	**DRB 86 207** →'45 ČSD/R +08.02.57 →15.04.57 CSD-HL K96	+31.03.67
Bors 1934/ 14539	**DRB 86 208** →'45 ČSD/R	+50
Bors 1934/ 14540	**DRB 86 209** →'45 DRw/DB (SWDE)	+20.06.66
Bors 1934/ 14541	**DRB 86 210** →'45 DRw/DB (SWDE)	+20.06.66
Schi 1934/ 3267	**DRB 86 211** →'45 DRw/DB (SWDE)	+20.06.66
Schi 1934/ 3268	**DRB 86 212** →'45 DRw/DB →'68 DB 086 212-8	+12.03.68
Schi 1934/ 3269	**DRB 86 213** →'45 DRw/DB (SWDE)	+04.03.66
Schi 1934/ 3270	**DRB 86 214** →'45 DRw/DB (SWDE)	+30.11.64
Schi 1935/ 3271	**DRB 86 215** →'45 DRw/DB	+10.03.65
Schi 1935/ 3272	**DRB 86 216** →'45 DRw/DB →'68 DB 086 216-9	+24.06.70
Schi 1935/ 3273	**DRB 86 217** →'45 DRw/DB →'68 DB 086 217-7	+18.04.72
Schi 1935/ 3274	**DRB 86 218** →'45 DRo/DR →'70 DR 86 1218-6	+21.01.75
Schi 1935/ 3275	**DRB 86 219** →'45 DRw/DB →'68 DB (086 219-3)	+22.05.67
Schi 1935/ 3276	**DRB 86 220** →'45 DRo	+02.11.46
Schi 1935/ 3277	**DRB 86 221** →'45 DRo/DR →'70 DR 86 1221-0	+21.01.75
Schi 1935/ 3278	**DRB 86 222** →'45 ČSD →15.08.45 DRo/DR →'70 DR 86 1222-8 →15.03.77 verk. HL VEB Gartenbau Schwedt	+
Schi 1935/ 3279	**DRB 86 223** →'45 DRo/DR →'70 DR 86 1223-6 →15.07.77 verk. HL VEB Großröhrsdorfer Textilbetriebe	++
O&K 1935/ 12561	**DRB 86 224** →'45 DRw/DB (SWDE)	+10.03.65
O&K 1935/ 12562	**DRB 86 225** →'45 PKP TKt3-1	+08.03.72
O&K 1935/ 12563	**DRB 86 226** →'45 DRo (09.45 RBD Halle)	V.u.
Essl 1935/ 4276	**DRB 86 227** →'45 DRw/DB (SWDE) →'68 DB 086 227-6	+02.10.68
Essl 1935/ 4277	**DRB 86 228** →'45 DRo (09.45 RBD Halle)	V.u.
Essl 1935/ 4278	**DRB 86 229** →'45 DRw/DB (SWDE)	+01.09.65

Essl 1935/ 4282	**DRB 86 230** →'45 DRw/DB (Saar)	+01.09.65
Essl 1935/ 4283	**DRB 86 231** →'45 DRw/DB	+10.03.65
Essl 1935/ 4284	**DRB 86 232** →'45 DRw/DB (Saar)	+04.03.66
Essl 1935/ 4285	**DRB 86 233** →'45 DRw/DB	+04.03.66
Schi 1935/ 3280	**DRB 86 234** →'45 DRw/DB	+10.03.65
Schi 1935/ 3281	**DRB 86 235** →'45 DRw	+07.09.48
Schi 1935/ 3282	**DRB 86 236** →'45 DRo/DR →'70 DR 86 1236-8	+26.09.73
Schi 1935/ 3283	**DRB 86 237** →'45 PKP TKt3-14	+25.06.69
Schi 1935/ 3284	**DRB 86 238** →'45 PKP	+15.02.46
Schi 1935/ 3285	**DRB 86 239** →'45 PKP TKt3-15	+17.01.75
Schi 1935/ 3286	**DRB 86 240** →'45 PKP TKt3-16 +20.06.64 →'?? WL KWK Zabrze TKt3-16 +82 ('93 abg. Pyskowice) →'98 Museumsfahrzeug in Bielsko-Biała →'01 Eisenbahnmuseum Chabówka	('25 vorh.)
Schi 1935/ 3287	**DRB 86 241** →'45 ČSD →11.09.45 MÁV →29.09.50 ÖBB →'53 ÖBB 86.241	+20.01.68
Schi 1935/ 3288	**DRB 86 242** →'45 ČSD/R →12.48 ČSD 455.220 +16.09.53 →01.09.53 verk. NHKG Ostrava 8-20	+
Schi 1935/ 3289	**DRB 86 243** →'45 DRo/DR →'70 DR 86 1243-4	+30.05.75
Schi 1935/ 3290	**DRB 86 244** →'45 DRo →'46 MPS	+
Schi 1935/ 3291	**DRB 86 245** →'45 DRo/DR →'70 DR 86 1245-9 →19.02.80 verk. HL Bw Wustermark	+
Schi 1935/ 3292	**DRB 86 246** →'45 MPS →'47 CCCP-WL (Stahlwerk Tsheljabinsk)	+63
Schi 1935/ 3293	**DRB 86 247** →'45 DRo →'46 MPS	+09.61
O&K 1935/ 12632	**DRB 86 248** →'45 DRo →'46 SMA	V.u.
O&K 1935/ 12633	**DRB 86 249** →'45 DRo →11.45 SMA	V.u.
O&K 1935/ 12634	**DRB 86 250** →'45 DRw/DB (SWDE) →'68 DB 086 250-8	+04.03.70
O&K 1935/ 12635	**DRB 86 251** →'45 DRo/DR →'70 DR 86 1251-7	+02.12.75
Hen 1936/ 22935	**DRB 86 252** →'45 DRw/DB	+04.03.66
Hen 1936/ 22936	**DRB 86 253** →'45 DRw/DB	+04.03.66
Hen 1936/ 22937	**DRB 86 254** →'45 DRw/DB	+03.06.65
Hen 1936/ 22938	**DRB 86 255** →'45 DRw/DB	+10.03.65
Hen 1936/ 22939	**DRB 86 256** →'45 DRw/DB →'68 DB 086 256-5	+19.09.69
Hen 1936/ 22940	**DRB 86 257** →'45 DRw/DB	+01.09.65
Hen 1936/ 22941	**DRB 86 258** →'45 DRw/DB	+03.06.65
Hen 1936/ 22942	**DRB 86 259** →'45 DRw/DB	+10.03.65
Schi 1936/ 3295	**DRB 86 260** →'45 DRw/DB →'68 DB 086 260-7	+03.03.69
Schi 1936/ 3296	**DRB 86 261** →'45 DRw/DB →'68 DB 086 261-5	+19.09.69
Schi 1936/ 3297	**DRB 86 262** →'45 DRw/DB →'68 DB 086 262-3	+02.10.68
Schi 1936/ 3298	**DRB 86 263** →'45 DRw/DB →'68 DB 086 263-1	+09.09.71
Schi 1936/ 3299	**DRB 86 264** →'45 DRw/DB	+04.03.66
Schi 1936/ 3300	**DRB 86 265** →'45 DRo/DR →'70 DR 86 1265-7 →15.09.74 verk. HL HO Gaststätten Zittau	++
Schi 1936/ 3301	**DRB 86 266** →'45 DRw/DB	+01.09.65
Schi 1936/ 3302	**DRB 86 267** →'45 DRo →10.45 SMA	V.u.
Schi 1936/ 3303	**DRB 86 268** →'45 DRo →10.45 SMA	V.u.
Schi 1936/ 3304	**DRB 86 269** →'45 DRo/DR →'70 DR 86 1269-9	+13.05.74
Schi 1936/ 3305	**DRB 86 270** →'45 DRo/DR →'70 DR 86 1270-7 →15.09.76 verk. HL VEB Pappen- und Kartonagewerke Raschau	++11.85
Schi 1937/ 3306	**DRB 86 271** →'45 DRw/DB →'68 DB 086 271-4	+11.12.68
Schi 1937/ 3307	**DRB 86 272** →'45 DRw/DB	+01.09.65
Schi 1937/ 3308	**DRB 86 273** →'45 DRw	+18.11.46
Schi 1937/ 3309	**DRB 86 274** →'45 DRw	+18.11.46
Schi 1937/ 3310	**DRB 86 275** →'45 MPS ('48 CCCP-WL; 04.49 abg. Litauische Eb.)	+
Schi 1937/ 3311	**DRB 86 276** →'45 DRw/DB →'68 DB 086 276-3	+02.10.68
Schi 1937/ 3312	**DRB 86 277** →'45 DRw/DB	+04.03.66
Schi 1937/ 3313	**DRB 86 278** →'45 DRw/DB →'68 DB 086 278-9	+02.10.68
Schi 1937/ 3314	**DRB 86 279** →'45 DRw/DB →'68 DB (086 279-7)	+05.07.67
Schi 1937/ 3315	**DRB 86 280** →'45 DRw/DB	+01.09.65
Schi 1937/ 3316	**DRB 86 281** →'45 DRw/DB	+10.03.65
O&K 1937/ 12940	**DRB 86 282** →'45 DRw/DB →'68 DB (086 282-1)	+22.05.67
O&K 1937/ 12941	**DRB 86 283** →'45 DRw/DB →'68 DB 086 283-9 +09.06.74 →14.06.75 verk. Deutsches Dampflok-Museum (DDM), Neuenmarkt-Wirsberg	('24 vorh.)
O&K 1937/ 12942	**DRB 86 284** →'45 ČSD/R →01.03.48 ČSD 455.201 +12.12.51 →06.03.52 verk. VŽKG Ostrava 8-08	+
O&K 1937/ 12943	**DRB 86 285** →'45 ČSD/R →14.06.48 ČSD 455.205 +27.01.56 →03.01.56 verk. Baňa Nováky	+
Essl 1938/ 4318	**DRB 86 286** →'45 DRw/DB →'68 DB (086 286-2)	+05.07.67
Essl 1938/ 4319	**DRB 86 287** →'45 DRw/DB (SWDE)	+04.03.66
Essl 1938/ 4320	**DRB 86 288** →'45 DRw/DB	+10.03.65

Die bei der WLF in Floridsdorf gefertigte und am 16. Januar 1939 abgenommene 86 302 wurde zunächst in Hütteldorf beheimatet – dort entstand auch diese Aufnahme der Maschine von Otto Zell. Im März 1941 wurde die Lok an die RBD Regensburg überwiesen und verblieb daher bei Kriegsende bei der DB.

Essl 1938/ 4321	**DRB 86 289** →'45 DRw/DB	+10.03.65
Schi 1938/ 3330	**DRB 86 290** →'45 DRw/DB	+30.11.64
Schi 1938/ 3331	**DRB 86 291** →'45 DRw/DB →'68 DB 086 291-2	+12.03.68
Schi 1938/ 3332	**DRB 86 292** →'45 DRw/DB	+06.01.66
O&K 1938/ 12961	**DRB 86 293** →'45 ČSD →08.07.48 ČSD 455.207 →03.12.51 verk. NHKG Ostrava 8-03	+
O&K 1938/ 12962	**DRB 86 294** →'45 ČSD/R →25.08.48 ČSD 455.209	+21.03.57
O&K 1938/ 12963	**DRB 86 295** →'45 ČSD →02.10.45 ČSD 455.2503	+10.07.56
O&K 1938/ 12964	**DRB 86 296** →'45 ČSD →02.10.45 ČSD 455.2504 →16.11.48 ČSD 455.218 +12.12.51 →17.12.51 verk. VŽKG Ostrava 8-05	+
Essl 1938/ 4324	**DRB 86 297** →'45 DRw/DB	+30.11.64
Essl 1938/ 4325	**DRB 86 298** →'45 DRw/DB	+30.11.64
Essl 1938/ 4326	**DRB 86 299** →'45 DRw/DB	+04.03.66
Essl 1938/ 4327	**DRB 86 300** →'45 DRw/DB →'68 DB 086 300-1	+03.03.69
Flor 1939/ 3179	**DRB 86 301** →'45 DRw/DB	+01.07.64
Flor 1939/ 3180	**DRB 86 302** →'45 DRw/DB	+01.07.64
Flor 1939/ 3181	**DRB 86 303** →'45 DRw/DB →'68 DB (086 303-5)	+22.05.67
Flor 1939/ 3182	**DRB 86 304** →'45 PKP TKt3-17	+01.03.68
Flor 1939/ 3183	**DRB 86 305** →'45 PKP TKt3-18	+20.03.66
Flor 1939/ 3184	**DRB 86 306** →'45 ČSD →'45 ČSD 455.2501 →18.06.48 ČSD 455.206 +27.01.53 →14.03.53 Vítkovické stavby Ostrava	+
Flor 1939/ 3185	**DRB 86 307** →'45 DRw/DB	+10.03.65
Flor 1939/ 3186	**DRB 86 308** →'45 DRw/DB	+10.03.65
Flor 1939/ 3187	**DRB 86 309** →'45 DRo/DR →'70 DR 86 1309-3	+19.12.74
Flor 1939/ 3188	**DRB 86 310** →'45 DRw/DB	+30.11.64
Flor 1939/ 3189	**DRB 86 311** →'45 DRo/DR →'70 DR 86 1311-9 →01.09.74 verk. HL GHG Haushaltswaren Dresden, BT Görlitz	++
Flor 1939/ 3190	**DRB 86 312** →'45 DRo/DR →'70 DR 86 1312-7	+24.03.77
Flor 1939/ 3191	**DRB 86 313** →'45 DRo/DR →'70 DR 86 1313-5 →31.05.77 verk. HL RAW Greifswald	+
Flor 1939/ 3192	**DRB 86 314** →'45 DRw/DB (SWDE)	+01.09.65
Flor 1939/ 3193	**DRB 86 315** →'45 DRw/DB +20.09.48 →ca. 10.48 wiD	+08.03.52
Flor 1939/ 3194	**DRB 86 316** →'45 DRw/DB	+01.09.65

Flor 1939/ 3195	**DRB 86 317** →'45 DRw/DB	+28.05.63
Flor 1939/ 3196	**DRB 86 318** →'45 DRw/DB	+30.11.64
Flor 1939/ 3197	**DRB 86 319** →'45 DRw/DB	+20.06.66
Flor 1939/ 3198	**DRB 86 320** →'45 DRw/DB	+01.09.65
Flor 1939/ 3199	**DRB 86 321** →'45 DRw/DB	+01.09.65
Flor 1939/ 3200	**DRB 86 322** →'45 ČSD/R →01.01.49 ČSD 455.221 +52 →05.03.52 VŽKG Ostrava 8-09	+
Flor 1939/ 3201	**DRB 86 323** →'45 DRo/DR →'70 DR 86 1323-4 +02.06.75 →10.06.75 verk. HL Ziegelwerke Großräschen	++
Flor 1939/ 3202	**DRB 86 324** →'45 DRo/DR →'70 DR 86 1324-2	+11.04.74
Flor 1939/ 3203	**DRB 86 325** →'45 DRo (10.45 RBD Dresden) →'45 SMA	V.u.
Flor 1939/ 3204	**DRB 86 326** →'45 DRw/DB	+01.09.65
Flor 1939/ 3205	**DRB 86 327** →'45 DRw/DB	+22.11.66
Flor 1939/ 3206	**DRB 86 328** →'45 DRw	+31.08.46
Flor 1939/ 3207	**DRB 86 329** →'45 DRw/DB	+30.11.64
Flor 1939/ 3208	**DRB 86 330** →'45 DRo/DR →'70 DR 86 1330-9	+02.06.76
Flor 1939/ 3209	**DRB 86 331** →'45 DRo/DR →'70 DR 86 1331-7	+21.01.75
Flor 1939/ 3210	**DRB 86 332** →'45 DRo/DR →'70 DR 86 1332-5	+18.06.74
Flor 1939/ 3211	**DRB 86 333** →'45 DRo/DR →'70 DR 86 1333-3 →'92 DR 086 333-2 ('93 Sächsisches Eisenbahn-Museum, Chemnitz-Hilbersdorf /L) →01.08.93 Eisenbahn-Verkehrsges., Aalen (EVG) →'95 Bayerisches Eisenbahnmuseum (BEM), Nördlingen →01.97 Eurovapor (für Wutachtalbahn) →01.01.98 Verein Wutachtalbahn (NVR: 90 80 0086 333-2 D-WTBB →'13: 90 80 0086 333-2 D-DBFZI) →'15 Eisenbahn-Bau- und Betriebsgesellschaft Pressnitztalbahn (PRESS) 86 1333-3 (NVR: 90 80 0086 333-2 D-PRESS)	('25 i.E.)
Flor 1939/ 3212	**DRB 86 334** →'45 DRo/DR →'70 DR 86 1334-1	+21.01.75
Flor 1939/ 3213	**DRB 86 335** →'45 DRw/DB	+24.02.67
Flor 1939/ 3239	**DRB 86 336** →'45 DRo/DR →'70 DR 86 1336-6	+14.02.74
Flor 1939/ 3240	**DRB 86 337** →'45 DRo/DR →'70 DR 86 1337-4 →27.11.75 verk. (als HL)	++
Flor 1939/ 3241	**DRB 86 338** →'45 ČSD →27.09.48 ČSD 455.210 +16.09.53 →01.09.53 verk. NHKG Ostrava 8-18	+
Flor 1939/ 3242	**DRB 86 339** →'45 ČSD →11.09.45 MÁV →29.09.50 ÖBB →'53 ÖBB 86.339	+31.01.68
Flor 1939/ 3243	**DRB 86 340** →'45 ČSD/R →13.07.48 ČSD 455.208 +12.12.51 →17.12.51 verk. VŽKG Ostrava 8-08	+
Flor 1939/ 3244	**DRB 86 341** →'45 PKP TKt3-19	+08.10.52
Flor 1939/ 3245	**DRB 86 342** →'45 DRo →09.45 SMA	V.u.
Flor 1939/ 3246	**DRB 86 343** →'45 DRo/DR →'70 DR 86 1343-2	+12.07.76
Flor 1939/ 3247	**DRB 86 344** →'45 DRo/DR	+25.01.51
Flor 1939/ 3248	**DRB 86 345** →'45 DRw/DB (SWDE)	+10.03.65
Flor 1939/ 3249	**DRB 86 346** →'45 DRw/DB (SWDE) →'68 DB 086 346-4 +20.07.72 →'72 Ulmer Eisenbahnfreunde (UEF) (NVR: 90 80 0086 346-8 D-UEF) (05.88-94 vermietet an TTVM /Frankreich; '12-'23 Schwäbische Alb Bahn (SAB) /L)	('24 vorh.)
Flor 1939/ 3250	**DRB 86 347** →'45 DRw/DB →'68 DB 086 347-2	+12.03.68
Flor 1939/ 3251	**DRB 86 348** →'45 DRw/DB →'68 DB 086 348-0 +15.12.71 →15.03.73 Denkmal vor Einkaufzentrum Breuningerland, Tamm →04.99 Gesellschaft zur Erhaltung von Schienenfahrzeugen (GES) /L, Förderverein K.W.St.E. für Eisenbahnmuseum Kornwestheim →'18 BayernBahn, Nördlingen (NVR: 90 80 0086 348-4 D-BYB) →'21 Bayerisches Eisenbahnmuseum (BEM), Nördlingen	('24 zerlegt vorh.)
Flor 1939/ 3252	**DRB 86 349** →'45 DRw/DB	+04.03.66
Flor 1939/ 3253	**DRB 86 350** →'45 DRw/DB	+30.11.64
Flor 1939/ 3254	**DRB 86 351** →'45 DRw/DB	+30.11.64
Flor 1939/ 3255	**DRB 86 352** →'45 DRw/DB →'68 DB 086 352-2	+12.03.68
Flor 1939/ 3256	**DRB 86 353** →'45 DRw/DB	+30.11.64
Flor 1939/ 3257	**DRB 86 354** →'45 DRw/DB	+20.06.66
Flor 1939/ 3258	**DRB 86 355** →'45 DRw/DB	+10.03.65
Flor 1939/ 3259	**DRB 86 356** →'45 DRw/DB →'68 DB 086 356-3	+12.03.68
Flor 1939/ 3260	**DRB 86 357** →'45 DRw/DB →'68 DB (086 357-1)	+22.05.67
Flor 1939/ 3261	**DRB 86 358** →'45 ČSD/R →04.48 ČSD 455.203 +16.09.53 →01.09.53 verk. NHKG Ostrava 8-15	+
Flor 1939/ 3262	**DRB 86 359** →'45 ČSD/R →09.48 ČSD 455.211 +05.10.54 →26.10.54 verk. Cihelny Pezinok	+
Flor 1939/ 3263	**DRB 86 360** →'45 DRo/DR →'70 DR 86 1360-6	+26.03.75
Flor 1939/ 3264	**DRB 86 361** →'45 DRo/DR →'70 DR 86 1361-4	+25.10.76
Flor 1939/ 3265	**DRB 86 362** →'45 DRw/DB	+27.09.66
Flor 1939/ 3266	**DRB 86 363** →'45 PKP TKt3-20 +25.02.64 →'?? WL KWK Walenty-Wawel, Ruda Śląska TKt3-20	+
Flor 1939/ 3267	**DRB 86 364** →'45 DRw/DB →'68 DB 086 364-7	+12.03.68
Flor 1939/ 3268	**DRB 86 365** →'45 DRw/DB	+10.03.65
Flor 1939/ 3269	**DRB 86 366** →'45 DRw/DB →'68 DB (086 366-2)	+22.05.67
Flor 1939/ 3270	**DRB 86 367** →'45 DRw/DB	+24.02.67
Flor 1939/ 3271	**DRB 86 368** →'45 DRw/DB	+10.03.65
Flor 1939/ 3272	**DRB 86 369** →'45 DRw/DB (SWDE)	+20.06.66

Ihre alte Heimat Zwickau besuchte am 13. März 1972 die 86 1376-2: Seit dem 1. Juli 1970 gehörte die Maschine zum Bw Reichenbach/Vogtland, doch zuvor war sie ab 1963 in Zwickau beheimatet gewesen. *Foto: Karl-Friedrich Seitz*

Flor 1939/ 3273	**DRB 86 370** →'45 DRw/DB →'68 DB (086 370-4)	+05.07.67
Flor 1939/ 3274	**DRB 86 371** →'45 DRw/DB →'68 DB 086 371-2	+12.03.68
Flor 1939/ 3275	**DRB 86 372** →'45 DRw/DB	+24.02.67
Flor 1939/ 3276	**DRB 86 373** →'45 DRw/DB	+01.09.65
Flor 1939/ 3277	**DRB 86 374** →'45 DRw/DB	+01.09.65
Flor 1939/ 3278	**DRB 86 375** →'45 DRo →'46 MPS	+29.11.61
Flor 1939/ 3279	**DRB 86 376** →'45 DRo/DR →'70 DR 86 1376-2 →30.11.73 verk. HL Betonkombinat Potsdam	++
Flor 1939/ 3280	**DRB 86 377** →'45 ČSD/R →01.01.49 ČSD 455.222 +16.09.53 →01.09.53 verk. NHKG Ostrava 8-13	+
Flor 1941/ 9221	**DRB 86 378** →'45 DRw/DB	+28.05.63
Flor 1941/ 9222	**DRB 86 379** →'45 DRw/DB	+27.09.66
Flor 1941/ 9223	**DRB 86 380** →'45 DRw/DB	+27.09.66
Flor 1941/ 9224	**DRB 86 381** →'45 DRw/DB	+04.03.66
Flor 1941/ 9225	**DRB 86 382** →'45 DRw/DB	+27.09.66
Flor 1941/ 9226	**DRB 86 383** →'45 DRw/DB	+27.09.66
Flor 1941/ 9227	**DRB 86 384** →'45 DRw/DB	+01.09.65
Flor 1941/ 9228	**DRB 86 385** →'45 DRw/DB	+27.09.66
Flor 1941/ 9229	**DRB 86 386** →'45 DRo →11.45 MPS →'?? CCCP-WL (Stahlwerk Tsheljabinsk; Kessel +26.05.58)	+
Flor 1941/ 9230	**DRB 86 387** →'45 DRo →'45/46 MPS (Kessel +16.08.64)	+
Flor 1941/ 9231	**DRB 86 388** →'45 DRo →11.45 SMA	V.u.
Flor 1941/ 9232	**DRB 86 389** →'45 DRo/DR →'70 DR 86 1389-5	+17.10.75
Flor 1941/ 9233	**DRB 86 390** →'45 DRo/DR →'70 DR 86 1390-3	+20.08.76
Flor 1941/ 9234	**DRB 86 391** →'45 DRo/DR →'70 DR 86 1391-1	+17.10.75
Flor 1941/ 9235	**DRB 86 392** →'45 DRo →11.45 MPS →'?? CCCP-WL (Stahlwerk Saporoschje)	+
Flor 1941/ 9236	**DRB 86 393** →'45 DRo →11.45 MPS	+
Flor 1941/ 9237	**DRB 86 394** →'45 DRw/DB	+01.09.65
Flor 1941/ 9238	**DRB 86 395** →'45 DRw/DB	+01.09.65
Flor 1941/ 9239	**DRB 86 396** →'45 DRw/DB →'68 DB 086 396-9	+12.03.68
Flor 1941/ 9240	**DRB 86 397** →'45 DRw/DB	+04.03.66
Flor 1941/ 9241	**DRB 86 398** →'45 DRw/DB →'68 DB 086 398-5	+10.07.69
Flor 1941/ 9242	**DRB 86 399** →'45 DRw/DB	+10.03.65
Flor 1941/ 9243	**DRB 86 400** →'45 DRw/DB →'68 DB 086 400-9	+24.08.73
Flor 1941/ 9244	**DRB 86 401** →'45 DRw/DB →'68 DB 086 401-7	+22.09.70

Am 28. Juli 1969 wurde die 086 419-9 von Ulrich Budde im Bw Coburg angetroffen. In diesem Bahnbetriebswerk war die Lokomotive von 1941 bis 1951 sowie von 1953 bis 1970 beheimatet

Flor 1941/ 9245	**DRB 86 402** →'45 PKP TKt3-21 +02.02.64 →'?? WL KWK Komuna Paryska TKt3-21	+
Flor 1941/ 9246	**DRB 86 403** →'45 DRo →'46 MPS	+09.61
Flor 1941/ 9247	**DRB 86 404** →'45 DRo (12.45 RBD Halle) →'45/46 SMA	V.u.
Flor 1941/ 9248	**DRB 86 405** →'45 ČSD/R →01.12.48 ČSD 455.223 +52 →29.02.52 verk. VŽKG Kunčice 8-10	+
Flor 1941/ 9249	**DRB 86 406** →'45 PKP TKt3-22	+14.05.71
Flor 1941/ 9250	**DRB 86 407** →'45 DRw/DB →'68 DB 086 407-4	+12.04.73
Flor 1941/ 9251	**DRB 86 408** →'45 DRw/DB →'68 DB (086 408-2)	+05.07.67
Flor 1941/ 9252	**DRB 86 409** →'45 DRw/DB	+10.03.65
Flor 1941/ 9253	**DRB 86 410** →'45 DRw/DB	+04.03.66
Flor 1941/ 9254	**DRB 86 411** →'45 DRo/DR →'70 DR 86 1411-7	+25.10.76
Flor 1941/ 9255	**DRB 86 412** →'45 DRw/DB	+01.09.65
Flor 1941/ 9256	**DRB 86 413** →'45 DRw/DB	+24.02.67
Flor 1941/ 9257	**DRB 86 414** →'45 ČSD/R →09.48 ČSD 455.212 +16.09.53 →01.09.53 verk. NHKG Ostrava 8-19	+
Flor 1941/ 9258	**DRB 86 415** →'45 DRw/DB	+04.03.66
Flor 1941/ 9259	**DRB 86 416** →'45 DRw/DB	+10.03.65
Flor 1941/ 9260	**DRB 86 417** →'45 DRw/DB	+10.03.65
Flor 1941/ 9261	**DRB 86 418** →'45 DRw/DB →'68 DB 086 418-1	+12.03.68
Flor 1941/ 9262	**DRB 86 419** →'45 DRw/DB →'68 DB 086 419-9	+22.09.70
Flor 1941/ 9263	**DRB 86 420** →'45 DRo →'45/46 MPS →'?? CCCP-WL (04.49-05.66 Stahlwerk Nowo Tagilskij)	+
Flor 1941/ 9264	**DRB 86 421** →'45 DRo →'45/46 MPS →'?? CCCP-WL (04.50 in Nischni Tagil)	+
Flor 1941/ 9265	**DRB 86 422** →'45 ČSD →02.10.45 ČSD 455.2505 →18.04.48 ČSD 455.202 →28.11.51 verk. VŽKG Ostrava 8-01	+
Flor 1941/ 9266	**DRB 86 423** →'45 DRo/DR →'70 DR 86 1423-2	+19.11.73
Flor 1941/ 9267	**DRB 86 424** →'45 DRo/DR →'70 DR [86 1424-0]	+18.11.70
Flor 1941/ 9268	**DRB 86 425** →'45 ČSD/R →26.05.48 ČSD 455.204 →28.11.51 verk. VŽKG Ostrava 8-02	+
Flor 1941/ 9269	**DRB 86 426** →'45 ČSD/R →05.10.48 ČSD 455.213 +16.09.53 →01.09.53 verk. NHKG Ostrava 8-11	+
Flor 1941/ 9270	**DRB 86 427** →'45 ČSD/R →02.10.48 ČSD 455.214 +16.09.53 →01.09.53 verk. NHKG Ostrava 8-17	+
Flor 1941/ 9456	**DRB 86 428** →'45 DRw/DB →'68 DB (086 428-0)	+05.07.67
Flor 1941/ 9457	**DRB 86 429** →'45 DRw/DB →'68 DB (086 429-8)	+22.05.67
Flor 1941/ 9458	**DRB 86 430** →'45 DRw/DB	+27.09.66
Flor 1941/ 9459	**DRB 86 431** →'45 DRw/DB →'68 DB 086 431-4	+24.08.73
Flor 1941/ 9460	**DRB 86 432** →'45 DRw/DB →'68 DB (086 432-2)	+22.05.67

An der 86 426 hatte man während des Zweiten Weltkrieges Versuche durchgeführt, die Rauchgase durch einen „Kragen“ um den Schornstein (in Ermangelung von Windleiblechen) vom Führerhaus fernzuhalten. Da über die Ausrüstung weiterer Lokomotiven mit dieser Technik nichts bekannt ist, liegt die Vermutung nahe, dass sich dieser Ansatz nicht bewährt hat. Aufgenommen wurde die Lokomotive 1944 im Bw Böhmisch Leipa (heute: Česká Lípa) von Werner Umlauft – mit der Plattenkamera seines Freundes Werner Hubert.

Flor 1941/ 9461	**DRB 86 433** →'45 DRw/DB →'68 DB (086 433-0)	+14.11.67
Flor 1941/ 9462	**DRB 86 434** →'45 DRw/DB	+10.03.65
Flor 1941/ 9463	**DRB 86 435** →'45 DRo/DR →'70 DR 86 1435-6	+03.11.75
Flor 1941/ 9464	**DRB 86 436** →'45 DRo/DR →'70 DR 86 1436-4	+16.05.77
Flor 1941/ 9465	**DRB 86 437** →'45 DRo/DR →'70 DR 86 1437-2 →10.10.74 verk. HL VEB Funkwerk Zittau	+
Flor 1941/ 9466	**DRB 86 438** →'45 DRo/DR →'70 DR 86 1438-0	+07.05.76
Flor 1941/ 9467	**DRB 86 439** →'45 DRo →08.45 SMA →'?? CCCP-WL (Stahlwerk Saporoschje)	+
Flor 1941/ 9468	**DRB 86 440** →'45 DRo/DR →'70 DR 86 1440-6	+11.05.73
Flor 1941/ 9469	**DRB 86 441** →'45 DRo (09.45 Rbd Schwerin) →'45 SMA →'?? CCCP-WL ('48 bei Eisenhütte im Ural)	+
Flor 1941/ 9470	**DRB 86 442** →'45 DRo/DR →'70 DR 86 1442-2	+26.03.75
Flor 1941/ 9471	**DRB 86 443** →'45 DRw/DB	+30.11.64
Flor 1941/ 9472	**DRB 86 444** →'45 DRo/DR →'70 DR 86 1444-8	+01.03.76
Flor 1941/ 9473	**DRB 86 445** →'45 DRo/DR →'70 DR (86 1445-5)	+20.02.69
Flor 1941/ 9474	**DRB 86 446** →'45 PKP TKt3-23	+22.10.53
Flor 1941/ 9475	**DRB 86 447** →'45 PKP TKt3-24	+18.05.71
Flor 1941/ 9476	**DRB 86 448** →'45 DRw/DB (SWDE)	+10.03.65
Flor 1941/ 9477	**DRB 86 449** →'45 ÖBB	+22.01.46
Flor 1941/ 9478	**DRB 86 450** →'45 DRw/DB (SWDE)	+19.08.66
Flor 1941/ 9479	**DRB 86 451** →'45 DRw/DB (SWDE)	+20.06.66
Flor 1941/ 9480	**DRB 86 452** →'45 ÖBB →'53 ÖBB 86.452	+15.07.70
Flor 1941/ 9481	**DRB 86 453** →'45 ÖBB →'53 ÖBB 86.453	+20.01.68
Flor 1941/ 9482	**DRB 86 454** →'45 DRo →'45/46 MPS	+
Flor 1941/ 9483	**DRB 86 455** →'45 DRo →'45/46 MPS	+
DWM 1942/ 441	**DRB 86 456** →'45 DRw/DB	+10.03.65
DWM 1942/ 442	**DRB 86 457** →'45 DRw/DB →'68 DB 086 457-9 +20.07.72 →08.74 Denkmal Aw Trier →'85 DB-Museumslok ('91-'93 DME/L) →'92 DB 088 861-0 (17.10.05 Brandschaden, Bw Nürnberg-West) →01.05.06 Süddeutsches Eisenbahnmuseum Heilbronn (SEH) /L (bis '23) →'23 Eisenbahn-Bau- und Betriebsgesellschaft Pressnitztalbahn (PRESS) /L (?) (NVR: 90 80 0086 457-3 D-PRESS)	('25 vorh.)
DWM 1942/ 443	**DRB 86 458** →'45 DRo/DR →'70 DR 86 1458-8	+08.02.74

Die 86 452 wurde am 26. November 1941 an die Rbd Villach geliefert und dem Bw St. Veit/Glan zugeteilt. Das Kriegsende erlebte die Maschine in der Hauptwerkstätte Knittelfeld – daher verblieb die Lokomotive in Österreich und kam in den ÖBB-Bestand. Um 1965 fotografierte Franz Kraus die seit 1953 als „86.452" bezeichnete Lokomotive mit dem markanten ÖBB-Signet auf der Rauchkammertür in Bleiburg.

DWM 1942/ 444	**DRB 86 459** →'45 PKP TKt3-25	+20.04.72
DWM 1942/ 445	**DRB 86 460** →'45 DRo/DR →'70 DR 86 1460-4	+26.10.76
DWM 1942/ 446	**DRB 86 461** →'45 DRo/DR →'70 DR 86 1461-2	+21.01.75
DWM 1942/ 447	**DRB 86 462** →'45 DRo/DR →'70 DR 86 1462-0	+16.05.77
DWM 1942/ 448	**DRB 86 463** →'45 DRo/DR →'70 DR 86 1463-8	+06.06.77
DWM 1942/ 449	**DRB 86 464** →'45 DRw/DB (SWDE) →'68 DB (086 464-5)	+14.11.67
DWM 1942/ 450	**DRB 86 465** →'45 DRw/DB (SWDE) →'68 DB (086 465-2)	+05.07.67
DWM 1942/ 451	**DRB 86 466** →'45 DRw/DB (SWDE)	+27.09.66
DWM 1942/ 452	**DRB 86 467** →'45 DRw/DB	+20.06.66
DWM 1942/ 453	**DRB 86 468** →'45 DRw/DB (SWDE)	+20.06.66
DWM 1942/ 454	**DRB 86 469** →'45 DRo (05.45 von sowj. Besatzungsmacht in Torgau erfasst)	V.u.
DWM 1942/ 455	**DRB 86 470** →'45 DRo/DR →'70 DR 86 1470-3	+13.05.74
DWM 1942/ 456	**DRB 86 471** →'45 PKP TKt3-26	+15.09.68
DWM 1942/ 457	**DRB 86 472** →'45 ČSD/R →08.05.51 PKP TKt3-46	+06.12.68
DWM 1942/ 458	**DRB 86 473** →'45 DRo →'45 MPS	+05.61
DWM 1942/ 459	**DRB 86 474** →'45 ÖBB →'53 ÖBB 86.474	+01.02.68
DWM 1942/ 460	**DRB 86 475** →'45 ÖBB →'53 ÖBB 86.475	+31.01.68
DWM 1942/ 461	**DRB 86 476** →'45 ÖBB →'53 ÖBB 86.476 +20.03.72 →'?? ÖGEG (für Eisenbahnmuseum Linz)	('16 abg. Ampflwang)
DWM 1942/ 462	**DRB 86 477** →'45 ÖBB/T →29.01.49 CCCP	V.u.
DWM 1942/ 463	**DRB 86 478** →'45 DRw/DB →'68 DB 086 478-5	+18.04.72
DWM 1942/ 464	**DRB 86 479** →'45 ÖBB →'53 ÖBB 86.479	+01.02.68
DWM 1942/ 465	**DRB 86 480** →'45 ÖBB →'53 ÖBB 86.480	+01.02.68
DWM 1942/ 466	**DRB 86 481** →'45 ÖBB →'53 ÖBB 86.481	+31.01.68
DWM 1942/ 467	**DRB 86 482** →'45 ÖBB →'53 ÖBB 86.482	+31.01.68
DWM 1942/ 468	**DRB 86 483** →'45 DRw/DB	+27.09.66
DWM 1942/ 469	**DRB 86 484** →'45 DRw/DB →'68 DB (086 484-3)	+05.07.67
DWM 1942/ 470	**DRB 86 485** →'45 DRw/DB →'68 DB (086 485-0)	+22.05.67
DWM 1942/ 471	**DRB 86 486** →'45 DRw/DB	+20.06.66

Die 86 477 befand sich bei Kriegsende in Österreich und wurde von der sowjetischen Besatzungsmacht als „Trophäenlokomotive" beschlagnahmt. Franz Kraus fotografierte die Maschine 1946, beschriftet als „T 86 Nr 477" und versehen mit sowjetischem Hoheitszeichen, in Wien West. Im Januar 1949 wurde die Lok nach Osten abgefahren – der Verbleib ist zwar unbekannt, doch kann vermutet werden, dass sie danach bei einem sowjetischen Industriebetrieb als Werklok zum Einsatz kam.

DWM 1942/ 472	**DRB 86 487** →'45 ÖBB →'53 ÖBB 86.487	+12.04.68
Hen 1942/ 26707	**DRB 86 488** →'45 DRw/DB	+20.06.66
Hen 1942/ 26708	**DRB 86 489** →'45 DRw/DB →'68 DB 086 489-2	+02.10.68
Hen 1942/ 26709	**DRB 86 490** →'45 DRw/DB	+04.03.66
Hen 1942/ 26710	**DRB 86 491** →'45 DRw/DB →'68 DB (086 491-8)	+14.11.67
Hen 1942/ 26711	**DRB 86 492** →'45 DRw/DB	+01.09.65
Hen 1942/ 26712	**DRB 86 493** →'45 DRw/DB →'68 DB 086 493-4	+12.04.73
Hen 1942/ 26713	**DRB 86 494** →'45 DRw/DB	+20.06.66
Hen 1942/ 26714	**DRB 86 495** →'45 DRw/DB	+27.09.66
Hen 1942/ 26715	**DRB 86 496** →'45 DRw/DB	+27.09.66
Hen 1942/ 26716	**DRB 86 497** →'45 DRw/DB	+27.09.66
Hen 1942/ 26717	**DRB 86 498** →'45 DRw/DB (Saar) →'68 DB (086 498-3)	+05.07.67
Hen 1942/ 26718	**DRB 86 499** →'45 DRw/DB	+10.03.65
Hen 1942/ 26719	**DRB 86 500** →'45 DRw/DB	+27.09.66
Hen 1942/ 26720	**DRB 86 501** →'45 DRo/DR →'70 DR 86 1501-5 →'92 DR 086 501-4 →07.92 ÖGEG /Österreich 86.501	('20 abg Ampflwang)
Hen 1942/ 26721	**DRB 86 502** →'45 DRw/DB	+30.11.64
Hen 1942/ 26722	**DRB 86 503** →'45 PKP TKt3-27	+22.10.53
Hen 1942/ 26723	**DRB 86 504** →'45 PKP TKt3-28	+17.06.72
Hen 1942/ 26724	**DRB 86 505** →'45 DRw/DB →'68 DB 086 505-5	+11.12.68
Hen 1942/ 26725	**DRB 86 506** →'45 DRw/DB →'68 DB (086 506-3)	+22.05.67
Hen 1942/ 26726	**DRB 86 507** →'45 DRw/DB	+22.11.66
Hen 1942/ 26727	**DRB 86 508** →'45 DRw/DB →'68 DB (086 508-9)	+22.05.67
Hen 1942/ 26728	**DRB 86 509** →'45 DRw/DB	+01.09.65
Hen 1942/ 26729	**DRB 86 510** →'45 DRw/DB (Saar) →'68 DB (086 510-5)	+14.11.67
Hen 1942/ 26730	**DRB 86 511** →'45 DRo/DR →'70 DR 86 1511-4	+17.12.70
Hen 1942/ 26731	**DRB 86 512** →'45 DRw/DB →'68 DB 086 512-1	+02.10.68
Hen 1942/ 26732	**DRB 86 513** →'45 DRw/DB	+01.09.65
Hen 1942/ 26733	**DRB 86 514** →'45 DRw/DB (Saar)	+19.08.66
Hen 1942/ 26734	**DRB 86 515** →'45 DRw/DB	+03.06.65

Die mit Schablone angeschriebene Loknummer 86 488 könnte einen vermuten lassen, dass diese Aufnahme während des Zweiten Weltkrieges entstanden ist, doch tatsächlich fotografierte Carl Bellingrodt diese 86er mit einem Caledonian-Schornstein sechs Jahre nach Kriegsende am 18. März 1951. Zu diesem Zeitpunkt gehörte die Maschine zum Bw Olpe.

Im Jahr 1943 wurde diese Standardaufnahme der 86 550 im Bw Nossen angefertigt – mit aufschablonierter Loknummer und aufgemaltem Hoheitzeichen. Eine Eigentumsbezeichnung „Deutsche Reichsbahn" war nicht vorhanden. Foto: Werner Hubert

Hen 1942/ 26735	**DRB 86 516** →'45 DRw/DB →'68 DB 086 516-2	+15.12.71
Hen 1942/ 26736	**DRB 86 517** →'45 DRw/DB	+03.06.65
Hen 1942/ 26737	**DRB 86 518** →'45 DRw/DB	+30.11.64
Hen 1942/ 26738	**DRB 86 519** →'45 DRw/DB	+03.06.65
Hen 1942/ 26739	**DRB 86 520** →'45 NS 6401 →'47 DRw/DB 86 520	+01.09.65
Hen 1942/ 26740	**DRB 86 521** →'45 DRw/DB →'68 DB 086 521-2	+08.11.72
Hen 1942/ 26741	**DRB 86 522** →'45 DRw/DB	+20.06.66
Hen 1942/ 26742	**DRB 86 523** →'45 DRw/DB →'68 DB (086 523-8)	+22.05.67
Hen 1942/ 26743	**DRB 86 524** →'45 DRw/DB	+01.09.65
Hen 1942/ 26744	**DRB 86 525** →'45 DRw/DB →'68 DB (086 525-3)	+22.05.67
Hen 1942/ 26745	**DRB 86 526** →'45 DRw/DB	+20.06.66
Hen 1942/ 26746	**DRB 86 527** →'45 DRw/DB	+10.03.65
Krupp 1942/ 2713	**DRB 86 528** →'45 DRw/DB	+27.09.66
Krupp 1942/ 2714	**DRB 86 529** →'45 DRw/DB	+01.09.65
Krupp 1942/ 2715	**DRB 86 530** →'45 DRw/DB	+27.09.66
Krupp 1942/ 2716	**DRB 86 531** →'45 DRw/DB	+01.09.65
Krupp 1942/ 2717	**DRB 86 532** →'45 DRw/DB	+27.09.66
Krupp 1942/ 2718	**DRB 86 533** →'45 DRw/DB	+19.08.66
Krupp 1942/ 2719	**DRB 86 534** →'45 DRw/DB →'68 DB 086 534-5	+24.08.73
Krupp 1942/ 2720	**DRB 86 535** →'45 DRw/DB →'68 DB (086 535-2)	+05.07.67
Krupp 1942/ 2721	**DRB 86 536** →'45 DRw/DB →'68 DB (086 536-0)	+05.07.67
Krupp 1942/ 2722	**DRB 86 537** →'45 DRw/DB	+10.03.65
Krupp 1942/ 2723	**DRB 86 538** →'45 DRw/DB	+01.09.65
Krupp 1942/ 2724	**DRB 86 539** →'45 DRw/DB	+27.09.66
Krupp 1942/ 2725	**DRB 86 540** →'45 DRw/DB	+10.03.65
Krupp 1942/ 2726	**DRB 86 541** →'45 DRw/DB →'68 DB (086 541-0)	+22.05.67
Krupp 1942/ 2727	**DRB 86 542** →'45 DRw/DB	+20.06.66
Krupp 1942/ 2728	**DRB 86 543** →'45 DRw/DB →'68 DB 086 543-6	+08.11.72
MBA 1942/ 13721	**DRB 86 544** →'45 ČSD/R →13.11.48 ČSD 455.215 +16.09.53 →01.09.53 verk. NHKG Ostrava 8-14	+
MBA 1942/ 13722	**DRB 86 545** →'45 DRo/DR →'70 DR 86 1545-2	+04.11.77
MBA 1942/ 13723	**DRB 86 546** →'45 DRo →'45/46 MPS →11.50 CCCP-WL (in Nischni Tagil)	+
MBA 1942/ 13724	**DRB 86 547** →'45 ČSD/R →25.02.46 ČSD 455.2507 →16.11.48 ČSD 455.216 +16.09.53 →01.09.53 verk. NHKG Ostrava 8-16	+
MBA 1942/ 13725	**DRB 86 548** →'45 DRo/DR →'70 DR 86 1548-6	+25.10.74
MBA 1942/ 13726	**DRB 86 549** →'45 DRo/DR →'70 DR 86 1549-4	+20.08.76
MBA 1942/ 13727	**DRB 86 550** →'45 DRo (Kriegsschäden)	+11.46
MBA 1942/ 13728	**DRB 86 551** →'45 DRo/DR →'70 DR 86 1551-0	+14.04.76
MBA 1942/ 13729	**DRB 86 552** →'45 DRo/DR →'70 DR 86 1552-8	+26.03.75
MBA 1942/ 13730	**DRB 86 553** →'45 DRo/DR →'70 DR 86 1553-6	+30.05.75
MBA 1942/ 13731	**DRB 86 554** →'45 DRo (11.45 RBD Berlin)	V.u.
MBA 1942/ 13732	**DRB 86 555** →'45 DRo/DR →'70 DR 86 1555-1	+20.08.76
MBA 1942/ 13733	**DRB 86 556** →'45 DRo/DR →'70 DR 86 1556-9 →15.01.75 verk. HL VEB Textilreinigung Zwickau	++
MBA 1942/ 13734	**DRB 86 557** →'45 DRw/DB →'68 DB 086 557-6	+02.10.68
MBA 1942/ 13735	**DRB 86 558** →'45 DRw/DB	+20.06.66
MBA 1942/ 13736	**DRB 86 559** →'45 DRw/DB →'68 DB 086 559-2	+02.10.68
MBA 1942/ 13737	**DRB 86 560** →'45 DRo/DR →'70 DR 86 1560-1	+26.03.75
MBA 1942/ 13738	**DRB 86 561** →'45 DRw/DB →'68 DB (086 561-8)	+05.07.67
BMAG 1942/ 11790	**DRB 86 562** →'45 PKP TKt3-29	+21.06.67
BMAG 1942/ 11791	**DRB 86 563** →'45 DRo/DR →'70 DR 86 1563-5	+29.03.76
BMAG 1942/ 11792	**DRB 86 564** →'45 PKP TKt3-30	+19.01.71
BMAG 1942/ 11793	**DRB 86 565** →'45 ČSD/R →12.12.48 ČSD 455.224	+17.03.58
BMAG 1942/ 11888	**DRB 86 566** →'45 PKP TKt3-31	+17.01.68
BMAG 1942/ 11889	**DRB 86 567** →'45 PKP TKt3-32	+30.12.67
BMAG 1942/ 11890	**DRB 86 568** →'45 PKP TKt3-33	+01.03.68
BMAG 1942/ 11891	**DRB 86 569** →'45 PKP TKt3-34	+19.12.70
BMAG 1942/ 11892	**DRB 86 570** →'45 PKP TKt3-35	+05.03.71
BMAG 1942/ 11893	**DRB 86 571** →'45 PKP TKt3-36	+21.01.72
BMAG 1942/ 11894	**DRB 86 572** →'45 DRw/DB →'68 DB (086 572-5)	+22.05.67
BMAG 1942/ 11895	**DRB 86 573** →'45 DRo/DR →'70 DR 86 1573-4	+04.01.77
BMAG 1942/ 11896	**DRB 86 574** →'45 DRw/DB	+01.09.65
BMAG 1942/ 11897	**DRB 86 575** →'45 DRw/DB	+10.03.65
BMAG 1942/ 11898	**DRB 86 576** →'45 DRw/DB	+01.09.65

BMAG 1942/ 11899	**DRB 86 577** →'45 DRw/DB (SWDE)	+01.09.65
BMAG 1942/ 11900	**DRB 86 578** →'45 DRw/DB	+24.02.67
BMAG 1942/ 11901	**DRB 86 579** →'45 DRw/DB	+24.02.67
BMAG 1942/ 11902	**DRB 86 580** →'45 DRw/DB	+10.03.65
BMAG 1942/ 11903	**DRB 86 581** →'45 DRw/DB (SWDE) →'68 DB (086 581-6)	+14.11.67
BMAG 1942/ 11904	**DRB 86 582** →'45 DRw/DB	+04.03.66
BMAG 1942/ 11905	**DRB 86 583** →'45 DRw/DB →'68 DB 086 583-2	+02.06.71
BMAG 1942/ 11906	**DRB 86 584** →'45 DRw/DB	+27.09.66
BMAG 1942/ 11907	**DRB 86 585** →'45 DRw/DB	+01.09.65
BMAG 1942/ 11908	**DRB 86 586** →'45 DRw/DB →'68 DB (086 586-5)	+14.11.67
BMAG 1942/ 11909	**DRB 86 587** →'45 DRw/DB →'68 DB 086 587-3	+24.08.73
BMAG 1942/ 11910	**DRB 86 588** →'45 DRo (09.45 RBD Halle)	V.u.
BMAG 1942/ 11911	**DRB 86 589** →'45 DRo/DR →'70 DR 86 1589-0	+01.03.76
BMAG 1942/ 11912	**DRB 86 590** →'45 DRo/DR →'70 DR 86 1590-8	+04.11.77
BMAG 1942/ 11913	**DRB 86 591** →'45 DRo/DR →'70 DR 86 1591-6	+11.10.76
Bors 1942/ 15279	**DRB 86 606** →'45 DRo/DR →'70 DR 86 1606-2	+14.07.75
Bors 1942/ 15280	**DRB 86 607** →'45 DRo/DR →'70 DR 86 1607-0 →01.07.77 verk. WL 12 VEB „Elmo" Elektromotorenwerke Thurm →'82 WL 25 VEB Kohlechemie „August Bebel", Zwickau →10.91 Eisenbahnfreunde Klingenthal /L →'96 Vogtländischer Eisenbahnverein Adorf →'98 Verkehrsmuseum Dresden (abg. Adorf)	('22 vorh.)
Bors 1942/ 15281	**DRB 86 608** →'45 DRo/DR →'70 DR 86 1608-8	+24.03.77
Bors 1942/ 15282	**DRB 86 609** →'45 DRo/DR →'70 DR 86 1609-6	+26.09.73
Bors 1942/ 15283	**DRB 86 610** →'45 DRo/DR →'70 DR 86 1610-4	+29.12.72
Bors 1942/ 15284	**DRB 86 611** →'45 DRo (10.45 RBD Dresden) →'45 SMA	V.u.
Bors 1942/ 15285	**DRB 86 612** →'45 DRo →'45/46 MPS →11.48 CCCP-WL (11.48-06.62 Metallfabrik Nischni Tagil)	+
Bors 1942/ 15286	**DRB 86 613** →'45 DRo (09.45 RBD Dresden) →'45 SMA	V.u.
Bors 1942/ 15287	**DRB 86 614** →'45 DRo →'45/46 SMA →'?? CCCP-WL (04.49 Stahlwerk Nowo Tagilskij)	+
Bors 1942/ 15288	**DRB 86 615** →'45 DRo/DR →'70 DR 86 1615-3	+24.02.76
Bors 1942/ 15289	**DRB 86 616** →'45 DRo/DR →'70 DR 86 1616-1	+02.06.75
Bors 1942/ 15290	**DRB 86 617** →'45 DRo/DR →'70 DR 86 1617-9	+26.03.75
Bors 1942/ 15291	**DRB 86 618** →'45 DRw/DB →'68 DB 086 618-6	+21.06.68
Bors 1942/ 15292	**DRB 86 619** →'45 DRw/DB	+01.09.65
Bors 1942/ 15293	**DRB 86 620** →'45 DRw/DB →'68 DB (086 620-2)	+14.11.67
Bors 1942/ 15294	**DRB 86 621** →'45 DRo/DR →'70 DR 86 1621-1	+20.08.76
Bors 1942/ 15295	**DRB 86 622** →'45 DRo/DR →'70 DR 86 1622-9	+30.05.75
Bors 1942/ 15296	**DRB 86 623** →'45 DRo/DR →'70 DR 86 1623-7	+18.06.74
Bors 1942/ 15297	**DRB 86 624** →'45 DRo/DR →'70 DR 86 1624-5	+25.10.74
Bors 1942/ 15298	**DRB 86 625** →'45 DRw/DB	+10.03.65
Bors 1942/ 15299	**DRB 86 626** →'45 DRw/DB →'68 DB (086 626-9)	+22.05.67
Bors 1942/ 15300	**DRB 86 627** →'45 ČSD →12.09.45 ČSD 455.2500 →16.11.48 ČSD 455.217 +12.12.51 →21.12.51 verk. VŽKG Ostrava 8-06	+
Krupp 1942/ 2849	**DRB 86 698** →'45 DRw/DB (SWDE) →'68 DB 086 698-8	+12.03.68
Krupp 1942/ 2850	**DRB 86 699** →'45 DRw/DB	+22.11.66
Krupp 1942/ 2851	**DRB 86 700** →'45 DRw/DB →'68 DB 086 700-2	+12.03.68
Krupp 1942/ 2852	**DRB 86 701** →'45 DRw/DB (SWDE) →'68 DB 086 701-0	+03.03.69
Krupp 1942/ 2853	**DRB 86 702** →'45 DRw/DB	+10.03.65
Krupp 1942/ 2854	**DRB 86 703** →'45 DRw/DB	+01.09.65
Krupp 1942/ 2855	**DRB 86 704** →'45 DRw/DB +20.09.48 →ca. 10.48 wiD.	+20.06.66
Krupp 1942/ 2856	**DRB 86 705** →'45 DRw/DB →'68 DB 086 705-1	+23.02.71
Krupp 1942/ 2857	**DRB 86 706** →'45 DRw/DB	+10.03.65
Krupp 1942/ 2858	**DRB 86 707** →'45 DRw/DB (Kriegsschäden)	+01.12.49
Krupp 1942/ 2859	**DRB 86 708** →'45 DRw/DB	+01.09.65
Krupp 1942/ 2860	**DRB 86 709** →'45 DRw/DB →'68 DB 086 709-3	+02.10.68
Krupp 1942/ 2861	**DRB 86 710** →'45 DRw/DB	+10.03.65
Krupp 1942/ 2862	**DRB 86 711** →'45 DRw/DB →'68 DB 086 711-9	+19.09.69
Krupp 1942/ 2863	**DRB 86 712** →'45 DRw/DB	+22.11.66
Krupp 1942/ 2864	**DRB 86 713** →'45 DRw/DB	+11.09.59
Krupp 1942/ 2865	**DRB 86 714** →'45 DRw/DB (Saar)	+19.08.66
Krupp 1942/ 2866	**DRB 86 715** →'45 DRo/DR →'70 DR 86 1715-1	+24.02.76
Krupp 1942/ 2867	**DRB 86 716** →'45 DRw/DB (Saar)	+01.09.65
Krupp 1942/ 2868	**DRB 86 717** →'45 DRw/DB	+27.09.66
Krupp 1942/ 2869	**DRB 86 718** →'45 DRw/DB (Saar)	+04.03.66
Krupp 1942/ 2870	**DRB 86 719** →'45 DRw/DB	+20.06.66

Krupp 1942/ 2871	**DRB 86 720** →'45 DRw/DB	+04.03.66
Krupp 1942/ 2872	**DRB 86 721** →'45 DRw/DB →'68 DB 086 721-8	+24.08.73
Krupp 1942/ 2873	**DRB 86 722** →'45 DRo/DR →'70 DR 86 1722-7	+14.04.76
Krupp 1942/ 2874	**DRB 86 723** →'45 DRo/DR →'70 DR 86 1723-5 →28.09.73 verk. HL VEB Astik-Werk, Löbau	++
Krupp 1942/ 2875	**DRB 86 724** →'45 DRo/DR →'70 DR 86 1724-3	+21.01.75
Krupp 1942/ 2876	**DRB 86 725** →'45 DRo/DR →'70 DR 86 1725-0	+04.11.77
MBA 1942/ 13741	**DRB 86 726** →'45 DRo →'45/46 MPS (Kessel +16.08.64)	+
MBA 1942/ 13742	**DRB 86 727** →'45 DRo/DR →'70 DR 86 1727-6	+30.05.75
MBA 1942/ 13743	**DRB 86 728** →'45 DRo (10.45 RBD Dresden) →'45 SMA	V.u.
MBA 1942/ 13744	**DRB 86 729** →'45 DRw/DB →'68 DB (086 729-1)	+05.07.67
MBA 1942/ 13745	**DRB 86 730** →'45 DRo →'45/46 MPS	+09.61
MBA 1942/ 13746	**DRB 86 731** →'45 ČSD/R →11.10.48 ČSD 455.225 +23.11.54 →23.03.55 verk. ULB Nováky	+
MBA 1942/ 13747	**DRB 86 732** →'45 ČSD/R	+07.09.50
MBA 1942/ 13748	**DRB 86 733** →'45 ČSD/R →11.01.49 ČSD 455.226 →29.12.51 verk. VŽKG Ostrava 8-07	+
MBA 1942/ 13749	**DRB 86 734** →'45 PKP TKt3-37	+24.02.68
MBA 1942/ 13750	**DRB 86 735** →'45 PKP TKt3-38	+18.12.50
MBA 1942/ 13751	**DRB 86 736** →'45 DRo/DR →'70 DR 86 1736-7 →31.01.72 verk. WL VEB Walzwerk Ilsenburg	++
MBA 1942/ 13752	**DRB 86 737** →'45 DRo/DR →'70 DR 86 1737-5 →05.12.77 TA (HL) Grunewald →'83 HL RAW Görlitz	++85
MBA 1942/ 13753	**DRB 86 738** →'45 DRo/DR →'70 DR 86 1738-3	+02.06.76
MBA 1942/ 13754	**DRB 86 739** →'45 DRw/DB →'68 DB (086 739-0)	+22.05.67
MBA 1942/ 13755	**DRB 86 740** →'45 DRw/DB	+10.03.65
MBA 1942/ 13756	**DRB 86 741** →'45 DRo/DR →'70 DR 86 1741-7	+11.10.76
MBA 1942/ 13757	**DRB 86 742** →'45 DRo/DR →'70 DR 86 1742-5 →11.75 verk. HL VEB Bitu-Chemie, Guben	+
MBA 1942/ 13758	**DRB 86 743** →'45 DRo/DR →'70 DR 86 1743-3	+20.09.72
MBA 1942/ 13759	**DRB 86 744** →'45 DRo/DR →'70 DR 86 1744-1 →09.01.74 WL 2^3 Industriebahn Erfurt Ost →04.82 WL 26 VEB Kohlechemie „August Bebel", Zwickau-Pöhlau →10.03.91 Museumseisenbahn Minden (MEM) 86 744 →'17 Muldental-Eisenbahnverkehrsgesellschaft, Glauchau (MTEG) 86 744 (NVR: 90 80 0086 744-4 D-PRESS)	('25 i.E.)
MBA 1942/ 13760	**DRB 86 745** →'45 DRw/DB →'68 DB 086 745-7	+24.08.73
MBA 1942/ 13761	**DRB 86 746** →'45 DRw/DB	+20.06.66
MBA 1942/ 13762	**DRB 86 747** →'45 DRw/DB	+04.03.66
MBA 1942/ 13763	**DRB 86 748** →'45 DRo/DR →'70 DR 86 1748-2	+11.05.73
MBA 1942/ 13764	**DRB 86 749** →'45 DRw/DB	+06.01.66
MBA 1942/ 13765	**DRB 86 750** →'45 ÖBB →'53 ÖBB 86.750	+30.01.68
MBA 1942/ 13766	**DRB 86 751** →'45 ÖBB →'53 ÖBB 86.751	+15.07.70
MBA 1942/ 13767	**DRB 86 752** →'45 ÖBB →'53 ÖBB 86.752	+01.02.68
MBA 1942/ 13768	**DRB 86 753** →'45 ÖBB →'53 ÖBB 86.753	+30.01.68
BMAG 1942/ 11994	**DRB 86 754** →'45 DRo/DR (Kriegsschäden)	+25.04.51
BMAG 1942/ 11995	**DRB 86 755** →'45 DRo/DR →'70 DR [86 1755-7]	+14.10.71
BMAG 1942/ 11996	**DRB 86 756** →'45 DRo/DR →'70 DR 86 1756-5	+13.05.74
BMAG 1942/ 11997	**DRB 86 757** →'45 PKP TKt3-39	+08.03.68
BMAG 1942/ 11998	**DRB 86 758** →'45 DRo/DR →'70 DR 86 1758-1	+26.03.75
BMAG 1942/ 11999	**DRB 86 759** →'45 DRo/DR →'70 DR 86 1759-9 →01.10.74 verk. HL LPG „Einheit" Samtens/Rügen	++
BMAG 1942/ 12000	**DRB 86 760** →'45 DRo/DR →'70 DR 86 1760-7 →16.09.75 verk. WL 6" Erfurter Industriebahn	+80
BMAG 1942/ 12001	**DRB 86 761** →'45 DRo/DR →'70 DR 86 1761-5	+11.05.73
BMAG 1942/ 12002	**DRB 86 762** →'45 DRo →11.45 MPS	+
BMAG 1942/ 12003	**DRB 86 763** →'45 DRo →11.45 MPS →08.51 CCCP-WL (Stahlwerk Alapajevsk)	+
BMAG 1942/ 12004	**DRB 86 764** →'45 DRw/DB	+06.01.66
BMAG 1942/ 12005	**DRB 86 765** →'45 DRw/DB	+01.09.65
BMAG 1942/ 12006	**DRB 86 766** →'45 DRw/DB →'68 DB 086 766-3	+10.07.69
BMAG 1942/ 12007	**DRB 86 767** →'45 DRw/DB	+30.11.64
BMAG 1942/ 12008	**DRB 86 768** →'45 DRw/DB	+10.03.65
BMAG 1942/ 12009	**DRB 86 769** →'45 DRo/DR →'70 DR 86 1769-8	+29.03.76
BMAG 1942/ 12010	**DRB 86 770** →'45 PKP TKt3-40	+23.04.70
BMAG 1942/ 12011	**DRB 86 771** →'45 DRo/DR →'70 DR 86 1771-4	+06.06.77
BMAG 1942/ 12012	**DRB 86 772** →'45 DRo (09.45 RBD Halle)	V.u.
BMAG 1942/ 12013	**DRB 86 773** →'45 DRo/DR →'70 DR 86 1773-0	+26.03.75
BMAG 1942/ 12014	**DRB 86 774** →'45 DRo (09.45 RBD Halle)	V.u.
BMAG 1942/ 12015	**DRB 86 775** →'45 DRo/DR →'70 DR 86 1775-5 →01.02.78 verk. HL VEB Fleischkombinat Berlin, BT Elite-Technik →10.79 VEB Fleischkombinat Potsdam	++83/84
BMAG 1942/ 12016	**DRB 86 776** →'45 DRo/DR →'70 DR 86 1776-3	+02.02.75

Insbesondere auf der österreichischen Erzbergbahn mussten die ÖBB-86er häufig Vorspanndienste leisten – das Bild der ÖBB 86.781 entstand am 1. Juni 1966 in der Zugförderungsstelle Hieflau.

BMAG 1942/ 12017	**DRB 86 777** →'45 DRw/DB	+04.03.66
BMAG 1942/ 12018	**DRB 86 778** →'45 DRw/DB	+04.03.66
BMAG 1942/ 12019	**DRB 86 779** →'45 DRw/DB →'68 DB (086 779-6)	+05.07.67
BMAG 1942/ 12020	**DRB 86 780** →'45 DRw/DB →'68 DB 086 780-4	+21.06.68
Flor 1942/ 9501	**DRB 86 781** →'45 ÖBB →'53 ÖBB 86.781	+20.03.72
Flor 1942/ 9502	**DRB 86 782** →'45 ÖBB →'53 ÖBB 86.782	+20.11.68
Flor 1942/ 9503	**DRB 86 783** →'45 ÖBB →'53 ÖBB 86.783	+01.02.68
Flor 1942/ 9504	**DRB 86 784** →'45 ÖBB (Kriegsschäden)	+19.04.46
Flor 1942/ 9505	**DRB 86 785** →'45 ÖBB →'53 ÖBB 86.785	+01.02.68
Flor 1942/ 9506	**DRB 86 786** →'45 ČSD/R	+50
Flor 1942/ 9507	**DRB 86 787** →'45 DRw/DB	+27.09.66
Flor 1942/ 9508	**DRB 86 788** →'45 DRw/DB →'68 DB (086 788-7)	+05.07.67
Flor 1942/ 9509	**DRB 86 789** →'45 ÖBB →'53 ÖBB 86.789	+20.11.68
Flor 1942/ 9510	**DRB 86 790** →'45 ČSD/R	+13.09.50
Flor 1942/ 9511	**DRB 86 791** →'45 DRw/DB	+30.11.64
Flor 1942/ 9512	**DRB 86 792** →'45 DRw/DB	+06.01.66
Flor 1942/ 9513	**DRB 86 793** →'45 DRw/DB	+10.03.65
Flor 1942/ 9514	**DRB 86 794** →'45 DRw/DB →'68 DB (086 794-5)	+05.07.67
Flor 1942/ 9515	**DRB 86 795** →'45 DRw/DB →'68 DB 086 795-2	+02.06.71
Flor 1942/ 9516	**DRB 86 796** →'45 DRo (09.45 RBD Halle)	V.u.
Flor 1942/ 9517	**DRB 86 797** →'45 DRo (09.45 RBD Halle)	V.u.
Flor 1942/ 9518	**DRB 86 798** →'45 DRo →14.02.46 SMA →'?? CCCP-WL (04.49 in Alapajewsk)	+
Flor 1942/ 9519	**DRB 86 799** →'45 DRo (09.45 RBD Halle)	V.u.
Flor 1942/ 9520	**DRB 86 800** →'45 DRo/DR →'70 DR 86 1800-1	+20.08.76
Flor 1943/ 9521	**DRB 86 801** →'45 DRw/DB (Saar)	+19.08.66
Flor 1943/ 9522	**DRB 86 802** →'45 DRw/DB (Saar)	+19.08.66
Flor 1943/ 9523	**DRB 86 803** →'45 DRw/DB	+01.07.64
Flor 1943/ 9524	**DRB 86 804** →'45 DRw/DB (Saar)	+01.09.65
Flor 1943/ 9525	**DRB 86 805** →'45 DRw/DB (Saar) →'68 DB (086 805-9)	+05.07.67
Flor 1943/ 9526	**DRB 86 806** →'45 DRw/DB →'68 DB (086 806-7)	+05.07.67
Flor 1943/ 9527	**DRB 86 807** →'45 DRw/DB →'68 DB 086 807-5	+02.10.68
Flor 1943/ 9528	**DRB 86 808** →'45 DRw/DB →'68 DB 086 808-3	+15.12.71
Flor 1943/ 9529	**DRB 86 809** →'45 DRw/DB →'68 DB 086 809-1	+06.03.74
Flor 1943/ 9530	**DRB 86 810** →'45 DRw/DB	+10.03.65
Flor 1943/ 9531	**DRB 86 811** →'45 DRw/DB	+10.03.65
Flor 1943/ 9532	**DRB 86 812** →'45 DRw/DB	+20.06.66
Flor 1943/ 9533	**DRB 86 813** →'45 DRw/DB	+01.09.65

Flor 1943/ 9534	**DRB 86 814** →'45 DRw/DB	+01.09.65
Flor 1943/ 9535	**DRB 86 815** →'45 DRw/DB	+20.06.66
Flor 1943/ 9536	**DRB 86 816** →'45 DRw/DB	+01.09.65
Flor 1942/ 9333	(**DRB 86 817**) →18.01.42 Bentheimer Eisenbahn (BE) 41"	+61
DWM 1943/ 473	**DRB 86 835** →'45 PKP TKt3-41	+04.09.64
DWM 1943/ 474	**DRB 86 836** →'45 PKP TKt3-42	+29.08.67
DWM 1943/ 475	**DRB 86 837** →'45 PKP TKt3-43	+31.10.69
DWM 1943/ 476	**DRB 86 838** →'45 PKP TKt3-44	+05.12.68
DWM 1943/ 477	**DRB 86 839** →'45 DRo/DR →'70 DR 86 1839-9	+19.08.77
DWM 1943/ 478	**DRB 86 840** →'45 PKP TKt3-45	+27.04.72
DWM 1943/ 479	**DRB 86 841** →'45 DRw/DB (SWDE) →'68 DB 086 841-4	+08.11.72
DWM 1943/ 480	**DRB 86 842** →'45 DRw/DB (SWDE) →'68 DB 086 842-2	+02.06.71
DWM 1943/ 481	**DRB 86 843** →'45 DRw/DB (SWDE) →'68 DB 086 843-0	+02.06.71
DWM 1943/ 482	**DRB 86 844** →'45 DRw/DB (SWDE)	+01.09.65
DWM 1943/ 483	**DRB 86 845** →'45 DRw/DB →'68 DB 086 845-5	+11.12.68
DWM 1943/ 484	**DRB 86 846** →'45 DRo (09.45 RBD Halle) →'45 SMA	V.u.
DWM 1943/ 485	**DRB 86 847** →'45 ÖBB →'53 ÖBB 86.847	+31.01.68
DWM 1943/ 486	**DRB 86 848** →'45 ÖBB →'53 ÖBB 86.848	+31.01.68
DWM 1943/ 487	**DRB 86 849** →'45 ÖBB →'53 ÖBB 86.849	+31.01.68
DWM 1943/ 488	**DRB 86 850** →'45 DRw/DB	+01.09.65
DWM 1943/ 489	**DRB 86 851** →'45 DRw/DB →'68 DB (086 851-3)	+05.07.67
DWM 1943/ 490	**DRB 86 852** →'45 DRw/DB	+01.07.64
DWM 1943/ 491	**DRB 86 853** →'45 DRw/DB	+01.07.64
DWM 1943/ 492	**DRB 86 854** →'45 DRw/DB →'68 DB (086 854-7)	+05.07.67
DWM 1943/ 493	**DRB 86 855** →'45 DRw/DB →'68 DB 086 855-4	+22.09.70
DWM 1943/ 494	**DRB 86 856** →'45 DRw/DB	+27.09.66
DWM 1943/ 495	**DRB 86 857** →'45 DRw/DB	+30.11.64
DWM 1943/ 496	**DRB 86 858** →'45 DRw/DB	+22.11.66
DWM 1943/ 497	**DRB 86 859** →'45 DRw/DB	+20.06.66
DWM 1943/ 498	**DRB 86 860** →'45 DRw/DB	+27.09.66
DWM 1943/ 499	**DRB 86 861** →'45 DRw/DB	+27.09.66
DWM 1943/ 500	**DRB 86 862** →'45 DRw/DB	+27.09.66
DWM 1943/ 501	**DRB 86 863** →'45 DRw/DB (SWDE)	+01.09.65
DWM 1943/ 502	**DRB 86 864** →'45 DRw/DB	+04.03.66
DWM 1943/ 503	**DRB 86 865** →'45 DRw/DB	+27.09.66
DWM 1943/ 504	**DRB 86 866** →'45 DRw/DB (SWDE)	+27.09.66
DWM 1943/ 505	**DRB 86 867** →'45 DRw/DB	+30.11.64
DWM 1943/ 506	**DRB 86 868** →'45 DRo/DR →'70 DR 86 1868-8	+29.12.72
DWM 1943/ 507	**DRB 86 869** →'45 DRo/DR →'70 DR 86 1869-6	+19.08.77
DWM 1943/ 508	**DRB 86 870** →'45 DRo/DR →'70 DR 86 1870-4	+26.09.73
DWM 1943/ 509	**DRB 86 871** →'45 DRo →'45/46 MPS	+
DWM 1943/ 510	**DRB 86 872** →'45 DRw/DB →'68 DB (086 872-9)	+22.05.67
DWM 1943/ 511	**DRB 86 873** →'45 DRw/DB	+04.03.66
DWM 1943/ 512	**DRB 86 874** →'45 DRw/DB	+01.09.65
DWM 1943/ 513	**DRB 86 875** →'45 DRw/DB	+19.08.66
Krupp 1942/ 2731	**DRB 86 966** →'45 ČSD →02.10.45 ČSD 455.2506 →16.11.48 ČSD 455.219 +16.09.53 →01.09.53 verk. NHKG Ostrava 8-12	+

1'D 1' h2t DRB 86^{10} (ex ELE)

Treibraddurchmesser (mm):	1 400
Achsstand (mm):	10 300
Länge über Puffer (mm):	13 920
Dienstgewicht (t):	
Achslast (maximal) (t):	
Höchstgeschwindigkeit (km/h):	70
Zylinderdurchmesser (mm):	570
Kolbenhub (mm):	660
Rostfläche (m²):	2,39
Verdampfungsheizfläche (m²):	117,3
Überhitzerheizfläche (m²):	47,0
Kesselüberdruck (atm):	14,0
Leistung (PSi):	1 030

Um dem angewachsenen Güterverkehr im Rahmen von Baustofftransporten für Straßenneubauten im Raum Bad Schwartau – Lübeck bewältigen zu können, beschaffte die Eutin-Lübecker Eisenbahn (ELE) im Jahr 1938 eine Lokomotive der Reichsbahn-Baureihe 86 für ihr Netz. Bei der ELE hatte die Beschaffung von Staatsbahn-Bauarten schon eine längere Tradition – so spannte sich der Bogen von der preußischen T 4^1 (DRB-Nr. 70 201) über die T 5^2 (DRB 72 001-002) hin bis zur T 18 (DRB 78 329-330). Dadurch ist es nicht überraschend, dass man nun erneut auf eine bewährte Staatsbahn-Bauart in Form der Baureihe 86 zurückgriff. Verwunderlich ist allerdings, dass man die 1938 gelieferte Maschine bei der BMAG bestellte, war doch dort die Fertigung dieser Bauart bereits im Jahr 1933 nach nur 17 gebauten Maschinen ausgelaufen, während 1937 der Bau von 86ern bei O&K und Schichau noch im Gange war. Somit konnte die Maschine nicht einer laufenden Serie entnommen werden, sondern wurde stattdessen als Einzelstück angefertigt.

Nachdem die Eutin-Lübecker Eisenbahn im Jahr 1941 von der Deutschen Reichsbahn übernommen worden war, reihte man die Maschine mit der ELE-Betriebsnummer 15''' als 86 1000 in den DRB-Bestand ein. Diese ungewöhnliche Nummer mag auf den ersten Blick verwundern, war aber nach den üblichen Regeln konsequent vergeben worden: Denn schon zuvor waren bei der Industrie die Betriebsnummern bis 86 999 in Auftrag gegeben worden, und dass zahlreiche dieser Maschinen bald wieder storniert werden würden, war zu diesem Zeitpunkt noch nicht bekannt gewesen. Daher wurde ihr die nächste freie Betriebsnummer zugewiesen – und dies war die 86 1000. Nach dem Zweiten Weltkrieg verblieb die Lokomotive in der DDR und wurde dort 1972 abgestellt und 1973 ausgemustert. Bei der Einführung der UIC-Nummern im Jahr 1970 war dies die einzige DR-Maschine der Baureihe 86, die ihre Ordnungsnummer behalten konnte.

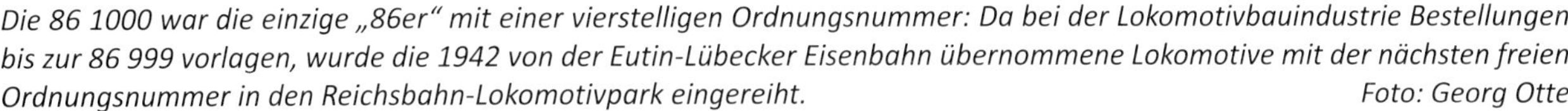
BMAG 1938/ 10797 Eutin-Lübecker Eb. (ELE) 15^3 →'41 DRB →'42 **DRB 86 1000** →'45 DRo/DR →'70 DR 86 1000-8 +11.05.73

Die 86 1000 war die einzige „86er" mit einer vierstelligen Ordnungsnummer: Da bei der Lokomotivbauindustrie Bestellungen bis zur 86 999 vorlagen, wurde die 1942 von der Eutin-Lübecker Eisenbahn übernommene Lokomotive mit der nächsten freien Ordnungsnummer in den Reichsbahn-Lokomotivpark eingereiht. *Foto: Georg Otte*

E h2t DRB 87 (Einheitslok)

Treibraddurchmesser (mm):	*1 100*
Achsstand (mm):	*6 200*
Länge über Puffer (mm):	*13 300*
Dienstgewicht (t):	*85,6*
Achslast (maximal) (t):	*17,4*
Höchstgeschwindigkeit (km/h):	*45*
Zylinderdurchmesser (mm):	*600*
Kolbenhub (mm):	*550*
Rostfläche (m²):	*2,34*
Verdampfungsheizfläche (m²):	*117,3*
Überhitzerheizfläche (m²):	*47,0*
Kesselüberdruck (atm):	*14,0*
Leistung (PSi):	*870*

Die zunächst von der Preußischen Staatsbahn und später von der Deutschen Reichsbahn betriebene Hamburger Hafenbahn erforderte die Verwendung von besonders zugkräftigen Lokomotiven, die aber nur über einen relativ geringen Achsdruck verfügen durften und zudem auch engste Radien sicher und ohne größeren Verschleiß durchfahren sollten. Als aufgrund weiter gestiegener Zuggewichte die vorhandenen Lokomotiven Mitte der 20er Jahre die ihnen zugedachten Aufgaben nicht mehr in dem gewünschten Maße bewältigen konnten, beantragte die betriebsführende RBD Altona bei der Hauptverwaltung die Entwicklung einer neuen Bauart speziell für den Einsatz auf der Hafenbahn.
Bei der Firma Orenstein & Koppel in Potsdam-Babelsberg entstand daraufhin eine neue Rangierlok-Bauart, die mit 17,5 t Achsdruck zur gleichen Kategorie wie die Baureihen 80 und 81 gehörten und von diesen auch zahlreiche Bauteile übernahmen. Der Kessel stammte dagegen – abgesehen von der Rauchkammer – von der Baureihe 86. Abweichend von allen anderen Einheitslokomotiven war das Antriebskonzept: die erste und letzte Kuppelachse wurden über Zahnräder angetrieben („Bauart Luttermöller") – eine Technik, die schon von den Preußischen Staatsbahnen bei den Schmalspurlokomotiven der Gattungen T39 und T40 angewendet worden war.
Geliefert wurden 1927/28 insgesamt 16 Maschinen (87 001-016), die allesamt im Bw Hamburg-Wilhelmsburg beheimatet waren und ausschließlich auf der Hafenbahn eingesetzt wurden – sieht man einmal von den Versuchseinsätzen im Raum Dresden (siehe Baureihe 84) ab.
Nach dem Kriegsende musste bei einzelnen Maschinen die Zahnradkupplung aufgrund von Ersatzteilmangel ausgebaut werden, so dass diese Lokomotiven als 1D, D1 oder sogar als 1C1-Maschinen liefen. Abgelöst wurde die Baureihe 87 durch Lokomotiven der Baureihen 94, 82 und V60 – die Ausmusterung erfolgte in der ersten Hälfte der 50er Jahre.

Literatur:

Ebel, Jürgen-Ulrich; Bauchwitz, Peter: Einheitsloks für den Rangierdienst. Freiburg 1999
Pöhlsen, Kai; Schulz, Manfred; Wiesmüller, Benno: Die Hamburger Hafenbahn. Hövelhof, 2016
Schulz, Dr. Manfred: Mit Ebbe und Flut – 150 Jahre Hamburger Hafenbahn. EG 80, S. 22-33

O&K 1927/ 11231	**DRB 87 001** →'45 DRw/DB	+17.03.54
O&K 1927/ 11232	**DRB 87 002** →'45 DRw/DB	+18.03.55
O&K 1927/ 11233	**DRB 87 003** →'45 DRw/DB	+09.11.53
O&K 1927/ 11234	**DRB 87 004** →'45 DRw/DB	+09.11.53
O&K 1927/ 11235	**DRB 87 005** →'45 DRw/DB	+09.11.53
O&K 1927/ 11236	**DRB 87 006** →'45 DRw/DB	+09.11.53
O&K 1927/ 11237	**DRB 87 007** →'45 DRw/DB	+09.11.53
O&K 1927/ 11238	**DRB 87 008** →'45 DRw/DB	+09.11.53
O&K 1928/ 11411	**DRB 87 009** →'45 DRw/DB	+09.11.53
O&K 1928/ 11412	**DRB 87 010** →'45 DRw/DB	+09.11.53
O&K 1928/ 11413	**DRB 87 011** →'45 DRw/DB	+09.11.53
O&K 1928/ 11414	**DRB 87 012** →'45 DRw/DB	+09.11.53
O&K 1928/ 11415	**DRB 87 013** →'45 DRw/DB	+09.11.53
O&K 1928/ 11551	**DRB 87 014** →'45 DRw/DB	+09.11.53
O&K 1928/ 11552	**DRB 87 015** →'45 DRw/DB	+18.03.55
O&K 1928/ 11553	**DRB 87 016** →'45 DRw/DB	+09.11.53

Die erste „87er" befand sich im Mai/Juni 1928 sowie im Juni/Juli 1929 zur Erprobung beim LVA Grunewald. Beheimatet war sie immer – wenn man von einem halbjährigen Einsatz beim Bw Harburg 1929/30 absieht – in Hamburg-Wilhelmsburg. Das Foto von Carl Bellingrodt entstand 1952.

Auf dieser Aufnahme der 87 004 von Werner Hubert mit dem sehr schön ausgeleuchtetem Triebwerk kann man besonders gut erkennen, dass die hintere Achse nicht über Stangen mit den anderen Radsätzen gekuppelt war.

Ebenfalls von Werner Hubert stammt dieses Bild der 87 008, welches am 3. März 1928 in ihrem Heimat-Bw Hamburg-Wilhelmsburg entstand. Vom Juni 1943 bis zum Oktober 1946 war diese Maschine an die Firma Krupp in Essen vermietet und daher während dieser Zeit beim Bw Essen Hbf beheimatet.

B n2t **DRB 88⁰** (ex BBÖ 184)

Treibraddurchmesser (mm):	840
Achsstand (mm):	2 000
Länge über Puffer (mm):	6 680
Dienstgewicht (t):	21,0
Achslast (maximal) (t):	10,6
Höchstgeschwindigkeit (km/h):	35
Zylinderdurchmesser (mm):	300
Kolbenhub (mm):	400
Rostfläche (m^2):	0,64
Verdampfungsheizfläche (m^2):	36,33
Kesselüberdruck (atm):	12,0

Für die Planung sowie den Bau und Betrieb von Lokalbahnen in Niederösterreich war 1895 das „Niederösterreichische Landeseisenbahnamt“ gegründet worden, welches 1908 offiziell in „Niederösterreichische Landesbahnen“ (NÖLB) umbenannt wurde. Für ihr 1903 eröffnetes normalspuriges Streckennetz wurden neun kleine B n2t-Tenderlokomotiven beschafft – die erste wurde noch gebraucht von einer Baufirma erworben, alle anderen dagegen direkt von Krauss in Linz an die Bahn abgeliefert. Die Betriebsnummern der ersten sechs Maschinen lauteten 100-105 – sie wurden 1905 in 1.01-1.06 umgezeichnet. Weitere drei baugleiche Maschinen folgten 1908 als 1.07-1.09. Für den Einsatz im Personenzugdienst waren die Lokomotiven sogar mit einer Vakuumbremse ausgerüstet.

Als man im Jahr 1922 die Niederösterreichischen Landesbahnen auflöste, wurden die Lokalbahnmaschinen als 184.01-09 von den BBÖ übernommen. Diese setzten die kleinen Maschinchen zum Teil auch außerhalb ihrer angestammten Einsatzgebiete ein – so z.B. im Verschub in Hütteldorf. Im Jahr 1938 waren noch drei Exemplare vorhanden, die von der Deutschen Reichsbahn als 88 001-003 in den Bestand übernommen wurden, jedoch schon bald in den Status von Werklokomotiven wechselten und eine „0“ der Betriebsnummer vorangestellt erhielten. Die 88 003 wurde erstaunlicherweise 1954 wieder in den ÖBB-Betriebspark übernommen und erst nach 63 Dienstjahren im November 1968 ausgemustert. Die Lokomotive blieb erhalten und steht heute im Eisenbahnmuseum Strasshof.

KrLi 1904/ 5203	NÖLB 101 →'08 NÖLB 1.02 →'22 BBÖ 184.02 →'38 **DRB 88 001** →'42 WL 9 (= WL 088001) →'45 ÖBB/T 88 001	+15.04.53
KrLi 1905/ 5394	NÖLB 102 →'08 NÖLB 1.03 →'22 BBÖ 184.03 →'38 **DRB 88 002** +16.03.42 →'42 DRB-WL Bw Wien Ost →ca.'42 verk. WL III Böhlerwerk Kapfenberg	+
KrLi 1905/ 5396	NÖLB 104 →'08 NÖLB 1.05 →'22 BBÖ 184.05 →'38 **DRB 88 003** →'42 WL 088.003 →'45 ÖBB →18.06.48 WL Steirische Gusstahlwerke /L →15.10.54 ÖBB 88.01 (zeitweise beschriftet als 088.01) +30.11.68 →'68 Österreichisches Eisenbahnmuseum →'77 Eisenbahnmuseum Strasshof	('09 vorh.)

Nachdem die 88 001 im Jahr 1942 aus dem Betriebsbestand ausgeschieden war, wurde sie als Werklokomotive eingesetzt und mit der Nummer „088001“ versehen. Mit dieser Betriebsnummer, die von der sowjetischen Besatzungsmacht noch um ein „T“ ergänzt worden war, wurde sie um 1948 von Otto Zell in Wien Ost fotografiert.

Keine Betriebsnummer trug die 88 002 nach dem Ausscheiden aus dem Betriebsdienst – nur die Anschrift „Werklokomotive“ prangte am Führerhaus. Laut den Anschriften war die Maschine beim „Bw Wien Ost“ der „R.B.D. Wien“ beheimatet – die im April 1942 angefertigte Aufnahme soll aber im RAW Gmünd entstanden sein. *Foto: Friedrich Kollmann*

Auch die dritte Lokomotive der Baureihe 88^0 kann im Bild vorgestellt werden: Carl Bellingrodt fotografierte am 28. Mai 1942 im Bw Mürzzuschlag die 88 003, bei der in der Betriebsnummer Baureihe und Ordnungsnummer noch in alter österreichischer Tradition durch einen Punkt getrennt waren.

B n2t DB 88^0 (ex Hafenbahn Mainz)

Treibraddurchmesser (mm):	1 000
Achsstand (mm):	2 530
Länge über Puffer (mm):	7 000
Dienstgewicht (t):	27,4
Achslast (maximal) (t):	
Höchstgeschwindigkeit (km/h):	30
Zylinderdurchmesser (mm):	350
Kolbenhub (mm):	550
Rostfläche (m²):	
Verdampfungsheizfläche (m²):	
Kesselüberdruck (atm):	12,0

Im Jahr 1880 begannen in Mainz die Bauarbeiten am „Zoll- und Binnenhafen", zwei Jahre später auch am „Industriehafen". Für den Anschluss an das Staatsbahnnetz sorgte die 1887 eröffnete „Städtische Hafenbahn Mainz", an die insgesamt acht Lokomotivlieferungen bekannt sind: Drei Lokomotiven von Krauss (1890/ 2234, 1897/ 3664, 1901/4023) sowie – vermutlich als Ersatz – fünf von Hohenzollern (1915/ 3225, 1920/ 4110, 1921/ 4112, 1924/ 4414-4415), wobei es sich bei den ab 1920 gebauten Maschinen um solche vom Typ „Schlägel c" handelte. Zum 1. Oktober 1940 ging die Betriebsführung der Hafenbahn an die Deutsche Reichsbahn über – und damit auch die zu diesem Zeitpunkt noch vorhandenen Lokomotiven. Diese sollen zunächst sogenannte „Werkzeugnummern" erhalten haben (8803, 8804 und 8805), welche dann 1946 (evtl. auch schon 1945) in 88 03-05 geändert wurden. Tatsächlich findet man im erhalten gebliebenen Betriebsbuch der 88 05 bei Eintragungen von 1943 und 1944 die Betriebsnummer „8805" angegeben, während später ein leichter Zwischenraum zwischen der „88" und der „05" zu erkennen ist. Die Vermutung liegt nahe, dass man tatsächlich nie eine echte Umzeichnung durchgeführt hat, sondern dass mit der Zeit einfach nur die Schreibweise an die übliche Schreibweise von Reichsbahn-Betriebsnummern angepasst wurde. Die DB stellte alle drei Maschinen am 30. April 1952 von der Ausbesserung zurück („z") und musterte sie am 15. März 1958 aus – am gleichen Tag wurden sie an die Stadt Mainz zurückgegeben, welche sie dann bald verschrotten ließ.

Literatur:

Scheffler, Peter: Eisenbahnknotenpunkt Mainz - Wiesbaden. Freiburg, 1988
Bahn-Express 1/1991, S. 43-44

Die einzige bekannte Aufnahme einer Lokomotive der Mainzer Hafenbahn zeigt die „88 05" – auffällig ist dabei, dass die Betriebsnummer zwar mit den typischen, von der DB verwendeten Ziffern angeschrieben worden war, ein Eigentumsmerkmal „Deutsche Bundesbahn" aber fehlte und stattdessen an der erwarteten Position ein „Mz" prangte.

Hohz 1921/ 4112	Hafenbahn Mainz Nr. 3 →'41 DRB 8803 („Werkzeug-Nr.") →'46 **DRw/DB 88 03"** (SWDE) +15.03.58 →15.03.58 Stadt Mainz	++11.58
Hohz 1924/ 4414	Hafenbahn Mainz Nr. 4 →'41 DRB 8804 („Werkzeug-Nr.") →'46 **DRw/DB 88 04** (SWDE) +15.03.58 →15.03.58 Stadt Mainz	++11.58
Hohz 1906/ 4415	Hafenbahn Mainz Nr. 5 →'41 DRB 8805 („Werkzeug-Nr.") →'46 **DRw/DB 88 05** (SWDE) +15.03.58 →15.03.58 Stadt Mainz	++11.58

B n2t **DRB 88^{70}** (ex Pfalzbahn T 2^1/ K. Bay. Sts. B. DI/DIVOstb.)

Im vorläufigen Umzeichnungsplan der Deutschen Reichsbahn von 1923 waren unter der Baureihe 88^{70} auch einige ältere bayerische B-Tenderloks enthalten, die jedoch die Aufstellung des endgültigen Planes im Jahre 1925 nicht mehr erlebten. Die Maschinen gehörten dabei drei verschiedenen Bauarten an:

Die erste Bauart stammte vom pfälzischen Netzes der Bayerischen Staatsbahnen: Von der Pfalzbahn waren insgesamt acht leichte Tenderloks (Gattung T2^1) beschafft worden, die für die Überquerung der Schiffsbrücken bei Maxau und Speyer eingesetzt wurden. Zwei dieser Maschinen waren 1879 an die Großherzoglich Badischen Staatseisenbahn verkauft worden (Gattung Ib), alle übrigen blieben bei der Pfalzbahn. Bei der Aufstellung des DRB-Umzeichnungsplanes im Jahre 1923 waren noch für drei bayerisch-pfälzische T2^1 die Betriebsnummern 88 7001-7003 vorgesehen gewesen, doch die Ausmusterung der Lokomotiven erfolgte noch 1924. Etwas länger überlebten dagegen die nach Baden verkauften Schwesterlokomotiven: Sie waren – zusammen mit einem Nachbau – auch noch im endgültigen Umzeichnungsplan von 1925 als 88 7501-7503 enthalten.

Von der bayerischen Gattung DI wurden zwischen 1871 und 1875 insgesamt 15 Lokomotiven geliefert – es waren dies Maschinen, die für den Verschubdienst vorgesehen waren und die dort bisher eingesetzten Schlepptenderlokomotiven älterer Bauart ablösen sollten. Im vorläufigen Umzeichnungsplan der DRB waren noch sieben der rund 50 Jahre alten Maschinen aufgeführt (88 7011-7017). Von diesen wurde die letzte Maschine bereits im August 1923 ausgemustert, so dass keine mehr in den endgültigen Umzeichnungsplan aufgenommen wurde.

Noch vor den Königlich Bayerischen Staatseisenbahnen hatte die private Bayerische Ostbahn kleine Tenderlokomotiven speziell für den Rangier- bzw. Verschubdienst in den größeren Bahnhöfen beschafft. Gebaut wurden 1867 und 1870/71 insgesamt zwölf Maschinen (D1 – D12), die nach der Übernahme der Ostbahn durch die Staatsbahn die Gattung „D IV Ostbahn" bildeten. Immerhin noch sechs Maschinen waren als 88 7021-7026 im vorläufigen Umzeichnungsplan aufgeführt, wurden aber bis zum März 1924 ausgemustert.

B n2t DRB 88^{70} (ex LBE T 1)

Treibraddurchmesser (mm):	1 080
Achsstand (mm):	2 500
Länge über Puffer (mm):	8 089
Dienstgewicht (t):	27,45
Achslast (maximal) (t):	13,75
Höchstgeschwindigkeit (km/h):	40
Zylinderdurchmesser (mm):	330
Kolbenhub (mm):	550
Rostfläche (m²):	1,00
Verdampfungsheizfläche (m²):	55,09
Kesselüberdruck (atm):	12,0

Für die 1882 eröffnete Strecke von Lübeck nach Travemünde hatte die Lübeck-Büchener Eisenbahn (LBE) zwei B-Tenderlokomotiven bei Krauss in München beschafft. Nachdem eine der beiden Maschinen – die Lokomotive „ZWERG“ – am 9. Juni 1888 auf freier Strecke explodiert war, beschaffte die Bahn noch im gleichen Jahr bei der Lokomotivfabrik eine Ersatzlokomotive, die sich weitgehend an den preußischen Normalien (Musterblatt III-4b; siehe auch Baureihe 88^{76}) orientierte. Weitere drei baugleiche Lokomotiven folgten bis 1892 – die LBE-Betriebsnummern der vier Maschinen waren 102-105. Die Lokomotiven 102 und 103 wurden nach rund 35 Dienstjahren 1923 ausgemustert, während die beiden anderen Maschinen als Werklokomotiven in der Hauptwerkstätte Lübeck noch länger überlebten. Aus dieser Zeit sind auch verschiedene Bilddokumente überliefert, auf denen man erkennen kann, dass die Lok 104 im Vergleich zu ihrer Schwestermaschine deutlich größere Wasserkästen und längere Luftbehälter besaß. Dafür war die 105 mit einem preußischen 3T 10,5-Tender gekuppelt worden, der zusätzliche Vorräte für die Maschine aufnehmen konnte.

Bei der Verstaatlichung der LBE im Jahr 1938 waren die zwei Maschinen noch vorhanden und erhielten die Reichsbahn-Betriebsnummern 88 7001-7002. Beide Maschinen wurden bald ausgemustert und verkauft, kehrten jedoch nach einiger Zeit wieder in den Staatsbahn-Bestand zurück, erstere unter ihrer ursprünglichen Betriebsnummer und letztere als 98 7087.

Hen 1889/ 2863	Lübeck-Büchener Eisenbahn (LBE) BARNITZ T1 →'17 Lübeck-Büchener Eisenbahn (LBE) 104 T1 →01.01.38 **DRB 88 7001** →'43 verk. Fa. Bergmann AG, Berlin →'45 DRo/DR (1945 erneut von der DR als 88 7001 übernommen) →'57 WL VEB Bergmann-Borsig, Berlin-Wilhelmsruh	+
Hen 1892/ 3492	Lübeck-Büchener Eisenbahn (LBE) PRIWALL T1 →'17 Lübeck-Büchener Eisenbahn (LBE) 105 T1 →01.01.38 **DRB 88 7002** →'38 WL RAW Rostock →'47 verk. WL Dieselmotorenwerk Rostock (nach Stillegung des Werkes zurück an DR) →26.05.52 DR 98 7087	+20.07.57

Nur relativ kurz – wenn überhaupt – trugen die beiden T1 der Lübeck-Büchener Eisenbahn die Reichsbahn-Betriebsnummern 88 7001-7002, so dass es nicht wundert, dass keine Fotografien dieser Maschinen mit DRB-Nummer bekannt sind. Die abgebildete LBE-Lok 105 (DRB 88 7002) wurde noch im Jahr der Übernahme durch die Reichsbahn als Werklok nach Rostock abgegeben und später von der DR als 98 7087 wieder in den Betriebsbestand übernommen.

B n2t **DRB 88^{71-72}** (ex K. Bay. Sts. B. D IV)

Treibraddurchmesser (mm):	1 006
Achsstand (mm):	2 440
Länge über Puffer (mm):	8 005
Dienstgewicht (t):	28,8
Achslast (maximal) (t):	14,4
Höchstgeschwindigkeit (km/h):	45
Zylinderdurchmesser (mm):	330
Kolbenhub (mm):	508
Rostfläche (m²):	1,0
Verdampfungsheizfläche (m²):	64,3
Kesselüberdruck (atm):	10,0

Für den Dienst auf den „Verschubbahnhöfen" beschafften die Königlich Bayerischen Staatseisenbahnen von 1870 bis 1874 insgesamt 15 leichte B-Tenderlokomotiven, welche die Gattungsbezeichnung D I erhielten (siehe vorläufige DRB-Baureihe 88^{70}). Für anstehende weitere Beschaffungen entschloss sich die Staatsbahn, auf eine schwerere Bauart überzugehen, welche aus der D I abgeleitet wurde und die Gattungsbezeichnung D IV trug. Gebaut wurden von 1875 bis 1894 insgesamt 132 Exemplare, welche die im Verschubdienst eingesetzten älteren Maschinen ablösten und bald auf sämtlichen bayerischen Rangierbahnhöfen anzutreffen waren. Die Konstruktion der D IV stammte von Maffei, doch gefertigt wurden die meisten Maschinen von der Lokomotivfabrik Krauss, da Maffei mit der Fertigung größerer Lokomotiven ausgelastet war. Sehr markant war bei den Maschinen ein konischer, vor der Rauchkammertür nach oben ragender Wasser-Einfüllstutzen, welcher zur Befüllung des im Rahmen platzierten Wassertanks diente. Obwohl beim Übergang der Bayerischen Staatseisenbahnen in die Deutsche Reichsbahn 1920 die zuerst gebauten D IV bereits 45 Jahre alt waren, enthielt der vorläufige DRB-Umzeichnungsplan von 1923 noch alle 132 Exemplare als 88 7101-7232. Doch schon bald begannen die Ausmusterungen, so dass bei der Aufstellung des endgültigen Planes 1925 nur noch die Betriebsnummern 88 7101-7201 belegt wurden. Die Ausmusterungen gingen anschließend unvermindert weiter, so dass die letzten D IV bereits 1930 aus dem Reichsbahnbestand ausschieden.

Maff 1875/ 1077	K. Bay. Sts. B. 700 ACHERON (DIV)	→'25 **DRB 88 7101**	+31.12.26
Maff 1875/ 1078	K. Bay. Sts. B. 701 ACTAEON (DIV)	→'25 **DRB 88 7102**	+11.06.27
Maff 1875/ 1080	K. Bay. Sts. B. 703 IKARUS (DIV)	→'25 **DRB 88 7103**	+27
Maff 1876/ 1086	K. Bay. Sts. B. 722 OEDIPUS[II] (DIV)	→'25 **DRB 88 7104**	+11.06.27
Maff 1876/ 1087	K. Bay. Sts. B. 723 TITUS (DIV) →'?? K. Bay. Sts. B. TITAN[II]	→'25 **DRB 88 7105**	+11.06.27
Maff 1876/ 1088	K. Bay. Sts. B. 724 CID[II] (DIV)	→'25 **DRB 88 7106**	+11.06.27
Krss 1876/ 580	K. Bay. Sts. B. 708 PELEUS (DIV)	→'25 **DRB 88 7107**	+27
Krss 1876/ 583	K. Bay. Sts. B. 711 POSEIDON (DIV) (12.12.89 Kesselexplosion in Nürnberg)	→'25 **DRB 88 7108**	+11.11.25
Krss 1876/ 584	K. Bay. Sts. B. 712 PRIAMUS (DIV)	→'25 **DRB 88 7109**	+31.12.25
Krss 1876/ 587	K. Bay. Sts. B. 715 TRITON (DIV)	→'25 **DRB 88 7110**	+14.10.25
Krss 1876/ 588	K. Bay. Sts. B. 716 TELEMACH (DIV)	→'25 **DRB 88 7111**	+22.05.26
Krss 1876/ 613	K. Bay. Sts. B. 717 JAPETUS (DIV)	→'25 **DRB 88 7112**	+22.05.26
Krss 1876/ 614	K. Bay. Sts. B. 718 ARIADNE (DIV)	→'25 **DRB 88 7113**	+05.12.27
Krss 1876/ 615	K. Bay. Sts. B. 719 PROKYON (DIV)	→'25 **DRB 88 7114**	+27
Krss 1876/ 616	K. Bay. Sts. B. 720 ANTARES (DIV)	→'25 **DRB 88 7115**	+30.12.25
Krss 1877/ 662	K. Bay. Sts. B. 781 AGENOR (DIV)	→'25 **DRB 88 7116**	+27
Krss 1877/ 663	K. Bay. Sts. B. 782 ATREUS (DIV)	→'25 **DRB 88 7117**	+30.12.25
Krss 1877/ 666	K. Bay. Sts. B. 785 HECATE (DIV)	→'25 **DRB 88 7118**	+22.05.26
Krss 1877/ 667	K. Bay. Sts. B. 786 MINOS (DIV)	→'25 **DRB 88 7119**	+25
Krss 1877/ 668	K. Bay. Sts. B. 787 PANDORA (DIV)	→'25 **DRB 88 7120**	+27
Krss 1877/ 669	K. Bay. Sts. B. 788 SCYLLA (DIV)	→'25 **DRB 88 7121**	+22.05.26
Krss 1877/ 671	K. Bay. Sts. B. 790 TYPHON (DIV)	→'25 **DRB 88 7122**	+22.05.26
Krss 1877/ 673	K. Bay. Sts. B. 792 NOTUS (DIV)	→'25 **DRB 88 7123**	+14.10.25
Krss 1878/ 726	K. Bay. Sts. B. 810 TEUCER (DIV)	→'25 **DRB 88 7124**	+27
Krss 1878/ 727	K. Bay. Sts. B. 811 TELAMON (DIV)	→'25 **DRB 88 7125**	+11.06.27
Krss 1878/ 728	K. Bay. Sts. B. 812 HELICON (DIV)	→'25 **DRB 88 7126**	+30.12.25
Krss 1878/ 730	K. Bay. Sts. B. 814 INACHUS (DIV)	→'25 **DRB 88 7127**	+25
Krss 1878/ 731	K. Bay. Sts. B. 815 CODRUS (DIV)	→'25 **DRB 88 7128**	+22.05.26
Krss 1878/ 732	K. Bay. Sts. B. 816 LYCOMEDES (DIV)	→'25 **DRB 88 7129**	+27
Krss 1878/ 733	K. Bay. Sts. B. 817 AEGAEON (DIV)	→'25 **DRB 88 7130**	+30.12.25
Krss 1878/ 734	K. Bay. Sts. B. 818 LAOMEDON (DIV)	→'25 **DRB 88 7131**	+22.05.26
Krss 1878/ 735	K. Bay. Sts. B. 819 BRIAREUS (DIV)	→'25 **DRB 88 7132**	+11.06.27

Krss 1878/ 736	K. Bay. Sts. B. 820 ORESTES (DIV) →'25 **DRB 88 7133**	+22.05.26
Krss 1878/ 737	K. Bay. Sts. B. 821 PYLADES (DIV) →'25 **DRB 88 7134**	+30.12.25
Krss 1878/ 738	K. Bay. Sts. B. 822 AEOLUS (DIV) →'25 **DRB 88 7135**	+30.12.25
Krss 1878/ 739	K. Bay. Sts. B. 823 MEMMON (DIV) →'25 **DRB 88 7136**	+27
Krss 1878/ 740	K. Bay. Sts. B. 824 MELEAGER (DIV) →'25 **DRB 88 7137**	+27
Krss 1878/ 742	K. Bay. Sts. B. 826 BIAS (DIV) →'25 **DRB 88 7138**	+22.05.26
Krss 1878/ 743	K. Bay. Sts. B. 827 SOLON (DIV) →'25 **DRB 88 7139**	+25
Krss 1878/ 744	K. Bay. Sts. B. 828 THALES (DIV) →'25 **DRB 88 7140**	+11.08.26
Krss 1878/ 745	K. Bay. Sts. B. 829 PITTACUS (DIV) →'25 **DRB 88 7141**	+30.12.25
Krss 1878/ 746	K. Bay. Sts. B. 830 LAOCOON (DIV) →'25 **DRB 88 7142**	+30.12.25
Krss 1879/ 805	K. Bay. Sts. B. 831 WOTAN (DIV) →'25 **DRB 88 7143**	+11.06.27
Krss 1879/ 808	K. Bay. Sts. B. 834 MARKMAR (DIV) →'25 **DRB 88 7144**	+30.12.25
Krss 1879/ 809	K. Bay. Sts. B. 835 ALARICH (DIV) →'25 **DRB 88 7145**	+05.12.27
Krss 1879/ 810	K. Bay. Sts. B. 836 ATTILA (DIV) →'25 **DRB 88 7146**	+22.05.26
Krss 1879/ 811	K. Bay. Sts. B. 837 ALBOIN (DIV) →'25 **DRB 88 7147**	+25
Krss 1879/ 812	K. Bay. Sts. B. 838 CHLODWIG (DIV) →'25 **DRB 88 7148**	+30.12.25
Maff 1879/ 1197	K. Bay. Sts. B. 840 TOTILA (DIV) →'25 **DRB 88 7149**	+22.05.26
Maff 1879/ 1198	K. Bay. Sts. B. 841 SIEGFRIED (DIV) →'25 **DRB 88 7150**	+30
Maff 1879/ 1199	K. Bay. Sts. B. 842 SIGMUND (DIV) →'25 **DRB 88 7151**	+22.05.26
Maff 1879/ 1201	K. Bay. Sts. B. 844 DIETERICH (DIV) →'25 **DRB 88 7152**	+25
Maff 1879/ 1202	K. Bay. Sts. B. 845 ODIN (DIV) →'25 **DRB 88 7153**	+22.05.26
Maff 1879/ 1203	K. Bay. Sts. B. 846 ARMIN (DIV) →'25 **DRB 88 7154**	+19.11.25
Maff 1884/ 1368	K. Bay. Sts. B. 867 DEINING (DIV) →'25 **DRB 88 7155**	+31.12.26
Maff 1885/ 1370	K. Bay. Sts. B. 868 NAILA (DIV) →'25 **DRB 88 7156**	+05.12.27
Krss 1886/ 1831	K. Bay. Sts. B. 31" BEHAIM" (DIV) →'25 **DRB 88 7157** +12.11.30 →'?? Waschlok in Schongau	+
Krss 1886/ 1832	K. Bay. Sts. B. 34" LEIBNITZ" (DIV) →'25 **DRB 88 7158**	+25
Krss 1886/ 1833	K. Bay. Sts. B. 47" LIST" (DIV) →'25 **DRB 88 7159**	+30.12.25
Krss 1886/ 1834	K. Bay. Sts. B. 61" RUMFORD" (DIV) →'25 **DRB 88 7160**	+30.12.25
Maff 1889/ 1523	K. Bay. Sts. B. 117" MANGFALL" (DIV) →'25 **DRB 88 7161**	+31.12.26
Maff 1889/ 1524	K. Bay. Sts. B. 914 LUNA (DIV) →'25 **DRB 88 7162**	+22.05.26
Maff 1889/ 1526	K. Bay. Sts. B. 916 HELIOS (DIV) →'25 **DRB 88 7163**	+27
Maff 1889/ 1528	K. Bay. Sts. B. 918 ZEUS (DIV) →'25 **DRB 88 7164**	+30.12.25
Maff 1889/ 1529	K. Bay. Sts. B. 913 ELECTRA (DIV) →'25 **DRB 88 7165**	+11.06.27
Maff 1890/ 1571	K. Bay. Sts. B. 962 FREYR (DIV) →'25 **DRB 88 7166**	+11.06.27
Maff 1890/ 1572	K. Bay. Sts. B. 963 HEIMDALL (DIV) →'25 **DRB 88 7167**	+22.05.26
Maff 1890/ 1573	K. Bay. Sts. B. 964 LOKI (DIV) →'25 **DRB 88 7168**	+31.12.26
Maff 1890/ 1574	K. Bay. Sts. B. 965 HÖDUR (DIV) →'25 **DRB 88 7169**	+27
Maff 1890/ 1575	K. Bay. Sts. B. 966 FRIGGA (DIV) →'25 **DRB 88 7170**	+11.06.27
Maff 1890/ 1576	K. Bay. Sts. B. 967 GEFION (DIV) →'25 **DRB 88 7171**	+22.05.26
Maff 1890/ 1577	K. Bay. Sts. B. 968 GUDRUN (DIV) →'25 **DRB 88 7172**	+30.12.25
Krss 1891/ 2487	K. Bay. Sts. B. 1701 (DIV) →'25 **DRB 88 7173**	+12.27
Krss 1891/ 2490	K. Bay. Sts. B. 1704 (DIV) →'25 **DRB 88 7174**	+12.27
Krss 1891/ 2491	K. Bay. Sts. B. 1705 (DIV) →'25 **DRB 88 7175**	+12.27
Krss 1891/ 2493	K. Bay. Sts. B. 1707 (DIV) →'25 **DRB 88 7176**	+28
Krss 1891/ 2494	K. Bay. Sts. B. 1708 (DIV) →'25 **DRB [88 7177]**	+19.11.25
Krss 1892/ 2708	K. Bay. Sts. B. 1709 (DIV) →'25 **DRB 88 7178**	+27
Krss 1892/ 2709	K. Bay. Sts. B. 1710 (DIV) →'25 **DRB 88 7179**	+27
Krss 1892/ 2710	K. Bay. Sts. B. 1711 (DIV) →'25 **DRB [88 7180]**	+30.12.25
Krss 1892/ 2711	K. Bay. Sts. B. 1712 (DIV) →'25 **DRB [88 7181]**	+30.12.25
Krss 1892/ 2712	K. Bay. Sts. B. 1713 (DIV) →'25 **DRB 88 7182**	+05.12.27
Krss 1892/ 2713	K. Bay. Sts. B. 1714 (DIV) →'25 **DRB 88 7183**	+30
Krss 1893/ 2714	K. Bay. Sts. B. 1715 (DIV) →'25 **DRB [88 7184]**	+19.11.25
Krss 1893/ 2715	K. Bay. Sts. B. 1716 (DIV) →'25 **DRB [88 7185]**	+30.12.25
Krss 1893/ 2716	K. Bay. Sts. B. 1717 (DIV) →'25 **DRB [88 7186]**	+22.05.26
Krss 1893/ 2717	K. Bay. Sts. B. 1718 (DIV) →'25 **DRB [88 7187]**	+14.10.25
Krss 1893/ 2718	K. Bay. Sts. B. 1719 (DIV) →'25 **DRB 88 7188**	+11.06.27
Krss 1893/ 2719	K. Bay. Sts. B. 1720 (DIV) →'25 **DRB 88 7189**	+30
Maff 1893/ 1695	K. Bay. Sts. B. 1721 (DIV) →'25 **DRB [88 7190]**	+31.12.26
Maff 1893/ 1696	K. Bay. Sts. B. 1722 (DIV) →'25 **DRB 88 7191**	+27
Maff 1893/ 1697	K. Bay. Sts. B. 1723 (DIV) →'25 **DRB 88 7192**	+30
Maff 1893/ 1698	K. Bay. Sts. B. 1724 (DIV) →'25 **DRB [88 7193]**	+30.12.25

Den bayerischen D IV hatte die Reichsbahn die neuen Betriebsnummern 88 7101-7201 zugewiesen, doch da die meisten dieser Maschinen bis 1927 ausgemustert wurden, dürfte davon nur ein Bruchteil die DRB-Nummer auch wirklich getragen haben. Eine solche Ausnahme war die 88 7189, die als eine der letzten D IV erst 1930 aus dem Bestand ausschied.

Maff 1893/ 1700	K. Bay. Sts. B. 1726 (DIV) →'25 **DRB 88 7194**	+05.12.27
Maff 1895/ 1787	K. Bay. Sts. B. 1728 (DIV) →'25 **DRB 88 7195**	+11.06.27
Maff 1895/ 1788	K. Bay. Sts. B. 1729 (DIV) →'25 **DRB 88 7196**	+05.12.27
Krss 1897/ 3471	K. Bay. Sts. B. 1730 (DIV) →'25 **DRB [88 7197]**	+11.08.26
Krss 1897/ 3472	K. Bay. Sts. B. 1731 (DIV) →'25 **DRB [88 7198]**	+26
Krss 1897/ 3473	K. Bay. Sts. B. 1732 (DIV) →'25 **DRB [88 7199]**	+22.05.26
Krss 1897/ 3476	K. Bay. Sts. B. 1735 (DIV) →'25 **DRB [88 7200]**	+11.06.27
Krss 1897/ 3478	K. Bay. Sts. B. 1737 (DIV) →'25 **DRB [88 7201]**	+01.08.25

1'B n2vt **DRB 88^71^** (ex BBÖ 189)

Treibraddurchmesser (mm):	950
Achsstand (mm):	4 000
Länge über Puffer (mm):	8 300
Dienstgewicht (t):	34,0
Achslast (maximal) (t):	13,0
Höchstgeschwindigkeit (km/h):	40
Zylinderdurchmesser (mm):	320/470
Kolbenhub (mm):	500
Rostfläche (m²):	1,25
Verdampfungsheizfläche (m²):	52,8
Kesselüberdruck (atm):	13,0

Beachtenswerte 129 und 68 km lang waren die zwischen 1830 und 1836 von der „k. k. privilegierten Ersten Eisenbahngesellschaft“ in Etappen gebauten Pferdebahnen von Linz nach Budweis und von Linz nach Gmunden, welche eine Spurweite von 1106 mm aufwiesen und auf denen überwiegend Salz transportiert wurde. Die Konkurrenz durch die „echten“ Eisenbahnen führte später zur vollständigen Einstellung des Betriebes auf der Strecke nach Budweis und zur Umstellung auf Lokomotivbetrieb auf der Linie nach Gmunden. Doch auch diese konnte sich nicht auf Dauer halten – übrig blieb nur die 23 km lange Reststrecke von Lambach nach Gmunden, welche als staatlich konzessionierte Lokalbahn weiterbetrieben wurde. Speziell für diese Strecke waren 1895 und 1899 insgesamt vier 1'B-Schmalspurlokomotiven gebaut worden, die von der kkStB als Gv1 – Gv4 geführt wurden. Bei der Konstruktion der Lokomotiven, die – erstmalig in Österreich – über ein Krauss-Helmholtz Lenkgestellt verfügten, hatte man eine

spätere Umspurung auf Normalspur schon berücksichtigt. Der entsprechende Umbau erfolgte bereits 1903 – damit einher ging eine Umzeichnung in 18901-18904 bzw. ab 1906 189.01-04.
Drei der vier Lokomotiven wurden um 1930 ausgemustert, doch eine Maschine erlebte noch die Übernahme durch die Deutsche Reichsbahn im Jahr 1938, bei der sie in 88 7101 umgezeichnet wurde. Darüber, warum man damals eine 1B-Lokomotive in die Baureihe 88 und nicht in die Baureihe 70 einreihte, kann man nur spekulieren – vermutlich wollte man dadurch zum Ausdruck bringen, dass es sich um eine sehr leichte Maschine handelte, die leistungsmäßig eher zu den anderen Lokomotiven der Baureihe 88 passte als zu den teilweise doch recht kräftigen Maschinen der Baureihe 70.
Aus dem Reichsbahnbestand schied die 88 7101 im Jahr 1942 aus; anschließend wurde sie als „Anlage" verwendet, bevor sie 1956 endgültig ausgemustert wurde.

Literatur:

KNAUER, KARL HEINZ: Die Pferdeeisenbahn Linz - Budweis: erste Eisenbahn des europäischen Kontinents. Wien, 1983

KrLi 1899/ 4090	kkStB Gv3 →22.12.03 Ub. kkStB 18903 (Umbau von Schmalspur (1106 mm) auf Normalspur) →'05 kkStB 189.03 →'38 BBÖ →'38 **DRB 88 7101"** +15.12.42 →'42 Anl. A24 Wn →'45 ÖBB →'49 Anl. A20 →'54 Anl. 900711	+27.02.56

Obwohl die Lokomotiven der BBÖ-Reihe 189 die Achsfolge 1B besaßen, wurde das einzige 1938 noch vorhandene Exemplar dieser Reihe als 88 7101 in den Reichsbahn-Bestand übernommen. Die 1939 entstandene Aufnahme von Otto Zell zeigt die Maschine mit gleichzeitig angeschriebener BBÖ- und Reichsbahnnummer – mit dem falschen, aber in Österreich fast schon obligatorischen Punkt zwischen Baureihe und Ordnungsnummer.

B n2t DRB 88^{72} (ex EWA IId)

Treibraddurchmesser (mm):	1 010
Achsstand (mm):	2 400
Länge über Puffer (mm):	7 638
Dienstgewicht (t):	22,0
Achslast (maximal) (t):	11,0
Höchstgeschwindigkeit (km/h):	40
Zylinderdurchmesser (mm):	320
Kolbenhub (mm):	460
Rostfläche (m²):	0,85
Verdampfungsheizfläche (m²):	39,7
Kesselüberdruck (atm):	12,0

Unter dem Begriff „Schneebergbahn“ ist insbesondere die knapp zehn Kilometer lange schmalspurige Zahnradstrecke von Puchberg am Schneeberg auf den Hochschneeberg bekannt, doch tatsächlich war von der „Actiengesellschaft der Schneebergbahn“ auch noch eine 28 km lange normalspurige Zuführungsbahn von Wiener Neustadt bis nach Puchberg erbaut worden. Die Betriebsführung war zunächst an den Bauunternehmer der Bahn übergeben worden, doch nachdem sämtliche Prioritätsaktien der Schneebergbahn von der „Société Belge des chemins de fer“ aufgekauft worden waren, ging die Betriebsführung an die Eisenbahn Wien-Aspang (EWA) über.

Für den Betrieb der normalspurigen Strecke hatte die Schneebergbahn drei B-Kuppler beschafft, welche die Betriebsnummern 1 bis 3 trugen. Diese behielten sie auch nach der Betriebsführungsübergabe an die EWA im Jahre 1899; erst 1919 wurden sie als Gattung IId in das EWA-Schema integriert.

Nachdem die EWA in den 30er Jahren in finanzielle Schwierigkeiten geraten war, wurde der Betrieb 1937 durch die Österreichischen Bundesbahnen (BBÖ) übernommen. Die Deutsche Reichsbahn als Nachfolgerin der BBÖ wies den drei Lokomotiven die neuen Betriebsnummern 88 7201-7203 zu. Während die 88 7203 bereits 1939 ausschied, wurden die anderen beiden Maschinen 1941 als Werklokomotiven abgegeben. Während die 88 7201 1948 nach Polen gelangte und dort die Betriebsnummer TKb100-17 erhielt, kam die 88 7202 im Jahr 1955 als 188.01 sogar wieder in den ÖBB-Bestand.

WrN 1896/ 3907	Schneebergbahn 1 WR. NEUSTADT →'99 Eb. Wien-Aspang (EWA) →'19 Eb. Wien-Aspang (EWA) 25 (IId) →'37 BBÖ →'38 **DRB 88 7201“** +16.03.42 →'42 WL 4 Wien Nord →'45 ÖBB/T →19.11.48 CCCP →25.11.48 PKP TKb 100-17	+30.10.50
WrN 1896/ 3908	Schneebergbahn 2 FISCHAU →'99 Eb. Wien-Aspang (EWA) →'19 Eb. Wien-Aspang (EWA) 26 (IId) →'37 BBÖ →'38 **DRB 88 7202** →31.05.41 WL Wien Ost →'45 ÖBB/T →09.55 ÖBB 188.01	+15.01.60
WrN 1896/ 3909	Schneebergbahn 3 GRÜNBACH →'99 Eb. Wien-Aspang (EWA) →'19 Eb. Wien-Aspang (EWA) 27 (IId) →'37 BBÖ →'38 **DRB 88 7203**	+24.10.39

Die von der Schneebergbahn stammende 88 7202 schied 1941 aus dem Betriebsdienst aus und wurde Werklok in Wien Ost. Dabei behielt sie vermutlich ihre Betriebsnummer, denn diese Nachkriegsaufnahme von Franz Kraus zeigt sie als sowjetische Trophäenlokomotive mit der Betriebsnummer „T 88 7202“. Als einzige der drei Schneebergbahn-Maschinen kam die Lokomotive später wieder in den ÖBB-Bestand, wo sie die neue Betriebsnummer 188.01 erhielt.

B n2t DRB 88^{73} (ex Pfalzbahn T 1)

Treibraddurchmesser (mm):	985
Achsstand (mm):	2 440
Länge über Puffer (mm):	8 005
Dienstgewicht (t):	29,0
Achslast (maximal) (t):	14,5
Höchstgeschwindigkeit (km/h):	45
Zylinderdurchmesser (mm):	330
Kolbenhub (mm):	508
Rostfläche (m²):	0,99
Verdampfungsheizfläche (m²):	59,3
Kesselüberdruck (atm):	10,0

Im Jahr 1892, drei Jahre nachdem die ersten C-Tenderlokomotiven der Gattung T3 (siehe Baureihe 89^{1}) an die Pfalzbahn geliefert worden waren, beschaffte die Pfälzische Eisenbahn auch neue B Tenderlokomotiven für den Rangier- und Personenzugdienst. Die Maschinen, die als Gattung T 1 bezeichnet wurden, entsprachen weitgehend der bayerischen D IV (Baureihe 88^{71-72}), unterschieden sich von dieser aber in einigen Details: So war z.B. der Raddurchmesser etwas geringer, ebenso waren die Vorratsbehälter für Wasser und Kohle etwas kleiner ausgeführt. Weitere Unterschiede gab es beim Sandbehälter, bei den Sicherheitsventilen und den Armaturen.

Im vorläufigen Umzeichnungsplan der DRB waren noch alle 31 zwischen 1892 und 1897 gebauten Maschinen enthalten (88 7301-7331), doch bis zur Aufstellung des endgültigen Planes waren bereits zehn Maschinen ausgeschieden (88 7301-7321). Ein Großteil der verbliebenen Maschinen wurden noch im Laufe des Jahres 1925 ausgemustert, so dass eine Umzeichnung bei diesen vermutlich nicht mehr stattgefunden hat. Die letzten Exemplare der pfälzischen T 1 schieden Mitte der 30er Jahre aus. Von diesen ist die 88 7306 durch glückliche Umstände bis heute erhalten geblieben: Nach der Ausmusterung noch viele Jahre als „Gerät" verwendet, wurde sie zu Beginn der 70er Jahre als Denkmal aufgestellt und kam 1997 an das DGEG-Eisenbahnmuseum in Neustadt/Weinstraße.

Maff 1892/ 1654	Pfalzbahn 177 EBERTSHEIM (T 1)	→'25 **DRB 88 7301**	+22.01.31
Maff 1892/ 1655	Pfalzbahn 178 LAMBSHEIM (T 1)	→'25 **DRB 88 7302**	+06.32
Krss 1892/ 2632	Pfalzbahn 182 RHEINZABERN (T 1)	→'25 **DRB 88 7303**	+14.10.25
Krss 1892/ 2633	Pfalzbahn 183 RUELZHEIM (T 1)	→'25 **DRB 88 7304**	+19.11.25
Krss 1892/ 2634	Pfalzbahn 184 WOLFSTEIN (T 1)	→'25 **DRB 88 7305**	+14.10.25
Krss 1892/ 2636	Pfalzbahn 186 SCHAIDT (T 1) →'25 **DRB 88 7306** +31.10.36 →'?? WL Gerät 805.8001 Bw Ludwigshafen +04.61 (ab '64 abg. Grünstadt, ab '68 abg. Worms) →02.71 Denkmal vor der Gehörlosenschule in Stegen bei Freiburg →'97 DGEG, Neustadt (Weinstraße)		('22 vorh.)
Krss 1893/ 2974	Pfalzbahn 15" DUERKHEIM" (T 1)	→'25 **DRB 88 7307**	+31
Krss 1893/ 2977	Pfalzbahn 65" HASSLOCH" (T 1)	→'25 **DRB 88 7308**	+nach 35
Krss 1893/ 2979	Pfalzbahn 73" RUPPERTSBERG" (T 1)	→'25 **DRB 88 7309**	+19.11.25
Krss 1894/ 3059	Pfalzbahn 32" GERMERSHEIM" (T 1)	→'25 **DRB 88 7310**	+19.11.25
Krss 1894/ 3060	Pfalzbahn 54" BLIES" (T 1)	→'25 **DRB 88 7311**	+22.01.31
Krss 1894/ 3061	Pfalzbahn 55" ST. INGBERT" (T 1)	→'25 **DRB 88 7312**	+19.11.25
Maff 1895/ 1784	Pfalzbahn 50" LANDSTUHL" (T 1)	→'25 **DRB 88 7313**	+19.11.25
Maff 1895/ 1803	Pfalzbahn 34" GLEISWEILER" (T 1)	→'25 **DRB 88 7314**	+19.11.25
Maff 1895/ 1804	Pfalzbahn 35" KANDEL" (T 1)	→'25 **DRB 88 7315**	+19.11.25
Maff 1895/ 1805	Pfalzbahn 51" ALSENZ" (T 1)	→'25 **DRB 88 7316**	+22.01.31
Maff 1896/ 1822	Pfalzbahn 17" DONNERSBERG" (T 1)	→'25 **DRB 88 7317**	+19.11.25
Maff 1896/ 1823	Pfalzbahn 19" BACCHUS (T 1)	→'25 **DRB 88 7318**	+14.08.28
Maff 1896/ 1849	Pfalzbahn 67" REMIGIUSBERG (T 1)	→'25 **DRB 88 7319**	+14.10.25
Maff 1897/ 1880	Pfalzbahn 69" QUIRNBACH" (T 1) →'25 **DRB 88 7320** +17.04.26 →'?? WL RAW Kaiserslautern 805.80.02		++60
Maff 1897/ 1904	Pfalzbahn 42" SCHARFENECK" (T 1)	→'25 **DRB 88 7321**	+19.11.25

Als 1934 die 88 7306 von Karl-Julius Harder im Bw Ludwigshafen abgelichtet wurde, konnte er beim besten Willen nicht ahnen, dass dieser Maschine noch ein langes Leben beschieden sein würde, waren zu diesem Zeitpunkt doch nur noch zwei der ursprünglich 21 Lokomotiven der Baureihe 88^{73} vorhanden. Nach der Nutzung als „Gerät" und zehnjähriger Abstellzeit stand die Maschine über 25 Jahre auf einem Denkmalsockel, bevor sie 1997 ins DGEG-Eisenbahnmuseum Neustadt/Weinstraße übersiedelte.

Auch die 88 7320 hielt deutlich länger als die meisten ihrer Schwestern durch: Als Werklok 2 des RAW/AW Kaiserslautern (Geräte-Nr. 805.80.02) stand sie bis Ende der 50er Jahre im Einsatz. Fotografiert wurde sie um 1960 im Schrottzug von Kaiserslautern nach Ingolstadt.

B n2t DRB 88^{74} (ex K. W. St. E. T)

Treibraddurchmesser (mm):	800
Achsstand (mm):	1 560
Länge über Puffer (mm):	6 380
Dienstgewicht (t):	15,3
Achslast (maximal) (t):	7,7
Höchstgeschwindigkeit (km/h):	30
Zylinderdurchmesser (mm):	270
Kolbenhub (mm):	380
Rostfläche (m^2):	0,51
Verdampfungsheizfläche (m^2):	26,5
Kesselüberdruck (atm):	12,0

Nachdem die Königlich Württembergischen Staatseisenbahnen einen ersten Dampftriebwagen von Serpollet beschafft hatten, orderte man zu Vergleichszwecken bei der Maschinenfabrik Heilbronn eine kleine zweiachsige Tenderlokomotive, die vor vergleichbaren kurzen Personenzugen eingesetzt werden konnte. Bei der 1896 gelieferten Lokomotive, welche die Betriebsnummer 1001 und die Gattungsbezeichnung T erhielt, war der Führerstand hinten offen und es bestand eine Übergangsmöglichkeit vom Zug für den Schaffner. Auffällig war zudem die Verwendung von Scheibenrädern bei den Treib- und Kuppelachsen. Weitere neun Lokomotiven (T 1002-1010) wurden zwischen 1898 und 1904 beschafft. Für die Staatsbahn im Einsatz waren sie allerdings nur wenige Jahre – noch zu Länderbahn-Zeiten schieden acht aus dem Bestand aus. Die meisten von ihnen wurden allerdings als Werklokomotiven in der Industrie weiterverwendet, so auch die T 1005, die heute im Deutschen Technik-Museum in Berlin präsentiert wird.
Nur eine Lokomotive der Klasse T war noch im Umzeichnungsplan der Deutschen Reichsbahn enthalten – in diesem wird als 88 7401 die Lokomotive „T 1000" mit der Fabriknummer 340 aufgeführt. Als zu Beginn der 20er Jahre die Anlieferung der „Tn" mit den Betriebsnummern ab 1001 anstand, hatte man die letzte noch vorhandene „T", die T 1003, in T 1000 umgenummert. Die T 1003 trug die Fabriknummer 349 – offenbar hatte man diese beim Umzeichnungsplan falsch abgeschrieben, denn die Fabriknummer 340 hatte eine Schmalspurlokomotive getragen.
In der Literatur existieren zahlreiche widersprüchliche Angaben zu den Betriebs- und Fabriknummern der württembergischen T – inklusive der abweichenden Gattungsbezeichnung „T2", die aber durch offizielle Dokumente nicht bestätigt wird. Die 88 7401 war übrigens die leichteste Normalspurlokomotive der Deutschen Reichsbahn.

Literatur:

KLEBES, GÜNTHER: Die württembergische T2. LM 55, S. 316-318
SCHERER, THOMAS: Der Winzling – die württembergische T. EK 11/1985 S. 12-15
WILLHAUS, WERNER: Maschinenbau-Gesellschaft Heilbronn. Schweinfurt, 1995
WILLHAUS, WERNER: Baureihe 88^{74}: Württembergische T; das Nesthäkchen der Reichsbahn und seine Vorgänger. Schweinfurt, 2002.

Heil 1898/ 349	K. W. St. E. 1003 (T) →'20 K. W. St. E. 1000" →'25 **DRB 88 7401** →'?? Rangiergerät RAW Esslingen	+28

Nur eine einzige Lokomotive der württembergischen Klasse T wurde von der Deutschen Reichsbahn im Umzeichnungsplan mit einer neuen Betriebsnummer bedacht – das Bild von Hermann Maey zeigt die Lokomotive 88 7401 mit der angeschriebenen Beheimatung „Bw Friedrichshafen".

B n2t DR 88^{74} (ex ?)

So gut wie nichts ist über die Zweitbesetzung der Betriebsnummer 88 7401 bekannt. Erstmalig erwähnt wurde sie im Bestandsverzeichnis der Rbd Berlin vom 4. November 1945 und laut Verzeichnis vom 30. April 1946 war sie zu diesem Zeitpunkt im Bw Pankow beheimatet. Übereinstimmend geben der Änderungsnachweis der Rbd Berlin sowie die MfV-Karteikarte die Abgabe am 9. Mai 1946 an die SMA mit Ziel Brest an. Zur Identität der Maschine gibt es in offiziellen Quellen ebensowenig Hinweise wie zum Zeitpunkt, an dem die Maschine in den Bestand der Reichsbahn gekommen ist – ja sogar zur Achsfolge gibt es keine Angaben, man kann aufgrund der Betriebsnummer nur vermuten, dass es sich um einen B-Kuppler gehandelt haben dürfte, aber selbst da gibt es ja Ausnahmen (vgl. 88 7101"). Im Lokomotivverzeichnis von Fritz Schadow wird die Gattungsbezeichnung der Lokomotive mit „Gt22.12" angegeben, also ein B-Kuppler mit 12 t Achslast – und als Jahr des Zugangs 1943. In der Literatur wurde mehrfach die Vermutung geäußert, dass es sich um eine sowjetische Maschine gehandelt haben könnte, doch auch dafür gibt es keinen Hinweis. Erwähnt werden soll an dieser Stelle jedoch noch, dass auf der MfV-Karteikarte der Maschine unter Bemerkungen „EA6" verzeichnet ist (was möglicherweise für „Eisenbahn-Ausbesserungszug 6" steht) – vielleicht ist das ja ein Puzzlestein, der einmal bei der Identifizierung der Lokomotive helfen kann.

(?) ????/ ?	NKPS ..... →ca. '41/42 DRB →'44 **DRB 88 7401"** →'45 DRo →09.05.46 SMA	V.u.

B n2t DRB 88^{75} (ex Grh. Bad. St.-Eb. Ib^{1-2})

	88 7501-7502	88 7503
Treibraddurchmesser (mm):	940	960
Achsstand (mm):	2 100	2 100
Länge über Puffer (mm):	6 925	6 925
Dienstgewicht (t):	23,68	24,24
Achslast (maximal) (t):	12,95	12,9
Höchstgeschwindigkeit (km/h):	45	45
Zylinderdurchmesser (mm):	280	280
Kolbenhub (mm):	460	460
Rostfläche (m²):	0,73	0,73
Verdampfungsheizfläche (m²):	47,08	46,96
Kesselüberdruck (atm):	10,0	10,0

Im April 1865 wurde bei Maxau die erste Eisenbahn-Schiffsbrücke in Europa eröffnet – sie verband die Netze der Pfalzbahn und der Badischen Staatseisenbahn über eine Brücke, die nicht auf Pfeilern, sondern auf Schiffs-Pontons gelagert war. Durch diese Bauweise sanken die einzelnen Pontons beim Überfahren um rund 20 cm ein, so dass die Lokomotive immer „steil bergauf" fahren musste. Von der Pfälzischen Eisenbahn wurden zu diesem Zweck besonders leichte Tenderlokomotiven beschafft, deren Pufferteller zur Vermeidung von Überpufferungen mit Holzscheiben vergrößert wurden.
Nachdem sich der Schiffsbrückenbetrieb bewährt hatte, wurde im Dezember 1873 eine zweite Schiffsbrücke bei Speyer in Betrieb genommen, welche ebenfalls die Pfalzbahn und die Badischen Staatseisenbahnen verband und die wie erstere von der Pfalzbahn betrieben wurde. Für den Betrieb standen insgesamt acht von der Maschinenbaugesellschaft Karlsruhe gebaute B-Kuppler zur Verfügung.
Im Jahr 1879 wurde der Brückendienst neu geordnet – die Maxauer Brücke sollte weiterhin von der Pfalzbahn bedient werden, während auf der Brücke bei Speyer fortan die Badischen Staatseisenbahnen den Betrieb übernahmen. Zu diesem Zweck wurden zwei der pfälzischen Lokomotiven von Baden erworben und als Gattung Ib^1 in den Bestand übernommen. Eine weitere Lokomotive gleicher Bauart wurde 1893 nachbeschafft (Gattung Ib^2). Die drei Maschinen blieben bis 1926 im Betrieb und erhielten daher bei der Reichsbahn 1925 auch die neuen Betriebsnummern 88 7501-7503. Einige der auf der Maxauer Brücke eingesetzten Pfalzbahn-Loks waren im vorläufigen DRB-Umzeichnungsplan noch als 88 7001-7003 enthalten, wurden aber noch vor Aufstellung des endgültigen Plans ausgemustert.
Die Bauart der badischen Brückenloks ist unter der Bezeichnung „Karlsruher Teckel" bekannt geworden – diese sehr leichten Maschinen wurden auch von anderen Bahnen (so der Saarbrücker Eisenbahn oder der Hannoverschen Staatsbahn) meist als Rangierlokomotiven beschafft.

Literatur:

WULFGRAM, CHRISTOPHER: Die Karlsruher Teckel und Brückenloks. EK 12/1989, S. 42-46

Die 88 7502 war eine der wenigen „Karlsruher Teckel" mit Reichsbahn-Nummer. Da die Maschine bereits im Juni 1926 ausgemustert wurde, dürfte sie die DRB-Nummer nur kurzzeitig getragen haben. Beachtenswert sind die großen Puffer, die ein Überpuffern beim Befahren der Schiffsbrücke verhindern sollten.

Karl 1874/ 834	Pfalzbahn VII (T2[I]) →'79 Grh. Bad. St.-Eb. 402 (Ib)	→'25 **DRB 88 7501**	+30.06.26
Karl 1874/ 835	Pfalzbahn VIII (T2[I]) →'79 Grh. Bad. St.-Eb. 403 (Ib)	→'25 **DRB 88 7502**	+30.06.26
Karl 1893/ 1340	Grh. Bad. St.-Eb. 240" (Ib)	→'25 **DRB 88 7503**	+30.06.26

B n2t **DRB 88^{75}** (ex Grh. Bad. St.-Eb. Ie$^{1-6}$)

	88 7511-7548	88 7551-7563
Treibraddurchmesser (mm):	1 235	1 235
Achsstand (mm):	2 500	2 500
Länge über Puffer (mm):	7 740	7 740
Dienstgewicht (t):	28,7	28,2
Achslast (maximal) (t):	14,6	14,3
Höchstgeschwindigkeit (km/h):	60	60
Zylinderdurchmesser (mm):	325	356
Kolbenhub (mm):	550	550
Rostfläche (m²):	0,81	0,81
Verdampfungsheizfläche (m²):	49,47	53,88
Kesselüberdruck (atm):	10,0	10,0

Insbesondere für den Rangier- als auch den leichten Nebenbahndienst waren die Lokomotiven der badischen Gattung Ie konzipiert: Sie lösten viele ältere Maschinen ab, die sich damals auf den Rangierbahnhöfen noch ihr „Gnadenbrot" verdienten. Andererseits besaßen die Maschinen wegen der vorgesehenen Verwendung im Nebenbahndienst relativ große Treibräder sowie eine respektable Höchstgeschwindigkeit – was natürlich zu Lasten der Beschleunigungsfähigkeit im Rangierdienst ging.

Gebaut wurden insgesamt 30 Maschinen, die noch alle im vorläufigen Umzeichnungsplan der Deutschen Reichsbahn enthalten waren, von denen im endgültigen dann aber schon fünf fehlten. Die Badischen Staatseisenbahnen hatten die Gattung in sechs Reihen untergliedert – und wie für die badischen Lokomotiven üblich, erhielt jede Reihe im Umzeichnungsplan eine eigene Nummerngruppe:

Die 88 7551 war die einzige badische Ie der Reichsbahn, die nicht bereits in den 1920er-Jahren aus dem Bestand ausgeschieden war. Hermann Maey konnte die Lokomotive im Jahr 1932 portraitieren – ein Jahr später wurde auch sie ausgemustert.

Gattung/Reihe	bad. Betriebsnummern	DRB-Betriebsnummern
Ie[1]	443-447	88 7511-7515
Ie[2]	448-449,	88 7521-7522
Ie[3]	478-481	88 7531-7532
Ie[4]	179, 183, 186, 190, 192-195, 245	88 7541-7548
Ie[5]	117-123	88 7551-7555
Ie[6]	99, 101, 115	88 7561-7563

Die Lokomotiven wurden – mit einer Ausnahme – noch alle in den 20er Jahren ausgemustert. Vermutlich wurde die eine oder andere Maschine nach der Ausmusterung an die Industrie verkauft – bekannt ist dies für die 88 7553, die an die Baufirma Polensky & Zöllner veräußert wurde. Nach dem Zweiten Weltkrieg wurde die Maschine in Österreich vorgefunden und soll dort – zumindest auf dem Papier – noch in den ÖBB-Bestand aufgenommen worden sein.

Karl 1887/ 1179	Grh. Bad. St.-Eb. 443 (Ie) →'25 **DRB 88 7511**	+vor 29
Karl 1887/ 1180	Grh. Bad. St.-Eb. 444 (Ie) →'25 **DRB 88 7512**	+26
Karl 1887/ 1181	Grh. Bad. St.-Eb. 445 (Ie) →'25 **DRB 88 7513**	+vor 29
Karl 1887/ 1182	Grh. Bad. St.-Eb. 446 (Ie) →'25 **DRB 88 7514**	+vor 29
Karl 1887/ 1183	Grh. Bad. St.-Eb. 447 (Ie) →'25 **DRB 88 7515**	+vor 29
Karl 1888/ 1210	Grh. Bad. St.-Eb. 448 (Ie) →'25 **DRB 88 7521**	+vor 29
Karl 1888/ 1211	Grh. Bad. St.-Eb. 449 (Ie) →'25 **DRB 88 7522**	+vor 29
Karl 1889/ 1233	Grh. Bad. St.-Eb. 480 (Ie) →'25 **DRB 88 7531**	+vor 29
Karl 1889/ 1234	Grh. Bad. St.-Eb. 481 (Ie) →'25 **DRB 88 7532**	+vor 29
Karl 1890/ 1253	Grh. Bad. St.-Eb. 183" (Ie) →'25 **DRB 88 7541**	+vor 29
Karl 1890/ 1254	Grh. Bad. St.-Eb. 186" (Ie) →'25 **DRB 88 7542**	+vor 29
Karl 1890/ 1255	Grh. Bad. St.-Eb. 190" (Ie) →'25 **DRB 88 7543**	+vor 29
Karl 1890/ 1256	Grh. Bad. St.-Eb. 192" (Ie) →'25 **DRB 88 7544**	+26
Karl 1890/ 1257	Grh. Bad. St.-Eb. 193" (Ie) →'25 **DRB 88 7545**	+vor 29
Karl 1890/ 1258	Grh. Bad. St.-Eb. 194" (Ie) →'25 **DRB 88 7546**	+vor 29
Karl 1890/ 1259	Grh. Bad. St.-Eb. 195" (Ie) →'25 **DRB 88 7547**	+vor 29

Karl 1890/ 1260	Grh. Bad. St.-Eb. 245" (Ie) →'25 **DRB 88 7548**	+vor 29
Karl 1892/ 1329	Grh. Bad. St.-Eb. 119" (Ie) →'25 **DRB 88 7551**	+33
Karl 1892/ 1330	Grh. Bad. St.-Eb. 120" (Ie) →'25 **DRB 88 7552**	+25-29
Karl 1892/ 1331	Grh. Bad. St.-Eb. 121" (Ie) →'25 **DRB 88 7553** →um '31 Bauunternehmung Polensky & Zöllner (Lok war '45 in Österreich)	+vor 53
Karl 1892/ 1332	Grh. Bad. St.-Eb. 122" (Ie) →'25 **DRB 88 7554**	+25-29
Karl 1892/ 1333	Grh. Bad. St.-Eb. 123" (Ie) →'25 **DRB 88 7555** +28 →'28 WL RAW Offenburg ('30 vorh.)	+
Karl 1892/ 1337	Grh. Bad. St.-Eb. 99" (Ie) →'25 **DRB 88 7561**	+25-29
Karl 1892/ 1338	Grh. Bad. St.-Eb. 101" (Ie) →'25 **DRB 88 7562**	+25-29
Karl 1893/ 1339	Grh. Bad. St.-Eb. 105" (Ie) →'94 Grh. Bad. St.-Eb. 115" →'25 **DRB 88 7563**	+25-29

In der Werkstatt in Wien Süd stand nach dem Zweiten Weltkrieg eine badische Ie abgestellt – dabei handelte es sich um die ehemalige 88 7553, die um 1931 an das Bauunternehmen Polensky & Zöllner verkauft worden war. Auf welchen verschlungenen Pfaden die Lokomotive – hier am 1. Oktober 1955 von Ewald Göller fotografiert – nach Österreich gekommen war, ist leider nicht bekannt.

B n2t **DRB 88^{76}** (ex Hafen Bremen)

Treibraddurchmesser (mm):	*1 080*
Achsstand (mm):	*2 500*
Länge über Puffer (mm):	*8 089*
Dienstgewicht (t):	*27,1*
Achslast (maximal) (t):	*13,6*
Höchstgeschwindigkeit (km/h):	*40*
Zylinderdurchmesser (mm):	*330*
Kolbenhub (mm):	*550*
Rostfläche (m²):	*1,0*
Verdampfungsheizfläche (m²):	*57,5*
Kesselüberdruck (atm):	*12,0*

Im Jahr 1930, als die meisten der von den Länderbahnen übernommenen B-Kuppler von der Reichsbahn bereits ausgemustert worden waren, kam mit der 88 7601 ein weiteres Exemplar dieser Bauart in den DRB-Bestand. Es handelt sich um eine Lokomotive, die nach dem preußischen Musterblatt III-4b gebaut worden war – allerdings war sie von der Lokomotivfabrik Henschel direkt an die Bestellerin, die Bremer Hafenbahn, geliefert worden. Es handelte sich somit um einen Neubau und keine gebraucht bei der Staatsbahn erworbene Maschine. Die 67 von der KPEV beschafften T2 nach besagtem Musterblatt dürften allesamt bis 1912 aus dem Bestand ausgeschieden sein – somit hat die Hafenbahn-Maschine deutlich länger durchgehalten als ihre preußischen Schwestern. Ähnlich erging es übrigens den Lokomotiven gleicher Bauart bei der Lübeck-Büchener Eisenbahn – sie kamen 1938 als 88 7001-7002 in den Reichsbahnbestand.

Hen 1892/ 3642	Hafen Bremen 4a →'30 **DRB 88 7601**	+30

Noch im Jahr der Übernahme wurde die 88 7601 von der Deutschen Reichsbahn ausgemustert – da wundert es nicht, dass die Maschine zum Zeitpunkt der Ablichtung durch Werner Hubert auch noch das Schild „Nº 4a HAFENBAHN-BREMEN" trug.

C h2t — DRB 89^0 — (ex KPEV T 8)

Treibraddurchmesser (mm):	1 350
Achsstand (mm):	3 400
Länge über Puffer (mm):	9 460
Dienstgewicht (t):	45,6
Achslast (maximal) (t):	15,5
Höchstgeschwindigkeit (km/h):	60
Zylinderdurchmesser (mm):	500
Kolbenhub (mm):	600
Rostfläche (m²):	1,51
Verdampfungsheizfläche (m²):	68,5
Überhitzerheizfläche (m²):	17,9
Kesselüberdruck (atm):	10,0 [1)]

[1)] so lt. DRB-Merkbuch 1924; lt. KPEV-Merkbuch 1915: 12.0 atm

Zu Beginn des 20. Jahrhunderts war die preußische T 3 (Baureihe 89^{70-75}) als Standard-Tenderlokomotiven für Nebenbahnen schon etwas in die Jahre gekommen und insbesondere die Höchstgeschwindigkeit von nur 40 km/h war für manche Strecken nicht mehr ausreichend. Auf Drängen der KED Hannover begann man daher schon bald mit der Entwicklung einer neuen dreiachsigen Heißdampf-Tenderlokomotive, die sowohl für den Nebenbahn- als auch den Verschiebedienst geeignet sein sollte. Als Achsdruck waren 14 t vorgesehen und die geplante Höchstgeschwindigkeit lag bei 60 km/h.

Die von der Breslauer Lokomotivfabrik konstruierten Maschinen, welche die Gattungsbezeichnung T 8 und die Musterblattzeichnung XIV-4 erhielten, stellten sich aber als zu schwer geraten heraus, so dass ein Nebenbahneinsatz meist nicht möglich war. Außerdem sollen die Maschinen aufgrund der großen Überhänge bei Höchstgeschwindigkeit sehr unruhig gelaufen sein, so dass die T 8 überwiegend im Güter- und Verschubdienst genutzt wurden.

Insgesamt gebaut wurden genau 100 Lokomotiven, von denen zwei mit Lentz-Ventilsteuerung ausgerüstet waren. Nach dem Ersten Weltkrieg musste keine T 8 an die Armistice abgegeben werden – tatsächlich übernahmen die Siegermächte nur relativ wenige Tenderloks. Sechs Maschine kamen allerdings in den Bestand der Polnischen Staatsbahnen, bei denen die Gattungsbezeichnung TKh 3 für diese Lokomotiven vorgesehen war. Die Deutsche Reichsbahn begann schon früh mit der Ausmusterung der gerade einmal 15 Jahre alten Maschinen: Im vorläufigen Umzeichnungsplan von 1923 waren nur noch 80 Lokomotiven enthalten (89 001-080), im endgültigen noch 78 (89 001-078), doch die neuen Nummern dürften nur noch wenige T 8 getragen haben. Die vollständige Ausmusterung erfolgte bis 1928.

Einige 89^0 waren nach dem Ausscheiden aus dem Reichsbahn-Bestand an verschiedene Werk- und Privatbahnen verkauft worden. Mit der Verstaatlichung einiger dieser Bahnen kamen deren T 8 auch wieder in den Reichsbahn-Bestand zurück (siehe 89 1001-1004, 6476, 6576).

Literatur:

HARDER, KARL-JULIUS: Erinnerungen an die preußische T8. LM 79, S. 313-318
MOLL, GERHARD: Die preußische T8. LM 20, S. 66-68
MOLL, GERHARD: Die T8 der Preußischen Staatsbahn. EK 1/2003 S. 48-50
WENZEL, HANSJÜRGEN: Die preußischen Tenderlokomotiven der Gattungen T7 und T8. EK 7/1983, S. 19-25
WENZEL, HANSJÜRGEN: Die preußische T8. EK 7/2011 S. 58-63

BAG 1906/ 359	Mgd 2001 →'06 MGD 7001 T8 →'06 BLN 7001 →'14 KSL 7001 →'25 **DRB 89 001** +26 →'26 verk. Fa. Erich am Ende, Berlin-Weißensee (Kessel: Hano 07/4855) →'27 Prenzlauer Kreisbahnen (PK) 16 →'30 Fa. Erich am Ende, Berlin-Weißensee →'31 Mecklenburgische Friedrich-Wilhelm-Eb. (MFWE) 4" →'41 DRB →'42 DRB 89 1004 →'45 DRo/DR +07.09.66 →'?? DR-Traditionslok ('82 HU Meiningen) →'92 DR 088 896-6 →01.01.94 DB (BSW-Gruppe Halle/DB-Museum Halle)	('23 vorh.)
BAG 1906/ 360	Mgd 2002 →'06 MGD 7002 T8 →'06 BLN 7002 →'14 KSL 7002 →'25 **DRB 89 002**	+
BAG 1906/ 362	Dzg 2000 →'06 DZG 7001 T8 →'06 BLN 7004 →'14 DZG 7004 →'21 STN 7005 →'25 **DRB 89 003** →bis '29 WL 11 Deutsche Industriewerke, Spandau (08.35 vorh.)	+
BAG 1906/ 363	Alt 1729 →'06 ALT 7001 T8 →'06 BLN 7005 →'?? HAL 7006 →'?? DRE 7006 →'25 **DRB 89 004**	+
BAG 1906/ 365	Hal 1767" →'06 HAL 7001 T8 →'20 STN 7001 →'25 **DRB 89 005**	+27
BAG 1906/ 366	Hal 1768" →'06 HAL 7002 T8 →'20 STN 7002 →'25 **DRB 89 006** →'30 Lokalbahn AG (LAG) 82 (für Niederbiegen-Weingarten) →'38 DRB →'39 DRB 89 1001 →12.09.40 Hoesch Hüttenwerke, Dortmund 26 ('46 vorh.)	+
BAG 1906/ 367	Hal 1769" →'06 HAL 7003 T8 →'20 STN 7003 →'?? DRE 7003 →'25 **DRB 89 007**	+
BAG 1907/ 396	EFD 7001 T8 →'25 **DRB 89 008**	+
BAG 1907/ 397	EFD 7002 T8 →'25 **DRB 89 009**	+
BAG 1907/ 398	EFD 7003 T8 →'25 **DRB 89 010**	+
BAG 1907/ 399	EFD 7004 T8 →'25 **DRB 89 011** →11.04.28 Braunschweigische Landes-Eb. (BLE) 35 →'30 Dahme-Uckroer Eb. (DUE) 1 →10.38 Brandenburgische Städtebahn (BStB) 61 →'40 Brandenburgische Städtebahn (BStB) 1-40 (LVDB) →'50 DR 89 6476	+16.09.65
BAG 1907/ 400	HAN 7007 T8 →'25 **DRB 89 012**	+27
BAG 1907/ 401	HAN 7008 T8 →'25 **DRB 89 013**	+27
BAG 1907/ 402	MST 7001 T 8 →'07 EFD 7009 →'25 **DRB 89 014**	+
BAG 1907/ 403	MST 7002 T8 →'07 EFD 7010 →'25 **DRB 89 015**	+
BAG 1907/ 405	Mnz 1820 →'06 MNZ 7001 T8 →'21 BSL 7014 →'?? DRE 7014 →'25 **DRB 89 016**	+
BAG 1907/ 449	BSL 7001 T8 →'25 **DRB 89 017**	+
BAG 1907/ 450	BSL 7002 T8 →'25 **DRB 89 018**	+
BAG 1907/ 451	FFT 7001 T8 →'?? BSL 7003" →'25 **DRB 89 019**	+
BAG 1907/ 453	FFT 7003 T8 →'25 **DRB 89 020**	+27
BAG 1907/ 454	HAL 7004 T8 →'25 **DRB 89 021**	+
BAG 1907/ 455	MGD 7001" T8 →'25 **DRB 89 022**	+
BAG 1907/ 459	MNZ 7003 T8 →'21 BSL 7015 →'25 **DRB 89 023**	+
BAG 1907/ 460	MNZ 7004 T8 →'21 BSL 7013 →'25 **DRB 89 024**	+
O&K 1906/ 1911	(Alt 1730) →ALT 7002 T8 →'25 **DRB 89 025**	+
Hano 1907/ 4851	KÖL 7001 T8 →'?? DRE 7001 →'25 **DRB 89 026**	+
Hano 1907/ 4852	KÖL 7002 T8 →'?? DRE 7002 →'25 **DRB 89 027**	+
Hano 1907/ 4854	KÖL 7004 T8 →'?? DRE 7004 →'25 **DRB 89 028**	+
Hano 1907/ 4856	ALT 7003 T8 →'25 **DRB 89 029**	+
Hano 1907/ 4857	EFD 7005 T8 →'25 **DRB 89 030**	+
Hano 1907/ 4858	EFD 7006 T8 →'25 **DRB 89 031**	+
Hano 1907/ 4859	ESN 7001 T8 →'25 **DRB 89 032**	+
Hano 1907/ 4861	ESN 7003 T8 →'25 **DRB 89 033**	+
Hano 1907/ 4862	HAN 7009 T8 →'25 **DRB 89 034**	+
Hano 1907/ 4863	HAN 7010 T8 →'25 **DRB 89 035**	+
Hano 1907/ 4864	HAN 7011 T8 →'25 **DRB 89 036**	+
Hano 1907/ 4865	HAN 7012 T8 →'25 **DRB 89 037**	+
BAG 1907/ 461	BLN 7015 T8 →'14 EFD 7022 →'25 **DRB 89 038**	+
BAG 1907/ 462	BLN 7016 T8 →'14 EFD 7023 →'25 **DRB 89 039** →19.01.28 Fa. Erich am Ende →31.10.30 Mecklenburgische Friedrich-Wilhelm-Eb. (MFWE) 3" →'41 DRB →'42 DRB 89 1003 ('44 WLE /L) →'45 DRw →19.10.46 Westfälische Landes-Eb. (WLE) 88 →'50/51 Westfälische Landes-Eb. (WLE) 0088 +53 →29.04.53 verk. Westfälische Lokfabrik Hattingen (WLH)	++
BAG 1907/ 463	BLN 7017 T8 →'14 EFD 7024 →'25 **DRB 89 040**	+
BAG 1907/ 465	POS 7001 T8 →'12 EFD 7012 →'25 **DRB 89 041**	+
O&K 1906/ 1912	HAN 7003 T8 →'25 **DRB 89 042**	+27
O&K 1906/ 1913	HAN 7004 T8 →'25 **DRB 89 043**	+
O&K 1906/ 1914	HAN 7005 T8 →'25 **DRB 89 044**	+

Das am Führerhaus abmontierte „Deutsche Reichsbahn"-Schild lässt vermuten, dass diese Aufnahme unmittelbar nach der Ausmusterung, also etwa 1927/28, entstand. Der unbekannte Fotograf konnte damals nicht ahnen, dass der Maschine noch ein relativ langes „Dasein" beschieden war und sie erst in den 50er-Jahren endgültig aus dem Dienst scheiden würde.

O&K 1906/ 1915	HAN 7006 T8 →'25 **DRB 89 045**	+
O&K 1907/ 2114	BLN 7009 T8 →'14 KAT 7009 →'22 OPP 7009 →'25 **DRB 89 046**	+
O&K 1907/ 2115	BLN 7010 T8 →'14 KAT 7010 →'22 OPP 7010 →'25 **DRB 89 047**	+
O&K 1907/ 2116	BLN 7011 T8 →'14 EFD 7018 →'25 **DRB 89 048**	+
O&K 1907/ 2117	BLN 7012 T8 →'14 EFD 7019 →'25 **DRB 89 049**	+
O&K 1907/ 2118	BLN 7013 T8 →'14 EFD 7020 →'25 **DRB 89 050** →'?? WL Beton- und Monierbau Berlin ('31 abg. Parey bei Güsen)	+
O&K 1907/ 2119	BLN 7014 T8 →'14 EFD 7021 →'25 **DRB 89 051**	+
O&K 1907/ 2120	ALT 7004 T8 →'25 **DRB 89 052**	+26
O&K 1907/ 2121	ALT 7005 T8 →'25 **DRB 89 053**	+26
O&K 1907/ 2124	POS 7002 T8 →'12 EFD 7013 →'25 **DRB 89 054**	+
O&K 1907/ 2126	(Bro 1871) →'06 BRO 7002 T8 →'20 OST 7002 →'25 **DRB 89 055**	+27
BAG 1908/ 503	BSL 7005 T8 →'25 **DRB 89 056**	+
BAG 1908/ 504	BSL 7006 T8 →'25 **DRB 89 057**	+
BAG 1908/ 505	BSL 7007 T8 →'25 **DRB 89 058**	+
BAG 1908/ 506	BSL 7008 T8 →'25 **DRB 89 059**	+
BAG 1908/ 507	HAN 7013 T8 →'25 **DRB 89 060**	+
BAG 1908/ 508	HAN 7014 T8 →'25 **DRB 89 061**	+
BAG 1908/ 509	HAN 7015 T8 →'25 **DRB 89 062**	+12.27
BAG 1908/ 510	HAN 7016 T8 →'25 **DRB 89 063**	+27
BAG 1908/ 511	EFD 7007 T8 ›'25 **DRB 89 064**	+
BAG 1908/ 512	EFD 7008 T8 →'25 **DRB 89 065** →'28 Braunschweigische Landes-Eb. (BLE) 37 →'30 Lokalbahn AG (LAG) 83 (für Niederbiegen-Weingarten) →'38 DRB →'39 DRB 89 1002 →12.09.40 Hoesch Hüttenwerke, Dortmund 27 ('46 vorh.)	+
BAG 1908/ 513	POS 7003 T8 →'12 EFD 7014 →'25 **DRB 89 066**	+
BAG 1908/ 516	POS 7006 T8 →'12 EFD 7017 →'25 **DRB 89 067**	+
O&K 1908/ 2571	BLN 7019 T8 →'14 KSL 7003 →'25 **DRB 89 068**	+
O&K 1908/ 2574	BLN 7022 T8 →'14 KAT 7011 →'22 OPP 7011 →'25 **DRB 89 069**	+
O&K 1908/ 2575	BLN 7023 T8 →'14 MGD 7003" →'25 **DRB 89 070**	+
O&K 1908/ 2576	BRO 7003 T8 →'20 OST 7003 →'25 **DRB 89 071** →'?? Fa. Erich am Ende, Berlin-Weißensee →'27 Krb. Schönermark-Damme (DS) 5" →'50 DR 89 6576 →18.06.58 verk. WL VEB Märkische Kieswerke →'?? WL 1 VEB Betonleichtbaukombinat Hennersdorf (ab '68 HL mit dreiachsigem Tender)	+76
O&K 1908/ 2577	BRO 7004 T8 →'20 OST 7004 →'25 **DRB 89 072**	+
O&K 1908/ 2578	BRO 7005 T8 →'20 OST 7005 →'25 **DRB 89 073**	+27
BAG 1909/ 632	BSL 7009 T8 →'25 **DRB 89 074**	+

Nach Ihrem Ausscheiden aus dem Betriebsdienst konnte sich diese T 8 noch viele Jahre als Werklok betätigen. Dabei handelte es sich nicht, wie vom Fotografen Carl Bellingrodt auf dem Abzug notiert, um die 89 066, sondern um eine T 8, die nicht mehr im endgültigen Umzeichnungsplan enthalten gewesen war. Die zuletzt als „ELBERFELD 7015" eingesetzte Maschine war zwar im vorläufigen Umzeichnungsplan von 1923 noch als 89 065 enthalten, doch bereits 1922/23 war sie Werklok im RAW Mülheim-Speldorf geworden, welches sie 1957 an das Aw Schwerte weitergab. Die Aufnahme entstand am 6. Oktober 1938.

BAG 1909/ 633	BSL 7010 T8	→'25 **DRB 89 075**	+
BAG 1909/ 634	BSL 7011 T8	→'25 **DRB 89 076**	+
BAG 1909/ 636	ESN 7005 T8	→'25 **DRB 89 077**	+
BAG 1909/ 638	ESN 7007 T8	→'25 **DRB 89 078**	+

C n2t/C h2t **DRB 89⁰** (Einheitslok)

	89 001-003	**89 004-010**
Treibraddurchmesser (mm):	1 100	1 100
Achsstand (mm):	3 300	3 300
Länge über Puffer (mm):	9 600	9 600
Dienstgewicht (t):	45,8	46,6
Achslast (maximal) (t):	15,3	15,6
Höchstgeschwindigkeit (km/h):	45	45
Zylinderdurchmesser (mm):	420	420
Kolbenhub (mm):	550	550
Rostfläche (m²):	1,42	1,42
Verdampfungsheizfläche (m²):	82,21	67,89
Überhitzerheizfläche (m²):	-	24,1
Kesselüberdruck (atm):	14,0	14,0
Leistung (PSi):	320	525

Zu Beginn der 30er Jahre begannen Überlegungen zur Beschaffung neuer Rangierlokomotiven, die – im Angesicht der Wirtschaftskrise – insbesondere sparsamer als die bisher überwiegend verwendeten älteren Länderbahnbauarten sein sollten. Kontrovers diskutiert wurde dabei die Frage, ob die neue Bauart als Nass- oder als Heißdampflokomotive ausgeführt werden sollte: Während Nassdampflokomotiven günstiger in der Beschaffung und Unterhaltung waren, konnten Heißdampflokomotiven einen geringeren Betriebsstoffverbrauch sowie eine höhere Leistungsfähigkeit für sich verbuchen. So entschied man sich, zunächst einmal jeweils drei Lokomotiven als Nassdampf- und als Heißdampf-Maschinen auszuführen. Erstere wurden von der Berliner Maschinenbau AG (BMAG) gebaut, letztere von der Lokomotivfabrik Henschel. Die Erprobung ergab eine Überlegenheit der Heißdampftechnik, so dass 1938 noch einmal vier weitere Heißdampf-Exemplare nachgeliefert wurden. Eine weitere Beschaffung unterblieb – vermutlich aufgrund der Kriegsereignisse.

Mit Messeinrichtungen am Zylinder wurde die 89 001 am 25. Juni 1935 von Carl Bellingrodt im Bahnhof Grunewald aufgenommen – offensichtlich unternahm hier das Grunewalder Versuchsamt seine Versuchsfahrten im heimischen Bahnhof.

Nach dem Ende des Zweiten Weltkriegs befanden sich die Hälfte aller 89^0 in Polen (TKh 5-1 – 5), die andere Hälfte in der Ostzone. Von diesen wurden drei Maschinen noch 1947 nach Osten abgefahren, so dass nur zwei Lokomotiven der DR verblieben: Die 89 005 wurde 1962 als Werklok an das Raw Leipzig-Engelsdorf abgegeben, während die 89 008 noch bis 1968 im Einsatz stand und anschließend in den DR-Museumsbestand überging.

Literatur:

EBEL, JÜRGEN-ULRICH; BAUCHWITZ, PETER: Einheitsloks für den Rangierdienst. Freiburg 1999
WENZEL, HANSJÜRGEN: Die Baureihe 89^0. EK 3/80, S. 5-10

BMAG 1934/ 10290	**DRB 89 001“** →’45 PKP TKh5-1 +06.04.49 →06.04.49 Zakłady Przemysłu Ziemniaczanego, Pila (Kartoffelstärkefabrik Schneidemühl)	++
BMAG 1934/ 10291	**DRB 89 002“** →’45 DRo →10.08.47 SMA	V.u.
BMAG 1934/ 10292	**DRB 89 003”** →’45 DRo →10.08.47 SMA →’?? CCCP-WL (04.50 Waggonfabrik Lianozovo)	+
Hen 1934/ 22357	**DRB 89 004“** →’45 PKP TKh5-2 →25.10.50 WL ZNTK Nowy Sącz	++
Hen 1934/ 22358	**DRB 89 005“** →’45 DRo/DR →05.09.62 WL 5 Raw Leipzig-Engelsdorf	+um 68
Hen 1934/ 22359	**DRB 89 006”** →’45 PKP TKh5-3 →06.04.54 Kolej Dojazdowa w Pleszewie	+01.04.66
Hen 1938/ 23582	**DRB 89 007”** →’45 PKP TKh5-4 →25.10.50 WL ZNTK Nowy Sącz (’76 vorh.)	++
Hen 1938/ 23583	**DRB 89 008“** →’45 DRo/DR z20.06.68 →15.09.71 Verkehrsmuseum Dresden →21.06.90 verk. Mecklenburgische Eisenbahnfreunde Schwerin ⇒’06 Mecklenburgisches Eisenbahn- und Technikmuseum Schwerin	(’23 vorh.)
Hen 1938/ 23584	**DRB 89 009“** →’45 DRo →30.04.47 MPS	+
Hen 1938/ 23585	**DRB 89 010”** →’45 PKP TKh5-5 →05.10.48 Kolej Dojazdowa w Pleszewie (ehem. Krb. Gostingen) →’49 PKP TKh5-8 →04.09.54 Kolej Dojazdowa w Pleszewie	+01.04.66

Durch die Reichsbahn abgenommen wurde die 89 002 am 9. Februar 1935 – kurz zuvor dürfte dieses BMAG-Werkfoto der Maschine im Fotografieranstrich entstanden sein.

Die 89 008 war eine der beiden 89⁰, die nach dem Kriegsende in der DDR verblieben waren. Sie stand bis Ende der 60er-Jahre im Einsatz, wurde dann zur Traditionslokomotive und ist heute in Schwerin als Museumslokomotive ausgestellt.
Foto: Max Delié

C n2t DRB 89¹ (ex Pfalzbahn T 3)

	89 101-104	89 105-121
Treibraddurchmesser (mm):	1 245	1 245
Achsstand (mm):	3 475	3 475
Länge über Puffer (mm):	8 900	9 085
Dienstgewicht (t):	42,0	42,0
Achslast (maximal) (t):	14,0	14,0
Höchstgeschwindigkeit (km/h):	45	45
Zylinderdurchmesser (mm):	420	420
Kolbenhub (mm):	610	610
Rostfläche (m²):	1,53	1,53
Verdampfungsheizfläche (m²):	89,6	89,6
Kesselüberdruck (atm):	12,0	12,0
Leistung (PSi):	400	400

Speziell für den Verschub-, aber auch für den Nebenbahndienst, wurden von der Pfalzbahn ab 1889 insgesamt 27 dreifach gekuppelte Tenderlokomotiven beschafft. Die von Maffei gebauten Maschinen orientierten sich an der bayerischen DV (siehe Baureihe 89^{81}), doch bei der Ausführung von Steuerung und Sandkasten folgte man abweichend preußischen Vorbildern. Die letzte Lokomotive der als Gattung T 3 bezeichneten Bauart wurde 1905, also 16 Jahre nach der Erstlieferung, an die Bestellerin übergeben.

Von den 27 Maschinen gingen sechs 1920 in den Bestand der Saareisenbahnen über (SAAR 6101-6106) – alle übrigen 21 wurden von der Reichsbahn als 89 101-121 übernommen. Und obwohl sie mit ihrer relativ geringen Stückzahl schon fast als Splittergattung angesehen werden konnten, hielten sich die Maschinen ausgesprochen lange: Nur fünf schieden in den 30er Jahren sowie zwei während des Zweiten Weltkrieges – möglicherweise als Kriegsschäden – aus. Die nach dem Krieg noch im Betriebspark vorhandenen Maschinen wurden bis 1953 ausgemustert, während andere bereits in den 40er Jahren ausgeschiedene T 3 als Werklokomotiven weiterverwendet wurden. Als letzte ihrer Art beendete die 64 Jahre alte 89 105 im Jahr 1961 ihren Dienst als Werklok des AW Nied.

Literatur:

WENZEL, HANSJÜRGEN; MOLL, GERHARD: Die pfälzische T 3; EK 12/1982; S. 24-29
WENZEL, HANSJÜRGEN: Die Pfälzer T 3. EK 7/2003 S. 36-40

Von Hermann Maey stammt diese Aufnahme der 89 101 – einer pfälzischen T 3, die wie ihre Schwesterlokomotiven 89 102 und 89 103 bereits im Jahre 1931 ausgemustert wurde.

Nach 50 Jahren im Betriebsbestand wurde die 89 105 Werklok im RAW Fulda, welches sie dann später an das RAW Nied weitergab. Im Sommer 1961 fotografierte Karl-Ernst Maedel die inzwischen ausgeschiedene Maschine auf Abstellgleisen im Frankfurter Raum.

Die 89 121 war die 89^{I} mit der höchsten Ordnungsnummer – fotografiert zu einem unbekannten Zeitpunkt von Hermann Maey. Von der ersten Serie der pfälzischen T 3 (89 101-104) unterschied sich die Maschine u.a. in der Bauart der Wasserkästen.

Maff 1889/ 1503	Pfalzbahn 70" ORENSBERG" (T3)	→'25 **DRB 89 101**	+31
Maff 1889/ 1504	Pfalzbahn 71" REHBERG" (T3)	→'25 **DRB 89 102**	+31
Maff 1889/ 1541	Pfalzbahn 13" HOMBURG" (T3)	→'25 **DRB 89 103**	+31
Maff 1889/ 1542	Pfalzbahn 14" ZWEIBRUECKEN (T3) →'?? WL 805.80/2 EAW Nied	→'25 **DRB 89 104** →'45 DRw +04.09.47 →'48 WL 2 EAW Nied	+um 59
Maff 1897/ 1906	Pfalzbahn 202 EINOED (T3) →'?? WL 1 EAW Nied	→'25 **DRB 89 105** →'45 DRw +04.09.47 →'47 WL RAW Fulda	+14.02.61
Maff 1897/ 1907	Pfalzbahn 203 WUERZBACH (T3)	→'25 **DRB 89 106**	+05.35
Maff 1897/ 1908	Pfalzbahn 204 HASSEL (T3) →'47 WL 1 RAW Neumünster →'?? WL AW Glückstadt	→'25 **DRB 89 107** →'45 DRw +11.04.47	+09.59
Maff 1897/ 1909	Pfalzbahn 205 BIERBACH (T3)	→'25 **DRB 89 108**	+07.33
Maff 1897/ 1910	Pfalzbahn 206 ALTSTADT (T3)	→'25 **DRB 89 109** →'45 DRw/DB (SWDE)	+13.08.52
Maff 1900/ 2086	Pfalzbahn 247 BIEBERMUEHLE (T3) →'47 WL EAW Darmstadt	→'25 **DRB 89 110** →'45 DRw +04.09.47	++55
Maff 1900/ 2087	Pfalzbahn 248 BLICKWEILER (T3)	→'25 **DRB 89 111** →'45 DRw/DB (SWDE)	+01.06.53
Maff 1900/ 2088	Pfalzbahn 249 BOEHL (T3)	→'25 **DRB 89 112** (01.40 RBD Mainz)	V.u.
Maff 1900/ 2089	Pfalzbahn 250 EISENBERG (T3)	→'25 **DRB 89 113** →'45 WL RAW Ingolstadt	+
Maff 1900/ 2090	Pfalzbahn 251 HOCHSTADT (T3)	→'25 **DRB 89 114** (01.40 RBD Mainz)	V.u.
Maff 1900/ 2092	Pfalzbahn 253 TIEFENTHAL (T3)	→'25 **DRB 89 115** →'45 DRw/DB (SWDE)	+13.08.52
Maff 1900/ 2093	Pfalzbahn 254 RAMMELSBACH (T3)	→'25 **DRB 89 116** →'45 DRw	+01.11.46
Maff 1900/ 2095	Pfalzbahn 256 RODALBEN (T3)	→'25 **DRB 89 117** →'45 DRw/DB (SWDE)	+09.11.53
Maff 1902/ 2247	Pfalzbahn 57" WACHENHEIM" (T3)	→'25 **DRB 89 118** →'45 DRw/DB (SWDE)	+01.06.53
Maff 1902/ 2248	Pfalzbahn 59" WEIDENTHAL" (T3)	→'25 **DRB 89 119** →'45 DRw/DB (SWDE)	+09.11.53
Maff 1902/ 2249	Pfalzbahn 64" FORST" (T3)	→'25 **DRB 89 120** →'45 DRw/DB	+01.06.53
Maff 1902/ 2250	Pfalzbahn 66" POTZBERG" (T3)	→'25 **DRB 89 121** →'45 DRw/DB (SWDE)	+09.11.53

C n2t **DRB 89²** (ex K. Sächs. Sts. E. B. V T)

Treibraddurchmesser (mm):	**89 201-269**	**89 281-294**	**89 295**
Treibraddurchmesser (mm):	1 260	1 260	1 260
Achsstand (mm):	3 060	3 060	3 060
Länge über Puffer (mm):	9 825	9 825	9 825
Dienstgewicht (t):	42,0/43,6	48,8	47,3
Achslast (maximal) (t):	14,0/14,6	16,3	16,1
Höchstgeschwindigkeit (km/h):	50	50	50
Zylinderdurchmesser (mm):	400/430	430	430
Kolbenhub (mm):	600	600	600
Rostfläche (m²):	1,3	1,5	1,18
Verdampfungsheizfläche (m²):	81,6	102,13	76,94
Kesselüberdruck (atm):	12,0	12,0	12,0
Leistung (PSi):	360	460	330

So wie auch viele andere Privat- und Staatsbahnen beschafften die Königlich Sächsischen Staatseisenbahnen für den Verschiebedienst dreifach gekuppelte Nassdampf-Tenderlokomotiven – alle zwischen 1872 und 1920 gebauten Maschinen wurden in der Gattung VT zusammengefasst, obwohl die ältesten und jüngsten Maschinen zumindest äußerlich kaum noch Gemeinsamkeiten hatten.

Bei der Übernahme durch die Deutsche Reichsbahn wurden die älteren Maschinen – konkret jene mit Baujahren zwischen 1872 und 1895 – in der Baureihe 89^{82} zusammengefasst, während alle ab 1896 gebauten VT in die Baureihe 89^2 gelangten – abgesehen von drei Lokomotiven, die 1918/19 als Armistice-Abgaben nach Belgien gelangten. Der vorläufige Umzeichnungsplan von 1923 sah für die 89 übernommenen jüngeren Lokomotiven die Betriebsnummern 89 201-274 und 89 281-295 vor, doch der endgültige Umzeichnungsplan von 1925 enthielt nur noch die 89 201-269 (Baujahre 1896-1902) und 89 281-295 (Baujahre 1914-1920). Die älteren V T der Baureihe 89^2 (also 89 201-269) verfügten – ebenso wie die als 89^{82} eingereihten „noch älteren" V T – über eine innenliegende Allansteuerung. Besonders markant für diese Maschinen waren die langen, bis zur Rauchkammertür reichenden Wasserkästen, sowie die Platzierung des Kohlenkastens im linken Wasserkasten – dort reichte er bis zur mittleren Kuppelachse. Mit einer Bretterkonstruktion wurde das Fassungsvermögen nachträglich noch vergrößert – gleichzeitig aber auch die Sicht des Heizers auf die Strecke eingeschränkt. Bis 1929 schieden nur vier VT der älteren Bauart aus, doch 1930/31 wurde der Bestand um 34 Maschinen, also um mehr als die Hälfte reduziert.

Die 1914 (oder 1916 – da sind die Quellen widersprüchlich) gelieferte erste Serie der neuen VT (89 281-284) sah schon deutlich moderner aus, und auch der Kohlenkasten war nun – wie bei vielen anderen Tenderlokomotiven üblich – an der Führerhausrückwand zu finden. Gewöhnungsbedürftig war jedoch das Aussehen der Wasserkästen, waren diese doch nicht durchgehend und reichten auch nicht bis zur Kante des Umlaufs heran, waren dafür aber von einem Geländer umgeben. Die 1919 gebauten Maschinen besaßen dagegen konventionell aussehende Wasserkästen, die vorne zur Verbesserung der Streckensicht abgeschrägt waren. Allen Neubauten gemeinsam war, dass auch sie noch eine innenliegende Allansteuerung besaßen. Von den neuen VT schied nur eine vor Beginn des Zweiten Weltkrieges aus. Die 1920 gebaute 89 295 war ein Einzelstück: Bestellt worden war sie für die Türkei, doch konnte sie aus politischen Gründen nicht an die Bestellerin abgeliefert werden und wurde stattdessen von den Sächsischen Staatseisenbahnen übernommen. Die Maschine war mit den 1919 gebauten VT weitgehend baugleich, besaß aber einen Belpaire-Stehkessel.
Während des Zweiten Weltkrieges waren mehrere 89^2 an die Sudetenländischen Treibstoffwerke in Brüx vermietet – dies erklärt, warum sich vier VT (drei Mietloks und eine Lok in RAW-Ausbesserung) nach Kriegsende bei den ČSD wiederfanden. In der Ostzone waren 1945 23 alte und 12 neue VT vorhanden, von denen aber zahlreiche in die Sowjetunion abgefahren wurden. Bei der DR ausgemustert wurden die letzten Exemplare im Jahr 1967.

Literatur:

WEISBROD, MANFRED: Die Baureihe 89^2. EJ 1/1998, S. 36-40

WENZEL, HANSJÜRGEN; MOLL, GERHARD: Die Baureihe 89^2. EK 6/1987; S. 22-31

Hart 1896/ 2093	K. Sächs. Sts. E. B. 1598 (H V T →'96 V T) →'25 **DRB 89 201**	+05.32
Hart 1896/ 2094	K. Sächs. Sts. E. B. 1599 (H V T →'96 V T) →'25 **DRB 89 202**	+26
Hart 1896/ 2095	K. Sächs. Sts. E. B. 1600 (H V T →'96 V T) →'25 **DRB 89 203**	+vor 33
Hart 1896/ 2096	K. Sächs. Sts. E. B. 1601 (H V T →'96 V T) →'25 **DRB 89 204** →'45 DRo/DR	+01.07.67
Hart 1896/ 2097	K. Sächs. Sts. E. B. 1602 (H V T →'96 V T) →'25 **DRB 89 205**	+vor 33
Hart 1896/ 2098	K. Sächs. Sts. E. B. 1603 (H V T →'96 V T) →'25 **DRB 89 206**	+30
Hart 1896/ 2127	K. Sächs. Sts. E. B. 1606 (H V T →'96 V T) →'25 **DRB 89 207** +03.06.37 →'37 WL Basaltwerke Wurlitz	+
Hart 1896/ 2128	K. Sächs. Sts. E. B. 1607 (H V T →'96 V T) →'25 **DRB 89 208**	+vor 33

Zu den ältesten sächsischen V T im Reichsbahn-Bestand zählte die 89 204, hier fotografiert im Jahr 1940 von Werner Hubert. Und während alle anderen Schwesterlokomotiven des Baujahres 1896 spätestens in den 30er-Jahren ausschieden, konnte sich die 89 204 bis in die 60er Jahre halten: Erst zum 29. Juni 1967 wurde die Lokomotive bei der DR z-gestellt und zwei Tage später ausgemustert. Eingesetzt gewesen war sie zuletzt als Bw-Verschublokomotive.

Hart 1896/ 2129	K. Sächs. Sts. E. B. 1608 (H V T →'96 V T) →'25 **DRB 89 209**	+vor 33
Hart 1896/ 2130	K. Sächs. Sts. E. B. 1609 (H V T →'96 V T) →'25 **DRB 89 210**	+vor 33
Hart 1897/ 2228	K. Sächs. Sts. E. B. 1612 (V T) →'25 **DRB 89 211** →'?? WL 2 RAW Chemnitz (1949-56 als 89 211 im Bw Aue) →'59 WL 2 Raw Karl-Marx-Stadt	+
Hart 1897/ 2229	K. Sächs. Sts. E. B. 1613 (V T) →'25 **DRB 89 212**	+30
Hart 1897/ 2230	K. Sächs. Sts. E. B. 1614 (V T) →'25 **DRB 89 213**	+25
Hart 1897/ 2231	K. Sächs. Sts. E. B. 1615 (V T) →'25 **DRB 89 214**	+vor 33
Hart 1897/ 2232	K. Sächs. Sts. E. B. 1616 (V T) →'25 **DRB 89 215** →'45 DRo/DR →'59 WL 3 Raw Dresden	+
Hart 1897/ 2233	K. Sächs. Sts. E. B. 1617 (V T) →'25 **DRB 89 216**	+30
Hart 1897/ 2234	K. Sächs. Sts. E. B. 1618 (V T) →'25 **DRB 89 217** →'40 WL 1 Raw Zwickau →'55 WL 3 Raw Dresden	+
Hart 1897/ 2235	K. Sächs. Sts. E. B. 1619 (V T) →'25 **DRB 89 218**	+vor 33
Hart 1897/ 2270	K. Sächs. Sts. E. B. 1620 (V T) →'25 **DRB 89 219** →'45 DRo/DR	+19.04.67
Hart 1897/ 2271	K. Sächs. Sts. E. B. 1621 (V T) →'25 **DRB 89 220**	+30
Hart 1897/ 2272	K. Sächs. Sts. E. B. 1622 (V T) →'25 **DRB 89 221**	+vor 33
Hart 1897/ 2273	K. Sächs. Sts. E. B. 1623 (V T) →'25 **DRB 89 222** →'45 DRo/DR	+24.08.67
Hart 1898/ 2341	K. Sächs. Sts. E. B. 1624 (V T) →'25 **DRB 89 223**	+02.32
Hart 1898/ 2342	K. Sächs. Sts. E. B. 1625 (V T) →'25 **DRB 89 224**	+vor 33
Hart 1898/ 2343	K. Sächs. Sts. E. B. 1626 (V T) →'25 **DRB 89 225**	+25
Hart 1898/ 2344	K. Sächs. Sts. E. B. 1627 (V T) →'25 **DRB 89 226**	+31
Hart 1898/ 2345	K. Sächs. Sts. E. B. 1628 (V T) →'25 **DRB 89 227**	+vor 33
Hart 1898/ 2346	K. Sächs. Sts. E. B. 1629 (V T) →'25 **DRB 89 228**	+vor 33
Hart 1898/ 2347	K. Sächs. Sts. E. B. 1630 (V T) →'25 **DRB 89 229** →'45 DRo (09.45 Rbd Halle)	+46
Hart 1898/ 2348	K. Sächs. Sts. E. B. 1631 (V T) →'25 **DRB 89 230**	+30
Hart 1898/ 2349	K. Sächs. Sts. E. B. 1632 (V T) →'25 **DRB 89 231** →'45 DRo/DR +01.51 →'53 WL Raw Karl-Marx-Stadt	+
Hart 1898/ 2350	K. Sächs. Sts. E. B. 1633 (V T) →'25 **DRB 89 232**	+vor 33
Hart 1898/ 2351	K. Sächs. Sts. E. B. 1634 (V T) →'25 **DRB 89 233** →'45 DRo/DR	+22.07.67
Hart 1898/ 2352	K. Sächs. Sts. E. B. 1635 (V T) →'25 **DRB 89 234**	+30
Hart 1898/ 2353	K. Sächs. Sts. E. B. 1636 (V T) →'25 **DRB 89 235**	+10.32
Hart 1898/ 2354	K. Sächs. Sts. E. B. 1637 (V T) →'25 **DRB 89 236**	+vor 33
Hart 1898/ 2355	K. Sächs. Sts. E. B. 1638 (V T) →'25 **DRB 89 237**	+vor 33
Hart 1898/ 2356	K. Sächs. Sts. E. B. 1639 (V T) →'25 **DRB 89 238** →'45 DRo (11.45 Rbd Dresden) →'45/46 SMA	+

Bei diesem Bild fragt man sich natürlich, was denn die Arbeiter des Bw Bad Schandau da verschenkt haben – und an wen? Vermutlich ihre Arbeitskraft in die Aufarbeitung der Lokomotive – was sich angesichts der Ausmusterung erst 1967 ja wohl gelohnt haben dürfte. Doch die 89 219 war immer im Bw Dresden-Friedrichsstadt beheimatet – also war es wohl ein Geschenk an das Bahnbetriebswerk in Dresden ... Foto: R. Mäde

Zum Bw Engelsdorf gehörte die 89 223, als sie Werner Hubert 1930 in Leipzig fotografierte. Keine zwei Jahre später war die Maschine bereits ausgemustert.

Hart 1898/ 2357	K. Sächs. Sts. E. B. 1640 (V T) →'25 **DRB 89 239** →'45 DRo/DR	+25.05.59
Hart 1898/ 2358	K. Sächs. Sts. E. B. 1641 (V T) →'25 **DRB 89 240** →'45 DRo/DR	+16.08.65
Hart 1898/ 2359	K. Sächs. Sts. E. B. 1642 (V T) →'25 **DRB 89 241**	+vor 33
Hart 1898/ 2360	K. Sächs. Sts. E. B. 1643 (V T) →'25 **DRB 89 242** →02.45 Sudetenländische Treibstoffwerke, Brüx /L →'45 ČSD →'51 verk. Stalinovy závody Most	+
Hart 1902/ 2683	K. Sächs. Sts. E. B. 1645 (V T) →'25 **DRB 89 243** →'?? WL RAW Chemnitz ⇒ WL 3 RAW Karl-Marx-Stadt ('64 vorh.)	+
Hart 1902/ 2684	K. Sächs. Sts. E. B. 1646 (V T) →'25 **DRB 89 244**	+30
Hart 1902/ 2686	K. Sächs. Sts. E. B. 1648 (V T) →'25 **DRB 89 245** →'45 DRo/DR	+08.02.67
Hart 1902/ 2688	K. Sächs. Sts. E. B. 1650 (V T) →'25 **DRB 89 246**	+vor 33
Hart 1902/ 2689	K. Sächs. Sts. E. B. 1651 (V T) →'25 **DRB 89 247** →'45 DRo/DR	+14.01.66
Hart 1902/ 2690	K. Sächs. Sts. E. B. 1652 (V T) →'25 **DRB 89 248**	+30
Hart 1902/ 2692	K. Sächs. Sts. E. B. 1654 (V T) →'25 **DRB 89 249** →'45 DRo →24.10.45 SMA	V.u.
Hart 1902/ 2693	K. Sächs. Sts. E. B. 1655 (V T) →'25 **DRB 89 250** →'45 DRo/DR +25.01.51 →'53 WL 2 Raw Karl-Marx-Stadt (06.65 abg. vorh.)	+
Hart 1902/ 2694	K. Sächs. Sts. E. B. 1656 (V T) →'25 **DRB 89 251** →'45 DRo (10.45 RBD Dresden) →'45 SMA	V.u.

Vergleicht man das Erscheinungsbild der 89 289 mit dem der älteren sächsischen V T, dann ist es wirklich erstaunlich, dass so unterschiedliche Bauarten in der gleichen Gattung bzw. Baureihe zusammengefasst worden waren. Günter Meyer fotografierte die DR-Lokomotive im Jahr 1964 in Zwickau.

Hart 1902/ 2695	K. Sächs. Sts. E. B. 1657 (V T) →'25 **DRB 89 252**	+30
Hart 1902/ 2696	K. Sächs. Sts. E. B. 1658 (V T) →'25 **DRB 89 253** →'45 DRo/DR	+08.02.67
Hart 1902/ 2697	K. Sächs. Sts. E. B. 1659 (V T) →'25 **DRB 89 254** →'45 DRo (10.45 RBD Dresden) →'45 SMA	V.u.
Hart 1902/ 2698	K. Sächs. Sts. E. B. 1660 (V T) →'25 **DRB 89 255**	+vor 33
Hart 1902/ 2699	K. Sächs. Sts. E. B. 1661 (V T) →'25 **DRB 89 256** →'45 DRo →'45/46 MPS	+
Hart 1902/ 2700	K. Sächs. Sts. E. B. 1662 (V T) →'25 **DRB 89 257**	+vor 33
Hart 1902/ 2701	K. Sächs. Sts. E. B. 1663 (V T) →'25 **DRB 89 258** →'45 DRo →10.08.47 SMA	V.u.
Hart 1902/ 2702	K. Sächs. Sts. E. B. 1664 (V T) →'25 **DRB 89 259** →'45 DRo/DR	+24.08.67
Hart 1902/ 2703	K. Sächs. Sts. E. B. 1665 (V T) →'25 **DRB 89 260**	+09.30
Hart 1902/ 2704	K. Sächs. Sts. E. B. 1666 (V T) →'25 **DRB 89 261** →'45 ČSD	+25.10.50
Hart 1902/ 2705	K. Sächs. Sts. E. B. 1667 (V T) →'25 **DRB 89 262** →'45 DRo/DR	+23.06.66
Hart 1902/ 2706	K. Sächs. Sts. E. B. 1668 (V T) →'25 **DRB 89 263**	+vor 33
Hart 1902/ 2707	K. Sächs. Sts. E. B. 1669 (V T) →'25 **DRB 89 264** →08.30 WL Sächsische Werke Döhlen (/L ?)	+07.32
Hart 1902/ 2708	K. Sächs. Sts. E. B. 1670 (V T) →'25 **DRB 89 265** →'45 DRo/DR	+08.02.67
Hart 1902/ 2709	K. Sächs. Sts. E. B. 1671 (V T) →'25 **DRB 89 266**	+vor 33
Hart 1902/ 2710	K. Sächs. Sts. E. B. 1672 (V T) →'25 **DRB 89 267** →'45 DRo/DR +01.51 →'53 WL Raw Karl-Marx-Stadt	+
Hart 1902/ 2711	K. Sächs. Sts. E. B. 1673 (V T) →'25 **DRB 89 268**	+
Hart 1902/ 2712	K. Sächs. Sts. E. B. 1674 (V T) →'25 **DRB 89 269**	+vor 33
Hart 1914/ 3766	K. Sächs. Sts. E. B. 1675" (V T) →'25 **DRB 89 281**	+31
Hart 1914/ 3767	K. Sächs. Sts. E. B. 1676" (V T) →'25 **DRB 89 282** →'45 DRo (10.45 Rbd Dresden) →'45/46 SMA	V.u.
Hart 1914/ 3769	K. Sächs. Sts. E. B. 1678" (V T) →'25 **DRB 89 283** →'45 DRo/DR	+14.01.66
Hart 1914/ 3770	K. Sächs. Sts. E. B. 1679" (V T) →'25 **DRB 89 284** →02.45 Sudetenländische Treibstoffwerke, Brüx /L →'45 ČSD →'51 verk. Ocelárny Most	+
Hart 1919/ 4095	K. Sächs. Sts. E. B. 1681" (V T) →'25 **DRB 89 285** →'45 DRo/DR	+16.08.65
Hart 1919/ 4096	K. Sächs. Sts. E. B. 1682" (V T) →'25 **DRB 89 286** →'45 DRo/DR	+12.06.67
Hart 1919/ 4097	K. Sächs. Sts. E. B. 1683" (V T) →'25 **DRB 89 287** →'45 DRo (10.45 RBD Dresden) →'45 SMA	V.u.
Hart 1919/ 4098	K. Sächs. Sts. E. B. 1684" (V T) →'25 **DRB 89 288** →'45 DRo (10.45 RBD Dresden) →'45/46 MPS	+
Hart 1919/ 4099	K. Sächs. Sts. E. B. 1685 (V T) →'25 **DRB 89 289** →'45 DRo/DR	+16.08.65
Hart 1919/ 4100	K. Sächs. Sts. E. B. 1686 (V T) →'25 **DRB 89 290** →'45 DRo/DR	+16.08.65
Hart 1919/ 4101	K. Sächs. Sts. E. B. 1687 (V T) →'25 **DRB 89 291** →'45 DRo/DR	+11.01.65
Hart 1919/ 4102	K. Sächs. Sts. E. B. 1688 (V T) →'25 **DRB 89 292** →'45 DRo →10.08.47 SMA	V.u.
Hart 1919/ 4103	K. Sächs. Sts. E. B. 1689 (V T) →'25 **DRB 89 293** →'45 DRo/DR	+19.04.67
Hart 1919/ 4104	K. Sächs. Sts. E. B. 1690 (V T) →'25 **DRB 89 294** →'45 DRo/DR	+24.08.67
Hart 1920/ 4414	K. Sächs. Sts. E. B. 1691" (ursprünglich für Türkei bestimmt gewesen) (V T) →'25 **DRB 89 295** →02.45 Sudetenländische Treibstoffwerke, Brüx /L →'45 ČSD	+27.06.51

Zum Bw Dresden-Altstadt gehörte die 89 291, als sie von Werner Hubert portraitiert wurde. Im Einsatz stand die Lokomotive bis zu ihrer Abstellung am 22. November 1963. In dem am 11. Januar 1965 unterzeichneten Ausmusterungsprotokoll hieß es: „Rahmen in allen Teilen stark abgezehrt. Kessel in einem sehr schlechten Zustand".

C n2t DRB 89² (ex OR)

Der 1854 gegründete „Zwickau-Oberhohndorfer Steinkohlenbauverein“ betrieb die Erschließung der Steinkohlevorkommen östlich der Zwickauer Mulde. Zur Abfuhr der geförderten Kohle konstituierte sich am 10. Mai 1858 die „Aktiengesellschaft Oberhohndorf-Reinsdorfer Kohleneisenbahn“, welche 1858/59 den Übergabebahnhof in Schedewitz mit den Schächten bei Oberhohndorf und Reinsdorf verband. Nachdem das erste Teilstück am 25. September 1859 in Betrieb gegangen war, konnte bereits am 3. Januar 1860 der Gesamtbetrieb aufgenommen werden. Die Betriebsführung war den Königlich Sächsischen Staatseisenbahnen übertragen worden – zum Einsatz kamen aber eigene Fahrzeuge, die allerdings den Staatsbahnbauarten entsprachen. Beschafft wurden vier Lokomotiven der Gattung IIIbT (siehe Baureihe 98^{72}) und später noch eine V T (siehe Baureihe 89^{2}) sowie eine I TV (siehe Baureihe 98^{0}).
Nach 15 Betriebsjahren war das Streckennetz der Kohlenbahn stark angewachsen und insgesamt neun Schachtanlagen wurden von der Bahn bedient. Doch nach der Jahrhundertwende mussten ein Schacht nach dem anderen wieder geschlossen werden, so dass mit der Zeit der Kohlenbahn die wirtschaftliche Grundlage entzogen wurde. Sie löste sich daraufhin zum 31. Dezember 1939 auf – Fahrzeuge und Gleise gingen an die Deutsche Reichsbahn über, welche die Strecken als Reinsdorfer Industriebahn weiterbetrieb. Die beiden noch vorhandenen Lokomotiven erhielten Betriebsnummern bereits ausgemusterter Lokomotiven gleicher Bauart in zweiter Besetzung (89 268" und 98 015").
Genaue Angaben zu den Hauptabmessungen von 89 268" liegen leider nicht vor, doch kann es als sehr wahrscheinlich angesehen werden, dass sie mit den Maßen der DRB-Lokomotiven 89 201-269 übereinstimmten.

Literatur:

PESCHKE, NORBERT: Der Zwickauer Steinkohlenbergbau und seine Kohlenbahnen. Wilkau-Haßlau, 2007

Hart 1901/ 2731	Oberhohndorf-Reinsdorfer Kohlenbahn 5 →’40 **DRB 89 268“** →’45 DRo →’45/46 MPS	+

C n2t DRB 89³⁻⁴ (ex K. W. St. E. T 3)

	89 301-313	89 314-410
Treibraddurchmesser (mm):	1 045	1 045
Achsstand (mm):	3 000	3 000
Länge über Puffer (mm):	8 505	8 505
Dienstgewicht (t):	29,7	35,7
Achslast (maximal) (t):	10,0	12,0
Höchstgeschwindigkeit (km/h):	45	45
Zylinderdurchmesser (mm):	380	380
Kolbenhub (mm):	540	540
Rostfläche (m²):	1,0	1,0
Verdampfungsheizfläche (m²):	63,9	63,9
Kesselüberdruck (atm):	12,0	12,0

Bei keiner anderen Länderbahn gab es so viele grundlegende Fahrzeugumbauten wie bei den Königlich Württembergischen Staats-Eisenbahnen, durch die alte Maschinen für neue Aufgaben ertüchtigt werden sollten. So wurden auch zahlreiche nicht mehr benötigte Schlepptenderlokomotiven in Tenderlokomotiven umgebaut, die danach im Rangier- und Verschubdienst eingesetzt werden konnten. Dies führte zu einer Aufsplittung des Fahrzeugparks in viele unterschiedliche Gattungen, die jedoch in der Regel nicht optimal für den vorgesehenen Einsatz geeignet waren. Erst zu Beginn der 1890er Jahre begann die Staatsbahn mit der Beschaffung erster neuer Dreikuppler für den genannten Einsatzzweck, da man die durch die Umbauten verursachten Probleme erkannt hatte.
Geliefert wurden die ersten acht Maschinen, welche die württembergische Gattungsbezeichnung T3 erhielten, im Jahr 1891 von der Lokomotivfabrik Krauss & Co. im München. Die Wasserkästen waren in Kraussscher Manier im Rahmen zwischen den Rahmenwangen untergebracht – die kurzen am Führerhaus gelegenen Kästen auf dem Umlauf dienten dagegen nur der Aufnahme der Kohlevorräte. Da der Lokomotivführer verständlicherweise nicht „begeistert“ war, wenn er ständig seinen Platz verlassen musste, um den Heizer an die Kohle zu lassen, wurde später der Kohlevorrat auf der Heizerseite durch Bretteraufbauten vergrößert. Weitere sieben Lokomotiven gleicher Bauart wurden zwischen 1892 und 1897 beschafft – Lieferanten waren nun die Maschinenfabrik Esslingen und die Maschinenbau-Gesellschaft Heilbronn. Im Jahr 1898 begann die Beschaffung der T3 in der sogenannten „Regelausführung“: Bis 1913 wurden insgesamt 93 Serienmaschinen an die Königlich Württembergischen Staatseisen-

bahnen ausgeliefert, die sich insbesondere durch die Verlängerung der seitlichen Kästen bis zur Schornsteinmitte zwecks Erhöhung des Wasservorrats auszeichneten. Gebaut wurden auch diese Maschinen in Heilbronn und Esslingen – sowie in bahneigenen Werkstätten. Zwei T3 waren zunächst aus Gründen der besseren Kurvenläufigkeit als B1-Lokomotiven gebaut worden, doch der Umbau in reguläre T3 erfolgte bereits nach wenigen Jahren.
Beim Übergang der Württembergischen Staatseisenbahnen auf die Deutsche Reichsbahn waren noch alle T3 vorhanden – die Reichsbahn-Betriebsnummern wurden wie folgt vergeben: 89 301-313 für Maschinen mit Rahmenwasserkästen, 89 314-317 für auf lange Wasserkästen umgebaute Lokomotiven und 89 318-410 für die Serienmaschinen. Bei der Deutschen Reichsbahn wurden die älteren Maschinen in den 20er Jahren und die meisten Serienmaschinen in den 30er Jahren ausgemustert. Allerdings konnten viele 89^{3-4} als Werklokomotiven an die Industrie verkauft werden – dies führte auch dazu, dass drei T3 bis heute als Museumslokomotiven überlebt haben (89 339, 363, 407). Nur zwei T3 waren auch noch nach Kriegsende im Reichsbahnbestand vorhanden gewesen – beide wurden aber 1946/47 ausgemustert und verkauft.

Literatur:

Obermayer, Horst: Die württembergische T3. EJ 2/1999, S. 34-37
Willhaus, Werner: Die württembergische T3. EK 2/1999, S. 60-64
Willhaus, Werner: Die Baureihe 89^{3-4}. Freiburg, 2001

Krss 1891/ 2539	K. W. St. E. 982 NEUENSTEIN (T3)	→'25 **DRB 89 301**	+24.04.26
Krss 1891/ 2540	K. W. St. E. 983 UNTERTÜRKHEIM (T3)	→'25 **DRB [89 302]** +04.10.25 →04.10.25 Teuringertalbahn T.T.B. 1 →'43 DRB (o.Nr.)	+44
Krss 1891/ 2541	K. W. St. E. 984 ALTBACH (T3)	→'25 **DRB 89 303**	+26
Krss 1891/ 2542	K. W. St. E. 985 AMSTETTEN (T3)	→'25 **DRB 89 304**	+07.12.26
Krss 1891/ 2543	K. W. St. E. 986 LONSEE (T3)	→'25 **DRB 89 305** +26 →ca.'26 HL Lokbf. Horb (bis 18.04.29)	++
Krss 1891/ 2544	K. W. St. E. 987 OBERTÜRKHEIM (T3)	→'25 **DRB 89 306**	+07.12.26
Krss 1891/ 2545	K. W. St. E. 988 INGELFINGEN (T3)	→'25 **DRB 89 307**	+26
Essl 1893/ 2591	K. W. St. E. 989 BEIMERSTETTEN (T3)	→'25 **DRB 89 308**	+04.10.25
Essl 1893/ 2592	K. W. St. E. 990 EINSINGEN (T3)	→'25 **DRB 89 309**	+15.07.26
Essl 1893/ 2593	K. W. St. E. 991 RISSTISSEN (T3)	→'25 **DRB 89 310**	+08.09.26
Essl 1893/ 2594	K. W. St. E. 992 SCHEMMERBERG (T3)	→'25 **DRB 89 311**	+04.10.26
Essl 1896/ 2792	K. W. St. E. 979 ESCHENAU (T3)	→'25 **DRB 89 312** →08.26 Teuringertalbahn T.T.B. 2 →'43 DRB (o.Nr.) →12.02.44 WL 2 Maschinenfabrik Esslingen →24.02.62 Denkmal bei Maschinenfabrik Esslingen (bis '75) →06.77 Denkmal vor Bf. Esslingen (bis 07.81) →'81 Landesmuseum für Technik und Arbeit in Mannheim ('90 Umbau in Dampfspeicherlok durch DME/Darmstadt-Kranichstein)	('24 i.E.)
Heil 1897/ 330	K. W. St. E. 978 FICHTENBERG (T3)	→'25 **DRB 89 313** +28 →05.29 verk. Fa. Dr. Alexander Wacker GmbH, Werk Mückenberg	+

Etwa 1929/30 entstand diese Aufnahme der 89 348 des Bw Heilbronn-Hbf. Bereits 1931 wurde die Maschine ausgemustert, um anschließend noch ein paar Jahre im Bw Rottweil als Heizlok zu dienen.

Krss 1891/ 2538	K. W. St. E. 981 GAILENKIRCHEN (T3) →'99 K. W. St. E. 981 HOHENLOJE →'25 **DRB 89 314**	+06.10.29
Essl 1892/ 2564	K. W. St. E. 990 SCHRAMBERG" (T3) →'94 Ub. K. W. St. E. 995 (Ub. in C n2t) →'96 K. W. St. E. 993" KORNWESTHEIM →'12 K. W. St. E. KUENZELSAU''' →'25 **DRB 89 315**	+10.11.30
Essl 1892/ 2565	K. W. St. E. 999 SCHILTACH" (T3) →'94 Ub. K. W. St. E. 996 (Ub. in C n2t) →'96 K. W. St. E. 994" THAMM →'12 K. W. St. E. KUPFERZELL" →'25 **DRB 89 316** +01.07.30 →ca.'30 HL Bw Tübingen	++09.01.36
Essl 1898/ 2793	K. W. St. E. 980 BRETZFELD (T3) →'00 K. W. St. E. LANGENBURG" →'25 **DRB 89 317**	+24.07.30
Essl 1898/ 2972	K. W. St. E. 965 (T3) →'25 **DRB 89 318**	+06.05.31
Essl 1898/ 2973	K. W. St. E. 966 (T3) →'25 **DRB 89 319**	+07.05.30
Essl 1898/ 2974	K. W. St. E. 967 (T3) →'25 **DRB 89 320**	+07.05.30
Essl 1898/ 2975	K. W. St. E. 968 (T3) →'25 **DRB 89 321**	+07.05.30
Essl 1898/ 2976	K. W. St. E. 969 (T3) →'25 **DRB 89 322**	+22.12.31
Essl 1898/ 2977	K. W. St. E. 970 (T3) →'25 **DRB 89 323**	+22.12.31
Essl 1898/ 2978	K. W. St. E. 971 (T3) →'25 **DRB 89 324**	+01.07.30
Essl 1898/ 2979	K. W. St. E. 972 (T3) →'25 **DRB 89 325**	+01.07.30
Essl 1898/ 2980	K. W. St. E. 973 (T3) →'25 **DRB 89 326**	+01.07.30
Essl 1898/ 2981	K. W. St. E. 974 (T3) →'25 **DRB 89 327**	+01.07.30
Essl 1898/ 2982	K. W. St. E. 975 (T3) →'25 **DRB 89 328** +22.07.30 →06.05.31 verk. Gutehoffnungshütte Oberhausen (GHH) 47 ⇒'50 Hüttenwerke Oberhausen AG (HOAG) 47	+59
Essl 1898/ 2983	K. W. St. E. 976 (T3) →'25 **DRB 89 329**	+07.30
Essl 1898/ 2984	K. W. St. E. 977 (T3) →'25 **DRB 89 330**	+01.07.30
Essl 1899/ 3044	K. W. St. E. 957 (T3) →'25 **DRB 89 331**	+07.05.30
Essl 1899/ 3045	K. W. St. E. 958 (T3) →'25 **DRB 89 332**	+16.06.31
Essl 1899/ 3046	K. W. St. E. 959 (T3) →'25 **DRB 89 333**	+01.07.30
Essl 1899/ 3047	K. W. St. E. 960 (T3) →'25 **DRB 89 334** +15.04.32 →ca. '32 WL Süddeutsche Zucker AG	+
Essl 1899/ 3048	K. W. St. E. 961 (T3) →'25 **DRB 89 335**	+22.12.31
Essl 1899/ 3049	K. W. St. E. 962 (T3) →'25 **DRB 89 336**	+16.06.31
Essl 1899/ 3050	K. W. St. E. 963 (T3) →'25 **DRB 89 337**	+17.06.28
Essl 1900/ 3051	K. W. St. E. 964 (T3) →'25 **DRB 89 338**	+16.06.31
Essl 1901/ 3154	K. W. St. E. 947 (T3) →'25 **DRB 89 339** →29.06.28 WL 3 Heidelberger Zementwerke (Werk Leimen) →'?? WL 1 Heidelberger Zementwerke (Werk Leimen) (abg. '72) →28.10.75 Deutsche Museumseisenbahn (DME), Darmstadt-Kranichstein	('25 vorh.)
Essl 1901/ 3155	K. W. St. E. 948 (T3) →'25 **DRB 89 340**	+15.04.32
Essl 1901/ 3156	K. W. St. E. 949 (T3) →'25 **DRB 89 341**	+15.04.32
Essl 1901/ 3157	K. W. St. E. 950 (T3) →'25 **DRB 89 342**	+30.09.31
Essl 1901/ 3158	K. W. St. E. 951 (T3) →'25 **DRB 89 343**	+12.32
Essl 1901/ 3159	K. W. St. E. 952 (T3) →'25 **DRB 89 344**	+07.05.30
Essl 1901/ 3053	K. W. St. E. 953 (T3) →'25 **DRB 89 345**	+28

Am 20. Juni 1931 – fast auf den Tag genau ein halbes Jahr vor ihrer Ausmusterung – fotografierte Carl Bellingrodt die 89 364 in Ulm. Die 1905 gebaute Maschine wurde somit nur 26 Jahre alt.

Essl 1901/ 3161	K. W. St. E. 954 (T3) →'25 **DRB 89 346**	+28
Essl 1901/ 3162	K. W. St. E. 955 (T3) →'25 **DRB 89 347**	+08.02.36
Essl 1901/ 3163	K. W. St. E. 956 (T3) →'25 **DRB 89 348** +16.06.31 →ca.'31 HL Bw Rottweil	++08.02.36
Heil 1901/ 400	K. W. St. E. 944 (T3) →'25 **DRB 89 349** →15.05.29 verk. WL 1 Gaswerke der Stadt Stuttgart ⇒WL 1 Technische Werke der Stadt Stuttgart (TWS)	++04.57
Heil 1901/ 401	K. W. St. E. 945 (T3) →'25 **DRB 89 350**	+15.04.32
Heil 1901/ 402	K. W. St. E. 946 (T3) →'25 **DRB 89 351**	+30.09.31
Heil 1902/ 417	K. W. St. E. 942 (T3) →'25 **DRB 89 352**	+30.09.31
Heil 1902/ 418	K. W. St. E. 943 (T3) →'25 **DRB 89 353**	+07.05.30
Essl 1903/ 3255	K. W. St. E. 935 (T3) →'25 **DRB [89 354]** →ca.'25/26 verk. Zuckerfabrik Hecklingen →10.53 DR 89 7574 →23.02.56 verk. HL Institut für Schienenfahrzeuge, Berlin-Adlershof	+61
Essl 1903/ 3256	K. W. St. E. 936 (T3) →'25 **DRB 89 355**	+30.09.31
Essl 1903/ 3257	K. W. St. E. 937 (T3) →'25 **DRB 89 356**	+05.10.29
Essl 1903/ 3258	K. W. St. E. 938 (T3) →'25 **DRB 89 357**	+14.05.32
Essl 1903/ 3259	K. W. St. E. 939 (T3) →'25 **DRB 89 358**	+22.12.31
Heil 1903/ 431	K. W. St. E. 940 (T3) →'25 **DRB 89 359**	+31
Heil 1903/ 432	K. W. St. E. 941 (T3) →'25 **DRB 89 360**	+04.12.32
Heil 1904/ 441	K. W. St. E. 933 (T3) →'25 **DRB 89 361**	+06.06.33
Heil 1904/ 442	K. W. St. E. 934 (T3) →'25 **DRB 89 362**	+08.03.27
Heil 1905/ 455	K. W. St. E. 930 (T3) →'25 **DRB 89 363** +13.08.31 →23.01.32 WL 2 Gaswerke der Stadt Stuttgart ⇒WL 2 Technische Werke der Stadt Stuttgart (TWS), Gaswerk Gaisburg →'76 Eurovapor /L ('77-'81 abgestellt in Emmendingen) →'81 GES/Stuttgart /L →'20 Schwäbische Alb-Bahn (SAB), Münsingen 930 (NVR: 90 80 0089 363-0 D-SAB)	('25 i.E.)
Heil 1905/ 456	K. W. St. E. 931 (T3) →'25 **DRB 89 364**	+22.12.31
Heil 1905/ 457	K. W. St. E. 932 (T3) →'25 **DRB 89 365**	+19.03.31
Heil 1906/ 466	K. W. St. E. 925 (T3) →'25 **DRB 89 366**	+06.06.33
Heil 1906/ 467	K. W. St. E. 926 (T3) →'25 **DRB 89 367**	+22.12.31
Heil 1906/ 468	K. W. St. E. 927 (T3) →'25 **DRB 89 368**	+15.04.32
Heil 1906/ 469	K. W. St. E. 928 (T3) →'25 **DRB 89 369** +03.36 [15] →'?? WL Aw Kassel 89 369	+28.03.57
Heil 1906/ 470	K. W. St. E. 929 (T3) →'25 **DRB 89 370** +02.06.37 →15.06.37 WL Vogel & Bernheimer, Papier- und Zellstoffwerke, Ettlingen-Maxau ⇒01.04.38 WL Ettlingen-Maxau Papier- und Zellstoffwerke AG	++6x
Heil 1909/ 485	K. W. St. E. 920 (T3) →'25 **DRB 89 371**	+12.33
Heil 1909/ 486	K. W. St. E. 921 (T3) →'25 **DRB 89 372**	+14.07.34
Heil 1909/ 487	K. W. St. E. 922 (T3) →'25 **DRB 89 373** +02.12.34 →12.34 Ed Züblin AG, Stuttgart	+
Heil 1909/ 488	K. W. St. E. 923 (T3) →'25 **DRB 89 374** +12.09.34 →09.34 Ed Züblin AG, Stuttgart ('41 i.E.)	+
Heil 1909/ 489	K. W. St. E. 924 (T3) →'25 **DRB 89 375** +10.12.33 →12.33 Ed Züblin AG, Stuttgart	+
Heil 1909/ 506	K. W. St. E. 915 (T3) →'25 **DRB 89 376**	+19.03.31
Heil 1909/ 507	K. W. St. E. 916 (T3) →'25 **DRB 89 377**	+22.07.32
Heil 1909/ 508	K. W. St. E. 917 (T3) →'25 **DRB 89 378**	+06.06.33
Heil 1909/ 509	K. W. St. E. 918 (T3) →'25 **DRB 89 379**	+03.07.33
Heil 1909/ 510	K. W. St. E. 919 (T3) →'25 **DRB 89 380**	+06.06.33
Heil 1909/ 521	K. W. St. E. 912 (T3) →'25 **DRB 89 381** →'45 DRw +22.05.46 →'46 WL EAW Krefeld-Oppum	++50
Heil 1909/ 522	K. W. St. E. 913 (T3) →'25 **DRB 89 382** +20.01.37 →'37 WL 22 A. Riebeck'sche Montanwerke AG, Concordia Nachterstedt	+
Heil 1909/ 523	K. W. St. E. 914 (T3) →'25 **DRB 89 383**	+03.07.33
Heil 1909/ 525	K. W. St. E. 907 (T3) →'25 **DRB 89 384**	+06.06.33
Heil 1909/ 526	K. W. St. E. 908 (T3) →'25 **DRB 89 385**	+10.09.30
Heil 1909/ 537	K. W. St. E. 909 (T3) →'25 **DRB 89 386**	+10.12.33
Heil 1909/ 538	K. W. St. E. 910 (T3) →'25 **DRB 89 387**	+10.12.33
Heil 1909/ 539	K. W. St. E. 911 (T3) →'25 **DRB 89 388**	+10.12.33
Essl 1910/ 3563	K. W. St. E. 901 (T3) →'25 **DRB 89 389**	+18.12.35
Essl 1910/ 3564	K. W. St. E. 902 (T3) →'25 **DRB 89 390** +37 →'37 verk. Fa. „Alfred Schönberg, Bahnen für Schmal- und Normalspur", Berlin →'37 WL Leonhard Moll, Saarmund	+
Essl 1910/ 3565	K. W. St. E. 903 (T3) →'25 **DRB 89 391** +37 →'37 verk. (an ?) →'41 WL Grube Beuthen	+
Heil 1910/ 549	K. W. St. E. 904 (T3) →'25 **DRB 89 392**	+10.12.33
Heil 1910/ 550	K. W. St. E. 905 (T3) →'25 **DRB 89 393** +10.11.34 →11.34 Ed Züblin AG, Stuttgart	+
Heil 1910/ 551	K. W. St. E. 906 (T3) →'25 **DRB 89 394**	+10.12.33
Heil 1911/ 562	K. W. St. E. 896 (T3) →'25 **DRB 89 395** +37 →'38 verk. (an ?)	+
Heil 1911/ 563	K. W. St. E. 897 (T3) →'25 **DRB 89 396** +37 →'37 verk. (an ?)	+
Heil 1911/ 564	K. W. St. E. 898 (T3) →'25 **DRB 89 397** +22.07.39 →'39 verk. Fa. Dr. Alexander Wacker GmbH, Werk Mückenberg →'40 Stahlwerk Hennigsdorf ⇒WL 6 Stahl- und Walzwerk Hennigsdorf (SWH)	++um 60

15) +03.36; danach auch nicht mehr in Bestandsnachweisen, aber '43 als 89 369 auf der Teuringertalbahn im Einsatz. Außerdem wurde 1936 ein Verkauf der Lok an Henschel nachgewiesen.

WE 1911/ 9	K. W. St. E. 899 (T3) →'25 **DRB 89 398** →02.09.36 WL 2 Heidelberger Zement (Werk Leimen) ('63 vorh.) +
WE 1911/ 10	K. W. St. E. 900 (T3) →'25 **DRB 89 399** +02.12.34
WA 1911/ 11	K. W. St. E. 890 (T3) →'25 **DRB 89 400** +37 →'38 verk. (an ?) +
WA 1911/ 12	K. W. St. E. 891 (T3) →'25 **DRB 89 401** →13.09.40 Hoesch, Westfalenhütte Dortmund +
Heil 1912/ 570	K. W. St. E. 892 (T3) →'25 **DRB 89 402** →13.09.40 Hoesch, Westfalenhütte Dortmund +
Heil 1912/ 571	K. W. St. E. 893 (T3) →'25 **DRB 89 403** +20.01.37 →'37 WL 23 A. Riebeck'sche Montanwerke AG, Concordia Nachterstedt ⇒WL 3 VEB BKW Nachterstedt, Grube Königsaue ++60
Heil 1912/ 572	K. W. St. E. 894 (T3) →'25 **DRB 89 404** +37 →'37 verk. Heidelberger Zement +
Heil 1912/ 573	K. W. St. E. 895 (T3) →'25 **DRB 89 405** →'45 DRw +24.01.47 →24.01.47 Südstormarnsche Krb. (SK) 7 +54
Heil 1912/ 594	K. W. St. E. 887 (T3) →'25 **DRB 89 406** +37 →'38/39 Ed Züblin AG, Stuttgart +
Heil 1912/ 595	K. W. St. E. 888 (T3) →'25 **DRB 89 407** +04.01.36 →05.36 Wüttembergische Nebenbahnen (WN) WN6 →24.05.40 WL 3 Gaswerke der Stadt Stuttgart ⇒WL 3 Technische Werke der Stadt Stuttgart (TWS), Gaswerk Gaisburg →'70 Eurovapor /L (Museumsbahn Metzingen-Urach; bereits ab '68 vereinzelte Einsätze) ('73 schwerer Schaden und '75 Tausch mit Gaswerk Lok Nr. 2) →'75 Denkmal Gaswerk Stuttgart-Gaisburg →04.03 Süddeutsches Eisenbahnmuseum Heilbronn (SEH) →'25 Schwäbische Alb-Bahn (SAB) ('25 vorh.)
Heil 1912/ 599	K. W. St. E. 885 (T3) →'25 **DRB 89 408** +01.07.35
Heil 1912/ 600	K. W. St. E. 886 (T3) →'25 **DRB 89 409** +37 →'38/39 Ed Züblin AG, Stuttgart +
Heil 1912/ 601	K. W. St. E. 889 (T3) →'25 **DRB 89 410** +36 →'36 Polkwitz-Raudtener Klb. ⇒'37 Heerwegen-Raudtener Klb. →'45 PKP TKh 100-55 +12.04.55

C n2t **DB 89³** (ex Werklok)

	89 356"	89 357"
Treibraddurchmesser (mm):	1 100	1 170
Achsstand (mm):	3 000	2 750
Länge über Puffer (mm):	8 591	8 030
Dienstgewicht (t):	35,9	35,5
Achslast (maximal) (t):	12,0	11,8
Höchstgeschwindigkeit (km/h):	40	40
Zylinderdurchmesser (mm):	350	370
Kolbenhub (mm):	550	540
Rostfläche (m²):	1,35	1,25
Verdampfungsheizfläche (m²):	60,6	69,2
Kesselüberdruck (atm):	12,0	11,0

Nach dem Ende des Zweiten Weltkrieges führte die RBD Stuttgart zwei Lokomotiven mit den Betriebsnummer 89 356-357 in ihrem Bestand – diese Nummern lassen vermuten, dass es sich um württembergische T 3 handelte, doch die „echten" 89 356-357 waren bereits 1929 bzw. 1932 ausgemustert worden. Tatsächlich soll es sich bei beiden Maschinen um „wild" eingereihte Werkloks gehandelt haben, für welche die Betriebsnummern somit in Zweitbesetzung vergeben wurden: Für die 89 356" – eine echte preußische T 3 – wird als Herkunft die Deutsche Erdöl-AG (Nr. 356) genannt, während es sich bei der 89 357" um eine nicht identifizierte elsässische T 3 handeln soll.

Da offizielle Unterlagen weder zur Identität noch zu den Hauptabmessungen der Maschinen bekannt sind, repräsentieren die hier angegebenen Hauptabmessungen nur die jeweiligen Bauarten

O&K 1902/ 954	Bln 1819" →'06 BLN 6157 T3 →'15 verk. Fa. O&K →'?? Deutsche Erdöl-AG (DEA) 356 →'45 **DRw 89 356"** →02.10.47 verk. WL 9 Bayerische Braunkohlenindustrie Schwandorf (BBI), Werk Wackersdorf +62
Graf 1899/ ?	(EL T3) →'45 **DRw/DB 89 357"** +14.08.50 →'50 WL Bw Frankfurt/Main 2 ++02.56

Dieses Foto der DB 89 357 dürfte auch die letzten Zweifel beseitigen – dies war keine württembergische T 3, sondern eine elsässische, deren Identität leider unbekannt ist.

Foto: Alfred Grieger

C n2t DRB 89⁴ (ex K. W. St. E. T 3L)

Treibraddurchmesser (mm):	1 045
Achsstand (mm):	4 400
Länge über Puffer (mm):	8 220
Dienstgewicht (t):	32,3
Achslast (maximal) (t):	10,8
Höchstgeschwindigkeit (km/h):	45
Zylinderdurchmesser (mm):	380
Kolbenhub (mm):	540
Rostfläche (m²):	1,0
Verdampfungsheizfläche (m²):	63,9
Kesselüberdruck (atm):	12,0

Die Stichbahn von Schiltach nach Schramberg war von den Königlich Württembergischen Staatsbahnen als regelspurige Nebenbahn ausgeführt worden, obwohl die dem engen Talverlauf folgende Strecke dadurch recht enge Radien besaß und daher von den vorhandenen Fahrzeugen nicht befahren werden konnte. Speziell für diese Strecke wurden deshalb 1894 zwei dreiachsige Tenderlokomotiven mit „Klose-Triebwerk“ beschafft: Bei der nach dem leitenden Maschineningenieur Adolf Klose benannten Bauart konnte durch die Verwendung von Lenkachsen auch bei sehr kleinen Radien ein ruhiger Lauf erzielt werden.

Nachdem sich die ersten beiden Maschinen bewährt hatten, wurden 1896 noch zwei weitere Maschinen nachbeschafft – diesmal für die Strecke Waldenburg – Künzelsau.

Die vier Klose-Lokomotiven bildeten die Gattung T3L – nach dem Werkfoto der erstgelieferten Maschine aber wohl noch als T3 abgeliefert. Das „L“ in der Gattungsbezeichnung soll für „lang“ (längerer Achsstand als bei der T3) stehen, doch vorstellbar wäre es natürlich auch, dass damit die Verwendung von Lenkachsen angezeigt werden sollte. Die T3L hatten zwar äußerlich gewisse Ähnlichkeiten mit der württembergischen T3, doch sowohl Fahrwerk als auch Kessel waren eigenständige Konstruktionen.

Im vorläufigen Umzeichnungsplan der Deutschen Reichsbahn von 1923 waren noch alle T3L als 89 411-414 enthalten, doch bis zur Aufstellung des endgültigen Planes waren drei der vier Maschinen ausgemustert worden, so dass nur noch für eine die neue Betriebsnummer 89 411 vergeben wurde. Durch die zwischenzeitlich erfundenen seitenverschiebbaren Achsen waren die Lokomotiven mit ihrem speziellen Triebwerk, welches einen erhöhten Wartungsaufwand erforderte, entbehrlich geworden.

Literatur:

WILLHAUS, WERNER: Die Baureihe $89^{3\text{-}4}$. Freiburg, 2001

Essl 1896/ 2791	K. W. St. E. 996“ KUENZELSAU“ (T 3L) →’25 **DRB 89 411**	+05.11.27

Eine Fotografie der 89 411 – der einzigen württembergischen T 3L, die von der Reichsbahn umgezeichnet wurde – ist leider nicht bekannt. Daher soll diese Baureihe hier durch die Schwesterlokomotive der 89 411, der „SCHRAMBERG“, vertreten werden. Sie war eine der ersten beiden Maschinen mit Klose-Triebwerk, welche 1894 für die stark gewundene Strecke von Schiltach nach Schramberg beschafft worden war. Auffällig ist der lange Achsstand der Lokomotive – dieser sorgte für die gewünschte Laufruhe der Maschine.

C n2t **DRB 89⁵** (ex GrH. Bad. St.-Eb. X a)

Im Jahr 1904 übernahmen die Großherzoglich Badischen Staatseisenbahnen die Betriebsführung auf der Mannheimer Hafenbahn („Rheinau Hafen“) und damit auch sechs erst wenige Jahre alte C Tenderlokomotiven als Gattung Xa in ihren Bestand. Die Maschinen blieben weiterhin auf der Hafenbahn im Einsatz und wurden im vorläufigen Umzeichnungsplan der DRB von 1923 mit den geplanten Betriebsnummern 89 501-506 bedacht. Mit der Ablösung der Xa im Hafenbahneinsatz durch badische Xb (siehe Baureihe 92^{2-3}) schieden die sechs Maschinen jedoch noch vor Aufstellung des endgültigen Umzeichnungsplanes aus dem Bestand der Reichsbahndirektion Karlsruhe aus.

C n2t **DRB 89⁶** (ex K. Bay. Sts. B. D II)

	89 601-605	89 606-670
Treibraddurchmesser (mm):	1 216	1 216
Achsstand (mm):	3 700	3 700
Länge über Puffer (mm):	9 408	9 413
Dienstgewicht (t):	44,8	44,8
Achslast (maximal) (t):	15,1	15,1
Höchstgeschwindigkeit (km/h):	45	45
Zylinderdurchmesser (mm):	420	420
Kolbenhub (mm):	610	610
Rostfläche (m²):	1,61	1,61
Verdampfungsheizfläche (m²):	90,5	89,6
Kesselüberdruck (atm):	12,0	12,0
Leistung (PSi):	430	430

Für den Verschub- und Nebenbahndienst war in Bayern eine recht ansehnliche Anzahl von B-gekuppelten Tenderlokomotiven der Gattung D IV (siehe Baureihe 88^{71-72}) beschafft worden. Unter der Gattungsbezeichnung D V folgte 1877 ein C-Kuppler, doch von dieser Bauart wurden nur zehn Maschinen geordert (siehe Baureihe 89^{81}). Erst im Jahre 1898 wurden erneut C-gekuppelte Verschub-Tenderlokomotiven beschafft – sie erhielten die Gattungsbezeichnung D II in zweiter Besetzung, nachdem alle Lokomotiven der ursprünglichen Gattung D II bis 1895 ausgemustert worden waren. Die neue Bauart besaß Wasserkästen zwischen den Rahmenwangen sowie seitlich des Kessels; der Kohlenkasten war auf der Heizerseite in den seitlichen Wasserkasten integriert. Bis 1904 wurden insgesamt 73 Lokomotiven gebaut – die ab 1906 im wesentlichen unverändert weitergebauten Maschinen erhielten dagegen die neue Gattungsbezeichnung R 3/3.
Nach dem Ersten Weltkrieg waren drei D II in Polen verblieben (PKP-Gattung TKh 101) – alle übrigen kamen in den Bestand der Deutschen Reichsbahn, die ihnen die neuen Betriebsnummern 89 601-670 zuwies. Sämtliche 70 D II waren auch nach dem Zweiten Weltkrieg noch im Bestand der Staatsbahn (zwei in der Ostzone, alle anderen in den Westzonen), die sie bis 1960 ausmusterte. Zahlreiche Maschinen waren jedoch nach der Ausmusterung als Werkloks an verschiedene Ausbesserungswerke abgegeben worden.
Die weitgehend baugleichen Nachbauten, die in die Gattung R 3/3 eingereiht worden waren, erhielten bei der Deutschen Reichsbahn Betriebsnummern ab 89 701.

Literatur:

LAUBER, WOLFGANG: Die bayerische D II und R 3/3. EK 5/1978, S. 327-338

Krss 1898/ 3599	K. Bay. Sts. B. 2400 (DII) →'25 **DRB 89 601** →'45 DRw/DB	+10.08.57
Krss 1898/ 3600	K. Bay. Sts. B. 2401 (DII) →'25 **DRB 89 602** →'45 DRw/DB	+18.10.54
Krss 1898/ 3601	K. Bay. Sts. B. 2402 (DII) →'25 **DRB 89 603** →'45 DRo →'48 WL Fa. Lowa, Bautzen (10.60 L4 Raw Leipzig; Einsatz bis ca. '64)	+
Krss 1898/ 3602	K. Bay. Sts. B. 2403 (DII) →'25 **DRB 89 604** →'45 DRw/DB	+18.03.55
Krss 1898/ 3603	K. Bay. Sts. B. 2404 (DII) →'25 **DRB 89 605** →'45 DRw/DB	+12.05.55
Krss 1898/ 3604	K. Bay. Sts. B. 2405 (DII) →'25 **DRB 89 606** →'45 DRw/DB	+18.10.54
Krss 1898/ 3605	K. Bay. Sts. B. 2406 (DII) →'25 **DRB 89 607** →'45 DRw/DB	+18.10.54
Krss 1898/ 3606	K. Bay. Sts. B. 2407 (DII) →'25 **DRB 89 608** →'45 DRw/DB	+18.10.54
Krss 1898/ 3607	K. Bay. Sts. B. 2408 (DII) →'25 **DRB 89 609** →'45 DRw/DB	+18.04.56

Krss 1898/ 3608	K. Bay. Sts. B. 2409 (DII) →'25 **DRB 89 610** →'45 DRw/DB	+14.08.50
Krss 1898/ 3609	K. Bay. Sts. B. 2410 (DII) →'25 **DRB 89 611** →'45 DRw/DB	+18.10.54
Krss 1898/ 3610	K. Bay. Sts. B. 2411 (DII) →'25 **DRB 89 612** →'45 DRw/DB	+14.03.57
Krss 1898/ 3611	K. Bay. Sts. B. 2412 (DII) →'25 **DRB 89 613** →'45 DRw/DB	+18.10.54
Krss 1898/ 3612	K. Bay. Sts. B. 2413 (DII) →'25 **DRB 89 614** →'45 DRw/DB	+06.05.59
Krss 1898/ 3613	K. Bay. Sts. B. 2414 (DII) →'25 **DRB 89 615** →'45 DRw/DB	+09.11.53
Krss 1898/ 3614	K. Bay. Sts. B. 2415 (DII) →'25 **DRB 89 616** →'45 DRw/DB	+18.10.54
Krss 1898/ 3615	K. Bay. Sts. B. 2416 (DII) →'25 **DRB 89 617** →'45 DRw/DB	+01.06.53
Krss 1898/ 3617	K. Bay. Sts. B. 2418 (DII) →'25 **DRB 89 618** →'45 DRw/DB	+12.05.55
Krss 1898/ 3618	K. Bay. Sts. B. 2419 (DII) →'25 **DRB 89 619** →'45 DRw/DB	+12.05.55
Maff 1900/ 2122	K. Bay. Sts. B. 2420 (DII) →'25 **DRB 89 620** →'45 DRw +12.02.48 →09.12.48 WL AW München-Freimann (bis 07.58)	++64
Maff 1900/ 2123	K. Bay. Sts. B. 2421 (DII) →'25 **DRB 89 621** →'45 DRo/DR	+16.04.64
Maff 1900/ 2124	K. Bay. Sts. B. 2422 (DII) →'25 **DRB 89 622** →'45 DRw +20.11.47 →21.01.48 WL AW München-Freimann (bis '64)	+
Maff 1900/ 2125	K. Bay. Sts. B. 2423 (DII) →'25 **DRB 89 623** →'45 DRw/DB	+15.11.57
Maff 1900/ 2126	K. Bay. Sts. B. 2424 (DII) →'25 **DRB 89 624** →'45 DRw/DB	+17.03.54
Maff 1900/ 2128	K. Bay. Sts. B. 2426 (DII) →'25 **DRB 89 625** →'45 DRw/DB	+14.08.50
Maff 1900/ 2129	K. Bay. Sts. B. 2427 (DII) →'25 **DRB 89 626** →'45 DRw/DB +01.06.53 →07.53 Augsburger Localbahn (AL) 11 →04.57 verk. Baufirma Leonhard Moll, München Betr.Nr. 11	++06.62
Maff 1900/ 2131	K. Bay. Sts. B. 2429 (DII) →'25 **DRB 89 627** →'45 DRw/DB	+14.03.57
Maff 1900/ 2132	K. Bay. Sts. B. 2430 (DII) →'25 **DRB 89 628** →'45 DRw/DB	+11.01.52
Maff 1900/ 2134	K. Bay. Sts. B. 2432 (DII) →'25 **DRB 89 629** →'45 DRw/DB	+14.03.57
Maff 1900/ 2136	K. Bay. Sts. B. 2434 (DII) →'25 **DRB 89 630** →'45 DRw/DB	+14.03.57
Maff 1900/ 2137	K. Bay. Sts. B. 2435 (DII) →'25 **DRB 89 631** →'45 DRw +11.02.47 →'?? WL AW Nürnberg	+
Maff 1900/ 2138	K. Bay. Sts. B. 2428 (DII) →'25 **DRB 89 632** →'45 DRw +20.11.47 →19.08.47 WL 461 AW München Freimann (bis 06.58)	++64
Maff 1900/ 2139	K. Bay. Sts. B. 2431 (DII) →'25 **DRB 89 633** →'45 DRw/DB	+14.03.57
Maff 1900/ 2142	K. Bay. Sts. B. 2433 (DII) →'25 **DRB 89 634** →'45 DRw +14.04.47 →14.12.48 WL 462 AW München-Freimann (bis 03.54)	++12.57
Maff 1901/ 2143	K. Bay. Sts. B. 2436 (DII) →'25 **DRB 89 635** →'45 DRw/DB +30.11.57 →'?? WL AW Kaiserslautern	+
Maff 1901/ 2144	K. Bay. Sts. B. 2437 (DII) →'25 **DRB 89 636** →'45 DRw/DB	+09.11.53
Maff 1901/ 2145	K. Bay. Sts. B. 2438 (DII) →'25 **DRB 89 637** →'45 DRw/DB	+18.10.54
Maff 1901/ 2146	K. Bay. Sts. B. 2439 (DII) →'25 **DRB 89 638** →'45 DRw/DB	+14.03.57

Immerhin ein Alter von 56 Jahren erreichte die 89 642 – 1901 beschafft als bayerische D II mit der Betriebsnummer 2443, wurde sie erst 1957 von der Deutschen Bundesbahn ausgemustert. Beheimatet war die Lokomotive zum Zeitpunkt der Aufnahme – vermutlich irgendwann in den 30er-Jahren – beim Bw Aschaffenburg.

Bei der Ansicht von der Heizerseite kann man sehr gut den Kohlenkastenaufsatz erkennen, der sich wegen der Durchführung von Stellstangen auf dem Kessel abstützte und sich unten bis in den Wasserkasten fortsetzte. Auf der Aufnahme von Hermann Maey trägt die 89 665 das Beheimatungsschild „München Hbf" – dort war sie von 1904 bis 1948 durchgehend beheimatet, wenn man von einem einjährigen Gastspiel beim Bw Simbach 1923/24 absieht.

Maff 1901/ 2230	K. Bay. Sts. B. 2440 (DII) →'25 **DRB 89 639** →'45 DRw/DB +23.11.56 →'?? WL AW Kassel (bis 22.03.57)	+
Maff 1901/ 2231	K. Bay. Sts. B. 2441 (DII) →'25 **DRB 89 640** →'45 DRw/DB	+28.04.59
Maff 1901/ 2232	K. Bay. Sts. B. 2442 (DII) →'25 **DRB 89 641** →'45 DRw/DB +20.11.58 →'?? WL AW Ingolstadt	+
Maff 1901/ 2233	K. Bay. Sts. B. 2443 (DII) →'25 **DRB 89 642** →'45 DRw/DB	+15.11.57
Maff 1901/ 2234	K. Bay. Sts. B. 2444 (DII) →'25 **DRB 89 643** →'45 DRw/DB	+28.05.54
Krss 1902/ 4742	K. Bay. Sts. B. 2445 (DII) →'25 **DRB 89 644** →'45 DRw/DB	+14.03.57
Krss 1902/ 4743	K. Bay. Sts. B. 2446 (DII) →'25 **DRB 89 645** →'45 DRw/DB	+18.04.56
Krss 1902/ 4744	K. Bay. Sts. B. 2447 (DII) →'25 **DRB 89 646** →'45 DRw	+01.12.47
Krss 1902/ 4745	K. Bay. Sts. B. 2448 (DII) →'25 **DRB 89 647** →'45 DRw +08.06.48 →'?? WL AW Ingolstadt	++54
Krss 1902/ 4746	K. Bay. Sts. B. 2449 (DII) →'25 **DRB 89 648** →'45 DRw/DB	+01.06.53
Krss 1902/ 4747	K. Bay. Sts. B. 2450 (DII) →'25 **DRB 89 649** →'45 DRw/DB	+10.08.57
Krss 1902/ 4748	K. Bay. Sts. B. 2451 (DII) →'25 **DRB 89 650** →'45 DRw/DB +23.02.60 →03.60 WL 1 AW Kaiserslautern (Geräte-Nr. 805.80.01)	++01.61
Krss 1902/ 4749	K. Bay. Sts. B. 2452 (DII) →'25 **DRB 89 651** →'45 DRw/DB	+01.06.53
Krss 1902/ 4750	K. Bay. Sts. B. 2453 (DII) →'25 **DRB 89 652** →'45 DRw/DB	+15.08.55
Krss 1902/ 4751	K. Bay. Sts. B. 2454 (DII) →'25 **DRB 89 653** →'45 DRw/DB	+11.01.52
Maff 1902/ 2272	K. Bay. Sts. B. 2455 (DII) →'25 **DRB 89 654** →'45 DRw	+20.09.48
Maff 1902/ 2273	K. Bay. Sts. B. 2456 (DII) →'25 **DRB 89 655** →'45 DRw/DB +07.07.58 →'?? WL AW Kaiserslautern	++12.61
Maff 1902/ 2274	K. Bay. Sts. B. 2457 (DII) →'25 **DRB 89 656** →'45 DRw/DB	+10.08.57
Maff 1902/ 2275	K. Bay. Sts. B. 2458 (DII) →'25 **DRB 89 657** →'45 DRw/DB	+17.03.54
Maff 1902/ 2276	K. Bay. Sts. B. 2459 (DII) →'25 **DRB 89 658** →'45 DRw	+01.07.46
Maff 1902/ 2277	K. Bay. Sts. B. 2460 (DII) →'25 **DRB 89 659** →'45 DRw/DB	+14.03.57
Maff 1902/ 2279	K. Bay. Sts. B. 2462 (DII) →'25 **DRB 89 660** →'45 DRw/DB +23.11.56 →'56 WL Aw Kaiserslautern	++04.59
Maff 1902/ 2280	K. Bay. Sts. B. 2463 (DII) →'25 **DRB 89 661** →'45 DRw	+31.05.46
Maff 1902/ 2281	K. Bay. Sts. B. 2464 (DII) →'25 **DRB 89 662** →'45 DRw/DB +24.11.56 →27.11.56 WL AW Ingolstadt	++59
Krss 1904/ 5135	K. Bay. Sts. B. 2465 (DII) →'25 **DRB 89 663** →'45 DRw/DB	+15.11.57
Krss 1904/ 5136	K. Bay. Sts. B. 2466 (DII) →'25 **DRB 89 664** →'45 DRw +14.04.47 →'?? WL AW Ingolstadt	++59
Krss 1904/ 5137	K. Bay. Sts. B. 2467 (DII) →'25 **DRB 89 665** →'45 DRw/DB	+18.04.56
Krss 1904/ 5138	K. Bay. Sts. B. 2468 (DII) →'25 **DRB 89 666** →'45 DRw/DB	+18.04.56
Krss 1904/ 5139	K. Bay. Sts. B. 2469 (DII) →'25 **DRB 89 667** →'45 DRw/DB +04.06.54 →'54 WL AW Ingolstadt (bis '56)	+
Krss 1904/ 5140	K. Bay. Sts. B. 2470 (DII) →'25 **DRB 89 668** →'45 DRw	+06.03.48
Krss 1904/ 5141	K. Bay. Sts. B. 2471 (DII) →'25 **DRB 89 669** →'45 DRw/DB	+14.03.57
Krss 1904/ 5142	K. Bay. Sts. B. 2472 (DII) →'25 **DRB 89 670** →'45 DRw/DB	+02.11.55

C n2t DRB 89^{7-8} (ex K. Bay. Sts. B. R3/3)

	89 701-714	89 715-717	89 801-890
Treibraddurchmesser (mm):	1 216	1 216	1 216
Achsstand (mm):	3 700	3 700	3 700
Länge über Puffer (mm):	9 410	9 450	9 974
Dienstgewicht (t):	44,8	45,3	47,6
Achslast (maximal) (t):	15,1	15,1	16,3
Höchstgeschwindigkeit (km/h):	45	45	45
Zylinderdurchmesser (mm):	420	420	420
Kolbenhub (mm):	610	610	610
Rostfläche (m²):	1,61	1,61	1,61
Verdampfungsheizfläche (m²):	89,6	89,6	89,6
Kesselüberdruck (atm):	12,0	12,0	12,0
Leistung (PSi):	430	430	430

Als im Jahr 1906 weitere Lokomotiven der Gattung D II (siehe Baureihe 89^{6}) an die Königlich Bayerischen Staatseisenbahnen abgeliefert wurden, nahm man sie unter Anwendung des zwischenzeitlich eingeführten neuen Bezeichnungssystems als Gattung R 3/3 in den Bestand auf. Gebaut wurden 1906/07 insgesamt 15 Maschinen und 1913 noch einmal drei. Im Rahmen der Beschaffung bewährter Landerbahn-Bauarten gab die junge Deutsche Reichsbahn weitere 90 R3/3-Nachbauten in Auftrag, die von 1921 bis 1923 an die Bestellerin abgeliefert wurden. Die Nachbauten der 20er Jahre unterschieden sich leicht von den letzten an die Bayerischen Staatseisenbahnen gelieferten Maschinen – so z.B. bei der Form des Führerhausdaches, der Bauart des Kohlenkastens und der Länge über Puffer.

Die Deutsche Reichsbahn übernahm von den Vorkriegs-R 3/3 17 als 89 701-717 (eine R 3/3 war als TKh 101 in Polen verblieben); die Reichsbahn-Nachbauten erhielten die Betriebsnummern 89 801-890.

Nach dem Zweiten Weltkrieg verblieben drei 89^{8} in Österreich (Reihe 789) – alle anderen kamen in den Bestand der Deutschen Bundesbahn, welche sie bis Mitte der 60er Jahre ausmusterte. Mit 89 801 und 89 837 sind zwei R 3/3 als Museumslokomotiven erhalten geblieben.

Krss 1906/ 5455	K. Bay. Sts. B. 2473 (R3/3) →'25 **DRB 89 701** →'45 DRw/DB	+10.08.57
Krss 1906/ 5456	K. Bay. Sts. B. 2474 (R3/3) →'25 **DRB 89 702** →'45 DRw/DB	+15.08.55
Krss 1906/ 5457	K. Bay. Sts. B. 2475 (R3/3) →'25 **DRB 89 703** →'45 DRw	+28.10.47
Krss 1906/ 5458	K. Bay. Sts. B. 2476 (R3/3) →'25 **DRB 89 704** →'45 DRw/DB +28.04.59 →'59 WL AW Trier	++61
Krss 1906/ 5459	K. Bay. Sts. B. 2477 (R3/3) →'25 **DRB 89 705** →'45 DRw/DB	+19.04.60
Krss 1906/ 5460	K. Bay. Sts. B. 2478 (R3/3) →'25 **DRB 89 706** →'45 DRw/DB	+11.01.52

An der gleichen Stelle wie bereits zuvor die 70 049 präsentierte sich hier die 89 704 dem Fotografen in Würzburg. Da unter der Loknummer auch das Schild „Rbd. Würzburg" zu sehen ist und diese Rbd zum 31. März 1930 aufgelöst wurde, dürfte die Aufnahme vermutlich Ende der 20er-Jahre entstanden sein.

Krss 1906/ 5461	K. Bay. Sts. B. 2479 (R3/3) →'25 **DRB 89 707** →'45 DRw/DB	+15.08.55
Krss 1907/ 5462	K. Bay. Sts. B. 2480 (R3/3) →'25 **DRB 89 708** →'45 DRw/DB	+10.08.57
Krss 1907/ 5463	K. Bay. Sts. B. 2481 (R3/3) →'25 **DRB 89 709** →'45 DRw/DB	+01.06.53
Krss 1907/ 5464	K. Bay. Sts. B. 2482 (R3/3) →'25 **DRB 89 710** →'45 DRw/DB	+08.01.59
Krss 1907/ 5466	K. Bay. Sts. B. 2484 (R3/3) →'25 **DRB 89 711** →'45 DRw/DB	+18.10.54
Krss 1907/ 5467	K. Bay. Sts. B. 2485 (R3/3) →'25 **DRB 89 712** →'45 DRw/DB	+19.04.60
Krss 1907/ 5468	K. Bay. Sts. B. 2486 (R3/3) →'25 **DRB 89 713** →'45 DRw/DB	+10.08.57
Krss 1907/ 5469	K. Bay. Sts. B. 2487 (R3/3) →'25 **DRB 89 714** →'45 DRw/DB	+10.08.57
Krss 1913/ 6837	K. Bay. Sts. B. 2488 (R3/3) →'25 **DRB 89 715** →'45 DRw/DB	+15.11.57
Krss 1913/ 6838	K. Bay. Sts. B. 2489 (R3/3) →'25 **DRB 89 716** →'45 DRw/DB	+28.05.54
Krss 1913/ 6839	K. Bay. Sts. B. 2490 (R3/3) →'25 **DRB 89 717** →'45 DRw/DB	+10.08.57
Krss 1921/ 7851	Bay. Sts. B. 4701 (R3/3) →'25 **DRB 89 801** →'45 DRw/DB +28.12.64 (10.67 nach Schwerte) →'71 Denkmal AW Duisburg-Wedau →'85 Verkehrsmuseum Nürnberg (17.10.05 Brandschaden, Bw Nürnberg-West; 05.08 restauriert Koblenz-Lützel	('24 vorh.)
Krss 1921/ 7852	Bay. Sts. B. 4702 (R3/3) →'25 **DRB 89 802** →'45 DRw/DB	+19.04.60
Krss 1921/ 7853	Bay. Sts. B. 4703 (R3/3) →'25 **DRB 89 803** →'45 DRw/DB	+02.02.59
Krss 1921/ 7854	Bay. Sts. B. 4704 (R3/3) →'25 **DRB 89 804** →'45 DRw/DB	+07.07.59
Krss 1921/ 7855	Bay. Sts. B. 4705 (R3/3) →'25 **DRB 89 805** →'45 DRw/DB	+02.05.62
Krss 1921/ 7856	Bay. Sts. B. 4706 (R3/3) →'25 **DRB 89 806** →'45 DRw/DB	+23.04.60
Krss 1921/ 7857	Bay. Sts. B. 4707 (R3/3) →'25 **DRB 89 807** →'45 DRw/DB	+27.10.59
Krss 1921/ 7858	Bay. Sts. B. 4708 (R3/3) →'25 **DRB 89 808** →'45 DRw/DB	+19.01.61
Krss 1921/ 7859	Bay. Sts. B. 4709 (R3/3) →'25 **DRB 89 809** →'45 DRw/DB	+14.03.57
Krss 1921/ 7860	Bay. Sts. B. 4710 (R3/3) →'25 **DRB 89 810** →'45 DRw/DB	+14.03.57
Krss 1921/ 7861	Bay. Sts. B. 4711 (R3/3) →'25 **DRB 89 811** →'45 DRw/DB	+14.03.57
Krss 1921/ 7862	Bay. Sts. B. 4712 (R3/3) →'25 **DRB 89 812** →'45 DRw/DB	+27.10.59
Krss 1921/ 7863	Bay. Sts. B. 4713 (R3/3) →'25 **DRB 89 813** →'45 DRw/DB	+02.05.62
Krss 1921/ 7864	Bay. Sts. B. 4714 (R3/3) →'25 **DRB 89 814** →'45 DRw/DB	+20.02.60
Krss 1921/ 7865	Bay. Sts. B. 4715 (R3/3) →'25 **DRB 89 815** →'45 DRw/DB	+28.04.60
Krss 1921/ 7866	Bay. Sts. B. 4716 (R3/3) →'25 **DRB 89 816** →'45 DRw/DB	+20.02.60
Krss 1921/ 7867	Bay. Sts. B. 4717 (R3/3) →'25 **DRB 89 817** →'45 DRw/DB	+14.03.57
Krss 1921/ 7868	Bay. Sts. B. 4718 (R3/3) →'25 **DRB 89 818** →'45 DRw/DB	+19.01.61
Krss 1921/ 7869	Bay. Sts. B. 4719 (R3/3) →'25 **DRB 89 819** →'45 DRw/DB	+19.01.61
Krss 1921/ 7870	Bay. Sts. B. 4720 (R3/3) →'25 **DRB 89 820** →'45 DRw/DB	+06.05.59
Krss 1921/ 7871	Bay. Sts. B. 4721 (R3/3) →'25 **DRB 89 821** →'45 DRw/DB	+14.07.60
Krss 1921/ 7872	Bay. Sts. B. 4722 (R3/3) →'25 **DRB 89 822** →'45 DRw/DB	+06.05.59

Die 89 805 war eine der ersten direkt an die Reichsbahn gelieferten Nachbauten der bayerischen R 3/3 – da das neue Reichsbahn-Nummernschema erst später eingeführt wurde, erhielt sie wie auch zahlreiche ihrer Schwestermaschinen noch eine Betriebsnummer nach dem bayerischen Schema. Das Bild von Kurt Eckert zeigt die Maschine im Mai 1957 bei Rangierarbeiten im Würzburger Hauptbahnhof.

Krss 1922/ 7873	Bay. Sts. B. 4723 (R3/3) →'25 **DRB 89 823** →'45 DRw/DB	+19.04.60
Krss 1922/ 7874	Bay. Sts. B. 4724 (R3/3) →'25 **DRB 89 824** →'45 DRw/DB	+06.05.59
Krss 1922/ 7875	Bay. Sts. B. 4725 (R3/3) →'25 **DRB 89 825** →'45 DRw/DB	+30.09.60
Krss 1922/ 7876	Bay. Sts. B. 4726 (R3/3) →'25 **DRB 89 826** →'45 DRw/DB	+07.03.63
Krss 1922/ 7877	Bay. Sts. B. 4727 (R3/3) →'25 **DRB 89 827** →'45 DRw/DB	+20.02.60
Krss 1922/ 7878	Bay. Sts. B. 4728 (R3/3) →'25 **DRB 89 828** →'45 DRw/DB	+07.07.59
Krss 1922/ 7879	Bay. Sts. B. 4729 (R3/3) →'25 **DRB 89 829** →'45 DRw/DB	+10.08.57
Krss 1922/ 7880	Bay. Sts. B. 4730 (R3/3) →'25 **DRB 89 830** →'45 DRw/DB	+19.04.60
Krss 1921/ 7911	Bay. Sts. B. 4731 (R3/3) →'25 **DRB 89 831** →'45 DRw/DB	+27.10.59
Krss 1921/ 7912	Bay. Sts. B. 4732 (R3/3) →'25 **DRB 89 832** →'45 DRw/DB	+11.03.63
Krss 1921/ 7913	Bay. Sts. B. 4733 (R3/3) →'25 **DRB 89 833** →'45 DRw/DB +24.11.56 →27.11.56 WL AW Weiden (Katasterlok 486)	++09.61
Krss 1921/ 7914	Bay. Sts. B. 4734 (R3/3) →'25 **DRB 89 834** →'45 DRw/DB	+27.10.59
Krss 1921/ 7915	Bay. Sts. B. 4735 (R3/3) →'25 **DRB 89 835** →'45 ÖBB →'53 ÖBB 789.835 →29.06.56 verk. Zuckerfabrik Siegendorf	+
Krss 1921/ 7916	Bay. Sts. B. 4736 (R3/3) →'25 **DRB 89 836** →'45 DRw/DB	+06.10.56
Krss 1921/ 7917	Bay. Sts. B. 4737 (R3/3) →'25 **DRB 89 837** →'45 ÖBB →'53 ÖBB 789.837 →11.04.56 verk. Grazer Schleppbahn →30.12.72 Schrotthandel Wolf, Graz →07.83 Eisenbahnclub München (ECM) ⇒Bayerisches Eisenbahn-Museum (BEM), Nördlingen	('25 vorh.)
Krss 1921/ 7918	Bay. Sts. B. 4738 (R3/3) →'25 **DRB 89 838** →'45 DRw/DB	+19.04.60
Krss 1921/ 7919	Bay. Sts. B. 4739 (R3/3) →'25 **DRB 89 839** →'45 DRw/DB	+10.08.57
Krss 1921/ 7920	Bay. Sts. B. 4740 (R3/3) →'25 **DRB 89 840** →'45 DRw/DB	+14.03.57
Krss 1921/ 7921	Bay. Sts. B. 4741 (R3/3) →'25 **DRB 89 841** →'45 DRw/DB	+27.10.59
Krss 1921/ 7922	Bay. Sts. B. 4742 (R3/3) →'25 **DRB 89 842** →'45 DRw/DB	+27.10.59
Krss 1921/ 7923	Bay. Sts. B. 4743 (R3/3) →'25 **DRB 89 843** →'45 DRw/DB	+30.09.60
Krss 1922/ 7924	Bay. Sts. B. 4744 (R3/3) →'25 **DRB 89 844** →'45 DRw/DB	+07.07.59
Krss 1922/ 7925	Bay. Sts. B. 4745 (R3/3) →'25 **DRB 89 845** →'45 DRw/DB	+06.08.62
Krss 1922/ 7926	Bay. Sts. B. 4746 (R3/3) →'25 **DRB 89 846** →'45 DRw/DB	+27.10.59
Krss 1922/ 7927	Bay. Sts. B. 4747 (R3/3) →'25 **DRB 89 847** →'45 DRw/DB	+07.07.59
Krss 1922/ 7928	Bay. Sts. B. 4748 (R3/3) →'25 **DRB 89 848** →'45 DRw/DB	+02.05.62
Krss 1922/ 7929	Bay. Sts. B. 4749 (R3/3) →'25 **DRB 89 849** →'45 DRw/DB	+10.08.57
Krss 1922/ 7930	Bay. Sts. B. 4750 (R3/3) →'25 **DRB 89 850** →'45 DRw/DB	+14.03.57
Krss 1922/ 7931	Bay. Sts. B. 4751 (R3/3) →'25 **DRB 89 851** →'45 ÖBB →'53 ÖBB 789.851	+28.11.57
Krss 1922/ 7932	Bay. Sts. B. 4752 (R3/3) →'25 **DRB 89 852** →'45 DRw/DB	+19.04.60
Krss 1922/ 7933	Bay. Sts. B. 4753 (R3/3) →'25 **DRB 89 853** →'45 DRw/DB	+09.01.62
Krss 1922/ 7934	Bay. Sts. B. 4754 (R3/3) →'25 **DRB 89 854** →'45 DRw/DB	+02.05.62

Nach Zwischenstationen bei den Bahnbetriebswerken Freilassing und Ingolstadt kehrte die 89 818 im November 1954 ins Bw München Hbf zurück – dort wurde sie um 1957 von Dr. Günter Scheingraber mit einer E63 als Kulisse fotografiert.

Nur 35 Jahre alt wurde die 89 850: Angeliefert wurde sie am 7. Februar 1922 – und nach der Ausmusterung am 14. März 1957 erfolgte im Juli des gleichen Jahres die Verschrottung in Desching. Das Bild der Lokomotive wurde aufgenommen von Hermann Maey – nach den Anschriften am Führerhaus gehörte die Lokomotive zum Bw Kaiserslautern der 1937 aufgelösten Rbd Ludwigshafen.

Nur drei 89^8 verblieben nach dem Zweiten Weltkrieg in Österreich – so auch die hier von Reimar Holzinger fotografierte 89 851. Die Aufnahme entstand 1953 auf der Drehscheibe von Sigmundsherberg.

Im Februar 1956 beobachtete Kurt Eckert die 89 880 bei Rangierarbeiten in Würzburg Hbf. Abgesehen von einer kurzen Unterbrechung im Jahr 1945 war diese Lokomotive von ihrer Anlieferung bis zum März 1959 in Würzburg beheimatet.

Krss 1922/ 7935	Bay. Sts. B. 4755 (R3/3) →'25 **DRB 89 855** →'45 DRw/DB	+06.10.56
Krss 1922/ 7936	Bay. Sts. B. 4756 (R3/3) →'25 **DRB 89 856** →'45 DRw/DB	+20.02.60
Krss 1922/ 7937	Bay. Sts. B. 4757 (R3/3) →'25 **DRB 89 857** →'45 DRw/DB	+11.01.52
Krss 1922/ 7938	Bay. Sts. B. 4758 (R3/3) →'25 **DRB 89 858** →'45 DRw/DB	+14.03.57
Krss 1922/ 7939	Bay. Sts. B. 4759 (R3/3) →'25 **DRB 89 859** →'45 DRw/DB	+06.10.56
Krss 1922/ 7940	Bay. Sts. B. 4760 (R3/3) →'25 **DRB 89 860** →'45 DRw/DB	+26.04.61
Krss 1922/ 7941	Bay. Sts. B. 4761 (R3/3) →'25 **DRB 89 861** →'45 DRw/DB (SWDE)	+01.07.63
Krss 1922/ 7942	Bay. Sts. B. 4762 (R3/3) →'25 **DRB 89 862** →'45 DRw/DB	+20.02.60
Krss 1922/ 7943	Bay. Sts. B. 4763 (R3/3) →'25 **DRB 89 863** →'45 DRw/DB	+09.01.62
Krss 1922/ 7944	Bay. Sts. B. 4764 (R3/3) →'25 **DRB 89 864** →'45 DRw/DB	+01.11.62
Krss 1922/ 7945	Bay. Sts. B. 4765 (R3/3) →'25 **DRB 89 865** →'45 DRw/DB	+20.02.60
Krss 1922/ 7946	Bay. Sts. B. 4766 (R3/3) →'25 **DRB 89 866** →'45 DRw/DB	+14.07.60
Krss 1922/ 7947	Bay. Sts. B. 4767 (R3/3) →'25 **DRB 89 867** →'45 DRw/DB	+06.05.59
Krss 1922/ 7948	Bay. Sts. B. 4768 (R3/3) →'25 **DRB 89 868** →'45 DRw/DB	+14.03.57
Krss 1922/ 7949	Bay. Sts. B. 4769 (R3/3) →'25 **DRB 89 869** →'45 DRw/DB	+11.01.60
Krss 1922/ 7950	Bay. Sts. B. 4770 (R3/3) →'25 **DRB 89 870** →'45 DRw/DB	+06.05.59
Krss 1922/ 7951	Bay. Sts. B. 4771 (R3/3) →'25 **DRB 89 871** →'45 DRw/DB	+20.02.60
Krss 1922/ 7952	Bay. Sts. B. 4772 (R3/3) →'25 **DRB 89 872** →'45 DRw/DB	+20.02.60
Krss 1922/ 7953	Bay. Sts. B. 4773 (R3/3) →'25 **DRB 89 873** →'45 DRw/DB	+20.02.60
Krss 1922/ 7954	Bay. Sts. B. 4774 (R3/3) →'25 **DRB 89 874** →'45 DRw/DB	+30.09.60
Krss 1922/ 7955	Bay. Sts. B. 4775 (R3/3) →'25 **DRB 89 875** →'45 DRw/DB	+08.01.59
Krss 1922/ 7956	Bay. Sts. B. 4776 (R3/3) →'25 **DRB 89 876** →'45 DRw/DB	+27.10.59
Krss 1922/ 7957	Bay. Sts. B. 4777 (R3/3) →'25 **DRB 89 877** →'45 DRw/DB	+26.04.61
Krss 1922/ 7958	Bay. Sts. B. 4778 (R3/3) →'25 **DRB 89 878** →'45 DRw/DB	+06.05.59
Krss 1922/ 7959	Bay. Sts. B. 4779 (R3/3) →'25 **DRB 89 879** →'45 DRw/DB	+07.07.59
Krss 1922/ 7960	Bay. Sts. B. 4780 (R3/3) →'25 **DRB 89 880** →'45 DRw/DB	+30.09.60
Krss 1922/ 7961	Bay. Sts. B. 4781 (R3/3) →'25 **DRB 89 881** →'45 DRw/DB	+14.07.60
Krss 1922/ 7962	Bay. Sts. B. 4782 (R3/3) →'25 **DRB 89 882** →'45 DRw/DB	+10.08.57
Krss 1922/ 7963	Bay. Sts. B. 4783 (R3/3) →'25 **DRB 89 883** →'45 DRw/DB	+28.12.64
Krss 1922/ 7964	Bay. Sts. B. 4784 (R3/3) →'25 **DRB 89 884** →'45 DRw/DB	+13.11.61
Krss 1922/ 7965	Bay. Sts. B. 4785 (R3/3) →'25 **DRB 89 885** →'45 DRw/DB	+09.01.62
Krss 1922/ 7966	Bay. Sts. B. 4786 (R3/3) →'25 **DRB 89 886** →'45 DRw/DB	+10.08.57
Krss 1922/ 7967	Bay. Sts. B. 4787 (R3/3) →'25 **DRB 89 887** →'45 DRw/DB	+26.04.61
Krss 1923/ 7968	Bay. Sts. B. 4788 (R3/3) →'25 **DRB 89 888** →'45 DRw/DB	+10.08.57
Krss 1923/ 7969	Bay. Sts. B. 4789 (R3/3) →'25 **DRB 89 889** →'45 DRw/DB	+09.01.62
Krss 1923/ 7970	Bay. Sts. B. 4790 (R3/3) →'25 **DRB 89 890** →'45 DRw/DB	+30.09.60

C h2t — DRB 89^9 (ex LBE)

Treibraddurchmesser (mm):	1 250
Achsstand (mm):	3 400
Länge über Puffer (mm):	10 450
Dienstgewicht (t):	57,0
Achslast (maximal) (t):	19,0
Höchstgeschwindigkeit (km/h):	40
Zylinderdurchmesser (mm):	520
Kolbenhub (mm):	630
Rostfläche (m²):	1,50
Verdampfungsheizfläche (m²):	73,57
Überhitzerheizfläche (m²):	29,20
Kesselüberdruck (atm):	12,0

Im Jahre 1924 beschaffte die Lübeck-Büchener Eisenbahn zwei C gekuppelte Heißdampf-Tenderlokomotiven, die von Hubert als „Einheits-Güterzug-Tenderlokomotiven“ bezeichnet wurden. Tatsächlich handelte es sich um eine Bauart aus einer ganzen Typenreihe, die von mehreren Firmen dem Reichsbahn-Ausschuss für die Vereinheitlichung der Lokomotiven vorgelegt worden war. Daraus gingen dann später die bekannten Einheitslokomotiven hervor – sowie diese beiden Lokomotiven der Lübeck-Büchener Eisenbahn, welche sich insbesondere durch die etwas geringere Länge sowie die Verwendung eines Blechrahmens von dem ursprünglichen Entwurf unterschieden. Gebaut wurden zwei Maschinen (LBE 101-102), die speziell für den Einsatz im Rangierbahnhof Moisling beschafft wurden.

Nach der Übernahme der Lübeck-Büchener Eisenbahn durch die Deutsche Reichsbahn erhielten die Lokomotiven die neuen Betriebsnummern 89 901-902. Mit ihrem Dienstgewicht von 57 t waren sie die schwersten C-Tenderlokomotiven der Deutschen Reichsbahn. Beide Maschinen verblieben nach Kriegsende bei der Deutschen Reichsbahn in der DDR, wo sie in den 60er Jahren ausschieden.

Literatur:

Hubert, Werner: Die Lokomotiven der Lübeck-Büchener Eisenbahn. Hamburg, 1926

Die 89 901 dürfte frisch aus der Untersuchung gekommen sein, als sie am 12. Oktober 1956 von Gerhard Illner im Bw Halle P, in dem sie erst seit dem 4. Oktober beheimatet war, abgelichtet wurde. Am 9. Juni 1960 wurde sie dann an das Bw Plagwitz abgegeben, um bereits nach zehn Tagen zum Bw Leipzig-Engelsdorf weiterzuwandern.

Obwohl die 89 901 und 902 Einzelstücke im DR-Bestand waren, wurden sie nicht in einem Bahnbetriebswerk zusammengefasst: Als Georg Otte im Jahr 1958 die 89 902 dokumentierte, gehörte sie zum Bw Dresden-Altstadt, nachdem sie bis 1955 in Gera beheimatet gewesen war.

Hen 1924/ 20326	Lübeck-Büchener Eisenbahn (LBE) 101" →01.01.38 **DRB 89 901** →'45 DRo/DR	+25.03.65
Hen 1924/ 20327	Lübeck-Büchener Eisenbahn (LBE) 102" →01.01.38 **DRB 89 902** →'45 DRo/DR →07.12.60 WL BKW Großräschen	+

C h2t **DRB 89⁹** (ex PE, MFWE)

	89 911-912	**89 921**	**89 931**	**89 932**	**89 941**	**89 942**
Treibraddurchmesser (mm):	1 200	1 100	1 200	1 200	1 120	1 220
Achsstand (mm):	3 600	3 250	3 400	3 370	3 400	3 500
Länge über Puffer (mm):						
Dienstgewicht (t):	48,0	45,0	36,0	39,0	41,2	45,0
Achslast (maximal) (t):	16,0	15,0	12,0	13,0	13,7	15,0
Höchstgeschwindigkeit (km/h):	55	45			60	60
Zylinderdurchmesser (mm):	480	450				
Kolbenhub (mm):	550	550				
Rostfläche (m²):	1,4	1,6				
Verdampfungsheizfläche (m²):	68,07	77,0	58,26	62,7	76,3	58,4
Überhitzerheizfläche (m²):	24,0	21,0				
Kesselüberdruck (atm):	14,0	12,0				

Die Strecke von Wittenberge nach Neustrelitz war von drei Eisenbahngesellschaften erbaut worden: Das kurze Stück zwischen Wittenberge und Perleberg von der Wittenberge-Perleberger Eisenbahn (WPE), die Weiterführung über Pritzwalk bis nach Buschhof von der Prignitzer Eisenbahn-Gesellschaft (PE) und das letzte Stück bis nach Neustrelitz schließlich von der Mecklenburgischen Friedrich-Wilhelm-Eisenbahn (MFWE). Die beiden erst-

genannten Gesellschaften führten ab 1932 ihren Betrieb zwar gemeinsam durch, blieben aber als separate Gesellschaften bestehen. Alle drei Bahngesellschaften wurden 1941 verstaatlicht und in die Deutsche Reichsbahn integriert. Die C-gekuppelten Tenderlokomotiven der drei Bahnen wurden von der Deutschen Reichsbahn als Baureihe 89^9 eingereiht.
In den 20er Jahren ersetzte die Prignitzer Eisenbahn die älteren Nassdampf-Lokomotiven durch modernere Heißdampf-Maschinen, darunter auch mehrere Dreikuppler. Den Anfang machten zwei Lokomotiven, die 1925 von Linke-Hofmann in Breslau gebaut wurden. Verschiedentlich werden diese beiden Maschinen der ELNA-Typenreihe zugeordnet, doch die beiden einzigen wirklich gesicherten „ELNA 1“ gingen an die Wilstedt-Zeven-Tostedter Eisenbahn (WZTE) und die Boizenburger Stadt- und Hafenbahn (siehe 89 6280). Die beiden Lokomotiven der Prignitzer Eisenbahn erhielten die Reichsbahn-Nummern 89 911-912.
Ein weiterer C-Kuppler wurde in den 20er Jahren gebraucht von der Kleinbahn Lüneburg-Soltau erworben (ihre vier Schwestermaschinen wurden später zu den 89 136-139 der Osthannoverschen Eisenbahnen (OHE)) und 1927 bei Borsig von Nass- auf Heißdampfbetrieb umgebaut. Diese Lokomotive wurde zur DRB 89 921. Die späteren 89 931-932 waren wiederum direkt an die Prignitzer Eisenbahn geliefert worden, wobei erstere der beiden vermutlich ebenfalls von Nass- auf Heißdampf umgebaut wurde. Die 89 941-942 waren Lokomotiven der Mecklenburgischen Friedrich-Wilhelm-Eisenbahn (MFWE), bei denen es sich nach Angaben im Umzeichnungsplan für die Lokomotiven der MFWE um Maschinen der Gattung T 7 gehandelt haben soll, doch zeigen Aufnahmen der Lokomotiven, dass sie einer Hohenzollern-Werksbauart angehörten. Die beiden Maschinen waren als Nassdampflokomotiven geliefert und zwischenzeitlich in Heißdampfausführung umgebaut worden.
Der Umzeichnungsplan für die Lokomotiven der Prignitzer Eisenbahn sowie der Mecklenburgischen Friedrich-Wilhelm-Eisenbahn war am 23. Januar 1942 aufgestellt und am 20. Februar 1942 von der Eisenbahnabteilung des Reichsverkehrsministeriums genehmigt worden, so dass vermutlich noch in der ersten Hälfte des Jahres 1942 die Umzeichnung der Lokomotiven erfolgte.

LHL 1925/ 3061	Prignitzer Eisenbahn (PE) 1“ →’41 DRB →’42 **DRB 89 911** →’45 PKP TKh 100-54	+25.02.67
LHL 1925/ 2859	Prignitzer Eisenbahn (PE) 2“ →’41 DRB →’42 **DRB 89 912** →ca. ’44 IG Farbenindustrie AG, Uerdingen →’56 Westfälische Lokfabrik Hattingen (WLH) 16 (’57 i.E.)	+
Bors 1913/ 8463	Klb. Lüneburg-Soltau (LS) 5 (geliefert über Karl Schmidt, Hannover) →vor ’27 Prignitzer Eisenbahn (PE) 13 →’?? Prignitzer Eisenbahn (PE) 3“ (03.05.27 Ub. in h2) →’41 DRB →’42 **DRB 89 921** →’45 DRo →10.10.47 WL Grube Theodor, Bitterfeld	+

Über die Firma Karl Schmidt in Hannover lieferte die Lokomotivfabrik Borsig fünf C-Kuppler an die Kleinbahn Lüneburg-Soltau (LS) – ihren „Anfangsbestand“. Während die Lokomotiven 1 bis 4 im Jahr 1944 an die Osthannoverschen Eisenbahnen übergingen (dort 89 136-139), wurde die Lok 5 in den 20er-Jahren an die Prignitzer Eisenbahn verkauft und kam dann durch die Verstaatlichung der Bahn im Jahr 1941 als 89 921 in den Reichsbahn-Bestand. Da Fotografien dieser Maschine nicht bekannt sind, soll sie hier durch die baugleiche Schwesterlok „LS 1“ vertreten werden.

Bei der ursprünglich an die Prignitzer Eisenbahn gelieferten 89 931 fällt auf, dass am Führerhaus zwar zwei Warnschilder (mit Blitz und Totenkopf) angebracht waren, ein Bw-Schild mit dem Heimat-Bahnbetriebswerk aber fehlte. Obwohl im DR-Fahrzeugpark ein Einzelstück, stand die Maschine bis 1967 bei der Staatsbahn im Dienst. *Foto: Georg Otte*

Bors 1912/ 8398	Prignitzer Eisenbahn (PE) 10 „WITTSTOCK II" →'41 DRB →'42 **DRB 89 931** →'45 DRo/DR	+12.05.67
Hen 1915/ 13602	Prignitzer Eisenbahn (PE) 12 „PRITZWALK II" →'41 DRB →'42 **DRB 89 932** →'45 DRo →10.08.47 SMA V.u.	
Hohz 1910/ 2704	Mecklenburgische Friedrich-Wilhelm-Eb. (MFWE) 2" BUSCHHOF →'41 DRB →'42 **DRB 89 941** →'45 DRw →19.10.46 Westfälische Landes-Eb. (WLE) 86 →'50/51 Westfälische Landes-Eb. (WLE) 0086 →29.04.53 verk. Westfälische Lokfabrik Karl Reuschling, Hattingen	++
Hohz 1914/ 3323	Mecklenburgische Friedrich-Wilhelm-Eb. (MFWE) 12 THUROW →'41 DRB →'42 **DRB 89 942** →'45 DRw/DB →19.10.46 Westfälische Landes-Eb. (WLE) 87	+1951

Nur kurzzeitig trugen die Lokomotiven 89 941-942 ihre Reichsbahnnummern und sollen daher hier mit einem Bild bei der sie beschaffenden Bahn präsentiert werden: Die Lokomotive 2" „BUSCHHOF" der Mecklenburgischen Friedrich-Wilhelm-Eisenbahn war vom Typ her eine Hohenzollern-Werksbauart. Der Name der Maschine geht auf den Ort „Buschhof" zurück, der an der Bahnstrecke Wittenberge-Strasburg liegt und heute zum Landkreis „Mecklenburgische Seenplatte" gehört.

C n2t DRB 89⁹ (ex WPE, MFWE)

	89 951	89 952
Treibraddurchmesser (mm):	3 000	3400
Achsstand (mm):		
Länge über Puffer (mm):		
Dienstgewicht (t):	36,8	40,3
Achslast (maximal) (t):	12,5	13,4
Höchstgeschwindigkeit (km/h):	50	60
Zylinderdurchmesser (mm):		
Kolbenhub (mm):		
Rostfläche (m²):		
Verdampfungsheizfläche (m²):	74,0	76,3
Kesselüberdruck (atm):		

Während die C-gekuppelten Heißdampflokomotiven der drei Bahnen Wittenberge-Perleberger Eisenbahn (WPE), Prignitzer Eisenbahn-Gesellschaft (PE) sowie Mecklenburgische Friedrich-Wilhelm-Eisenbahn (MFWE) nach der Verstaatlichung die Betriebsnummer 89 911-912, 921, 931-932, 941-942 erhielten, bekamen die noch vorhandenen Nassdampflokomotiven die neuen Nummern 89 951-952.

Bei der 89 951 handelte es sich um die Lok 6 der Wittenberge-Perleberger Eisenbahn, deren Betriebsnummer 1932 auf 106 geändert worden war: Anlässlich der Einführung der gemeinsamen Betriebsführung von WPE und PE wurden zur Vermeidung von Verwechslungen die Betriebsnummern aller WPE-Lokomotiven um 100 erhöht. Im Fahrzeugbestand vom 6. Juni 1941 wird die Bauart der Maschine als „T3" angegeben, doch sollen nur die Lokomotiven 5 und 7 nach dem preußischen Musterblatt III-4e entstanden sein.

Die 89 952 stammte von der Mecklenburgische Friedrich-Wilhelm-Eisenbahn (Betr.Nr. 1") – sie war baugleich mit der MFWE-Lok 2" (siehe DRB 89 941), war jedoch nicht in Heißdampfausführung umgebaut worden.

Sehr interessant ist das Schicksal der 89 951: Da alle 89⁹ im Prinzip Einzelstücke waren, bemühte sich die DRB schon früh, die Lokomotiven an die Industrie abzugeben. So gelangte die 89 951 an die Deutsche Waffen- und Munitionsfabrik (DWM), welche die Maschine in Nivelles (Belgien) einsetzte. Beim Rückzug der Wehrmacht aus Belgien verblieb die Maschine an ihrem Einsatzort und wurde von den SNCB übernommen, jedoch 1946 an die Reichsbahn zurückgegeben.

Hen 1913/ 11576	Wittenberge-Perleberger Eb. (WPE) 6 →'32 Wittenberge-Perleberger Eb. (WPE) 106 →'41 DRB →'42 **DRB 89 951** (18.06.44 Deutsche Waffen- und Munitionsfabriken AG (DWM), Lübeck für Sprengstoffgießerei Nivelles; am 26.08.44 an DWM verkauft.) →'45 B 5900 →'46 SNCB 59.001 →28.06.50 DB 89 951	+14.08.50
Hohz 1910/ 2703	Mecklenburgische Friedrich-Wilhelm-Eb. (MFWE) 1" FELDBERG →'41 DRB →'42 **DRB 89 952** →'45 DRw +22.01.48 →'48 WL AW Lübeck	+

Nach der Verstaatlichung der Mecklenburgischen Friedrich-Wilhelm-Eisenbahn (MFWE) wurde deren Lok 1 „FELDBERG" in 89 952 umgezeichnet. Leider sind keine Aufnahmen dieser Hohenzollern-Lokomotive mit Reichsbahnnummer bekannt, doch mit diesem von Carl Bellingrodt angefertigtem Bild können wir sie zumindest als MFWE-Lok zeigen.

C n2t DR 89^9 (ex Privatbahn/WL)

	89 953	89 954	89 955
Treibraddurchmesser (mm):	1 100	1 200	1 100
Achsstand (mm):	3 000	3 100	3 000
Länge über Puffer (mm):	8 300	9 500	9 310
Dienstgewicht (t):	30,65	44,5	43,0
Achslast (maximal) (t):			
Höchstgeschwindigkeit (km/h):	40	55	45
Zylinderdurchmesser (mm):	350	430	430
Kolbenhub (mm):	550	550	550
Rostfläche (m²):	1,35	1,4	1,6
Verdampfungsheizfläche (m²):	60,54	80,1	90,2
Kesselüberdruck (atm):	12,0	12,0	13,0

Noch bevor die in der späteren DDR gelegenen Privatbahnen verstaatlicht und deren Fahrzeuge in den Park der Reichsbahn integriert wurden, erhielten 1947 drei Privatbahn- bzw. Werklokomotiven Betriebsnummern nach dem Reichsbahn-Nummernschema – im Anschluss an die 1942 vergebenen Betriebsnummern 89 951-952. Dabei handelte es sich um Maschinen aus Schlesien, die in den letzten Kriegstagen nach Westen abgefahren und im Gebiet der Ostzone stehen geblieben waren.

Die 89 953 stammte von der Kleinbahn AG Grünberg-Sprottau – der nördlichsten Kleinbahn Schlesiens. Die Bahn besaß vier Lokomotiven nach Musterblatt III-4e (pr. T 3) – auch als Lenz-Typ „b" bezeichnet. Eine Schwesterlokomotiven der 89 953 kam später ebenfalls in den DR-Bestand: Sie war 1945 bei der Oderbruchbahn stehen geblieben und wurde dort als 89 6141 in den DR-Bestand übernommen.

Die 89 954 stammte von der oberschlesischen Rosenberger Kreisbahn. Diese war zunächst als 750 mm-spurige Schmalspurbahn eröffnet worden, wurde jedoch 1928 auf Normalspur umgebaut. Gleichzeitig wurden von O&K zwei schwere C-Kuppler, bei denen es sich um ELNA-Varianten handelte, an die Bahn geliefert. Während eine der beiden Loks nach Westen abgefahren und später bei der RBD Dresden vorgefunden wurde, blieb die zweite in Schlesien und wurde von den PKP später als TKh 100-51 übernommen. Diese Maschine ist noch als Denkmallokomotive in Chabowka vorhanden.

Die dritte im Bunde, die 89 955, stammte von der Zuckerfabrik Maltsch. Wie diese Werkslokomotive aus Oberschlesien zur Reichsbahndirektion Dresden kam, ist nicht bekannt. Bei der Maschine handelte es sich um einen modifizierten „Typ Bismarck", wie er von Henschel für den Export in die Mandschurei entwickelt worden war.

Unverkennbar eine preußische T 3 war die 89 953, welche von der Kleinbahn Grünberg-Sprottau stammte (dort „24c" bzw. „1-24c"). Ab 1954 wurde sie als Werklok im RAW Görlitz-Schlauroth eingesetzt, wo 1958 auch diese Aufnahme entstand.

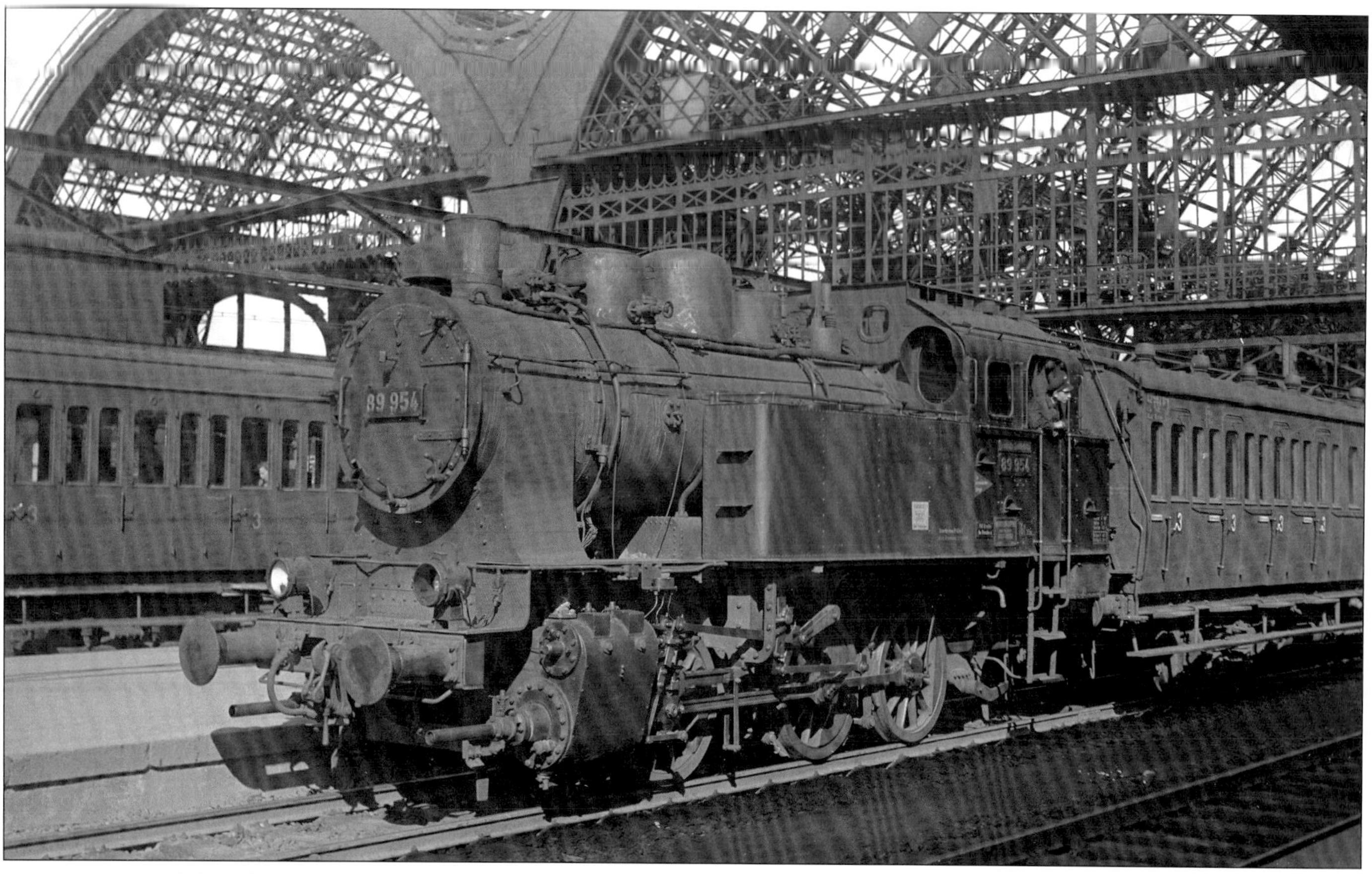

Deutlich kräftiger als die 89 953 war die von der Rosenberger Kreisbahn stammende 89 954, bei der es sich um eine ELNA-Variante handelte. Die Aufnahme dieser seltenen Maschine stammt von Georg Otte.

Vulc 1911/ 2619	Klb. Grünberg-Sprottau 4“ →'?? Klb. Grünberg-Sprottau 1-24c →'45 DRo →'47 **DRo/DR 89 953** →04.05.54 WL 1 RAW Görlitz-Schlauroth (10.60 L3 Raw Leipzig)	+
O&K 1928/ 11687	Rosenberger Krb. 5 →'?? Rosenberger Krb. 1“ →'45 DRo →'47 **DRo/DR 89 954** →01.01.66 verk. HL Zellstoff- und Papierfabrik Crossen	++
Hen 1930/ 21851	Zuckerfabrik Maltsch/Schlesien Nr. 1 →'45 DRo →'47 **DRo/DR 89 955**	+14.02.66

Auch die 89 955 wurde 1961 von Georg Otte fotografisch dokumentiert. Die von der Zuckerfabrik Maltsch in Schlesien stammende Maschine war vom Typ her eine „modifizierte Bismarck“.

C h2t DRB 89^{10} (ex Privatbahnen)

Treibraddurchmesser (mm):	1 350
Achsstand (mm):	3 400
Länge über Puffer (mm):	9 460
Dienstgewicht (t):	45,6
Achslast (maximal) (t):	15,5
Höchstgeschwindigkeit (km/h):	60
Zylinderdurchmesser (mm):	500
Kolbenhub (mm):	600
Rostfläche (m²):	1,51
Verdampfungsheizfläche (m²):	68,55
Überhitzerheizfläche (m²):	17,9
Kesselüberdruck (atm):	10,0

Mit der Übernahme verschiedener Privatbahnen kamen auch mehrere preußische T8 (siehe Baureihe 89^0) wieder in den Bestand der Reichsbahn – „wieder“, da die 1920 von der Preußischen Staatsbahn übernommenen Lokomotiven allesamt bis 1928 ausgemustert worden waren. Die „neuen“ Maschinen wurden als Baureihe 89^{10} in den Reichsbahn-Bestand integriert – war doch die ursprünglich von den T8 besetzte Baureihe 89^0 zwischenzeitlich durch die ab 1934 gelieferten Einheitslokomotiven erneut belegt worden.
Die ersten beiden T8 stammten von der Localbahn-AG in München, welche die Maschinen 1930 von der Braunschweigischen Landeseisenbahn erworben hatte. Die Lokomotiven mit den Betriebsnummern 82 und 83 waren auf der Güterbahn von Niederbiegen nach Weingarten/Baienfurt eingesetzt. Die anderen beiden T8 wurden 1941 von der Mecklenburgischen Friedrich-Wilhelm-Eisenbahn Eisenbahn erworben – von diesen ist die 89 1004 als einzige preußische T8 als Museumslokomotive erhalten geblieben.

BAG 1906/ 366	Hal 1768“ →'06 HAL 7002 T8 →'20 STN 7002 →'25 DRB 89 006 →'30 Lokalbahn AG (LAG) 82 (für Niederbiegen-Weingarten) →'38 DRB →'39 **DRB 89 1001** →12.09.40 Hoesch Hüttenwerke, Dortmund 26 ('46 vorh.)	+
BAG 1908/ 512	EFD 7008 T8 →'25 DRB 89 065 →'28 Braunschweigische Landes-Eb. (BLE) 37 →'30 Lokalbahn AG (LAG) 83 (für Niederbiegen-Weingarten) →'38 DRB →'39 **DRB 89 1002** →12.09.40 Hoesch Hüttenwerke, Dortmund 27 ('46 vorh.)	+
BAG 1907/ 462	BLN 7016 T8 →'14 EFD 7023 →'25 DRB 89 039 →19.01.28 Fa. Erich am Ende →31.10.30 Mecklenburgische Friedrich-Wilhelm-Eb. (MFWE) 3“ →'41 DRB →'42 **DRB 89 1003** ('44 WLE/L) →'45 DRw →19.10.46 Westfälische Landes-Eb. (WLE) 88 →'50/51 Westfälische Landes-Eb. (WLE) 0088 +53 →29.04.53 verk. Westfälische Lokfabrik Hattingen (WLH)	++
BAG 1906/ 359	Mgd 2001 →'06 MGD 7001 T8 →'06 BLN 7001 →'14 KSL 7001 →'25 DRB 89 001 +26 →'26 verk. Fa. Erich am Ende, Berlin-Weißensee (Kessel: Hano 07/4855) →'27 Prenzlauer Kreisbahnen (PK) 16 →'30 Fa. Erich am Ende, Berlin-Weißensee →'31 Mecklenburgische Friedrich-Wilhelm-Eb. (MFWE) 4“ →'41 DRB →'42 **DRB 89 1004** →'45 DRo/DR +07.09.66 →'?? DR-Traditionslok ('82 HU Meiningen) →'92 DR 088 896-6 →01.01.94 DB (BSW-Gruppe Halle/DB-Museum Halle)	('23 vorh.)

Ausgesprochen winzig war die mit Schablone angeschrieben Betriebsnummer „89 1002“ bei dieser preußischen T8, die 1938 von der Localbahn-AG in München zur Deutschen Reichsbahn gekommen war. Carl Bellingrodt fotografierte die Lokomotive am 7. Juni 1939 im Bahnhof Baienfurt.

C h2t DRB 89^{11} (ex PKP TKh 29)

Treibraddurchmesser (mm):	1 140
Achsstand (mm):	3 400
Länge über Puffer (mm):	8 979
Dienstgewicht (t):	43,25
Achslast (maximal) (t):	14,5
Höchstgeschwindigkeit (km/h):	45
Zylinderdurchmesser (mm):	460
Kolbenhub (mm):	540
Rostfläche (m²):	1,73
Verdampfungsheizfläche (m²):	70,9
Überhitzerheizfläche (m²):	19,5
Kesselüberdruck (atm):	13,0

Mit der Betriebsnummer 89 1101 wurde 1941 die PKP TKh 29-1 in den Bestand der Deutschen Reichsbahn übernommen. Woher die Lokomotive ursprünglich stammte und wie sie zur PKP kam, konnte bisher noch nicht abschließend geklärt werden. Von der Bauart her handelt es sich um eine Maschine, die von Chrzanów für Industriebahnen entwickelt worden war – und laut der Lieferliste des Herstellers 1929 an die „Kopalnia Jaworzno“, also die Grube Jaworzno, geliefert wurde. Dass die PKP Ende der 30er Jahre eine Lokomotive von einer Werkbahn übernahm, ist jedoch eher unwahrscheinlich: Übernahme von Privatbahn-Lokomotiven waren dagegen durchaus üblich (siehe z.B. PKP TKh4 = DRB-Baureihe 89^{82}), nicht jedoch von Werkbahnen. Andererseits lag die Kopalnia Jaworzno an der Privatbahn Szczakowa – Bolencin, welche von der PKP betrieben und 1943 von der RBD Oppeln übernommen wurde – möglicherweise hing die Übernahme der Werkbahnlok auch damit zusammen. Ergänzend soll noch erwähnt werden, dass in anderen Quellen die Herkunft der Maschine auch mit „Gwarectwo Jaworznickie“ und mit „Eksploatowana na trasie Warszawa Gdańska – Łomianki“ angegeben wird.

Im Jahr 1943 wurde die 89 1101 von der RBD Posen an die RBD Linz abgegeben, welche sie ab 1944 als Werklok im RAW Linz einsetzte. Dadurch verblieb die Lokomotive bei Kriegsende in Österreich und wurde dort 1946 ausgemustert.

Kren 1929/ 408	PKP TKh29-1 →'39 DRB →'41 DRB **89 1101** +07.05.44 →'44 WL RAW Linz →'45 ÖBB	+20.11.46

Stellvertretend für die PKP TKh29-1 bzw. spätere DRB 89 1101 ist hier die baugleiche Schwesterlokomotive „Krenau 1929/ 406“ abgebildet, welche an die Kohlengrube in Brzeszcze geliefert worden war.

C n2t DR 89²⁵ (ex Belgien)

Bei den von der Deutschen Reichsbahn vergebenen Betriebsnummern 89 2551 und 89 2580 waren die Ordnungsnummern aus den Fabriknummern der Lokomotiven abgeleitet worden. Beide Maschinen waren belgischer Bauart und 1942 von der „Société Anglo-Franco-Belge des Ateliers de la Croyère" fertiggestellt worden. Die spätere 89 2551 soll an das „Oberkommando des Heeres" (OKH) als Betriebsnummer 8 angeliefert worden sein, verblieb bei Kriegsende in der Ostzone und wurde 1954 in den DR-Bestand aufgenommen. So hieß es in den Bestandsänderungen der RBD Berlin vom Februar 1954 unter den „zugesetzten Lokomotiven": „(89) 2551 Heimatland Belgien [...], bisher Werklok 2551, abgestellt Fko u. nicht im Bestand geführt." Mindestens bis Ende 1954 war die Lokomotive dann an das RAW Meiningen verliehen; 1957 wurde sie an die Industrie verkauft. Zuvor soll sie noch in 89 8351 umgezeichnet worden sein. In den 60er Jahren hat die Maschine einen hinteren Kohlenkasten erhalten – eingesetzt wurde sie vermutlich bis Mitte 1970.
Recht wenig bekannt ist über die zweite Maschine, welche die Nummer 89 2580 getragen haben soll. Noch am 30. April 1946 war sie als „2580" beim Bw Berlin Anhalter Bahnhof nachgewiesen und kam später als Werklok an das Gaswerk Berlin-Mariendorf, welches im Westteil der Stadt lag.

Literatur:

BAUCHWITZ, PETER: Die normalspurigen Dampflokomotiven des Gaswerks Berlin-Mariendorf. LR 7/2013 S. 20-29

SAFB 1942/ 2551	Deutsche Wehrmacht OKH 8 →'45 DRo/DR WL 2551 →02.54 DR (in Bestand übernommen) →12.54 **DR 89 2551** →'?? DR 89 8351 →'57 WL 9 Stahlwerk Hennigsdorf →'?? WL 7 VEB Kalikombinat „Werra", Merkers/Rhön ('60 vorh.) →'?? WL 4 VEB Schmierstoffkombinat Zeitz, Paraffinwerk Webau ('73 abg. vorh.)	+
SAFB 1942/ 2580	(?) →'45 DRo →ca. '46 **DRo 89 2580** →'?? WL 3 Gaswerk Berlin-Mariendorf ('68 vorh.)	+

Eine ausgesprochene Rarität ist diese Aufnahme der 89 2551 – die nicht ganz so gute Qualität sowie das nicht perfekte Motiv sind daher hoffentlich zu entschuldigen. Entstanden sein soll das Bild im RAW Meiningen – während des dortigen Einsatzes der Maschine als Heizlokomotive.

C n2t DR 89^{49} (ex Werklok)

Treibraddurchmesser (mm):	1 100
Achsstand (mm):	3 000
Länge über Puffer (mm):	8 300
Dienstgewicht (t):	32,3
Achslast (maximal) (t):	10,8
Höchstgeschwindigkeit (km/h):	40
Zylinderdurchmesser (mm):	350
Kolbenhub (mm):	550
Rostfläche (m²):	1,35
Verdampfungsheizfläche (m²):	60,0
Kesselüberdruck (atm):	12,0

Auch wenn diese Lokomotive vermutlich nie offiziell im Bestand der DR war, soll sie an dieser Stelle der Vollständigkeit halber erwähnt werden. Eine Fotografie vom Oktober 1956 zeigt die Lokomotive mit der Beschriftung „Deutsche Reichsbahn", darunter „89 4937" und darunter „RAW Halle". Wäre nicht die letzte Zeile, könnte man die Maschine für eine Lokomotiove des Betriebsbestandes halten, doch eine „89 4937" wurde nie im DR-Bestand nachgewiesen. Tatsächlich wurde die Maschine 1941 Werklok des RAW Halle und war auch bis zu ihrem Ausscheiden um 1966 wohl immer nur als solche tätig. Wann die Maschine die aus der Fabriknummer abgeleitete Betriebsnummer „89 4937" erhalten hat, ist leider nicht bekannt – ebensowenig wie der Einsatz der Maschine zwischen 1926 und 1941

Hen 1898/ 4937	Hal 1772 →'01 Hal 1733 →'06 HAL 6134 T3 →'25 DRB 89 7260 +26 →01.01.41 WL RAW Halle (**DR 89 4937**)	+um 66

Offensichtlich von der Henschel-Fabriknummer 4937 war die Betriebsnummer „89 4937" abgeleitet worden. Bei dieser Maschine handelte es sich nicht um eine Betriebslok der Deutschen Reichsbahn, sondern um eine Werklok des RAW Halle, der man diese Nummer vermutlich nur „aus Spaß" verpasst hatte. Dieses seltene fotografische Dokument verdanken wir Gerhard Illner, der die Maschine im Oktober 1956 ablichtete.

Abb. rechte Seite:
Der Anlass für die Mutation der 89 5901 zum Gespenst „Susi" ist leider nicht bekannt, aber zumindest wissen wir, dass die Aufnahme dieser von der Süddeutschen Eisenbahn-Gesellschaft stammenden T 3 am 5. Juni 1952 in Erfurt Nord entstanden ist.

C n2t DR 89^{59} (ex Privatbahnen)

	89 5901	89 5902-5903
Treibraddurchmesser (mm):	1 100	1 100
Achsstand (mm):	3 000	3 000
Länge über Puffer (mm):	8 300	8 300
Dienstgewicht (t):	29,5	
Achslast (maximal) (t):		
Höchstgeschwindigkeit (km/h):	40	40
Zylinderdurchmesser (mm):	350	350
Kolbenhub (mm):	550	550
Rostfläche (m²):	1,35	1,35
Verdampfungsheizfläche (m²):	60,8	60,54
Kesselüberdruck (atm):	12,0	12,0

Mit Wirkung vom 1. Januar 1950 wurde der weit überwiegende Teil aller Lokomotiven der Klein- und Privatbahnen in der DDR in den Bestand der Deutschen Reichsbahn übernommen. Da fast alle diese Lokomotiven Ordnungsnummern oberhalb von 6000 erhielten, wurde insbesondere in der Literatur in diesem Zusammenhang der Begriff der „6000er" geprägt, wenn von diesen ehemaligen Privatbahnlokomotiven gesprochen wurde. Doch nicht alle Lokomotiven erhielten Ordnungsnummern jenseits von 6000 – es gab auch Ausnahmen: Die Tausender- und Hunderterstellen der Ordnungsnummer ergaben sich durch Addition der Achslast (in t) zur Zahl 50 – somit erhielten Loks mit 9 t Achslast Ordnungsnummern ab 5901, die mit 10 t Achslast Nummern ab 6001 etc. Unter den C-Tenderlokomotiven fanden sich drei Maschinen mit 9 t Achslast, die als 89 5901-5903 eingereiht wurden.

Bei der 89 5901 handelte es sich um eine Lok, die dem preußischen Musterblatt III-4e (= pr. T3; erste Bauform) entsprach und von Henschel an die Süddeutsche Eisenbahn-Gesellschaft (SEG) geliefert worden war. Dem „Lenz-Typ b" gehörten dagegen die Lokomotiven 89 5902-5903 an, die von der Greifswald-Grimmener Eisenbahn übernommen worden waren. Dieser Typ war mit der preußischen T3 weitgehend identisch.

Hen 1904/ 6841	Süddeutsche Eb.-Ges. (SEG) 340 (Selztalbahn →ca. '13 Arnstadt-Ichtershausener Eb. (AIE)) →'50 **DR 89 5901**	+15.04.65
Vulc 1911/ 2615	Greifswald-Grimmener Eb. (GGE) 11c →'50 **DR 89 5902** →28.02.57 verk. Zuckerfabrik Stavenhagen →'?? HL Molkerei Ferdinandshof ('71 vorh.)	+
Vulc 1913/ 2905	Liegnitz-Rawitscher Eb. (LRE) 101 →'31 Greifswald-Grimmener Eb. (GGE) 12c →'50 **DR 89 5903** →31.10.56 verk. HL Zuckerfabrik Barth	+

C n2t DR 89^{60} (ex Privatbahnen)

	89 6001-6004	89 6005, 6014	89 6006-6013, 6015-6016, 6018	89 6017, 6019-6032	89 6034
Treibraddurchmesser (mm):	1 100	1 100	1 100	1 100	1 100
Achsstand (mm):	3 000	3 000	3 000	2 700	3 000
Länge über Puffer (mm):	8 300	8 300	8 591	8 300	8 935
Dienstgewicht (t):	29,5	30,6	32,0/32,5	30,7	36,6
Achslast (maximal) (t):				11,0	
Höchstgeschwindigkeit (km/h):	40	40	40/45	45	45
Zylinderdurchmesser (mm):	350	350	350	350	400
Kolbenhub (mm):	550	550	550	500	550
Rostfläche (m²):	1,35	1,35	1,35	1,05	1,47
Verdampfungsheizfläche (m²):	60,8	60,54	59,8/60,8	47,85	77,3
Kesselüberdruck (atm):	12,0	12,0	12,0	12,0	13,0

	89 6009 mit Tender	89 6034 mit Tender
Treibraddurchmesser (mm):	1 100	1 100
Achsstand (mm):	3 000	3 000
Länge über Puffer (mm):	14 368	14 710
Dienstgewicht (t):	30,6	36,6
Achslast (maximal) (t):	10,7	
Höchstgeschwindigkeit (km/h):	40	45
Zylinderdurchmesser (mm):	350	400
Kolbenhub (mm):	550	600
Rostfläche (m²):	1,35	1,47
Verdampfungsheizfläche (m²):	59,2	77,3
Kesselüberdruck (atm):	12,0	13,0

Die C-gekuppelten Nassdampf-Tenderlokomotiven der verschiedenen Privatbahnen mit 10 t Achslast wurden von der Deutschen Reichsbahn 1950 als 89 6001-6032 übernommen. Die 89 6001-6004 waren echte preußische T3, die auch ursprünglich an die KPEV geliefert worden waren, und entsprachen dem Musterblatt III-4e(1). Dagegen waren die 89 6005 und 89 6014 vom „Lenz-Typ b", welcher allerdings der preußischen T3 recht ähnlich war. Bei den 89 6006-6013, 6006-6013, 6015-6016, 6018 handelte es sich ebenfalls um preußische T3, allerdings in der überarbeiteten Version nach Musterblatt III-4e(2). Während alle T3 üblicherweise mit einer Allan-Steuerung ausgerüstet waren, besaß die 89 6018 eine solche nach Bauart Heusinger. Die Bauart der 89 6017 und 89 6019-6032 wurde als „Typ Bismarck" bezeichnet und war eine Henschel-Werkstype. Es gab allerdings bei Henschel zwei unterschiedliche Bauarten, die beide als „Bismarck" bezeichnet wurden – eine „leichte" und eine „schwere". Bei den hier genannten Lokomotiven handelte es sich um Exemplare der leichten Type.
In den Jahren 1952 und 1953 kamen noch zwei Nachzügler in den Bestand der Deutschen Reichsbahn: Bei der als 89 6033 eingereihten Maschine liegt die Herkunft noch im Dunkeln: Genannt wird eine elsässische T3, doch dann kann der Hersteller Henschel nicht stimmen. Allerdings weist der eingebaute Kessel „Usines Metallurgiques du Hainaut-Couillet 1889/ 388" auf einen Ursprung der Lokomotive in Belgien hin. Die zweite als 89 6034 übernommene Maschine war vom Typ „Thüringen" der Lokomotivfabrik Henschel. Bei dieser Lokomotive ist es jedoch verwunderlich, dass sie als 89^{60} eingereiht wurde, lag doch ihr Dienstgewicht deutlich über jenem der anderen Maschinen dieser Reihe.
Für den Einsatz auf der ehemaligen Oderbruchbahn wurden zwei Lokomotiven (89 6009, 6034) im Jahr 1961 mit einem Zusatztender gekuppelt. Mit 89 6009 und 89 6024 sind zwei Maschinen der Reihe 89^{60} museal erhalten geblieben.

Literatur:

Nieke, Matthias: Werklokaufarbeitung im Raw Leipzig-Engelsdorf 1954-1966, Bahn-Express 1/94, S. 131-145

Eine echte preußische T 3 war die 1950 von Gernot Malsch fotografierte 89 6001, die 1893 von der Berliner Maschinenbau-AG als „Erfurt 1777“ an die KPEV abgeliefert worden war. Nach der Ausmusterung kam sie zu der Bachstein-Bahn von Wenigentaft nach Oechsen.

Ähnlich war es bei der 89 6002: Auch 1893, allerdings von der Hanomag gebaut, wurde die Maschine zunächst als „Bromberg 1822“ an die KED Bromberg ausgeliefert. Später erfolgte der Verkauf an die Greifenhagener Kreisbahn, um dann über die Franzburger Südbahn in den DR-Bestand zu kommen. Entstanden ist das Foto im Jahre 1951 in Wolgast Hafen.

BMAG 1893/ 2043	Erf 1777 →'06 ERF 6123 T3 +12 →'12 Zentralverwaltung für Sekundärbahnen Hermann Bachstein, Betriebsabteilung Thüringen Nr. 6123 (Wenigentaft-Oechsener Eisenbahn) →'16 Wenigentaft-Oechsener Eb. (WOeE) 6123 →'50 **DR 89 6001**	+22.07.58
Hano 1893/ 2489	Bro 1822 →'06 BRO 6124 T3 →'14 KBG 6189 →'20 Greifenhagener Krb. (GKB) 13^{c} →'40 Pommersche Landesbahnen (PLB) 17N3310 (Greifenhagener Krb. (GKB) →'45 Franzburger Südbahn (FSB)) →'50 **DR 89 6002**	+14.07.58

Nach dem überarbeiteten Musterblatt III-4e(2) war die von der Altmärkischen Kleinbahn übernommene 89 6007 gebaut worden: Die 1898 von Jung gefertigte Lokomotive war als „Magdeburg 1790“ an die gleichnamige Königliche Eisenbahndirektion abgeliefert worden. Aufgenommen wurde die Maschine am 19. Juli 1960 in Iden bei Stendal von Werner Umlauft.

Als „W-Lok 5“ des RAW Dresden-Friedrichstadt sehen wir hier die ehemalige 89 6008 – eine preußische T 3, die direkt an die Neukölln-Mittenwalder Eisenbahn geliefert worden war. Besonders bemerkenswert ist der hoch aufragende Kohlenkasten auf der Heizerseite. Die Aufnahme von Georg Otte entstand im Sommer 1960.

Hano 1893/ 2533	Alt 1852 →'06 ALT 6153 T3 →'17 Randower Klb. (RaKB) 11ᶜ →'40 Pommersche Landesbahnen (PLB) 20N3310 (Randower Klb. (RaKB) →'45 Franzburger Südbahn (FSB)) →'50 **DR 89 6003** →01.03.59 WL VEB Osthafen Berlin +
Unio 1894/ 791	Bro 1849 →'06 BRO 6133 T3 →'09 HAL 6149 →08.03.24 Klb. Schildau-Mockrehna 2 →12.37 Genthiner Klb. 16 →'39 PVS 281 (Genthiner Klb.) →'50 **DR 89 6004** →01.08.58 verk. WL 6 VEB Stahl- und Walzwerk Gröditz →'?? Transformatoren- und Röntgenwerk Radebeul Ost +
Vulc 1895/ 1504	Neustadt-Gogoliner Eb. 1c →'?? Neustadt-Gogoliner Eb. 21 →'?? Klb. Guttentag-Vossowska 21 (04.45 in Luckau) →'48 Teltower Eisenbahn (TltE) /L 21c →'50 **DR 89 6005** →05.03.57 verk. WL 11-111 VEB Schwermaschinenbau Kirow, Leipzig (12.61 L3 Raw Leipzig) +
Haga 1897/ 342	Erf 1759" →'06 ERF 6132 T3 +15/16 →'22 Klb. Bismark-Gardelegen-Wittingen 11" →'27 Altmärkische Klb. 11 →'39 PVS 282 (Altmärkische Klb.) →'50 **DR 89 6006** +14.09.65 →'?? WL RAW Halle ++
Jung 1898/ 350	Mgd 1790 →'06 MGD 6179 T3 →'24 Altmärkische Klb. →'39 PVS 283 (Altmärkische Klb.) →'50 **DR 89 6007** +27.05.67
Bors 1900/ 4789	Neukölln-Mittenwalder Eisenbahn (NME) 1 →'36 Königswusterhausen-Mittenwalde-Töpchiner Klb. (KMT) 1 →'50 **DR 89 6008** →21.06.60 WL 5 RAW Dresden +28.02.63 →'63 WL 1 RAW Görlitz +
Humb 1902/ 135	Bln 1808" →'06 BLN 6146 T3 →'25 DRB 89 7403 +30 →'31 Klb. Heudeber-Mattierzoll 2" →'39 PVS 284 (Klb. Heudeber-Mattierzoll) →'50 **DR 89 6009** (seit '61 mit 3-achsigem Tender von KAT 4704) →'70 DR 89 6009-8 →'71 DR-Traditionslok →'92 DR 088 897-4 →01.01.94 DB →'?? IG Bw Dresden-Altstadt /L ('25 vorh.)
Hano 1902/ 3871	Marienborn-Beendorfer Eb. 3 BEENDORF (Ek. Krup 39/ 1946) →'50 **DR 89 6010** +15.09.65
Hen 1902/ 6268	Klb. Wallwitz-Wettin 1 →'39 PVS 286 (Klb. Wallwitz-Wettin) →'50 **DR 89 6011** →09.06.59 WL 10 VEB Binnenhäfen Magdeburg (02.69 abg. vorh.) +um 70
BAG 1905/ 294	Bunzlauer Klb. 2b →'30 Bunzlauer Klb. 22 →'45 Niederlausitzer Eb. (NLE) 22 →'46 Königswusterhausen-Mittenwalde-Töpchiner Klb. (KMT) 22 →'50 **DR 89 6012** →01.04.58 verk. WL VEB Kohlenanlagen, Leipzig, Außenstelle Schipkau (12.63 L4 Raw Leipzig) +
Essl 1906/ 3381	Halberstadt-Blankenburger Eb. (HBE) DREI ANNEN HOHNE →'14 Halberstadt-Blankenburger Eb. (HBE) 23" →'50 **DR 89 6013** →31.10.54 verk. WL 1 RAW Blankenburg +
Vulc 1907/ 2323	Bunzlauer Klb. 4b →'30 Bunzlauer Klb. 24 →'45 Niederlausitzer Eb. (NLE) 24 →'47 Königswusterhausen-Mittenwalde-Töpchiner Klb. (KMT) 24 →'50 **DR 89 6014** +28.02.63
Hen 1907/ 7028	Klb. Neuhaldensleben-Weferlingen 4 ⇒'22 Klb. Gardelegen-Neuhaldensleben-Weferlingen (GNW) 4 →'25 Genthiner Klb. 4" →'36 Klb. Gardelegen-Neuhaldensleben-Weferlingen (GNW) 4 →'39 PVS 288 (GNW) →'50 **DR 89 6015** +20.01.54 →'58 WL 805.73 RAW Jena +
Hen 1910/ 10039	Klb. Neuhaldensleben-Weferlingen (NW) 11 ⇒'22 Klb. Gardelegen-Neuhaldensleben-Weferlingen (GNW) 6 →'37 Klb. Bebitz-Alsleben 11 →04.06.39 Genthiner Klb. 17 →'39 PVS 296 (Genthiner Klb.) →'50 **DR 89 6016** +05.03.65
Hen 1911/ 10678	Klb. Stendal-Arendsee 5 ⇒'15 Stendaler Klb. 5 →'39 PVS 262 (Stendaler Klb.) →'50 **DR 89 6017** +23.11.61 und +18.03.64
Hano 1912/ 5398	Süddeutsche Eb.-Ges. (SEG) 360 (Arnstadt-Ichtershausener Eb. (AIE)) →'50 **DR 89 6018** →01.01.58 verk. HL VEB Kies- und Betonwerk Gerwisch bei Magdeburg ++
Hen 1912/ 11085	Langensalzaer Klb. (LaK) 1 →'39 Langensalzaer Klb. (LaK) 263 (PVS) →'50 **DR 89 6019** →25.01.63 verk. WL 5 Industriebahn Erfurt →28.09.71 verk. HL VEB Holzbau Erfurt-Nord +
Hen 1912/ 11086	Langensalzaer Klb. (LaK) 2 →'39 Langensalzaer Klb. (LaK) 264 (PVS) →'50 **DR 89 6020** +09.01.65
Hen 1913/ 12210	Klb. Osterburg-Deutsch Pretzier 21 →'39 PVS 266 →'50 **DR 89 6021** (Klb. Osterburg-Deutsch Pretzier) →22.09.58 verk. WL VEB Zuckerfabrik Genthin +
Hen 1913/ 12211	Klb. Osterburg-Deutsch Pretzier 22 →'39 PVS 267 (Klb. Osterburg-Deutsch Pretzier) →'50 **DR 89 6022** +22.02.66
Hen 1914/ 13024	Kyffhäuser Klb. (KyK) 40 →06.28 Klb. Erfurt-Nottleben (KEN) II →'39 PVS 268 (Klb. Erfurt-Nottleben (KEN) →'4x Ilmenau-Großbreitenbacher Eb.) →'50 **DR 89 6023** →29.07.54 verk. WL Gipswerk Niedersachswerfen +
Hen 1914/ 13025	Kyffhäuser Klb. (KyK) 41 →10.07.25 Klb. Erfurt-Nottleben (KEN) 2 →'39 PVS 269 (Klb. Erfurt-Nottleben (KEN) →03.02.41 Klb. Bebitz-Alsleben) →'50 **DR 89 6024** →29.04.63 WL 1" RAW Görlitz-Schlauroth →30.12.77 Deutsches Dampflok-Museum (DDM), Neuenmarkt-Wirsberg →01.90 Dampfbahnfreunde Kahlgrund /L (bis 20.07.93) ('24 vorh.)
Hen 1915/ 13027	Ziesarer Klb. 4f →'26 Genthiner Klb. 13 →'39 PVS 271 (Genthiner Klb.) →'50 **DR 89 6025** →05.09.58 verk. HL VEB Werkzeugmaschinenfabrik „Hermann Matern" Magdeburg ++
Hen 1915/ 13028	Ziesarer Klb. 5f →'26 Genthiner Klb. 14 →'39 PVS 272 (Genthiner Klb.) →'50 **DR 89 6026** +14.09.65
Hen 1915/ 13029	Klb. Osterburg-Deutsch Pretzier 23 →'24 Genthiner Klb. 12 →'39 PVS 273 (Genthiner Klb.) →'50 **DR 89 6027** +12.12.67
Hen 1925/ 20504	Sachsenwerk Merseburg →'25 Genthiner Klb. 15 →'39 PVS 274 (Genthiner Klb.) →'50 **DR 89 6028** +29.07.66
Hen 1925/ 20505	Sachsenwerk Merseburg →'25 Klb. Heudeber-Mattierzoll 3 →'39 PVS 278 (Klb. Heudeber-Mattierzoll) →'50 **DR 89 6029** +20.11.67
Hen 1929/ 21445	Sachsenwerk Merseburg →'29 Genthiner Klb. 1'" →'39 PVS 275 (Genthiner Klb.) →'50 **DR 89 6030** +15.04.67
Hen 1929/ 21446	Sachsenwerk Merseburg →'29 Genthiner Klb. 2'" →'39 PVS 276 (Genthiner Klb.) →'50 **DR 89 6031** →18.07.59 verk. WL 2 Zuckerfabrik Walschleben +
Hen 1930/ 21810	Sachsenwerk Merseburg →'30 Genthiner Klb. 3" →12.36 Klb. Bebitz-Alsleben 4 →'39 PVS 277 (Klb. Bebitz-Alsleben) →'50 **DR 89 6032** +18.01.63
Hen 1889/ ?	??? →WL Lowa Gotha →03.11.52 **DR 89 6033** →18.07.53 WL 7 Stahlwerk Riesa (02.58 L3 Raw Leipzig) +
Hen 1913/ 12307	WL Solvay-Werke, Bernburg SOLVAY 1 →ca.'49 DR WL Bw Frankfurt/Oder 89 0001 →24.08.53 **DR 89 6034** (seit '61 mit 3-achsigem Tender) +12.12.67

Eine gewisse Berühmtheit erlangt hatte die DR 89 6009: Die 1902 von Humboldt gebaute preußische T 3 war 1961 mit einem dreiachsigen Tender gekuppelt worden und konnte nach der Überstellung in den Traditionslokomotiven-Fahrzeugpark im Jahr 1971 auf vielen Veranstaltungen bewundert werden – so auch von Joachim Claus am 17. August 1971 in Radebeul Ost.

Im Jahr 1905 von der „Breslauer AG" (später Linke-Hofmann) an die Bunzlauer Kleinbahn geliefert, kam diese Lokomotive nach Musterblatt III-4e(2) im Jahr 1950 als 89 6012 in den DR-Bestand. Acht Jahre später wurde sie an den „VEB Kohlenanlagen" in Leipzig verkauft, welcher sie zu Beginn des Jahres 1963 zur Untersuchung ins RAW Leipzig schickte. Die Aufnahme entstand am 28. Januar 1963 in diesem Ausbesserungswerk.

Auch die 89 6013 war eine Lok nach Musterblatt III-4e(2) und verdiente sich nach ihrer Zeit als Staatsbahn-Betriebslokomotive ihr Gnadenbrot als Werklokomotive – in diesem Fall als „Werklok 1" des RAW Brandenburg. Die Aufnahme entstand am 7. November 1960 im RAW Leipzig.

Die Kleinbahn Neuhaldensleben-Weferlingen hatte 1910 eine T 3 nach MIII-4e(2) beschafft. Nachdem sie noch bei zwei weiteren Kleinbahnen im Einsatz gestanden hatte, kam sie 1950 als 89 6016 in den DR-Bestand. Nach der z-Stellung am 24. Dezember 1964 erfolgte die Ausmusterung am 5. März 1965. Werner Umlauft fotografierte die Lokomotive 1961 in Giebenslage.

Die Bauart der 89 6019 wurde als „Typ Bismarck" (leicht) bezeichnet – eine Werksbauart von Henschel, die in diesem Fall im Jahr 1912 an die Langensalzaer Kleinbahn geliefert worden war. Fotografiert wurde sie am 7. Mai 1959 von Gerhard Illner im Bw Arnstadt.

Zusammen mit der 98 6009 ist hier die 89 6020 zusehen – wie zuvor eine „Typ Bismarck", die an die Langensalzaer Kleinbahn geliefert worden war. Die Aufnahme entstand im September 1957 im Bw Arnstadt.

Im Juni 1976 war die 89 6024 mit einem Sonderzug aus Donnerbüchsen in Herrnhut unterwegs – wobei die DR-Nummer nur provisorisch angebracht gewesen war: An der Führerstandsseite kann man die wahre Identität erkennen, nämlich „WL 1" des RAW Görlitz-Schlauroth. Nur ein Jahr später wurde die Maschine nach Westdeutschland verkauft. *Foto: Joachim Claus*

Auch die 89 6029 – hier im Mai 1967 in bereits desolatem Zustand zusammen mit 74 1046 im Bw Stralsund abgestellt, war eine Henschel-„Typ Bismarck". Die Maschine war für die Kleinbahn Heudeber-Mattierzoll beschafft worden.

Und auch die 89 6032 war eine „Bismarck" – zunächst eingesetzt bei der Genthiner Kleinbahn, später dann bei der Kleinbahn Bebitz-Alsleben. Die Aufnahme entstand im Jahr 1958.
Foto: Georg Otte

Die 89 6034, welche 1961 mit einem Tender gekuppelt worden war, entsprach dem Henschel-Typ „Thüringen" und war zunächst als Werklokomotive an die Solvay-Werke in Bernburg geliefert worden. Nach zwischenzeitlicher Verwendung als Werklok im Bw Frankfurt/Oder wurde sie erst 1953 in den DR-Betriebsbestand übernommen. Die Aufnahme der Maschine entstand um 1962.

C n2t DB 089 (ex Werklok)

	089 002	089 003
Treibraddurchmesser (mm):	1 100	1 100
Achsstand (mm):	3 000	3 000
Länge über Puffer (mm):	8 591	8 300
Dienstgewicht (t):	32,3	31,0
Achslast (maximal) (t):	10,8	10,3
Höchstgeschwindigkeit (km/h):	40	40
Zylinderdurchmesser (mm):	350	350
Kolbenhub (mm):	550	550
Rostfläche (m²):	1,35	1,35
Verdampfungsheizfläche (m²):	60,0	58,25
Kesselüberdruck (atm):	12,0	12,0

Ungewöhnlich war die Vergabe der Baureihenbezeichnung 089 für zwei C-gekuppelte Werklokomotiven des AW Schwerte, die gar nicht zum Betriebsbestand der DB gehörten. Der im Juni 1967 erstellte Umzeichnungsplan wies den Lokomotiven „89 6002" und „89 6003" die neuen UIC-Betriebsnummern 089 002-0 bzw. 089 003-8 zu. Doch Lokomotiven mit diesen Betriebsnummern gab es bei der DB nicht – offensichtlich waren die Werkloks Nr. 2 und 3 des Aw Schwerte gemeint. Gelegentlich wurde die Meinung vertreten, dass „89 6002" und „89 6003" die Inventarnummern dieser beiden Maschinen gewesen seien, doch ein Nachweis dafür steht noch aus – zumindest waren unmittelbar vor Inkrafttreten des Umzeichnungsplans die beiden Maschinen ausschließlich als Werklok 2 bzw. 3 beschriftet. In diesem Zusammenhang soll an dieser Stelle auch ein Vermerk auf der (Verschrottungs-) Meldekarte der DB für die „Werklok 89 7077" zitiert werden. „Lok wurde umgenummert als 89 6002 und später 089 002-0 lt. Schreiben BD Essen 21 A M8 vom 10.4.73". Also hatten diese Angaben zwischenzeitlich auch Eingang in die offiziellen Unterlagen gefunden. Beide Maschinen wurden übrigens noch 1968 ausgemustert, aber nicht verschrottet, sondern an verschiedene Interessenten verkauft.

Diese Lokomotive war im DB-Umzeichnungsplan von 1968 als „089 002-0" enthalten. Als aktuelle Betriebsnummer wird in diesem „89 6002" genannt – nun, zumindest war diese nicht angeschrieben, als die Lokomotive am 28. Oktober 1967 von Wolfgang Fiegenbaum im Aw Schwerte angetroffen wurde. Genannt wird allerdings auch die Betriebsnummer „WL 600" – diese würde zumindest erklären, wo die ersten drei Ziffern der genannten Ordnungsnummer herkommen.

Humb 1899/ 32	Efd 1744“ →’06 EFD 6221 T3 →’24 WL RAW Schwerte →’?? WL 08/1 AW Schwerte →’?? WL 2 AW Schwerte (→’?? DB 89 600?) →’68 **DB [089 002-0]** +00.00.00 →’72 Denkmal in Leverkusen-Lützenkirchen „89 7077“ (später als „89 7531“) →’86 Museumsbahn Paderborn →bis ’95 an privat, Lübeck	(’03 vorh.)
Essl 1898/ 2985	Braunschweigische Landes-Eb. (BLE) 13 RHÜDEN →’38 DRB 89 7531 →’45 DRw +12.02.47 →’?? WL 3 AW Schwerte (→’?? DB 89 6003) →’68 **DB [089 003-8]** +21.06.68 (’71 nach Lehrte; ’74 nach Hannover - vorgesehen als Denkmal) →’75 Deutsches Dampflok-Museum (DDM), Neuenmarkt-Wirsberg →’77 Denkmal „Seepark“ in Kirchheim bei Bad Hersfeld →’97 Niederlausitzer Museumseisenbahn eV, Finsterwalde →’03 Süddeutsches Eisenbahnmuseum Heilbronn (SEH) →’22 Stiftung Historischer Eisenbahnpark Niederrhein, Rheinkamp	(’22 vorh.)

Die zweite „DB-089“ – die als „089 003-8“ vorgesehene und angeblich die Nummer „89 6003“ tragende Maschine zeigt diese Aufnahme, die ebenfalls am 28. Oktober 1967 im Aw Schwerte entstanden ist und bei der erneut keine angeschriebene Nummer zu erkennen ist. *Foto: Wolfgang Fiegenbaum*

C n2t DR 89^{61} (ex Privatbahnen)

	89 6101-6104, 6106	89 6105, 6107-6132, 6134-6158, 6161, 6163-6164	89 6133, 6160, 6162, 6166-6167	89 6159	89 6165	89 6168
Treibraddurchmesser (mm):	1 100	1 100	1 100	1 100	1 100	1 100
Achsstand (mm):	3 000	3 000	2 700	3 000	3 000	2 700
Länge über Puffer (mm):	8 300	8 591	8 300	8 590	8 500	8 250
Dienstgewicht (t):	29,5	32,5	30,7	32,0	33,2	33,2
Achslast (maximal) (t):		11,2	11,0			
Höchstgeschwindigkeit (km/h):	40	40	45	40	40	45
Zylinderdurchmesser (mm):	350	350	350	350	380	350
Kolbenhub (mm):	550	550	500	550		500
Rostfläche (m²):	1,35	1,3	1,05	1,35		1,05
Verdampfungsheizfläche (m²):	60,8	59,8	47,85	61,7		47,8
Kesselüberdruck (atm):	12,0	12,0	12,0	12,0		12,0

In der Baureihe 89^{61} wurden von der Deutschen Reichsbahn die C-gekuppelten Klein- und Privatbahnlokomotiven mit 11 t Achslast zusammengefasst. Darunter befanden sich auch Bauarten, die ebenfalls bei der Beschreibung der Baureihe 89^{60} aufgeführt sind – die etwas höhere Achslast der hier aufgerührten Lokomotiven dürfte durch zusätzliche Ausrüstungen wie z.B. mit Druckluftbremse verursacht worden sein:

- 89 6101-6104 sowie 6106 entsprachen weitgehend der preußischen T3 nach Musterblatt III-4e (1), also der ursprünglichen Ausführung der T3.
- 89 6105, 6107-6132, 6134-6158, 6161 und 6163-6164 waren dagegen T3 nach Musterblatt III-4e (2) – dies war die erste Weiterentwicklung der T3. Die Lokomotiven 89 6121-6122, 6163-6164 besaßen eine Heusinger Steuerung.
- 89 6133, 6160, 6162 und 6166-6167 waren Maschinen vom Henschel-Typ „Bismarck" (alt). Für 89 6133 wird als Typenbezeichnung auch „Oberhessen" genannt.
- 89 6159 war eine „verstärkte" preußische T3 nach Musterblatt III-4p (O&K-Typ 43)
- 89 6165 war eine Hohenzollern-Werksbauart, die gewisse Ähnlichkeiten zur ELNA 1 aufwies.
- 89 6168 war eine von Henschel konstruierte Bauart für Privat- und Werkbahnen, die aber ein Einzelstück geblieben war.

Die 89 6108 war eine preußische T3 nach Musterblatt III-4e(2), die im Jahr 1900 für die Westhavelländische Kreisbahnen gebaut worden war. Die Deutsche Reichsbahn reihte sie 1950 als 89 6108 ein und verkaufte sie zwölf Jahre später als Heizlok an die VEB Möbelfabrik Halle-Trotha. Das Foto soll bei einer „Verkehrstechnischen Ausstellung" auf dem Leipziger Messegelände entstanden sein – doch warum dort eine mindestens 50 Jahre alte Maschine präsentiert wurde, ist leider nicht überliefert.

Hen 1892/ 3598	Bsl 1936 →'06 BSL 6157 T3 →'17 Klb. Casekow-Penkum-Oder (CPO) 11^c →'40 Pommersche Landesbahnen (PLB) 27N3310 (Klb. Casekow-Penkum-Oder (CPO) →'40 Randower Klb. (RaKB) →'45 Franzburger Südbahn (FSB)) →'50 **DR 89 6101**	+14.07.58
Hen 1893/ 3772	Alt 1835 →'06 ALT 6136 T3 →'24 Marburger Krb. 4 →'30 Franzburger Südbahn (FSB) →'40 Pommersche Landesbahnen (PLB) 28N3310 (Franzburger Südbahn (FSB)) →'50 **DR 89 6102** →15.10.60 verk. HL VEB Bauunion Süd, Leipzig	++
Hano 1897/ 2860	Niederlausitzer Eisenbahn (NLE) 3 →'32 Niederlausitzer Eisenbahn (NLE) 22 (ADEG) →07.06.47 Teltower Eisenbahn (TltE) /L →'50 **DR 89 6103**	+15.09.65
Hano 1897/ 2861	Niederlausitzer Eisenbahn (NLE) 4 →'32 Niederlausitzer Eisenbahn (NLE) 23 (ADEG) ('??-'?? Hafen Stettin /L) →07.06.47 Teltower Eisenbahn (TltE) /L →'50 **DR 89 6104** →28.02.58 verk. VEB Hohenbockaer Glassandwerke, Hosena/Lausitz	+
Hen 1897/ 4662	Hafenbahn Stettin →'44 Prenzlauer Kreisbahnen (PK) 1" →'50 **DR 89 6105** →27.03.50 verk. Chemiewerke Böhlen	++
Hohz 1899/ 1182	Westfälische Landes-Eb. (WLE) 17 V. LANDSBERG →15.03.37 Dessau-Wörlitzer Eb. (DWE) 8 →'50 **DR 89 6106**	+20.12.51
Jung 1900/ 425	Westhavelländische Kreisbahnen (WHKB) 1 →'50 **DR 89 6107**	+15.09.65

Die spätere DR 89 6109 war die erste Lokomotive, die von den Kostener Kreisbahnen beschafft worden war. Diese in der preußischen Provinz Posen gelegene Bahn ging nach dem Ersten Weltkrieg in polnischen Besitz über und wurde mit der Schmiegeler Kreisbahn vereinigt. Die Lok 1 verschlug es zum Ende des Zweiten Weltkrieges in die spätere DDR – obwohl polnisches Eigentum, wurde sie 1950 in 89 6109 umgezeichnet. Fotografiert wurde die Lokomotive am 17. Juni 1963 von Günter Meyer in Kalbe (Milde).

Jung 1900/ 426	Westhavelländische Kreisbahnen (WHKB) 2 →'50 **DR 89 6108** →07.03.62 verk. HL VEB Möbelfabrik Halle-Trotha	+
Hohz 1900/ 1270	Kostener Krb. 1 BERNAUER →'45 PVS 259 (Gardelegen-Neuhaldensleben-Weferlingen (GNW)) →'50 **DR 89 6109**	+15.09.65
Hohz 1900/ 1295	Kostener Krb. 4 FRHR. von LANGEMANN →'45 PVS 257 (Klb. AG Wallwitz-Wettin) →'50 **DR 89 6110**	+11.09.65
Vulc 1901/ 1881	Klb. Jauer-Maltsch (JM) 2d ELISE →'44 Strausberg-Herzfelder Klb. (StHe) 1-22 →'46 Altlandsberger Klb. (AltK) 1-22 →'50 **DR 89 6111** →31.12.58 verk. WL VEB Umschlaghafen Velten	+
BMAG 1901/ 3020	Gaswerk Berlin-Mariendorf 2 →'?? Osthavelländische Kreisbahnen (OHKB) 4" →'50 **DR 89 6112** →01.10.57 verk. VEB Dimitroff-Werke Magdeburg-Buckau	+
Hen 1901/ 5655	Mecklenburgische Friedrich-Wilhelm-Eb. (MFWE) 9 NEUSTRELITZ →'31 verk. Erich am Ende, Berlin-Weißensee →04.34 Altlandsberger Klb. (AltK) 9 →'40 Altlandsberger Klb. (AltK) 01-21 (LVDB) →'50 **DR 89 6113**	+25.09.61
Jung 1900/ 431	Mgd 1603 →'06 MGD 6188 T3 →'25 DRB 89 7330 +08.37 →28.08.37 Anhaltische Landes-Eisenbahngemeinschaft (ALE) für Dessau-Wörlitzer Eb. Nr. 9 →'50 **DR 89 6114**	+04.04.67
Hohz 1902/ 1485	Brandenburgische Städtebahn (BStB) NEUSTADT AN DER DOSSE →'22 Brandenburgische Städtebahn (BStB) 5 →'37 Brandenburgische Städtebahn (BStB) 1^3 →'40 Brandenburgische Städtebahn (BStB) 1-20 (LVDB) →'50 **DR 89 6115**	+11.09.65
Hen 1902/ 6279	Klb. Wallwitz-Wettin (WW) 2 →'39 PVS 287 (Klb. Wallwitz-Wettin (WW) →'4x Klb. Schildau-Mockrehna) →'50 **DR 89 6116**	+25.08.65
O&K 1902/ 971	Bln 1825" →'06 BLN 6163 T3 →'25 DRB 89 7425 +31 →'31 Klb. Goldbeck-Werben 6 BOETEL →'50 **DR 89 6117** →01.05.57 verk. VEB Stahl- und Walzwerk Brandenburg	+
Hohz 1903/ 1488	Brandenburgische Städtebahn (BStB) BRANDENBURG →'22 Brandenburgische Städtebahn (BStB) 6 →'37 Brandenburgische Städtebahn (BStB) 2^3 →'40 Brandenburgische Städtebahn (BStB) 1-21 (LVDB) →'50 **DR 89 6118**	+08.11.61
Hohz 1903/ 1490	Brandenburgische Städtebahn (BStB) PRITZERBE →'22 Brandenburgische Städtebahn (BStB) 7 →'37 Brandenburgische Städtebahn (BStB) 3^3 →'40 Brandenburgische Städtebahn (BStB) 1-22 (LVDB) →'50 **DR 89 6119**	+30.04.51
Jung 1903/ 661	Westhavelländische Kreisbahnen (WHKB) 4 →'50 **DR 89 6120**	+11.09.65
BAG 1903/ 112	Prenzlauer Kreisbahnen (PK) 5 →'50 **DR 89 6121**	+02.07.65
BAG 1903/ 113	Prenzlauer Kreisbahnen (PK) 6 →'50 **DR 89 6122** →'70 DR (89 6122-9)	+22.02.69
Hohz 1904/ 1706	Brandenburgische Städtebahn (BStB) NIEMEGK →'22 Brandenburgische Städtebahn (BStB) 9 →'37 Brandenburgische Städtebahn (BStB) 4^3 →'40 Brandenburgische Städtebahn (BStB) 1-23 (LVDB) →'50 **DR 89 6123**	+01.07.67
Hohz 1904/ 1708	Brandenburgische Städtebahn (BStB) KREIS RUPPIN →'22 Brandenburgische Städtebahn (BStB) 11 →'37 Brandenburgische Städtebahn (BStB) 5" →'40 Brandenburgische Städtebahn (BStB) 1-24 (LVDB) →'50 **DR 89 6124** →29.12.57 verk. WL VEB BKWBraunkohlenwerk Edderitz (bei Köthen)	+

Zur Jahrhundertwende lieferte Hohenzollern drei T 3 nach Musterblatt III-4e(2) an die Kostener Kreisbahn: Während von der ersten Maschine der weitere Verbleib unbekannt ist, wurde die zweite nach nur vier Jahren an die Brandenburgische Städtebahn verkauft. Die dritte blieb bei der Bahn und kam 1945 in den Wirren des Zweiten Weltkrieges zur Kleinbahn Wallwitz-Wettin und von dort 1950 als 89 6110 zur Deutschen Reichsbahn. Die Aufnahme der Maschine entstand am 13. November 1951 im Bw Berlin-Pankow.

Mit einer Glocke an exponierter Stelle sowie ungewöhnlichen Laternen präsentierte sich die 89 6120 im Jahr 1959 in Dolgelin dem Fotografen Georg Otte. Die noch Stangenpuffer besitzende Lokomotive war ursprünglich für die Westhavelländische Kreisbahnen gebaut worden.

Hohz 1904/ 1709	Brandenburgische Städtebahn (BStB) KREIS ZAUCH-BELZIG →'22 Brandenburgische Städtebahn (BStB) 12 →'37 Brandenburgische Städtebahn (BStB) 6" →'40 Brandenburgische Städtebahn (BStB) 1-25 (LVDB) →'50 **DR 89 6125** →03.07.57 WL 2 VEB Weinbrand Wilthen →01.11.67 WL 1 VEB Natursteinwerk Dubring-Schwarzkollm	+03.05.73
BMAG 1904/ 3304	Klb. Nauen-Velten (NV) 1 →'50 **DR 89 6126**	+31.01.63
BMAG 1904/ 3305	Klb. Nauen-Velten (NV) 2 →'50 **DR 89 6127**	+17.04.67

Nachdem in den Jahren 1901 und 1902 die ersten vier Lokomotiven der Prenzlauer Kreisbahnen bei Freudenstein geordert worden waren, wurden 1903 zwei weitere Maschinen bei der „Breslauer AG" (später Linke-Hofmann) beschafft. Beide T 3 wurden 1950 von der Deutschen Reichsbahn übernommen und als 89 6121-6122 in deren Bestand eingereiht. Die Aufnahme der 89 6121, bei der insbesondere der vermutlich nachgerüstete exorbitante Kohlenkasten auffällt, entstand im September 1962 im Bw Chemnitz-Hilbersdorf (Foto Günter Meyer), während die 89 6122 im Jahr 1959 von Georg Otte in Stralsund fotografiert wurde. Beide Loks haben, abweichend vom T3-Standard, Heusingersteuerung.

Im Jahr 1904 lieferte Hohenzollern eine Serie von fünf T 3 an die Brandenburgische Städtebahn – von diesen wurden 1950 noch drei Exemplare von der DR als 89 6123-6125 übernommen. Das Bild der 89 6123 entstand am 17. Juni 1963 in Kalbe/Milde mit dem GmP 9116 nach Klötze. *Foto: Günter Meyer*

BAG 1904/ 224	Gostyner Krb. 2c →'20 Liegnitz-Rawitscher Eb. 25c" →'45 Niederlausitzer Eb. →'46 Westprignitzer Kreisklb. 6-25 →'50 **DR 89 6128**	+20.06.67
BAG 1905/ 295	Bunzlauer Klb. 3b →'30 Bunzlauer Klb. 23 →'35 Klb. Kohlfurt-Rothwasser 22c →'45 Klb. Freienwalde-Zehden (KFZ) 2 (vermutlich nicht umgezeichnet) →'45 Oderbruchbahn (ObB) 22 →'50 **DR 89 6129**	+27.09.65
Hen 1906/ 6707	Neukölln-Mittenwalder Eisenbahn (NME) 5 →'36 Königswusterhausen-Mittenwalde-Töpchiner Klb. (KMT) 2" →'50 **DR 89 6130**	+11.09.65
O&K 1906/ 1892	Krb. Schönermark-Damme (DS) 3 →'50 **DR 89 6131** →31.03.58 verk. DR-Betonwerk Rethwisch	+
Bors 1907/ 6674	Klb. Horka-Rothenburg-Priebus 1c ODER →'30 Klb. Horka-Rothenburg-Priebus 23c →'50 **DR 89 6132**	+03.02.65
Hen 1908/ 8587	Klb. Stendal-Arendsee 1 →'15 Stendaler Klb. 1 →'39 PVS 291 →'50 **DR 89 6133**	+17.04.67
O&K 1909/ 3153	Müncheberger Klb. (MüK) 1 WETZEL →'40 Müncheberger Klb. (MüK) 2-20 (LVDB) →'41 Oderbruchbahn (ObB) 3-32 (LVDB) →'50 **DR 89 6134**	+06.02.65
O&K 1909/ 3154	Müncheberger Klb. (MüK) 2 HAMANN →'40 Müncheberger Klb. (MüK) 2-21 (LVDB) →'41 Oderbruchbahn (ObB) 3-33 (LVDB) →'50 **DR 89 6135**	+04.12.65
Bors 1909/ 7082	Aschersleben-Schneidlingen-Nienhagener Eb. (ASN) 2 →'33 Aschersleben-Schneidlingen-Nienhagener Eb. (ASN) 21 →'50 **DR 89 6136**	+15.04.67
Hen 1909/ 9246	Klb. Stendal-Arendsee 4 →'15 Stendaler Klb. 4 →'39 PVS 292 →'50 **DR 89 6137**	+10.02.65
Hen 1909/ 9248	Klb. Neuburxdorf-Mühlberg 2 →'39 PVS 293 →'50 **DR 89 6138** →17.07.61 verk. WL 3 Stahlwerk Gröditz	+
Hen 1909/ 9249	Klb. Bebitz-Alsleben 3 →'13 Klb. Wallwitz-Wettin 3" →'39 PVS 294 →'50 **DR 89 6139**	+15.04.67
Hen 1910/ 10038	Klb. Gardelegen-Neuhaldensleben 10 →'22 Klb. Gardelegen-Neuhaldensleben-Weferlingen (GNW) 3 →'39 PVS 295 (GNW →'41 Klb. Bebitz-Alsleben) →'50 **DR 89 6140** →30.05.56 verk. WL Zuckerfabrik Thöringswerder	+
Vulc 1911/ 2617	Klb. Grünberg-Sprottau 2c →'24 Klb. Grünberg-Sprottau 22 →'45 Oderbruchbahn (ObB) 22 →'50 **DR 89 6141**	+13.09.65
O&K 1911/ 4401	Oderbruchbahn (ObB) 3 LEBUS →'40 Oderbruchbahn (ObB) 3-20 (LVDB) →'50 **DR 89 6142**	+30.04.51
O&K 1911/ 4403	Oderbruchbahn (ObB) 5 FÜRSTENWALDE →'40 Oderbruchbahn (ObB) 3-22 (LVDB) →'50 **DR 89 6143**	+08.02.67
O&K 1911/ 4404	Oderbruchbahn (ObB) 6 HASENFELDE →'40 Oderbruchbahn (ObB) 3-23 (LVDB) →'50 **DR 89 6144**	+10.10.65
O&K 1911/ 4405	Oderbruchbahn (ObB) 7 DIEDERSDORF →'40 Oderbruchbahn (ObB) 3-24 (LVDB) →'50 **DR 89 6145**	+23.08.66

Bei insgesamt vier Bahnen war die 89 6128 vor ihrer Übernahme durch die Deutsche Reichsbahn im Einsatz gewesen: Ursprünglich beschafft von der Gostyner Kreisbahn, kam sie nach dem Ersten Weltkrieg an die Liegnitz-Rawitscher Eisenbahn und nach dem Zweiten Weltkrieg zunächst an die Niederlausitzer Eisenbahn und später noch zu den Westprignitzer Kreiskleinbahnen.
Foto: Gerhard Illner

O&K 1911/ 4406	Oderbruchbahn (ObB) 8 SEELOW →'40 Oderbruchbahn (ObB) 3-25 (LVDB) →'50 **DR 89 6146**	+17.01.63
O&K 1911/ 4407	Oderbruchbahn (ObB) 9 SACHSENDORF →'40 Oderbruchbahn (ObB) 3-26 (LVDB) →'50 **DR 89 6147**	+28.04.64
O&K 1911/ 4408	Oderbruchbahn (ObB) 10 ZECHIN →'40 Oderbruchbahn (ObB) 3-27 (LVDB) →'50 **DR 89 6148**	+13.09.65
O&K 1911/ 4409	Oderbruchbahn (ObB) 11 KIENITZ →'40 Oderbruchbahn (ObB) 3-28 (LVDB) →'50 **DR 89 6149**	+06.02.65
O&K 1911/ 4410	Oderbruchbahn (ObB) 12 GROSS NEUENDORF →'40 Oderbruchbahn (ObB) 3-29 (LVDB) →'50 **DR 89 6150** →01.10.58 verk. HL VEB Holzindustrie Goldistal, BT Meuselbach →'65 verk. VEB Möbelkombinat Brand-Erbisdorf/Erzgebirge	++

Eine T 3 nach Musterblatt III-4e(2) war die 89 6138, welche am 11. Juli 1958 von Gerhard Illner im Bw Karl-Marx-Stadt Hbf. fotografiert wurde und die ursprünglich von der Kleinbahn Neuburxdorf-Mühlberg beschafft worden war.

Zur Eröffnung der Oderbruchbahn im Jahr 1911 lieferte O&K eine Serie von insgesamt zwölf T 3 nach Musterblatt III-4e(2) (Fabriknummern 4401 – 4412) an die Bahngesellschaft. Nach dem Zweiten Weltkrieg verblieben von diesen zwei in Polen; alle übrigen wurden 1950 von der Deutschen Reichsbahn als 89 6142-6151 übernommen. Das Bild der 89 6143 entstand 1958 im RAW Halle, das der 89 6145 (fotografiert von Georg Otte) 1960 in Wittenberge.

O&K 1911/ 4412	Oderbruchbahn (ObB) 14 TECHOW →'40 Oderbruchbahn (ObB) 3-31 (LVDB) →'50 **DR 89 6151**	+04.12.65
Hen 1911/ 10328	Klb. Perleberg-Karstädt-Kleinberge-Perleberg (PKKP) 5 PREUSSEN →'37 Brandenburgische Städtebahn (BStB) 10" →'37 Brandenburgische Städtebahn (BStB) 8^3 →'40 Brandenburgische Städtebahn (BStB) 1-27 (LVDB) →'50 **DR 89 6152**	+13.09.65
Hen 1911/ 10324	Klb. Perleberg-Karstädt-Kleinberge-Perleberg (PKKP) 1 KARSTÄDT →'40 Klb. Perleberg-Karstädt-Kleinberge-Perleberg (PKKP) 6-20 (LVDB) →'50 **DR 89 6153**	+23.08.66
Hen 1911/ 10325	Klb. Perleberg-Karstädt-Kleinberge-Perleberg (PKKP) 2 V. GRÄVENITZ →'40 Klb. Perleberg-Karstädt-Kleinberge-Perleberg (PKKP) 6-21 (LVDB) →'50 **DR 89 6154**	+15.04.67
Hen 1911/ 10327	Klb. Perleberg-Karstädt-Kleinberge-Perleberg (PKKP) 4 MECKLENBURG →'40 Klb. Perleberg-Karstädt-Kleinberge-Perleberg (PKKP) 6-22 (LVDB) →'50 **DR 89 6155**	+24.10.66
Hen 1912/ 10838	Gewerkschaft Hüpstedt →23.11.12 Obereichsfelder Klb. (OeK) 1 →'35 Klb. Burxdorf-Mühlberg 2 →'40 PVS 297 (Klb. Neuburxdorf-Mühlberg) →'50 **DR 89 6156** →'56 verk. WL 10 VEB Stahl- und Walzwerk Riesa (11.58 vorh.)	+
Hen 1912/ 10837	Klb. Perleberg-Karstädt-Kleinberge-Perleberg (PKKP) 6 DALLMIN →'40 Klb. Perleberg-Karstädt-Kleinberge-Perleberg (PKKP) 6-23 (LVDB) →'50 **DR 89 6157**	+17.01.63
Hen 1912/ 10839	Klb. Putlitz-Suckow (KPS) 3 v. WINTERFELD →'40 Klb. Putlitz-Suckow (KPS) 5-21 (LVDB) →'50 **DR 89 6158** →08.54 WL 805/80/1 RAW Wittenberge (11.61 L2 Raw Weipzig)	+
O&K 1913/ 6117	Bunzlauer Klb. 13c →'30 Bunzlauer Klb. 27 →'30 Klb. Horka-Rothenburg-Priebus 21c →'50 **DR 89 6159** →25.05.60 verk. WL VEB Kies- und Sandsteinwerke Doberlug-Kirchhain	+
Hen 1913/ 12209	Eb. Osterburg-Deutsch Pretzier 20 →'28 Kyffhäuser Klb. (KyK) 20 →'39 PVS 265 (Kyffhäuser Klb. (KyK)) →'50 **DR 89 6160** →29.07.63 verk. VEB Kali „Glück auf" Sollstedt	+
Jung 1913/ 1965	Aschersleben-Schneidlingen-Nienhagener Klb. (ASN) 3 →'33 Aschersleben-Schneidlingen-Nienhagener Klb. (ASN) 22 →'50 **DR 89 6161**	+15.09.65
Hen 1914/ 13026	Kyffhäuser Klb. (KyK) 42 →'39 PVS 270 (Kyffhäuser Klb. (KyK)) →'50 **DR 89 6162**	+24.10.66
Hen 1920/ 17870	Aschersleben-Schneidlingen-Nienhagener Klb. (ASN) 4" →'33 Aschersleben-Schneidlingen-Nienhagener Klb. (ASN) 23 →'50 **DR 89 6163** →04.02.56 verk. WL Eisenhüttenkombinat „J.W. Stalin", Stalinstadt →'?? WL Stahlwerk Hennigsdorf →'?? WL 17 Maxhütte Unterwellenborn (10.60 vorh.)	+
Hen 1920/ 17871	Aschersleben-Schneidlingen-Nienhagener Klb. (ASN) 5 →'33 Aschersleben-Schneidlingen-Nienhagener Klb. (ASN) 24 →'50 **DR 89 6164** →'57 verk. WL 1 VEB Kupferkombinat Mansfeld, Thomas-Münzer-Schacht, Sangerhausen	+60
Hohz 1923/ 4536	Boizenburger Stadt- und Hafenbahn (BSHb) 1" →'50 **DR 89 6165**	+27.08.65
Hen 1927/ 20938	Sachsenwerk Merseburg →'27 Delitzscher Klb. 3 →'39 PVS 279 →'50 **DR 89 6166**	+13.09.65
Hen 1927/ 20939	Sachsenwerk Merseburg →'27 Delitzscher Klb. 4 →'39 PVS 280 →'50 **DR 89 6167**	+04.12.63
Hen 1930/ 21705	Goldbeck-Werbener Klb. 5 KOLLE →'50 **DR 89 6168**	+04.10.65

Wie die auf der vorangegangenen Seite gezeigte 89 6143 war auch die 89 6145 im Jahr 1911 von der Oderbruchbahn beschafft worden. Als Reichsbahnlok wurde sie 1960 in Wittenberge aufgenommen. *Foto: Georg Otte*

Auch die 89 6153 gehörte zu einer ganzen Serie von Lokomotiven, die zur Eröffnung einer Privatbahn geliefert worden waren: Ebenfalls im Jahr 1911 eröffnete die Kleinbahn Perleberg-Karstädt-Kleinberge-Perleberg und Kleinberge-Putlitz den Betrieb – mit insgesamt fünf T 3, die von Henschel gebaut worden waren. Von einer dieser Maschinen ist der Verbleib unbekannt – alle anderen kamen als 89 6152-6155 zur Deutschen Reichsbahn. Dabei war die 89 6152 die letztgebaute der fünf Maschinen – die von der Reihenfolge her abweichende Einordnung erfolgte aufgrund des zwischenzeitlichen Verkaufs der Lokomotive an die Brandenburgische Städtebahn. Günter Meyer fotografierte die 89 6153 am 10. Juni 1962 im Bw Rostock.

Die alte DR-Nummer 89 6158 war zumindest mit Kreide angeschrieben, als am 10. März 1960 der Zustand der Werklok 805/80/1 des RAW Wittenberge fotografisch dokumentiert wurde.

Die 89 6162 war eine Henschel-Lok vom Typ „Bismarck“, die 1914 für die Kyffhäuser Kleinbahn gebaut worden war. Die Maschine besaß einen „Elevator“, welcher zum Wassernehmen aus Bächen oder Teichen verwendet werden konnte.

Foto: Werner Umlauft

Hinter der Werklok Nr. 17 des „VEB Maxhütte Unterwellenborn", aufgenommen am 10. Oktober 1960 im RAW Leipzig, verbirgt sich die ehemalige DR 89 6163. Die T 3 nach Musterblatt III-4e(2) war 1920 an die Aschersleben-Schneidlingen-Nienhagener Kleinbahn als Betr.Nr. 4 geliefert worden.

Auch die Betriebsnummer 5 der Aschersleben-Schneidlingen-Nienhagener Kleinbahn gelangte 1950 in den Bestand der Deutschen Reichsbahn und wurde dort in 89 6164 umgezeichnet. Im Jahr 1957 wurde sie als Werklok an den „VEB Kupferkombinat Mansfeld, Thomas-Münzer-Schacht" in Sangerhausen verkauft. *Foto: Werner Umlauft*

Die 89 6168 war erst im Jahr 1930 von der Goldbeck-Werbener Kleinbahn bei Henschel beschafft worden. Es handelte sich dabei um eine spezielle Bauart für Privatbahnen, die allerdings ein Einzelstück blieb.

C n2t/C h2t **DR 89⁶²** (ex Privatbahnen)

Dreikuppler mit 12 t Achsdruck wurden von der Deutschen Reichsbahn in die Baureihe 89^{62} eingereiht – die Nassdampflokomotiven erhielten die Betriebsnummern 89 6201-6240, während die Heißdampflokomotiven als 89 6276-6282 bezeichnet wurden. Die Maschinen gehörten unterschiedlichen Bauarten an:

- 89 6201-6203, 6213-6214, 6226 waren nach einem Hanomag-Entwurf speziell für die Niederlausitzer Eisenbahn gebaut worden. Die Maschinen waren etwas leistungsfähiger als die preußische T3 (nach MIII-4e) und besaßen auch einen etwas größeren Treibraddurchmesser.
- 89 6204, 6206, 6208-6210, 6220, 6229-6232 waren mit der preußischen T3 nach Musterblatt III-4e(2) baugleich.
- 89 6205, 6207, 6211, 6215-6216, 6218, 6221-6225, 6228, 6235 waren mit der verstärkten preußischen T3 nach Musterblatt III-4p identisch. Die 89 6221 müsste allerdings einen abweichenden Achsstand von 3100 mm gehabt haben – siehe hierzu auch bei 89 8201-8202 der Liegnitz-Rawitscher Eisenbahn.
- 89 6212, 6234 waren vom leichten Henschel-Typ „Bismarck". Die Maschinen sollen nur 10 t Achslast gehabt haben – und somit fälschlich als 89^{62} eingeordnet worden sein.
- 89 6217, 6219 entsprachen einem Borsig-Typ mit 350 PS Leistung für Werk- und Privatbahnen.
- 89 6227, 6239 waren eine Jung-Konstruktion mit der Typen-Bezeichnung „Pudel". Baugleich war auch die 89 6303.
- 89 6233 war ebenfalls eine Werks-Type für Privat- und Werkbahnen, welche von der Hanomag entwickelt worden war.
- 89 6236, 6238 entstammten einer weiteren Werkstype – diesmal von Orenstein & Koppel. Bemerkenswert war der Antrieb der dritten Achse, während bei den meisten Dreikupplern die mittlere Achse angetrieben wurde. Baugleich waren auch 89 6308-6309.
- 89 6237 war eine Konstruktion von Linke-Hofmann in Breslau – eine weitere baugleiche Maschine war die 89 6406.

	89 6201-6203, 6213-6214, 6226	89 6204, 6206, 6208-6210, 6220, 6229-6232	89 6205, 6207, 6211, 6215-6216, 6218, 6221-6225, 6228, 6235	89 6212, 6234	89 6217	89 6219	89 6227, 6239
Bauart:	C n2t	C n2t	C n2t	C n2t	C n2t	C n2t	C n2t
Treibraddurchmesser (mm):	1 350	1 100	1 100	1 100	1 000	1 000	1 100
Achsstand (mm):	3 600	3 000	3 000	2 700	3 000	3 000	3 000
Länge über Puffer (mm):	9 600	8 591	8 590	8 300	8 200	8 750	8 950
Dienstgewicht (t):	37,6	32,5	32,0	30,7	36,0	36,0	38,5
Achslast (maximal) (t):							
Höchstgeschwindigkeit (km/h):	40	40	40	45	40	40	45
Zylinderdurchmesser (mm):	400	350	350	350	380	380	400
Kolbenhub (mm):	600	550	550	500	550	550	550
Rostfläche (m²):	1,59	1,3	1,35	1,05	1,6	1,6	1,5
Verdampfungsheizfläche (m²):	74,9	59,8	61,7	47,85	74,5	74,5	77,9
Kesselüberdruck (atm):	12,0	12,0	12,0	12,0	12,0	12,0	12,0

	89 6233	89 6236, 6238	89 6237	89 6240	89 6276	89 6277-6279, 6281	89 6280
Bauart:	C n2t	C n2t	C n2t	C n2t	C h2t	C h2t	C h2t
Treibraddurchmesser (mm):	1 100	1 100	1 100	1 100	1250	1 100	1 000
Achsstand (mm):	3 000	3 000	3 000		3 200	3 000	3 000
Länge über Puffer (mm):	8 900				9 300	8 800	8 700
Dienstgewicht (t):	38,0			38,0	36,0	37,0	34,9
Achslast (maximal) (t):					12,5	12,5	
Höchstgeschwindigkeit (km/h):	40	45	45	40	40	45	45
Zylinderdurchmesser (mm):	430	380		430	430	400	375
Kolbenhub (mm):	550	550		550	550	550	500
Rostfläche (m²):	1,33			1,33	1,3	1,3	1,32
Verdampfungsheizfläche (m²):	89,8			79,8	57,07	54,3	66,0
Überhitzerheizfläche (m²):					16,5	27,8	17,1
Kesselüberdruck (atm):	13,0	12,0	13,0	13,0	12,0	12,0	12,0

	89 6282
Bauart:	C h2t
Treibraddurchmesser (mm):	1 200
Achsstand (mm):	3100
Länge über Puffer (mm):	9500
Dienstgewicht (t):	44,7
Achslast (maximal) (t):	
Höchstgeschwindigkeit (km/h):	60
Zylinderdurchmesser (mm):	430
Kolbenhub (mm):	550
Rostfläche (m²):	1,4
Verdampfungsheizfläche (m²):	80,0
Überhitzerheizfläche (m²):	21,4
Kesselüberdruck (atm):	12,0

- 89 6240 entstammte einer weiteren Werkstype der Hanomag (baugleich mit den 89 6307 und 89 6405, nicht jedoch mit der 89 6233).
- 89 6276 war ein von Henschel entworfener Heißdampf-Dreikuppler für Privatbahnen.
- 89 6277-6279, 6281 waren von Henschel speziell für die Kleinbahn Bismark-Gardelegen-Wittingen entwickelt worden. Eine weitere identische Maschine war 89 6376.
- 89 6280 war dem Typ ELNA 1 ähnlich.
- 89 6282 war ELNA-ähnlich.

Vier Lokomotiven (89 6222-6225) wurden in den 50er Jahren mit zwei- bzw. dreiachsigen Tendern gekuppelt. Bemerkenswert ist auch der Umbau der 89 6225 zu einer „Westernlok“ – „mitgespielt“ hat sie in dem Film „Die Spur des Falken“.

Der von den Magdeburger Eisenbahnfreunden im Magdeburger Hafen als Denkmal aufgestellte Dreikuppler mit der Betriebsnummer „89 6236“ ist eine Werkslokomotive, die 1920 von Henschel unter der Fabriknummer 17654 an die BASF in Merseburg geliefert worden war. Die Maschine war nie im Staatsbahnbestand gewesen und trägt somit eine Phantasie-DR-Nummer.

Die 89 6201-6203 bildeten eine kleine Serie von Dreikupplern, die von der Hanomag speziell für die Niederlausitzer Eisenbahn entworfen worden war. Im Vergleich zur preußischen T 3 fallen die etwas „bulligere“ Bauform sowie der größere Raddurchmesser auf. Günter Meyer fotografierte die 89 6201 am 2. Juli 1961 beim Wismut-Verschub im Bahnhof Niederschlema und die abgestellte 89 6202 am 8. März 1964 in der Abstellanlage des Bahnhofs Aue.

Eine „echte“ preußische T 3 war die 89 6207 – im Jahr 1915 wurde die zu diesem Zeitpunkt gerade einmal neun Jahre alte Maschine an die Osthavelländischen Kreisbahnen verkauft. Von dieser übernahm die DR 1950 die ehemalige „BERLIN 6167“ und reihte sie als 89 6207 in ihren Bestand ein. Aufgenommen wurde diese Lokomotive 1961 von Werner Umlauft.

Von hoher Kundenzufriedenheit zeugt, dass die Löwenberg-Lindow-Rheinsberger Kleinbahn alle ihre sechs Dampflokomotiven bei Henschel in Kassel gekauft hatte: Nach drei Zweikupplern kam im Jahr 1907 auch ein erster Dreikuppler „Typ Bismarck“ dazu. Mit dem Verkauf der Bahn an die Ruppiner Eisenbahn im Jahr 1921 ging auch diese Lokomotive an den neuen Eigentümer über, bevor 1950 die DR der dritte Besitzer der nun als 89 6212 bezeichneten Lokomotive wurde. Die Aufnahme entstand 1961 in Wriezen.
Foto: A. Thiel

Wie auch 89 6201-6203 waren die 89 6213-6214 Exemplare einer von Hanomag speziell für die Niederlausitzer Eisenbahn entworfenen Bauart. Die Aufnahme der 89 6213 entstand um 1960 im RAW Wittenberge, in dem die Maschine als Werklok eingesetzt wurde. *Foto: Georg Otte*

Weitgehend mit der verstärkten preußischen T 3 nach Musterblatt III-4p identisch waren die DR 89 6215 und 89 6218, die ursprünglich von der Ruhlaer Eisenbahn beschafft worden waren. Gut sichtbar ist der etwas höher gelegte Kessel sowie der über den Umlauf hinausragende genietete Wasserbehälter. Im Jahr 1960 entstand die Aufnahme der 89 6215 – wie deutlich zu erkennen – in Esperstedt durch Werner Umlauft.

Hano 1901/ 3649	Niederlausitzer Eisenbahn (NLE) 7 →'32 Niederlausitzer Eisenbahn (NLE) 32 (ADEG) →'50 **DR 89 6201**	+12.03.66 und +23.08.66
Hano 1901/ 3650	Niederlausitzer Eisenbahn (NLE) 8 →'32 Niederlausitzer Eisenbahn (NLE) 33 (ADEG) →'50 **DR 89 6202**	+14.01.66
Hano 1901/ 3651	Niederlausitzer Eisenbahn (NLE) 9 →'32 Niederlausitzer Eisenbahn (NLE) 34 (ADEG) →'50 **DR 89 6203**	+21.12.53
O&K 1902/ 962	Bln 1822" →'06 BLN 6160 T3 →'25 DRB 89 7422 +35 →'35 Klb. Goldbeck-Werben 7 FREISE →'50 **DR 89 6204** →23.10.58 verk. VEB Werkzeugmaschinenbau Magdeburg	+
Haga 1904/ 503	Hal 1760" →'06 HAL 6201 T3 →'25 DRB 89 7464 +02.36 →29.02.36 Dessau-Wörlitzer Eb. (DWE) 7 →'50 **DR 89 6205**	+15.09.65
BAG 1905/ 293	Klb. Bunzlau-Neudorf 1b →'21 Bunzlauer Klb. 1b →'30 Bunzlauer Klb. 21 ('46 bei Niederlausitzer Eb. ausgelagert) →'48 LVDB/L 7-21 (Dahme-Uckroer Eb. (DUE)) →12.49 Niederlausitzer Eb. →'50 **DR 89 6206** →04.10.57 verk. Schamottwerke Guttau	+
O&K 1906/ 2012	(Bln 1829") →'06 BLN 6167 T3 →09.11.15 Osthavelländische Kreisbahnen (OHKB) 1" →'50 **DR 89 6207**	+15.09.65
Hano 1906/ 4621	Braunschweigische Landes-Eb. (BLE) 21 NETTE →'25 Dahme-Uckroer Eb. (DUE) 1" →'40 Dahme-Uckroer Eb. (DUE) 7-20 (LVDB) →'50 **DR 89 6208**	+24.08.65
Hen 1906/ 7029	Gardelegen-Neuhaldensleben-Weferlinger Eb. (GNW) 1 →'39 PVS 289 (Gardelegen-Neuhaldensleben-Weferlinger Eb. (GNW) →05.43 Prettin-Annaburger Klb.) →'50 **DR 89 6209** →01.12.62 verk. WL VEB Zuckerfabrik Erdeborn (bei Halle)	+
Hen 1906/ 7030	Gardelegen-Neuhaldensleben-Weferlinger Eb. (GNW) 2 →'39 PVS 290 (Gardelegen-Neuhaldensleben-Weferlinger Eb. (GNW)) →'50 **DR 89 6210** →18.07.67 verk. HL LPG „Th. Münzer", Worin	++
O&K 1907/ 2600	Kremmen-Neuruppin-Wittstocker Eb. (KNWE) 5b ⇒'13 Ruppiner Eb. (RE) 5 →'50 **DR 89 6211**	+16.07.57
Hen 1907/ 8074	Löwenberg-Lindow-Rheinsberger Eb. (LLRE) 4 →'21 Ruppiner Eb. (RE) 15 →'50 **DR 89 6212**	+18.07.67
Hano 1907/ 5009	Niederlausitzer Eisenbahn (NLE) 10 →'32 Niederlausitzer Eisenbahn (NLE) 35 (ADEG) →'50 **DR 89 6213** (→'58 WL RAW Wittenberge)	+04.03.66
Hano 1907/ 5215	Niederlausitzer Eisenbahn (NLE) 11 →'32 Niederlausitzer Eisenbahn (NLE) 36 (ADEG) →'50 **DR 89 6214** →18.06.58 WL 7 BKK „Schwarze Pumpe"	+
O&K 1907/ 2538	Ruhlaer Eb. 76 →'25 Thüringische Eisenbahn AG (Theag) 76 (Ruhlaer Eb. →11.40 Greußen-Ebeleben-Keulaer Eb. (GEKE) →02.41 Esperstedt-Oldislebener Eb. (EOE) 76 →'42 Centralverwaltung für Sekundärbahnen (?) →09.45 Weimar-Berka-Blankenhainer Eb. (WBBE)) →'46 Thüringische Eisenbahn AG 89 0076 (Weimar-Berka-Blankenhainer Eb. (WBBE)) →'50 **DR 89 6215**	+07.08.65
O&K 1908/ 2800	Kremmen-Neuruppin-Wittstocker Eb. (KNWE) 6b ⇒'13 Ruppiner Eb. (RE) 6 →'50 **DR 89 6216**	+16.09.65
Bors 1908/ 6899	Klb. Bismark-Gardelegen-Wittingen →'?? Klb. Bötzow-Spandau (BSp) 5 →'50 **DR 89 6217** →30.11.58 verk. WL VEB Zuckerfabrik Erdeborn (bei Halle) (01.12.62 abgestellt)	+um 62
O&K 1908/ 2926	Ruhlaer Eb. 77 →'25 Thüringische Eisenbahn AG (Theag) 77 (Ruhlaer Eb. →04.12.40 Weimar-Berka-Blankenhainer Eb. (WBBE) →01.07.41 Esperstedt-Oldislebener Eb. (EOE)) →16.11.45 Osterwieck-Wasserlebener Eb. (OWE) 77 →'50 **DR 89 6218**	+14.03.62
Bors 1910/ 7408	Neukölln-Mittenwalder Eisenbahn (NME) 7 →'36 Königswusterhausen-Mittenwalde-Töpchiner Klb. (KMT) 3" →'50 **DR 89 6219** +30.04.51 →'?? verk. WL 4 VEB Kalikombinat „Werra", Merkers	+
Hano 1910/ 5832	Braunschweigische Landes-Eb. (BLE) 23 BORNUM →'38 DRB 89 7535 →20.12.38 OKH für Schießplatz Hillersleben Nr. 303 →'45 PVS 298 (Klb. Gardelegen-Neuhaldensleben-Weferlingen) →'50 **DR 89 6220**	+17.04.67
Vulc 1909/ 2613	Liegnitz-Rawitscher Eb. 25c →'20 Liegnitz-Rawitscher Eb. 35 →'45 Klb. Perleberg-Karstädt-Kleinberge-Perleberg (PKKP) 35 /L →'50 **DR 89 6221**	+03.10.61
O&K 1911/ 4701	Krb. Beeskow-Fürstenwalde (KBF) 15 BEESKOW →'40 Krb. Beeskow-Fürstenwalde (KBF) 4-20 (LVDB) →'50 **DR 89 6222** (ab 31.05.55 mit 2-achsigem Tender, aber 30.04.62 mit 3-achsigem Tender gekuppelt) →'70 DR (89 6222-7) +10.06.69 →'69 verk. HL Fa. Röber KG, Auerbach (nur Kessel?)	++
O&K 1911/ 4702	Krb. Beeskow-Fürstenwalde (KBF) 16 GROSS RIETZ →'40 Krb. Beeskow-Fürstenwalde (KBF) 4-21 (LVDB) →'50 **DR 89 6223** (ab 31.12.55 mit 3-achsigem Tender gekuppelt)	+05.10.67
O&K 1911/ 4703	Krb. Beeskow-Fürstenwalde (KBF) 17 PIESKOW →'40 Krb. Beeskow-Fürstenwalde (KBF) 4-22 (LVDB) →'50 **DR 89 6224** (ab 07.11.55 mit 2-achsigem Tender, ab 20.09.62 mit 3-achsigem Tender gekuppelt)	+05.10.67
O&K 1911/ 4704	Krb. Beeskow-Fürstenwalde (KBF) 18 KETSCHENDORF →'40 Krb. Beeskow-Fürstenwalde (KBF) 4-23 (LVDB) →'50 **DR 89 6225** (ab '55 mit 3-achsigem Tender gekuppelt) →18.07.67 DEFA-Studio, Potsdam-Babelsberg (Umbau bei LKM zu „Westernlok" mit Namen „MOSEWELL" für Spielfilm)	++76
O&K 1912/ 5364	Niederlausitzer Eisenbahn (NLE) 5" →'32 Niederlausitzer Eisenbahn (NLE) 31 (ADEG) →'50 **DR 89 6226** →10.06.60 verk. WL VEB Chemiewerk Nünchritz	+
Jung 1913/ 2025	Aschersleben-Schneidlingen-Nienhagener Klb. (ASN) 1" →'33 Aschersleben-Schneidlingen-Nienhagener Klb. (ASN) 33 →'50 **DR 89 6227**	+08.02.65
Hen 1913/ 12387	Klb. Gardelegen-Neuhaldensleben-Weferlingen 5 →'39 PVS 285 →'50 **DR 89 6228**	+07.09.65
Jung 1914/ 2235	Prenzlauer Kreisbahnen (PK) 8 →'50 **DR 89 6229**	+28.03.67
Jung 1914/ 2236	Krb. Schönermark-Damme (DS) 4 →'50 **DR 89 6230** →20.09.58 verk. WL 2" RAW Eberswalde	+
Jung 1914/ 2237	Prenzlauer Kreisbahnen (PK) 9 →'50 **DR 89 6231**	+07.05.65
Jung 1914/ 2238	Prenzlauer Kreisbahnen (PK) 10 →'50 **DR 89 6232**	+20.01.54
Hano 1916/ 7975	Gew. Riedel →'28 Marienborn-Beendorfer Klb. 7975 →'50 **DR 89 6233**	+01.07.67
Hen 1922/ 19224	Aschersleben-Schneidlingen-Nienhager Eb. (ASN) 6" →'?? Aschersleben-Schneidlingen-Nienhagener Klb. (ASN) 34 →'50 **DR 89 6234**	+02.03.65
Smos 1923/ 718	Prettin-Annaburger Klb. 4 →'39 PVS 258 →'50 **DR 89 6235** →15.03.63 verk. WL 2^3 RAW Dresden	+

Für die 89 6218 war die Schwesterlokomotive der zuvor gezeigten 89 6215 - sie wurde 1961 von Georg Otte fotografiert.

O&K 1923/ 10239	Aschersleben-Schneidlingen-Nienhager Eb. (ASN) 2 →'?? Aschersleben-Schneidlingen-Nienhagener Klb. (ASN) 51 →'?? Aschersleben-Schneidlingen-Nienhagener Klb. (ASN) 31 →'50 **DR 89 6236** →01.06.57 verk. WL 9 VEB Binnenhäfen Magdeburg →06.58 WL 1 VEB Binnenhäfen Magdeburg +
LHL 1924/ 2936	Klb. Ellrich-Zorge 3 →'30 Klb. Bebitz-Alsleben /L →'32 Klb. Bebitz-Alsleben 3 →'39 PVS 251 (Klb. Bebitz-Alsleben →02.01.41 Klb. Erfurt-Nottleben (KEN)) →'50 **DR 89 6237** →04.57 WL 4 RAW Dresden →'68 WL 5“ RAW Dresden →03.81 Museumseisenbahn Minden (MEM) 89 6237 ('17 vorh.)
O&K 1924/ 10389	Teltower Eisenbahn (TltE) 2 → '29 Allgemeine Deutsche Eisenbahn-Betriebsges. (ADEG) 22 → '30 Aschersleben-Schneidlingen-Nienhager Eb. (ASN) /L → '33 Allgemeine Deutsche Eisenbahn-Betriebsges. (ADEG) 32 → Aschersleben-Schneidlingen-Nienhager Eb. (ASN) /L →'50 **DR 89 6238** +02.07.65
Jung 1913/ 1914	Hafenbahn Frankfurt (Main) B5 →'21 Eutin-Lübecker Eb. (ELE) 23 →'40 Niederlausitzer Eb. →'?? Görlitzer Krb. →01.05.51 **DR 89 6239** →10.06.60 verk. HL VEB Bauunion Cottbus ++
Hano 1920/ 8540	WL 4 Lauchhammer Werke Riesa →'?? Görlitzer Krb. →'?? Prenzlauer Krb. →14.10.53 **<u>DR 89 6240</u>** +16.12.61 →09.03.63 verk. VEB Energieversorgung Frankfurt/Oder (nur Fahrgestell) →'63/64 Ub. in C fl (bei LOWA Mühlhausen; Kessel SKL 61/ 31312) ('81 i.E.) +
Hen 1914/ 12532	Elmshorn-Barmstedt-Oldesloer Eb. (EBOE) 8 →'?? Fa. Erich am Ende, Berlin-Weißensee →'26 Prenzlauer Kreisbahnen (PK) 15 →'50 **DR 89 6276** +25.01.66
Hen 1914/ 13030	Klb. Bismark-Gardelegen-Wittingen 8 →'27 Altmärk. Eb. 8 →'39 PVS 201 →'50 **DR 89 6277** +12.12.67
Hen 1914/ 13031	Klb. Bismark-Gardelegen-Wittingen 9 →'27 Altmärkische Eb. 9 →'39 PVS 202 →'50 **DR 89 6278** +07.08.67
Hen 1926/ 20572	Klb. Bismark-Gardelegen-Wittingen 10 →'27 Altmärkische Eb. 10 →'39 PVS 203 →'50 **DR 89 6279** +15.04.67
Hohz 1927/ 4600	Boizenburger Stadt- und Hafenbahn (BSHb) 2“ →01.07.33 Neuhaldenslebener Eb. (NhE) 2 →'34 Osterwieck-Wasserlebener Eb. (OWE) 2 →28.08.40 Thüringische Eisenbahn AG (Theag) 2 (Ruhlaer Eb.) →'50 **DR 89 6280** +15.04.65
Hen 1929/ 21447	Altmärkische Eb. →'39 PVS 204 →'50 **DR 89 6281** +16.01.65
O&K 1930/ 12159	Klb. Gransee-Neuglobsow (KGN) 2 →ca.'49 Ruppiner Eisenbahn /L →'50 **DR 89 6282** +16.02.66

Am 30. April 1962 war die 89 6222 mit einem dreiachsigem Tender gekuppelt worden, nachdem sie bereits ab 1955 zusammen mit einem zweiachsigem Tender unterwegs gewesen war. Am 12. Juni 1966 traf Klaus Kieper die Lokomotive im Bahnbetriebswerk von Wriezen an.

Wie die 89 6222 erhielt auch die 89 6224 im Jahr 1955 zunächst einen zweiachsigen und 1962 einen dreiachsigen Tender. Auf dieser Seitenaufnahme besonders gut zu sehen ist das im Rahmen des Umbaus verlängerte Führerhausdach. Wie man an dem am linken Bildrand in die Aufnahme hineinragendem Schild erkennen kann, entstand auch diese Aufnahme in Wriezen – ebenfalls am 12. Juni 1966 durch Klaus Kieper.

Als „Pudel" wurde der Typ der 89 6227, welche die Deutsche Reichsbahn von der Aschersleben-Schneidlingen-Nienhagener Kleinbahn übernommen hatte, bezeichnet. Weitgehend baugleich waren die 89 6239 und 89 6303 sowie die 1930 durch die DRB von der Bremer Hafenbahn übernommenen 89 7512-7521. Die Aufnahme entstand 1962 in Werben (Elbe).

Die 1924 von Linke-Hofmann gebaute 89 6237 hat zwar gewisse Ähnlichkeiten mit der preußischen T 3, besaß aber einen deutlich größeren Kessel und war mit einer Heusinger-Steuerung ausgerüstet. Die Lokomotive war ursprünglich an die Kleinbahn Ellrich-Zorge geliefert worden und wurde 1981 von der Deutschen Reichsbahn an die Museumseisenbahn Minden verkauft. Aufgenommen wurde die Maschine 1955 von Gernot Malsch in Bad Langensalza Süd.

Die 89 6238 entstammte einer Werkstype von Orenstein & Koppel – charakteristisch war dabei der Antrieb der dritten Achse. Baugleich waren die Lokomotiven 89 6237 und 89 6308-6309. Die Aufnahme entstand 1963 im Bw Hilbersdorf.

Foto: Günter Meyer

Wie die 89 6227 war auch die 89 6239 eine Jung-Lokomotive vom Typ „Pudel". Ursprünglich gebaut für die Hafenbahn Frankfurt (Main), kam sie über die Eutin-Lübecker Eisenbahn zunächst in die Niederlausitz und dann in die Oberlausitz, wo sie erst 1951 durch die Deutsche Reichsbahn von der Görlitzer Kreisbahn übernommen wurde. Im Sommer 1960 – vermutlich unmittelbar vor der Abgabe als Heizlok an die VEB Bauunion Cottbus – fotografierte Georg Otte die Maschine in Görlitz.

Im Oktober 1953 übernahm die DR die 89 6240 von der Prenzlauer Kreisbahn – eine Hanomag Werkstype, die an die Lauchhammer Werke in Riesa geliefert worden war. Baugleich waren die 89 6307 und 89 6405. Um 1958 fotografierte sie Georg Otte in Frankfurt/Oder.

Bei der 89 6276 handelte es sich um eine Vertreterin einer Henschel-Bauart für Privatbahnen, die ursprünglich für die Elmshorn-Barmstedt-Oldesloer Eisenbahn gebaut worden war. Über den Berliner Lokomotivhändler „Erich am Ende" kam die Heißdampf-Maschine zu den Prenzlauer Kreisbahnen, die 1950 von der DR übernommen wurden.

Henschel hatte speziell für die Kleinbahn Bismark-Gardelegen-Wittingen einen modernen Heißdampf-Dreikuppler entwickelt, der bei der Deutschen Reichsbahn die Betriebsnummern 89 6277-6279, 89 6281 und 89 6376 erhielt. Die 89 6277 fotografierte Günter Fiebig im März 1966 im Bw Salzwedel.

Günter Meyer nahm die die 89 6279 am 17. Juni 1963 in Kalbe (Milde) auf. Drei Jahre später, am 21. Oktober 1966 wurde die Lokomotive abgestellt und zum 15. April 1967 ausgemustert - mit „Rücksicht auf den Traktionswechsel von Dampf- auf Diesel-Tfz.“, wie es im Ausmusterungsprotokoll heißt.

Eine Lokomotive, die dem Typ „ELNA 1" ähnlich sah, war die 89 6280, 1927 von Hohenzollern für die Boizenburger Stadt- und Hafenbahn gebaut. Dort blieb sie allerdings nur 13 Jahre und trat danach eine „Reise" über drei Privatbahnen an, bevor sie 1950 von der DR übernommen wurde. *Foto: Werner Umlauft*

Baugleich mit den 89 6277-6279 war die 89 6281, die am 16. Juni 1963 von Günter Meyer in Neuendorf mit dem PmG 1181 von Klötze nach Kalbe angetroffen worden war.

C n2t/C h2t DR 89^{63} (ex Privatbahnen)

	89 6301	89 6302, 6304	89 6303	89 6305	89 6306	89 6307
Bauart:	C n2t	C n2t	C n2t	C n2t	C n2t	C n2t
Treibraddurchmesser (mm):	1 200	1 100	1 100	1 100	1 100	1 100
Achsstand (mm):	3 500	3 000	3 000	3 000	3 000	3 000
Länge über Puffer (mm):	9 100		8 950	8 950	8 591	8 900
Dienstgewicht (t):			38,5	36,9	32,5	38,0
Achslast (maximal) (t):						
Höchstgeschwindigkeit (km/h):	60	45	45	45	40	40
Zylinderdurchmesser (mm):	430	380	400	400	350	430
Kolbenhub (mm):	550	550	550	550	550	550
Rostfläche (m²):			1,5	1,47	1,3	1,33
Verdampfungsheizfläche (m²):			77,9	77,35	59,8	89,8
Überhitzerheizfläche (m²):	-	-	-	-	-	-
Kesselüberdruck (atm):	12,0	12,0	12,0	13,0	12,0	13,0

	89 6308-6309	89 6310	89 6376
Bauart:	C n2t	C n2t	C h2t
Treibraddurchmesser (mm):	1 100	1 100	1 100
Achsstand (mm):	3 000	3 000	3 000
Länge über Puffer (mm):		9 200	8 800
Dienstgewicht (t):		43,0	37,0
Achslast (maximal) (t):			12,5
Höchstgeschwindigkeit (km/h):	45	45	45
Zylinderdurchmesser (mm):	380	430	400
Kolbenhub (mm):	550	550	550
Rostfläche (m²):		1,6	1,3
Verdampfungsheizfläche (m²):		90,2	54,3
Überhitzerheizfläche (m²):	-	-	27,8
Kesselüberdruck (atm):	12,0	13,0	12,0

Insgesamt elf Dreikuppler mit 13 t Achslast übernahm die Deutsche Reichsbahn von den verschiedenen mitteldeutschen Privatbahnen – zehn Nassdampflokomotiven als 89 6301-6310 sowie eine Heißdampflokomotive als 89 6376. Diese elf Maschinen gehörten insgesamt neun verschiedenen Typen an:

- 89 6301 war eine Hohenzollern-Werksbauart, von der es mit 89 941-942 und 89 952 bereits drei baugleiche Schwesterlokomotiven im Reichbahn-Bestand gegeben hatte.
- 89 6302, 6304 waren Varianten einer Borsig-Werksbauart mit höher liegendem Kessel.
- 89 6303 war eine Jung-Konstruktion mit der Typen-Bezeichnung „Pudel". Baugleich waren auch die 89 6227 und 89 6239.
- 89 6305 war vom Henschel-Typ „Thüringen".
- 89 6306 entsprach der preußischen T3 nach Musterblatt III-4e(2).
- 89 6307 war ebenfalls eine Werks-Type für Privat- und Werkbahnen, welche von der Hanomag entwickelt worden war. Baugleich waren 89 6233 und 89 6405.
- 89 6308-6309 waren von Orenstein & Koppel entwickelte Privatbahnlokomotiven. Baugleich waren auch 89 6236 und 89 6238.
- 89 6310 war eine Lok vom Henschel-Typ „Bismarck" (schwer) – baugleich mit 89 6404.
- 89 6376 entstammte einer Serie von speziell für die Kleinbahn Bismark-Gardelegen-Wittingen entworfenen Henschel-Lokomotiven. Baugleich waren 89 6277-6279 und 6281.

Der Vollständigkeit halber soll an dieser Stelle auch erwähnt werden, dass die 1982 als „89 6311" bezeichnete Lokomotive keine offizielle DR-Betriebsnummer trug. Die an die Westfälisch-Anhaltischen Sprengstoffwerke in Berlin gelieferte Lokomotive (Henschel 1936/ 23061), welche ab 1965 bei der Torgauer Hafenbahn im Einsatz gestanden hatte, wurde 1982 anlässlich des Jubiläums der RBD Erfurt ausgestellt und nach einiger Zeit mit der Phantasienummer „89 6311" versehen – die allerdings durchaus passend gewählt war, war sie doch mit der 89 6310 baugleich.

In den Jahren 1912 und 1913 beschaffte die Neukölln-Mittenwalder Eisenbahn zwei Heißdampf-C-Kuppler einer Borsig-Werksbauart. Beide gelangten 1950 über die Königswusterhausen-Mittenwalde-Töpchiner Kleinbahn in den DR-Bestand, dem sie als 89 6302 und 89 6304 zugesetzt wurden. Die Aufnahme der 89 6302 stammt von Gerhard Illner, die der 89 6304 von Georg Otte (1959 in Dolgelin).

Von der Bauart her eine preußische T 3 (nach Musterblatt III-4e(2)) war diese 1915 von der schlesischen Lissa-Guhrau-Steinauer Kleinbahn beschaffte Lokomotive. Als „Fluchtlokomotive“ gelangte sie 1945 zur Niederlausitzer Eisenbahn, bei der sie 1950 von der DR als 89 6306 übernommen wurde. Foto: Gerhard Illner

Bei der 89 6307 handelte es sich um die Vertreterin einer Bauart, die von der Hanomag für Privat- und Werkbahnen entwickelt worden war – weitgehend baugleiche Lokomotiven waren die 89 6233 sowie die 89 6405. Die Maschine war an die Braunschweig-Schöninger Eisenbahn geliefert worden, welche sie nach zehnjährigem Einsatz an die Oschersleben-Schöninger Eisenbahn weiterverkaufte.

Dem Typ „Bismarck (schwer)" gehörte die 89 6310 an, welche 1931 von Henschel an die Kleinbahn Schildau-Mockrehna geliefert worden war. Die Aufnahme der bereits abgestellten Maschine entstand 1960 im Bw Eilenburg – bereits im darauffolgenden Jahr wurde sie an das VEB Kalikombinat „Werra" in Dorndorf verkauft, welches die Maschine als Werklok 21 wieder in Betrieb nahm.

Hohz 1911/ 2723	Städtische Hafenbahn Crefeld →09.28 Lehniner Kleinbahn (LeK) 1 →'40 Lehniner Kleinbahn (LeK) 2-20 (LVDB) →'50 **DR 89 6301**	+31.05.64
Bors 1912/ 8345	Neukölln-Mittenwalder Eisenbahn (NME) 8 →'36 Königswusterhausen-Mittenwalde-Töpchiner Klb. (KMT) 4 →'50 **DR 89 6302**	+27.08.65
Jung 1913/ 1913	Frankfurter Hafenbahn B4 →'29 Eutin-Lübecker Eb. (ELE) 22 →'41 Fa. Erich am Ende, Berlin →11.41 Brandenburgische Städtebahn (BStB) 9" →'43 Brandenburgische Städtebahn (BStB) 1-28 (LVDB) →'50 **DR 89 6303** →01.05.57 verk. Stahl- und Walzwerk Brandenburg	+
Bors 1913/ 8511	Neukölln-Mittenwalder Eisenbahn (NME) 9 →'45 Königswusterhausen-Mittenwalde-Töpchiner Klb. (KMT) /L →'46 Königswusterhausen-Mittenwalde-Töpchiner Klb. (KMT) 9 (aufgrund von SMAD-Befehl übergeben) →'50 **DR 89 6304**	+13.09.65
Hen 1914/ 12900	Klb. Bötzow-Spandau (BSp) 6 →'50 **DR 89 6305** →'57 verk. VEB Zementwerk Fürstenberg (Oder) →'?? WL 3 Kaliwerke Volkenroda	+
O&K 1915/ 7886	Lissa-Guhrau-Steinauer Klb. 1c →'24 Lissa-Guhrau-Steinauer Klb. 21c →'45 Niederlausitzer Eb. 21" (Fluchtlok) →'50 **DR 89 6306**	+02.07.65
Hano 1920/ 9450	Braunschweig-Schöninger Eb. (BSE) 9b →'30 Oschersleben-Schöninger Eb. (OSE) 31 →'31 Oschersleben-Schöninger Eb. (OSE) 1031 →'50 **DR 89 6307**	+16.09.65
O&K 1922/ 9973	Krb. Meppen-Haselünne 8 NIEDERSACHSEN →'23 Saatziger Klb. (SKB) 3a →01.05.24 Saatziger Klb. (SKB) 11^{c} →'40 Pommersche Landesbahnen (PLB) 33N3313 (Saatziger Klb. (SKB) →'45 Franzburger Südbahn (FSB)) →'50 **DR 89 6308** →04.05.56 verk. VEB Deutsche Schiffahrts- und Umschlagzentrale (DSU), Frankfurt/Oder	+
O&K 1922/ 10236	Aschersleben-Schneidlingen-Nienhager Eb. (ASN) 7 →'33 Aschersleben-Schneidlingen-Nienhager Eb. (ASN) 35 →'50 **DR 89 6309** →01.09.57 verk. VEB Pottaschewerke Neustaßfurt	+
Hen 1931/ 21846	Klb. Schildau-Mockrehna 1 →'39 PVS 253 →'50 **DR 89 6310** →01.07.61 verk. WL 21 VEB Kalikombinat „Werra", Dorndorf	+
Hen 1931/ 21809	Altmärkische Eb. 5 →'39 PVS 205 →'50 **DR 89 6376**	+06.02.65

Um Verwirrungen zu vermeiden, soll die 89 6311 zumindest mit diesem Bilddokument vorgestellt werden. Sie gehörte nicht zu den offiziell von der DR umgezeichneten 6000ern. Mit der fiktiven DR-Betriebsnummer „89 6311" wurde sie 1982 anlässlich des Jubiläums „125 Jahre Eisenbahnen in Erfurt" auf dem Bahnhofsvorplatz der Öffentlichkeit präsentiert. Ein Jahr später entstand – ebenfalls in Erfurt – diese Aufnahme der ehemaligen Werkslokomotive.

Die Heißdampf-Lokomotive 89 6376 gehörte zu einer Serie von speziell für die Kleinbahn Bismark-Gardelegen-Wittingen entwickelten Lokomotiven – baugleich waren noch die 89 6277-6279 sowie die 89 6281. Am 30. Juli 1958 entstand diese Aufnahme im Raw Leipzig anlässlich der Untersuchung der Maschine.

C n2t/C n2vt/C h2t DR 89^{64} (ex Privatbahnen)

	89 6401	89 6402	89 6403	89 6404	89 6405	89 6406
Bauart	C n2t	C n2t	C n2vt	C n2	C n2	C n2
Treibraddurchmesser (mm):	1 330	1 100	1 350	1 100	1 100	1 100
Achsstand (mm):	3 700	3 000	3 600	3 000	3 000	3 000
Länge über Puffer (mm):	9 560	9 300	10 370	9 200	8 900	
Dienstgewicht (t):	42,0	42,0	43,5	43,0	38,0	
Achslast (maximal) (t):	14,9		15,2			
Höchstgeschwindigkeit (km/h):	45	40	50	45	40	45
Zylinderdurchmesser (mm):	430	430	420/630	430	430	
Kolbenhub (mm):	630	550	600	550	550	
Rostfläche (m²):	1,33	1,4	1,6	1,6	1,33	
Verdampfungsheizfläche (m²):	96,2	90,5	75,5	90,2	89,8	
Überhitzerheizfläche (m²):	-	-	-	-	-	-
Kesselüberdruck (atm):	12,0	13,0	13,0	13,0	13,0	13,0

	89 6407-6408	89 6409-6412	89 6413	89 6476	89 6477-6478	89 6479-6481
Bauart	C n2t	C n2t	C n2t	C h2t	C h2t	C h2t
Treibraddurchmesser (mm):	1 100	1 100	1 100	1 350	1 100	1 100
Achsstand (mm):	3 000	3 000	3 000	3400	3 000	3 000
Länge über Puffer (mm):	9 150	9 180	9 180	9 460	9 100	9 100
Dienstgewicht (t):		43,0	45,0	45,6	48,0	43,8
Achslast (maximal) (t):				15,5		15,4
Höchstgeschwindigkeit (km/h):	45	45	45	60	45	45
Zylinderdurchmesser (mm):	450	450	450	500	460	450
Kolbenhub (mm):	550	550	550	600	550	550
Rostfläche (m²):	1,6	1,7	1,7	1,51	1,8	1,4
Verdampfungsheizfläche (m²):	107,8	100,0	100,0	68,5	104,2	71,0
Überhitzerheizfläche (m²):	-	-	-	17,9		23,0
Kesselüberdruck (atm):	13,0	12,0	12,0	12,0	13,0	13,0

In der Baureihe 89^{64} waren 15 Nassdampflokomotiven (89 6401-6415) sowie sechs Heißdampflokomotiven (89 6476-6481) mit 14 t Achslast zusammengefasst, welche den unterschiedlichsten Bauarten angehörten:

- 89 6401 war eine preußische T 7 nach Musterblatt III-4c
- 89 6402 entstammt einer in zwei Exemplaren gefertigten Hohenzollern-Bauart für die Halberstadt-Blankenburger Eisenbahn (HBE). Äußerlich war sie der preußischen T 3 ähnlich, war aber deutlich stärker ausgelegt. Bei der HBE trug sie die Gattungsbezeichnung T 7.
- 89 6403 war eine von drei durch die Westfälische Landes-Eisenbahn (WLE) beschafften Lokomotiven für den Gemischt- und Personenzugdienst. Auffällig waren der große Raddurchmesser, das Fehlen seitlicher Wasserkästen sowie die Verbundbauart (C n2vt).
- 89 6404 war eine Lok vom Henschel-Typ „Bismarck“ (schwer) – baugleich mit 89 6310. Da die Lok bereits 1914 von der KED Essen übernommen wurde, war sie möglicherweise zuvor gar nicht mehr an die ursprüngliche Bestellerin ausgeliefert worden.
- 89 6405 entstammt einer Werks-Type für Privat- und Werkbahnen, welche von der Hanomag entwickelt worden war. Baugleich waren 89 6233 und 89 6307.
- 89 6406 war eine Konstruktion von Linke-Hofmann in Breslau – eine weitere baugleiche Maschine war die 89 6237.

Eine echte preußische T7 war die 89 6401. Nach ihrer Ausmusterung wurde sie 1922 an die Süddeutsche Eisenbahn-Gesellschaft verkauft und von dieser zunächst auf der Bregtalbahn sowie ab 1938 auf der Arnstadt-Ichtershausener Eisenbahn eingesetzt. Mit deren Verstaatlichung kam sie dann 1950 in den DR-Bestand.

Diese von der Westfälischen Landes-Eisenbahn (WLE) beschaffte Hanomag-Lokomotive wurde 1935 über den bekannten Lokomotivhändler „Erich am Ende" in Berlin-Weißensee an die Kreisbahn Schönermark-Damme verkauft. Die DR übernahm die Maschine 1950 bei der Salzwedeler Kleinbahn und zeichnete sie in 89 6403 um. Die Aufnahme der bereits abgestellten Lokomotive entstand am 11. Mai 1957, also rund ein Jahr vor ihrer offiziellen Ausmusterung, in Blankenburg.

Direkt an die Salzwedeler Kleinbahn geliefert worden war die spätere 89 6406, eine Konstruktion von Linke-Hofmann in Breslau. Mit der 89 6237 befand sich noch eine zweite baugleiche Lokomotive im DR-Bestand. Die 89 6404 wurde 1958 mit einem zweiachsigem Tender gekuppelt, der drei Jahre später durch einen dreiachsigen ersetzt wurde. Die Aufnahme entstand über ein Jahr nach ihrer Ausmusterung im Januar 1967.

Zum Krupp-Typ „Hannibal" gehörten die DR-Lokomotiven 89 6407 und 89 6408: Als Werklokomotiven für die Junkers Flugzeug- u. Motorenwerke in Dessau gebaut, kamen sie schließlich über die Dessau-Wörlitzer Eisenbahn in den DR-Bestand. Das Bild zeigt sie 1954 in Leipzig Hbf.

Nur schwach kann man rechts vom Fabrikschild die DR-Betriebsnummer 89 6413 lesen – und ebenfalls nur schwer zu erkennen ist die oberhalb des Fabrikschildes stehende Nummer „15“ – dies ist die ehemalige Betriebsnummer der Maschine, die sie bei der Niederbarnimer Eisenbahn getragen hatte. Die Lokomotive gehörte zu einer Serie von fünf Maschinen einer Borsig-Bauart für Werk- und Privatbahnen, welche an die Industriebahn Tegel geliefert worden war. Bei der DR trugen die Maschinen die Betriebsnummern 89 6409-6413. Die Aufnahme entstand am 11. Mai 1957 in Blankenburg.

Eine preußische T8 war die 89 6476: Als „ELBERFELD 7004“ an die KPEV geliefert, erhielt sie bei der DRB die neue Betriebsnummer 89 011, mit der sie 1928 an die Braunschweigische Landes-Eisenbahn verkauft wurde. Über weitere Stationen gelangte sie schließlich zur Brandenburgischen Städtebahn, die 1950 von der DR übernommen wurde. Günter Meyer fotografierte die Lokomotive am 30. September 1961 in Rögasen mit dem P1089 nach Wusternitz.

- 89 6407-6408 entsprachen dem Krupp-Typ „Hannibal“. Weitgehend baugleich, aber schwerer ausgeführt war die 89 6601.
- 89 6409-6413 waren Exemplare einer Borsig-Bauart für Werk- und Privatbahnen. Im Gegensatz zu den anderen Privatbahnlokomotiven gingen diese Maschinen der Niederbarnimer Eisenbahn erst zum 1. Juli 1950 in den Bestand der DR über. Weitgehend baugleich waren die 89 7562-7564, welche die Reichsbahn 1943 von der Zschipkau-Finsterwalder Eisenbahn übernommen hatte.
- 89 6414-6415 – über die Identität und die Bauart der etwa 1953/54 von der DR übernommenen Lokomotiven ist nichts bekannt.
- 89 6476 war eine preußische T8 nach Musterblatt XIV-4.
- 89 6477-6478 entsprachen dem Henschel-Typ „Preussen“ in der Bauform von 1914.
- 89 6479-6481 waren ein AEG-Typ, der in Konkurrenz zur ELNA-Reihe entworfen worden war.

Hohz 1890/ 558	Bln 1818 →'02 Bln 1752“ →'06 BLN 6824 T7 +21 →18.11.22 Süddeutsche Eb.-Ges. (SEG) 372 (Bregtalbahn →23.03.38 Arnstadt-Ichtershausener Eb. (AIE)) →'50 **DR 89 6401** →24.01.56 verk. VEB Erfurter Industriebahn 1“	+04.12.63
Hohz 1907/ 2104	Halberstadt-Blankenburger Eb. (HBE) QUEDLINBURG →'14 Halberstadt-Blankenburger Eb. (HBE) 31 →'50 **DR 89 6402** →12.11.59 verk. HL VEB Energieversorgung Magdeburg	++
Hano 1908/ 5205	Westfälische Landes-Eb. (WLE) 81 →05.35 Erich am Ende, Berlin-Weißensee →'35 Krb. Schönermark-Damme (DS) 5 →'45 PVS 299 (Salzwedeler Klb.) →'50 **DR 89 6403**	+14.06.58
Hen 1913/ 11942	Société des Mines de Fer, Alsace ('14 von KPEV übernommen und bis 1920 als WL genutzt) →'20 Ruppiner Eb. (RE) 21 →'45 Neubrandenburg-Friedländer Eb. (NFE) /L →'50 **DR 89 6404**	+22.02.66
Hano 1920/ 9436	Burgdorfer Krb. (BKB) 3 →'?? Marienborn-Beendorfer Eb. 9436 →'50 **DR 89 6405**	+16.09.65
LHL 1924/ 2937	Salzwedeler Klb. 8 →'39 PVS 252 →'50 **DR 89 6406** ('58 mit zweiachsigem Tender gekuppelt; '61 mit dreiachsigem Tender)	+16.09.65
Krupp 1936/ 1561	WL 2 Junkers Flugzeug- u. Motorenwerke, Dessau →'45 Dessau-Wörlitzer Eb. (DWE) 11 →'50 **DR 89 6407** →20.12.54 verk. WL Hafen Dessau-Wallwitzhafen	+
Krupp 1937/ 1757	WL 3 Junkers Flugzeug- u. Motorenwerke, Dessau →'45 Dessau-Wörlitzer Eb. (DWE) 10 →'50 **DR 89 6408**	+02.03.65
Bors 1907/ 6343	Industriebahn Tegel (IBT) 1 →'25 Niederbarnimer Eisenbahn (NbE) 11 →'50 **DR 89 6409**	+07.05.65
Bors 1907/ 6344	Industriebahn Tegel (IBT) 2 →'25 Niederbarnimer Eisenbahn (NbE) 12 →'50 **DR 89 6410**	+07.05.65
Bors 1909/ 7365	Industriebahn Tegel (IBT) 3 →'25 Niederbarnimer Eisenbahn (NbE) 13 →'50 **DR [89 6411]**	+58
Bors 1913/ 8796	Industriebahn Tegel (IBT) 4 →'25 Niederbarnimer Eisenbahn (NbE) 14 →'50 **DR 89 6412**	+07.05.65
Bors 1920/ 10817	Industriebahn Tegel (IBT) 5 →'25 Niederbarnimer Eisenbahn (NbE) 15 →'50 **DR 89 6413**	+57
(?) 1911/ ?	(?) →um '53 **DR 89 6414** →'53 verk. (an ?)	+
(?) 1912/ ?	(?) →'?? WL 2 Bw Pasewalk →'?? WL RAW Eberswalde →31.05.54 **DR 89 6415**	+10.10.57
BAG 1907/ 399	EFD 7004 T8 →'25 DRB 89 011 →11.04.28 Braunschweigische Landes-Eb. (BLE) 35 →'30 Dahme-Uckroer Eb. (DUE) 1 →10.38 Brandenburgische Städtebahn (BStB) 61 →'40 Brandenburgische Städtebahn (BStB) 1-40 (LVDB) →'50 **DR 89 6476**	+16.09.65
Hen 1918/ 16655	Dessau-Wörlitzer Eb. (DWE) 5 →'50 **DR 89 6477**	+25.03.65
Hen 1919/ 17353	Dessau-Wörlitzer Eb. (DWE) 6 →'50 **DR 89 6478**	+02.03.65
AEG 1925/ 3106	Osthavelländische Kreisbahnen (OHKB) 11 →'50 **DR 89 6479**	+07.08.67
AEG 1925/ 3151	Osthavelländische Kreisbahnen (OHKB) 12 →'50 **DR 89 6480**	+06.11.68
AEG 1925/ 3152	Osthavelländische Kreisbahnen (OHKB) 13 →'29 Westhavelländische Kreisbahnen (WHKB) 5“ →'50 **DR 89 6481** →'70 DR [89 6481-9]	+03.07.70

In den Jahren 1918 und 1919 lieferte Henschel zwei Lokomotiven vom Typ „Preussen" an die Dessau-Wörlitzer Eisenbahn, bei der die Maschinen von der DR als 89 6477 und 89 6478 übernommen wurden. Von Georg Otte stammt diese Aufnahme der 89 6477, welche 1960 im Bw Leipzig Hbf. West entstand.

In Konkurrenz zur ELNA-Reihe entwickelte die AEG einen Heißdampf-Dreikuppler, der in drei Exemplaren an die Osthavelländischen Kreisbahnen geliefert worden war. Die ersten beiden Maschinen dieser Reihe wurden 1950 von der DR als 89 6479 und 6480 in den eigenen Bestand übernommen.
Das Bild der 89 6479 wurde 1961 von Werner Umlauft angefertigt.

Der zweite übernommene Heißdampf-Dreikuppler war die 89 6480, die von einem unbekannten Fotografen 1962 vor der VES/M in Halle aufgenommen wurde.

Die dritte Maschine des AEG-Typs wurde von den Osthavelländischen Kreisbahnen an die Westhavelländischen Kreisbahnen verkauft – und ebenfalls 1950 von der Deutschen Reichsbahn übernommen und dann im Anschluss an die beiden Schwestermaschinen mit der Nummer 89 6481 eingereiht. Die Aufnahme entstand im Mai 1969 im Bw Jerichow.

C n2t/C h2t DR 89^{65} (ex Privatbahnen)

	89 6501	89 6576
Bauart:	*C n2t*	*C h2t*
Treibraddurchmesser (mm):	*1 100*	*1 350*
Achsstand (mm):	*3 000*	*3 400*
Länge über Puffer (mm):	*9 150*	*9 460*
Dienstgewicht (t):	*39,5*	*45,6*
Achslast (maximal) (t):		*15,5*
Höchstgeschwindigkeit (km/h):	*40*	*60*
Zylinderdurchmesser (mm):	*430*	*500*
Kolbenhub (mm):	*550*	*600*
Rostfläche (m²):	*1,3*	*1,51*
Verdampfungsheizfläche (m²):	*89,5*	*68,5*
Überhitzerheizfläche (m²):	*-*	*17,9*
Kesselüberdruck (atm):	*12,0*	*12,0*

Jeweils eine Nass- und eine Heißdampflokomotive bildeten die Baureihe 89^{65}, in welcher die Deutsche Reichsbahn die Privatbahnlokomotiven mit 15 t Achsdruck zusammenfasste. Während es sich bei der 89 6501 um eine Maschine vom Hohenzollern-Werkstyp „Crefeld" handelte, war die 89 6576 eine ehemalige preußische T8 nach Musterblatt XIV-4.

Hohz 1921/ 4176	Hafenbahn Krefeld V →'39 Ruppiner Eb. (RE) 18" →'50 **DR 89 6501**	+07.05.65
O&K 1908/ 2576	BRO 7003 T8 →'20 OST 7003 →'25 DRB 89 071 →'?? Fa. Erich am Ende, Berlin-Weißensee →'27 Krb. Schönermark-Damme (DS) 5" →'50 **DR 89 6576** →18.06.58 verk. WL VEB Märkische Kieswerke →'?? WL 1 VEB Betonleichtbaukombinat Hennersdorf (ab '68 HL mit dreiachsigem Tender)	+76
Krupp 1941/ 2436	VW Werk Wolfenbüttel →'4x PVS 254 (Stendaler Klb.) →'50 **DR 89 6601**	+08.02.67

Um eine Lokomotive vom Hohenzollern-Werkstyp „Crefeld" (genannt wird allerdings auch Typ „Leverkusen") handelte es sich bei der 89 6501. Geliefert an die Krefelder Hafenbahn, wurde sie von dieser 1939 an die Ruppiner Eisenbahn abgegeben, bei der sie dann 1950 von der Deutschen Reichsbahn übernommen wurde.
Da Aufnahmen dieser Maschine extrem selten sind, wird sie an dieser Stelle mit dieser leider nicht optimalen Fotografie repräsentiert, welche am 18. August 1964 in Zepernick entstanden ist.

Bei der „Lore“ des VEB Betonleichtbaukombinat Hennersdorf handelt es sich um die ehemalige DR 89 6576, einer „echten“ preußischen T8 (DRB 89 071), welche über die Kreisbahn Schönermark-Damme in den Bestand der Deutschen Reichsbahn gekommen war. Die Maschine war beim VEB ab 1968 als Heizlok eingesetzt und dazu mit einem dreiachsigen Tender, den man am linken Bildrand noch „erahnen“ kann, gekuppelt worden. Die Aufnahme entstand 1974 in Hennersdorf.

C n2t/C h2t DR 89^{66} (ex Privatbahnen)

	89 6601	89 6676
Bauart	C n2t	C h2t
Treibraddurchmesser (mm):	1 100	1 200
Achsstand (mm):	3 000	3100
Länge über Puffer (mm):	9 160	9 500
Dienstgewicht (t):	50,3	
Achslast (maximal) (t):	17,2	
Höchstgeschwindigkeit (km/h):	45	60
Zylinderdurchmesser (mm):	450	430
Kolbenhub (mm):	550	550
Rostfläche (m²):	1,6	1,4
Verdampfungsheizfläche (m²):	107,8	80,0
Überhitzerheizfläche (m²):	-	21,4
Kesselüberdruck (atm):	13,0	12,0

Auch die Baureihe 89^{66} (Privatbahn-C-Kuppler mit 16 t Achslast) bestand nur aus jeweils einer Nass- und einer Heißdampflokomotive. Bei der 89 6601 handelte es sich um eine Maschine vom Krupp-Typ „Hannibal" – weitgehend baugleich, jedoch leichter ausgeführt waren die 89 6407-6408. Die 89 6676 war ELNA-ähnlich.

O&K 1930/ 12158	Klb. Gransee-Neuglobsow (KGN) 1 →13.07.31 Lehniner Kleinbahn (LeK) 2 →'40 Lehniner Kleinbahn (LeK) 2-40 (LVDB) →'50 **DR 89 6676** →30.10.51 verk. WL LOWA Wildau →'63 WL 2 Baustoffkombinat Bitterfeld (Werk Bad Köstritz, Werkteil Stendnitz; '65 und 05.68 im Werk Dornburg/Saale)	++
Hano 1883/ 1597	Han 1711 →'95 Ksl 1711 →'06 KSL 6111 T3 →'25 **DRB 89 7001**	+02.05.29

Eine „Krupp-Hannibal" war die 89 6601 – geliefert 1941 an das Volkswagenwerk in Wolfenbüttel, gelangte sie in den 40er-Jahren zur Stendaler Kleinbahn und wurde bei dieser 1950 von der DR übernommen. Die schöne Aufnahme dieser ausgesprochen kräftigen Maschine verdanken wir Gerhard Illner.

C n2t DRB 89^{70-75} (ex KPEV T 3)

Typ:	MIII-4e	MIII-4e (2)	MIII-4p (89 7457-7498)	MNE (89 7177-7178, 7238)
Treibraddurchmesser (mm):	1 100	1 100	1 100	1 080
Achsstand (mm):	3 000	3 000	3 000	3 000
Länge über Puffer (mm):	8 300	8 591	8 780	8 300
Dienstgewicht (t):	32,3	32,3	35,9	30,27
Achslast (maximal) (t):	10,8	10,8	12,0	10,8
Höchstgeschwindigkeit (km/h):	40	40	40	
Zylinderdurchmesser (mm):	350	350	350	380
Kolbenhub (mm):	550	550	550	550
Rostfläche (m^2):	1,35	1,35	1,35	1,35
Verdampfungsheizfläche (m^2):	60,0	60,0	60,6	61,55
Kesselüberdruck (atm):	12,0	12,0	12,0	12,0
Leistung (PSi):			290	

Die preußische T3 war eine der meistgebauten Bauarten in Deutschland – von den Preußischen Staatsbahnen wurde sie insbesondere auf dem umfangreichen Nebenbahnnetz eingesetzt, doch auch zahlreiche Kleinbahnen beschafften Maschinen dieser Bauart. Das zugehörige Musterblatt „M12" wurde 1881 veröffentlicht und ab 1883 als „MIII-4e" bezeichnet. Während des Beschaffungszeitraumes wurde das Musterblatt durch drei Nachträge ergänzt bzw. modifiziert – die Variante des dritten Nachtrags von 1897/98 wird auch als „MIII-4e(2)" bezeichnet: Diese T3 unterschieden sich insbesondere durch eine geänderte Bauform der Führerhausrückwand (senkrecht statt abgeschrägt) und eine größere Länge der Lokomotive. Für die ab 1904 gebauten Maschinen galt ein neues Musterblatt mit der Bezeichnung III-4p – diese Lokomotiven wurden auch als „verstärkte T3" bezeichnet.
Im Bestand der Preußischen Staatsbahnen befanden sich insgesamt 1304 Lokomotiven nach Musterblatt III-4e – dies waren überwiegend Maschinen, die direkt an die KPEV gegangen waren, doch darunter befanden sich auch Lokomotiven, die an später verstaatlichte Privatbahnen abgeliefert worden waren. Nach Musterblatt III-4p wurden weitere 52 Lokomotiven gebaut. Erwähnt werden müssen auch einige „nicht normale" Bauarten, die von der KPEV als T3 eingereiht wurden: vier Lokomotiven der Bergisch-Märkischen Eisenbahn, jeweils fünf der Main-Neckar Eisenbahn und der Main-Weser Eisenbahn sowie eine der Cronberger Eisenbahn - und noch eine Heißdampf-Versuchslokomotive. Mit einer B1 n2t (gebaut nach Musterblatt III-4g) gab es schließlich auch noch einen „Exoten" mit abweichender Achsfolge im Reigen der T3-Lokomotiven.
Bereits vor dem Ersten Weltkrieg setzte die Ausmusterung der T3 ein. Weitere Maschinen gingen aufgrund der Kriegsereignisse verloren: Bei den Polnischen Staatsbahnen verblieben 22 Maschinen (TKh 1-1 – 11, 16 – 24; 1Dz – 2Dz; TKh 1-12 – 15 waren Lokomotiven der Warschau-Wiener Eisenbahn) und an die Saareisenbahnen mussten vier Lokomotiven abgetreten werden (SAAR 6107-6110). Der vorläufige Umzeichnungsplan der Deutschen Reichsbahn von 1923 nennt für die T3 die neuen Betriebsnummern 89 7001-7745 – somit waren zu diesem Zeitpunkt also bereits rund die Hälfte aller T3 aus dem Bestand ausgeschieden. Bis zur Aufstellung des endgültigen Planes von 1925 verringerte sich der Bestand erneut um über 200 Maschinen, so dass nur noch die Betriebsnummern 89 7001-7511 vergeben werden konnten. Bei den 89 7177-7178 und 89 7238 handelte es sich um „nicht normale" T3 der Main-Neckar Eisenbahn. Bei welchen Reichsbahnnummern die Grenzen zwischen den Bauarten MIII-4e und MIII-4e (2) liegen, lässt sich leider nicht mit letzter Gewissheit sagen, doch die Maschinen bis 89 7249 sollen allesamt T3 nach alter Bauart gewesen sein, während die Lokomotiven ab 89 7266 dem Musterblatt III-4e (2) angehörten. Ab 89 7457 waren die Maschinen nach Musterblatt III-4p entstanden – jedoch waren die Lokomotiven ab 89 7499 wieder nach MIII-4e – dies waren überwiegend T3, die man zunächst bei der Aufstellung des endgültigen Planes vergessen hatte.
In den folgenden Jahren sank der Bestand weiter ab: Zum Beginn des Jahres 1931 war er auf 243 Exemplare gefallen, und am 1. Januar 1936 gehörten nur noch 138 T3 zum Reichsbahn-Bestand. Entgegen dieser Tendenz hielten sich dann die letzten T3 noch rund 30 Jahre: Bei der Deutschen Bundesbahn wurden die letzte T3 1961 und bei der Deutschen Reichsbahn 1966 ausgemustert.
Erwähnt werden soll an dieser Stelle auch noch die Museumslokomotive 89 7159, die von Gerhard Moll vor der Verschrottung gerettet und aufgearbeitet worden war und die er später der DGEG übergeben hat. Die bei dieser Lokomotive angeschrieben Betriebsnummer „89 7159" ist keine „echte" Reichsbahn-Betriebsnummer – die originale

89 7159 wurde vermutlich bereits in den 20er Jahren ausgemustert. Da die 1910 gebaute „Moll'sche T3" nie bei einer Staatsbahn gelaufen war, die Maschine aber im „Bundesbahnbahn-Look" aufgearbeitet werden sollte, hatte man eine fiktive Betriebsnummer ausgewählt: Untersuchungen des Rahmens hatten ergeben, dass dieser offensichtlich getauscht worden war – man vermutete mit jenem der Lokomotive „Hohenzollern Fabr.Nr. 768", welche die Reichsbahn-Nummer 89 7158 getragen hatte. Die vom Walzwerk Schwerte (Ruhr) übernommene Lokomotive erhielt daher – übrigens nach einem Vorschlag von Carl Bellingrodt – die nachfolgende Betriebsnummer 89 7159. Daneben gibt es noch weitere erhalten gebliebene preußische T3, die eine Reichsbahn-Phantasie-Nummer tragen: Die „89 7005" des Eisenbahn- und Heimatmuseums Erkrath-Hochdahl wurde bereits 1923 von der Reichsbahn an das Raw Siegen abgegeben. Ähnliches gilt für die „89 7220" der Stichting Museums Buurt Spoorweg (MBS) – sie war 1921 an ein Kaliwerk verkauft worden. Zur „89 7077" siehe bei der DB 089 002-0. Die „89 7343" des Vereins Rhönzügle war an die Badische Lokal-Eisenbahnen AG geliefert worden – bei der Staatsbahn ist sie nie gelaufen.

Literatur:

Moll, Gerhard; Wenzel, Hansjürgen: Die Baureihe 89.70. Freiburg, 1981
Scharf, Hans-Wolfgang: Die preußische T3. VdEF-Mitteilungen 6/67 S. 4-6
Wenzel, Hans-Jürgen: Die Baureihe 89^{70}. Freiburg, 2025

Hano 1883/ 1601	Han 1715 →'95 Ksl 1715 →'06 KSL 6115 T3	→'25 **DRB 89 7002**	+29.05.36
Hano 1883/ 1655	Clr 1735 →'95 Köl 1735 →'06 KÖL 6103 T3	→'25 **DRB 89 7003**	+26
Hen 1883/ 1483	Mgd 1706 →'06 MGD 6104 T3	→'25 **DRB 89 7004**	+26
Hen 1883/ 1595	Crr 1771 →'95 Fft 1721" →'06 FFT 6107 T3	→'25 **DRB 89 7005**	+28
Schi 1883/ 365	Han 1721 →'95 Ksl 1721 →'06 KSL 6121 T3	→'25 **DRB 89 7006**	+10.08.27
Hen 1884/ 1735	Clr 1741 →'95 Köl 1741 →'06 KÖL 6104 T3	→'25 **DRB 89 7007**	+28
Hen 1884/ 1794	Bsl 1864" →'06 BSL 6110 T3 →'10 HAN 6206	→'25 **DRB 89 7008**	+28
Hen 1884/ 1796	Bsl 1866 →'06 BSL 6112 T3 →'10 HAN 6208	→'25 **DRB 89 7009**	+28
Hen 1884/ 1797	Bsl 1867 →'06 BSL 6113 T3 →'10 HAN 6209	→'25 **DRB 89 7010**	+28

Da viele preußische T 3 bereits vor der Übernahme durch die Deutsche Reichsbahn im Jahr 1920 ausgeschieden waren, handelt es sich bei der 89 7001 nicht um die alleräIteste T 3 überhaupt, aber doch um eine der ältesten in den Reichsbahn-Bestand gekommenen Maschinen dieser Gattung. Die Aufnahme entstand 1926 in Einbeck – angeschriebenes Bahnbetriebswerk war „Kreiensen".

Zum Bahnbetriebswerk „Leipzig Hbf. West" gehörte die 89 7011, als sie vermutlich noch in den 20er Jahren zusammen mit der 74 695 vor diesem Ringlokschuppen fotografiert wurde. Besonders auffällig ist der große Luftbehälter auf dem Kesselscheitel. Die Maschine wurde 1932 als Werklok an das Raw Meiningen abgegeben und war 1959 beim Raw Cottbus noch abgestellt vorhanden. Foto: Kroll

Hen 1884/ 1800	Bsl 1870 →'06 BSL 6116 T3 →'08 HAL 6142 →'25 **DRB 89 7011** →'32 WL RAW Meiningen →'?? WL 2 RAW Cottbus ('59 abgestellt vorhanden)	+
Bors 1885/ 4155	Holsteinische Marschbahn (HM) SIETHWENDE →'90 Alt 1830 →'06 ALT 6131 T3 →'25 **DRB 89 7012**	+
Hano 1885/ 1794	Han 1726 →'95 Ksl 1726 →'06 KSL 6126 T3 →'25 **DRB 89 7013**	+25.06.28
Hano 1885/ 1795	Han 1727 →'95 Ksl 1727 →'06 KSL 6127 T3 →'25 **DRB 89 7014**	+22.02.33
Hano 1885/ 1798	Han 1730 →'95 Ksl 1730 →'06 KSL 6130 T3 →'25 **DRB 89 7015**	+02.05.27
Hano 1885/ 1801	Han 1733 →'95 Ksl 1733 →'06 KSL 6133 T3 →'25 **DRB 89 7016**	+25
Hen 1885/ 1986	Han 1735 →'95 Ksl 1735 →'06 KSL 6135 T3 →'25 **DRB 89 7017**	+27.06.27
Hen 1885/ 1993	Han 1738 →'95 Mst 1709 →'99 Ksl 1755" →'06 KSL 6151 T3 →'25 **DRB 89 7018** →'45 DRw	+12.11.48
Hen 1885/ 2044	Han 1739 →'95 Mst 1710 →'99 Ksl 1756 →'06 KSL 6152 T3 →'25 **DRB 89 7019** →'45 DRw/DB	+14.11.52
Hen 1885/ 2049	Han 1744 →'95 Mst 1715 →'99 Ksl 1761 →'06 KSL 6157 T3 →'25 **DRB 89 7020**	+28.03.28
Hen 1885/ 2051	Han 1746 →'95 Mst 1717 →'99 Ksl 1763 →'06 KSL 6159 T3 →'25 **DRB 89 7021**	+18.02.27
Hen 1885/ 2055	Crr 1801 →'95 Mst 1721 →'99 Ksl 1764 →'06 KSL 6160 T3 →'25 **DRB 89 7022**	+13.06.28
Hen 1885/ 2090	Crr 1803 →'95 Fft 1803 →'04 Mnz 1803 →'06 MNZ 6108 T3 →'25 **DRB 89 7023**	+
Haga 1885/ 187	Crr 1791 →'95 Köl 1784 →'06 KÖL 6124 T3 →'25 **DRB 89 7024**	+27
Haga 1886/ 189	Clr 1754 →'95 Köl 1754 →'06 KÖL 6112 T3 →'25 **DRB 89 7025**	+27
Haga 1886/ 191	Clr 1756 →'95 Köl 1756 →'06 KÖL 6114 T3 →'25 **DRB 89 7026**	+27
Haga 1886/ 192	Clr 1757 →'95 Köl 1757 →'06 KÖL 6115 T3 →'25 **DRB 89 7027**	+28
Schi 1886/ 422	Bro 947 →'89 Bro 1748 →'95 Kbg 1748 →'06 KBG 6151 T3 →'17 KÖL 6165 →'25 **DRB 89 7028**	+27
Karl 1886/ 1157	Clr 1759 →'95 Sbr 1759 →'97 Sbr 1604 →'06 SBR 6104 T3 →'20 TRI 6104 →'25 **DRB 89 7029**	+29
Karl 1886/ 1158	Clr 1760 →'95 Sbr 1760 →'97 Sbr 1605 →'06 SBR 6105 T3 →'20 TRI 6105 →'25 **DRB 89 7030**	+29
Karl 1886/ 1159	Clr 1761 →'95 Sbr 1761 →'97 Sbr 1606 →'06 SBR 6106 T3 →'?? KÖL 6122" →'25 **DRB 89 7031**	+
Bors 1897/ 4576	Alt 1865 →'97 Mnz 1714 →'04 Fft 1795" →'06 FFT 6178 T3 →'25 **DRB 89 7032**	+08.31
Hano 1887/ 1937	Han 1749 →'95 Mst 1725 →'99 Ksl 1767 →'06 KSL 6163 T3 →'25 **DRB 89 7033**	+11.02.27
Hano 1887/ 1940	Han 1752 →'95 Mst 1728 →'99 Ksl 1768 →'06 KSL 6164 T3 →'25 **DRB 89 7034**	+31.03.31
Hen 1886/ 2268	Crr 1808 →'95 Fft 1808 →'06 FFT 6185 T3 →'25 **DRB 89 7035**	+29
Hen 1887/ 2322	Alt 1803 →'06 ALT 6104 T3 →'25 **DRB 89 7036**	+27
Hen 1887/ 2323	Alt 1804 →'06 ALT 6105 T3 →'25 **DRB 89 7037**	+26
Hen 1887/ 2380	Fft 1714 →'95 Ksl 1736 →'06 KSL 6136 T3 →'25 **DRB 89 7038**	+22.10.31
Hen 1887/ 2381	Fft 1715 →'95 Ksl 1737 →'06 KSL 6137 T3 →'25 **DRB 89 7039**	+25.06.28
Hen 1887/ 2413	Efd 1764 →'06 EFD 6167 T3 →'25 **DRB 89 7040** →'45 DRw/DB +31.10.50 →'50 Spritzlok Bw Kassel-Dreieck	++09.05.56
Unio 1887/ 400	Efd 1750 →'95 Ksl 1750 →'06 KSL 6146 T3 →'25 **DRB 89 7041**	+13.11.30

Nur sehr wenig ist über diese Aufnahme der 89 7018 bekannt. Als Heimat-Bahnbetriebswerk kann man unter dem Fabrikschild mit Mühe „Soest" entziffern – bemerkenswert auch, dass am Führerhaus noch das preußische Gattungszeichen „T 3" angebracht bzw. nicht entfernt worden war. Da die Reichsbahn-Beschriftungen nur (schwach) aufschabloniert waren, drängt sich die Vermutung auf, dass die Maschine bereits früh ausgemustert wurde, doch tatsächlich überstand sie sogar den Zweiten Weltkrieg und schied erst 1948 aus dem Bestand aus. Foto: Kroll

Vulc 1887/ 985	Bsl 1904 →'06 BSL 6132 T3	→'25 **DRB 89 7042**	+
Vulc 1887/ 988	Bsl 1907 →'06 BSL 6135 T3	→'25 **DRB 89 7043**	+32
Schi 1897/ 870	Fft 1793 →'06 FFT 6176 T3	→'25 **DRB 89 7044**	+28
Schi 1897/ 871	Fft 1794 →'06 FFT 6177 T3	→'25 **DRB 89 7045**	+28
Hano 1888/ 1961	Efd 1772 →'06 EFD 6175 T3	→'25 **DRB 89 7046**	+
Hen 1888/ 2500	Fft 1718 →'95 Ksl 1740 →'06 KSL 6140 T3	→'25 **DRB [89 7047]**	+03.04.26
Hen 1888/ 2595	Fft 1720 →'95 Ksl 1742 →'06 KSL 6142 T3	→'25 **DRB 89 7048**	+11.07.32
Hen 1888/ 2597	Fft 1722 →'06 FFT 6108 T3	→'25 **DRB 89 7049**	+31
Hen 1888/ 2598	Fft 1723 →'06 FFT 6109 T3	→'25 **DRB 89 7050**	+05.33
Hen 1888/ 2599	Fft 1724 →'06 FFT 6110 T3	→'25 **DRB 89 7051**	+31
BMAG 1888/ 1609	Bsl 1913 →'95 Kat 1913 →'06 KAT 6123 T3 →'22 OPP 6123	→'25 **DRB 89 7052**	+27
Hen 1888/ 2657	Han 1758 →'06 HAN 6155 T3	→'25 **DRB 89 7053**	+30
Hen 1888/ 2659	Han 1760 →'06 HAN 6157 T3	→'25 **DRB 89 7054**	+
Hen 1888/ 2661	Han 1762 →'06 HAN 6159 T3 →04.01.56 Brinker Hafenbahn (als Ersatzteilspender)	→'25 **DRB 89 7055** →'45 DRw/DB	+27.07.54 ++59
Hen 1888/ 2705	Alt 1810 →'06 ALT 6111 T3	→'25 **DRB 89 7056**	+29
Hen 1888/ 2715	Erf 1718 →'95 Bln 1718" →'06 BLN 6105 T3 →'14 HAN 6232	→'25 **DRB 89 7057**	+27
Hen 1888/ 2716	Erf 1719 →'95 Bln 1719" →'06 BLN 6106 T3 →'14 HAN 6233	→'25 **DRB 89 7058**	+
Hen 1888/ 2717	Erf 1720 →'95 Bln 1720" →'06 BLN 6107 T3 →'14 HAN 6234	→'25 **DRB 89 7059**	+28
Hen 1888/ 2720	Erf 1723 →'95 Bln 1717" →'06 BLN 6104 T3 →'14 HAN 6231	→'25 **DRB 89 7060**	+29
Unio 1889/ 461	Bsl 1919 →'95 Pos 1919 →'06 POS 6151 T3 →'20 OST 6151	→'25 **DRB 89 7061**	+08.33
Hano 1889/ 2027	Mgd 1718 →'06 MGD 6115 T3	→'25 **DRB 89 7062**	+
Hano 1889/ 2028	Mgd 1719 →'06 MGD 6116 T3	→'25 **DRB 89 7063**	+27
Hano 1889/ 2030	Mgd 1721 →'06 MGD 6118 T3	→'25 **DRB 89 7064**	+27
Hen 1889/ 2739	Fft 1725 →'06 FFT 6111 T3	→'25 **DRB 89 7065**	+06.33
Hen 1889/ 2740	Fft 1726 →'06 FFT 6112 T3	→'25 **DRB 89 7066**	+05.33
Hen 1889/ 2744	Fft 1730 →'06 FFT 6116 T3	→'25 **DRB 89 7067**	+29
Hen 1889/ 2792	Clr 1777 →'95 Köl 1777 →'06 KÖL 6121 T3	→'25 **DRB 89 7068**	+31
Hen 1889/ 2795	Clr 1780 →'95 Sbr 1780 →'97 Sbr 1608 →'06 SBR 6108 T3 →'10 KÖL 6137	→'25 **DRB 89 7069**	+
Hen 1889/ 2797	Clr 1782 →'95 Sbr 1782 →'97 Sbr 1610 →'06 SBR 6110 T3 →'20 TRI 6110	→'25 **DRB 89 7070**	+29
Hen 1889/ 2801	Clr 1786 →'95 Sbr 1786 →'97 Sbr 1614 →'97 Mnz 1703 →'04 Sbr 1631" →'06 SBR 6131 T3 →'10 KÖL 6138	→'25 **DRB 89 7071**	+27

Hen 1889/ 2912	Alt 1811 →'06 ALT 6112 T3 →'25 **DRB 89 7072**	+
Vulc 1891/ 1204	Bsl 1925 →'95 Kat 1925 →'04 Mgd 1702[3] →'06 MGD 6128 T3 →'25 **DRB 89 7073**	+05.35
Vulc 1891/ 1205	Mgd 1756 →04.99 Han 1756" →'06 HAN 6153 T3 →'25 **DRB 89 7074**	+28
Vulc 1891/ 1208	Mgd 1759 →04.99 Han 1751" →'06 HAN 6148 T3 →'25 **DRB 89 7075**	+28
Vulc 1891/ 1210	Mgd 1761 →04.99 Han 1753" →'06 HAN 6150 T3 →'25 **DRB 89 7076** +12.32 →'32 WL RAW Stendal	++
Vulc 1891/ 1211	Mgd 1762 →04.99 Han 1754" →'06 HAN 6151 T3 →'25 **DRB 89 7077**	+28
Vulc 1891/ 1214	Mgd 1765 →04.99 Han 1749" →'06 HAN 6146 T3 →'25 **DRB 89 7078**	+28
Bors 1890/ 4279	Mgd 1726 →'06 MGD 6123 T3 →'25 **DRB 89 7079** →07.37 verk. Hafen Ohlau →'45 PKP TKh 1-1"	+
Bors 1890/ 4280	Mgd 1727 →'06 MGD 6124 T3 →'25 **DRB 89 7080**	+09.33
Bors 1890/ 4288	Bln 1809 →'95 Pos 1809 →'06 POS 6131 T3 →'20 OST 6131 →'25 **DRB 89 7081**	+08.33
Bors 1890/ 4297	Fft 1731 →'06 FFT 6117 T3 →'25 **DRB 89 7082**	+
Bors 1890/ 4301	Alt 1815 →'06 ALT 6116 T3 →'25 **DRB 89 7083**	+
Bors 1890/ 4305	Alt 1819 →'06 ALT 6120 T3 →'25 **DRB 89 7084**	+
Graf 1890/ 4112	Han 1763 →'06 HAN 6160 T3 →'25 **DRB 89 7085**	+04.32
Graf 1890/ 4114	Han 1765 →'06 HAN 6162 T3 →'25 **DRB 89 7086**	+27
Graf 1890/ 4117	Han 1768 →'06 HAN 6165 T3 →'25 **DRB 89 7087**	+28
Bors 1891/ 4351	Clr 1814 →'95 Sbr 1814 →'97 Sbr 1615 →'06 SBR 6115 T3 →'20 TRI 6115 →'25 **DRB 89 7088**	+28
Bors 1891/ 4352	Clr 1815 →'95 Sbr 1815 →'97 Sbr 1616 →'06 SBR 6116 T3 →'20 TRI 6116 →'25 **DRB 89 7089**	+
Bors 1892/ 4354	Clr 1817 →'95 Sbr 1817 →'97 Sbr 1618 →'06 SBR 6118 T3 →'20 TRI 6118 →'25 **DRB 89 7090**	+30.11.37
Hen 1891/ 3290	Alt 1825 →'06 ALT 6126 T3 →'25 **DRB 89 7091**	+
Hen 1891/ 3291	Alt 1826 →'06 ALT 6127 T3 →'25 **DRB 89 7092**	+
Graf 1890/ 4160	Mgd 1730 →'06 MGD 6129 T3 →'25 **DRB 89 7093**	+07.32
Graf 1891/ 4178	Fft 1734 →'06 FFT 6120 T3 →'25 **DRB 89 7094**	+28
Graf 1891/ 4180	Mgd 1742 →'06 MGD 6141 T3 →'25 **DRB 89 7095** →'45 DRo/DR +10.54 →31.10.54 WL 805.80-452 RAW Halberstadt (bis ca. '65) →nach '65 VEB Harzbrauerei Halberstadt	+
Graf 1891/ 4182	Mgd 1744 →'06 MGD 6143 T3 →'25 **DRB 89 7096**	+01.35
Graf 1891/ 4183	Mgd 1745 →'06 MGD 6144 T3 →'25 **DRB 89 7097**	+28
Graf 1890/ 4165	Mgd 1735 →'06 MGD 6134 T3 →'25 **DRB 89 7098**	+06.33
Graf 1891/ 4186	Mgd 1748 →'06 MGD 6147 T3 →'25 **DRB 89 7099**	+
Graf 1891/ 4190	Mgd 1752 →'06 MGD 6151 T3 →'25 **DRB 89 7100**	+06.35
Graf 1891/ 4192	Mgd 1754 →'06 MGD 6153 T3 →'25 **DRB 89 7101**	+
Graf 1891/ 4194	Clr 1809 →'95 Köl 1809 →'06 KÖL 6131 T3 →'25 **DRB 89 7102** +27 →'27 Ruhr-Lippe Eb. (RLE) 21"	+55
Graf 1891/ 4197	Clr 1812 →'95 Köl 1812 →'06 KÖL 6134 T3 →'25 **DRB 89 7103** →'27 Gew. Walter, (Braunkohlenbergwerk) in Frimmersdorf ('48 vorhanden)	+
Graf 1890/ 4162	Mgd 1732 →'06 MGD 6131 T3 →'25 **DRB 89 7104**	+07.32
Graf 1890/ 4164	Mgd 1734 →'06 MGD 6133 T3 →'25 **DRB 89 7105**	+31
Graf 1890/ 4170	Mgd 1740 →'06 MGD 6139 T3 →'25 **DRB 89 7106**	+27

Im Jahr 1931 soll diese Aufnahme der 89 7124 in ihrem Heimat-Bahnbetriebswerk „Leipzig Hbf. West" entstanden sein. Auffällig sind die großen aufgemalten Elektrizitätspfeile, die vor der Annäherung an die Fahrleitung beim Besteigen der Maschine warnen sollten.

Graf 1891/ 4304	Bro 1809 →'95 Kbg 1809 →'06 KBG 6181 T3 →'17 SBR 6181 →'20 TRI 6181 →'25 **DRB 89 7107**	+29
Graf 1891/ 4305	Bro 1810 →'95 Kbg 1810 →'06 KBG 6182 T3 →'17 SBR 6182 →'20 TRI 6182 →'25 **DRB 89 7108**	+29
Graf 1891/ 4307	Bro 1812 →'95 Kbg 1812 →'06 KBG 6184 T3 →'25 **DRB 89 7109**	+27
Graf 1891/ 4310	Bro 1815 →'95 Kbg 1815 →'06 KBG 6187 T3 →'17 SBR 6187 →'20 TRI 6187 →'25 **DRB 89 7110**	+28
BMAG 1892/ 1888	Bro 1816 →'06 BRO 6118 T3 →'12 MNZ 6124 →'25 **DRB 89 7111**	+28
Unio 1891/ 605	Bro 1789 →'95 Dzg 1789 →'06 DZG 6125 T3 →'17 KÖL 6157 →'25 **DRB 89 7112**	+02.35
Graf 1890/ 4166	Mgd 1736 →'06 MGD 6135 T3 →'25 **DRB 89 7113**	+12.35
Hano 1892/ 2380	Alt 1834 →'06 ALT 6135 T3 →'25 **DRB 89 7114**	+
Hen 1892/ 3603	Fft 1735 →'06 FFT 6121 T3 →'25 **DRB 89 7115**	+31
Hen 1892/ 3604	Fft 1736 →'06 FFT 6122 T3 →'25 **DRB 89 7116**	+08.31
Hen 1892/ 3607	Fft 1739 →'06 FFT 6125 T3 →'25 **DRB 89 7117**	+28
Hen 1892/ 3608	Fft 1740 →'06 FFT 6126 T3 →'25 **DRB 89 7118**	+06.31
Hen 1892/ 3628	Werra-Eb. (Werr) 51 →'95 Erf 1731" →'06 ERF 6113 T3 →'11/12 HAL 6158 →'25 **DRB 89 7119** (05.45 von sowj. Besatzungsmacht in Cottbus erfasst)	V.u.
Hen 1892/ 3630	Werra-Eb. (Werr) 53 →'95 Erf 1733" →'06 ERF 6115 T3 →'11/12 HAL 6160 →'25 **DRB 89 7120**	+29
Schi 1892/ 562	Alt 1841 →'06 ALT 6142 T3 →'25 **DRB 89 7121**	+
Schi 1892/ 568	Bro 1830 →'95 Stn 1830 →'97 Stn 1716 →'06 STN 6116 T3 →'25 **DRB 89 7122**	+27
Schi 1892/ 570	Bro 1832 →'95 Stn 1832 →'97 Stn 1718 →'06 STN 6118 T3 →'25 **DRB 89 7123**	+29
Schi 1892/ 582	Erf 1768 →'95 Hal 1768 →'01 Hal 1718 →'06 HAL 6119 T3 →'25 **DRB 89 7124**	+
Schi 1892/ 584	Erf 1770 →'06 ERF 6117 T3 →'11/12 HAL 6162 →'25 **DRB 89 7125**	+29
Hano 1893/ 2476	Han 1769 →'06 HAN 6166 T3 →'25 **DRB 89 7126** →'45 DRo →11.45 SMA	V.u.
Hano 1893/ 2477	Han 1770 →'06 HAN 6167 T3 →'25 **DRB 89 7127**	+30
Hano 1893/ 2479	Han 1772 →'06 HAN 6169 T3 →'25 **DRB 89 7128**	+28
Hano 1893/ 2481	Han 1774 →'06 HAN 6171 T3 →'25 **DRB 89 7129**	+28
Hano 1893/ 2482	Han 1775 →'06 HAN 6172 T3 →'25 **DRB 89 7130**	+31
Hen 1893/ 3774	Alt 1837 →'06 ALT 6138 T3 →'25 **DRB 89 7131**	+19.04.38
Hen 1893/ 3779	Bln 1856 →'95 Hal 1856[3] →'?? Hal 1775 →'01 Hal 1722 →'06 HAL 6123 T3 →'25 **DRB 89 7132**	+29
Hen 1894/ 3928	Mgd 1781 →'06 MGD 6165 T3 →'25 **DRB 89 7133**	+31
Hen 1894/ 3929	Mgd 1782 →'06 MGD 6166 T3 →'25 **DRB 89 7134**	+05.11.36
Graf 1893/ 4379	Mgd 1768 →'06 MGD 6157 T3 →'25 **DRB 89 7135**	+
Graf 1893/ 4380	Mgd 1769 →'06 MGD 6158 T3 →'25 **DRB 89 7136**	+
Graf 1893/ 4382	Mgd 1771 →'06 MGD 6160 T3 →'25 **DRB 89 7137**	+30
Graf 1893/ 4383	Mgd 1772 →'06 MGD 6161 T3 →'25 **DRB 89 7138** →'45 DRo →07.46 SMA	V.u.
Graf 1893/ 4384	Mgd 1773 →'06 MGD 6162 T3 →'25 **DRB 89 7139**	+28
Graf 1893/ 4385	Mgd 1774 →'06 MGD 6163 T3 →'25 **DRB 89 7140** →'34 WL 1 RAW Braunschweig	+45-48
Graf 1893/ 4386	Mgd 1775 →'06 MGD 6164 T3 →'25 **DRB 89 7141**	+30
Graf 1893/ 4389	Bro 1826 →'95 Dzg 1826 →'06 DZG 6138 T3 →'17 KÖL 6163 →'25 **DRB 89 7142**	+27
Graf 1893/ 4396	Fft 1745 →'06 FFT 6131 T3 →'25 **DRB 89 7143**	+36
Graf 1893/ 4397	Fft 1746 →'06 FFT 6132 T3 →'25 **DRB 89 7144**	+28
Graf 1893/ 4398	Fft 1747 →'06 FFT 6133 T3 →'25 **DRB 89 7145**	+31
Graf 1893/ 4501	Bsl 1943 →'95 Kat 1943 →'06 KAT 6135 T3 →'11 HAN 6218 →'25 **DRB 89 7146**	+01.36
Graf 1893/ 4522	Alt 1843 →'06 ALT 6144 T3 →'25 **DRB 89 7147**	+
Hano 1893/ 2530	Alt 1849 →'06 ALT 6150 T3 →'25 **DRB 89 7148**	+
Schi 1893/ 664	Alt 1847 →'06 ALT 6148 T3 →'25 **DRB 89 7149**	+27
Schi 1893/ 665	Alt 1848 →'06 ALT 6149 T3 →'25 **DRB 89 7150** +26 →'26 Eberswalde-Finowfurter Eb. (EFE) →'28 Klb. Beuel-Großenbusch 1^{III}	+51
Schi 1893/ 667	Bln 1877 →'95 Stn 1877 →'01 Stn 1722 →'06 STN 6122 T3 →'25 **DRB 89 7151** →'45 DRo →10.10.47 Braunkohlengrube Senftenberg	+
Vulc 1893/ 1328	Altdamm-Colberger Eb. (AlCo) 14b →'03 Stn 1747 →'06 STN 6147 T3 →'25 **DRB 89 7152**	+
Bors 1894/ 4463	Bln 1900" →'95 Stn 1900 →'01 Stn 1724 →'06 STN 6124 T3 →'25 **DRB 89 7153**	+31
Bors 1894/ 4464	Bln 1901" →'95 Stn 1901 →'01 Stn 1725 →'06 STN 6125 T3 →'25 **DRB 89 7154** →'45 DRw/DB	+14.11.52
Hen 1894/ 3931	Fft 1759 →'06 FFT 6145 T3 →'25 **DRB 89 7155**	+31
Hen 1894/ 3932	Fft 1760 →'06 FFT 6146 T3 →'25 **DRB 89 7156**	+
Hohz 1894/ 766	Alt 1854 →'06 ALT 6155 T3 →'25 **DRB 89 7157**	+
Hohz 1894/ 768	Alt 1856 →'06 ALT 6157 T3 →'25 **DRB 89 7158**	+
Hohz 1894/ 779	Han 1782 →'06 HAN 6179 T3 →'25 **DRB 89 7159**	+
Hohz 1894/ 783	Han 1786 →'06 HAN 6183 T3 →'25 **DRB 89 7160**	+28
Schi 1894/ 672	Bsl 1947 →'95 Kat 1947 →'06 KAT 6139 T3 →'11 HAN 6222 →'25 **DRB 89 7161**	+28
Schi 1894/ 673	Bsl 1948 →'95 Kat 1948 →'06 KAT 6140 T3 →'11 HAN 6223 →'25 **DRB 89 7162**	+27
Schi 1894/ 674	Bsl 1949 →'95 Kat 1949 →'06 KAT 6141 T3 →'11 HAN 6224 →'25 **DRB 89 7163**	+28
Schi 1894/ 676	Fft 1748 →'06 FFT 6134 T3 →'25 **DRB 89 7164**	+08.31
Schi 1894/ 677	Fft 1749 →'06 FFT 6135 T3 →'25 **DRB 89 7165**	+28

Schi 1894/ 679	Fft 1751 →'06 FFT 6137 T3 →'25 **DRB 89 7166**	+28
Schi 1894/ 682	Fft 1754 →'06 FFT 6140 T3 →'25 **DRB 89 7167**	+30
Schi 1894/ 683	Fft 1755 →'06 FFT 6141 T3 →'25 **DRB 89 7168**	+30
Schi 1894/ 684	Fft 1756 →'06 FFT 6142 T3 →'25 **DRB 89 7169**	+27
Schi 1894/ 685	Fft 1757 →'06 FFT 6143 T3 →'25 **DRB 89 7170**	+30
Schi 1894/ 686	Mgd 1776 →'06 MGD 6167 T3 →'25 **DRB 89 7171** →'45 DRw	+20.09.48
Schi 1894/ 688	Mgd 1778 →'06 MGD 6169 T3 →'25 **DRB 89 7172**	+30
Schi 1894/ 689	Mgd 1779 →'06 MGD 6170 T3 →'25 **DRB 89 7173**	+31
Schi 1894/ 691	Clr 1841 →'95 Sbr 1841 →'97 Sbr 1619 →'06 SBR 6119 T3 →'20 TRI 6119 →'25 **DRB 89 7174**	+09.32
Schi 1894/ 692	Clr 1842 →'95 Sbr 1842 →'97 Sbr 1620 →'06 SBR 6120 T3 →'20 TRI 6120 →'25 **DRB 89 7175**	+
Schi 1894/ 695	Bsl 1952 →'95 Kat 1952 →'06 KAT 6144 T3 →'11 HAN 6227 →'25 **DRB 89 7176**	+27
Hano 1894/ 2605	Main-Neckar Eb. (MNE) 201 →'02 Mnz 1768" →'06 MNZ 6301 (T3) →'25 **DRB 89 7177**	+27
Hano 1895/ 2654	Main-Neckar Eb. (MNE) 203 →'02 Mnz 1770 →'06 MNZ 6303 (T3) →'25 **DRB 89 7178**	+28
Hen 1895/ 4265	Fft 1763 →'06 FFT 6149 T3 →'25 **DRB 89 7179**	+31
Hen 1895/ 4266	Fft 1764 →'06 FFT 6150 T3 →'25 **DRB 89 7180** →'44 MPS	+08.51
Hen 1895/ 4267	Fft 1765 →'06 FFT 6151 T3 →'25 **DRB 89 7181**	+30
Hen 1895/ 4269	Fft 1767 →'97 Mnz 1767 →'02 Fft 1856 →'06 FFT 6215 T3 →'25 **DRB 89 7182**	+28
Hen 1895/ 4319	Oberhessische Eb. (OheE) 41 →'96 Fft 1700" →'06 FFT 6101 T3 →'25 **DRB 89 7183** →'45 DRw/DB	+14.03.57
Hohz 1894/ 784	Han 1787 →'06 HAN 6184 T3 →'25 **DRB 89 7184**	+28
Hohz 1895/ 786	Han 1789 →'06 HAN 6186 T3 →'25 **DRB 89 7185**	+28
Hohz 1895/ 787	Han 1790 →'06 HAN 6187 T3 →'25 **DRB 89 7186**	+28
Hohz 1896/ 835	Stn 1910 →'97 Stn 1732 →'06 STN 6132 T3 →'25 **DRB 89 7187**	+
Hohz 1896/ 841	Bsl 1958 →'06 BSL 6172 T3 →'10 HAL 6155 →'25 **DRB 89 7188** →'45 DRo →06.02.46 SMA	V.u.
Hohz 1896/ 843	Bsl 1960 →'06 BSL 6174 T3 →'10 HAL 6157 →'25 **DRB 89 7189**	+28
Unio 1894/ 786	Bro 1844 →'06 BRO 6128 T3 →'20 OST 6128 →'25 **DRB 89 7190** →'45 PKP +01.02.46 →11.05.46 verk. (an ?)	+
Unio 1894/ 788	Bro 1846 →'06 BRO 6130 T3 →'17 KÖL 6169 →'25 **DRB 89 7191**	+27
Unio 1894/ 789	Bro 1847 →'06 BRO 6131 T3 →'09 HAL 6147 →'25 **DRB 89 7192** →'45 PKP	+
Unio 1894/ 790	Bro 1848 →'06 BRO 6132 T3 →'09 HAL 6148 →'25 **DRB 89 7193**	+28
Hohz 1896/ 836	Stn 1911 →'97 Stn 1733 →'06 STN 6133 T3 →'08 DZG 61xx →'?? STN 6133 →'17 KÖL 6160 →'25 **DRB 89 7194** +31 →'?? Klöckner & Co., Duisburg →'41 Reichswerke Hermann Göring, Salzgitter /L →'43 WL 836 VOEST Alpine Stahl Linz GmbH /Österreich /L →'49 WL 899 VOEST Alpine Stahl Linz GmbH /Österreich /L ('50 gekauft)	++55

Am gleichen Ort wie die 89 7011 wurde von Kroll auch die 89 7188 fotografiert – und wie erstere besaß auch diese Maschine des Bw Leipzig Hbf. West auf dem Kesselscheitel einen großen Hauptluftbehälter. Anders als bei 89 7011 war bei dieser Lokomotive der Kohlevorrat aber durch aufgesetzte Bretter vergrößert worden.

Schi 1894/ 755	Stn 1904 →'97 Stn 1726 →'06 STN 6126 T3 →'25 **DRB 89 7195**	+28
Schi 1894/ 757	Stn 1906 →'97 Stn 1728 →'06 STN 6128 T3 →'25 **DRB 89 7196**	+01.32
Schi 1894/ 759	Stn 1908 →'97 Stn 1730 →'06 STN 6130 T3 →'25 **DRB 89 7197**	+30
Schi 1894/ 760	Stn 1909 →'97 Stn 1731 →'06 STN 6131 T3 →'25 **DRB 89 7198**	+28
Graf 1896/ 4729	Han 1704" →'06 HAN 6105 T3 →'25 **DRB 89 7199**	+01.33
Graf 1896/ 4730	Han 1705" →'06 HAN 6106 T3 →'25 **DRB 89 7200** →'45 DRo/DR ('50 abg. RAW Wittenberge)	+
Graf 1896/ 4731	Han 1706" →'06 HAN 6107 T3 →'25 **DRB 89 7201**	+31
Graf 1896/ 4733	Han 1708" →'06 HAN 6109 T3 →'25 **DRB 89 7202** →'45 DRw/DB	+14.11.51
Graf 1896/ 4734	Pos 1853 →'06 POS 6142 T3 →'11 HAN 6210 →'25 **DRB 89 7203**	+31
Graf 1896/ 4735	Pos 1854 →'06 POS 6143 T3 →'11 HAN 6211 →'25 **DRB 89 7204**	+31
Graf 1896/ 4736	Pos 1855 →'06 POS 6144 T3 →'11 HAN 6212 →'25 **DRB 89 7205**	+31
Graf 1896/ 4737	Pos 1856 →'06 POS 6145 T3 →'11 HAN 6213 →'25 **DRB 89 7206**	+26
Hen 1896/ 4325	Oberhessische Eb. (OheE) 42 →'96 Fft 1701" →'06 FFT 6102 T3 →'25 **DRB 89 7207**	+29
Hen 1896/ 4326	Mnz 1710 →'04 Fft 1784" →'06 FFT 6167 T3 →'25 **DRB 89 7208** +27 →'37 Kahlgrundbahn (KVG) 8 (08.11.46 Umbau in C 1' n2t)	+54
Hen 1896/ 4327	Mnz 1711 →'06 MNZ 6305 T3 →'?? FFT 6165" →'25 **DRB 89 7209**	+30
Hen 1896/ 4328	Mnz 1712 →'06 MNZ 6306 T3 →'25 **DRB 89 7210**	+28
Hohz 1896/ 888	Sbr 1623 →'06 SBR 6123 T3 →'20 TRI 6123 →'25 **DRB 89 7211**	+31
Hohz 1896/ 891	Sbr 1626 →'06 SBR 6126 T3 →'20 TRI 6126 →'25 **DRB 89 7212**	+29
Hohz 1896/ 892	Fft 1823 →'97 Efd 1736" →'06 EFD 6151 T3 →'25 **DRB 89 7213**	+04.26
Hohz 1896/ 893	Fft 1824 →'97 Efd 1737" →'06 EFD 6152 T3 →'25 **DRB 89 7214**	+04.26
Hohz 1896/ 905	Fft 1797 →'04 Mnz 1797 →'06 MNZ 6114 T3 →'25 **DRB 89 7215**	+30
Hohz 1896/ 906	Fft 1798 →'04 Mnz 1798 →'06 MNZ 6115 T3 →'25 **DRB 89 7216** →'45 DRw/DB (SWDE)	+18.03.55
Hohz 1896/ 909	Fft 1801 →'04 Mnz 1801" →'06 MNZ 6118 T3 →'25 **DRB 89 7217** (01.40 Rbd Mainz)	V.u.
Hohz 1896/ 910	Sbr 1630 →'97 Sbr 1613" →'06 SBR 6113 T3 →'20 TRI 6113 →'25 **DRB 89 7218** +01.33 →'33 Birkenfelder Eb. 1 →'39 Chemische Werke AG Clausthal →08.46 Geisweider Eisenwerke AG, Geisweid ⇒Stahlwerke Südwestfalen AG, Geisweid	+56
Unio 1896/ 843	Han 1701" →'06 HAN 6102 T3 →'25 **DRB 89 7219**	+30
Unio 1896/ 845	Han 1703" →'06 HAN 6104 T3 →'25 **DRB 89 7220**	+28
Haga 1896/ 328	Hal 1762 →'01 Hal 1724 →'06 HAL 6125 T3 →'25 **DRB 89 7221**	+30
Haga 1897/ 329	Hal 1763 →'01 Hal 1725 →'06 HAL 6126 T3 →'25 **DRB 89 7222** +28 →'?? HL bei einer Baufirma in Berlin-Fischerinsel (bis '63)	+
Haga 1897/ 346	Bro 1851 →'06 BRO 6145 T3 →'20 OST 6145 →'25 **DRB 89 7223**	+32

Im Jahr 1956 entstand dieses Bild der 89 7251 des Bw Dresden-Altstadt. Sie war eine der vier Maschinen nach Musterblatt III-4e, die von der Altdamm-Colberger Eisenbahn beschafft worden waren und einen etwas größeren Treibraddruchmesser von 1 130 mm besaßen..

Haga 1898/ 361	Hal 1783 →'01 Hal 1736 →'06 HAL 6137 T3 →'25 **DRB 89 7224**	+
Haga 1898/ 362	Erf 1767" →'06 ERF 6139 T3 →'13 KÖL 6151 →'25 **DRB 89 7225**	+27
Haga 1895/ 312	Fft 1771 →'06 FFT 6154 T3 →'25 **DRB 89 7226**	+32
Haga 1899/ 398	Bro 1853 →'06 BRO 6147 T3 →'20 OST 6147 →'25 **DRB 89 7227**	+03.35
Haga 1900/ 402	Alt 1869 →'06 ALT 6169 T3 →'25 **DRB 89 7228** +31 →'35 WL AW Wittenberge	+
Haga 1900/ 403	Bln 1946 →'06 BLN 6131 T3 →'25 **DRB 89 7229** (stand 05.71 mit Kobelschornstein bei einem Betrieb in Zeischa bei Falkenberg)	+01.34
Haga 1896/ 326	Stn 1913 →'97 Stn 1735 →'06 STN 6135 T3 →'25 **DRB 89 7230**	+29
Bors 1897/ 4575	Alt 1864 →'97 Mnz 1713 →'04 Fft 1785" →'06 FFT 6168 T3 →'25 **DRB 89 7231**	+28
Bors 1897/ 4577	Mnz 1715 →'01 Sbr 1632 →'06 SBR 6132 T3 →'20 TRI 6132 →'25 **DRB 89 7232**	+32
Hano 1897/ 2927	Mnz 1717 →'06 MNZ 6307 T3 →'25 **DRB 89 7233** +32 →'32 WL 2 RAW Darmstadt	+um 57
Hano 1897/ 2931	Mnz 1721 →'06 MNZ 6311 T3 →'25 **DRB 89 7234**	+29
Hano 1897/ 2934	Fft 1705" →'06 FFT 6104 T3 →'25 **DRB 89 7235**	+30
Hano 1897/ 2971	Fft 1706" →'06 FFT 6105 T3 →'25 **DRB 89 7236**	+28
Hano 1897/ 2972	Fft 1707" →'06 FFT 6106 T3 →'25 **DRB 89 7237**	+07.31
Hano 1898/ 3027	Main-Neckar Eb. (MNE) 205 →'02 Mnz 1772 →'06 MNZ 6313 (T3) →'25 **DRB 89 7238**	+31
Hohz 1897/ 974	Stn 1915 →'97 Stn 1737 →'06 STN 6137 T3 →'25 **DRB 89 7239**	+29
Hohz 1897/ 975	Stn 1916 →'97 Stn 1738 →'06 STN 6138 T3 →'25 **DRB 89 7240**	+29
Hohz 1897/ 976	Stn 1917 →'97 Stn 1739 →'06 STN 6139 T3 →'25 **DRB 89 7241**	+29
Hohz 1897/ 977	Stn 1918 →'97 Stn 1740 →'06 STN 6140 T3 →'25 **DRB 89 7242** →'45 DRo →10.08.47 SMA	V.u.
Hohz 1897/ 979	Mst 1737 →'06 MST 6117 T3 →'10 BLN 6172 →'25 **DRB 89 7243** →'?? WL RAW Tempelhof →09.02.55 DR 89 7243 →28.02.57 verk. Zuckerfabrik Plauen	+
Schi 1897/ 872	Fft 1795 →'04 Mnz 1795 →'06 MNZ 6119 T3 →'25 **DRB 89 7244**	+27
Schi 1897/ 873	Fft 1796 →'04 Mnz 1796 →'06 MNZ 6120 T3 →'25 **DRB 89 7245**	+28
Schi 1897/ 874	Erf 1764" →'06 ERF 6135 T3 →'13 KÖL 6147 →'25 **DRB 89 7246** +27 →'27 Eschweiler Bergwerks-Verein (EBV) 5	+um 55
Schi 1897/ 879	Sbr 1612" →'06 SBR 6112 T3 →'20 TRI 6112 →'25 **DRB 89 7247** →'36 Schönburgsche Glassandwerke GmbH/Glassandwerke Güteborn (12.45 vorh.)	+
Jung 1897/ 307	Stargard-Cüstriner Eb. (StCü) 17 →'03 Bro 1825" →'06 BRO 6135 T3 →'13 KSL 6180 ('13 Umbau mit BRO 6141 in Doppellok KSL 6180/KSL 6181; vor '17 wieder getrennt) →'25 **DRB 89 7248** →'45 DRw/DB	+04.05.59
Jung 1897/ 308	Stargard-Cüstriner Eb. (StCü) 18 →'03 Bro 1826" →'06 BRO 6136 T3 →'14 KBG 6198 →'17 KÖL 6168 →'25 **DRB 89 7249**	+29
Bors 1898/ 4684	Altdamm-Colberger Eb. (AlCo) 15b →'03 Stn 1748 →'06 STN 6148 T3 →'25 **DRB 89 7250** →'45 DRo →06.07.47 SMA	V.u.

Im Januar 1932 wurde die 89 7255 von der Deutschen Reichsbahn ausgemustert – sie besaß im Gegensatz zu ihren Schwestermaschinen des Bw Leipzig Hbf. West (siehe die Aufnahmen von 89 7011 und 89 7188) keine Druckluftbremse und somit auch keine Luftpumpe und keinen Hauptluftbehälter. Foto: Kroll

Bors 1898/ 1686	Altdamm-Colberger Eb. (AlCo) 16b →'03 Stn 1749 →'06 STN 6149 T3 →'25 **DRB 89 7251** →'45 DRo/DR →01.05.61 WL RAW Karl-Marx-Stadt →'64 WL 3 RAW Dresden →'?? WL 0 RAW Dresden ('67 i.E.)	+
Hen 1897/ 4761	Hal 1777 →'01 Hal 1726 →'06 HAL 6127 T3 →'25 **DRB 89 7252**	+02.33
Hen 1897/ 4763	Hal 1779 →'01 Hal 1728 →'06 HAL 6129 T3 →'25 **DRB 89 7253**	+20
Hen 1897/ 4764	Hal 1780 →'01 Hal 1729 →'06 HAL 6130 T3 →'25 **DRB 89 7254**	+28
Hen 1897/ 4766	Hal 1782 →'01 Hal 1731 →'06 HAL 6132 T3 →'25 **DRB 89 7255**	+01.32
Hen 1897/ 4767	Fft 1810 →'06 FFT 6187 T3 →'25 **DRB 89 7256**	+
Hen 1897/ 4768	Fft 1811 →'06 FFT 6188 T3 →'25 **DRB 89 7257**	+06.31
Hen 1898/ 4934	Mgd 1788 →'06 MGD 6177 T3 →'25 **DRB 89 7258**	+05.35
Hen 1898/ 4935	Mgd 1789 →'06 MGD 6178 T3 →'25 **DRB 89 7259**	+12.33
Hen 1898/ 4937	Hal 1772 →'01 Hal 1733 →'06 HAL 6134 T3 →'25 **DRB 89 7260** +26 →01.01.41 WL RAW Halle (DR 89 4937)	+um 66
Hen 1898/ 4938	Hal 1784 →'01 Hal 1734 →'06 HAL 6135 T3 →'25 **DRB 89 7261**	+30
Hen 1898/ 4939	Hal 1785 →'01 Hal 1735 →'06 HAL 6136 T3 →'25 **DRB 89 7262**	+08.31
Hen 1898/ 4940	Ksl 1753 →'99 Ksl 1770 →'06 KSL 6165 T3 →'25 **DRB 89 7263** →'45 DRo/DR	+12.01.66
Hen 1898/ 4942	Ksl 1755 →'99 Ksl 1772 →'06 KSL 6167 T3 →'25 **DRB 89 7264**	+27.06.32
Hohz 1897/ 945	Kiel-Eckernförde-Flensburger Eb. (KEF) LEVENSAU →'03 Alt 1908" →'06 ALT 6206 T3 →'25 **DRB 89 7265**	+07.31
Hohz 1898/ 1037	Mgd 1783 →'06 MGD 6172 T3 →'25 **DRB 89 7266**	+12.32
Hohz 1898/ 1039	Mgd 1785 →'06 MGD 6174 T3 →'25 **DRB 89 7267**	+
Hohz 1898/ 1041	Mgd 1787 →'06 MGD 6176 T3 →'25 **DRB 89 7268**	+11.32
Hohz 1898/ 1042	Mnz 1723 →'04 Fft 1796" →'06 FFT 6179 T3 →'25 **DRB 89 7269** +11.32 →'32 Kahlgrundbahn (KVG) 7 →'?? Kahlgrundbahn (KVG) 2^3 →'47 WL Stein- und Tonindustrie Urmitz	+
Hohz 1898/ 1045	Mnz 1726 →'04 Fft 1800" →'06 FFT 6182 T3 →'25 **DRB 89 7270**	+30
Hohz 1898/ 1046	Mnz 1727 →'04 Fft 1801" →'06 FFT 6183 T3 →'25 **DRB 89 7271** →'45 DRw/DB	+23.11.56
Hohz 1899/ 1100	Fft 1812 →'06 FFT 6189 T3 →'25 **DRB 89 7272**	+31.05.37
Hohz 1899/ 1101	Fft 1813 →'06 FFT 6190 T3 →'25 **DRB 89 7273**	+07.31
Haga 1900/ 428	Bsl 1961 →'06 BSL 6175 T3 →'25 **DRB 89 7274**	+29
Haga 1901/ 433	Bsl 1964 →'06 BSL 6178 T3 →'25 **DRB 89 7275**	+31.10.37
Jung 1898/ 315	Stargard-Cüstriner Eb. (StCü) →'03 Bro 1827" →'06 BRO 6137 T3 →'19 HAN 6237 →'25 **DRB 89 7276**	+29
Jung 1898/ 317	Stargard-Cüstriner Eb. (StCü) →'03 Bro 1829" →'06 BRO 6139 T3 →'20 OST 6139 →'25 **DRB 89 7277**	+

Als Gerhard Illner am 1. Juni 1957 die DR 89 7263 im Bahnbetriebswerk Karl-Marx-Stadt-Hilbersdorf fotografierte, ahnte er sicherlich nicht, dass diese Lokomotive noch knapp zehn Jahre im Einsatz stehen würde. Tatsächlich ist es erstaunlich, dass einzelne T 3 so lange „durchgehalten" haben, bedeutete doch die 1925 erfolgte Zuweisung von Betriebsnummern oberhalb von 7000, dass ihre baldige Ausmusterung vorgesehen war.

Jung 1898/ 349	Hal 1786 →'01 Hal 1737 →'06 HAL 6138 T3 →'25 **DRB 89 7278** →'45 DRo/DR ('59-66 WL RAW Karl-Marx-Stadt)	+12.01.66 und +23.02.66
Jung 1898/ 352	Bln 1945 →'06 BLN 6130 T3 →'25 **DRB 89 7279**	+29
Jung 1898/ 353	Han 1711" →'06 HAN 6112 T3 →'25 **DRB 89 7280**	+29
Jung 1898/ 354	Han 1712" →'06 HAN 6113 T3 →'25 **DRB 89 7281**	+29
Jung 1899/ 377	Han 1713" →'06 HAN 6114 T3 →'25 **DRB 89 7282**	+32
Jung 1899/ 378	Han 1714" →'06 HAN 6115 T3 →'25 **DRB 89 7283**	+06.32
Jung 1899/ 379	Han 1715" →'06 HAN 6116 T3 →'25 **DRB 89 7284**	+29
Jung 1899/ 380	Han 1716" →'06 HAN 6117 T3 →'25 **DRB 89 7285**	+28
Jung 1899/ 381	Han 1717" →'06 HAN 6118 T3 →'25 **DRB 89 7286**	+35
Jung 1899/ 382	Han 1718" →'06 HAN 6119 T3 →'25 **DRB 89 7287**	+03.35
Humb 1898/ 1	Han 1709" →'06 HAN 6110 T3 →'25 **DRB 89 7288**	+27
Humb 1898/ 2	Han 1710" →'06 HAN 6111 T3 →'25 **DRB 89 7289**	+28
Humb 1898/ 3	Mnz 1728 →'06 MNZ 6201 T3 →'25 **DRB 89 7290**	+01.34
Humb 1898/ 4	Mnz 1729 →'06 MNZ 6202 T3 →'25 **DRB 89 7291**	+28
Hen 1899/ 5220	Kat 1953 →'06 KAT 6145 T3 →'11 HAN 6228 →'25 **DRB 89 7292** +26 →'26 Uetersener Eisenbahn (UeE) 4"	+06.08.64
Hen 1899/ 5221	Kat 1954 →'06 KAT 6146 T3 →'11 HAN 6229 →'25 **DRB 89 7293**	+28
Hen 1899/ 5222	Kat 1955 →'06 KAT 6147 T3 →'11 HAN 6230 →'25 **DRB 89 7294**	+28
Hen 1899/ 5223	Ksl 1773 →'06 KSL 6168 T3 →'25 **DRB 89 7295**	+11.12.31
Hen 1899/ 5224	Ksl 1774 →'06 KSL 6169 T3 →'25 **DRB 89 7296** →'45 DRw/DB +26.04.61 →07.62 Denkmal auf Kinderspielplatz in Kassel-Bettenhausen →06.65 DB (abg. Bw Kassel) →'70 Denkmal in Bayreuth „Main-Expreß" →'96 Brandenburgisches Museum für Klein- und Privatbahnen, Gramzow	('25 vorh.)
Hen 1899/ 5225	Ksl 1775 →'06 KSL 6170 T3 →'25 **DRB 89 7297** →'45 DRw/DB	+14.08.50
Hen 1899/ 5226	Ksl 1776 →'06 KSL 6171 T3 →'25 **DRB 89 7298** →'45 DRo/DR	+30.04.57
Hen 1899/ 5227	Ksl 1777 →'06 KSL 6172 T3 →'25 **DRB 89 7299** →'45 DRw/DB	+14.11.52
Hohz 1899/ 1102	Mnz 1704 →'06 MNZ 6204 T3 →'25 **DRB 89 7300**	+bis 39
Humb 1899/ 26	Mgd 1792 →'06 MGD 6181 T3 →'25 **DRB 89 7301** →'37 Gaswerk Magdeburg →'45 CCCP-WL	+
Humb 1899/ 27	Mgd 1793 →'06 MGD 6182 T3 →'25 **DRB 89 7302**	+12.32

Von Werner Hubert stammt dieses Lokportrait der 89 7265 auf der Drehscheibe des Bw (Hamburg-) Wilhelmsburg. Als Datum der letzten Bremsuntersuchung ist am Führerhaus der 31.12.27 angeschrieben, so dass die Aufnahme im Laufe des Jahres 1928 entstanden sein muss. Am rechten Bildrand ist mit 89 7813 eine preußische T7 zu erkennen – eine Fotografie dieser Maschine, welche vermutlich bei der gleichen Gelegenheit entstanden ist, findet sich im Kapitel über die Baureihe 89[78]. Verwunderlich ist übrigens, dass bei beiden Lokomotiven Baureihen- und Ordnungsnummer durch einen Punkt oder kurzen Bindestrich voneinander getrennt waren.

Humb 1899/ 28	Mgd 1794 →'06 MGD 6183 T3 →'25 **DRB 89 7303** →bis '36 WL Ohlendorffsche Baugesellschaft, Beelitz Heilstätten →'39 an Ohlendorffsche Baugesellschaft, Glinde →'45 CCCP-WL	+
Humb 1899/ 31	Mst 1740 →'06 MST 6120 T3 →'10 BLN 6175 →'25 **DRB 89 7304**	+30
Humb 1899/ 35	Efd 1747" →'06 EFD 6224 T3 →'25 **DRB 89 7305**	+28
Jung 1898/ 355	Mgd 1791 →'06 MGD 6180 T3 →'25 **DRB 89 7306**	+01.33
Jung 1898/ 357	Stargard-Cüstriner Eb. (StCü) 22 →'03 Bro 1831" →'06 BRO 6141 T3 →'13 KSL 6181 ('13 mit BRO 6135 zu Doppellok KSL 6180/81 umgebaut; '17 wieder getrennt (weiterhin KSL 6181)) →'25 **DRB 89 7307** +37 →21.12.37 verk. Fa. Krutwig, Köln	+
Jung 1899/ 367	Mnz 1731 →'06 MNZ 6205 T3 →'25 **DRB 89 7308** →'45 DRw/DB (SWDE)	+20.11.58
Jung 1899/ 383	Mnz 1733 →'06 MNZ 6207 T3 →'25 **DRB 89 7309**	+30
Jung 1899/ 384	Efd 1748" →'06 EFD 6225 T3 →'25 **DRB 89 7310**	+03.26
Jung 1899/ 385	Efd 1749" →'06 EFD 6226 T3 →'25 **DRB 89 7311**	+
Jung 1899/ 387	Mnz 1735 →'06 MNZ 6209 T3 →'25 **DRB 89 7312** →'45 DRw/DB (SWDE)	+12.05.55
Jung 1899/ 388	Mnz 1736 →'06 MNZ 6210 T3 →'25 **DRB 89 7313** →'45 DRw/DB (SWDE)	+18.10.54
Jung 1900/ 438	Mnz 1737 →'06 MNZ 6211 T3 →'25 **DRB 89 7314** →'45 DRw/DB (SWDE)	+07.07.59
Jung 1900/ 439	Mnz 1738 →'06 MNZ 6212 T3 →'25 **DRB 89 7315** →'45 DRw/DB (SWDE)	+10.08.57
Hohz 1900/ 1361	Han 1722" →'06 HAN 6123 T3 →'25 **DRB 89 7316**	+
Hohz 1900/ 1363	Mst 1741 →'06 MST 6121 T3 →'09 HAL 6150 →'25 **DRB 89 7317**	+28
Hohz 1901/ 1365	Alt 1871 →'06 ALT 6171 T3 →'25 **DRB 89 7318**	+
Hohz 1901/ 1366	Mnz 1739 →'06 MNZ 6213 T3 →'25 **DRB 89 7319** →'45 PKP TKh 1-4"	+25.02.54
Hohz 1901/ 1367	Mnz 1740 →'06 MNZ 6214 T3 →'25 **DRB 89 7320** →'45 DRw/DB (SWDE)	+50
Hohz 1901/ 1368	Han 1719" →'06 HAN 6120 T3 →'25 **DRB 89 7321** +29 →'29 WL RAW Osnabrück	+
Hohz 1901/ 1370	Han 1721" →'06 HAN 6122 T3 →'25 **DRB 89 7322**	+30
Hohz 1901/ 1372	Alt 1872 →'06 ALT 6172 T3 →'25 **DRB 89 7323**	+30
Hohz 1901/ 1373	Alt 1873 →'06 ALT 6173 T3 →'25 **DRB 89 7324** →'45 DRw/DB +14.08.50 →'51 WL 805-80-1 AW Osnabrück →12.55 WL 1 AW Bremen	++08.61
Hohz 1901/ 1374	Mnz 1741 →'06 MNZ 6215 T3 →'25 **DRB 89 7325** →'45 DRw/DB +11.01.52 →'?? WL 1 Lokversuchsamt Minden ('57 vorh.)	+
Hohz 1901/ 1390	Bergheimer Kreisbahn 3b →'13 KÖL 6142 T3 →'25 **DRB 89 7326**	+28
Jung 1900/ 428	Mgd 1600 →'06 MGD 6185 T3 →'25 **DRB 89 7327** →'45 DRo/DR	+06.02.65
Jung 1900/ 429	Mgd 1601 →'06 MGD 6186 T3 →'25 **DRB 89 7328**	+08.31
Jung 1900/ 430	Mgd 1602 →'06 MGD 6187 T3 →'25 **DRB 89 7329** →'45 DRo/DR	+15.04.57
Jung 1900/ 431	Mgd 1603 →'06 MGD 6188 T3 →'25 **DRB 89 7330** +08.37 →28.08.37 Anhaltische Landes-Eisenbahngemeinschaft (ALE) für Dessau-Wörlitzer Eb. Nr. 9 →'50 DR 89 6114	+04.04.67

Die 89 7314 war eine der DB-T 3, die noch relative lange im Einsatz gestanden hat – ausgemustert wurde sie erst im Juli 1959. Leider sind so gut wie keine Informationen zu diesem Bild überliefert – möglicherweise entstand es aber während des Einsatzes der Lokomotive auf der Mainzer Hafenbahn (vergl. Baureihe 88⁰). Auffällig ist die Anordnung der Beheimatungsangaben „BD Mainz" und „Bw Mainz" auf einem gemeinsamen Schild.

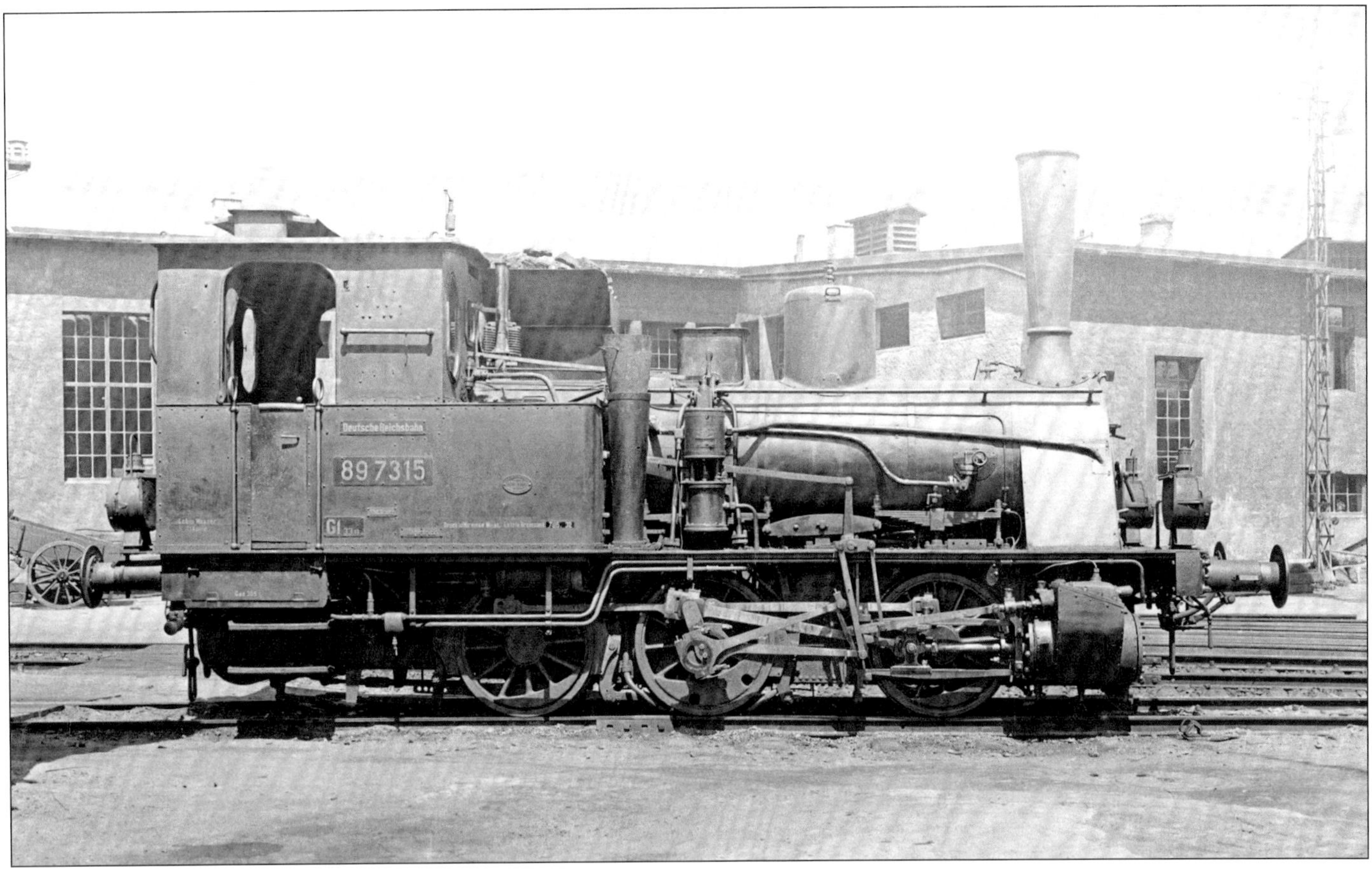

In ihrem Heimat-Bahnbetriebswerk Bingerbrück konnte Carl Bellingrodt am 15. Mai 1932 eine Standardaufnahme der im Jahr 1900 von der Lokomotivfabrik Jung in Jungenthal gebauten 89 7315 anfertigen – sie gehörte, wie auch die zuvor gezeigte 89 7314, zu den relativ wenigen T 3, die auch bei der DB noch längere Zeit im Einsatz standen.

Jung 1900/ 432	Mgd 1604 →'06 MGD 6189 T3 →'25 **DRB 89 7331** ('43 WL Fa. I.G. Farbenindustie Wolfen /L) →'45 DRo →'45 SMA	V.u.
Jung 1900/ 433	Mgd 1605 →'06 MGD 6190 T3 →'25 **DRB 89 7332** →'45 DRo (09.45 RBD Halle) →'45 SMA	V.u.
Jung 1900/ 435	Bln 1960 →'06 BLN 6133 T3 →'25 **DRB 89 7333**	+

Ein ausgesprochen hoher Anteil der Bilder dieses Kapitels zeigt Maschinen, die im Bahnbetriebswerk „Leipzig Hbf. West" beheimatet waren – offensichtlich sind dort überproportional viele schöne T 3-Aufnahmen entstanden. So auch diese Fotografie der 89 7332, die mit 1931 datiert wird.

Jung 1900/ 436	Bln 1961 →'06 BLN 6134 T3 →'25 **DRB 89 7334**	+27
Jung 1900/ 441	Fft 1787 →'06 FFT 6170 T3 →'25 **DRB 89 7335**	+31.05.37
Jung 1900/ 443	Fft 1789 →'06 FFT 6172 T3 →'25 **DRB 89 7336**	+06.33
Hen 1901/ 5781	Bln 1973 →'06 BLN 6136 T3 →'25 **DRB 89 7337** →'45 PKP TKh 1-6"	+23.10.50
Hen 1901/ 5782	Bln 1974 →'06 BLN 6137 T3 →'25 **DRB 89 7338**	+
Hen 1901/ 5783	Ksl 1778 →'06 KSL 6173 T3 →'25 **DRB 89 7339** →'45 DRw/DB	+23.11.56
Hen 1901/ 5784	Ksl 1779 →'06 KSL 6174 T3 →'25 **DRB 89 7340** →'45 DRw	+16.05.46
Hen 1901/ 5785	Ksl 1780 →'06 KSL 6175 T3 →'25 **DRB 89 7341** →'45 DRw +47 →17.03.47 Schrotthändler Tilgner/Brake →16.08.48 Buxtehude-Harsefelder Eb. (BHE) 2" →'49 Buxtehude-Harsefelder Eb. (BHE) 331 (NLEA) →12.55 Niederweserbahn (NWB) 331 (NLEA)	++59
Hen 1901/ 5786	Ksl 1781 →'06 KSL 6176 T3 →'25 **DRB 89 7342**	+03.12.31
Hen 1901/ 5787	Ksl 1782 →'06 KSL 6177 T3 →'25 **DRB 89 7343** →'45 DRw/DB	+07.08.56
Hen 1901/ 5788	Ksl 1783 →'06 KSL 6178 T3 →'25 **DRB 89 7344**	+03.12.31
Hen 1901/ 5789	Mgd 1606 →'06 MGD 6191 T3 →'25 **DRB 89 7345**	+31
Hen 1901/ 5790	Mgd 1607 →'06 MGD 6192 T3 →'25 **DRB 89 7346**	+31
Hen 1901/ 5791	Mgd 1608 →'06 MGD 6193 T3 →'25 **DRB 89 7347**	+31
Hen 1901/ 5792	Mgd 1609 →'06 MGD 6194 T3 →'25 **DRB 89 7348**	+33
Hen 1901/ 5793	Mgd 1610 →'06 MGD 6195 T3 →'25 **DRB 89 7349** →'45 DRo/DR	+16.09.65
Hen 1901/ 5794	Mgd 1611 →'06 MGD 6196 T3 →'25 **DRB 89 7350** →'45 DRo →11.45 SMA	V.u.
Hen 1901/ 5795	Mgd 1612 →'06 MGD 6197 T3 →'25 **DRB 89 7351**	+26
Hen 1901/ 5796	Mgd 1613 →'06 MGD 6198 T3 →'25 **DRB 89 7352**	+30
Hen 1901/ 5797	Mgd 1614 →'06 MGD 6199 T3 →'25 **DRB 89 7353** →'45 CCCP-WL	+
Hen 1901/ 5798	Mgd 1615 →'06 MGD 6200 T3 →'25 **DRB 89 7354** →'45 DRw +12.02.47 →12.02.47 WL 805/80/16 AW Jülich	++56
Hen 1901/ 5800	Pos 1858 →'06 POS 6147 T3 →'12 HAN 6215 →'25 **DRB 89 7355**	+30
Hohz 1901/ 1445	Alt 1883 →'06 ALT 6183 T3 →'25 **DRB 89 7356** →'45 DRw/DB	+09.11.53
Hohz 1901/ 1446	Alt 1884 →'06 ALT 6184 T3 →'25 **DRB 89 7357**	+31
Hohz 1901/ 1447	Alt 1885 →'06 ALT 6185 T3 →'25 **DRB 89 7358**	+30
Hohz 1901/ 1448	Alt 1886 →'06 ALT 6186 T3 →'25 **DRB 89 7359**	+06.29
Hohz 1901/ 1449	Alt 1887 →'06 ALT 6187 T3 →'25 **DRB 89 7360**	+10.32
Hohz 1901/ 1450	Alt 1888 →'06 ALT 6188 T3 →'25 **DRB 89 7361**	+30
Hohz 1901/ 1451	Alt 1878 →'06 ALT 6178 T3 →'25 **DRB 89 7362**	+29
Hohz 1901/ 1452	Alt 1879 →'06 ALT 6179 T3 →'25 **DRB 89 7363**	+31
Hohz 1901/ 1453	Alt 1880 →'06 ALT 6180 T3 →'25 **DRB 89 7364**	+29

Auch die 89 7350 war eine Maschine des Bw Leipzig Hbf. West – aufgenommen wurde sie 1932/33. Auffällig sind der auf dem Umlauf angebrachte Hauptluftbehälter sowie die vor dem Schornstein befestigte Glocke. *Foto: Kroll*

In Stettin entstand 1928 diese Aufnahme der 89 7370. Trotz des äußerlich recht guten Zustandes war ihr kein langes „Dasein" mehr beschieden, wurde sie doch bereits im nachfolgenden Jahr ausgemustert. *Foto: Ernst Bierhals*

Hohz 1901/ 1454	Alt 1881 →'06 ALT 6181 T3 →'25 **DRB 89 7365** →'45 DRw/DB +18.10.54 →'54 WL AW Lübeck (noch '57)	+
Hohz 1901/ 1455	Alt 1882 →'06 ALT 6182 T3 →'25 **DRB 89 7366**	+30
Haga 1901/ 446	Hal 1739 →'06 HAL 6140 T3 →'25 **DRB 89 7367**	+28
Haga 1901/ 447	Erf 1787 →'06 ERF 6144 T3 →'06 KSL 6179 →'25 **DRB 89 7368**	+03.03.28
Haga 1901/ 448	Erf 1788 →'06 ERF 6145 T3 →11.06 STN 6154 →'25 **DRB 89 7369**	+27
Haga 1901/ 449	Erf 1789 →'06 ERF 6146 T3 →11.06 STN 6155 →'25 **DRB 89 7370**	+29
Haga 1901/ 450	Erf 1790 →'06 ERF 6147 T3 →'06 ALT 6211 →'25 **DRB 89 7371** +03.29 →02.05.29 Uetersener Eisenbahn (UeE) (vermtl. als Etsp.)	+
Haga 1901/ 451	Erf 1791 →'06 ERF 6148 T3 →'06 ALT 6212 →'25 **DRB 89 7372**	+30
Humb 1901/ 100	Mst 1743 →'06 MST 6123 T3 →'09 HAL 6152 →'25 **DRB 89 7373**	+26
Humb 1901/ 101	Mst 1744 →'06 MST 6124 T3 →'09 HAL 6153 →'25 **DRB 89 7374** (09.31 RBD Magdeburg)	+
Humb 1901/ 102	Mst 1745 →'06 MST 6125 T3 →'09 HAL 6154 →'25 **DRB 89 7375** →'45 DRo/DR	+25.01.51
Humb 1901/ 103	Mnz 1742 →'06 MNZ 6216 T3 →'25 **DRB 89 7376** →'45 DRw/DB +14.08.50 →'?? HL in Heiligenhafen	+
Humb 1901/ 104	Mnz 1743 →'06 MNZ 6217 T3 →'25 **DRB 89 7377** →'45 DRw/DB	+26.04.61
Humb 1901/ 105	Mnz 1744 →'06 MNZ 6218 T3 →'25 **DRB 89 7378**	+
Humb 1901/ 107	Mnz 1746 →'06 MNZ 6220 T3 →'25 **DRB 89 7379** →'44 MPS	+
Jung 1901/ 491	Mnz 1748 →'06 MNZ 6222 T3 →'25 **DRB 89 7380** →'45 DRw/DB	+17.03.54
Jung 1901/ 493	Mnz 1750 →'06 MNZ 6224 T3 →'25 **DRB 89 7381** →'45 DRw/DB (SWDE)	+17.03.54
Jung 1901/ 494	Mnz 1751 →'06 MNZ 6225 T3 →'25 **DRB 89 7382** →'45 DRw/DB	+07.08.56
Jung 1901/ 495	Mnz 1752 →'06 MNZ 6226 T3 →'25 **DRB 89 7383**	+28
Jung 1901/ 496	Mnz 1753 →'06 MNZ 6227 T3 →'25 **DRB 89 7384**	+
Jung 1901/ 497	Mnz 1754 →'06 MNZ 6228 T3 →'25 **DRB 89 7385** →'45 PKP TKh 1-7"	+07.49
O&K 1901/ 800	Alt 1874 →'06 ALT 6174 T3 →'25 **DRB 89 7386** →'45 DRw/DB +15.08.55 →'56 WL AW Osnabrück	++61
O&K 1901/ 801	Alt 1875 →'06 ALT 6175 T3 →'25 **DRB 89 7387** →'44 MPS	+02.51
O&K 1901/ 802	Alt 1876 →'06 ALT 6176 T3 →'25 **DRB 89 7388**	+08.28
Haga 1902/ 471	Bln 1806" →'06 BLN 6144 T3 →'25 **DRB 89 7389**	+31
Haga 1902/ 472	Bln 1807" →'06 BLN 6145 T3 →'25 **DRB 89 7390** →'45 DRo	+21.05.46
Haga 1902/ 473	Alt 1889 →'06 ALT 6189 T3 →'25 **DRB 89 7391**	+29
Haga 1902/ 474	Alt 1890 →'06 ALT 6190 T3 →'25 **DRB 89 7392**	+
Haga 1902/ 475	Alt 1891 →'06 ALT 6191 T3 →'25 **DRB 89 7393** +06.34 →'34 Klb. Celle-Soltau-Munster (CSM) 30 →'38 Fa. Glaser + Pflaum, Düsseldorf (Händler) →'39 August-Thyssen-Hütte, Duisburg-Hamborn (ATH) 72" ⇒'46 Gemeinschaftsbetriebe Eisenbahn & Häfen, Duisburg (EH) 72	+
Humb 1902/ 125	Mödrath-Liblar-Brühler Eb. (MLB) 1b →'13 KÖL 6145 T3 →'25 **DRB 89 7394**	+
Humb 1902/ 126	Han 1725" →'06 HAN 6126 T3 →'25 **DRB 89 7395**	+31

Humb 1902/ 128	Han 1727" →'06 HAN 6128 T3 →'25 **DRB 89 7396**	+31
Humb 1902/ 129	Han 1728" →'06 HAN 6129 T3 →'25 **DRB 89 7397**	+27
Humb 1902/ 130	Han 1729" →'06 HAN 6130 T3 →'25 **DRB 89 7398**	+
Humb 1902/ 131	Han 1730" →'06 HAN 6131 T3 →'25 **DRB 89 7399** →'45 DRw/DB	+14.11.51
Humb 1902/ 132	Han 1731" →'06 HAN 6132 T3 →'25 **DRB 89 7400**	+30
Humb 1902/ 133	Han 1732" →'06 HAN 6133 T3 →'25 **DRB 89 7401**	+31
Humb 1902/ 134	Han 1733" →'06 HAN 6134 T3 →'25 **DRB 89 7402** →'45 DRo/DR	+04.09.56
Humb 1902/ 135	Bln 1808" →'06 BLN 6146 T3 →'25 **DRB 89 7403** +30 →'31 Klb. Heudeber-Mattierzoll 2" →'39 PVS 284 (Klb. Heudeber-Mattierzoll) →'50 DR 89 6009 (seit '61 mit 3-achsigem Tender von KAT 4704) →'70 DR 89 6009-8 →'71 DR-Traditionslok →'92 DR 088 897-4 →01.01.94 DB →'?? IG Bw Dresden-Altstadt /L	('25 vorh.)
Humb 1902/ 136	Bln 1809" →'06 BLN 6147 T3 →'25 **DRB 89 7404** +05.33 →'33 Fa. Wieland, Liebenwerda	+
Humb 1902/ 137	Bln 1810" →'06 BLN 6148 T3 →'25 **DRB 89 7405** →'36 Klb. Deutsch-Krone - Virchow (DKV) (Nr. ?) →'40 Pommersche Landesbahnen (PLB) 26N3310 (Klb. Deutsch-Krone - Virchow (DKV)) →'45 PKP TKh 100-29	+29.03.55
Humb 1902/ 138	Bln 1811" →'06 BLN 6149 T3 →'25 **DRB 89 7406**	+08.07.30
Humb 1902/ 141	Bln 1814" →'06 BLN 6152 T3 →'25 **DRB 89 7407** →'45 DRo/DR →03.12.58 verk. WL VEB Chemie Nünchritz (bei Riesa)	+
Jung 1902/ 537	Stargard-Cüstriner Eb. (StCü) →'03 Bro 1835" →'06 BRO 6149 T3 →'20 OST 6149 →'25 **DRB 89 7408** →'45 ČSD	+10.07.56
Jung 1902/ 553	Mnz 1756 →'06 MNZ 6230 T3 →'25 **DRB 89 7409** →'45 DRw/DB (SWDE)	+18.10.54
Jung 1902/ 556	Mnz 1757 →'06 MNZ 6231 T3 →'25 **DRB 89 7410** →'45 DRw/DB	+09.11.53
Jung 1902/ 560	Mnz 1758 →'06 MNZ 6232 T3 →'25 **DRB 89 7411** →'45 ÖBB/T →26.01.49 CCCP	V.u.
Jung 1902/ 562	Mnz 1760 →'06 MNZ 6234 T3 →'25 **DRB 89 7412**	+27
Jung 1902/ 564	Mnz 1761 →'06 MNZ 6235 T3 →'25 **DRB 89 7413**	+06.34
Jung 1902/ 565	Mnz 1762 →'06 MNZ 6236 T3 →'25 **DRB 89 7414** →'45 DRw/DB (SWDE) +06.02.55 →06.02.55 Rheinische Kalkwerke AG	+
Jung 1902/ 566	Mnz 1763 →'06 MNZ 6237 T3 →'25 **DRB 89 7415**	+31
Jung 1902/ 567	Mnz 1764 →'06 MNZ 6238 T3 →'25 **DRB 89 7416** →'45 DRw/DB	+02.11.55
Jung 1902/ 554	Mnz 1765 →'06 MNZ 6239 T3 →'25 **DRB 89 7417** →'45 DRw/DB	+12.05.55
Jung 1902/ 555	Mnz 1766 →'06 MNZ 6240 T3 →'25 **DRB 89 7418**	+06.32
Jung 1902/ 558	Fft 1791 →'06 FFT 6174 T3 →'21 KSL 6182 →'25 **DRB 89 7419** →'45 DRw	+12.04.46
O&K 1902/ 903	Dzg 1851 →'06 DZG 6208 T3 →'20 STN 6208 →'25 **DRB 89 7420**	+30
O&K 1902/ 961	Bln 1821" →'06 BLN 6159 T3 →'25 **DRB 89 7421** →'?? Fa. Brangsch, Leipzig →'?? WL 2 Zuckerfabrik Uelzen	+um 59
O&K 1902/ 962	Bln 1822" →'06 BLN 6160 T3 →'25 **DRB 89 7422** +35 →'35 Klb. Goldbeck-Werben 7 FREISE →'50 DR 89 6204 →23.10.58 verk. VEB Werkzeugmaschinenbau Magdeburg	+
O&K 1902/ 963	Bln 1823" →'06 BLN 6161 T3 →'25 **DRB 89 7423** →'45 DRo/DR	+16.09.65
O&K 1902/ 970	Bln 1824" →'06 BLN 6162 T3 →'25 **DRB 89 7424**	+
O&K 1902/ 971	Bln 1825" →'06 BLN 6163 T3 →'25 **DRB 89 7425** +31 →'31 Klb. Goldbeck-Werben 6 BOETEL →'50 DR 89 6117 →01.05.57 verk. VEB Stahl- und Walzwerk Brandenburg	+
O&K 1902/ 972	Bln 1826" →'06 BLN 6164 T3 →'25 **DRB 89 7426** +03.34 →'35 Neukölln-Mittenwalder Eisenbahn (NME) 2"	+60
O&K 1903/ 973	Bln 1827" →'06 BLN 6165 T3 →'25 **DRB 89 7427** (05.45 von sowjetischer Besatzungsmacht in Tempelhof erfasst)	+
Freu 1903/ 147	Han 1740" →'06 HAN 6141 T3 →'25 **DRB 89 7428**	+08.31
Freu 1903/ 148	Han 1741" →'06 HAN 6142 T3 →'25 **DRB 89 7429**	+
Freu 1903/ 149	Han 1742" →'06 HAN 6143 T3 →'25 **DRB 89 7430**	+
Haga 1902/ 476	Alt 1892 →'06 ALT 6192 T3 →'25 **DRB 89 7431** →'45 DRw/DB	+14.11.52
Haga 1902/ 477	Alt 1893 →'06 ALT 6193 T3 →'25 **DRB 89 7432** →'45 DRw/DB	+27.07.54
Haga 1903/ 478	Alt 1894 →'06 ALT 6194 T3 →'25 **DRB 89 7433** (17.05.44 nach Kirkenes /Norwegen; 08.12.44 abgesetzt) →'45 Kirkenes-Bjørneratn-Bahn ('52 abg.)	+
Haga 1903/ 479	Alt 1895 →'06 ALT 6195 T3 →'25 **DRB 89 7434**	+29
Haga 1903/ 480	Alt 1896 →'06 ALT 6196 T3 →'25 **DRB 89 7435**	+30
Haga 1903/ 481	Alt 1897 →'06 ALT 6197 T3 →'25 **DRB 89 7436**	+
Haga 1903/ 485	Fft 1802 →'06 FFT 6184 T3 →'25 **DRB 89 7437**	+30
Haga 1903/ 486	Han 1734" →'06 HAN 6135 T3 →'25 **DRB 89 7438**	+28
Haga 1903/ 490	Han 1737" →'06 HAN 6138 T3 →'25 **DRB 89 7439**	+28
Haga 1903/ 491	Han 1738" →'06 HAN 6139 T3 →'25 **DRB 89 7440**	+29
Haga 1903/ 492	Han 1739" →'06 HAN 6140 T3 →'25 **DRB 89 7441**	+08.05.37
Humb 1903/ 190	Mödrath-Liblar-Brühler Eb. (MLB) 2b →'13 KÖL 6146 T3 →'25 **DRB 89 7442**	+
BAG 1903/ 149	Stn 1741 →'06 STN 6141 T3 →'25 **DRB 89 7443**	+
BAG 1903/ 150	Stn 1742 →'06 STN 6142 T3 →'25 **DRB 89 7444** →'45 MPS	+08.51
BAG 1903/ 151	Stn 1743 →'06 STN 6143 T3 →'25 **DRB 89 7445**	+29
BAG 1903/ 152	Stn 1744 →'06 STN 6144 T3 →'25 **DRB 89 7446**	+29
BAG 1903/ 156	Bln 1803" →'06 BLN 6141 T3 →'25 **DRB 89 7447** +28 →'28 Deutsche Werke Spandau	+

Leider befindet sich am Führerstand dieser Lokomotive kein Schild mit der Angabe des Heimat-Bahnbetriebswerkes, so dass der Aufnahmeort unklar bleibt – doch immerhin kann man den Anschriften von 89 7426 entnehmen, dass die 1931 von Karl-Julius Harder fotografierte Maschine zur Rbd Berlin gehörte.

BAG 1903/ 157	Bln 1804“ →’06 BLN 6142 T3 →’25 **DRB 89 7448** →’45 DRo/DR	+25.03.65
BAG 1903/ 158	Bln 1805“ →’06 BLN 6143 T3 →’25 **DRB 89 7449** →’45 DRo →10.08.47 MPS	+
O&K 1903/ 1090	Alt 1898 →’06 ALT 6198 T3 →’25 **DRB 89 7450**	+
O&K 1903/ 1091	Alt 1899 →’06 ALT 6199 T3 →’25 **DRB 89 7451**	+08.29
O&K 1903/ 1092	Alt 1900 →’06 ALT 6200 T3 →’25 **DRB 89 7452**	+30
O&K 1903/ 1093	Alt 1901“ →’06 ALT 6201 T3 →’25 **DRB 89 7453**	+31
O&K 1903/ 1094	Alt 1902“ →’06 ALT 6202 T3 →’25 **DRB 89 7454**	+30
O&K 1903/ 1101	Alt 1904“ →’06 ALT 6204 T3 →’25 **DRB 89 7455** +03.29 →02.05.29 Uetersener Eisenbahn (UeE) 3“ →03.08.55 verk. Sandbaggerei Duisburg, Grube „Graf Spree“ in Duisburg-Großenbaum	++09.68
O&K 1903/ 1102	Alt 1905“ →’06 ALT 6205 T3 →’25 **DRB 89 7456**	+
O&K 1903/ 1210	Han 1857 →’06 HAN 6196 T3 →’25 **DRB 89 7457**	+27
O&K 1903/ 1211	Han 1858 →’06 HAN 6197 T3 →’25 **DRB 89 7458**	+27
Haga 1904/ 496	Han 1851 →’06 HAN 6190 T3 →’25 **DRB 89 7459**	+01.33
Haga 1904/ 497	Han 1852 →’06 HAN 6191 T3 →’25 **DRB 89 7460** +11.35 →’36 Ruhr-Lippe Eb. (RLE) 14	+54
Haga 1904/ 498	Han 1853 →’06 HAN 6192 T3 →’25 **DRB 89 7461**	+
Haga 1904/ 499	Han 1854 →’06 HAN 6193 T3 →’25 **DRB 89 7462** →’45 DRw/DB +06.08.60 →’60 Spielplatz im Kölner Zoo →11.99 BSW Gruppe Koblenz (für Museum Koblenz-Lützel	(’24 vorh.)
Haga 1904/ 500	Han 1855 →’06 HAN 6194 T3 →’25 **DRB 89 7463**	+27
Haga 1904/ 503	Hal 1760“ →’06 HAL 6201 T3 →’25 **DRB 89 7464** +02.36 →29.02.36 Dessau-Wörlitzer Eb. (DWE) 7 →’50 DR 89 6205	+15.09.65
Haga 1904/ 504	Hal 1761“ →’06 HAL 6202 T3 →’25 **DRB 89 7465**	+29
Haga 1904/ 505	Hal 1762“ →’06 HAL 6203 T3 →’25 **DRB 89 7466**	+28
Haga 1904/ 507	Stn 1755 →’06 STN 6202 T3 →’25 **DRB 89 7467**	+
Haga 1904/ 508	Stn 1756 →’06 STN 6203 T3 →’25 **DRB 89 7468** →’44 WL „MARS I“ Rheinmetall-Borsig →’45 DRo/DR →10.53 DR 89 7572	+23.11.66
Haga 1904/ 509	Han 1859 →’06 HAN 6198 T3 →’25 **DRB 89 7469** →’45 DRo/DR	+11.11.63
Haga 1904/ 510	Han 1860 →’06 HAN 6199 T3 →’25 **DRB 89 7470**	+
Haga 1904/ 518	Han 1863 →’06 HAN 6202 T3 →’08 BRO 6164 →’20 OST 6164 →’25 **DRB 89 7471**	+
Haga 1904/ 519	Han 1864 →’06 HAN 6203 T3 →’08 BRO 6165 →’20 OST 6165 →’25 **DRB 89 7472** →’45 DRo/DR	+04.12.63
Freu 1904/ 179	Bro 1806“ →’06 BRO 6152 T3 →’20 OST 6152 →’25 **DRB 89 7473** →’45 PKP TKh 1-14“ +08.07.54 →’54 Fabr. Wyr. Drutu	+
Freu 1904/ 180	Bro 1807“ →’06 BRO 6153 T3 →’20 OST 6153 →’25 **DRB 89 7474** →’45 DRo →11.45 SMA	V.u.
Freu 1904/ 181	Bro 1808“ →’06 BRO 6154 T3 →’20 OST 6154 →’25 **DRB 89 7475**	+
Freu 1904/ 182	Bro 1809“ →’06 BRO 6155 T3 →’20 OST 6155 →’25 **DRB 89 7476** →’45 PKP TKh 1-16“ +28.07.53 →’53 Huta Stalowa Wola	+

Eine verstärkte T 3 nach Musterblatt III-4p war die 89 7462 – und eine der wenigen Lokomotiven dieser Bauart, die erhalten geblieben sind: Sie wurde 1960 äußerlich wieder aufgearbeitet und anschließend auf dem Spielplatz des Kölner Zoos aufgestellt. Die Aufnahme des Fotografen der BD Köln zeigt die Maschine nach der Aufarbeitung.

Freu 1904/ 183	Han 1861 →'06 HAN 6200 T3 →'25 **DRB 89 7477**	+29
Freu 1904/ 184	Han 1862 →'06 HAN 6201 T3 →'25 **DRB 89 7478** →'45 MPS	+
Freu 1905/ 224	Hal 1765“ →'06 HAL 6206 T3 →'25 **DRB 89 7479** →'45 DRw/DB	+09.11.53
Freu 1905/ 225	Hal 1766“ →'06 HAL 6207 T3 →'25 **DRB 89 7480** →'45 DRo/DR →01.03.58 verk. WL 6 RAW Dresden	+71
Haga 1905/ 520	Mgd 1616 →'06 MGD 6201 T3 →'25 **DRB 89 7481**	+31
Haga 1905/ 521	Mgd 1617 →'06 MGD 6202 T3 →'25 **DRB 89 7482**	+26
Haga 1905/ 522	Mgd 1618 →'06 MGD 6203 T3 →'25 **DRB 89 7483**	+26
Haga 1905/ 523	Mgd 1619 →'06 MGD 6204 T3 →'25 **DRB 89 7484**	+32
Haga 1905/ 524	Alt 1910 →'06 ALT 6208 T3 →'25 **DRB 89 7485**	+30
Haga 1905/ 525	Alt 1911 →'06 ALT 6209 T3 →'25 **DRB 89 7486** →'45 DRw/DB	+09.11.53
Haga 1905/ 526	Alt 1912 →'06 ALT 6210 T3 →'25 **DRB 89 7487**	+30
O&K 1905/ 1441	Hal 1764“ →'06 HAL 6205 T3 →'25 **DRB 89 7488** →'45 DRo →10.08.47 SMA	V.u.
O&K 1905/ 1442	Bro 1810“ →'06 BRO 6156 T3 →'20 OST 6156 →'25 **DRB 89 7489** →'?? Klb. Deutsch-Krone - Virchow (DKV) 24 →'40 Pommersche Landesbahnen (PLB) 30N3311 (Klb. Deutsch-Krone - Virchow (DKV)) →'45 PKP TKh 100-35	+21.04.52
O&K 1905/ 1443	Bro 1811“ →'06 BRO 6157 T3 →'20 OST 6157 →'25 **DRB 89 7490** →'45 PKP TKh 1-15“	+06.49
O&K 1905/ 1444	Bro 1812“ →'06 BRO 6158 T3 →'20 OST 6158 →'25 **DRB 89 7491** →'45 ČSD →02.10.45 ČSD 312.8500 →'50 PKP TKh-1444 →'?? Denkmal vor Bw Toruń Kluczyki (bezeichnet als TKh 1-19)	('15 vorh.)
O&K 1905/ 1447	Bro 1815“ →'06 BRO 6161 T3 →'20 OST 6161 →'25 **DRB 89 7492** →'45 WL 1447 Zf. Środa Miasto	+
O&K 1905/ 1541	Stn 1757 →'06 STN 6204 T3 →'25 **DRB 89 7493** →'45 DRo/DR →03.07.56 verk. Volkswerft Stralsund	+
O&K 1905/ 1542	Stn 1758 →'06 STN 6205 T3 →'25 **DRB 89 7494**	+
O&K 1905/ 1543	Stn 1759 →'06 STN 6206 T3 →'25 **DRB 89 7495** +30 →'?? Philipp Holzmann AG, Frankfurt/Main →'56 Westfälische Lokfabrik Hattingen (WLH)	+
O&K 1906/ 2011	(Bln 1828“) →'06 BLN 6166 T3 →'25 **DRB 89 7496**	+
O&K 1906/ 2013	MGD 6205 T3 →'25 **DRB 89 7497**	+
O&K 1906/ 2014	MGD 6206 T3 →'25 **DRB 89 7498**	+31
Humb 1910/ 687	Bergheimer Krb. (BghK) 2b“ →'13 KÖL 6141 T3 →'25 **DRB 89 7499**	+28
Humb 1910/ 688	Bergheimer Krb. (BghK) 4b“ →'13 KÖL 6143 T3 →'25 **DRB 89 7500**	+31
O&K 1903/ 1050	Mnz 1773 →'06 MNZ 6241 T3 →'25 **DRB 89 7501**	+31
O&K 1903/ 1051	Mnz 1774 →'06 MNZ 6242 T3 →'25 **DRB 89 7502**	+04.33
O&K 1903/ 1052	Mnz 1775 →'06 MNZ 6243 T3 →'25 **DRB 89 7503** →'45 DRw/DB	+01.06.53
O&K 1903/ 1053	Mnz 1776 →'06 MNZ 6244 T3 →'25 **DRB 89 7504**	+30.11.37
Humb 1901/ 106	Mnz 1745 →'06 MNZ 6219 T3 →'25 **DRB 89 7505** →'45 DRw/DB (SWDE)	+18.03.55

Um 1930 fotografierte Karl-Julius Harder die 89 7473 – vermutlich in einem ostdeutschen Bahnbetriebswerk, kam die Lokomotive doch 1945 in den Bestand der Polnischen Staatsbahnen, bei denen sie die Betriebsnummer TKh 1-14 erhielt.

Graf 1890/ 4167	Mgd 1737 →'06 MGD 6136 T3 →'25 **DRB 89 7506** →'45 DRo/DR	+14.07.58
Graf 1890/ 4168	Mgd 1738 →'06 MGD 6137 T3 →'25 **DRB 89 7507**	+03.32
Graf 1890/ 4169	Mgd 1739 →'06 MGD 6138 T3 →'25 **DRB 89 7508**	+27
Schi 1886/ 425	Bro 950 →'89 Bro 1751 →'95 Kbg 1751 →'06 KBG 6154 T3 →'25 **DRB 89 7509**	+
Hen 1889/ 2799	Clr 1784 →'95 Sbr 1784 →'97 Sbr 1612 →'97 Mnz 1701 →'04 Sbr 1629 →'06 SBR 6129 T3 →'20 TRI 6129 →'25 **DRB 89 7510**	+
Hen 1889/ 2800	Clr 1785 →'95 Sbr 1785 →'97 Sbr 1613 →'97 Mnz 1702 →'04 Sbr 1630" →'06 SBR 6130 T3 →'20 TRI 6130 →'25 **DRB 89 7511**	+

C n2t — DB 89⁷³ — (ex Privatbahn)

Treibraddurchmesser (mm):	1 100
Achsstand (mm):	3 000
Länge über Puffer (mm):	8 591
Dienstgewicht (t):	32,3
Achslast (maximal) (t):	10,8
Höchstgeschwindigkeit (km/h):	40
Zylinderdurchmesser (mm):	350
Kolbenhub (mm):	550
Rostfläche (m²):	1,35
Verdampfungsheizfläche (m²):	60,0
Kesselüberdruck (atm):	12,0
Leistung (PSi):	

Bei der preußischen T3 gab es eine Betriebsnummer, die zwei mal besetzt wurde: 89 7354. Die Erstbesetzung war eine „reguläre" preußische T3, geliefert im Jahr 1901 an die KED Magdeburg und 1925 umgezeichnet in 89 7354. Anschließend war sie beim Bw Magdeburg-Buckau beheimatet, bevor sie 1942 zum Bw Bochum Nord kam, welches sie aber bereits bald an den Bochumer Verein vermietete. Dort erlebte sie auch das Ende des Zweiten Weltkrieges. Mitte 1946 wurde sie vom Bochumer Verein an die Reichsbahn zurückgegeben und bald darauf – genannt wird der 28. Oktober 1946 – als Werklok für das AW Jülich „vorgeschlagen". Die Ausmusterung erfolgte am 12. Februar 1947, so dass anschließend der Einsatz im AW Jülich als Werklok mit der Nummer 805/80/16 beginnen konnte.

Die zweitbesetzte 89 7354 war 1907 von Humboldt (nach Musterblatt III-4e (2)) an die Kleinbahn Kirchbarkau-Preetz-Lütjenburg geliefert worden. Nach der Stilllegung der Bahn im Mai 1938 kam die Lokomotive im Juli 1939 an das Luftwaffengaukommando XI in Hamburg-Blankene-

se, welches sie auf dem Fliegerhorst auf Westerland (Sylt) einsetzte. Auf welchem Weg die Maschine schließlich in den Bestand der Reichsbahn kam, ist nicht bekannt, doch wurde sie am 7. November 1946 beim Bw Flensburg als 89 7354" wieder in Dienst gestellt. Danach war die Lokomotive noch bei den Bahnbetriebswerken Husum und Kiel beheimatet, bevor sie im November 1955 ausgemustert wurde.
Obwohl beide Maschinen bei unterschiedlichen Direktionen beheimatet waren, muss aufgrund der zeitlichen Nähe von nur wenigen Tagen zwischen „Vorschlagen als Werklok“ der 89 7354’ und der Indienststellung der 89 7354" vermutet werden, dass die Wahl dieser Betriebsnummer für die ehemalige Privatbahnlokomotive kein Zufall gewesen ist.

Literatur:

Scharf, Hans Wolfgang: Zweimal 89 7354 – Kurzgeschichte zweier Lokomotiven. VdEF-Mitteilungen 4/65 S. 83
N. N.: Kuriosum 89 7354 ’ + ”. EK 7/67 S. 6

Humb 1907/ 418	Klb. Kirchbarkau-Preetz-Lütjenburg 3c →13.07.39 Luftwaffengaukommando XI, Hamburg-Blankenese →07.11.46 **DRw/DB 7354“** +02.11.55

C n2t DRB 89^{75} (ex Hafen Bremen)

	89 7512-7515, 7521	89 7516-7520
Treibraddurchmesser (mm):	1 100	1 100
Achsstand (mm):	3 200	3 200
Länge über Puffer (mm):	9 245	
Dienstgewicht (t):	45,0	47,4
Achslast (maximal) (t):	13,2	
Höchstgeschwindigkeit (km/h):	40	40
Zylinderdurchmesser (mm):	450	450
Kolbenhub (mm):	550	550
Rostfläche (m^2):	1,7	1,7
Verdampfungsheizfläche (m^2):	101	101
Kesselüberdruck (atm):	12,0	13,0
Leistung (PSi):	400	400

Für den Betrieb der als Nebenbahn konzessionierten Bremer Hafenbahn war die Freie Hansestadt Bremen verantwortlich – die Hafenbahn übernahm und übergab die ankommenden bzw. abgehenden Züge an die Preußische Staatsbahn bzw. ab 1920 an die Deutsche Reichsbahn. Verschiedene Versuche Bremens, die Hafenbahn komplett (oder nur deren Betriebsführung) an die KPEV bzw. an die DRB abzugeben, scheiterten. Schließlich klagte Bremen vor dem Reichsgericht in Leipzig auf Übernahme der Hafenbahn durch das Deutsche Reich – mit der Begründung, dass mit Gründung der Deutschen Reichsbahn alle Staatsbahnstrecken der Länder auf das Reich übergehen sollten und die Bremer Hafenbahn der Rest der alten Bremischen Staatsbahnen sei. Der Prozess endete mit einem Vergleich und der Unterzeichnung des sogenannten „Hafenbahnvertrages“ vom Juni 1930, in dem die Übernahme der Hafenbahnlokomotiven durch die Deutsche Reichsbahn festgelegt wurde.
Zum Bestand der Hafenbahn zählten auch zehn von der Lokomotivfabrik Jung gebaute Dreikuppler, welche die Typenbezeichnung „Pudel“ trugen. Die ersten vier im Laufe des Jahres 1912 abgelieferten Lokomotiven entsprachen dabei der Pudel-Regelbauart, während es sich bei den 1915/16 nachgelieferten Maschinen um eine „verstärkte“ Variante handelte, hatte doch die Hafenbahn einen größeren Wasservorrat haben wollen. Eine zehnte Maschine – nun wieder in Regelausführung – wurde noch 1921 von der Hafenbahn gekauft: Da diese Maschine Teil einer größeren Serie war, konnte man wohl keine Extrawünsche erfüllen.
Alle zehn Maschinen wurden von der Deutschen Reichsbahn als 89 7512-7521 in den Bestand übernommen – und somit direkt im Anschluss an die T3, obwohl die Maschinen deutlich schwerer als die preußischen T3 waren. Eine Maschine (89 7513) ist als Museumslokomotive erhalten geblieben.

Literatur:

Martens, Rolf: Die bremische Hafenbahn und der Betriebsvertrag von 1930. Bremen, o. J.

Jung 1911/ 1719	Hafen Bremen 10 →'30 **DRB 89 7512**	+08.33
Jung 1911/ 1720	Hafen Bremen 11 →'30 **DRB 89 7513** →'45 DRw/DB +30.10.64 →'64 verk. Fa. Podding, Spezialfabrik für Auto-Antennen →23.08.65 Denkmal Spielplatz in Berlin-Kreuzberg →'79 Schrotthandel Koch & Lang, Berlin-Spandau →'87 Historische Eisenbahn Paderborn →'89 Dampfzugbetriebsges. Hildesheim 89 7513 (NVR: 90 80 0089 513-0 D-DEBG)	('24 vorh.)
Jung 1912/ 1792	Hafen Bremen 12 →'30 **DRB 89 7514**	+32
Jung 1912/ 1793	Hafen Bremen 13 →'30 **DRB 89 7515** →'45 DRw/DB	+30.09.60
Jung 1915/ 2353	Hafen Bremen 14 →'30 **DRB 89 7516** →'45 Neukölln-Mittenwalder Eisenbahn (NME) 1[3]	+51
Jung 1915/ 2354	Hafen Bremen 15 →'30 **DRB 89 7517**	+32
Jung 1915/ 2355	Hafen Bremen 16 →'30 **DRB 89 7518** →'45 DRw/DB	+27.04.59
Jung 1915/ 2356	Hafen Bremen 17 →'30 **DRB 89 7519** →'45 ÖBB →'53 ÖBB 689.7519	+25.06.59
Jung 1915/ 2398	Hafen Bremen 18 →'30 **DRB 89 7520** →'45 PKP TKh 1-21"	+12.09.51
Jung 1920/ 3169	Hafen Bremen 19 →'30 **DRB 89 7521** →'45 ÖBB →'53 ÖBB 689.7521	+25.06.59

Die von der Bremer Hafenbahn stammende 89 7513 war eine Lokomotive vom Typ „Pudel" – die immer in Norddeutschland beheimatet gewesene Maschine gehörte ab dem 6. Juli 1959 zum Bw Hannover. Eberhard Schüler fotografierte die Maschine am 15. Mai 1960 auf der Drehscheibe des „Ostschuppens".

Auch die 89 7515 gehörte zum Bw Hannover (-Ost), als sie am 4. April 1953 im Raum Hannover fotografiert wurde. Erst 1959 wechselte die Maschine nach Bremen, um dann bereits im nachfolgenden Jahr ausgemustert zu werden.

Noch früher, nämlich bereits 1945, entstand die Aufnahme der 89 7518. Als Aufnahmeort genannt wird Hannover, doch stationiert war die Maschine 1945 in Bielefeld. *Foto: H. P. Roberts*

Zwei der Hafenbahn-89er, nämlich 89 7519 und 89 7521, verblieben nach dem Zweiten Weltkrieg in Österreich. Sie waren beide 1941 von Magdeburg nach Breslau und dann nach wenigen Monaten weiter an das Bw Linz/Donau gegangen. Franz Kraus fotografierte die abgestellte ÖBB 689.7519 in Blumau-Neurißhof.

C n2t DRB 89⁷⁵ (ex BLE)

	89 7531	89 7532 - 7540	89 7541
Treibraddurchmesser (mm):	1 100	1 100	1 100
Achsstand (mm):	3 000	3 000	3 000
Länge über Puffer (mm):	8 300	8 320	8 320
Dienstgewicht (t):	31,0	36,0	35,0
Achslast (maximal) (t):	10,3	12,0	11,7
Höchstgeschwindigkeit (km/h):	40	40	40
Zylinderdurchmesser (mm):	350	380	400
Kolbenhub (mm):	550	550	580
Rostfläche (m^2):	1,35	1,59	1,47
Verdampfungsheizfläche (m^2):	58,25	59,40	74,45
Kesselüberdruck (atm):	12,0	12,0	12,0
Leistung (PSi):	310	310	310

Von der Baugesellschaft, welche die Braunschweigische Landes-Eisenbahn (BLE) mit der Bauausführung der Bahn beauftragt hatte, übernahm die BLE sechs von der Maschinenfabrik Esslingen gebaute preußische T3 in den Bestand. Weitere 18 T3 wurden zwischen 1891 und 1916 beschafft, so dass insgesamt 24 preußische T3 nach Musterblatt III-4e im Fahrzeugbestand der BLE vorhanden waren. Doch nicht alle Maschinen waren identisch – so wurden sie nach unterschiedlichen Musterblatt-Nachträgen gebaut, und die Esslinger Maschinen fielen außerdem durch einen kleineren Dom auf.

Nach der Verstaatlichung der Braunschweigischen Landes-Eisenbahn wurden noch zehn Landesbahn-T3 in den Reichsbahn-Bestand übernommen (89 7531-7540); von diesen sind immerhin zwei Exemplare museal erhalten geblieben.

Im Jahr 1927 konnte die BLE einen weiteren Nassdampf-Dreikuppler in ihren Bestand übernehmen. Es handelte sich um eine Henschel-Werklokbauart vom Typ „Thüringen", baugleich z.B. mit den Lokomotiven 89 6121 und 89 7558. Diese Lokomotive wurde im Anschluss an die T3 als 89 7541 in den Reichsbahn-Bestand eingereiht.

Literatur:

WULFGRAMM, CHRISTOPHER: Die Braunschweigische Landes-Eisenbahn. Freiburg, 2017

Essl 1898/ 2985	Braunschweigische Landes-Eb. (BLE) 13 RHÜDEN →'38 **DRB 89 7531** →'45 DRw +12.02.47 →'?? WL 3 AW Schwerte (→'?? DB 89 6003) →'68 DB [089 003-8] +21.06.68 ('71 nach Lehrte; '74 nach Hannover - vorgesehen als Denkmal) →'75 Deutsches Dampflok-Museum (DDM), Neuenmarkt-Wirsberg →'77 Denkmal „Seepark" in Kirchheim bei Bad Hersfeld →'97 Niederlausitzer Museumseisenbahn eV, Finsterwalde →'03 Süddeutsches Eisenbahnmuseum Heilbronn (SEH) →'22 Stiftung Historischer Eisenbahnpark Niederrhein, Rheinkamp ('22 vorh.)
Hano 1904/ 4160	Braunschweigische Landes-Eb. (BLE) 17 BLIESMARODE →'38 **DRB 89 7532** →'?? WL Glaser & Pflaum ++51
Hano 1905/ 4339	Braunschweigische Landes-Eb. (BLE) 19 INNERSTE →'38 **DRB 89 7533** →'45 DRw/DB +17.03.54
Hano 1906/ 4622	Braunschweigische Landes-Eb. (BLE) 22 FUHSE →'38 **DRB 89 7534** →'45 CCCP-WL +
Hano 1910/ 5832	Braunschweigische Landes-Eb. (BLE) 23 BORNUM →'38 **DRB 89 7535** →20.12.38 OKH für Schießplatz Hillersleben Nr. 303 →'45 PVS 298 (Klb. Gardelegen-Neuhaldensleben-Weferlingen) →'50 DR 89 6220 +17.04.67
Hano 1910/ 5833	Braunschweigische Landes-Eb. (BLE) 24 IMMENDORF →'38 **DRB 89 7536** →'45 DRw/DB +30.09.60
Hano 1914/ 7310	Braunschweigische Landes-Eb. (BLE) 25 THIEDE" →'38 **DRB 89 7537** →'45 DRw/DB +01.06.53
Hano 1914/ 7311	Braunschweigische Landes-Eb. (BLE) 26 EHMEN →'38 **DRB 89 7538** →'45 DRw/DB +20.04.63 →06.70 VBV/BLME 104 „89 7538" /L →'97 verk. an privat (Peter Grützmacher, Emmerthal-Lüntorf; Denkmal in Bodenwerder) →'06 verk. an „Stiftung Historischer Eisenbahnpark Niederrhein", Rheinkamp; ('18 vorh.)
Hano 1917/ 8278	Braunschweigische Landes-Eb. (BLE) 27 →'38 **DRB 89 7539** →'45 DRw +06.06.46 →'46 Klb. Farge-Wulsdorf 4" →'49 Niederweserbahn (NWB) 334 (NLEA) →'55 Bremervörde-Osterholzer Eb. (BOE) 334 (NLEA) +64
Hano 1917/ 8279	Braunschweigische Landes-Eb. (BLE) 28 →'38 **DRB 89 7540** →'45 DRo/DR →14.07.58 WL Zementanlagenbau Dessau +um 64
Hen 1906/ 7555	Kaliwerk Friedrichsroda, Flachstöckheim →'27 Braunschweigische Landes-Eb. (BLE) 34 →'38 **DRB 89 7541** →'45 DRw/DB +14.08.50

Die 89 7531 war eine der wenigen von der Maschinenfabrik Esslingen gebauten preußischen T 3. Im September 1968 traf Eberhard Schüler die Maschine, für die im DB-Umzeichnungsplan von 1968 sogar die UIC-Betriebsnummer 089 003-8 vorgesehen war, im Aw Schwerte an.

Am 16. August 1959 war die 89 7536 als Vorspann einer Übergabe zusammen mit 55 4040 bei Nordenham auf der Strecke nach Blexen unterwegs. Diese preußische T 3 war direkt an die Braunschweigische Landes-Eisenbahn geliefert worden; ausgemustert wurde sie von der Deutschen Bundesbahn im September 1960. *Foto: Eberhard Schüler*

Von zwei verschiedenen Bahnen stammen die beiden abgebildeten Lokomotiven – doch beide wurden durch die Deutsche Reichsbahn im Jahr 1938 übernommen: Während die 92 431 von der Lübeck-Büchener Eisenbahn kam, gelangte die 89 7537 von der Braunschweigischen Landes-Eisenbahn in den DRB-Bestand. *Foto: Carl Bellingrodt*

C n2t DRB 89^{75} (ex PKP TKh 1)

Treibraddurchmesser (mm):	1 100
Achsstand (mm):	3 000
Länge über Puffer (mm):	
Dienstgewicht (t):	35,9
Achslast (maximal) (t):	12,0
Höchstgeschwindigkeit (km/h):	40
Zylinderdurchmesser (mm):	350
Kolbenhub (mm):	550
Rostfläche (m²):	1,35
Verdampfungsheizfläche (m²):	58,6
Kesselüberdruck (atm):	12,0
Leistung (PSi):	

Von der preußischen Gattung T 3 (siehe Baureihe 89^{70-75}) waren nach dem Ersten Weltkrieg 22 Maschinen in Polen verblieben, die – zusammen mit vier ehemaligen Baulokomotiven der Warschau-Wiener Eisenbahn – als TKh 1-1 – 24 und TKh 1-1Dz – 2Dz in den PKP-Bestand eingereiht wurden. Ebenfalls als TKh 1 wurden noch verschiedene von Privatbahnen übernommene Lokomotiven bezeichnet: Zwei der Kleinbahn Putzig-Klockow (TKh 1-1c - 2c), eine der Kleinbahn Culmsee-Melnow (TKh 1-11b), drei von der Kleinbahn Thorn-Leibitsch (TKh 1-3671 – 3673) sowie eine von der Kleinbahn Thorn-Seinskau (TKh 1-7562). Die ungewöhnlichen Ordnungsnummern waren dabei von den Betriebsnummern oder Fabriknummern abgeleitet worden.

Von diesen insgesamt 33 Maschinen kamen bei der Aufteilung des PKP-Lokomotivparks zwischen Deutschland und der Sowjetunion 15 in deutschen und zehn in sowjetischen Besitz – alle übrigen waren bereits ausgeschieden oder ihr Verbleib ist unbekannt. Im 1941 aufgestellten Umzeichnungsplan der Deutschen Reichsbahn für die Lokomotiven der PKP waren bis auf die 1940 ausgemusterte TKh 1-7562 alle 1939 vorhandenen TKh 1 enthalten – ihnen wurden im direkten Anschluss an die BLE-T 3 die Betriebsnummern 89 7542-7555 zugewiesen.

Eine weitere zunächst an Russland gelangte TKh 1 kam später noch als Kriegsbeute in deutsche Hand. Da zwischenzeitlich aber die Betriebsnummer 89 7556 ff. bereits für 1942/43 übernommene Privatbahnlokomotiven vergeben worden waren, konnte für diese TKh 1 keine Betriebsnummer im Anschluss an die übrigen TKh 1 vorgesehen werden, so dass man auf die nächste freie Betriebsnummer (89 7565) zurückgriff.

Die 89 7546 (ex PKP TKh 1-2c) verblieb nach dem Zweiten Weltkrieg in der DDR und wurde 1959 als Heizlok an die Zuckerfabrik Tessin verkauft. Beim weiteren Schicksal der Lokomotive gibt es jedoch ein paar Ungereimtheiten: So soll sie – weiterhin als Heizlok – nach Templin (an wen?) weiterkauft worden sein, wobei als Verkaufsjahr sowohl 1963 als auch 1968 genannt werden. Die Aufnahme von Dieter Wünschmann entstand jedenfalls im September 1968 in Templin – und zeigt eine Maschine, die sich auch nach zehnjährigem Heizlokeinsatz äußerlich noch in einem recht guten Zustand befand.

Haga 1902/ 466	Dzg 1846 →'06 DZG 6203 T3 →'18/20 Rangierlok Werkstatt Danzig →'22 PKP TKh 1-1Dz →'39 DRB →'41 **DRB 89 7542** →'45 PKP TKh 1-3" →'54 Fabr. Nawozów Fosforowych	+
O&K 1902/ 904	Dzg 1849 →'06 DZG 6206 T3 →'?? PKP TKh 1-2Dz →'39 DRB →'41 **DRB 89 7543** →'45 PKP TKh 1-8"	+11.08.51
Vulc 1903/ 2011	Klb. Putzig-Klockow 1b →'?? Klb. Putzig-Klockow 1c →'36 PKP TKh 1-1c →'39 DRB →'41 **DRB 89 7544** (12.44 RBD Danzig)	V.u.
Unio 1889/ 472	Bln 1795 →'03 Pos 1795 →'06 POS 6125 T3 →'18/20 PKP TKh 1-2 →'39 DRB →'41 **DRB 89 7545** (12.44 RBD Danzig)	V.u.
Vulc 1903/ 2012	Klb. Putzig-Klockow 2b →'?? Klb. Putzig-Klockow 2c →'36 PKP TKh 1-2c →'39 DRB →'41 **DRB 89 7546** →'45 DRo/DR →01.02.59 verk. HL Zuckerfabrik Tessin	++
Bors 1894/ 4466	Bln 1903" →'95 Pos 1903 →'06 POS 6149 T3 →'18/20 PKP TKh 1-6 →'39 DRB →'41 **DRB 89 7547** (12.44 RBD Danzig)	V.u.
Jung 1899/ 390	Stargard-Cüstriner Eb. (StCü) 23 →'03 Bro 1832" →'06 BRO 6142 T3 →'?? PKP TKh 1-9 →'39 DRB →'41 **DRB 89 7548** →'45 PKP TKh 1-23"	+12.04.51
O&K 1902/ 950	Bln 1815" →'06 BLN 6153 T3 →'?? verk. (an ?; '15 Verkauf an O&K genehmigt) →'18 PKP TKh 1-12 →'39 DRB →'41 **DRB 89 7549** (12.44 RBD Danzig)	V.u.
O&K 1901/ 607	Eisenbahn-Baugesellschaft Colbitz de Groot & Kalis, Scheveningen /NL Nr. 3 →'15 verk. (nach Deutschland) →'18 PKP TKh 1-14 →'39 DRB →'41 **DRB 89 7550** →'45 PKP TKh 1-9"	+56
O&K 1903/ 1104	Bro 1855 →'06 BRO 6151 T3 →'18/20 PKP TKh 1-18 →'39 DRB →'41 **DRB 89 7551** →'45 PKP TKh 1-13" +28.01.54 →'54 Zabrzańskiego Zjednoczenia Przemysłu Węglowego	+
Vulc 1905/ 2208	Klb. Culmsee-Melno 11b →'3x PKP TKh 1-11b →'39 DRB →'41 **DRB 89 7552** →'45 PKP TKh 1-17"	+30.09.48
O&K 1909/ 3671	Klb. Thorn-Lubitsch →'3x PKP TKh 1-3671 →'39 DRB →'41 **DRB 89 7553** →'45 PKP TKh 1-18"	+24.02.55
O&K 1909/ 3672	Klb. Thorn-Lubitsch →'3x PKP TKh 1-3672 →'39 DRB →'41 **DRB 89 7554** →'45 PKP TKh 1-19"	+08.02.67
O&K 1909/ 3673	Klb. Thorn-Lubitsch →'3x PKP TKh 1-3673 →'39 DRB →'41 **DRB 89 7555** →'45 PKP TKh 1-20" +12.09.51 →'?? Zuckerfabrik Beskidzka +	('93 abgestellt Beskidzka)

C n2t DRB 89^{75} (ex Privatbahnen)

	89 7556-7557, 7559	89 7558	89 7560-7561	89 7562-7564
Treibraddurchmesser (mm):	1 100	1 100	1 100	1 100
Achsstand (mm):	3 000	3 000	3 000	3 000
Länge über Puffer (mm):	8 591	9 200	8 591	9 180
Dienstgewicht (t):	32,5	43,0	32,3	43,0
Achslast (maximal) (t):			10,8	
Höchstgeschwindigkeit (km/h):	40	45	40	45
Zylinderdurchmesser (mm):	350	430	350	450
Kolbenhub (mm):	550	550	550	550
Rostfläche (m^2):	1,35	1,6	1,35	1,7
Verdampfungsheizfläche (m^2):	60,6	100,0	60,0	100,0
Kesselüberdruck (atm):	12,0	13,0	12,0	13,0

Im Reigen der ab 1938 verstaatlichten Privatbahnen waren die Kreis Oldenburger Eisenbahn sowie die Schipkau-Finsterwalder Eisenbahn die letzten, die in den Besitz des Staates übergingen. Anlässlich der geplanten Errichtung der „Vogelfluglinie" erfolgte dies bei der Kreis Oldenburger Eisenbahn zum 1. August 1941; die insbesondere die zahlreichen Braunkohlegruben der Niederlausitz anschließende Schipkau-Finsterwalder Eisenbahn folgte als letzte zum 1. Juli 1943.

Beide Bahnen hatten mehrere Dreikuppler im Bestand, die von der Reichsbahn als 89 7556-7559, 89 7869 und 89 7560-7564 übernommen wurden. Die 89 7556-7557 waren preußische T3 nach MIII-4e (2), die direkt von der Kreis Oldenburger Eisenbahn beschafft worden waren. Auch die spätere 89 7558 war eine Neubeschaffung der Bahn, jedoch handelte es sich um eine Maschine vom Henschel-Werkstyp „Bismarck". Die 89 7559 war schließlich wieder eine preußische T3 – sogar eine „echte", war sie doch im Jahr 1900 an die KED Altona geliefert und erst 1913 an die Kreis Oldenburger Eisenbahn verkauft worden.

Auch die Schipkau-Finsterwalder Eisenbahn (bis 1938: Zschipkau-Finsterwalder Eisenbahn) hatte im Laufe der Jahre zahlreiche T3 (Betr. Nr. 4-12) beschafft, von denen aber nur noch zwei Exemplare von der Deutschen Reichsbahn als 89 7560-7561 übernommen wurden. Drei weitere Dreikuppler der Bahn entsprachen einer Borsig-Werksbauart und waren weitgehend mit den 89 6409-6413 identisch – sie erhielten die Betriebsnummern 89 7562-7564.

BMAG 1904/ 3307	Kreis Oldenburger Eb. 4 →'41 DRB →'42 **DRB 89 7556** (war 03.44 von Rbd Schwerin zum Verkauf vorgesehen) →'45 CCCP-WL (nach Lokzählung von ca.'47: Eine 897 556 bei Schiffswerft Wismar als Werklok (aber als Br. 91 bezeichnet))	+
Haga 1910/ 665	Kreis Oldenburger Eb. 7 →'41 DRB →'42 **DRB 89 7557** →'44 Uetersener Eisenbahn (UeE) 1"	+53

Hen 1912/ 11098	Kreis Oldenburger Eb. 8 →'41 DRB →'42 **DRB 89 7558** →'45 DRw/DB →'49 Südstormarnsche Krb. (SK) 8	+54
Hano 1900/ 3565	Alt 1864" →'06 ALT 6165 T3 →03.14 Kreis Oldenburger Eb. 9 →'41 DRB →'42 **DRB 89 7559** →'45 DRw/DB	+14.11.51
BAG 1900/ 49	Zschipkau-Finsterwalder Eb. (ZFE) 11 ROEMERKELLER →'43 **DRB 89 7560** →'45 DRo (09.45 RBD Halle) →'45/46 SMA	V.u.
O&K 1905/ 1282	Zschipkau-Finsterwalder Eb. (ZFE) 12 →'43 **DRB 89 7561** →'45 DRo →11.45 SMA	V.u.
Bors 1906/ 6185	Zschipkau-Finsterwalder Eb. (ZFE) 13 →'43 **DRB 89 7562** →'45 DRo/DR →01.12.57 WL 3 LEW Hennigsdorf	+um 65
Bors 1910/ 7454	Zschipkau-Finsterwalder Eb. (ZFE) 14 →'43 **DRB 89 7563** →'45 DRo/DR	+04.12.63
Bors 1912/ 8457	Zschipkau-Finsterwalder Eb. (ZFE) 15 →'43 **DRB 89 7564** →'45 DRo/DR →01.07.58 WL 4 BKW Edderitz	+um 75

Von der Zschipkau-Finsterwalder Eisenbahn stammte die 89 7564, die ab 1958 als Werklok 4 des BKW Edderitz tätig war. Auf der in Gröbzig entstandenen Aufnahme kann man erkennen, dass neben der Anschrift „Werklok 4" auch noch die alte Reichsbahnnummer „89 7564" direkt daneben angebracht war.

C n2t — DRB 89^{75} — (ex PKP TKh 1)

Treibraddurchmesser (mm):	1 100
Achsstand (mm):	3 000
Länge über Puffer (mm):	8 780
Dienstgewicht (t):	35,9
Achslast (maximal) (t):	12,0
Höchstgeschwindigkeit (km/h):	40
Zylinderdurchmesser (mm):	350
Kolbenhub (mm):	550
Rostfläche (m²):	1,35
Verdampfungsheizfläche (m²):	60,6
Überhitzerheizfläche (m²):	12,0
Kesselüberdruck (atm):	12,0

Die PKP TKh 1-22, eine preußische T3 nach Musterblatt III-4p, befand sich bei der Aufteilung des Fahrzeugparks der Polnischen Staatsbahnen im Jahr 1939 im sowjetischen Einflussbereich und kam daher zum NKPS. Im Verlauf des Russlandfeldzuges wurde sie jedoch von deutschen Truppen erbeutet und anschließend in den Bestand der Reichsbahn integriert. Noch 1945 wurde die Umzeichnung der Maschine in 89 7565 – im Anschluss an die 1943 eingereihten Dreikuppler der Schipkau-Finsterwalder Eisenbahn – angeordnet, aber nicht mehr ausgeführt. Die Lokomotive verblieb bei Kriegsende in Polen und wurde dort in TKh 1-5 umgezeichnet.

Freu 1905/ 222	Dzg 1852 →'06 DZG 6301 T3 →'22 PKP TKh 1-22 →'39 NKPS →ca. '41/42 DRB →'45 **DRB [89 7565]** →'45 PKP TKh 1-5"	+

Möglicherweise hat die Deutsche Reichsbahn im Jahr 1945 nicht nur die PKP TKh 1-22 in 89 7565 umgezeichnet (zumindest auf dem Papier) sondern auch eine weitere Lokomotive (tatsächlich) in 89 7566. Dieses Bild zeigt einen Dreikuppler, der mit der Betriebsnummer „89-7566" bei einem sowjetischen Industriebetrieb als Werklok im Einsatz war. Dies ist auf alle Fälle eine andere Maschine als die 1947 von der DR in 89 7566 umgezeichnete und erst 1962 in der DDR ausgemusterte PH 151 – und da man sich die Betriebsnummer „89-7566" in Russland sicherlich nicht „aus den Fingern gesaugt" hat, liegt die Vermutung nahe, dass sie diese Nummer bei der Übernahme bereits getragen hat. Tatsächlich sind die die Umzeichnung der Lokomotiven betreffenden Unterlagen aus den Jahren 1944 und 1945 – meist Einzelverfügungen – nur bruchstückhaft überliefert, so dass es durchaus möglich ist, dass es Umzeichnungen gegeben hat, die in der Zwischenzeit in Vergessenheit geraten sind.
Das Bild zeigt eindeutig eine von der AEG gefertigte Lokomotive – zum Vergleich sei auf die Aufnahme der 89 6479 verwiesen. Von dieser Bauart wurden nur sechs Maschinen gebaut:

- *Fabr.-Nr. 2790 wurde an Henkel von Donnersmarck in Beuthen für die Hugo-Zweng-Grube geliefert*
- *Fabr.-Nr. 2833 kam auf Umwegen an die Kleinbahn Niebüll-Dagebüll und später an die Dolomitwerke in Wülfrath*
- *Fabr.-Nr. 3106, 3151, 3152 wurden von den Osthavelländischen Kreisbahnen beschafft (später DR 89 6479-6481)*
- *Fabr.-Nr. 4340 ging an die Krainische Industrie Gesellschaft – später bis in die 70er-Jahre beim Eisenwerk Jesenice.*

Somit muss die abgebildete vermutlich im Jahr 1945 von der DRB in 89 7566 umgezeichnete Maschine die AEG-Fabriknummer 2790 gewesen sein, deren Verbleib bisher unbekannt gewesen war.

C n2t **DR 89^{75}** (ex divers)

Die Betriebsnummern 89 7566-7578 wurden von der Deutschen Reichsbahn in der DDR zwischen 1947 und 1955 insgesamt 13 Dreikupplern unterschiedlichster Herkunft und Bauart zugewiesen.
Im Jahr 1902 beschaffte die luxemburgische Prinz-Heinrich Eisenbahn (PH) bei der Lokomotivfabrik Henschel in Kassel zwei preußische T3 als Reihe „F". Die Maschinen entsprachen in ihrer Ausführung dem ursprünglichen Musterblatt III-4e (1) mit schräger Führerhausrückwand, hatten jedoch – so nach den luxemburgischen Quellen – abweichende Dimensionen beim Raddurchmesser, Zylinderdurchmesser und beim Kolbenhub.
Eine der beiden Maschinen tauchte nach dem Ende des Zweiten Weltkriegs mit der Betriebsnummer „6230", welche der Fabriknummer entsprach, beim Bw Oranienburg auf, nachdem sie 1941 an einen unbekannten Abnehmer verkauft worden war. Die Deutsche Reichsbahn gab ihr 1947 die neue Betriebsnummer „89 7566".
Auch die 89 7567 und 89 7568 waren preußische T3, die allerdings beide von Privatbahnen stammten. Wie die Maschinen in den Bestand der Deutschen Reichsbahn gekommen sind, ist nicht bekannt – es wird aber vermutet, über die Braunkohleindustrie.
Die spätere 89 7569 wurde nach Kriegsende als „Pfza 2" bei der RBD Dresden vorgefunden. Es handelte sich um eine ehemalige PKP TKh 12, die – obwohl ein Einzelstück – bei der DR immerhin bis 1966 durchgehalten hat.

	89 7566	89 7567-7568, 7571-7573, 7578	89 7569	89 7570	89 7574
Treibraddurchmesser (mm):	1 200	1 100	1050	1 100	1045
Achsstand (mm):	3 000	3 000	2 700		3 000
Länge über Puffer (mm):					8 505
Dienstgewicht (t):	33,0	32,3	30,6	41,2	35,7
Achslast (maximal) (t):		10,8			12,0
Höchstgeschwindigkeit (km/h):		40	45	40	45
Zylinderdurchmesser (mm):	400	350	345	450	380
Kolbenhub (mm):	580	550	480	550	540
Rostfläche (m²):	1,35	1,35	1,04	1,48	1,0
Verdampfungsheizfläche (m²):	78,7	60,0	53,55	93,4	63,9
Kesselüberdruck (atm):	12,0	12,0	12,0	12,0	12,0

	89 7575-7576	89 7577
Treibraddurchmesser (mm):		1 100
Achsstand (mm):		3 000
Länge über Puffer (mm):		8 300
Dienstgewicht (t):		32,4
Achslast (maximal) (t):		10,8
Höchstgeschwindigkeit (km/h):		45
Zylinderdurchmesser (mm):		340
Kolbenhub (mm):		550
Rostfläche (m²):		1,01
Verdampfungsheizfläche (m²):		57,8
Kesselüberdruck (atm):		12,0

Die Lok 89 7570 hatte es aus den Niederlanden zur RBD Cottbus verschlagen – auch bei dieser Maschinen ist nicht bekannt, auf welchem Weg sie dorthin gelangt war. Eine zweite TKh 12 wurde übrigens als 89 8151 in den Reichsbahn-Bestand eingereiht.
Die nächsten drei Maschinen, 89 7571-7573, waren erneut preußische T3, die von Privat- bzw. Werkbahnen in den DR-Bestand kamen. Die Identität der 89 7573 konnte bisher noch nicht geklärt werden – als Hersteller wird in der Literatur „Freudenstein" genannt; das Ausmusterungsprotokoll gibt als Baujahr „1907" und als Fabriknummer „Raw Halle Nr. 44" an.
Dagegen war die 89 7574 eine württembergische T3, die in den 20er Jahren als Werklok nach Mitteldeutschland verkauft worden war. Ebenfalls Werklokomotiven waren die als 89 7575 und 89 7576 übernommenen Maschinen, wobei zu letzterer leider keinerlei Informationen zu ihrer Identität bekannt sind.
Die 89 7577 war schließlich ebenfalls eine T3, allerdings eine oldenburgischer Bauart. Auch diese Maschine war bereits in den 20er Jahren als Werklokomotive nach Mitteldeutschland gekommen.
Die letzte Maschine, die 89 7578, war dagegen eine preußische T3, die zuvor als TKh 1-17 bei den Polnischen Staatsbahnen im Einsatz gestanden hatte. Die Identität der Maschine ist unklar – genannt wird als frühere KPEV-Betriebsnummer „DANZIG 6203", doch diese Maschine wurde zur 89 7542. Auch die Werklok-Betriebsnummer „6202" könnte eine Hinweis darauf sein, dass sich eine andere Maschine hinter der 89 7578 versteckt.
An dieser Stelle soll noch ergänzend erwähnt werden, dass im Bestandsverzeichnis der ED Münster vom 1. Dezember 1945 auch eine 89 7579 enthalten war (Kessel-Fabr.Nr. 1451 - vermutlich Hohz 1451), deren Identität unbekannt ist. Ob die Lok tatsächlich existiert hat oder einfach nur ein Schreibfehler in der Bestandsliste war, ist unklar.

Hen 1902/ 6230	Prinz-Heinrich Eb. (PH) 152 +40 →10.41 verk (an ?) →'45 DRo "6230"	→'47 **DRo/DR 89 7566**	+28.09.62
Hohz 1899/ 1266	Klb. Polkwitz-Raudten GRAF RECKE-VOLMERSTEIN →'45 WL →'57 WL 11 Stahlwerk Riesa ('70 i.E.)	→'47 **DRo/DR 89 7567**	+
O&K 1901/ 606	Klb. Kreuz - Schloppe - Deutsch-Krone (KSK) (Nr. ?) →'?? (an ?)	→'47 **DRo/DR 89 7568**	+02.07.65
Flor 1896/ 1082	kkStB 19706 →'05 kkStB 97.106 →'18 PKP TKh 12-() →'?? verk. (WL ?) Pfza 2 →'45 DRo	→'47 **DRo/DR 89 7569**	+23.02.66

Von der von der Prinz-Heinrich-Eisenbahn (PH) stammenden 89 7566 sind leider keine Aufnahmen bekannt – daher soll diese Maschine durch die baugleiche PH 151 repräsentiert werden. *Foto: Hermann Maey*

Eine preußische T 3, die von der Kleinbahn Polkwitz-Raudten beschafft worden war, wurde 1947 von der Deutschen Reichsbahn als 89 7567 in ihren Bestand übernommen und zehn Jahre später als „Werklok 11" an das Stahlwerk Riesa verkauft worden. Die Aufnahme zeigt die Maschine im Oktober 1961 im RAW Leipzig.

Auch die 89 7568 war eine preußische T 3, die ursprünglich von einer Kleinbahn beschafft worden war – in diesem Fall von der Kleinbahn Kreuz - Schloppe - Deutsch-Krone. Wie die Lokomotive der in Westpreußen gelegenen Bahn während des Krieges auf das Gebiet der späteren DDR gelangte, lässt sich leider nicht mehr genau nachvollziehen – bekannt ist nur, dass die Lokomotive im Jahr 1947 von der DR in ihren Bestand übernommen wurde. Die Aufnahme von Günter Meyer entstand 1964 im Bw Chemnitz-Hilbersdorf.

Bei Kriegsende war diese Lokomotive als „Pfza 2" – die Bedeutung dieser Abkürzung ist leider unbekannt – bei der Rbd Dresden abgestellt und wurde 1947 von der Reichsbahn in 89 7569 umgezeichnet. Es handelt sich um eine Maschine der kkStB-Reihe 97, die nach dem ersten Weltkrieg in Polen verblieben war und dort der Gattung TKh12 zugeordnet wurde. Aufgrund des relativ frühen Ausscheidens aus dem PKP-Bestand ist die konkrete polnische Betriebsnummer aber leider nicht bekannt.
Foto: Georg Otte

Angesichts der für deutsche Gleise sehr ungewöhnlichen Bauart der 89 7569 soll auch noch die Ansicht von der Heizerseite gezeigt werden. Georg Otte fotografierte den Einzelgänger im Jahr 1964 in Gleisberg-Marbach.

LHL 1922/ 2547	Limburgsche Tramweg Maatschappij 52 →'37 Fa. Dotremont, Maastricht →'?? WL 2547 →'45 DRo →'47 **DRo/DR 89 7570** →04.05.54 verk. WL 4 RAW Karl-Marx-Stadt	+64
O&K 1914/ 6861	Görlitzer Krb. 21 →07.48 **DRo/DR 89 7571** →31.03.57 verk. WL 6 Stahlwerk Gröditz	+um 66
Haga 1904/ 508	Stn 1756 →'06 STN 6203 T3 →'25 DRB 89 7468 →'44 WL „MARS I" Rheinmetall-Borsig →'45 DRo/DR →10.53 **DR 89 7572**	+23.11.66
(?) ????/ ?	(?) →'?? WL „MARS II" Rheinmetall-Borsig →'?? DR WL 44 RAW Halle →10.53 **DR 89 7573**	+29.07.66
Essl 1903/ 3255	K. W. St. E. 935 (T3) →'25 DRB [89 354] →ca.'25/26 verk. Zuckerfabrik Hecklingen →10.53 **DR 89 7574** →23.02.56 verk. HL Institut für Schienenfahrzeuge, Berlin-Adlershof	+61
O&K 1938/ 13129	Dynamit-Nobel AG, Troisdorf →'?? WL 13-129 Bw Stralsund →10.53 **DR 89 7575** →09.02.55 WL 1" RAW Tempelhof	+09.08.71

Bei der ehemaligen DR 89 7570 befand sich am Führerhaus ein Schild „W-L 4", welches sie als Werklokomotive des RAW Karl-Marx-Stadt auswies. Die Lokomotive war 1922 von Linke-Hofmann an die niederländische Limburgsche Tramweg Maatschappij geliefert worden, welche sie 1937 an die Firma Dotremont in Maastricht weitergab. Vermutlich stammt von diesem Eigentümer auch das Schild mit der Betriebsnummer „3", welches in der Höhe der Rauchkammer angebracht war. Foto: Georg Otte

Auch die 89 7571, eine ursprünglich an die Görlitzer Kreisbahn gelieferte preußische T 3, kann hier nur mit einem Bild aus ihrer Zeit als Werklok beim VEB Stahl- und Walzwerk Gröditz präsentiert werden. Ausgeschieden ist die Lokomotive um 1966.

(?) 1912/ ?	(?) →'?? WL 200 Bw Stralsund →10.53	**DR 89 7576**	+10.10.57
Hano 1900/ 3421	GOE 138 MEISE (T3) →'20 WL in Bautzen →'?? WL Stahlwerk Riese /L →19.11.53	**DR 89 7577**	+03.10.61
(?) ????/ ?	(T3) →'?? PKP TKh 1-17 →'?? DRB/F →'45 DRo/DR →01.01.55	**DR 89 7578**	
	+02.03.65 →'65 WL 6202 RAW Brandenburg		+um 69

Eine „echte" preußische T 3 nach Musterblatt III-4p war die DR 89 7572. Die an die KED Stettin gelieferte und von der DRB als 89 7468 bezeichnete Maschine war 1944 an Rheinmetall-Borsig als Werklokomotive abgegeben worden, fand sich dann nach dem Ende des zweiten Weltkrieges im Reichsbahn-Bestand wieder und wurde 1953 in 89 7572 umgezeichnet. Die Aufnahme von Werner Umlauft entstand 1958 in Stralsund.

Auch diese Lokomotive war während des Krieges als Werklokomotive bei Rheinmetall-Borsig tätig gewesen – mit dem Namen „Mars", der auch bei der 89 7573 noch rechts von den Beheimatungsangaben am Führerhaus prangte. Die Identität dieser Lokomotive, die um 1960 von Georg Otte aufgenommen worden war, konnte bisher noch nicht geklärt werden.

Um eine württembergische T 3 handelte es sich bei der 89 7574. Für die von den Königlich Württembergischen Staatseisenbahnen als Betriebsnummer 935 beschaffte Lokomotive war im DRB-Umzeichnungsplan von 1925 noch die neue Betriebsnummer 89 354 vorgesehen gewesen, doch aufgrund des bereits 1925/26 erfolgten Verkaufs der Maschine an die Zuckerfabrik Hecklingen (bei Staßfurt) erfolgte keine Umzeichnung mehr. Wie dann die Lokomotive von der Zuckerfabrik in den DR-Bestand kam, ist leider noch unbekannt.

C n2t DRB 89^{78} (ex KPEV T 7)

	MIII-4c	ex DGE
Treibraddurchmesser (mm):	1 330	1 330
Achsstand (mm):	3 700	3 700
Länge über Puffer (mm):	9 560	
Dienstgewicht (t):	42,0	41,95
Achslast (maximal) (t):	14,9	14,0
Höchstgeschwindigkeit (km/h):	45	45
Zylinderdurchmesser (mm):	430	430
Kolbenhub (mm):	630	630
Rostfläche (m²):	1,33	1,4
Verdampfungsheizfläche (m²):	96,18	88,2
Kesselüberdruck (atm):	12,0	10,0

Bei den Preußischen Staatsbahnen wurden die normalspurigen dreifach gekuppelten Tenderlokomotiven in die Gattungen T3 und T7 eingereiht. Doch während die Gattung T3 ein recht homogenes Gefüge hatte und fast ausschließlich aus den leichten Normallokomotiven nach MIII-4e und MIII-4p bestand, waren in der Gattung T7 eine Vielzahl unterschiedlicher, aber meist recht ähnlicher Bauarten zusammengefasst worden, die jedoch alle deutlich schwerer und leistungsfähiger als die T3 waren. Eine dieser Bauarten, die von der staatlichen Niederschlesisch-Märkischen Eisenbahn entwickelt und 1881/82 in zehn Exemplaren beschafft worden war, wurde von der Preußischen Staatsbahn als neue „Normal-Lokomotive" (nach Musterblatt III-4c) deklariert. Von diesem Typ wurden zwischen 1883 und 1893 insgesamt 361 Maschinen an die KPEV geliefert. Hinzu kamen noch zwei von der Breslau-Warschauer Eisenbahn sowie eine vom Meurostollen (bei Senftenberg) übernommene Maschine, so dass insgesamt 374 „normale" T7 bei der Preußischen Staatsbahn im Dienst standen. Außerdem gab es noch 93 „nicht normale" T7, die von elf verschiedenen Bahnen beschafft worden waren.

Nach dem Ersten Weltkrieg verblieben 30 T7 in Polen (PKP-Gattung TKh2), zwei in Lettland (LVD Tn201-Tn202) und eine in Belgien. Weitere drei Maschinen kamen zu den Saareisenbahnen (SAAR 6801-6803). Die Deutsche Reichsbahn führte in ihrem vorläufigen Umzeichnungsplan noch 137 Lokomotiven auf (89 7801-7937), doch im endgültigen Umzeichnungsplan waren es nur noch 68 (89 7801-7868). Davon waren übrigens zwei Maschinen (89 7865-7866) „nicht normal" – sie waren ursprünglich von der Dortmund-Gronau-Enscheder Eisenbahn (DGE) beschafft worden. Zu Beginn der Jahres 1931 befanden sich noch acht T7 im Reichsbahn-Bestand; 1936 waren es noch drei.

Literatur:

Scheingraber, Günther: Normale und nicht-normale Lokomotiven. LM 150, S. 189-198
Wenzel, Hansjürgen: Die preußischen Tenderlokomotiven der Gattungen T7 und T8. EK 7/1983, S. 19-25

Bors 1884/ 4070	Mgd 1715 →'95 Ksl 1857 →'04 Ksl 1607 →'06 KSL 6854 T7 →'11 POS 6820 →'20 OST 6820 →'25 **DRB 89 7801**		+
Hano 1885/ 1812	Crr 1796 →'95 Esn 1796 →'06 ESN 6814 T7	→'25 **DRB 89 7802**	+
Hano 1885/ 1818	Clr 1753 →'95 Köl 1753 →'06 KÖL 6807 T7	→'25 **DRB 89 7803**	+
Hano 1885/ 1850	Bsl 1799 →'06 BSL 6836 T7	→'25 **DRB 89 7804**	+31.12.26
Hohz 1885/ 365	Bsl 1778 →'95 Kat 1778 →'06 KAT 6915 T7 →'22 OPP 6915	→'25 **DRB 89 7805**	+
Unio 1885/ 298	Bln 1755 →'95 Bsl 1755" →'06 BSL 6824 T7 [16]	→'25 **DRB 89 7806**	+11.08.26
Unio 1885/ 299	Bln 1756 →'95 Bsl 1756" →'06 BSL 6825 T7	→'25 **DRB 89 7807**	+
Unio 1885/ 304	Bsl 1794 →'06 BSL 6831 T7	→'25 **DRB 89 7808**	+11.08.26
Unio 1885/ 306	Bsl 1796 →'06 BSL 6833 T7	→'25 **DRB 89 7809**	+
Unio 1885/ 313	Alt 1703 →'06 ALT 6802 T7	→'25 **DRB 89 7810**	+28
Hano 1886/ 1889	Han 1800 →25.04.92 Alt 1725 →'06 ALT 6824 T7	→'25 **DRB 89 7811**	+28
Hano 1886/ 1890	Han 1801 →25.04.92 Alt 1726 →'06 ALT 6825 T7	→'25 **DRB 89 7812**	+28
Hano 1886/ 1891	Han 1802 →25.04.92 Alt 1727 →'06 ALT 6826 T7	→'25 **DRB 89 7813**	+29
Hano 1890/ 2141	Erf 1745 →'95 Hal 1806 →'06 HAL 6807 T7 →'20 DRE 6807 →ca.'24 Greußen-Ebeleben-Keulaer Eb. →'24 Osterwieck-Wasserlebener Eb. (OWE) 35	→'25 **DRB 89 7814**	+
Hen 1887/ 2392	Efd 1757 →'91 Crr 1848 →'95 Efd 1848 →'06 EFD 6803 T7	→'25 **DRB 89 7815**	+
Hen 1888/ 2540	Breslau-Warschauer Eb. (BrWa) 7" →07.04 Bsl 1807" →'06 BSL 6839 T7	→'25 **DRB 89 7816**	+
Hen 1888/ 2541	Breslau-Warschauer Eb. (BrWa) 8 →07.04 Bsl 1808" →'06 BSL 6840 T7	→'25 **DRB 89 7817**	+
Vulc 1885/ 904	Bsl 1760 →'95 Kat 1760 →'06 KAT 6897 T7 →'22 OPP 6897	→'25 **DRB 89 7818**	+31.12.26

16) In einer am 6.7.1914 von der KED Breslau aufgestellten „Nachweisung der erzielten Höchstpreise ausgemusterter Lokomotiven" war die BSL 6824 enthalten. Nach dem „Verzeichnis der Lokomotiven und Tender, KED Breslau" schied die BSL 6824 1913/14 aus dem Bestand aus und wurde 1914/15 wieder in Dienst gestellt.

Bei der 89 7811 handelt es sich um die 1886 gebaute T7 mit der Betriebsnummer „ALTONA 6824". Die Ausmusterung der Lokomotive erfolgte 1928 – die Aufnahme entstand vermutlich kurz zuvor.

Vulc 1885/ 913	Bsl 1769 →'95 Kat 1769 →'06 KAT 6906 T7 →'22 OPP 6906 →'25 **DRB 89 7819**	+
Vulc 1885/ 916	Bsl 1772 →'95 Kat 1772 →'06 KAT 6909 T7 →'22 OPP 6909 →'25 **DRB 89 7820**	+13.09.28
Vulc 1889/ 1071	Bsl 1823 →'95 Kat 1823 →'06 KAT 6932 T7 →'22 OPP 6932 →'25 **DRB 89 7821**	+26
Unio 1888/ 436	Alt 1706 →'06 ALT 6805 T7 →'25 **DRB 89 7822**	+27
Unio 1888/ 438	Alt 1708 →'06 ALT 6807 T7 →'25 **DRB 89 7823**	+
Hen 1890/ 2833	Erf 1734 →'95 Hal 1805 →'06 HAL 6806 T7 →'20 DRE 6806 →'25 **DRB 89 7824**	+
Hohz 1890/ 553	Bln 1813 →'95 Bsl 1813" →'06 BSL 6841 T7 →'25 **DRB 89 7825**	+31.12.26
Hohz 1890/ 555	Bln 1815 →'95 Stn 1815 →'06 STN 6801 T7 →'21 DRE 6801 →'25 **DRB 89 7826**	+
Hohz 1890/ 559	Bln 1819 →'95 Bsl 1819" →'06 BSL 6843 T7 →'25 **DRB 89 7827**	+22.05.26
Hohz 1890/ 560	Bln 1820 →'95 Bsl 1820" →'06 BSL 6844 T7 →'25 **DRB 89 7828**	+31.12.26
Unio 1890/ 542	Alt 1714 →'06 ALT 6813 T7 →'25 **DRB 89 7829**	+28
Unio 1890/ 546	Bro 1896 →'95 Bln 1896" →'06 BLN 6818 T7 →'25 **DRB 89 7830** →'29 Vorwohle-Emmerthaler Eb. 1" (DEBG) (Vorwohle-Emmerthaler Eb. (VEE) →'40 Voldagsen-Duingen-Delligsen (VDD) →06.08.41 Neckarbischofsheim-Hüffenhardt →'43 Achern-Ottenhöfen →'43 Neckarbischofsheim-Hüffenhardt →09.12.49 Wiesloch-Waldangelloch →16.02.50 Neckarbischofsheim-Hüffenhardt →23.12.50 Achern-Ottenhöfen →'?? Albtalbahn →11.02.54 Bruchsal-Menzigen-Odenheim →11.55 Albtalbahn) →'57 Albtal-Verkehrs-Ges. (AVG) 1	+60
Unio 1890/ 547	Bro 1897 →'95 Bln 1897" →'06 BLN 6819 T7 →'25 **DRB 89 7831**	+
Unio 1890/ 548	Bro 1898 →'95 Bln 1898" →'06 BLN 6820 T7 →'25 **DRB 89 7832**	+27
Unio 1890/ 549	Bro 1899 →'95 Bln 1899" →'06 BLN 6821 T7 →'25 **DRB 89 7833**	+26
Hohz 1891/ 590	Crr 1851 →'95 Efd 1862" →'06 EFD 6813 T7 →'08 DZG 6805 →'17 BLN 6809" →'25 **DRB 89 7834**	+
Hohz 1891/ 591	Crr 1852 →'95 Köl 1758 →'06 KÖL 6808 T7 →'25 **DRB 89 7835**	+
Hohz 1891/ 605	Alt 1721 →'06 ALT 6820 T7 →'25 **DRB 89 7836**	+28
Hohz 1891/ 607	Clr 1802 →'95 Köl 1802 →'06 KÖL 6824 T7 →'25 **DRB 89 7837** +27 →'?? verk. WL XI Hütte Hagen-Haspe	+
Unio 1891/ 623	Bln 1837 →'95 Bsl 1833" →'06 BSL 6855 T7 →'25 **DRB 89 7838**	+11.06.27
Hohz 1892/ 652	Bln 1841 →'95 Bsl 1836" →'06 BSL 6858 T7 →'25 **DRB 89 7839**	+08.28
Unio 1890/ 556	Bsl 1840 →'95 Bsl 1821" →'06 BSL 6845 T7 →'25 **DRB 89 7840**	+
Unio 1890/ 558	Bsl 1842 →'95 Bsl 1823" →'06 BSL 6847 T7 →'25 **DRB 89 7841**	+
Unio 1890/ 566	Bsl 1504 →'95 Kat 1504 →'06 KAT 6854 T7 →'22 OPP 6854 →'25 **DRB 89 7842** +11.08.26 →bis '29 WL 1 AEG Hennigsdorf ('39 vorh.)	+
Unio 1891/ 618	Bln 1832 →'95 Bsl 1832" →'06 BSL 6854 T7 →'25 **DRB 89 7843**	+11.06.27
Unio 1891/ 620	Bln 1834 →'95 Hal 1834 →'01 Hal 1811 →'06 HAL 6812 T7 →'10 DZG 6807 →'17 BRO 6808 →'20 OST 6808 →'25 **DRB 89 7844**	+27
Unio 1891/ 624	Bln 1838 →'95 Bsl 1834" →'06 BSL 6856 T7 →'25 **DRB 89 7845**	+11.06.27

Von Werner Hubert stammt dieses Bild der 1929 ausgemusterten 89 7813, welches um 1928 entstanden sein dürfte – vergleiche hierzu auch die Aufnahme der 89 7265. Aufnahmeort war das Bahnbetriebswerk (Hamburg-) Wilhelmsburg. Bemerkenswert ist der nicht regelkonforme Strich zwischen Baureihen- und Ordnungsnummer.

Die 89 7866 war ursprünglich von der privaten Dortmund-Gronau-Enscheder Eisenbahn beschafft worden und kam erst 1903 durch die Verstaatlichung der Bahn in den KPEV-Bestand. Auch diese Aufnahme entstand im Bw (Hamburg-) Wilhelmsburg.
Foto: Werner Hubert

Unio 1891/ 632	Bsl 1527 →'95 Kat 1527 →'06 KAT 6877 T7 →'22 OPP 6877 →'25 **DRB 89 7846**	+
Unio 1891/ 642	Alt 1723 →'06 ALT 6822 T7 →'25 **DRB 89 7847**	+02.29
Unio 1892/ 651	Bsl 1518 →'95 Kat 1518 →'06 KAT 6868 T7 →'22 OPP 6868 →'25 **DRB 89 7848**	+
Graf 1892/ 4349	Efd 1870 →'06 EFD 6821 T7 →'25 **DRB 89 7849**	+um 27
Graf 1892/ 4350	Efd 1871 →'06 EFD 6822 T7 →'25 **DRB 89 7850**	+26
Graf 1892/ 4353	Efd 1874 →'06 EFD 6825 T7 →'25 **DRB 89 7851**	+um 27
Graf 1892/ 4354	Efd 1875 →'06 EFD 6826 T7 →'25 **DRB 89 7852**	+28
Hohz 1892/ 685	Crr 1859 →'95 Esn 1859 →'00 Esn 1776" →'06 ESN 6827 T7 →'11 ALT 6828 →'25 **DRB 89 7853**	+
Hohz 1892/ 687	Crr 1861 →'95 Esn 1861 →'00 Esn 1778 →'06 ESN 6829 T7 →'11 ALT 6830 →'25 **DRB 89 7854**	+
Hohz 1892/ 689	Crr 1863 →'95 Esn 1863 →'00 Esn 1779 →'06 ESN 6830 T7 →'11 ALT 6831 →'25 **DRB 89 7855**	+
Hohz 1892/ 692	Crr 1866 →'95 Esn 1866 →'00 Esn 1780 →'06 ESN 6831 T7 →'11 ALT 6832 →'25 **DRB 89 7856**	+
Unio 1892/ 683	Clr 1818 →'95 Köl 1818 →'06 KÖL 6826 T7 →'25 **DRB 89 7857**	+
Unio 1892/ 693	Efd 1878 →'06 EFD 6829 T7 →'22 KÖL 6832 →'25 **DRB 89 7858**	+
Unio 1892/ 696	Bln 1859 →'95 Bsl 1847 →'06 BSL 6861 T7 →'25 **DRB 89 7859**	+08.28
Unio 1892/ 700	Bln 1863 →'95 Bsl 1849 →'06 BSL 6863 T7 →'25 **DRB 89 7860**	+09.28
Unio 1892/ 702	Bln 1865 →'02 Bln 1757" →'06 BLN 6829 T7 →'25 **DRB 89 7861** +04.28 →'28 DEBG 35 (Vorwohle-Emmerthaler Eb. (VEE) →02.02.32 Albtalbahn)	+02.01.53
Unio 1892/ 710	Bsl 1544 →'95 Kat 1544 →'06 KAT 6889 T7 →'22 OPP 6889 →'25 **DRB 89 7862**	+
Unio 1892/ 715	Bsl 1549 →'95 Kat 1549 →'06 KAT 6894 T7 →'22 OPP 6894 →'25 **DRB 89 7863**	+
Unio 1892/ 716	Bsl 1550 →'95 Kat 1550 →'06 KAT 6895 T7 →'22 OPP 6895 →'25 **DRB 89 7864**	+12.28
Vulc 1895/ 1474	Dortmund-Gronau-Enscheder Eb. (DGE) 35 →'03 Esn 1785 →'06 ESN 6834 (T7) →'15 DZG 6834 →ca.'20 ALT 6835 →'25 **DRB 89 7865**	+
Hohz 1898/ 1022	Dortmund-Gronau-Enscheder Eb. (DGE) 37 →'03 Esn 1789 →01.10.03 Mst 1789 →'06 MST 6801 (T7) →'15 ALT 6838 →'25 **DRB 89 7866**	+30
Hano 1900/ 3451	Meurostollen Senftenberg MEURO →'?? Hal 1849 →'06 HAL 6819 T7 →'10 BRO 6807 →'20 OST 6807 →'25 **DRB 89 7867** →'?? WL III Mitteldeutsche Stahlwerke, Stahl- und Walzwerk Weber, Brandenburg ('38 vorh.)	+
Graf 1892/ 4352	Efd 1873 →'06 EFD 6824 T7 →'?? DZG 6806 →'17 BLN 6810" →'25 **DRB 89 7868**	+

C n2t **DRB 89^{78}** (ex Privatbahn)

Treibraddurchmesser (mm):	1 330
Achsstand (mm):	3 700
Länge über Puffer (mm):	9 560
Dienstgewicht (t):	42,0
Achslast (maximal) (t):	
Höchstgeschwindigkeit (km/h):	45
Zylinderdurchmesser (mm):	430
Kolbenhub (mm):	630
Rostfläche (m²):	1,33
Verdampfungsheizfläche (m²):	96,18
Kesselüberdruck (atm):	

Als 1930 die Lokomotiven der Bremer Hafenbahn von der Deutschen Reichsbahn übernommen wurden, wies man den meisten Dreikupplern Betriebsnummern direkt im Anschluss an die preußische T3 zu (siehe 89 7512-7521), obwohl die Hafenbahn-Maschinen deutlich schwerer als die kleinen Preußinnen gewesen waren. Noch kräftiger als die genannten Lokomotiven war allerdings die Betriebsnummer 5" der Bremer Hafenbahn – manche Quellen nennen als Betriebsnummer auch die „6": Dies war eine echte preußische T7 nach Musterblatt III-4c, weshalb die Maschine im Anschluss an die preußischen T7, die zu diesem Zeitpunkt allerdings bereits fast alle ausgemustert waren, als 89 7869 bezeichnet wurde. Bei der Reichsbahn blieb die Maschine aber nur zwei Jahre im Bestand, wurde sie doch bereits 1932 an die Kreis Oldenburger Eisenbahn verkauft. Doch mit der Verstaatlichung dieser Bahn kam die Maschine wieder zur Reichsbahn zurück – und erhielt erneut ihre alte Betriebsnummer 89 7869.

Vulc 1895/ 1513	Hafenbahn Bremen 5" →'30 **DRB 89 7869** +09.32 →16.09.32 Kreis Oldenburger Eb. 5" →'41 DRB →'42 **DRB 89 7869** →'45 MPS	+08.51

Von der Hafenbahn in Bremen stammte die 89 7869 – eine 1895 direkt an die Hafenbahn gelieferte preußische T7. Die 1930 von der DRB übernommene Lok wurde 1932 an die Kreis Oldenburger Eisenbahn verkauft, und als diese 1941 verstaatlicht wurde, erinnerte man sich an die frühere Bezeichnung der Maschine und übernahm sie erneut als 89 7869 in den Reichsbahn-Bestand. *Foto: Werner Hubert*

C n2t **DRB 89^{80}** (ex MFFE T 3a/T 3b)

	89 8001-8052	89 8053-8054	89 8055-8068
MFFE-Gattung:	T 3a	T 3b	T 3b
Treibraddurchmesser (mm):	1 100	1 100	1 150
Achsstand (mm):	3 000	3 000	3 000
Länge über Puffer (mm):	8 300		
Dienstgewicht (t):	30,8	34,1	33,2
Achslast (maximal) (t):	10,5		11,3
Höchstgeschwindigkeit (km/h):	45	45	45
Zylinderdurchmesser (mm):	350	350	350
Kolbenhub (mm):	550	550	550
Rostfläche (m²):	1,35	1,34	1,30
Verdampfungsheizfläche (m²):	59,94	60,86	59,80
Kesselüberdruck (atm):	12,0	12,0	12,0

Auch in Mecklenburg wurden zahlreiche Tenderlokomotiven nach dem Vorbild der preußischen Gattung T3 (Musterblatt III-4e) beschafft – und zwar sowohl von den mecklenburgischen Privatbahnen, als auch von der Mecklenburgischen Friedrich-Franz-Eisenbahn (MFFE). Die Lokomotiven – inklusive der von Privatbahnen übernommenen Maschinen – wurden verschiedenen Gruppen zugeteilt, die später in zwei Gattungen aufgingen:

MFFE-Betr.Nr.	MFFE-Gruppe	MFFE-Gattung	DRB-Nr.
530-531	XV	T 3a	
532-535	XVI	T 3a	
550-594	XVII	T 3a	89 8001-8022, 8051-8052
595-611	XVII	T 3b	89 8053-8068

Prinzipiell hatte man die älteren Maschinen der Gattung T3a und die neueren nach Musterblatt III-4e (2) der Gattung T3b zugeordnet. Bei der Vergabe der DRB-Betriebsnummern ging es bei den MFFE-Loks 591-592 allerdings etwas „durcheinander“: Obwohl es sich bei diesen zweifelsfrei um Maschinen der ersten Bauserie handelte, wur-

Obwohl die mecklenburgischen T 3 baugleich mit den preußischen waren, wurden sie nicht in einer gemeinsamen Baureihe zusammengefasst: Während die preußischen Maschinen Betriebsnummern ab 89 7001 erhielten, bekamen die mecklenburgischen jene ab 89 8001. Die abgebildete 89 8009 war laut den Führerhausanschriften in Güstrow beheimatet; die Aufnahme entstand vermutlich 1930. *Foto: Kroll*

den sie von der Reichsbahn als „T3b" eingereiht. Bemerkenswert waren auch die Maschinen 595-596, hatten diese doch als einzige eine Heusinger-Steuerung.

Wie viele ihrer preußischen Schwestern (siehe Baureihe 89^{70-75}) wurden auch die meisten mecklenburgischen T 3 bereits wenige Jahre nach der Umzeichnung ausgemustert. Ausgesprochen aus dem Rahmen fällt dabei allerdings die 89 8066, die erst 1957 abgestellt und 1963 ausgemustert wurde. Noch langlebiger – allerdings nicht in Staatsbahndiensten – war die 89 8006, die noch bis 1965 beim Metallhüttenwerk Lübeck im Einsatz stand.

Am Führerhaus der 89 8059 war als Bahnbetriebswerk „Schwerin" angeschrieben – vermutlich entstand die Aufnahme auch in ihrem Heimat-Bahnbetriebswerk. Auf dem Führerhausvorhang kann man noch den Schriftzug „Lok 601" lesen – die „601" war die mecklenburgische Betriebsnummer dieser Maschine gewesen. *Foto: Kroll*

Am 10. September 1933 fotografierte Carl Bellingrodt im Bw Rostock die 89 8061 – dahinter lugte noch die 75 481 in das Bild hinein. Die Ausmusterung der 89er erfolgte ein Jahr später im Oktober 1934.

Bors 1884/ 4083	Mecklenburgische Südbahn (MSB) 4 MALCHOW →'94 Mecklenburgische Friedrich-Franz-Eb. (MFFE) 558 (XVII →'10 T3a) →'25 **DRB 89 8001**	+31
Bors 1884/ 4084	Mecklenburgische Südbahn (MSB) 5 WAREN →'94 Mecklenburgische Friedrich-Franz-Eb. (MFFE) 559 (XVII →'10 T3a) →'25 **DRB 89 8002**	+29/30
Jung 1892/ 119	Parchim-Ludwigsluster Eb. (PaL) LUDWIGSLUST →'94 Mecklenburgische Friedrich-Franz-Eb. (MFFE) 562 (XVII →'10 T3a) →'25 **DRB 89 8003**	+29
Hohz 1894/ 797	Mecklenburgische Friedrich-Franz-Eb. (MFFE) 125 TRINING (XVII) →'95 Mecklenburgische Friedrich-Franz-Eb. (MFFE) 564 (XVII →'10 T3a) →'25 **DRB 89 8004**	+bis 31
Hohz 1894/ 799	Mecklenburgische Friedrich-Franz-Eb. (MFFE) 127 WESPEELFITZ (XVII) →'95 Mecklenburgische Friedrich-Franz-Eb. (MFFE) 566 (XVII →'10 T3a) →'25 **DRB 89 8005** +07.32 →25.08.32 Vereinigte Zuckerfabriken Malchin-Teterow	+
Hohz 1894/ 801	Mecklenburgische Friedrich-Franz-Eb. (MFFE) 129 HABICHTFITZ (XVII) →'95 Mecklenburgische Friedrich-Franz-Eb. (MFFE) 568 (XVII →'10 T3a) →'25 **DRB 89 8006** +04.28 →07.28 verk. See-Grenzschlachthaus, Wismar →16.09.42 verk. WL 10 Metallhüttenwerk Lübeck	+65
Hohz 1894/ 802	Mecklenburgische Friedrich-Franz-Eb. (MFFE) 130 FALKEHTFITZ (XVII) →'95 Mecklenburgische Friedrich-Franz-Eb. (MFFE) 569 (XVII →'10 T3a) →'25 **DRB 89 8007**	+
Schi 1895/ 762	Mecklenburgische Friedrich-Franz-Eb. (MFFE) 571 (XVII →'10 T3a) →'25 **DRB 89 8008**	+12.33
Schi 1895/ 763	Mecklenburgische Friedrich-Franz-Eb. (MFFE) 572 (XVII →'10 T3a) →'25 **DRB 89 8009**	+bis 30
Güst 1895/ 125	Mecklenburgische Friedrich-Franz-Eb. (MFFE) 575 (XVII →'10 T3a) →'25 **DRB 89 8010**	+
Güst 1895/ 131	Mecklenburgische Friedrich-Franz-Eb. (MFFE) 576 (XVII →'10 T3a) →'25 **DRB 89 8011**	+08.28
Hano 1897/ 2856	Mecklenburgische Friedrich-Franz-Eb. (MFFE) 578 (XVII →'10 T3a) →'25 **DRB 89 8012**	+
Schi 1897/ 915	Mecklenburgische Friedrich-Franz-Eb. (MFFE) 580 (XVII →'10 T3a) →'25 **DRB 89 8013**	+
Schi 1897/ 916	Mecklenburgische Friedrich-Franz-Eb. (MFFE) 581 (XVII →'10 T3a) →'25 **DRB 89 8014** →'25 WL 2 Industriebahn Reinickendorf →'?? WL 2 Deutsche Waffen- und Munitionsfabrik, Berlin	+
Schi 1897/ 917	Mecklenburgische Friedrich-Franz-Eb. (MFFE) 582 (XVII →'10 T3a) →'25 **DRB 89 8015**	+
Schi 1897/ 919	Mecklenburgische Friedrich-Franz-Eb. (MFFE) 584 (XVII →'10 T3a) →'25 **DRB 89 8016**	+
Hen 1899/ 5054	Mecklenburgische Friedrich-Franz-Eb. (MFFE) 587 (XVII →'10 T3a) →'25 **DRB 89 8017**	+10.34
Hen 1899/ 5055	Mecklenburgische Friedrich-Franz-Eb. (MFFE) 588 (XVII →'10 T3a) →'25 **DRB 89 8018**	+bis 31
Hen 1899/ 5070	Mecklenburgische Friedrich-Franz-Eb. (MFFE) 589 (XVII →'10 T3a) →'25 **DRB 89 8019**	+bis 31
Hen 1899/ 5071	Mecklenburgische Friedrich-Franz-Eb. (MFFE) 590 (XVII →'10 T3a) →'25 **DRB 89 8020**	+28
Hen 1900/ 5274	Mecklenburgische Friedrich-Franz-Eb. (MFFE) 593 (XVII →'10 T3a) →'25 **DRB 89 8021**	+
Hen 1900/ 5275	Mecklenburgische Friedrich-Franz-Eb. (MFFE) 594 (XVII →'10 T3a) →'25 **DRB 89 8022**	+

Jung 1899/ 358	Mecklenburgische Friedrich-Franz-Eb. (MFFE) 591 (XVII →'10 T3a) →'25 **DRB 89 8051**	+
Jung 1899/ 359	Mecklenburgische Friedrich-Franz-Eb. (MFFE) 592 (XVII →'10 T3a) →'25 **DRB 89 8052**	+um 28
BAG 1902/ 46	Mecklenburgische Friedrich-Franz-Eb. (MFFE) 595 (XVII →'10 T3b) →'25 **DRB [89 8053]** →'26 verk. Hafenbahn Schwerin ('67 vorh.)	+
BAG 1902/ 111	Mecklenburgische Friedrich-Franz-Eb. (MFFE) 596 (XVII →'10 T3b) →'25 **DRB 89 8054**	+
Hen 1902/ 6215	Mecklenburgische Friedrich-Franz-Eb. (MFFE) 597 (XVII →'10 T3b) →'25 **DRB 89 8055**	+bis 31
Hen 1903/ 6373	Mecklenburgische Friedrich-Franz-Eb. (MFFE) 598 (XVII →'10 T3b) →'25 **DRB 89 8056**	+um 26
Hen 1903/ 6374	Mecklenburgische Friedrich-Franz-Eb. (MFFE) 599 (XVII →'10 T3b) →'25 **DRB 89 8057**	+07.32
BAG 1903/ 172	Mecklenburgische Friedrich-Franz-Eb. (MFFE) 600 (XVII →'10 T3b) →'25 **DRB 89 8058**	+07.32
BAG 1903/ 173	Mecklenburgische Friedrich-Franz-Eb. (MFFE) 601 (XVII →'10 T3b) →'25 **DRB 89 8059**	+bis 31
Hen 1904/ 6844	Mecklenburgische Friedrich-Franz-Eb. (MFFE) 602 (XVII →'10 T3b) →'25 **DRB 89 8060**	+bis 31
Hen 1904/ 6845	Mecklenburgische Friedrich-Franz-Eb. (MFFE) 603 (XVII →'10 T3b) →'25 **DRB 89 8061** +10.34 →'?? verk. (an ?) →'43 WL Schotterwerk Rethwisch (12.47 vorh.)	+
Hen 1904/ 6884	Mecklenburgische Friedrich-Franz-Eb. (MFFE) 604 (XVII →'10 T3b) →'25 **DRB 89 8062**	+30
Hen 1904/ 6899	Mecklenburgische Friedrich-Franz-Eb. (MFFE) 605 (XVII →'10 T3b) →'25 **DRB 89 8063**	+02.28
Hen 1905/ 7067	Mecklenburgische Friedrich-Franz-Eb. (MFFE) 606 (XVII →'10 T3b) →'25 **DRB 89 8064**	+08.33
Hen 1905/ 7068	Mecklenburgische Friedrich-Franz-Eb. (MFFE) 607 (XVII →'10 T3b) →'25 **DRB 89 8065**	+bis 31
BAG 1906/ 374	Mecklenburgische Friedrich-Franz-Eb. (MFFE) 609 (XVII →'10 T3b) →'25 **DRB 89 8066** →'45 DRo/DR	+18.01.63
BAG 1906/ 406	Mecklenburgische Friedrich-Franz-Eb. (MFFE) 610 (XVII →'10 T3b) →'25 **DRB 89 8067**	+08.33
BAG 1906/ 416	Mecklenburgische Friedrich-Franz-Eb. (MFFE) 611 (XVII →'10 T3b) →'25 **DRB 89 8068**	+07.32

Beim Bedienen eines Fährschiffes ist hier die 89 8065 zu sehen – sie war eine der letztgebauten mecklenburgischen T 3 gewesen. *Foto: Kroll*

C n2t DRB 89^{81} (ex K. Bay. Sts. B. DV)

Treibraddurchmesser (mm):	1 212
Achsstand (mm):	3 455
Länge über Puffer (mm):	8 804
Dienstgewicht (t):	44,6
Achslast (maximal) (t):	15,2
Höchstgeschwindigkeit (km/h):	45
Zylinderdurchmesser (mm):	420
Kolbenhub (mm):	610
Rostfläche (m²):	1,64
Verdampfungsheizfläche (m²):	92,0
Kesselüberdruck (atm):	12,0

Für den Güterzugdienst auf der steigungsreichen Strecke von Plattling nach Eisenstein beschafften die Königlich Bayerischen Staatseisenbahnen erstmals dreifach gekuppelte Tenderlokomotiven, welche in der Klasse D V zusammengefasst wurden. Bei den 1877/78 abgelieferten Maschinen wurde die Kohle in den seitlichen kombinierten Kohle- bzw. Wasserkästen mitgeführt; bemerkenswert war auch die elegante Verkleidung des Sicherheitsventils auf dem Langkessel. Nach einigen Jahren verschob sich der Einsatzschwerpunkt vermehrt hin zum Verschubdienst, bei dem sich die recht leistungsfähigen Maschinen auch gut bewährten. Im Umzeichnungsplan der Deutschen Reichsbahn von 1925 waren noch alle zehn Maschinen als 89 8101-8110 enthalten, doch bis auf eine Maschine, die erst 1928 ausschied, wurden alle Lokomotiven bereits 1925/26 ausgemustert – höchstwahrscheinlich allesamt noch mit ihren bayerischen Betriebsnummern.

Maff 1877/ 1154	K. Bay. Sts. B. 379" EIBSEE. (DV)	→'25 **DRB 89 8101**	+22.05.26
Maff 1877/ 1155	K. Bay. Sts. B. 380" KÖNIGSEE. (DV)	→'25 **DRB 89 8102**	+22.05.26
Maff 1877/ 1156	K. Bay. Sts. B. 381" OBERAUDORF. (DV)	→'25 **DRB 89 8103**	+19.11.25
Maff 1877/ 1157	K. Bay. Sts. B. 382" DETTELBACH. (DV)	→'25 **DRB 89 8104**	+19.11.25
Maff 1877/ 1158	K. Bay. Sts. B. 383" IPHOFEN. (DV)	→'25 **DRB 89 8105**	+22.05.26
Maff 1877/ 1159	K. Bay. Sts. B. 384" MAINBERNHEIM. (DV)	→'25 **DRB 89 8106**	+26
Maff 1878/ 1160	K. Bay. Sts. B. 793 ULRICHSBERG (DV)	→'25 **DRB 89 8107**	+28
Maff 1878/ 1161	K. Bay. Sts. B. 794 GOTTESZELL (DV)	→'25 **DRB 89 8108**	+22.05.26
Maff 1878/ 1162	K. Bay. Sts. B. 795 LUDWIGSTHAL (DV)	→'25 **DRB 89 8109**	+22.05.26
Maff 1878/ 1163	K. Bay. Sts. B. 796 EISENSTEIN (DV)	→'25 **DRB 89 8110**	+19.11.25

Mit Ausnahme der 89 8107, für welche das Jahr der Ausmusterung mit 1928 angegeben wird, wurden alle anderen im endgültigen DRB-Umzeichnungsplan enthaltenen Lokomotiven der bayerischen Gattung D V bereits 1925/26 ausgemustert – so dass eine Umzeichnung nicht mehr stattgefunden haben dürfte und es daher nicht verwundert, dass keine Fotografien von Lokomotiven dieser Gattung mit Reichsbahn-Nummer bekannt sind. Aus diesem Grund soll die Baureihe 89^{81} durch die Lok 383 IPHOFEN., welche die Betriebsnummer 89 8105 erhalten sollte, repräsentiert werden. *Foto: Rudolf Kallmünzer*

C n2t DRB 89^{81} (ex PKP TKh 17)

Treibraddurchmesser (mm):	1 226
Achsstand (mm):	3 400
Länge über Puffer (mm):	9 370
Dienstgewicht (t):	41,8
Achslast (maximal) (t):	14,0
Höchstgeschwindigkeit (km/h):	40
Zylinderdurchmesser (mm):	430
Kolbenhub (mm):	600
Rostfläche (m²):	1,40
Verdampfungsheizfläche (m²):	82,5
Kesselüberdruck (atm):	13,0

Wie auch zahlreiche andere Eisenbahnen nutze die österreichische Kaiser-Ferdinands-Nordbahn (KFNB) zu Verschubzwecken ältere Maschinen, die in ihrem ursprünglichen Einsatzgebiet nicht mehr benötigt wurden und sich nun auf verschiedenen Rangierbahnhöfen ihr Gnadenbrot verdienten. Von diesen musterte die KFNB jedoch in der zweiten Hälfte der 1890er-Jahre zahlreiche Maschinen aus, so dass als Ersatz ein speziell für den Verschubdienst entworfener Dreikuppler als KFNB-Reihe X beschafft wurde. Geliefert wurden zwischen 1898 und 1908 insgesamt 37 Maschinen, die nach der Verstaatlichung der KFNB von der kkStB als 66.01-37 übernommen wurden. Nach dem Ersten Weltkrieg befanden sich alle Lokomotiven dieser Reihe in der Tschechoslowakei (ČSD 314.301-324) sowie in Polen. Eine der polnischen Maschinen (66.27) war aber vermutlich beschädigt, da man bereits 1923 die Ausmusterung der Lokomotive beantragte. Alle anderen 66er wurden von den PKP in TKh 17-1 – 12 umgezeichnet. Im Jahre 1931 betrug der Bestand immerhin noch elf Maschinen, doch bis 1939 schrumpfte er auf drei TKh 17. Alle drei Maschinen wurden nach der Annexion und Aufteilung Polens zwischen Deutschland und der Sowjetunion von der Deutschen Reichsbahn als 89 8101-8103 übernommen. Nach dem Russland-Feldzug kamen allerdings drei weitere TKh 17 in den DRB-Bestand (89 8104-8106) – die Vermutung liegt daher nahe, dass mehrere in Polen bereits ausgemusterte Maschinen von den Russen reaktiviert worden waren.

Erwähnt werden soll an dieser Stelle noch, dass die Betriebsnummer 89 8101 zunächst (1938) für die BBÖ 92.08 vorgesehen gewesen war – allerdings fälschlich, da es sich bei dieser Maschine um eine Schlepptenderlokomotive handelte. Zu einer Umzeichnung der 92.08 kam es jedoch nicht mehr, da die Lokomotive zuvor zu einer Heizlok degradiert worden war, die anschließend im RAW Breslau ihren Dienst verrichtete.

Die Lokomotiven der PKP-Gattung TKh17 waren ursprünglich von der Kaiser Ferdinands-Nordbahn (KFNB) beschafft worden und wurden von der Deutschen Reichsbahn als Baureihe 89^{81} übernommen. Die abgebildete TKh17-5, welche 1940 in Krakau fotografiert worden sein soll, wurde 1941 in 89 8101 umgezeichnet. Offensichtlich hatte man bei dieser Maschine die Anordnung, den polnischen Adler durchzustreichen und stattdessen „deutsch" an der Maschine anzuschreiben, missachtet.

Foto: J.B. Kronawitter

Die gleiche Lokomotive 13 Jahre später am 14. November 1953 abgestellt in Weimar. Im Dezember 1955 wurde die Maschine zwar noch an Polen zurückgegeben, aber bei ihrem Zustand verwundert es nicht, dass sie dort nicht wieder in Betrieb gegangen ist.

StEG 1901/ 2969	Kaiser Ferdinands-Nordbahn (KFNB) 55 →'06 kkStB 66.21 →'18 PKP TKh 17-5 →'39 DRB →'41 **DRB 89 8101"** →'45 DRo/DR →10.12.55 PKP	+
StEG 1906/ 3305	Kaiser Ferdinands-Nordbahn (KFNB) 57 →'06 kkStB 66.23 →'18 PKP TKh 17-7 →'39 DRB →'41 **DRB 89 8102"** →'45 PKP TKh 17-2"	+
StEG 1906/ 3310	Kaiser Ferdinands-Nordbahn (KFNB) 62 →'06 kkStB 66.28 →'18 PKP TKh 17-11 →'39 DRB →'41 **DRB 89 8103"** →'45 PKP TKh 100-34	+03.03.50
StEG 1907/ 3429	Kaiser Ferdinands-Nordbahn (KFNB) 63 →'06 kkStB 66.29 →'18 PKP TKh 17-12 +04.04.37 →'39 NKPS →ca. '41/42 DRB →'43 **DRB 89 8104"** →'45 DRo/DR →27.12.55 PKP	+12.05.56
StEG 1901/ 2967	Kaiser Ferdinands-Nordbahn (KFNB) 53 →'06 kkStB 66.19 →'18 PKP TKh 17-3 +24.06.37 →'39 NKPS →ca. '41/42 DRB →'45 **DRB [89 8105"]** →'45 ČSD/R →26.04.48 PKP TKh 17-4"	+
StEG 1901/ 2968	Kaiser Ferdinands-Nordbahn (KFNB) 54 →'06 kkStB 66.20 →'18 PKP TKh 17-4 +10.03.37 →'39 NKPS →ca. '41/42 DRB →'45 **DRB [89 8106"]** →'45 ČSD/R →31.03.48 PKP TKh 17-3"	+

C n2t — DR 89^{81} — (ex PKP TKh 12)

Treibraddurchmesser (mm):	930
Achsstand (mm):	2 700
Länge über Puffer (mm):	7 796
Dienstgewicht (t):	30,0
Achslast (maximal) (t):	10,0
Höchstgeschwindigkeit (km/h):	40
Zylinderdurchmesser (mm):	345
Kolbenhub (mm):	480
Rostfläche (m²):	1,04
Verdampfungsheizfläche (m²):	53,5
Kesselüberdruck (atm):	11,0

Über die 89 8151 ist eigentlich nur bekannt, dass es sich laut Reichsbahn-Umzeichnungsplan vom 25. Januar 1945 um die PKP TKh 12-7 handeln soll. Doch auch über die PKP-Gattung TKh 12 ist nur wenig bekannt: In ihr wurden die bei den PKP vorhandenen 14 Lokomotiven der kkStB-Reihe 97 zusammengefasst; da jedoch alle Lokomotiven relativ früh ausgemustert wurden – 1931 gab es noch vier Exemplare und 1936 war keine TKh 12 mehr im PKP-Bestand – sind auch die Identitäten der einzelnen TKh 12 (und insbesondere die der TKh 12-7) unbekannt. Wenn die Angabe im Umzeichnungsplan stimmt, dürfte die TKh 12-7 nach ihrer Ausmusterung entweder als PKP-eigene Werklok weiterverwendet oder an die Industrie verkauft worden sein, bevor sie während des Russland-Feldzuges wieder in den Bestand der Reichsbahn kam.

Zum weiteren Verbleib der Maschine sind die Informationen ebenfalls sehr rar: Eine 89 8151 wird in keinen Nachkriegs-Bestandslisten genannt – somit ist es sehr unwahrscheinlich, dass eine Umzeichnung noch stattgefunden hat. Allerdings taucht auch ebensowenig eine TKh 12-7 in irgendeinem Nachweis auf.

Bei Valtin heißt es, dass die 89 8151 im Jahr 1945 bei der der RBD Dresden vorgefunden und später in 89 7569 umgezeichnet wurde. Tatsächlich ließ sich für 89 7569 aber die Identität klären – im Ausmusterungsprotokoll werden das Baujahr mit „1897“ und die Fabriknummer mit „1082“ angegeben, was perfekt zur ehemaligen kkStB 97.106 (Flor 97/ 1082) passt, welche auch tatsächlich zur PKP gekommen war. Doch da die PKP ihre Lokomotiven nach aufsteigendem Baujahr nummerte, kann diese Lok nur die Betriebsnummern TKh 12-1 oder -2 erhalten haben. Demnach müssten 89 8151 und 89 7569 unterschiedliche Maschinen gewesen sein – es sei denn, der Umzeichnungsplan von 1945 enthielt einen Tippfehler und es sollte statt TKh 12-7 vielleicht TKh 12-1 oder -2 heißen.

Literatur:

VALTIN, WOLFGANG: Verzeichnis aller Lokomotiven und Triebwagen, Band 2. Berlin, 1992.

(?) ????/ ?	kkStB 97.xxx →’18 PKP TKh 12-7 →’?? verk. (an ?) →’45 **DRB [89 8151]**	V.u.

Da keine Aufnahmen von Lokomotiven der PKP-Gattung TKh 12 bekannt sind, soll diese Gattung und somit auch die potentielle „89 8151“ durch dieses Werkfoto der kkStB 9760 repräsentiert werden.

C n2t **DRB 89^{82}** (ex K. Sächs. Sts. E. B. V T)

	89 8201-8215	**89 8252-8266**	**89 8216-8221**
Treibraddurchmesser (mm):	1 390	1 390	1 240
Achsstand (mm):	3 080	3 060	3 060
Länge über Puffer (mm):	9 296	ca. 9 375	9 635
Dienstgewicht (t):	40,6	43,0	42,0
Achslast (maximal) (t):	13,9	ca. 14,4	14,0
Höchstgeschwindigkeit (km/h):	40	40	40
Zylinderdurchmesser (mm):	406	457	400
Kolbenhub (mm):	610	610	600
Rostfläche (m²):	1,4	1,4	1,3
Verdampfungsheizfläche (m²):	102,2	102,2	81,1
Kesselüberdruck (atm):	8,5	10,0	12,0

Die sächsische Gattung V T wurde über einen Zeitraum von fast 50 Jahren beschafft – allerdings nicht ohne Veränderungen: Prinzipiell kann man – je nachdem wie viel Signifikanz man auch kleineren Änderungen zumisst – zwischen vier, fünf oder sogar sechs verschiedenen Bauarten unterscheiden. Bei der Übernahme der V T durch die Deutsche Reichsbahn wurden die älteren Lokomotiven in der Baureihe 89^{82} zusammengefasst, während die neueren in der

Baureihe 89^2 zu finden waren. Die von der Reichsbahn gezogene Trennlinie zwischen alt und neu wirkt dabei allerdings etwas unmotiviert, trennt sie doch auch nahezu baugleiche Maschinen.
Die erste Bauform umfasste insgesamt 31 Lokomotiven und wurde von 1872 bis 1878 gefertigt. Charakteristisch waren die relativ großen Überhänge vorne und hinten, die bis zur vorderen Pufferbohle reichenden Wasserkästen sowie die Platzierung des Kohlenkastens im Wasserkasten auf der Heizerseite.
Bei der zweiten Bauform – geliefert von 1888 bis 1892 in 18 Exemplaren – war der Belpaire-Stehkessel einem der Bauart Crampton gewichen und die Wasserkästen reichten nun nur noch bis zur Schornsteinmitte. Zwischenzeitlich waren auch noch vier Lokomotiven an später verstaatlichte sächsische Privatbahnen geliefert worden: Zunächst 1883/84 zwei an die Gaschwitz-Meuselwitzer Eisenbahn, die noch weitgehend der ersten Bauform entsprachen, aber bereits kürzere Wasserkästen besaßen. Außerdem 1884 und 1888 jeweils eine Maschine an die Altenburg-Zeitzer Eisenbahn – während die erste noch weitgehend jener der ersten Bauform entsprach, war die zweite mit den ab 1888 gebauten Staatsbahnloks identisch.
Bei der dritten Bauform, deren Ablieferung 1895 begann, waren Kessel und Führerhaus Neukonstruktionen; die Wasserkästen reichten nun bis zur Rauchkammertür. Allen drei Bauformen gemeinsam war die innenliegende Allansteuerung. Die ersten sechs Lokomotiven der dritten Bauform wurden von der Reichsbahn den „alten" Lokomotiven zugeordnet (Baureihe 89^{82}), während alle ab 1896 gebauten Maschinen in die Baureihe 89^2 gelangten. Die Zuordnung der Reichsbahn-Betriebsnummern zu den verschiedenen Bauformen war wie folgt:

Bahn/Bauform	Baujahre	Vorläufige DRB-Nummer	Endgültige DRB-Nummer
K. Sächs. Sts. E. B 1. Bauform	1872-78	89 8201-8227	89 8201-8215
Gaschwitz-Meuselwitzer Eb.	1883-84	89 8251-8252	89 8251
Altenburg-Zeitzer Eb.	1884/88	89 8271-8272	89 8267
K. Sächs. Sts. E. B/2. Bauform	1888-92	89 8253-8270	89 8252-8266
K. Sächs. Sts. E. B/3. Bauform	1895	89 8228-8233	89 8216-8221

Die Differenzen zwischen vorläufigen und endgültigen DRB-Betriebsnummern lassen schon erkennen, dass zur Zeit der Umzeichnung die Ausmusterung der Bauart in vollem Gange war. Tatsächlich sind alle älteren V T in den 20er Jahren ausgemustert worden – nur eine einzige schaffte es noch bis in die 30er Jahre.

Nur ganz schwach ist die Betriebsnummer „89 8265" am Führerstand dieser sächsischen V T zu lesen. Die Lokomotive des Bw Zwickau gehörte zu den letztgebauten V T der alten Bauform.

Hart 1872/ 614	K. Sächs. Sts. E. B. 364 KNAPPE (H T →’76 H V T) →’92 K. Sächs. Sts. E. B. 1541 (H V T →’96 V T) →’25 **DRB 89 8201**	+26
Hart 1873/ 699	K. Sächs. Sts. E. B. 17“ ADHÄSION (H T →’76 H V T) →’92 K. Sächs. Sts. E. B. 1547 (H V T →’96 V T) →’25 **DRB 89 8202**	+25
Hart 1873/ 700	K. Sächs. Sts. E. B. 23“ KRAFT (H T →’76 H V T) →’92 K. Sächs. Sts. E. B. 1548 (H V T →’96 V T) →’25 **DRB 89 8203**	+09.27
Hart 1873/ 701	K. Sächs. Sts. E. B. 24“ LEISTUNG (H T →’76 H V T) →’92 K. Sächs. Sts. E. B. 1549 (H V T →’96 V T) →’25 **DRB 89 8204**	+26
Hart 1873/ 702	K. Sächs. Sts. E. B. 64“ EISEN (H T →’76 H V T) →’92 K. Sächs. Sts. E. B. 1550 (H V T →’96 V T) →’25 **DRB 89 8205**	+04.25
Hart 1873/ 704	K. Sächs. Sts. E. B. 69“ FAHRT (H T →’76 H V T) →’92 K. Sächs. Sts. E. B. 1552 (H V T →’96 V T) →’25 **DRB 89 8206**	+vor 27
Hart 1874/ 790	K. Sächs. Sts. E. B. 219“ ROLLE (H T →’76 H V T) →’92 K. Sächs. Sts. E. B. 1556 (H V T →’96 V T) →’25 **DRB 89 8207**	+vor 27
Hart 1874/ 791	K. Sächs. Sts. E. B. 221“ MEISEL (H T →’76 H V T) →’92 K. Sächs. Sts. E. B. 1557 (H V T →’96 V T) →’25 **DRB 89 8208**	+vor 27
Hart 1874/ 793	K. Sächs. Sts. E. B. 224“ HASPEL (H T →’76 H V T) →’92 K. Sächs. Sts. E. B. 1559 (H V T →’96 V T) →’25 **DRB 89 8209**	+26
Hart 1877/ 958	K. Sächs. Sts. E. B. 18“ COMPASS (H T →’76 H V T) →’92 K. Sächs. Sts. E. B. 1560 (H V T →’96 V T) →’25 **DRB 89 8210**	+25
Hart 1877/ 960	K. Sächs. Sts. E. B. 20“ KOBOLD (H T →’76 H V T) →’92 K. Sächs. Sts. E. B. 1562 (H V T →’96 V T) →’25 **DRB 89 8211**	+26
Hart 1877/ 965	K. Sächs. Sts. E. B. 220“ DYNAMIT (H T →’76 H V T) →’92 K. Sächs. Sts. E. B. 1567 (H V T →’96 V T) →’25 **DRB 89 8212**	+04.28
Hart 1877/ 966	K. Sächs. Sts. E. B. 627“ STEIGER" (H T →’76 H V T) →’92 K. Sächs. Sts. E. B. 1568 (H V T →’96 V T) →’25 **DRB 89 8213**	+26
Hart 1877/ 967	K. Sächs. Sts. E. B. 635“ GLOCKE" (H T →’76 H V T) →’92 K. Sächs. Sts. E. B. 1569 (H V T →’96 V T) →’25 **DRB 89 8214**	+10.26
Hart 1877/ 968	K. Sächs. Sts. E. B. 636“ HALDE" (H T →’76 H V T) →’92 K. Sächs. Sts. E. B. 1570 (H V T →’96 V T) →’25 **DRB 89 8215** +33 →’33 WL Bw Dresden-Friedrichstadt	+
Hart 1895/ 2034	K. Sächs. Sts. E. B. 1592 (H V T →’96 V T) →’25 **DRB 89 8216**	+
Hart 1895/ 2035	K. Sächs. Sts. E. B. 1593 (H V T →’96 V T) →’25 **DRB 89 8217**	+27
Hart 1895/ 2036	K. Sächs. Sts. E. B. 1594 (H V T →’96 V T) →’25 **DRB 89 8218**	+
Hart 1895/ 2037	K. Sächs. Sts. E. B. 1595 (H V T →’96 V T) →’25 **DRB 89 8219**	+
Hart 1895/ 2038	K. Sächs. Sts. E. B. 1596 (H V T →’96 V T) →’25 **DRB 89 8220**	+
Hart 1895/ 2039	K. Sächs. Sts. E. B. 1597 (H V T →’96 V T) →’25 **DRB 89 8221**	+
Hart 1884/ 1380	Gaschwitz-Meuselwitzer Eb. (GaMe) DIE HARTH →’86 K. Sächs. Sts. E. B. 747 DIE HARTH (H V T) →’92 K. Sächs. Sts. E. B. 1573 (H V T →’96 V T) →’25 **DRB 89 8251**	+26
Hart 1888/ 1558	K. Sächs. Sts. E. B. 632“ MOTOR (H V T) →’92 K. Sächs. Sts. E. B. 1574 (H V T →’96 V T) →’25 **DRB 89 8252**	+26
Hart 1888/ 1559	K. Sächs. Sts. E. B. 781 LÄUFER (H V T) →’92 K. Sächs. Sts. E. B. 1575 (H V T →’96 V T) →’25 **DRB 89 8253**	+25
Hart 1888/ 1560	K. Sächs. Sts. E. B. 782 HORIZONT (H V T) →’92 K. Sächs. Sts. E. B. 1576 (H V T →’96 V T) →’25 **DRB 89 8254**	+vor 27
Hart 1890/ 1708	K. Sächs. Sts. E. B. 853 HÄRTE (H V T) →’92 K. Sächs. Sts. E. B. 1579 (H V T →’96 V T) →’25 **DRB 89 8255** +26 →’?? WL Sächsische Werke Böhlen ⇒WL 22 VEB Kombinat „Otto Grotewohl“, Böhlen (’58 Ub. in C fl; Kessel VEB Dampfkesselbau Hohenthurm 58/ 1070)	++75
Hart 1890/ 1709	K. Sächs. Sts. E. B. 854 HAMMER (H V T) →’92 K. Sächs. Sts. E. B. 1580 (H V T →’96 V T) →’25 **DRB 89 8256** +26 →’?? Ub. Dampfspender Nr. 22 →’?? WL VEB Erdölverarbeitungs-Kombinat „Otto Grotewohl“, Böhlen	+
Hart 1890/ 1710	K. Sächs. Sts. E. B. 855 TRIEB (H V T) →’92 K. Sächs. Sts. E. B. 1581 (H V T →’96 V T) →’25 **DRB 89 8257**	+26
Hart 1890/ 1711	K. Sächs. Sts. E. B. 856 WINDE (H V T) →’92 K. Sächs. Sts. E. B. 1582 (H V T →’96 V T) →’25 **DRB 89 8258**	+26
Hart 1891/ 1712	K. Sächs. Sts. E. B. 857 FLÖTZ (H V T) →’92 K. Sächs. Sts. E. B. 1583 (H V T →’96 V T) →’25 **DRB 89 8259**	+26
Hart 1892/ 1862	K. Sächs. Sts. E. B. 1584 (H V T →’96 V T) →’25 **DRB 89 8260**	+26
Hart 1892/ 1863	K. Sächs. Sts. E. B. 1585 (H V T →’96 V T) →’25 **DRB 89 8261**	+26
Hart 1892/ 1864	K. Sächs. Sts. E. B. 1586 (H V T →’96 V T) →’25 **DRB 89 8262**	+26
Hart 1892/ 1865	K. Sächs. Sts. E. B. 1587 (H V T →’96 V T) →’25 **DRB 89 8263**	+26
Hart 1892/ 1866	K. Sächs. Sts. E. B. 1588 (H V T →’96 V T) →’25 **DRB 89 8264**	+26
Hart 1892/ 1868	K. Sächs. Sts. E. B. 1590 (H V T →’96 V T) →’25 **DRB 89 8265**	+
Hart 1892/ 1869	K. Sächs. Sts. E. B. 1591 (H V T →’96 V T) →’25 **DRB 89 8266**	+
Hart 1888/ 1557	Altenburg-Zeitzer Eb. (AbZ) FRIEDRICH →’96 K. Sächs. Sts. E. B. 1611 (V T) →’25 **DRB 89 8267**	+26

C n2t DRB 89^{82} (ex PKP TKh 4)

	89 8201	89 8202
Treibraddurchmesser (mm):	1 200	1 100
Achsstand (mm):	3 100	3 100
Länge über Puffer (mm):	8 880	8 880
Dienstgewicht (t):	37,7	32,0
Achslast (maximal) (t):	12,6	10,7
Höchstgeschwindigkeit (km/h):	50	40
Zylinderdurchmesser (mm):	350	350
Kolbenhub (mm):	550	550
Rostfläche (m²):	1,35	1,35
Verdampfungsheizfläche (m²):	59,1	58,46
Kesselüberdruck (atm):	12,0	12,0

Die Liegnitz-Rawitscher Eisenbahn (LRE) war eine der bedeutendsten Privatbahnen der Provinzen Posen und Schlesien, welche diese in Nord-Ost-Richtung durchquerte. Mit der Abtretung der Provinz Posen an Polen wurde auch die Liegnitz-Rawitscher Eisenbahn geteilt und für den in Polen liegenden Teil die private Auffanggesellschaft „Polskie Przedsiebiorstwo Kolejowe“ (PPK) gegründet, an der die deutsche „Aktiengesellschaft für Verkehr“, die auch die Aktienmehrheit an der Liegnitz-Rawitscher Eisenbahn inne hatte, mit 70% beteiligt war. Betriebsführerin der „PPK“ war die Liegnitz-Rawitscher Eisenbahn, die daher auch die Fahrzeuge für den Betrieb stellte.

Von der LRE waren zwischen 1897 und 1910 insgesamt 16 T3 beschafft worden – die ersten elf entsprachen dabei dem „Lenz Typ b“, während die ab 1907 beschafften Maschinen dem Musterblatt III-4p folgten – allerdings mit abweichendem Achsstand (und lt. Moll/Wenzel auch abweichendem Kolbenhub von 500 mm).

Zwei der neueren T3 waren bei der Aufteilung der Bahn in den Besitz der PPK gekommen, welche dann 1935/36 (andere Quellen nennen 1930) in den Polnischen Staatsbahnen (PKP) aufging. Dort erhielten die beiden Maschinen die Gattungsbezeichnung TK h4 und 1941 nach der Übernahme durch die Deutsche Reichsbahn die Betriebsnummern 89 8201-8202. Eine Schwesterlokomotive dieser beiden Maschinen, die bei der Aufteilung der Bahn bei der LRE geblieben war, kam übrigens 1945 zur Prignitzer Eisenbahn und wurde von der DR 1950 als 89 6221 eingereiht.

Literatur:

MOLL, GERHARD; WENZEL, HANSJÜRGEN: Die Baureihe 89.70. Freiburg, 1981

Vulc 1907/ 2327	Liegnitz-Rawitscher Eb. 23c →'20 Polskie Przedsiębiorstwo Kolejowe (PPK) 23c →'25 Rawicz–Kobyliner Eb. 23c →'35/36 PKP TK h4-1 →'39 DRB →'41 **DRB 89 8201“**	V.u.
Vulc 1910/ 2612	Liegnitz-Rawitscher Eb. 24c →'20 Polskie Przedsiębiorstwo Kolejowe (PPK) 24c →'25 Rawicz–Kobyliner Eb. 24c →'35/36 PKP TK h4-2 →'39 DRB →'41 **DRB 89 8202”** →'45 PKP +01.05.46 →20.07.46 WL Zuckerfabrik Znin TK h4-8202	+70

C n2t DRB 89^{83} (ex Grh. Bad. St.-Eb. IXa)

Treibraddurchmesser (mm):	1 080
Achsstand (mm):	3 500
Länge über Puffer (mm):	8 980
Dienstgewicht (t):	42,2
Achslast (maximal) (t):	15,4
Höchstgeschwindigkeit (km/h):	40
Zylinderdurchmesser (mm):	356
Kolbenhub (mm):	550
Rostfläche (m²):	1,34
Verdampfungsheizfläche (m²):	81,8
Kesselüberdruck (atm):	10,0

Für den Steilstreckeneinsatz auf der Höllentalbahn (Abschnitt Freiburg – Neustadt) beschafften die Großherzoglich Badischen Staatseisenbahnen 1887/88 insgesamt sieben Zahnradlokomotiven der Bauart C n2(4)t: Neben dem regulären Triebwerk mit zwei außenliegenden Nassdampfzylindern besaßen sie zusätzlich ein Zahnradtriebwerk, welches über zwei innenliegende Nassdampfzylinder angetrieben wurde und vom Reibungstriebwerk unabhängig war. Nachdem die Lokomotiven zu Beginn des 20. Jahrhunderts von der leistungsfähigeren Gattung IXb (siehe Baureihe 97^2) abgelöst worden waren, wurde ab 1910 bei allen Maschinen das Zahnradtriebwerk ausgebaut – die so entstandenen „regulären“ Dreikuppler wurden anschließend im Verschubdienst auf den Bahnhöfen von Haltingen und Freiburg (Breisgau) eingesetzt. Im vorläufigen Umzeichnungsplan der Deutschen Reichsbahn von 1923 waren noch alle Maschinen als 89 8301-8307 aufgeführt, doch der endgültige von 1925 enthielt nur noch zwei IXa.

Karl 1887/ 1163	Grh. Bad. St.-Eb. 439 (IXa) →'25 **DRB 89 8301**	+25/26
Karl 1887/ 1165	Grh. Bad. St.-Eb. 441 (IXa) →'25 **DRB 89 8302**	+25/26

Da die beiden Lokomotiven der Baureihe 89⁸³ bereits 1925/26 ausgeschieden sind, dürften die neuen Betriebsnummern nicht mehr angebracht worden sein. Daher soll diese Baureihe durch dieses Werkbild der badischen Betriebsnummer 441, für welche die DRB-Nummer 89 8302 vorgesehen war, repräsentiert werden. Beachtenswert sind die hellen Platten im Hintergrund, welche das nachträgliche Retuschieren (Freistellen) des Werkfotos vereinfachen sollten.

C n2t — **DRB 89^{83}** — (ex Belgien ?)

Die Deutschen Reichsbahn hatte die ursprüngliche Betriebsnummer 89 2551 aus der Fabriknummer der Lok abgeleitet: Die Maschine belgischer Bauart war 1942 von der „Société Anglo-Franco-Belge des Ateliers de la Croyère“ unter der Fabriknummer 2551 fertiggestellt worden. Sie soll an das „Oberkommando des Heeres“ (OKH) als Betriebsnummer 8 angeliefert worden sein, verblieb bei Kriegsende in der Ostzone und wurde 1954 in den DR-Bestand aufgenommen. So hieß es in den Bestandsänderungen der RBD Berlin vom Februar 1954 unter den „zugesetzten Lokomotiven“: „(89) 2551 Heimatland Belgien [...], bisher Werklok 2551, abgestellt Fko u. nicht im Bestand geführt.“ Mindestens bis Ende 1954 war die Lokomotive dann an das RAW Meiningen verliehen; 1957 wurde sie an die Industrie verkauft. Zuvor soll sie noch in 89 8351 umgezeichnet worden sein. In den 60er Jahren hat die Maschine noch einen hinteren Kohlenkasten erhalten – eingesetzt wurde sie vermutlich bis Mitte 1970.

SAFB 1942/ 2551	Deutsche Wehrmacht OKH 8 →’45 DRo/DR WL 2551 →02.54 DR (in Bestand übernommen) →12.54 DR 89 2551 →’?? **DR 89 8351** →’57 WL 9 Stahlwerk Hennigsdorf →’?? WL 7 VEB Kalikombinat „Werra“, Merkers/Rhön (’60 vorh.) →’?? WL 4 VEB Schmierstoffkombinat Zeitz, Paraffinwerk Webau (’73 abg. vorh.)	+

Diese Aufnahme zeigt die frühere 89 8351 bzw. 89 2551 als Werklok bei der DDR-Industrie, hier während eines RAW-Aufenthaltes. Eingesetzt wurde die Lokomotive bis in die 70er-Jahre hinein.

C1' n2t — DRB 90$^{0-2}$ — (ex KPEV T 9^{1})

	90 001-021, 024-115, 117-122, 125-231	90 022-023, 123-124	90 116
Treibraddurchmesser (mm):	1 350	1 350	1 080
Achsstand (mm):	6 100	6 600	5700
Länge über Puffer (mm):	11 320	10 650	10 473
Dienstgewicht (t):	54,5	52,6	52,4
Achslast (maximal) (t):	14,1	14,7	13,7
Höchstgeschwindigkeit (km/h):	60	60	45
Zylinderdurchmesser (mm):	430	430	440
Kolbenhub (mm):	630	630	550
Rostfläche (m²):	1,53	1,75	1,71
Verdampfungsheizfläche (m²):	107,76	106,82	109,1
Kesselüberdruck (atm):	12,0	12,0	12,0

Im Jahre 1893 lieferte Borsig die ersten 20 Exemplare der späteren preußischen Gattung T 9^{1} an ihre Bestellerin ab – es waren dies die ersten „normalen" 3/4-gekuppelten Tenderlokomotiven der KPEV, für die das Musterblatt III-4f aufgestellt wurde. Beim Triebwerk hatte man zahlreiche Bauteile von der preußischen T 7 (siehe Baureihe 89^{78}) übernommen. Eingesetzt wurden die Maschinen überwiegend im Verschubdienst sowie auf Nebenbahnen im Personen- und Güterverkehr.
Bis 1901 wurden von der preußischen Staatsbahn insgesamt 420 Exemplare dieser Bauart beschafft, welche ab 1906 als T 9 bzw. ab 1910 als T 9^{1} bezeichnet wurden. In der Gruppe T 9 hatte man alle 3/4-gekuppelten Tenderloks zusammengefasst – also auch die T 9^{2} (siehe Baureihe 91$^{0-1}$), die T 9^{3} (siehe Baureihe 91$^{3-18}$) sowie die „nicht normalen" Lokomotiven der „Bauart Elberfeld" und der „Bauart Langenschwalbach". Mit der Übernahme der Cronberger Eisenbahn durch die KPEV kamen 1914 noch einmal fünf weitere baugleiche Lokomotiven hinzu.
Unmittelbar nach dem Ersten Weltkriegs gingen einige Lokomotiven an den „Feinbund" – so wurde es in den Büchern vermerkt: Zehn an Frankreich (NORD 3.1451-1459, AL 7188) sowie acht an Belgien (B 7108 ... 7192). Außerdem verblieben mindestens 45 Maschinen in Polen (PKP TKi1-1 – 43, 1Dz – 3 Dz – darunter auch zwei Lokomotiven der „Bauart Langenschwalbach"). Bei der 1920 ausgegliederten Saareisenbahn befanden sich weitere 14 T 9^{1} (SAAR 7101-7111, 7123-7125).
Der vorläufige Umzeichnungsplan der Deutschen Reichsbahn von 1923 nennt die Betriebsnummer 90 001-328 für die T 9^{1} sowie 90 351-363 für T 9 der „Bauart Elberfeld", doch tatsächlich befanden sich unter den angeblichen T 9^{1} auch einige andere Bauarten: 90 002-003, 066-067 waren Lokomotiven der „Bauart Langenschwalbach"; 90 154-155, 167, 180-183 solche der „Bauart Elberfeld" und 90 001, 026, 035, 170-172, 184-186, 194-195, 197-198 schließlich T 9^{2}. Dafür wurden aber auch einige T 9^{1} falsch eingereiht, und zwar als T 9^{2} (91 018-019, 063, 145-146, 154-163) und T 9^{3} (91 301-303).
Bis zur Aufstellung des endgültigen Umzeichnungsplanes von 1925 war der Bestand bereits deutlich dezimiert worden – nun waren nur noch die Betriebsnummern 90 001-232 für die T 9^{1} vorgesehen – und keine mehr für die „Bauart Elberfeld". Die Fehlbelegungen hatte man nur zum Teil korrigiert: 90 116 war eine Lok der „Bauart Elberfeld" und 90 022-023, 123-124 waren T 9^{2}. Außerdem wurden weiterhin einige T 9^{1} fälschlich als T 9^{2} bzw. T 9^{3} eingereiht: 91 109-115, 301-302. Lange im Betrieb waren die 90$^{0-2}$ aber nicht mehr: Zum 1. Januar 1931 betrug der Bestand nur noch elf Maschinen; die letzte Lokomotive wurde 1933 ausgemustert. Dass eine dieser Lokomotiven trotzdem bis heute als Museumsstück überlebt hat, verdanken wir dem Verkauf mehrerer T 9^{1} an verschiedene Werkbahnen, wo die Lokomotiven noch viele Jahre Dienst taten.

Literatur:

Fiebig, Günther: Die preußischen T-9-Lokomotiven. MEB 7/1967, S. 194-196
Reichert, Thorsten: Der große Wurf. EJ 4/2007, S. 42-47

Bors 1892/ 4412	Bln 1871 →'06 BLN 7231 T 9^{1} →'14 POS 7342 →'20 OST 7104 →'25 **DRB 90 001** +26 →'26 Lübeck-Büchener Eisenbahn (LBE) 110" (T 9) →01.01.38 DRB 90 244 →'45 DRw →01.06.48 Wilstedt-Zeven-Tostedter Eb. (WZTE) 11 →'?? Wilstedt-Zeven-Tostedter Eb. (WZTE) 441 (NLEA)		+49
Bors 1892/ 4417	Bln 1872 →'06 BLN 7232 T 9^{1} →'14 KÖL 7388	→'25 **DRB 90 002**	+
Bors 1892/ 4418	Bln 1873 →'06 BLN 7233 T 9^{1} →'14 KÖL 7389	→'25 **DRB 90 003**	+27
Bors 1892/ 4419	Bln 1874 →'06 BLN 7234 T 9^{1} →'14 POS 7343 →'20 OST 7105	→'25 **DRB 90 004**	+
Bors 1892/ 4421	Clr 1826 →'95 Köl 1826 →'06 KÖL 7263 T 9^{1}	→'25 **DRB 90 005**	+26
Bors 1892/ 4423	Clr 1828 →'95 Köl 1828 →'06 KÖL 7265 T 9^{1}	→'25 **DRB 90 006**	+26

Als die durch die DGEG erworbene Werklok der Zuckerfabrik Pfeiffer & Langen im Jahr 1972 im Bahnbetriebswerk Erndtebrück abgestellt stand, trug die Maschine kurzzeitig die Betriebsnummer „90 009“ – welche die „KÖLN 7270“ nach den Angaben im DRB-Umzeichnungsplan von 1925 zwar erhalten sollte, welche aber aufgrund der bereits 1926 erfolgten Ausmusterung nicht mehr angebracht wurde. Karl-Friedrich Seitz fotografierte die Lokomotive am 11. September 1972.

Bors 1892/ 4424	Clr 1829 →'95 Köl 1829 →'06 KÖL 7266 T9^1	→'25 **DRB 90 007**	+26
Bors 1892/ 4425	Clr 1830 →'95 Köl 1830 →'06 KÖL 7267 T9^1	→'25 **DRB 90 008**	+26
Bors 1892/ 4431	Clr 1833 →'95 Köl 1833 →'06 KÖL 7270 T9^1 →'26 Zuckerfabrik Pfeifer & Langen, Euskirchen →30.08.68 DGEG (ab 27.10.73 im Museum Bochum-Dahlhausen) →14.07.11 Stiftung Eisenbahnmuseum Bochum (am 09.11.15 vor Starlight-Express-Halle in Bochum aufgestellt)	→'25 **DRB [90 009]** +26	('25 vorh.)
Bors 1892/ 4433	Clr 1835 →'95 Köl 1835 →'06 KÖL 7272 T9^1	→'25 **DRB 90 010**	+29
Bors 1892/ 4434	Clr 1836 →'95 Köl 1836 →'06 KÖL 7273 T9^1	→'25 **DRB 90 011**	+29
Bors 1896/ 4543	Bln 1909 →'06 BLN 7252 T9^1 →'14 BSL 7237	→'25 **DRB 90 012**	+28
Bors 1894/ 4444	Bln 1885 →'06 BLN 7237 T9^1 →'14 BSL 7235	→'25 **DRB 90 013**	+28
Bors 1894/ 4446	Bln 1887 →'06 BLN 7239 T9^1 →'14 KSL 7226	→'25 **DRB 90 014**	+11.06.28
Bors 1894/ 4447	Bln 1888 →'06 BLN 7240 T9^1 →'14 KÖL 7390	→'25 **DRB 90 015**	+11.06.28
Bors 1894/ 4452	Bln 1893 →'06 BLN 7245 T9^1 →'14 BSL 7236	→'25 **DRB 90 016**	+28
Bors 1894/ 4453	Erf 1850 →'06 ERF 7201 T9^1	→'25 **DRB 90 017**	+um 26
Hano 1894/ 2548	Crr 1875 →'95 Fft 1875 →'06 FFT 7206 T9^1	→'25 **DRB 90 018**	+
Hano 1894/ 2549	Crr 1876 →'95 Fft 1876 →'06 FFT 7207 T9^1	→'25 **DRB 90 019**	+
Hano 1894/ 2550	Crr 1877 →'95 Esn 1877 →'00 Esn 1834“ →'06 ESN 7241 T9^1	→'25 **DRB 90 020**	+29
Hano 1894/ 2552	Crr 1879 →'95 Fft 1879 →'06 FFT 7208 T9^1	→'25 **DRB 90 021**	+27
Unio 1893/ 728	Bsl 1553 →'95 Kat 1553 →'06 KAT 7203 T9^2 →'22 OPP 7203	→'25 **DRB 90 022**	+27
Unio 1894/ 754	Bsl 1555 →'95 Kat 1555 →'06 KAT 7205 T9^2 →'22 OPP 7205	→'25 **DRB 90 023**	+
Unio 1894/ 773	Mgd 1800 →'06 MGD 7201 T9^1	→'25 **DRB 90 024**	+28
Unio 1894/ 775	Mgd 1802 →'06 MGD 7203 T9^1	→'25 **DRB 90 025**	+
Unio 1894/ 776	Mgd 1803 →'06 MGD 7204 T9^1	→'25 **DRB 90 026**	+
Unio 1894/ 778	Mgd 1805 →'06 MGD 7206 T9^1	→'25 **DRB 90 027**	+27
Bors 1895/ 4482	Esn 1896 →'00 Esn 1841“ →'06 ESN 7248 T9^1	→'25 **DRB 90 028**	+26
Bors 1895/ 4483	Esn 1897 →'00 Esn 1842“ →'06 ESN 7249 T9^1	→'25 **DRB 90 029**	+
Bors 1895/ 4492	Erf 1855 →'06 ERF 7206 T9^1	→'25 **DRB 90 030**	+um 26
Hano 1895/ 2631	Bln 1904“ →'95 Bsl 1502“ →'06 BSL 7201 T9^1	→'25 **DRB 90 031**	+28
Hano 1895/ 2634	Bln 1907 →'95 Bsl 1505“ →'06 BSL 7204 T9^1	→'25 **DRB 90 032**	+27

Hermann Maey verdanken wir diese Aufnahme der 90 010, bei der sogleich die ungewöhnliche Ausführung der Gegengewichte auffällt. Bei der von Carl Bellingrodt angefertigten Reproduktion war auf der Rückseite vermerkt, dass die Aufnahme um 1932 entstanden sein soll, doch nach den Angaben von Herbert Rauter und Karl-Julius Harder soll die Ausmusterung bereits 1929 erfolgt sein.

Von Werner Hubert stammt dieses Bild der 90 036, die zum Aufnahmezeitpunkt – vermutlich Ende der 20er-Jahre – zum Bahnbetriebswerk Itzehoe gehörte. Ausgemustert wurde die Maschine 1930.

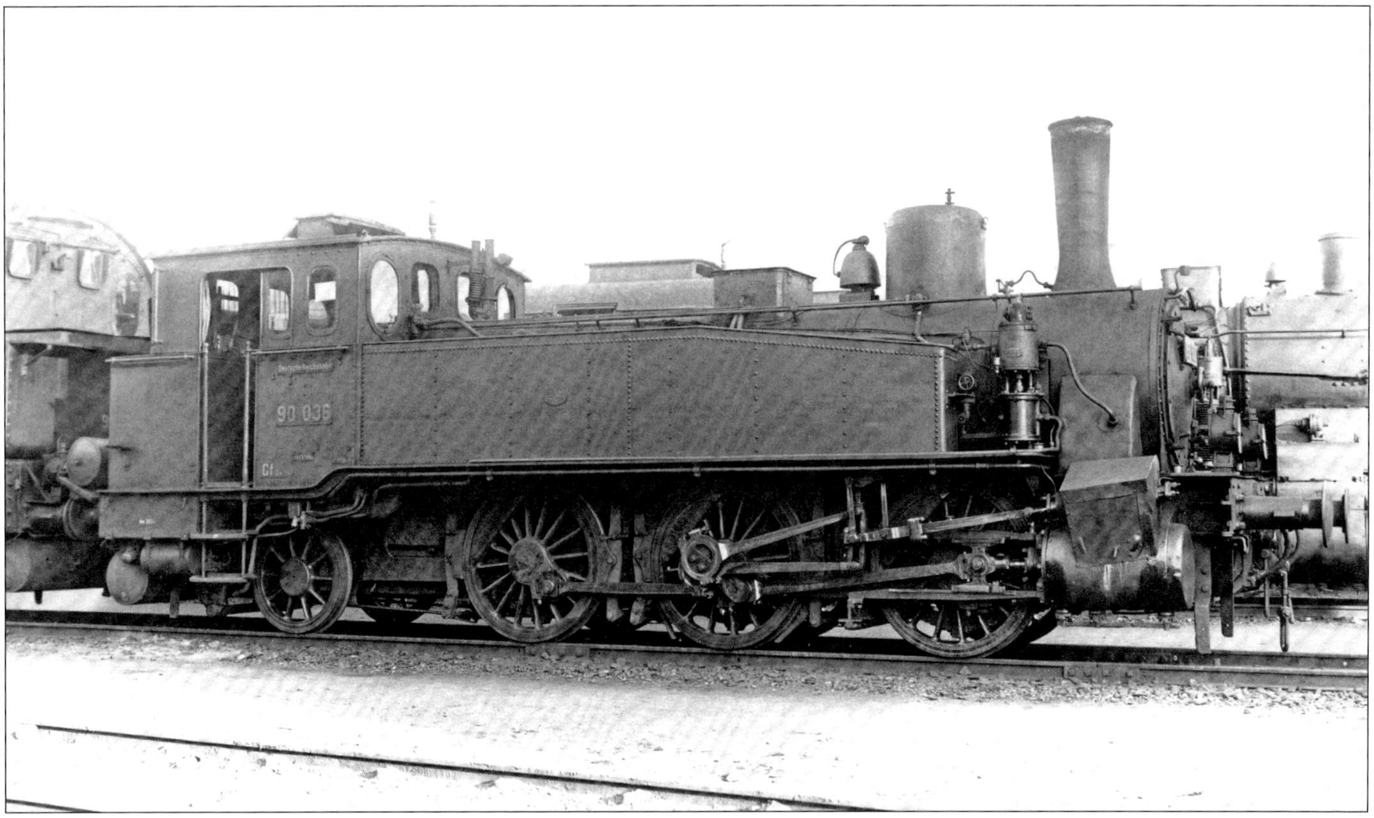

Hano 1895/ 2635	Bln 1900 →'95 Bsl 1508" →'06 BSL 7205 T9[1]	→'25 **DRB 90 033**	+
Hano 1895/ 2639	Bsl 1562 →'95 Bsl 1515" →'06 BSL 7214 T9[1]	→'25 **DRB 90 034**	+27
Hano 1895/ 2706	Alt 1751 →'06 ALT 7202 T9[1]	→'25 **DRB 90 035**	+um 28
Hano 1895/ 2707	Alt 1752 →'06 ALT 7203 T9[1]	→'25 **DRB 90 036**	+30
Hano 1895/ 2708	Alt 1753 →'06 ALT 7204 T9[1]	→'25 **DRB 90 037**	+12.31
Hano 1895/ 2710	Erf 1513 →'95 Bsl 1513" →'06 BSL 7212 T9[1]	→'25 **DRB 90 038**	+28
Hohz 1895/ 847	Köl 1854 →'06 KÖL 7291 T9[1]	→'25 **DRB 90 039**	+26
Hohz 1895/ 848	Köl 1855 →'06 KÖL 7292 T9[1]	→'25 **DRB 90 040**	+
Hohz 1895/ 849	Köl 1856 →'06 KÖL 7293 T9[1]	→'25 **DRB 90 041**	+29
Hohz 1895/ 850	Köl 1857 →'06 KÖL 7294 T9[1] →'26 Grube Carl-Alexander, Baesweiler „CARL-ALEXANDER No.2" ⇒'65 Eschweiler Bergwerksverein (EBV) →20.07.72 Verein Braunschweiger Verkehrsfreunde (VBV) „BLME 3" ('92 Teile für Aufarbeitung der BLME 108; Kessel verschrottet) →'?? verk. (nur Rahmen; vermtl. an „Stiftung Historischer Eisenbahnpark Niederrhein", Moers-Rheinkamp; '14 vorh.)	→'25 **DRB 90 042** +26	
Unio 1895/ 801	Bln 1905[3] →'06 BLN 7248 T9[1] →'14 HAL 7203" [17)]	→'25 **DRB 90 043**	+
Unio 1895/ 803	Bln 1907" →'06 BLN 7250 T9[1] →'14 HAL 7204"	→'25 **DRB 90 044**	+28
Unio 1895/ 806	Bsl 1508" →'06 BSL 7207 T9[1]	→'25 **DRB 90 045**	+28
Unio 1895/ 809	Bsl 1511" →'06 BSL 7210 T9[1]	→'25 **DRB 90 046**	+28
Unio 1895/ 810	Kat 1556 →'06 KAT 7251 T9[1] →'22 OPP 7251	→'25 **DRB 90 047**	+
Unio 1895/ 819	Köl 1848 →'06 KÖL 7285 T9[1]	→'25 **DRB 90 048**	+26
Unio 1895/ 820	Köl 1849 →'06 KÖL 7286 T9[1]	→'25 **DRB 90 049**	+
Unio 1895/ 821	Köl 1850 →'06 KÖL 7287 T9[1]	→'25 **DRB 90 050**	+26
Unio 1895/ 822	Köl 1851 →'06 KÖL 7288 T9[1]	→'25 **DRB 90 051**	+
Unio 1895/ 823	Köl 1852 →'06 KÖL 7289 T9[1]	→'25 **DRB 90 052**	+27
Unio 1895/ 824	Köl 1853 →'06 KÖL 7290 T9[1]	→'25 **DRB 90 053**	+
Unio 1895/ 825	Erf 1859 →'06 ERF 7212 T9[1]	→'25 **DRB 90 054**	+
Unio 1895/ 826	Erf 1860 →'06 ERF 7213 T9[1]	→'25 **DRB 90 055**	+
Unio 1896/ 836	Mgd 1814 →'06 MGD 7208 T9[1]	→'25 **DRB 90 056**	+28
Unio 1896/ 837	Mgd 1815 →'06 MGD 7209 T9[1]	→'25 **DRB 90 057**	+28
Unio 1896/ 838	Mgd 1816 →'06 MGD 7210 T9[1]	→'25 **DRB 90 058**	+28
Unio 1896/ 855	Bln 1914 →'06 BLN 7257 T9[1] →'14 BSL 7238	→'25 **DRB 90 059**	+28
Unio 1896/ 856	Bln 1915 →'06 BLN 7258 T9[1] →'14 KSL 7231	→'25 **DRB 90 060**	+15.06.27
Unio 1896/ 857	Bln 1916 →'06 BLN 7259 T9[1] →'14 ALT 7220	→'25 **DRB 90 061**	+30
Unio 1896/ 858	Bln 1917 →'06 BLN 7260 T9[1] →'14 HAL 7206"	→'25 **DRB 90 062**	+28
Unio 1896/ 863	Kat 1566 →'06 KAT 7261 T9[1] →'22 OPP 7261	→'25 **DRB 90 063**	+
Unio 1896/ 864	Kat 1567 →'06 KAT 7262 T9[1] →'22 OPP 7262	→'25 **DRB 90 064**	+
Unio 1896/ 866	Mst 1806 →'99 Ksl 1409" →'06 KSL 7210 T9[1]	→'25 **DRB 90 065**	+
Unio 1896/ 867	Mst 1807 →'99 Ksl 1410" →'06 KSL 7211 T9[1]	→'25 **DRB 90 066**	+28.11.27
Bors 1896/ 4493	Erf 1856 →'06 ERF 7207 T9[1]	→'25 **DRB 90 067**	+27
Bors 1896/ 4494	Erf 1857 →'06 ERF 7208 T9[1]	→'25 **DRB 90 068**	+27
Bors 1896/ 4495	Erf 1858 →'06 ERF 7209 T9[1]	→'25 **DRB 90 069**	+27
Bors 1896/ 4496	Hal 1850 →04.99 Mgd 1827 →'06 MGD 7216 T9[1]	→'25 **DRB 90 070**	+27
Bors 1896/ 4497	Hal 1851 →04.99 Mgd 1828 →'06 MGD 7217 T9[1]	→'25 **DRB 90 071**	+27
Bors 1896/ 4498	Hal 1852 →04.99 Mgd 1829 →'06 MGD 7218 T9[1]	→'25 **DRB 90 072**	+28
Bors 1896/ 4500	Hal 1854 →04.99 Mgd 1831 →'06 MGD 7220 T9[1]	→'25 **DRB 90 073**	+28
Bors 1896/ 4503	Mgd 1808 →'06 MGD 7211 T9[1]	→'25 **DRB 90 074**	+28
Bors 1896/ 4504	Mgd 1809 →'06 MGD 7212 T9[1]	→'25 **DRB 90 075**	+29
Bors 1896/ 4505	Mgd 1810 →'06 MGD 7213 T9[1]	→'25 **DRB 90 076**	+27
Bors 1896/ 4506	Mgd 1811 →'06 MGD 7214 T9[1]	→'25 **DRB 90 077**	+30
Bors 1896/ 4507	Mgd 1812 →'06 MGD 7215 T9[1]	→'25 **DRB 90 078**	+27
Bors 1896/ 4545	Bln 1911 →'06 BLN 7254 T9[1] →'14 ALT 7219	→'25 **DRB 90 079**	+
Bors 1896/ 4547	Bln 1913 →'06 BLN 7256 T9[1] →'14 HAL 7205"	→'25 **DRB 90 080**	+27
Bors 1896/ 4548	Mgd 1817 →'06 MGD 7221 T9[1]	→'25 **DRB 90 081**	+27
Bors 1896/ 4549	Mgd 1818 →'06 MGD 7222 T9[1]	→'25 **DRB 90 082**	+27
Bors 1896/ 4550	Mgd 1819 →'06 MGD 7223 T9[1]	→'25 **DRB 90 083**	+
Bors 1896/ 4551	Mgd 1820 →'06 MGD 7224 T9[1]	→'25 **DRB 90 084**	+27
Bors 1896/ 4552	Mgd 1821 →'06 MGD 7225 T9[1]	→'25 **DRB 90 085**	+27
Bors 1896/ 4556	Ksl 1405 →'06 KSL 7206 T9[1]	→'25 **DRB 90 086**	+28.11.27
Hohz 1895/ 851	Mst 1800 →'06 MST 7201 T9[1]	→'25 **DRB 90 087**	+27
Hohz 1895/ 852	Mst 1801 →'06 MST 7202 T9[1]	→'25 **DRB 90 088**	+

17) lt. Rauter statt HAL 7203" →DRB 90 043: →'15 DZG 7116

Hohz 1895/ 853	Mst 1802 →'06 MST 7203 T9^1	→'25 **DRB 90 089**	+
Hohz 1895/ 854	Mst 1803 →'06 MST 7204 T9^1	→'25 **DRB 90 090**	+28
Hohz 1895/ 855	Mst 1804 →'06 MST 7205 T9^1	→'25 **DRB 90 091**	+27
Hohz 1896/ 913	Köl 1859 →'06 KÖL 7296 T9^1	→'25 **DRB 90 092**	+29
Hohz 1896/ 914	Köl 1860 →'06 KÖL 7297 T9^1 →'25 **DRB 90 093** +28 →'28 WL XII Hüttenwerk Hagen-Haspe →'?? WL 12 Hüttenwerk Hagen-Haspe		+
Hohz 1896/ 915	Köl 1861 →'06 KÖL 7298 T9^1	→'25 **DRB 90 094**	+
Hohz 1896/ 916	Köl 1862 →'06 KÖL 7299 T9^1	→'25 **DRB 90 095**	+28
Hohz 1896/ 917	Köl 1863 →'06 KÖL 7300 T9^1	→'25 **DRB 90 096**	+
Bors 1897/ 4598	Ksl 1407 →'06 KSL 7208 T9^1	→'25 **DRB [90 097]**	+01.26
Bors 1897/ 4599	Bln 1920 →'06 BLN 7263 T9^1 →'14 KSL 7229	→'25 **DRB 90 098**	+21.01.29
Bors 1897/ 4600	Bln 1921 →'06 BLN 7264 T9^1 →'14 KSL 7227	→'25 **DRB 90 099**	+20.12.26
Bors 1897/ 4601	Bln 1922 →'06 BLN 7265 T9^1 →'14 KSL 7228	→'25 **DRB 90 100**	+29.04.27
Graf 1897/ 4795	Köl 1869 →'06 KÖL 7306 T9^1	→'25 **DRB 90 101**	+29
Graf 1897/ 4796	Köl 1870 →'06 KÖL 7307 T9^1	→'25 **DRB 90 102**	+27
Hohz 1897/ 981	Erf 1862 →'06 ERF 7215 T9^1	→'25 **DRB 90 103**	+30
Hohz 1897/ 982	Erf 1863 →'99 Hal 1863" →'01 Hal 1850" →'06 HAL 7201 T9^1 →'25 **DRB 90 104** →'28 WL 23 Hoesch Westfalenhütte, Dortmund		++04.02.56
Hohz 1897/ 983	Erf 1864 →'99 Hal 1864" →'01 Hal 1851" →'06 HAL 7202 T9^1 →'25 **DRB 90 105**		+27
Hohz 1896/ 918	Köl 1864 →'06 KÖL 7301 T9^1	→'25 **DRB 90 106**	+30
Hohz 1896/ 919	Köl 1865 →'06 KÖL 7302 T9^1	→'25 **DRB 90 107**	+28
Hohz 1896/ 920	Köl 1866 →'06 KÖL 7303 T9^1	→'25 **DRB 90 108**	+26
Hano 1898/ 3040	Cronberger Eb. (Cron) 5 →31.07.14 FFT 7201 T9^1	→'25 **DRB 90 109**	+vor 32
Bors 1900/ 4839	Esn 1820 →'00 Esn 1864 →'06 ESN 7271 T9^1	→'25 **DRB 90 110**	+26
Bors 1900/ 4768	Bln 1955 →'06 BLN 7266 T9^1 →'13 ALT 7214	→'25 **DRB 90 111**	+30
Bors 1900/ 4769	Bln 1956 →'06 BLN 7267 T9^1 →'13 ALT 7215	→'25 **DRB 90 112**	+30
Bors 1900/ 4771	Bln 1958 →'06 BLN 7269 T9^1 →'13 ALT 7217	→'25 **DRB 90 113**	+12.31
Bors 1900/ 4778	Fft 1897 →'06 FFT 7226 T9^1	→'25 **DRB 90 114**	+
Bors 1900/ 4779	Fft 1898 →'06 FFT 7227 T9^1	→'25 **DRB 90 115**	+
Hen 1899/ 5231	Fft 1920" →'06 FFT 7248 (T9)	→'25 **DRB 90 116**	+31
Hohz 1900/ 1231	Köl 1837 →'06 KÖL 7274 T9^1	→'25 **DRB 90 117**	+26
Hohz 1900/ 1232	Köl 1838 →'06 KÖL 7275 T9^1	→'25 **DRB 90 118**	+29
Hohz 1900/ 1233	Köl 1839 →'06 KÖL 7276 T9^1	→'25 **DRB 90 119**	+29
Hohz 1900/ 1234	Köl 1840 →'06 KÖL 7277 T9^1	→'25 **DRB 90 120**	+06.31
Hohz 1900/ 1236	Köl 1842 →'06 KÖL 7279 T9^1	→'25 **DRB 90 121**	+28
Hohz 1900/ 1237	Köl 1843 →'06 KÖL 7280 T9^1	→'25 **DRB 90 122**	+
Unio 1899/ 1028	Sbr 1863 →'06 SBR 7233 T9^2 →'09 SBR 7133	→'25 **DRB 90 123**	+29
Unio 1899/ 1033	Sbr 1868 →'06 SBR 7238 T9^2 →'09 SBR 7138 →'20 TRI 7138 →'25 **DRB 90 124** +29 →'29 DEBG 52 (VEE-Eigentum) (→'?? Ub. in h2t und Ventilsteuerung) (Vorwohle-Emmerthaler Eb. (VEE) →11.02.50 Wiesloch-Waldangelloch →28.12.50 Albtalbahn →10.10.51 Bruchsal-Menzingen-Odenheim)		+04.55
Bors 1900/ 4833	Esn 1814 →'00 Esn 1858 →'06 ESN 7265 T9^1	→'25 **DRB 90 125**	+
Bors 1900/ 4835	Esn 1816 →'00 Esn 1860" →'06 ESN 7267 T9^1	→'25 **DRB 90 126**	+
Bors 1900/ 4836	Esn 1817 →'00 Esn 1861" →'06 ESN 7268 T9^1	→'25 **DRB 90 127**	+27
Bors 1900/ 4837	Esn 1818 →'00 Esn 1862 →'06 ESN 7269 T9^1	→'25 **DRB 90 128**	+31
Bors 1900/ 4838	Esn 1819 →'00 Esn 1863" →'06 ESN 7270 T9^1	→'25 **DRB 90 129**	+
Bors 1900/ 4843	Sbr 1871 →'06 SBR 7241 T9^1 →'09 SBR 7141 →'20 TRI 7141 →'25 **DRB 90 130**		+28
Bors 1900/ 4845	Köl 1879 →'06 KÖL 7316 T9^1	→'25 **DRB 90 131**	+11.33
Bors 1900/ 4846	Köl 1880 →'06 KÖL 7317 T9^1	→'25 **DRB 90 132**	+
Bors 1900/ 4847	Köl 1881 →'06 KÖL 7318 T9^1	→'25 **DRB 90 133**	+27
Hano 1900/ 3424	Cronberger Eb. (Cron) 6 →31.07.14 FFT 7202 T9^1	→'25 **DRB 90 134**	+vor 32
Hohz 1900/ 1271	Esn 1803 →'00 Esn 1853" →'06 ESN 7260 T9^1	→'25 **DRB 90 135**	+27
Hohz 1900/ 1272	Esn 1804 →'00 Esn 1854" →'06 ESN 7261 T9^1	→'25 **DRB 90 136**	+
Hohz 1900/ 1276	Köl 1831 →'06 KÖL 7268 T9^1	→'25 **DRB 90 137**	+27
Hohz 1900/ 1277	Köl 1832 →'06 KÖL 7269 T9^1	→'25 **DRB 90 138**	+29
Hohz 1900/ 1278	Köl 1844 →'06 KÖL 7281 T9^1	→'25 **DRB 90 139**	+28
Hohz 1900/ 1279	Köl 1845 →'06 KÖL 7282 T9^1	→'25 **DRB 90 140**	+26
Hohz 1900/ 1280	Köl 1846 →'06 KÖL 7283 T9^1	→'25 **DRB 90 141**	+28
Hohz 1900/ 1281	Köl 1847 →'06 KÖL 7284 T9^1	→'25 **DRB 90 142**	+
Hohz 1901/ 1411	Esn 1867" →'06 ESN 7274 T9^1	→'25 **DRB 90 143**	+30
Hohz 1901/ 1412	Esn 1868" →'06 ESN 7275 T9^1	→'25 **DRB 90 144**	+27
Hohz 1901/ 1418	Esn 1874" →'06 ESN 7281 T9^1	→'25 **DRB [90 145]**	+02.26
Hohz 1901/ 1419	Esn 1875 →'06 ESN 7282 T9^1	→'25 **DRB 90 146**	+28

Anders als die zuvor gezeigten T 9^1 besaß die 90 131 einen Aufsatz auf dem Kohlenkasten, durch den die mitgeführte Kohlemenge signifikant erhöht werden konnte. Carl Bellingrodt fotografierte die Maschine am 25. März 1933 in ihrem Heimat-Bw Jülich.

Hohz 1896/ 921	Köl 1867 →'06 KÖL 7304 T 9^1	→'25 **DRB 90 147**	+11.04.28
Hohz 1901/ 1421	Bln 1964 →'06 BLN 7271 T 9^1 →'10 DZG 7105 →'20 STN 7105	→'25 **DRB 90 148**	+27
Bors 1901/ 4904	Erf 1846 →'06 ERF 7218 T 9^1	→'25 **DRB 90 149**	+um 26
Bors 1901/ 4905	Erf 1847 →'06 ERF 7219 T 9^1	→'25 **DRB 90 150**	+um 26
Bors 1901/ 4906	Hal 1867 →'01 Hal 1864^3 →'06 HAL 7203 T 9^1 →'10 ALT 7205 →'?? ALT 7262"	→'25 **DRB 90 151**	+30
Bors 1901/ 4908	Hal 1869 →'01 Hal 1866“ →'06 HAL 7205 T 9^1 →'10 ALT 7207 →'?? ALT 7265"	→'25 **DRB 90 152**	+30
Bors 1901/ 4909	Hal 1870 →'01 Hal 1867“ →'06 HAL 7206 T 9^1 →'10 ALT 7208 →'?? ALT 7266"	→'25 **DRB 90 153**	+27
Bors 1901/ 4910	Hal 1871 →'01 Hal 1868“ →'06 HAL 7207 T 9^1 →'10 ALT 7209 →'?? ALT 7267"	→'25 **DRB 90 154**	+04.32
Bors 1901/ 4947	Hal 1870“ →'06 HAL 7209 T 9^1 →'10 ALT 7211 →'?? ALT 7270"	→'25 **DRB 90 155**	+30
Bors 1901/ 4948	Hal 1871“ →'06 HAL 7210 T 9^1 →'10 ALT 7212 →'?? ALT 7271"	→'25 **DRB 90 156**	+31
Bors 1901/ 4950	Han 2000^3 →'06 HAN 7201 T 9^1 →'25 **DRB 90 157**		+27
Bors 1901/ 4951	Han 2001^3 →'06 HAN 7202 T 9^1 →'25 **DRB 90 158** +27 →'27 Wilstedt-Zeven-Tostedter Eb. (WZTE) 6 →'?? Wilstedt-Zeven-Tostedter Eb. (WZTE) 442 (NLEA)		+60
Bors 1901/ 4952	Han 2002“ →'06 HAN 7203 T 9^1 →'25 **DRB 90 159**		+28
Bors 1901/ 4953	Han 2003“ →'06 HAN 7204 T 9^1 →'25 **DRB 90 160** +27 →'27 Wilstedt-Zeven-Tostedter Eb. (WZTE) 7		+37
Bors 1901/ 4956	Stn 1934 →'06 STN 7218 T 9^1 (→13.07.19 LG/L - oder STN 7318)	→'25 **DRB 90 161**	+
Bors 1901/ 4957	Stn 1935 →'06 STN 7219 T 9^1 →'25 **DRB 90 162**		+27
Bors 1901/ 4958	Stn 1936 →'06 STN 7220 T 9^1 →'25 **DRB 90 163**		+
Bors 1901/ 4959	Stn 1937 →'06 STN 7221 T 9^1 →'25 **DRB 90 164**		+27
Bors 1901/ 4960	Stn 1938 →'06 STN 7222 T 9^1 →'25 **DRB 90 165**		+28
Hen 1901/ 5535	Ksl 1415 →'06 KSL 7216 T 9^1 →'25 **DRB 90 166**		+10.02.28
Hen 1901/ 5537	Ksl 1417“ →'06 KSL 7218 T 9^1 →'25 **DRB 90 167**		+05.12.27
Hen 1901/ 5616	Köl 1884 →'06 KÖL 7321 T 9^1 →'25 **DRB 90 168**		+29
Hen 1901/ 5617	Köl 1885 →'06 KÖL 7322 T 9^1 →'25 **DRB 90 169**		+28
Hen 1901/ 5618	Köl 1886 →'06 KÖL 7323 T 9^1 →'25 **DRB 90 170**		+27
Hen 1901/ 5619	Köl 1887 →'06 KÖL 7324 T 9^1 →'25 **DRB 90 171**		+27
Hen 1901/ 5620	Köl 1888 →'06 KÖL 7325 T 9^1 →'25 **DRB 90 172**		+12.32
Hen 1901/ 5767	Ksl 1422 →'06 KSL 7223 T 9^1 →'25 **DRB 90 173**		+
Hen 1901/ 5768	Ksl 1423 →'06 KSL 7224 T 9^1 →'25 **DRB 90 174**		+08.02.27
Hen 1901/ 5770	Köl 1889 →'06 KÖL 7326 T 9^1 →'25 **DRB 90 175**		+29

Hen 1901/ 5771	Köl 1890 →'06 KÖL 7327 T9^1 →'25 **DRB 90 176**	+29
Hen 1901/ 5772	Köl 1891 →'06 KÖL 7328 T9^1 →'25 **DRB 90 177** +29 →'29 DEBG 51 (Vorwohle-Emmerthaler Eb. (VEE)) ('36 Ub. auf h2 und Ventilsteuerung)	+57
Hen 1901/ 5775	Mst 1808" →'06 MST 7209 T9^1 →'25 **DRB 90 178**	+
Hen 1901/ 5776	Mst 1809" →'06 MST 7210 T9^1 →'25 **DRB 90 179**	+28
Hen 1901/ 5777	Mst 1810" →'06 MST 7211 T9^1 →'25 **DRB 90 180**	+
Hen 1901/ 5779	Mst 1812" →'06 MST 7213 T9^1 →'25 **DRB 90 181**	+28
Hen 1901/ 5780	Mst 1807" →'06 MST 7208 T9^1 →'25 **DRB 90 182**	+
Hohz 1901/ 1456	Köl 1892 →'06 KÖL 7329 T9^1 →'25 **DRB 90 183**	+29
Hohz 1901/ 1457	Köl 1893 →'06 KÖL 7330 T9^1 →'25 **DRB 90 184**	+29
Hohz 1901/ 1458	Köl 1894 →'06 KÖL 7331 T9^1 →'25 **DRB 90 185**	+10.32
Hohz 1901/ 1460	Köl 1896 →'06 KÖL 7333 T9^1 →'25 **DRB 90 186**	+29
Hohz 1901/ 1461	Esn 1876 →'06 ESN 7283 T9^1 →'25 **DRB 90 187**	+28
Hohz 1901/ 1462	Esn 1877" →'06 ESN 7284 T9^1 →'25 **DRB 90 188**	+
Hohz 1901/ 1466	Esn 1881" →'06 ESN 7288 T9^1 →'25 **DRB 90 189**	+28
Unio 1900/ 1085	Fft 1939 →'06 FFT 7266 T9^1 →'25 **DRB 90 190** →'?? WL 4 Eisenwerke Gelsenkirchen ('58 vorh.)	+
Unio 1900/ 1086	Fft 1940 →'06 FFT 7267 T9^1 →'25 **DRB 90 191**	+
Unio 1900/ 1088	Fft 1942 →'06 FFT 7269 T9^1 →'25 **DRB 90 192**	+28
Unio 1900/ 1089	Fft 1943 →'06 FFT 7270 T9^1 →'25 **DRB 90 193**	+27
Unio 1900/ 1091	Fft 1945 →'06 FFT 7272 T9^1 →'25 **DRB 90 194**	+28
Unio 1900/ 1092	Fft 1946 →'06 FFT 7273 T9^1 →'25 **DRB 90 195**	+
Unio 1900/ 1093	Fft 1947 →'06 FFT 7274 T9^1 →'25 **DRB 90 196**	+29
Unio 1900/ 1094	Fft 1948 →'06 FFT 7275 T9^1 →'25 **DRB 90 197**	+
Unio 1900/ 1096	Bsl 1516" →'06 BSL 7215 T9^1 →'25 **DRB 90 198**	+28
Unio 1900/ 1097	Bsl 1517" →'06 BSL 7216 T9^1 →'25 **DRB 90 199**	+28
Unio 1900/ 1099	Bsl 1519" →'06 BSL 7218 T9^1 →'25 **DRB 90 200**	+28
Unio 1900/ 1100	Bsl 1520" →'06 BSL 7219 T9^1 →'25 **DRB 90 201**	+
Unio 1900/ 1113	Ksl 1411" →'06 KSL 7212 T9^1 →'25 **DRB 90 202**	+03.09.26
Unio 1900/ 1114	Ksl 1412" →'06 KSL 7213 T9^1 →'25 **DRB 90 203**	+05.12.27
Unio 1900/ 1115	Ksl 1413 →'06 KSL 7214 T9^1 →'25 **DRB 90 204**	+21.01.27
Unio 1901/ 1124	Bsl 1522" →'06 BSL 7221 T9^1 →'25 **DRB 90 205**	+28
Unio 1901/ 1125	Bsl 1523" →'06 BSL 7222 T9^1 →'25 **DRB 90 206**	+29
Unio 1901/ 1126	Bsl 1524" →'06 BSL 7223 T9^1 →'25 **DRB 90 207**	+27
Unio 1901/ 1127	Bsl 1525" →'06 BSL 7224 T9^1 →'10 MST 7218 →'25 **DRB 90 208**	+28
Unio 1901/ 1128	Bsl 1526" →'06 BSL 7225 T9^1 →'10 MST 7214 →'25 **DRB 90 209**	+
Unio 1901/ 1129	Bsl 1527" →'06 BSL 7226 T9^1 →'10 MST 7215 →'25 **DRB 90 210**	+27
Unio 1901/ 1130	Bsl 1528" →'06 BSL 7227 T9^1 →'10 MST 7216 →'25 **DRB 90 211**	+28
Unio 1901/ 1131	Bsl 1529" →'06 BSL 7228 T9^1 →'10 MST 7217 →'25 **DRB 90 212**	+28
Unio 1901/ 1132	Bsl 1530" →'06 BSL 7229 T9^1 →'25 **DRB 90 213**	+27
Unio 1901/ 1133	Bsl 1531" →'06 BSL 7230 T9^1 →'25 **DRB 90 214**	+28
Unio 1901/ 1134	Ksl 1418 →'06 KSL 7219 T9^1 →'25 **DRB [90 215]** +02.26 →02.26 WL 5 Stahlwerke Hennigsdorf	+59
Unio 1901/ 1135	Ksl 1419 →'06 KSL 7220 T9^1 →'25 **DRB 90 216**	+
Unio 1901/ 1137	Ksl 1421 →'06 KSL 7222 T9^1 →'25 **DRB 90 217**	+02.32
Schi 1901/ 1145	Bsl 1532" →'06 BSL 7231 T9^1 →'25 **DRB 90 218**	+27
Schi 1901/ 1146	Bsl 1533" →'06 BSL 7232 T9^1 →'25 **DRB 90 219**	+29
Schi 1901/ 1147	Bsl 1534" →'06 BSL 7233 T9^1 →'25 **DRB 90 220**	+27
Schi 1901/ 1148	Bsl 1535" →'06 BSL 7234 T9^1 →'25 **DRB 90 221**	+29
Schi 1901/ 1150	Pos 2015 →'06 POS 7216 T9^1 →'20/21 BSL 7268 →'25 **DRB 90 222**	+27
Schi 1901/ 1151	Stn 1928 →'06 STN 7212 T9^1 →'25 **DRB 90 223**	+
Schi 1901/ 1152	Stn 1929 →'06 STN 7213 T9^1 →'25 **DRB 90 224** +26 →'26/27 Fa. Erich Brangsch, Leipzig →04.27 Kleinbahn Niebüll-Dagebüll 3 ('57 abgestellt)	+60
Schi 1901/ 1153	Stn 1930 →'06 STN 7214 T9^1 →'25 **DRB 90 225**	+27
Schi 1901/ 1154	Stn 1931 →'06 STN 7215 T9^1 →'25 **DRB 90 226**	+
Schi 1901/ 1155	Stn 1932 →'06 STN 7216 T9^1 →'25 **DRB 90 227**	+27
Schi 1901/ 1156	Stn 1933 →'06 STN 7217 T9^1 (→10.07.19 LG/L) →'25 **DRB 90 228**	+
Hen 1903/ 6504	Cronberger Eb. (Cron) 7 →31.07.14 FFT 7203 T9^1 →'25 **DRB 90 229**	+27
Hen 1907/ 7963	Cronberger Eb. (Cron) 8 →31.07.14 FFT 7204 T9^1 →'25 **DRB 90 230**	+vor 32
Hen 1909/ 9718	Cronberger Eb. (Cron) 9 →31.07.14 FFT 7205 T9^1 →'25 **DRB 90 231**	+27

E h2t DR 90[1] (ex Spritzlok)

Ab 1946 tauchte in Dokumenten der RBD Halle immer wieder eine „90 108" auf – bei der es sich aber nicht um die „echte" 90 108 handeln konnte, war diese doch bereits 1926 ausgemustert worden. Geklärt werden konnte die Identität schließlich durch das Protokoll zur „Überprüfung des Schadparks 1952", in dem die Herstellerdaten mit „1912/ 4857" angegeben wurden – demnach kann es sich nur um die 1931 ausgemusterte 94 383 handeln. In dem Protokoll wurde die 90 108 als „Spritzlok" mit „drucklosem Kessel" bezeichnet. Außerdem kann man diesem Dokument entnehmen, dass dem Kessel die Rohre und dem Fahrwerk die Zylinderblöcke fehlten. Schließlich heißt es noch: „Rahmen und Laufwerksteile als Ersatzteile verwenden für Lok der Baureihe 94 5-16 (starke Radreifen)". Wie die Lok, die bei der DR nie zum Einsatzbestand gehört hat, zu der Nummer 90 108 gekommen war, ist leider unbekannt. Nachdem bereits im August 1947 die Ausmusterung der Maschine gemeldet worden war, erfolgte die finale Ausmusterung aber erst im November 1953.

BMAG 1912/ 4857	HAL 8114 T16 →'25 DRB 94 383 +31 →'?? Ub. „Spritzlok" →'45 **DRo/DR 90 108"**	+28.11.53

C1' n2t DRB 90[2] (ex Hafen Bremen)

	90 232-233	90 234
Treibraddurchmesser (mm):	1 250	1 350
Achsstand (mm):	5 200	6 100
Länge über Puffer (mm):	10 382	11 320
Dienstgewicht (t):	52,5	54,5
Achslast (maximal) (t):	13,5	14,1
Höchstgeschwindigkeit (km/h):	40	60
Zylinderdurchmesser (mm):	450	430
Kolbenhub (mm):	630	630
Rostfläche (m²):	1,73	1,53
Verdampfungsheizfläche (m²):	135,2	107,76
Kesselüberdruck (atm):	12,0	12,0

Bei der Übernahme der Bremer Hafenbahn im Jahr 1930 kamen auch drei C1-Tenderlokomotiven in den Bestand der Reichsbahn, welche die Hafenbahn acht Jahre zuvor von dieser gebraucht erworben hatte. Bei den ersten beiden Maschinen handelte es sich um „nicht normale" T9 der „Bauart Langenschwalbach", bei der dritten um eine preußische T9[1] nach Musterblatt III-4f (siehe Baureihe 90^{0-2}). Die 90 232-233 waren somit die einzigen T9 der „Bauart Langenschwalbach", die noch eine Reichsbahnnummer (zumindest auf dem Papier) erhielten – alle ihre Schwesterlokomotiven waren bereits vor Aufstellung des endgültigen Umzeichnungsplanes von 1925 ausgemustert worden. Doch lange konnten sie sich bei der Reichsbahn nicht halten – auch sie schieden bereits im Jahr der Übernahme aus. Die dritte Maschine 90 234 folgte ihnen drei Jahre später.

BMAG 1895/ 2193	Fft 1915 →'06 FFT 7243 (T9) →'22 Hafen Bremen 3" →'30 **DRB 90 232**	+30
BMAG 1895/ 2206	Fft 1918 →'06 FFT 7246 (T9) →'22 Hafen Bremen 4" →'30 **DRB 90 233**	+30
Hohz 1901/ 1465	Esn 1880" →'06 ESN 7287 T9[1] →'22 Hafen Bremen 1" →'30 **DRB 90 234**	+12.32

Die Betriebsnummer 4 der Bremer Hafenbahn war eine preußische T 9 der „Bauart Langenschwalbach", welche die Hafenbahn im Jahr 1922 von der Reichsbahn erworben hatte. Die vorgesehene neue Betriebsnummer „90 233" dürfte sie vermutlich nicht mehr getragen haben, da sie bereits 1930, also im Jahr der Übernahme durch die DRB, ausgemustert wurde.

Äußerst schwer zu erkennen ist die Betriebsnummer 90 234, die nur mit Farbe bei dieser ehemals preußischen T 9^1 am Führerhaus angeschrieben worden war und sich nur schwach vom Hintergrund abhob. Die Maschine war 1922 von der Bremer Hafenbahn gebraucht erworben worden und gehörte lt. Führerhausanschrift zum Aufnahmezeitpunkt Anfang der 30er-Jahre zum Bw Bremen-Walle.

C1' n2t **DRB 90²** (ex SAAR T 9¹)

Treibraddurchmesser (mm):	1 350
Achsstand (mm):	6 100
Länge über Puffer (mm):	11 320
Dienstgewicht (t):	54,5
Achslast (maximal) (t):	14,1
Höchstgeschwindigkeit (km/h):	60
Zylinderdurchmesser (mm):	430
Kolbenhub (mm):	630
Rostfläche (m²):	1,53
Verdampfungsheizfläche (m²):	107,76
Kesselüberdruck (atm):	12,0

Als im Jahr 1920 die Eisenbahndirektion Saarbrücken aufgrund der Abtrennung des Saargebietes vom Deutschen Reich aufgeteilt wurde, kamen 14 preußische T9¹ in den Bestand der „Saarbahnen" (SAAR), bei denen sie die Betriebsnummern 7101-7111, 7123-7125 erhielten (SAAR 7112-7122 waren preußische T9²).
Im Versailler Vertrag war festgelegt worden, dass 15 Jahre nach der Abtrennung ein Volksentscheid zur weiteren Zukunft des Saargebietes zu erfolgen habe – bei der 1935 durchgeführten Abstimmung entschied sich der überwiegende Anteil der Bevölkerung für eine Rückangliederung an das Deutsche Reich, so dass auch die Fahrzeuge der Saarbahnen in den Bestand der Reichsbahn kamen. Diese reihten die noch vorhandenen drei T9¹ als 90 235-237 im Anschluss an die – inzwischen allerdings schon ausgemusterten – T9 der Hafenbahn Bremen in ihren Fahrzeugpark ein. Erstaunlicherweise überstanden alle drei Maschinen den Zweiten Weltkrieg und wurden nach der Ausmusterung noch bei Privat- bzw. Werkbahnen eingesetzt.

Graf 1898/ 4802	Sbr 1850 →'06 SBR 7220 T9¹ →'09 SBR 7120 →'20 SAAR 7110 →'35 **DRB 90 235** →'45 DRo/DR +20.01.54 →01.54 WL BKW „Freiheit", Bitterfeld	+
Bors 1900/ 4841	Sbr 1869 →'06 SBR 7239 T9¹ →'09 SBR 7139 →'20 SAAR 7123 →'35 **DRB 90 236** →'45 DRw →11.12.46 Kahlgrundbahn (KVG) 3³	+51
Bors 1900/ 4842	Sbr 1870 →'06 SBR 7240 T9¹ →'09 SBR 7140 →'20 SAAR 7124 →'35 **DRB 90 237** →'45 DRo/DR +17.03.54 →02.08.54 WL Stahlwerk Brandenburg ('61 abg. vorh.)	+

Im Jahr 1935, als alle anderen T9¹ der Deutschen Reichsbahn bereits ausgemustert waren, kamen über die Saarbahnen mit den 90 235-237 wieder drei ehemals preußische T9¹ in den Reichsbahn-Bestand. Die abgebildete 90 235 überstand sogar den Zweiten Weltkrieg und wurde 1954 als Werklok an das BKW „Freiheit" in Bitterfeld verkauft. Die ZBDR-Aufnahme soll am 7. April 1952 in Mittenwalde entstanden sein.

Von Hermann Maey stammt diese 1936 entstandene Aufnahme der 90 237, ehemals „SAAR 7124". Die Lokomotive gehörte zum Bw Saarbrücken Hbf. und überlebte ebenfalls – wie ihre beiden Schwestermaschinen 90 235 und 90 236 – den Zweiten Weltkrieg.

C1' n2t **DB 90²** (ex ?)

Nach dem Krieg tauchte eine 90 237 sowohl im Bestand der Rbd Pasewalk als auch in jenem der Rbd Frankfurt/Main auf. Die auf der MfV-Karteikarte dokumentierte Kesselfabriknummer der „Ost-90 237" („4342" – also vermutlich „4842" mit Übertragungsfehler) ist ein deutlicher Hinweis darauf, dass es sich bei dieser Maschine um die „echte" 90 237 gehandelt haben dürfte. Welche Lokomotive dagegen im Westen unter dieser Nummer unterwegs war, konnte bisher noch nicht geklärt werden. Aus verschiedenen Quellen sind die folgenden Informationen bekannt: Im Oktober 1946 wurde die Lokomotive „neu erfasst" – also eine „irgendwo" gefundene Lokomotive mit dieser Betriebsnummer versehen. Ein knappes Jahr später wurde sie vom Bestand abgesetzt und anschließend als Werklok eingesetzt. Bei den in verschiedenen Dokumenten angegebenen Einsatzorten gibt es allerdings auch noch einige Differenzen: Auf der DB-Meldekarte der Lokomotive, auf der auch die „Neuerfassung" vermerkt war, wurde als Einsatzort der „als Werklok" verwendeten Maschine das Raw Nied angeführt – dort wurde sie auch noch im März 1947 bei der alliierten Lokzählung nachgewiesen. In einer von der GBL Süd erstellten Übersicht der ausgemusterten Lokomotiven wurde bei 90 237 die Verwendung als Werklok beim Raw Darmstadt angeben. Erneut tauchte die Lokomotive 1949/50 auf: Nach Angaben in der Literatur gehörte sie am 31. Juli 1950 zum Bw Fulda (eingesetzt im Eaw Fulda) und Eberhard Schüler beobachtete die Maschine im Mai 1949 und im Juli 1950 als „Hofhund" im Bw Bebra. Nach seinen Aufzeichnungen trug die Maschine bei seinem ersten Besuch keine Betriebsnummer und war erst beim zweiten Besuch im Jahr 1950 als 90 237 beschriftet. Auf alle Fälle soll es sich aber um eine preußische T 9¹ gehandelt haben, die aber – so die Notizen von Herrn Schüler – keine Fabrikschilder mehr getragen hat, so dass schon damals eine genaue Identifizierung nicht möglich gewesen war.

Literatur:

MÜNZER, LUTZ: Das Bw Fulda; Sammelband Deutsche Bahnbetriebswerke

REICHERT, THORSTEN: Der große Wurf. EJ 4/2007, S. 42-47

(?) ????/ ?	(?) →10.46 **DRw 90 237"** (→WL RAW Nied) +06.08.47 →ca. '47 WL Raw Darmstadt →'?? WL Eaw Fulda/Bw Bebra (07.50 vorh.) +

C1' n2t DRB 90^2 (ex LBE)

Treibraddurchmesser (mm):	1 350
Achsstand (mm):	6 100
Länge über Puffer (mm):	11 536
Dienstgewicht (t):	55,9
Achslast (maximal) (t):	14,0
Höchstgeschwindigkeit (km/h):	60
Zylinderdurchmesser (mm):	430
Kolbenhub (mm):	630
Rostfläche (m²):	1,53
Verdampfungsheizfläche (m²):	110,2
Kesselüberdruck (atm):	12,0

Auch die Lübeck-Büchener Eisenbahn (LBE) beschaffte einige Tenderlokomotiven, die mit der preußischen Gattung $T9^1$ weitgehend identisch waren. Die 1900 und 1903 gebauten sechs Maschinen wurden im Verschiebedienst, aber auch im leichten Personenzugdienst eingesetzt. Weitere vier $T9^1$ wurden 1926 gebraucht erworben – darunter die älteste Reichsbahn $T9^1$ (90 001) sowie zwei fälschlich als $T9^2$ eingereihte Maschinen (91 110, 112). Bei der Verstaatlichung der Lübeck-Büchener Eisenbahn war noch die Hälfte der T9 – wie sie bei der LBE (also ohne hochgestellten Index) bezeichnet wurden – vorhanden: Sie wurden als 90 241-245 von der DRB übernommen und erhielten somit Betriebsnummern hinter den SAAR-$T9^1$, nicht aber im direkten Anschluss. Alle fünf Maschinen überstanden noch den Zweiten Weltkrieg, wurden aber bis Mitte der 50er Jahre ausgemustert.

Hen 1900/ 5378	Lübeck-Büchener Eisenbahn (LBE) BÄR (T9) →'17 Lübeck-Büchener Eisenbahn (LBE) 112 (T9) →01.01.38 **DRB 90 241** →'45 DRw →05.10.46 Tecklenburger Nordbahn (TN) 6	+53
Hen 1903/ 6282	Lübeck-Büchener Eisenbahn (LBE) ILTIS (T9) →'17 Lübeck-Büchener Eisenbahn (LBE) 116 (T9) →01.01.38 **DRB 90 242** →'45 DRo/DR →30.07.54 WL Stahlwerk Brandenburg	+
Bors 1901/ 4954	Mst 1805" →'06 MST 7206 $T9^1$ →'26 Lübeck-Büchener Eisenbahn (LBE) 109" (T9) →01.01.38 **DRB 90 243** →'45 DRw →30.08.46 Wittlager Krb. (WKB) BAD ESSEN^{II}	+10.59
Bors 1892/ 4412	Bln 1871 →'06 BLN 7231 $T9^1$ →'14 POS 7342 →'20 OST 7104 →'25 DRB 90 001 +26 →'26 Lübeck-Büchener Eisenbahn (LBE) 110" (T9) →01.01.38 **DRB 90 244** →'45 DRw →01.06.48 Wilstedt-Zeven-Tostedter Eb. (WZTE) 11 →'?? Wilstedt-Zeven-Tostedter Eb. (WZTE) 441 (NLEA)	+49
Unio 1900/ 1106	Pos 2009 →'06 POS 7210 $T9^1$ →'20 OST 7210 →'25 DRB 91 110 →'26 Lübeck-Büchener Eisenbahn (LBE) 111" (T9) →01.01.38 **DRB 90 245** →'45 MPS	+08.51

Eine echte preußische $T9^1$ war die Lok 111 der Lübeck-Büchener Eisenbahn (LBE), welche die Maschine 1926 gebraucht von der Reichsbahn gekauft hatte. Im DRB-Umzeichnungsplan von 1925 war sie noch als 91 110 enthalten, war also fälschlich als $T9^2$ eingereiht worden. Nach der 1938 erfolgten Eingliederung der LBE in die Deutsche Reichsbahn erhielt sie die neue Betriebsnummer 90 245. Ulrich Fuhrmeister beobachtete die Lok am 17. August 1934 beim Rangieren in Rahlstedt.

Bilder der LBE-T 9 mit Reichsbahn-Betriebsnummer sind leider „Mangelware" – dass die Loks tatsächlich umgezeichnet wurden, soll mit diesem Bild aus dem Jahr 1946 bewiesen werden: Hinter den Soldaten erkennt man ganz klein die Lokomotive 90 244 (ex LBE 110) mit der Aufschrift „Allied Forces" auf dem Führerhaus.

C1' n2t DRB 90^2 (ex PKP TKi 1)

Treibraddurchmesser (mm):	1 350
Achsstand (mm):	6 100
Länge über Puffer (mm):	11 320
Dienstgewicht (t):	54,8
Achslast (maximal) (t):	14,2
Höchstgeschwindigkeit (km/h):	60
Zylinderdurchmesser (mm):	430
Kolbenhub (mm):	630
Rostfläche (m²):	1,53
Verdampfungsheizfläche (m²):	110,26
Kesselüberdruck (atm):	12,0

Nach dem Ersten Weltkrieg verblieben insgesamt 45 preußische $T9^1$ (siehe Baureihe 90^{0-2}) bei den Polnischen Staatsbahnen, die ihnen die Gattungsbezeichnung TKi 1 zuwiesen. Im Jahre 1939 umfasste der Bestand noch 26 Lokomotiven; nach der Aufteilung des Lokomotivparks zwischen Deutschem Reich und der Sowjetunion gelangten vier zur Reichbahn – und die NKPS gaben ihren Bestand mit 23 an. Da die Summe somit 27 betrug, muss vermutlich eine dieser Maschinen zuvor von einer der beiden Bahnen reaktiviert worden sein. Die vier Reichsbahn-TKi1 wurden 1941 in 90 246-249 umgezeichnet – erhielten also Betriebsnummern im direkten Anschluss an die LBE-T9. Während des Russland-Feldzuges fielen mindestens weitere neun TKi1 aus dem NKPS-Bestand in deutsche Hand – von diesen wurden noch zwei Maschinen in 90 250-251 umgezeichnet.

Unio 1900/ 1108	Dzg 1894 →'06 DZG 7101 $T9^1$ →'22 PKP TKi1-3 Dz →'39 DRB →'41 **DRB 90 246** →'45 DRw	+01.12.47
Unio 1895/ 813	Kat 1559 →'06 KAT 7254 $T9^1$ →14.06.22 PKP TKi1-9 →'39 DRB →'41 **DRB 90 247** →'45 DRo/DR →18.10.55 PKP	+14.12.55
Unio 1896/ 862	Kat 1565 →'06 KAT 7260 $T9^1$ →14.06.22 PKP TKi1-17 →'39 DRB →'41 **DRB 90 248** →'45 DRw +01.12.47 →'?? WL Gleislager Heilbronn	+14.04.56
Unio 1901/ 1155	Bro 1902 →'06 BRO 7203 $T9^1$ →'18/20 PKP TKi1-40 →'39 DRB →'41 **DRB 90 249** →'45 PKP TKi1-3"	+52
Unio 1901/ 1153	Bro 1900" →'06 BRO 7201 $T9^1$ →'18/20 PKP TKi1-39 →'39 NKPS →ca. '41/42 DRB →'43 **DRB 90 250** →'45 PKP TKi1-4"	+52
Unio 1895/ 812	Kat 1558 →'06 KAT 7253 $T9^1$ →14.06.22 PKP TKi1-8 →'39 NKPS →ca. '41/42 DRB →'45 **DRB 90 251** →'45 DRw	+01.12.47

Die TKi1-8 der „Ostbahn" – die auf dem Bild bereits abgestellte Maschine diente vermutlich als Motiv für ein Erinnerungsfoto – dürfte später wieder in Betrieb genommen worden sein, tauchte sie doch bei Kriegsende in der RBD Regensburg auf und wurde dort mit der HVE-Verfügung 21.213 Fuv 585 vom 1. Dezember 1947 ausgemustert. *Foto: Johannes Töpelmann*

C1' n2t DR 90² (ex WL)

Treibraddurchmesser (mm):	1 350
Achsstand (mm):	6 100
Länge über Puffer (mm):	11 320
Dienstgewicht (t):	54,5
Achslast (maximal) (t):	14,1
Höchstgeschwindigkeit (km/h):	60
Zylinderdurchmesser (mm):	430
Kolbenhub (mm):	630
Rostfläche (m²):	1,53
Verdampfungsheizfläche (m²):	107,76
Kesselüberdruck (atm):	12,0

Relativ wenig ist über den Lebenslauf der DR 90 252 bekannt. Im vorläufigen Umzeichnungsplan der Deutschen Reichsbahn von 1923 war diese T9¹ noch als 90 060 enthalten, doch den Sprung in den endgültigen Plan schaffte sie nicht mehr: Nach der Ausmusterung 1922/23 kam sie als Werklok zum RAW Gleiwitz, doch wann genau die Abgabe erfolgte, ist nicht bekannt – ebenso wenig ist bekannt, wie sie dann später aus Oberschlesien zum Bw Leipzig Süd kam, bei dem sie 1947 die neue Betriebsnummer 91 150 erhielt. Schon bald bemerkte man, dass die Nummer nicht zu einer T9¹ passte und korrigierte die Betriebsnummer in 90 252.

Hano 1895/ 2638	Bsl 1561 →'95 Bsl 1514" →'06 BSL 7213 T9¹ +22/23 →'?? WL II RAW Gleiwitz →'45 DRo →'47 DRo 91 150 (falsch umgezeichnet) →'48 **DRo/DR 90 252** →22.01.54 WL 2638 BKW „Freiheit", Bitterfeld (bis ca. '60) +

C1' n2t DRB 90³ (ex ČSD 312.7)

	90 301	90 302
Treibraddurchmesser (mm):	970	970
Achsstand (mm):	4 800	4 800
Länge über Puffer (mm):	9 728	9 728
Dienstgewicht (t):	44,56	43,97
Achslast (maximal) (t):	12,0	11,7
Höchstgeschwindigkeit (km/h):	45	45
Zylinderdurchmesser (mm):	420	420
Kolbenhub (mm):	480	480
Rostfläche (m²):	1,68	1,68
Verdampfungsheizfläche (m²):	77,4	77,4
Kesselüberdruck (atm):	12,0	12,0

Im Jahre 1907, also ein Jahr vor ihrer Verstaatlichung, erhielt die Böhmische Nordbahn (BNB) zwei C1-Tenderlokomotiven, bei denen insbesondere der große Vorratsbehälter für die Kohle ins Auge fiel. Ungewöhnlich war auch, dass die Kuppelradsätze mit einem Durchmesser von 970 mm nur unwesentlich größer waren als die Räder der Laufachse (880 mm). Nach der Übernahme durch die kkStB erhielten die Maschinen die Betriebsnummern 265.01-02, blieben anschließend weiter in Böhmen eingesetzt und kamen so nach dem Ersten Weltkrieg in den Bestand der Tschechoslowakischen Eisenbahnen (ČSD 312.701-702). Alle beiden Lokomotiven waren auch 1939 noch vorhanden und wurden nach der Annexion des Sudetengebietes von der Deutschen Reichsbahn als 90 301-302 übernommen.

BMMF 1907/ 184	Böhmische Nordbahn (BNB) 126 →'08 kkStB 265.01 →'24 ČSD 312.701 →'39 **DRB 90 301** →'45 ČSD +09.05.49 →01.09.49 verk. Moravskosl. vápenky	+
BMMF 1907/ 185	Böhmische Nordbahn (BNB) 127 →'08 kkStB 265.02 →'24 ČSD 312.702 →'39 **DRB 90 302** →'45 ČSD +09.05.49 →06.10.49 verk. Svit Gottwaldov (Zlín)	+

Ausgesprochen „wuchtig" wirkt auf dieser Aufnahme von Werner Hubert der Kobelschornstein der 90 302, die hier sowohl von der Lokführerseite als auch von der Heizerseite zu sehen ist. Beide Aufnahmen der ursprünglich von der Böhmischen Nordbahn (BNB) beschafften Maschinen entstanden 1941 im Bw Böhmisch Leipa.

1'C 1' n2vt DRB 90^{10} (ex BBÖ 30)

Treibraddurchmesser (mm):	1 298
Achsstand (mm):	7 700
Länge über Puffer (mm):	11 334
Dienstgewicht (t):	69,5
Achslast (maximal) (t):	14,5
Höchstgeschwindigkeit (km/h):	60
Zylinderdurchmesser (mm):	520/740
Kolbenhub (mm):	632
Rostfläche (m²):	2,30
Verdampfungsheizfläche (m²):	130,6
Kesselüberdruck (atm):	13,0

Speziell für den Einsatz auf der Wiener Stadtbahn sowie auf den Wiener Vorortlinien wurde die kkStB-Reihe 30 entwickelt, die sich durch hohe Leistungsfähigkeit und gutes Beschleunigungsvermögen (aufgrund relativ kleiner Kuppelradsätze) auszeichnete. Die von 1895 bis 1900 gebauten 113 Exemplare (kkStB 30.01-99, 101-114) verblieben – vermutlich aufgrund des ausschließlichen Einsatzes in Wien – nach dem Ersten Weltkrieg allesamt in Österreich. Durch die Elektrifizierung der Wiener Stadtbahn bis 1932 wurden die Lokomotiven dann aber weitgehend „arbeitslos" und daher zu anderen Heizhäusern umgesetzt oder ausgemustert. Im Jahre 1938 waren noch 33 Lokomotiven der Reihe 30 bei den BBÖ vorhanden – diese wurden von der Reichsbahn als 90 1001-1033 in den Bestand übernommen.

Darüber, warum man für diese Lokomotiven mit der Achsfolge 1C1 die Baureihe 90, die bis dahin ausschließlich für Lokomotiven der Achsfolge C1 verwendet worden war, gewählt hatte, und nicht die Baureihe 75, kann man nur spekulieren. Tatsächlich waren alle Lokomotiven der Baureihe 75 reine Personenzugmaschinen, die über relativ große Treib- und Kuppelräder verfügten. Möglicherweise wollte man mit der Einreihung in der Baureihe 90 zum Ausdruck bringen, dass man das Einsatzgebiet der 90^{10} eher im Güter- und Verschubverkehr sah – in dem auch die anderen Lokomotiven der Baureihe 90 eingesetzt waren.

Flor 1895/ 935	kkStB 3001 →'05 kkStB 30.01 →'18 BBÖ →'38 **DRB 90 1001** →'45 ÖBB →'53 ÖBB 90.1001	+20.06.56
Flor 1896/ 1000	kkStB 3002 →'05 kkStB 30.02 →'18 BBÖ →'38 **DRB 90 1002** →'45 ÖBB/T	+17.04.53
Flor 1897/ 1067	kkStB 3007 →'05 kkStB 30.07 →'18 BBÖ →'38 **DRB 90 1003** →'45 ÖBB →'53 ÖBB 90.1003	+17.11.55
Flor 1897/ 1069	kkStB 3009 →'05 kkStB 30.09 →'18 BBÖ →'38 **DRB 90 1004** →'45 ÖBB/T	+17.04.53
Flor 1897/ 1070	kkStB 3010 →'05 kkStB 30.10 →'18 BBÖ +35 →ca.'35 Ub. Klimaschneepflug K IV 2 →'38 **DRB [90 1005]** →08.04.40 Lz 702 103 →'45 ÖBB 985.100	+

Ausgesprochen groß prangte bei der 90 1010 die Aufschrift „Österreich" am Wasserkasten der Lokomotive – und deutlich kleiner schräg darüber „U.S. Zone". Weitere Eigentumsmerkmale waren offensichtlich nicht vorhanden, als die ehemalige BBÖ 30.32 im Jahr 1948 in Salzburg-Gnigl abgelichtet wurde.

Noch zu Reichsbahnzeiten um 1943 entstand diese Aufnahme der 90 1021 im RAW Gmünd. Die Lokomotive verblieb nach dem Krieg in Österreich und wurde dort 1953 von den ÖBB ausgemustert. *Foto: F. Kollmann*

StEG 1897/ 2550	kkStB 3021 →'05 kkStB 30.21 →'18 BBÖ →'38 **DRB 90 1006** →'45 ÖBB →15.04.45 MÁV/R →15.06.50 ÖBB	+25.11.52
StEG 1897/ 2558	kkStB 3029 →'05 kkStB 30.29 →'18 BBÖ →'38 **DRB 90 1007** →'45 ÖBB →17.04.45 MÁV/R →15.06.50 ÖBB →'53 ÖBB 90.1007	+15.09.53
StEG 1897/ 2559	kkStB 3030 →'05 kkStB 30.30 →'18 BBÖ →'38 **DRB 90 1008** →'45 ÖBB/T	+17.04.53
Flor 1896/ 1060	kkStB 3031 →'05 kkStB 30.31 →'18 BBÖ →'38 **DRB 90 1009** →'45 ÖBB/T	+17.04.53
Flor 1896/ 1061	kkStB 3032 →'05 kkStB 30.32 →'18 BBÖ →'38 **DRB 90 1010** →'45 ÖBB →'53 ÖBB 90.1010	+28.06.57
WrN 1897/ 4028	kkStB 3034 →'05 kkStB 30.34 →'18 BBÖ →'38 **DRB 90 1011** →'45 ÖBB/T	+18.04.53
WrN 1897/ 4031	kkStB 3037 →'05 kkStB 30.37 →'18 BBÖ →'38 **DRB 90 1012** →'45 ÖBB/T	+17.04.53
WrN 1897/ 4034	kkStB 3040 →'05 kkStB 30.40 →'18 BBÖ →'38 **DRB 90 1013** →'45 ÖBB/T	+17.04.53
WrN 1899/ 4148	kkStB 3044 →'05 kkStB 30.44 →'18 BBÖ →'38 **DRB 90 1014** →'45 ÖBB/T	+17.04.53
WrN 1899/ 4151	kkStB 3047 →'05 kkStB 30.47 →'18 BBÖ →'38 **DRB 90 1015** →'45 ÖBB →'53 ÖBB 90.1015	+20.01.56
Flor 1898/ 1137	kkStB 3048 →'05 kkStB 30.48 →'18 BBÖ →'38 **DRB 90 1016** →'45 ÖBB →'53 ÖBB 90.1016	+15.03.56
Flor 1898/ 1145	kkStB 3056 →'05 kkStB 30.56 →'18 BBÖ →'38 **DRB 90 1017** →'45 ÖBB →14.04.45 MÁV/R →25.05.50 ÖBB	+25.11.52
Flor 1898/ 1148	kkStB 3059 →'05 kkStB 30.59 →'18 BBÖ →'38 **DRB 90 1018** →'45 ÖBB/T	+17.04.53
Flor 1898/ 1150	kkStB 3061 →'05 kkStB 30.61 →'18 BBÖ →'38 **DRB 90 1019** →'45 ÖBB →'53 ÖBB 90.1019	+23.05.55
StEG 1897/ 2607	kkStB 3062 →'05 kkStB 30.62 →'18 BBÖ →'38 **DRB 90 1020** →'45 ÖBB/T	+18.04.53
StEG 1897/ 2614	kkStB 3069 →'05 kkStB 30.69 →'18 BBÖ →'38 **DRB 90 1021** →'45 ÖBB/T	+18.04.53
StEG 1897/ 2615	kkStB 3070 →'05 kkStB 30.70 →'18 BBÖ →'38 **DRB 90 1022** →'45 ÖBB →'53 ÖBB 90.1022	+15.03.56
StEG 1899/ 2726	kkStB 3077 →'05 kkStB 30.77 →'18 BBÖ →'38 **DRB 90 1023** →'45 ÖBB/T	+17.04.53
WrN 1899/ 4171	kkStB 3080 →'05 kkStB 30.80 →'18 BBÖ →'38 **DRB 90 1024** →'45 ÖBB →15.04.45 MÁV/R →15.06.50 ÖBB →'53 ÖBB 90.1024	+15.09.53
WrN 1899/ 4174	kkStB 3083 →'05 kkStB 30.83 →'18 BBÖ →'38 **DRB 90 1025** →'45 ÖBB/T	+18.04.53
StEG 1899/ 2736	kkStB 3085 →'05 kkStB 30.85 →'18 BBÖ →'38 **DRB 90 1026** →'45 ÖBB/T	+17.04.53
StEG 1899/ 2737	kkStB 3086 →'05 kkStB 30.86 →'18 BBÖ →'38 **DRB 90 1027** →'45 ÖBB/T	+18.04.53
StEG 1899/ 2744	kkStB 3093 →'05 kkStB 30.93 →'18 BBÖ →'38 **DRB 90 1028** →'45 ÖBB/T	+31.12.48
StEG 1899/ 2748	kkStB 3097 →'05 kkStB 30.97 →'18 BBÖ →'38 **DRB 90 1029** →'45 ÖBB/T	+18.04.53
Flor 1899/ 1237	kkStB 3098 →'05 kkStB 30.98 →'18 BBÖ →'38 **DRB 90 1030** →'45 ÖBB/T	+18.04.53
Flor 1899/ 1238	kkStB 3099 →'05 kkStB 30.99 →'18 BBÖ →'38 **DRB 90 1031** →'45 ÖBB/T	+17.04.53
StEG 1900/ 2813	kkStB 13013 →'05 kkStB 30.113 →'18 BBÖ →'38 **DRB 90 1032** →'45 ÖBB →'53 ÖBB 90.1032	+28.06.57
Flor 1898/ 1146	kkStB 3057 →'05 kkStB 30.57 →'18 BBÖ +37 →03.40 **DRB 90 1033** →'45 ÖBB/T	+18.04.53

Im Bw Hütteldorf fotografierte Hermann Maey für das „Deutsche Lokomotivbild-Archiv, RVM-Filmstelle, Berlin" – so der Stempel auf der Rückseite des Bildes – die 90 1031, welche im Gegensatz zur zuvor gezeigten Maschine 90 1021 am Führerhaus einen mit weißer Farbe aufgemalten Adler als Eigentumsmerkmal trug.

1'C 1' n2vt/h2t DRB 90^{11} (ex JDŽ 51)

	90 1101-1105	90 1106-1107	90 1111
Bauart:	1'C 1' n2vt	1'C 1' n2vt	1'C 1' h2t
Treibraddurchmesser (mm):	1 180	1 180	1 180
Achsstand (mm):	7 650	7 650	7 650
Länge über Puffer (mm):	10 930	10 930	10 930
Dienstgewicht (t):	52,13	51,2	51,8
Achslast (maximal) (t):	10,7	10,3	10,4
Höchstgeschwindigkeit (km/h):	60	60	60
Zylinderdurchmesser (mm):	390/590	390/590	410
Kolbenhub (mm):	600	600	600
Rostfläche (m²):	1,83	1,83	1,80
Verdampfungsheizfläche (m²):	112,0	112,0	85,2
Überhitzerheizfläche (m²):	-	-	20,2
Kesselüberdruck (atm):	14,0	14,0	12,0

Ähnlich wie in Österreich (siehe Baureihe 90^{10}) beschaffte man auch im Königreich Ungarn nach der Jahrhundertwende kräftige 1C1-Tenderlokomotiven, die auf Nebenbahnen sowohl im Güter- als auch im Personenverkehr eingesetzt wurden. Die ersten 249 Lokomotiven wurden als Nassdampf-Verbundmaschinen gebaut (MÁV 375,001-053, 301-494, 701-702), während die ab 1915 abgelieferten 229 375er als Zwillings-Heißdampflokomotiven ausgeführt wurden (375,501-586, 801-943). Nach dem Ersten Weltkrieg verblieben 153 in Ungarn, 182 in Rumänien, 36 in der Tschechoslowakei (ČSD 331.001-036) und 98 in Jugoslawien (JDŽ 51-031 – 128). Die JDŽ-Betriebsnummern 51-001 – 030 waren in Jugoslawien mit 1925/26 entstandenen Neubauten besetzt, die mit der MÁV-Reihe 375 nahezu identisch waren. In dem im April 1941 besetzten Slowenien übernahm die Deutsche Reichsbahn acht Lokomotiven der JDŽ-Reihe 51 – sieben Nassdampf- und eine Heißdampflok – und reihte sie als 90 1101-1107 bzw. 90 1111 in den Bestand ein.

Wie schon bei der Baureihe 90^{10} kann man sich fragen, warum die jugoslawischen 1C1-Lokomotiven Betriebsnummern der Baureihe 90 (und nicht der Baureihe 75) erhielten: Auch bei diesen Maschinen war der Treib- und Kuppelraddurchmesser relativ klein – vermutlich wählte man daher zur Abgrenzung von den deutlich schnelleren Personenzuglokomotiven der Baureihe 75 diese Baureihenbezeichnung.

Von zwei Lokomotiven der Baureihe 90^{11} ist ihr Nachkriegsschicksal nicht bekannt. Vermutlich kamen auch sie wieder in den Bestand der Jugoslawischen Eisenbahnen JDŽ, doch da Informationen zum Fahrzeugpark dieser Bahn nach 1945 sehr rar sind, konnte dies bisher nicht verifiziert werden.

Buda 1908/ 2100	MÁV 7319 (TV) →'11 MÁV 375,017 →'18 SHS →'33 JDŽ 51-065 →'43 **DRB 90 1101** →'45 JDŽ 51-065	+
Buda 1908/ 2101	MÁV 7320 (TV) →'11 MÁV 375,018 →'18 SHS →'33 JDŽ 51-066 →'43 **DRB 90 1102** →'45 JDŽ 51-066	+
Buda 1908/ 2103	MÁV 7322 (TV) →'11 MÁV 375,020 →'18 SHS →'33 JDŽ 51-068 →'43 **DRB 90 1103** →'45 JDŽ 51-068 →'?? verk. (als WL)	+
Buda 1908/ 2110	MÁV 7329 (TV) →'11 MÁV 375,027 →'18 SHS →'33 JDŽ 51-069 →'43 **DRB 90 1104** →12.44 MÁV 375,1104 →03.01.45 DRB/F →'45 PKP	+
Buda 1911/ 2656	MÁV 375,040 →'18 SHS →'33 JDŽ 51-070 →'43 **DRB 90 1105** →'45 CFR 375.040	++60
Buda 1908/ 2122	MÁV 7341 (TV) →'11 MÁV 375,314 →'18 SHS →'33 JDŽ 51-081 →'43 **DRB 90 1106** →'45 JDŽ 51-081	+
Buda 1909/ 2136	MÁV 7355 (TV) →'11 MÁV 375,328 →'18 SHS →'33 JDŽ 51-085 →'43 **DRB 90 1107** →'45 JDŽ 51-085	+
Buda 1918/ 4379	MÁV 375,897 →'18 SHS →'33 JDŽ 51-055 →'43 **DRB 90 1111** →'45 JDŽ 51-055	+

Aufnahmen ehemals jugoslawischer Lokomotiven mit Reichsbahnnummer sind äußerst rar - so muss auch die Baureihe 90¹¹ durch die Aufnahme einer anderen Lok der JDŽ-Reihe 51 repräsentiert werden: Hellmuth Fröhlich fotografierte die JŽ 51-131 am 13. Juni 1960 in Belgrad. Bei dieser Lokomotive handelte es sich wie bei 90 1111 um einen Heißdampf-Zwilling, der allerdings nicht – wie die meisten anderen Lokomotiven dieser Bauart – an die MÁV, sondern an die k.u.k. Heeresbahnen geliefert worden war.

C 1' n2t — DR 90^{64} — (ex EFE)

Treibraddurchmesser (mm):	1 250
Achsstand (mm):	5 900
Länge über Puffer (mm):	10 850
Dienstgewicht (t):	54,6
Achslast (maximal) (t):	
Höchstgeschwindigkeit (km/h):	50
Zylinderdurchmesser (mm):	430
Kolbenhub (mm):	630
Rostfläche (m²):	1,5
Verdampfungsheizfläche (m²):	120,0
Kesselüberdruck (atm):	12,0

Als 1950 die Klein- und Privatbahnlokomotiven in der DDR von der Deutschen Reichsbahn übernommen wurden, gehörten zum Übernahmebestand auch drei C1-Tenderlokomotiven, die folgerichtig die Baureihenbezeichnung 90 erhielten. Entsprechend ihrer Achslast von 14 t und angesichts der Ausführung als Nassdampf-Tenderlokomotiven, wurden ihnen die Ordnungsnummern 6401-6402 zugewiesen.

Im Jahre 1903 hatte die Kassel-Naumburger Eisenbahn drei C1-Tenderlokomotiven für den Einsatz auf ihrer steigungsreichen Strecke beschafft – die Maschinen sahen recht „preußisch" aus, waren aber keine Nachbauten einer bewährten Bauart, sondern eher eine Kombination aus der „Bauart Elberfeld" und der preußischen T 9¹ (siehe Baureihe 90^{0-2}). Fünf Jahre nach der Lieferung wurde dieser Bestand noch durch einen baugleichen Nachzügler verstärkt. Nach rund zwanzigjährigem Einsatz wurden die Maschinen durch moderne und deutlich leistungsfähigere Heißdampf-Fünfkuppler von Krauss ersetzt, so dass die C1-Lokomotiven verkauft werden konnten: Drei gingen an die Eberswalde-Finowfurter Eisenbahn (EFE) und eine an die

Freien Grunder Eisenbahn (FGE), die sie 1943 ebenfalls an die Eberswalde-Finowfurter Eisenbahn weiterverkauft, nachdem eine der drei anderen Maschinen bereits 1936 ausgemustert worden war.
Bei der Übernahme durch die Deutsche Reichsbahn waren somit drei C1-Tenderlokomotiven bei der EFE vorhanden, allerdings sollen bei der zuvor von der FGE übernommenen Maschine die Eigentumsverhältnisse ungeklärt gewesen sein. Daher wurden nur den beiden anderen Maschinen die Betriebsnummern 90 6401-6402 zugewiesen, während die dritte Maschine noch mehrere Jahre als „91FGE4" in den Büchern stand, bevor sie 1958 als Werklokomotive an das VEB Hüttenzementwerk Ost in Stalinstadt verkauft wurde.

Literatur:

FINK, JOCHEN; KENNING, LUDGER: Kleinbahnreise mit der alten Kassel-Naumburger. Nordhorn, 2016

Bors 1903/ 5185	Klb. Kassel-Naumburg (KN) 2 →03.11.25 Eberswalde-Finowfurter Eb. (EFE) 1" →01.12.37 Klb. Kassel-Naumburg (KN) 2" →25.06.38 Eberswalde-Finowfurter Eb. (EFE) 1[4] →'50 **DR 90 6401** →09.10.53 WL 3 Edelstahlwerk Freital (08.61 L4 Raw Leipzig)	+
Bors 1908/ 6810	Klb. Kassel-Naumburg (KN) 4" →04.11.25 Eberswalde-Finowfurter Eb. (EFE) 2" ('38-'?? Klb. Kassel-Naumburg/L) →'50 **DR 90 6402** →20.05.55 verk. WL 6 Großkokerei „Matyas Rakosi", Lauchhammer-West (09.58 als WL 2/Geräte-Nr. 463-3-13 i.E.; 01.64 Zwischenunters.)	+

Die DR 90 6401 wurde 1953 als „Werklok 3" an das Edelstahlwerk Freital verkauft, welches sie 1961 zur Ausbesserung ins Raw Leipzig schickte, wo im Juni jenes Jahres auch diese Aufnahme entstanden ist. Bemerkenswert, dass der am Wasserkasten angeschriebene Spruch „Ordnung kostet Geld, Unordnung kostet mehr" ausnahmsweise mal nicht politisch ist. Ob die L4 tatsächlich 1961 ausgeführt wurde, ist leider nicht bekannt – wenn dem so war, dürfte sie danach noch ein paar Jahre in Freital im Einsatz gestanden haben.

C 1' n2t DRB 90^{70} (ex EWA IIIb)

Treibraddurchmesser (mm):	1 420
Achsstand (mm):	5 630
Länge über Puffer (mm):	
Dienstgewicht (t):	52,4
Achslast (maximal) (t):	13,8
Höchstgeschwindigkeit (km/h):	45
Zylinderdurchmesser (mm):	420
Kolbenhub (mm):	600
Rostfläche (m²):	2,25
Verdampfungsheizfläche (m²):	101,8
Kesselüberdruck (atm):	10,0

Die Eisenbahn Wien – Aspang, die auch unter der Bezeichnung „Aspangbahn" bekannt ist, war eine private Eisenbahngesellschaft, die von Wien über Wiener Neustadt nach Aspang führte. Zum Anfangsbestand der Bahn gehörten zehn schwere C-Tenderlokomotiven, von denen sechs in C1-Tenderlokomotiven und vier in C-Schlepptenderlokomotiven umgebaut wurden (siehe DRB 53 7301-7304). Nachdem die Eisenbahn Wien – Aspang aufgrund von wirtschaftlichen Schwierigkeiten die Betriebsführung zum 1. Juli 1937 an die BBÖ abgegeben hatte, behielten die Lokomotiven zunächst ihre angestammten Betriebsnummern und wurden erst 1938 von der Deutschen Reichsbahn entsprechend dem DRB-Nummernschema umgezeichnet. Mit der Zuweisung der Betriebsnummern 90 7001-7006 machte man allerdings deutlich, dass die Maschinen zur baldigen Ausmusterung anstanden – tatsächlich schieden sie alle bis 1942 aus dem Bestand aus, wurden aber danach noch (mit einer Ausnahme) als Werk- oder Heizlokomotiven weiterverwendet.

Literatur:

WENZEL, HANSJÜRGEN: Von der „Buckligen Welt" zum „Niederen Fläming". EK 3/2008 S. 68-69

WrN 1879/ 2411	Eb. Wien-Aspang (EWA) 1 (TLa) →20.05.11 Ub. Eb. Wien-Aspang (EWA) 1 (IIIb; C n2t in C1' n2t) →'37 BBÖ →'38 **DRB 90 7001** →'42 WL 7 RAW Floridsdorf →'45 ÖBB 902.08.02 (Güterwagenwerk Jedlersdorf)	++60
WrN 1879/ 2412	Eb. Wien-Aspang (EWA) 2 (TLa) →07.07.11 Ub. Eb. Wien-Aspang (EWA) 2 (IIIb; C n2t in C1' n2t) →'37 BBÖ →'38 **DRB 90 7002** →24.10.39 Ub. HL 700 802 Bln.	V.u.
WrN 1879/ 2413	Eb. Wien-Aspang (EWA) 3 (TLa) →03.10.11 Ub. Eb. Wien-Aspang (EWA) 3 (IIIb; C n2t in C1' n2t) →'37 BBÖ →'38 **DRB 90 7003** →24.10.39 Ub. HL 700 803 Bln.	V.u.
WrN 1879/ 2414	Eb. Wien-Aspang (EWA) 4 (TLa) →21.08.11 Ub. Eb. Wien-Aspang (EWA) 4 (IIIb; C n2t in C1' n2t) →'37 BBÖ →'38 **DRB 90 7004**	+24.10.39
WrN 1879/ 2418	Eb. Wien-Aspang (EWA) 8 (TLa) →13.04.11 Ub. Eb. Wien-Aspang (EWA) 5" (IIIb; C n2t in C1' n2t) →'37 BBÖ →'38 **DRB 90 7005** →24.10.39 Ub. HL 700 804 Bln. →'45 DRo/DR	+30.11.53
WrN 1879/ 2417	Eb. Wien-Aspang (EWA) 7 (TLa) →28.11.11 Ub. Eb. Wien-Aspang (EWA) 6" (IIIb; C n2t in C1' n2t) →'37 BBÖ →'38 **DRB 90 7006** →24.10.39 WL 5 RAW St.Pölten ('45 HW Floridsdorf 090 7006) →25.09.50 ÖBB 90 7006 →'53 ÖBB (291.01)	+25.11.52

Als „Heizkesselwagen" mit der Betriebsnummer „700 803 Bln" fotografierte Hermann Maey die ehemalige 90 7003 – vermutlich im Bereich der Rbd Berlin. Wo die – abgesehen von Zylinder und Stangen – ja noch recht vollständige Lok tatsächlich eingesetzt wurde, ist leider ebensowenig bekannt wie ihr späterer Verbleib.

In der Hauptwerkstätte Floridsdorf war 1945 die ehemalige 90 7006 als „Werklok 090 7006" tätig, bis sie dann 1950 – wieder als 90 7006 – in den regulären ÖBB-Bestand übernommen wurde. Im neuen Nummernplan, der ab 1953 galt, war für die Maschine sogar noch die Betriebsnummer 291.01 vorgesehen, doch zu einer Umzeichnung kam es aufgrund der Ausmusterung zum Jahresende 1953 nicht mehr.

1'C n2t **DRB 91^{0-1}** (ex KPEV T 9^2)

	91 001-108	91 109-115
Treibraddurchmesser (mm):	1 350	1 350
Achsstand (mm):	6 600	6 100
Länge über Puffer (mm):	10 650	11 320
Dienstgewicht (t):	52,6	54,5
Achslast (maximal) (t):	14,7	14,1
Höchstgeschwindigkeit (km/h):	60	60
Zylinderdurchmesser (mm):	430	430
Kolbenhub (mm):	630	630
Rostfläche (m²):	1,75	1,53
Verdampfungsheizfläche (m²):	106,8	107,76
Kesselüberdruck (atm):	12,0	12,0

Annähernd zeitgleich mit den C1-Lokomotiven nach Musterblatt III-4f (pr. T 9^1; siehe Baureihe 90^{0-2}) wurden die ersten 1C-Tenderloks nach MIII-4k (später pr. T 9^2; Baureihe 91^{0-1}) an die Preußische Staatsbahn abgeliefert. In der Literatur gibt es immer wieder Diskussionen, ob es eine T 9^1 oder eine T 9^2 war, die zuerst fertiggestellt wurde – auch wenn sich dies vermutlich nicht mehr klären lässt, ist doch sicher, dass die jeweils ersten Vertreter dieser beiden Bauarten zumindest zeitgleich in den Fabriken von Borsig in Berlin und der Union-Gießerei in Königsberg entstanden waren. Es stellt sich daher die Frage, warum die KPEV zwei unterschiedliche Bauarten beschaffte, die sich jedoch in ihren Parametern (wie Höchstgeschwindigkeit, Leistung, Treibraddurchmesser, Kesseldruck, Heizfläche etc.) sehr ähnelten und daher auch die gleichen Einsatzprofile hatten. Als Grund genannt wurden Befürchtungen, dass die gewählte Abfederung der Nachlaufachse bei der T 9^1 zu Entgleisungen führen könnte und dass deshalb die 1C-Bauart mit einer anderer Abfederung der Vorlaufachse parallel beschafft wurde, doch angesichts der gleichzeitigen Fertigung der jeweiligen Prototypen kommen Zweifel an dieser Darstellung auf.

Beschafft wurden von der ab 1910 als T 9^2 bezeichneten 1C-Bauart zwischen 1893 und 1900 insgesamt 235 Exemplare (zum Vergleich: die T 9^1 brachte es bis 1901 auf 420 Exemplare).

Nach dem Ersten Weltkrieg gingen sieben bzw. zehn T 9^2 als Waffenstillstandslokomotiven an Belgien und Frankreich (EST 751, NORD 3.1461-1462, PO 1861-1867). Weitere 24 gelangten an die Polnischen Staatsbahnen (davon

22: TKi2- 1-18, 1Dz-4Dz) sowie eine an die Litauischen Staatsbahnen (LG 711). Außerdem kamen 1920 elf Lokomotiven dieser Bauart in den Bestand der ausgegliederten Saareisenbahnen (SAAR 7112-7122). Im vorläufigen Umzeichnungsplan der Deutschen Reichsbahn von 1923 waren für die T9^2 die Betriebsnummern 91 001-205 vorgesehen, doch tatsächlich ging bei den Betriebsnummern einiges durcheinander: 91 018-019, 063, 145-146, 154-163 waren falsch eingereihte T9^1 und 91 164-205 waren T9^3. Außerdem wurden einige T9^2 fälschlich als T9^1 eingereiht: 90 001, 026, 035, 170-172, 184-186, 194-195, 197-198.
Bis zur Aufstellung des endgültigen Umzeichnungsplans von 1925 wurden zahlreiche T9^2 ausgemustert, so dass nur noch die Betriebsnummern 91 001-115 für die Maschinen dieser Gattung verwendet werden sollten. Von den Verwechslungen im vorläufigen Plan wurden zahlreiche korrigiert – aber nicht alle: Die 91 109-115 waren falsch eingereihte T9^1, während vier T9^2 irrtümlich Betriebsnummern der T9^1 (90 022-023, 123-124) erhielten. Die Nummern 91 002-003 trugen zwei der drei nach Mecklenburg umgesetzten T9^2 – leider konnte allerdings noch nicht abschließend geklärt werden, ob diese Abgabe bereits 1917 oder erst 1920 oder sogar erst 1921 nach dem Übergang der MFFE auf die Deutsche Reichsbahn erfolgt war.
Bei der Reichsbahn nahm der Bestand an 91$^{0-1}$ schnell ab – die letzten Lokomotiven wurden 1931 ausgemustert. Dafür kamen aber von verschiedenen anderen Bahnen wieder T9^2 in den Bestand der Reichsbahn – diese erhielten Betriebsnummern ab 91 116.

Unio 1893/ 731	Crr 1870 →'95 Esn 1870 →'00 Esn 1801“ →'06 ESN 7202 T9^2	→'25 **DRB 91 001**	+27
Unio 1893/ 732	Crr 1871 →'95 Esn 1871 →'00 Esn 1802“ →'06 ESN 7203 T9^2 →'17 MFFE 772 (T9^2)	→'25 **DRB 91 002**	+07.28
Unio 1893/ 733	Crr 1872 →'95 Esn 1872 →'00 Esn 1803“ →'06 ESN 7204 T9^2 →'17 MFFE 773 (T9^2)	→'25 **DRB 91 003**	+30
Unio 1893/ 735	Crr 1874 →'95 Esn 1874 →'00 Esn 1805“ →'06 ESN 7206 T9^2	→'25 **DRB 91 004**	+27
Unio 1894/ 751	Bln 1881 →'95 Bsl 1555“ →'06 BSL 7241 T9^2	→'25 **DRB 91 005**	+29
Unio 1894/ 753	Bln 1883 →'06 BLN 7203 T9^2 →02.14 STN 7226	→'25 **DRB 91 006**	+
Unio 1894/ 758	Bsl 1556 →'06 BSL 7242 T9^2	→'25 **DRB 91 007**	+26
Unio 1894/ 761	Bsl 1559 →'06 BSL 7245 T9^2	→'25 **DRB 91 008**	+30
Unio 1894/ 762	Bsl 1560 →'06 BSL 7246 T9^2	→'25 **DRB 91 009**	+31
Unio 1894/ 769	Crr 1887 →'95 Esn 1887 →'00 Esn 1812“ →'06 ESN 7213 T9^2	→'25 **DRB 91 010**	+
Unio 1897/ 901	Mst 1810 →'99 Ksl 1432 →'06 KSL 7253 T9^2	→'25 **DRB [91 011]**	+01.26
Unio 1897/ 902	Mst 1811 →'99 Ksl 1433 →'06 KSL 7254 T9^2	→'25 **DRB 91 012**	+21.09.26
Unio 1897/ 903	Mst 1812 →'01 Mst 1850 →'06 MST 7251 T9^2	→'25 **DRB 91 013**	+bis 31
Unio 1897/ 907	Bln 1927 →'06 BLN 7205 T9^2 →'14 HAN 7196	→'25 **DRB 91 014**	+27
Bors 1898/ 4626	Köl 1873 →'06 KÖL 7310 T9^2	→'25 **DRB 91 015**	+29
Bors 1898/ 4627	Köl 1874 →'06 KÖL 7311 T9^2	→'25 **DRB 91 016**	+28
Bors 1898/ 4628	Esn 1544“ →'99 Esn 1766“ →'00 Esn 1813“ →'06 ESN 7214 T9^2	→'25 **DRB 91 017**	+27
Bors 1898/ 4632	Esn 1548 →'99 Esn 1770“ →'00 Esn 1817“ →'06 ESN 7218 T9^2	→'25 **DRB 91 018**	+30
Bors 1898/ 4639	Bln 1936 →'06 BLN 7214 T9^2 →'12 MST 7259	→'25 **DRB 91 019**	+27
Bors 1898/ 4640	Bln 1937 →'06 BLN 7215 T9^2 →'12 MST 7260	→'25 **DRB 91 020**	+
Bors 1898/ 4641	Bln 1938 →'06 BLN 7216 T9^2 →'12 MST 7261	→'25 **DRB 91 021**	+30
Bors 1898/ 4642	Bln 1939 →'06 BLN 7217 T9^2 →'12 MST 7262	→'25 **DRB 91 022**	+
Bors 1898/ 4662	Stn 1920 →'06 STN 7204 T9^2	→'25 **DRB 91 023**	+
Bors 1898/ 4663	Stn 1921 →'06 STN 7205 T9^2	→'25 **DRB 91 024**	+
Bors 1899/ 4666	Bsl 1567 →'06 BSL 7253 T9^2	→'25 **DRB 91 025**	+28
Bors 1899/ 4667	Ksl 1408 →'99 Ksl 1438 →'06 KSL 7259 T9^2	→'25 **DRB 91 026**	+
Bors 1899/ 4668	Ksl 1409 →'99 Ksl 1439 →'06 KSL 7260 T9^2	→'25 **DRB [91 027]**	+05.08.26
Bors 1899/ 4670	Kat 1572 →'06 KAT 7224 T9^2 →'22 OPP 7224 → 21.11.39 WL Grube Abwehr, Mikultschütz-Klausberg	→'25 **DRB 91 028**	+
Bors 1899/ 4672	Kat 1574 →'06 KAT 7226 T9^2 →'22 OPP 7226	→'25 **DRB 91 029**	+
Bors 1899/ 4674	Kat 1576 →'06 KAT 7228 T9^2 →'22 OPP 7228	→'25 **DRB 91 030**	+
Bors 1899/ 4675	Bln 1941 →'06 BLN 7219 T9^2 →03.13 STN 7223	→'25 **DRB 91 031**	+26
Bors 1899/ 4677	Bln 1943 →'06 BLN 7221 T9^2 →03.13 STN 7225	→'25 **DRB 91 032**	+27
Bors 1899/ 4680	Erf 1867 →'06 ERF 7221 T9^2	→'25 **DRB 91 033**	+27
Bors 1899/ 4681	Erf 1868 →'06 ERF 7222 T9^2	→'25 **DRB 91 034**	+27
Bors 1899/ 4726	Hal 1863 →'01 Hal 1860“ →'06 HAL 7259 T9^2	→'25 **DRB 91 035**	+27
Bors 1899/ 4727	Hal 1864 →'01 Hal 1861“ →'06 HAL 7260 T9^2	→'25 **DRB 91 036**	+27
Bors 1899/ 4728	Hal 1865 →'01 Hal 1862“ →'06 HAL 7261 T9^2	→'25 **DRB 91 037**	+28
Bors 1899/ 4729	Hal 1866 →'01 Hal 1863^3 →'06 HAL 7262 T9^2	→'25 **DRB 91 038**	+27
Graf 1898/ 4813	Fft 1920 →'99 Fft 1883 →'06 FFT 7212 T9^2	→'25 **DRB 91 039**	+
Graf 1898/ 4814	Fft 1921 →'99 Fft 1884 →'06 FFT 7213 T9^2	→'25 **DRB 91 040**	+27

Die 91 021 gehörte mit zu den ersten T 9², die von Borsig für die Preußischen Staatseisenbahnen gebaut wurden. Über das Bild selber ist leider so gut wie nichts bekannt – aber da die Maschine 1930 ausgemustert wurde, dürfte die Aufnahme vermutlich Ende der 20er-Jahre entstanden sein.

Graf 1898/ 4815	Fft 1922 →'99 Fft 1885 →'06 FFT 7214 T9²	→'25 **DRB 91 041**	+27
Graf 1898/ 4816	Fft 1923 →'99 Fft 1886 →'06 FFT 7215 T9²	→'25 **DRB 91 042**	+27
Graf 1898/ 4817	Fft 1924 →'99 Fft 1887 →'06 FFT 7216 T9²	→'25 **DRB 91 043**	+27
Graf 1898/ 4818	Mst 1815 →'01 Mst 1853 →'06 MST 7254 T9²	→'25 **DRB 91 044**	+bis 31
Graf 1898/ 4820	Mst 1817 →'01 Mst 1855 →'06 MST 7256 T9²	→'25 **DRB 91 045**	+bis 31
Graf 1898/ 4822	Sbr 1853 →'06 SBR 7223 T9² →'09 SBR 7123 →'20 TRI 7123	→'25 **DRB 91 046**	+28
Graf 1898/ 4824	Sbr 1855 →'06 SBR 7225 T9² →'09 SBR 7125 →'20 TRI 7125	→'25 **DRB 91 047**	+29
Graf 1898/ 4843	Sbr 1858 →'06 SBR 7228 T9² →'09 SBR 7128 →'20 TRI 7128 →'30 Braunschweigische Landes-Eb. (BLE) 41 →01.01.38 DRB 91 134 →'45 DRo/DR +03.08.66 (01.08.72 an Verkehrsmuseum Dresden; '77 aufgearbeitet; '91 HU) →'92 DR 088 915-4 →01.01.94 DB →'06 verk. Mecklenburgische Eisenbahnfreunde Schwerin e.V. ⇒'06 Mecklenburgisches Eisenbahn- und Technikmuseum Schwerin (NVR: 90 80 0091 134-1 D-PRESS)	→'25 **DRB 91 048** +29	('23 vorh.)
Graf 1898/ 4847	Mst 1819 →'99 Ksl 1435 →'06 KSL 7256 T9²	→'25 **DRB 91 049**	+
Graf 1898/ 4848	Mst 1820 →'99 Ksl 1436 →'06 KSL 7257 T9²	→'25 **DRB 91 050**	+
Graf 1898/ 4849	Mst 1821 →'99 Ksl 1437 →'06 KSL 7258 T9²	→'25 **DRB [91 051]**	+01.26
Unio 1898/ 924	Bsl 1561" →'06 BSL 7247 T9²	→'25 **DRB 91 052**	+
Unio 1898/ 925	Bsl 1562" →'06 BSL 7248 T9²	→'25 **DRB 91 053**	+27
Unio 1898/ 926	Bsl 1563 →'06 BSL 7249 T9²	→'25 **DRB 91 054**	+29
Unio 1898/ 927	Bsl 1564 →'06 BSL 7250 T9²	→'25 **DRB 91 055**	+29
Unio 1898/ 930	Hal 1856 →'01 Hal 1853" →'06 HAL 7252 T9²	→'25 **DRB 91 056**	+
Unio 1898/ 931	Hal 1857 →'01 Hal 1854" →'06 HAL 7253 T9²	→'25 **DRB 91 057**	+
Unio 1898/ 933	Hal 1859 →'01 Hal 1856" →'06 HAL 7255 T9²	→'25 **DRB 91 058**	+
Unio 1898/ 934	Stn 1919 →'06 STN 7203 T9²	→'25 **DRB 91 059**	+28
Unio 1898/ 936	Kat 1569 →'06 KAT 7221 T9² →'22 OPP 7221 →'?? Niederbarnimer Eisenbahn (NbE) 07 →'50 DR 74 6621	→'25 **DRB 91 060**	+20.12.51
Unio 1898/ 977	Mst 1822 →'01 Mst 1856 →'06 MST 7257 T9²	→'25 **DRB 91 061**	+
Unio 1898/ 979	Mgd 1822 →'06 MGD 7226 T9² →'09 ALT 7223	→'25 **DRB 91 062**	+04.29
Unio 1898/ 980	Mgd 1823 →'06 MGD 7227 T9² →'09 ALT 7224	→'25 **DRB 91 063**	+
Unio 1898/ 982	Stn 1923 →'06 STN 7207 T9²	→'25 **DRB 91 064**	+27
Unio 1898/ 983	Stn 1924 →'06 STN 7208 T9²	→'25 **DRB 91 065**	+27
Unio 1898/ 984	Alt 1754 →'06 ALT 7221 T9²	→'25 **DRB 91 066**	+27

Unio 1898/ 985	Alt 1755 →'06 ALT 7222 T9^2	→'25 **DRB 91 067**	+
Unio 1898/ 987	Kat 1578 →'06 KAT 7230 T9^2 →'22 OPP 7230	→'25 **DRB 91 068**	+
Unio 1898/ 992	Bsl 1568 →'06 BSL 7254 T9^2 →'29 Braunschweigische Landes-Eb. (BLE) 40 →01.01.38 DRB 91 133 →'45 DRo/DR	→'25 **DRB 91 069** +29	+03.08.66
Unio 1898/ 994	Bsl 1570 →'06 BSL 7256 T9^2	→'25 **DRB 91 070**	+28
Bors 1899/ 4730	Mgd 1825 →'06 MGD 7229 T9^2 →'10 ALT 7226	→'25 **DRB 91 071**	+01.28
Bors 1899/ 4731	Mgd 1826 →'06 MGD 7230 T9^2 →'10 ALT 7227	→'25 **DRB 91 072**	+27
Bors 1899/ 4732	Stn 1925 →'06 STN 7209 T9^2	→'25 **DRB 91 073**	+
Bors 1899/ 4733	Stn 1926 →'06 STN 7210 T9^2	→'25 **DRB 91 074**	+30
Bors 1899/ 4734	Stn 1927 →'06 STN 7211 T9^2	→'25 **DRB 91 075**	+30
Bors 1899/ 4735	Bln 1947 →'06 BLN 7223 T9^2 →'14 BSL 7265	→'25 **DRB 91 076**	+30
Bors 1899/ 4738	Bln 1950 →'06 BLN 7226 T9^2 →'15 KSL 7265	→'25 **DRB 91 077**	+22.10.26
Bors 1899/ 4739	Bln 1951 →'06 BLN 7227 T9^2 →'15 ALT 7232	→'25 **DRB 91 078**	+29
Bors 1899/ 4741	Bln 1953 →'06 BLN 7229 T9^2 →'15 ALT 7233	→'25 **DRB 91 079**	+
Bors 1899/ 4742	Bln 1954 →'06 BLN 7230 T9^2 →'14 BSL 7266	→'25 **DRB 91 080**	+28
Graf 1898/ 4851	Köl 1876 →'06 KÖL 7313 T9^2	→'25 **DRB 91 081**	+26
Graf 1898/ 4852	Köl 1877 →'06 KÖL 7314 T9^2	→'25 **DRB 91 082**	+26
Hano 1899/ 3332	Fft 1888 →'06 FFT 7217 T9^2	→'25 **DRB 91 083**	+
Hano 1899/ 3334	Fft 1890 →'06 FFT 7219 T9^2	→'25 **DRB 91 084**	+
Hano 1899/ 3335	Fft 1891 →'06 FFT 7220 T9^2	→'25 **DRB 91 085**	+27
Hano 1899/ 3337	Fft 1893 →'06 FFT 7222 T9^2	→'25 **DRB 91 086**	+26
Hano 1899/ 3338	Fft 1894 →'06 FFT 7223 T9^2	→'25 **DRB 91 087**	+
Hohz 1899/ 1125	Erf 1870 →'06 ERF 7224 T9^2 →'?? Fa. Erich Brangsch, Leipzig →'26 Kleinbahn Niebüll-Dagebüll 1	→'25 **DRB 91 088**	+63
Hohz 1899/ 1126	Erf 1871 →'06 ERF 7225 T9^2	→'25 **DRB 91 089**	+um 26
Unio 1899/ 1016	Pos 2006 →'06 POS 7207 T9^2 →'20 OST 7207	→'25 **DRB 91 090**	+27
Unio 1899/ 1017	Pos 2007 →'06 POS 7208 T9^2 →'20 OST 7208	→'25 **DRB 91 091**	+29
Unio 1899/ 1018	Pos 2008 →'06 POS 7209 T9^2 →'20 OST 7209 →'28 Braunschweigische Landes-Eb. (BLE) 36 →01.01.38 DRB 91 131 +19.02.44 →'45 PKP TKi2-6“	→'25 **DRB 91 092** +28	+02.49
Unio 1899/ 1019	Ksl 1443 →'06 KSL 7264 T9^2	→'25 **DRB 91 093**	+08.04.27
Unio 1899/ 1020	Bsl 1571 →'06 BSL 7257 T9^2	→'25 **DRB 91 094**	+31

Obwohl sich die beim Bw Rostock beheimatete 91 078 äußerlich in einem recht guten Zustand befand, wurde sie noch im gleichen Jahr ausgemustert: Werner Hubert fotografierte die Maschine im Jahr 1929.

Unio 1899/ 1021	Bsl 1572 →'06 BSL 7258 T 9²	→'25 **DRB 91 095**	+31
Unio 1899/ 1022	Bsl 1573 →'06 BSL 7259 T 9²	→'25 **DRB 91 096**	+30
Unio 1899/ 1023	Bsl 1574 →'06 BSL 7260 T 9²	→'25 **DRB 91 097**	+29
Unio 1899/ 1024	Bsl 1575 →'06 BSL 7261 T 9²	→'25 **DRB 91 098**	+28
Unio 1899/ 1025	Bsl 1576 →'06 BSL 7262 T 9² →'28 Braunschweigische Landes-Eb. (BLE) 39 →01.01.38 DRB 91 132 →'45 DRw →21.03.48 Bremervörde Osterholzer Eb. (BOE) (Nr. ?) →'49 Bremervörde-Osterholzer Eb. (BOE) 401 (NLEA)	→'25 **DRB 91 099** +27	+54
Unio 1899/ 1026	Bsl 1577 →'06 BSL 7263 T 9²	→'25 **DRB 91 100**	+29
Unio 1899/ 1027	Bsl 1578 →'06 BSL 7264 T 9²	→'25 **DRB 91 101**	+31
Graf 1898/ 4850	Köl 1875 →'06 KÖL 7312 T 9²	→'25 **DRB 91 102**	+29
Hohz 1899/ 1240	Erf 1874 →'06 ERF 7228 T 9²	→'25 **DRB 91 103**	+
Hohz 1899/ 1242	Erf 1876 →'06 ERF 7230 T 9²	→'25 **DRB 91 104**	+27
Hohz 1900/ 1243	Esn 1851 →'00 Esn 1826 →'06 ESN 7227 T 9²	→'25 **DRB 91 105**	+
Hohz 1900/ 1245	Esn 1853 →'00 Esn 1828 →'06 ESN 7229 T 9²	→'25 **DRB 91 106**	+30
Hohz 1900/ 1249	Mnz 1831 →'06 MNZ 7252 T 9²	→'25 **DRB 91 107**	+28
Hohz 1900/ 1257	Esn 1800 →'00 Esn 1831 →'06 ESN 7232 T 9²	→'25 **DRB 91 108**	+28
Unio 1900/ 1103	Kat 1590 →'06 KAT 7267 T 9¹ →'22 OPP 7267	→'25 **DRB 91 109**	+
Unio 1900/ 1106	Pos 2009 →'06 POS 7210 T 9¹ →'20 OST 7210 →'26 Lübeck-Büchener Eisenbahn (LBE) 111" (T 9) →01.01.38 DRB 90 245 →'45 MPS	→'25 **DRB 91 110**	+08.51
Unio 1900/ 1107	Pos 2010" →'06 POS 7211 T 9¹ →'20 OST 7211	→'25 **DRB 91 111**	+27
Unio 1901/ 1162	Pos 2011 →'06 POS 7212 T 9¹ →'20 OST 7212 →'26 Lübeck-Büchener Eisenbahn (LBE) 114" T 9	→'25 **DRB 91 112**	+07.29
Unio 1901/ 1163	Pos 2012 →'06 POS 7213 T 9¹ →'20 OST 7213	→'25 **DRB 91 113**	+29
Unio 1901/ 1164	Pos 2013 →'06 POS 7214 T 9¹ →'20/21 BSL 7267	→'25 **DRB 91 114**	+29
Schi 1901/ 1149	Pos 2014 →'06 POS 7215 T 9¹ →'20 OST 7215	→'25 **DRB 91 115**	+31

Eine preußische T 9¹, also eine Lok der Baureihe 90⁰⁻², als 91 115? Tatsächlich waren im endgültigen DRB-Umzeichnungsplan von 1925 fälschlich einige T 9¹ als T 9² geführt und – wie dieses Bild beweist – auch umgezeichnet worden. Zum Zeitpunkt der Aufnahme war die Maschine allerdings bereits ausgemustert und auch eines Teils ihrer Stangen beraubt.

1'C n2t **DRB 91[1]** (ex Hafen Bremen)

Treibraddurchmesser (mm):	1 350
Achsstand (mm):	6 600
Länge über Puffer (mm):	10 650
Dienstgewicht (t):	52,6
Achslast (maximal) (t):	14,7
Höchstgeschwindigkeit (km/h):	60
Zylinderdurchmesser (mm):	430
Kolbenhub (mm):	630
Rostfläche (m²):	1,75
Verdampfungsheizfläche (m²):	106,8
Kesselüberdruck (atm):	12,0

Im Jahr 1930, als bereits fast alle von der Preußischen Staatsbahn übernommenen T 9² (siehe Baureihe 91$^{0-1}$) durch die Deutsche Reichsbahn ausgemustert worden waren, kam mit der 91 116 ein weiteres Exemplar dieser Bauart in den DRB-Bestand.
Die ehemalige KPEV-Maschine war von der Bremer Hafenbahn 1922 erworben worden – für den Einsatz im Rangierdienst hatte man die Wasserkästen vorne stark abgeschrägt, um so den Blick des Lokführers auf die Gleise zu verbessern. Nach der Übernahme der Bremer Hafenbahn durch die Deutsche Reichsbahn erhielt die Lokomotive die Betriebsnummer 91 116 – im Anschluss an die T 9² der KPEV.

Bors 1898/ 4629	Esn 1545" →'99 Esn 1767" →'00 Esn 1814" →'06 ESN 7215 T 9² →'22 Hafen Bremen Nr. 2 →'30 **DRB 91 116**	+32

Bei der 91 116 handelte es sich um eine preußische T 9², die 1922 von der Bremer Hafenbahn gebraucht bei der Preußischen Staatsbahn erworben worden war. Werner Hubert dokumentierte die Lokomotive zu Beginn der 30er-Jahre für das Deutsche Lokomotivbild-Archiv.

1'C n2t DRB 91^1 (ex SAAR T 9^2)

Treibraddurchmesser (mm):	1 350
Achsstand (mm):	6 600
Länge über Puffer (mm):	10 650
Dienstgewicht (t):	52,6
Achslast (maximal) (t):	14,7
Höchstgeschwindigkeit (km/h):	60
Zylinderdurchmesser (mm):	430
Kolbenhub (mm):	630
Rostfläche (m²):	1,75
Verdampfungsheizfläche (m²):	106,8
Kesselüberdruck (atm):	12,0

Als im Jahr 1920 die Eisenbahndirektion Saarbrücken aufgrund der Abtrennung des Saargebietes vom Deutschen Reich aufgeteilt wurde, kamen elf preußische T 9^2 in den Bestand der „Saarbahnen" (SAAR), bei denen sie die Betriebsnummern 7112-7122 erhielten.
Im Versailler Vertrag war festgelegt worden, dass 15 Jahre nach der Abtrennung ein Volksentscheid zur weiteren Zukunft des Saargebietes zu erfolgen habe – bei der 1935 durchgeführten Abstimmung entschied sich der überwiegende Anteil der Bevölkerung für eine Rückangliederung an das Deutsche Reich, so dass auch die Fahrzeuge der Saarbahnen in den Bestand der Reichsbahn kamen. Diese reihten die noch vorhandenen fünf T 9^2 als 91 117-121 im Anschluss an die T 9^2 der Hafenbahn Bremen ein.
Verschiedentlich wurde in der Vergangenheit auch die Existenz einer 91 122 erwähnt. Dies geht wohl zurück auf den überlieferten Lokomotivbestand der RBD Hannover vom 31. Oktober 1944, in dem beim Bw Bremen Hbf. die Lokomotiven 91 121 und 91 122 ausgewiesen wurden. Letztere Betriebsnummer dürfte aber ein Schreib- bzw. Übertragungsfehler gewesen sein: In der Lokomotivzählung der RBD Hannover vom 20. Juni 1945 werden nämlich als einzige 91^1 die 91 121 und 91 132 genannt. Da die 91 132 nachweislich vorhanden war – sie wurde später an die Bremervörde-Osterholzer Eisenbahn verkauft – muss man davon ausgehen, dass es eine 91 122 tatsächlich nie gegeben hat.

Graf 1898/ 4821	Sbr 1852 →'06 SBR 7222 T 9^2 →'09 SBR 7122 →'20 SAAR 7112 →'35 **DRB 91 117** →'45 DRw →31.12.46 Tecklenburger Nordbahn (TN) 7	+52
Hohz 1900/ 1253	Sbr 1859 →'06 SBR 7229 T 9^2 →'09 SBR 7129 →'20 SAAR 7115 →'35 **DRB 91 118** →'45 DRw →21.04.48 Zuckerfabrik Wetterau, Friedberg →'48 Tecklenburger Nordbahn (TN) 8	+51
Hohz 1900/ 1255	Sbr 1861 →'06 SBR 7231 T 9^2 →'09 SBR 7131 →'20 SAAR 7117 →'35 **DRB 91 119** →'45 DRw →23.09.46 Osthannoversche Eisenbahnen (OHE) 91 119	+01.09.59
Hohz 1900/ 1256	Sbr 1862 →'06 SBR 7232 T 9^2 →'09 SBR 7132 →'20 SAAR 7118 →'35 **DRB 91 120** →'45 DRw →16.10.46 WL 2 Burbach-Kalichemie, Kaliwerk Niedersachsen, Wathlingen	+61
Unio 1899/ 1029	Sbr 1864 →'06 SBR 7234 T 9^2 →'09 SBR 7134 →'20 SAAR 7119 →'35 **DRB 91 121** →'45 DRw →31.12.47 Stadt Mülheim	+

Nachdem die Deutsche Reichsbahn 1931 die letzte von den Preußischen Staatseisenbahnen übernommene T 9^2 ausgemustert hatte, kamen 1935 von den Saarbahnen wieder fünf Exemplare in den DRB-Bestand. Eine davon war die 91 121, die 1936 von Hermann Maey fotografisch festgehalten worden war.

1'C n2t **DRB 91[1]** (ex BLE)

Treibraddurchmesser (mm):	1 350
Achsstand (mm):	6 600
Länge über Puffer (mm):	10 650
Dienstgewicht (t):	52,6
Achslast (maximal) (t):	14,7
Höchstgeschwindigkeit (km/h):	60
Zylinderdurchmesser (mm):	430
Kolbenhub (mm):	630
Rostfläche (m²):	1,75
Verdampfungsheizfläche (m²):	106,8
Kesselüberdruck (atm):	12,0

In den Jahren 1928-30 erwarb die Braunschweigische Landes-Eisenbahn (BLE) von der Deutschen Reichsbahn fünf ausgemusterte Lokomotiven der Baureihe 91^{0-1} (preußische $T9^2$), 1931 gefolgt von zwei baugleichen Maschinen, die zuvor bei der Eisenbahngesellschaft Altona-Kaltenkirchen-Neumünster (AKN) gelaufen waren. Eine der Lokomotive wurde bald wieder abgestoßen – alle anderen wurden am 1. Januar 1938 mit der Verstaatlichung der BLE von der Deutschen Reichsbahn erneut übernommen und erhielten dort die Betriebsnummern 91 131-136. Warum man bei der Einreihung der Lokomotiven eine Lücke zu den ebenfalls baugleichen Hafenbahnlokomotiven 91 117-121 ließ, ist nicht bekannt.

Während ihre Schwesterlokomotiven, also die $T9^2$ der KPEV und der Bremer Hafenbahn, alle recht schnell aus dem Reichsbahnbestand ausschieden, blieben die BLE-Maschinen vermutlich aufgrund des kriegsbedingten hohen Bedarfs an Lokomotiven von diesem Schicksal verschont: Alle sechs Maschinen überstanden den Zweiten Weltkrieg und die beiden bei der DR verbliebenen Lokomotiven wurden sogar erst 1966 ausgemustert. Erfreulicherweise ist von diesen beiden sogar eine (91 134) als Museumslokomotive erhalten geblieben.

Unio 1899/ 1018	Pos 2008 →'06 POS 7209 $T9^2$ →'20 OST 7209 →'25 DRB 91 092 +28 →'28 Braunschweigische Landes-Eb. (BLE) 36 →01.01.38 **DRB 91 131** +19.02.44 →'45 PKP TKi2-6"	+02.49
Unio 1899/ 1025	Bsl 1576 →'06 BSL 7262 $T9^2$ →'25 DRB 91 099 +27 →'28 Braunschweigische Landes-Eb. (BLE) 39 →01.01.38 **DRB 91 132** →'45 DRw →21.03.48 Bremervörde-Osterholzer Eb. (BOE) (Nr. ?) →'49 Bremervörde-Osterholzer Eb. (BOE) 401 (NLEA)	+54
Unio 1898/ 992	Bsl 1568 →'06 BSL 7254 $T9^2$ →'25 DRB 91 069 +29 →'29 Braunschweigische Landes-Eb. (BLE) 40 →01.01.38 **DRB 91 133** →'45 DRo/DR	+03.08.66
Graf 1898/ 4843	Sbr 1858 →'06 SBR 7228 $T9^2$ →'09 SBR 7128 →'20 TRI 7128 →'25 DRB 91 048 +29 →'30 Braunschweigische Landes-Eb. (BLE) 41 →01.01.38 **DRB 91 134** →'45 DRo/DR +03.08.66 (01.08.72 an Verkehrsmuseum Dresden; '77 aufgearbeitet; '91 HU) →'92 DR 088 915-4 →01.01.94 DB →'06 verk. Mecklenburgische Eisenbahnfreunde Schwerin e.V. ⇒'06 Mecklenburgisches Eisenbahn- und Technikmuseum Schwerin (NVR: 90 80 0091 134-1 D-PRESS)	('23 vorh.)
Hohz 1900/ 1248	Mnz 1830 →'06 MNZ 7251 $T9^2$ →'22 Butzbach-Licher Eb. 42 →22.07.24 Altona-Kaltenkirchen-Neumünster (AKN) 8" →24.10.31 Braunschweigische Landes-Eb. (BLE) 42 →01.01.38 **DRB 91 135** →'45 DRw →23.09.46 Osthannoversche Eisenbahnen (OHE) 91 120	+01.10.59
Hohz 1900/ 1250	Mnz 1832 →'06 MNZ 7253 $T9^2$ →22.07.24 Altona-Kaltenkirchen-Neumünster (AKN) 9" →24.10.31 Braunschweigische Landes-Eb. (BLE) 43 →01.01.38 **DRB 91 136** →'45 DRw →20.04.48 verk. (an ?)	+

Auch von der Braunschweigischen Landes-Eisenbahn kamen 1938 sechs ehemals preußische $T 9^2$ in den Bestand der Deutschen Reichsbahn. Die abgebildete 91 135 verblieb nach dem Krieg bei der RBD Hannover und wurde von dieser 1946 an die Osthannoverschen Eisenbahnen verkauft. Dort erhielt sie die neue Betriebsnummer 91 120.

1'C n2t DRB 91[1] (ex PKP TKi 2)

Treibraddurchmesser (mm):	1 350
Achsstand (mm):	6 600
Länge über Puffer (mm):	10 650
Dienstgewicht (t):	52,6
Achslast (maximal) (t):	14,7
Höchstgeschwindigkeit (km/h):	60
Zylinderdurchmesser (mm):	430
Kolbenhub (mm):	630
Rostfläche (m²):	1,75
Verdampfungsheizfläche (m²):	102,9
Kesselüberdruck (atm):	12,0

Nach dem Ersten Weltkrieg kamen 24 preußische T 9² in den Bestand der Polnischen Staatsbahnen (PKP). Vermutlich wurden zwei dieser Lokomotiven nicht mehr umgezeichnet – alle anderen wurden zu den PKP TKi 2-1 – 18 und TKi 2-1Dz – 4Dz. Später wurden dann noch die Betriebsnummern von drei TKi 2 in TKi 2-5Dz – 7Dz geändert.

Im Jahre 1939 umfasste der PKP-Bestand noch 13 Maschinen; nach der Aufteilung des Fahrzeugparks zwischen Deutschland und der Sowjetunion im gleichen Jahr führten die Reichsbahn 13 und die russischen Staatsbahnen eine TKi2 in ihrem Bestand. Grund für diese um eine Maschine vergrößerte Gesamtstückzahl dürfte die Reaktivierung der 1938 ausgemusterten TKi 2-7Dz durch die Reichsbahn gewesen sein. Alle 13 Reichsbahn-Maschinen erhielten 1941 die neuen Betriebsnummern 91 137-149 – im Anschluss an die 1938 übernommenen BLE-Lokomotiven 91 131-136. Die sowjetische TKi2 wurde zwar während des Russland-Feldzugs von deutschen Truppen erbeutet und in den Bestand der Ostbahn übernommen, doch eine Umzeichnung erfolgte aufgrund der am 17. August 1943 erfolgten Ausmusterung nicht mehr. Nach Kriegsende befanden sich die meisten Lokomotiven noch in Polen und wurden erneut als TKi 2 eingereiht.

Von den 13 polnischen TKi2 (ehemals KPEV T 9²), die 1941 von der Reichsbahn in 91 137-149 umgezeichnet wurden, waren immerhin sieben Maschinen erst 1922 mit der Abtretung Oberschlesiens in den PKP-Bestand gekommen – so auch die 91 147. Carl Bellingrodt fotografierte die mit provisorischen Laternen ausgerüstete Maschine vermutlich in der unmittelbaren Nachkriegszeit.

Unio 1897/ 908	Bln 1928 →'06 BLN 7206 T 9² →'14 HAN 7197 →'18 PKP TKi2-5 →'?? PKP TKi2-7Dz +21.04.38 →'39 DRB →'41 **DRB 91 137** →'45 PKP TKi2-2"	+04.49
Unio 1897/ 911	Bln 1931 →'06 BLN 7209 T 9² →'12 DZG 7051 →'22 PKP TKi2-1Dz →'39 DRB →'41 **DRB 91 138** →'45 PKP TKi2-7"	+03.02.48
Bors 1898/ 4635	Bln 1932 →'06 BLN 7210 T 9² →'12 DZG 7052 →'22 PKP TKi2-2Dz →'39 DRB →'41 **DRB 91 139** →'45 PKP TKi2-10"	+52
Unio 1897/ 909	Bln 1929 →'06 BLN 7207 T 9² →'14 HAN 7198 →'18/20 PKP TKi2-6 →'39 DRB →'41 **DRB 91 140** →'45 PKP TKi2-3"	+30.09.50
Unio 1898/ 938	Kat 1571 →'06 KAT 7223 T 9² →21.09.22 PKP TKi2-7 →'39 DRB →'41 **DRB 91 141** →'45 PKP TKi3-214"	+09.48
Bors 1898/ 4643	Bln 1940 →'06 BLN 7218 T 9² →'12 MST 7263 →'14 POS 7338 →'20 PKP TKi2-8 →'39 DRB →'41 **DRB 91 142** →'45 PKP TKi2-4"	+49
Unio 1899/ 1015	Pos 2005 →'06 POS 7206 T 9² →'18/20 PKP TKi2-10 →'39 DRB →'41 **DRB 91 143** →'45 PKP TKi2-8"	+09.48
Bors 1899/ 4673	Kat 1575 →'06 KAT 7227 T 9² →19.07.22 PKP TKi2-12 →'39 DRB →'41 **DRB 91 144** (03.44 Heinkel /L, 01.45 RBD Schwerin)	V.u.
Unio 1898/ 989	Kat 1580 →'06 KAT 7232 T 9² →19.07.22 PKP TKi2-13 →'39 DRB →'41 **DRB 91 145** →'45 PKP TKi2-9" +30.09.50 →'?? WL Kaletanskie Zakłady Celulozowe TKi2-9	+20.04.70
Unio 1899/ 1009	Kat 1581 →'06 KAT 7233 T 9² →16.06.22 PKP TKi2-14 →'39 DRB →'41 **DRB 91 146** →'45 PKP TKi2-1" →'53 WL Zakłady Włókien Sztucznych	+
Unio 1899/ 1011	Kat 1583 →'06 KAT 7235 T 9² →05.07.22 PKP TKi2-16 →'39 DRB →'41 **DRB 91 147** →'45 SNCF →03.46 DRw/DB (SWDE)	+01.06.53
Unio 1899/ 1012	Kat 1584 →'06 KAT 7236 T 9² →19.07.22 PKP TKi2-17 →'39 DRB →'41 **DRB 91 148** →'45 DRo →02.46 WL 1 RAW Jena	+60
Unio 1899/ 1013	Kat 1585 →'06 KAT 7237 T 9² →19.07.22 PKP TKi2-18 →'39 DRB →'41 **DRB 91 149** →'45 PKP TKi2-5"	+30.09.49

Rätsel gibt die 91 148 auf – die Lokomotive war bei Kriegsende bei der RBD Erfurt verblieben und wurde 1946 – nach anderen Quellen erst 1956 – als Werklok an das RAW Jena abgegeben. Dass die Lok in den Beständen der RBD Erfurt ab 1947 nicht mehr auftaucht, spricht für die erste Variante, doch das Bild für die zweite Variante: Dieses soll 1953 in Göschwitz entstanden sein und zeigt die Maschine mit regulärer DR-Beschriftung.

C1' n2t DR 91^{1} (ex WL)

Treibraddurchmesser (mm):	1 350
Achsstand (mm):	6 100
Länge über Puffer (mm):	11 320
Dienstgewicht (t):	54,5
Achslast (maximal) (t):	14,1
Höchstgeschwindigkeit (km/h):	60
Zylinderdurchmesser (mm):	430
Kolbenhub (mm):	630
Rostfläche (m²):	1,53
Verdampfungsheizfläche (m²):	107,76
Kesselüberdruck (atm):	12,0

Relativ wenig ist über den Lebenslauf der DR 91 150 bekannt. Im vorläufigen Umzeichnungsplan der Deutschen Reichsbahn von 1923 war diese T9^{1} noch als 90 060 enthalten, doch den Sprung in den endgültigen Plan schaffte sie nicht mehr: Nach der Ausmusterung 1922/23 kam sie als Werklok zum RAW Gleiwitz, doch wann genau die Abgabe erfolgte, ist nicht bekannt – ebenso wenig ist bekannt, wie sie dann später aus Oberschlesien zum Bw Leipzig Süd kam, bei dem sie 1947 die neue Betriebsnummer 91 150 erhielt – im Anschluss an die 1941 als 91 137-149 eingereihten PKP-TKi2 (ex pr. T9^{2}). Schon bald bemerkte man, dass die Nummer nicht zu einer T9^{1} passte und korrigierte die Betriebsnummer in 90 252.

Hano 1895/ 2638	Bsl 1561 →'95 Bsl 1514" →'06 BSL 7213 T9^{1} +22/23 →'?? WL II RAW Gleiwitz →'45 DRo →'47 **DRo 91 150** (falsch umgezeichnet) →'48 DRo/DR 90 252 →22.01.54 WL 2638 BKW „Freiheit", Bitterfeld (bis ca. '60) +

1'C h2t DRB 91^{2} (ex Privatbahnen)

	91 201-202	91 211-212	91 221-222	91 231-232
Treibraddurchmesser (mm):	1 200	1 200	1 200	1 350
Achsstand (mm):	5 450			
Länge über Puffer (mm):	10 010			
Dienstgewicht (t):	55,15		47,0	
Achslast (maximal) (t):	14,3			
Höchstgeschwindigkeit (km/h):	65	55	55	60
Zylinderdurchmesser (mm):	435	480	500	520
Kolbenhub (mm):	550	550	550	630
Rostfläche (m²):	1,39		2,0	1,86
Verdampfungsheizfläche (m²):	58,53		89,6	
Überhitzerheizfläche (m²):	21,47		44,3	32,0
Kesselüberdruck (atm):	14,0	14,0	13,0	13,0

Die 1C-Güterzug-Tenderlokomotiven der 1938 und 1941 verstaatlichten Privatbahnen wurden von der Deutschen Reichsbahn als Baureihe 91^{2} in ihren Fahrzeugpark eingegliedert.
Die von der Braunschweigischen Landes-Eisenbahn (BLE) stammenden 91 201-202 waren ELNA 5, die aber in zahlreichen Punkten vom Grundtyp abwichen: Zusätzliche seitliche Wasserkästen, vergrößerter Kohlenkasten, kleinerer Zylinderdurchmesser, höherer Kesseldruck sowie geringere Verdampfungsheizfläche waren die auffälligsten Merkmale. Zwei weitere Lokomotiven gleicher Bauart wurden später von der DR als 91 6482 und 91 6486 übernommen.
Von der Prignitzer Eisenbahn (PE) stammten die Lokomotiven 91 211-212 – auch bei diesen handelte es sich um ELNA 5, die ebenfalls von der Standardausführung abwichen. Bei der PE wurden die Maschinen sowohl im Personen- als auch im Güterzugdienst eingesetzt.
Die von der Wittenberge-Perleberger Eisenbahn stammenden 91 221-222 waren eine Henschel-Werksbauart – ob noch weitere Maschinen vom gleichen Typ für andere Bahnen gebaut wurden, ist leider nicht bekannt. Beide Lokomotiven kamen nach dem Krieg schließlich zur Teutoburger Wald-Eisenbahn, die sie in 1D-Tenderlokomotiven umbaute.
Mit den Betriebsnummern 91 231-232 wurden außerdem noch zwei kräftige AEG-Lokomotiven der Mecklenburgischen Friedrich-Wilhelm-Eisenbahn (MFWE) übernommen. Es handelte sich um eine verstärkte Variante einer von der AEG bereits an die Reinickendorf-Liebenwalde-Groß Schönebecker Eisenbahn gelieferten Bauart. Die 91 231 wurde noch 1945 an die Osterwieck-Wasserlebener Eisenbahn verkauft, bei der sie vier Jahre später erneut verstaatlicht wurde und bei der DR die Betriebsnummer 91 6676 erhielt.

Die 1938 von der Braunschweigischen Landes-Eisenbahn zur Reichsbahn gekommenen 91 201 und 202 waren im Prinzip modifizierte „ELNA 5". Die 91 201 wurde um 1945 von der sowjetischen Besatzungsmacht in der Tschechoslowakei erfasst, doch ihr weiteres Schicksal ist unbekannt. Demgegenüber verblieb die 91 202 bei der DR, welche die Lokomotive immerhin noch bis 1967 einsetzte – der Tag der Abstellung war der 8. April 1967. Während der Bildautor des Lokportrait nicht bekannt ist, wurde dagegen der Einsatz der Maschine vor einem GmP von Mühlhausen (Thür.) nach Ebeleben am 11. Juni 1963 von Werner Umlauft festgehalten.

Hen 1928/ 20975	Braunschweigische Landes-Eb. (BLE) 32 →01.01.38 **DRB 91 201**	V.u.
Hen 1928/ 20976	Braunschweigische Landes-Eb. (BLE) 33 →01.01.38 **DRB 91 202** →'45 DRo/DR	+04.10.67

Die 91 211 und 212 stammten von der Prignitzer Eisenbahn, doch Aufnahmen der beiden Maschinen mit DRB-Nummer sind leider keine bekannt. Daher sollen diese beiden Lokomotiven durch diese etwas retuschierte Aufnahme der Lok 4 der Prignitzer Eisenbahn – der späteren 91 211 – repräsentiert werden.

Die von der Wittenberge-Perleberger Eisenbahn (WPE) stammenden 91 221-222 trugen nur zwei Jahre lang ihre Reichsbahnnummer – und das ausschließlich während des Krieges. Daher müssen auch diese beiden Maschinen durch ein bei der WPE entstandenes Bild, welches die Lok 10 (= DRB 92 222) zeigt, vertreten werden.

LHB 1929/ 3125	Prignitzer Eisenbahn (PE) 4" →'41 DRB →'42 **DRB 91 211** →'45 MPS (05.50 abg. Beloruskaja Eb.; '50 CCCP-WL) +
LHB 1929/ 3156	Prignitzer Eisenbahn (PE) 5" →'41 DRB →'42 **DRB 91 212** →'45 DRw +14.06.46 →'46 WL RAW Glückstadt +
Hen 1924/ 20415	Wittenberge-Perleberger Eb. (WPE) 9 →'32 Wittenberge-Perleberger Eb. (WPE) 109 →'41 DRB →'42 **DRB 91 221** →'44 Kiel-Schönberger Eb. 151 (DEG) →'48 Farge-Vegesacker Eb. (FVE) 161 (DEG) →'53 Teutoburger Wald-Eb. 161 (DEG) (→'53 Ub. 1'D h2t) ++09.69
Hen 1925/ 20597	Wittenberge-Perleberger Eb. (WPE) 10 →'32 Wittenberge-Perleberger Eb. (WPE) 110 →'41 DRB →'42 **DRB 91 222** →'44 Kiel-Segeberger Eb. 1151 →'48 Farge-Vegesacker Eb. (FVE) 152 →'52 Teutoburger Wald-Eb. (TWE) 162 (→'53 Ub. 1'D h2t) ++09.69
AEG 1925/ 3141	Mecklenburgische Friedrich-Wilhelm-Eb. (MFWE) 31" →'36 Mecklenburgische Friedrich-Wilhelm-Eb. (MFWE) 27 →'41 DRB →'42 **DRB 91 231** →01.45 Osterwieck-Wasserlebener Eb. (OWE) 40 →'50 DR 91 6676 →01.12.61 verk. WL 15 Eisenhüttenwerk Thale ++71
AEG 1925/ 3142	Mecklenburgische Friedrich-Wilhelm-Eb. (MFWE) 32" →'36 Mecklenburgische Friedrich-Wilhelm-Eb. (MFWE) 28 →'41 DRB →'42 **DRB 91 232** →'45 DRo/DR →01.02.65 verk. HL Straßenbau Greifswald +

Dass die Lok 31 der Mecklenburgischen Friedrich-Wilhelm-Eisenbahn zur DRB 91 231 wurde – also eine um genau 200 höhere Ordnungsnummer erhielt – dürfte wohl Zufall gewesen sein, trug sie doch zeitweise auch die Betriebsnummer 27. Nach der zwischenzeitlichen Abgabe an die Osterwieck-Wasserlebener Eisenbahn erhielt sie 1950 die DR-Betriebsnummer 91 6676.

1'C n2t DRB 91^{3-18} (ex KPEV T 9^3)

	91 301-302	91 303-1805
Treibraddurchmesser (mm):	1 350	1 350
Achsstand (mm):	6 100	6 000
Länge über Puffer (mm):	11 320	10 700
Dienstgewicht (t):	54,5	59,9
Achslast (maximal) (t):	14,1	15,9
Höchstgeschwindigkeit (km/h):	60	65
Zylinderdurchmesser (mm):	430	450
Kolbenhub (mm):	630	630
Rostfläche (m²):	1,53	1,53
Verdampfungsheizfläche (m²):	107,76	107,3
Kesselüberdruck (atm):	12,0	12,0
Leistung (PSi):		440

In der Literatur gibt es immer wieder Diskussionen, warum von der preußischen Gattung T 9^2 (Baureihe 91^{0-1}) deutlich weniger Exemplare beschafft wurden als von der Gattung T 9^1 (Baureihe 90^{0-2}) – beide Gattungen waren gleichzeitig entwickelt und auch ungefähr im gleichen Zeitraum beschafft worden. Doch wie konnte es sein, dass sich eine Bauart mit Nachlauf- und ohne Vorlaufachse offensichtlich besser bewährt hat als eine 1C-Bauart mit Vorlaufachse? Möglicherweise gibt uns die preußische Gattung T 9^3 (Baureihe 91^{3-18}) die Antwort auf diese Frage: Diese Maschinen wurden zeitlich unmittelbar im Anschluss an die T 9^2 beschafft – ebenfalls als 1C-Lokomotiven und in sehr hohen Stückzahlen. Offensichtlich war man also mit der 1C-Bauart grundsätzlich zufrieden gewesen, doch die Laufeigenschaften der T 9^2 mit ihrer Adamsachse waren noch

„verbesserungsfähig“, weshalb man bei der T 9^3 auf das Krauss-Helmholtz-Gestell überging, das auch bei höheren Geschwindigkeiten gute Laufeigenschaften gewährleistete.
Über einen Zeitraum von 15 Jahren (1900 – 1914) beschaffte die KPEV von der preußischen T 9^3 nach Musterblatt III-4l insgesamt 2060 Exemplare. Weitere 132 baugleiche Lokomotiven wurden an die Reichseisenbahnen in Elsaß-Lothringen (EL 7051-7182) sowie zehn Exemplare an die Königlich Württembergischen Staatseisenbahnen (1101-1110) geliefert.
Unmittelbar nach dem Ersten Weltkrieg mussten zahlreiche T 9^3 als Waffenstillstandslokomotiven an die Alliierten abgegeben werden – 73 an Frankreich (AL 7183-7187, 7189-7193, NORD 3.1463-1491, PLM 5701-5730, PO 1868-1871) und 83 an Belgien (B 9300 ... 9398). Durch Kriegsverluste kamen weitere 23 T 9^3 an Rumänien (CFR 7055 ... 7398), zwei an Jugoslawien (JDŽ 154-001 – 002) und eine nach Lettland (LVD Tn203). Aufgrund von Gebietsabtretungen und sonstiger Abgaben gelangten 320 Maschinen an die Polnischen Staatsbahnen (PKP TKi3-1 – 310, 1Dz – 10Dz) und 24 an die Litauischen Staatsbahnen (LG 701-710, 712-725). Weitere 35 Lokomotiven befanden sich im 1920 vom Deutschen Reich abgetrennten Saargebiet und kamen so in den Bestand der Saareisenbahnen (SAAR 7201-7203, 7301-7331, 7333).
Im vorläufigen DRB-Umzeichnungsplan von 1923 waren für die T 9^3 die neuen Betriebsnummern 91 301-1773 vorgesehen, doch tatsächlich wurden zahlreiche T 9^3 auch fälschlich als T 9^2 (91 164-205) und T 11 (74 369) erfasst. Dies hatte man bei der Aufstellung des endgültigen Umzeichnungsplanes korrigiert, der nun die Betriebsnummern 91 301-1805 umfasste – allerdings hatte man die Nummer 91 301-302 versehentlich an T 9^1 (siehe Baureihe 90^{0-2}) vergeben. Mit enthalten waren auch acht elsaß-lothringische Maschinen, die sich bei Kriegsende in Deutschland befunden hatten, sowie drei 1917 an die Mecklenburgische Friedrich Franz-Eisenbahn verkaufte T 9^3.
Bei der Deutschen Reichsbahn setzte sogleich die Ausmusterung der Lokomotiven ein – zunächst noch moderat (der Bestand betrug 1931 noch 1391 Maschinen) – dann verstärkt: Trotz des Zugangs von 31 T 9^3 aus dem Saargebiet war der Bestand 1936 auf 815 Exemplare gesunken. Weitere Lokomotiven wurden während des Zweiten Weltkrieges dem Bestand zugesetzt: acht aus Belgien (91 1837-1844) und 276 aus Polen, Litauen und Lettland als Zweitbesetzung bereits ausgemusterter Lokomotiven (91 303" – 1007"). Nach Kriegsende verblieben die meisten 91^{3-18} in den beiden deutschen Staaten, doch auch in anderen europäischen Staaten konnten die T 9^3 noch lange angetroffen werden. Bei der Deutschen Bundesbahn wurden die letzte Maschine 1964, bei der Deutschen Reichsbahn 1971 ausgemustert.
Ein ungewöhnliches Schicksal hatten 59 der in Polen verbliebenen 91^{3-18} (dort TKi3-1 – 236): Zwischen 1951 und 1959 wurden 59 TKi3 unter Beibehaltung des Fahrwerks in Dampfspeicherlokomotiven umgebaut und als TKi3b-1 – 59 bezeichnet. Leider ist bei den bis in die 90er Jahre eingesetzten Maschinen nicht bekannt, welche die jeweiligen Spender-TKi3 gewesen waren.

Ein ähnlicher Fall wie jener der 91 115 war der der 91 302: Keine T 9^3, sondern eine T 9^1 trug diese Nummer – nachdem diese Lokomotive sowie eine weitere T 9^1 im DRB-Umzeichnungsplan fälschlich unter den T 9^3 eingereiht worden waren. Zumindest im Heimat-Bw Neumünster muss man doch erkannt haben, dass da etwas nicht stimmte – trotzdem erfolgte keine Korrektur und die Lokomotive war über fünf Jahre lang mit dieser falschen Betriebsnummern im Einsatz. *Foto: Werner Hubert*

Literatur:

MOLL, GERHARD; WENZEL, HANSJÜRGEN: Die Baureihe 91. Freiburg, 1984
ROSZAK, TOMASZ: Parowozy betogniowe polskiej produkcji. Świat kolei 7/2003, S. 14-21.

Als Erinnerungsfoto dürfte diese schöne Aufnahme der 91 304 in Hanau Nord entstanden sein. Als Aufnahmejahr wird 1932 angegeben, doch da die Maschine bereits im Juli 1931 ausgemustert wurde, muss dies bezweifelt werden. Die Lokomotive war ursprünglich von den Reichseisenbahnen in Elsaß-Lothringen beschafft worden, kam aber zum Ende des Ersten Weltkriegs zur Ausbesserung in das EAW Berlin und verblieb dadurch bei der Deutschen Reichsbahn.

Die 91 306 sowie die hier abgebildete 91 307 waren mit ihrem Baujahr 1900 die ältesten T 9³ im Bestand der Deutschen Reichsbahn. Carl Bellingrodt fotografierte die Maschine am 23. April 1932 in ihrem Heimat-Bw Düsseldorf-Abstellbahnhof sozusagen „auf den letzten Drücker", denn die Maschine wurde noch im gleichen Jahr ausgemustert.

Dieses klassische Lokportrait zeigt die 91 313, aufgenommen von Carl Bellingrodt am 5. April 1936 im Bw Köln-Deutzerfeld. Obwohl zu den älteren T 9^{3} gehörend, wurde sie von der Reichsbahn nicht wie viele ihrer Schwesterlokomotiven in den 30er-Jahren ausgemustert. Zum Kriegsende befand sie sich in Polen und wurde von den Polnischen Staatsbahnen als TKi 3-72 in ihren Bestand eingereiht.

Bors 1901/ 4907	Hal 1868 →'01 Hal 1865" →'06 HAL 7204 T9^{1} →'10 ALT 7206 →'?? ALT 7263" →'25 **DRB 91 301**	+04.29
Bors 1901/ 4949	Hal 1872 →'06 HAL 7211 T9^{1} →'10 ALT 7213 →'?? ALT 7272" →'25 **DRB 91 302**	+31
Hen 1901/ 5863	Reichseisenbahnen Elsaß-Lothringen (EL) 818 HUBERTUS (D31) →'06 Reichseisenbahnen Elsaß-Lothringen (EL) 2305 (T8) →'12 Reichseisenbahnen Elsaß-Lothringen (EL) 7055 (T9) (ca. '18 an Militär verliehen) →'22/23 BLN 7378 T9^{3} →'25 **DRB 91 303**	+09.33
Hen 1901/ 5871	Reichseisenbahnen Elsaß-Lothringen (EL) 826 BRUNO (D31) →'06 Reichseisenbahnen Elsaß-Lothringen (EL) 2313 (T8) →'12 Reichseisenbahnen Elsaß-Lothringen (EL) 7063 (T9) (ca. '18 an EAW Berlin) →'22/23 FFT 7341" T9^{3} →'25 **DRB 91 304**	+07.31
Hen 1901/ 5872	Reichseisenbahnen Elsaß-Lothringen (EL) 827 JOACHIM (D31) →'06 Reichseisenbahnen Elsaß-Lothringen (EL) 2314 (T8) →'12 Reichseisenbahnen Elsaß-Lothringen (EL) 7064 (T9) (ca. '18 an EAW Nied) →'22/23 FFT 7344" T9^{3} →'25 **DRB 91 305**	+07.31
Unio 1900/ 1116	Efd 2100 →'06 EFD 7301 T9^{3} →'25 **DRB 91 306** →'45 PKP TKi 3-148" [18]	+30.11.53
Unio 1900/ 1117	Efd 2101 →'06 EFD 7302 T9^{3} →'25 **DRB 91 307**	+32
Unio 1901/ 1120	Efd 2104 →'06 EFD 7305 T9^{3} →'25 **DRB 91 308**	+30
Unio 1901/ 1121	Efd 2105 →'06 EFD 7306 T9^{3} →'25 **DRB 91 309**	+07.33
Unio 1901/ 1172	Efd 2107 →'06 EFD 7308 T9^{3} →'25 **DRB 91 310**	+28
Unio 1901/ 1165	Ksl 1463 →'06 KSL 7301 T9^{3} →'25 **DRB 91 311**	+12.12.31
Unio 1901/ 1166	Ksl 1464 →'06 KSL 7302 T9^{3} →'25 **DRB 91 312**	+31
Unio 1901/ 1167	Ksl 1465 →'06 KSL 7303 T9^{3} →'25 **DRB 91 313** →'45 PKP TKi 3-72" +12.08.55 →'55 an Kop. Gliwice →'?? WL KWK Jowisz Wojkowice TKi 3-72	+
Unio 1901/ 1170	Ksl 1468 →'06 KSL 7306 T9^{3} →'25 **DRB 91 314**	+12.12.31
Unio 1901/ 1174	Kat 1601 →'06 KAT 7272 T9^{3} →'22 OPP 7272 →'25 **DRB 91 315**	+
Schi 1901/ 1182	Bro 1908 →'06 BRO 7209 T9^{3} →'20 OST 7338 →'25 **DRB 91 316**	+12.12.31
Hen 1902/ 6125	Erf 1812 →'06 ERF 7257 T9^{3} →'25 **DRB 91 317**	+
Hen 1902/ 6127	Erf 1814 →'06 ERF 7259 T9^{3} →'25 **DRB 91 318**	+04.33
Hen 1902/ 6128	Erf 1815 →'06 ERF 7260 T9^{3} →'25 **DRB 91 319** →'37 Georgsmarienhütten-Eb. (GME) 5" +71 →'78 Dampfzug-Betriebsgemeinschaft Hildesheim (DBG) →'7x Karnevalsgesellschaft „Pängelanton" →30.04.82 Denkmal am Bf. Münster-Gremmendorf als WLE 111	('20 vorh. als „91 319")
Hen 1902/ 6129	Erf 1816 →'06 ERF 7261 T9^{3} →'25 **DRB 91 320**	+30
Hen 1902/ 6130	Erf 1817 →'06 ERF 7262 T9^{3} →'25 **DRB 91 321**	+01.32
Hen 1902/ 6131	Erf 1818 →'06 ERF 7263 T9^{3} →'25 **DRB 91 322** [19]	+31
Hen 1902/ 6132	Erf 1819 →'06 ERF 7264 T9^{3} →'25 **DRB 91 323**	+11.32
Hen 1902/ 6133	Erf 1820 →'06 ERF 7265 T9^{3} →'25 **DRB 91 324**	+31
Hen 1902/ 6134	Erf 1821 →'06 ERF 7266 T9^{3} →'25 **DRB 91 325**	+30
Hen 1902/ 6135	Alt 1757 →'06 ALT 7252 T9^{3} →'25 **DRB 91 326**	+10.12.36
Hen 1902/ 6136	Alt 1758 →'06 ALT 7253 T9^{3} →'25 **DRB 91 327** →'45 DRw/DB	+11.01.52
Hen 1902/ 6138	Alt 1760 →'06 ALT 7255 T9^{3} →'13 KSL 7061 →'25 **DRB 91 328**	+31.12.33

18) Eine 91 306 wurde auch 1946 beim MPS nachgewiesen und 09.55 von diesem ausgemustert.
19) 1945 wurde eine TKi1-322 im MPS-Bestand nachgewiesen

Perfekt ausgeleuchtet und in einem sehr guten äußeren Zustand präsentierte sich im Jahr 1932 die 91 331 dem Fotografen Werner Hubert. Schwer vorstellbar, dass sie bereits ein Jahr später ausgemustert war.

Hen 1902/ 6139	Alt 1761 →'06 ALT 7256 T9^3 →'25 **DRB 91 329** →'45 DRw/DB	+01.06.53
Hen 1903/ 6140	Alt 1762 →'06 ALT 7257 T9^3 →'25 **DRB 91 330**	+12.31
Hen 1902/ 6141	Fft 1931 →'06 FFT 7259 T9^3 →'08 MNZ 7342 →'25 **DRB 91 331**	+08.33
Hen 1902/ 6142	Fft 1932 →'06 FFT 7260 T9^3 →'08 MNZ 7343 →'25 **DRB 91 332** →'45 PKP TKi 3-74"	+06.49
Hen 1903/ 6143	Fft 1933 →'06 FFT 7261 T9^3 →'08 MNZ 7344 →'25 **DRB 91 333**	+05.32
Hen 1902/ 6144	Hal 1877 →'06 HAL 7285 T9^3 →'20 DRE 7285 →'25 **DRB 91 334**	+04.32
Hen 1902/ 6145	Hal 1878 →'06 HAL 7286 T9^3 →'25 **DRB 91 335**	+11.35
Hen 1902/ 6146	Hal 1879 →'06 HAL 7287 T9^3 →'20 DRE 7287 →'25 **DRB 91 336** +12.34 →01.08.35 WL 3 RAW Engelsdorf	+31.08.64
Hen 1902/ 6147	Hal 1880 →'06 HAL 7288 T9^3 →'25 **DRB 91 337**	+31
Hen 1902/ 6149	Hal 1882 →'06 HAL 7290 T9^3 →'25 **DRB 91 338** →'45 DRo/DR (11.45 Rbd Halle)	V.u.
Hohz 1902/ 1510	Sbr 1950" →'06 SBR 7304 T9^3 →'20 TRI 7304 →'25 **DRB 91 339**	+07.31
Hohz 1902/ 1511	Sbr 1951" →'06 SBR 7305 T9^3 →'20 TRI 7305 →'25 **DRB 91 340**	+09.33
Hohz 1902/ 1512	Sbr 1952" →'06 SBR 7306 T9^3 →'20 TRI 7306 →'25 **DRB 91 341** →'45 DRw/DB	+14.11.52
Hohz 1902/ 1513	Sbr 1953" →'06 SBR 7307 T9^3 →'20 TRI 7307 →'25 **DRB 91 342** →'45 DRw/DB	+12.05.55
Hohz 1902/ 1514	Sbr 1954" →'06 SBR 7308 T9^3 →'20 TRI 7308 →'25 **DRB 91 343**	+35
Hohz 1902/ 1515	Sbr 1955" →'06 SBR 7309 T9^3 →'20 TRI 7309 →'25 **DRB 91 344** →'45 DRw/DB	+09.11.53
Hohz 1902/ 1516	Sbr 1956" →'06 SBR 7310 T9^3 →'20 TRI 7310 →'25 **DRB 91 345**	+09.33
Hohz 1902/ 1517	Han 2023 →'06 HAN 7208 T9^3 →'25 **DRB 91 346** →'35 Neukölln-Mittenwalder Eisenbahn (NME) 8"	+55
Hohz 1902/ 1518	Han 2024 →'06 HAN 7209 T9^3 →'25 **DRB 91 347**	+01.32
Hohz 1902/ 1519	Han 2025 →'06 HAN 7210 T9^3 →'25 **DRB 91 348** →'45 DRw/DB	+14.11.52
Hohz 1902/ 1520	Erf 1806 →'06 ERF 7252 T9^3 →'25 **DRB 91 349**	+08.32
Hohz 1902/ 1521	Erf 1807 →'06 ERF 7253 T9^3 →'25 **DRB 91 350**	+30
Hohz 1902/ 1522	Erf 1808 →'06 ERF 7254 T9^3 →'25 **DRB 91 351**	+
Hohz 1902/ 1523	Erf 1809 →'06 ERF 7255 T9^3 →'25 **DRB 91 352** +31 →'31 Niederbarnimer Eisenbahn (NbE) 06 (Ub. auf h2 und Ventilsteuerung) →'50 DR 91 6582	+16.09.68
Hohz 1902/ 1524	Erf 1810 →'06 ERF 7256 T9^3 →'25 **DRB 91 353**	+31
Unio 1902/ 1191	Bln 1975 →'06 BLN 7280 T9^3 →'12 MST 7305" →'25 **DRB 91 354**	+04.34
Unio 1902/ 1192	Bln 1976 →'06 BLN 7281 T9^3 →'12 MST 7306" →'25 **DRB 91 355**	+31
Unio 1902/ 1193	Bln 1977 →'06 BLN 7282 T9^3 →'12 MST 7307" →'25 **DRB 91 356**	+07.31
Unio 1902/ 1194	Bln 1978 →'06 BLN 7283 T9^3 →'12 MST 7308" →'25 **DRB 91 357** →01.07.30 Georgsmarienhütten-Eb. (GME) 4"	+68
Unio 1902/ 1196	Bln 1980 →'06 BLN 7285 T9^3 →'12 MST 7310" →'25 **DRB 91 358**	+31
Unio 1902/ 1197	Bln 1981 →'06 BLN 7286 T9^3 →'13 KÖL 7386 →'25 **DRB 91 359**	+
Unio 1902/ 1198	Bln 1982 →'06 BLN 7287 T9^3 →'13 KÖL 7387 →'25 **DRB 91 360**	+06.31
Unio 1902/ 1206	Ostpreussische Südbahn (OSü) 2" →'03 Kbg 1971 →'06 KBG 7265 T9^3 →'25 **DRB 91 361**	+07.33
Unio 1902/ 1207	Ostpreussische Südbahn (OSü) 3" →'03 Kbg 1972 →'06 KBG 7266 T9^3 →'25 **DRB 91 362**	+09.34

Unio 1902/ 1208	Ostpreussische Südbahn (OSü) 4“ →’03 Kbg 1973 →’06 KBG 7267 T9^3 →’25 **DRB 91 363**	+09.34
Unio 1902/ 1227	Kbg 1956 →’06 KBG 7251 T9^3 →’25 **DRB 91 364**	+00.33
Unio 1902/ 1229	Kbg 1958 →’06 KBG 7253 T9^3 →’25 **DRB 91 365** →’45 MPS →’48 CCCP-WL	+
Unio 1902/ 1231	Kbg 1960 →’06 KBG 7255 T9^3 →’25 **DRB 91 366**	+09.34
Unio 1902/ 1232	Kbg 1961 →’06 KBG 7256 T9^3 →’25 **DRB 91 367**	+30
Unio 1902/ 1233	Kbg 1962 →’06 KBG 7257 T9^3 →’25 **DRB 91 368**	+bis 40
Unio 1902/ 1235	Kbg 1964 →’06 KBG 7258 T9^3 →’25 **DRB 91 369**	+09.34
Unio 1902/ 1234	Kbg 1963 →’06 SBR 7301 T9^3 →’?? KÖL 7200 →’25 **DRB 91 370**	+36
Unio 1902/ 1236	Kbg 1965 →’06 KBG 7259 T9^3 →’25 **DRB 91 371** →’45 MPS →10.47 CCCP-WL	+
Unio 1902/ 1237	Kbg 1966 →’06 KBG 7260 T9^3 →’25 **DRB 91 372** +00.31 →’?? WL Bergwerk Königsborn →’?? Georgsmarienhütten-Eb. (GME) 5^3 (’71 abg.)	+
Unio 1902/ 1238	Kbg 1967 →’06 KBG 7261 T9^3 →’25 **DRB 91 373**	+09.34
Unio 1902/ 1239	Kbg 1968 →’06 KBG 7262 T9^3 →’25 **DRB 91 374**	+35
Unio 1902/ 1240	Kbg 1969 →’06 KBG 7263 T9^3 →’25 **DRB 91 375**	+09.34
Humb 1902/ 121	Efd 2108 →’06 EFD 7309 T9^3 →’25 **DRB 91 376** +11.33 →’34 Ilmebahn 5	+63
Humb 1902/ 122	Efd 2109 →’06 EFD 7310 T9^3 →’25 **DRB 91 377** →’45 PKP TKi3-166“ [20]	+02.12.65
Humb 1902/ 123	Esn 1886“ →’02 Esn 1600 →’06 ESN 7301 T9^3 →’25 **DRB 91 378**	+
Humb 1902/ 155	Köl 1611 →’06 KÖL 7212 T9^3 →’25 **DRB 91 379** →bis ’35 Industriebahn Reinickendorf (’41 vorh.)	+
Humb 1902/ 156	Köl 1612 →’06 KÖL 7213 T9^3 →’25 **DRB 91 380** →bis ’29 WL 15 Deutsche Industriewerke, Spandau (08.35 vorh.)	+
Humb 1902/ 157	Efd 2110 →’06 EFD 7311 T9^3 →’25 **DRB 91 381**	+07.35
Humb 1902/ 159	Efd 2112 →’06 EFD 7313 T9^3 →’25 **DRB 91 382**	+30
Humb 1902/ 161	Efd 2114 →’06 EFD 7315 T9^3 →’25 **DRB 91 383**	+31
Humb 1902/ 163	Efd 2116 →’06 EFD 7317 T9^3 →’25 **DRB 91 384**	+29
Humb 1902/ 164	Efd 2117 →’06 EFD 7318 T9^3 →’25 **DRB 91 385**	+30
Jung 1902/ 520	Mnz 1871 →’06 MNZ 7302 T9^3 →’25 **DRB 91 386**	+12.32
Jung 1902/ 521	Mnz 1872 →’06 MNZ 7303 T9^3 →’25 **DRB 91 387**	+06.31
Jung 1902/ 523	Mnz 1874 →’06 MNZ 7305 T9^3 →’25 **DRB 91 388**	+02.34
Jung 1902/ 524	Esn 1887“ →’02 Esn 1601 →’06 ESN 7302 T9^3 →’25 **DRB 91 389**	+13.04.31
Jung 1902/ 525	Esn 1888“ →’02 Esn 1602 →’06 ESN 7303 T9^3 →’25 **DRB 91 390**	+03.33
Jung 1902/ 528	Alt 1756 →’06 ALT 7251 T9^3 →’25 **DRB 91 391** →’45 DRw/DB	+01.06.53
Jung 1902/ 568	Mnz 1875 →’06 MNZ 7306 T9^3 →’25 **DRB 91 392**	+01.32
Jung 1902/ 569	Mnz 1876 →’06 MNZ 7307 T9^3 →’25 **DRB 91 393** →’45 DRo/DR	+04.03.66
Jung 1902/ 570	Mnz 1877 →’06 MNZ 7308 T9^3 →’25 **DRB 91 394**	+08.31
Jung 1902/ 572	Mnz 1878 →’06 MNZ 7309 T9^3 →’25 **DRB 91 395** →’45 DRw/DB (SWDE)	+10.08.57
Jung 1902/ 575	Sbr 1958 →’06 SBR 7312 T9^3 →’20 TRI 7312 →’25 **DRB 91 396**	+11.32
Jung 1902/ 576	Mnz 1881 →’06 MNZ 7312 T9^3 →’25 **DRB 91 397** →’45 MPS →01.02.47 CCCP-WL →’?? Eisenbahnmuseum St. Petersburg	(’18 vorh.)
Jung 1902/ 577	Sbr 1959 →’06 SBR 7313 T9^3 →’20 TRI 7313 →’25 **DRB 91 398**	+09.33
Jung 1902/ 578	Mnz 1882 →’06 MNZ 7313 T9^3 →’25 **DRB 91 399**	+08.31
Jung 1902/ 579	Sbr 1960 →’06 SBR 7314 T9^3 →’20 TRI 7314 →’25 **DRB 91 400**	+09.33
Jung 1902/ 580	Mnz 1883 →’06 MNZ 7314 T9^3 →’25 **DRB 91 401** →’45 DRo →10.08.47 SMA	V.u.
Jung 1902/ 581	Sbr 1961 →’06 SBR 7315 T9^3 →’20 TRI 7315 →’25 **DRB 91 402**	+11.32
Jung 1902/ 582	Mnz 1884 →’06 MNZ 7315 T9^3 →’25 **DRB 91 403**	+31
Jung 1902/ 583	Sbr 1962 →’06 SBR 7316 T9^3 →’20 TRI 7316 →’25 **DRB 91 404**	+09.33
Schi 1902/ 1183	Bro 1909 →’06 BRO 7210 T9^3 →’20 OST 7339 →’25 **DRB 91 405**	+08.32
Schi 1901/ 1184	Mgd 1836 →’06 MGD 7235 T9^3 →’25 **DRB 91 406** +05.35 →’35 Neukölln-Mittenwalder Eisenbahn (NME) 1“ (’44 zur Reparatur nach Tubize in Belgien) →’49 an Yhtyneet Paperitehtaat Valkeakoski No. 1 /Finnland →’63 Jámsankóski Werke /Finnland →’71 Museumseisenbahn-Gesellschaft, Minkiö /Finnland →’91 Denkmallok in Dampflok-Park Haapamäki /Finnland /L →12.15 Bayerisches Eisenbahnmuseum, Nördlingen (BEM)	(’22 vorh.)
Schi 1902/ 1185	Mgd 1837 →’06 MGD 7236 T9^3 →’25 **DRB 91 407**	+01.32
Schi 1902/ 1186	Mgd 1838 →’06 MGD 7237 T9^3 →’25 **DRB 91 408**	+31
Schi 1901/ 1187	Han 2020 →’06 HAN 7205 T9^3 →’12 FFT 7259“ →’25 **DRB 91 409**	+16.08.32
Schi 1902/ 1188	Han 2021 →’06 HAN 7206 T9^3 →’25 **DRB 91 410** →’38 verk. WL 10 Industrie- und Hafenbahn Düsseldorf-Reisholz	+07.53
Schi 1902/ 1189	Han 2022 →’06 HAN 7207 T9^3 →’25 **DRB 91 411** →’45 DRw/DB	+18.10.54
Schi 1902/ 1190	Pos 2016 →’06 POS 7217 T9^3 →’20 BSL 7370“ →’25 **DRB 91 412**	+31
Bors 1903/ 5222	Mgd 1842 →’06 MGD 7241 T9^3 →’25 **DRB 91 413**	+11.32
Bors 1903/ 5223	Mgd 1843 →’06 MGD 7242 T9^3 →’25 **DRB 91 414**	+28
Bors 1903/ 5224	Mgd 1844 →’06 MGD 7243 T9^3 →’25 **DRB 91 415**	+08.32
Bors 1903/ 5225	Mgd 1845 →’06 MGD 7244 T9^3 →’25 **DRB 91 416** →’45 DRw/DB	+29.01.60

20) Eine 91 377 war 1945 auch beim MPS nachgewiesen.

In Hannover Hbf. fotografierte Eberhard Schüler am 22. September 1956 die 91 416, welche damals zum Bw Hannover Hgbf. gehörte. Ausgemustert wurde die Lokomotive am 29. Januar 1960 – und zwar mit einer Verfügung der OBL West (M213 Fau) und nicht der HVB. Durch die BD Hannover ausgemustert wurde die Lokomotive schließlich am 10. Februar 1960.

Bors 1903/ 5226	Mgd 1846 →'06 MGD 7245 T9^3 →'25 **DRB 91 417**	+07.33
Bors 1903/ 5227	Mgd 1847 →'06 MGD 7246 T9^3 →'25 **DRB 91 418**	+04.32
Bors 1903/ 5228	Mgd 1848 →'06 MGD 7247 T9^3 →'25 **DRB 91 419**	+04.32
Bors 1903/ 5229	Mgd 1849 →'06 MGD 7248 T9^3 →'25 **DRB 91 420**	+07.33
Bors 1903/ 5232	Kat 1613 →'06 KAT 7284 T9^3 →'22 OPP 7284 →'25 **DRB 91 421**	+04.33
Bors 1903/ 5233	Ksl 1472" →'06 KSL 7310 T9^3 →'25 **DRB 91 422**	+31.12.34
Bors 1903/ 5234	Ksl 1473" →'06 KSL 7311 T9^3 →'25 **DRB 91 423**	+27.11.31
Bors 1903/ 5235	Ksl 1474" →'06 KSL 7312 T9^3 →'25 **DRB 91 424** +03.35 →16.03.35 Ilmebahn 6	+59
Bors 1903/ 5236	Ksl 1475" →'06 KSL 7313 T9^3 →'25 **DRB 91 425**	+20.03.33
Bors 1903/ 5237	Ksl 1476" →'06 KSL 7314 T9^3 →'25 **DRB 91 426** →'45 DRw/DB	+14.11.52
Hen 1903/ 6151	Ksl 1470" →'06 KSL 7308 T9^3 →'25 **DRB 91 427**	+16.08.32
Hen 1903/ 6152	Ksl 1471" →'06 KSL 7309 T9^3 →'25 **DRB 91 428**	+14.12.32
Hen 1903/ 6357	Sbr 1963 →'06 SBR 7317 T9^3 →'20 TRI 7317 →'25 **DRB 91 429**	+31
Hohz 1903/ 1569	Esn 1605 →'06 ESN 7306 T9^3 →'25 **DRB 91 430**	+31
Hohz 1903/ 1570	Esn 1606 →'06 ESN 7307 T9^3 →'25 **DRB 91 431**	+02.33
Hohz 1903/ 1571	Esn 1607 →'06 ESN 7308 T9^3 →'25 **DRB 91 432**	+36/37
Hohz 1903/ 1572	Esn 1608 →'06 ESN 7309 T9^3 →'25 **DRB 91 433**	+03.32
Hohz 1903/ 1573	Esn 1609 →'06 ESN 7310 T9^3 →'25 **DRB 91 434**	+07.33
Hohz 1903/ 1574	Esn 1610 →'06 ESN 7311 T9^3 →'25 **DRB 91 435**	+12.12.31
Hohz 1903/ 1575	Esn 1611 →'06 ESN 7312 T9^3 →'25 **DRB 91 436** →'45 DRw/DB	+01.06.53
Hohz 1903/ 1576	Esn 1612 →'06 ESN 7313 T9^3 →'25 **DRB 91 437** →'45 DRw/DB (SWDE)	+18.10.54
Hohz 1903/ 1577	Esn 1613 →'06 ESN 7314 T9^3 →'25 **DRB 91 438**	+28
Hohz 1903/ 1578	Han 2026 →'06 HAN 7211 T9^3 →'25 **DRB 91 439**	+09.32
Hohz 1903/ 1580	Han 2028 →'06 HAN 7213 T9^3 →'25 **DRB 91 440**	+31
Hohz 1903/ 1582	Han 2030 →'06 HAN 7215 T9^3 →'25 **DRB 91 441**	+12.33
Hohz 1903/ 1583	Mst 1858 →'06 MST 7301 T9^3 →'25 **DRB 91 442**	+02.32
Hohz 1903/ 1584	Mst 1859 →'06 MST 7302 T9^3 →'25 **DRB 91 443**	+31
Hohz 1903/ 1585	Mst 1860 →'06 MST 7303 T9^3 →'25 **DRB 91 444**	+31
Hohz 1903/ 1586	Mst 1861 →'06 MST 7304 T9^3 →'25 **DRB 91 445**	+31
Hohz 1903/ 1587	Mst 1862 →'06 MST 7305 T9^3 →'10 KSL 7389 →'25 **DRB 91 446** →'45 DRw/DB	+18.03.55
Hohz 1903/ 1589	Fft 1935 →'06 FFT 7263 T9^3 →'07 MNZ 7346 →'25 **DRB 91 447**	+31
Hohz 1903/ 1591	Fft 1937 →'05 Alt 1774 →'06 ALT 7269 T9^3 →'25 **DRB 91 448** →'45 DRw/DB	+27.07.54
Hohz 1903/ 1593	Efd 2118 →'06 EFD 7319 T9^3 →'25 **DRB 91 449** →'45 PKP TKi3-26" →'55 an Zakłady Budowy Maszyn Ciężkich, Oleśnica (WL AW Oels) →'82 PKP (ab '84 abg. Wrocław Gądów) →'93 Museumslok in Jaworzyna Śląska (=Königszelt)	('20 vorh.)
Hohz 1903/ 1594	Efd 2119 →'06 EFD 7320 T9^3 →'25 **DRB 91 450**	+31
Hohz 1903/ 1637	Köl 1613 →'06 KÖL 7214 T9^3 →'25 **DRB 91 451**	+06.31
Hohz 1903/ 1639	Mst 1863 →'06 MST 7306 T9^3 →'10 KSL 7390 →'25 **DRB 91 452**	+36
Hohz 1903/ 1640	Mst 1864 →'06 MST 7307 T9^3 →'10 KSL 7391 →'25 **DRB 91 453**	+36

Hohz 1903/ 1641	Efd 2120 →’06 EFD 7321 T9^3 →’25 **DRB 91 454**	+31
Hohz 1903/ 1651	Alt 1763 →’06 ALT 7258 T9^3 →’25 **DRB 91 455**	+08.32
Hohz 1903/ 1652	Alt 1764 →’06 ALT 7259 T9^3 →’25 **DRB 91 456** →’45 DRo/DR	+14.06.67
Hohz 1903/ 1653	Alt 1765 →’06 ALT 7260 T9^3 →’25 **DRB 91 457** →’45 DRw/DB	+01.06.53
Hohz 1903/ 1654	Esn 1614 →’06 ESN 7315 T9^3 →’25 **DRB 91 458**	+10.34
Hohz 1903/ 1655	Esn 1615 →’06 ESN 7316 T9^3 →’25 **DRB 91 459** →’45 MPS	+
Hohz 1903/ 1656	Esn 1616 →’06 ESN 7317 T9^3 →’25 **DRB 91 460** →’45 DRo/DR	+16.04.68
Hohz 1903/ 1657	Esn 1617 →’06 ESN 7318 T9^3 →’25 **DRB 91 461**	+31
Hohz 1903/ 1658	Esn 1618 →’06 ESN 7319 T9^3 →’25 **DRB 91 462**	+09.32
Hohz 1903/ 1662	Mst 1868 →’06 MST 7311 T9^3 →’25 **DRB 91 463**	+31
Hohz 1903/ 1663	Mst 1869 →’06 MST 7312 T9^3 →’25 **DRB 91 464**	+31
Unio 1902/ 1244	Ostpreussische Südbahn (OSü) 6“ →’03 Kbg 1975 →’06 KBG 7272 T9^3 →’25 **DRB 91 465**	+09.34
Unio 1902/ 1245	Stn 1941 →’06 STN 7303 T9^3 →’25 **DRB 91 466** +08.32 (→’?? WL) →’?? WL 1 OAW Strij →’45 ÖBB/T →29.01.49 PKP	+
Unio 1902/ 1246	Stn 1942 →’06 STN 7304 T9^3 →’25 **DRB 91 467**	+31
Unio 1903/ 1249	Hal 1875 →’06 HAL 7283 T9^3 →’25 **DRB 91 468**	+31
Unio 1903/ 1250	Hal 1876 →’06 HAL 7284 T9^3 →’25 **DRB 91 469** →’45 DRw/DB	+12.05.55
Unio 1903/ 1251	Bln 1983 →’06 BLN 7288 T9^3 →’15 HAL 7094 →’25 **DRB 91 470**	+12.32
Unio 1903/ 1252	Bln 1984“ →’06 BLN 7289 T9^3 →’15 HAL 7095 →’25 **DRB 91 471** (02.44 Esslingen)	V.u.
Humb 1903/ 170	Bsl 1589 →’06 BSL 7291 T9^3 →’25 **DRB 91 472**	+31
Humb 1903/ 171	Bsl 1590 →’06 BSL 7292 T9^3 →’25 **DRB 91 473**	+31
Humb 1903/ 172	Bsl 1591 →’06 BSL 7293 T9^3 →’25 **DRB 91 474**	+
Humb 1903/ 173	Bsl 1592 →’06 BSL 7294 T9^3 →’25 **DRB 91 475**	+08.32
Jung 1903/ 635	Sbr 1969 →’06 SBR 7323 T9^3 →’20 TRI 7323 →’25 **DRB 91 476**	+11.32
Jung 1903/ 636	Sbr 1970 →’06 SBR 7324 T9^3 →’20 TRI 7324 →’25 **DRB 91 477**	+31
Jung 1903/ 637	Sbr 1971 →’06 SBR 7325 T9^3 →’20 TRI 7325 →’25 **DRB 91 478**	+07.31
Jung 1903/ 638	Sbr 1972 →’06 SBR 7326 T9^3 →’20 TRI 7326 →’25 **DRB 91 479**	+36
Jung 1903/ 642	Erf 1824 →’06 ERF 7269 T9^3 →’25 **DRB 91 480** +31 →’?? Sandbahngesellschaft der Gräflich von Ballestrem’schen und A. Borsigschen Steinkohlewerke →’49 PMP-PW	+
Jung 1903/ 644	Köl 1615 →’06 KÖL 7216 T9^3 →’25 **DRB 91 481** →’45 DRw/DB	+14.11.52
Jung 1903/ 650	Erf 1826 →’06 ERF 7271 T9^3 →’25 **DRB 91 482** →’45 PKP TKi3-149“	+19.07.67
Schi 1902/ 1230	Bsl 1579 →’06 BSL 7281 T9^3 →’25 **DRB 91 483**	+01.32
Schi 1902/ 1231	Bsl 1580 →’06 BSL 7282 T9^3 →’25 **DRB 91 484** →’45 DRo →27.10.45 SMA	V.u.
Schi 1902/ 1232	Bsl 1581 →’06 BSL 7283 T9^3 →’25 **DRB 91 485**	+12.32
Schi 1902/ 1233	Bsl 1582 →’06 BSL 7284 T9^3 →’25 **DRB 91 486**	+12.32
Schi 1902/ 1234	Bsl 1583 →’06 BSL 7285 T9^3 →’25 **DRB 91 487**	+36/37
Schi 1902/ 1235	Bsl 1584 →’06 BSL 7286 T9^3 →’25 **DRB 91 488** →’45 DRo/DR →01.01.66 verk. HL Holzindustrie Hennigsdorf	++
Schi 1902/ 1236	Bsl 1585 →’06 BSL 7287 T9^3 →’25 **DRB 91 489** →’45 PKP TKi3-59“	+
Schi 1902/ 1237	Bsl 1586 →’06 BSL 7288 T9^3 →’25 **DRB 91 490**	+31
Schi 1903/ 1238	Bsl 1587 →’06 BSL 7289 T9^3 →’25 **DRB 91 491**	+31
Schi 1903/ 1239	Bsl 1588 →’06 BSL 7290 T9^3 →’25 **DRB 91 492**	+31
Schi 1902/ 1245	Dzg 1914 →’06 DZG 7301 T9^3 →’20 STN 7358 →’25 **DRB 91 493**	+18.10.33
Schi 1903/ 1247	Dzg 1916 →’06 DZG 7303 T9^3 →’20 STN 7359 →’25 **DRB 91 494**	+31
Schi 1902/ 1250	Kat 1487 →’03 Kat 1606 →’06 KAT 7277 T9^3 →’22 OPP 7277 →’25 **DRB 91 495** →’45 DRw/DB	+07.08.59
Schi 1903/ 1253	Kat 1490 →’03 Kat 1609 →’06 KAT 7280 T9^3 →’22 OPP 7280 →’25 **DRB 91 496**	+32
Schi 1903/ 1255	Mgd 1839 →’06 MGD 7238 T9^3 →’25 **DRB 91 497** →11.36 Neukölln-Mittenwalder Eisenbahn (NME) 7“ →’44 zur Reparatur nach Tubize in Belgien →’49 an Yhtyneet Paperitehtaat Valkeakoski No. 2 /Finnland	+67
Schi 1903/ 1256	Mgd 1840 →’06 MGD 7239 T9^3 →’25 **DRB 91 498**	+32
Schi 1903/ 1270	Bsl 1593 →’06 BSL 7295 T9^3 →’25 **DRB 91 499**	+
Schi 1903/ 1271	Bsl 1594 →’06 BSL 7296 T9^3 →’25 **DRB 91 500**	+30
Schi 1903/ 1272	Bsl 1595 →’06 BSL 7297 T9^3 →’25 **DRB 91 501**	+08.33
Schi 1903/ 1273	Bsl 1596 →’06 BSL 7298 T9^3 →’25 **DRB 91 502**	+
Schi 1903/ 1274	Bsl 1597 →’06 BSL 7299 T9^3 →’25 **DRB 91 503**	+08.33
Schi 1903/ 1275	Hal 1883 →’06 HAL 7291 T9^3 →’25 **DRB 91 504**	+30
Schi 1903/ 1276	Hal 1884 →’06 HAL 7292 T9^3 →’?? DRE 7292 →’25 **DRB 91 505**	+
Schi 1903/ 1277	Hal 1885“ →’06 HAL 7293 T9^3 →’25 **DRB 91 506**	+30
Schi 1903/ 1278	Hal 1886“ →’06 HAL 7294 T9^3 →’25 **DRB 91 507**	+05.32
Schi 1903/ 1279	Hal 1887“ →’06 HAL 7295 T9^3 →’25 **DRB 91 508**	+31
Schi 1903/ 1281	Pos 2021 →’06 POS 7222 T9^3 →’20 OST 7222 →’25 **DRB 91 509** →’45 PKP TKi3-60“ +29.03.55 →’55 an Fabr. Papieru Jeziorna	+
Schi 1903/ 1284	Pos 2024 →’06 POS 7225 T9^3 →’20 OST 7225 →’25 **DRB 91 510**	+04.33

Zum Bw Darmstadt gehörte die 91 544, als sie Werner Hubert um 1930 fotografierte. Wie die zuvor gezeigte 91 304 war auch diese Maschine für die Reichseisenbahnen in Elsaß-Lothringen gebaut worden und nach dem Ersten Weltkrieg in Deutschland verblieben.

Schi 1903/ 1289	Dzg 1923 →'06 DZG 7310 T9^3 →'20 KBG 7310	→'25 **DRB 91 511** →'45 MPS	+
Schi 1903/ 1290	Stn 1943 →'06 STN 7305 T9^3	→'25 **DRB 91 512**	+04.32
Schi 1903/ 1291	Stn 1944 →'06 STN 7306 T9^3	→'25 **DRB 91 513** →'45 DRo/DR	+10.04.51
O&K 1903/ 1000	Alt 1766 →'06 ALT 7261 T9^3	→'25 **DRB 91 514** →'45 DRo →10.08.47 SMA	V.u.
Bors 1904/ 5291	Mst 1870 →'06 MST 7313 T9^3	→'25 **DRB 91 515**	+31
Bors 1904/ 5292	Mst 1871 →'06 MST 7314 T9^3	→'25 **DRB 91 516**	+01.36
Bors 1904/ 5293	Mst 1872 →'06 MST 7315 T9^3	→'25 **DRB 91 517**	+31
Bors 1904/ 5294	Bln 1985“ →'06 BLN 7290 T9^3 →'13 HAL 7089	→'25 **DRB 91 518**	+30
Bors 1904/ 5295	Bln 1986“ →'06 BLN 7291 T9^3 →'13 HAL 7090	→'25 **DRB 91 519** →'45 DRo/DR	+22.11.62
Bors 1904/ 5296	Bln 1987“ →'06 BLN 7292 T9^3 →'13 HAL 7091	→'25 **DRB 91 520**	+08.33
Bors 1904/ 5297	Bln 1988 →'06 BLN 7293 T9^3 →'13 HAL 7092	→'25 **DRB 91 521**	+30
Bors 1904/ 5298	Bln 1989 →'06 BLN 7294 T9^3 →'14 HAN 7205“	→'25 **DRB 91 522**	+32
Bors 1904/ 5299	Bln 1990 →'06 BLN 7295 T9^3 →'14 HAN 7216“	→'25 **DRB 91 523** →'45 MPS →'52 MPS TT-523	+22.06.61
Bors 1904/ 5300	Hal 1888“ →'06 HAL 7296 T9^3	→'25 **DRB 91 524**	+31
Bors 1904/ 5301	Hal 1889“ →'06 HAL 7297 T9^3 →'?? DRE 7297	→'25 **DRB 91 525** →'45 PKP TKi3-100“	+22.02.57
Bors 1904/ 5302	Hal 1890 →'06 HAL 7298 T9^3	→'25 **DRB 91 526** →'45 DRo →'46 SMA	V.u.
Bors 1904/ 5303	Hal 1891 →'06 HAL 7299 T9^3	→'25 **DRB 91 527** →'45 DRw/DB (SWDE)	+09.11.53
Bors 1904/ 5304	Hal 1892 →'06 HAL 7300 T9^3	→'25 **DRB 91 528** →'45 DRo →'46 SMA	V.u.
Bors 1904/ 5305	Hal 1893 →'06 HAL 7301 T9^3 →'?? DRE 7301	→'25 **DRB 91 529**	+09.32
Hano 1904/ 4213	Alt 1767 →'06 ALT 7262 T9^3 →'10 HAL 7272 →'?? DRE 7272 →'25 **DRB 91 530**		+11.32
Hano 1904/ 4214	Alt 1768 →'06 ALT 7263 T9^3 →'10 HAL 7273	→'25 **DRB 91 531**	+31
Hano 1904/ 4215	Alt 1769 →'06 ALT 7264 T9^3	→'25 **DRB 91 532**	+29
Hano 1904/ 4216	Alt 1770 →'06 ALT 7265 T9^3 →'10 HAL 7274	→'25 **DRB 91 533**	+30
Hano 1904/ 4217	Alt 1771 →'06 ALT 7266 T9^3 →'10 HAL 7275	→'25 **DRB 91 534**	+35
Hano 1904/ 4218	Ksl 1477“ →'06 KSL 7315 T9^3	→'25 **DRB 91 535** (KV2)	+21.08.44
Hano 1904/ 4219	Ksl 1478“ →'06 KSL 7316 T9^3	→'25 **DRB 91 536**	+28.12.31
Hano 1904/ 4220	Hal 1894 →'06 HAL 7302 T9^3 →'?? DRE 7302	→'25 **DRB 91 537** →'45 PKP TKi3-205“	+24.01.66
Hano 1904/ 4222	Hal 1896 →'06 HAL 7304 T9^3	→'25 **DRB 91 538**	+31
Hano 1904/ 4223	Mgd 1850 →'06 MGD 7249 T9^3	→'25 **DRB 91 539**	+10.35
Hano 1904/ 4224	Mgd 1851 →'06 MGD 7250 T9^3	→'25 **DRB 91 540** →'45 DRw/DB	+14.11.52
Hano 1904/ 4225	Mgd 1852 →'06 MGD 7251 T9^3	→'25 **DRB 91 541**	+27
Hen 1904/ 6831	Erf 1834 →'06 ERF 7279 T9^3	→'25 **DRB 91 542** →'45 DRw/DB	+07.08.56
Hen 1904/ 6832	Erf 1835 →'06 ERF 7280 T9^3	→'25 **DRB 91 543**	+08.32
Hen 1903/ 6869	Reichseisenbahnen Elsaß-Lothringen (EL) 958 MORITZ (D31) →'06 Reichseisenbahnen Elsaß-Lothringen (EL) 2339 (T8) →'12 Reichseisenbahnen Elsaß-Lothringen (EL) 7089 (T9) (05.11.18 an EAW Darmstadt) →ca. '22/23 MNZ 7089 T9^3	→'25 **DRB 91 544** →'45 DRw/DB	+02.11.55
Hohz 1903/ 1689	Köl 1618 →'06 KÖL 7219 T9^3	→'25 **DRB 91 545**	+31
Hohz 1904/ 1691	Köl 1620 →'06 KÖL 7221 T9^3	→'25 **DRB 91 546**	+vor 40

Hohz 1904/ 1692	Köl 1621 →'06 KÖL 7222 $T9^3$ →'25 **DRB 91 547**	+12.32
Hohz 1903/ 1693	Esn 1619 →'06 ESN 7320 $T9^3$ →'25 **DRB 91 548** →'45 DRw/DB	+09.11.53
Hohz 1904/ 1694	Esn 1620 →'06 ESN 7321 $T9^3$ →'25 **DRB 91 549** →'45 MPS →'52 MPS TT-549	+30.08.63
Hohz 1904/ 1695	Esn 1621 →'06 ESN 7322 $T9^3$ →'25 **DRB 91 550**	+31.05.37
Hohz 1904/ 1696	Esn 1622 →'06 ESN 7323 $T9^3$ →'25 **DRB 91 551** →'45 DRo/DR	+10.02.65
Hohz 1904/ 1697	Esn 1623 →'06 ESN 7324 $T9^3$ →'25 **DRB 91 552** →'45 DRw/DB	+01.06.53
Hohz 1904/ 1700	Mst 1874 →'06 MST 7317 $T9^3$ →'25 **DRB 91 553** →'45 DRw/DB (SWDE)	+17.03.54
Hohz 1904/ 1701	Efd 2121 →'06 EFD 7322 $T9^3$ →'25 **DRB 91 554**	+31
Hohz 1904/ 1703	Efd 2123 →'06 EFD 7324 $T9^3$ →'25 **DRB 91 555**	+31
Hohz 1904/ 1741	Köl 1622 →'06 KÖL 7223 $T9^3$ →'25 **DRB 91 556**	+vor 40
Hohz 1904/ 1742	Köl 1623 →'06 KÖL 7224 $T9^3$ →'25 **DRB 91 557** (11.43 Ost-Schadrückführlok)	V.u.
Hohz 1904/ 1744	Köl 1625 →'06 KÖL 7226 $T9^3$ →'25 **DRB 91 558** →'45 MPS →'52 MPS TT-558	+24.03.53
Hohz 1904/ 1745	Köl 1626 →'06 KÖL 7227 $T9^3$ →'25 **DRB 91 559** →'45 DRw/DB	+09.11.53
Hohz 1904/ 1749	Dzg 1926 →'06 DZG 7313 $T9^3$ →'20 STN 7362 →'25 **DRB 91 560**	+06.33
Hohz 1904/ 1750	Dzg 1927 →'06 DZG 7314 $T9^3$ →'20 OST 7341 →'25 **DRB 91 561**	+08.33
Hohz 1904/ 1751	Dzg 1928 →'06 DZG 7315 $T9^3$ →'20 KBG 7315 →'25 **DRB 91 562**	+09.34
Hohz 1904/ 1752	Esn 1625 →'06 ESN 7326 $T9^3$ →'25 **DRB 91 563**	+30
Hohz 1904/ 1753	Esn 1626 →'06 ESN 7327 $T9^3$ →'25 **DRB 91 564**	+29
Hohz 1904/ 1754	Esn 1627 →'06 ESN 7328 $T9^3$ →'25 **DRB 91 565**	+12.12.31
Hohz 1904/ 1755	Esn 1628 →'06 ESN 7329 $T9^3$ →'25 **DRB 91 566**	+30
Hohz 1904/ 1756	Esn 1629 →'06 ESN 7330 $T9^3$ →'25 **DRB 91 567**	+04.32
Hohz 1904/ 1757	Esn 1630 →'06 ESN 7331 $T9^3$ →'25 **DRB 91 568**	+31
Hohz 1904/ 1758	Esn 1631 →'06 ESN 7332 $T9^3$ →'25 **DRB 91 569**	+31
Hohz 1904/ 1759	Esn 1632 →'06 ESN 7333 $T9^3$ →'25 **DRB 91 570**	+06.32
Hohz 1904/ 1760	Esn 1633 →'06 ESN 7334 $T9^3$ →'25 **DRB 91 571**	+08.32
Hohz 1904/ 1761	Esn 1634 →'06 ESN 7335 $T9^3$ →'25 **DRB 91 572**	+31
Hohz 1904/ 1762	Esn 1635 →'06 ESN 7336 $T9^3$ →'25 **DRB 91 573**	+31
Hohz 1904/ 1763	Esn 1636 →'06 ESN 7337 $T9^3$ →'25 **DRB 91 574**	+
Hohz 1904/ 1764	Esn 1637 →'06 ESN 7338 $T9^3$ →'25 **DRB 91 575** →'45 DRw/DB	+18.10.54
Hohz 1904/ 1765	Esn 1638 →'06 ESN 7339 $T9^3$ →'25 **DRB 91 576** →'45 DRo/DR	+24.08.67
Hohz 1904/ 1766	Mnz 1888 →'06 MNZ 7319 $T9^3$ →'25 **DRB 91 577** →'45 DRw/DB	+28.10.59
Unio 1903/ 1277	Stn 1939 →'06 STN 7301 $T9^3$ →'25 **DRB 91 578** →'45 PKP TKi3-27" ('53 Ub. Ölf.)	+01.03.56
Unio 1904/ 1304	Pos 2026 →'06 POS 7227 $T9^3$ →'20 OST 7227 →'25 **DRB 91 579**	+
Unio 1904/ 1307	Pos 2029 →'06 POS 7230 $T9^3$ →'20 OST 7230 →'25 **DRB 91 580** →'45 PKP TKi3-167"	+
Unio 1904/ 1308	Bsl 1598 →'06 BSL 7300 $T9^3$ →'25 **DRB 91 581**	+31
Unio 1904/ 1310	Bsl 1600 →'06 BSL 7302 $T9^3$ →'25 **DRB 91 582**	+07.31
Unio 1904/ 1311	Bsl 1601" →'06 BSL 7303 $T9^3$ →'25 **DRB 91 583**	+31
Unio 1904/ 1327	Kbg 1976 →'06 KBG 7276 $T9^3$ →'25 **DRB 91 584**	+05.35
Unio 1904/ 1330	Kbg 1979 →'06 KBG 7279 $T9^3$ →'25 **DRB 91 585** →'45 MPS →'52 MPS TT-585	+26.04.58
Unio 1904/ 1331	Kbg 1980 →'06 SBR 7302 $T9^3$ →'13 HAL 7093 →'25 **DRB 91 586**	+07.33
Unio 1904/ 1334	Dzg 1930 →'06 DZG 7317 $T9^3$ →'20 STN 7363 →'25 **DRB 91 587** →'45 ČSD/R →08.05.51 MPS →'52 MPS TT-587	+29.08.60
Unio 1904/ 1336	Dzg 1932 →'06 DZG 7319 $T9^3$ →'20 STN 7364 →'25 **DRB 91 588**	+06.31
Unio 1904/ 1338	Dzg 1934 →'06 DZG 7321 $T9^3$ →'20 KBG 7321 →'25 **DRB 91 589** →'45 MPS	+02.51
Unio 1904/ 1343	Pos 2030 →'06 POS 7231 $T9^3$ →'20 OST 7231 →'25 **DRB 91 590**	+08.33
Unio 1904/ 1344	Pos 2031 →'06 POS 7232 $T9^3$ →'20 OST 7232 →'25 **DRB 91 591**	+31
Unio 1904/ 1346	Pos 2033 →'06 POS 7234 $T9^3$ →'20 OST 7234 →'25 **DRB 91 592**	+31
Jung 1904/ 670	Mnz 1885 →'06 MNZ 7316 $T9^3$ →'25 **DRB 91 593** →'45 DRw/DB (SWDE)	+15.11.57
Jung 1904/ 672	Mnz 1887 →'06 MNZ 7318 $T9^3$ →'25 **DRB 91 594** →'45 MPS	+25.04.47
Jung 1904/ 673	Erf 1827 →'06 ERF 7272 $T9^3$ →'25 **DRB 91 595** +31 →'31 Niederbarnimer Eisenbahn (NbE) 05 (Ub. auf h2 und Ventilsteuerung) →'50 DR 91 6581	+13.09.65
Jung 1904/ 674	Fft 1928 →'06 FFT 7256 $T9^3$ →'25 **DRB 91 596**	+11.35
Jung 1904/ 675	Erf 1828 →'06 ERF 7273 $T9^3$ →'25 **DRB 91 597** →'45 PKP TKi3-193"	+28.03.55
Jung 1904/ 676	Erf 1829 →'06 ERF 7274 $T9^3$ →'25 **DRB 91 598**	+08.32
Jung 1904/ 677	Fft 1929 →'06 FFT 7257 $T9^3$ →'25 **DRB 91 599** +07.33 →16.11.35 Westfälische Landes-Eb. (WLE) 77 →'50/51 Westfälische Landes-Eb. (WLE) 0077	+60
Jung 1904/ 678	Fft 1930 →'06 FFT 7258 $T9^3$ →'25 **DRB 91 600**	+vor 40
Jung 1904/ 724	Efd 2125 →'06 EFD 7326 $T9^3$ →'25 **DRB 91 601** →'45 DRw/DB	+17.03.54
Jung 1904/ 725	Efd 2126 →'06 EFD 7327 $T9^3$ →'25 **DRB 91 602**	+07.33
Jung 1904/ 726	Efd 2127 →'06 EFD 7328 $T9^3$ →'25 **DRB 91 603**	+29
Jung 1904/ 727	Efd 2128 →'06 EFD 7329 $T9^3$ →'25 **DRB 91 604**	+31
Jung 1904/ 728	Mst 1875 →'06 MST 7318 $T9^3$ →'25 **DRB 91 605**	+07.31

Jung 1904/ 730	Mst 1877 →'06 MST 7320 T9^3 →'25 **DRB 91 606**	+31
Jung 1904/ 731	Sbr 1977 →'06 SBR 7331 T9^3 →'20 TRI 7331 →'25 **DRB 91 607**	+09.33
Jung 1904/ 732	Sbr 1978 →'06 SBR 7332 T9^3 →'20 TRI 7332 →'25 **DRB 91 608** →'45 MPS	+05.06.46
Jung 1904/ 733	Sbr 1979 →'06 SBR 7333 T9^3 →'20 TRI 7333 →'25 **DRB 91 609**	+08.31
Jung 1904/ 736	Sbr 1982 →'06 SBR 7336 T9^3 →'20 TRI 7336 →'25 **DRB 91 610**	+vor 40
Jung 1904/ 737	Fft 1925 →'06 FFT 7253 T9^3 →'25 **DRB 91 611**	+01.34
Jung 1904/ 738	Fft 1926 →'06 FFT 7254 T9^3 →'25 **DRB 91 612** →'45 DRw/DB (SWDE)	+18.03.55
Jung 1904/ 739	Fft 1927 →'06 FFT 7255 T9^3 →'25 **DRB 91 613**	+
O&K 1904/ 1200	Bln 1991 →'06 BLN 7296 T9^3 →03.14 STN 7338 →'25 **DRB 91 614** →'45 DRo →'46 SMA	V.u.
O&K 1904/ 1202	Bln 1993 →'06 BLN 7298 T9^3 →03.14 STN 7340 →'25 **DRB 91 615**	+10.32
O&K 1904/ 1203	Bln 1994 →'06 BLN 7299 T9^3 →03.14 STN 7341 →'25 **DRB 91 616** →'45 ČSD/R	+19.04.51
O&K 1904/ 1301	Stn 1945 →'06 STN 7307 T9^3 →'25 **DRB 91 617**	+31
O&K 1904/ 1302	Stn 1946 →'06 STN 7308 T9^3 →'25 **DRB 91 618** →'45 DRw/DB	+01.06.53
O&K 1904/ 1304	Stn 1948 →'06 STN 7310 T9^3 →'25 **DRB 91 619** →'45 DRo →10.08.47 SMA	V.u.
O&K 1904/ 1306	Kat 1618 →'06 KAT 7289 T9^3 →'22 OPP 7289 →'25 **DRB 91 620** →'45 DRo/DR	+07.12.55
O&K 1904/ 1307	Bsl 1603" →'06 BSL 7305 T9^3 →'25 **DRB 91 621**	+11.32
O&K 1904/ 1308	Bsl 1604" →'06 BSL 7306 T9^3 →'25 **DRB 91 622** →'44 MPS (→'45 CCCP-WL) →'52 MPS TT-622	+19.08.58
O&K 1904/ 1309	Bsl 1605" →'06 BSL 7307 T9^3 →'25 **DRB 91 623** →'45 MPS →'46 CCCP-WL	+
O&K 1904/ 1310	Bsl 1606" →'06 BSL 7308 T9^3 →'25 **DRB 91 624**	+08.33
O&K 1904/ 1311	Bsl 1607" →01.05 Pos 2034 →'06 POS 7235 T9^3 →'20 OST 7235 →'25 **DRB 91 625**	+04.33
O&K 1904/ 1312	Bsl 1608 →'06 BSL 7309 T9^3 →'25 **DRB 91 626**	+08.32
O&K 1904/ 1313	Bsl 1609 →'06 BSL 7310 T9^3 →'25 **DRB 91 627** →'45 DRo →10.08.47 MPS →'47 CCCP-WL	+
O&K 1904/ 1316	Bsl 1612 →'06 BSL 7313 T9^3 →'25 **DRB 91 628**	+vor 40
Bors 1904/ 5415	Ksl 1479 →'06 KSL 7317 T9^3 →'25 **DRB 91 629**	+29.11.37
Bors 1904/ 5416	Ksl 1480 →'06 KSL 7318 T9^3 →'25 **DRB 91 630**	+16.08.32
Bors 1904/ 5418	Ksl 1482" →'06 KSL 7320 T9^3 →'25 **DRB 91 631** →'45 PKP TKi 3-17"	+30.06.62
Bors 1904/ 5419	Ksl 1483 →'06 KSL 7321 T9^3 →'25 **DRB 91 632** →'45 DRw/DB	+02.11.61
Bors 1904/ 5420	Ksl 1484 →'06 KSL 7322 T9^3 →'25 **DRB 91 633**	+25.03.33
Hano 1904/ 4226	Bsl 1613 →'06 BSL 7314 T9^3 →'25 **DRB 91 634**	+31
Hano 1904/ 4228	Bsl 1615 →'06 BSL 7316 T9^3 →'25 **DRB 91 635**	+31
Hen 1905/ 7163	Ksl 1485 →'06 KSL 7323 T9^3 →'25 **DRB 91 636**	+25.03.33
Hen 1905/ 7164	Ksl 1486 →'06 KSL 7324 T9^3 →'25 **DRB 91 637** +03.02.34 →05.34 wiD. →'45 PKP TKi 3-28"	+24.02.64
Hen 1905/ 7165	Ksl 1487 →'06 KSL 7325 T9^3 →'25 **DRB 91 638** →'45 PKP TKi 3-150" →'55 WL Huta Bieruta Częstochowa TKi 3-150	+
Hen 1905/ 7166	Ksl 1488 →'06 KSL 7326 T9^3 →'25 **DRB 91 639**	+28.12.31
Hen 1905/ 7167	Ksl 1489 →'06 KSL 7327 T9^3 →'25 **DRB 91 640**	+25.03.33
Hen 1905/ 7168	Ksl 1490 →'06 KSL 7328 T9^3 →'25 **DRB 91 641**	+22.12.31
Hen 1905/ 7170	Ksl 1492 →'06 KSL 7330 T9^3 →'25 **DRB 91 642** →'45 DRw/DB +09.06.59 →06.59 WL AW Braunschweig	+
Hen 1905/ 7171	Ksl 1493 →'06 KSL 7331 T9^3 →'06 FFT 7277 →'25 **DRB 91 643**	+03.33
Hen 1905/ 7172	Ksl 1494 →'06 KSL 7332 T9^3 →'06 FFT 7278 →'25 **DRB 91 644** →'45 MPS	+
Hen 1905/ 7175	Bro 1917 →'06 BRO 7218 T9^3 →'20 OST 7342 →'25 **DRB 91 645**	+31
Hen 1905/ 7179	Bro 1921 →'06 BRO 7222 T9^3 →'20 OST 7343 →'25 **DRB 91 646** →'45 DRo/DR	+10.02.65
Hen 1905/ 7182	Hal 1900 →'06 HAL 7308 T9^3 →'25 **DRB 91 647**	+
Hen 1905/ 7183	Hal 1901 →'06 HAL 7309 T9^3 →'?? DRE 7309 →'25 **DRB 91 648**	+09.32
Hen 1905/ 7184	Hal 1902 →'06 HAL 7310 T9^3 →'25 **DRB 91 649**	+30
Hen 1905/ 7185	Hal 1903 →'06 HAL 7311 T9^3 →'25 **DRB 91 650**	+30
Hen 1905/ 7189	Mgd 1854 →'06 MGD 7253 T9^3 →'25 **DRB 91 651**	+09.32
Hen 1905/ 7190	Mgd 1855 →'06 MGD 7254 T9^3 →'25 **DRB 91 652**	+08.33
Hen 1905/ 7192	Erf 1844 →'06 ERF 7292 T9^3 →'10 POS 7291 →'20 OST 7291 →'25 **DRB 91 653**	+07.33
Hen 1905/ 7193	Erf 1863" →'06 ERF 7293 T9^3 →'10 POS 7292 →'20 OST 7292 →'25 **DRB 91 654** →'45 PKP TKi 3-83" →'55 WL Zakłady Koksownicze Gliwice	+
Hen 1905/ 7194	Erf 1864" →'06 ERF 7294 T9^3 →'10 POS 7293 →'20 OST 7293 →'25 **DRB 91 655**	+31
Hen 1905/ 7237	Reichseisenbahnen Elsaß-Lothringen (EL) 1010 DEMETRIUS (D31) →'06 Reichseisenbahnen Elsaß-Lothringen (EL) 2351 (T8) →'12 Reichseisenbahnen Elsaß-Lothringen (EL) 7101 (T9) (04.11.18 an EAW Halle) →ca. '22/23 HAL 7097 T9^3 →'?? DRE 7097 →'25 **DRB 91 656**	+02.33
Hohz 1905/ 1806	Sbr 1983 →'06 SBR 7337 T9^3 →'20 TRI 7337 →'25 **DRB 91 657**	+11.32
Hohz 1905/ 1807	Sbr 1984 →'06 SBR 7338 T9^3 →'20 TRI 7338 →'25 **DRB 91 658** →'45 PKP TKi 3-29" +13.10.54 →'54 WL Huta Batory	+
Hohz 1905/ 1808	Sbr 1985 →'06 SBR 7339 T9^3 →'20 TRI 7339 →'25 **DRB 91 659** →'45 MPS →'52 MPS TT-659	+
Hohz 1905/ 1812	Hal 1897 →'06 HAL 7305 T9^3 →'?? DRE 7305 →'25 **DRB 91 660**	+11.33
Hohz 1905/ 1813	Hal 1898 →'06 HAL 7306 T9^3 →'25 **DRB 91 661**	+
Hohz 1905/ 1815	Erf 1836 →'06 ERF 7284 T9^3 →'25 **DRB 91 662**	+09.33

Hohz 1905/ 1816	Erf 1837 →'06 ERF 7285 T9^3 →'25 **DRB 91 663** →'45 MPS	+11.48
Hohz 1905/ 1817	Erf 1838 →'06 ERF 7286 T9^3 →'25 **DRB 91 664**	+04.32
Hohz 1905/ 1818	Erf 1839 →'06 ERF 7287 T9^3 →'25 **DRB 91 665** →'45 ČSD →21.10.45 ČSD 335.1504 →05.00.51 MPS →'51 CCCP-WL	+
Hohz 1905/ 1819	Bsl 1536" →'06 BSL 7319 T9^3 →'25 **DRB 91 666**	+08.33
Hohz 1905/ 1820	Bsl 1537" →'06 BSL 7320 T9^3 →'25 **DRB 91 667**	+31
Hohz 1905/ 1821	Bsl 1538" →'06 BSL 7321 T9^3 →'25 **DRB 91 668**	+08.33
Hohz 1905/ 1854	Esn 1644 →'06 ESN 7345 T9^3 →'25 **DRB 91 669** →'45 PKP TKi3-30"	+20.04.63
Hohz 1905/ 1856	Esn 1646 →'06 ESN 7347 T9^3 →'25 **DRB 91 670**	+08.33
Hohz 1905/ 1857	Esn 1647 →'06 ESN 7348 T9^3 →'25 **DRB 91 671**	+
Hohz 1905/ 1859	Esn 1649 →'06 ESN 7350 T9^3 →'25 **DRB 91 672** →'45 MPS	+
Hohz 1905/ 1860	Köl 1632 →'06 KÖL 7232 T9^3 →'25 **DRB 91 673**	+31
Hohz 1905/ 1861	Köl 1633 →'06 KÖL 7233 T9^3 →'25 **DRB 91 674**	+31
Hohz 1905/ 1862	Köl 1634 →'06 KÖL 7234 T9^3 →'25 **DRB 91 675**	+12.32
Schi 1904/ 1383	Kbg 1984 →'06 KBG 7286 T9^3 →'25 **DRB 91 676**	+03.35
Schi 1904/ 1384	Kbg 1985 →'06 KBG 7287 T9^3 →'25 **DRB 91 677** →'45 MPS	+02.51
Schi 1904/ 1385	Kbg 1986 →'06 KBG 7288 T9^3 →'25 **DRB 91 678** →'45 MPS →'47 CCCP-WL	+
Vulc 1905/ 2122	Mgd 1853 →'06 MGD 7252 T9^3 →'25 **DRB 91 679** →'45 DRo/DR	+24.05.67
Haga 1904/ 511	Erf 1840 →'06 ERF 7281 T9^3 →'25 **DRB 91 680**	+01.12.32
Haga 1904/ 512	Erf 1841 →'06 ERF 7282 T9^3 →'25 **DRB 91 681**	+08.32
Haga 1904/ 513	Erf 1842 →'06 ERF 7283 T9^3 →'25 **DRB 91 682**	+04.32
Jung 1905/ 771	Mnz 1890 →'06 MNZ 7321 T9^3 →'25 **DRB 91 683**	+27
Jung 1905/ 773	Mnz 1892 →'06 MNZ 7323 T9^3 →'25 **DRB 91 684**	+07.31
Jung 1905/ 774	Köl 1628 →'05 Esn 1643 →'06 ESN 7344 T9^3 →'25 **DRB 91 685**	+31
Jung 1905/ 777	Köl 1631 →'06 KÖL 7231 T9^3 →'25 **DRB 91 686**	+07.11.34
Jung 1905/ 778	Mnz 1893 →'06 MNZ 7324 T9^3 →'25 **DRB 91 687** →'45 DRw/DB (SWDE)	+27.07.54
Jung 1905/ 825	Sbr 1990 →'06 SBR 7344 T9^3 →'20 TRI 7344 →'25 **DRB 91 688**	+12.32
Jung 1905/ 826	Sbr 1991 →'06 SBR 7345 T9^3 →'20 TRI 7345 →'25 **DRB 91 689** →'45 DRw/DB	+01.06.53
Jung 1905/ 827	Erf 1877 →'06 ERF 7288 T9^3 →'25 **DRB 91 690**	+31
Jung 1905/ 828	Erf 1878 →'06 ERF 7289 T9^3 →'10 POS 7294 →'12 POS 7316 →'20 OST 7316 →'25 **DRB 91 691** →'45 ČSD	+21.10.47
Jung 1905/ 830	Fft 1922" →'06 FFT 7250 T9^3 →'25 **DRB 91 692** →'45 DRw/DB	+18.10.54
Jung 1905/ 831	Fft 1923" →'06 FFT 7251 T9^3 →'25 **DRB 91 693**	+12.12.31

Einen Monat vor ihrer Ausmusterung entstand dieses Bild der 91 697: Joachim Claus fotografierte die DR-Lokomotive im Oktober 1967 in Waldheim. Beheimatet war die 91 697 seit August 1967 in Glauchau, nachdem sie zuvor in Zwickau, Reichenberg, Riesa und Görlitz stationiert gewesen war.

Jung 1905/ 832	Fft 1924" →'06 FFT 7252 T9^3 →'25 **DRB 91 694**	+34
Jung 1905/ 833	Mnz 1895 →'06 MNZ 7326 T9^3 →'25 **DRB 91 695**	+07.31
Jung 1905/ 834	Mnz 1896 →'06 MNZ 7327 T9^3 →'25 **DRB 91 696** →'45 DRw/DB (SWDE)	+10.08.57
Jung 1905/ 835	Köl 1635 →'06 KÖL 7235 T9^3 →'25 **DRB 91 697** →'45 DRo/DR	+15.12.67
Jung 1905/ 836	Köl 1636 →'06 KÖL 7236 T9^3 →'25 **DRB 91 698** →'45 ČSD →12.09.45 ČSD 335.1501 (→11.01.51 an Werkstatt Ceska Trebova) →04.05.51 MPS →'52 MPS TT-698	+27.09.68
Jung 1905/ 837	Köl 1637 →'06 KÖL 7237 T9^3 →'25 **DRB 91 699**	+31
Jung 1905/ 838	Köl 1638 →'06 KÖL 7238 T9^3 →'25 **DRB 91 700**	+03.35
Jung 1905/ 839	Mnz 1897 →'06 MNZ 7328 T9^3 →'25 **DRB 91 701** →'45 DRo →10.08.47 SMA	V.u.
Schi 1904/ 1372	Dzg 1940 →'06 DZG 7327 T9^3 →'20 KBG 7327 →'25 **DRB 91 702**	+07.33
Schi 1904/ 1374	Dzg 1942 →'05 Esn 1640 →'06 ESN 7341 T9^3 →'25 **DRB 91 703**	+31
Schi 1904/ 1375	Dzg 1943 →'05 Esn 1641 →'06 ESN 7342 T9^3 →'25 **DRB 91 704**	+
Schi 1904/ 1376	Dzg 1944 →'06 DZG 7328 T9^3 →'20 KBG 7328 →'25 **DRB 91 705**	+
Schi 1904/ 1379	Dzg 1947 →'06 DZG 7331 T9^3 →'20 STN 7366 →'25 **DRB 91 706** →'45 ČSD →21.10.45 ČSD 335.1506	+10.07.56
Schi 1904/ 1381	Kbg 1982 →'05 Esn 1642 →'06 ESN 7343 T9^3 →'25 **DRB 91 707**	+31
Schi 1904/ 1382	Kbg 1983 →'06 SBR 7303 T9^3 →'20 FFT 7261" →'25 **DRB 91 708**	+06.33
Schi 1904/ 1387	Bsl 1540" →'06 BSL 7323 T9^3 →'25 **DRB 91 709** →'45 DRw/DB	+13.08.52
Schi 1904/ 1386	Bsl 1539" →'06 BSL 7322 T9^3 →'25 **DRB 91 710**	+08.33
Schi 1904/ 1388	Bsl 1616 →'06 BSL 7317 T9^3 →'25 **DRB 91 711** →'45 ČSD/R →04.05.51 MPS →'52 MPS TT-711	+28.05.58
Schi 1905/ 1389	Bsl 1617 →'06 BSL 7318 T9^3 →'25 **DRB 91 712** +12.34 →'34 Fa. Erich am Ende →'35 Westfälische Landes-Eb. (WLE) 72 →'50/51 Westfälische Landes-Eb. (WLE) 0072	+60
O&K 1904/ 1314	Bsl 1610 →'06 BSL 7311 T9^3 →'25 **DRB 91 713**	+07.33
O&K 1904/ 1315	Bsl 1611 →'06 BSL 7312 T9^3 →'25 **DRB 91 714** +12.34 →'34 Erich am Ende →'35 Westfälische Landes-Eisenbahn 71 →'35 Westfälische Landes-Eb. (WLE) 71 →'50/51 Westfälische Landes-Eb. (WLE) 0071	+31.12.57
O&K 1905/ 1426	Alt 1772 →'06 ALT 7267 T9^3 →'10 HAL 7276 →'?? DRE 7276 →'25 **DRB 91 715**	+03.33
O&K 1905/ 1427	Alt 1773 →'06 ALT 7268 T9^3 →'10 HAL 7277 →'25 **DRB 91 716**	+39
O&K 1905/ 1428	Stn 1949 →'06 STN 7311 T9^3 →'25 **DRB 91 717** →'45 ČSD →21.10.45 ČSD 335.1513 →20.09.48 DRw/DB 91 719^3	+12.05.55
O&K 1905/ 1429	Stn 1950 →'06 STN 7312 T9^3 →'25 **DRB 91 718**	+
O&K 1905/ 1551	Bsl 1541" →'06 BSL 7324 T9^3 →'25 **DRB 91 719**	+08.32
O&K 1905/ 1552	Bsl 1542" →'06 BSL 7325 T9^3 →'25 **DRB 91 720** →'45 DRw/DB (SWDE)	+18.03.55
O&K 1905/ 1554	Bsl 1544" →'06 BSL 7327 T9^3 →'25 **DRB 91 721**	+08.33
O&K 1905/ 1555	Bsl 1545" →'06 BSL 7328 T9^3 →'25 **DRB 91 722**	+
O&K 1905/ 1557	Bln 1996 →'06 BLN 7301 T9^3 →'15 ALT 7273" →'25 **DRB 91 723** →'45 DRo →'46 SMA	V.u.
O&K 1905/ 1560	Kat 1627 →'06 KAT 7298 T9^3 →'22 OPP 7298 →'25 **DRB 91 724** →'45 DRw/DB (SWDE)	+10.08.57
O&K 1905/ 1563	Kbg 1987 →'06 KBG 7289 T9^3 →'25 **DRB 91 725**	+03.35
O&K 1905/ 1564	Dzg 1949 →'06 DZG 7335 T9^3 →'20 STN 7367 →'25 **DRB 91 726** →'34 Mecklenburgische Friedrich-Wilhelm-Eb. (MFWE) 29 →'35 Westfälische Landes-Eb. (WLE) 75 (Ub. h2 und Ventilsteuerung) →'50/51 Westfälische Landes-Eb. (WLE) 0075	+62
Hen 1906/ 7331	Bsl 1546" →'06 BSL 7329 T9^3 →'25 **DRB 91 727**	+31
Hen 1906/ 7332	Bsl 1547" →'06 BSL 7330 T9^3 →'25 **DRB 91 728**	+31
Hen 1906/ 7333	Bsl 1548" →'06 BSL 7331 T9^3 →'25 **DRB 91 729**	+31
Hen 1906/ 7334	Bsl 1549" →'06 BSL 7332 T9^3 →'25 **DRB 91 730**	+vor 40
Hen 1906/ 7335	Bsl 1550" →'06 BSL 7333 T9^3 →'25 **DRB 91 731** →'45 PKP TKi 3-62"	+24.02.55
Hen 1906/ 7336	Ksl 1495 →'06 KSL 7333 T9^3 →'06 FFT 7279 →'25 **DRB 91 732** →01.11.44 Klb. Cüstrin-Hammer /L →'45 PKP +01.02.46 →03.10.46 WL Zuckerfabrik Posen	+
Hen 1906/ 7337	Ksl 1496 →'06 KSL 7334 T9^3 →'06 FFT 7280 →'25 **DRB 91 733**	+02.33
Hen 1906/ 7338	Ksl 1497 →'06 KSL 7335 T9^3 →'06 FFT 7281 →'25 **DRB 91 734**	+18.04.34
Hen 1906/ 7339	Köl 1639 →'06 KÖL 7239 T9^3 →'25 **DRB 91 735**	+09.33
Hen 1906/ 7340	Köl 1640 →'06 KÖL 7240 T9^3 →'25 **DRB 91 736**	+11.32
Hen 1906/ 7341	Köl 1641 →'06 KÖL 7241 T9^3 →'25 **DRB 91 737** (07.12.44 RBD Köln vermißt)	V.u.
Hen 1906/ 7342	Köl 1642 →'06 KÖL 7242 T9^3 →'25 **DRB 91 738**	+31
Hen 1906/ 7343	Köl 1643 →'06 KÖL 7243 T9^3 →'25 **DRB 91 739** →'45 DRw/DB	+01.06.53
Hen 1906/ 7344	Köl 1644 →'06 KÖL 7244 T9^3 →'25 **DRB 91 740**	+31
Hen 1906/ 7345	Esn 1650 →'06 ESN 7351 T9^3 →'25 **DRB 91 741**	+28
Hen 1906/ 7346	Esn 1651 →'06 ESN 7352 T9^3 →'25 **DRB 91 742** (05.44 Ost-Schadrückführlok)	V.u.
Hen 1906/ 7347	Hal 1905 →'06 HAL 7313 T9^3 →'25 **DRB 91 743**	+07.31
Hen 1906/ 7348	Hal 1906 →'06 HAL 7314 T9^3 →'09 ALT 7316 →'?? ALT 7317" →'25 **DRB 91 744** (12.44 RBD Hamburg)	V.u.
Hen 1906/ 7435	Reichseisenbahnen Elsaß-Lothringen (EL) 2355 FAFNIR (T8) →'12 Reichseisenbahnen Elsaß-Lothringen (EL) 7105 (T9) →'?? ALT 7105 T9^3 →'25 **DRB 91 745** →'45 DRw/DB	+11.01.52

Hen 1906/ 7653	DZG 7341 T9^{3} →'20 STN 7369 →'25 **DRB 91 746** →'45 DRo/DR	+10.01.66
Hen 1906/ 7656	DZG 7344 T9^{3} →'20 STN 7370 →'25 **DRB 91 [illegible]**	+06.37
Hen 1906/ 7661	FFT 7282 T9^{3} →'25 **DRB 91 748**	+07.33
Hen 1906/ 7662	FFT 7283 T9^{3} →'25 **DRB 91 749** →'45 DRw/DB	+23.11.56
Hen 1906/ 7663	FFT 7284 T9^{3} →'25 **DRB 91 750**	+12.33
Hen 1906/ 7664	FFT 7285 T9^{3} →'25 **DRB 91 751** →'45 DRw/DB (SWDE)	+10.08.57
Hen 1906/ 7665	FFT 7286 T9^{3} →'25 **DRB 91 752**	+vor 40
Hen 1906/ 7666	FFT 7287 T9^{3} →'25 **DRB 91 753**	+03.33
Hen 1906/ 7667	HAN 7216 T9^{3} →'12 FFT 7260" →'25 **DRB 91 754**	+18.04.34
Hen 1906/ 7671	Alt 1776 →'06 ALT 7271 T9^{3} →'10 HAL 7279 →'25 **DRB 91 755** →'45 PKP TKi3-203"	+57
Hen 1906/ 7672	Alt 1777 →'06 ALT 7272 T9^{3} →'10 HAL 7280 →'25 **DRB 91 756**	+20.05.31
Hen 1906/ 7674	KSL 7333" T9^{3} →'25 **DRB 91 757**	+06.10.31
Hen 1906/ 7675	KSL 7334" T9^{3} →'25 **DRB 91 758**	+20.08.31
Hen 1906/ 7676	KSL 7335" T9^{3} →'25 **DRB 91 759**	+24.08.31
Hen 1906/ 7677	KAT 7308 T9^{3} →'22 OPP 7308 →'25 **DRB 91 760**	+30
Hohz 1906/ 1982	Köl 1648 →'06 KÖL 7248 T9^{3} →'25 **DRB 91 761** →'45 DRw/DB	+11.01.52
Hohz 1906/ 1983	Köl 1649 →'06 KÖL 7249 T9^{3} →'25 **DRB 91 762**	+31
Hohz 1906/ 1984	Köl 1650 →'06 KÖL 7250 T9^{3} →'25 **DRB 91 763** →'45 ČSD →21.10.45 ČSD 335.1505 →08.08.51 MPS →'52 MPS TT-763	+18.10.56
Hohz 1906/ 1985	Köl 1651 →'06 KÖL 7251 T9^{3} →'25 **DRB 91 764** →'45 ČSD/R →23.02.51 MPS →'52 MPS TT-764 →'58 CCCP-WL	+
Hohz 1906/ 1986	Köl 1652 →'06 KÖL 7252 T9^{3} →'25 **DRB 91 765**	+vor 40
Hohz 1906/ 1987	Köl 1653 →'06 KÖL 7253 T9^{3} →'25 **DRB 91 766**	+31
Hohz 1906/ 1988	Köl 1654 →'06 KÖL 7254 T9^{3} →'25 **DRB 91 767**	+31
Hohz 1906/ 1989	Köl 1655 →'06 KÖL 7255 T9^{3} →'25 **DRB 91 768**	+04.32
Hohz 1906/ 1990	Köl 1656 →'06 KÖL 7256 T9^{3} →'25 **DRB 91 769** →'45 DRw/DB	+26.01.59
Hohz 1906/ 1991	FFT 7288 T9^{3} →'25 **DRB 91 770**	+28.03.34
Hohz 1906/ 1992	Ksl 1498 →'06 KSL 7336 T9^{3} →'25 **DRB 91 771** →'45 DRo/DR	+20.09.67
Hohz 1906/ 1994	ESN 7353 T9^{3} →'25 **DRB 91 772**	+09.33
Hohz 1906/ 1995	ESN 7354 T9^{3} →'25 **DRB 91 773** →'45 ČSD →21.10.45 ČSD 335.1516 ('51 vorh.)	+
Hohz 1906/ 1999	ESN 7356 T9^{3} →'25 **DRB 91 774**	+31
Hohz 1906/ 2074	ESN 7357 T9^{3} →'25 **DRB 91 775**	+
Hohz 1906/ 1997	Köl 1657 →'06 KÖL 7257 T9^{3} →'25 **DRB 91 776** →'45 DRw/DB	+01.06.53
Hohz 1906/ 1998	Köl 1658 →'06 KÖL 7258 T9^{3} →'25 **DRB 91 777**	+04.33
Hohz 1906/ 2076	Hal 1908 →'06 HAL 7316 T9^{3} →'25 **DRB 91 778**	+31
Hohz 1906/ 2077	Hal 1909 →'06 HAL 7317 T9^{3} →'?? DRE 7317 →'25 **DRB 91 779** →'45 DRo	+25.12.47
Hohz 1906/ 2078	Hal 1910 →'06 HAL 7318 T9^{3} →'?? DRE 7318 →'25 **DRB 91 780**	+07.33

Beim Rangieren in Hannover Hbf. beobachtete Eberhard Schüler am 2. Juni 1956 die 91 814. Zwei Jahre später wurde die Lokomotive von der BD Hannover noch an die BD Köln abgegeben, bevor sie im September 1960 ausgemustert wurde.

Hohz 1906/ 2079	Hal 1911 →'06 HAL 7319 T9^3 →'25 **DRB 91 781**	+31
Hohz 1906/ 2080	HAN 7219 T9^3 →'25 **DRB 91 782** →'45 DRw/DB	+27.04.59
Hohz 1906/ 2081	HAN 7220 T9^3 →'25 **DRB 91 783**	+12.32
Hohz 1907/ 2154	SBR 7369 T9^3 →'20 TRI 7369 →'25 **DRB 91 784** →'45 DRw/DB	+14.11.52
Hohz 1907/ 2155	SBR 7370 T9^3 →'20 TRI 7370 →'25 **DRB 91 785** →'45 ČSD →04.07.51 MPS →'52 MPS TT-785	+30.04.64
Hohz 1907/ 2156	SBR 7371 T9^3 →'20 TRI 7371 →'25 **DRB 91 786**	+11.32
Hohz 1907/ 2157	SBR 7372 T9^3 →'20 TRI 7372 →'25 **DRB 91 787**	+31
Unio 1906/ 1444	Dzg 1951 →'06 DZG 7337 T9^3 →'20 KBG 7337 →'25 **DRB 91 788** →'45 MPS →'52 MPS TT-788	+15.10.71
Unio 1906/ 1449	Kat 1634 →'06 KAT 7305 T9^3 →'22 OPP 7305 →'25 **DRB 91 789**	+
Unio 1906/ 1450	Kat 1635 →'06 KAT 7306 T9^3 →'22 OPP 7306 →'25 **DRB 91 790** +01.32 →16.12.31 Halberstadt-Blankenburger Eb. (HBE) 45 →'50 DR 91 6501	+16.03.65
Unio 1906/ 1451	Kat 1636 →'06 KAT 7307 T9^3 →'22 OPP 7307 →'25 **DRB 91 791** →'45 DRo/DR	+06.03.67
Haga 1906/ 530	Kat 1622 →'06 KAT 7293 T9^3 →'22 OPP 7293 →'25 **DRB 91 792**	+04.33
Haga 1906/ 531	Kat 1623 →'06 KAT 7294 T9^3 →'22 OPP 7294 →'25 **DRB 91 793** →'45 MPS	+
Haga 1906/ 533	Mgd 1856 →'06 MGD 7255 T9^3 →'25 **DRB 91 794**	+12.32
Haga 1906/ 534	Sbr 1920 →'06 SBR 7350 T9^3 →'20 TRI 7350 →'25 **DRB 91 795** →'45 DRw/DB (SWDE)	+09.11.53
Haga 1906/ 535	Sbr 1921 →'06 SBR 7351 T9^3 →'20 TRI 7351 →'25 **DRB 91 796**	+vor 40
Haga 1906/ 536	Erf 1799 →'06 ERF 7295 T9^3 →'10 POS 7280 →'20 OST 7280 →'25 **DRB 91 797**	+10.34
Haga 1906/ 537	Erf 1800 →'06 ERF 7296 T9^3 →'10 MST 7341" →'25 **DRB 91 798**	+07.31
Haga 1906/ 538	Hal 1912 →'06 HAL 7320 T9^3 →'25 **DRB 91 799** →'45 DRo/DR	+16.02.66
Haga 1906/ 539	Hal 1913 →'06 HAL 7321 T9^3 →'25 **DRB 91 800**	+30
Haga 1906/ 540	Hal 1914 →'06 HAL 7322 T9^3 →'25 **DRB 91 801** →'45 MPS →'52 MPS TT-801	+30.08.63
Jung 1906/ 891	Sbr 1992 →'06 SBR 7346 T9^3 →'20 TRI 7346 →'25 **DRB 91 802** →'45 DRw/DB	+18.10.54
Jung 1906/ 892	Sbr 1993 →'06 SBR 7347 T9^3 →'20 TRI 7347 →'25 **DRB 91 803** →'45 MPS →'52 MPS TT-803	+23.02.66
Jung 1906/ 895	Mnz 1898 →'06 MNZ 7329 T9^3 →'25 **DRB 91 804**	+30
Jung 1906/ 896	Mnz 1899 →'06 MNZ 7330 T9^3 →'25 **DRB 91 805**	+06.31
Jung 1906/ 897	Mnz 1900" →'06 MNZ 7331 T9^3 →'25 **DRB 91 806**	+08.33
Jung 1906/ 898	Köl 1645 →'06 KÖL 7245 T9^3 →'25 **DRB 91 807**	+31
Jung 1906/ 899	Köl 1646 →'06 KÖL 7246 T9^3 →'25 **DRB 91 808**	+12.32
Jung 1906/ 901	Mnz 1901" →'06 MNZ 7332 T9^3 →'25 **DRB 91 809** →'45 DRo/DR →'70 DR (91 1809-2)	+19.02.69
Jung 1906/ 904	Mnz 1904 →'06 MNZ 7335 T9^3 →'25 **DRB 91 810**	+31
Jung 1906/ 951	HAN 7221 T9^3 →'25 **DRB 91 811** →'45 DRw/DB	+01.06.53
Jung 1906/ 954	HAL 7325 T9^3 →'25 **DRB 91 812**	+31
Jung 1906/ 958	HAL 7326 T9^3 →'25 **DRB 91 813**	+
Jung 1906/ 960	Sbr 1932 →'06 SBR 7362 T9^3 →'20 TRI 7362 →'25 **DRB 91 814** →'45 DRw/DB	+30.09.60
Jung 1906/ 961	Sbr 1933 →'06 SBR 7363 T9^3 →'20 TRI 7363 →'25 **DRB 91 815** →'45 DRw/DB	+09.11.53
Jung 1906/ 962	FFT 7289 T9^3 →'25 **DRB 91 816**	+01.08.34

Zum Bw Darmstadt gehörte die 91 819, als sie Werner Hubert um 1930 ablichtete. Noch rund zehn Jahre würde die Maschine bei der RBD Mainz bleiben, bevor sie 1941 zur RBD Erfurt wechselte und bald darauf „nach dem Osten abgegeben" wurde.

Jung 1906/ 963	FFT 7290 T9^3 →'25 **DRB 91 817** →'45 DRw/DB	+09.11.53
Jung 1906/ 974	FFT 7291 T9^3 →'25 **DRB 91 818** →'45 PKP TKi 3-208“	+31.07.62
Jung 1906/ 975	FFT 7292 T9^3 →'25 **DRB 91 819** →'45 DRw/DB	+10.08.57
Jung 1906/ 976	FFT 7293 T9^3 →'25 **DRB 91 820** →'45 DRw/DB	+14.11.52
O&K 1906/ 1001	Bln 1700“ →'06 BLN 7304 T9^3 →'13 KSL 7063 →'25 **DRB 91 821**	+13.05.32
O&K 1906/ 1803	Bln 1702“ →'06 BLN 7306 T9^3 →'14 POS 7349 →'20 OST 7349 →'25 **DRB 91 822**	+vor 40
O&K 1906/ 1804	Bln 1703“ →'06 BLN 7307 T9^3 →'15 HAL 7096 →'25 **DRB 91 823**	+30
O&K 1906/ 1807	Dzg 1942“ →'06 DZG 7333 T9^3 →'13 KSL 7064 →'25 **DRB 91 824**	+28.12.31
O&K 1906/ 1809	Sbr 1922 →'06 SBR 7352 T9^3 →'20 TRI 7362 →'25 **DRB 91 825**	+31
O&K 1906/ 1810	Sbr 1923 →'06 SBR 7353 T9^3 →'20 TRI 7353 →'25 **DRB 91 826**	+09.33
O&K 1906/ 1811	Sbr 1924 →'06 SBR 7354 T9^3 →'20 TRI 7354 →'25 **DRB 91 827** →'45 ČSD	+5x
O&K 1906/ 1812	Bsl 1551“ →'06 BSL 7334 T9^3 →'25 **DRB 91 828**	+12.32
O&K 1906/ 1813	Bsl 1552“ →'06 BSL 7335 T9^3 →'25 **DRB 91 829** →'45 MPS (→'49 CCCP-WL/L) →'52 MPS TT-829	+07.07.61
Hen 1907/ 7912	ALT 7274 T9^3 →'25 **DRB 91 830** →'45 DRw/DB +01.06.53 →24.07.53 HL 812 00 00 Bw Kleve	++ca. 12.63
Hen 1907/ 7913	ALT 7275 T9^3 →'25 **DRB 91 831** →'45 ČSD/R →06.06.51 MPS →'52 MPS TT-831	+16.06.79
Hen 1907/ 7914	ALT 7276 T9^3 →'25 **DRB 91 832** →'45 MPS →'52 MPS TT-832	+10.12.53
Hen 1907/ 7915	ALT 7277 T9^3 →'25 **DRB 91 833** →'45 DRw/DB	+01.06.53
Hen 1907/ 7916	ALT 7278 T9^3 →'25 **DRB 91 834**	+02.32
Hen 1907/ 7917	ESN 7358 T9^3 →'25 **DRB 91 835**	+06.31
Hen 1907/ 7918	ESN 7359 T9^3 →'25 **DRB 91 836** →'45 DRw/DB	+08.07.54
Hen 1907/ 7919	HAL 7331 T9^3 →'?? DRE 7331 →'25 **DRB 91 837** →'45 DRw/DB	+02.11.55
Hen 1907/ 7920	HAL 7332 T9^3 →'25 **DRB 91 838** →'45 DRo →'46 MPS ('5x AW Dnepropetrowsk)	+
Hen 1907/ 7921	HAL 7333 T9^3 →'25 **DRB 91 839** →'45 PKP TKi 3-111“	+14.11.62
Hen 1907/ 7922	KAT 7323 T9^3 →'22 OPP 7323 →'25 **DRB 91 840** →'45 DRw/DB (SWDE)	+12.05.55
Hen 1907/ 7924	KAT 7325 T9^3 →'22 OPP 7325 →'25 **DRB 91 841** →'45 DRw/DB	+01.06.53
Hohz 1907/ 2158	KSL 7338 T9^3 →'25 **DRB 91 842** →'45 ČSD →21.10.45 ČSD 335.1508 →05.06.51 MPS →'52 MPS TT-842	+18.11.61
Hohz 1907/ 2159	KSL 7339 T9^3 →'25 **DRB 91 843** →'45 ČSD →21.10.45 ČSD 335.1512 →10.12.48 DRw/DB 91 843	+18.10.54
Hohz 1907/ 2160	KSL 7340 T9^3 →'25 **DRB 91 844** →'45 MPS →'52 MPS TT-844	+18.02.64
Hohz 1907/ 2161	KSL 7341 T9^3 →'25 **DRB 91 845** →'45 MPS	+
Hohz 1907/ 2162	KSL 7342 T9^3 →'25 **DRB 91 846** →'45 MPS	+02.51
Hohz 1907/ 2163	KSL 7343 T9^3 →'25 **DRB 91 847** →'45 MPS →'45 CCCP-WL	+
Hohz 1907/ 2164	EFD 7330 T9^3 →'25 **DRB 91 848**	+01.08.33
Hohz 1907/ 2165	EFD 7331 T9^3 →'25 **DRB 91 849** →'45 DRw/DB	+14.03.57
Hohz 1907/ 2166	KÖL 7259 T9^3 →'25 **DRB 91 850** →'45 ČSD →21.10.45 ČSD 335.1509 →20.09.48 DRw/DB 91 850	+01.06.53
Hohz 1907/ 2167	KÖL 7260 T9^3 →'25 **DRB 91 851** →'45 DRw/DB	+30.09.60
Hohz 1907/ 2168	KÖL 7261 T9^3 →'25 **DRB 91 852** →'45 DRw/DB	+15.11.57
Hohz 1907/ 2255	KÖL 7339 T9^3 →'25 **DRB 91 853**	+vor 40
Hohz 1907/ 2256	KÖL 7340 T9^3 →'25 **DRB 91 854** →'45 DRw/DB	+11.01.52
Hohz 1907/ 2257	KÖL 7341 T9^3 →'25 **DRB 91 855** →'45 DRo →'46 SMA	V.u.
Hohz 1907/ 2258	ESN 7369 T9^3 →'25 **DRB 91 856**	+06.31
Hohz 1907/ 2259	ESN 7370 T9^3 →'25 **DRB 91 857**	+31
Hohz 1907/ 2260	ESN 7371 T9^3 →'25 **DRB 91 858**	+30
Unio 1907/ 1548	KAT 7326 T9^3 →'22 OPP 7326 →'25 **DRB 91 859** →'45 DRw	+20.09.48
Unio 1907/ 1549	KAT 7327 T9^3 →'22 OPP 7327 →'25 **DRB 91 860**	+
Unio 1907/ 1551	KAT 7329 T9^3 →'22 OPP 7329 →'25 **DRB 91 861**	+
Unio 1907/ 1552	KAT 7330 T9^3 →'22 OPP 7330 →'25 **DRB 91 862**	+30
Unio 1907/ 1554	STN 7315 T9^3 →'25 **DRB 91 863** →'45 DRo →'46 SMA	V.u.
Unio 1907/ 1555	STN 7316 T9^3 →'25 **DRB 91 864**	+03.32
Unio 1907/ 1558	DZG 7358 T9^3 →'20 KBG 7358 →'25 **DRB 91 865**	+vor 40
Unio 1907/ 1559	BRO 7229 T9^3 →'20 OST 7347 →'25 **DRB 91 866** →06.05.36 Bergbau-Gesellschaft Breslau	+
Haga 1906/ 541	Hal 1915 →'06 HAL 7323 T9^3 →'?? DRE 7323 →'25 **DRB 91 867** →'45 DRo/DR +06.02.65 →02.65 WL Raw Cottbus	++09.65
Haga 1907/ 542	Bsl 1553“ →'06 BSL 7336 T9^3 →'25 **DRB 91 868** →'45 DRw/DB	+02.11.55
Haga 1907/ 543	Hal 1916 →'06 HAL 7324 T9^3 →'25 **DRB 91 869**	+30
Haga 1907/ 547	MGD 7256 T9^3 →'25 **DRB 91 870** (04.30 RBD Berlin)	V.u.
Haga 1907/ 550	ESN 7360 T9^3 →'25 **DRB 91 871**	+31
Haga 1907/ 551	ESN 7361 T9^3 →'25 **DRB 91 872**	+12.32
Haga 1907/ 552	HAL 7334 T9^3 →'?? DRE 7334 →'25 **DRB 91 873** →'45 DRo/DR	+12.51
Haga 1907/ 553	HAL 7335 T9^3 →'?? DRE 7335 →'25 **DRB 91 874** (02.45 RBD Stuttgart)	V.u.

Haga 1907/ 554	FFT 7294 T9^3	→'25 **DRB 91 875**	+08.31
Haga 1907/ 555	FFT 7295 T9^3	→'25 **DRB 91 876** →'31 Vereinigte Stahlwerke, Ruhrort-Meiderich	+
Haga 1907/ 556	ERF 7300 T9^3	→'25 **DRB 91 877**	+04.33
Haga 1907/ 557	ERF 7301 T9^3	→'25 **DRB 91 878**	+07.33
Haga 1907/ 558	KSL 7344 T9^3	→'25 **DRB 91 879** →'45 DRo →'45/46 CCCP-WL (10.47 bei Vysokogorsk-Minen, 04.50 nach Dnjepropetrovsk)	+
Haga 1907/ 559	KSL 7345 T9^3	→'25 **DRB 91 880**	+27.11.31
Haga 1907/ 560	KSL 7346 T9^3	→'25 **DRB 91 881** →'45 DRw/DB	+14.11.52
Haga 1907/ 561	HAL 7339 T9^3 →'?? DRE 7339	→'25 **DRB 91 882** →'45 DRo/DR	+06.03.67
Haga 1907/ 562	ERF 7302 T9^3	→'25 **DRB 91 883**	+34
Haga 1907/ 563	ERF 7303 T9^3	→'25 **DRB 91 884**	+31
Haga 1907/ 564	ERF 7304 T9^3	→'25 **DRB 91 885**	+08.32
Haga 1907/ 565	HAL 7340 T9^3	→'25 **DRB 91 886**	+30
Haga 1907/ 566	HAL 7341 T9^3	→'25 **DRB 91 887**	+30
Haga 1907/ 567	HAL 7342 T9^3	→'25 **DRB 91 888**	+
Jung 1907/ 1003	HAL 7327 T9^3 →'?? DRE 7327	→'25 **DRB 91 889** →'45 ČSD	+5x
Jung 1907/ 1004	HAL 7328 T9^3 →'?? DRE 7328	→'25 **DRB 91 890** (06.42 Ostlok)	V.u.
Jung 1907/ 1005	HAL 7329 T9^3 →'?? DRE 7329	→'25 **DRB 91 891**	+08.32
Jung 1907/ 1008	KAT 7317 T9^3 →'22 OPP 7317	→'25 **DRB 91 892**	+04.33
Jung 1907/ 1010	KAT 7319 T9^3 →'22 OPP 7319	→'25 **DRB 91 893**	+07.33
Jung 1907/ 1011	KAT 7320 T9^3 →'22 OPP 7320	→'25 **DRB 91 894**	+28
Jung 1907/ 1013	MNZ 7336 T9^3	→'25 **DRB 91 895**	+10.08.31
Jung 1907/ 1014	MNZ 7337 T9^3	→'25 **DRB 91 896**	+12.33
Jung 1907/ 1015	ESN 7362 T9^3	→'25 **DRB 91 897**	+31
Jung 1907/ 1016	ESN 7363 T9^3	→'25 **DRB 91 898**	+
Jung 1907/ 1017	ESN 7364 T9^3	→'25 **DRB 91 899**	+06.31
Jung 1907/ 1018	KÖL 7262 T9^3	→'25 **DRB 91 900** (28.10.30 Unfall bei Giengen)	+30
Jung 1907/ 1019	KÖL 7334 T9^3	→'25 **DRB 91 901** →'45 ČSD/R →22.03.51 MPS →'52 MPS TT-901	+21.01.56
Jung 1907/ 1020	KÖL 7335 T9^3	→'25 **DRB 91 902**	+31
Jung 1907/ 1023	KÖL 7338 T9^3 →'07 DZG 7355 →'20 STN 7355	→'25 **DRB 91 903** →'45 MPS	+
Jung 1907/ 1038	MNZ 7338 T9^3	→'25 **DRB 91 904** →'45 PKP TKi3-18"	+02.08.55
Jung 1907/ 1039	MNZ 7339 T9^3	→'25 **DRB 91 905**	+31
Jung 1907/ 1041	MNZ 7341 T9^3	→'25 **DRB 91 906**	+10.08.31
Jung 1907/ 1042	SBR 7373 T9^3 →'20 TRI 7373	→'25 **DRB 91 907**	+vor 40
Jung 1907/ 1043	SBR 7374 T9^3 →'20 TRI 7374	→'25 **DRB 91 908** →'45 ČSD →21.10.45 ČSD 335.1510 →10.12.48 DRw/DB 91 908	+18.10.54
Jung 1907/ 1044	SBR 7375 T9^3 →'20 TRI 7375	→'25 **DRB 91 909** →'45 MPS	+
Jung 1907/ 1045	SBR 7376 T9^3 →'20 TRI 7376	→'25 **DRB 91 910** →'45 PKP TKi3-32"	+57
Jung 1907/ 1046	KSL 7347 T9^3	→'25 **DRB 91 911** →'45 DRw/DB	+15.08.58
Jung 1907/ 1047	KSL 7348 T9^3	→'25 **DRB 91 912**	+11.01.37
Jung 1907/ 1099	KSL 7349 T9^3	→'25 **DRB 91 913** →'45 DRw	+22.02.48
Jung 1907/ 1100	KSL 7350 T9^3	→'25 **DRB 91 914** →'45 DRw/DB	+18.10.54
Jung 1907/ 1101	KSL 7351 T9^3	→'25 **DRB 91 915** →'45 ČSD/R →08.08.51 MPS →'52 MPS TT-915	+24.08.61
Jung 1907/ 1104	SBR 7383 T9^3 →'20 TRI 7383	→'25 **DRB 91 916** →'45 DRw/DB	+15.08.55
Jung 1907/ 1105	SBR 7384 T9^3 →'20 TRI 7384	→'25 **DRB 91 917**	+11.32
O&K 1906/ 1901	(Bln 1704") →'06 BLN 7308 T9^3 →'15 KÖL 7391	→'25 **DRB 91 918**	+12.32
O&K 1906/ 1902	(Bln 1705") →'06 BLN 7309 T9^3 →'15 KÖL 7392	→'25 **DRB 91 919**	+12.32
O&K 1906/ 1905	Bsl 1493 →'06 BSL 7340 T9^3	→'25 **DRB 91 920** →'45 DRo/DR	+24.08.67
O&K 1906/ 1906	Bsl 1494 →'06 BSL 7341 T9^3	→'25 **DRB 91 921** →'45 ČSD/R →22.03.51 MPS →'52 MPS TT-921	+08.02.58
O&K 1907/ 1962	KAT 7315 T9^3 →'22 OPP 7315	→'25 **DRB 91 922**	+04.32
O&K 1906/ 1963	Bsl 1554" →'06 BSL 7337 T9^3	→'25 **DRB 91 923**	+12.32
O&K 1907/ 2100	STN 7313 T9^3	→'25 **DRB 91 924**	+
O&K 1907/ 2101	STN 7314 T9^3	→'25 **DRB 91 925**	+08.33
O&K 1907/ 2105	ESN 7365 T9^3	→'25 **DRB 91 926** →'45 DRw/DB	+20.11.58
O&K 1907/ 2106	ESN 7366 T9^3	→'25 **DRB 91 927**	+31
O&K 1907/ 2107	ESN 7367 T9^3	→'25 **DRB 91 928** →'45 MPS →'52 MPS TT-928	+12.01.65
O&K 1907/ 2108	ESN 7368 T9^3	→'25 **DRB 91 929** →'45 DRw/DB	+09.11.53
O&K 1905/ 1561	Kat 1628 →'06 KAT 7299 T9^3 →'22 OPP 7299	→'25 **DRB 91 930**	+09.33
O&K 1907/ 2200	BRO 7228 T9^3 →'20 OST 7346	→'25 **DRB 91 931** →'45 DRw/DB	+09.11.53
O&K 1907/ 2202	MGD 7258 T9^3	→'25 **DRB 91 932**	+
O&K 1907/ 2205	STN 7317 T9^3	→'25 **DRB 91 933**	+01.33

O&K 1907/ 2206	STN 7318 T9^3 →12.07.19 LG/L (bis '??) →'25 **DRB 91 934**	+08.32
O&K 1907/ 2207	STN 7319 T9^3 →'25 **DRB 91 935**	+11.32
O&K 1907/ 2208	HAL 7336 T9^3 →'25 **DRB 91 936**	+02.30
O&K 1907/ 2209	HAL 7337 T9^3 →'25 **DRB 91 937**	+31
Haga 1906/ 532	Kat 1624 →'06 KAT 7295 T9^3 →'22 OPP 7295 →'25 **DRB 91 938**	+08.32
Hen 1908/ 8279	ALT 7281 T9^3 →'25 **DRB 91 939** →'45 DRw/DB	+14.11.52
Hen 1908/ 8283	KAT 7336 T9^3 →'22 OPP 7336 →'25 **DRB 91 940**	+06.32
Hen 1908/ 8288	KAT 7341 T9^3 →'22 OPP 7341 →'25 **DRB 91 941**	+
Hen 1908/ 8290	KAT 7343 T9^3 →'22 OPP 7343 →'25 **DRB 91 942**	+01.32
Hen 1908/ 8291	KSL 7331" T9^3 →'25 **DRB 91 943** →'45 ČSD →21.10.45 ČSD 335.1511 →10.12.48 DRw/DB 91 943	+18.10.54
Hen 1908/ 8292	KSL 7332" T9^3 →'25 **DRB 91 944** →'45 DRo/DR	+27.11.68
Hen 1908/ 8293	KSL 7352 T9^3 →'25 **DRB 91 945** →'45 PKP TKi3-6" +23.09.55 →'55 WL Huta Bieruta Częstochowa TKi3-6	+
Hen 1908/ 8295	KSL 7354 T9^3 →'25 **DRB 91 946** →'45 DRw/DB	+13.08.52
Hen 1908/ 8296	KSL 7355 T9^3 →'25 **DRB 91 947** →'45 PKP TKi3-113"	+23.01.57
Hen 1908/ 8297	KSL 7356 T9^3 →'25 **DRB 91 948** →'45 DRw/DB	+15.11.57
Hen 1908/ 8298	KSL 7357 T9^3 →'25 **DRB 91 949**	+15.12.31
Hen 1908/ 8299	KSL 7358 T9^3 →'25 **DRB 91 950**	+08.35
Hen 1908/ 8300	KSL 7359 T9^3 →'25 **DRB 91 951**	+12.36
Hen 1908/ 8301	KSL 7360 T9^3 →'25 **DRB 91 952**	+18.04.34
Hen 1908/ 8302	KSL 7361 T9^3 →'25 **DRB 91 953** →'45 DRw +12.02.47 →12.02.47 WL RAW Recklinghausen (06.55 abg.)	++56
Hen 1908/ 8303	KSL 7362 T9^3 →'25 **DRB 91 954** →'45 PKP TKi3-7"	+30.10.54
Hen 1908/ 8304	BLN 7327 T9^3 →'25 **DRB 91 955** →'45 DRo →'46 SMA	V.u.
Hen 1908/ 8306	BSL 7343 T9^3 →'25 **DRB 91 956** →'45 PKP	+15.02.46
Hen 1908/ 8307	BSL 7344 T9^3 →'25 **DRB 91 957**	+31
Hen 1908/ 8310	HAN 7223 T9^3 →'25 **DRB 91 958** →'45 DRw/DB	+07.02.59
Hen 1908/ 8311	HAN 7224 T9^3 →'25 **DRB 91 959** →'45 DRw/DB	+26.01.59
Hen 1908/ 8312	HAN 7225 T9^3 →'25 **DRB 91 960**	+31
Hen 1908/ 9041	KSL 7368 T9^3 →'25 **DRB 91 961** →'45 DRw/DB	+11.01.52
Hen 1908/ 9042	KSL 7369 T9^3 →'25 **DRB 91 962**	+28.12.33
Hen 1908/ 9043	KSL 7370 T9^3 →'25 **DRB 91 963** →'45 DRw/DB	+13.08.52
Hen 1908/ 9044	KSL 7371 T9^3 →'25 **DRB 91 964** →'45 PKP TKi3-154" +08.05.54 →'55 Ub. in TKi3b-53 (1'C fl) für Elektrowina „Elblag" w Elblagu (07.75 HU RAW Breslau-Odertor)	+
Hen 1908/ 9045	KSL 7372 T9^3 →'25 **DRB 91 965** →'45 DRo →10.10.47 WL 3 Grube „Haye 2", Wiednitz	+
Hohz 1908/ 2261	MST 7321 T9^3 →'25 **DRB 91 966**	+12.32
Hohz 1908/ 2262	MST 7322 T9^3 →'25 **DRB 91 967**	+12.32
Hohz 1908/ 2263	HAL 7338 T9^3 →'25 **DRB 91 968**	+01.33
Hohz 1908/ 2264	MST 7323 T9^3 →'25 **DRB 91 969**	+31
Hohz 1908/ 2265	MST 7324 T9^3 →'25 **DRB 91 970**	+31
Hohz 1908/ 2267	DZG 7360 T9^3 →'20 STN 7360 →'25 **DRB 91 971**	+11.32
Hohz 1908/ 2268	DZG 7361 T9^3 →'20 STN 7361 →'25 **DRB 91 972** →'45 DRw/DB	+30.09.60
Hohz 1908/ 2269	DZG 7362 T9^3 →'20 KBG 7362 →'25 **DRB 91 973**	+05.35
Hohz 1908/ 2271	DZG 7364 T9^3 →'13 KSL 7065 →'25 **DRB 91 974** →'45 PKP	+01.02.46
Hohz 1908/ 2272	DZG 7365 T9^3 →'20 KBG 7365 →'25 **DRB 91 975**	+vor 40
Hohz 1908/ 2274	POS 7236 T9^3 →'20 OST 7236 →'25 **DRB 91 976** →'45 DRo/DR	+06.12.55
Hohz 1908/ 2275	POS 7237 T9^3 →'20 OST 7237 →'25 **DRB 91 977**	+31
Hohz 1908/ 2277	POS 7239 T9^3 →'20 OST 7239 →'25 **DRB 91 978** +09.35 →'35 Neukölln-Mittenwalder Eisenbahn (NME) 5" →'45 SMA	V.u.
Hohz 1908/ 2279	POS 7241 T9^3 →'20 OST 7241 →'25 **DRB 91 979** →'45 MPS	+
Hohz 1908/ 2282	POS 7244 T9^3 →'20 OST 7244 →'25 **DRB 91 980** →'45 DRw/DB	+26.01.59
Hohz 1908/ 2285	MST 7329 T9^3 →'25 **DRB 91 981**	+03.33
Hohz 1908/ 2286	MST 7330 T9^3 →'25 **DRB 91 982**	+31
Hohz 1908/ 2287	MST 7331 T9^3 →'25 **DRB 91 983** +12.32 →12.32 WL 1 RAW Braunschweig	+
Hohz 1908/ 2288	EFD 7332 T9^3 →'25 **DRB 91 984** →'45 DRw/DB	+09.11.53
Hohz 1908/ 2289	EFD 7333 T9^3 →'25 **DRB 91 985**	+31
Hohz 1908/ 2291	EFD 7335 T9^3 →'08 ESN 7372 →'25 **DRB 91 986** →'45 DRw/DB (SWDE)	+15.11.57
Hohz 1908/ 2292	EFD 7336 T9^3 →'08 ESN 7373 →'25 **DRB 91 987**	+10.33
Hohz 1908/ 2293	EFD 7337 T9^3 →'08 ESN 7374 →'25 **DRB 91 988**	+12.32
Hohz 1909/ 2453	EFD 7337" T9^3 →'25 **DRB 91 989**	+31
Hohz 1908/ 2297	MST 7325 T9^3 →'25 **DRB 91 990**	+31
Hohz 1908/ 2298	MST 7326 T9^3 →'25 **DRB 91 991**	+

Lokomotiven mit der Ordnungsnummer 1000 waren im Nummernnschema der Deutschen Reichsbahn relativ selten: Neben der abgebildeten 91 1000 gab es nur noch die 36 1000, 44 1000, 50 1000, 54 1000, 55 1000, 56 1000, 74 1000, 86 1000, 93 1000 und 94 1000. Carl Bellingrodt fotografierte die Lokomotive am 29. April 1932 im Bahnbetriebswerk Köln-Betriebsbahnhof. Im Hintergrund zu sehen ist die Materialseilbahn für die Bekohlungsanlage des Betriebswerkes.

Gleicher Tag, gleicher Ort – bei seinem Besuch im Bw Köln-Betriebsbahnhof konnte Carl Bellingrodt nicht nur die 91 1000, sondern auch ihre Schwesterlokomotive 91 1001 ablichten. Während es die erstere nach dem Zweiten Weltkrieg in die Sowjetunion verschlug, verblieb letztere bei der Deutschen Bundesbahn.

Hohz 1908/ 2299	MST 7327 T9³	→'25 **DRB 91 992**	+08.33
Hohz 1908/ 2300	MST 7328 T9³	→'25 **DRB 91 993** →'45 MPS	+24.08.46
Hohz 1908/ 2302	DZG 7368 T9³ →'20 STN 7368	→'25 **DRB 91 994**	+12.32
Hohz 1908/ 2340	EFD 7339 T9³	→'25 **DRB 91 995**	+29
Hohz 1908/ 2341	EFD 7340 T9³	→'25 **DRB 91 996** ('44 RBD Danzig)	V.u.
Hohz 1908/ 2342	EFD 7341 T9³	→'25 **DRB 91 997** →'45 DRw/DB	+18.10.54
Hohz 1908/ 2343	EFD 7342 T9³	→'25 **DRB 91 998** →'45 DRw/DB	+09.11.53
Hohz 1908/ 2347	SBR 7391 T9³ →'20 TRI 7391	→'25 **DRB 91 999** →'45 PKP TKi3-114"	+14.08.65
Hohz 1908/ 2349	KÖL 7342 T9³	→'25 **DRB 91 1000** →'45 MPS →'52 MPS TT-1000	+03.12.53
Hohz 1908/ 2350	KÖL 7343 T9³	→'25 **DRB 91 1001** →'45 DRw/DB	+11.01.52
Hohz 1908/ 2351	KÖL 7344 T9³	→'25 **DRB 91 1002**	+12.32
Hohz 1908/ 2352	KÖL 7345 T9³	→'25 **DRB 91 1003** →'45 DRo/DR	+05.09.68
Hohz 1908/ 2353	KÖL 7346 T9³ →20.09.48 DRw/DB 91 1004	→'25 **DRB 91 1004** →'45 ČSD →20.07.45 ČSD 335.1500	+07.08.59

Perfekt durch die tiefstehende Sonne ausgeleuchtet präsentierte sich 1930 die 91 1008 dem Fotografen Werner Hubert. Die zum Bw Darmstadt gehörende Lokomotive schied bereits zwei Jahre später aus dem DRB-Bestand aus.

Hohz 1908/ 2354	KÖL 7347 T9^3	→'25 **DRB 91 1005**	+31
Hohz 1908/ 2355	MST 7332 T9^3	→'25 **DRB 91 1006** +29 →'29 Georgsmarienhütten-Eb. (GME) 3"	+65
Hohz 1908/ 2356	MST 7333 T9^3	→'25 **DRB 91 1007**	+01.36
Hohz 1908/ 2357	MNZ 7348 T9^3	→'25 **DRB 91 1008**	+02.32
Hohz 1908/ 2358	ESN 7375 T9^3	→'25 **DRB 91 1009**	+06.31
Hohz 1908/ 2359	ESN 7376 T9^3	→'25 **DRB 91 1010**	+31
Hohz 1908/ 2360	ESN 7377 T9^3	→'25 **DRB 91 1011**	+01.32
Hohz 1908/ 2361	ESN 7378 T9^3	→'17 MFFE 780 (T9^3) →'25 **DRB 91 1012**	+bis 31
Hohz 1908/ 2364	ESN 7381 T9^3	→'25 **DRB 91 1013** →'45 DRo/DR	+20.09.67
Hohz 1908/ 2365	ESN 7382 T9^3	→'25 **DRB 91 1014**	+27
Hohz 1908/ 2366	ESN 7383 T9^3	→'25 **DRB 91 1015**	+27
Hohz 1908/ 2369	ESN 7386 T9^3	→'25 **DRB 91 1016** (12.36 RBD Breslau)	V.u.
Hohz 1908/ 2370	ESN 7387 T9^3	→'25 **DRB 91 1017**	+31
Hohz 1908/ 2371	ESN 7388 T9^3	→'25 **DRB 91 1018** →'45 DRo →11.46 MPS →'52 MPS Tь-1018	+20.11.63

Auch der 91 1020 des Bw Uelzen war nach dem Entstehen dieser Aufnahme kein langes „Leben" mehr beschieden, obwohl sie bereits Zylinder mit Kolbenschiebern besaß und damit deutlich moderner als die meisten ihrer Schwestern mit Flachschiebern war: Laut Aufschrift hatte die letzte Bremsuntersuchung am 12.12.1930 stattgefunden, so dass diese Aufnahme im Jahr 1931 entstanden sein dürfte – das gleiche Jahr, in dem sie auch ausgemustert worden sein soll. *Foto: Werner Hubert*

Hohz 1908/ 2373	ESN 7390 T9^3 →'25 **DRB 91 1019** →'45 MPS [21]	+
Hohz 1908/ 2374	ESN 7391 T9^3 →'25 **DRB 91 1020**	+31
Hohz 1908/ 2375	ESN 7392 T9^3 →'25 **DRB 91 1021** +30 →'30 WL Fa. Friedrich Krupp, Essen →'?? Arbeitsgemeinschaft Hochtief-Butzer →'34 Kleinbahn Niebüll-Dagebüll 4 (via Krupp)	+57
Hohz 1908/ 2379	ESN 7397 T9^3 →'25 **DRB 91 1022**	+bis 31
Hohz 1908/ 2380	ALT 7282 T9^3 →01.12 MGD 7268 →'25 **DRB 91 1023**	+
Hohz 1908/ 2382	ALT 7284 T9^3 →01.12 MGD 7270 →'25 **DRB 91 1024**	+31
Hohz 1908/ 2383	ALT 7285 T9^3 →01.12 MGD 7271 →'25 **DRB 91 1025** →'45 DRw/DB	+10.08.57
Hohz 1908/ 2384	ALT 7286 T9^3 →'25 **DRB 91 1026** →'45 DRw/DB	+17.03.54
Hohz 1908/ 2385	ALT 7287 T9^3 →'25 **DRB 91 1027** →'45 DRw/DB	+15.08.55
Hohz 1908/ 2386	ALT 7288 T9^3 →'25 **DRB 91 1028** →'45 DRw/DB	+17.03.54
Hohz 1908/ 2387	ALT 7289 T9^3 →'25 **DRB 91 1029** →'45 ČSD →10.12.48 DRw/DB	+18.10.54
Hohz 1908/ 2388	ALT 7290 T9^3 →'25 **DRB 91 1030**	+08.32
Hohz 1908/ 2389	ALT 7291 T9^3 →'25 **DRB 91 1031** →'45 DRo →10.08.47 SMA	+
Unio 1908/ 1639	BSL 7346 T9^3 →'25 **DRB 91 1032** →'45 PKP TKi3-206"	+08.10.64
Unio 1908/ 1640	BSL 7347 T9^3 →'25 **DRB 91 1033** →'45 DRo →'46 MPS →'52 MPS TT-1033	+24.08.61
Unio 1908/ 1641	BSL 7348 T9^3 →'25 **DRB 91 1034** →'45 DRw/DB	+10.08.57
Unio 1908/ 1645	HAL 7347 T9^3 →'25 **DRB 91 1035**	+31
Unio 1908/ 1646	HAL 7348 T9^3 →'25 **DRB 91 1036**	+30
Unio 1908/ 1647	HAL 7349 T9^3 →'25 **DRB 91 1037**	+31
Unio 1908/ 1648	HAL 7350 T9^3 →'25 **DRB 91 1038**	+30
Unio 1908/ 1649	HAL 7351 T9^3 →'25 **DRB 91 1039**	+31
Unio 1908/ 1650	STN 7320 T9^3 →'25 **DRB 91 1040**	+31
Unio 1908/ 1652	POS 7247 T9^3 →'20 OST 7247 →'25 **DRB 91 1041** →'45 PKP TKi3-87" +08.09.64 →15.08.64 WL Zakłady Przemysłu Ziemniaczanego, Luboń →'?? WL in Posen ('72 abg.) →'88 Eisenbahnklub Poznań ('90 vorh.; '95 HU) →'95 Eisenbahnmuseum Wolsztyn (=Wollstein; Museumslok; '01 nach Gniezna; '10 nach Jarocina; '24 nach Wolsztyn)	('24 vorh.)
Unio 1908/ 1653	POS 7248 T9^3 →'20 OST 7248 →'25 **DRB 91 1042** →'45 MPS →'52 MPS TT-1042	+17.09.71
Haga 1908/ 568	HAL 7343 T9^3 →'25 **DRB 91 1043** →'44 MPS →'45 CCCP-WL (Ministerium für Eisenindustrie)	+
Haga 1908/ 569	HAL 7344 T9^3 →'25 **DRB 91 1044**	+07.31
Haga 1908/ 570	HAL 7345 T9^3 →'25 **DRB 91 1045**	+31
Haga 1908/ 571	HAL 7346 T9^3 →'25 **DRB 91 1046**	V.u.
Haga 1908/ 573	KAT 7345 T9^3 →'22 OPP 7345 →'25 **DRB 91 1047**	+
Haga 1908/ 583	ALT 7292 T9^3 →'25 **DRB 91 1048** →'45 DRw/DB	+14.11.52
Haga 1908/ 584	BRO 7236 T9^3 →'20 OST 7348 →'25 **DRB 91 1049** →'45 DRw/DB	+18.10.54
Haga 1908/ 594	ERF 7311 T9^3 →'25 **DRB 91 1050** →'45 DRo →30.06.48 verk. Kohlenindustrie Merseburg	V.u.
Haga 1908/ 595	ERF 7312 T9^3 →'25 **DRB 91 1051** →'45 DRw/DB	+17.03.54
Haga 1908/ 596	HAL 7362 T9^3 →'17 BLN 7320" →'25 **DRB 91 1052**	+16.08.32
Humb 1908/ 516	KÖL 7348 T9^3 →'25 **DRB 91 1053** →'45 DRw/DB	+17.03.54

21) 91 1019 auch als verkauft an Gelsenkirchener Bergwerks-AG (GBAG) genannt.

Am 3. Mai 1931 traf Carl Bellingrodt die 91 1053 in ihrem Heimat-Bw Köln-Kalk Nord an. Sie kam später noch in den DB-Bestand und wurde am 17. März 1954 mit der HVB-Verfügung 21.213 Fau 4 ausgemustert.

Die 91 1054 wurde 1941/42 von der RBD Posen „in den Osten" abgegeben und im Oktober 1943 als „Ost-Schadrückführlok ins Reich zurückgeschickt". Wie die Lok anschließend in die Niederlande gelangte, ist nicht bekannt, aber dort wurde sie nach Kriegsende als „NS 7501" in den Bestand der Staatsbahn übernommen und im April 1947 an die Deutsche Reichsbahn der Westzonen zurückgegeben. Die Aufnahme der Maschine, die noch einen Frostschutz im Bereich der Pumpe besaß, entstand am 7. August 1945.

Am 5. August 1957 entstand diese Aufnahme der DB 91 1055 des Bw Engers, von deren Führerstand aus uns ein freundlicher Lokführer entgegenblickt. Dabei handelte es sich um den bekannten Eisenbahnfreund und Lokomotiv-Historiker Gerhard Moll, für den das Fahren mit dieser alten Preußin sicherlich eine ganz besondere Freude gewesen sein dürfte.

Humb 1908/ 517	KÖL 7349 T9^3 →'25 **DRB 91 1054** →'45 NS 7501 →22.04.47 DRw/DB 91 1054	+14.11.52
Humb 1908/ 520	ESN 7393 T9^3 →'25 **DRB 91 1055** →'45 DRw/DB (SWDE)	+26.04.61
Humb 1908/ 522	MST 7342 T9^3 →'11 BSL 7383 →'25 **DRB 91 1056**	+
Humb 1908/ 523	MST 7343 T9^3 →'11 BSL 7384 →'25 **DRB 91 1057**	+
Humb 1908/ 524	MST 7344 T9^3 →'11 BSL 7385 →'25 **DRB 91 1058** →'45 DRo (09.45 Rbd Erfurt)	V.u.
Humb 1908/ 525	MST 7345 T9^3 →'11 BSL 7386 →'25 **DRB 91 1059** →'45 DRo →08.47 MPS →'52 MPS TT-1059	+11.61
Humb 1908/ 527	MST 7347 T9^3 →'25 **DRB 91 1060**	+08.33
Humb 1908/ 528	HAN 7234 T9^3 →'25 **DRB 91 1061**	+31
Humb 1908/ 529	HAN 7235 T9^3 →'25 **DRB 91 1062** →'45 ČSD/R ('45 Krásná Lípa) →08.06.51 MPS →'52 MPS TT-1062	+28.07.69
Jung 1908/ 1107	BLN 7321 T9^3 →'14 DZG 7076 →'20 STN 7346" →'25 **DRB 91 1063**	+30
Jung 1908/ 1109	BLN 7323 T9^3 →'25 **DRB 91 1064**	+09.33
Jung 1908/ 1113	FFT 7296 T9^3 →'25 **DRB 91 1065**	+10.33
Jung 1908/ 1114	FFT 7297 T9^3 →'25 **DRB 91 1066**	+08.31
Jung 1908/ 1115	SBR 7385 T9^3 →'20 TRI 7385 →'25 **DRB 91 1067** →'45 MPS →'52 MPS TT-1067	+24.04.69
Jung 1908/ 1116	SBR 7386 T9^3 →'20 TRI 7386 →'25 **DRB 91 1068**	+30
Jung 1908/ 1117	SBR 7387 T9^3 →'20 TRI 7387 →'25 **DRB 91 1069** →'45 DRw/DB (SWDE)	+20.11.58
Jung 1908/ 1118	SBR 7388 T9^3 →'20 TRI 7388 →'25 **DRB 91 1070** →'45 MPS →'47 CCCP-WL	+
Jung 1908/ 1120	SBR 7390 T9^3 →'20 TRI 7390 →'25 **DRB 91 1071** →10.09.44 CFL 3021	+02.12.50
Jung 1908/ 1170	HAN 7226 T9^3 →'25 **DRB 91 1072** →'45 DRw/DB	+11.01.52
Jung 1908/ 1171	HAN 7227 T9^3 →'25 **DRB 91 1073** →'45 DRo/DR	+01.51
Jung 1908/ 1172	HAN 7228 T9^3 →'25 **DRB 91 1074** →'45 DRw/DB (Saar)	+50
Jung 1908/ 1173	HAN 7229 T9^3 →'25 **DRB 91 1075** →'45 MPS →'52 MPS TT-1075	+30.08.60
Jung 1908/ 1174	HAN 7230 T9^3 →'25 **DRB 91 1076** →'45 DRw	+15.08.46
Jung 1908/ 1251	HAN 7231 T9^3 →'25 **DRB 91 1077**	+03.33
Jung 1908/ 1176	KSL 7363 T9^3 →'25 **DRB 91 1078** [22]	+30.12.33
Jung 1908/ 1177	KSL 7364 T9^3 →'25 **DRB 91 1079** →'45 MPS →'52 MPS TT-1079	+21.10.61
Jung 1908/ 1179	KSL 7366 T9^3 →'25 **DRB 91 1080** →'45 MPS →'52 MPS TT-1080	+26.09.64
Jung 1908/ 1180	FFT 7303 T9^3 →'25 **DRB 91 1081**	+08.31
Jung 1908/ 1181	FFT 7304 T9^3 →'25 **DRB 91 1082**	+31
Jung 1908/ 1182	FFT 7305 T9^3 →'25 **DRB 91 1083** (04.42 RBD Königsberg)	V.u.
Jung 1908/ 1183	FFT 7306 T9^3 →'25 **DRB 91 1084**	+06.31
Jung 1908/ 1184	FFT 7307 T9^3 →'25 **DRB 91 1085**	+08.31
Jung 1908/ 1185	FFT 7308 T9^3 →'25 **DRB 91 1086**	+31
Jung 1908/ 1186	HAL 7352 T9^3 →'25 **DRB 91 1087** →'45 DRo/DR	+13.08.68
Jung 1908/ 1187	HAL 7353 T9^3 →'25 **DRB 91 1088** →'45 DRo	+47/48
Jung 1908/ 1231	KSL 7373 T9^3 →'25 **DRB 91 1089** →'45 DRw/DB	+02.11.55
Jung 1908/ 1232	HAL 7354 T9^3 →'25 **DRB 91 1090**	+31
Jung 1908/ 1233	HAL 7355 T9^3 →'25 **DRB 91 1091**	+30
Jung 1908/ 1234	MGD 7260 T9^3 →'25 **DRB 91 1092**	+27
Jung 1908/ 1235	BRO 7241 T9^3 →'20 OST 7350 →'25 **DRB 91 1093** →'45 PKP TKi3-141"	+24.02.55
Jung 1908/ 1245	FFT 7298 T9^3 →'25 **DRB 91 1094**	+08.31
Jung 1908/ 1246	FFT 7299 T9^3 →'25 **DRB 91 1095**	+06.35
Jung 1908/ 1247	FFT 7300 T9^3 →'25 **DRB 91 1096**	+10.33
Jung 1908/ 1248	FFT 7301 T9^3 →'25 **DRB 91 1097**	+03.32
Jung 1908/ 1249	FFT 7302 T9^3 →'25 **DRB 91 1098**	+08.31
Jung 1908/ 1250	FFT 7309 T9^3 →'25 **DRB 91 1099**	+31
O&K 1907/ 2551	ALT 7279 T9^3 →'25 **DRB 91 1100** →'45 DRw/DB	+01.06.53
O&K 1907/ 2552	ALT 7280 T9^3 →'25 **DRB 91 1101**	+05.33
O&K 1907/ 2553	KAT 7331 T9^3 →'22 OPP 7331 →'25 **DRB 91 1102**	+
O&K 1908/ 2561	BLN 7310 T9^3 →09.14 HAN 7307 →'25 **DRB 91 1103**	+23.03.34
O&K 1908/ 2563	BLN 7312 T9^3 →09.14 HAN 7309 →'25 **DRB 91 1104** →'45 DRo →'46 MPS [23]	+
O&K 1908/ 2564	BLN 7313 T9^3 →09.14 HAN 7310 →'25 **DRB 91 1105** →'45 MPS →'52 MPS TT-1105	+15.07.59
O&K 1908/ 2568	BLN 7317 T9^3 →'13 DZG 7073 →'20 STN 7345" →'25 **DRB 91 1106**	+07.31
O&K 1908/ 2569	BLN 7318 T9^3 →'14 MNZ 7357 →'25 **DRB 91 1107** →'45 DRw/DB (SWDE)	+10.08.57
O&K 1908/ 2711	BLN 7328 T9^3 →'25 **DRB 91 1108**	+04.33
O&K 1908/ 2712	BLN 7329 T9^3 →'25 **DRB 91 1109** →'45 MPS	+
O&K 1908/ 2723	BLN 7337 T9^3 →'25 **DRB 91 1110** →'45 DRo/DR	+14.06.67
O&K 1908/ 3001	BRO 7243 T9^3 →'20 OST 7351 →'25 **DRB 91 1111** →'45 PKP TKi3-142"	+22.10.53
O&K 1908/ 3002	BRO 7244 T9^3 →'20 OST 7352 →'25 **DRB 91 1112**	+12.32

22) Eine 91 1078 wurde 1946 auch als CCCP-WL nachgewiesen

23) Der Kessel von 91 1104 war 1949-57 beim Metallwerk Alapajevsk in der Sowjetunion registriert

Im Jahr 1942 soll diese Aufnahme der 91 1110, die Zylinder mit Kolbenschiebern hat, entstanden sein – tatsächlich sind die Lampen der Lokomotive verdunkelt, was bestätigt, dass dieses Lokomotivportrait von Werner Hubert während des Zweiten Weltkriegs angefertigt worden ist. Auffällig ist, dass am Führerstand nur Lok- und Gattungsschild angebracht waren – eine Eigentumsbezeichnung fehlte ebenso wie die Beheimatungsangaben oder die Anschriften über die letzte Bremsuntersuchung. Bei der DR der DDR wurde diese Lokomotive erst 1967 ausgemustert und erreichte somit ein Alter von knapp 60 Jahren.

O&K 1908/ 3021	ALT 7293 T9^3 →'25 **DRB 91 1113** →'45 DRw/DB	+14.11.52
O&K 1908/ 3022	ALT 7294 T9^3 →'25 **DRB 91 1114** →'45 DRw/DB	+18.10.54
O&K 1908/ 3023	ALT 7295 T9^3 →'25 **DRB 91 1115** →'45 DRw/DB	+15.11.57
O&K 1908/ 3024	ALT 7296 T9^3 →'25 **DRB 91 1116** →'45 ČSD/R →22.03.51 MPS →'52 MPS TT-1116	+27.03.59
O&K 1908/ 3025	ALT 7297 T9^3 →'25 **DRB 91 1117** →'45 DRw/DB	+15.08.55
O&K 1908/ 3026	ALT 7298 T9^3 →'25 **DRB 91 1118** →'45 DRo →15.08.47 SMA	V.u.
O&K 1908/ 3027	ALT 7299 T9^3 →'25 **DRB 91 1119** →'45 DRw/DB	+10.08.57
O&K 1908/ 3028	ALT 7300 T9^3 →'25 **DRB 91 1120**	+07.33
O&K 1908/ 3029	ALT 7301 T9^3 →'25 **DRB 91 1121** →'45 DRw/DB	+07.08.56
O&K 1908/ 3031	ALT 7303 T9^3 →'25 **DRB 91 1122**	+09.03.37
Hano 1909/ 5443	MST 7338 T9^3 →'25 **DRB 91 1123**	+04.35
Hano 1909/ 5444	MST 7339 T9^3 →'25 **DRB 91 1124**	+31
Hano 1909/ 5445	MST 7340 T9^3 →'25 **DRB 91 1125**	+08.33
Hen 1909/ 9155	BLN 7339 T9^3 →'25 **DRB 91 1126** →'45 DRo →15.03.48 WL Deutsch Grube Elise II, Geiseltal	+
Hen 1909/ 9159	BLN 7343 T9^3 →'25 **DRB 91 1127**	+12.32
Hen 1909/ 9162	BLN 7346 T9^3 →'25 **DRB 91 1128**	+27.04.35
Hen 1909/ 9166	BRO 7250 T9^3 →07.09 BLN 7356 →'25 **DRB 91 1129** →'45 DRo →10.08.47 SMA	V.u.
Hen 1909/ 9167	BRO 7251 T9^3 →07.09 BLN 7357 →'25 **DRB 91 1130**	+
Hen 1909/ 9168	KSL 7374 T9^3 →'25 **DRB 91 1131**	+
Hen 1909/ 9169	KSL 7375 T9^3 →'25 **DRB 91 1132** →'45 DRw/DB	+15.08.58
Hen 1909/ 9170	KSL 7376 T9^3 →'25 **DRB 91 1133** →'45 DRw/DB +08.03.55 →ca.'55 HL Bf. Wabern →'?? HL „91 7338" Bw Treysa	++60
Hen 1909/ 9171	KSL 7377 T9^3 →'25 **DRB 91 1134**	+13.05.32
Hen 1909/ 9174	DZG 7378 T9^3 →'20 KBG 7378 →'25 **DRB 91 1135**	+36
Hen 1909/ 9175	HAL 7356 T9^3 →'25 **DRB 91 1136** →'45 DRw/DB	+15.08.55
Hen 1909/ 9176	HAL 7357 T9^3 →'25 **DRB 91 1137** →'45 DRo →10.08.47 MPS →'47 CCCP-WL	+
Hen 1909/ 9177	HAL 7358 T9^3 →'25 **DRB 91 1138**	+12.32
Hen 1909/ 9178	HAL 7359 T9^3 →'25 **DRB 91 1139**	+30
Hen 1909/ 9180	HAL 7361 T9^3 →'25 **DRB 91 1140** →'45 PKP TKi3-155" →'55 WL Huta im. Lenina	+
Hen 1909/ 9182	KAT 7352 T9^3 →'22 OPP 7352 →'25 **DRB 91 1141**	+30

Hen 1909/ 9184	KAT 7354 T9^3 →'22 OPP 7354	→'25 **DRB 91 1142**	+30
Hen 1909/ 9185	KAT 7355 T9^3 →'22 OPP 7355	→'25 **DRB 91 1143** →'45 DRo/DR	+11.04.67
Hen 1909/ 9187	KAT 7357 T9^3 →'22 OPP 7357	→'25 **DRB 91 1144** →'45 DRo →'46 SMA	V.u.
Hen 1909/ 9188	KAT 7358 T9^3 →'22 OPP 7358	→'25 **DRB 91 1145**	+07.31
Hen 1909/ 9190	KAT 7360 T9^3 →'22 OPP 7360	→'25 **DRB 91 1146**	+
Hen 1909/ 9191	MGD 7261 T9^3	→'25 **DRB 91 1147** →'45 DRo →'46 MPS	+01.62
Hen 1909/ 9192	POS 7249 T9^3 →'20 OST 7249	→'25 **DRB 91 1148**	+09.32
Hen 1909/ 9193	POS 7250 T9^3 →'20 OST 7250	→'25 **DRB 91 1149**	+28
Hohz 1908/ 2424	MST 7334 T9^3	→'25 **DRB 91 1150**	+31
Hohz 1908/ 2425	MST 7335 T9^3	→'25 **DRB 91 1151**	+31
Hohz 1908/ 2426	MST 7336 T9^3	→'25 **DRB 91 1152** [24)]	+12.32
Hohz 1908/ 2427	MST 7337 T9^3	→'25 **DRB 91 1153**	+31
Hohz 1909/ 2429	ESN 7399 T9^3	→'25 **DRB 91 1154**	+02.33
Hohz 1909/ 2430	ESN 7400 T9^3	→'25 **DRB 91 1155** →'45 DRw/DB	+10.08.57
Hohz 1909/ 2432	ESN 7402 T9^3 →'10 ESN 7052	→'25 **DRB 91 1156**	+
Hohz 1909/ 2433	ESN 7403 T9^3 →'10 ESN 7053	→'25 **DRB 91 1157** →'45 JDŽ 154-003 →'?? verk. WL Rudnik Zagorje	+
Hohz 1909/ 2434	ESN 7404 T9^3 →'10 ESN 7054	→'25 **DRB 91 1158** →'45 PKP TKi3-143"	+28.03.55
Hohz 1909/ 2435	ESN 7405 T9^3 →'10 ESN 7055	→'25 **DRB 91 1159** →'45 DRw/DB	+12.05.55
Hohz 1909/ 2436	ESN 7406 T9^3 →'10 ESN 7056	→'25 **DRB 91 1160** →'45 DRw/DB	+07.07.59
Hohz 1909/ 2437	ESN 7407 T9^3 →'10 ESN 7057	→'25 **DRB 91 1161** →'45 DRw/DB	+15.08.55
Hohz 1909/ 2439	ESN 7409 T9^3 →'10 ESN 7059	→'25 **DRB 91 1162**	+06.31
Hohz 1909/ 2441	ESN 7411 T9^3 →'10 ESN 7061	→'25 **DRB 91 1163** →'30 Halberstadt-Blankenburger Eb. (HBE) 44 (→'32 Ub. h2) →'50 DR 91 6577	+20.12.67
Hohz 1909/ 2442	ESN 7412 T9^3 →'10 ESN 7062 →'17 MFFE 781 (T9^3)	→'25 **DRB 91 1164**	+bis 31
Hohz 1909/ 2443	ESN 7413 T9^3 →'10 ESN 7063 →'52 MPS TT-1165	→'25 **DRB 91 1165** →'45 ČSD →22.03.51 MPS	+20.11.63
Hohz 1909/ 2444	ESN 7414 T9^3 →'10 ESN 7064	→'25 **DRB 91 1166**	+06.31
Hohz 1909/ 2445	ESN 7415 T9^3 →'10 ESN 7065	→'25 **DRB 91 1167**	+06.32
Hohz 1909/ 2446	ESN 7416 T9^3 →'10 ESN 7066 →'?? Huta Łabędy TKi3-9	→'25 **DRB 91 1168** →'45 PKP TKi3-9" +11.10.56	+11.02.73
Hohz 1909/ 2448	KÖL 7351 T9^3	→'25 **DRB 91 1169** →'45 DRw/DB	+25.04.58
Hohz 1909/ 2449	KÖL 7352 T9^3	→'25 **DRB 91 1170** →'45 MPS →'52 MPS TT-1170	+29.10.66

24) Eine 91 1152 wurde 08.51 vom MPS ausgemustert.

Weit herumgekommen war die 91 1207: Während des Zweiten Weltkriegs wurde sie zunächst in Griechenland eingesetzt, kam dann später zum Bw Skopje im heutigen Nordmazedonien und später in den Raum Belgrad (Serbien). Bei Kriegsende gehörte sie zum Bw Wels und gelangte so in den Bestand der ÖBB, welche sie 1953 in 691.1207 umzeichnete. Durch das Vollscheibenrad der Vorlaufachse sowie den zylindrischen Schornstein wirkt diese T 9^3 recht ungewöhnlich auf den Betrachter.

Foto: Elfried Schmidt

Hohz 1909/ 2450	KÖL 7[illegible] T9^3 →'25 **DRB 91 1171** →'45 PKP TKi3-180“	+
Hohz 1909/ 2451	KÖL 7354 T9^3 →'25 **DRB 91 1172** →'45 PKP TKi3-156“ +12.08.55 →'55 WL KWK Zabrze	+
Hohz 1909/ 2452	KÖL 7355 T9^3 →'25 **DRB 91 1173**	+31
Hohz 1909/ 2454	EFD 7343 T9^3 →'25 **DRB 91 1174**	+02.31
Hohz 1909/ 2455	EFD 7344 T9^3 →'25 **DRB 91 1175**	+31
Hohz 1909/ 2474	ALT 7304 T9^3 →'25 **DRB 91 1176** →'45 DRw/DB	+14.11.52
Hohz 1909/ 2476	KSL 7378 T9^3 →'25 **DRB 91 1177** →'45 DRo →10.08.47 SMA	V.u.
Hohz 1909/ 2477	ESN 7417 T9^3 →'10 ESN 7067 →'25 **DRB 91 1178**	+06.31
Hohz 1909/ 2478	ESN 7418 T9^3 →'10 ESN 7068 →'25 **DRB 91 1179**	+31
Hohz 1909/ 2479	ESN 7419 T9^3 →'10 ESN 7069 →'25 **DRB 91 1180** →'45 DRw/DB	+28.10.59
Hohz 1909/ 2480	HAN 7236 T9^3 →'25 **DRB 91 1181** →'45 DRw/DB	+15.08.55
Hohz 1909/ 2481	HAN 7237 T9^3 →'25 **DRB 91 1182** →'45 PKP TKi3-198“	+28.07.56
Hohz 1909/ 2487	ERF 7314 T9^3 →'25 **DRB 91 1183**	+
Hohz 1909/ 2488	ERF 7315 T9^3 →'25 **DRB 91 1184** [25]	+30.07.43
Hohz 1909/ 2489	EFD 7347 T9^3 →'25 **DRB 91 1185**	+31
Hohz 1909/ 2490	EFD 7348 T9^3 →'25 **DRB 91 1186** →'45 DRw/DB	+14.11.52
Hohz 1909/ 2491	EFD 7349 T9^3 →'25 **DRB 91 1187**	+12.12.31
Hohz 1909/ 2492	EFD 7350 T9^3 →'25 **DRB 91 1188** →'45 DRw/DB	+18.10.54
Hohz 1909/ 2493	EFD 7351 T9^3 →'25 **DRB 91 1189**	+12.32
Hohz 1909/ 2494	EFD 7352 T9^3 →'25 **DRB 91 1190**	+31
Hohz 1909/ 2495	EFD 7353 T9^3 →'25 **DRB 91 1191** →'45 DRw/DB (SWDE)	+12.05.55
Hohz 1909/ 2496	EFD 7354 T9^3 →'25 **DRB 91 1192** →'45 DRw/DB (SWDE)	+15.08.55
Hohz 1909/ 2498	ALT 7305 T9^3 →'25 **DRB 91 1193** →'45 DRw/DB	+01.06.53
Hohz 1909/ 2499	ALT 7306 T9^3 →'25 **DRB 91 1194** →'45 DRw/DB	+10.08.57
Hohz 1909/ 2500	ALT 7307 T9^3 →'25 **DRB 91 1195**	+27
Hohz 1909/ 2501	ALT 7308 T9^3 →'25 **DRB 91 1196** →'45 DRw/DB	+23.11.56
Hohz 1909/ 2502	ALT 7309 T9^3 →'25 **DRB 91 1197**	+04.32
Hohz 1909/ 2503	ALT 7310 T9^3 →'25 **DRB 91 1198** +08.12.44 →'44 MPS →'52 MPS TT-1198	+21.04.59
Hohz 1909/ 2504	ALT 7311 T9^3 →'25 **DRB 91 1199**	+04.32
Hohz 1909/ 2505	ALT 7312 T9^3 →'25 **DRB 91 1200** →'45 DRw/DB	+20.11.58
Hohz 1909/ 2506	ALT 7313 T9^3 →'25 **DRB 91 1201** →'45 DRo/DR	+01.12.53
Hohz 1909/ 2507	ALT 7314 T9^3 →'25 **DRB 91 1202** →'45 DRw/DB +18.04.56 →04.56 WL I AW Hannover	++60
Hohz 1909/ 2508	ALT 7315 T9^3 →'25 **DRB 91 1203**	+10.33
Hohz 1909/ 2509	ALT 7316“ T9^3 →'25 **DRB 91 1204** →'45 DRw/DB (SWDE)	+12.05.55
Hohz 1909/ 2513	ESN 7423 T9^3 →'10 ESN 7073 →'17 MFFE 782 (T9^3) →'25 **DRB 91 1205**	+bis 31
Hohz 1909/ 2515	ESN 7425 T9^3 →'10 ESN 7075 →'25 **DRB 91 1206**	+06.31
Hohz 1909/ 2516	ESN 7426 T9^3 →'10 ESN 7076 →'25 **DRB 91 1207** →'45 ÖBB →'53 ÖBB 691.1207	+28.11.57
Hohz 1909/ 2517	ESN 7427 T9^3 →'10 ESN 7077 →'25 **DRB 91 1208** →'45 PKP TKi3-33“	+26.02.55
Hohz 1909/ 2518	ESN 7428 T9^3 →'10 ESN 7078 →'25 **DRB 91 1209**	+31
Hohz 1909/ 2510	ESN 7420 T9^3 →'10 ESN 7070 →'25 **DRB 91 1210**	+03.32
Hohz 1909/ 2544	HAN 7242 T9^3 →'25 **DRB 91 1211**	+31
Hohz 1909/ 2545	HAN 7243 T9^3 →'25 **DRB 91 1212** →'45 DRw/DB [26]	+20.11.58
Hohz 1909/ 2547	HAN 7245 T9^3 →'10 MST 7352 →'25 **DRB 91 1213**	+31
Hohz 1909/ 2548	HAN 7246 T9^3 →'10 MST 7353 →'25 **DRB 91 1214**	+12.32
Hohz 1909/ 2549	HAN 7247 T9^3 →'10 MST 7354 →'25 **DRB 91 1215** +06.34 →'35 WL 1^3 RAW Harburg	+62
Hohz 1909/ 2550	ERF 7318 T9^3 →'25 **DRB 91 1216**	+08.33
Hohz 1909/ 2551	ERF 7319 T9^3 →'25 **DRB 91 1217** →'45 PKP TKi3-21“	+15.05.65
Unio 1909/ 1752	DZG 7384 T9^3 →'20 KBG 7384 →'25 **DRB 91 1218** →'45 PKP TKi3-144“	+23.01.57
Unio 1909/ 1753	DZG 7385 T9^3 →'20 KBG 7385 →'25 **DRB 91 1219** →'45 MPS →'52 MPS TT-1219	+21.09.54
Unio 1909/ 1755	KBG 7291 T9^3 →'25 **DRB 91 1220** →'45 MPS	+
Unio 1909/ 1756	KBG 7292 T9^3 →'25 **DRB 91 1221**	+07.33
Unio 1909/ 1757	KBG 7293 T9^3 →'25 **DRB 91 1222**	+
Unio 1909/ 1767	POS 7269 T9^3 →'20 OST 7269 →'25 **DRB 91 1223** →'45 DRw/DB	+30.09.60
Unio 1909/ 1768	POS 7270 T9^3 →'20 OST 7270 →'25 **DRB 91 1224** →'45 PKP TKi3-181“	+14.08.65
Unio 1909/ 1769	POS 7271 T9^3 →'20 OST 7271 →'25 **DRB 91 1225**	+12.32
Unio 1909/ 1770	POS 7272 T9^3 →'20 OST 7272 →'25 **DRB 91 1226**	+06.32
Unio 1909/ 1771	POS 7273 T9^3 →'20 OST 7273 →'25 **DRB 91 1227**	+04.32
Unio 1909/ 1772	KBG 7294 T9^3 →'25 **DRB 91 1228** +07.33 →01.08.33 Samlandbahn (SLB) 16 →'45 MPS 91.1228 →'48 CCCP-WL	+
Unio 1909/ 1773	KBG 7295 T9^3 →'25 **DRB 91 1229** →'45 DRo/DR	+13.08.68

25) Eine 91 1184 wurde 1946 auch beim MPS nachgewiesen.
26) Eine 91 1212 wurde 1945 auch beim MPS nachgewiesen.

Unio 1909/ 1774	KBG 7296 T9^3 →'25 **DRB 91 1230** →'45 DRo/DR	+04.03.66
Unio 1909/ 1777	DZG 7390 T9^3 →'20 STN 7371 →'25 **DRB 91 1231**	+08.32
Unio 1909/ 1779	DZG 7392 T9^3 →'20 STN 7372 →'25 **DRB 91 1232**	+04.33
Haga 1909/ 606	ERF 7313 T9^3 →'25 **DRB 91 1233**	+
Haga 1909/ 607	BSL 7351 T9^3 →'25 **DRB 91 1234** →'45 PKP TKi3-64“ →'55 verk. Żegluga na Odrze	+
Haga 1909/ 613	ERF 7316 T9^3 →'10 FFT 7320 →'25 **DRB 91 1235**	+31
Haga 1909/ 614	ERF 7317 T9^3 →'10 FFT 7321 →'25 **DRB 91 1236** →'45 MPS →'47 CCCP-WL	+
Haga 1909/ 615	KAT 7361 T9^3 →'22 OPP 7361 →'25 **DRB 91 1237** →'45 DRo →11.45 MPS	+
Haga 1909/ 624	BSL 7355 T9^3 →'25 **DRB 91 1238**	+31
Haga 1909/ 625	BSL 7356 T9^3 →'25 **DRB 91 1239**	+31
Haga 1909/ 626	BSL 7357 T9^3 →'25 **DRB 91 1240** →'45 PKP TKi3-157“	+21.04.65
Haga 1909/ 627	BSL 7358 T9^3 →'25 **DRB 91 1241** →'45 DRo →08.47 MPS	+
Haga 1909/ 629	BSL 7360 T9^3 →'25 **DRB 91 1242** →'45 PKP TKi3-158“	+
Haga 1909/ 630	SBR 7406 T9^3 →'?? SBR 7206“ →'20 TRI 7206 →'25 **DRB 91 1243** →'45 DRw/DB	+28.05.54
Haga 1909/ 631	SBR 7407 T9^3 →'?? SBR 7207“ →'20 TRI 7207 →'25 **DRB 91 1244**	+12.32
Humb 1909/ 557	Reichseisenbahnen Elsaß-Lothringen (EL) 2388 JUPITER" (T8) →'12 Reichseisenbahnen Elsaß-Lothringen (EL) 7138 (T9) (ca. '18 an MED verliehen) →ca. '22/23 HAL 7098 T9^3 →'?? DRE 7098 →'25 **DRB 91 1245**	+10.33
Jung 1909/ 1252	HAN 7232 T9^3 →'25 **DRB 91 1246** →'45 ČSD →07.06.51 MPS →'52 MPS TT-1246	+28.09.71
Jung 1909/ 1255	STN 7323 T9^3 →'25 **DRB 91 1247**	+08.32
Jung 1909/ 1256	STN 7324 T9^3 →'25 **DRB 91 1248** →'45 PKP TKi3-88“	+01.04.63
Jung 1909/ 1257	SBR 7393 T9^3 →'20 TRI 7393 →'25 **DRB 91 1249**	+12.32
Jung 1909/ 1258	SBR 7394 T9^3 →'20 TRI 7394 →'25 **DRB 91 1250** →'45 DRw/DB	+09.11.53
Jung 1909/ 1259	BLN 7349 T9^3 →'25 **DRB 91 1251**	+03.33
Jung 1909/ 1260	POS 7251 T9^3 →'20 OST 7251 →'25 **DRB 91 1252** +07.33 →'33 Königsberg-Cranzer Eb. (KCE) 14	+
Jung 1909/ 1286	FFT 7310 T9^3 →'25 **DRB 91 1253** →'45 DRw/DB	+12.05.55
Jung 1909/ 1287	MNZ 7349 T9^3 →'25 **DRB 91 1254** →'44 MPS →12.49 CCCP-WL (Hafen Tallin)	+
Jung 1909/ 1288	HAL 7364 T9^3 →'25 **DRB 91 1255**	+30
Jung 1909/ 1318	MGD 7263 T9^3 →'25 **DRB 91 1256** →'45 DRo →'46 SMA	V.u.
Jung 1910/ 1381	MGD 7264 T9^3 →'25 **DRB 91 1257** →'45 DRo →10.08.47 MPS	+
Jung 1909/ 1321	HAL 7365 T9^3 →'25 **DRB 91 1258**	+30
Jung 1909/ 1322	HAL 7366 T9^3 →'25 **DRB 91 1259** →'30 verk. (an ?)	+
Jung 1909/ 1323	HAL 7367 T9^3 →'25 **DRB 91 1260** →'45 ČSD	+21.10.47
Jung 1909/ 1324	HAL 7368 T9^3 →'25 **DRB 91 1261** →'45 DRo →'46 SMA	V.u.
Jung 1909/ 1325	HAL 7369 T9^3 →'25 **DRB 91 1262** →'45 DRo/DR	+24.02.66
Jung 1909/ 1327	KSL 7380 T9^3 →'25 **DRB 91 1263** →'45 PKP TKi3-210“	+30.12.66
Jung 1909/ 1329	FFT 7311 T9^3 →'25 **DRB 91 1264**	+05.33
Jung 1909/ 1330	FFT 7312 T9^3 →'25 **DRB 91 1265** →'45 DRo →'46 SMA	V.u.
Jung 1909/ 1331	FFT 7313 T9^3 →'25 **DRB 91 1266**	+
Jung 1909/ 1332	FFT 7314 T9^3 →'25 **DRB 91 1267** →'45 DRw/DB	+28.05.54
Jung 1909/ 1333	FFT 7315 T9^3 →'25 **DRB 91 1268** →'45 PKP TKi3-89“	+11.09.54
Jung 1909/ 1334	SBR 7395 T9^3 →'20 TRI 7395 →'25 **DRB 91 1269** →'45 DRw/DB	+02.11.55
Jung 1909/ 1335	SBR 7396 T9^3 →'20 TRI 7396 →'25 **DRB 91 1270** →'45 DRw/DB (SWDE)	+15.08.55
Jung 1909/ 1336	SBR 7397 T9^3 →'20 TRI 7397 →'25 **DRB 91 1271** →'45 DRw/DB	+17.03.54
Jung 1909/ 1366	ERF 7320 T9^3 →'25 **DRB 91 1272**	+31
Jung 1909/ 1367	ERF 7321 T9^3 →'25 **DRB 91 1273**	+
Jung 1909/ 1368	ERF 7322 T9^3 →'25 **DRB 91 1274**	+01.33
Jung 1909/ 1369	ERF 7323 T9^3 →'25 **DRB 91 1275** +12.34 →'34 verk. Erich am Ende →'35 Westfälische Landes-Eb. (WLE) 74 (→'?? Ub. h2 und Ventilsteuerung) →'50/51 Westfälische Landes-Eb. (WLE) 0074	+07.62
Jung 1909/ 1370	ERF 7324 T9^3 →'25 **DRB 91 1276** →'45 DRw/DB	+26.01.59
Jung 1910/ 1371	SBR 7400 T9^3 →'20 TRI 7400 →'25 **DRB 91 1277** →'45 ČSD →'45 DRw/DB	+02.11.55
Jung 1910/ 1372	SBR 7401 T9^3 →'?? SBR 7201“ →'20 TRI 7201 →'25 **DRB 91 1278** →'45 PKP TKi3-65“	+25.12.62
O&K 1909/ 3221	BRO 7252 T9^3 →'20 OST 7353 →'25 **DRB 91 1279**	+05.33
O&K 1909/ 3380	BSL 7352 T9^3 →'25 **DRB 91 1280**	+
O&K 1909/ 3381	BSL 7353 T9^3 →'25 **DRB 91 1281** →'45 DRo/DR →20.12.63 verk. Betonwerk Rethwisch	+
O&K 1909/ 3385	DZG 7386 T9^3 →'20 KBG 7386 →'25 **DRB 91 1282** →'45 MPS →'52 MPS TT-1282	+15.06.53
O&K 1909/ 3386	DZG 7387 T9^3 →'20 OST 7375 →'25 **DRB 91 1283** →'45 DRo/DR	+12.05.67 u. 24.05.67
O&K 1909/ 3387	HAN 7238 T9^3 →'25 **DRB 91 1284**	+10.35
O&K 1909/ 3388	HAN 7239 T9^3 →'25 **DRB 91 1285** →'45 DRw/DB	+23.11.56
O&K 1909/ 3389	HAN 7240 T9^3 →'25 **DRB 91 1286**	+03.35
O&K 1909/ 3390	HAN 7241 T9^3 →'25 **DRB 91 1287** →'45 DRw/DB	+18.10.54
O&K 1909/ 3391	ESN 7429 T9^3 →'?? ESN 7079 →'25 **DRB 91 1288**	+31

O&K 1909/ 3392	MOT 7048 T 9³ →'25 **DRB 91 1289**	+12.32
O&K 1909/ 3395	STN 7326 T 9³ →'25 **DRB 91 1290** →'45 PKP TKi 3-90" +21.12.62 →'?? WL Huta Łabędy TKi 3-90	+11.02.73
O&K 1909/ 3562	BLN 7354 T 9³ →'25 **DRB 91 1291**	+01.12.33
O&K 1909/ 3563	BLN 7355 T 9³ →'25 **DRB 91 1292** →'45 PKP TKi 3-66" +20.09.50 →'53 Cukrownia Dobrzelin	+
O&K 1909/ 3564	KAT 7365 T 9³ →'22 OPP 7365 →'25 **DRB 91 1293**	+30
O&K 1909/ 3570	SBR 7408 T 9³ →'?? SBR 7208" →'20 TRI 7208 →'25 **DRB 91 1294** →'45 DRw/DB	+11.01.52
O&K 1909/ 3571	BRO 7255 T 9³ →'20 OST 7354 →'25 **DRB 91 1295** →'45 PKP TKi 3-159"	+02.12.65
O&K 1909/ 3572	BRO 7256 T 9³ →'20 OST 7355 →'25 **DRB 91 1296**	+12.32
Graf 1910/ 6092	FFT 7322 T 9³ →'25 **DRB 91 1297** →'45 DRw/DB	+23.11.56
Graf 1910/ 6094	FFT 7324 T 9³ →'25 **DRB 91 1298** →'45 DRo →'46 SMA	V.u.
Graf 1910/ 6095	FFT 7325 T 9³ →'25 **DRB 91 1299** →'45 MPS →'52 MPS TT-1299	+03.56
Graf 1910/ 6096	FFT 7326 T 9³ →'25 **DRB 91 1300**	+12.34
Graf 1910/ 6097	FFT 7327 T 9³ →'25 **DRB 91 1301** →'45 DRw/DB	+28.10.59
Graf 1910/ 6098	FFT 7328 T 9³ →'25 **DRB 91 1302**	+16.08.32
Graf 1910/ 6099	FFT 7329 T 9³ →'25 **DRB 91 1303**	+06.32
Graf 1910/ 6100	FFT 7330 T 9³ →'25 **DRB 91 1304**	+04.34
Graf 1910/ 6201	FFT 7331 T 9³ →'25 **DRB 91 1305** →'45 MPS	+11.48
Hano 1910/ 5812	HAN 7264 T 9³ →'25 **DRB 91 1306** →19.09.37 WL 4 Gebr. Röchling, Bremen	+67/68
Hano 1910/ 5813	HAN 7265 T 9³ →'25 **DRB 91 1307** →'45 DRw/DB	+02.11.55
Hano 1910/ 5814	HAN 7266 T 9³ →'25 **DRB 91 1308** →'45 DRw/DB	+07.08.56
Hano 1910/ 5816	HAN 7268 T 9³ →'25 **DRB 91 1309** +03.35 →'35 Westfälische Landes-Eb. (WLE) 73 (Üb. h2 und Ventilsteuerung) →'50/51 Westfälische Landes-Eb. (WLE) 0073	+60
Hen 1910/ 9883	BSL 7362 T 9³ →'25 **DRB 91 1310** →'45 DRw	+08.04.48
Hen 1910/ 9884	BSL 7363 T 9³ →'25 **DRB 91 1311** →'45 PKP TKi 3-47"	+18.04.63
Hen 1910/ 9885	BSL 7364 T 9³ →'25 **DRB 91 1312**	+31
Hen 1910/ 9887	BSL 7366 T 9³ →'25 **DRB 91 1313** →'45 PKP TKi 3-160"	+30.08.65
Hen 1910/ 9888	HAN 7253 T 9³ →'25 **DRB 91 1314** →'45 ÖBB	+25.11.52
Hen 1910/ 9890	HAN 7255 T 9³ →'25 **DRB 91 1315**	+31
Hen 1910/ 9892	HAN 7257 T 9³ →'25 **DRB 91 1316** →'45 DRw/DB	+28.10.59
Hen 1910/ 9893	HAN 7258 T 9³ →'25 **DRB 91 1317**	+01.32
Hen 1910/ 9896	HAN 7261 T 9³ →'25 **DRB 91 1318** →'45 ČSD →21.05.51 MPS →'52 MPS TT-1318	+08.07.57
Hen 1910/ 9897	HAN 7262 T 9³ →'25 **DRB 91 1319** (03.30 RBD Hannover)	V.u.
Hen 1910/ 9898	HAN 7263 T 9³ →'25 **DRB 91 1320** →'45 DRw/DB	+26.01.59
Hen 1910/ 9899	KSL 7386 T 9³ →'25 **DRB 91 1321**	+01.06.31

Wie die zuvor gezeigte 91 1207 kam auch die 91 1347 in den Bestand der Österreichischen Bundesbahnen – bei der 1953 entstandenen Aufnahme war allerdings noch „BB Österreich" am Führerhaus angeschrieben. Ansonsten sah die Maschine noch wie eine klassische T 9³ aus – und trug sogar noch das Reichsbahn-Nummernschild mit seinen breiten Messingziffern.

Foto: Hellmuth Fröhlich

Hen 1910/ 9900	KSL 7387 T9^3 →'25 **DRB 91 1322**	+03.10.32
Hen 1910/ 9901	KSL 7388 T9^3 →'25 **DRB 91 1323** →'45 DRw/DB	+10.08.57
Hen 1910/ 9906	BLN 7360 T9^3 →'25 **DRB 91 1324** →'45 DRw/DB	+14.03.57
Hen 1910/ 9907	BSL 7367 T9^3 →'25 **DRB 91 1325** →'45 PKP TKi3-115"	+29.05.56
Hen 1910/ 9908	BSL 7368 T9^3 →'25 **DRB 91 1326**	+31
Hen 1910/ 9909	BSL 7369 T9^3 →'25 **DRB 91 1327**	+
Hen 1910/ 9912	BSL 7372 T9^3 →'25 **DRB 91 1328**	+09.33
Hen 1910/ 9913	BSL 7373 T9^3 →'25 **DRB 91 1329** →'45 DRo →'46 MPS	+
Hen 1910/ 9914	BSL 7374 T9^3 →'25 **DRB 91 1330** →'45 MPS →'52 MPS TT-1330	+20.04.56
Hen 1910/ 9915	HAN 7245" T9^3 →'25 **DRB 91 1331**	+05.32
Hen 1910/ 9916	HAN 7246" T9^3 →'25 **DRB 91 1332** →'37 Neukölln-Mittenwalder Eisenbahn (NME) 10	+67
Hen 1910/ 9917	HAN 7247" T9^3 →'25 **DRB 91 1333** →06.36 Neukölln-Mittenwalder Eisenbahn (NME) 3"	+67
Hen 1910/ 9918	HAN 7248 T9^3 →'25 **DRB 91 1334** →'44 MPS →'52 MPS TT-1334	+26.06.64
Hen 1910/ 9919	HAN 7249 T9^3 →'25 **DRB 91 1335** (03.30 RBD Hannover)	V.u.
Hen 1910/ 9920	HAN 7250 T9^3 →'25 **DRB 91 1336** →'45 DRw/DB	+12.07.62
Hen 1910/ 9922	HAN 7252 T9^3 →'25 **DRB 91 1337** →'45 DRw/DB	+15.11.57
Hen 1910/ 9923	BRO 7257 T9^3 →'20 OST 7356 →'25 **DRB 91 1338** →'45 DRo/DR	+12.05.67
Hen 1910/ 9924	BRO 7258 T9^3 →'20 OST 7357 →'25 **DRB 91 1339**	+06.35
Hen 1910/ 9925	BRO 7259 T9^3 →'20 OST 7358 →'25 **DRB 91 1340** →'45 DRw/DB	+18.10.54
Hen 1910/ 10191	MNZ 7353 T9^3 →'25 **DRB 91 1341** →'45 DRw/DB	+20.11.58
Hen 1910/ 10193	MNZ 7355 T9^3 →'25 **DRB 91 1342**	+06.31
Hen 1910/ 10194	MNZ 7356 T9^3 →'25 **DRB 91 1343** →'45 DRw/DB	+11.01.52
Hohz 1909/ 2555	EFD 7359 T9^3 →'25 **DRB 91 1344**	+31
Hohz 1909/ 2556	EFD 7360 T9^3 →'25 **DRB 91 1345**	+07.33
Hohz 1909/ 2557	EFD 7361 T9^3 →'25 **DRB 91 1346** →'45 DRw/DB +01.06.53 →'53 verk. WL Erzbergbau Wiesen-Bruckhöfe (Siegerland)	+63
Hohz 1909/ 2558	EFD 7362 T9^3 →'25 **DRB 91 1347** →'45 ÖBB →'53 ÖBB 691.1347	+28.11.57
Hohz 1909/ 2559	EFD 7363 T9^3 →'25 **DRB 91 1348**	+31
Hohz 1909/ 2560	KSL 7382 T9^3 →'25 **DRB 91 1349** →'45 PKP TKi3-116"	+29.03.55
Hohz 1909/ 2562	KSL 7384 T9^3 →'25 **DRB 91 1350** →'45 DRw/DB	+14.08.50
Hohz 1909/ 2563	KSL 7385 T9^3 →'25 **DRB 91 1351** →'45 DRw/DB	+14.11.52
Hohz 1910/ 2566	ALT 7321 T9^3 →'25 **DRB 91 1352** →'45 MPS →'52 MPS TT-1352	+20.04.56
Hohz 1910/ 2567	ESN 7430 T9^3 →'?? ESN 7080 →'25 **DRB 91 1353** +08.12.44 →'45 MPS	+02.04.47
O&K 1908/ 3030	ALT 7302 T9^3 →'12 ESN 7081" →'25 **DRB 91 1354** →'45 DRw/DB (01.06.59-10.01.62 WL AW Nied)	+13.08.62
Hohz 1910/ 2568	ESN 7431 T9^3 →'?? ESN 7081 →'10 FFT 7383 →'25 **DRB 91 1355** →'45 MPS	+
Hohz 1910/ 2569	ESN 7432 T9^3 →'?? ESN 7082 →'10 FFT 7384 →'25 **DRB 91 1356**	+16.08.32
Hohz 1910/ 2571	ESN 7434 T9^3 →'?? ESN 7084 →'10 FFT 7386 →'25 **DRB 91 1357** →'45 DRw/DB	+14.03.57
Hohz 1910/ 2572	ESN 7435 T9^3 →'?? ESN 7085 →'25 **DRB 91 1358**	+05.32
Hohz 1910/ 2573	ESN 7436 T9^3 →'?? ESN 7086 →'25 **DRB 91 1359** →'36 verk. WL 8 Industrieterrains Düsseldorf-Reisholz (IDR)	+06.56
Hohz 1910/ 2574	HAL 7370 T9^3 →'25 **DRB 91 1360** →'45 DRo/DR	+04.04.67
Hohz 1910/ 2575	HAL 7371 T9^3 →'25 **DRB 91 1361** →'45 PKP TKi3-209"	+28.03.55
Hohz 1910/ 2576	HAL 7372 T9^3 →'?? DRE 7372 →'25 **DRB 91 1362** →'45 DRo →10.08.47 MPS	+
Hohz 1910/ 2577	MST 7349 T9^3 →'25 **DRB 91 1363**	+02.32
Hohz 1910/ 2578	MST 7350 T9^3 →'25 **DRB 91 1364** →'45 DRw/DB	+27.07.54
Hohz 1910/ 2579	MST 7351 T9^3 →'25 **DRB 91 1365**	+12.32
Hohz 1910/ 2619	EFD 7364 T9^3 →'25 **DRB 91 1366** →'45 DRw/DB	+09.11.53
Hohz 1910/ 2620	EFD 7365 T9^3 →'25 **DRB 91 1367**	+30
Hohz 1910/ 2621	EFD 7366 T9^3 →'25 **DRB 91 1368**	+31
Hohz 1910/ 2623	EFD 7368 T9^3 →'25 **DRB 91 1369** →'45 DRw/DB	+01.06.53
Hohz 1910/ 2624	EFD 7369 T9^3 →'25 **DRB 91 1370**	+29
Hohz 1910/ 2625	EFD 7370 T9^3 →'25 **DRB 91 1371** →'45 JDŽ 154-004 (07.69 i.E.) →'?? verk. WL Železniško gradbeno podjetje Ljubljana	+
Hohz 1910/ 2627	EFD 7372 T9^3 →'25 **DRB 91 1372** →'45 PKP TKi3-117"	+15.05.48
Hohz 1910/ 2628	EFD 7373 T9^3 →'25 **DRB 91 1373** →'45 DRw/DB	+15.11.57
Hohz 1910/ 2629	EFD 7374 T9^3 →'25 **DRB 91 1374** →'45 DRw/DB	+01.06.53
Hohz 1910/ 2632	HAL 7375 T9^3 →'?? DRE 7375 →'25 **DRB 91 1375**	+11.33
Hohz 1910/ 2633	HAL 7376 T9^3 →'25 **DRB 91 1376** →'45 DRw/DB	+11.05.60
Hohz 1910/ 2634	HAL 7377 T9^3 →'25 **DRB 91 1377**	+
Hohz 1910/ 2635	HAL 7378 T9^3 →'25 **DRB 91 1378** →'45 DRo →'46 SMA	V.u.
Hohz 1910/ 2636	HAL 7379 T9^3 →'?? DRE 7379 →'25 **DRB 91 1379** →'45 DRo →08.47 SMA →'?? CCCP-WL (05.54 bei Elektrofabrik in Nowo-Kramatovsk; Kessel +29.07.58)	+

Selten sind Aufnahmen von Lokomotiven der Baureihe 91$^{3-18}$ in der Sowjetunion: Diese am 2. August 1957 von Josef Otto Slezak angefertigte Aufnahme zeigt die TT-1388, die ehemalige 91 1388, welche im August 1957 von der RBD Cottbus an die Sowjetische Militär-Administration abgegeben werden musste. Unklar sind allerdings die Eigentumsverhältnisse der Maschine: Bereits für den September 1948 liegt ein Nachweis für den Einsatz der 91 1388 als stationärer Kessel bei der Industrie vor, doch zum Zeitpunkt der Aufnahme, bei der sich die Maschine in einem recht guten Zustand zeigte, schien sie der Staatsbahn zu gehören. Ebenfalls auffällig ist, dass sie noch ihre regulären Puffer besaß, was darauf hindeutet, dass die Lokomotive nicht umgespurt worden war.

Hohz 1910/ 2637	HAL 7380 T9^3 →'?? DRE 7380 →'25 **DRB 91 1380** →'45 PKP TKi3-34“	+56
Hohz 1910/ 2638	HAL 7381 T9^3 →'25 **DRB 91 1381** →'45 ČSD →04.09.51 MPS →'52 MPS TT-1381	+17.08.70
Hohz 1910/ 2639	ESN 7437 T9^3 →'?? ESN 7087 →'25 **DRB 91 1382** →'45 DRw/DB	+26.01.59
Hohz 1910/ 2640	ESN 7438 T9^3 →'?? ESN 7088 →'25 **DRB 91 1383** →'45 DRw/DB	+15.11.57
Hohz 1910/ 2641	ESN 7439 T9^3 →'?? ESN 7089 →'25 **DRB 91 1384** →'45 DRw/DB	+18.10.54
Hohz 1910/ 2642	ESN 7440 T9^3 →'?? ESN 7090 →'25 **DRB 91 1385**	+12.12.31
Hohz 1910/ 2643	ESN 7441 T9^3 →'?? ESN 7091 →'25 **DRB 91 1386** →'45 ČSD →03.05.51 MPS →'52 MPS TT-1386	+24.03.67
Hohz 1910/ 2670	HAL 7387 T9^3 →'25 **DRB 91 1387**	+30
Hohz 1910/ 2671	HAL 7388 T9^3 →'25 **DRB 91 1388** →'45 DRo →10.08.47 SMA →'47/48 CCCP-WL (09.48 in Nowo-Kramatovsk als stationärer Kessel; ab 1961 in Voskresensk)	+
Hohz 1910/ 2672	HAL 7389 T9^3 →'25 **DRB 91 1389** →'45 DRo/DR	+14.08.67
Hohz 1910/ 2673	HAL 7390 T9^3 →'25 **DRB 91 1390** →'45 DRo →'46 SMA	V.u.
Hohz 1910/ 2674	HAL 7391 T9^3 →'?? DRE 7391 →'25 **DRB 91 1391** →'45 DRo →08.47 MPS →'49 CCCP-WL	+
Hohz 1910/ 2675	HAL 7392 T9^3 →'?? DRE 7392 →'25 **DRB 91 1392** →'45 PKP TKi3-189“	+01.03.55
Hohz 1910/ 2676	HAL 7393 T9^3 →'25 **DRB 91 1393**	+03.33
Hohz 1910/ 2677	HAL 7394 T9^3 →'25 **DRB 91 1394** →'45 DRw/DB	+12.01.63
Hohz 1910/ 2678	HAN 7270 T9^3 →'25 **DRB 91 1395**	+01.34
Hohz 1910/ 2679	HAN 7271 T9^3 →'25 **DRB 91 1396** →'45 DRw/DB	+15.11.57
Hohz 1910/ 2680	HAN 7272 T9^3 →'25 **DRB 91 1397**	+04.33
Hohz 1910/ 2681	HAN 7273 T9^3 →'25 **DRB 91 1398**	+
Hohz 1910/ 2682	HAN 7274 T9^3 →'25 **DRB 91 1399** →'45 DRw/DB	+01.06.53
Hohz 1910/ 2683	HAN 7275 T9^3 →'25 **DRB 91 1400** →'45 DRw/DB	+10.08.57
Haga 1910/ 632	ALT 7322 T9^3 →'25 **DRB 91 1401** →'45 DRw/DB	+01.06.53
Haga 1910/ 634	ALT 7324 T9^3 →'25 **DRB 91 1402** →'45 DRw (09.47 RBD Augsburg)	V.u.
Haga 1910/ 635	ALT 7325 T9^3 →'25 **DRB 91 1403** →'45 DRo/DR	+05.01.65
Haga 1910/ 637	ALT 7327 T9^3 →'25 **DRB 91 1404** →'45 DRw/DB	+30.09.60

Haga 1910/ 638	ALT 7328 T9^{3} →'25 **DRB 91 1405** →'45 DRw/DB +24.08.54 →20.08.54 WL AW Kaiserslautern	+
Haga 1910/ 641	HAL 7385 T9^{3} →'25 **DRB 91 1406** →'45 ČSD/R →04.07.51 MPS →'52 MPS TT-1406	+15.08.67
Haga 1910/ 642	HAL 7386 T9^{3} →'25 **DRB 91 1407** →'45 DRo (11.45 RBD Halle)	V.u.
Haga 1910/ 643	ERF 7329 T9^{3} →'25 **DRB 91 1408**	+10.01.35
Haga 1910/ 644	ERF 7330 T9^{3} →'25 **DRB 91 1409**	+08.32
Haga 1910/ 645	ERF 7331 T9^{3} →'25 **DRB 91 1410**	+
Haga 1910/ 646	ERF 7332 T9^{3} →'25 **DRB 91 1411**	+06.33
Haga 1910/ 647	MGD 7265 T9^{3} →'25 **DRB 91 1412** (04.30 RBD Berlin)	V.u.
Haga 1910/ 648	HAL 7382 T9^{3} →'25 **DRB 91 1413** →'45 PKP TKi3-91“	+01.04.63
Haga 1910/ 649	HAL 7383 T9^{3} →'25 **DRB 91 1414** →'45 DRo →10.08.47 SMA	V.u.
Haga 1910/ 650	HAL 7384 T9^{3} →'25 **DRB 91 1415**	+31
Haga 1910/ 653	BLN 7367 T9^{3} →'25 **DRB 91 1416**	+03.33
Haga 1910/ 654	BLN 7368 T9^{3} →'25 **DRB 91 1417** →'45 PKP TKi3-161“ →'54 WL Huta Zygmunt	+
Haga 1910/ 660	POS 7277 T9^{3} →'20 OST 7277 →'25 **DRB 91 1418** →'45 DRw/DB	+10.08.57
Haga 1910/ 661	POS 7278 T9^{3} →'20 OST 7278 →'25 **DRB 91 1419** →'45 DRw/DB (Saar) →04.56 WL AW St. Wendel (05.61 i.E.)	+
Haga 1910/ 662	POS 7279 T9^{3} →'20 OST 7279 →'25 **DRB 91 1420** →'44 MPS →'52 MPS TT-1420	+26.09.69
Jung 1910/ 1373	SBR 7402 T9^{3} →'?? SBR 7202“ →'20 TRI 7202 →'25 **DRB 91 1421** →'45 ÖBB	+15.07.51
Jung 1910/ 1374	SBR 7403 T9^{3} →'?? SBR 7203“ →'20 TRI 7203 →'25 **DRB 91 1422** →10.09.44 CFL 3022	+26.10.53
Jung 1910/ 1375	SBR 7404 T9^{3} →'?? SBR 7204“ →'20 TRI 7204 →'25 **DRB 91 1423** →'45 DRw/DB (Saar)	+53
Jung 1910/ 1376	SBR 7405 T9^{3} →'?? SBR 7205“ →'20 TRI 7205 →'25 **DRB 91 1424** →'45 ČSD →04.07.51 MPS →'52 MPS TT-1424	+31.12.65
Jung 1910/ 1377	FFT 7316 T9^{3} →'25 **DRB 91 1425** →'45 DRo/DR	+23.06.66
Jung 1910/ 1378	FFT 7317 T9^{3} →'25 **DRB 91 1426** +30.07.43 →'43 MPS	+08.53
Jung 1910/ 1379	FFT 7318 T9^{3} →'25 **DRB 91 1427**	+31
Jung 1910/ 1380	FFT 7319 T9^{3} →'25 **DRB 91 1428** →'45 MPS	+18.08.51
Jung 1910/ 1382	SBR 7409 T9^{3} →'?? SBR 7209“ →'20 TRI 7209 →'25 **DRB 91 1429** →'45 DRw/DB	+01.06.53
Jung 1910/ 1383	ERF 7325 T9^{3} →'25 **DRB 91 1430**	+31
Jung 1910/ 1384	ERF 7326 T9^{3} →'25 **DRB 91 1431** →'45 DRw/DB	+26.01.59
Jung 1910/ 1385	ERF 7327 T9^{3} →'25 **DRB 91 1432**	+08.32
Jung 1910/ 1386	ERF 7328 T9^{3} →'25 **DRB 91 1433**	+10.33
Jung 1910/ 1388	SBR 7399 T9^{3} →'20 TRI 7399 →'25 **DRB 91 1434**	+09.33
Jung 1910/ 1465	FFT 7332 T9^{3} →'25 **DRB 91 1435** →'45 MPS	+25.04.47
Jung 1910/ 1466	FFT 7333 T9^{3} →'25 **DRB 91 1436**	+12.32
Jung 1910/ 1467	FFT 7334 T9^{3} →'25 **DRB 91 1437**	+30
Jung 1910/ 1468	FFT 7335 T9^{3} →'25 **DRB 91 1438**	+10.33
Jung 1910/ 1469	KAT 7373 T9^{3} →'22 OPP 7373 →'25 **DRB 91 1439**	+12.32
Jung 1910/ 1470	KAT 7374 T9^{3} →'12 HAL 7395 →'?? DRE 7395 →'25 **DRB 91 1440**	+11.32

Recht „übersichtlich" ist die Beschriftung dieser T 9^{3}: Nur das Wort „Werklok" ziert diese Maschine, die seit April 1956 als Werklok beim Aw St. Wendel tätig war. Dabei handelte es sich um die ehemalige 91 1419, die dort am 9. Mai 1961 von Helmut Griebl fotografiert wurde.

Jung 1910/ 1471	KAT 7376 T9^{3} →'12 HAL 7[illegible]	→'25 **DRB 91 1441**	+12.33
Jung 1910/ 1472	KAT 7376 T9^{3} →'12 HAL 7397 →"?? DRE 7397	→'25 **DRB 91 1442** →'45 DRw/DB	+01.06.53
Jung 1910/ 1473	POS 7274 T9^{3} →'20 OST 7274	→'25 **DRB 91 1443**	+12.12.31
Jung 1910/ 1474	POS 7275 T9^{3} →'20 OST 7275	→'25 **DRB 91 1444**	+12.33
Jung 1910/ 1475	POS 7276 T9^{3} →'20 OST 7276	→'25 **DRB 91 1445** →'45 PKP TKi3-21"	+05.11.66
Jung 1910/ 1476	SBR 7410 T9^{3} →'?? SBR 7210" →'20 TRI 7210	→'25 **DRB 91 1446** →'44 MPS	+
Jung 1910/ 1478	SBR 7412 T9^{3} →'?? SBR 7212" →'20 TRI 7212	→'25 **DRB 91 1447** →'45 PKP TKi3-67"	+23.02.65
Jung 1910/ 1531	FFT 7336 T9^{3}	→'25 **DRB 91 1448** →'45 DRw/DB	+10.08.57
Jung 1910/ 1532	FFT 7337 T9^{3}	→'25 **DRB 91 1449**	+04.33
Jung 1910/ 1533	FFT 7338 T9^{3}	→'25 **DRB 91 1450** →'45 ČSD/R →06.06.51 MPS →'52 MPS TT-1450	+20.08.68
Jung 1910/ 1534	FFT 7339 T9^{3}	→'25 **DRB 91 1451** →'45 DRo/DR	+14.02.66
Jung 1910/ 1535	FFT 7340 T9^{3}	→'25 **DRB 91 1452** →'45 MPS	+
Jung 1910/ 1537	SBR 7413 T9^{3} →'?? SBR 7213" →'20 TRI 7213	→'25 **DRB 91 1453** →'45 MPS	+08.51
Jung 1910/ 1538	SBR 7414 T9^{3} →'?? SBR 7214" →'20 TRI 7214	→'25 **DRB 91 1454**	+11.32
Jung 1910/ 1539	SBR 7415 T9^{3} →'?? SBR 7215" →'20 TRI 7215	→'25 **DRB 91 1455** →'45 DRw/DB	+14.07.58
Jung 1910/ 1540	SBR 7416 T9^{3} →'?? SBR 7216" →'20 TRI 7216	→'25 **DRB 91 1456** →'45 DRo →'46 SMA	V.u.
Jung 1910/ 1541	FFT 7342 T9^{3}	→'25 **DRB 91 1457** →'45 DRw/DB	+27.10.59
Jung 1910/ 1542	STN 7328 T9^{3}	→'25 **DRB 91 1458**	+02.33
Jung 1910/ 1543	FFT 7343 T9^{3}	→'25 **DRB 91 1459** →'45 DRo →10.08.47 MPS	+
Jung 1910/ 1545	FFT 7345 T9^{3}	→'25 **DRB 91 1460** →'45 DRw/DB	+01.06.53
Jung 1910/ 1546	FFT 7346 T9^{3}	→'25 **DRB 91 1461** →'45 DRw	+04.09.46
O&K 1909/ 3911	MGD 7266 T9^{3}	→'25 **DRB 91 1462**	+28
O&K 1909/ 3912	MGD 7267 T9^{3}	→'25 **DRB 91 1463**	+31
O&K 1909/ 3913	BLN 7361 T9^{3}	→'25 **DRB 91 1464**	+24.04.33
O&K 1909/ 3914	BLN 7362 T9^{3}	→'25 **DRB 91 1465** →'45 MPS	+
O&K 1909/ 4301	BLN 7371 T9^{3}	→'25 **DRB 91 1466**	+01.12.33
O&K 1909/ 4302	BLN 7372 T9^{3}	→'25 **DRB 91 1467**	+11.33
O&K 1909/ 4304	BLN 7374 T9^{3} →'12 FFT 7379	→'25 **DRB 91 1468**	+08.32
O&K 1909/ 4305	BLN 7375 T9^{3} →'12 FFT 7380	→'25 **DRB 91 1469**	+12.32
O&K 1909/ 4306	BLN 7376 T9^{3} →'12 FFT 7381	→'25 **DRB 91 1470** →'45 DRw/DB	+18.10.54
O&K 1909/ 4307	BLN 7377 T9^{3} →'12 FFT 7382	→'25 **DRB 91 1471** →'45 DRw/DB	+01.06.53
Graf 1910/ 6203	MNZ 7351 T9^{3}	→'25 **DRB 91 1472** →'45 DRo →'46 SMA	V.u.
Graf 1910/ 6204	MNZ 7352 T9^{3}	→'25 **DRB 91 1473**	+08.31
Graf 1911/ 6267	SBR 7226" T9^{3} →'20 TRI 7226	→'25 **DRB 91 1474** →'45 DRw/DB	+09.11.53
Graf 1911/ 6268	SBR 7227" T9^{3} →'20 TRI 7227	→'25 **DRB 91 1475** +11.33 →'34 WL 2 RAW Braunschweig	+6x
Graf 1911/ 6272	SBR 7219" T9^{3} →'20 TRI 7219	→'25 **DRB 91 1476** →'45 PKP TKi3-22"	+30.05.64
Graf 1911/ 6273	SBR 7220" T9^{3} →'20 TRI 7220	→'25 **DRB 91 1477** (09.44 Osteinsatz)	V.u.
Graf 1911/ 6274	FFT 7387 T9^{3}	→'25 **DRB 91 1478** →'45 DRw/DB	+15.11.57
Graf 1911/ 6275	FFT 7388 T9^{3}	→'25 **DRB 91 1479**	+10.32
Graf 1911/ 6276	FFT 7389 T9^{3}	→'25 **DRB 91 1480** →'43 MPS →'52 MPS TT-1480	+27.09.68
Hano 1911/ 6139	ALT 7330 T9^{3}	→'25 **DRB 91 1481** →'45 DRo/DR	+04.03.66
Hano 1911/ 6140	ALT 7331 T9^{3}	→'25 **DRB 91 1482** →'45 DRw/DB	+09.11.53
Hano 1911/ 6141	ALT 7332 T9^{3}	→'25 **DRB 91 1483** →'45 DRw/DB	+01.06.53
Hano 1911/ 6142	ALT 7333 T9^{3}	→'25 **DRB 91 1484** →'45 DRw/DB	+14.11.52
Hano 1911/ 6143	ALT 7334 T9^{3}	→'25 **DRB 91 1485** →'45 DRw/DB [27)]	+01.06.53
Hano 1911/ 6144	ALT 7335 T9^{3}	→'25 **DRB 91 1486** →'45 DRw/DB	+01.06.53
Hano 1911/ 6145	BRO 7263 T9^{3} →'20 OST 7359	→'25 **DRB 91 1487**	+25.03.33
Hano 1911/ 6146	BRO 7264 T9^{3} →'20 OST 7360	→'25 **DRB 91 1488** →'45 DRw/DB	+26.01.59
Hano 1911/ 6147	BRO 7265 T9^{3} →'20 OST 7361	→'25 **DRB 91 1489** →'45 DRw/DB +28.10.55 →10.55 WL AW Nied	+
Hano 1911/ 6148	BRO 7266 T9^{3} →'20 OST 7362	→'25 **DRB 91 1490**	+12.32
Hano 1911/ 6150	BRO 7268 T9^{3} →'20 OST 7363	→'25 **DRB 91 1491** →'45 DRw/DB	+28.10.59
Hano 1911/ 6151	BRO 7269 T9^{3} →'20 OST 7364	→'25 **DRB 91 1492** →'45 MPS →'52 MPS TT-1492	+11.02.72
Hano 1911/ 6152	FFT 7347 T9^{3}	→'25 **DRB 91 1493**	+17.04.44
Hano 1911/ 6154	HAN 7277 T9^{3}	→'25 **DRB 91 1494**	+12.32
Hano 1911/ 6156	HAN 7279 T9^{3}	→'25 **DRB 91 1495** →'45 DRw/DB	+27.04.59
Hano 1911/ 6157	HAN 7280 T9^{3}	→'25 **DRB 91 1496** →'45 DRw/DB	+27.04.59
Hano 1911/ 6158	HAN 7281 T9^{3}	→'25 **DRB 91 1497**	+04.32
Hano 1911/ 6160	POS 7311 T9^{3} →'20 OST 7311	→'25 **DRB 91 1498** →'45 DRw/DB	+18.10.54
Hen 1911/ 10480	DZG 7205 T9^{3} →'20 STN 7347"	→'25 **DRB 91 1499** →'44 MPS →07.45 CCCP-WL (Ölindustrie)	+
Hen 1911/ 10481	DZG 7206 T9^{3} →'20 STN 7348	→'25 **DRB 91 1500**	+08.32

27) Eine 91 1485 wurde 1945 auch beim MPS nachgewiesen.

Hen 1911/ 10482	POS 7294“ T9^3 →’20 OST 7294 →’25 **DRB 91 1501** →’45 DRo/DR	+01.12.53
Hen 1911/ 10483	POS 7295“ T9^3 →’20 OST 7295 →’25 **DRB 91 1502** →’45 DRo →10.08.47 MPS →’?? CCCP-WL Hüttenwerk Saporoshje)	+
Hen 1911/ 10485	POS 7297 T9^3 →’20 OST 7297 →’25 **DRB 91 1503** →’45 DRo →’46 SMA	V.u.
Hen 1911/ 10486	POS 7298 T9^3 →’20 OST 7298 →’25 **DRB 91 1504**	+bis 31
Hen 1911/ 10487	POS 7299 T9^3 →’20 OST 7299 →’25 **DRB 91 1505** →’45 DRw/DB	+26.01.59
Hen 1911/ 10488	STN 7329 T9^3 →’25 **DRB 91 1506** →’45 PKP TKi3-68“	+57
Hen 1911/ 10489	KSL 7395 T9^3 →’25 **DRB 91 1507** →’45 DRw +08.04.46 →’46/47 WL RAW Paderborn	++09.59
Hen 1911/ 10491	KSL 7397 T9^3 →’25 **DRB 91 1508** →’45 DRw/DB	+10.08.57
Hen 1911/ 10492	KSL 7398 T9^3 →’25 **DRB 91 1509** →’45 PKP	+15.02.46
Hen 1911/ 10493	KSL 7399 T9^3 →’25 **DRB 91 1510** →’45 DRw/DB	+30.09.60
Hen 1911/ 10494	KSL 7400 T9^3 →’25 **DRB 91 1511** →’45 PKP TKi3-182“	+07.09.65
Hen 1911/ 10495	KSL 7051 T9^3 →’25 **DRB 91 1512** →’45 DRo →’46 MPS	+01.62
Hen 1911/ 10496	KSL 7052 T9^3 →’25 **DRB 91 1513** →’45 DRw/DB	+01.06.53
Hen 1911/ 10498	BSL 7388 T9^3 →’25 **DRB 91 1514** →’45 DRo →10.08.47 MPS	+
Hen 1911/ 10500	BSL 7390 T9^3 →’25 **DRB 91 1515** →’45 PKP TKi3-162“	+02.09.50
Hen 1911/ 10501	BSL 7391 T9^3 →’25 **DRB 91 1516** →’45 ČSD/R →03.05.51 MPS →’52 MPS TT-1516 →’58 CCCP-WL	+
Hohz 1911/ 2684	BSL 7375 T9^3 →’25 **DRB 91 1517** →’45 ČSD →12.09.45 ČSD 335.1502 →21.05.51 MPS (?)[28]	+
Hohz 1911/ 2685	BSL 7376 T9^3 →’25 **DRB 91 1518** →’45 DRo →10.08.47 SMA →’?? CCCP-WL (Hüttenwerk Saporoshje)	+
Hohz 1911/ 2686	BSL 7377 T9^3 →’25 **DRB 91 1519** (12.44 Ostlok)	V.u.
Hohz 1911/ 2687	BSL 7378 T9^3 →’25 **DRB 91 1520** →’45 PKP TKi3-69“	+57
Hohz 1911/ 2688	BSL 7379 T9^3 →’25 **DRB 91 1521** (12.44 RBD Königsberg)	V.u.
Hohz 1911/ 2689	BSL 7380 T9^3 →’25 **DRB 91 1522** →’45 ČSD	+5x
Hohz 1911/ 2693	EFD 7375 T9^3 →’25 **DRB 91 1523** →’45 MPS	+
Hohz 1911/ 2694	EFD 7376 T9^3 →’25 **DRB 91 1524** →’45 MPS →’45 CCCP-WL	+
Hohz 1911/ 2695	EFD 7377 T9^3 →’25 **DRB 91 1525** →’45 DRw/DB	+27.10.59
Hohz 1911/ 2696	ESN 7092 T9^3 →’25 **DRB 91 1526**	+
Hohz 1911/ 2698	ESN 7094 T9^3 →’25 **DRB 91 1527**	+31
Hohz 1911/ 2700	KAT 7378 T9^3 →’12 HAL 7399 →’25 **DRB 91 1528**	+
Hohz 1911/ 2701	KAT 7379 T9^3 →’12 HAL 7400 →’25 **DRB 91 1529**	+30
Hohz 1911/ 2752	KÖL 7358 T9^3 →’?? KÖL 7338“ →’25 **DRB 91 1530** →’45 DRw/DB	+14.07.58
Hohz 1911/ 2753	KÖL 7359 T9^3 →’25 **DRB 91 1531** →’45 PKP TKi3-163“	+03.11.54
Hohz 1911/ 2754	KÖL 7360 T9^3 →’25 **DRB 91 1532** →’45 DRw/DB	+02.11.55
Hohz 1911/ 2757	KÖL 7363 T9^3 →’25 **DRB 91 1533** (09.44 Ostlok)	V.u.
Hohz 1911/ 2758	KÖL 7364 T9^3 →’25 **DRB 91 1534** →’45 MPS →’52 MPS TT-1534	+24.11.71
Hohz 1911/ 2759	KÖL 7365 T9^3 →’25 **DRB 91 1535**	+06.31
Hohz 1911/ 2760	KÖL 7366 T9^3 →’25 **DRB 91 1536** →’45 DRw/DB	+18.03.55
Hohz 1911/ 2761	KÖL 7367 T9^3 →’25 **DRB 91 1537** →’45 MPS →03.46 CCCP-WL (Ministerium für Chemieindustrie)	+
Hohz 1911/ 2762	KÖL 7368 T9^3 →’12 EFD 7379 →’25 **DRB 91 1538** →’45 PKP TKi3-145” +12.08.55 →’55 WL KWK Śląsk TKi3-145	+
Hohz 1911/ 2763	KÖL 7369 T9^3 →’12 EFD 7380 →’25 **DRB 91 1539** (09.44 Ostlok)	V.u.
Hohz 1911/ 2764	HAL 7051 T9^3 →’25 **DRB 91 1540** →’45 DRw/DB	+14.03.57
Hohz 1911/ 2765	HAL 7052 T9^3 →’?? DRE 7052 →’25 **DRB 91 1541**	+07.32
Hohz 1911/ 2766	HAL 7053 T9^3 →’25 **DRB 91 1542**	+30
Hohz 1911/ 2767	HAL 7054 T9^3 →’25 **DRB 91 1543**	+03.32
Hohz 1911/ 2768	MST 7355 T9^3 →’25 **DRB 91 1544** +37 →’37 Bentheimer Eisenbahn (BE) 16“	+55
Hohz 1911/ 2769	MST 7356 T9^3 →’25 **DRB 91 1545** +02.29 →19.08.29 Georgsmarienhütten-Eb. (GME) 2“	+65
Hohz 1911/ 2770	MST 7357 T9^3 →’25 **DRB 91 1546**	+12.32
Hohz 1911/ 2771	MST 7358 T9^3 →’25 **DRB 91 1547**	+
Hohz 1911/ 2772	MST 7359 T9^3 →’25 **DRB 91 1548** →’45 DRw/DB	+01.06.53
Hohz 1911/ 2773	MST 7360 T9^3 →’25 **DRB 91 1549** →’45 MPS →’52 MPS TT-1549	+21.04.59
Hohz 1911/ 2774	MST 7361 T9^3 →’25 **DRB 91 1550**	+07.31
Hohz 1911/ 2775	MST 7362 T9^3 →’25 **DRB 91 1551**	+12.32
Hohz 1911/ 2776	MST 7363 T9^3 →’25 **DRB 91 1552**	+12.32
Hohz 1911/ 2777	MST 7364 T9^3 →’25 **DRB 91 1553** →’45 DRw/DB	+28.10.59
Haga 1911/ 666	HAL 7055 T9^3 →’25 **DRB 91 1554** →’45 DRo →’46 SMA	V.u.
Haga 1911/ 668	HAL 7057 T9^3 →’?? DRE 7057 →’25 **DRB 91 1555** →’45 DRo →’46 SMA	V.u.
Haga 1911/ 669	HAL 7058 T9^3 →’?? DRE 7058 →’25 **DRB 91 1556** →’45 DRo →10.08.47 MPS →’52 MPS TT-1556	+23.03.55
Haga 1911/ 670	HAL 7059 T9^3 →’?? DRE 7059 →’25 **DRB 91 1557** →’45 DRo/DR	+14.02.66
Haga 1911/ 671	HAL 7060 T9^3 →’?? DRE 7060 →’25 **DRB 91 1558** →’45 DRo/DR	+10.01.66

28) Abgabe an die Sowjetunion nach tschechischen Quellen; beim MPS keine Nachweise bekannt.

Haga 1911/ 672	HAL 7001 $T9^3$ →'25 **DRB 91 1559**	+30
Haga 1911/ 673	ERF 7336 $T9^3$ →'25 **DRB 91 1560**	+31
Haga 1911/ 674	ERF 7337 $T9^3$ →'25 **DRB 91 1561**	+07.33
Haga 1911/ 675	ERF 7338 $T9^3$ →'25 **DRB 91 1562** →'45 DRw/DB	+14.07.58
Haga 1911/ 676	ERF 7339 $T9^3$ →'25 **DRB 91 1563**	+08.33
Haga 1911/ 678	BRO 7278 $T9^3$ (→06.07.19 LG/L) →'20 OST 7370 →'25 **DRB 91 1564** →'45 DRw/DB	+15.11.57
Haga 1911/ 680	BRO 7280 $T9^3$ →'20 OST 7371 →'25 **DRB 91 1565** →'45 MPS →'52 MPS TT-1565	+03.12.53
Jung 1911/ 1606	FFT 7348 $T9^3$ →'25 **DRB 91 1566**	+01.12.32
Jung 1911/ 1607	FFT 7349 $T9^3$ →'25 **DRB 91 1567** +15.03.43 →'45 MPS	+
Jung 1911/ 1608	FFT 7350 $T9^3$ →'25 **DRB 91 1568** ('42 Ostlok)	V.u.
Jung 1911/ 1609	FFT 7351 $T9^3$ →'25 **DRB 91 1569** →02.10.44 DEBG 28a (Bruchsal-Hilsbach-Menzingen (BHM))	+04.51
Jung 1911/ 1610	FFT 7352 $T9^3$ →'25 **DRB 91 1570**	+07.33
Jung 1911/ 1612	FFT 7354 $T9^3$ →'25 **DRB 91 1571** →'45 DRo →'46 SMA	V.u.
Jung 1911/ 1613	FFT 7355 $T9^3$ →'25 **DRB 91 1572** →'45 PKP TKi3-35"	+05.08.54
Jung 1911/ 1614	FFT 7356 $T9^3$ →'25 **DRB 91 1573** →'45 DRw/DB	+13.08.52
Jung 1911/ 1615	FFT 7357 $T9^3$ →'25 **DRB 91 1574** →'45 DRw/DB	+31.10.50
Jung 1911/ 1616	FFT 7358 $T9^3$ →'25 **DRB 91 1575** →'45 DRw/DB	+26.04.61
Jung 1911/ 1617	FFT 7359 $T9^3$ →'25 **DRB 91 1576** (09.44 Osteinsatz)	V.u.
Jung 1911/ 1618	FFT 7360 $T9^3$ →'25 **DRB 91 1577**	+09.33
Jung 1911/ 1619	FFT 7361 $T9^3$ →'25 **DRB 91 1578** →'45 DRw/DB	+09.11.53
Jung 1911/ 1620	FFT 7362 $T9^3$ →'25 **DRB 91 1579** →'45 DRw/DB	+01.06.53
Jung 1911/ 1621	FFT 7363 $T9^3$ →'25 **DRB 91 1580** →'45 DRw/DB	+25.04.58
Jung 1911/ 1660	FFT 7364 $T9^3$ →'25 **DRB 91 1581** →'45 PKP TKi3-183"	+57
Jung 1911/ 1661	FFT 7365 $T9^3$ →'25 **DRB 91 1582** +30.08.44 →'45 MPS →'45 CCCP-WL	+
Jung 1911/ 1662	FFT 7366 $T9^3$ →'25 **DRB 91 1583** →'45 DRo/DR	+20.09.67
O&K 1911/ 4603	BRO 7271 $T9^3$ →'20 OST 7366 →'25 **DRB 91 1584**	+12.12.31
O&K 1911/ 4605	BRO 7273 $T9^3$ →'20 OST 7367 →'25 **DRB 91 1585** →'45 DRo →01.46 SMA	V.u.
O&K 1911/ 4606	BRO 7274 $T9^3$ →'20 OST 7368 →'25 **DRB 91 1586**	+06.37
O&K 1911/ 5001	BRO 7281 $T9^3$ →'20 OST 7372 →'25 **DRB 91 1587** →'45 PKP TKi3-190" +01.07.65 →'?? WL Huta Będzin TKi3-190	+
O&K 1911/ 5003	DZG 7218 $T9^3$ →'20 OST 7281 →'25 **DRB 91 1588** →'45 DRw/DB	+17.03.54
O&K 1911/ 5004	DZG 7219 $T9^3$ →'20 KBG 7219 →'25 **DRB 91 1589** →'45 MPS	+02.51
O&K 1911/ 5005	DZG 7220 $T9^3$ →'20 KBG 7220 →'25 **DRB 91 1590** →'45 MPS	+02.51
Bors 1903/ 5231	Kat 1612 →'06 KAT 7283 $T9^3$ →'22 OPP 7283 →'25 **DRB 91 1591**	+
Hohz 1912/ 2845	ALT 7336 $T9^3$ →'25 **DRB 91 1592** →'45 DRo →'45/46 PKP TKi3-164"	+10.03.65
Hohz 1912/ 2846	ALT 7337 $T9^3$ →'25 **DRB 91 1593** →'45 DRo →10.08.47 SMA	V.u.
Hohz 1912/ 2847	ALT 7338 $T9^3$ →'25 **DRB 91 1594** →'45 DRw/DB	+20.11.58
Hohz 1912/ 2848	KÖL 7356" $T9^3$ →'25 **DRB 91 1595** →'45 DRw/DB	+01.07.64
Hohz 1912/ 2849	KÖL 7357" $T9^3$ →'25 **DRB 91 1596**	+06.31
Hohz 1912/ 2850	KÖL 7358" $T9^3$ →'25 **DRB 91 1597** →'45 MPS →'52 MPS TT-1597 [29)]	+15.04.74
Hohz 1912/ 2851	DZG 7210 $T9^3$ →'20 STN 7349 →'25 **DRB 91 1598**	+30
Hohz 1912/ 2853	DZG 7212 $T9^3$ →'20 STN 7351 →'25 **DRB 91 1599**	+31
Hohz 1912/ 2855	DZG 7214 $T9^3$ →'20 STN 7352 →'25 **DRB 91 1600** →'45 PKP TKi3-92" +17.09.55 →'55 WL Huta im. Bieruta	+
Hohz 1912/ 2858	HAN 7282 $T9^3$ →'25 **DRB 91 1601**	+09.35
Hohz 1912/ 2859	HAN 7283 $T9^3$ →'25 **DRB 91 1602** →'45 DRw/DB	+01.06.53
Hohz 1912/ 2861	HAN 7285 $T9^3$ →'25 **DRB 91 1603**	+08.33
Hohz 1912/ 2862	MST 7365 $T9^3$ →'25 **DRB 91 1604**	+12.32
Hohz 1912/ 2863	MST 7366 $T9^3$ →'25 **DRB 91 1605** →'45 DRw/DB	+01.06.53
Hohz 1912/ 2865	MST 7368 $T9^3$ →'25 **DRB 91 1606** →'45 DRw/DB	+17.03.54
Hohz 1912/ 2867	MST 7370 $T9^3$ →'25 **DRB 91 1607** +30 →01.07.30 Georgsmarienhütten-Eb. (GME) 1"	+um 63
Hohz 1912/ 2868	SBR 7221" $T9^3$ →'20 TRI 7221 →'25 **DRB 91 1608** →'45 DRo/DR	+24.04.67 u. 16.05.67
Hohz 1912/ 2869	SBR 7222" $T9^3$ →'20 TRI 7222 →'25 **DRB 91 1609** →'45 DRw/DB	+30.09.60
Unio 1912/ 2008	DZG 7395 $T9^3$ →'20 KBG 7395 →'25 **DRB 91 1610** +06.35 →'35 Ostdeutsche Eisenbahn-Ges. (OEG)	+
Unio 1912/ 2009	DZG 7396 $T9^3$ →'20 KBG 7396 →'25 **DRB 91 1611** →'45 MPS →'52 MPS TT-1611	+20.04.56
Unio 1912/ 2010	STN 7330 $T9^3$ →'25 **DRB 91 1612** →'45 DRo →'46 SMA	V.u.
Unio 1912/ 2011	STN 7331 $T9^3$ →'25 **DRB 91 1613** →'45 ČSD/R →09.03.51 MPS →'52 MPS TT-1613	+28.12.61
Unio 1912/ 2012	STN 7332 $T9^3$ →'25 **DRB 91 1614** →'45 MPS	+
Unio 1912/ 2014	KBG 7298 $T9^3$ →'25 **DRB 91 1615** →'45 MPS →'47 CCCP-WL	+
Haga 1912/ 681	ERF 7340 $T9^3$ →'25 **DRB 91 1616**	+04.32
Haga 1912/ 682	ERF 7341 $T9^3$ →'25 **DRB 91 1617**	+

29) naQ: →'45 CFL 3023 +26.10.53

Haga 1912/ 683	HAL 7062 T9^3 →'?? DRE 7062 →'25 **DRB 91 1618** →'45 DRo/DR	+10.01.66
Haga 1912/ 684	HAL 7063 T9^3 →'25 **DRB 91 1619** [30]	+07.30
Haga 1912/ 685	HAL 7064 T9^3 →'?? DRE 7064 →'25 **DRB 91 1620** →'45 DRo/DR	+03.04.62
Haga 1912/ 686	HAL 7065 T9^3 →'25 **DRB 91 1621**	+07.30
Haga 1912/ 687	HAL 7066 T9^3 →'25 **DRB 91 1622**	+07.30
Haga 1912/ 688	HAL 7067 T9^3 →'?? DRE 7067 →'25 **DRB 91 1623** →'45 DRo →'46 MPS	+
Haga 1912/ 694	KSL 7053 T9^3 →'25 **DRB 91 1624** →'45 DRw/DB	+27.04.59
Haga 1912/ 695	KSL 7054 T9^3 →'25 **DRB 91 1625** →'45 DRo →'46 SMA	V.u.
Haga 1912/ 696	HAL 7068 T9^3 →'25 **DRB 91 1626** →'45 PKP TKi3-70"	+29.03.55
Haga 1912/ 697	HAL 7069 T9^3 →'25 **DRB 91 1627** →'45 DRo/DR →'70 DR (91 1627-8)	+20.02.69
Haga 1912/ 698	HAL 7070 T9^3 →'25 **DRB 91 1628**	+02.32
Haga 1912/ 699	HAL 7071 T9^3 →'25 **DRB 91 1629**	+
Haga 1912/ 700	HAL 7072 T9^3 →'25 **DRB 91 1630** →'45 DRo →'46 SMA	V.u.
Haga 1912/ 701	HAL 7073 T9^3 →'25 **DRB 91 1631** →'45 DRo →'46 SMA	V.u.
Haga 1912/ 702	MST 7371 T9^3 →'25 **DRB 91 1632**	+31
Haga 1912/ 704	MST 7373 T9^3 →'25 **DRB 91 1633** →'45 MPS	+11.48
Haga 1912/ 706	BSL 7392 T9^3 →'25 **DRB 91 1634** →'45 DRo →10.08.47 SMA	V.u.
Haga 1912/ 707	BSL 7393 T9^3 →'25 **DRB 91 1635** →'45 PKP TKi3-118" +20.09.50 →'?? WL Cukrownia Baborów	+
Haga 1912/ 708	HAL 7074 T9^3 →'25 **DRB 91 1636** →'45 DRw/DB	+23.11.56
Haga 1912/ 709	HAL 7075 T9^3 →'25 **DRB 91 1637** (12.44 RBD Halle vermißt)	V.u.
Haga 1912/ 710	HAL 7076 T9^3 →'25 **DRB 91 1638**	+31
Haga 1912/ 711	HAL 7077 T9^3 →'25 **DRB 91 1639** →'45 DRo →'46 SMA	V.u.
Haga 1912/ 712	HAL 7078 T9^3 →'25 **DRB 91 1640**	+30
Jung 1912/ 1663	FFT 7367 T9^3 →'25 **DRB 91 1641** →'45 DRw/DB	+28.10.59
Jung 1912/ 1664	FFT 7368 T9^3 →'25 **DRB 91 1642** →'45 PKP TKi3-146"	+10.10.55
Jung 1912/ 1665	FFT 7369 T9^3 →'25 **DRB 91 1643** →'45 DRw/DB +13.08.52 →12.52 WL AW Bad Cannstatt (bis '60)	++61
Jung 1912/ 1666	FFT 7370 T9^3 →'25 **DRB 91 1644** (02.44 Ostlok)	V.u.
Jung 1912/ 1667	FFT 7371 T9^3 →'25 **DRB 91 1645** →'45 DRo →'46 SMA	V.u.
Jung 1912/ 1668	FFT 7372 T9^3 →'25 **DRB 91 1646** +30.07.43 →'45 MPS	+25.04.47
Jung 1912/ 1669	FFT 7373 T9^3 →'25 **DRB 91 1647** →'45 MPS	+
Jung 1912/ 1671	FFT 7375 T9^3 →'25 **DRB 91 1648** →'45 DRw/DB	+01.06.53
Jung 1912/ 1672	FFT 7376 T9^3 →'25 **DRB 91 1649**	+31
Jung 1912/ 1673	FFT 7377 T9^3 →'25 **DRB 91 1650** →'45 DRw/DB	+15.08.55
Jung 1912/ 1674	FFT 7378 T9^3 →'25 **DRB 91 1651** →'45 DRw/DB	+08.09.62
Jung 1912/ 1675	SBR 7223" T9^3 →'20 TRI 7223 →'25 **DRB 91 1652** →'45 DRw/DB	+26.01.59
Jung 1912/ 1676	SBR 7224" T9^3 →'20 TRI 7224 →'25 **DRB 91 1653** (12.32 RBD Nürnberg)	V.u.
Jung 1912/ 1677	SBR 7229" T9^3 →'20 TRI 7229 →'25 **DRB 91 1654** →'45 DRw/DB	+08.09.62
Jung 1912/ 1732	EFD 7378 T9^3 →'25 **DRB 91 1655**	+16.08.32
Jung 1912/ 1733	EFD 7381 T9^3 →'25 **DRB 91 1656** →'45 DRw/DB	+07.08.59
Jung 1912/ 1734	FFT 7390 T9^3 →'25 **DRB 91 1657**	+07.31
Jung 1912/ 1735	FFT 7391 T9^3 →'25 **DRB 91 1658**	+14.12.36
Jung 1912/ 1736	FFT 7392 T9^3 →'25 **DRB 91 1659** →'45 DRw/DB	+09.11.53
Jung 1912/ 1737	FFT 7393 T9^3 →'25 **DRB 91 1660** →'45 DRw/DB	+18.04.56
Jung 1912/ 1740	FFT 7396 T9^3 →'25 **DRB 91 1661** →'45 DRw/DB	+26.01.59
Jung 1912/ 1730	FFT 7400 T9^3 →'25 **DRB 91 1662** →'45 DRw	+23.04.46
Jung 1912/ 1731	FFT 7401 T9^3 →'?? FFT 7051 →'25 **DRB 91 1663** →25.06.37 WL 9 Industrie- und Hafenbahn Düsseldorf-Reinholz	+03.59
Jung 1912/ 1743	HAN 7288 T9^3 →'25 **DRB 91 1664** →'45 DRw/DB	+27.07.54
Jung 1912/ 1746	SBR 7230" T9^3 →'20 TRI 7230 →'25 **DRB 91 1665**	+
Jung 1912/ 1763	KÖL 7370 T9^3 →'25 **DRB 91 1666**	+31
Jung 1912/ 1764	KÖL 7371 T9^3 →'25 **DRB 91 1667** →'45 DRw/DB	+15.08.55
Jung 1912/ 1820	MST 7374 T9^3 →'25 **DRB 91 1668** →'45 DRw +10.05.46 →04.46 WL 7 AW Duisburg-Wedau [31]	+14.11.52
Jung 1912/ 1821	MST 7375 T9^3 →'25 **DRB 91 1669** (abgesetzt)	+03.03.43
Jung 1912/ 1822	MST 7376 T9^3 →'25 **DRB 91 1670** +03.03.43 →'45 MPS →'52 MPS TT-1670 →22.07.55 CCCP-WL (Waggon-Depot Siauliai)	+
Jung 1912/ 1823	MST 7377 T9^3 →'25 **DRB 91 1671** →'45 DRo/DR	+12.03.66
Jung 1912/ 1824	MST 7378 T9^3 →'25 **DRB 91 1672** →'37 Bentheimer Eisenbahn (BE) 15"	+52
Jung 1912/ 1825	MST 7379 T9^3 →'25 **DRB 91 1673**	+31
Jung 1912/ 1826	HAN 7291 T9^3 →'25 **DRB 91 1674**	+06.33
Jung 1912/ 1827	HAN 7292 T9^3 →'25 **DRB 91 1675** →'45 DRw/DB	+18.03.55

30) Eine 91 1619 wurde 1943 auch beim MPS nachgewiesen.

31) Eine 91 1668 wird auch als WL in den Aw Schwerte, Lingen und Recklinghausen genannt. Die Betriebsnummer 91 1668 soll eine 08.47 vergebene Zweitbesetzung sein.

Auch die 91 1701 war eine Zeitlang als Werklok eingesetzt: Nach ihrer Ausmusterung im Januar 1959 wurde sie ab November des gleichen Jahres als Werklok des Aw Nied verwendet. In dieser Zeit trug sie weiterhin ihre angestammte Betriebsnummer „91 1701“ und darüber die Beschriftung „Werklok № 1“. Der Einsatz währte allerdings nur kurz – bereits im Mai 1961 war er wieder beendet. Die Aufnahme entstand im Herbst 1962 anlässlich der Überführung zur Verschrottung im Raum Wetzlar. Im Bereich der Rauchkammer war bereits ein Schild mit der Aufschrift „91 1701 Von BW 2Ffm nach Bf. Wetzlar“ angebracht.
Foto: Karl-Ernst Maedel

Jung 1912/ 1829	EFD 7383 T9^3 →'25 **DRB 91 1676**	+30
Jung 1912/ 1830	EFD 7384 T9^3 →'25 **DRB 91 1677** [32]	+07.33
Jung 1912/ 1831	EFD 7385 T9^3 →'25 **DRB 91 1678**	+29
O&K 1912/ 5006	POS 7300 T9^3 →'20 OST 7300 →'25 **DRB 91 1679**	+
O&K 1912/ 5012	POS 7306 T9^3 →'20 OST 7306 →'25 **DRB 91 1680** →'45 DRo →10.08.47 SMA	V.u.
O&K 1912/ 5013	POS 7307 T9^3 →'20/21 BSL 7371" →'25 **DRB 91 1681** →'45 DRo →'46 SMA	V.u.
O&K 1912/ 5014	POS 7308 T9^3 →'20 OST 7308 →'25 **DRB 91 1682** →'45 DRo/DR	+09.09.66
O&K 1912/ 5015	POS 7309 T9^3 →'20 OST 7309 →'25 **DRB 91 1683** →'45 DRw/DB	+26.01.59
O&K 1912/ 5271	BSL 7394 T9^3 →'25 **DRB 91 1684** →'45 DRo/DR	+20.12.67
O&K 1912/ 5272	BSL 7395 T9^3 →'25 **DRB 91 1685** →'44 MPS	+23.05.58
O&K 1912/ 5273	KSL 7055 T9^3 →'25 **DRB 91 1686** →'45 DRw/DB	+28.10.59
O&K 1912/ 5274	KSL 7056 T9^3 →'25 **DRB 91 1687** →'45 DRw/DB	+52
O&K 1912/ 5276	KSL 7058 T9^3 →'25 **DRB 91 1688** →'45 DRw/DB	+04.05.59
O&K 1912/ 5282	STN 7333 T9^3 →'25 **DRB 91 1689**	+31
O&K 1912/ 5283	STN 7334 T9^3 →'25 **DRB 91 1690**	+03.33
O&K 1912/ 5284	ALT 7339 T9^3 →'25 **DRB 91 1691** +08.12.44 →'44 MPS	+
O&K 1912/ 5344	ALT 7340 T9^3 →'25 **DRB 91 1692** →'45 DRo/DR →'70 DR [91 1692-2]	+17.12.70
O&K 1912/ 5345	ALT 7341 T9^3 →'25 **DRB 91 1693** →'45 ČSD/R →06.04.51 MPS →'52 MPS TT-1693	+05.10.56
Graf 1913/ 6498	Reichseisenbahnen Elsaß-Lothringen (EL) 7182 (T9) (06.09.18 an EAW Darmstadt) →ca.'22/23 MNZ 7182 T9^3 →'25 **DRB 91 1694** →'45 DRw/DB	+27.07.54
Unio 1913/ 2047	POS 7324 T9^3 →'20 OST 7324 →'25 **DRB 91 1695** →'45 DRo →'46 MPS	+
Unio 1913/ 2049	POS 7326 T9^3 →'20 OST 7326 →'25 **DRB 91 1696** →'45 PKP TKi3-119" +23.03.57 →'57 WL Huta Warszawa →'73 Museumslok im Eisenbahnmuseum Warschau	('17 vorh.)
Unio 1913/ 2050	POS 7327 T9^3 →'20 OST 7327 →'25 **DRB 91 1697** (01.30 RBD Osten)	V.u.
Unio 1913/ 2051	POS 7328 T9^3 →'20 OST 7328 →'25 **DRB 91 1698** →'45 DRo/DR	+11.10.65
Unio 1913/ 2052	POS 7329 T9^3 →'20 OST 7329 →'25 **DRB 91 1699** →'45 DRo →'46 SMA →'?? CCCP-WL (Stahlwerk Makeevka; '5x AW Dnepropetrowsk)	+
Unio 1913/ 2053	POS 7330 T9^3 →'20 OST 7330 →'25 **DRB 91 1700** →'45 ÖBB/T →07.12.48 CCCP	V.u.
Unio 1913/ 2054	POS 7331 T9^3 →'20 OST 7331 →'25 **DRB 91 1701** →'45 DRw/DB +09.01.59 →01.11.59 WL 1 AW Nied (bis 09.05.61)	++
Unio 1913/ 2055	POS 7332 T9^3 →'20 OST 7332 →'25 **DRB 91 1702** →'45 PKP TKi3-184"	+30.05.64
Unio 1913/ 2056	POS 7333 T9^3 →'20 OST 7333 →'25 **DRB 91 1703** →'45 DRo →10.08.47 MPS →'?? CCCP-WL (09.51-06.62 Zementwerk Podolsk)	+
Unio 1913/ 2057	BSL 7396 T9^3 →'25 **DRB 91 1704** →'45 DRo →10.08.47 MPS	+
Unio 1913/ 2063	STN 7335 T9^3 →'25 **DRB 91 1705** →'45 DRo/DR	+09.02.66
Unio 1913/ 2064	STN 7336 T9^3 →'25 **DRB 91 1706**	+08.32

32) Eine 91 1677 wurde 1943 auch beim MPS nachgewiesen.

Zum Bw Altona gehörte die 91 1710, als sie 1932 von Werner Hubert portraitiert wurde. Bei Kriegsende befand sich die Maschine im Bezirk der Rbd Schwerin, wurde dann 1946 zum Bw Bitterfeld umbeheimatet und im Oktober 1947 als Werklok an die Grube Theodor bei Bitterfeld verkauft. Über das weitere Schicksal der Lokomotive ist leider nichts bekannt.

Unio 1913/ 2065	STN 7337 T9^{3} →'25 **DRB 91 1707**	+02.33
Unio 1913/ 2061	DZG 7224 T9^{3} →'20 STN 7353 →'25 **DRB 91 1708** →'45 PKP TKi3-48"	+25.11.56
Unio 1913/ 2094	ALT 7347 T9^{3} →'25 **DRB 91 1709** →'45 JDŽ 154-005	+
Unio 1913/ 2095	ALT 7348 T9^{3} →'25 **DRB 91 1710** →'45 DRo →10.10.47 verk. WL Grube Theodor, Bitterfeld	+
Unio 1913/ 2096	ALT 7349 T9^{3} →'25 **DRB 91 1711** →'45 DRo/DR	+10.12.66
Unio 1913/ 2097	ALT 7350 T9^{3} →'25 **DRB 91 1712**	+12.08.33
Unio 1913/ 2098	ALT 7351 T9^{3} →'25 **DRB 91 1713**	+12.32
Unio 1913/ 2099	ALT 7352 T9^{3} →'25 **DRB 91 1714** →'45 DRw/DB	+28.05.54
Unio 1913/ 2100	ALT 7353 T9^{3} →'25 **DRB 91 1715** →'45 DRw/DB	+25.04.58
Haga 1913/ 713	HAL 7079 T9^{3} →'?? DRE 7079 →'25 **DRB 91 1716** →'45 DRo →'46 SMA	V.u.
Haga 1913/ 714	HAL 7080 T9^{3} →'25 **DRB 91 1717**	+31
Haga 1913/ 715	HAL 7081 T9^{3} →'?? DRE 7081 →'25 **DRB 91 1718** →'45 DRo →10.08.47 MPS →'47 CCCP-WL	+
Haga 1913/ 716	HAN 7293 T9^{3} →'25 **DRB 91 1719** →'45 DRw	+19.12.46
Haga 1913/ 717	HAN 7294 T9^{3} →'25 **DRB 91 1720** →'45 DRw/DB	+18.04.56
Haga 1913/ 718	HAN 7295 T9^{3} →'25 **DRB 91 1721** →'44 MPS	+
Haga 1913/ 719	HAN 7296 T9^{3} →'25 **DRB 91 1722** →'45 DRw/DB (Saar)	+52
Haga 1913/ 720	HAN 7297 T9^{3} →'25 **DRB 91 1723** →'45 DRw/DB	+01.06.53
Haga 1913/ 721	HAN 7298 T9^{3} →'25 **DRB 91 1724** →'45 DRw/DB +09.06.59 →'59 WL AW Neumünster →'?? WL AW Hamburg-Harburg	+
Haga 1913/ 725	ALT 7354 T9^{3} →'25 **DRB 91 1725** →'45 DRw/DB	+01.06.53
Haga 1913/ 726	ALT 7355 T9^{3} →'25 **DRB 91 1726** →'45 DRw/DB	+17.03.54
Haga 1913/ 727	ALT 7356 T9^{3} →'25 **DRB 91 1727** +08.12.44 →'44 MPS	+
Haga 1913/ 728	BSL 7051 T9^{3} →'25 **DRB 91 1728**	+31
Haga 1913/ 731	BSL 7054 T9^{3} →'25 **DRB 91 1729** →'45 PKP TKi3-199"	+30.12.66
Haga 1913/ 733	BSL 7056 T9^{3} →'25 **DRB 91 1730** →'45 PKP TKi3-49" +26.11.56 →'?? WL Huta Łabędy TKi3-49	+11.02.73
Haga 1913/ 734	KSL 7066 T9^{3} →'25 **DRB 91 1731** →'45 DRw/DB +20.11.58 →'58 WL →'?? WL AW Neumünster	+
Haga 1913/ 736	KSL 7068 T9^{3} →'25 **DRB 91 1732** →'45 DRw/DB	+27.04.59
Haga 1913/ 737	KSL 7069 T9^{3} →'25 **DRB 91 1733** →'45 DRw/DB	+15.08.55
Haga 1913/ 738	KSL 7070 T9^{3} →'25 **DRB 91 1734** →'45 DRo/DR	+20.06.67
Haga 1913/ 739	HAN 7301 T9^{3} →'25 **DRB 91 1735** →'45 DRw/DB	+14.07.58
Haga 1913/ 740	HAN 7302 T9^{3} →'25 **DRB 91 1736** →'45 DRw/DB +08.08.55 →08.55 WL 4 AW Kaiserslautern (Geräte-Nr. 805-80-04)	++08.59
Haga 1913/ 741	HAN 7303 T9^{3} →'25 **DRB 91 1737** →'45 DRw/DB	+28.10.59
Haga 1913/ 742	HAN 7304 T9^{3} (30.07.19-21.10.19 LG/L) →'25 **DRB 91 1738**	+12.33
Haga 1913/ 745	KÖL 7382 T9^{3} →'25 **DRB 91 1739**	+31
Haga 1913/ 746	KÖL 7383 T9^{3} →'25 **DRB 91 1740** →'45 DRw/DB	+25.04.58

Von 1941 stammt dieses von Hermann Maey angefertigte Bild der mit Oberflächenvorwärmer ausgerüsteten 91 1730. Typisch für die Kriegszeit sind die verdunkelten Lampen sowie der Reichsadler als Eigentumsmerkmal. Die später noch als Werklokomotive eingesetzte Maschine erreichte immerhin ein Alter von 60 Jahren.

Haga 1913/ 747	KÖL 7384 T9[3] →'25 **DRB 91 1741** →'45 DRw/DB	+28.05.54
Haga 1913/ 748	KÖL 7385 T9[3] →'25 **DRB 91 1742**	+12.32
Haga 1913/ 749	EFD 7396 T9[3] →'25 **DRB 91 1743**	+29
Haga 1913/ 750	EFD 7397 T9[3] →'25 **DRB 91 1744** →'45 MPS →'52 MPS TT-1744	+16.06.66
Haga 1913/ 751	EFD 7398 T9[3] →'25 **DRB 91 1745** →'45 PKP TKi 3-191"	+15.08.64
Haga 1913/ 752	EFD 7399 T9[3] →'25 **DRB 91 1746** →'45 DRw/DB	+15.08.58
Haga 1913/ 753	BSL 7057 T9[3] →'25 **DRB 91 1747** →'45 DRw/DB	+20.11.58
Haga 1913/ 754	BSL 7058 T9[3] →'25 **DRB 91 1748**	+08.33
Haga 1913/ 755	KSL 7071 T9[3] →'25 **DRB 91 1749** →'45 DRw/DB	+27.07.54
Jung 1913/ 1832	FFT 7397 T9[3] →'25 **DRB 91 1750** →'45 DRw/DB	+18.10.54
Jung 1913/ 1833	FFT 7398 T9[3] →'25 **DRB 91 1751**	+09.33
Jung 1913/ 1834	FFT 7399 T9[3] →'25 **DRB 91 1752** →'45 PKP TKi 3-185"	+17.04.66
Jung 1913/ 1835	KÖL 7372 T9[3] →'25 **DRB 91 1753** →'45 DRo →10.08.47 MPS →'47 CCCP-WL	+
Jung 1913/ 1836	KÖL 7373 T9[3] →'25 **DRB 91 1754** →'45 MPS →03.46 CCCP-WL (Ministerium für Chemieindustrie)	+
Jung 1913/ 1837	KÖL 7374 T9[3] →'25 **DRB 91 1755** →'45 PKP TKi 3-36"	+06.06.56
Jung 1913/ 1839	KSL 7060 T9[3] →'25 **DRB 91 1756** →'45 DRw/DB	+30.09.60
Jung 1913/ 1920	EFD 7386 T9[3] →'25 **DRB 91 1757** →'45 DRw/DB	+14.03.57
Jung 1913/ 1921	EFD 7387 T9[3] →'25 **DRB 91 1758** →'45 DRw/DB	+27.07.54
Jung 1913/ 1922	EFD 7388 T9[3] →'25 **DRB 91 1759** →'45 DRo/DR	+20.09.67
Jung 1913/ 1923	EFD 7389 T9[3] →'25 **DRB 91 1760** →'45 DRw	+09.05.46
Jung 1913/ 1924	EFD 7390 T9[3] →'25 **DRB 91 1761**	+07.33
Jung 1913/ 1925	EFD 7391 T9[3] →'25 **DRB 91 1762**	+03.33
Jung 1913/ 1926	EFD 7392 T9[3] →'25 **DRB 91 1763** →'45 DRw/DB	+09.11.53
Jung 1913/ 1927	EFD 7393 T9[3] →'25 **DRB 91 1764** →'45 DRw/DB +01.08.57 →06.08.57 WL 2" Gebr. Röchling, Bremen	+
Jung 1913/ 1929	EFD 7395 T9[3] →'25 **DRB 91 1765**	+29
Jung 1913/ 1930	HAL 7084 T9[3] →'25 **DRB 91 1766**	+31
Jung 1913/ 1931	HAL 7085 T9[3] →'25 **DRB 91 1767**	+31
Jung 1913/ 1933	HAL 7087 T9[3] →'25 **DRB 91 1768** →'45 DRo (12.45 RBD Halle) →'45 SMA	V.u.
Jung 1913/ 1934	HAL 7082 T9[3] →'25 **DRB 91 1769**	+31
Jung 1913/ 1935	HAL 7083 T9[3] →'25 **DRB 91 1770** →'45 DRo →'45 MPS →'?? CCCP-WL (Metallrecycling Charkow) →'?? Museumslok in St. Petersburg TT-1770	('91 vorh.; '18 vorh.)
Jung 1913/ 1937	STN 7343 T9[3] →'25 **DRB 91 1771**	+25.03.33
Jung 1913/ 1938	STN 7344 T9[3] →'25 **DRB 91 1772** [33)]	+16.08.32
Jung 1913/ 1940	KÖL 7377 T9[3] →'25 **DRB 91 1773** →'45 DRw/DB	+10.08.57

33) Eine 91 1772 wurde 1947 auch als CCCP-WL nachgewiesen.

In einem „Top-Zustand“ und sogar noch mit Messing-Schildern präsentierte sich die 91 1736 des Bw Heilbronn dem Fotografen Carl-Bellingrodt. In Heilbronn war die Maschine von Mai 1949 bis März 1955 stationiert – die Aufnahme dürfte jedoch 1952 entstanden sein, ist doch als Datum der letzten Bremsuntersuchung der „9.5.52“ angeschrieben.

Jung 1913/ 1944	KÖL 7375 T9^3 →'25 **DRB 91 1774** →'45 DRw/DB	+28.10.59
Jung 1913/ 1945	KÖL 7376 T9^3 →'25 **DRB 91 1775** →'44 MPS →08.49 CCCP-WL (Ministerium für Nahrungsmittelindustrie)	+
Jung 1914/ 2005	EFD 7400 T9^3 →'25 **DRB 91 1776** →'45 DRw/DB	+02.11.55
Jung 1914/ 2006	EFD 7051 T9^3 →'25 **DRB 91 1777** →'45 DRw/DB	+15.08.58
O&K 1913/ 5901	BSL 7397 T9^3 →'25 **DRB 91 1778** →'45 DRo/DR	+02.01.69
O&K 1913/ 5902	BSL 7398 T9^3 →'25 **DRB 91 1779** →'45 PKP TKi3-93“	+01.07.65
O&K 1913/ 5904	BSL 7400 T9^3 →'13 HAN 7300 →'25 **DRB 91 1780** →'45 ČSD →22.03.51 MPS	+14.02.57
O&K 1913/ 5905	ALT 7342 T9^3 →'25 **DRB 91 1781** →'45 DRw/DB	+18.10.54
O&K 1913/ 5906	ALT 7343 T9^3 →'25 **DRB 91 1782** →'45 DRw/DB	+18.10.54
O&K 1913/ 5907	ALT 7344 T9^3 →'25 **DRB 91 1783** →'45 DRw/DB	+23.11.56
O&K 1913/ 5908	ALT 7345 T9^3 →'25 **DRB 91 1784** →'45 DRw/DB	+26.01.59
O&K 1913/ 5909	ALT 7346 T9^3 →'25 **DRB 91 1785** +08.12.44 →'44 MPS →08.48 CCCP-WL (Zementfabrik Kunda)	+
Unio 1914/ 2101	DZG 7226 T9^3 →'20 STN 7354 →'25 **DRB 91 1786**	+08.32
Unio 1914/ 2107	DZG 7400 T9^3 →'20 OST 7377 →'25 **DRB 91 1787** →'45 DRo/DR	+10.11.65
Unio 1914/ 2108	POS 7334 T9^3 →'20 OST 7334 →'25 **DRB 91 1788** →'45 DRo/DR	+06.03.67
Unio 1914/ 2109	POS 7335 T9^3 →'20 OST 7335 →'25 **DRB 91 1789** →'45 DRw/DB	+14.07.58
Unio 1914/ 2110	POS 7336 T9^3 →'20 OST 7336 →'25 **DRB 91 1790** →'45 PKP TKi3-120“ +10.08.66 (abg. Tarnowskie Góry; '7x nach Miasteczko Śląskie; 08.78 nach Nowych Skalmierzyc) →05.87 Denkmal Bw Ostrów	('17 vorh.)
Unio 1914/ 2111	POS 7337 T9^3 →'20 OST 7337 →'25 **DRB 91 1791** →'45 PKP TKi3-200“	+13.05.65
Haga 1913/ 756	KSL 7072 T9^3 →'25 **DRB 91 1792**	+30.12.33
Haga 1914/ 757	HAL 7088 T9^3 →'25 **DRB 91 1793**	+31
Haga 1914/ 758	HAN 7305 T9^3 →'25 **DRB 91 1794** →'45 DRw/DB +09.06.59 →'59 WL AW Braunschweig →'?? WL AW Bremen	+
Haga 1914/ 759	HAN 7306 T9^3 →'25 **DRB 91 1795** →'45 DRw/DB	+14.03.57
Haga 1914/ 762	DZG 7229 T9^3 →'20 STN 7356 →'25 **DRB 91 1796** →'45 MPS →'52 MPS TT-1796	+02.55
Haga 1914/ 763	DZG 7230 T9^3 →'20 STN 7357 →'25 **DRB 91 1797** →'45 MPS →'52 MPS TT-1797	+22.09.55
Haga 1914/ 764	BRO 7283 T9^3 →'20 OST 7374 →'25 **DRB 91 1798**	+25.03.33
Humb 1908/ 519	EFD 7336“ T9^3 →'25 **DRB 91 1799** →'45 DRw/DB	+04.07.52
Haga 1913/ 729	BSL 7052 T9^3 →'25 **DRB 91 1800** →'45 DRo/DR	+04.04.67
Haga 1913/ 730	BSL 7053 T9^3 →'25 **DRB 91 1801** →'45 DRo/DR	+27.05.67
O&K 1909/ 3916	BLN 7364 T9^3 →'25 **DRB 91 1802** →'45 DRo/DR	+15.12.67
Jung 1903/ 641	Erf 1823 →'06 ERF 7268 T9^3 →'25 **DRB 91 1803** →'35 Mecklenburgische Friedrich-Wilhelm-Eb. (MFWE) 30 →'35 Westfälische Landes-Eb. (WLE) 76 →'50/51 Westfälische Landes-Eb. (WLE) 0076	+59
Jung 1904/ 679	Erf 1830 →'06 ERF 7275 T9^3 →'25 **DRB 91 1804**	+36
Hen 1904/ 6829	Erf 1832 →'06 ERF 7277 T9^3 →'25 **DRB 91 1805**	+03.32

1'C n2t DRB 91^{3-10} (ex PKP TKi 3, LG)

Treibraddurchmesser (mm):	1 350
Achsstand (mm):	6 000
Länge über Puffer (mm):	10 700
Dienstgewicht (t):	59,9
Achslast (maximal) (t):	15,6
Höchstgeschwindigkeit (km/h):	65
Zylinderdurchmesser (mm):	450
Kolbenhub (mm):	630
Rostfläche (m²):	1,53
Verdampfungsheizfläche (m²):	104,3
Kesselüberdruck (atm):	12,0

Nach dem Ersten Weltkrieg waren insgesamt 320 T 9^3 in den Bestand der Polnischen Staatsbahnen (PKP) gekommen – z.T. unmittelbar nach dem Krieg durch die Gebietsverluste, aber auch aufgrund von Abgaben aufgrund des Versailler Vertrages. Die PKP reihte die Lokomotiven als TKi 3-1 – 310, 1Dz – 10Dz ein und zeichnete später noch fünf TKi 3 in TKi 3-11Dz – 15Dz um. Im Juli 1939 umfasste der Bestand der PKP noch 318 Lokomotiven, von denen bei der Aufteilung Polens zwischen Deutschland und der Sowjetunion 254 in das deutsche Einflussgebiet gelangten. Nach russischen Unterlagen waren bei den NKPS 59 Maschinen nachgewiesen, und außerdem ist der Verbleib von zehn TKi 3 in Litauen (LG) bekannt. Die Deutsche Reichsbahn vergab für die PKP- sowie einige LG-Maschine Betriebsnummern bereits ausgemusterter Lokomotiven der Baureihe 91^{3-18} in Zweitbesetzung – ähnlich wie z.B. bei der P 8 oder G 8^1. Warum man bei der Reichsbahn für einige PKP-Gattungen die Vergabe von Betriebsnummern in Zweitbesetzung wählte, während für andere – bei denen dies auch möglich gewesen wäre – neue noch nie belegte Betriebsnummern vergeben wurden, ist leider nicht bekannt. Insgesamt wurden auf diese Weise 276 Betriebsnummern neu belegt: 1941 die von der PKP übernommenen Maschinen im Nummernbereich 91 303" – 936" und 1943 weitere während des Russlandfeldzuges erbeutete Maschinen als 91 938" ... 91 1007".

Schi 1903/ 1246	Dzg 1915 →'06 DZG 7302 T 9^3 →'22 PKP TKi 3-1Dz →'39 DRB →'41 **DRB 91 303"**	+18.01.45
Schi 1903/ 1248	Dzg 1917 →'06 DZG 7304 T 9^3 →'22 PKP TKi 3-2Dz →'39 DRB →'41 **DRB 91 307"** →'45 PKP TKi 3-39"	+23.09.55
Schi 1903/ 1285	Dzg 1919 →'06 DZG 7306 T 9^3 →'22 PKP TKi 3-3Dz →'39 DRB →'41 **DRB 91 309"** →'45 PKP TKi 3-12"	+20.03.54
Schi 1903/ 1288	Dzg 1922 →'06 DZG 7309 T 9^3 →'22 PKP TKi 3-4Dz →'39 DRB →'41 **DRB 91 311"** →'45 PKP TKi 3-213"	+23.08.51

Als sowjetische Beutelok war die „T 91 326" in der Zugförderungsstelle Wien Nordwest abgestellt, wo sie Otto Zell noch 1948 fotografieren konnte. Die ehemalige PKP TKi 3-10Dz, die nach dem Ersten Weltkrieg zum Bestand der „Eisenbahnen des Freistaates Danzig" gehört hatte, wurde am 11. November 1948 von den Sowjets abgefahren und am 20. November an die Polnischen Staatsbahnen übergeben, wo sie die neue Betriebsnummer TKi 3-224 erhielt.

Hen 1906/ 7654	DZG 7342 T9^{3} →’22 PKP TKi3-5Dz →’39 DRB →’41 **DRB 91 316”** →’45 PKP TKi3-51“	+06.49
Hen 1906/ 7655	DZG 7343 T9^{3} →’22 PKP TKi3-6Dz →’39 DRB →’41 **DRB 91 318“** →’45 MPS →’45 CCCP-WL (nur Kessel)	+
Hen 1906/ 7659	DZG 7347 T9^{3} →’22 PKP TKi3-7Dz →’39 DRB →’41 **DRB 91 321”** →’45 PKP TKi3-212“	+09.48
Jung 1907/ 1022	KÖL 7337 T9^{3} →’07 DZG 7354 →’22 PKP TKi3-8Dz →’39 DRB →’41 **DRB 91 323”** →’45 DRw/DB	+13.12.51
O&K 1908/ 2566	BLN 7315 T9^{3} →’13 DZG 7071 →’22 PKP TKi3-9Dz →’39 DRB →’41 **DRB 91 325”** →’45 PKP TKi3-73“	+22.06.51
Unio 1914/ 2104	DZG 7397 T9^{3} →’22 PKP TKi3-10Dz →’39 DRB →’41 **DRB 91 326”** →’45 ÖBB/T →11.11.48 CCCP →20.11.48 PKP TKi3-224” +06.10.55 →’55 WL Łódźkie Zakłady Włókien Sztucznych	+
Hen 1905/ 7169	Ksl 1491 →’06 KSL 7329 T9^{3} →11.11.22 PKP TKi3-73 →’?? PKP TKi3-15Dz →’39 DRB →’41 **DRB 91 328“** →’45 DRw/DB	+13.12.51
O&K 1909/ 3383	BRO 7253 T9^{3} →’18/20 PKP TKi3-1 →’39 DRB →’41 **DRB 91 330“** →’45 PKP TKi3-122“	+22.05.54
Schi 1901/ 1179	Bro 1905 →’06 BRO 7206 T9^{3} →’18/20 PKP TKi3-3 →’39 DRB →’41 **DRB 91 331“** →’45 DRo →’46 SMA	V.u.
Schi 1901/ 1180	Bro 1906 →’06 BRO 7207 T9^{3} →’18/20 PKP TKi3-4 →’39 DRB →’41 **DRB 91 333“** →’45 MPS	+
Schi 1901/ 1181	Bro 1907 →’06 BRO 7208 T9^{3} →’18 PKP TKi3-5 →’39 DRB →’41 **DRB 91 334“** →’45 DRw/DB	+13.12.51
Unio 1901/ 1173	Kat 1600 →’06 KAT 7271 T9^{3} →18.06.22 PKP TKi3-6 →’39 DRB →’41 **DRB 91 335“** →’45 PKP TKi3-1“	+31.05.50
Haga 1908/ 576	ERF 7305 T9^{3} →’10 POS 7284 →’18/20 PKP TKi3-7 →’39 DRB →’41 **DRB 91 336“** →’45 DRo/DR	+31.01.51
Schi 1902/ 1241	Bro 1911 →’06 BRO 7212 T9^{3} →’18/20 PKP TKi3-9 →’39 DRB →’41 **DRB 91 337“** →’45 PKP TKi3-2“	+05.05.54
Hen 1905/ 7176	Bro 1918 →’06 BRO 7219 T9^{3} →’18/20 PKP TKi3-61 →’?? PKP TKi3-12Dz →’39 DRB →’41 **DRB 91 340“** →’45 PKP TKi3-52“ →’55 an Port miejski Popowo	+
Unio 1902/ 1241	Pos 2018 →’06 POS 7219 T9^{3} →’18/20 PKP TKi3-13 →’39 DRB →’41 **DRB 91 343“** →’45 DRw/DB	+01.06.53
O&K 1905/ 1559	Bln 1998 →’06 BLN 7303 T9^{3} →’14 BRO 7284 →’18/20 PKP TKi3-68 →’38 PKP TKi3-14Dz →’39 DRB →’41 **DRB 91 345”** →’45 DRo/DR	+23.12.53
Jung 1902/ 527	Erf 1811 →’06 ERF 7251 T9^{3} →22.06.21 PKP TKi3-14 →’39 DRB →’41 **DRB 91 346“** →’45 PKP TKi3-75“	+15.03.65
Unio 1902/ 1189	Kat 1480 →’03 Kat 1602 →’06 KAT 7273 T9^{3} →16.06.22 PKP TKi3-15 →’39 DRB →’41 **DRB 91 347“** →’45 PKP TKi3-3“ +26.03.57 →’?? WL Cukrownia Chybie TKi3-3	+19.04.71
Unio 1902/ 1187	Kat 1478 →’03 Kat 1604 →’06 KAT 7275 T9^{3} →16.06.22 PKP TKi3-17 →’39 DRB →’41 **DRB 91 349“**	V.u.
Jung 1904/ 680	Erf 1831 →’06 ERF 7276 T9^{3} →07.08.22 PKP TKi3-18 →’39 DRB →’41 **DRB 91 361“** →’45 DRo →’46 SMA →’?? CCCP-WL (12.47-02.56 Koks-Chemie Nischni Tagil)	+
Unio 1902/ 1195	Bln 1979 →’06 BLN 7284 T9^{3} →’12 MST 7309” →26.05.21 PKP TKi3-21 →’39 DRB →’41 **DRB 91 362”** →’45 ÖBB →25.09.48 CCCP →03.11.48 PKP TKi3-222“	+31.08.66
Jung 1902/ 571	Sbr 1957 →’06 SBR 7311 T9^{3} →’18 PKP TKi3-22 →’39 DRB →’41 **DRB 91 363“**	V.u.
Hohz 1903/ 1581	Han 2029 →’06 HAN 7214 T9^{3} →’18 PKP TKi3-23 →’39 DRB →’41 **DRB 91 364“** →’45 PKP TKi3-13“	+01.12.55
Schi 1903/ 1244	Bro 1914 →’06 BRO 7215 T9^{3} →’18/20 PKP TKi3-24 →’39 DRB →’41 **DRB 91 366“** →’45 MPS →’52 MPS TT-366	+10.12.53
Unio 1902/ 1242	Pos 2019 →’06 POS 7220 T9^{3} →’18/20 PKP TKi3-25 →’39 DRB →’41 **DRB 91 368“** →’45 PKP TKi3-14“	+05.03.63
Hen 1905/ 7178	Bro 1920 →’06 BRO 7221 T9^{3} →’18/20 PKP TKi3-26 →’39 DRB →’41 **DRB 91 369“** →’45 DRo →’45/46 SMA	V.u.
Schi 1903/ 1282	Pos 2022 →’06 POS 7223 T9^{3} →’20 OST 7223 →11.06.21 PKP TKi3-27 →’39 DRB →’41 **DRB 91 370“** →’45 PKP TKi3-221“	+15.01.66
Schi 1903/ 1257	Mgd 1841 →’06 MGD 7240 T9^{3} →25.06.21 PKP TKi3-28 →’39 DRB →’41 **DRB 91 372”** →’45 PKP TKi3-15” +24.12.55 →’55 WL Huta Będzin TKi3-15	+05.65
Unio 1903/ 1248	Hal 1874 →’06 HAL 7282 T9^{3} →19.05.22 PKP TKi3-32 →’39 DRB →’41 **DRB 91 373“** →’45 PKP	+01.02.46
Schi 1903/ 1249	Dzg 1918 →’06 DZG 7305 T9^{3} →’20 PKP TKi3-33 →’39 DRB →’41 **DRB 91 374”** →’45 ČSD/R →08.05.51 PKP TKi3-230” →’55 WL Huta im. Lenina →’?? WL Składowisko Koźle-Port	+
Jung 1904/ 671	Mnz 1886 →’06 MNZ 7317 T9^{3} →05.07.21 PKP TKi3-36 →’39 DRB →’41 **DRB 91 375“** →’45 DRo/DR	+25.03.68
Jung 1903/ 639	Sbr 1973 →’06 SBR 7327 T9^{3} →’18 PKP TKi3-37 →’39 DRB →’41 **DRB 91 376”** →’45 PKP TKi3-10“	+30.11.50
Hohz 1903/ 1659	Mst 1865 →’06 MST 7308 T9^{3} →’10 KSL 7392 →09.08.22 PKP TKi3-39 →’39 DRB →’41 **DRB 91 379“** →’45 DRo/DR	+10.04.51
Unio 1904/ 1345	Pos 2032 →’06 POS 7233 T9^{3} →’18/20 PKP TKi3-42 →’39 DRB →’41 **DRB 91 381“** →’45 ČSD/R 335.1519	+20.11.50
Unio 1902/ 1188	Kat 1479 →’03 Kat 1605 →’06 KAT 7276 T9^{3} →19.07.22 PKP TKi3-43 →’39 DRB →’41 **DRB 91 383“** →’45 DRw/DB	+13.12.51
Hen 1904/ 6830	Erf 1833 →’06 ERF 7278 T9^{3} →’18 PKP TKi3-44 →’39 DRB →’41 **DRB 91 386“** →’45 DRw/DB	+25.01.49
Unio 1904/ 1313	Kat 1614 →’06 KAT 7285 T9^{3} →18.06.22 PKP TKi3-45 →’39 DRB →’41 **DRB 91 388“** →’45 PKP TKi3-24“	+01.04.63
Unio 1904/ 1314	Kat 1615 →’06 KAT 7286 T9^{3} →18.06.22 PKP TKi3-46 →’39 DRB →’41 **DRB 91 392“** →’45 MPS →’45 CCCP-WL (nur Kessel)	+
Unio 1904/ 1315	Kat 1616 →’06 KAT 7287 T9^{3} →24.07.22 PKP TKi3-47 →’39 DRB →’41 **DRB 91 398“** →’45 DRw/DB	+13.12.51

In Neuruppin fotografierte Gerhard Illner am 27. Mai 1965 die 91 410, eine preußische T 9³, welche die Reichsbahn 1939 von den PKP übernommen hatte, die aber von der DR nicht wieder an Polen zurückgegeben wurde. Beheimatet war die Lokomotive ab 1946 in Bernburg, ab 1947 in Wittenberge, ab 1953 in Rostock und ab 1964 in Neuruppin.

O&K 1904/ 1305	Kat 1617 →'06 KAT 7288 T 9³ →18.06.22 PKP TKi 3-48 →'39 DRB →'41 **DRB 91 400"** →'45 ÖBB/T →11.11.48 CCCP →17.11.48 PKP TKi 3-223"	+06.49
Hano 1904/ 4221	Hal 1895 →'06 HAL 7303 T 9³ →03.06.21 PKP TKi 3-49 →'39 DRB →'41 **DRB 91 402"** →'45 DRo/DR	+02.01.67
Unio 1904/ 1312	Bsl 1602" →'06 BSL 7304 T 9³ →24.06.21 PKP TKi 3-50 →'39 DRB →'41 **DRB 91 404"** →'45 ČSD/R →08.05.51 PKP TKi 3-235"	+25.11.65
Hohz 1904/ 1699	Mst 1873 →'06 MST 7316 T 9³ →01.06.21 PKP TKi 3-52 →'39 DRB →'41 **DRB 91 405"** →'45 DRo/DR →18.09.50 PKP TKi 3-229"	+58
Unio 1904/ 1335	Dzg 1931 →'06 DZG 7318 T 9³ →'20 PKP TKi 3-53 →'39 DRB →'41 **DRB 91 406"** →'45 DRw/DB	+13.12.51
Unio 1904/ 1341	Dzg 1937 →'06 DZG 7324 T 9³ →'20 PKP TKi 3-55 →'39 DRB →'41 **DRB 91 407"** →'45 PKP TKi 3-40"	+30.04.62
Schi 1904/ 1371	Dzg 1939 →'06 DZG 7326 T 9³ →'20 PKP TKi 3-57 →'39 DRB →'41 **DRB 91 409"** →'45 DRw/DB	+13.12.51
Hen 1905/ 7174	Bro 1916 →'06 BRO 7217 T 9³ →'18/20 PKP TKi 3-60 →'39 DRB →'41 **DRB 91 410"** →'45 DRo/DR	+15.07.68
Schi 1903/ 1280	Pos 2020 →'06 POS 7221 T 9³ →'18/20 PKP TKi 3-63 →'39 DRB →'41 **DRB 91 412"** →'45 PKP TKi 3-11"	+30.04.51
Schi 1903/ 1283	Pos 2023 →'06 POS 7224 T 9³ →'20 OST 7224 →11.06.21 PKP TKi 3-65 →'39 DRB →'41 **DRB 91 413"** →'45 PKP TKi 3-41" +30.11.62 →'?? WL Huta Łabędy TKi 3-41	+11.02.73
Unio 1904/ 1303	Pos 2025 →'06 POS 7226 T 9³ →'18/20 PKP TKi 3-67 →'39 DRB →'41 **DRB 91 415"** →'45 DRw/DB	+13.12.51
Haga 1908/ 577	ERF 7306 T 9³ →'10 POS 7285 →'18/20 PKP TKi 3-69 →'39 DRB →'41 **DRB 91 417"** →'45 DRo/DR	+24.10.66
O&K 1905/ 1562	Kat 1629 →'06 KAT 7300 T 9³ →16.06.22 PKP TKi 3-71 →'39 DRB →'41 **DRB 91 418"** →'45 PKP TKi 3-123"	+20.09.62
Jung 1905/ 772	Mnz 1891 →'06 MNZ 7322 T 9³ →06.07.21 PKP TKi 3-72 →'39 DRB →'41 **DRB 91 419"** →'45 PKP TKi 3-42"	+22.10.53
Schi 1904/ 1377	Dzg 1945 →'06 DZG 7329 T 9³ →'22 PKP TKi 3-74 →'39 DRB →'41 **DRB 91 420"** →'45 PKP TKi 3-95"	+20.01.52
Schi 1904/ 1380	Dzg 1948 →'06 DZG 7332 T 9³ →'18 PKP TKi 3-75 →'39 DRB →'41 **DRB 91 421"** →'45 PKP TKi 3-43"	+
Hohz 1906/ 1993	Ksl 1499" →'06 KSL 7337 T 9³ →15.06.21 PKP TKi 3-76 →'39 DRB →'41 **DRB 91 422"** →'45 DRo/DR	+26.07.68
O&K 1906/ 1805	Bro 1924 →'06 BRO 7225 T 9³ →'20 OST 7344 →31.05.21 PKP TKi 3-77 →'39 DRB →'41 **DRB 91 424"** →'45 PKP TKi 3-96"	+06.49
Hohz 1905/ 1855	Esn 1645 →'06 ESN 7346 T 9³ →01.06.21 PKP TKi 3-78 →'39 DRB →'41 **DRB 91 427"** →'45 DRw/DB	+13.12.51
O&K 1905/ 1556	Bln 1995 →'06 BLN 7300 T 9³ →'14 POS 7348 →'18/20 PKP TKi 3-79 →'39 DRB →'41 **DRB 91 428"** →'45 DRw	+28.01.48
Hen 1906/ 7673	Alt 1778 →'06 ALT 7273 T 9³ →'13 KSL 7062 →03.06.21 PKP TKi 3-81 →'39 DRB →'41 **DRB 91 432"** →'45 DRw/DB	+13.12.51
Hen 1906/ 7668	HAN 7217 T 9³ →'18 PKP TKi 3-82 →'39 DRB →'41 **DRB 91 433"** →'45 PKP TKi 3-53" +26.02.55 ('54/56 Ub. in feuerlose Lok TKi 3b)	
Haga 1907/ 546	ERF 7299 T 9³ →'10 POS 7283 →'18/20 PKP TKi 3-83 →'39 DRB →'41 **DRB 91 434"** →'45 PKP TKi 3-44"	+25.04.66

Vulc 1905/ 2119	Kat 1619 →'06 KAT 7290 T9^{3} →18.06.22 PKP TKi3-84 →'39 DRB →'41 **DRB 91 435"** →'45 PKP TKi3-25"	+05.05.54
Unio 1906/ 1445	Kat 1630 →'06 KAT 7301 T9^{3} →16.06.22 PKP TKi3-85 →'39 DRB →'41 **DRB 91 439"** →'45 DRo/DR →10.05.61 verk. WL Betonwerk Rethwisch	+
Unio 1906/ 1448	Kat 1633 →'06 KAT 7304 T9^{3} →16.06.22 PKP TKi3-87 →'39 DRB →'41 **DRB 91 441"** →'45 PKP TKi3-54" +17.08.67 →29.07.67 WL ZGH Orzeł Biały Brzeziny Śl. TKi3-54	+02.02.71
O&K 1906/ 1907	KAT 7312 T9^{3} →15.06.22 PKP TKi3-89 →'39 DRB →'41 **DRB 91 442"** →'45 DRw/DB	+13.12.51
O&K 1906/ 1908	KAT 7313 T9^{3} →17.06.22 PKP TKi3-90 →'39 DRB →'41 **DRB 91 447"** →'45 DRw/DB	+13.12.51
O&K 1907/ 1961	KAT 7314 T9^{3} →16.06.22 PKP TKi3-91 →'39 DRB →'41 **DRB 91 450"** →'45 PKP TKi3-16"	+30.10.50
O&K 1906/ 1903	Bsl 1491" →'06 BSL 7338 T9^{3} →28.05.21 PKP TKi3-95 →'39 DRB →'41 **DRB 91 452"** →'45 PKP TKi3-55"	+06.49
Hen 1906/ 7650	DZG 7338 T9^{3} →'20 PKP TKi3-96 →'39 DRB →'41 **DRB 91 453"** →'45 DRw/DB	+13.12.51
Hen 1906/ 7651	DZG 7339 T9^{3} →'20 PKP TKi3-97 →'39 DRB →'41 **DRB 91 455"** →'45 PKP TKi3-56"	+18.10.50
Hen 1906/ 7652	DZG 7340 T9^{3} →'20 PKP TKi3-98 →'39 DRB →'41 **DRB 91 458"** →'45 PKP TKi3-57"	+09.48
Hen 1906/ 7657	DZG 7345 T9^{3} →'22 PKP TKi3-99 →'39 DRB →'41 **DRB 91 461"** →'45 MPS →'52 MPS TT-461 →06.57 CCCP-WL/L (Oktober-Waggonfabrik)	+15.02.68
Hen 1906/ 7660	DZG 7348 T9^{3} →'20 PKP TKi3-101 →'39 DRB →'41 **DRB 91 462"** →'45 DRo →10.10.47 verk. an „Kohlenindustrie der sowjet. Zone" (nach anderer offizieller DR-Quelle: 10.08.47 nach „Osten") →'?? CCCP-WL (09.51-08.62 in Podolsk)	+05.06.64
Hohz 1906/ 1996	ESN 7355 T9^{3} →15.07.21 PKP TKi3-102 →'39 DRB →'41 **DRB 91 465"** →'45 PKP TKi3-58"	+18.06.65
Unio 1907/ 1553	BRO 7227 T9^{3} →'18/20 PKP TKi3-105 →'39 DRB →'41 **DRB 91 466"** →'45 DRo/DR →17.02.59 WL RAW Tempelhof	+
Haga 1908/ 587	BRO 7239 T9^{3} →'18/20 PKP TKi3-107 →'39 DRB →'41 **DRB 91 470"** →'45 PKP TKi3-97" +18.06.59 →'?? WL F.S.C. Starachowice	+
Haga 1907/ 544	ERF 7297 T9^{3} →'10 POS 7281 →'18/20 PKP TKi3-108 →'39 DRB →'41 **DRB 91 472"** →'45 DRo →'46 MPS TK-108	+55
Haga 1907/ 545	ERF 7298 T9^{3} →'10 POS 7282 →'18/20 PKP TKi3-109 →'39 DRB →'41 **DRB 91 475"** →'45 DRo →10.10.47 verk. an „Kohlenindustrie in der sowjet. Zone" (Braunkohlenindustrie), Grube Theodor	+
O&K 1908/ 2562	BLN 7311 T9^{3} →09.14 HAN 7308 →'18 PKP TKi3-110 →'39 DRB →'41 **DRB 91 476"** →'45 DRw/DB	+13.12.51
Jung 1907/ 1007	KAT 7316 T9^{3} →16.06.22 PKP TKi3-111 →'39 DRB →'41 **DRB 91 479"** →'45 MPS →'52 MPS TT-479	+17.09.73
Jung 1907/ 1009	KAT 7318 T9^{3} →'18 PKP TKi3-112 →'39 DRB →'41 **DRB 91 483"** →'45 PKP TKi3-76"	+21.12.57
Jung 1907/ 1006	HAL 7330 T9^{3} →'09 ALT 7317 →'09 ALT 7318 →15.06.21 PKP TKi3-113 →'39 DRB →'41 **DRB 91 485"** →'45 PKP TKi3-45" +11.09.55 →11.09.55 an Cem. Grodziec	+
Jung 1907/ 1012	KAT 7321 T9^{3} →16.06.22 PKP TKi3-114 →'39 DRB →'41 **DRB 91 486"** →'45 PKP TKi3-124" →'55 WL Huta im. Lenina	+
Hen 1907/ 7923	KAT 7324 T9^{3} →21.09.22 PKP TKi3-115 →'39 DRB →'41 **DRB 91 487"** →'45 ČSD/R →08.05.51 PKP TKi3-234"	+20.10.51
Jung 1908/ 1110	BLN 7324 T9^{3} →'18 PKP TKi3-116 →'39 DRB →'41 **DRB 91 490"** →'45 PKP TKi3-77"	+15.02.54
Jung 1908/ 1111	BLN 7325 T9^{3} →'18 PKP TKi3-117 →'39 DRB →'41 **DRB 91 492"** →'45 PKP TKi3-78"	+15.11.65
Jung 1908/ 1112	BLN 7326 T9^{3} →'18 PKP TKi3-118 →'39 DRB →'41 **DRB 91 493"** →'45 DRw/DB	+13.12.51
O&K 1907/ 2554	KAT 7332 T9^{3} →'18 PKP TKi3-119 →'39 DRB →'41 **DRB 91 494"** →'45 DRw/DB	+13.12.51
Unio 1907/ 1550	KAT 7328 T9^{3} →16.06.22 PKP TKi3-120 →'39 DRB →'41 **DRB 91 497"** →'45 ČSD →21.10.45 ČSD 335.1503 →22.03.51 MPS →'52 MPS TT-497 →'58 CCCP-WL	+
Haga 1907/ 548	DZG 7349 T9^{3} →'20 PKP TKi3-121 →'39 DRB →'41 **DRB 91 501"** →'45 PKP TKi3-79"	+02.02.65
O&K 1907/ 2102	DZG 7351 T9^{3} →'20 PKP TKi3-122 →'39 DRB →'41 **DRB 91 503"** →'45 PKP TKi3-80"	+
Jung 1907/ 1021	KÖL 7336 T9^{3} →'07 DZG 7353 →'22 PKP TKi3-124 →'39 DRB →'41 **DRB 91 507"** →'45 PKP TKi3-81" →'55 WL Huta Bieruta Częstochowa TKi3-81	+68
Unio 1907/ 1557	DZG 7357 T9^{3} →'20 PKP TKi3-125 →'39 DRB →'41 **DRB 91 510"** (12.44 RBD Danzig)	V.u.
Hohz 1908/ 2270	DZG 7363 T9^{3} →'20 PKP TKi3-126 →'39 DRB →'41 **DRB 91 512"** →'45 PKP TKi3-82"	+30.12.66
O&K 1908/ 2567	BLN 7316 T9^{3} →'13 DZG 7072 →'20 PKP TKi3-128 →'39 DRB →'41 **DRB 91 516"** →'45 PKP TKi3-98" →'56 WL ZNTK Mińsk Mazowiecki	+
Hohz 1908/ 2294	BRO 7231 T9^{3} →'18/20 PKP TKi3-130 →'39 DRB →'41 **DRB 91 520"** →'45 PKP TKi3-99"	+05.09.58
Hohz 1908/ 2295	BRO 7232 T9^{3} →'18/20 PKP TKi3-131 →'39 DRB →'41 **DRB 91 529"** →'45 PKP TKi3-125"	+14.08.65
Unio 1908/ 1643	BRO 7234 T9^{3} →'18/20 PKP TKi3-133 →'39 DRB →'41 **DRB 91 530"** →'45 DRo/DR →13.01.65 verk. Eisenhüttenwerk Thale	+
Unio 1908/ 1644	BRO 7235 T9^{3} →'18 PKP TKi3-134 →'39 DRB →'41 **DRB 91 531"** →'45 DRw/DB	+13.12.51
Haga 1908/ 585	BRO 7237 T9^{3} →'18/20 PKP TKi3-135 →'39 DRB →'41 **DRB 91 534"** →'45 DRo/DR	+02.01.67
Haga 1908/ 586	BRO 7238 T9^{3} →'18/20 PKP TKi3-136 →'39 DRB →'41 **DRB 91 536"** →'45 ČSD/R [34] →08.05.51 PKP TKi3-232"	+17.01.52
Hohz 1908/ 2280	POS 7242 T9^{3} →'18 PKP TKi3-138 →'39 DRB →'41 **DRB 91 539"** →'45 DRo/DR	+25.01.66
Hohz 1908/ 2281	POS 7243 T9^{3} →'18 PKP TKi3-139 →'39 DRB →'41 **DRB 91 543"** →'45 DRw/DB	+13.12.51
O&K 1908/ 3003	BRO 7245 T9^{3} →'18/20 PKP TKi3-140 →'39 DRB →'41 **DRB 91 546"** →'45 ČSD/R →08.05.51 PKP TKi3-231"	+22.11.59
O&K 1908/ 3005	BRO 7247 T9^{3} →'18/20 PKP TKi3-142 →'39 DRB →'41 **DRB 91 547"** →'45 PKP TKi3-4"	+26.05.56
O&K 1908/ 3006	BRO 7248 T9^{3} →'18/20 PKP TKi3-143 →'39 DRB →'41 **DRB 91 550"** →'45 PKP TKi3-101"	+06.09.54
O&K 1908/ 3007	BRO 7249 T9^{3} →'18/20 PKP TKi3-144 →'39 DRB →'41 **DRB 91 556"** →'45 PKP TKi3-102"	+57

34) Eine TT-536 wurde am 09.09.58 beim MPS ausgemustert.

Haga 1908/ 608	POS 7252 T9^3 →'18/20 PKP TKi3-145 →'39 DRB →'41 **DRB 91 560"** →'45 DRw/DB	+13.12.51
Hohz 1908/ 2381	ALT 7283 T9^3 →01.12 MGD 7269 →13.06.21 PKP TKi3-146 →'39 DRB →'41 **DRB 91 561"** →'45 DRw/DB	+13.12.51
Haga 1908/ 578	ERF 7307 T9^3 →'10 POS 7286 →'18/20 PKP TKi3-147 →'39 DRB →'41 **DRB 91 565"** →'45 DRw/DB	+01.06.53
Haga 1908/ 579	ERF 7308 T9^3 →'10 POS 7287 →'18/20 PKP TKi3-148 →'39 DRB →'41 **DRB 91 567"** →'45 DRw/DB	+13.12.51
Haga 1908/ 593	ERF 7310 T9^3 →'10 POS 7289 →'18/20 PKP TKi3-150 →'39 DRB →'41 **DRB 91 570"** →'45 DRw/DB	+13.12.51
O&K 1908/ 2715	BLN 7332 T9^3 →'18 PKP TKi3-151 →'39 DRB →'41 **DRB 91 571"** →'45 PKP TKi3-103" +12.08.55 →'55 WL Przeds. Robot Inżynieryjnych →'?? WL KWK Paweł TKi3-103	+27.12.71
O&K 1908/ 2716	BLN 7333 T9^3 →'18 PKP TKi3-152 →'39 DRB →'41 **DRB 91 572"** →'45 DRo →10.08.47 SMA	V.u.
Hen 1908/ 8280	KAT 7333 T9^3 →16.06.22 PKP TKi3-153 →'39 DRB →'41 **DRB 91 573"** →'45 PKP TKi3-126"	+11.09.54
O&K 1908/ 2720	BLN 7334 T9^3 →'18 PKP TKi3-154 →'39 DRB →'41 **DRB 91 581"** →'45 DRo (09.45 RBD Halle) →'45 SMA	V.u.
Hen 1908/ 8281	KAT 7334 T9^3 →'18 PKP TKi3-155 →'39 DRB →'41 **DRB 91 583"** →'45 DRo/DR	+04.04.67
Hohz 1908/ 2290	EFD 7334 T9^3 →31.05.22 PKP TKi3-156 →'39 DRB→'41 **DRB 91 584"** →'45 MPS →'46 CCCP-WL →'46 PKP TKi3-104"	+20.03.54
Hen 1908/ 8282	KAT 7335 T9^3 →14.06.22 PKP TKi3-157 →'39 DRB →'41 **DRB 91 586"** →'45 DRw/DB	+13.12.51
O&K 1908/ 2722	BLN 7336 T9^3 →'18 PKP TKi3-158 →'39 DRB →'41 **DRB 91 590"** →'45 PKP	+15.02.46
Hen 1908/ 8285	KAT 7338 T9^3 →16.06.22 PKP TKi3-159 →'39 DRB →'41 **DRB 91 596"** →'45 DRw/DB	+01.06.53
Hen 1908/ 8286	KAT 7339 T9^3 →14.06.22 PKP TKi3-160 →'39 DRB →'41 **DRB 91 598"** →'45 PKP TKi3-105"	+23.08.51
Hen 1908/ 8287	KAT 7340 T9^3 →15.06.22 PKP TKi3-161 →'39 DRB →'41 **DRB 91 599"** →'45 PKP TKi3-127"	+08.10.64
O&K 1908/ 2570	BLN 7319 T9^3 →'14 POS 7340 →'18/20 PKP TKi3-162 →'39 DRB →'41 **DRB 91 600"** →'45 PKP TKi3-106"	+16.06.65
Hen 1909/ 9157	BLN 7341 T9^3 →'18 PKP TKi3-163 →'39 DRB →'41 **DRB 91 602"** →'45 DRo/DR →18.09.50 PKP TKi3-228" →'56 WL Rejonowa Składnica Złomu →'?? WL Huta Florian TKi3-228	+10.04.71
Hen 1908/ 8289	KAT 7342 T9^3 →16.06.22 PKP TKi3-164 →'39 DRB →'41 **DRB 91 606"** →'45 DRo/DR →15.07.49 PKP TKi3-226" →'55 WL Huta im. Lenina	+
Haga 1908/ 572	KAT 7344 T9^3 →27.06.22 PKP TKi3-165 →'39 DRB →'41 **DRB 91 607"** →'45 DRw/DB	+13.12.51
Haga 1908/ 574	KAT 7346 T9^3 →16.06.22 PKP TKi3-167 →'39 DRB →'41 **DRB 91 610"** →'45 DRo/DR	+31.01.51
Hen 1909/ 9163	BLN 7347 T9^3 →'18 PKP TKi3-169 →'39 DRB →'41 **DRB 91 611"** →'45 DRo (09.45 RBD Halle) →'45 MPS	+
Hen 1909/ 9164	BLN 7348 T9^3 →06.06.21 PKP TKi3-170 →'39 DRB → '41 **DRB 99 615"** →'45 MPS	+02.51
O&K 1908/ 2717	KAT 7348 T9^3 →20.09.22 PKP TKi3-171 →'39 DRB →'41 **DRB 91 617"** →'45 PKP TKi3-94" +25.02.56 →'57 Ub. in 1'C fl TKi3b-48 →'?? Konin-Kopalnia Węgla Brunatnego, Kleczew →'02 Museumseisenbahn Minden (MEM) →'22 Ub. in 1'C n2t/Museumseisenbahn Minden (MEM) KAT 7348 (NVR: 90 80 0091 617-5 D-MEM)	('25 i.E.)
O&K 1908/ 2718	KAT 7349 T9^3 →16.06.22 PKP TKi3-172 →'39 DRB →'41 **DRB 91 621"** →'45 ČSD/R →22.01.52 PKP TKi3-236"	+18.11.65
Hen 1908/ 8294	KSL 7353 T9^3 →03.06.21 PKP TKi3-174 →'39 DRB →'41 **DRB 91 624"** →'45 DRo/DR	+20.12.67
Hohz 1908/ 2273	DZG 7366 T9^3 →'20 PKP TKi3-175 →'39 DRB →'41 **DRB 91 625"** →'45 DRw/DB	+13.12.51
Hohz 1908/ 2301	DZG 7367 T9^3 →'20 PKP TKi3-176 →'39 DRB →'41 **DRB 91 626"** →'45 PKP TKi3-107"	+30.06.54
Hen 1908/ 9040	KSL 7367 T9^3 →03.06.21 PKP TKi3-177 →'39 DRB →'41 **DRB 91 628"** →'45 DRo/DR →18.06.58 WL 6 Kombinat „Schwarze Pumpe"	+
Hohz 1908/ 2304	DZG 7370 T9^3 →'20 PKP TKi3-178 →'39 DRB →'41 **DRB 91 630"** →'45 PKP TKi3-108"	+09.48
Hohz 1908/ 2344	DZG 7372 T9^3 →'22 PKP TKi3-179 →'39 DRB →'41 **DRB 91 633"** →'45 DRw/DB	+13.12.51
Hohz 1908/ 2345	DZG 7373 T9^3 →'20 STN 7373 →28.06.21 PKP TKi3-180 →'39 DRB →'41 **DRB 91 634"** →'45 PKP TKi3-168"	+24.11.55
Hohz 1909/ 2512	ESN 7422 T9^3 →'10 ESN 7072 →11.07.21 PKP TKi3-183 →'39 DRB →'41 **DRB 91 635"** →'45 DRw/DB	+13.12.51
Hohz 1909/ 2514	ESN 7424 T9^3 →'10 ESN 7074 →26.05.22 PKP TKi3-184 →'39 DRB →'41 **DRB 91 636"** →'45 DRw/DB	+13.12.51
Jung 1909/ 1253	HAN 7233 T9^3 →08.07.21 PKP TKi3-185 →'39 DRB→'41 **DRB 91 639"** →'45 DRo/DR	+06.05.65
Jung 1908/ 1236	BRO 7242 T9^3 →'18/20 PKP TKi3-186 →'39 DRB →'41 **DRB 91 640"** →'45 DRo →10.10.47 an Kohlenindustrie in der sowjet. Zone [35]	+
Jung 1909/ 1319	POS 7253 T9^3 →'18/20 PKP TKi3-187 →'39 DRB →'41 **DRB 91 641"** →'44 MPS	+
O&K 1909/ 3384	BRO 7254 T9^3 →'18/20 PKP TKi3-188 →'39 DRB →'41 **DRB 91 643"** →'45 PKP TKi3-128"	+29.11.55
Jung 1909/ 1320	POS 7254 T9^3 →'18/20 PKP TKi3-189 →'39 DRB →'41 **DRB 91 645"** →'45 PKP TKi3-129"	+08.10.64
Haga 1909/ 619	POS 7255 T9^3 →'18/20 PKP TKi3-190 →'39 DRB →'41 **DRB 91 648"** →'45 DRw/DB	+13.12.51
Haga 1909/ 620	POS 7256 T9^3 →'18/20 PKP TKi3-191 →'39 DRB →'41 **DRB 91 651"** →'45 DRw/DB	+13.12.51
Haga 1909/ 621	POS 7257 T9^3 →'18/20 PKP TKi3-192 →'39 DRB →'41 **DRB 91 652"** →'45 PKP TKi3-130"	+57
Haga 1909/ 622	POS 7258 T9^3 →'18/20 PKP TKi3-193 →'39 DRB →'41 **DRB 91 656"** →'45 PKP TKi3-131"	+31.07.54
Haga 1909/ 623	POS 7259 T9^3 →'18/20 PKP TKi3-194 →'39 DRB →'41 **DRB 91 657"** →'45 ČSD →21.10.45 ČSD 335.1514 →19.12.47 PKP TKi3-217	+29.03.55
Unio 1909/ 1758	POS 7260 T9^3 →'18/20 PKP TKi3-195 →'39 DRB →'41 **DRB 91 660"** →'45 PKP TKi3-132"	+
Unio 1909/ 1759	POS 7261 T9^3 →'18 PKP TKi3-196 →'39 DRB →'41 **DRB 91 662"** →'45 PKP TKi3-133"	+16.10.62

35) so nach MfV-Karteikarte; lt. DR-Bestandsänderungen 08.47 an SMA

Jung 1909/ 1317	MGD 7262 T 9^3 →15.06.21 PKP TKi 3-197 →'39 DRB →'41 **DRB 91 664"** →'45 ČSD →27.12.47 PKP TKi 3-220"	+01.04.55
Unio 1909/ 1760	POS 7262 T 9^3 →'18/20 PKP TKi 3-198 →'39 DRB →'41 **DRB 91 666"** →'45 DRo →10.10.47 verk. Braunkohlenwerke AG, Abteilung Leonhard →'?? WL Grube „Paul I.", Luckenau	+
Unio 1909/ 1761	POS 7263 T 9^3 →'18/20 PKP TKi 3-199 →'39 DRB →'41 **DRB 91 667"** →'45 PKP TKi 3-134"	+07.09.65
Unio 1909/ 1762	POS 7264 T 9^3 →'18/20 PKP TKi 3-200 →'39 DRB →'41 **DRB 91 668"** →'45 DRo (09.45 RBD Halle) →'45 SMA (10.47 CCCP-WL, Vysokogorsk-Minen)	+
Unio 1909/ 1763	POS 7265 T 9^3 →'18/20 PKP TKi 3-201 →'39 DRB →'41 **DRB 91 670"** →'45 DRw/DB	+13.12.51
Unio 1909/ 1764	POS 7266 T 9^3 →'18/20 PKP TKi 3-202 →'39 DRB →'41 **DRB 91 675"** →'45 PKP TKi 3-151"	+25.02.56
Unio 1909/ 1765	POS 7267 T 9^3 →'18/20 PKP TKi 3-203 →'39 DRB →'41 **DRB 91 676"** →'45 DRo/DR	+04.04.67
Jung 1904/ 729	Mst 1876 →'06 MST 7319 T 9^3 →22.06.21 PKP TKi 3-205 →'39 DRB →'41 **DRB 91 680"** →'45 DRw/DB	+01.06.53
Hohz 1909/ 2475	STN 7325 T 9^3 →28.06.21 PKP TKi 3-206 →'39 DRB →'41 **DRB 91 681"** →'45 DRw/DB	+13.12.51
O&K 1909/ 3220	BLN 7350 T 9^3 →30.05.21 PKP TKi 3-207 →'39 DRB →'41 **DRB 91 682"** →'45 DRw/DB	+13.12.51
O&K 1909/ 3394	BLN 7352 T 9^3 →'18/20 PKP TKi 3-209 →'39 DRB →'41 **DRB 91 685"** →'45 DRw/DB	+13.12.51
Hen 1909/ 9183	KAT 7353 T 9^3 →19.07.22 PKP TKi 3-210 →'39 DRB →'41 **DRB 91 686"** →'45 MPS →'52 MPS TT-686	+27.02.61
Hen 1909/ 9186	KAT 7356 T 9^3 →17.06.22 PKP TKi 3-211 →'39 DRB →'41 **DRB 91 688"** →'45 PKP TKi 3-84"	+12.48
Hen 1909/ 9189	KAT 7359 T 9^3 →17.06.22 PKP TKi 3-212 →'39 DRB →'41 **DRB 91 690"** →'45 PKP TKi 3-85" +10.01.55 →'54 WL ZNTK Poznań	+
Haga 1909/ 617	KAT 7363 T 9^3 →19.07.22 PKP TKi 3-213 →'39 DRB →'41 **DRB 91 693"** →'45 DRo/DR	+06.05.65
Haga 1909/ 618	KAT 7364 T 9^3 →'18 PKP TKi 3-214 →'39 DRB →'41 **DRB 91 694"** →'45 PKP TKi 3-135"	+
O&K 1909/ 3566	KAT 7367 T 9^3 →15.06.22 PKP TKi 3-216 →'39 DRB →'41 **DRB 91 700"** →'45 PKP TKi 3-61" →'55 WL Huta Warszawa	+
O&K 1909/ 3567	KAT 7368 T 9^3 →16.06.22 PKP TKi 3-217 →'39 DRB →'41 **DRB 91 702"** →'45 DRw/DB	+01.06.53
O&K 1909/ 3568	KAT 7369 T 9^3 →16.06.22 PKP TKi 3-218 →'39 DRB →'41 **DRB 91 707"** →'45 MPS →'52 MPS TT-707	+05.04.62
O&K 1909/ 3569	KAT 7370 T 9^3 →16.06.22 PKP TKi 3-219 →'39 DRB →'41 **DRB 91 708"** (06.42 Ostlok)	V.u.
Hano 1909/ 5446	DZG 7375 T 9^3 →'22 PKP TKi 3-220 →'39 DRB →'41 **DRB 91 710"** →'45 DRo →11.45 SMA	V.u.
Hen 1909/ 9172	DZG 7376 T 9^3 →'22 PKP TKi 3-221 →'39 DRB →'41 **DRB 91 712"** →'45 PKP TKi 3-109"	+30.09.66
Hen 1909/ 9173	DZG 7377 T 9^3 →'20 PKP TKi 3-223 →'39 DRB →'41 **DRB 91 713"** →'45 DRo/DR →11.50 WL 8 Maxhütte, Unterwellenborn (07.60 L2 Raw Leipzig-Engelsdorf)	+
O&K 1909/ 3222	DZG 7379 T 9^3 →'20 PKP TKi 3-224 →'39 DRB →'41 **DRB 91 714"** →'45 PKP TKi 3-136" +20.11.50 →'?? HL in Chełm ('90 vorhanden)	++
Unio 1909/ 1748	DZG 7380 T 9^3 →'22 PKP TKi 3-225 →'39 DRB →'41 **DRB 91 715"** →'45 PKP TKi 3-110" +12.08.55 →'55 WL Gliwicka Fabr. Siarkowa	+
Unio 1909/ 1751	DZG 7383 T 9^3 →'20 PKP TKi 3-228 →'39 DRB →'41 **DRB 91 719"** →'45 PKP TKi 3-137" +20.06.50 →'50 WL Zuckerfabrik Przeworsk →'72 WL Zuckerfabrik Rejowiec →'82 PKP-Museumslok (abg. Chełm) →'92 Polskie Stowarzyszenie Mitosników Kolei (PSMK; = Verein polnischer Eisenbahnfreunde), Skierniewice	('20 vorh.)
Unio 1909/ 1780	DZG 7393 T 9^3 →'20 PKP TKi 3-230 →'39 DRB →'41 **DRB 91 721"** →'45 DRo/DR	+10.11.65
Hen 1910/ 9891	HAN 7256 T 9^3 →04.07.21 PKP TKi 3-233 →'39 DRB →'41 **DRB 91 725"** →'45 PKP TKi 3-152"	+06.49
Hen 1910/ 9894	HAN 7259 T 9^3 →'18 PKP TKi 3-234 →'39 DRB →'41 **DRB 91 726"** →'45 DRo	+11.46
Hohz 1911/ 2692	BRO 7262 T 9^3 →'18/20 PKP TKi 3-235 →'39 DRB →'41 **DRB 91 727"** →'45 MPS	+25.04.47
Hano 1910/ 5815	HAN 7267 T 9^3 →'18 PKP TKi 3-236 →'39 DRB →'41 **DRB 91 728"** →'45 DRw/DB	+13.12.51
Hohz 1910/ 2565	ALT 7320 T 9^3 →15.06.21 PKP TKi 3-237 →'39 DRB →'41 **DRB 91 729"** →'45 DRw/DB	+13.12.51
Haga 1910/ 633	ALT 7323 T 9^3 →15.06.21 PKP TKi 3-238 →'39 DRB →'41 **DRB 91 730"** →'45 DRo/DR	+07.05.65
Haga 1910/ 636	ALT 7326 T 9^3 →15.06.21 PKP TKi 3-239 →'39 DRB →'41 **DRB 91 733"** →'45 PKP TKi 3-31"	+08.05.51
Haga 1910/ 658	ERF 7334 T 9^3 →'18 PKP TKi 3-241 →'39 DRB →'41 **DRB 91 734"** →'45 DRo/DR	+14.08.67
Haga 1910/ 659	ERF 7335 T 9^3 →'18 PKP TKi 3-242 →'39 DRB →'41 **DRB 91 735"** →'45 DRo/DR	+02.01.68
Jung 1910/ 1544	FFT 7344 T 9^3 →03.06.21 PKP TKi 3-243 →'39 DRB →'41 **DRB 91 736"** →'45 ČSD/R →08.05.51 PKP TKi 3-233" +20.01.52 →'?? WL Zf. Pastuchów	+
Jung 1910/ 1536	FFT 7341 T 9^3 →31.05.22 PKP TKi 3-244 →'39 DRB →'41 **DRB 91 747"** →'45 MPS →'52 MPS TT-747	+05.11.55
Hen 1910/ 10192	MNZ 7354 T 9^3 →15.07.21 PKP TKi 3-245 →'39 DRB →'41 **DRB 91 748"** →'45 ČSD →19.12.47 PKP TKi 3-216	+20.07.65
Haga 1909/ 616	KAT 7362 T 9^3 →14.06.22 PKP TKi 3-246 →'39 DRB →'41 **DRB 91 750"** →'45 DRo	+08.47
O&K 1909/ 3915	BLN 7363 T 9^3 →17.05.22 PKP TKi 3-247 →'39 DRB →'41 **DRB 91 752"** →'45 DRo/DR	+20.09.67
Hen 1910/ 9886	BSL 7365 T 9^3 →04.06.21 PKP TKi 3-248 →'39 DRB →'41 **DRB 91 753"** →'45 DRw/DB	+13.12.51
Haga 1910/ 655	BLN 7369 T 9^3 →'18 PKP TKi 3-249 →'39 DRB →'41 **DRB 91 754"** →'45 DRw/DB	+13.12.51
Haga 1910/ 656	BLN 7370 T 9^3 →'18 PKP TKi 3-250 →'39 DRB →'41 **DRB 91 765"** (12.44 OBD Warschau vermißt; 05.45 von sowj. Besatzungsmacht bei Jelcz erfasst)	V.u.
Hen 1910/ 9902	KAT 7371 T 9^3 →15.06.22 PKP TKi 3-251 →'39 DRB →'41 **DRB 91 768"** →'45 ČSD →21.10.45 ČSD 335.1515 →04.05.51 MPS →'52 MPS TT-251	+16.04.63
Hen 1910/ 9903	KAT 7372 T 9^3 →16.06.22 PKP TKi 3-252 →'39 DRB →'41 **DRB 91 770"** →'45 DRo/DR	+20.01.54
Haga 1911/ 667	HAL 7056 T 9^3 →16.06.21 PKP TKi 3-253 →'39 DRB →'41 **DRB 91 772"** →'45 ČSD →23.12.47 PKP TKi 3-218"	+12.48
Hen 1911/ 10476	DZG 7201 T 9^3 →'22 PKP TKi 3-254 →'39 DRB →'41 **DRB [91 777"]** →'45 PKP TKi 3-169"	+05.05.54

Hen 1911/ 10478	DZG 7203 T9^3 →'22 PKP TKi3-250 →'39 DRB →'41 **DRB 91 780"** →'45 PKP TKi3-170"	+21.01.69
Hen 1911/ 10479	DZG 7204 T9^3 →'22 PKP TKi3-257 →'39 DRB →'41 **DRB 91 783"** (12.43 Tarnow)	V.u.
Unio 1911/ 1934	DZG 7208 T9^3 →04.06.21 PKP TKi3-259 →'39 DRB →'41 **DRB 91 786"** →'45 PKP TKi3-171"	+57
Hohz 1912/ 2856	DZG 7215 T9^3 →'20 PKP TKi3-261 →'39 DRB →'41 **DRB 91 790"** →'45 DRo/DR	+08.11.63
Hohz 1912/ 2857	DZG 7216 T9^3 →'20 PKP TKi3-262 →'39 DRB →'41 **DRB 91 792"** →'45 DRo →10.10.47 verk. WL Grube „Haye 2"	+
Graf 1911/ 6270	SBR 7217" T9^3 →'18 PKP TKi3-264 →'39 DRB →'41 **DRB 91 794"** →'45 PKP TKi3-172" →'56 WL ZNTK Ostrów Wielkopolski	+
O&K 1911/ 4604	BRO 7272 T9^3 →'18 PKP TKi3-265 →'39 DRB →'41 **DRB 91 796"** →'45 PKP TKi3-165"	+
O&K 1911/ 4601	BRO 7270 T9^3 →'18/20 PKP TKi3-266 →'39 DRB →'41 **DRB 91 797"** →'45 DRw/DB	+13.12.51
Schi 1903/ 1252	Kat 1489 →'03 Kat 1608 →'06 KAT 7279 T9^3 →15.06.22 PKP TKi3-267 →'39 DRB →'41 **DRB 91 806"** →'45 ČSD →27.12.47 PKP TKi3-219"	+01.03.55
Haga 1911/ 679	BRO 7279 T9^3 →'18 PKP TKi3-268 →'39 DRB →'41 **DRB 91 808"** →'45 DRw/DB	+13.12.51
Hano 1911/ 6159	POS 7310 T9^3 →'18/20 PKP TKi3-270 →'39 DRB →'41 **DRB 91 810"** →'45 DRw/DB	+13.12.51
Hano 1911/ 6161	POS 7312 T9^3 →'18/20 PKP TKi3-272 →'39 DRB →'41 **DRB 91 816"** →'45 PKP TKi3-173" +28.07.56 →22.07.56 Ub. in feuerlose Lok TKi3b-xxx	+
Hano 1911/ 6162	POS 7313 T9^3 →'18/20 PKP TKi3-273 →'39 DRB →'41 **DRB 91 821"** →'45 DRw/DB	+13.12.51
Hano 1911/ 6164	POS 7315 T9^3 →'18/20 PKP TKi3-274 →'39 DRB →'41 **DRB 91 822"** →'45 DRw/DB	+13.12.51
Hohz 1912/ 2852	DZG 7211 T9^3 →'20 STN 7350 →01.07.21 PKP TKi3-275 →'39 DRB →'41 **DRB 91 824"** →'45 DRw/DB	+01.06.53
O&K 1911/ 4602	BRO 7270 T9^3 →'20 OST 7365 →09.08.22 PKP TKi3-276 →'39 DRB →'41 **DRB 91 826"** →'45 PKP TKi3-174"	+30.12.66
Hohz 1912/ 2864	MST 7367 T9^3 →02.06.21 PKP TKi3-277 →'39 DRB →'41 **DRB 91 828"** →'45 DRw/DB	+13.12.51
O&K 1911/ 4607	BRO 7275 T9^3 →'20 OST 7369 →09.08.22 PKP TKi3-278 →'39 DRB →'41 **DRB 91 834"** →'45 ČSD →21.10.45 ČSD 335.1507 →22.03.51 MPS →'52 MPS TT-834	+26.06.64
Hen 1911/ 10499	BSL 7389 T9^3 →17.06.21 PKP TKi3-279 →'39 DRB →'41 **DRB 91 848"** →'45 PKP TKi3-175" +23.09.55 →'55 WL Huta im. Bieruta	+
Hohz 1911/ 2690	BRO 7260 T9^3 →'18/20 PKP TKi3-280 →'39 DRB →'41 **DRB 91 853"** →'45 PKP TKi3-153"	+14.08.65
Jung 1912/ 1742	HAN 7287 T9^3 →'18 PKP TKi3-281 →'39 DRB →'41 **DRB 91 864"** →'45 DRw/DB	+13.12.51
O&K 1912/ 5007	POS 7301 T9^3 →'18 PKP TKi3-284 →'39 DRB →'41 **DRB 91 865"** →'45 PKP TKi3-176" +28.07.56 →28.07.56 Ub. in feuerlose Lok TKi3b-xxx	+
O&K 1912/ 5009	POS 7303 T9^3 →'18/20 PKP TKi3-286 →'39 DRB →'41 **DRB 91 866"** →'45 DRo/DR	+16.05.67 u. +24.05.67
O&K 1912/ 5010	POS 7304 T9^3 →'18/20 PKP TKi3-287 →'39 DRB →'41 **DRB 91 871"** →'45 ČSD/R →09.03.51 MPS →'52 MPS TT-871	+26.02.62
O&K 1912/ 5011	POS 7305 T9^3 →'18/20 PKP TKi3-288 →'39 DRB →'41 **DRB 91 872"** →'45 DRw/DB [36]	+13.12.51
O&K 1912/ 5277	POS 7318 T9^3 →'18/20 PKP TKi3-289 →'39 DRB →'41 **DRB 91 877"** →'45 DRw/DB	+13.12.51
O&K 1912/ 5278	POS 7319 T9^3 →'18/20 PKP TKi3-290 →'39 DRB →'41 **DRB 91 878"** →'45 PKP TKi3-204" →'56 WL Huta Warszawa	+
O&K 1912/ 5279	POS 7320 T9^3 →'18/20 PKP TKi3-291 →'39 DRB →'41 **DRB 91 885"** →'45 PKP TKi3-186"	+21.06.51
O&K 1912/ 5280	POS 7321 T9^3 →'18/20 PKP TKi3-292 →'39 DRB →'41 **DRB [91 891"]** →'45 DRw/DB	+13.12.51
O&K 1912/ 5281	POS 7322 T9^3 →'18/20 PKP TKi3-293 →'39 DRB →'41 **DRB 91 892"** →'45 DRw/DB	+13.12.51
Unio 1912/ 2007	BRO 7282 T9^3 →'20 OST 7373 →26.05.22 PKP TKi3-294 →'39 DRB →'41 **DRB 91 893"** →'45 DRo/DR	+15.03.67
Jung 1912/ 1738	FFT 7394 T9^3 →15.06.21 PKP TKi3-295 →'39 DRB →'41 **DRB 91 896"** →'45 DRo/DR →28.06.55 WL 2 RAW Eberswalde →01.11.71 verk. VEB Binnenhafen Torgau →01.05.76 VEB Verkehrsbetriebe Dresden (ab '83 Aufarbeitung als Museums-/Denkmallok) →'84 Denkmal im Bw Dresden-Friedrichstadt →'09 Sächsisches Eisenbahnmuseum (SEM), Chemnitz-Hilbersdorf	('25 vorh.)
Haga 1913/ 735	KSL 7067 T9^3 →30.06.21 PKP TKi3-296 →'39 DRB →'41 **DRB 91 907"** →'45 DRo (09.45 RBD Halle) →'45 SMA	V.u.
Jung 1913/ 1932	HAL 7086 T9^3 →31.05.22 PKP TKi3-297 →'39 DRB →'41 **DRB 91 912"** →'45 PKP TKi3-194"	+07.09.65
Unio 1913/ 2058	DZG 7221 T9^3 →'20 PKP TKi3-298 →'39 DRB →'41 **DRB 91 917"** →'45 DRo →10.08.47 SMA	V.u.
Unio 1913/ 2059	DZG 7222 T9^3 →'20 PKP TKi3-299 →'39 DRB →'41 **DRB 91 918"** →'45 PKP TKi3-195"	+18.12.66
Unio 1913/ 2060	DZG 7223 T9^3 →'20 PKP TKi3-300 →'39 DRB →'41 **DRB 91 919"** →'45 PKP TKi3-187"	+25.01.60
Unio 1914/ 2103	DZG 7228 T9^3 →'20 PKP TKi3-302 →'39 DRB →'41 **DRB 91 922"** →'45 PKP TKi3-196" →'54 WL ZNTK Wroclaw	+
Unio 1913/ 2048	POS 7325 T9^3 →'18/20 PKP TKi3-303 →'39 DRB →'41 **DRB 91 923"** →'45 PKP TKi3-139"	+22.06.51
Unio 1914/ 2105	DZG 7398 T9^3 →'22 PKP TKi3-304 →'39 DRB →'41 **DRB 91 925"** →'45 PKP TKi3-197"	+56
Hohz 1911/ 2691	BRO 7261 T9^3 →'18/20 PKP TKi3-306 →'39 DRB →'41 **DRB 91 930"**	V.u.
Humb 1902/ 158	Efd 2111 →'06 EFD 7312 T9^3 →31.05.22 PKP TKi3-307 →'39 DRB →'41 **DRB 91 933"** →'45 PKP	+
Haga 1911/ 677	BRO 7277 T9^3 →'18/20 PKP TKi3-308 →'39 DRB →'41 **DRB 91 934"** →'45 PKP TKi3-202" +04.12.57 →'?? WL Huta Warszawa	+
Haga 1907/ 549	DZG 7350 T9^3 →'20 PKP TKi3-309 →'39 DRB →'41 **DRB 91 935"** →'45 PKP TKi3-86"	+15.03.65
Hohz 1903/ 1592	Fft 1938 →'06 FFT 7265 T9^3 →18.07.22 PKP TKi3-2 →'?? WL 3-8002 →'39 DRB →'41 **DRB 91 936"** →'45 PKP TKi3-112" +23.09.54 →'54 WL KWK Rudy Żelaza Staszic →'?? WL Bergwerk Osiny in Poraj bei Częstochowa TKi3-112 →23.03.86 Museum für Verkehr und Technik (MVT), Berlin ⇒Deutsches Technikmuseum Berlin	('23 vorh.)

36) Eine 91 872 wurde 1947 auch beim MPS nachgewiesen.

Eine der ehemals polnischen TKi 3 ist sogar als Museumslokomotive erhalten geblieben: Die 91 896 war ab 1955 als Werklok im Raw Eberswalde tätig, dann ab 1971 beim VEB Binnenhafen Torgau. Im Mai 1976 wurde sie an die VEB Verkehrsbetriebe Dresden verkauft – vermutlich um sie als historisch wertvolle Maschine langfristig zu erhalten (ähnlich wie zwei Jahre später auch die 94 2105). Die Aufnahme vom 14. August 1976 zeigt die nun der neuen Eigentümerin in Dresden gehörende Maschine mit Reichsbahnbeschriftung.

O&K 1913/ 5903	BSL 7399 T9^3 →'13 HAN 7299 →'18 PKP TKi3-283 →'39 NKPS →'43 **DRB 91 938“** →'45 DRw	+19.08.46
O&K 1912/ 5008	POS 7302 T9^3 →'18/20 PKP TKi3-285 →'39 NKPS →ca.'41/42 DRB →'43 **DRB 91 940”** →'45 PKP TKi3-177” +12.08.55 →'55 WL KWK Wieczorek	+
Unio 1902/ 1243	Ostpreussische Südbahn (OSü) 5“ →'03 Kbg 1974 →'06 KBG 7271 T9^3 →'25 LG 713 T9^3 →'40 NKPS →ca.'41/42 DRB →'43 **DRB 91 942“** →'45 PKP TKi3-46“	+29.05.56
Schi 1903/ 1254	Kat 1491 →'03 Kat 1610 →'06 KAT 7281 T9^3 →20.09.22 PKP TKi3-30 →'39 NKPS →ca.'41/42 DRB →'43 **DRB 91 949”** →'45 PKP TKi3-19“	+30.11.50
Schi 1903/ 1287	Dzg 1921 →'06 DZG 7308 T9^3 →'22 PKP TKi3-35 →'39 NKPS →ca.'41/42 DRB →'43 **DRB 91 950”** →'45 PKP TKi3-20“	+11.10.55
Hen 1911/ 10497	BSL 7387 T9^3 →17.07.19 LG/L →'22/23 LG 710 T9^3 →'40 NKPS →ca.'41/42 DRB →'43 **DRB 91 951“** →'45 PKP TKi3-178“	+04.05.65
Schi 1903/ 1243	Bro 1913 →'06 BRO 7214 T9^3 →'18/20 PKP TKi3-11 →'39 NKPS →ca.'41/42 DRB →'44 **DRB 91 952”** →'45 DRw/DB	+17.03.54
Unio 1904/ 1340	Dzg 1936 →'06 DZG 7323 T9^3 →'20 STN 7365 →01.07.21 PKP TKi3-59 →'39 NKPS →ca.'41/42 DRB →'44 **DRB 91 957”** →'45 DRo/DR	+31.01.51
Unio 1909/ 1749	DZG 7381 T9^3 →'20 PKP TKi3-226 →'39 LG 720 T9^3 →'40 NKPS →ca.'41/42 DRB →'44 **DRB [91 962”]** →'45 PKP TKi3-140“	+24.11.55
Unio 1904/ 1332	Kbg 1981 →'06 KBG 7280 T9^3 →'25 LG 712 T9^3 →'40 NKPS →ca.'41/42 DRB →'44 **DRB 91 966“** →'45 DRo (11.45 RBD Halle) →'45/46 CCCP-WL (03.48-'51 in Nischni Tagil; '51 nach Charkov)	+
Hen 1905/ 7177	Bro 1919 →'06 BRO 7220 T9^3 →'18/20 PKP TKi3-62 →'39 LG 716 T9^3 →'40 NKPS →ca.'41/42 DRB →'44 **DRB 91 967”** →'45 DRo →10.08.47 MPS →'52 MPS TT-967	+
Hohz 1906/ 2075	Hal 1907 →'06 HAL 7315 T9^3 →03.06.21 PKP TKi3-92 →'39 NKPS →ca.'41/42 DRB →'44 **DRB 91 968“** →'45 DRo (12.45 RBD Halle) →'45/46 PKP TKi3-63“	+12.05.56
Hen 1910/ 9921	HAN 7251 T9^3 →11.11.22 PKP TKi3-232 →'39 NKPS →ca.'41/42 DRB →'44 **DRB 91 971”** →'45 DRo/DR →'70 DR [91 1971-0]	+22.02.71
Hen 1911/ 10477	DZG 7202 T9^3 →'22 PKP TKi3-255 →'39 NKPS →ca.'41/42 DRB →'44 **DRB 91 973”** →'45 DRo (12.45 RBD Halle) →'45/46 PKP TKi3-179“	+20.09.50
Hohz 1904/ 1747	Dzg 1924 →'06 DZG 7311 T9^3 →'20 PKP TKi3-271 →'39 NKPS →ca.'41/42 DRB →'44 **DRB 91 975”** →'45 DRo/DR	+24.10.66
Schi 1902/ 1242	Bro 1912 →'06 BRO 7213 T9^3 →'18/20 PKP TKi3-10 →'39 NKPS →ca.'41/42 DRB →'44 **DRB 91 978”** →'45 PKP TKi3-8” +31.12.54 →'55 WL Huta im. Dzierżyńskiego	+
Hen 1905/ 7187	Kat 1625 →'06 KAT 7296 T9^3 →'22 OPP 7296 →11.10.22 PKP TKi3-70 →'39 LG 717 T9^3 →'40 NKPS →ca.'41/42 DRB →'44 **DRB 91 981”** →'45 DRo →ca.'46 SMA →'?? CCCP-WL (Metallwarenfabrik in Satka; Kessel +16.01.57)	+
Unio 1904/ 1337	Dzg 1933 →'06 DZG 7320 T9^3 →'20 PKP TKi3-54 →'39 NKPS →ca.'41/42 DRB →'44 **DRB [91 983”]** →'45 MPS	+

Bors 1905/ 5236	Kat 1611 →'08 KAT 7282 T9^3 →20.09.22 PKP TKi3-31 →'39 NKPS →ca.'41/42 DRB →'45 **DRB 91 987"** →'45 PKP TKi3-38"	+24.11.55
Haga 1908/ 588	BRO 7240 T9^3 →'18/20 PKP TKi3-137 →'39 NKPS →ca.'41/42 DRB →'45 **DRB [91 988"]** (12.44 RBD Danzig)	V.u.
Haga 1908/ 592	ERF 7309 T9^3 →'10 POS 7288 →'18/20 PKP TKi3-149 →'39 NKPS →ca.'41/42 DRB →'45 **DRB 91 991"** →'45 DRw/DB (SWDE)	+25.04.58
O&K 1909/ 3573	DZG 7394 T9^3 →'20 PKP TKi3-231 →'39 NKPS →ca.'41/42 DRB →'45 **DRB 91 992"** →'45 DRw/DB	+20.11.58
Unio 1911/ 1933	DZG 7207 T9^3 →'20 PKP TKi3-258 →'39 NKPS →ca.'41/42 DRB →'45 **DRB 91 1002"** →'45 DRw/DB	+28.10.61
Unio 1914/ 2100	DZG 7399 T9^3 →'20 PKP TKi3-305 →'39 NKPS →ca.'41/42 DRB →'45 **DRB [91 1007"]** →'45 DRo →10.47 verk. Braunkohlenindustrie Bitterfeld	+

1'C n2t **DB/DR $91^{7,9}$** (ex ČSD, LG, SNCF)

Treibraddurchmesser (mm):	1 350
Achsstand (mm):	6 000
Länge über Puffer (mm):	10 700
Dienstgewicht (t):	59,9
Achslast (maximal) (t):	15,9
Höchstgeschwindigkeit (km/h):	65
Zylinderdurchmesser (mm):	450
Kolbenhub (mm):	630
Rostfläche (m²):	1,53
Verdampfungsheizfläche (m²):	107,3
Kesselüberdruck (atm):	12,0

Nach dem Zweiten Weltkrieg wurden sowohl von der Deutschen Reichsbahn in den Westzonen sowie der DR in der DDR mehrere stehen gebliebene ausländische T9^3 in den eigenen Bestand übernommen – die zugewiesenen Betriebsnummern waren Zweitbesetzungen bereits ausgemusterter Maschinen.

Die als 91 719 bezeichnete Lokomotive war 1948 von der Tschechoslowakei an die RBD Regensburg übergeben worden. Dies war schon die dritte Besetzung der Betriebsnummer: Die ursprüngliche 91 719 schied bereits 1932 aus dem Bestand aus, während die Zweitbesetzung – eine ehemals polnische TKi 3 – auch nach dem Krieg in Polen verblieb, so dass 1948 diese Betriebsnummer tatsächlich wieder frei war.

Die zweite Maschine, die litauische LG 722, war während des Krieges erbeutet und 1944 „als Ost-Schadrückführlok ins Reich zurückgeschickt" worden. Stehen geblieben war sie bei der RBD Magdeburg, die sie „wild" – also unter Beibehaltung ihrer Betriebsnummer als Ordnungsnummer – als 91 722" übernahm. Dabei hatte man das Glück, dass die 91 722' tatsächlich nicht mehr vorhanden gewesen war.

Um 1950 soll diese Aufnahme der litauischen Lok 722 in Wegeleben entstanden sein. Als Umzeichnungsjahr in „91 722" genannt wird 1952, doch diese Angabe ist durchaus mit Vorsicht zu genießen: So wurde eine „91 722" bereits im Mai 1950 als „polnische Fremdlok" im DR-Bestand geführt, andererseits gibt eine Bestandsübersicht der RBD Magdeburg vom 25. November 1953 die Betriebsnummer nur mit „722" an – mit der Bemerkung „Eigentum der Volksrepublik Polen". In Betrieb genommen wurde die Lok bei der DR mit ziemlicher Sicherheit nicht mehr, so dass es auch als unwahrscheinlich angesehen werden muss, dass die Betriebsnummer „91 722" angeschrieben wurde.

Dritte im Bunde war eine ehemals elsass-lothringische T 9^3, die nach dem Krieg bei der RBD Münster stehen geblieben war. Da die Lok nicht an Frankreich zurückgegeben wurde, liegt die Vermutung nahe, dass man die Maschine in 91 953" umzeichnete, um ihre Identität zu verschleiern. Tatsächlich war die 91 953' erst wenige Wochen vor der Umzeichnung der AL-Maschine ausgemustert worden, so dass es wohl nicht sonderlich auffiel, dass unter dieser Nummer nun eine andere Maschine unterwegs war.

O&K 1905/ 1428	Stn 1949 →'06 STN 7311 T9^3 →'25 DRB 91 717 →'45 ČSD →21.10.45 ČSD 335.1513 →20.09.48 **DRw/DB 91 719^3**	+12.05.55
O&K 1911/ 5002	DZG 7217 T9^3 →'20 PKP TKi3-263 →'39 LG 722 T9^3 →'40 NKPS →'41 DRB/F →'45 DRo/DR →'52 **DR 91 722"**	+05.11.55
Graf 1909/ 6078	Reichseisenbahnen Elsaß-Lothringen (EL) 2409 LAZARUS (T8) →'12 Reichseisenbahnen Elsaß-Lothringen (EL) 7159 (T9) →'18 AL →'38 SNCF [1-130-TA-159] →'40 DRB →'45 DRw →30.06.47 **DRw/DB 91 953"**	+11.01.52

1'C n2t — DRB 91^{18} (ex SAAR T 9^3)

Treibraddurchmesser (mm):	1 350
Achsstand (mm):	6 000
Länge über Puffer (mm):	10 700
Dienstgewicht (t):	59,9
Achslast (maximal) (t):	15,9
Höchstgeschwindigkeit (km/h):	65
Zylinderdurchmesser (mm):	450
Kolbenhub (mm):	630
Rostfläche (m²):	1,53
Verdampfungsheizfläche (m²):	107,3
Kesselüberdruck (atm):	12,0

Als im Jahr 1920 die Eisenbahndirektion Saarbrücken aufgrund der Abtrennung des Saargebietes vom Deutschen Reich aufgeteilt wurde, kamen 35 preußische T 9^3 in den Bestand der „Saarbahnen" (SAAR), bei denen sie die Betriebsnummern SAAR 7201-7203, 7301-7333 (exklusive 7332) erhielten. Warum die Lokomotiven in zwei Nummerngruppen eingereiht wurden ist unbekannt; ebenso warum die Nummer 7332 unbesetzt blieb – wobei man aufgrund fehlender Dokumente aus dieser Zeit auch nicht ganz ausschließen kann, dass eine unbekannte 36. T 9^3 kurzzeitig unter dieser Nummer im SAAR-Bestand vorhanden gewesen sein könnte.

Im Versailler Vertrag war festgelegt worden, dass 15 Jahre nach der Abtrennung ein Volksentscheid zur weiteren Zukunft des Saargebietes zu erfolgen habe – bei der 1935 durchgeführten Abstimmung entschied sich der überwiegende Anteil der Bevölkerung für eine Rückangliederung an das Deutsche Reich, so dass auch die Fahrzeuge der Saarbahnen in den Bestand der Reichsbahn kamen. Diese reihten 31 noch vorhandene T 9^3 als 91 1806-1836 im Anschluss an die 1925 umgezeichneten preußischen T 9^3 in ihren Fahrzeugpark ein.

Graf 1910/ 6266	SBR 7225" T9^3 →'20 SAAR 7201 →'35 **DRB 91 1806** →'45 DRw/DB (Saar)	+54
Graf 1911/ 6269	SBR 7228" T9^3 →'20 SAAR 7202 →'35 **DRB 91 1807** →'45 MPS →'50 CCCP-WL/L (Werkstatt Liepaja) →'52 MPS TT-1807	+27.06.58
Jung 1912/ 1747	SBR 7231" T9^3 →'20 SAAR 7203 →'35 **DRB 91 1808** →10.09.44 CFL 3024	+19.12.55
Hen 1903/ 6359	Sbr 1965 →'06 SBR 7319 T9^3 →'20 SAAR 7301 →'35 **DRB 91 1809** →'45 ČSD →21.10.45 ČSD 335.1517 →21.05.51 MPS →'51 CCCP-WL/L →'52 MPS TT-1809	+27.06.58
Hen 1903/ 6361	Sbr 1967 →'06 SBR 7321 T9^3 →'20 SAAR 7302 →'35 **DRB 91 1810**	+01.09.44
Hen 1903/ 6362	Sbr 1968 →'06 SBR 7322 T9^3 →'20 SAAR 7303 →'35 **DRB 91 1811** →10.09.44 CFL 3025	+26.10.53
Jung 1903/ 643	Sbr 1974 →'06 SBR 7328 T9^3 →'20 SAAR 7304 →'35 **DRB 91 1812** →'44 MPS	+
Jung 1903/ 648	Sbr 1976 →'06 SBR 7330 T9^3 →'20 SAAR 7306 →'35 **DRB 91 1813** →'45 PKP TKi3-201"	+15.03.65
Jung 1904/ 735	Sbr 1981 →'06 SBR 7335 T9^3 →'20 SAAR 7307 →'35 **DRB 91 1814** →'45 ČSD →21.10.45 ČSD 335.1518 →07.06.51 MPS →'52 MPS TT-1814	+24.12.55
Hohz 1905/ 1810	Sbr 1987 →'06 SBR 7341 T9^3 →'20 SAAR 7309 →'35 **DRB 91 1815** →'45 DRw/DB (Saar)	+54
Jung 1905/ 824	Sbr 1989 →'06 SBR 7343 T9^3 →'20 SAAR 7311 →'35 **DRB 91 1816** →'45 DRo →'46 MPS	+
Jung 1906/ 893	Sbr 1994 →'06 SBR 7348 T9^3 →'20 SAAR 7312 →'35 **DRB 91 1817** →'45 DRw/DB	+01.06.53
Jung 1906/ 894	Sbr 1995 →'06 SBR 7349 T9^3 →'20 SAAR 7313 →'35 **DRB 91 1818** →'45 MPS	+02.51
Jung 1906/ 950	Sbr 1925 →'06 SBR 7355 T9^3 →'20 SAAR 7314 →'35 **DRB 91 1819** →'45 DRw/DB (Saar)	+54
Jung 1906/ 952	Sbr 1926 →'06 SBR 7356 T9^3 →'20 SAAR 7315 →'35 **DRB 91 1820** →'45 PKP TKi3-71"	+02.08.55
Jung 1906/ 953	Sbr 1927 →'06 SBR 7357 T9^3 →'20 SAAR 7316 →'35 **DRB 91 1821** →'45 PKP TKi3-207"	+31.05.66
Jung 1906/ 956	Sbr 1929 →'06 SBR 7359 T9^3 →'20 SAAR 7317 →'35 **DRB 91 1822** →'45 ÖBB/T →10.12.48 CCCP	V.u.
Jung 1906/ 957	Sbr 1930 →'06 SBR 7360 T9^3 →'20 SAAR 7318 →'35 **DRB 91 1823** →'45 DRw/DB	+18.04.56
Hohz 1906/ 2149	SBR 7364 T9^3 →'20 SAAR 7319 →'35 **DRB 91 1824** →'45 DRw/DB	+23.11.56
Hohz 1906/ 2150	SBR 7365 T9^3 →'20 SAAR 7320 →'35 **DRB 91 1825** →'45 DRw/DB	+18.10.54

Fotografien der 1935 von den Saarbahnen übernommenen T 9^3 sind selten – daher wird die Baureihe 91^{18} hier mit zwei Aufnahmen der 91 1834 präsentiert (Heizer- und Lokführerseite). Beide Bilder sind 1936 von Werner Hubert angefertigt worden und zeigen die im Bw Saarbrücken Hbf. beheimatete SAAR 7330. Die Lokomotive wurde 1939 von der Rbd Saarbrücken an die Rbd Halle und dann zwei Monate später an die Rbd Oppeln abgegeben – was den späteren Verbleib der Maschine in Polen erklärt.

Hohz 1906/ 2151	SBR 7366 T9^3 →'20 SAAR 7321 →'35 **DRB 91 1826** →'45 DRw/DB	+01.06.53
Hohz 1906/ 2152	SBR 7367 T9^3 →'20 SAAR 7322 →'35 **DRB 91 1827** →'45 DRw/DB	+28.05.54
O&K 1907/ 2204	SBR 7378 T9^3 →'20 SAAR 7324 →'35 **DRB 91 1828** →'45 DRw/DB	+10.08.57
Jung 1907/ 1097	SBR 7379 T9^3 →'20 SAAR 7325 →'35 **DRB 91 1829** →'45 JDŽ 154-006	+
Jung 1907/ 1098	SBR 7380 T9^3 →'20 SAAR 7326 →'35 **DRB 91 1830** →'45 DRo/DR →30.08.63 verk. HL VEB Isolier- und Kältetechnik, Rostock	++
Jung 1907/ 1102	SBR 7381 T9^3 →'20 SAAR 7327 →'35 **DRB 91 1831** →'45 PKP TKi 3-192"	+11.03.64
Jung 1907/ 1103	SBR 7382 T9^3 →'20 SAAR 7328 →'35 **DRB 91 1832** →'45 DRw/DB	+01.06.53
Jung 1908/ 1119	SBR 7389 T9^3 →'20 SAAR 7329 →'35 **DRB 91 1833** →'45 SNCF →07.46 DRw/DB (SWDE)	+18.10.54
Hohz 1908/ 2348	SBR 7392 T9^3 →'20 SAAR 7330 →'35 **DRB 91 1834** →'45 PKP TKi 3-121" +27.05.54 →'54 WL Huta im. Bieruta	+
Jung 1910/ 1387	SBR 7398 T9^3 →'20 SAAR 7331 →'35 **DRB 91 1835** →'45 MPS	+25.04.47
Jung 1906/ 955	Sbr 1928 →'06 SBR 7358 T9^3 →'20 SAAR 7333 →'35 **DRB 91 1836** →'45 DRw/DB	+18.10.54

1'C n2t DRB 91^{18} (ex B 93xx)

Treibraddurchmesser (mm):	1 350
Achsstand (mm):	6 000
Länge über Puffer (mm):	10 700
Dienstgewicht (t):	59,9
Achslast (maximal) (t):	15,9
Höchstgeschwindigkeit (km/h):	65
Zylinderdurchmesser (mm):	450
Kolbenhub (mm):	630
Rostfläche (m²):	1,53
Verdampfungsheizfläche (m²):	107,3
Kesselüberdruck (atm):	12,0

Nach dem Ausbruch des Zweiten Weltkrieges wurde zunächst das neutrale Belgien 1940 im Rahmen des Angriffs auf Frankreich von deutschen Truppen besetzt und die Eisenbahnen unter deutsche Verwaltung gestellt. Noch vor der belgischen Kapitulation am 28. Mai 1940 wurde am 10. Mai 1940 das Gebiet „Eupen-Malmedy", welches nach dem Ersten Weltkrieg aufgrund des Versailler Vertrags von Deutschland an Belgien abgetreten worden war, wieder in das Deutsche Reich integriert und die Strecken der RBD Köln unterstellt. Die in Eupen-Malmedy eingesetzten Maschinen wurden von der Reichsbahn in ihren Bestand übernommen und 1942 umgezeichnet. Den ehemals preußischen T 9^3 wurden die Betriebsnummern 91 1837-1844 zugewiesen – im Anschluss an die 1935 übernommenen Saargebiets-Lokomotiven.

Hohz 1905/ 1814	Hal 1899 →'06 HAL 7307 T 9^3 →'18/19 B 9307 →'42 **DRB 91 1837** →'45 MPS	+
Humb 1902/ 152	Köl 1608 →'06 KÖL 7209 T 9^3 →'18/19 B 9309 →'42 **DRB 91 1838** →'45 DRw/DB →24.06.50 SNCB 93.009	+12.07.60
Humb 1902/ 162	Efd 2115 →'06 EFD 7316 T 9^3 →'18/19 B 9316 →'42 **DRB 91 1839** →'45 DRw/DB →16.06.50 SNCB 93.016	+28.09.55
Hano 1911/ 6138	ALT 7329 T 9^3 →'18/19 B 9329 →'42 **DRB 91 1840** →'45 DRw/DB →24.06.50 SNCB 93.029	+12.06.53
Jung 1905/ 775	Köl 1629 →'06 KÖL 7229 T 9^3 →'18/19 B 9348 →'42 **DRB 91 1841** →'45 MPS →'52 MPS TT-1841	+20.06.55
Hohz 1903/ 1638	Köl 1614 →'06 KÖL 7215 T 9^3 →'18/19 B →'23/24 an belg. Heer →08.40 B 9300 →'42 **DRB 91 1842** →'45 DRw →09.07.48 belg. Heer	+
Hen 1910/ 9889	HAN 7254 T 9^3 →'18/19 B 9352 →'42 **DRB 91 1843** →'45 DRw/DB	+02.11.55
Jung 1912/ 1828	EFD 7382 T 9^3 →'18/19 B 9382 →'42 **DRB 91 1844** →'45 DRw/DB →15.06.50 SNCB 93.060	+18.05.55

Im Juni 1950 wurde die ehemals belgische 91 1840 von der Rbd Köln an die Belgische Staatsbahn zurückgegeben – dort wurde auch die neue SNCB-Betriebsnummer 93.029 angebracht und die alte DRB-Nummer durchgestrichen, doch dass sie noch einmal in Betrieb genommen wurde, ist äußerst zweifelhaft. Die Ausmusterung erfolgte jedenfalls bereits im Juni 1953.

Treibraddurchmesser (mm):	1 350
Achsstand (mm):	6 000
Länge über Puffer (mm):	10 700
Dienstgewicht (t):	59,9
Achslast (maximal) (t):	15,9
Höchstgeschwindigkeit (km/h):	65
Zylinderdurchmesser (mm):	450
Kolbenhub (mm):	630
Rostfläche (m²):	1,53
Verdampfungsheizfläche (m²):	107,3
Kesselüberdruck (atm):	12,0

Von den sechs nach dem Zweiten Weltkrieg in der Ostzone stehen gebliebenen ehemals litauischen T 9³ wurden drei in den ersten Nachkriegsjahren an die Sowjetische Militär-Administration (SMA) abgegeben und eine (LG 722) „wild" in 91 722" umgezeichnet. Die beiden verbliebenen Maschinen erhielten 1947/48 die neuen Betriebsnummern 91 1845-1846 – also im Anschluss an die 1942 für die belgischen Maschinen vergebenen Reichsbahnnummern.

Drei weitere aus Belgien stammende und als „Leihlokomotiven" nach Deutschland gekommene T 9³ waren jahrelang noch mit ihren belgischen Betriebsnummern bei der DR im Einsatz, da man zunächst noch damit rechnete, die Maschinen irgendwann an ihre Eigentümer zurückgeben zu müssen. Erst als Mitte der 50er Jahre klar wurde, dass es dazu nicht mehr kommen würde, zeichnete man auch diese Maschinen ab 1957 auf Reichsbahnnummern um. Die drei belgischen Maschinen erhielten in diesem Rahmen die neuen Betriebsnummern 91 1845-1847 – wobei die Nummern 91 1845-1846 in Zweitbesetzung erneut vergeben wurden, da die beiden litauischen Maschinen der Erstbesetzung bis 1954 aus dem Bestand ausgeschieden waren. Zuvor war die 91 1845 offensichtlich noch in 91 845 umgezeichnet worden, hieß es doch in den Bestandsänderungen der Rbd Dresden vom Januar 1954: „91 845 ausgemustert (bisher falsch als 91 1845 gemeldet)". Tatsächlich durchgeführt wurde diese Umzeichnung wohl nicht mehr, war die Maschine doch schon viele Jahre als Ersatzteilspender abgestellt gewesen.

Unio 1902/ 1226	Kbg 1955 →'06 KBG 7250 T 9³ →28.01.20 LG 703 T 9³ →'40 NKPS →'?? DRB/F →'45 DRo →'47 **DRo/DR 91 1845** →'?? DR 91 845"	+19.01.54
Unio 1909/ 1775	DZG 7388 T 9³ →'20 OST 7376 →04.06.21 PKP TKi 3-222 →'39 LG 719 T 9³ →'40 NKPS →'?? DRB/F →'45 DRo [37] →'48 **DRo/ DR 91 1846**	+19.01.54
Hohz 1903/ 1579	Han 2027 →'06 HAN 7212 T 9³ →'18/19 B 9312 →14.11.40 DRB/L (Han.) →'45 DRo/DR →'57 **DR 91 1845"**	+14.11.66
Hohz 1904/ 1702	Efd 2122 →'06 EFD 7323 T 9³ →'18/19 B 9323 →14.01.41 DRB/L (Han.) →'45 DRo/DR →'57 **DR 91 1846"**	+04.04.67
Jung 1913/ 1928	EFD 7394 T 9³ →'18/19 B 9394 →17.01.41 DRB/L (Han.) →'45 DRo/DR →01.12.58 **DR 91 1847**	+20.11.67

37) eine „91 719": 10.10.47 an Braunkohlenindustrie in der sowjet. Zone und später wieder zurück - vermtl. war dies die LG 719

Die drei „belgischen T 9³", die während des Krieges als „Leihlokomotiven" nach Deutschland gekommen und bei Kriegsende in der Ostzone stehen geblieben waren, wurden ab 1957 in 91 1845-1847 umgezeichnet. Vermutlich Mitte der 60er Jahre entstand diese Aufnahme der DR 91 1845 in der Nähe von Neuruppin.

1'C n2t DRB 91^{19} (ex MFFE T 4)

	91 1901-1930	91 1931-1950
Treibraddurchmesser (mm):	1 150	1 200
Achsstand (mm):	5 600	5 600
Länge über Puffer (mm):	10 375	10 375
Dienstgewicht (t):	46,1	46,1
Achslast (maximal) (t):	12,1	12,1
Höchstgeschwindigkeit (km/h):	45	55
Zylinderdurchmesser (mm):	410	410
Kolbenhub (mm):	580	580
Rostfläche (m²):	1,60	1,60
Verdampfungsheizfläche (m²):	99,94	99,94
Kesselüberdruck (atm):	12,0	12,0
Leistung (PSi):	470	470

In Mecklenburg war es sozusagen Tradition, für den eigenen Fahrzeugpark auf bewährte preußische Bauarten zurückzugreifen, doch bei den Nebenbahn-Tenderlokomotiven musste die Mecklenburgische Friedrich Franz-Eisenbahn zum ersten und einzigen Male von dieser Praxis abweichen: Die preußische T3 (siehe Baureihe 89^{70-75}), von der man bei der MFFE auch einige Exemplare besaß (MFFE T3; Baureihe 89^{80}), war für viele Einsatzbereiche nicht leistungsfähig genug, und die preußische $T9^3$ (Baureihe 91^{3-18}) hatte zu große Kuppelräder und war deutlich zu schwer: Der leichte Oberbau in Mecklenburg vertrug nur maximal 12 t Achslast, während die $T9^3$ bei knapp 16 t lag. Von der Lokomotivfabrik Henschel in Kassel wurde daraufhin nach Vorgaben der MFFE eine geeignete 1C-Tenderlokomotive für die mecklenburgischen Nebenbahnen entwickelt. Die sowohl im Personen- als auch im Güterzugdienst eingesetzten Maschinen hatten mit 1 150 mm relativ kleine Kuppelachsen, deren erste mit der Vorlaufachse zu einem Krauss-Helmholtz-Gestell zusammengefasst war. Die als Gruppe XI und ab 1910 als Gattung T4 bezeichneten Lokomotiven bewährten sich gut und wurden von 1907 bis 1919 in 43 Exemplaren beschafft. Weitere sieben T4 wurden 1921/22 von der RBD Schwerin der Deutschen Reichsbahn nachbestellt.

Im Jahr 1925 erhielten alle 50 Maschinen neue Reichsbahn-Betriebsnummern: 91 1901-1950. Zwar schieden die ältesten T4 bereits in den 30er-Jahren aus dem Reichsbahnbestand aus, doch der weit überwiegende Teil der Lokomotiven blieb im Einsatz und überstand auch in ihrem angestammten Einsatzgebiet den Zweiten Weltkrieg. Fast alle T4 kamen in den Bestand der Deutschen Reichsbahn in der DDR – allerdings hatte ein nicht unerheblicher Teil des Bestandes 1946/47 an die Sowjetische Militär-Administration (SMA) abgegeben werden müssen. Immerhin vier 91^{19} befanden sich in den Westzonen, wo sie jedoch schon bald ausgemustert wurden, und zwei weitere Maschinen waren in den Bestand der Polnischen Staatsbahnen gekommen (PKP TKi 100). Bei der DR schieden die

Ein Jahr vor ihrer Ausmusterung hat Werner Hubert 1933 der 91 1904 noch dieses „fotografische Denkmal" setzen können. Nach der Ausmusterung im März 1934 wurde die Maschine direkt an die Hamburger Schrottfirma Eckhardt & Co. verkauft.

letzten Exemplare 1970 aus – für [illegible] sogar noch UIC Betriebsnummern vorgesehen gewesen, die aber nicht mehr angeschrieben wurden.
Erwähnt werden soll an dieser Stelle auch noch, dass sechs weitgehend baugleiche Maschinen 1919/20 an provinzialsächsische Kleinbahnen geliefert worden waren. Bei der Verstaatlichung dieser Bahnen im Jahr 1950 erhielten vier Lokomotiven dieser Bauart die Betriebsnummern 91 6401-6404.

Literatur:

ENDISCH, DIRK: Die Baureihe 91.19. LM 4/2000 S. 82-94
N.N.: Die letzten Mecklenburger. LM 35, S. 84-93
WENZEL, HANSJÜRGEN; MOLL, GERHARD: Die Baureihe 91[19] – mecklenburgische T4. EK 10/1984, S. 22-34

Hersteller	Verbleib	Ende
Hen 1907/ 8197	Mecklenburgische Friedrich-Franz-Eb. (MFFE) 701 (XXI →'10: T4) →'25 **DRB 91 1901** +10.34 →01.35 Klb. Bad Zwischenahn-Edewechterdamm (KZE) →'?? WL XV Hüttenwerk Hagen-Haspe →'?? WL IV Hüttenwerk Hagen-Haspe	+
Hen 1907/ 8198	Mecklenburgische Friedrich-Franz-Eb. (MFFE) 702 (XXI →'10: T4) →'25 **DRB 91 1902** +10.34 →'35 Wilstedt-Zeven-Tostedter Eb. (WZTE) 9 →'?? Wilstedt-Zeven-Tostedter Eb. (WZTE) 411 (NLEA) →'53 verk. (nach Regensburg)	+
Hen 1908/ 8873	Mecklenburgische Friedrich-Franz-Eb. (MFFE) 703 (XXI →'10: T4) →'25 **DRB 91 1903**	+10.33
Hen 1908/ 8874	Mecklenburgische Friedrich-Franz-Eb. (MFFE) 704 (XXI →'10: T4) →'25 **DRB 91 1904**	+03.34
Hen 1908/ 8927	Mecklenburgische Friedrich-Franz-Eb. (MFFE) 705 (XXI →'10: T4) →'25 **DRB 91 1905**	+03.34
Hen 1908/ 8928	Mecklenburgische Friedrich-Franz-Eb. (MFFE) 706 (XXI →'10: T4) →'25 **DRB 91 1906** →'45 DRo →10.08.47 SMA	V.u.
Hen 1909/ 9476	Mecklenburgische Friedrich-Franz-Eb. (MFFE) 707 (XXI →'10: T4) →'25 **DRB 91 1907** →'45 DRo/DR	+01.04.50
Hen 1909/ 9477	Mecklenburgische Friedrich-Franz-Eb. (MFFE) 708 (XXI →'10: T4) →'25 **DRB 91 1908** →'45 DRo +16.05.46 →10.08.47 SMA →'?? CCCP-WL (Hüttenwerk Saporoshje)	+
Hen 1909/ 9478	Mecklenburgische Friedrich-Franz-Eb. (MFFE) 709 (XXI →'10: T4) →'25 **DRB 91 1909** →'45 DRo/DR →'70 DR (91 1909-0)	+06.04.70
Hen 1909/ 9479	Mecklenburgische Friedrich-Franz-Eb. (MFFE) 710 (XXI →'10: T4) →'25 **DRB 91 1910**	+10.33
Hen 1910/ 9876	Mecklenburgische Friedrich-Franz-Eb. (MFFE) 711 (T4) →'25 **DRB 91 1911** →'45 DRo →10.08.47 SMA	V.u.
Hen 1910/ 9877	Mecklenburgische Friedrich-Franz-Eb. (MFFE) 712 (T4) →'25 **DRB 91 1912** →'45 DRo/DR	+18.12.68
Hen 1910/ 9878	Mecklenburgische Friedrich-Franz-Eb. (MFFE) 713 (T4) →'25 **DRB 91 1913** →'45 PKP TKi100-1 →'55 WL Huta im. Nowotki, Ostrowiec Św.	+
O&K 1910/ 4000	Mecklenburgische Friedrich-Franz-Eb. (MFFE) 714 (T4) →'25 **DRB 91 1914**	+03.33
O&K 1911/ 4671	Mecklenburgische Friedrich-Franz-Eb. (MFFE) 715 (T4) →'25 **DRB 91 1915** +08.33 →'38 WL 7" Hoesch Westfalenhütte, Dortmund	+55
O&K 1911/ 4672	Mecklenburgische Friedrich-Franz-Eb. (MFFE) 716 (T4) →'25 **DRB 91 1916**	+08.33
Hen 1912/ 11311	Mecklenburgische Friedrich-Franz-Eb. (MFFE) 717 (T4) →'25 **DRB 91 1917** →'45 DRw/DB	+08.10.49
Hen 1912/ 11312	Mecklenburgische Friedrich-Franz-Eb. (MFFE) 718 (T4) →'25 **DRB 91 1918** →'45 DRo →10.08.47 SMA →'?? CCCP-WL (Hüttenwerk Saporoshje)	+
Hen 1912/ 11313	Mecklenburgische Friedrich-Franz-Eb. (MFFE) 719 (T4) →'25 **DRB 91 1919** →'45 DRo/DR →'70 DR (91 1919-9)	+06.04.70
Hen 1912/ 11314	Mecklenburgische Friedrich-Franz-Eb. (MFFE) 720 (T4) →'25 **DRB 91 1920** →'45 DRw/DB	+01.12.49
O&K 1913/ 6251	Mecklenburgische Friedrich-Franz-Eb. (MFFE) 721 (T4) →'25 **DRB 91 1921** →'45 DRo/DR →'70 DR (91 1921-5)	+03.07.69
O&K 1913/ 6252	Mecklenburgische Friedrich-Franz-Eb. (MFFE) 722 (T4) →'25 **DRB 91 1922** →'45 PKP TKi100-3	+02.03.67
O&K 1913/ 6253	Mecklenburgische Friedrich-Franz-Eb. (MFFE) 723 (T4) →'25 **DRB 91 1923** →'45 DRo/DR →06.61 WL 2 RAW Stendal	+12.12.63
O&K 1914/ 7701	Mecklenburgische Friedrich-Franz-Eb. (MFFE) 724 (T4) →'25 **DRB 91 1924** →'45 DRo/DR	+20.01.54
O&K 1914/ 7702	Mecklenburgische Friedrich-Franz-Eb. (MFFE) 725 (T4) →'25 **DRB 91 1925** →'45 DRo/DR	+04.03.66
O&K 1914/ 7703	Mecklenburgische Friedrich-Franz-Eb. (MFFE) 726 (T4) →'25 **DRB 91 1926** →'45 DRo →14.01.46 SMA	V.u.
Hen 1914/ 12896	Mecklenburgische Friedrich-Franz-Eb. (MFFE) 727 (T4) →'25 **DRB 91 1927** →'45 DRo →14.01.46 SMA	V.u.
Hen 1914/ 12897	Mecklenburgische Friedrich-Franz-Eb. (MFFE) 728 (T4) →'25 **DRB 91 1928** →'45 DRo →14.01.46 SMA	V.u.
Hen 1914/ 12898	Mecklenburgische Friedrich-Franz-Eb. (MFFE) 729 (T4) →'25 **DRB 91 1929** →'45 DRo/DR →'70 DR (91 1929-8)	+03.07.69
Hen 1914/ 12899	Mecklenburgische Friedrich-Franz-Eb. (MFFE) 730 (T4) →'25 **DRB 91 1930** →'45 DRo/DR	+03.04.62
Hen 1915/ 13573	Mecklenburgische Friedrich-Franz-Eb. (MFFE) 731 (T4) →'25 **DRB 91 1931** →'45 DRo →14.01.46 SMA	V.u.
Hen 1915/ 13574	Mecklenburgische Friedrich-Franz-Eb. (MFFE) 732 (T4) →'25 **DRB 91 1932** →'45 MPS	+
Hen 1915/ 13575	Mecklenburgische Friedrich-Franz-Eb. (MFFE) 733 (T4) →'25 **DRB 91 1933** +08.33 →09.33 Klb. Bad Zwischenahn-Edewechterdamm (KZE) 4 AMMERLAND →'59 Fa. Reuschling, Hattingen	+
O&K 1915/ 7861	Mecklenburgische Friedrich-Franz-Eb. (MFFE) 734 (T4) →'25 **DRB 91 1934** →'45 DRo/DR	+02.01.68
Hen 1916/ 13979	Mecklenburgische Friedrich-Franz-Eb. (MFFE) 735 (T4) →'25 **DRB 91 1935** →'45 DRo/DR	+26.07.68
Hen 1916/ 13980	Mecklenburgische Friedrich-Franz-Eb. (MFFE) 736 (T4) →'25 **DRB 91 1936** →'45 DRo →14.01.46 SMA →'46/47 CCCP-WL ('47 Lugansk)	+

Ebenfalls von Werner Hubert stammt die Aufnahme der 91 1912, welche im Jahr 1930 entstanden ist. Dieser Maschine war ein deutlich längeres Dasein beschieden als der zuvor gezeigten 91 1904: Sie stand bis 1958 bei der Rbd Schwerin im Einsatz und erreichte somit ein Alter von 58 Jahren.

Hen 1918/ 15676	Mecklenburgische Friedrich-Franz-Eb. (MFFE) 737 (T4) →'25 **DRB 91 1937** →'45 DRo →10.08.47 SMA V.u.
Hen 1918/ 15677	Mecklenburgische Friedrich-Franz-Eb. (MFFE) 738 (T4) →'25 **DRB 91 1938** →'45 DRo →10.08.47 SMA →'?? CCCP-WL (Hüttenwerk Saporoshje) +
Hen 1919/ 16292	Mecklenburgische Friedrich-Franz-Eb. (MFFE) 739 (T4) →'25 **DRB 91 1939** →'45 DRo →14.01.46 SMA V.u.

Auch die 91 1925 war nach dem Krieg in der DDR verblieben, doch im Gegensatz zu den meisten anderen Maschinen dieser Baureihe wurde sie überwiegend im Süden der DDR eingesetzt: Am 1. Februar 1952 wurden sie vom Bw Rostock nach Aue umbeheimatet. Vom 14. Juni 1952 bis zum 14. Januar 1953 gehörte sie zum Bw Döbeln – in dieser Zeit dürfte auch diese Aufnahme in ihrem Heimat-Bw entstanden sein.

Unbekannt ist der Verbleib der 91 1931, die auf dieser Aufnahme von 1929 als Lokomotive des Bw Rostock zu sehen ist. Nach Kriegsende befand sich diese Maschine bei der Rbd Schwerin, musste aber im Januar 1946 an die Sowjetische Militär-Administration (SMA) abgegeben werden. Wahrscheinlich diente sie danach als Werk- oder Heizlokomotive bei einem sowjetischen Industriebetrieb, doch bisher sind leider keine Informationen zu einem solchen Einsatz aufgetaucht. Foto: Werner Hubert

Die Bauart der von der 91 1936 gezogenen Güterwagen verrät es: Diese Aufnahme stammt nicht aus Deutschland, sondern aus der Sowjetunion. Sie zeigt die 1946 an die Sowjetische Militär-Administration (SMA) abgegebene 91 1936 beim Rangieren in einem Werk der chemischen Industrie in Lugansk. Entstanden sein soll diese Aufnahme im Jahr 1947.

Die 91 1941 war ständig bei der Rbd Schwerin stationiert, zuletzt ab Mai 1966 beim Bw Wittenberge. Alfred Luft fotografierte sie ein halbes Jahr vor der Ausmusterung im Juni 1968 vor einem „PmG".

Hen 1919/ 16293	Mecklenburgische Friedrich-Franz-Eb. (MFFE) 740 (T4) →'25 **DRB 91 1940** →'45 DRo →14.01.46 SMA V.u.	
Hen 1919/ 16294	Mecklenburgische Friedrich-Franz-Eb. (MFFE) 741 (T4) →'25 **DRB 91 1941** →'45 DRo/DR	+05.12.68
Hen 1919/ 16295	Mecklenburgische Friedrich-Franz-Eb. (MFFE) 742 (T4) →'25 **DRB 91 1942** →'45 DRo/DR	+20.06.67
Hen 1919/ 16296	Mecklenburgische Friedrich-Franz-Eb. (MFFE) 743 (T4) →'25 **DRB 91 1943** →'45 DRo/DR	+16.02.66
Hen 1921/ 18276	Mecklenburgische Friedrich-Franz-Eb. (MFFE) 744 (T4) →'25 **DRB 91 1944** →'45 DRw/DB +17.03.50 →03.50 WL EAW Hamburg-Harburg (bis 08.50)	++23.04.52
Hen 1921/ 18277	Mecklenburgische Friedrich-Franz-Eb. (MFFE) 745 (T4) →'25 **DRB 91 1945** →'45 DRo/DR	+19.04.67
Hen 1921/ 18278	Mecklenburgische Friedrich-Franz-Eb. (MFFE) 746 (T4) →'25 **DRB 91 1946** →'45 DRo →08.11.45 SMA V.u.	
Hen 1921/ 18279	Mecklenburgische Friedrich-Franz-Eb. (MFFE) 747 (T4) →'25 **DRB 91 1947**	+08.33
O&K 1922/ 9768	Mecklenburgische Friedrich-Franz-Eb. (MFFE) 748 (T4) →'25 **DRB 91 1948** →'45 DRo →10.10.45 SMA V.u.	
O&K 1922/ 9769	Mecklenburgische Friedrich-Franz-Eb. (MFFE) 749 (T4) →'25 **DRB 91 1949** →'45 DRw/DB	+29.12.49
O&K 1922/ 9770	Mecklenburgische Friedrich-Franz-Eb. (MFFE) 750 (T4) →'25 **DRB 91 1950** →'45 DRo/DR	+30.11.53

1'C n2t **DRB 91^{20}** (ex K. W. St. E. T 9)

Treibraddurchmesser (mm):	1 350
Achsstand (mm):	6 000
Länge über Puffer (mm):	10 620
Dienstgewicht (t):	59,6
Achslast (maximal) (t):	15,1
Höchstgeschwindigkeit (km/h):	60
Zylinderdurchmesser (mm):	450
Kolbenhub (mm):	630
Rostfläche (m²):	1,53
Verdampfungsheizfläche (m²):	102,0
Kesselüberdruck (atm):	13,0
Leistung (PSi):	440

Als die württembergischen T3 (siehe Baureihe 89^{3-4}) den gestiegenen Anforderungen nicht mehr genügten, griffen die Königlich Württembergischen Staatseisenbahnen erstmals auf eine preußische Bauart zurück: In den Jahren 1906 und 1907 wurden zehn württembergische T9 nach dem Vorbild der preußischen $T9^3$ (siehe Baureihe 91^{3-18}) an die Staatsbahn abgeliefert. Die von der Maschinenfabrik Esslingen gefertigten Maschinen entsprachen äußerlich weitgehend ihren preußischen Vorbildern, doch im Detail gab es einige Änderungen und Anpassungen an die württembergischen Gepflogenheiten, so z.B. einen weiter ins Führerhaus hineinragenden Kohlenkasten. Auch hatte man einen um eine Atmosphäre höheren Dampfdruck als die KPEV gewählt.

Obwohl man mit den Lokomotiven wohl recht zufrieden war, wurden später keine weiteren Exemplare mehr nachgeordert. Grund hierfür dürfte die im Vergleich zu Heißdampflokomotiven geringere Leistungsfähigkeit von Nassdampfmaschinen gewesen sein – und die nächsten Personenzug-Tenderlokomotiven, welche die Württembergische Staatsbahn ab 1909 beschaffte, waren die 1C1-Heißdampflokomotiven der Gattung T 5 (siehe Baureihe 75^0), deren Leistung laut Merkbuch genau doppelt so groß war wie die der T 9.
Bei der Aufstellung des Umzeichnungsplanes wies die Deutsche Reichsbahn – wohl aufgrund der Bauartunterschiede zur preußischen $T 9^3$ – den württembergischen T 9 die Betriebsnummern 91 2001-2010 und damit eine eigene Unterbaureihe zu. Und während von den preußischen $T 9^3$ schon ein signifikanter Anteil während der 30er Jahre ausgemustert wurde, waren 1939 noch alle zehn württembergischen T 9 im Bestand. Das Kriegsende erlebten sämtliche Maschinen bei der RBD Stuttgart, doch dann setzte sehr bald die Ausmusterung ein: Bis 1950 waren alle Lokomotiven aus dem Reichsbahn- bzw. DB-Bestand ausgeschieden – wobei einige Maschinen noch eine Zeitlang als Werkslokomotiven überlebten.

Literatur:

WILLHAUS, WERNER: Die württembergische T 9. EK 3/2006 S. 50-55

Essl 1906/ 3366	K. W. St. E. 1101 (T9) →'25 **DRB 91 2001** →'45 DRw/DB +15.11.49 →'?? HL Nr. 763 in Ulm (noch '50)	+
Essl 1906/ 3367	K. W. St. E. 1102 (T9) →'25 **DRB 91 2002** →'45 DRw +10.06.48 →'?? WL RAW Esslingen →'?? WL AW Kassel	+08.11.56
Essl 1906/ 3368	K. W. St. E. 1103 (T9) →'25 **DRB 91 2003** →'45 DRw	+01.09.46
Essl 1906/ 3369	K. W. St. E. 1104 (T9) →'25 **DRB 91 2004** →'45 DRw	+15.07.46
Essl 1907/ 3412	K. W. St. E. 1105 (T9) →'25 **DRB 91 2005** →'45 DRw	+17.10.46
Essl 1907/ 3413	K. W. St. E. 1106 (T9) →'25 **DRB 91 2006** →'45 DRw/DB	+14.08.50
Essl 1907/ 3414	K. W. St. E. 1107 (T9) →'25 **DRB 91 2007** →'45 DRw +20.03.48 →03.06.48 verk. Farbwerke Höchst	+
Essl 1907/ 3415	K. W. St. E. 1108 (T9) →'25 **DRB 91 2008** →'45 DRw/DB +14.08.50 →05.11.51 WL AW Durlach →04.07.55 WL AW Schwetzingen →08.08.57 WL AW Durlach	++04.59
Essl 1907/ 3416	K. W. St. E. 1109 (T9) →'25 **DRB 91 2009** ('44-45 Flugplatz Ulm Hessental /L) →'45 DRw +01.02.49 →'?? Wittlager Krb. (WKB) HUNTEBURG^{II}	+01.56
Essl 1907/ 3417	K. W. St. E. 1110 (T9) →'25 **DRB 91 2010** ('44-45 Flugplatz Ulm Hessental /L) →'45 DRw +20.03.48 →03.06.48 verk. Farbwerke Höchst	+

Auf der Rückseite dieses Bildes befindet sich zwar der Stempel „Aus der Lokomotiv-Lichtbildsammlung des Verkehrszentralamtes der Deutschen Studentenschaft, Darmstadt", doch von wem diese 1929 entstandene Aufnahme stammt, wird leider nicht verraten. Zum Aufnahmezeitpunkt gehörte die Maschine zum Bw Reutlingen – dort war sie bis zum 3. Oktober 1929 stationiert; anschließend ging es weiter nach Tübingen.

Von Werner Hubert stammt diese 1932 entstandene Standardaufnahme, welche die 91 2007 des Bw Tübingen zeigt. Die Lokomotive wurde 1948 an die Farbwerke Höchst verkauft – ob sie dort als Werklok im Einsatz war und wenn ja, wie lange, ist leider nicht bekannt.

An 17. Juni 1931 besuchte Carl Bellingrodt das Bw Tübingen und lichtete bei dieser Gelegenheit auch die 91 2008 ab. Nach aktuellem Kenntnisstand war dies die am längsten „überlebende" württembergische T 9 – nach dem Einsatz in verschiedenen Ausbesserungswerken wurde sie erst im April 1959 verschrottet. Übrigens war bei allen drei abgebildeten württembergischen T 9 hinten am Kohlenkasten eine bemerkenswerte Absturzsicherung angebaut.

1'C h2t DR 91^{61} (ex Privatbahnen)

Treibraddurchmesser (mm):	1 200
Achsstand (mm):	5 300
Länge über Puffer (mm):	9 850
Dienstgewicht (t):	49,1
Achslast (maximal) (t):	13,8
Höchstgeschwindigkeit (km/h):	50
Zylinderdurchmesser (mm):	450
Kolbenhub (mm):	550
Rostfläche (m²):	1,39
Verdampfungsheizfläche (m²):	58,35
Überhitzerheizfläche (m²):	21,6
Kesselüberdruck (atm):	12,0

Mit Wirkung vom 1. Januar 1950 wurde der weit überwiegende Teil aller Lokomotiven der Klein- und Privatbahnen in der DDR in den Bestand der Deutschen Reichsbahn übernommen. Zur Ermittlung der neuen Betriebsnummer im DR-Fahrzeugpark addierte man die mittlere Achslast der jeweiligen Lokomotive (in Tonnen) zur Zahl 50 und erhielt so die Tausender- und Hunderterstellen der Ordnungsnummer. Von den jeweils 100 verfügbaren Betriebsnummern für alle Lokomotiven mit einer bestimmten Achslast wurden die ersten 75 für Nassdampflokomotiven und die verbliebenen 25 für Heißdampflokomotiven vorgesehen.
Somit sollten die beiden in der Baureihe 91^{61} zusammengefassten 1C-Tenderlokomotiven mit den Betriebsnummern 91 6176-6177 eine mittlere Achslast von 11 t gehabt haben – und da im letzten Viertel der 100 möglichen Betriebsnummern angesiedelt – Heißdampflokomotiven gewesen sein. Doch offensichtlich war bei der Aufstellung des Umzeichnungsplanes den Verantwortlichen bei diesen beiden Lokomotiven ein Fehler unterlaufen, hatten sie doch eine mittlere Achslast von 13,2 t und folglich auch die Gattungsbezeichnung „Gt34.13“. Beide Lokomotiven entsprachen dem Typ „ELNA 2“ und waren von der Mecklenburgischen Bäderbahn beschafft worden.

Hen 1938/ 23726	Mecklenburgische Bäderbahn 141 →'50 **DR 91 6176**	+22.10.68
Hen 1941/ 24934	Mecklenburgische Bäderbahn 142 →'50 **DR 91 6177**	+22.02.68

Im Bahnbetriebswerk Berlin-Lichtenberg entstand am 26. Juni 1966 diese Aufnahme der 91 6176, einer ursprünglich von der Mecklenburgischen Bäderbahn beschafften „ELNA 2“. Im Ausmusterungsprotokoll vom 22. Oktober 1968 hieß es zum Grund der Ausmusterung: „Der Rahmen ist allgemein stark abgezehrt. Eine weitere Aufarbeitung wäre unwirtschaftlich. Länderbaureihe. Ersatzteilbeschaffung schwierig. Lok wird wegen Verringerung des Dampflokbestandes nicht mehr benötigt“.
Foto: Klaus Kieper

Auch die zweite „ELNA 2“ der Mecklenburgischen Bäderbahn, die 91 6177, wurde von Klaus Kieper im Bw Berlin-Lichtenberg angetroffen. Zu dieser Lok schrieb man im Ausmusterungsprotokoll: „Länderbauart. Lokrahmen verbraucht. Aufarbeitung des Rahmenkasten mit größeren Arbeiten verbunden. Kesselaufarbeitung mit größeren Kostenaufwand verbunden. (Feuerbuchswechsel) Kessel kann als EK nicht verwendet werden.“

1'C h2t DR 91^{62} (ex Privatbahnen)

	91 6276, 6279-6284	97 6277-6278	91 6285
Treibraddurchmesser (mm):	1 200	1 200	1 200
Achsstand (mm):	5 300	5 300	5 300
Länge über Puffer (mm):	9 750	9 950	9 860
Dienstgewicht (t):	50,2	49,4	51,7
Achslast (maximal) (t):	14,7	13,6	
Höchstgeschwindigkeit (km/h):	65	40	50
Zylinderdurchmesser (mm):	410	430	450
Kolbenhub (mm):	555	550	550
Rostfläche (m²):	1,2	1,4	1,66
Verdampfungsheizfläche (m²):	58,35	58,35	70,4
Überhitzerheizfläche (m²):	21,6	21,6	21,8
Kesselüberdruck (atm):	12,0	12,0	12,0

Im ELNA-Typenplan waren zwei 1C-Bauarten enthalten – eine leichte mit im Mittel 12 t Achslast („ELNA 2“) und eine schwerere mit 14 t („ELNA 5“). Bei der Übernahme der Klein- und Privatbahnlokomotiven durch die Deutsche Reichsbahn im Jahr 1950 sollten folglich die Lokomotiven dieser beiden Bauarten – entsprechend ihrer Achslast – in die Baureihen 91^{62} und 91^{64} eingereiht werden. Doch tatsächlich gab es bei der Zuordnung zu den einzelnen Baureihen Abweichungen: So war die 91 6285 tatsächlich eine schwere „ELNA 5“ und keine „ELNA 2“ – außerdem wurden zahlreiche weitere „ELNA 2“ in anderen Unterbaureihen „einsortiert“ – zu nennen sind hier die Lokomotiven 91 6176-6177, 6376, 6480-6481, 6494, 6497, 6578, 6780. Erwähnt werden muss außerdem, dass die von Krauss gebauten „ELNA 2“ mit den Betriebsnummern 91 6277-6278 z.B. in der Länge und bei der Höchstgeschwindigkeit von der Standardbauart abwichen.

Von der Strausberg-Herzfelder Kleinbahn stammt die 91 6276, die bei Kriegsende bei dem Berliner Lokhändler „Erich am Ende" abgestellt gewesen sein soll. Klaus Kieper konnte die Maschine 1966 noch fotografieren, bevor sie am 10. Januar 1967 abgestellt und am 2. März 1967 ausgemustert wurde.

Hohz 1925/ 4533	Strausberg-Herzfelder Klb. (StHe) 141 →'45 Strausberger Eb. (StEB) 141 ('45/46 bei Erich am Ende, Berlin-Weißensee) →'50 **DR 91 6276**	+02.03.67
Krss 1935/ 8337	Mühlhausen-Ebelebener Eb. (MEE) 141 →'50 **DR 91 6277** →'70 DR 91 6277-7	+23.03.72
Krss 1935/ 8339	Mühlhausen-Ebelebener Eb. (MEE) 142 →'50 **DR 91 6278** →'70 DR [91 6278-5]	+22.02.71
Hohz 1925/ 4534	Stralsund-Tribseeser Eb. (StTrE) 141 →'50 **DR 91 6279**	+10.11.65
Hohz 1927/ 4605	Greifswald-Grimmener Eb. (GGE) 1141 →'50 **DR 91 6280**	+20.11.67

Die 91 6277 war eine von Krauss gebaute „ELNA 2"-ähnliche Lokomotive, die sich z.B. in der Zylinderpartie oder bei der Anordnung des Umlaufs von ihren genormten Schwestermaschinen unterschied. Zehn Monate vor ihrer Ausmusterung entstand am 29. Mai 1971 dieses Bild im Bw Arnstadt, dem Heimat-Bahnbetriebswerk der Lokomotive, in dem sie seit 1954 stationiert gewesen war.

Wie die 91 6277 war auch die 91 6278 eine Krauss-Maschine, deren Bauart sich von den „ELNA 2"-Lokomotiven – wie man gerade in dieser Seitenansicht sehr deutlich sehen kann – z.T. doch deutlich unterschied. Gerhard Illner fotografierte die Lokomotive am 22. April 1963 im Bw Arnstadt.

BMAG 1929/ 9557	Strausberg-Herzfelder Klb. (StHe) 142 →'45 Strausberger Eb. (StEB) 142 →'50 **DR 91 6281**	+06.08.68
Hohz 1929/ 4679	Greifswald-Grimmener Eb. (GGE) 1142 →'47 Neubrandenburg-Friedländer Eb. (NFE) →'50 **DR 91 6282**	+07.12.55
Hohz 1929/ 4680	Stralsund-Tribseeser Eb. (StTrE) 142 →'47 Neubrandenburg-Friedländer Eb. (NFE) 142 /L →'50 **DR 91 6283** →'70 DR [91 6283-5]	+26.11.70
Hen 1930/ 21855	Greifswald-Grimmener Eb. (GGE) 1143 →'50 **DR 91 6284** →30.04.58 verk. WL 3 VEB Großkokerei Lauchhammer	+
Hen 1939/ 24916	Mühlhausen-Ebelebener Eb. (MEE) 151 →'50 **DR 91 6285**	+23.01.68

Eine „echte" ELNA 2 war die 91 6280, die 1927 von Hohenzollern für die Greifswald-Grimmener Eisenbahn gebaut worden war. Im August 1966, als diese Aufnahme von Peter Pekny entstand, gehörte die Lokomotive zum Bw Barth.

Keine „ELNA 2", sondern eine schwere „ELNA 5" war die 91 6285, die bei der Aufstellung des Umzeichnungsplans der ehemaligen Privatbahnlokomotiven offensichtlich falsch eingeordnet worden war. Diese Aufnahme der beim Bw Gotha beheimateten Lokomotive entstand im Jahr 1956.

1'C n2t/h2t **DR 91^{63}** (ex Privatbahnen)

	91 6301	91 6376
Treibraddurchmesser (mm):	1 350	1 200
Achsstand (mm):	5 600	5 300
Länge über Puffer (mm):	10 000	9 750
Dienstgewicht (t):	49,7	50,2
Achslast (maximal) (t):	13,2	14,7
Höchstgeschwindigkeit (km/h):	45	65
Zylinderdurchmesser (mm):	400	410
Kolbenhub (mm):	600	555
Rostfläche (m²):	1,58	1,2
Verdampfungsheizfläche (m²):	81,37	58,35
Überhitzerheizfläche (m²):	-	21,6
Kesselüberdruck (atm):	12,0	12,0

Die Baureihe 91^{63} bestand aus genau zwei Lokomotiven unterschiedlicher Bauart: Einer Nassdampf-Lokomotive (91 6301) und einer Heißdampf-Lokomotive (91 6376). Erstere war 1909 von Henschel an die Niederlausitzer Eisenbahn geliefert worden – eine Neukonstruktion, die – nach aktuellem Kenntnisstand – trotz Aufnahme in das Henschel-Typenprogramm ein Einzelstück geblieben war. Die 91 6376 war dagegen eine „ELNA 2", die man nicht – wie die meisten ihrer Schwesterloks – in die Baureihe 91^{62}, sondern in die Baureihe 91^{63} aufgenommen hatte.

Hen 1919/ 16912	Niederlausitzer Eisenbahn (NLE) 6" →'32 Niederlausitzer Eisenbahn (NLE) 41 (ADEG) →'50 **DR 91 6301**	+20.12.67
Hen 1943/ 24935	Klb. Horka-Priebus 141 →'50 **DR 91 6376**	+10.08.66

Vermutlich ein Einzelstück war die 91 6301, die 1919 für die Niederlausitzer Eisenbahn gebaut worden war. In dem am 20. Dezember 1967 unterschriebenen Ausmusterungsprotokoll heißt es zum „Grund der Ausmusterung": „Unwirtschaftliche Naßdampflok mit sehr geringer Leistung. Ausmusterung erfolgt auf Grund des Traktionswandels von Dampf- auf Dieseltriebfahrzeuge."

Eine für die Kleinbahn Horka-Priebus gebaute „ELNA 2" war die 91 6376. Nach den Anschriften am Führerhaus gehörte die Maschine zum Aufnahmezeitpunkt zum Bw Weimar – somit muss das Bild zwischen dem 6. Mai 1966, als die Lokomotive vom Bw Gotha nach Weimar überwiesen wurde, und dem 24. Juni 1966, dem Datum der Abstellung, entstanden sein.

Foto: Georg Otte

1'C n2t/h2t DR 91^{64} (ex Privatbahnen)

	91 6401-6404	91 6476-6479	91 6480-6481, 6494, 6497	91 6482, 6486	91 6484-6485	91 6483, 6487-6493, 6495-6496
Bauart:	1'C n2t	1'C h2t	1'C h2t	1'C h2t	1'C h2t	1'C h2t
Treibraddurchmesser (mm):	1 150	1 200	1 200	1 200	1 200	1 200
Achsstand (mm):	5 600	5 700	5 300	5 450	5 450	5 300
Länge über Puffer (mm):	10 800	10 300	9 750	10 050	10 000	9 860
Dienstgewicht (t):		54,6	50,2	52,7	49,3	51,7
Achslast (maximal) (t):		15,7	14,7	14,6	13,2	13,8
Höchstgeschwindigkeit (km/h):	45	50	65	50	60	50
Zylinderdurchmesser (mm):	430	435	410	450	450	450
Kolbenhub (mm):	580	550	555	550	550	550
Rostfläche (m²):	1,9	1,6	1,2	1,66	1,65	1,66
Verdampfungsheizfläche (m²):	97,5	69,4	58,35	70,4	75,8	70,4
Überhitzerheizfläche (m²):	-	27,7	21,6	25,9	26,0	21,8
Kesselüberdruck (atm):	12,0	12,0	12,0	12,0	13,0	12,0

Wie bereits im Abschnitt über die Baureihe 91^{62} erwähnt, gab es die beiden Elna-Typen „ELNA 2" und „ELNA 5" – beides 1C-Bauarten, aber erstere mit einer mittleren Achslast von 12 t und letztere mit einer solchen von 14 t. Folglich waren die Loks vom Typ „ELNA 2" überwiegend in der Baureihe 91^{62} zu finden, während die vom Typ „ELNA 5" in der Baureihe 91^{64} platziert wurden. Neben einigen Maschinen anderer Bauart stellten die „ELNA 5" tatsächlich die Majorität in dieser Baureihe, und zwar mit den Betriebsnummern 91 6476-6479, 6482-6483, 6486-6493, 6495-6496, doch nicht alle diese Maschinen entsprachen genau der Standard-Ausführung: Die von der Lokomotivfabrik Krauss gebauten 91 6476-6479 waren etwas länger und besaßen noch zusätzliche seitliche Wasserkästen. Auch die 91 6482 und 91 6486 waren verstärkte „ELNA 5", die ebenfalls für verschiedene andere Bahnen gebaut worden waren, so auch für die Braunschweigische Landes-Eisenbahn (BLE): Die beiden Maschinen dieser Bahn hatten bei der Verstaatlichung 1938 die Betriebsnummern 91 201-202 erhalten.

Neben den diversen „ELNA 5" gab es in der Baureihe 91^{64} auch einige „ELNA 2", die somit falsch eingeordnet worden waren: 91 6480-6481, 6494, 6497. Nicht der Elna-Typenreihe gehörten dagegen die 91 6484-6485 an: Bei diesen Lokomotiven handelte es sich um Exemplare einer AEG-Werksbauart, die als Alternative zur Elna-Reihe aufgelegt worden war.

Ebenfalls einer anderen Bauart gehörten die Nassdampflokomotiven 91 6401-6404 an: Bei diesen handelte es sich um leicht modifizierte mecklenburgische T4 (siehe Baureihe 91^{19}), die von Henschel für drei provinzialsächsische Kleinbahnen gebaut worden waren. Von diesen wurden zwei zu Beginn der 20er Jahre an die Eisenbahn-Gesellschaft Altona-Kaltenkirchen-Neumünster (AKN) abgegeben, während die vier anderen in Mitteldeutschland verblieben und 1950 in 91 6401-6404 umgezeichnet wurden.

Hen 1919/ 16431	Neuhaldensleben-Weferlingen 10 ⇒'22 Gardelegen-Neuhaldensleben-Weferlingen (GNW) 10 →'39 PVS 351 (GNW) →'50 **DR 91 6401**	+07.08.67
Hen 1919/ 16432	Neuhaldensleben-Weferlingen 11 ⇒'22 Gardelegen-Neuhaldensleben-Weferlingen (GNW) 11 →'39 PVS 352 (GNW) →'50 **DR 91 6402**	+19.07.67
Hen 1919/ 16433	Stendaler Klb. 10 →'39 PVS 353 (Stendaler Klb.) →'50 **DR 91 6403**	+04.04.67
Hen 1919/ 16434	Stendaler Klb. 11 →'39 PVS 354 (Stendaler Klb.) →'50 **DR 91 6404**	+04.04.67
Krss 1924/ 8317	Halle-Hettstedter Eb. (HHE) 151 →'50 **DR 91 6476** →'70 DR [91 6476-5]	+17.12.70
Krss 1924/ 8318	Halle-Hettstedter Eb. (HHE) 152 →'50 **DR 91 6477** →'70 DR [91 6477-3]	+26.11.70
Krss 1924/ 8319	Halle-Hettstedter Eb. (HHE) 153 →'50 **DR 91 6478**	+14.06.67
Krss 1924/ 8320	Halle-Hettstedter Eb. (HHE) 154 →'50 **DR 91 6479**	+07.08.67
Vulc 1925/ 3856	Liegnitz-Rawitscher Eb. (LRE) 144 →'44 Halle-Hettstedter Eb. (HHE) 144 /L →'50 **DR 91 6480** →'70 DR [91 6480-7]	+17.12.70
Vulc 1925/ 3855	Liegnitz-Rawitscher Eb. (LRE) 143 →'46 Oschersleben-Schöninger Eb. (OSE) 143 /L →'50 **DR 91 6481** →'70 DR [91 6481-5]	+17.12.70
Hen 1928/ 20816	Niederlausitzer Eisenbahn (NLE) 12 →'32 Niederlausitzer Eisenbahn (NLE) 151 (ADEG) →'50 **DR 91 6482** →'70 DR [91 6482-3] →31.12.70 verk. VEB Eisenwerke Thale	+03.72
Hen 1927/ 20973	Salzwedeler Klb. 9 →'39 PVS 301 (Salzwedeler Klb.) →'50 **DR 91 6483** →'70 DR [91 6483-1]	+13.05.71

In der Ansicht von schräg hinten fällt es nicht sogleich auf, aber die 91 6403 entsprach in der Bauart weitgehend den Lokomotiven der mecklenburgischen Gattung T4 (Baureihe 91[19]). Georg Otte fotografierte die Lokomotive im Jahr 1960 – da gehörte sie zum Bahnbetriebswerk Frankfurt/Oder Pbf.

Zusätzliche seitliche Wasserkästen besaß die von Krauss gebaute „ELNA 5"-ähnliche 91 6477. Karl-Friedrich Seitz fotografierte die Lokomotive am 2. September 1968 in Mockrehna. Auffällig ist, dass unter der letzten Ziffer der Betriebsnummer auf dem Schild noch die Ziffer „8" zu sehen ist. Ob da ein Schild der 91 6477 „verloren gegangen" war und eines der zwei Jahre zuvor ausgemusterten 91 6478 wiederverwendet wurde?

Auch die 91 6479 war eine der Krauss-Lokomotiven, die durch ihre zusätzlichen Wasserkästen sogleich auffielen. Die ursprünglich für die Halle-Hettstedter Eisenbahn gebaute Maschine wurde von der DR im August 1967 ausgemustert – im Ausmusterungsprotokoll heißt es dazu: „Der bauliche Zustand der Lok rechtfertigt eine weitere Aufarbeitung nicht mehr".
Foto: Gerhard Illner

Um eine "ELNA 2" handelte es sich bei der 91 6480; die Maschine war von der Liegnitz-Rawitscher Eisenbahn beschafft und 1944 zur Halle-Hettstedter Eisenbahn gekommen. Sie gehörte zu den wenigen ELNA-Lokomotiven, die 1970 noch eine neue UIC-Betriebsnummer erhielten – welche im Fall dieser Lokomotive aber nicht mehr an der Maschine angebracht wurde.
Foto: Gerhard Illner

Dagegen handelte es sich bei der 91 6482 um eine „ELNA 5", welche 1928 von der Niederlausitzer Eisenbahn beschafft worden war. Als die Lokomotive um 1962 von Gerhard Illner fotografiert wurde, war Falkenberg ihr Heimat-Bahnbetriebswerk gewesen.

AEG 1929/ 4391	Brandenburgische Städtebahn (BStB) 13" →'37 Brandenburgische Städtebahn (BStB) 11" →'40 Brandenburgische Städtebahn (BStB) 1-60 (LVDB) →'50 **DR 91 6484**	+27.07.66
AEG 1929/ 4258	Klb. Freienwalde-Zehden (KFZ) 1 →06.04.34 Brandenburgische Städtebahn (BStB) 14" →'37 Brandenburgische Städtebahn (BStB) 12" →'40 Brandenburgische Städtebahn (BStB) 1-61 (LVDB) →'50 **DR 91 6485** →01.10.67 verk. WL 14 VEB Eisenwerke Thale	+
Hen 1929/ 21450	Salzwedeler Klb. 10 →'39 PVS 302 (Salzwedeler Klb.) →'50 **DR 91 6486** →'70 DR 91 6486-4	+23.03.72
Hen 1930/ 21776	Greifenhagener Krb. (GKB) 52 →'40 Pommersche Landesbahnen (PLB) 39H3414 (Greifenhagener Krb. (GKB) →'45 Franzburger Südbahn (FSB)) →'50 **DR 91 6487** →'70 DR [91 6487-2]	+17.12.70
Hen 1930/ 21777	Pyritzer Krb. (PKB) 52 →'40 Pommersche Landesbahnen (PLB) 40H3414 (Pyritzer Krb. (PKB) →'45 Franzburger Südbahn (FSB)) →'50 **DR 91 6488** →'70 DR [91 6488-0]	+17.12.70
Hen 1930/ 21778	Naugarder Krb. (NKB) 51 →'40 Pommersche Landesbahnen (PLB) 36H3414 (Naugarder Krb. (NKB) →'45 Franzburger Südbahn (FSB)) →'50 **DR 91 6489** →'70 DR [91 6489-8]	+17.12.70
Hen 1930/ 21780	Randower Klb. (RaKB) 51 →'40 Pommersche Landesbahnen (PLB) 38H3414 (Randower Klb. (RaKB) →'45 Franzburger Südbahn (FSB)) →'50 **DR 91 6490**	+24.05.67
Hen 1935/ 22736	Neuhaldenslebener Eb. (NhE) 43 →'50 **DR 91 6491**	+06.05.65
Hen 1936/ 23101	Niederlausitzer Eisenbahn (NLE) 152 (ADEG) →'50 **DR 91 6492** →'70 DR [91 6492-2]	+26.11.70
Hen 1936/ 23421	Klb. AG Genthin 5 →'39 PVS 303 (Klb. AG Genthin) →'50 **DR 91 6493**	+06.11.68
Hen 1938/ 23695	Klb. Jauer-Maltsch 141 →'45 Oscherleben-Schöninger Eb. (OSE) 141 /L →'50 **DR 91 6494** →'70 DR [91 6494-8]	+01.07.70
Hen 1939/ 25049	PVS 304 (Klb. AG Genthin) →'50 **DR 91 6495**	+06.11.68
Hen 1940/ 24576	Neuhaldenslebener Eb. (NhE) 44 →'50 **DR 91 6496** →'70 DR [91 6496-3]	+17.12.70
Vulc 1924/ 3989	Liegnitz-Rawitscher Eb. (LRE) 141 →02.45 Niederlausitzer Eb. (NLE) 142 →'49 DR →05.51 **DR 91 6497**	+09.01.65

Gewissermaßen „Exoten" unter den vielen Elnas waren die hier gezeigte 91 6484 sowie ihre Schwesterlokomotive 91 6485, bei denen es sich um Exemplare einer AEG-Werksbauart handelte. Georg Otte fotografierte die im Bw Lichtenberg beheimatete Maschine im Jahr 1961.

Um eine sogenannte „verstärkte ELNA 5" handelte es sich bei der 91 6486 – übrigens eine der wenigen Elnas, die noch eine UIC-Betriebsnummer getragen haben. Im Ausmusterungsprotokoll der Maschine vom 23. März 1972 heißt es: „Lok in allen Teilen zu 40% verbraucht" – eine Formulierung, die eigentlich etwas Unmögliches ausdrückt. Hätte es geheißen, dass 40% aller Teile verschlissen sind, wäre das ja noch zu verstehen gewesen, aber so ... Am 10. April 1968, als Hans Müller die Lokomotive in Klein Rossau fotografierte, waren alle Teile der Lok offensichtlich noch nicht so sehr „verbraucht" ...

Eine „reguläre ELNA 5" war die 91 6487, welche von der „AG Greifenhagener Kreisbahnen" beschafft worden und über die Franzburger Südbahn 1950 in den DR-Bestand gekommen war. Günter Meyer fotografierte die Lokomotive des Bw Barth am 12. Juni 1962 in Velgast.

Auch die 91 6489 war eine „ELNA 5", welche von den Naugarder Kreisbahnen beschafft worden war. Auf welchen Wegen die Maschine 1945 zur Franzburger Südbahn gelangt war, ist leider nicht bekannt, aber wie auch die zuvor gezeigte 91 6487 wurde die 91 6489 bei dieser Bahn 1950 von der DR übernommen. Aufnahmedatum und -ort sind leider nicht bekannt, aber zumindest kann man an der Pufferbohle lesen, dass die letzte HU am 31.5.63 in Halle stattgefunden hatte. Der perfekte Pflegezustand der Lok lässt aber einen Aufnahmezeitpunkt bald nach diesem Termin wahrscheinlich erscheinen.

Von der Niederlausitzer Eisenbahn stammte die 91 6492, bei der er sich ebenfalls um eine „ELNA 5" handelte. Die 1967 von Reiner Scheffler in Schildau fotografierte Maschine wurde am 23. April 1970 abgestellt und am 26. November 1970 ausgemustert.

Die 91 6497 – die Lokomotive mit der höchsten Betriebsnummer innerhalb der Baureihe 91^{64} – war „zur Abwechslung" mal wieder eine „ELNA 2". Das Besondere bei dieser Lokomotive war, dass sie erst im Mai 1951 bei der Rbd Cottbus als „Privatlokomotive" dem DR-Bestand zugesetzt wurde.

1'C n2t/h2t/C1' h2t **DR 91^{65}** (ex Privatbahnen)

	91 6501	91 6576-6577	91 6578	91 6579	91 6580	91 6581-6582	91 6590-6591
Bauart:	1'C n2t	1'C h2t	1'C h2t	1'C h2t	1'C h2t	1'C h2t	C1' h2t
Treibraddurchmesser (mm):	1 350	1 350	1 200	1 200	1 200	1 350	1 350
Achsstand (mm):	6 000	6 000	5 300	5 450	6 000	6 000	5 500
Länge über Puffer (mm):	10 700	10 700	9 750	10 010	10 600	10 700	10 700
Dienstgewicht (t):	59,9			56,5	59,2		53,5
Achslast (maximal) (t):	15,9				16,1		
Höchstgeschwindigkeit (km/h):	65	65	65	60	60	65	50
Zylinderdurchmesser (mm):	450	450	410	435	480	450	480
Kolbenhub (mm):	630	630	555	550	550	630	600
Rostfläche (m²):	1,53	1,53	1,2		1,81	1,53	1,7
Verdampfungsheizfläche (m²):	107,3				96,3		77,0
Überhitzerheizfläche (m²):	-				33,5		28,0
Kesselüberdruck (atm):	12,0	14,0	12,0	14,0	14,0	14,0	12,0

In der Baureihe 91^{65} fasste die Deutsche Reichsbahn die von den Privatbahnen übernommenen 1C-Tenderlokomotiven mit 15 t Achslast zusammen – bei diesen handelte es sich um ein Konglomerat unterschiedlicher Bauarten.
Die 91 6501 war eine preußische T 9^3 (siehe Baureihe 91^{3-18}), die Anfang der 30er Jahre von der Deutschen Reichsbahn an die Halberstadt-Blankenburger Eisenbahn (HBE) verkauft worden war. Die Nassdampflokomotive wurde bei der HBE überwiegend im Verschiebedienst eingesetzt.
Zwei weitere HBE-T 9^3 – eine ebenfalls gebraucht von der Reichsbahn erworben, die andere dagegen von der Halberstadt-Blankenburger Eisenbahn fabrikneu beschafft – wurden 1932 in der HBE-Werkstatt in Heißdampflokomotiven umgebaut: Neben einem Überhitzer erhielten sie Kolbenschieber sowie eine Gegendruckbremse. Die Deutsche Reichsbahn der DDR reihte sie 1950 als 91 6576-6577 ein.
Die 91 6578 war eine „ELNA 2" – somit sollte ihre Achslast eigentlich um die 12 t betragen haben, doch aus nicht mehr nachvollziehbaren Gründen wurde sie nicht als 91^{62} sondern als 91^{65} eingereiht. Dagegen war die Einordnung der 91 6579 korrekt gewesen – bei dieser von der Wenigentaft-Oechsener Eisenbahn stammenden Maschine handelte es sich um eine verstärkte „ELNA 5" mit 15 t Achslast.
Ein Einzelstück war die 91 6580: Da die Süddeutsche Eisenbahn-Gesellschaft (SEG) für ihre Strecke Ilmenau-Großbreitenbach keine inzwischen veraltete „ELNA 5" bestellen wollte, gab sie bei Henschel eine Neukonstruktion in Auftrag: Während das Fahrwerk tatsächlich noch weitgehend jenem der „ELNA 5" glich, stammte der Kessel von der Baureihe 81 und als Führerhaus wurde ein Einheits-Führerhaus der Deutschen Reichsbahn verwendet.
Bei den 91 6581-6582 handelte es sich – wie bei den 91 6576-6577 – um ehemals preußische T 9^3, die nach dem Verkauf an eine Privatbahn – hier die Niederbarnimer Eisenbahn – in Heißdampfausführung umgebaut worden waren. Außerdem hatte beide Maschinen zusätzlich eine Lentz-Ventilsteuerung erhalten.
Ob es bei der DR tatsächlich auch eine 91 6583 gegeben hat, konnte bisher noch nicht abschließend geklärt werden. Nach Angaben in der Literatur soll es sich dabei um eine ELNA 5 der Kleinbahn Casekow-Penkun-Oder (CPO) (Nr. 52), später Pommersche Landesbahnen (PLB) Nr. 41H (BMAG 1943/ 12272) gehandelt haben, die 1951 von der DR übernommen wurde. Doch Nachweise einer „91 6583" finden sich in den bisher ausgewerteten DR-Unterlagen nicht, und auch unter der Nummer „41H" war keine ehemalige Privatbahnlok bei der DR registriert – während dagegen ihre Schwesterlokomotiven „39H" und „40H" mehrfach in verschiedenen Dokumenten auftauchen.
Die 91 6590-6591 waren dagegen C1-Heißdampflokomotiven – vermutlich hatte man aufgrund der abweichenden Achsfolge eine Lücke zu den 1C-Heißdampflokomotiven (91 6576-6582) gelassen, doch korrekt wäre eine Einordnung als Baureihe 90^{65} gewesen. Bei den beiden Maschinen handelte es sich um eine von Borsig ausschließlich für die Reinickendorf-Liebenwalde-Groß Schönebecker Eisenbahn gefertigte Bauart. Beide Maschinen gingen auf die Niederbarnimer Eisenbahn über und wurden 1950 von der DR übernommen.

Eine „echte" preußische T 9^3 war die 91 6501 – früher bei der DRB als 91 790 bezeichnet, war sie zu Beginn der 30er-Jahre an die Halberstadt-Blankenburger Eisenbahn verkauft und so 1950 in den DR-Bestand gekommen. Die Aufnahme entstand am 20. August 1963 in Torgau. *Foto: Georg Hey*

Von den Proportionen her eine „ELNA 5" – aber deutlich kräftiger ausgeführt – war die 91 6579. Das Bild wurde 1960 von Werner Umlauft in Schlotheim/Thür aufgenommen. Die Lokomotive war seit 1955 im Bw Gotha beheimatet. Im Ausmusterungsprotokoll vom 24. Mai 1967 heißt es: „Lok ist eine Länderbauart und wurde als Ersatzteilspender verwendet. Der Kessel kann als EK nicht verwendet werden." Vermutlich waren für den Schreiber dieser Zeilen alle Lokomotiven, bei denen es sich nicht um Einheitsloks oder DR-Neubauten handelte, Länderbahn-Lokomotiven ...

Unio 1906/ 1450	Kat 1635 →'06 KAT 7306 $T9^3$ →'22 OPP 7306 →'25 DRB 91 790 +01.32 →16.12.31 Halberstadt-Blankenburger Eb. (HBE) 45	→'50 **DR 91 6501**	+16.03.65
Hohz 1907/ 2106	Halberstadt-Blankenburger Eb. (HBE) 23 PRAESIDENT BALTZ →'14 Halberstadt-Blankenburger Eb. (HBE) 42 (→'32 Ub. h2)	→'50 **DR 91 6576**	+17.04.67
Hohz 1909/ 2441	ESN 7411 $T9^3$ →'10 ESN 7061 →'25 DRB 91 1163 →'30 Halberstadt-Blankenburger Eb. (HBE) 44 (→'32 Ub. h2)	→'50 **DR 91 6577**	+20.12.67
Vulc 1924/ 3990	Liegnitz-Rawitscher Eb. (LRE) 142 →'?? Oderbruchbahn (ObB) 142 /L	→'50 **DR 91 6578**	+05.01.65
Hen 1938/ 23696	Wenigentaft-Oechsener Eb. (WOeE) 1	→'50 **DR 91 6579**	+24.05.67
Hen 1938/ 23877	Süddeutsche Eb.-Ges. (SEG) 400 (Ilmenau-Großbreitenbacher Eb. (IGE)) →'50 **DR 91 6580** →'70 DR (91 6580-4) →12.08.69 verk. WL 4^3 Industriebahn Erfurt-Ost +79 →'82 DR-Traditionslok (Bw Eisenach; HU 07.90 Meiningen) →'92 DR 088 916-2 →01.01.94 DB →'?? Förderverein Bw Arnstadt /L (NVR: 90 80 0091 980-7 D-BWARN)		('23 vorh.)
Jung 1904/ 673	Erf 1827 →'06 ERF 7272 $T9^3$ →'25 DRB 91 595 +31 →'31 Niederbarnimer Eisenbahn (NbE) 05 (Ub. auf h2 und Ventilsteuerung)	→'50 **DR 91 6581**	+13.09.65
Hohz 1902/ 1523	Erf 1809 →'06 ERF 7255 $T9^3$ →'25 DRB 91 352 +31 →'31 Niederbarnimer Eisenbahn (NbE) 06 (Ub. auf h2 und Ventilsteuerung)	→'50 **DR 91 6582**	+16.09.68
Bors 1916/ 9442	Reinickendorf-Liebenwalde-Groß Schönebecker Eb. (RLGS) 10 →'27 Niederbarnimer Eisenbahn (NbE) 03	→'50 **DR 91 6590**	+05.01.65
Bors 1916/ 9558	Reinickendorf-Liebenwalde-Groß Schönebecker Eb. (RLGS) 11 →'27 Niederbarnimer Eisenbahn (NbE) 04	→'50 **DR 91 6591**	+06.06.55

Eine „echte" preußische T 9³, die bis 1931 die Reichsbahnnummer 91 595 getragen hatte, war die 91 6581. Im Jahr 1931 war sie an die Niederbarnimer Eisenbahn verkauft worden, welche sie in eine Heißdampflokomotive mit Ventilsteuerung umbaute. *Foto: Georg Otte*

Ausgesprochen „bullig" wirkt die 91 6580, welche von der Süddeutschen Eisenbahn-Gesellschaft für die Ilmenau-Großbreitenbacher Eisenbahn beschafft worden war. 1969 an die Erfurter Industriebahn verkauft, wurde sie 1978 – kurz vor ihrer offiziellen Ausmusterung bei der Industriebahn – noch einmal auf „Reichsbahn" getrimmt und bei Sonderfahrten eingesetzt. Die Aufnahme von Karl-Friedrich Seitz entstand am 21. September 1978 in Ilmenau.

Nicht in die Baureihe 90, sondern in die Baureihe 91 hatte die DR zwei von der Niederbarnimer Eisenbahn übernommene C1-Tenderlokomotiven eingereiht. Die beiden Heißdampflokomotiven waren ursprünglich von der Reinickendorf-Liebenwalde-Groß Schönebecker Eisenbahn beschafft worden. Georg Otte fotografierte die 91 6590 im Jahr 1960 in Frankfurt/Oder.

1'C h2t DR 91^{66} (ex Privatbahn)

Treibraddurchmesser (mm):	1 350
Achsstand (mm):	6 000
Länge über Puffer (mm):	10 400
Dienstgewicht (t):	57,5
Achslast (maximal) (t):	
Höchstgeschwindigkeit (km/h):	60
Zylinderdurchmesser (mm):	520
Kolbenhub (mm):	630
Rostfläche (m²):	1,86
Verdampfungsheizfläche (m²):	96,0
Überhitzerheizfläche (m²):	34,2
Kesselüberdruck (atm):	12,0

Als die Mecklenburgischen Friedrich-Wilhelm-Eisenbahn (MFWE) 1941 verstaatlicht wurde, übernahm die Deutsche Reichsbahn mit den Betriebsnummern 91 231-232 von dieser Bahn zwei kräftige AEG-Lokomotiven. Es handelte sich dabei um eine verstärkte Variante einer von der AEG bereits an die Reinickendorf-Liebenwalde-Groß Schönebecker Eisenbahn gelieferten Bauart. Die 91 231 wurde noch 1945 an die Osterwieck-Wasserlebener Eisenbahn verkauft, bei der sie vier Jahre später erneut verstaatlicht wurde und bei der DR die Betriebsnummer 91 6676 erhielt.

AEG 1925/ 3141	Mecklenburgische Friedrich-Wilhelm-Eb. (MFWE) 31" →'36 Mecklenburgische Friedrich-Wilhelm-Eb. (MFWE) 27 →'41 DRB →'42 DRB 91 231 →01.45 Osterwieck-Wasserlebener Eb. (OWE) 40 →'50 **DR 91 6676** →01.12.61 verk. WL 15 Eisenhüttenwerk Thale	++71

Ausgesprochen kräftigt wirkt die mit Ventilsteuerung ausgerüstete 91 6676, welche die Deutsche Reichsbahn 1950 von der Osterwieck-Wasserlebener Eisenbahn (OWE) übernommen hatte. Die Maschine war von der Mecklenburgischen Friedrich-Wilhelm-Eisenbahn beschafft worden und erhielt 1942 nach der Verstaatlichung der Bahn die neue Reichsbahn-Betriebsnummer 91 231. Nach drei Jahren mit DRB-Nummer wurde sie zu Beginn des Jahres 1945 an die OWE verkauft.

1'C h2t DR 91⁶⁷ (ex Privatbahnen)

Treibraddurchmesser (mm):	91 6776-6779	91 6780
Treibraddurchmesser (mm):	1 500	1 200
Achsstand (mm):	6 350	5 300
Länge über Puffer (mm):	11 800	9 750
Dienstgewicht (t):	67,1	49,5
Achslast (maximal) (t):		14,1
Höchstgeschwindigkeit (km/h):	80	45
Zylinderdurchmesser (mm):	540	430
Kolbenhub (mm):	630	550
Rostfläche (m²):	1,73	1,39
Verdampfungsheizfläche (m²):	108,0	58,35
Überhitzerheizfläche (m²):	33,4	21,6
Kesselüberdruck (atm):	12,0	12,0

Die Halberstadt-Blankenburger Eisenbahn (HBE) besaß sowohl Strecken im flachen Harzvorland als auch eine in den Harz hineinführende Steilstrecke (Rübelandbahn), die als Zahnradbahn betrieben wurde. Für die Flachlandstrecken wurden 1911 und 1913 insgesamt vier 1C-Heißdampf-Tenderlokomotiven beschafft, die mit der preußischen T 12 (siehe Baureihe $74^{4\text{-}13}$) weitgehend identisch waren.
Im Jahre 1918 führte die HBE Versuche zwecks Übergang vom Zahnrad- zum Reibungsbetrieb durch, anlässlich derer die Lok 51 mit einer Riggenbach-Gegendruckbremse ausgerüstet wurde. Da die Versuche erfolgreich waren, wurden später auch die übrigen T 12 mit dieser Bremse ausgerüstet, um sie auf der Steilstrecke im leichten Personenzugverkehr einsetzen zu können.
Nach der Übernahme durch die Deutsche Reichsbahn wurden die HBE-T 12 zunächst als 91 6776-6779 und somit als Güterzug-Tenderlokomotiven eingereiht – erst zwei Jahre später korrigierte man den Irrtum und änderte die Betriebsnummern in 74 6776-6779.
Die von der Ohlauer Kleinbahn stammende 91 6780 war dagegen eine Lokomotive der ELNA-Reihe – genauer gesagt eine Vertreterin der leichten Bauart „ELNA 2“. Warum dieser Maschine eine Achslast von 17 t (und damit eine Einreihung in der Baureihe 91^{67}) zugesprochen wurde, ist nicht bekannt. Im Merkbuch der DR von 1961 waren die Angaben für die 91 6780 dagegen korrekt angegeben – so betrug deren mittlere Achslast nach diesem nur 12,3 t.

Bors 1911/ 7864	Halberstadt-Blankenburger Eb. (HBE) HERRMANN WOLF →'14 Halberstadt-Blankenburger Eb. (HBE) 51	→'50 **DR 91 6776** →'52 DR 74 6776	+28.01.66
Bors 1911/ 7865	Halberstadt-Blankenburger Eb. (HBE) BERNHARD CASPAR →'14 Halberstadt-Blankenburger Eb. (HBE) 52	→'50 **DR 91 6777** →'52 DR 74 6777	+14.09.65
Bors 1911/ 8164	Halberstadt-Blankenburger Eb. (HBE) STAATSMINISTER HARTWIG →'14 Halberstadt-Blankenburger Eb. (HBE) 53 →20.05.66 WL Röntgen- und Transformatorenwerk Dresden	→'50 **DR 91 6778** →'52 DR 74 6778	+
Bors 1913/ 8705	Halberstadt-Blankenburger Eb. (HBE) PRAESIDENT SOMMER →'14 Halberstadt-Blankenburger Eb. (HBE) 54	→'50 **DR 91 6779** →'52 DR 74 6779	+17.03.64
Hen 1938/ 23697	Ohlauer Klb. 141 →'45 Niederlausitzer Eb. (NLE) 141	→'50 **DR 91 6780** →'70 DR [91 6780-0]	+09.08.71

Vergleicht man diese Aufnahme der 91 6780 mit jener der zuvor gezeigten 91 6676, wird einem sofort klar, dass da etwas nicht stimmen kann: Auf keinen Fall hatte die zierliche 91 6780 eine höhere Achslast als die wuchtige 91 6676. Tatsächlich handelte es sich bei der 91 6780 um eine „leichte“ ELNA 2 mit nur 12 t Achslast – vielleicht hat ja jemand beim Erstellen des Umzeichnungsplanes eine undeutlich geschriebene „2“ als „7“ gelesen ... Auf der Aufnahme ist die 91 6780 als Lokomotive des Bw Weimar ausgewiesen – dort war sie vom 1. Juli bis zum 21. November 1966 beheimatet.